Hermann Fischer

Handbuch der Kriegschirurgie

I. Band

Hermann Fischer

Handbuch der Kriegschirurgie
I. Band

ISBN/EAN: 9783744681742

Hergestellt in Europa, USA, Kanada, Australien, Japan

Cover: Foto ©berggeist007 / pixelio.de

Weitere Bücher finden Sie auf **www.hansebooks.com**

HANDBUCH

DER

KRIEGSCHIRURGIE

VON

PROF. DR. H. FISCHER
BRESLAU.

MIT 170 HOLZSCHNITTEN UND 32 TABELLEN.

IN ZWEI BÄNDEN.

I. BAND:
Uebersicht über die Gesammtliteratur der Kriegschirurgie.
Theoretischer Theil.

STUTTGART.
VERLAG VON FERDINAND ENKE.
1882.

Druck von Gebrüder Kröner in Stuttgart.

A. Verletzungen durch Schusswaffen.

Inhaltsverzeichniss zum I. Band.

Erste Hälfte.

Theoretischer Theil.

I. Abschnitt.

Die Kriegswaffen, ihre Construction und ihre Wirkungsart.

Capitel I.

Capitel II.

Capitel III.

Capitel IV.

V. Abschnitt.

VI. Abschnitt.

Geschichte und Literatur der Kriegschirurgie.

(Abgeschlossen Mai 1881.)

Die Literatur der Kriegschirurgie ist besonders durch die letzten Kriege eine überaus reiche geworden. Wir mussten uns im Nachstehenden daher auf die Aufzählung der Hauptwerke beschränken.

a. Literaturkunde der Kriegschirurgie ist in neuester Zeit besonders von H. Frölich mit grosser Sachkenntniss und seltenem Fleisse getrieben: Zur Bücherkunde der militär-medicinischen Wissenschaft. Deutsche milit. Zeitschr. Bd. 6 u. folgende. — Wegweiser für die Erforschung der militär-medicinischen Geschichte des Alterthums. Militärarzt 1875, Nr. 18 u. 19. — Bericht über Haesers Lehrbuch der Geschichte der Medicin. Deutsche milit. Zeitschr. 1875, S. 639. — Frölich: Zur Bücherkunde der militär-ärztlichen Wissenschaft. Zeitschr. 1875. S. 56. — Frölich: Die Grenzen der militär-medicinischen Literatur. Militärarzt 1873, Nr. 3. — Frölich: Ueber die älteste Bücherkunde der Militärmedicin. Deutsche Vierteljahrsschr. für öffentl. Gesundheitspflege 1877. S. 263. — Frölich: Ueber die sanitäre Zeitungsliteratur von 1870—1876. Feldarzt 1877, Nr. XI. — Frölich: Die Literatur der Medicinal-Verfassung. Vierteljahrsschrift für gerichtliche Medicin 1874, I. S. 108. — Frölich: Ueber den Inhalt der militärärztlichen Wissenschaft. Militärarzt 1874, 6 u. 7. — Auch eine Bearbeitung der kriegschirurgischen Maximen einzelner Schriftsteller hat H. Frölich geliefert: Ueber eine die Kriegschir. des Mittelalters betreffende Entdeckung. D. milit. Zeitschr. 1874. — Paul v. Aegina als Kriegschirurg. Wiener med. Wochenschrift 1880. Nr. 45. — Abraham von Gehemas wohlversehener Feldmedicus. Allg. militärärztliche Zeitg. 1869. Nr. 19 u. 21. — Ueber Celsus operative Behandlung der Geschosswunden. D. milit. Zeitschr. 1872. S. 625. — Die Feldchirurgie des Felix Würtz hat Wolzendorff: Militärarzt XI. 7—10, bearbeitet. — Ausserdem finden sich Zusammenstellungen über die neuere Literatur der Kriegschirurgie in regelmässigen Berichten in den Literatur-Anzeigen von Schmidts Jahrbüchern und bes. in der deutschen milit. Zeitschr. von Leuthold u. Bruberger. bes. von A. Besnard, 1877, S. 258 etc. — Von älteren Schriftstellern über die Lit. der Kriegschir. sind zu erwähnen: Baldinger, G.: Introductio in notitiam scriptor. medicinae militaris. Berlin 1674. — Hunckowsky, J. u. Schmidt, J. A.: Bibliothek der neuesten med. chir. Literatur für die Feldchirurgie. Wien 1789—92. — Fränkel. G. H. Fr.: Bibliotheca medicinae milit. et naval. I. Inaugural-Abhandlungen, Thesen. Programme. Berlin 1876. Guttmann'sche Buchhandlung. — Sehr gute Zusammenstellungen der Liter. der Kriegschirurgie finden sich in den Katalogen des Kgl. med. chir. Friedrich-Wilhelms-Instituts zu Berlin (Berlin 1857 nebst Nachträgen) und in dem Catalogue of the library of the surgeon General-Office. Washington 1874. 3 Vol.

b. Die Geschichte der Kriegschirurgie wird theils in den Handbüchern über die Geschichte der Chirurgie und Medicin abgehandelt, theils in besonderen Abhandlungen: Bernstein: Geschichte der Chir. von Anfang bis auf die Jetztzeit. Leipzig 1822—1823. — Billroth: Historische Notizen über die Behandlung und Beurtheilung der Schusswunden. Berlin 1859. — Bouchut: Les plaies d'armes à feu au XV—XIX siècle. Gaz. des hôpitaux 1871. Nr. 87. — Corval: Beiträge zur Geschichte des Sanitätsdienstes im Felde. Allg. militär-

ärztliche Zeitg. 1871. 27. 30. — Eckert, Jos. Friedr.: Die Humanität im Kriege
und Entwurf einer Geschichte der Kriegsheilkunde. Triest 1874. — Fachard:
Reflexions pour servir à l'histoire de la chir. en campagne. Gazette des hôpitaux
1871. 58 etc. — Fischer, G.: Chir. vor 100 Jahren. Leipzig 1876. — Le Fort,
Léon: La chir. militaire et les sociétés de secours en France et à l'Etranger.
Paris 1872. — Frölich, H.: Geschichte der Militär-Medicinal-Verfassung. Eulen-
burgs Vierteljahrsschrift 1875. — Frölich, H.: Geschichtliches der Militärmedicin.
Allg. militärärztl. Zeitg. 1873. 1—5. — Frölich, H.: Zur Medicinalgeschichte
Englands. Militärztg. 1874. 21—24. Feldarzt 1875. 16 u. 17. — Frölich, H.:
Geschichtliches über die Sanitätsverfassung des Kgl. sächs. Armee-Corps. Roths
Sanitätsberichte u. Veröffentlichungen. Dresden 1879. — Gurlt: Kriegschirurgie
der letzten 150 Jahre in Preussen. Berlin 1875 und Geschichte der internationalen
und freiwilligen Krankenpflege. Leipzig 1876. Neue Beiträge. Leipzig 1879. —
Gründer, J. W. L.: Geschichte der Chir. 2. Ausg. Breslau 1865. — Haeser, H.:
Lehrbuch der Geschichte der Medicin. Jena 1875. 3. Aufl. — Knorr, Em.: Ueber
die Entwicklung und Gestaltung des Heeressanitätswesens der europäischen Staaten.
Hannover 1877. — Kirchenberger: Zur Geschichte des österr. Feldsanitätswesens. Prager med. Wochenschr. 1877. — Küchler: Analecten aus der Kriegsgeschichte. Memorabilien 1871. — v. Kremer: Culturgeschichte des Orients
unter den Chalifen. Wien 1875. — Laurent: Histoire de la vie et des ouvrages
de P. F. Percy. Versailles 1817. — Liljewalch, P. O.: Krigshistoriska Zutyg om
Behofnet of Lackervaerd for svenska Armeen. Stockholm 1857. — Malgaigne
in der tiefgelehrten Einleitung zu den Oeuvres compl. d'Ambroise Paré. Paris 1840.
— Michaelis: Zur Geschichte und Kritik des Krankenzerstreuungssystems. Oesterr.
milit. Zeitschr. von Straufler. 1877. 2. Bd. — Podhajsky, Vincenz: Zur Ge-
schichte des Feldsanitätswesens im 17. Jahrhundert (?). — Podhajsky, Vincenz:
Zur Geschichte des österr. Feldsanitätswesens. Wiener med. Presse 1877. —
Peyrilhe: Histoire de la chir. Paris 1870. — L. v. Ranke: Fürsten und Völker von
Südeuropa im 16. u. 17. Jahrh. Berlin 1857. — Richter, A.L.: Geschichte des Medicinal-
wesens der Kgl. pr. Armee bis zur Gegenwart. Erlangen 1860. — Schneider, Lebr.
Chr.: Geschichte der Chir. mit theor. und praktischen Anmerkungen. 12 Theile,
Chemnitz 1762—1788. — Smart: Notes towards the history of the medical staff
of the english army prior to the accession of the Tudors. Br. med. Journ. 1873. I.
Febr. 8—15. — Sprengel, Carl: Geschichte der Chir. Halle 1805. — Saucey:
Die Ambulanzen in der Weltgeschichte. Gaz. des hôpitaux 1870—71. — Ullers-
perger: Beiträge zur Geschichte der Chirurgie. D. Zeitschr. f. Chir. II. 254. —
Uetterodt: Zur Geschichte der Heilkunde. Berlin 1875. — Wolzendorff: Bei-
träge zur Entwicklungsgeschichte des Mil.-Sanitätswesens. D. milit. Zeitschr. 1875.
— Wüsterfeld: Geschichte der arabischen Aerzte und Naturforscher. Göttin-
gen 1840.

    c. Ueber die Kriegschirurgie bei den Völkern des Alterthums be-
sitzen wir ausser den oben bereits citirten Abhandlungen von Frölich über
Celsus folgende interessante und lehrreiche Abhandlungen und Werke: Becker-
Marquardt: Handbuch III. 2. S. 428 u. Anmerk. 2516—2523. — Briaux-René:
Du service en santé militaire chez les Romains. Paris 1866. — Carliew, A.S.:
Medicinische Studien über den Rückzug der 10,000 und Betrachtungen über die Militär-
medicin der griechischen Heere. Gaz. hebdom. 1879. 2. S. XVI. 25. — Droysen. H.:
Die Militärmedicin der römischen Kaiserzeit. D. milit. Zeitschr. 1874. S. 38. —
Friedländer: Sittengeschichte Roms. 4. Aufl. Leipzig. — Frölich, H.:
Ueber die Kriegschirurgie der alten Römer. v. Langenbecks Archiv XV. S. 285. —
Frölich, H.: Die Militär-Medicin Homers. Stuttgart 1879. — Frölich, H.:
Die altgriechische Militär-Medicin der nachhomerischen Zeit. Arch. f. Gesch. der
Med. II. 395. — Frölich, H.: Militär-Medicinisches aus dem morgenländischen
Alterthume. ibidem B. I. Hft. I. — Frölich macht auch noch auf 12 ältere
Programme aus Wien (1807—1809) und 8 aus Leipzig (1822—1827), welche über
die Verwundetenpflege in den Heeren der Völker des Alterthums handeln, auf-
merksam. — Gaupp: Das Sanitätswesen in den Heeren des Alterthums. Blau-
beuren 1869. Programm. — Guhl u. Koner: Das Leben der Griechen und
Römer. Berlin 1862. — Göll: Culturbilder aus Hellas und Rom. Leipzig. —
Kühn: De medicinae militaris apud veteres Graecos Romanosque conditione. Leipzig
1824. I. II. — Malgaigne: Etudes sur l'Anatomie d'Homère. Paris 1842. —
Ohlenschläger: Berichte der Münchener Academie. 1872. S. 325 ff. —
Rüstow, H. u. H. Köchly: Geschichte des griechischen Kriegswesens. Aarau
1852. — de Vergers: Essai sur M. Aurèle p. 72 Anm. — Weiss: Die Medicin

der altnordischen Sagen mit spec. Berücksichtigung der Kriegschirurgie. Vortrag. — Zander: Andeutungen zur Geschichte des römischen Kriegswesens. Ratzeburg 1864—1866.

d. Wir müssen uns auf diese Literaturangaben über die Kriegschirurgie des Alterthums beschränken, weil eine ausführlichere Darstellung der Maximen und Erfolge derselben, so interessant sie auch nach den Ergebnissen der oben citirten gründlichen Forschungen erschien, weit ab von den Aufgaben und Zielen der nachfolgenden Auseinandersetzungen führen würde. Die Kriegschirurgie bekommt für unsere Zwecke erst von dem Momente ab ein lebhafteres Interesse, wo die Schusswaffen in wachsender Vervollkommnung und in steigender Kraft allgemeiner zur Anwendung kommen, also vom 15. Jahrhundert ab. Wir ordnen nun die einzelnen Schriftsteller und Schriften nach den Zeiten, in denen sie wirkten und erschienen, und nach den Kriegen und Schlachten, über die sie berichten. Bei den grösseren modernen Kriegen haben wir die Werke zur besseren Orientirung nach den Anfangsbuchstaben der Autoren, doch nicht in strenger alphabetischer Durchführung, geordnet.

Aus dieser Zeit und aus dem 16. und 17. Jahrhundert stammen folgende bemerkenswerthe Werke: Braunschweig: Dis ist das Buch der Cirurgia Handwuerckung der Wundartznei. Strassburg 1497. — Gerssdorff (welcher die Schlachten von Granson, Murten und Nancy unter den Elsassern mitmachte): Feldtbuch der Wundartzney. Strassburg 1517. — Würtz: Practica der Wundartzney. Basel 1576. — Hildanus, Fabric.: New Feldt-Arzney-Buch. Basel 1615 (der deutsche Ambroise Paré). — Minderer: Medicina militaris seu libellus castrensis. Augsburg 1620. — Moeller: De vulneribus sclopetorum. Regiomont. 1671. — Muralt: Wohlbewährte Feldschärer-Kunst. Anhang seiner Werke. Basel 1711. — Lebzelter: De vulneribus, quae sclopetorum globis infigi solent, eorumque curatione. Lipsiae 1695. — Purmann: 50 sonder- und wunderbare Schusswundencuren. 1687 u. 1690 und Rechter und wahrhafter Feldscheerer. 1680. — Giov. de Vigo: Practica in arte chirurgia copiosa. Rom 1514 (deutsch: Grosse Wundarzney. Nürnberg 1677). — Ferri, Alphonso: De Tormentariorum sive Archibusorum vulnerum natura et cura. Rom 1552 (Erfinder des Alphonsinum zur Kugelextraction). — Maggius, Barth.: De vulnerum sclopetorum et bombardarum curatione tractatus. Bonn 1542. — Botallus, Leonard.: De curandis vulneribus sclopetorum. Lugdunum 1560. — Joh. Bapt. Cariano Leone: De vulneribus sclopetorum. 1583. — Fallopia, Gabriele: Tractatus de vulneribus particularibus. Venetiis 1584. — Plazzonus, Fr.: De vulneribus sclopetorum tractatus. Patav. 1643. — Paré, Ambroise: Oeuvres complètes. Ed. Malgaigne. Paris 1840. — Du Chesne, Joseph: Sclopetarius. Lugdun. 1576. — v. Gehema: Wohlversehener Feldmedicus. Hamb. 1684.

Die Lehren dieser Schriftsteller über die Schusswunden und ihre Behandlung kann man mit Billroth etwa folgendermassen zusammenfassen: Braunschweig, Vigo. Ferri behaupteten, dass die Schusswunden verbrannt und vergiftet und darnach zu behandeln seien. Maggi, Botallo, Paré, Hilden traten dieser Ansicht am entschiedensten entgegen. Man weiss, dass die Schusswunden wenig bluten, dass aber Nachblutungen nicht selten sind. Die frühe und nothwendige Extraction der Kugeln ist allgemein anerkannt und sind dazu eine Menge Instrumente erfunden; liegt die Kugel dem entgegengesetzten Ende der Schusseingangsöffnung nahe und kann hier gefühlt werden, so schneidet man sie heraus; bei der Extraction lässt man die Kranken die Stellung einnehmen, welche sie bei der Verletzung hatten. Zuweilen können die Kugeln einheilen, sich in der Folge senken und später an entfernten Orten herausgeschnitten werden. Das Princip der Erweiterung der Schusswunden wird festgehalten. Zuerst geschieht dieselbe unblutig durch Quellmeisel und Dilatatorien, später mehr durch Incision. Anfänglich stopfte man die Schusswunde mit Charpie und Haarseilen aus, später nicht mehr. Aeusserlich wurden reizende Mittel angewendet.

Aus dem 18. Jahrhundert stammen besonders folgende Werke: Heister, Laur.: Institutiones chirurgicae, in quibus quidquid ad rem chirurgicam pertinet optima et novissima ratione pertractatur etc. Amstelaed. 1718. — Ledran, H. F.: Traité ou reflexions tirées de la pratique sur les plaies d'armes à feu. Paris 1787. — Oehme, Joh. Aug.: Der expedite Feldchirurgus. Dresden und Leipzig 1745. — Boucher: Sur les plaies d'armes à feu, compliquées de fractures aux articulations des extrémités. Mémoires de l'ac. roy. T. II. 1753. — Bagieu, Jacq.: Examen de plusieurs parties de la chirurgie. Paris 1756. Deux lettres d'un chirurgien d'armée. Paris 1753. — Leubet, J. A.: Traité des plaies d'armes à

feu. Paris 1746. — Desport, Franc.: Traité des plaies d'armes à feu. Paris 1749.
— Ranby: Method of treating gunshot wounds. London 1744. — Ravaton:
Traité des plaies d'armes à feu. Paris 1750. = Antonio de Almeida: Dissert.
sobre o modo mais simples e seguro de curar as feridas das armas de fogo.
Lissabon 1797. — Bilguer, Joh. Ulrich: Anweisung zur ausübenden Wundarzneikunst in Feldlazarethen. Glogau und Leipzig 1763, u. Abhandlung von dem
sehr seltenen Gebrauch oder der beinahe gänzlichen Vermeidung des Absägens der
menschlichen Gliedmassen. Uebersetzt aus dem Lateinischen. Frankfurt und
Leipzig 1767, und Chirurgische Wahrnehmungen, welche meistens während dem
von 1756—1763 gedauerten Krieg über in denen Königl. preussischen Feldlazarethen
von verschiedenen Wundärzten aufgezeichnet, in Heften gesammelt etc. Neue Auflage. Frankfurt 1768. — Monro: Die Kriegsarzneiwissenschaft. Uebersetzt aus
dem Französischen. Altenburg 1771. — Brocklesby, R.: Zur Verbesserung
der Kriegslazarethe. Uebersetzt von Selle. Berlin 1772. — Petit: Dissertat. de
membrorum amputatione. Berlin 1761. — Plenk, J. J.: Versuch einer neuen Theorie,
die Wirkung der Luftstreifschüsse zu erklären. Sammlung v. Beobacht. Wien
1788. — Platner, J. Zach: Werke. — Schmitt, Wilh.: Abhandl. über die Schusswunden. Wien 1788. — Schmucker, J. L.: Chirurgische Wahrnehmungen. Wien
1774—1789, und vermischte chirurgische Schriften. 3 B. 1776—1782. — Theden,
Ant.: Unterricht für die Unterwundärzte bei Armeen. 2 Theile. Berlin 1774.
Bemerkungen und Erfahrungen zur Bereicherung der Wundarzneikunst. Berlin
und Leipzig 1795. 3 Bde. — Mursinna, Chr. L.: Med. chirurg. Beobachtungen.
Berlin 1796. — Sam. Schaarschmidt: Abhandlung von den Wunden.
Berlin 1763. — De la Matinière: Mémoires sur le traitement des plaies d'armes
à feu. Mémoires de l'ac. de Chir. T. II. p. 1. — Schwartz, J. C.: Von ge-
schossenen Wunden. Hamburg 1706. — Percy: Manuel du chirurgien d'armée.
Paris 1792. Vom Ausziehen fremder Körper aus Schusswunden, übersetzt von
Lauth. Strassburg 1789 (Beschreibung des Tribulcon). — Francisco Canivel,
Tratado de las heridas de arma da fuego. Mad. 1789. — August. Pelaez:
Disertacion acerca del verdadero caracter y metodo curativo de las heridas de
arma da fuego. Paris 1797. — John Jones: Plaine, concise practical remarks
on the treatment of wounds and fractures: to which is added an appendix on
Camp and Military Hospitals. New York 1776. — Richter, August Gott-
lob: Anfangsgründe der Wundarzneikunst. Göttingen 1792. — Hunter. John:
Treatise on the Blood. Inflammation and Gunshotwounds. London 1784 (deutsch:
Stettin 1850 von J. Palmer mit Anmerkungen von Palmer und B. v. Langenbeck).

Billroth fasst die Fortschritte in der Behandlung von Schusswunden im
18. Jahrhundert ungefähr so zusammen: die blutige Erweiterung der Schusscanäle
wird bis ins Extrem getrieben durch Ledran und Bilguer, auf engere Grenzen
zurückgeführt durch Ravaton und bes. Hunter. Ledran lehrt die Unterschiede der Ein- und Ausgangsöffnung. Die früher übermässig häufigen Amputationen wurden ganz verbannt (Bilguer) oder mit mehr Maass betrieben, zu
gleicher Zeit entwickelt sich der Streit über die primären und secundären Amputationen (Faure, Hunter). Die Trepanation gewinnt ihre breitesten Indicationen (Ledran, Pott, Bilguer). Die Existenz der Luftstreifschüsse wird
widerlegt (Le Vacher, Richter) und mehr Rücksicht auf Richtung und Kraft
der Geschosse und der Widerstände durch die verschiedenen Körpertheile genommen (Schmitt, Hunter). Die Instrumente zur Kugelextraction vereinfachen
sich mehr und mehr, man braucht nur noch schmale Kugelzangen, Kugellöffel und
Bohrer (Percy). Die Nachkrankheiten bei schweren Schussfrakturen und Amputationen sind im allgemeinen bekannt, doch sind dieselben noch nicht zu einem
bestimmten Krankheitsbilde zusammengefasst.

Im 19. Jahrhundert wurde die Kriegschirurgie durch folgende
Autoren gefördert: Becker, G. W.: Der Feldscheerer in Kriegs- und Friedenszeiten. Leipzig 1806. — Guthrie: On Gunshot Wounds of the extremities.
1815. Commentaries on the surgery of the war. 6. Edit. 1855. — Assalini,
Paolo: Manuale di chirurgia. Nap. 1819. — Neale, John: On Gunshot-Wounds.
2. Ed. London 1805. — Dufouart, P.: Analyse des blessures d'armes à feu et
de leur traitement. Paris 1801. Deutsch von Kortum. Jena 1806. — Lombard,
C. A.: Clinique chirurgicale des plaies récentes et des plaies d'armes à feu. Strasbourg 1804. Dissertation sur l'importance des évacuants dans la cure des plaies.
1783. — Briot: Histoire de l'état et des progrès de la chir. milit. en France
pendant les guerres de la révolution. Besançon 1817. — D. J. Larrey: Relation

hist. et chir. de l'expédition de l'armée en Egypte et en Syrie. Paris 1803. — Mémoires de chir. mil. et campagnes. 4 Vol. Paris 1812. — Clinique chirurgic. exercée particulièrement dans les camps et les hôpitaux militaires. 5 Vol. 1829. 3 Bde. (deutsch: Berlin 1831). — Phil. Jos. Roux: Concours pour la chaise de méd. opérat. De la résection ou du retranchement de portions d'os malades. Paris 1812. — J. v. Wylie: Instr. für die wichtigsten Operationen für Militärärzte. Petersburg 1806. — Messerschmidt, H.: Kurze Anleitung für Feldärzte. Naumburg 1814. — Joh. Hennen: Observations on some important points in the practice of military surgery. Ed. 1818. Uebersetzt. — Bemerkungen über einige wichtige Gegenstände aus der Feldwundarznei, übersetzt von H. Sprengel. Halle 1820. — Thomson: Betrachtungen aus den britischen Militärhospitälern in Belgien nach der Schlacht bei Waterloo nebst Bemerkungen über die Amputation. Aus dem Englischen übersetzt 1820. — Charles Bell: Surgical observations. London 1816. — James Mann: Medical sketches of the campaigns of 1812—1814. Decham 1816. — Ballingal: Outline of military surgery 1830. — Langenbeck, C. M.: Nosologie und Therapie der chirurg. Krankheiten. Göttingen 1822. — Dupuytren: Leçons orales de clinique chirurgicale. 4. Vol. 1832—1834. — Traité théorique et pratique des blessures par armes de guerre. 2 Vol. 1834 (deutsch von Kalisch mit Anmerkungen von C. F. v. Graefe. Berlin 1839). — Jobert: Plaies d'armes à feu. Paris 1833. — Roux: Considérations cliniques sur les blessés à l'hôpit. de la Charité. Paris 1830. — Baudens, M. L.: Clinique des plaies d'armes à feu. Paris 1836, et Mémoire sur la résection de l'humerus. Gaz. méd. de Paris 1855.

Die neuesten Schriften über Kriegschirurgie schliessen sich nun den grossen kriegerischen Ereignissen unserer Zeit an: Hippol. Larrey: Rélat. chir. des événements du Juillet 1830 à l'hôpital du Gros-Caillou. Paris 1831. — Derselbe: Histoire chir. du siège de la citadelle d'Anvers. Recueil de mémoires de chir. et de méd. milit. 1833. T. 34. — Paillard: Rélat. chir. du siège de la citad. d'Anvers. Paris 1833. — Alcock: Notes on the Medic. Histor. and State of the British Legion in Spain. London 1838. — Trowbridge: Lectures on Gunshot-Wounds Brit. med. et chir. Journ. 1836. Vol. XVIII. p. 342. — Baudens: Rélat. hist. de l'Expédition de Tagdempt. Paris 1841. — Sédillot, C.: Campagnes de Constantine de 1837. Paris 1838. — Wierer: Neueste Vorträge der Professoren der Chirurgie zu Paris über Schusswunden. Sulzbach 1849. — Pirogoff, N.: Souvenir d'un voyage au Caucase contenant la statistique comparative des amputations, des recherches experimentelles sur les blessures d'armes à feu, ainsi que l'exposition détaillée des résultats de l'anesthésation obtenus sur le champ de bataille etc. en Orient. Petersburg 1849. — Simon, G.: Ueber Schusswunden, mit einem Berichte über die im grossherzogl. Militärlazareth zu Darmstadt behandelten Verwundeten vom Sommer 1849. Giessen 1851. — Hutin: Frag. hist. et médic. sur l'Hôtel des Invalides. Paris 1851. — Beck: Die Schusswunden, nach den auf dem Schlachtfelde wie in den Lazarethen während der Jahre 1848 und 1849 gesammelten Erfahrungen. Heidelberg 1850. — Serrier: Traité des plaies d'armes à feu. Oeuv. couronné. Paris 1844. — Restelli, Ant.: Note ed osservaz. di chir. milit. Annal. univers. di Medic. 1849. V. CXXX. Fas. 389. — v. Moltke: Der russisch-türkische Krieg 1828—1829. Berlin 1845.

Der erste schleswig-holsteinsche Krieg, in welchem durch B. v. Langenbecks rastlose und gesegnete Thätigkeit der conservativen Behandlung der Schussverletzungen weit die Thore der Kriegschirurgie geöffnet wurden, brachte uns mustergiltige Arbeiten: Ross, G.: Militärärztliches aus dem ersten schleswig-holsteinschen Kriege. Altona 1850. — Fr. Esmarch: Ueber die Resectionen nach Schusswunden. Kiel 1851. — Petruschky, Theod.: De resectione articulor. extr. super. Diss. inaug. Berlin 1851. — Djoerup: Hospitalsmeddelelse 1852. — Goetz: Deutsche Klinik. 1852. p. 410. — Stromeyer: Maximen der Kriegsheilkunst. Hannover 1855. II. Aufl. 1861. — Schwarz, Harald: Beiträge zur Lehre von den Schusswunden. Schleswig 1859. — Lauer: Mittheilungen über die in den Stadt Schleswig vorgenommenen wichtigen Operationen. Med. Zeitung des Vereins für Heilkunde. 1849. S. 1 u. 5. — Niese, Chr. Heinr.: Todte und Invalide der schleswig-holst. Armee aus den Jahren 1848, 49, 50, 51. Kiel 1852. — Den dansk-tydske Krig i Aarene 1848—50. Uderbegdet. paa Grundlag af officielle Documenter og med Krigministeriets Tilladelse, udgivet af Generalstaben. Kjöbenhavn. — Deissenberger: Ueber Schusswunden. Würzburg 1855.

Dem Krimfeldzuge, aus welchem der Kriegschirurgie im ganzen nur

spärliche Früchte, doch ein genaueres Studium der Wirkungsweise der vervoll-
kommneten Schusswaffen erwuchsen, verdanken wir folgende Werke ausser der
grossen Zahl von Artikeln in der Med. Times and Lancet 1855, 1856 etc.: Guthrie, G. J.: Commentaries on the surgery of war in Portug., Spain, France,
and the Notherlands with additions relating to these in the Crimea 1854—1855.
6. Edition. London 1855. — Medical and surgical history of the british
army during the war against Russia in the years 1854—56. London 1858. Vol II. —
George H. B. Macleod: Notes on the surgery of the war in the Crimea. Lond. 1858.
— Bryce, Charles: England and France before Sebastopol. London 1857. —
Scrive, G.: Relation médico-chirurgicale de la campagne d'Orient. Paris 1857.
— Baudens: La guerre de Crimée. Paris 1858. Deutsch von W. Menke, be-
vorwortet von Esmarch. Kiel 1864. — Maupin, M.: Souvenir d'Orient. Paris
1857. — Blenkins: On Gounshot-wounds. 8. Edit. of Coopers Dict. Lon-
don 1869. — Selleron, M.: Recueils de mémoires etc. 1858. T. 21. p. 320.
— Charpentier, L.: Quelques considérations sur l'hygiène des armées en
campagne. Thèse de Strasbourg. 1867. — Marroin: Histoire médicale de la
flotte française dans la mer noire pendant la guerre de Crimée. Paris 1861. —
Armand: Histoire médico-chirurg. de la guerre de Crimée. Paris 1858. —
Chenu, J. C.: Rapport au conseil de Santé des armées sur les résultats du Service médico-chirurgical aux ambulances de Crimée et aux hôpitaux militaires
français en Turquie pendant la campagne d'Orient en 1854—56. Paris 1865. —
Ricordo pittorico militare della spedizione sarda in Oriente. Torino 1857. — Ca-
zalan, Louis: Maladies de l'armée. Campagne 1854—1856. Paris 1860. — Quesnay: Allgemeine Uebersicht und Betrachtungen über die in den französischen
Ambulancen in der Krim beobachteten Krankheiten. Deutsch von Gab. Zürich
1859. — Pirogoff, N.: Grundzüge der allgemeinen Kriegschirurgie. Leipzig
1864. — G. v. Huebbenet: Die Sanitätsverhältnisse der russischen Verwundeten
während des Krimfeldzuges. Stuttg. 1871.
    Die italienischen Feldzüge, in welchen weder für die Behandlung
noch für die Lehre der Schusswunden wesentlich neue Gesichtspunkte gewonnen
wurden, brachten uns folgende kriegschirurgische Werke: Carlo Bursi: Intorno
alla ferite per arma da fuoco etc. in Lombardie durante la campagna del 1848. Pisa
1849. — M. A. Asson: Prospetto delle malatie chirurgiche etc. nello spedale
di S. Chiara. Venez. 1849. — A. Restelli: Note et osserv. clinich. di chir.
milit. Annali universi di Med. 1849. — G. Coen: Cenni pratici intorno le ferite
d'armi da fuoco. Venez. 1852. — A. Picarelli: Sunto di chir. milit. Rieti 1859.
— Bertani: I cacciatori dell Alpi nel 1859. Milano 1860. — Baroffio, F.:
Delle ferite d'arma da fuoco. Torino 1862. — Demme, Hermann: Militärchirurgische Studien. Würzburg 1860. 2 Bde. — Cortese: Considerazioni pra-
tiche sulle ferite da arma da fuoco osservata nelle ultima guerra. Torino 1859.
— Cortese: Guida teoretico-pratica del medico militare. Torino 1862—1863.
Bertherand: Campagne d'Italie. Paris 1860. — Alezais: Les campagnes
d'Orient et d'Italie. Rec. des mémoires etc. 1860. Août, Sept. etc. — Cazalas:
Maladies de l'armée d'Italie. Paris 1864. — Baraffio, F.: Delle ferite d'arma
da fuoco. Torino 1862. — Boudin, J. C. M.: Souvenirs de la camp. d'Italie.
Paris 1861. — J. Roux: De l'ostéomyelite et des amputations secondaires à la
suite des coups de feu. Mémoir. de l'acad. impér. de méd. 1860. S. 24. — Appia: Le chirurgien de l'ambulance. Genève 1859. — Legouest, L.: Traité de
chirurgie d'armée. Paris 1863. 2. Aufl. 1870. — Neudörfer, J.: Handbuch der
Kriegschirurgie. I. Band. Leipzig 1864. II. Band 1866. — Chenu, J. C.: Statistique méd.-chir. de la campagne d'Italie. Paris 1869. — In England fasste
Longmore in Holms System of Surgery 1861 die Lehre von den Schusswunden zusammen.
    Dem Kriege in Indien entsprang: Williamson, George: Dubl.
quart. Journ. 1859. Vol. 28. Notes on the wounded from the mutiny in India.
London 1859. — Derselbe: Military Surgery. London 1863. — Fayrer, J.: Clinic.
Surgery in India. London 1866. — Cole: Military Surgery, or Experience of Field-
Practice in India during the years 1848—1849, 1852. — Gordon: Experience of an Army-Surgeon in India. London 1872.
    Dem Kriege gegen die Kabylen: Bertherand: Campagnes de Ka-
bylie. Paris 1862. Derselbe: Ambul. de la milice d'Alger, Gaz. méd. d'Algérie
5 u. 6. 1862.
    Dem Kriege gegen Cochinchina: Laure: La marine française pend.
l'expéd. de Chine. Paris 1864. — Didiot: Relation médic.-chir. de la campagne

de Cochinchina en 1861 - 1862. Rec. de mém. 1865 III. T. XIV. – C a s t a n o, F.: L'expédition de Chine. Paris 1864.

In S p a n i e n erschienen: R a m o H e r m a n d e z P o g g i o: Medicina y Chirurgia de los campos de batalle. Madrid 1853. Don Antonio P o b l a c i o n y Fernandez: Memoria sobre el origen y viciscitudes de la terapeutica en las heridas de arma de fuego. Madrid 1863. — Marieliano G o m e z P a m o: Derselbe Titel. Madrid 1863.

Ausgezeichnete Werke verdanken wir den n o r d a m e r i k a n i s c h e n F r e i h e i t s k r i e g e n, in welchen besonders die Militär-Hygieine, das Transport- und Lazarethwesen sorgfältig gepflegt und verbessert wurden: W a r r e n: An Epitome of Milit. Surgery. 1863. — C h i s h o l m: Manual of Milit. Surgery. Columbia 1864. — O t i s, Circ. 2: A report of the excision of the head of the femur for gunshot-injury, circular 2. Washington 1868. - - Derselbe: A report of surgical cases in the army of the United States from 1865–1875. Washington 1877. — O t i s and W o o d w a r d. Circular 6: Report of the extend and nature of the materials available for the preparation of a medical and surgical history of the rebellion. Washington 1865. - - O t i s, Circ. 7: A report on amputation of the hip-joint in Military Surgery. Washington 1867. — A M a n u a l of military surgery prepared for the use of the Confed.-States-army by order of the Surgeon-General. Richmond 1863. — S m i t h. D. P.: Remarks on the wounded after the Engag. of Mill - Spring. Americ. med. Times. 1862. Vol. IV. 332. — R a w s o n, C. H.: Americ. med. Times. 1862. Vol. IV. p. 11 (Schlacht bei Wilson-Creek). — M o s e s: Americ. Journal. Oct. 1864. p. 344 (Schlacht bei Chickamanga). — A n d r e w s: Compl. record of the battle near Vicksbourg. Chicago 1863. — Vor allem aber die Prachtwerke: The medical and surgical history of the war of rebellion. Prepared in accordance with acts of Congress under the direction of Surgeon-General K. B a r n e s. T. I. Vol. II. Surgical history by George A. Otis. Washington 1870. T. II. Vol. II. Surgical history by George A. O t i s. Washington 1876. — Surgical memoirs of the war of rebellion. Collected and published by the United States Sanitary-Commission: J o h n A. L i d e l l: I. On the wounds of blood vessels traumatic hemorrhage, traumatic aneurysm and traumatic gangrene. II. On the secondary traumatic lesions of bones, namely osteomyelitis, periostitis, ostitis, osteoporosis, caries and necrosis. III. On pyemia. Edited by Prof. F r a n k H a s t i n g s H a m i l t o n. New-York 1870. p. 586. 10 Plates. — M i t c h e l l, W., M o r e h o u s e, G. R.. and K e e n, W. W.: Gunshot wounds and other injuries of nerves. Philadelphia 1865. — The S a n i t a r y - C o m m i s s i o n Bulletin. New-York 1863—1864. — The U n i t e d S t a t e s S a n i t a r y - C o m m i s s i o n, a sketch of its purpose and its work. Boston 1863. — C u l b e r t s o n, H.: Prize-Essay: Excision of the larger joints. Philad. 1876. — T r i p l e r: Handbook for the Military Surgeon. Cincinnati 1861. — H a m m o n d, W.: A treatise on Hygiene with special reference to the Military Service. Philad. 1863. — F r a n k H a s t i n g s H a m i l t o n: A treatise on Military Surgery and Hygiene. New-York 1865. — H a m m o n d, W i l l i a m A.: Military medical and surgical essays. Philad. 1864. — H a r t l e y. M a r c e l l u s: The philanthropics results of the war in America. New-York 1865. — L e t t e r m a n n: Medical Collect. of the army of the Potomac. New-York 1866. — F o r m e n t o, F.: Notes and observations on Army Surgery. New-Orleans 1863. — H a y w a r d, N.: Army Surgery on the Battlefield. Brit. med. and surg. Journ. 1862. Vol. LXV. — Ausführlichere B e r i c h t e ü b e r d e n n o r d a m e r i k a n i s c h e n K r i e g liefern: Legouest: Annal. d'hygiène. 2. Série. XXVI. p. 241–274. Oct. 1866. – v. H a u r o w i t z, H.: Das Militärsanitätswesen der Vereinigten Staaten von Nordamerika. Stuttg. 1866. — L é o n l e F o r t: Guerre de Crimée et d'Amérique. Gaz. hebd. 1868. Juill. 17. — Ausserdem finden sich sehr werthvolle Aufsätze über kriegschirurgische Fragen etc. im Americ. Journ. of Medical Science in den Jahrgängen 1863–1866.

Inzwischen war in Deutschland nichts von Bedeutung für die Kriegschirurgie ausser den Sammelwerken von L o h m e y e r: Die Schusswunden und ihre Behandlung. Göttingen 1855, und L ö f f l e r: Grundsätze und Regeln für die Behandlung der Schusswunden im Kriege. Berlin 1859, welche sich durchweg an S t r o m e y e r anlehnten, erschienen.

Der z w e i t e s c h l e s w i g - h o l s t e i n s c h e K r i e g, in welchem die Militärärzte unter v. L a n g e n b e c k s erfahrener Leitung die conservative Chirurgie im weitesten Umfange trieben und in welchem v. L a n g e n b e c k zuerst die Fussgelenksresectionen im Felde und von neuem sehr glückliche Resectionen in der Continuität der langen Röhrenknochen ausführte, brachte wieder einige kriegs-

chirurgische Arbeiten von Bedeutung hervor: Heine: Die Schussverletzungen der
Extremitäten nach eigenen Erfahrungen aus dem letzten schleswig-holsteinschen
Kriege. Arch. f. kl. Chir. 1866. Bd. 7. p. 679. — Albert Luecke: Kriegschirurgische Aphorismen aus dem zweiten schleswig-holsteinischen Kriege. Ebend. p. 1.
— Neudörfer, J.: Aus dem feldärztlichen Bericht über die Verwundeten in
Schleswig. Arch. f. klin. Chir. 1865. Bd. 6. p. 496. — Ochwadt, Alex.: Kriegschirurgische Erfahrungen auf dem administrativen und technischen Gebiete während des Krieges gegen Dänemark. Berlin 1865. — F. Löffler: Generalbericht
des Gesundheitsdienstes im Feldzuge gegen Dänemark 1864. (Das erste Heft ist
1866 ausgegeben.) — Derselbe: Die Enthüllungen des Hrn. Prof. Hannover.
Arch. f. klin. Chir. 1871. Bd. 12. — Hannover: Die dänischen Invaliden aus
dem Jahre 1864. Arch. f. Chir. 1871. Bd. XII. — Derselbe: Die Endresultate der
Resectionen im Kriege 1864. Med. Jahrb. Wien 1869. Bd. 18. p. 109. — Derselbe: Fernere Mittheilungen über dasselbe Thema. Wien 1875. · Jul. Ressel:
Der Johanniterorden auf dem Kriegsschauplatze des dänischen Feldzuges 1864. Pless
1865. — Derselbe: Die Kriegshospitäler des Johanniterordens im dänischen Feldzuge von 1864. Ein Beitrag zur Chir. der Schusswunden. Breslau 1866. ·
Djoerup: Om de sanitaere Forhold ved den danske Armee 1864. Bibliothek
for Laeger. X. Bd. 1865. 1. — Gurlt: Militärchirurgische Fragmente. Berlin
1864. — Biefel, Ph.: Tagebuch und Bemerkungen aus dem Feldzuge 1864. Als
Manuscript gedruckt. — Friedrich, D.: Militärärztliche Skizzen aus dem preus-
sisch-dänischen Feldzuge 1864. — Schiller: Vier Wochen auf dem Kriegsschauplatze 1864. München 1864. — Appia: Les blessés dans le Schleswig. Genève
1865. — Uhlemann: Ueber Schusswunden. Diss. Jena 1865.

Dürftige Berichte besitzen wir von den Franzosen aus Mexiko:
Klinische Berichte über die in den französischen Militärhospitälern zu Puebla und
Cholula behandelten Kriegsverletzungen von Lespiau. Rec. de mém. de méd.
mil. 3. Sér. XIV. p. 422. Nov. 1865. — Bintot: Observations des blessures de
guerre traités après la bataille de Majoma. Rec. de mém. de méd. et de chir.
Janv., Fév., Mars 1866.

Vom marokkanischen Krieg: v. Bäumen: Die spanische Armee in
Afrika 1860. Vortrag. — Schlagintweit, Eduard: Der spanisch-marokka-
nische Krieg in den Jahren 1859—1860. Leipzig 1863. — Henrici: Preussische
Militär. Zeitung 1861. — Landa, N.: La campanna de Marocco. Madrid 1860.

Aus dem böhmischen und italienischen Kriege 1866, in welchem
besonders von den norddeutschen Aerzten die Frage über die Resectionen der
Gelenke und über die Behandlung der Schussfrakturen wesentlich gefördert, in
welchem aber auch die Militärbehörden auf das Unzureichende in der militärärztlichen Organisation und in dem Transport- und Lazarethwesen aufmerksam
wurden, führen wir folgende Literatur (nach dem Anfangsbuchstaben der Autoren
geordnet) an: H. W. Berend: Wiener med. Presse 1867. — Biefel: Im Reserve-Lazareth. Arch. f. klin. Chir. Bd. XI. 1869. — Bärwindt: Die Behandlung von Kranken und Verwundeten unter Zelten. Würzb. 1867. — Beck: Kriegschirurgische Erfahrungen aus dem Jahre 1866. Freib. i/B. 1867. — C. J. Büttner
und J. T. Gleisberg: Leitfaden zur Behandlung der Schusswunden. Chirurgische Erfahrungen, gesammelt im schweren Feldlazareth zu Dresden. Dresden
1869. — Bruce, Alex.: Observat. in the mil. Hosp. of Dresd. London 1867. —
Cortese, Fr.: Ulteriori ragguogli sulle perdite dell' esercito Italiano nella campagna de 1866. Firenze 1868. 17. — Dumreicher: Zur Lazarethfrage. Wien
1867. — Evans: Les instit. sanit. pendant le confl. austr.-pruss.-ital. Paris 1867.
— Esmarch: Verbandplatz und Feldlazareth. Berlin 1868. II. 1871. — Engel:
Wien. milit. Zeitung. 1867. 17 u. 18. — C. Fieber: Allgem. med. Zeitg. 1875. Nr. 21.
Fischer: Chir. Studien und Erfahrungen aus dem Feldzuge 1866. Wien 1875. —
Fischer, K.: Militärärztliche Skizzen aus Süddeutschland und Böhmen. Aarau
1867. — Friedberg, Hermann: Wiener med. Wochenschrift 1868. Nr. 74
bis 78. — Fuchs: Wiener allgem. Zeitung 1866. — Guala: Annali universali.
1867. Decemb. — Gritti: Delle fratture de femore per arma da fuoco. Milano
1867. — Gherini: Vademecum per le ferite d'arma da fuoco. Milano 1866. —
Heyfelder: Rapport sur le service milit. de l'armée prussienne pendant 1866.
Paris 1867. — v. Hauer, Eduard: Wiener milit. Zeitg. 1867. Nr. X. — Ha-
scheck: Allgem. Wien. milit. Ztg. 1867. Nr. X. — Kirchheim, Uebersicht
der im Jahre 1866 zu Frankfurt a/M. behandelten Verwundeten. Frankf. 1866. —
Kirschhoffer: Beobachtungen und Erfahrungen aus dem Feldzuge 1866. Zürich
1866. — Köcher: Beobachtungen während des Feldzuges 1866 in dem Lazareth der

Main-Armee. Berl. klin. Wochenschrift 1867, 1868. – Klett: Württemberger med. Correspondenzblatt 1868. Nr. 16. – Köstler: Wien. milit. Zeitung 1867. 2, 4. 6. – v. Langenbeck: Ueber die Schussfrakturen der Gelenke. Berlin 1868. – Lorinser: Wien. allgem. med. Zeitg. 1866. Nr. 28. – Lovell: Lancet. Decemb. 1867. Lederer: Wien. med. Presse 1866. 1867. – Löffler, F.: Das preussische Militärsanitätswesen und seine Reform nach der Kriegserfahrung 1866. Berl. 1868, 1869. Mühlbauer: Bayer. Intelligenzblatt 1867, 1868. – Melchiori, Giovanni: Annali universali 1868. CCV. p. 241. – Männel: Wiener allgem. med. Zeitung 1867. 2, 47, 48. – Matejovsky: Prager Vierteljahrsschrift 1867. 4. – Maas, H.: Kriegschirurg. Beobachtungen aus dem Jahre 1866. Breslau 1870. – Nussbaum: 4 chir. Briefe an seine in den Krieg ziehenden Schüler. München 1866. – Needon: Die Invaliden aus dem Kriege 1866 bei der sächsischen Armee. Küchenmeister und Ploss, Zeitschr. 1868. Nr. 3. – Plagge: Erfahrungen aus dem Kriege 1866 etc. Darmstadt u. Leipzig 1867. – Podratzki: Oester. Zeitschr. f. prakt. Heilk. 1872. Nr. 2. – Rose: Das Krankenzerstreuungssystem. Berlin 1868. – Roser, W.: Ueber Fortschritte und Verirrungen der Kriegschirurgie. Berlin 1867. – Rudolfi, Rudolfo: Gaz. lombard. 1867. 15 und Camp. chir. Milano 1867. – Schauenburg, Hermann: Erinnerungen aus dem preussischen Kriegslazarethleben von 1866. Altona 1869. – Stromeyer: Erfahrungen über Schusswunden im Jahre 1866. Hannover 1867. – Sarazin, Campagne d'Allemagne de 1866. Gaz. méd. de Strasb. 1868. Janv. – Schmid: Hospital Solitude. Württemb. Correspondenzblatt 1867. 22. – Stahmann: Militärärztliche Fragmente und Reminiscenzen aus dem Kriege 1866. Berlin 1868. – Szymanowsky: Chirurgische Resultate meiner Reise. Prager Vierteljahrsschr. 1867. 3. – Stelzner: Jahresbericht der Gesellschaft der Naturkunde. Dresden 1867. 81. – Scholz, Joseph: Wiener allgem. med. Zeitung 1867. 1. 2. 3. 4, 5, 6. – Scholz, W.: Schloss Hradek. Wiener milit. Zeitung 1867. Nr. 40. – Derselbe: Amputation und Resection bei Gelenkverletzungen. Wien 1866. – Spanner: Ebend. 1867. 14, 15, 17. – Sandretzky: Berl. klin. Wochenschrift 1867. 27, 40. – v. Vivenot: Wiener allgemeine med. Zeitschr. 1867. Nr. 7. – Vita, Achille: Annali universali 1867. Vol. 199. p. 225. – Wolff, Oskar: Kriegslazarethe in Unterfranken. Berl. klin. Wochensch. 1867. 40, 41. – Büttner, C. J., und Gleisberg, J. P.: Leitfaden für die Behandlung der Schusswunden. Dresden 1869. – Hermann, A. G.: Compendium der Kriegschirurgie. Wien 1870.

Aus dem Aufstande in Dalmatien: Riedl und Ebner: Uebersicht über die im Hospital zu Cattaro aufgenommenen Verwundeten. Wiener med. Wochenschr. 1870. S. 155, 171.

Aus dem deutsch-französischen Kriege besitzen wir eine sehr umfangreiche Literatur, die ich, nach den Anfangsbuchstaben der Autoren geordnet, so vollständig, wie ich konnte, mit Hinweglassung der später zu citirenden Special-Werke und Special-Abhandlungen, hier bringe: Adenow und v. Kaden: Die Barackenlazarethe zu Aachen. Aachen 1872. – Arnold: Anatomische Beiträge zur Lehre von den Schusswunden. Heidelberg 1873. – Ambulance franco-suisse. Bullet. internat. des sociétés de secours de Genève. 1871. – Bonnafont, J. P.: Des ambul. civ. et intern. sur le champ de bat. Paris 1870. – Beaunis: Impressions de campagne. Gaz. méd. de Paris. Dec. 1871. – Burkhardt: 4 Monate bei einem preussischen Feldlazareth. Berlin 1872. – Beck, Bernh.: Chirurgie der Schussverletzungen. Freiburg 1872. – Billroth, Theodor: Chirurgische Briefe aus den Feldlazarethen. Berlin 1872. – Berthold: Die Invaliden des 10. Armeecorps. Deutsche milit. Zeitschrift. 1872. I. – Bodinier, J. T: Essai sur le traitement des plaies par armes à feu de l'articulation scapulo-humérale. Paris 1879. Thèse. – Bahr: Reflexionen über Kriegschirurgie. Deutsche Klinik 1872. – E. Bergmann: Die Resultate der Gelenksresectionen im Kriege. Petersburg 1874. – Bourggraeve: Bull. de l'acad. de méd. Belg. 1871. 10. p. 1000. – Boinet: Bull. de la société franç. de service aux blessés. 1872. Nr. 14. – Bréthes, A.: Des plaies pénétrantes de l'abdomen. Paris 1879. Thèse. – Berenger-Féraud: Montpellier médical. Nov. 1871. – Barthelmess und Merkel: Bayer. Intell.-Blatt 1871. 22, 23. – Bockenheimer: Fortschritte und Leistungen der chir. Klinik. Frankfurt 1871. – J. C. Chenu: Aperç. historique, statistique et clinique sur le service des ambulances et des hôpitaux de la société franç. de service aux blessés pendant la guerre 1870—1871. Paris 1874. 2 Vol. – Caspari: Deutsche Klinik. Bd. XXII. – Cortese, Franc.: Reminenze di un viaggio in Germania. Firenze 1873. – Cuignet: Plaies pénétrantes du genou par coups de feu. Rec. de mém. etc. 1872. Nov. Dec. – Cousin: Union méd. 1872.

Nr. 10, 11, 13, 14.   Christian: Gaz. méd. de Strasb. 1872. Nr. 22, 23, 24. — Chipault, Anth.: Fractures par armes à feu, expectation - resection sous periostée, évidement — amputation. Paris 1872.   Coustan: Feldarzt 1872. Nr. 5. — Czerny, Vinc.: Ueber die in dem Collège Stanislaus in Weissenburg behandelten Verwundeten. Wien. med. Wochenschr. 1870 und Wien. med. Presse 1870. Nr. 46. -- Champenois: Importance du rôle de la chir. conservatrice etc. Rec. de méd. etc. 1872. Mars. Avril. — Chochlin: Le service de santé des armées avant et pendant le siège de Paris. Paris 1871. — Deprès: Rap. de la sept. Ambulance. Paris 1871. — Doncourt, A. S. de: Souvenirs des ambulances pendant la guerre 1870—1871. 4. Edit. Paris 1879. — Doyon, A.: Notes et souvenirs d'un chir. d'ambulance. Paris 1872. Nr. XI. — Deininger: Beiträge zu den Schussfrakturen des Hüftgelenkes. Deutsche milit. Zeitschr. 1874. 237. — Desguin: Quelques considér. sur les blessés par armes à feu. Arch. méd. belg. Nr. 289. — Deisch: Notizen über den Sanitätsdienst in dem Krankenhause zu Landau. Würzburg 1872. Dominik: Ueber die Schussverletzungen des Ellbogengelenkes. Deutsche milit. Zeitschr. 1876. — Evans, Thom. W.: History of the americ. ambulance in Paris 1870—1871. London 1873. — Eilert: Deutsche milit. Zeitschr. 1873. — Evers: Ebend. 1874. — Eckart: Geschichte des K. bayer. Aufnahme-Spitals XII. Würzburg 1871. — Ehrle: Württemb. Corresp.-Blatt Nr. 3. p. 17. — Ewart: St. Georgs Hosp. Rep. Vol. V. p. 365. — Eissen: Le service méd. du bataill. de sapeurs-pompiers. Gaz. méd. de Strasb. 1871. p. 71. — Evrard: Observations des plaies par armes à feu. Rec. de méd. etc. 1870. Oct. 327. — Fischer, H.: Kriegschirurgische Erfahrungen. Erlangen 1872. — Fehr: v. Langenbecks Archiv. Bd. XV. — Fischer, G.: Dorf Floing und Schloss Versailles. Hannover 1872. — Feltz und Grollemund: Gaz. méd. de Strasbourg 1871. 1872. Nr. 17, 19—21. — Fontan: Blessures de guerre. Lyon médic. Nr. 17. 1871. — Fillenbaum, Netolitzky, Danek und Guettl: Das Barackenlazareth im Park von St. Cloud. Feldarzt 1872. 9 u. 10. — Fischer: Statistik der im Kriege gegen Frankreich vorgekommenen Verwundungen und Tödtungen im engeren Verband der deutschen Bundes-Contingente. Berlin 1876. — Goldtammer: Bericht über das Lazareth in der Ulanen-Kaserne zu Moabit. Berlin. klin. Wochenschr. 1871. — Graf, Ed.: Das Reservelazareth Düsseldorf. Elberfeld 1872. — Grelois: Histoire médic. du blocus de Metz. Paris 1872. — Gordon: Lessons in hygiene and surgery from the Franco-Prussian war. London 1873. — Rich. Geissel: Kriegschir. Reminiscenzen. Deutsche Zeitschr. f. Chir. Bd. V. — Gross: Gaz. méd. de Strasb. 1871. Nr. 12. — Grossheim: Die Schussverletzungen des Fussgelenkes. Deutsche milit. Zeitschr. 1871. p. 217. — Gilette: Arch. génér. de méd. 1873. 4. Sér. T. XXI. — Gutekunst: Ueber das Vereinsspital Ludwigsburg. Zeitschr. für Wundärzte und Geburtshelfer. 1871. S. 134. — Giraldès: Gaz. des hôpitaux. 1871. Nr. 137. — Guillery: Présentat. des blessés. Bull. de l'acad. de méd. Belg. 1871. T. V. p. 91. — Grimm, J.: Ueber die Organisation der officiellen Krankenpflege im Rücken der deutschen Armee während des Krieges in Frankreich 1870 - 1871. Petersb. 1872. — Heyfelder, O.: Bericht über meine Wirksamkeit etc. Petersburg 1871. — Derselbe: Des resections faites à Neuwied et du traitement des blessés sous tentes. Bull. de l'acad. de médic. de Belg. T. V. 1871. p. 310. — Hopmann: Deutsche Zeitschr. f. Chirurgen. Bd. II. — Heiberg, Jac.: Nord. med. Ark. Bd. IV. Nr. 1. — Herrgott: Amb. du pet. et du grand Séminaire. Gaz. méd. de Strasb. 1870. — Heinzel: Die Schussverletzungen des Kniegelenkes. Deutsche milit. Zeitschr. 1875. p. 305. — Hénocque: Des ambulances pendant le siège de Strasb. Gaz. hebd. 1871. 3. — v. Holsbeck: Souvenir de la guerre Franco-Allemande 1872. — Haltenberger: Bayer. wiss. Intellig.-Bl. 1872. Nr. 10. — Hermanides: De chirurgische ervaringen in de Hollandsche ambulance te Versailles. Ned. Titsch. for Genesk. 1872. 2. — W. Hufnagel: Dissert. inaug. Marburg 1871. — Huber, Fr. Xaver: Beiträge zur Casuistik der Schussverletzungen. Diss. inaug. Würzb. 1876. — Heinrich: Erinnerungen an das Barackenlazareth auf dem Tempelhofer Felde bei Berlin 1870—1871. — Joessel: Sur l'ambulance du petit-quartier de Hagenau. Gaz. méd. de Strasb. 1871. p. 7. 20. — Jüngken: Ueber die Behandlung von Schusswunden ohne operative Eingriffe. Berl. klin. Wochenschr. 1870. p. 625. — Journal d'une infirmerie pendant la guerre de 1870—1871, Sarrebruck-Metz-Cambrai. III. Édit. Bruxelles 1871. — Joulin: Les caravanes d'un chirurgien d'ambulances. Paris 1871. — Edw. Klebs: Beiträge zur pathol. Anatomie der Schusswunden. Leipzig 1872. — Kirchner: Aerztl. Bericht über das Feldlazareth zu Versailles. Erlangen 1872. — W. Koch: Notizen über Schussverletzungen. v. Langenbecks Arch. 17. — Küchler: Analecten aus der Kriegsgeschichte. Memorabilien 1871. S. 140. — Derselbe: Pionier-Reservelazareth zu Darmstadt. Memorabilien 1871. Nr. 10. — Kisch: Die Heilerfolge Marienbads. Prag 1871. — Kuby: Bericht eines Arztes der freiwilligen Krankenpflege. München 1871. 48 S. — Kratz: Resultate der während des letzten Feldzuges ausgeführten Gelenksresectionen. Deutsche milit. Zeitschr. 1872. — Krauss: Württemb. Corresp.-Blatt. Nr. 14. 1872. — Luecke: Kriegschirurgische Fragen und Bemerkungen. Bern 1871. — Leisrink: v. Langenbecks Archiv. Bd. XIII. — Lossen: Kriegschirurgische Erfahrungen. Deutsche Zeitschr. f. Chir. Bd. I u. II. S. 53. — Lantier: Conservation des membres blessés par armes à feu. Paris 1872. — v. Langenbeck: Chirurgische Beobachtungen aus dem Kriege. Berlin 1874; auch Arch. Bd. XVI. — Larue: Gaz. des hôpitaux. Janv. 1872. — Laugier, M.: Gaz. hebd. 1871. Nr. 45. — Latour: Ambulance de la presse. Gaz. des hôpitaux. Nr. 21. 1871. — Latour, A.: Journal du bombardement de Chatillon. Paris 1871. — Leisinger: Memorabilien 1871. Nr. 4. — Liégeois: Gaz. hebd. 1871. Févr. — Lutz: Bayer. Intell.-Blatt. 5. 1873. — Mac-Cormac, Will.: Notes and recollections of an ambulance surgeon. London 1871. Deutsch von Stromeyer. Hannover 1871. Mit Zusätzen. — Mosetig: Erinnerungen. Wien 1872. — Ludw. Mayer: Kriegschir. Mittheilungen. Deutsche Zeitschr. f. Chir. 1873. Bd. II. — Paul Mossakowski: Statist. Bericht von 1415 Invaliden des deutsch-französ. Krieges. Deutsche Zeitschr. f. Chirurgie. I. S. 236. — Murray: 4 days in the ambulances and hospitals of Paris under the commune. Brit. med. Journ. 1871. Nr. 1. p. 541 etc. — Moynier, E.: Ambul. de la rue St. Lazare. Gaz. des hôp. 1871. Nr. 112. — Martins: Rückblicke auf das ärztl. Wirken in Nürnberg. Aerztl. Intell.-Bl. 1871. Nr. 26. — Müller, Max: v. Langenbecks Archiv. Bd. XV. S. 725. — Moore: Lancet 1871. p. 476. — Mühlbauer: Aufnahmehospital II der Bayern. Bayer. Intell.-Bl. 1871. Nr. 31. S. 374. — Müller (Minden): Deutsche Klinik 1872. 163 etc. — Mayländer, Adolph: Feldarzt 1873. Nr. 2. — Macdowall, C. J. F. S.: On a new method of treating wounds and the med. and surgery aspects of the siege of Paris. London 1871. — Nussbaum: Verschiedene Mittheilungen, besonders im Bayer. Intell.-Bl. 1871—1872. — Ott, Oesterlen, Romberg: Mittheilungen aus dem Ludwigsburger Spital. Stuttg. 1871. — Pirogoff: Bericht über die Besichtigung der Sanitätsanstalten 1870. Leipzig 1871. — Passavant: Bemerkungen aus dem Gebiete der Kriegschirurgie. Berlin 1871. — Poncet: Montpell. méd. 1873. Janv., Févr., Mars. — Pagenstecher: Die Heilerfolge Wiesbadens. Wiesbaden 1872. — Panas, F.: Gaz. hebd. 1872. p. 357, 389, 426. — Quesnoy, F.: Campagne de 1870; armée du Rhin etc. Bloens de Metz. Paris 1871. — Roaldès, A. W.: Des fractures compliquées de la cuisse par armes de guerre. Paris 1871. — Rochebrune, A. F.: Essai statistique médic. suivi d'observations médico-chir. sur les Ambulances créées à Angoulème pendant la guerre 1870–1871. Paris 1871. — Carl Rosander: Nord. med. Arch. III. Jahrgang. — Rupprecht, L.: Erfahrungen. Würzburg 1871. — Rawitz: Deutsche Zeitschr. f. Chirurgie. IV. 1874. Verletzungen im Belagerungskrieg. — Raëis: Gaz. méd. de Strasb. 1872. 3. — Ricord: Résumé du rapport sur les ambulances de la guerre. Gaz. des hôp. 1871. Nr. 15. — Rothmund: Militärkrankenhaus Oberwiesenfeld. Aerztl. Intell.-Bl. 1871. Nr. 30. — Robuchon, L.: Observat. et statist. pour servir à l'histoire des amput. Paris 1872. 4. — Sazarin: Clinique chir. de l'hôpit. mil. de Strasb. Strasb. 1870. — Sprengler, Jos.: Das 6. bayer. Aufnahmehospital bei Sédan. Bayer. Intell.-Bl. 1870. Nr. 4. — Schüller: Kriegschirurgische Skizzen. Hannover 1871. — v. Scheven: Ueber Schussverletzungen des Handgelenkes. Deutsche milit. Zeitschr. 1876. p. 114. — Stromeyer: Uebersetzung von Cormac's Werk. Hannover 1871. — Aug. Socin: Kriegschirurgische Erfahrungen. Leipzig 1872. — Stumpf: Kriegshospital Neubergshausen. Bayer. Intell.-Bl. 1872. — Stoll: Ber. aus den Kgl. württemb. 4 Feldspitälern. Deutsche milit. Zeitschr. 2. 1874. — Seggel: Resultate der Gelenksresectionen. Deutsche milit. Zeitschr. 1873. — Simon: Kriegschirur. Mittheilungen zur Prognose und Behandlung der Knieschusswunden. Deutsche Klinik. 1871. p. 257. — Steinberg: Die Kriegslazarethe und Baracken von Berlin. Berlin 1872. — Schinzinger, A.: Das Reservelazareth Schwetzingen. Freiburg i/Br. 1873. — Saurier: Gaz. des hôp. 1872. — Sabatier: Observations. Montpell. méd. 1871. Juill., Août, Sept. — Schmidt, Franz: Deutsche Klinik 1873. 15. — Schweninger: Bayer. Intell.-Bl. 1871. 7, 8. — Sandfort: Lancet V. 1. p. 496. 1871. — Schäffer: v. Langenbecks Arch. XIII. S. 101. — Seeger, W. v.: Die Leistungen der Vereinsspitäler in Ludwigsburg. Zeitschr. f. Wundärzte und Geburtshelfer. 1871. 2 u. 3. p. 81. — Salzmann: Vereinsspital in Esslingen. Württemb. med.

Corr.-Bl. 1871. 18 21. (Ohne Verfasser): Service médico-chir. de l'ambulance du corps législ. Gaz. des hôp. 1871. Nr. 149. — Sédillot: Gaz. méd. de Strasbourg 1870. Nr. 22—25. 1871. p. 3, 42 etc. und Comptes rendues de l'Acad. des sciences. T. 72. Nr. 14. — Schatz: Étude sur les hôpitaux sous tentes. Paris 1870. — Tachard: Gaz. des hôp. 1871. — Tillaux: Réflexions sur les plaies des armes à feu. Bull. génér. de Thérapeut. 1871. Mars. S. 30. — Trehern: Actes from the war. Med. Times 1870. V. II. p. 443. — Verneuil: Plaies par armes à feu. Gaz. hebd. de méd. 1871. Nr. 10. — Voigt: Deutsche Klinik. 1872. — Vogl: Vom Gefecht zum Verbandplatz. München 1873. — Vaslin: Études sur les armes à feu. Paris 1872. — Vallin: Exhumation des restes des soldats morts en 1870—1871. Rev. d'hygiène p. 645. 1879. — Waiz: Erlebnisse eines Feldarztes. Heidelberg 1871. — Zaubzer: Barackenhospital Haidhausen. Aerztl. Intell.-Bl. 1871. Nr. 11.

Folgende Lehrbücher stützen sich auf die Erfahrungen im französisch-deutschen Kriege: Richter, E.: Chirurgie der Schussverletzungen mit besonderer Berücksichtigung der Statistik. Breslau 1874—1876. 1 Bd. — Heyfelder, O.: Manuel de chir. de guerre. Paris 1875. — Schauenburg, C. H.: Handbuch der kriegschirurgischen Technik. Erlangen 1874. — Riencourt: Manuel des blessés Paris. 1876. — Die classischen Arbeiten von v. Langenbeck, Bergmann und Gurlt über die Endresultate der Gelenksresectionen citiren wir später genau. — Heyfelder, O.: Kriegschirurgisches Vademecum. Leipzig 1874. — Schauenburg: Handbuch der kriegschirurgischen Technik. Erlangen 1874. — Landsberger: Handbuch der kriegschirurgischen Technik. Gekrönte Preisschrift. Tübingen 1875. — Esmarch: Handbuch der kriegschir. Technik. Gekrönte Preisschr. Hannover 1876. — Porter, J. H.: The surgeons pocket-book. London 1875. — Peltzer: Kriegslazarethstudien. Berlin 1876. — Forster, E. J.: A manual for medic. officers of the milit. of the United States. New-York 1877. — Gori, M. W. C.: De militair chirurgie. Amsterdam 1877. — Mitchell, S. W.: Nurse and patient and camp cure. Philad. 1877. — Longmore: Gunshot injuries, their history, characteristic fractures, complications and general treatment with statistic concerning them etc. London 1876. — Porter, J. H.: The surgeons Pocket-book, an essay for the best treatment of wounded in war; for which a prize was awarded by Her Majesty the Queen of Prussia and Empress of Germany. Second Edition. London 1880.

Besondere Berichte besitzen wir über folgende Kriege:
In Abyssinien: Haly: The abyssinian Expedition. London 1869. — Roth, W.: Der Gesundheitszustand bei der engl. Armee während des Feldzuges in Abyssinien. Berlin 1869.

Aus Rom: Ceccarelli, Alessandro: Resoconto dell' ambulanza nell' ospitale militare pontificio di Roma nel 1870. Torino 1872.

Neu-Seeland: Mouat: The new Zealand war Br. army med. Report Jan. 1865. London 1867. — Slade: New Zealand war. Lancet 1868. p. 44.

Ashanti-Krieg: Gore: Albert: A contribution to the medical history of our West-Africain-Campaigns. London 1876. — Derselbe: Leaves from my diary during Ashanti war. Br. med. Journ. 1874. — Davie: Medical history of the Laroot Field Force including topograph. and descript. Remarks on Laroot and Perak and Medical Transactions of the Buffs. Army medic. Report. for 1876. p. 258. — Namara, Mc: Medical Report of the Sunghie-Ujong Field Expedition November 1874 to May 1875. Ibid. 1875. p. 245. — Charlton: Report on March from Bhamo to Manwyne Febr. 1876.

Atchin-Krieg: Roth, W.: Der Sanitätsdienst der Holländer im Krieg gegen Atchin. Berlin 1875. — Becking: Verslag der verrichtingen van den geneeskindigen Dienst by de erste expeditie tegen het rigk van Atjet. Batavia 1874, 419 p.

Chiwa: Reiseeindrücke eines Militärarztes während der Expedition nach Chiwa von Dr. Grimm. Petersburg 1874.

Der russisch-türkische Krieg bekommt schon eine stattliche Literatur, die freilich mehr in kleinen Berichten besteht, als in grösseren Zusammenstellungen. Wir geben dieselben nach den Anfangsbuchstaben geordnet. Amenizki: Ueber die Thätigkeit des 63. temp. Militär-Hospitals im Türkenkriege 1877—1878. Wojenno-Medizinski-Journal. Januar-Heft 1880. — Alexandrowski: Einige Fälle von Extraction von Fremdkörpern. Mosk. med. Ges. 1878. 18. — Bertier, de, O. N.: Chronique humanitaire et réparatrice sur les ambulances et hôpitaux roumains pendant la guerre de Bulgarie. Bukarest 1878. — Bolton:

Lancet 1878. II. August 9. — Bornhaupt u. Weljaminow: Aus der Feldchir. im Kaukasus. Wojenno-Med.-Journ. 1878. Juli. — Bruberger: Das rumänische Feldsanitäts-Etappen- und Evacuationswesen. Deutsche Milit.-Ztg. 1876. S. 573. — Baum, C.: Les trains sanitaires en Russie. Paris 1878. — British medical Journal 1878. I. p. 268. — Bericht des Hauptkriegslazareth-Comités für 1877. Maiheft des Wojenno-Medizinski-Journal 1879. — Benewolinski: Die Schusswunden des Kniegelenks. Woj.-Med.-Journ. 1878. Juli. — Brethling: Ueber den Wundverband im Kriege. Med. Obosk. 1879. Nr. 3. — E. Bergmann: Die Behandlung der Schusswunden des Kniegelenks im Kriege. Stuttgart 1878. — Cammerer: Generalbericht über die Thätigkeit der deutschen Aerzte in Rumänien. Leuth. Zeitschr. VII. 7, 8. — v. Criegen: Ein Kriegszug nach Stambul. Febr. 1879. — Crooshank: Ueber das Militär-Hospital in Rustschuk. Br. med. Journ. Juny 9. 1879. — Danzer, A.: Der serbisch-türkische Krieg 1876. Milit. Wochenblatt. — A. v. D.: Kriegsthaten an der Donau. Deutsche milit.-ärztliche Zeitschr. 1877. — Erismann: Die Desinfectionsarbeiten auf dem Kriegsschauplatze der europäischen Türkei. München 1879. — Frölich: Sanitäres aus dem russisch-türkischen Kriege. Jahrbuch der Gesellschaft für Heilkunde. Dresden 1876/77. p. 143. — Fillenbaum: Aphorismen über das Sanitätswesen der serbischen Armee. Oesterr. militärische Zeitschr. 1876. — Grimm, J.: Der russisch-türkische Krieg. Deutsche Milit.-Ztg. VIII. 3. p. 113. 4. p. 117. — Giess: Erfahrungen über Schussfrakturen aus dem russisch-türkischen Kriege. Inaug.-Diss. Dorpat 1879. — Hickl: Erlebnisse in Montenegro. Wiener med. Wochenschr. 1876/77. — Hasenkampff: Ueber Evacuation und Transport im Feldzuge 1876/78. Russisch. — Hahn: Das Etappen-Lazareth des Grossfürsten-Thronfolger. Med. Wochenschr. 1878. Nr. 23. — Heidenreich: Schussverletzungen der Hand und Finger. Wien u. Braunschweig 1881. — Heyfelder: Berl. med. Wochenschrift XIV u. XV. — Illinski: Bericht eines Arztes vom Kriegsschauplatze. Wratschebnija Wedom. 1878. Nr. 214 u. 215. — Korzeniowsky: Pamietnik Towa. warsz. LXXIV. p. 651. — Köcher: Das Transportwesen im russisch-türkischen Kriege. Petersb. med. Wochenschr. 1878. — Derselbe: Das Sanitätswesen bei Plewna. Petersburg 1878. — Derselbe: Briefe aus Plewna. Petersb. med. Wochenschr. 1878. — Derselbe: Sanitätsverhältnisse von Rustschuk bei der Uebergabe. Petersb. med. Wochenschr. 1879. p. 157. — Kolomnin: Gemeinsame Uebersicht über die Feldzüge 1876, 1877, 1878. Russisch. — E. Klein: Zweimalige Trepanation bei einer Kopfschusswunde bei demselben Individuum. Sitzungsprotokolle der med. Ges. zu Moskau. 1879. Nr. 3. — Kusmin: Petersb. med. Zeitschr. 1878. 11. Mai. — Derselbe: Ueber die Schussverletzungen des Kniegelenkes. Woj.-Med. Journ. 1879. Mai. — Kade: Petersb. med. Wochenschr. 1877. Nr. 45 u. 1878. Nr. 3. — Lange: Meine Erlebnisse im serbisch-türkischen Kriege. 1879. 156 S. 8. — Löwenthal: Bericht über die Hospitäler des rothen Kreuzes in Moskau. Mosk. med. Ges. 1878. Nr. 17. — Lindenmayr, E. P.: Serbien, seine Entwicklung und Fortschritte im Sanitätswesen mit Andeutungen über die gesammten Sanitätsverhältnisse im Orient. Temesvar 1876. — Lazarethe der evangelischen Colonien. Mosk. med. Gas. 1878. p. 53. — Landsberg: Ueber die Kriegs-Hospitalverhältnisse in Erzerum. Nors. Mag. 3. R. XIII. 6. S. 390. — Lange: Meine Erlebnisse im russisch-türkischen Kriege. Eine kriegschir. Skizze. Vorwort von Esmarch. Hannover 1879. — Lancet: 1878. I. p. 28 etc. II. p. 558. The sic and wounded of the russian army. — Mosino, Philipp: Das russische rothe Kreuz 1877—1878 in Rumänien. Berlin 1880. — Mühlvenzl: Militärarzt 1878. 4, 5. — Minkewitsch: Ueber die Hautabhebungen bei Schusswunden. Petersb. med. Wochenschr. 1879. p. 30. — Modrzejewski, Medycyna Tom VI. Nr. 18. — Monastyrsky: Bericht über die Thätigkeit des beständigen Lazareths des rothen Kreuzes zu Jassy. Militärärztliches Journal 1879. März, April, Mai. Russisch. — Minkewitsch: Zur Statistik des Tetanus. Sitzungsprotokolle der kaukasischen med. Ges. 1. März 1878. — v. Mundy: Der Sanitätsdienst im russisch-türkischen Krieg. Militärarzt 1878. 17, 18. — Militärarzt: XI. 16. XIII. 6. p. 47. 1879. Nr. 4, 7. — Note sur le service sanit. roumain devant Paris. Paris 1878. — Newsky: Ueber die Thätigkeit des Odessaischen Militärlazarethes während des Feldzuges 1877/78. Wratschebnyja Wedomosti 1879. Nr. 290—292. — Nogowskow: Schusswunden des Kopfes. Wratsch. Wedom. 1879. 340. — v. Oettingen: Die indirecten Läsionen des Auges bei Schussverletzungen nach Aufzeichnungen im russisch-türkischen Kriege. F. Enke, Erlangen 1879. — Petersburger medic. Wochenschrift. II. III. IV. in vielen Abhandl. — Pawlow, E.: Med. westuk 1878. 14 u. 20. Centralblatt für Chirurgie. 1879. 22. —

P e t e r s e n , O.: Erlebnisse aus dem Kriege 1877. Ibidem II. 28, 29, 37. —
P o l y a c k , M.: Der Militärsanitätsdienst im russisch-türkischen Kriege. Wiener
med. Wochenschr. 1877. — P i n k e r t o n : Surgical experiences and observations
as an ambulance surgeon in Bulgaria during the russo-turkish war. The Glasg.
med. Journ. 1879. Vol. XII. Nr. 8. — P e a r s o n , E. M. and L. E. Mc. L a u g h l i n :
Service in Servia under the red cross. London 1877. — P o s t : Nederl. Milit.
Geneesk. Arch. I. p. 394. — P e r k o w s k i : Gaz. lekarska XXV. Nr. 22—25. —
R e p o r t a n d r e c o r d of the operations of the Stafford house committee for the
relief of sick and wounded. Russo-turkish war 1877—1878. London 1879. 207 pp.
gr. 8. — R e y h e r : Die antiseptische Behandlung in der Kriegschirurgie. V o l k-
m a n n s Vorträge Nr. 142—143 und die Behandlung der Kniegelenksschusswunden.
Petersb. med. Wochenschr. 1879. — R e c h e n s c h a f t s b e r i c h t über die Thätigkeit des evangelischen Lazareths zu Sistowo. Petersburg 1878. — R e n t l i n g e r :
Das russische Sanitätswesen während der 7monatlichen Occupation des Erzerum-
schen Vilajets in Klein-Asien. Petersb. med. Wochenschr. IV. 38. — S t a n e-
w i t s c h , C.: Aus den temp. Militärspitälern Transkaukasiens im Türkenkriege.
Wojenno-Medizinski-Journal. Januar-Heft 1880. — S c h l j a r e w s k y : Ueber Schussverletzungen des Oberschenkels. Petersb. med. Wochenschr. IV. 11. p. 97. —
S p r e n g e l , L.: Feldärztliche Erfahrungen aus dem russisch-türkischen Kriege.
München 1877. — M. S c h m i d t : Beiträge zur allgemeinen Chirurgie der Schussverletzungen. Diss. inaug. Dorpat 1880. — S o k o l o w , C.: Feldärztl. Beobachtungen aus dem serbischen Kriege und aus Montenegro 1876/77. Wojenno-Medizinski-Journal. 1879. Januar. — S t u d i t z k i : Einige Fälle von Brandwunden durch
Pulver. Mosk. med. Gas. 1878. 46. — Derselbe: Der Transport der Verwundeten
und Kranken in Bulgarien. Ibid. Nr. 33. — Derselbe: Zur Casuistik der Behandlung der Schusswunden des Kniegelenks. Ibid. Nr. 23. — Derselbe: Zur Frage
von der Kugelextraction. Ibid. Nr. 19. — Derselbe: Ueber die Vertheilung der
Verwundeten und Kranken im russisch-türkischen Kriege. Med. Obosk. 1879. Mai.
— S k l i f a s s o w s k i : In Hospitälern und auf Verbandplätzen im Türkenkriege.
Juli 1878. Wojenno-Medizinski-Journal. 51 S. — Derselbe: Ueber Feldchirurgie.
Med. Westn. 1878. Nr. 40. — S h o f i e l d : Surgical and medical notes
during the war in Turkey. St. Barth.-Hosp. Rep. 1879. XV. — S c h a p i r o : Zur
Frage über Lehmhüttenbaracken. Petersb. med. Wochenschr. 1879. p. 252. —
S t e h a n o w s k i : Ueber die Verheilung penetrirender Brustwunden. Wojenno-
Medizinski-Journal. Febr. 1880. — A. S e n g i r e j e w : Kurze Beschreibung einiger
temp. Militärspitäler im Rücken der Donau-Armee. Med. Obosr. Juli 1879. —
S u b k o w s k i : Die chir. Thätigkeit im kaukasischen Militär-Hospital Nr. 19.
Wratscheb. Wedom. 1878. Nr. 240. — S c h m i d t : Zur Casuistik der Schusswunden
der Brust. Mosk. Med. Gas. 1878. Nr. 23. — S e n g i r e j e w : Die Kriegsspitäler
im Rücken der Donau-Armee. Med. Obosr. 1879. März. — S t e i n e r : Aus dem
Tagebuche eines deutschen Arztes im Orient. Wien. med. Wochenschr. XXVII.
27, 28 etc. — S a l o m k a : Ueber die Evacuation der Verwundeten im letzten
russisch-türkischen Kriege. Mosk. med. Gas. 1878. 20. — S u b b o t i n : Chir. Erfahrungen während des russisch-türkischen Krieges. Wojenno-Medizinski-Journal.
1879. Russisch. Chir. Centralbl. 1879. Nr. 49. — T i l i n g , G.: Bericht über 124
im serbisch-türkischen Kriege behandelte Schussverletzungen. Diss. inaug. Dorpat
1877. — T a u b e r : Interessante Fälle von Brustwunden. Wojenno-Medizinski-
Journal. 1878. Febr. — Derselbe: Chir. Bericht aus dem serbischen Kriege. Med.
westnik 1877. 11—18. Centralbl. für Chir. 1879. p. 275. — Derselbe: Aus dem Tagebuche eines Feldchir. Mosk. med. Gas. 1878. Nr. 23. — T a l k o : Die Schussverletzungen des Auges. Gaz. lekarska. 1878. 7—12. — U l l r i c h s o n : Das türkische
Hospital zu Jassy. Militärärztl. Journal. 1879. Mai u. Juni. Russisch. — U t e r-
b e r g e r : Die Dobrudscha 1877/78 während des Krieges. Wojenno-Medizinski-Journ.
1879. Januar und deutsche Milit.-Ztg. 1879. 10 u. 11. — W a t r a s z e w s k y : Beiträge zur
Behandlung der Oberschenkelschussfrakturen im Kriege. Diss. inaug. Dorpat 1879.
— W i e n e r m e d. W o c h e n s c h r i f t XXVII. XXVIII. in vielen Artikeln. —
W y w o d z e w : Eine neue Vorrichtung zum Transport Verwundeter. Med. West.
1879. Nr. 8. — W i n t e r : Ueber das sanitäre Verhalten des finnischen Leib-
gardeschützenbataillons im türkischen Kriege. Finska laekaresalsk. handl. XXI.
p. 32. 1879. Schwedisch. — W e l j a m i n o w : Ueber die Indicationen für die Operationen bei Schusswunden der Gelenke, welche mit Eitervergiftung complicirt
sind. Wratsch. 1880. 13. — W e r e w k i n : Ueber die Begutachtung der Verwundeten durch die ärztliche Commission. Wojenno-Medizinski-Journ. Dec. 1878. —
Nach Abschluss der Arbeit wurde mir noch P i r g o f f s neuestes Werk (officielle

und freiwillige Krankenpflege in Bulgarien, Rumänien und Russland 1877 u. 1878.
2 Bde. Petersb. 1879), welches leider russisch geschrieben und daher wenig
brauchbar ist, durch die Freundlichkeit einiger russischen Collegen zur Einsicht
zugestellt. (Inzwischen übersetzt von W. Roth u. Schmidt. Leipzig 1882.)
Englisch-afghanischer Krieg: A precis of field service. Surgeon-
General-office. Simla, 15. October. — Moore: Report on the jowaki expedition.
Army med. Department. London 1879. p. 205. — Lancet und British med.
Journ. 1879 in mehreren Artikeln. — von Loebell: Im Jahresbericht über
die Veränderungen und Fortschritte im Militärwesen. 17. Jahrg. p. 464.
Bosnien: Adalkaleh: Militärarzt 1878. 13. — Podratzki: Feldarzt
1878. 21. — Wiener med. Presse 1878. 41, 45, 47. 48. 50, 51. — Wiener
med. Wochenschr. 1878. 34, 36, 38, 39, 41, 42, 44, 45, 46, 50. — Fillenbaum: Ueber die Verwundeten-Bewegung im k. k. Reservehospital zu Marburg
1878. Wien. med. Wochenschr. XXIV. 29, 31, 32. — Keil: Bericht über die Verwundeten im österreichischen Feldspitale zu Gratz. Ibid. 1879. 17 u. 18. — Keil:
Militärarzt 1897. Nr. 8. — Militärärztliche Erfahrungen, gesammelt in
Bosnien: Ibid. 1878 u. p. 25, 57, 121, 137 etc. — Die sanitären Verhältnisse
in Bosnien. Ibid. p. 45. — J. Hlavac: Feldarzt 1880. 6, 7. — Militärärztliche Erfahrungen vom Occupationsschauplatze in Bosnien 1878.
Militärarzt XIII. 11—15. — Der Verlust der im Jahre 1878 mobilisir-
ten k. k. Truppen vom Beginn der Mobilisirung bis zum Jahresschluss vor
dem Feinde und in Folge von Krankheiten, bearbeitet und auf Anordnung des
k. k. Reichs-Kriegsministeriums herausgegeben von der III. Section des techn. und
administrat. Militär-Comité. Wien 1879. — Mundy: Sanitätsdienst Freiwilliger
im Kriege. Wien 1879.
Cypern: Lancet 1879. II. p. 921. — Raport from the principal medical-
offic. in Cypr. War office 1879. Mai.
Zulukaffernkrieg: Lancet und British med. Journ. in mehreren
Artikeln und Berichten. — Blair Brown: Lancet 1879. 5. Juli. — Loebells
Jahresbericht VI. Jahrg. p. 493—513.
Niederländische Kriege: Post: Korte mededeelingen over den mili-
tairgeneeskundigen dienst in het buitenland. Utrecht 1878.
Expedition der Russen gegen die Turkmenen: Notizen über
den Kampf bei Geok-Teke. St. Petersburgskija Wjedomosti 18. Nov. 1879. — Die
russische Expedition gegen die Achat-Teke-Stämme. Milit.-Wochenbl. 1879. p. 781.
Cuba: Poggio: La gac. de sanidad milit. 1879. p. 5, 29, 420, 449, 525.
In den Lehrbüchern der Chirurgie: von Bardeleben (Berlin,
Reimer 1881. 8. Aufl.), — Gross: A system of surgery (Philad. 1872.), — v. König
(Berlin 1881. 2. Aufl. Hirschwald.), — Ashurst: The principles and pract. of
Surg. (Philad. 1871.), — v. Albert (Wien 1877. Urban & Schwarzenbach.); in
Billroth-Pitha's Handbuche in den einzelnen Abschnitten v. Rose, Heyne etc.
— Neudörfer, J.: Chir. Klinik für Militärärzte (Wien 1879) — werden die Schuss-
verletzungen meist kurz abgehandelt.
Ueber kriegschir. Sammlungen liegen folgende Kataloge vor: Cata-
logue of articles in the museum at Netley. London 1877. — Catalogue of
the army medical Museum. Washington 1866 (Alfred A. Woodhull). — Auch
im königl. medicinisch-chirurgischen Friedrich-Wilhelms-Institut befindet sich eine
werthvolle Sammlung kriegschirurgischer Präparate, über welche aber zur Zeit —
leider! — noch kein Katalog besteht.
Ueber die pathologische Anatomie der Schusswunden, besonders der
Schussfrakturen, handeln ausser den schon citirten Werken (Klebs, Arnold)
Holst: Das Kriegsmuseum zu Washington. Würzburg 1865. — Engel: Kriegsanatomie. Militärarzt 1867. — Martin: Amer. Journal of med. Scienc. 1868.
Januar (60 Sectionen). — Herwig: Zur patholog. Anatomie der Knochenschussverletzungen. Göttingen. Diss. inaug. 1872.
Unter den Bildwerken über kriegschirurgische Gegenstände erwähnen
wir: Gurlt, E.: Abbildungen zur Kriegschirurgie im Felde auf Grund der internationalen Ausstellung zu Paris 1867. Berlin 1868. 16 lithogr. Tafeln in Farben-
druck in Imper.-Folio mit Text. — Bericht der Wiener Weltausstellung 1873.
Gruppe XVI. Sect. III. Lit. e. 2. Aufl. Wien 1873. — Auch Esmarchs kriegschirurg. Technik ist mehr Bilderwerk (536 Holzschnitte und 36 Tafeln Farben-
druck). — Bericht über Photographiensammlungen gibt: Otis: Histories of two
hundred and thirty six surgical photographs, prepared at the army medical Museum.
Washington 1866—1871. — Derselbe: Photographs of surgical cases and specimens.

Ibid. 1866-1871. — Auch der oben citirte Catalogue des Washingtoner Kriegs-
museums enthält schöne Abbildungen seltener Verletzungen. — Ebenso reichlich
wie prachtvoll mit Bildern ausgestattet sind alle Publicationen des Army medical
Departments zu Washington, besonders die beiden mit seltenem Fleisse und
grosser Sachkenntniss gearbeiteten Bände der History of the war of the rebellion.
— In den Werken von S o c i n, K l e b s, A r n o l d, F i s c h e r, in den Archiven von
v. L a n g e n b e c k, L u e c k e und H u e t e r etc. finden sich sehr lehrreiche und schöne
Abbildungen von Knochen- und Gelenkverletzungen der verschiedensten Art.
— Auch der zweiten Auflage von S t r o m e y e r s Maximen der Kriegsheilkunde
ist ein Atlas beigegeben, welcher für die Besitzer der ersten Auflage auch be-
sonders erschienen ist.
　　Ueber die W i r k u n g e n d e r B ä d e r auf Schussverletzungen handeln:
N e u b a u e r: Bericht über die Badecuren in Wiesbaden. Wiesbaden 1872. —
S t a b e l: Die Badecuren in Kreuznach. Kreuznach 1872. — W a r m b r u n n:
Kriegerheil 1871. — H a r k a n y: Die Schwefelthermen. Kriegerheil 1872. —
K i s c h: Zur Verwendung der Moorbäder bei Verwundeten. Berl. kl. Wochenschr.
1871. p. 226. — P a g e n s t e c h e r, A r n o l d: Die Heilerfolge Wiesbadens. Wies-
baden 1871. — G u b i a n: Les eaux de la Motte dans les blessures de guerre. Union
médical 1871. Nr. 12. — M ü l l e r: Bad Rehme bei Schussverletzungen. Deutsche
Klinik 1872. p. 163 etc. — R e z e c k: Ueber Teplitz. Prakt. med. Wochenschr.
1878. p. 82. — K i s c h: Ueber Marienbad. Ibid. 1878. p. 102.
　　A m t l i c h e S c h r i f t s t ü c k e d e r d e u t s c h e n M i l i t ä r - M e d i c i n a l -
A b t h e i l u n g e n: Reglement für die Friedenslazarethe der Kgl. preuss. Armee.
Berlin 1825. 2. Aufl. 1852. — Zusammenstellung der das Reglement für die
Friedenslazarethe etc. abändernden Bestimmungen. Berlin. Juni 1867. 79 S. —
Zusammenstellung etc. in Folge der neuen Maass- und Gewichtsordnung vom
17. August 1878. Berlin 1871. — Beköstigungs-Regulativ für die Garnisonslazarethe.
23 S. — Bestimmungen über Vereinfachung des Rechnungswesens der Friedenslazarethe. Berlin 1870. p. 60. — Ueber die Versorgung der Armee mit Arzneien
und Verbandmitteln. 1. Aufl. 1837. 2. Aufl. Berlin 1859. — Aerztliche Instruction
betreffs des Unterrichts der Mannschaften der Krankenträger-Compagnien. Berlin
1860. — Reglement über den Dienst der Krankenpflege im Felde bei der Kgl.
preuss. Armee. Berlin 17./4. 1863. — Instruction für die Evacuation der Feldlazarethe. Berlin 1866. 8. 16 S. — Anleitung zur Beförderung Kranker und Verwundeter auf Eisenbahnen. Wien 1./7. 1866. — Instruction für die Lazareth-Reserve-
Depots. Berlin 1866. 8. — Leitfaden zum Unterricht der Lazarethgehülfen. 5. Aufl.
Berlin 1868. — Verordnung über die Organisation der Sanitätscorps vom 20./2.
1868. Berlin 1868. — Instruction über das Sanitätswesen der Armee im Felde
vom 23./4. 1869. Berlin 1869. — Instruction für die Militärärzte zum Unterricht
der Krankenträger vom 27./1. 1869. Berlin 1869. 8. 49 S. — Vorschriften betreffend Krankenzelte, Baracken und Desinfectionsverfahren in den Lazarethen.
Berlin 1870. 8. — Instruction betreffend das Verfahren bei Anmeldung und
Prüfung der Versorgungsansprüche. Berlin 11./10. 1870. 8. 24 S. — Instruction
für das Etappen- und Eisenbahnwesen und die obere Leitung des Feldintendantur-,
Feldsanitäts-, Militärtelegraphie- und Feldpost-Wesens im Kriege. Berlin 20./7. 1873.
8. 209 S. — Verordnung über die Organisation des Sanitätscorps vom 6./7. 1873.
Berlin 1873. — Instruction zur Ausführung der ärztlichen Rapport- und Bericht-
erstattung. Berlin 1873. — Reglement über den Sanitätsdienst auf Schiffen und
Fahrzeugen. Berlin 1873. 8. 220 S. — Der Sonnenstich und Hitzschlag auf Märschen.
Berlin 1873. 8. p. 8. — Kriegs-Sanitäts-Ordnung vom 10./1. 1878. Berlin 1878.
　　Als m i l i t ä r ä r z t l i c h e Z e i t s c h r i f t e n, in welchen kriegschirurg.
Themata behandelt werden, sind zu nennen: D e u t s c h e m i l i t ä r ä r z t l i c h e Z e i t -
s c h r i f t, red. von L e u t h o l d (R.) und M. B r u b e r g e r. Berlin. Mittler & Sohn.
— P r e u s s i s c h e m i l i t ä r ä r z t l i c h e Z e i t u n g, herausg. von Dr. L ö f f l e r
und Dr. A b e l. Berlin. (Eingegangen.) — A l l g e m e i n e m i l i t ä r ä r z t l i c h e
Z e i t u n g von Joh. S c h n i t z l e r und Jos. H o f f m a n n. Wien. — D e r F e l d -
a r z t: Organ für wissenschaftliche Interessen der Militärärzte von Dr. B. K r a u s.
Wien. — D e r M i l i t ä r a r z t: Beilage zur Wiener med. Wochenschrift. —
H. v. L ö b e l l: J a h r e s b e r i c h t über die Veränderungen und Fortschritte im
Militärwesen. Berlin. — J a h r b ü c h e r f ü r M i l i t ä r ä r z t e: Herausg. vom Unter-
stützungsverein für Militärärzte und von P a u l M u r d a c z und H o e n y. Wien. —
J a h r b ü c h e r f ü r d i e d e u t s c h e A r m e e u n d M a r i n e von Heinrich
v. L ö b e l l. Berlin. — D e u t s c h e H e e r e s z e i t u n g: Red. von R. v. H i r s c h,
später von E. B r a u n e. — K r i e g e r h e i l: Zeitschrift für die Vereine zur Pflege

der verwundeten und kranken Soldaten. Red. von Gurlt. Berlin. — Von besonderem Werthe sind die Jahresberichte über die Leistungen und Fortschritte auf dem Gebiete des Militärsanitätswesens. Bearbeitet von W. Roth. Von 1873 ab in besonderen Heften. In den Jahren vorher in Canstatts Jahresberichten, besonders seit der Redaction derselben von Hirsch, Virchow und Gurlt als gründliche Jahresberichte über die Leistungen und Fortschritte der Kriegschirurgie, erstattet von Fischer, später von Gurlt. — Unter den ausländischen Zeitschriften sind besonders zu nennen: Archives belges de médic. milit. A Meynne. Bruxelles, von 1848 ab. — Recueil de mémoires de méd., de chir. et de pharmacie militaires. Paris 1816 bis jetzt. — Nederlandisch militair. geneeskundige Archiv. — Giornale di medicina militare. Firenze. — Tidskrift i. Militair Helsovard utgieven af suenska Militaerlaekere Foereningen. Stockholm 1876. — La gaceta de sanidad Milit. Madrid. — Die berichterstattenden und referirenden Zeitschriften wie Schmidts Jahrbücher, Centralblatt für die medicinischen Wissenschaften und Centralblatt für Chirurgie bringen theils zusammenhängende Berichte, theils eingehende Referate aus dem Gebiete der Kriegschirurgie. — Auch in den medicinischen Wochenschriften aller Länder finden sich Originalarbeiten oder Referate aus dem Gebiete der Kriegschirurgie (besonders in der Berliner klinischen Wochenschrift, in der Petersburger med. Wochenschrift, Wiener med. Wochenschrift etc., Gazette des hôpitaux, Gazette hebdomadaire, Medical Times, Lancet etc.).

Literatur zu Abschnitt I (p. 1).

Siehe die Lehrbücher von Thomson, Hennen, Baudens, Beck, Demme, Neudörfer, Legouest, Pirogoff, Longmore, vor allen Richter; ferner die Berichte von Scrive, Macleod, Löffler, der Nordamerikaner, Billroth, Socin, Fischer, Klebs, Arnold, Beck. Weigand, die technische Entwicklung der modernen Präcisionswaffen. Leipzig 1872. — R. Schmidt: Die Handfeuerwaffen. Basel 1875. — Hentsch: Ballistik. Leipzig 1873. — Derselbe: Die Entwicklungsgeschichte und Construction sämmtlicher Hinterlader-Gewehre. Ibid. 1873. — Derselbe: Construction und Handhabung des Gewehrsystems Mauser. Berlin 1875. — Theuerheim: Die Mitrailleuse und ihre Leistungen. Wien 1872. — Tyndall: Die Wärme. p. 56. — v. Neumann: Leitfaden für den Unterricht in der Waffenlehre. Berlin 1879. — Prehn: Die Artillerieschiesskunst. Berlin 1867. — Derselbe: Ballistik der gezogenen Geschütze. Berlin 1864. — v. Sauer: Grundriss der Waffenlehre. Berlin 1876. — H. F. le Dran: Traité ou réflexions tirées de la pratique sur les playes d'armes à feu. 1741. — Bilguer: Anweisung. 1763. — Percy: Vom Ausziehen fremder Körper aus Schusswunden. 1788. — Dupuytren: Leçons orales. Paris 1839. V. p. 317. — Arnal: Journal universel et hebdom. de méd. et de chir. I. 1830. — Simon: Ueber Schusswunden. Giessen 1851. — J. Hunter: Ueber Entzündungen in Schusswunden, von Palmer und v. Langenbeck übersetzt. Berlin 1850. p. 482. — Pirogoff: Rapport médical d'un voyage en Caucase. Petersburg 1849. — Huguier: Bullet. de l'Acad. nat. de méd. T. XIV. Paris 1848. — Beck: Schusswunden. Heidelberg 1850. — Neudörfer: v. Langenbecks Arch. VI. p. 497. — Luecke: Ibid. VII. p. 36. — Heine: Ibid. VII. p. 236. — Gurlt: Berl. klin. Wochenschr. 1864. Nr. 25—26. — Sarazin: Des effets produits par le projectil du fusil Chassepot sur le cadavre. Gaz. méd. de Strasb. 1867. Nr. 18. — Bruce, Alex.: The new bullets and the wounds produced by them. Med. Times 1867. — Rémond et Lorber: Études sur plusieures blessures par coup de feu. Rec. de mém. de méd. et de chir. mil. II. Ser. CXXII. Paris 1869. — Zechmeister: Die Schusswunden und die gegenwärtige Bewaffnung. München 1864. — 1870. Senftleben, H.: Zur wundärztlichen Waffenkunde. Deutsche Klinik 1870. Nr. 33, 41, 61. — Ewich, Otto: Ibid. p. 428. — Hagenbach: Poggendorffs Annalen. Bd. 140. p. 486. — Bodynski: Ibid. Bd. 145. — 1871. Thierry: Des balles explos. 1871. Gaz. des hôp. Nr. 153. — Tardieu: Ibid. Nr. 4, 5. — Muron: Physiol. pathol. de l'ébranl. des tissus par les project. de guerre. Gaz. méd. de Paris. 1871. p. 214, 225, 291. 301. — 1872. Pernet: Ibid. Nr. 16. — Mehlhäusler: Bleiprojectile und Schusswunden. Berliner klin. Wochenschrift 1871. Nr. 27. — Laugier: Comptes rendues. T. LXXII. Nr. 1. p. 22. — Coze: Ibid. 1871. p. 1212 und Gaz. hebd. 1872. Nr. 12. — Melsens: Ibid. T. LXXIV. Nr. 18. — Hue: Gaz. méd. de Paris. Nr. 14. p. 164. — Rapp:

Rec. de mémoires de méd. mil. Sept., Oct. — Saurier: Gaz. des hôpitaux 1872. — Knoevenagel: Deutsche milit. Zeitschr. 1872. — 1873. A. Vogl: Vom Gefecht zum Verbandplatz. München 1873. p. 15 etc. — 1874. W. Busch: v. Langenbecks Arch. XVI. p. 22. Verhandl. d. deutschen Gesellsch. f. Chir. 2. Congress. p. 22. -- Derselbe: Ibid. XX. p. 155. — M. Wahl: Ibid. XVI. p. 531 und XVII. p. 56. — Küster: Berl. klin. Wochenschr. Nr. 15, p. 177. — Kleffel: Inaug.-Diss. Berlin. — Hirschfeld: Deutsche Mil.-Zeit. p. 121. — Peltzer: Ibid. p. 519. — Rawitz: Deutsche Zeitschr. f. Chir. IV. 130. — 1875. Köster: Centralblatt für Schweizer Aerzte. Jahrg. V. Nr. 1, 2, 3. — Senftleben: Lancet. Vol. II. p. 525. Oct. — W. Busch: v. Langenbecks Arch. XVIII. p. 201. — Stenzel: Inaug.-Diss. Berlin. — Leyser: Allgem. milit. Zeitung. Nr. 13. p. 81. — 1876. Vogel, W.: Zu den Untersuchungen über Schussverletzungen. Bonn. — Landsberger: Handbuch der kriegschirurgischen Technik. Gekrönte Preisschrift. Tübingen 1875. — 1878. Cécile: Ueber die durch Projectile erzeugten Wunden und ihre Behandlung. Rev. méd. de l'Est. IX. 7. p. 214. April. — 1879. Schlott: Ueber die Einwirkung der Gewehrgeschosse auf den menschlichen Körper. Deutsche Zeitschr. f. Chir. 1879. Heft 6, 8 u. 9. — 1880. Th. Kocher: Ueber Schusswunden, die Wirkungsweise der modernen kleinen Gewehrprojectile. Leipzig 1880.

Literatur zu Abschnitt III (p. 56).

Die angeführten kriegschirurgischen Werke: besonders Longmore: l. c. S. 140. — S. Weir-Mitchell: Injuries of nerves. Philad. 1872. — H. Fischer: Volkmanns Vorträge 10. Heft. — Berger: Berl. kl. Wochenschrift 1871. — Zur kataleptischen Leichenstarre: Brinton: Amer. Journal 1870. Bd. 79, S. 78. — Neudörfer: Allg. milit. Zeit. 1870. Nr. 24 u. 25. — Brown-Sequard: Archive de physiologie I. p. 858. — Rossbach: Virchows Archiv Bd. 51, S. 55. — Kreiss: Württemb. Corresp.-Blatt 1872, S. 109. — Longmore: Army-med. departm. Rep. for the year 1870. Vol. II. Appendix Nr. V. p. 283. — Falk: Deutsche milit. Zeitschrift 1873, S. 588. — Maschka: Prager Vierteljahrschrift 1871.

Literatur zu Abschnitt IV, Cap. I (p. 62).

Die angeführten kriegschirurgischen Lehrbücher: besonders Longmore, Pirogoff, Neudörfer, Richter etc. Huguier: Bullet. de l'ac. Bd. 14. — Simon: Schusswunden l. c. u. deutsche Klinik 1866, Nr. 28. — Pirogoff: Bericht über die Besichtigung der Militär-Anstalten 1870. Leipzig 1871. — Die bereits citirten Arbeiten von Busch, Melsens, Morin, Heppner und Garfinkel, Wahl, Küster. J. C. Chenu: Aperçu historique etc. sur le service des Ambulances pendant la guerre 1870—1871. Paris 1874. Ferner die Arbeiten von Schüller, Arnold, Klebs, Socin, Fischer, Billroth aus dem letzten französischen Kriege. E. Ott, Oesterlen und Romberg: Kriegschirurgische Mittheilungen aus dem Ludwigsburger Reserve-Spital. Stuttgart 1871. — Minkewitsch: Protoc. der Kaukas. med. Gesellsch. 1878, Nr. 8 (Centr.-Bl. für Chir. 1879, S. 249). — Muron: Gaz. méd. de Paris 1871, p. 214, 225, 291, 301. — Mesnil: Annales d'hygiène publique. Mai 1877. — v. Langenbeck: Ueber traumat. Insultationen. Deutsche mil. Zeitschrift 1, S. 260, 267. — Fischer: Das traumat. Emphysem. Volkmanns Sammlung von Vorträgen Nr. 65. — Verneuil, Gaz. des hôpit. Nr. 4, p. 14. 1871. — Berger: Union médic. 1871. 45, 46.

Literatur zu Abschnitt IV, Cap. II A (p. 85).

Die experimentellen Arbeiten von Busch, Köster, Kocher, Heppner und Garfinkel etc. Die angeführten Lehrbücher der Kriegschirurgie: bes. von Pirogoff, Stromeyer, Longmore, Neudörfer, Richter. Die citirten Arbeiten von Wahl und Koch in v. Langenbecks Archiv; die Berichte von Billroth, Socin, H. Fischer, Klebs, Beck, Arnold, Lossen, Stromeyer, Rupprecht, Biefel, Maas, Luecke, G. Fischer etc., besonders auch der nordamerikanische Generalbericht, Circular Nr. 6 etc. Ferner: Appia: Einige Worte über die Behandlung der Beinbrüche nach Schussverletzungen. Genf

1870. — Alezais: Rec. de mém. etc. Août., Sept., Oct. 1868. — Bruberger: Deutsche milit. Zeitung 1878. — Büttner: Diss. inaug. Leipzig 1855. — Billroth: Ueber die Seltenheit der Projectil-Einheilungen. Wiener med. Wochenschr. Nr. 49. 1870. — Bazin: Gaz. des hôp. 1873. Nr. 120. — Bornhaupt: Ueber den Mechanismus der Schussfrakturen der langen Röhrenknochen. v. Langenbecks Archiv. Bd. 25. — Beck, B.: Ueber die Schussfrakturen des Femur. v. Langenbecks Arch. XXIV. Heft 1. — Böckel: Gaz. méd. de Strasb. 1872. 21, 23. — Chipault: Fract. par armes à feu. Paris 1872. — Cuignet: Rec. de mém. etc. 1872. p. 475. 1874. Fac. 4. p. 365. — Chesney: Étude sur l'enkystement des project. dans les plaies par armes à feu. Thèse de Paris. 1874. Nr. 192. — Champenois: Rec. de mém. 1872. p. 161 und Gaz. des hôp. 1871. Nr. 76. — Charon: Presse méd. belge. 1871. Nr. 6. — Clot-Bey: Bullet. de la société de chir. Paris. 22. Dec. 1858. — Döhler: Ueber das Einheilen von Gewehrprojectilen. Leipzig. Diss. inaug. 1866. — Darce: Amer. med. Times. Vol. VI. p. 209. — Dorran: New-York medical record. 1866. Nr. 20. — Engel: Kriegsanatomie. Wiener Mililärarzt 1869. 19, 21. — Fiedler: Zur Prognose und Behandlung der Oberschenkelschussfrakturen. Diss. inaug. Berlin 1873. — J. Glück: Americ. med. Monthl. Journ. 1855. p. 449. — Gross: System of Surgery. 5. Edit. 1872. — Gibbons, H: Contused wounds of bones. Pacif. med. and surg. Journ. 1866. Vol. III. — Gosselin: Gaz. des hôp. 1872. 134, 135, 137. — Giess: Erfahrungen über Schussfrakturen der Extremitäten im russisch-türkischen Kriege. Diss. inaug. Dorpat 1879. — Gritti: Delle fratture del femore par arma da fuoco. Milano 1866. — Homans: Americ. med. Times. New ser. Vol. VIII. 1864. p. 65 (Continuitätsresectionen). — Hensoldt: Ueber Schussfrakturen. Berlin 1876. — Herwig: Zur pathol. Anatomie der Knochenschussverletzungen. Diss. inaug. Göttingen 1872. — Huguier: Comment. faites à l'acad. de méd. Paris. 1849. p. 122. — Kirsten: De corporibus alienis in vulneribus sclopet. Diss. inaug. Leipzig 1849. — Lidell: On contusions and contused wounds of bones. Americ. Journ. 1865. Vol. L. — Lesney: De fract. femor. sclopetariis. Breslau 1866. — Laskowski: Union médicale 1872. Nr. 123. — Longmore, Th.: Med. chir. Transact. Vol. 48. 1875. p. 43. — Martin: Amer. Journ. of med. scienc. Jan. 1868. — Messinger: Beiträge zur Behandlung der Schussfrakturen der unteren Extremitäten. Diss. inaug. Frankfurt 1877 (Dorpat). — Moses: Amer. Journ. 47. 1864. p. 324. — Miles: Amer. med. Times. New ser. Vol. VIII. 1864. p. 50. — Ollier: Lyon méd. 1872. Nr. 4. — Podratzky: In den Knochen eingeheilte Kugeln. Allgem. Wiener med. Zeit. 49, 50, 51, 52. 1868. — Peters: Amer. med. Times. 1864. — Roaldès, A. W. de: Des fract. compliquées de la cuisse par armes de guerre. Paris 1871. — Rawitsch: Deutsche Zeitschr. für Chirurgie. Bd. 4. p. 13. — A. Rauber: Centralblatt der med. Wissenschaften 1874. Nr. 56 u. 60. — Ronx, Jules: De l'ostéomyelite etc. à la suite des coups de feu. Bullet. de l'acad. 1859—1860. Tom. XXV. und Mém. de l'acad. T. 24. — Regnier: Diss. inaug. Berlin 1856. — Sédillot: Arch. général de méd. VI. ser. T. 17. V. 1. 1871. p. 400. — Saurel: Des fract. des membr. par armes à feu. Montpell. 1858. — Sarazin: Lyon méd. 1873. Nr. 3, 4, 5. — Schiller: Die Schussverletzungen des Femur. Diss. inaug. Würzburg 1867. — Schmidt: Deutsche milit. Zeitschr. Jahrg. 5. p. 545 u. 589. — Surgical memoirs of the war of the rebellion: collected and published by the United States Sanit. Comm. II.: on the secondary traumatic lesions of bones. New-York 1870. — Tilling, G.: Diss. inaug. Dorpat. 1877. — Volkmann, Rich.: Zur vergleichenden Mortalitätsstatistik analoger Kriegs- und Friedens-Verletzungen. v. Langenbecks Arch. XV. 1. — Watraszewski: Beiträge zur Behandlung der Oberschenkelschussfrakturen. Diss. inaug. Dorpat 1879.

Literatur zum IV. Abschnitt, Cap. III b (p. 137).

Die experimentellen Arbeiten von Busch, Küster, Kocher, Heppner und Garfinkel. Die Lehrbücher der Kriegschirurgie und der Gelenkkrankheiten, bes. Hueters (Leipzig 1870), Bonnets (Paris 1845), R. Volkmanns, Bryants (London 1859), die vielfach citirten Berichte etc. Ferner: Atlee, Walter T.: Amer. Journ. Juli 1867, p. 127. — Bergmann: Die Behandlung der Schussw. des Kniegelenks. Stuttgart 1878. Derselbe: Die Resultate der Gelenkr. im Kriege. Giessen 1874. — Bellanger: Amer. Journ. Nr. 46. 1863. p. 42. — Brückner: Die Schussw. des Ellenbogengelenks. Diss. inaug. Leipzig 1865. — Berend: Wiener Presse 1867. Nr. 15, 16, 17. — Böhr: Die Diagnose der Schussw. des Kniegelenks. Deutsche milit. Zeitschr.

1. 146. — Bodinet: Gaz. des hôpitaux 1871. 63. Bourilhon. de: Des plaies pénétr. de l'art. tibio-tars. Thèse de Strasb. 1863. — Carré. L. Alb. Léon: Des plaies pénétr. du genou. Thèse de Strasb. 1863. — Chisholm: Med. Times. Dec. 1866. — Cuignet: Rec. de mémoir. etc. 1872. p. 588. — Cortese: Annali universali Febr. p. 379. 1869. — Cousin: Union médic. 1872. Nr. 110. Bull. génér. de thérap. 1873. p. 158. — Drachmann: Ueber Resectionen nach Schussverletz. Vortrag in der med. Ges. zu Kopenhagen. 1865. — Dominik: Deutsche milit. Zeitschr. 1876. I. 69. — Deininger: Ibid. 1874. p. 237. — Dechaux: Des plaies pénétr. des articulat. Paris 1875. — Deutsche milit. Zeitschr. I. p. 256 etc. — Ewers: Deutsche milit. Zeitschr. 1874. 371. — Eilert: Ibid. 1875. 4. Heft; 1876. p. 483. — Esmarch: Ueber Resectionen nach Schusswunden. Kiel 1851. — Fieber: Feldarzt 1872. 6, 7. 8. 9. 10. — Fehr: Berl. kl. Wochenschr. 1872, 556. — Gurlt. E.: Die Gelenkresectionen nach Schussverletzungen. Ihre Geschichte, Statistik und Endresultate. Berlin 1879. 2 Bde. — Grossheim: Deutsche milit. Zeitschr. 3. Bd. 217. — Grellier: Thèse de Paris. 1876. 303. — Höpner: Schusswunden des Fussgelenks. Diss. inaugur. Leipzig 1865. — Hoffmann: Deutsche milit. Zeitschr. IV. 4. 5. — Heinzel: Ibid. IV. 305. — Hannover: Die dänischen Invaliden aus dem Kriege 1864. Berlin 1870. Oestr. medic. Jahrb. Heft II. p. 189. v. Langenbecks Archiv. XII. 386. — König: v. Langenbecks Archiv. IX. 446—470. Berl. kl. Wochenschr. 1871. Nr. 30. — Küster: Berl. kl. Wochenschr. 1873. 16. — Kratz: Deutsche milit. Zeitung. I. 399. — Löffler: v. Langenbecks Archiv. XII. 305. Verhandlungen der deutschen Gesellsch. für Chir. I. 54. — Lotzbeck: Bayer. Intell.-Blatt 1872. 31. — Lidell. John A.: Amer. Journ. New Ser. Vol. 49. 1865. p. 295. — Leidy: Med. and surg. reporter Nr. 16. 1872. — Lorinser: Wiener med. Wochenschr. 1868. 23. 27. — Liebermann: Plaies pénétr. des artic. Strasbourg 1857. — v. Langenbeck; Berl. kl. Wochenschr. 1865. Nr. 4. Ueber die Schussfr. der Gelenke und ihre Behandlung. Rede. Berlin 1868. Verhandlungen der Gesellsch. für Chir. I. 48. Ueber die Endresultate der Gelenkresect. Archiv Bd. 16. — Moses: Amer. Journ. Nr. 47. 1864. p. 324. — Macke: Schussverletzungen des Kniegelenks. Diss. inaug. Berlin 1869. — Maunder: London Hosp. Rep. IV. p. 264. — Mac Cormac: Med. chir. Transact. Vol. 55. p. 207. Br. med. Journ. 1876. Vol. I. p. 101. — Meusel: Berl. kl. Wochenschrift. 1875. 50. — Nussbaum: Bayer. Intell.-Blatt 1873. Nr. 3. — Otis: A report on excisions of the head of the femur. Circ. 2. Jan. 1869. — Peters: Amer. med. Times 1863. Vol. 7. p. 156. — Podratzki: Wiener med. Wochenschr. 1868. 39, 40. — Plattfont: Knochenverletzungen im Kniegelenk durch Kleingewehrprojectile. Diss. inaug. Würzburg 1879. — Reyher: Volkmanns Sammlungen von Vorträgen. Nr. 142, 143. Zur Behandlung der penetrirenden Knieschüsse. St. Petersb. med. Wochenschr. 1878. 8. p. 65. — Ritzmann: Berl. kl. Wochenschr. 1872. Nr. 276. — Roser, W.: Stuttgart 1876: Ueber Schlottergelenke. Simon, G.: Deutsche Klinik 1871. Nr. 29. 30. Pr. Vierteljahrschr. 1853. X. — Scheven: Deutsche milit. Zeitschr. 1876. 114. — Spillmann: Rec. de mémoir. 1875. p. 321. — Seggel: Deutsche milit. Zeitschr. II. 315, 536. — Spann: Schusswunden des Kniegelenks. Diss. inaug. Leipzig 1865. — Saltzmann: Schussw. des Kniegelenkes. Finske Laek. Hand. XIX. 2. 216. — Stetter: Beiträge zur Diag. und Behandlung der Schussw. des Kniegelenks. Bresl. Diss. inaug. 1872. — Thomson: Doubl. Journ. XLVI. 27—36. 1878. — Volkmann, Rich.: Corresp. des Vereins der Aerzte. Merseb. 1867. I. Endresultate der Gelenkresectionen. Vorträge 1873. Nr. 51. — Wahl: v. Langenbecks Archiv. Bd. XIII. — Wenzel: Ueber Kniegelenksschüsse. Diss. inaug. Berlin 1872. — Wolff, Julius: v. Langenbecks Archiv. Bd. XX.

Literatur zu Abschnitt IV, Cap. II B (p. 163).

Die citirten experimentellen Arbeiten von Busch, Garfinkel und Heppner, Messerer und Wahl in v. Langenbecks Archiv. XIV u. XVII. Die citirten Berichte und Lehrbücher. Aran: Archiv. génér. de méd. etc. Octobre 1844. p. 180, 309. — Bergmann: Centralblatt für Chir. 1880. Nr. 8. Lehrbuch der Kopfverletzungen in Pitha-Billroths und Luecke-Billroths Handbuch der Chirurgie. — Beck: v. Langenbecks Archiv. II. p. 547. VIII. p. 38. — v. Bruns: Chirurgie. Bd. I. — Buckley: Lancet 1877. II. p. 632. — Busch: v. Langenbecks Archiv. XV. p. 37. — Crosbery: Lancet 1877. p. 514. — Chrostek: Militärarzt. XIII. 6. p. 46. — Durham: Med. Times and Gaz. 1863.

Nr. 681. — Fischer: v. Langenbecks Archiv 1865. VI. p. 595. — Holst: Das Kriegsmuseum zu Washington. Würzburg 1865. — Heimann, N.: Experimentelle und casuistische Studien über Frakturen der Schädelbasis. Diss. inaug. Dorpat 1881. — Hutin: Gaz. méd. de Paris 1849. p. 765. — Longmore: Lancet 1865. I. p. 24. Med. Times 1870. II. p. 591. — Löffler: Generalbericht. Berlin 1867. I. p. 57 u. 119. — Leyden: Klinik der Rückenmarkskrankheiten. Berlin 1874. I. p. 349. — Lidell: Injuries of the spine. Amer. Journal of med. 1864. 305, 328. — Ollivier d'Angers: Maladies de la moëlle épinière. Paris 1837. p. 360. — Paget: Medical Times 1863. I. p. 185. — Rücker, G.: Exp. u. casuist. Beiträge zur Lehre von der Höhlenpressung bei Schusswunden des Schädels. Diss. inaug. Dorpat 1881. — Rosenthal, J.: Verhandlungen der Giessener Naturforscherversammlung. — Teevan: Centralblatt für die med. Wissenschaften 1864 u. 1865.

Literatur zu Abschnitt IV, Cap. IV (p. 192).

Die Handbücher der Kriegschirurgie, die wir bereits wiederholt citirt haben. Die Berichte von H. Beck, Berthold, Biefel, Billroth, Büttner und Gleissenberg, Gesammtbericht des amerikanischen Krieges, G. Fischer, H. Fischer, K. Fischer. Goldtammer, Graf, Hopmann, Kirchner, Koch, Lossen, Löffler, Maas, Mayer, Mosetig, Mossakowsky, Ochwadt, Ressel, Ross, Rupprecht, Salzmann, Schinzinger, Stoll, Stromeyer, Socin und Klebs, Vaslin. — Deutsche Milit.-Zeitung: I. u. II. Verhandlungen der militärärztlichen Gesellschaft zu Orleans. — Circular, Nr. 6. p. 38. — Adler: Ueber die Gefahr und Lethalität der Verletzungen der Blutgefässe. Diss. inaug. Würzburg 1857. — Ashurt: Amer. Journ. 1864. p. 144. — Arnold: Pathol. Anat. der Schusswunden etc. — Amussat: Plaies d'armes à feu. Paris 1849. p. 48. — Adelmann: v. Langenbecks Archiv III. u. XI. — Bardeleben, K.: Dissert. inaug. Berlin 1871. — Boeckel: Des hémorrh. dans les plaies d'armes à feu. Gaz. de Strasb. 1871. p. 13. — Brigham: Quelques observ. chir. Paris 1872. — Bryant: Guys-Hospit. Rep. XV. — Blandin: Anat. chir. p. 287. — Balch, B.: Amer. Journ. 1861. p. 293. — Bonnafont: Sur la popriété des troncs artériels de résister etc. Compt. rend. 71. Nr. 21. p. 707. — Bergmann: Die Schussverletzungen und Unterbindungen der Subclavia. Petersburg 1877. — Chipault: Fract. par armes à feu. Paris 1872. — Cadier: Quelques considérat. sur les blessures d'artères. Paris 1866. Thèse. Daum, C.: Considérat. sur les plaies du cœur et du péricard par armes à feu. Paris 1879. — Dupuytren: Traité théor. et prat. des blessures par armes de guerre. Brüssel 1836. — Deprès: Gaz. des hôpit. 1871. Nr. 129. — Eilert: Resultate der Gelenksresection im Kriege 1870/71. Deutsche Milit.-Zeitschr. II. — Fischer, Georg: Wunden des Herzens. v. Langenbecks Archiv 9. p. 571. — Derselbe: Die Wunden und Aneurysmen der Art. glutaea und ischiadica. Ibid. XI. — Fournier: Des hémorrh. dans les plaies par coups de feu. — Strasbourg 1864. Thèse. — Fränkel: Berl. klin. Wochenschr. 1871. — Fischer, H.: Lufteintritt in die Venen. Volkmanns Vorträge. — Gähde: Behandlung und Ausgänge der Spätblutungen. Diss. Berlin 1876. — Greene, James, Sampel on the presence of air in the veins etc. Amer. Journ. 1865. p. 38. — Geissel: Deutsche Zeitschr. für Chir. V. 1. — Heidenreich: Bayer. Int.-Bl. 1865. Nr. 51. — Holmes: Amer. Journ. T. I. p. 227. — Heine: Schussverletzungen der untern Extremitäten. v. Langenbecks Archiv VII. — Heinzel: Deutsche milit. Zeitschr. 1875. — Jamain: Des plaies du cœur. Paris 1857. — Keen. W.: Amer. Journ. 1864. p. 48. — Kocher: Verletzungen des Vertebralis. v. Langenbecks Archiv XII. Heft 3. — Klett: Württemb. Corresp.-Blatt. 1868. Nr. 16. — Koch: v. Langenbecks Archiv X. — Latour: Traité des Haemorrh. Orléans 1815. T. I. p. 75. — Larrey: Denkwürdigkeiten. Leipzig 1813. — Lamotte: Traité compl. de chir. Paris 1781. T. II. p. 69. — Luecke: Aphorismen in v. Langenbecks Archiv VII. — Derselbe: Kriegschir. Fragen und Bemerkungen. Bern 1871. — Le Fort: Gaz. des hôpitaux 1872. Nr. 2. — v. Langenbeck: Anmerkungen zu Hunter im Archiv. Bd. I. — Lidell: On Gunshot-Wounds of arteries. Amer. Journ. 1864. p. 108. — Müller: v. Langenbecks Archiv XV. 1873. — Morand: Mémoir. de l'acad. de chir. Tom. II. p. 152. — Schmoll, G.: Ueber Arterienwunden und arterielle Hämatome. Diss. inaug. Bonn 1880. — Noll: Annales de chir. franç. IV. p. 120. — Norris: Amer. Journ. 1864. p. 128. — Peters: Amer. Journ. 1865. p. 373. — Pirogoff: v. Graefes und Walthers

Archiv 1833. — Pilz: Ligatur der Carotis communis. v. Langenbecks Archiv 9. p. 257. — Porta: Gaz. clin. di Palermo. Nr. 4. 1870. — Poland, Alfred: Stat. rep. on the treatment of subclavian aneurism. Guys Hospit. Rep. XXI. — Roser: Berl. klin. Wochenschr. 1867. Nr. 17, 18. v. Langenbecks Archiv XII. 222 u. 717. — Richepin: Les hémorrh. traum. sur les champs de bat. Recueil de mémoir. 1866. Oct. — Roux: Gaz. hebdomad. 1859. VI. 14, und Quarante années de pratique 1855. Tom. II. — Rabe: Deutsche Zeitschr. für Chir. 1875. V. — Schmidt, Herm.: Zur Behandlung der mit Arterienverletzung complicirten Schussfrakturen. Deutsche Milit. Zeitschr. 1876. Heft 10. p. 545. — Stoppa: Cesare Gaz. med. 1865. p. 736. — Senftleben: Verschluss der Gefässe. Virchows Archiv Bd. 77. p. 428. — Unger, Fried. Aug.: Nonnulla de arter. mammarinae internae vulneribus. Leipzig 1860. — Verneuil: Gaz. des hôpitaux 1870. Nr. 1. Ibid. 1871. p. 347. — Eine reichhaltige Casuistik findet sich in Gurlts Berichten (v. Langenbecks Archiv) und in den Canstatt'schen, von Virchow und Hirsch herausgegebenen Jahresberichten.

Literatur zu Abschnitt IV, Cap. V (p. 225).

Gehirn.

Bruns l. c. und Bergmann l. c. bringen sehr ausführliche Literatur-Angaben. — Alquié: Gaz. médic. de Paris 1865. 15. — Billroth: v. Langenbecks Archiv II. — Bergmann l. c. und Volkmanns Vorträge 101 u. 109, auch Centralbl. für Chir. 1880. Nr. 8. — Beck: Schädelverletzungen. Erlangen 1865; Deutsches Archiv für Chir. XI. 5 u. 6. Erfahrungen 1866 und Chirurgie der Schussverletzungen. 1872. — Chassaignac: Des plaies de tête. Paris 1842. — Duplay: Archiv. général. 1879. Août p. 192. — Dupuytren: Leçons orales. Paris 1839. II. Ed. VI. p. 170. — Demme l. c. II. p. 85. — Fischer, H.: Volkmanns Vorträge Nr. 27. Berl. klin. Wochenschr. 1865. Nr. 11. — v. Langenbecks Archiv. VI. 595—647. — Flechut: L'union médic. 1871. Nr. 10 u. 11. — Guthrie: On injuries of the head etc. London 1842. — Hennen: Grundzüge der Milit.-Chir. Weimar ·1822. p. 352. — Hasselbach: Henkes Zeitschr. 1855. — Joly: Studien aus dem Institute für exper. Pathol. zu Wien. 1870. p. 38. Untersuchungen über Gehirndruck. Würzburg 1871. — Kussmaul und Tenner: Moleschotts Untersuchungen. 1857. Bd. 3. — Koch und Filehne: v. Langenbecks Archiv. Bd. XVII. — Krafft-Ebing: Ueber die durch Gehirnerschütterungen und Kopfverletzungen hervorgerufenen psychischen Krankheiten. Erlangen 1868. — Leyden: Virchows Archiv 1866. Bd. 37. p. 520. Berl. klin. Wochenschr. 1867. — Laugier: Comptes rendus. 1867. Nr. 19. — Larrey: Mémoires etc. Tom. III. p. 317. IV. p. 183. — Löffler l. c. p. 70. — Lebert: Virchows Archiv X. p. 386. — Lohmeyer: v. Langenbecks Arch. XIII. p. 309. — Longmore: Lancet 1865. p. 649. 1870. p. 591. — Meyer, R.: Zur Pathol. des Gehirnabscesses. Zürich 1867. — Pagenstecher: Experimentelle Studien über Gehirndruck. 1871. Heidelberg. — Pirogoff l. c. 147—202. — Podratzki: Wiener med. Wochenschr. 1871. 49 u. 50. — Rosenthal: Reicherts und Dubois Archiv 1867. — Richter: Chirurgie Bd. 2. p. 105. — Schüle: Ziemssens Sammelwerk XVI. I. — Stromeyer: Maximen. p. 401 u. 483, und Erfahrungen 1866. — Virchow: Archiv. Bd. 50. p. 304. — Wernher: Virchows Archiv. Bd. 56. p. 289.

Rückenmark.

Die citirten Werke von Socin, Klebs, Arnold, Demme, Leyden etc. und der amerikanische Gesammtbericht. — Brodie: Pathol. and surgic. observations relating to injuries to the spinal cord. Med. chir. transactions XX. — Bernhardt: Berl. klin. Wochenschr. 1875. — Beck: Virchows Arch. 1875. — Charcot: Leçons sur les maladies du système nerveux. III. — Cottin: Progrès médic. 1878. — Chvostek: Allg. Wien. med. Ztg. 1879. — Erb: Rückenmarkskrankheiten. Ziemssens Handbuch XI. — J. E. Erichsen: On concussion of the spine etc. London 1875. — Eberhard, G.: Ueber Erschütterung des Rückenmarkes. Diss. inaug. Göttingen 1875. — Falkenstein: Deutsche milit. Zeitschr. 1880. 5. — Gay: Lancet 1876. — Hutin: Gaz. médic. de Paris 1849. p. 765. — Kirbs: Diss. inaug. Berlin 1839. — Karow: Diss. inaug. Halle

1874. — Leyden: Arch. für Psychiatrie VIII. — Luecke: Aphorismen. Berlin 1865. — Lidell: Amer. Journ. of med. scienc. 1874. 305—328. — Mitchell, Moorehouse and Keen: Gunshot-Wounds and other injuries of nerves. Philadelphia 1864. — H. Obersteiner: Strickers med. Jahrb. 1879. III u. IV. p. 531. — Pütz: Diss. inaug. Kiel 1873. — Perkowski: Centralbl. für Chir. 1879. Nr. 9. p. 142. — Riegler: Ueber die Folgen der Verletzungen auf Eisenbahnen etc. Berlin 1879. — J. Rosenthal l. c. — Shaw: Holmes syst. of surg. 1870.

Sympathicus.

Eulenburg und P. Guttmann: Pathologie des Sympathicus. Berlin 1873. — Mitchell etc. l. c. — Seeligmüller: De traum. nervi sympathici laesionibus. Halle 1876.

Gehirnnerven.

Die citirten Werke von Bergmann, Mitchell, Erb, Demme, Beck (Chir. der Schussverletzungen) und der amerikanische Gesammtbericht. — Blenke: Diss. inaug. Göttingen 1871. — Hahn: Berl. klin. Wochenschr. 1868. p. 170. — Jobert: Des plaies d'armes à feu. p. 139. — Larrey: Clin. chir. IV. p. 211.

Augen.

Beck: Chir. der Schussverletzungen. Freiburg 1872. — Berlin: Ueber Sehstörungen nach Verletzung des Schädels durch stumpfe Gewalt. Im Bericht über die 12. Versammlung der ophthalmologischen Gesellschaft in Heidelberg 1879. (Zehenders klin. Monatsbl. 1879. Beil.) — Derselbe: Krankheiten der Orbita. Im Handbuch der gesammten Augenheilkunde, herausgegeben von Graefe und Saemisch 1880. Bd. VI. — Derselbe: Ueber Commotio retinae. Berl. klin. Wochenschr. 1881. Nr. 31, 32. — II. Cohn: Schussverletzungen des Auges. Erlangen 1872. (Auch als Anhang zu H. Fischers „Vor Metz".) — Demme: Militärchir. Studien. 1861. — Goldzieher: Chorioiditis plastica nach Schussverletzungen des Auges. Wien. med. Wochenschr. 1881. Nr. 16 u. 17. — Leber: Die Krankheiten der Netzhaut und des Sehnerven. Im Handbuch von Graefe-Saemisch Bd. V. Cap. VIII. 1878. — Löffler: Generalbericht über den Gesundheitsdienst im Feldzuge gegen Dänemark. Berlin 1867. — Mauthner: Vorträge aus dem Gesammtgebiete der Augenheilkunde. Die sympathischen Augenleiden. 1878. Gehirn und Auge. 1881. — Mooren: Ophthalmiatrische Beobachtungen. Berlin 1867. — Oettingen: Die indirecten Läsionen des Auges bei Schussverletzungen der Orbitalgegend nach Aufzeichnungen aus den russischtürkischen Kriege (1877—1878). Enke. 1879. — Reich: Erkrankungen des Sehorgans bei Schussverletzungen des Auges. Beobachtungen aus dem russisch-türkischen Kriege. Zehenders klin. Monatsbl., XVII. Jahrgang. Märzheft. (Auszug aus einer grösseren Arbeit im russischen militärärztlichen Journal 1878.) — Socin: Kriegschirurg. Erfahrungen. Leipzig 1872. — Talko: Rany postrzalowe oka z woiny Rossysko-Tureskiej 1877—1878. Warszawa 1378. — Ferner: The medical and surgical history of the war of the rebellion (1861—1865) Part. I. vol. II. p. 325—345. — Zander und Geissler: Die Verletzungen des Auges. Leipzig 1864.

Ohren.

Archiv für Augen- und Ohrenkrankheiten von Knappe und Moos. — Archiv für Ohrenheilkunde von Schwartze, Tröltsch und Politzer. — Brunner: Monatsschr. für Ohrenheilk. 1873. 4. — Haupt: Dissert. inaug. Würzburg 1897. — Trautmann: Maschka's Lehrbuch der gerichtlichen Medicin. Tübingen 1881. p. 381. — Tröltsch: Lehrbuch der Ohrenheilkunde. 1877. p. 145. — Toynbee: Krankheiten des Ohres, übersetzt von Moos. p. 180 etc.

Peripherische Nerven.

Die citirten kriegschirurgischen Werke und Berichte; besonders Mitchell l. c. — Althaus, J.: Arch. f. kl. Med. X. 1872. — Annandale: Malformations of the fingers and toes. London 1866. — Brodie: Lectures of certain local nervous affections. London 1837. — Brown-Séquard: Lectures of the Physiol.

and Pathology of the nervous system. Philad. 1860. — Bärwinkel: Arch. der
Heilkunde 1871. — Benedikt: Wiener allgem. Zeitung 1870. — Beneke: Virchows Arch. 55. — J. B. Bastien et Vulpian: Gaz. méd. de Paris 1855. p. 794.
— Bumke: Virch. Arch. Bd. 52. — Conyba: Des troubles trophiques consée.
aux lésions traum. de nerfs etc. Thèse de Paris. 1873. — Charcot: Journ. de
physiol. 1859 und Montp. méd. 1870. 24—33. — Cousard: Sur la paralysie
suite de contusion des nerfs. Thèse de Paris. 1871. — Dessot: Des affections
locales des nerfs. Thèse de Paris. 1822. — Dubreuilh: Clinique de Montpellier.
1845. Nr. 5 -7. — Duménil: Gaz. hebd. 1866. Nr. 4—6. — Eichhorst: Virchows Arch. Bd. 59. — Erb, W.: Handbuch. Leipzig 1874. Arch. f. klin. Med.
IV u. V. — Friedreich: Schmidts Jahrbücher V. p. 89. 1835. — Förster:
Handbuch der path. Anat. 2. Aufl. II. p. 646. — H. Fischer: Volkmanns
Vorträge Nr. 10. Berl. klin. Wochenschr. 1871. — Feinberg: Berl. klin. Wochenschrift 1871. — E. Graf: Das Reservelazareth zu Düsseldorf. Elberfeld 1872.
p. 59. — Gluck: Virchows Arch. Bd. 72. — Handfield, Jones: Clinical
observations on fonctious nervous disorders. London 1864 und Sct. Georgs
hospit. reports 1868. p. 89. — Hertz: Virch. Arch. Bd. 46. — Hutchinson:
London hosp. reports 1866. III. und Med. Times 1863. — Jordan: Br. med.
Journ. 1867. p. 73. — Leyden: Volkmanns Vorträge 2. — Londé: Des
neuralgies consée. aux lésions des nerfs. Thèse de Paris 1860. — Laverran:
Thèse de Strasbourg 1864. — Landry: Traité complet des paralysies. Paris 1859.
M. Leudet: Arch. génér. 1865. — Lewisson: Reicherts Arch. 1869. —
Larrey: Clin. chir. I. 1. p. 200. — Mougeot: Rech. sur quelques troubles de
nutrition consécutives aux affect. des nerfs. Paris 1867. — Mason Warren:
Amer. Journ. of med. scienc. 1864. p. 316. — Paget: Surgical pathology. Vol. I.
p. 43. — Pouteau: Oeuvres posthumes. p. 92. — Rédard: Arch. génér. 1872.
I. p. 29. — Remack: Oester. Zeitschr. f. prakt. Heilk. 1860. Nr. 48. Allg. med.
Centralzeitg. Berlin 1863. — Schiefferdecker: Berl. klin. Wochenschr. 1871.
Nr. 14. — Samuel: Die trophischen Nerven. Leipzig 1860. — Secchi: Diss.
inaug. Breslau 1869. — Tillaux: Affect. chir. des nerfs. Paris 1866. — Tissler:
Diss. inaug. Königsberg 1869. — R. Virchow: Arch. Bd. 53. — Vulpian et
Philippeaux: Compt. rendus 1859. 1860 u. 1861. — Vulpian: Leçons. Paris
1868. Arch. de physiol. 1872. — Weigert, C.: De nervorum laesionibus te-
lorum ictu affectis. Diss. inaug. Berlin 1866. — Waller: Proc. royal London
Society. London. Vol. XI. p. 436 u. XII. p. 89. — Weber, O.: In Pitha-Billroths Handbuch II. 2. p. 214.

Tetanus und Epilepsie.

Baulac: Considérat. sur le tétanos traumatique. Paris 1866. — Billroth
und Fick: Vierteljahrsschrift der Züricher naturforschenden Gesellschaft. VIII.
p. 1863. — Briand: Gaz. des hôp. 1872. Nr. 73. — Blizard Curling: A treatise on tetanus. London 1836. — H. Demme: Zur pathol. Anatomie des Tetanus.
1859 und Schweizer Zeitschr. II. 1864. — Echeverria: Arch. génér. 1878. Nov.,
Dec. — E. Guentz: Diss. inaug. Leipzig 1862. — Heineke: Deutsche Zeitschr.
f. Chir. Bd. I. p. 267. — König: Das Gesicht des Tetanischen. Arch. für Heil-
kunde 1871. — Krosta: Dissert. inaug. Berlin 1867. — Knecht: Schmidts
Jahrbücher 1879. 4. — Larrey: Lancette française 1836. Nr. 81. Mémoires etc.
Paris 1812—1817. — Leyden: Virch. Arch. Bd. 26. 1863. — Morgan, J.:
On tetanus. London 1833. — Marten: Allgem. med. Central-Zeitg 1871. Nr. 53.
— E. Rose: Pitha-Billroths Handbuch. 1. Bd. 3. Abth. 1. Heft. 1. Lieferg.
— Richter: Chirurgie der Schussverletzungen. Bd. I. — Schäffer: Bayer.
Intell.-Blatt 1872. Nr. 45. — Thamhayn: Schmidts Jahrbücher. Bd. 112. —
Verneuil: Gaz. des hôpit. 1872. — Yandell: Petersb. med. Wochenschr. 1879.
Nr. 2.

Literatur zu Abschnitt IV, Cap. VI I (p. 305).

Kehlkopf.

Amerikanischer Gesammtbericht: Chir. Theil I. p. 403. — Beck:
Chirurgie der Schussverletzungen. II. p. 458. — Demme: l. c. p. 125. — Hueter:
Pitha-Billroths Handbuch. 3. Bd. — Kühn: Der Kehlkopf- und Luftröhren-
schnitt. Leipzig 1864. — Lotzbeck: Der Luftröhrenschnitt bei Schusswunden.

München 1873. — v. Langenbeck: Deutsche militärärztl. Zeitschr. I. 1 und 2. 1872. p. 59. — Pirogoff: l. c. p. 562. — Percy: Vom Ausziehen fremder Körper aus Schusswunden. Strasb. 1789 (übers. v. Lauth). — Witte: Verwundungen des Kehlkopfes. v. Langenbecks Arch. Bd. 21.

Brustschusswunden.

Die citirten kriegschir. Werke u. Berichte. Besonders bieten der englische Bericht aus dem Krimkriege und der amerikanische Gesammtbericht eine unerschöpfliche Quelle zur Beantwortung der in dieses Capitel fallenden Fragen der Kriegschirurgie. — Béaunis: Impressions de la campagne. Gaz. méd. de Paris. XXVI. 52. 1871. — Bernheim: Schusswunden der Lunge. Gaz. des hôp. 1879. Nr. 46. — Bland: New-York. med. Journ. 1876. p. 124. — Brechet: Diction. des sciences médicales. Paris 1815. T. XII. Art. Emphysème. — Dollinger: Petersb. med.-chir. Presse. XIII. 35. 1877. — Erichsen: Science and art of surgery. Vol. I. p. 437. — Fischer, H.: Das traumatische Emphysem. Volkmanns Vorträge. — Frazer, P. A.: Treatise on penetrating wounds of the chest. London 1859. — Gosselin: Recherches sur les dechirures du poumon. Mémoires de la société de chir. Paris 1847. T. I. p. 201. — Gant: Science and practice of surgery. London 1871. 833. — Hewson: Med. observ. and inquir. Vol. III. p. 372. — Howard, B.: Treatment of gunshot and penetrating wounds of the chest by hermetically sealing. Amer. med. Times. Oct. 1863. — Herzberg: Ueber Hernia thoracica. Halle 1860. — Halliday: Observ. on emphysema. London 1817. — Hadlich: v. Langenbecks Arch. Bd. XXII. p. 842. — Irwin: Amer. Journ. CXL. N. S. p. 404. Oct. 1875. — Jobert: Plaies d'armes à feu. p. 162 u. 169. — König: Archiv für Heilkunde 1864. — Koch: v. Langenbecks Arch. Bd. XIII u. XV. — Longmore: London Lancet 1864. I. 5. — Murat: Nouveau dictionnaire. Paris 1842. Art. Emphysème. — Michel, M.: Confed. States med. and surg. Journ. July 1864. p. 99. — Morel-Lavallée: Mémoires de la société de chir. 1847. T. I. p. 185 und Gaz. méd. de Paris 1847. T. I. p. 77. — Nedopil: Wiener med. Wochenschr. 1877. 18—20. — Poland: Holmes syst. of surger. Vol. II. p. 579. — Poncet: Bull. de la société de chir. III. Nr. 7. — Parson: New England Journ. of med. and surg. 1818. p. 209. — Schneider: v. Langenbecks Arch. XXIII. p. 248. — Saussier: Recherches sur le Pneumothor. Paris 1841. — Stehanowski, E.: Wojenno-Medizinski-Journal. Febr.-Heft 1880. — Vergue: Hernie du poumon. Thèse de Paris 1875. — Wahl: v. Langenbecks Arch. XIV. 23.

Literatur zu Abschnitt IV, Cap. V II (p. 329).

Im Allgemeinen.

Amerikanischer Gesammtbericht: Chir. Theil II. p. 162. — Baudens: Clinique etc. l. c. p. 122 u. 346. — Beck: Chirurgie etc. p. 528. — Billroths Briefe etc. p. 188, besonders auch die pathologisch-anatomischen Untersuchungen der Schussverletzungen von Arnold und Klebs l. c. — Dusenberg: Gunshot wounds of the abdomen. Amer. Journ. of med. scienc. 1865. p. 5. Vol. L. p. 400. — Demme l. c. p. II. 151. — Dupuytren: Leçons orales VI. p. 464. — Fayrer: Observat. in India. London 1876. p. 591. — H. Fischer: Vor Metz. Erlangen 1872. — K. Fischer: Militärärztliche Skizzen 1867. — Hennen: l. c. 3. Edit. 422. — Johnen: Deutsche Zeitschr. f. Chirurgie 1876. — Kleberg: v. Langenbecks Arch. 1868. — Legouest: II. Edit. p. 463. — Lidell: Injuries of abdominal viscera by Fire-arms Amer. Journ. of med. scienc. 1867. Vol. LIII. p. 356. — Linse: Württemb. Correspond.-Blatt 1871. Bd. 41. Nr. 14. — Nussbaum: Verletzungen des Unterleibes. Billroth und Luecke: Chir. Lieferg. 44. — Stromeyer: Maximen. II. E. p. 639. — Socin l. c. p. 92. — Volkmann: Deutsche Klinik 1868. Nr. 1. — Wysler: Penetr. Bauchwunden. v. Langenbecks Arch. 1864.

Schusswunden des Oesophagus.

Wolzendorf: Ueber Verletzungen des Oesophagus etc. Deutsche milit. Zeitschr. 1880. Heft. 10.

Magen- und Darmcanal.

Beck: Deutsche Zeitschr. f. Chir. XI. — Circular 3: Surg. Gener. Offic. 1871. — Donau: Schussverletzungen des Darmcanals Diss. inaug. Leipzig 1866. — II. Fischer: Deutsche med. Wochenschr. Wochenschr. — Guthrie: Commentaries. 6. Edit. p. 576. — Hamilton: Treatise of milit. surgery. 1865. p. 360. — Henrici: Ueber die Wunden des Magens. Leipzig 1864. — Henko: Zur Lehre von den perforirenden Bauchschüssen. Diss. inaug. Dorpat. — Jobert: Traité théorique et pratique des maladies chir. du canal intestinal. Paris 1829. T. II. — Lovell: Lancet. Dec. 1866. Vol. II. p. 622. — Lidell: Amer. Journ. of med. scienc. LIII. p. 351. — Larrey: Mémoires. T. III. p. 334. — Mossakowsky: Deutsche Zeitschr. f. Chir. 1872. I. p. 321. — Peters: Gunshot wounds of intestines and bladder. Amer. med. Times 1864. Vol. 8. — Poncet: Bull. de la société de chir. de Paris. T. IV. Nr. 10. — Poland: Guy's hospital reports 1858. III. Ser. Vol. IV. p. 123. — Romberg: Die Wunden des Magens. — Ravaton: Chir. d'armée. p. 228. — Rundle: Gunshot wound of the abdomen. Med. Times 1866. 821. — Stromeyer: Maximen. p. 633. — Scholtz: Wiener med. Wochenschr. 1864. 3 u. 4. — Socin l. c. p. 92. — Smith: Med. Examiner 1851. N. F. Vol. VII. p. 162. — Simon: v. Langenbecks Arch. 1872. XV. I. p. 109. — Tripler: Peninsular-Journ. of med. 1856. IV. 2.

Mastdarm.

Esmarch: Die chirurg. Krankheiten des Mastdarmes. Pitha und Billroths Chir. III. 2. 4.

Leberschussverletzungen.

Bergmann, E. C. E.: Ueber die Wunden der Leber u. Gallenblase. Diss. inaug. Leipzig 1864. — Bilguer: Chir. Wahrnehmugen. 1736. p. 388. — Deprès: Gaz. médic. de Paris. 1871. — Dupuytren: Leçons orales 1839. T. VI. p. 478. — Guthrie l. c. p. 51—53. — Harlan: North. amer. med. chir. review. 1859. Vol. III. p. 698. — Joseph, H.: Ueber den Einfluss chemischer u. mech. Reize auf die Leber. Diss. inaug. Berlin 1868. — Larrey: Mémoir. de chir. milit. 1817. Tom. IV. p. 272. — Lidell (J. A.): Gunshot wounds of the liver. Amer. Journ. of med. scienc. 1857. Nr. 5. Vol. 53. p. 344—345. — Mayer: Wunden der Leber und Gallenblase. München 1872. — Nicaise: Gaz. de Paris. 1871. — Ochwadt: Kriegschir. Erfahr. während des Krieges gegen Dänemark 1864. Berl. 1865, p. 346. — Peyret, D. P.: Étude sur les blessures du foie par armes à feu. Paris 1879. — Purmann: 50 sonderbare Schusswunden. Jena 1721. — Schwartz: Beiträge. Schleswig 1854. p. 124. — Shelts: Gunshod Wounds of the abdomen. Med. and surg. Reporter 1865. Vol. XII, p. 445. — Stromeyer: Maximen p. 638 und Erfahrungen 1867. p. 6. — Terillon: Etude expériment. sur la contusion du foie. Archiv. de psychol. 1875. p. 22—32. — Tillmanns: Archiv der Heilkunde. 1878. XIX, p. 119. — Ulwersky: Virchows Archiv Bd. LXIII. p. 189. — Verneuil: L'union médicale 1877. p. 755. — Williams, P. O.: Report of a Gunshot wound of the liver. Transact. of the med. soc. New-York 1866. p. 36.

Milz.

Collin: Rec. de mémoir. de chir. 1855. II. 15. p. 1. — Dupuytren: Leçons or. VI. 480. — Fielitz: Richters chir. Bibliothek. Göttingen 1875. VIII. p. 352. — Guthrie: Commentaries. V: Edit. p. 590; in Lectures. p. 56. — Hennen: Princip. of milit. surgery. III. Edit. p. 445. — Legouest: Traité etc. II. Edit. p. 402. — Lohmeyer: Schusswunden und ihre Behandlung. 1859. p. 160. — Möbius: Deutsche Klinik 1850. Nr. 20. — Mayer: Wunden der Milz. Leipzig 1878.

Nieren.

Simon: Nierenchirurgie. Stuttgart 1876 u. 1877. — Maas: Deutsche Zeitschr. für Chir. Bd. X.

Blase.

Bartels, Max: Die Traumen der Harnblase. v. Langenbecks Archiv 1878. XXII. p. 521. — Bruns, Paul: Schussverletzungen der Blase mit Eindringen von

Fremdkörpern und nachträglicher Steinbildung. D. Zeitschr. für Chir. 3. 1873. — Bernhard: Étude sur le traitement des plaies de la vessie par armes à feu. Paris 1879. — Demarquay: Mémoires sur les plaies de la vessie par armes à feu. Mémoir. de la Société de Chir. de Paris. Tom. II. p. 300. — Girerd: Des plaies du scrotum. Gazette des hôpitaux 1879, Nr. 9 und 12. — Otis: Contributions to the army Medical Museum. Bost. med. and surgic. Journ. 1878. Vol. I, p. 163. D. C. Peters: Gunshot wounds of intestines and bladder. Amer. med. Times 1864. Vol. 8. — Wittelshöfer: Wiener medic. Wochenschrift 1879. Nr. 4.

Literatur zu Abschnitt V (p. 369).

Die citirten Werke, bes. Richter: Chirurgie der Schussverletzungen p. 855, H. Fischer: Erfahrungen, Klebs u. Arnold l. c., Schüller l. c., Longmore l. c. p. 198, Kirchner l. c. p. 16.

Phlegmonen.

Hueter: Centralbl. für Chir. 1880. — Kolaczek: Ibid. — König: D. Zeitschr. für Chir. X. Heft 1 u. 2. — Lyons: Report on the pathology of the diseases of the army in the East. London 1856. p. 105. — Pirogoff: Klinische Chirurgie. III. p. 36. — Sachse: D. Militärärztl. Zeitschr. 1880. Heft I.

Delirieu.

Chenu: Aperçu historique, statistique et clinique sur les ambulances pendant la guerre de 1870—1871. Tome I. p. 475. — Rose: Pitha-Billroths Handbuch I. 1 u. 2.

Wundfieber, Pyämie etc.

Hueter. C.: Die chirurgische Behandlung der Wundfieber bei Schusswunden. Volkmanns Vorträge 22, und die septichämischen Processe und pyämischen Fieber. Pitha-Billroths Handbuch I. 2. 1. — Kraussold: v. Langenbecks Archiv. Bd. XXII. Heft 4. — Kraske: Centralbl. für Chir. 1880. Nr. 17. — Löw: Ueber die Pyämie und ihre Prophylaxis bei Amputationen. Archiv für kl. Chir. 1877. Bd. XXI. Heft 3. — Roser: Archiv für Heilkunde 1860. p. 38. 193 etc. — Vaslin: Étude sur le pansement des plaies et l'hygiène des blessés ou la prophylaxie de la septicémie chirurgie. Angers 1879. — Waldeyer: Zur pathologischen Anatomie der Wundkrankheiten. Virchows Archiv. 40. p. 379—426. — Weljaminew: Centralbl. für Chir. 1880. Nr. 31. — Weinlechner: Wochenschr. der K. K. Gesell. der Aerzte zu Wien. 1867. Nr. 22.

Fettembolie.

Busch: Virchows Archiv. XXXV. p. 321. — Bergmann: Die Lehre von der Fettembolie. Dorpat 1863. — v. Recklinghausen: Virchows Archiv. — Skriba: Deutsche Zeitschr. für Chir. XII. p. 118. — Virchow: Gesammelte Abhandlungen p. 296 u. 726. — Wiener: Wesen und Schicksal der Fettembolie. Archiv für exper. Pathologie. XI. p. 257. — Wagner: Archiv für Heilkunde 1862. III. p. 241.

Hospitalbrand.

Fock: Zur Aetiologie des Hospitalbrandes. Deutsche Klinik 1856. — Fischer, H.: Charité-Annalen. Band XIII. Heft 1. — v. Heyne: Pitha-Billroths Handbuch. Bd. I. 2. — Heiberg u. Schulz: Berl. kl. Wochenschr. 1871. Nr. 10. v. Pitha· Prager Vierteljahrsschr. 1851. Bd. 2. — König: Virchows Archiv. 52. 3. p. 376 u. Volkmanns Vorträge Nr. 40. — Luecke: Kriegschir. Fragm. Bern 1871. — Richter: Chir. der Schussverl. p. 864. — Schüller l. c. p. 99.

Rose.

Longmore l. c. p. 253. — Pirogoff l. c. p. 854 u. 985. — Richter l. c. p. 850. — Rissmann: Beiträge zur Aetiologie u. Pathologie des Erysipelas. Zürich 1872. — Tillmanns: Luecke u. Billroths Handbuch. — Volkmann: Pitha-Billroths Handbuch 1. II. 1. I. u. Beiträge zur Chirurgie. Leipzig 1875. p. 41.

Herpes traumaticus.

R o u x , P.: Contribution à l'étude de l'herpe traumatique. Thèse de Paris 1879.

Maden in Schusswunden.

L a r r e y : Mémoires T. I. p. 311. — L o n g m o r e : l. c. p. 212. — M e d i c a l a n d S u r g i c a l h i s t o r y of war against Russia. Vol. II. p. 274.

Innere Krankheiten.

Constitutionelle Erkrankungen.

B e r g e r , Paul: De l'influence des malad. constitution. sur la marche des lésions traumatiques. Thèse de Paris 1875.

Constitutionelle Syphilis.

D ü s t e r h o f f : Ueber die bisherigen Ansichten über den Einfluss der constit. Syphilis auf den Verlauf der Kriegsverletzungen. v. L a n g e n b e c k s Archiv. XXII. p. 637. — F i s c h e r . II.: Kriegschir. Erfahrungen. 1. Theil. Erlangen 1872. p. 62. — M e r k e l , Joh.: Bayer. ärztl. Intell.-Blatt 1870. Nr. 49. — P e t i t , L. II.: De la syphilis dans le rapport avec le traumatisme. Thèse de Paris 1875. — S i e g - m u n d : Ueber Beinbrüche bei mercurialisirten Syphilitischen. Zeitschr. der Wiener Aerzte. N. F. III. 1860. Jahrg. XVI. Nr. 28. — T h o m a n n , E.: Ueber dasselbe Thema. Ibid. 1865. 352. — Z e i s s l : Ueber den Einfluss der Syphilis auf Ver- letzungen. Wiener med. Woch. 1875. p. 324.

Scharlach.

M a y : Journal für Kinderkrankheiten. Bd. 44. p. 233 etc. — M u r c h i s o n : Lancet 1878. Juni 8. — R i e d i n g e r : Ueber das Auftreten von Scharlach bei Operirten und Verwundeten. Centralblatt für Chir. 1880. Nr. 9. — T h o m a s : Z i e m s s e n s Handbuch Bd. II. p. 170.

Amyloide Degeneration.

C o h n h e i m : V i r c h o w s Archiv. 54. Bd. p. 273. 1871. — F i s c h e r , H.: Vor Metz. l. c. — K l e b s : Anatomische Beiträge. l. c.

Literatur zu Abschnitt VI (p. 394).

R i c h t e r . E. l. c. I. 3. Abth. p. 899 u. folg. — L o n g m o r e : Gunshot Injuries. London 1877. p. 581 u. folg. Die Berichte von L ö f f l e r , die englischen und französischen über den Krimfeldzug und den Feldzug in Italien, die Berichte aus dem böhmischen und französischen Kriege etc.

Literatur zu Abschnitt VII, 1 (p. 413).

K r i e g s s a n i t ä t s o r d n u n g . 1878. Berlin. Dunker. — D i d i o t : La guerre contemporaine et le service de santé des armées. Paris 1866. — E v a n s : Les insti- tutions sanitaires pendant le conflict austro-prussien et italien. Paris 1867. 8. — H e r m a n n i : Essai sur l'organisation des ambulances volantes sur le champ de bataille. Arch. Belges. Jan. 1872. — K n o r r : Das Militärsanitätswesen der ver- schiedenen Staaten. Hannover 1877. — K ü s t e r : Ueber Truppenärzte im Felde. Berlin 1872. — L ö f f l e r , Fr.: Das preussische Militär-Medicinalwesen. Berlin 1868. — L a n d a : Del servicio sanitario en la batalla. Madrid 1880. — L é o n l e F o r t : Revue des deux mondes. 1. Nov. 1871. p. 95. — N a r a n o w i t s c h , v.: Das Sani- tätswesen der preussischen Armee während des Krieges 1866. Berlin 1867. — P o r t : Betrachtungen über den Feldsanitätsdienst. Allg. med. Zeit. 1870. Nr. 17—20. — R i c h t e r , E.: Chirurgie der Schussverletzungen. — U l m e r : Sanitätsdienst im Felde. Allg. milit. Zeit. 1870. Nr. 2—6.

Literatur zu Abschnitt VII, 2 u. 3 (p. 424).

A r n o u l d: Étude sur la convention de Genève. Paris 1873. — The A m e-
r i c a n association for the relief of the misery of the battle fields. New-York
1866. — B e r n s t e i n: Die freiwillige Krankenpflege im Kriege. Militärarzt 1879.
8—10. — B l u n t s c h l i: Das moderne Völkerrecht. Nördlingen 1872. — Derselbe: Das moderne Völkerrecht im franz.-deutschen Kriege. Rectoratsrede 1871.
— B e r t h o l d: Das freiwillige Sanitäts-Hülfscorps des Localvereins zu Hannover.
Kriegerheil 1874. — L. B a u d e n s: Der Krimkrieg, übersetzt von M e n c k e.
Kiel 1864. — B e s t i m m u n g e n, organische, für die freiwillige Unterstützung
der Militärsanitätspflege durch den deutschen Ritterorden. Militärarzt 1874. —
W. B r i n k m a n n: Die freiwillige Pflege im Kriege. Berlin 1867. — B r ü s s e l e r
C o n g r e s s. Militärarzt 1874. p. 113, 121. — B u l l e t i n i n t e r n a t i o n a l des
sociétés de secours aux blessés, publié par le comité international de Genève. Depuis
1869. — B u l l e t i n d e l a s o c i é t é f r a n ç a i s e de secours aux blessés, publié
sous la direction du comité central français. — B e m e r k u n g e n d e r F l o r.
N i g h t i n g a l e über Hospitäler. Deutsch von S e n f t l e b e n. Memel 1868. — Bericht der B a s e l e r A g e n t u r des internat. Comités zu Genf etc. Basel 1871. —
Bericht über die Thätigkeit des Vereins s c h l e s. M a l t e s e r - R i t t e r im Kriege
von 1866. — Bericht der J o h a n n i t e r - M a l t e s e r - O r d e n s - C o m m i s s ä r e
über die Thätigkeit 1866. Düsseldorf 1867. — Bericht über die Thätigkeit der vom
M i l i t.- I n s p e c t o r g e l e i t e t e n f r e i w i l l i g e n H ü l f e im Kriege 1870—1871.
Berlin 1872. — C h a r i t é i n t e r n a t i o n a l e sur les champs de bataille. Bruxelles.
Depuis 1868. — C o n f é r e n c e s i n t e r n a t i o n a l e s des sociétés de secours aux
blessés militaires de terre et de mer, tenues à Paris 1867. Paris 1868. Baillière.
— d e C o r v a l: Die Genfer Convention und die Hülfsvereine. Carlsruhe 1867. —
Derselbe: Die Genfer Convention im Kriege 1870—1871. Carlsruhe 1871. — C a l v o:
Le droit international. Paris 1872. — C h r i s t o l: Le massacre de l'ambulance de
Saône et Loire. Lyon 1871. (Gut gelogen!) — C o m p t e s r e n d u s de la conféd. internat. réuni à Genève. le 26—29 Oct. 1863. Genève 1863. 40 S. — C o m p t. r e n d.
de la conféd. internat. de Genève. Genève 1864. 30 S. — C a z e n a v e: La guerre et
l'humanité au XIX. siècle. Paris. Vienne 1869. — D é c r e t portant règlement pour
le fonctionnement de la société de secours aux blessés milit. Bullet. de méd. et
de pharm. milit. 1879. p. 373. — D u n a n t: Souvenir de Solférino. III. Edit. Genève 1863. — D a h n: Münchener kritische Vierteljahrsschr. 1872. p. 464. — E s t-
l a n d e r: Der finnische Verein für die Pflege verwundeter und kranker Krieger.
Tidsk. in mil. besor. III. p. 413. — E v a n s, T h o m. W: La commission sanitaire
des Etats-Unis. Paris 1865. — E s m a r c h: Ueber den Kampf der Humanität gegen
die Schäden des Krieges. Kiel 1869. — E r f a h r u n g e n a u s d e m K r i e g e
1866 über die Organisation der freiwilligen Hülfe und Mittheilungen an den Hülfs-
verein im Grossherzogthum Hessen. Darmstadt u. Leipzig 1867. — E s t a t u t o s
de la Asamblee Espanola de la Association international de secorros etc. Madrid
1868. — F e l d d i a k o n e n, evangelische. ihre Kriegsdienste. Kriegerheil 1874.
— F r i e d l ä n d e r: Aufgaben und Ziele für den Bund der deutschen Vereine etc.
Frankfurt a/M. 1872. — F r e i w i l l i g e H ü l f s t h ä t i g k e i t im Grossherzogthum
Baden. Carlsruhe 1872. — F r e i w i l l i g e S a n i t ä t s p f l e g e des deutschen Ritter-
ordens im Krieg und Frieden. Wien 1874. — F r ö l i c h, H.: Beitrag zur Sanitäts-
geschichte des Feldzugs 1870—1871. Militärarzt 1878. — Derselbe: Zur Stellung
der freiwilligen Pflege im Felde. Wiener med. Wochenschr. 1877. Nr. 36. — G e-
s a m m t o r g a n i s a t i o n der deutschen Vereine zur Pflege etc. Berlin 1869. —
G u r l t: Zur Geschichte der internationalen freiwilligen Krankenpflege. Leipz. 1873.
— Derselbe: Neue Beiträge dazu. Leipzig 1879 u. Kriegerheil 1879. — Derselbe:
Die Kriegssanitätsordnung vom 10. Januar 1878. Kriegerheil 1879. p. 17, 29, 41.
— Derselbe: Kriegerheil, Organ der deutschen Hülfsvereine. Berlin seit 1866. —
H a s s: Centralcomité im russischen Kriege. Kriegerheil 1879. — v. H a u r o w i t z:
Die Armee und das Sanitätswesen in ihren gegenseitigen Beziehungen. Wien 1868.
— Derselbe: Militärsanitätswesen der Vereinigten Staaten. Stuttgart 1867. — H.
M. R.: Die Pflege der im Kriege Verwundeten und die Genfer Convention. Darm-
stadt und Leipzig 1865. — I l l i n s k i: Die russische Frau im Kriege. Petersburg
1879. 277 p. — K i r c h e n b e r g e r: Ein Beitrag zur Geschichte der Genfer Convention. Militärarzt 1879. Nr. 23, 24. — K o l o m n i n: Gemeinsame Uebersicht
über die Feldzüge 1876, 77, 78. Russisch. — K i s c h: Wiener med. Wochenschr.
1867. p. 107 u. 715. — K r i e g s s a n i t ä t s o r d n u n g. Berlin 1878. — K n o r r, E.:

Die Entwicklung und Gestaltung des Heeressanitätswesens der europäischen Staaten. Hannover 1877. — Lüders, C.: La convention de Genève. Paris. Bruxelles 1876. — Derselbe: Rechte und Grenzen der Humanität im Kriege. Erlangen 1880. — Löffler: Das preussische Militärsanitätswesen. Berlin 1868. — Derselbe: Vortrag über Zweck und Bedeutung dauernder Hülfsvereine für verwundete und kranke Krieger. Magdeburg 1864. — Löw: Zur Organisation der freiwilligen Krankenpflege. Feldarzt 1875 — Löwenhardt, E.: Die Organisation der Privathülfe. Berlin 1867. — Manifeste du comité central français. 1865. Paris. — Marx: Die praktischen Aufgaben der Humanität im Kriege und Frieden. Berlin 1869. — Morin: Les lois relatives à la guerre. Paris 1872. — Mosino: Das russische rothe Kreuz in Rumänien. Berlin 1880. — Moynier, Gust.: Droit des gens. Paris 1870. 8. — Derselbe: La neutralité des blessés. Paris 1867. — Moynier et Appia: Guerre et Charité. Genève et Paris 1867. — Moynier: Les premières dix années de la croix rouge. Ibid. — Derselbe: La convention de Genève pendant la guerre franco-allemande. Genève 1873. — Militärärztliche Aphorismen: Die Genfer Convention und die freiwilligen Sanitäts-Comités. Wien 1879. — Müller: Die Organisation der freiwilligen Krankenpflege. Deutsche Klinik 1873. Nr. 36 etc. — Mundy und G. v. B.: Freiwilliger Sanitätsdienst im Kriege. Wien 1879. — Möbius, P. E.: Geschichte des deutschen Militärsanitätswesens. Leipzig 1878. — Naundorff: Unter dem rothen Kreuze. Leipzig 1867. — Nachrichten des Centralcomités des badischen Frauenvereins 1871—1872. Carlsruhe. — Ochwadt: Die Privatthätigkeit auf dem Gebiete der dauernden Krankenpflege, ihre Leistungen und ihre Organisation. Berlin 1875. — Derselbe: Die Nothwendigkeit der Organisation dauernder Hülfsvereine für verwundete und kranke Krieger. Vortrag 5. März 1866. — Organisation der freiwilligen Krankenpflege im Felde. Neue militärische Blätter X. Bd. Berlin p. 263. — Organisation der Privathülfe zur Pflege etc. Berlin 1867. — Pichler; Geschichte des österr. patriot. Hülfsvereins. Wien 1879. p. 163. — Palasciano: Arch. di memorie et osservat. di chir. prat. T. III. — Protokolle der Generalversammlungen des preussischen Hülfsvereins in Berlin 1867, 1868, 1869. — Pirogoff: Die militärärztliche Thätigkeit und die Privathülfe in Bulgarien etc. 2 Bde. Russisch. — Petyko: Die Genfer Convention. Allgem. milit. Zeitg. 1873. — Rechenschaftsbericht des Central-Ausschusses des bayer. Vereins etc. über die Thätigkeit 1866—1867. München 1869. — Rechenschaftsbericht des Central-Comités zu Berlin für 1864. Berlin 1865. — Derselbe pro 1866. Berlin 1868. — Derselbe pro 1870—1871. Berlin 1872. — Derselbe des Vorstandes des Hülfsvereins im Grossherzogthum Hessen. Darmstadt 1868. — Derselbe des österreich. patriot. Hülfsvereins von 1866—1867. Wien 1867. — Report and record of the operations of the Stafford house for the relief of sick and wounded 1877—1878. 207 pp. — Reglement de la société de secours aux malades etc. Petersbourg 1867. — Ressel: Der Johanniterorden auf dem Kriegsschauplatze 1864. Berlin 1866. — Rogge: Die evangelischen Geistlichen im Feldzug 1866. Berlin 1867. — Richter: Die Beihülfe der Völker zur Pflege der im Kriege Verwundeten und Erkrankten. Stuttgart 1868. — Derselbe: Geschichte des Medicinalwesens der Kgl. preuss. Armee bis zur Gegenwart. Leipzig 1860. — Derselbe: Das Medicinalwesen Preussens. Darmstadt, Leipzig 1867. — Richter, E.: Lehrbuch der Kriegschirurgie. Breslau. — Roth: Amtliche und freiwillige Krankenpflege. Berlin 1867. — Derselbe: Militärärztliche Studien. Neue Folge. Berlin 1868. — Riant, A.: Le matériel de secours de la société française de secours aux blessés à l'exposition de 1878. Paris 1878. — Secours aux blessés, Commission du comité international faisant suite au compte rendu de la conféd. internat. de Genève. Genève 1864. — Schmidt-Ernsthausen: Das Princip der Genfer Convention und die freiwillige nationale Hülfsorganisation für den Krieg. Berlin. 1874. — Schenk: Erfahrungen aus dem Kriege 1866. — Shrimpton: La guerre d'orient, l'armée anglaise et Miss Nightingale. Paris 1864. — Verhandlungen des ersten Verbandstages der deutschen Frauen-Hülfs- und Pflege-Vereins in Nürnberg 1875, des zweiten in Dresden 1878, des dritten in Frankfurt a/M. 1880. — Verhandlungen der internat. Conferenz von Vertretern der Genfer Convention in Berlin, 22.—27. April 1869. Berlin, Enslin 1869. — Verwey: Das rothe Kreuz nöthig im Kriege, nützlich im Frieden, alle Zeit wohlthätig. 1869. — Wasserfuhr: Beitrag für die Reform des preuss. Milit.-Medicinalwesens. Coblenz 1820. — v. Werder: Erlebnisse eines Johanniters auf dem Kriegsschauplatze in Böhmen. Halle 1867. — v. Winterfeld: Geschichte des Krieges 1866. Potsdam bei Döring 1868. — v. Witzleben: Im Dienste der freiw. Krankenpflege. Milit. Wochenblatt. Berlin 1877. 6. Heft.

Literatur zu Abschnitt VIII (p. 448).

Bernard: Premiers secours aux blessés sur le champ de bataille. Paris 1870. — Esmarch: Verbandplatz und Feldlazarethe. Berlin, Hirschwald 1867. — Hermanni: Essai sur l'organisation des ambulances volantes sur le champ de bataille. Arch. belges. Janv. 1872. — Küster: Ueber Truppenärzte im Felde. Berlin 1872. — Kriegssanitätsordnung l. c. p. 62 etc. — L. v. Lesser: Die chir. Hülfsleistungen bei dringender Lebensgefahr. Leipzig 1880. — Marmonier: Guide médical de l'officier détaché. Premiers secours à porter en l'absence d'un médecin aux soldats blessés. Paris 1879. — Ulmer: Sanitätsdienst im Felde. Allgem. milit. ärztl. Zeitung 1870. Nr. 2—6. — P. Vogt: Zur primären Behandlung der Schussverletzungen. Deutsche Klinik 1871. p. 301. — Anton Vogl: Vom Gefecht- zum Verbandplatz. München 1873. — v. Verdy-du Vernois: Studien über Truppenführung. Berlin 1874.

Literatur zu Abschnitt IX.

Allgemeines.

Kriegssanitätsordnung l. c.
Anweisung zum Transport Schwerverwundeter. Wien 1873. — Boudin: Système des ambulances. Paris 1855. — Circular 6. p. 80. — Chisholm: A manual of milit. surger. Columbia. III. Edit. 1864. Ch. III. — van Dommelen: Essai sur le transport et les secours en général. Haag 1871. — Gurlt: Ueber den Transport Schwerverwundeter und Kranker. Berlin 1860. — Derselbe: Handbuch der Lehre von den Knochenbrüchen. 1862. p. 367. — Derselbe: Abbildungen zur Krankenpflege im Felde. Berlin 1868. — Görcke: Kurze Beschreibung der in der preussischen Armee eingeführten Transportmittel. Berlin 1814. — Gauvin: Transport des blessés. Confér. internat. Paris 1867. II. p. 268. — Hamilton: A treatise on milit. surger. New-York 1865. p. 168. — A. Kahan: Ueber den Transport der Verwundeten mit Schenkelfrakturen. Wojenno-Med. Journ. 1880. Jan. — Larrey: Mémoires etc. Paris 1817. T. IV. — Longmore: Treatise on the transport of sick and wounded troops. London 1869. — Le Fort: La chir. milit. Paris 1872. p. 148. — Legouest: Traité etc. Paris 1872. p. 770. — Löffler: Das preuss. Militärsanitätswesen. Berlin 1869. — Logie: Care of soldiers wounded in battle. Brit. med. Journ. 1879. p. 816. — M. Mayor: La chir. simplifiée. Paris 1842. T. I. p. 563. — Mühlvenzl: Vom Feldspital in die Heimath. Studien über die Krankenzerstreuung. Organ der milit.-wissenschaftl. Vereine. XII. Bd. 1876. p. 327. — Nendörfer: Anhang zur Kriegschir. Leipzig 1867. p. 350. — Nanda: Du transport des blessés. Brux. 1866. — Peltzer: Ueber Evacuation, Krankentransport etc. Deutsche milit.-ärztl. Zeitschr. 1872. p. 355. — Percy: Dict. des sciences méd. Paris 1814. T. VIII. p. 569. — Port: Ueber den Transport Schwerverwundeter. Wiener milit. Zeitg. 1867. Nr. 1. — Pétrequin: Le transport des blessés. Paris 1872. — Podratzky: Die Evacuation im bosnisch-türkischen Kriege. Feldarzt 1878. Nr. 21. — E. Richter: l. c. p. 471. — Rödlich: Entwurf einer Transportanstalt. Aachen 1815. — W. Roth: Ueber Evacuation und Etappenwesen etc. Deutsch. milit. Zeitschr. 1873. — Senftleben: Ueber den Transport im Kriege. Diss. inaug. Berl. 1868. — K. Schiller: Verband- und Transportlehre. — Sklifassowsky: Der Transport der Verwundeten im Kriege. Petersb. med. Wochenschrift 1877. II. 50. — Wendt: Ueber Transportmittel im Kriege. Kopenh. 1816. — Werdnig: Ueber den Transport im dalmat. Aufstande. Allgem. milit. Zeitschrift 1870. 10, 13, 17.
Viel Lehrreiches bringen die Berichte über die Weltausstellung in Paris 1867: M. Sarazin: Expos. universelle des matér. des ambul. Gaz. méd. de Strasb. 1867. 17. — La médecine à l'exposition universelle de 1867. — Guide catalogue par la société allemande de Paris. 1867. p. 65. — Wien 1873: Weltausstellung und Sanitätswesen. Allgem. milit.-ärztl. Zeitg. 1873. 31, 32. — Unter dem rothen Kreuze. 1873. Militärarzt Nr. 10. — Der Sanitätspavillon der Weltausstellung. Ibid. Nr. 13. — Urtheile eines Fachmannes über denselben. Ibid. 15 u. 16. — Die internationale Privatconferenz zu Wien. Ibid. 19. — Mühlvenzl: Vom Ausstellungsplatze. Allgem. milit. Zeitschrift 1873. p. 341. — Roth: Einige Notizen über die internationale Privatconferenz. Ibid. p. 655. — Special-Katalog

des Sanitätspavillon und Photogr.-Album desselben. — Philadelphia: Grossheim: Das Sanitätswesen auf der Ausstellung zu Philad. Deutsche milit. Zeitschrift 1877. 2 u. 3. — W. Roth: Dasselbe Thema. Leipziger Zeitung, wissenschaftl. Beilage 1877. Nr. 8. — Gori: De militaire chirurgie, de militaire en vrijwillige gezondheitsdienst op de internationale Tentoonstellingen te Phil. en te Bruessel-Amsterdam 1877. 182 pp. — Brüssel 1876: Peltzer: Das Militärsanitätswesen auf der Brüsseler Ausstellung. Wiener med. Wochenschr. 1877. — Catalogue de l'exposition internationale d'hygiène etc. Brux. 1876. — Helbig: Die Militärgesundheidspflege auf der Brüsseler Ausstellung. Vierteljahrsschr. f. öffentl. Gesundheitspflege. IX. Bd. p. 383. — Frölich. II.: Militärmedicinischer Bericht über die Ausstellung zu Brüssel. Feldarzt 1877. 1, 2. 5, 6. — W. Roth: Die Resultate der Brüsseler Ausstellung. Deutsche med. Wochenschr. 1876. 6—8. — Mühlvenzl: Internationale Ausstellung für Gesundheitspflege. Feldarzt 1876. 22—24. — Paris 1878: Le matériel de secours de la société de l'exposition de 1878. Paris. — Wittelshöfer: Bericht an das Kriegsministerium über den internationalen Congress für den Sanitätsdienst der Armee im Felde und über das Sanitätsmaterial etc. Wien 1878. — Die Sanität auf der Weltausstellung. Wiener med. Presse 1878. — Frölich, II.: Militärmedicinischer Bericht über die Pariser Weltausstellung. Deutsche med. Wochenschr. 1878. 40—42.

Krankenzerstreuung.

Biefel: Reminiscenzen aus der Krankenevacuationsstrasse. Breslau 1877. — Fede: La dispersione dei malati e feriti in guerra. Roma 1879. — Gurlt: Zur Geschichte der freiwilligen Pflege im Felde. Leipzig 1873. — Kraus: Das Krankenzerstreuungssystem. Wien. — Kirchenberger: Militärärztliche Beiträge zur Krankenzerstreuung. Prager med. Wochenschr. 1877. Nr. 35. — Kriegssanitätsordnung p. 103. — Michaelis: Zur Geschichte der Krankenzerstreuung. Streffleurs österr. milit. Zeitschr. Wien. 2. Bd. p. 145. — Mühlvenzl: Vom Feldspital in die Heimath. Studien über das Krankenzerstreuungssystem. Organ der milit.-ärztlichen Vereine. XII. Bd. 1876. p. 327. — Rabl-Rückhard: Die Evacuationscommission zu Weissenburg etc. Deutsche milit. Zeitschr. 1874. p. 402, und Gedanken über Krankenzerstreuung. Ibid. 1874. p. 463. — Rose: Das Krankenzerstreuungssystem. Berlin 1868. — Richter, E.: l. c. p. 583. — Roth, W.: Deutsche milit. Zeitschr. 1873. p. 347.

Menschenkräfte allein.

Bacmeister: Handbuch für Sanitätssoldaten. Braunschweig 1867. — Gurlt: Knochenbrüche. I. p. 369. — Longmore l. c. p. 84 etc. — Schiller: Verband- und Transportlehre für Sanitätstruppen. Würzburg 1870.

Tragen, Hängematten etc.

Ausrüstung, die, unserer Blessirtenträger. Wiener med. Presse 1879. p. 282. — Almogen: Ideen zur Constr. einer Gebirgstrage. Allg. militärärztl. Zeit. 1875. 40 u. 41 u. 1876, Nr. 11. — Bédoin: Note sur un nouveau système de brancard. Congr. intern. de Brux. II. p. 188. — Elbogen: Beschreibung einer Trage für den Gebirgskrieg. Allg. militärärztl. Zeitung 1875. Nr. 29. — Görke l. c. — Gurlt l. c. u. militärchirurgische Fragmente. Berl. kl. Wochenschr. 1864. Nr. 25. — Hamilton: Doolie stretches. Lancet I. p. 885. 1879. — Internationale Privatconferenz zu Wien, Berichte darüber l. c. — Locati: Déscription des brancards. Turin 1879. — Longmore l. c. p. 96. — Michaëlis: Ueber den Verwundeten-Transport im Gebirge. Diss. inaug. Berlin 1877. — Mühlvenzl: Krankentrage. Verhandlungen des Chir. Congresses 1872. p. 37. — Müller: Ueber Schiffsbahren. Beil. zum Morskoi-Sbornik. Herausgegeb. vom Generalstabsdoctor der Flotte. Petersb. 1879. Lief. 19. — Nicolai, Il. F.: Der Lagerstuhl. D. Milit. Zeitschr. 1878. p. 335. — Neudörfer: Gebirgstrage. Allg. militärärztl. Zeitschr. 1875. Nr. 34. Die Tragbahre und die Resectionsschiene. Ibidem. Nr. 20—24. — Palasciano: Notice sur l'appareil-brancard. Paris 1865. — Roser: Ein Drahtbett für Schwerverwundete. Berl. kl. Wochenschr. 1866. 34. — Ruysch: En nieuw model brancard-veldbed. Niedl. milit. geneesk. Archiv 1878. I. 380. — Smith, Cristen: Nogle nye Transportmidler for Saarede. Kristiania 1877. — Stanelli: Das Triclinum mobile. Berlin 1872. 2. Aufl. — Ulmer: Die Tragbahren der ital. Armee.

Militärarzt 1879. Nr. 11. — V a l e n t i c: Die Kreuztragen. Allg. militärärztl. Zeitg.
1875. 44. — W e r d n i g: Ueber den Transport der Verwundeten im Kriege. Allg.
militärärztliche Zeitschr. 1874. Nr. 42, 45. Ein neuerfundenes Transportmittel für
den Gebirgskrieg. Allg. milit. Zeitschr. 1875. 11 u. 12.

Räderbahren.

B e s c h r e i b u n g e i n e r n e u e n R ä d e r b a h r e, welche in den Garnisonen
Oesterreichs eingeführt ist. Militärarzt 1876. 13. — G u r l t: Militärchir. Fragmente.
Berlin 1864. Hirschwald. — L o n g m o r e l. c. p. 212 und B l a u b u c h 1863.
Vol. 5. p. 505. — N e u d ö r f e r: Handbuch der Kriegschir. Leipzig 1864. I. und
aus dem feldärztl. Berichte über die Verwundeten in Schleswig-Holstein. v. L a n -
g e n b e c k s Archiv Bd. 6. — L i p o w s k i's Katalog in Heidelberg.

Maulesel- etc. Krankenwagen.

B e r t h e r a n d: Campagnes de Kabylie. Paris 1862. p. 117. — C i r c u l a r 6. p.
Philadelph. 1865. p. 82. — E v a n s: Description of an ambul. waggon. Paris 1868.
— G u g g e n b e r g e r: Der Bauernwagen als Sänfte. Innsbruck 1832. — G u r l t:
Militärchir. Fragmente. Berlin 1864. Nr. 11. — K r i e g s s a n i t ä t s o r d n u n g l. c.
— L a r r e y: Mémoires etc. Paris 1812. I. — L o n g m o r e l. c. p. 265. —
M ü h l v e n z l: D. militärärztl. Zeitschr. 1876. p. 435. — M i c h a ë l i s: Axiome für
Sanitätswagen. Oesterr. Wehrzeitung 1876. — M ü l l e r: Fourgeons zum Transporte
Verwundeter und Kranker. Beiträge zum Morskoi Sbornik. Petersb. 1879. Lief. 19.
— P u n d s c h u: Die Blessirtenwagen und ihre innere Einrichtung. D. militärärztl.
Zeitschr. 1872. p. 409. — R o t h: Militärärztl. Studien. Berlin 1864. — S m i t h:
Nogle nye Transportmidler. Kristiania 1877 und Chariot à foin complétement
équipé pour deux soldats grièvement blessés. Christiania 1880. — V e r c a m e r, M.:
Étude de voitures d'ambulance. Archives belges. 1868. Août. p. 74.

Der Transport auf Eisenbahnen.

Instructionen.

I n s t r u c t i o n f ü r d e n T r a n s p o r t d e r T r u p p e n und des Armee-
Materials auf Eisenbahnen. Anhang: Anleitung zur Ausführung der Beförderung
verwundeter und kranker Militärs auf Eisenbahnen. Berlin b. Decker. 1861. —
I n s t r u c t i o n b e t r e f f e n d d a s E t a p p e n - u n d E i s e n b a h n w e s e n etc.
Berlin, Decker 1872. — K r i e g s s a n i t ä t s o r d n u n g vom 10. Januar 1878. Berlin.
Mittler u. Sohn. §. 139—178.

Literatur.

B e c k: Kriegschir. Erfahrungen. Freiburg 1867, und Chirurgie der Schussverletzungen. Freiburg 1872. — B ö r n e r: Ein preussischer Sanitätszug. Berlin
1872. — B o n n e f o n d: Le train d'ambulance. Paris 1876. — B—r: Hülfslazarethzüge. D. mil. Zeitschr. VIII. Heft 11. p. 587. — B e c k, C. H.: Studien über Etappenwesen. Nördlingen 1872. — B i e f e l, R.: Reminiscenzen aus der Kranken-
Evacuationsstrasse 1870—71. Breslau 1877. — B r a u n: Akande sjukhus. Tidskrift
i militaer helsovard. Stockholm 1876. p. 277. — B e l l i n a, Eugenio: I treni ospidali della Germania nella guerra 1870—71. Flor. 1872 — B i l l r o t h u. v. M u n d y:
Ueber den Transport der im Felde Verwundeten. Wien 1874. (Gerold.) — Die freiwillige Hülfsthätigkeit im Grossherzogthum B a d e n im Kriege 1870—71. Carlsruhe
1872. — Die freiwillige Hülfsthätigkeit im Königreich Bayern im Krieg 1870—71.
München 1872. — v. C o r v a l: Wiener medicinische Presse 1868—69. — C i r -
c u l a r Nr. 6. p. 80. Report on the extent and Nature of the materialis etc.
Washington 1865. — C o n f é r e n c e s i n t e r n a t i o n a l e s des sociétés de secours aux
blessés etc. Paris 1864. — Bericht des C e n t r a l c o m i t é s der deutschen Vereine
zur Pflege der Verwundeten etc. Berlin 1872. p. 44. — C o r t e s e, Fr.: Reminiscenze
d'un viaggio in Germania etc. Venedig 1872. — v. D. (A.): Russische Versuche
hinsichtlich der Beförderung der Blessirten auf Eisenbahnen. D. Milit. Zeit. 1873.
p. 344. — D o m m e l e n, van: Essai sur les moyens du transport etc. La Haye 1870.
— E i s e n b a h n s a n i t ä t s z ü g e. Allg. milit. Zeitg. 1876 Nr. 32. — D e v i l l i e r s:
Note sur l'organis. et le fonctionnement des secours aux blessés sur le réseau des
chemins de fer. Bull. de l'acad. de méd. Bd. 36. 7. — E s m a r c h, Fr.: Verbandplatz

und Feldlazareth. II. Aufl. Berlin 1871. p. 35. Hirschfeld. – De l'évacuation des blessés etc. Annales d'hygiène publique. 1871. Juli 190. — Evans. T. W.: La commission sanitaire des états-unis. Paris 1865. — Erismann: Die deutschen Sanitätszüge 1870—71. Manuscript. — Friedrich: Der Eisenbahnunfall des Sanitätszuges. Dresden 1872, und die deutschen Sanitätszüge im Kriege gegen Frankreich. Ibidem. — Fröhlich: Hülfslazarethzüge. D. milit. Zeitschr. VIII. Heft 11. p. 586. — Fede, Dr.: La dispersione dei malati e feriti in guerra et i treni ospidali. Giorn. di med. mil. XXVII. p. 524. 6. 22. 735 etc. 1879. — Fonté: Les traines sanitaires de la société française etc. Le monde illustré 1872. Nr. 846. — Fischer und Comp.: Katalog sämmtlicher Apparate und Geräthschaften zu Heilzwecken. Heidelberg 1867. — Gurlt: Ueber den Transport Verwundeter und Kranker auf Eisenbahnen. Berlin 1860. — Gurlt u. Fichte: Zur Verbesserung des Eisenbahntransportes Verwundeter im Kriege. Kriegerheil 1870. Nr. 10. p. 112. — Gurlt: Abbildungen zur Krankenpflege etc. Berlin 1860. Enslin. — Gori, M. W. C.: De Militaire Chirurgie on de internat. Tentoonstellingen etc. Amsterdam 1877. — Gauvin: Transport des blessés. Confer. internat. des sociétés etc. Paris 1867. T. II. p. 266. — Helbig: Heusingers Eisenbahnpersonenwagen. Dresden 1876. — Hamilton: A Treatise on military surgery and Hygiene. Newyork 1865. p. 168. — Hausser: Ueber den Transport der Verwundeten auf Eisenbahnen. Gekr. Preisschrift. Tarnow 1872. — Hirschberg: Die bayerischen Sanitätszüge. München 1872. — Hübsch: Bericht über eine Probefahrt mit dem Rud. Schmidtschen Lazareth-Eisenbahnwagen. D. milit. Zeitschr. V. p. 383. — Hoffmann-Merian, Th.: Die Eisenbahnen für den Krieg im Hinblick auf die Schweiz. Basel 1868. — v. Haurowitz: Das Militärsanitätswesen in Nordamerika. Stuttgart 1866. Heyse. — Hönika. O. v.: Beitrag zur Beurtheilung der fr. Krankenpflege im Kriege 1870—71. Berlin 1871. Hirschwald. — Heyfelder, O.: Berliner kl. Wochenschrift 1878. Feuilleton. — Der Hamburger Lazarethzug nach dem Hennicke'schen System. Kriegerheil. 1871. Beiheft 1. — Hohenbaum-Hornschuh: Eisenbahntransport Verwundeter. Diss. inaug. Berlin 1876. — Jacqmin: Les chemins de fer pendant la guerre 1870—71. Paris 1872. — Kirchenberger: Prager medic. Wochenschrift II. p. 32. — Kraus u. Fillenbaum: Der Sanitätspavillon auf der Wiener Weltausstellung. Stefflers österr. milit. Zeitschr. XV. II. Wien 1874. — Legouest: Traité de chir. d'armée. Paris 1872. p. 770. — Larrey: Bulletin de l'acad. impériale de méd. Tome XXXII. p. 415. — Le Fort, Léon: La chir. militaire etc. Paris 1872. p. 148. — Löffler: Der Transport der Blessirten auf Eisenbahnen. Preuss. militärärztliche Zeit. 1861. — Löffler: Das preussische Militärsanitätswesen und seine Reform. Berlin 1869. Hirschwald. — Legrand, Max: Les trains sanitaires. Union médicale 1874. 3. Ser. T. XVII. p. 645, 669. — Lettermann, J.: Medicinal recollections of the army of Potomac. Newyork 1866. — Longmore: A treatise on the transport of sick and wounded troops. London 1869. — Leuthold: Quel est le meilleur système de ventilat. des waggons. Congr. intern. d'hygiène. Bruxelles. p. 247 u. 259. — Lang und Wolffhügel: Ueber Lüftung und Heizung von Eisenbahnwagen. Zeitschr. für Biologie. XII. 18. — Landa: Du Transport des blessés par les voies ferrées. Brüssel 1866. — Loewer: Ueber den Werth der Hamburger Sanitätszüge. D. milit. Zeitschrift. 1872. p. 143. — Derselbe: Der feldärztliche Dienst bei der Landesetappe. Ibid. p. 338. — Léon le Fort: La chirurgie militaire. Paris 1872. p. 149. — Myrdacz: Das preussische Krankentransportwesen im Kriege. Allg. milit. Zeitg. 1876. Nr. 18 u. 19. — v. Mundy. u. Michaëlis: Studien über den Umbau und die Einrichtung von Güterwagen zu Sanitätswagen. Wien 1875. — Meyerhofer: Das rothe Kreuz auf Eisenbahnen. München 1877. — Morache: Les trains sanit. Journ. des scienc. 1872. p. 53. — Lazarethwagen-System E. Meyer in Hannover. Manuscript. 1871. — Moll: Die Sanitätszüge, ihr Werth und ihre Uebelstände. Berl. kl. Woch. 1871. Nr. 6. — Mühlvenzl: Ueber die im Sanitätspavillon ausgestellten Sanitätszüge. Mittheilungen des ärztlichen Vereins in Wien. II. Nr. 25. 1873. — Derselbe: Das Militärsanitätswesen auf der Wiener Weltausstellung. Organ des Wiener militärwissenschaftlichen Vereins. VIII. 1. Wien 1874. — v. Mosetig u. v. Mundy: Militärarzt. 1874. Nr. 1, 2, 3. — v. Mosetig: Militärsanität und freiwillige Hülfe. Officieller Ausstellungsbericht. 54 Liefg. Wien 1874. — Myrdacz, Paul: Die Thätigkeit der kaiserlichen Schiffsambulancen und Eisenbahnsanitätszüge 1878—1879. Wien 1880. — Müller: Ueber Sanitätszüge. Berl. kl. Wochenschrift. Berlin 1871. Bd. 8. p. 48. — Mühlbauer: Erfahrungen aus dem Feldzuge 1870 etc. — Nieden, Julius zur: Der Transport der Verwundeten auf Eisenbahnen. Milit. Wochenblatt 1875. Nr. 88. — Niemeyer,

Paul: Ueber Ventilation etc., sowie über Heizung und Lüftung von Eisenbahn-wagen. Beilage zu Göschens deutscher Klinik. 1874. Nr. 1. — Die Sanitätszüge der preussischen Armee im Feldzuge gegen Frankreich 1870—71. Zur Erläuterung der durch die Königl. Direction der Niederschlesisch-mindenschen Eisen-bahndirection ausgestellten Modelle. 1873 (Manuscript). — Oswiecinsky: Ueber den Transport der Verwundeten auf Eisenbahnen. Frankf. 1864. — Otis: A report on a plan for transporting wounded soldiers by railway in time of war. Washington 1875. — Peltzer: Die deutschen Sanitätszüge. Dresden 1872. — Derselbe: Ueber Evacuation, Krankentransport und Krankenzüge. Deutsche milit. Zeitschr. 1872. 355. — Derselbe: Ueber Hülfslazarethzüge und das zu ihrer Einrichtung erforderliche Material. Ibidem. VIII. 6. — Derselbe: Von der Brüsseler Ausstellung etc. Wiener med. Wochenschr. Nr. 31 etc. 1876. — Plambeck, N. H.: Katalog der auf der Wiener Weltausstellung ausgestellten Sanitätsgegenstände. Hamburg 1873. — Pirogoff: Bericht über die Besichtigung der militär. Sanitätsanstalten etc. im Jahr 1870. Leipzig. — Perres, A.: Recueil des mémoir. etc. 1872. 9. Juli. milit. Zeitung 1875. Nr. 33. — Ranke: Memor. über Sanitätszüge. Allg. milit. Zeit. 1870. Nr. 44—45. — Rose: Der Züricher Lazarethzug. Zürich 1871. — Derselbe: Die Krankenzerstreuung im Kriege. Berlin 1868. Janke. — Rabl-Rückhard: Die Evacuationscommission zu Weissenburg. Deutsche milit. Zeitschr. III. p. 402. — Derselbe: Gedanken über Krankenevacuation auf Eisenbahnen. Ibidem. p. 465. — Riegert: Des Wagons ambulances. Recueil des mémoir. etc. 1872. p. 193. — Roth: Militärärztliche Studien. Berlin 1868. p. 24. — Derselbe: Ueber Evacuation und Etappenwesen im Kriege. D. milit. Zeitschr. 1872. III. — Derselbe: Einige Notizen über die internationale Privatconferenz in Wien. D. milit. Zeitschr. II. Heft 11 u. 12. p. 655. — Rühl, Th.: Ueber provisorische Feldspitalsanlagen. Wien. K. K. Staatsbuchdruckerei. 1872. — Ruepp, T.: Die Entwicklung des Eisenbahnver-wundetentransports in der Schweiz. Corresp.-Blatt für Schweizer Aerzte 1872. Nr. 20. — Schiller: Verband und Transportlehre für Sanitätstruppen. Würzburg 1870. — Schmidt: Ueber Lazarethzüge. Braunschweig 1873. auch Deutsche Zeit-schrift für öffentl. Gesundheitspflege. 7. Band. 4. Heft. p. 558. — Simon: Die württembergischen Sanitätszüge. Stuttgart 1871. — Sillen: Les trains sanitaires en Russie. Paris 1879. — Sigel: Les trains sanitaires en Russie. Stuttgart 1872. — Stille, C. J.: History of the united-states Sanitary-commission. Philad. 1866. — Der Freiwilligen Sanitätsdienst. Wien 1879. — Transport Verwundeter auf Eisenbahnen. Leipziger illustr. Zeitung 1871. Bd. 40. p. 1420. — v. Unruh: Nationalzeitung 1870. 5. October. — Ventilationsversuche in Eisenbahn-krankenwagen. Allg. milit. Zeitg. 1876. Nr. 40. Militärarzt Nr. 19. — Virchow: Der erste Sanitätszug. Berlin 1870. — Wiener med. Presse. XVIII. 27. 30, auch Militärarzt. Juli 1876. 14 u. 15. — Wittelshöfer, L.: Die freiw. Hülfe im Kriege und das Militärsanitätswesen auf der Wiener Weltausstellung. Wien 1873. — Wasserfuhr, H.: 4 Monate auf einem Sanitätszuge. Separatabdr. der deutschen Vierteljahrsschrift für öffentl. Gesundheitspflege. 1871. — Zur Frage der Wag-gonheizung. Centralbl. f. Eisenbahnen. XII. Nr. 139. 1873. — Zawadovsky, A.: Transp. spécial des malades et des blessés par voies ferrées. Petersburg 1874. — Zipperling, H.: Beschr. des ersten österr. Sanitätszuges. Wien 1876.

Transport zu Wasser.

Circular Nr. 6. Philad. 1865. p. 84. — Gurlt: Der Transport der Ver-wundeten etc. Berlin 1865. — Hospital-Ship Victor Emanuel. Lancet 22. Nov., 6. Dec. 1873 u. 18. April 1874. — Kowalow-Runski, Kyber und Müller: Ueber die Assentirung der Schiffe, welche zum Transport der Kranken aus der Türkei nach Nikolajien, nach Russland im Juni und Juli 1878 und aus der euro-päischen Türkei in die Häfen des Schwarzen Meeres dienten. Beilage zu der Morskoi Sbornik. Petersburg 1879. Liefer. 19. — Myrdacz, Paul: Die Schiffs-ambulancen und ihre Thätigkeit 1878—1879. Wien 1880. — Pawlaw, E.: Ueber den Transport der Verwundeten auf der Donau. Centralbl. für Chir. VI. p. 22. — Roth und Lex: Handbuch der Militär-Hygiene. Berlin 1877. Bd. III. p. 626. — Snethlage: Acte zieken-transportship „Sindoro". Niederl. milit. geneesk. Arch. III. p. 157.

Literatur zu Abschnitt X (p. 550).

Zelte.

Baudens: Der Krimfeldzug. Deutsch von Menke. Kiel 1864. — Bärwindt: Die Behandlung der Verwundeten unter Zelten. Würzburg 1867. — Billing, John: Circ. 4. A report of barracks and hospit. Washington 1870. — Ceccherelli, A.: Le ambulanze all esposizione universelle di Vienna del 1873. Firenze 1880. — Mac Cormac: Ambulancen-Chir. Deutsch von Stromeyer. Hannover 1871. — Demoget et Bronart: Etud. sur la construction des amb. tempor. Paris 1871. — C. Esse: Einrichtung und Verwaltung der Krankenhäuser. 2. Aufl. Berlin 1868. — Esmarch: Verbandplatz und Feldlazareth. Berlin 1868. — Fischer, H.: Charité annal. XIII. 1. Berl. klin. Wochenschr. 1864 u. 1867. — Le Fort, Léon: Chir. milit. Paris 1872 und Des hôpit. sous tentes. Paris 1869. — M. W. C. Gori: Des hôpitaux tentes et baraques. Amsterdam 1872. — Guerette, C.: Etude sur les ambulances de guerre et les hôpitaux. Argenteuil 1879. — Hennen, John: Principles etc. 3. Aufl. London 1829. — Husson: Zelte und Baracken. Paris 1879. (Notes sur les tentes et baraques appliquées au traitement des blessés.) — Heyfelder: Ueber Zelte und Baracken. Deutsche Zeitschr. für Chir. I. p. 339. — Joly, V. Chr.: L'ambulance américaine. Annales d'hygiène publique II. Bd. 35. 2. Th. — Kraus, Felix: Das Krankenzerstreuungssystem. Wien 1861. — Lent: Correspondenzbl. des niederrheinischen Vereins. Oct. 1871. Nr. 1. — Michaëlis, G. P.: Ueber die zweckmässigste Einrichtung der Feldspitäler. Göttingen 1801. — Ochwadt: Kriegschir. Erfahrungen. Berlin 1865. — Parkes: Hygiène etc. 4. Aufl. London. — Pirogoff: Grundzüge der allgem. Kriegschir. Leipzig 1864, und die milit. Thätigkeit und die Privathülfe auf dem Kriegstheater in Bulgarien. — Richter: Lehrbuch der Kriegschirurgie. Breslau 1876. — Rose: Charité-Annal. XII. 1. — Rühl: Ueber provisorische Lazarethe. Wien 1872. — W. Roth und Lex: Handbuch der Militärgesundheitspflege. Berlin 1875. II. 2. — W. Roth: Neue militärärztliche Studien. Berlin 1868. — Derselbe: Amtliche und freiwillige Krankenpflege. Berlin 1867. — Rhodes: Tent Life and Encamprig. London 1859. — Stromeyer: Maximen etc., und Erfahrungen über Schusswunden. Hannover 1867. — Scrive: Der Krimfeldzug. — Schmied: Notizen aus dem Hauptspital Solitude. Württemb. Correspondenzbl. 1867. Nr. 22. — Schatz, J.: Etude sur les hôpit. sous tentes. London 1859. — Vorschriften betreffend Krankenzelte und Baracken und das Desinfectionsverfahren. Berlin 1870. (Mittler.) — Das Zeltlazareth am Thürmchen in Cöln. Cöln 1871 bei Dumont & Schauburg.

Flugdächer.

Benno Credé: Einiges über die Wunderysipel im St. Jacobshospitale zu Leipzig. Leipzig 1870. p. 5. — Husson, A.: Etudes sur les hôpitaux. Paris 1862. p. 37 u. 250. — Kuby: Zerstreuungssystem. Natürliche Aeration. Bayer. Intell.-Blatt 1867. p. 246. — Popper: Zeitschr. für Heilkunde 1866. Nr. 23. — Peltzer: Kriegslazarethstudien. Berlin 1876. — Roth und Lex: Handbuch der Militär-Gesundheitspflege. II. 2.

Erdgruben als Lazarethe.

Al. Henrici: St. Petersb. med. Wochenschr. 1878. Nr. 5. — Pirogoff: Die militärärztliche Thätigkeit der Privathülfe auf dem Kriegstheater in Bulgarien 1877 und 1878 etc. — B. Schapiro: Zur Frage über Lehmhüttenbaracken. Bonhuse. Russisch. Auszug in der Petersb. med. Wochenschr. 1879. p. 282.

In Baracken.

A. Adenau und A. v. Kaden: Die Barackenlazarethe des Vereins für den Regierungsbezirk Aachen. Aachen 1872. — Anwendung und Nutzbarmachung der Lazarethbaracken für den Winter. Berlin. (A. v. Decker.) — Bertenson: Ueber Barackenbau in St. Petersburg. 1872. — Baudens: Der Krimkrieg. Deutsch von M. Menke. Kiel 1864. — Billroth, Th.: Chir. Briefe. Berl. klin. Wochenschr. 1870 u. 1871. — Brinkmann: Die freiw. Krankenpflege im Kriege. Berlin 1867. — Chenu: Statistique médic.-chir. de la camp. d'Italie.

Paris 1869. — Mac Cormac: Notizen und Erfahrungen eines Ambul.-Chir. Deutsch von Stromeyer. 1871. — Circular 4. Nordamerikanisches: Rep, on hospit. and barracks. Washington 1870. — Circular 6. Nordamerikanisches: Philadelphia 1865. Reports of the extent and nature etc. — Eilert: Ueber Kriegsbaracken. Deutsche milit. Zeitschr. 1872 u. 1873. — Esse: Das Baracken-lazareth in der Kgl. Charité. Berlin 1868. — Esmarch: Verbandplatz und Feld-lazareth. Berlin 1868. — Derselbe: Ueber Vorbereitung von Reserve-Lazarethen. Berlin 1870. — Friedreich: Die Heidelberger Baracken. Heidelberg 1871. — H. Fischer: Kriegschir. Erfahrungen. 1. Theil. Erlangen 1872. — Georg Fischer: Dorf Flöing und Schloss Versailles. Hannover 1872. — Frölich: Deutsche milit. Zeitschr. 1875. p. 639, und Virch. Arch. Bd. 71. p. 509. — Léon le Fort: La chirurgie militaire. Paris 1872. — A. v. Fillenbaum, J. Nato-litzky. F. Danek. G. Güttel: Das Barackenlazareth zu St. Cloud. Wien 1872. — Fürst. L.: Die Baracken als Musterkrankenhaus. Gartenlaube 1871. Nr. 21. — Gropius und Schmieden: Der Evacuationspavillon für die Kr.-Anst. Bethanien. Zeitschr. für Bauwessen 1873. — General Report of the commission appointed for improving the sanitary condition of Barracks and hospitals. London 1861. — Gori. M. W. C.: Des hôpitaux tentes et baraques. Amsterdam 1872. — Graf. E.: Das Reserve-Lazareth zu Düsseldorf. Elberfeld 1872. — W. A. Hammond: A treatise on hygiene. Philadelphia 1863. — Hobrecht: Vierteljahrsschrift für öffentliche Gesundheitspflege. III. Bd. Braunschweig 1871. — Heyfelder: Bericht über meine ärztliche Wirksamkeit am Rhein. Petersb. 1871. — Derselbe: Baracke und Zelt im Krieg und Frieden. Deutsche Zeitschr. für Chir. I. p. 399. — Heubner. O.: Beiträge zur internen Kriegsmedicin. Leipzig 1871. — v. Hübbenet. C.: Die Sanitätsverhältnisse der russ. Verwundeten. Stuttgart 1871. — Husson: Notes sur les tentes et baraques. Paris 1869. — Jacquot, Fel.: Du typhus de l'armée d'Orient. Paris 1858. — Joly. V. Chr.: L'ambulance américaine. Annal. d'hygiène. 2. Folge. 35 Bd. — Kirchner. C.: Handbuch der Militärhygiene. Erlangen 1869. — Derselbe: Aerztlicher Bericht über das Feldlazareth zu Versailles. Greifswald 1872. — Kriegssanitätsordnung. Berlin 1878. — Kraus: Die Krankenzer-streuung. Wien 1861. — Löwenhardt: Die Organisation der Privathülfe. Berlin 1867. — Löwer: Der feldärztliche Dienst auf der Landetappe. Deutsche milit. Zeitschr. 1872. — Lossen: Kriegschir. Erfahrungen aus den Kriegslazarethen zu Mannheim, Heidelberg und Carlsruhe. Deutsche Zeitschr. für Chir. 1872. — Michel Lévy: Annales d'hygiène. 2. Folge, 35. Bd. Paris 1871. — Lent: Das Barackenhospital zu Leipzig. Correspondenzbl. des niederrhein. Vereins. Oct. 1871. — Luecke, A.: Kriegschir. Fragen und Bemerkungen. Bern 1871. — Derselbe: Deutsche Zeitschr. für Chir. I. 1872. p. 141. — Medical and surgical history of the british army etc. — Meynne: Les baraques-ambulances en temps d'épid. on de guerre. Journ. de milit. belgique 1881. 1. Juni. — Müller: Ueber Baracken. Beil. zur Morskoi Sbornik. Petersburg 1879. Lief. 19. — Niese. H.: Das combinirte Pavillon- und Barackensystem. Altona 1873. — Nightingale: Notes on hospitals. Deutsch von Senftleben. Memel 1866. — Oesterlen. Ed. Otto, und Rom-berg: Kriegschir. Mittheilungen aus dem Ludwigsburger Barackenspitale. Stutt-gart 1871. — Pirogoff: Grundzüge der allgem. Kriegschir. Leipzig 1864. — — Derselbe: Bericht über die Besichtigung der Militäranstalten in Deutschland, Lothringen und Elsass. Uebersetzt von Iwanoff. Leipzig 1871. — Derselbe: Die amtliche und Privathülfe in Bulgarien. Roths Jahresbericht pr. 1879. — Pfeifer: Zur Barackeneinrichtung. Berl. klin. Wochenschr. 1871. Nr. 7. — Peltzer: — Kriegslazarethstudien. Berlin 1876. — Richter: Chir. der Schussverletzungen im Kriege. Breslau 1877. — Reclam: Das erste städtische Barackenkrankenhaus in Leipzig. Deutsche Zeitschr. für öffentliche Gesundheitspflege. I. 1869. — Roth: Ueber den Werth solider Krankenhäuser und Barackenanlagen. Ibid. VI. 1874. — Derselbe: Ueber Evacuations- und Etappenwesen. Deutsche milit. Zeitschr. 1873. — Derselbe: Jahresberichte für Militärheilkunde. — Derselbe: Neue militärärzt-liche Studien. Berlin 1868. — Roth und Lex: Handbuch der Militärgesundheits-pflege. II. 2. — Rühl, Th.: Ueber provisorische Feldspitalsanlagen. Wien 1872. — Ritzmann, R.: Beitrag zur Aetiol. des Erysipels. Zürich 1872. — Rup-precht: Militärärztliche Erfahrungen während des deutsch-französischen Krieges. Würzburg 1871. — Reports of the proceeding of the sanitary commission des-patched to the seat of the war in the east. Washington 1855—1856. — Socin, Aug.: Kriegschir. Erfahrungen. Leipzig 1872. — Scrive: Rélation médic. chir. de la camp. d'Orient. Paris 1857. — Schmidt: Ernsthausen. Studien über das Feldsanitätswesen. Berlin 1873. — Steinberg: Die Kriegslazarethbaracken zu

Berlin. Berlin 1872. — S c h i n z i n g e r : Das Reservelazareth Schwetzingen. —
V a r r e n t r a p p : Vierteljahrsschrift für öffentl. Gesundheitspflege. III. Bd. Braunschweig 1871. — V i r c h o w : Ueber Lazarethe etc. Berlin 1871. — Derselbe: Fortschritte der Kriegsheilkunde. Berlin 1876. — V e r g l e i c h e n d e U e b e r s i c h t
der russischen und preussischen Kriegslazarethe. Deutsche milit. Zeitschr. 1873.
— V o r s c h r i f t e n , betreffend Krankenzelte und Baracken etc. Berlin 1870. —
Z w i c k e r : Referat über den Bericht des franz. Lazareths zu St. Cloud. Deutsche
milit. Zeitschr. 1873.

Spitäler in fertigen Gebäuden.

B i l l r o t h : Anweisung zur Krankenpflege. Wien 1880. — v. B r e u n i n g :
Bemerkungen über Spitalsbau und Einrichtungen. Wien 1859. — R. B r o c k l e s b y :
Medic. u. ökonom. Beobacht. zur Verbesser. der Kriegslaz. Berlin 1772. — Comte
de B r e d a : Notice sur l'organisat. des hôpit. milit. Paris 1867. — B r ü c k n e r :
Ueber Einricht. und Verpflegung der Feldspitäler. Leipzig 1815. — C h e n u : La
mortalité dans l'armée et des moyens d'économiser la vie humaine. Paris 1870. —
D e g e n : Der Bau der Krankenhäuser. München 1862. — D i s c u s s i o n s sur l'hygiène des hôpitaux etc. à la société de chirurg. Bullet. 1861, 1862, 1864. — E v a n s :
La commission sanitaire des états unis. Paris 1865. — C. H. E s s e : Die Krankenhäuser etc. Berlin 1868. — F r. E s m a r c h : Ueber Vorbereitung von Reserve-
lazarethen. Berlin 1870. — E r i s m a n n : Desinfectionsarbeiten auf dem Kriegs-
schaupl. der europ. Türkei. München 1879. — L é o n l e F o r t : Notes sur quelques
points de l'hygiène hospitalière. Paris 1862 und Des maternités. Paris 1866. —
A r m a n d H u s s o n : Études sur les hôpitaux. Paris 1862. — W. A. H a m m o n d :
Treatise on hygiene. Philadelph. 1862 u. Études sur les hôpitaux. Paris 1862. —
H o r s k y : Studien über Krankenanstalten. Wien 1867. Heckenrath. — K r i e g s-
s a n i t ä t s o r d n u n g. — F. L ö f f l e r : Das preussische Militärsanitätswesen. Berlin
1868 und Generalbericht über den Feldzug in Schl.-Holst. Berlin 1866. — M i c h e l
L é v y : Discours prononcé à l'acad. de méd. sur l'hygiène hospitalière. 25. Mars
1862 u. Traité d'hygiène. Paris 1869. III. B. — L a r r e y : Notice sur l'hygiène des
hôpitaux milit. Paris 1862. — M i c h a ë l i s , G. F.: Ueber die zweckmässigste Einrichtung der Feldspitäler. Göttingen 1801. — M e h l h a u s e n : Versuche über Desinfection geschlossener Räume. Vierteljahrsschr. für öffentl. Gesundheitspflege 1879.
Nr. 8. — N i e s e : Vierteljahrsschr. für öffentl. Gesundheitspflege 1874. VI. p. 117.
— F l o r e n c e N i g h t i n g a l e : Bemerkungen über Hospitäler. Deutsch v. Senftleben. Memel 1866. — O p p e r t : Hospitäler u. Wohlthätigkeitsanstalten. Hamburg
1872. 3. Aufl. — P e l t z e r , M.: Kriegslazarethstudien. Berlin 1876. — E. P l a g e :
Studien über Krankenhäuser. Zeitschr. f. Bauwesen 1873. — M. P e t t e n k o f e r :
Ueber Luftwechsel in Wohngebäuden. München 1878 u. Zeitschr. f. Biologie II. Bd.
I. 1866. — R o t h : Handbuch der Militärgesundheitspflege I. u. II. u. Vierteljahrsschrift für öffentl. Gesundheitspflege V. — R e g l e m e n t für die Friedenslazarethe
der Kgl. preuss. Armee vom 5. Juli 1852. — S e n f t l e b e n : Feldbett. Deutsche
Klinik 1867. — A. S p i e s s : Ueber neuere Hospitalbauten in England. D. Zeitschr.
f. öffentl. Gesundheitspflege V. — S a r a z i n , C h.: Essai sur les hôpitaux. Annales
d'hygiène publique Tom. XX. IV. p. 1865. — J. S u t h e r l a n d and D. G a l t o n :
Principles of hospital-construction. Lancet 1871. — T h. S a u e r : Vollständige Darstellung der Krankenpflege. Petersburg 1841. — S t e i n b e r g : Marinesanitätsberichte
p. 51. — U l m e r : Ueber Militärspitalsbauten. Militärarzt XIII. 12 u. 13. — V a-
l e n t i c : Allg. milit. Zeitung. 21. Nov. 1875. — V i r c h o w : Ueber Lazarethe.
Vierteljahrsschr. für öffentl. Gesundheitspflege. V. — H. V a z i n : Ueber Krankenhäuser und weibliche Krankenpflege. München 1850. — E. J. W a r r i n g : Hütten-
hospitäler. Mit einem Nachtrage von W. Mencke. Berlin 1872. — W e r n i c h :
Grundriss der Desinfectionslehre. Leipzig 1880.

Literatur zu Abschnitt XI (p. 643).

B e r i c h t des Chloroformcomités zu London. Lancet. Juli 1864. — B a r t-
s c h e r : Berl. klin. Wochenschr. 1866. Nr. 33. — B i g e l o w : Boston med. and
surgic. Journal 1866. Nr. 12. — C l a u d e B e r n a r d : Bullet. génér. de thérapeut.
30. Sept. 1869 und Leçons sur les anesthésiques. Paris 1875. — J. B e h s e : Diss.
inaug. Greifswald 1877. — V. C h i r o n e : Lo sperimentale 1875. Fasc. 5. — E u l e n-
b u r g , A.: Die subcutane Injection. Berlin 1866. — H a m i l t o n : Military surgery.

New-York 1865. — Mariell Hartwig: Centralblatt für Chir. 1877. Nr. 32. — Hueter: Berl. klin. Wochenschr. 1866. Nr. 30. Centralblatt für Chir. 1877. Nr. 43. — König: Centralblatt für Chir. 1877. Nr. 39. — Kidd: Brit. med. Journal 1861. V. 1. p. 633. — W. Koch: Volkmanns Vorträge Nr. 80. — Kappeler, O.: Anaesthetica. Deutsche Chir. Liefer. 20. — Mollow: Centralblatt für Chir. 1877. Nr. 9. — Nussbaum: Bayer. Intelligenzbl. 1863. 10. Oct. — Oré: Comptes rendus. Tome 78. 1874. p. 515 u. 651. — Pétrequin: Comptes rendus. LXI. p. 1005. — Pirogoff l. c. — Richardson: Brit. med. Journal 1866. Nr. 278 u. Med. Times 1866. Nr. 820. — de Stefanis u. A. Vacchella: Annali universali di Med. et Chir. 1880. Juni. — Tizzoni et G. Fogliata: Revist. clinic. di Bologna 1875. Fasc. 1 u. 2. — Uterhart: Deutsche Klinik 1869. Nr. 20. — Vulpian: Gazette hebdom. 1874. 5. Juni.

Literatur zu Abschnitt XII (p. 650).

Althaus, J.: Medical-electricity. London 1873. — Basile, Giuseppe: Storia delle ferita del Generale Garibaldi. Palermo 1863. — Baudry: Union médicale. Paris 1863. Nr. 47. — Betz: Memorabil. 1870. Nr. 9. p. 222. — Corlien: Gaz. des hôpit. 1870. Nr. 100. — Deneux: Bullet. de l'acad. de méd. de Paris 1872. Nr. 30. — Fenger: Wiener med. Wochenschr. 1870. 24. Juni. — Fontan: Gaz. des hôpit. 1862. Nr. 139. — Gosselin: Bullet. de l'acad. de med. T. 35. p. 730. — Hoffmann: Berl. klin. Wochenschr. 1870. — Junker von Lanegg: Berl. klin. Wochenschr. 1872. 1. — Kemperdick: Deutsche Klinik 1870. 41. p. 375. — Kovács: Wiener med. Wochenschr. 1866. — Longmore l. c. p. 316 u. 360, auch Brit. med. Journ. Vol. II. p. 751. — Liebreich: Berl. klin. Wochenschrift 1870. p. 517. — Legouest: Gaz. médic. de Paris 1863. Nr. 14 u. 15. — Lecomte: Rec. des mémoires de méd. et de chir. mil. IX. 2. 94. 1863. — Monoyer: Gaz. méd. de Strasb. 1870. 24. p. 278. — Milliot, B.: Arch. génér. de méd. 1872. Fer. 129. — Maschek: Allgem. milit. Zeitung 1875. 13. 82. — Neudörfer: Wiener med. Halle 1863.

Literatur zu Abschnitt XIII (p. 661).

V. v. Bruns: Handbuch der chir. Praxis. Tübingen 1873. II. p. 734. — Köth: Beschreibung eines Instrumenten-Apparates für das Schlachtfeld. Wien 1831. — Melnikoff: Centralblatt für Chir. 1876. Nr. 25. — Monij: Description d'un nouveau modèle de tire-balle. Maestricht 1866. — Pirogoff l. c. — Percy: Manuel du chirurgien d'armée. Paris 1792, und vom Ausziehen fremder Körper etc. Strassburg 1789. — Redfern Davies: Brit. med. Journ. 28. May 1863. — Ruspini: A newly invented instrument for the extraction of balls. Med. Tracts Vol. X. London 1813. — Thomassin: Dissertation sur l'extraction des corps étrang. etc. Strasbourg 1878.

Literatur zu Abschnitt XIV (p. 670).

Geschichtliches.

Billroth: Historische Studien über die Behandlung und Beurtheilung der Schusswunden. Berlin 1859. — Gurlt: Kriegschirurgie der letzten 150 Jahre in Preussen. Berlin 1875. — Krönlein: Historisch-kritische Studien zum Thema der Wundbehandlung. v. Langenbecks Arch. 18. p. 74. — Malgaigne: Einleitung zu den Oeuvres d'Ambroise Paré. Paris. — Richter, E.: Chirurgie der Schussverletzungen. Breslau. I. 3. p. 689. — Rochard: Histoire de la chirurgie française au XIX siècle. Paris 1875. — Trendelenburg: Ueber die Heilung unter dem Schorfe etc. v. Langenbecks Arch. 1875. — Wolzendorf: Die locale Behandlung der Wunden im 15., 16., 17. Jahrhundert. Deutsche Zeitschr. für Chir. 261.

Die Naht.

Chisholm: A method of rapidly healing gunshot-wounds. — Home: Army medic. Reports for the year 1879. p. 523. — Longmore: Gunshot-injuries. London 1877. — Pirogoff l. c. p. 871.

Wundbehandlung.

1810. v. Kern, Vincenz: Anleitung für Wundärzte zur Einführung einer einfacheren, natürlicheren und minder kostspieligen Methode, die Verwundeten zu heilen. Aus dem Französischen von O. B. Schaul. — 1855. B. v. Langenbeck: Das permanente warme Wasserbad zur Behandlung grösserer Wunden. Deutsche Klin. 1855. Nr. 37. — 1856. Burow: Deutsche Klin. Nr. 24. — Vezin: Ueber Behandlung der Amputationsstümpfe. Ibid. Nr. 6 u. 7. — Bartscher: Ibid. Nr. 51. — Pitha: Ein zeitgemässes Wort über den Nutzen der Baumwolle und ihre styptische Thätigkeit ? — 1859. Volkmann: Ueber Heilung der Wunden unter dem Schorf. v. Langenbecks Arch. III. — Larrey: Comptes rendus de l'académie des sciences. T. 49. — Burow: Deutsche Klin. Nr. 21. — 1863. II. Schulte: Beiträge zu conservat. Chir. Bochum 1863. — 1867. Lister: Lancet March-Juli, und Brit. méd. Journ. Sept. 21. — Michel Markuszewski: Des pansements à l'air raréfié à l'alcool et à l'eau. Thèse de Paris 1867. — 1868. Verrier, Eugène: Du traitement des plaies par l'alcool de Guaco. Annales d'Anvers 1868. Janvier. — Wood, John: Carbolic acid treatment. Lancet. December 12. 1868. — Adams, William: Med. times and gaz. p. 256. — 1869. Mac Cormac: On the antiseptic treatment. Dubl. quart. Journ. 1869. Fevrier. — J. Guérin: Du traitement des plaies par occlussion pneumatique. Gaz. des hôpit. 1867. 73. — 1870. Carrière, Ed.: Le pansement des plaies avec feuilles de plomb. Union médic. Nr. 98. p. 249. — Smart, W.: On the treatment of gunshot-wounds by chlorid of zink. Br. med. Journ. Vol. II. p. 434. — C. de Morgan: Ueber dasselbe Thema. Ibid. October 15. p. 410. — Asterick: Br. med. and surgic. Journ. August 14 (Ichthyocolla praeparata Spaldingii). — Voigt, Paul: Beiträge zur Lehre von der primären Behandlung der Schussverletzungen. Deutsche Klin. 301. 345, 361. — Lister: Brit. med. Journ. August: A method of antiseptic treatment applicable to wounded soldiers. — Hueter: Ueber die chir. Behandlung des Wundfiebers bei Schusswunden. Volkmanns Vorträge Nr. 22. — Piorry: Mémoire sur le pansement des blessures. Bull. de l'acad. de méd. Tom. 35. p. 703. — Salkowski: Ueber die Wirkung und das Verhalten des Phenols im Thier-Organismus. Pflügers Arch. V. p. 335. — Lantier: Des blessures par armes à feu. Gaz. des hôpit. Nr. 152. — Dubreuil: Du drainage dans les plaies d'armes à feu. Gaz. des hôpit. Nr. 15. — Christot: L'union médicale Nr. 14, 15, 16, 17. Drainage dans les plaies par armes de guerre. — 1871. Harvey: Pansements à l'ouate Arch. génér. 1871. p. 640. 1872. p. 319, 417, 685. — Derselbe: Thèse de Paris 1874. — J. Guérin: Nouvelle note sur le trait. par occlus. pneumatique. Paris 1871. — C. F. Stuart Macdowell: A new method of treating wounds (Gruby's System). London (Churchill) 1871. — Sistach: Note sur les indications thérpeut. Gaz. méd. de Paris 2, 4, 6. — Burger: v. Langenbecks Arch. 1871. p. 432. — 1872. A. W. Schultze: Ueber Listers antiseptische Wundbehandlung. Deutsche militärärztl. Zeitschr. 1872. Heft 1. p. 287. — Krönlein: Ueber offene Wundbehandlung. Zürich 1872. — Westerland: Forsok med. aseptin as am Faerbandmedel. Finska laek. Saellskapschond. XIV. — Billroths Briefe. Berlin 1872. — Mosetigs Erinnerungen aus dem französisch-deutschen Kriege. Militärarzt 1872. 1—5 etc. — 1873. Fehr: Ueber die Behandlung der Schussverletzungen im allgemeinen. v. Langenbecks Arch. XV. — J. Bell: Edinb. med. Journ. August. — Lesser: Einige Worte zum Verständniss der Lister'schen Methode. Deutsche Zeitschr. für klin. Chir. Bd. 3. p. 436. — Gordon, C. A.: Lessons on hygiena and surgery from the Franco-Prussian war. London 1873. — Gayda: Du pansement à l'ouate. Rec. des mémoir. Sept. Oct. 505. — Blanchard: Etude sur le pansement ouaté. Thèse de Paris Nr. 164. — Walter Reid: On the new french method of dressing wounds by cotton wadding. Lancet. April 26. — Jasper: Ueber die Wundbehandlung. Diss. inaug. Berlin 1873. — Note sur l'emploie et les effets du liniment oléo-calcaire. Mouvement médical Nr. 47. p. 629. — Burow: Deutsche Zeitschr. für Chir. II. 4, 5. — Campbell: Treatment by cotton wool. Liverp. and Manch. med. and surg. Rev. p. 32. — 1874. Reyher: Ueber die Lister'sche Wundbehandlung. Verhandl. des Chir.-Congr. 1874. p. 174. — Burchardt: Einige für die militärärztliche Praxis geeignete Modificationen des Lister'schen Verfahrens. Deutsche militärärztliche Zeitschr. p. 85. — Emmert, v. Langenbecks Arch. XVI: Ueber moderne Wundbehandlungsmethoden. — Lesser: Einige Worte zum Verständniss der Lister'schen Methode. Deutsche Zeitschr. für Chir. III. p. 402. — Bardeleben:

Verhandl. des Chir. Congr. 1874. I. p. 70. — Nicaise: Du pansement de A. Guérin. Gaz. méd. de Paris. 1874. Nr. 3. — 1875. Credé: Berl. klin. Wochenschrift 1875: Jute als Verbandstoff. — Eilert: Kriegschir. Skizzen. Deutsche militärärztl. Zeitschr. IV. p. 184. — Köhler: Deutsche med. Wochenschr. 13. 21. 22, 23, und Charité-Annalen II. — Thiersch: Kl. Ergebnisse der Lister'schen Verbandmethode und über den Ersatz der Carbolsäure durch Salicylsäure. Volkmanns Vortr. 84—85. — Ollier: Pansem. à l'ouate et occlusion inamovible. Compt. rend. LXXX. 3. — Trendelenburg: Ueber die Heilung unter dem Schorfe. v. Langenbecks Arch. 1875. — Thamhayn: Der Lister'sche Verband. Leipzig 1875. — Bardeleben: Kl. Mittheilungen über die antiseptische Wundbehandlung. Berl. klin. Wochenschr. 1875. Nr. 29. — Ceccherelli: La medicatura delle ferrite dopo le operazione. Lo sperimendale. Oct. 1875. — Stelzner: Jahresberichte der Ges. für Natur- und Heilkunde in Dresden. Oct. 1875. Mai 1878. — Lister: Lancet Nr. 18—23. Br. med. Journ. 1875. Dec. — Hutchinson: Medic. Neuigkeiten. 1875. Nr. 52. — Volkmann: Beiträge zur Chir. Leipzig 1875. — Derselbe: Krönlein und seine Statistik. Volkmanns Vorträge. Nr. 96. — Krönlein: v. Langenbecks Arch. XIX. p. 1. Offene und antiseptische Wundbehandlung. — Derselbe: Beiträge zur Geschichte und Statistik der offenen Wundbehandlung. Berlin 1875. — Sarazin: Nouvelle méthode d'occlusion antiseptique des plaies. Arch. belg. 1875. Heft 9. — Journal de Thérapentique (Chloral als Verbandmittel) 1875. 14. — A. Guérin: Pansement ouaté. Bull. de l'acad. de méd. de Paris. 1875. 34—36. — Kraske: Berl. klin. Wochenschr. Nr. 22. — Bose: Berl. klin. Wochenschr. Nr. 28. — Mayer: Zur Wundbehandlung. Zeitschr. für prakt. Medicin. 1875. Nr. 15. — Tillmanns: Centralbl. für Chir. Nr. 28 u. 29. — Nussbaum: Listers grosse Erfindung. Bayer. ärztl. Int.-Bl. 1875. Nr. 5. p. 41. — Derselbe: Die chir. Klinik zu München. Stuttgart 1875. — Derselbe: Einige Mittheilungen über den Hospitalbrand. Arch. für klin. Chirurgie. XVIII. p. 706. — Reyher: Antiseptische und offene Wundbehandlung. v. Langenbecks Arch. XIX. p. 712. — Bose: Zur antiseptischen Wundbehandlung. Berl. klin. Wochenschr. 1875. Nr. 28. — 1876. Porter: Some remarks on aid to the sick and wounded in time of war. Lancet V. II. p. 529. — Lister: New York medic. record. 1871. Oct. — Minich, A.: Cura antisettica delle ferite. Venezia 1876. — Volkmann: Klin. Vortr. Nr. 96. — Kochler, R.: Deutsche med. Wochenschr. Nr. 13, 21, 23. — Salkowski: Ibid. Nr. 10. — Fischer: Der Lister'sche Verband und die Organismen unter demselben. Deutsche Zeitschr. für Chir. VI. p. 319. — Gueterbock: Die neueren Methoden der Wundbehandlung. Berlin 1876. — Ranke, H.: Zur Bacterienvegetation unter dem Lister'schen Verbande. Deutsche Zeitschr. für Chir. VI. p. 63. — Dunlop, Jos.: Contribut. to antisept. surger. Glasgow 1876. — Schueller, M.: Zur Frage der Bacterienvegetation unter dem Lister'schen Verbande. Centralbl. der med. Wissensch. Nr. 12. — Esmarch: Die antiseptische Behandlung in der Kriegschir. v. Langenbecks Arch. Bd. XX. p. 166. — Czerny: Die Freiburger chir. Klinik etc. Berl. klin. Wochenschr. 1876. Nr. 43 u. 44. — Berns: Ueber die Erfolge der Lister'schen Methode in der Freiburger Klinik. v. Langenbecks Archiv XX. p. 177. — Gissler u. Wenzel: Aerztliche Mittheilungen aus Baden. XXX. 12. — Burchardt: v. Langenbecks Arch. XX. 1. p. 191. — Angerer, O.: Beitrag zur Wundbehandlungsfrage. Würzburg 1876. — Cane: On boracic acid as dressing for wounds. Lancet 1876. Mai 20. — Trendelenburg: Centralbl. für Chir. Nr. 9. — Köhler: Mittheilungen über die Wirksamkeit des Carboljuteverbandes. Deutsche med. Wochenschr. 1876. Nr. 21 etc. — Eilert: Neue Beiträge zur Frage von der zweckmässigsten Wundbehandlung im Felde. Deutsche militärärztl. Ztg. p. 483. — Albert, Ed.: Arthrotomie nebst einigen Bemerkungen über den Lister'schen Verband. Wiener Presse XVII. 20—37. — Weichselbaum: Kritik der Wundbehandlungsmethoden. Allg. Wiener Zeitung 1876. Nr. 11—15. — Chiene, J.: Eine neue Methode der Wunddrainage. Ed. med. Journ. Vol. 2. p. 224. — Lindpaintner: Deutsche Zeitschr. für Chir. Bd. VII. p. 187. — 1877. Nussbaum: Einige Bemerkungen zur Kriegschirurgie. Feldarzt 11 u. 12. — Dumreicher: Ueber Wundbehandlung. Wiener med. Wochenschr. 6, 7, 8, 9, 10. — Sokolow: Die Aerationsbehandlung von Wunden. Petersb. med. Wochenschr. 1877. Nr. 11. — Burchardt: Ueber eine Modification des Lister'schen Verbandes. v. Langenbecks Arch. XX. p. 191. — van Riemsdijk: Antiseptische Wundbehandeling op het Seagfeld. Genesk. Tidschr. Batavia. XIX. Bd. 1. Liefer. 1. — Graf: Watte- und Tannin-Verband. Ibid. 195. — Pöhl: Ueber die Bereitung eines antiseptischen Verbandstoffes. Petersb. med.

Wochenschr. II. 38. Burow: Offene Wundbehandlung. Ibid. 205. — Kirchenberger: Prager med. Wochenschr. II. 30. — Neudörfer: Die chir. Behandlung der Wunden. Wien 1877. — Kostarew: Petersb. med. Wochenschr. II. 9. — v. Scheven: Die antiseptische Behandlung im Felde. Deutsche milit. Zeitschr. Heft 6. p. 265. — Hamilton: Lancet I. 17, 18. — Port: Die Antisepsis im Kriege. Ibid. p. 283. — White, R.: Boston med. and surgic. Journ. XCVII. 9, 255. — Münnich: Ueber die Verwendbarkeit des nassen Carboljuteverbandes im Kriege. Ibid. Heft 10. p. 437. — Bouchardat: Bullet. de Thérapeutique. XCII. p. 433. Mai 30. — Credé, B.: Ueber Fieber nach antiseptischen Operationen. Centralbl. für Chir. März. — Derselbe: Borsäure als Verbandmittel. Berl. klin. Wochenschr. März 1877. — Poggio: Reflexiones a cerca de la cura de las heridas segun il metodo antiseptico. Madrid 1877. — Waitz: II. v. Langenbecks Arch. XXI. 3. p. 601. — Waddy: On the use of terebene in surgical dressing. Br. med. Journ. Juni 2. — Steiner: Ueber die moderne Wundbehandlungsmethode. Wiener Klinik. September bis November. — 1878. Bergmann: Die Behandlung der Schussverletzungen des Kniegelenks. Stuttgart 1878. — Reyher: Die antiseptische Wundbehandlung im Kriege. Volkmanns Vorträge. 142, 143. — Mannoury, G.: Les hôpitaux baraques et les pansements antiseptiques en Allemagne. Paris 1878. — Larue: Appréciation des principaux pansements au point de vue de la chir. d'armée. Thèse de Paris Nr. 140. — Buchholtz: Antiseptica und Bacterien. Archiv für exper. Pathol. und Pharmacie. Bd. IV. — Nassnyth: Terebene as a dressing for wounds. Edinb. med. Journ. 1878. Vol. I. p. 779. — Flach: Ueber die Verwendbarkeit der Bruns'schen Carbolgaze. Deutsche militär. Zeitschr. Heft 9, p. 400. — Sonnenburg: Deutsche Zeitschr. für Chir. IX. 3, 4. p. 356 etc. — Cammerer: Deutsche militär. Zeitschr. Heft 7 u. 8. p. 315 etc. — E. Küster: Arch. für klin. Chir. Bd. 23. p. 117. — Lewin, L.: Das Thymol als Antisepticum. Deutsche med. Wochenschr. Nr. 15. — P. Bruns: Berl. klin. Wochenschr. Nr. 29. — Ollier: Du traitement des plaies dans une atmosph. antiseptique. Revue mensuelle Nr. 1. — 1879. Du Pré: Le pansement antiseptique. Paris 1879. — Protokolle der Moskauer chir. Ges. Nr. 7 (Centralbl. für Chir. 1880. 5. p. 78). — P. Bruns: v. Langenbecks Arch. XXIV. p. 334. Derselbe: Deutsche militär. Zeitschr. Heft 12. — Frisch: Ueber Desinfection von Seide und Schwämmen. Arch. für klin. Chir. — Alf. Genzmer u. Rich. Volkmann: Ueber septische und aseptische Wundfieber. Samml. klin. Vorträge Nr. 127. — Védrènes: Etude sur le pansement ouaté au point de vue de la chir. d'armée. Rec. des mémoires. T. 35. p. 113, 225. — Kraske: Ueber antiseptische Behandlung der Schussverletzungen im Frieden. Archiv für klin. Chir. Bd. 24. p. 346. — Gross, F.: La méthode antiseptique de Lister. Paris 1879. — Holmes: On the result of treatment of comp. fract. of the leg. St. Georgs Hospit. Report. Vol. IX. p. 651. — Dotter: Ueber die Verwendung der Bruns'schen Carbolgaze. Deutsche militär. Zeitschr. Heft 10. — Nussbaum: Leitfaden zur antiseptischen Wundbehandlung. Stuttgart 1879. — Neudörfer: Aus der Klinik für Militärärzte. Wien 1879. — Esmarch: Ueber Antiseptik auf dem Schlachtfelde. Arch. für klin. Chir. XXIV. p. 364. — Trendelenburg: Ibid. — Wiebel: Verhandlungen des naturwissenschaftlichen Vereins zu Hamburg 1879. — Verhandlungen der Berl. militärärztlichen Gesellsch. Deutsche milit. Zeitschr. Heft 12. p. 629. — Laué: Zur Antiseptik im Felde. Ibid. Heft 1. — Derselbe: Ueber den praktischen Werth der Münnich'schen Carboljute. Ibid. Heft 5. — Luehe: Primäre Antisepsis im Kriege. Ibid. Heft 2. — H. Fischer und J. Müller: Die essigsaure Thonerde als Antisepticum. Deutsche med. Wochenschrift. p. 1. — Füller: Ibid. p. 527, 541, 557. Zum Gebrauch des Thymol. — 1880. P. Bruns: Deutsche militär. Zeitschr. 1880. Heft 1. p. 42. — Münnich: Untersuchungen über den Werth der gebräuchlichsten antiseptischen Verbandmittel für militärärztl. Zwecke. Ibid. Heft 2. — Berkerley-Hill: Case of gunshotwounds of leg treated by irrigation. Med. Times and Gaz. Vol. I. March 20. p. 317. — N. Röthling: Ueber Wundverband im Kriege. Medizinskoje-Oleosrenje. Juli-Heft 1879. Nr. 3. — Sachse: Ein Fall von Exarticulation im Schultergelenke. Deutsche militär. Zeitschr. 1880. p. 21. — W. Mac-Cormac: Antiseptic surgery. London 1880. p. 286. — v. Bruns: Fort mit dem Spray. Berl. klin. Wochenschr. Skriba: Ueber die Gaze und essigsaure Thonerde. Ibid. — Weljaminoff: Eine Modification des antiseptischen Verbandes. Centralbl. für Chir. 1880. Nr. 41. — Schmidt: Der trockene Wundverband mit Salicylsäure. Deutsche Zeitschr. für Chir. XIV. 1 u. 2. p. 15. — Port: Zur Antiseptik im Kriege. Deutsche milit. Zeitung 1880. 4. p. 176. — 1881. G. Reuter: Bericht über den antiseptischen

Dauerverband. v. Langenbecks Arch. Bd. XXVI. Nr. 77. — H. Schmid: Ueber den Carbolgehalt der Bruns'schen Gaze. Deutsche Zeitschr. für Chir. Bd. XIV. Heft 3 u. 4.

Literatur zu Abschnitt XVI (p. 723).

Allgemeines.

M. Alezais: Extrait d'une mémoire sur la thérapie chir. appliquée pendant les campagnes d'Orient et d'Italie. Rec. de mémoir. 1868. Aug., Sept., Oct. — Böttger: Zur conservativen Chir. 1873. Memorabilien Nr. 10. — Champenois, P.: Importance du rôle de la chir. conservatrice dans le traitement des fractures les plus graves des membres supérieures. Rec. de mémoir. 1872. Mars, Avril. p. 161. — Cuignet: Effets consécutifs des blessures par armes de guerre. Rec. 1872. Sept., Oct. p. 475. — Leskowski: Ueber dasselbe Thema. L'union méd. 1872. Nr. 123. p. 591. — Ollier: Résection de la diaphyse humérale à la suite des fractures par coup de feu. Lyon méd. 1872. Nr. 4. p. 252. — Sarazin: Des accidents tardifs provoqués par les coups de feu des os. Lyon méd. 1873. Nr. 3. 4, 5. — Vilck: Ueber die conservative Methode bei der Behandlung der Schussverletzungen. Diss. inaug. Leipzig 1868.

Lagerung resp. Fixirung der Fragmente.

1848. Merchie: Arch. belges de méd. milit. 1848. T. II. p. 178. — 1854. N. Pirogoff: Klinische Chirurgie. Heft 2: Der Gypsverband bei einfachen und complicirten Knochenbrüchen u. in seiner Anwendung beim Transport etc. Leipzig 1854. — 1856. Schiller: Verband- und Transportlehre. Würzburg 1856. — 1857. Szymanowsky: Der Gypsverband mit besonderer Berücksichtigung der Militärchirurgie. Petersb. 1857. — 1858. Merchie: Appareils modelés au nouveau système de délégation pour les fract. des membres. Paris 1858. — 1859. Esmarch: Beiträge zur praktischen Chirurgie. Kiel 1859. I. — 1860. Dürr: Preuss. milit. Zeitung 1860. p. 114. — 1862. Gurlt: Fracturen. Bd. 1. Berlin 1862. — 1865. Port: Ueber Transportverband und gespaltenen und zweitheiligen Gypsverband. Allg. milit. Zeitung 1865. 1, 2, 5. — Riss: Zur Anlegung des Gypsverbandes. Zürich 1865. — Heine: v. Langenbecks Archiv Bd. VII. p. 548. — 1866. Böhm: Ueber Transportverbände im Kriege. W. milit. Zeitg. 1866. Nr. 26. — Fränzel: Berl. klin. Wochenschr. 1866. p. 17. — Fuchs: Wiener allg. med. Zeitschr. 1866. Nr. 29. — 1867. Neudörfer: Kriegschirurgie. Leipzig 1867. p. 92. — Dittel: Ueber à jour-Verbände. Wiener Presse 1868. Nr. 8. — 1868. Port: Wiener milit. Zeitg. 12 u. 26. — Corval: Ibid. 14, 16, 17. — Senftleben: Deutsche Klinik 1868. 33—34. — 1869. Löwer: Drahtschienen als Transportverband. Arch. f. kl. Chir. X. p. 375. — 1870. Schnyder: Ein Oberschenkelverband. Allgem. milit. Zeitg. 1870. Nr. I. p. 10. — Bonnafont: Mémoire sur un nouvel appar. content. appliqué spécialement etc. Bull. thérapeut. T. 89. p. 406, 452. — Renz: Die Spreizlade. Ein Collegengruss aus dem Lazareth Wildbad. — Stanelli: Das Triclinum mobile. Berlin 1870. — Esmarch: Der erste Verband. Kiel 1870. — Philippe: Boîte gouttière à suspension. Union méd. 1870. Nr. 98, 100, 101. — Alison: Nouvelle méthode de transport pour les blessés et la contention dans le traitement des blessures. Gaz. méd. de Paris 1870. 49. — 1871. Roser: Zur Kriegsverbandlehre. Berl. kl. Wochschr. 1871. — Esmarch: Verbandplatz- n. Feldlazareth. Berlin 1871. — Passavant: Bemerkungen aus dem Gebiet der Kriegschirurgie. Berl. klin. Wochenschr. 1871. — Bruns, Victor: Zur Kriegschirurgie. Ibid. 181, 195. — Sarazin: Du traitement des fract. des membres à coup du feu etc. Arch. génér. de méd. Sept. p. 257. — Philippe: Gaz. des hôp. Nr. 135. p. 538. — 1872. v. Langenbeck: Deutsche milit. Zeitschr. 1872. I. 10. p. 472. — 1873. Cammerer: Württemb. ärztl. Intell.-Blatt. — Guillery: Nouveau système d'attelles. Bull. de l'acad. de méd. Nr. 37. 1098. — 1874. Esmarch: Ueber elastische Extensionsverbände bei Schussverletzungen des Femur etc. v. Langenbecks Arch. 1874. Bd. XVII. p. 486. — Tourraine: Notes sur quelques moyens de déligat. etc. les mém. Nov., Dec. p. 547. — Scheuer (à Spa): Un chapitre de chir. conservatrie. Brux. 1874. — 1875. Hecker: Unverrückbare Verbände. Inaug.-Diss. Berlin. — Port: Kriegsverbandstudien. Deutsche milit. Zeitschrift. Jahrg. IV. Heft 5. p. 227. — C. Schrauth: Die unverrückbaren Verbände der neueren Chirurgie. München 1875. — 1876. Weissbach: Deutsche milit. Zeitschr.

1876. p. 535. — Burk: Kritik der verschiedenen Lagerungs- und Verbandmethoden bei Schussfrakturen. Deutsche Zeitschr. f. Chir. Bd. VI. p. 1. — van der
Loo: Der unmittelbar amovo-inamovible Gypsverband und Tricot-Gypsverband.
Köln 1876. — Schön: Die Zinkblechschienen. Allgem. Wien. med. Zeitschr. 47,
49. — Hensoldt: Ueber Extensionsapparat und Gypsverband bei Schussfrak-
turen. Diss. inaug. Berlin. — 1877. Kappeler und Heffter: Der articulirt-
mobile Wasserglasverband. Deutsche Zeitschr. f. Chir. 1877. p. 129. — Weissbach:
Ueber die Schön'schen Zinkblechschienen. Deutsche milit. Zeitschr. 1877. p. 513.
— Winter: Ueber Knochenimplantationen. Annalen des städtischen Allgemeinen
Krankenhauses in München. — 1879. Esmarch: Handbuch der kriegschirurgischen Technik. Hannover. — Kuby: Bayer. Intelligenz-Blatt 1879. Hessings
Schienen. — Mosengeil: Archiv für klin. Chir. Bd. XXIII. Heft 2. — 1878.
Netolitzky: Der Gypsverband in der Feldchirurgie. Feldarzt 10—15. — Ni-
colai: Der Lagerstuhl. Deutsche milit. Zeitschr. Heft 7 u. 8. p. 335. — Beely:
Die Gyps-Hanf'schienen. Königsberg (auch Berl. klin. Wochenschr. 1875. Nr. 14 und
v. Langenbecks Arch. Bd. XIX). — M. A. Herzenstein: Ueber den Blumen-
gitterverband. Deutsche milit. Zeitg. 1878. p. 175. — 1879. Ahl: Filzschienen.
Ill. Zeitschr. der ärztl. Polytechnik 1879. Juli I. Nr. 3. p. 98. — P. Bruns: Ueber
plastischen Filz zu Contentivverbänden. Deutsche med. Wochenschr. 1879. Nr. 29.
— 1880. Port: Ueber gefensterte Blechverbände und Drahtrollbinden. Deutsche
milit. Zeitschr. 1880. — Macewen: The Glasgow med. Journ. Vol. XIV. Nr. 8.

Literatur zu Abschnitt XVII (p. 796).

Ausser den vielfach citirten Werken über Schussverletzungen und den Berichten über die verschiedenen Kriege: Berthold: Deutsche militärärztl. Zeitg.
1872. — E. Bergmann: Die Resultate der Gelenksresectionen im Kriege. Giessen 1874. — Derselbe: Die Behandlung der Schusswunden im Kniegelenk. Stuttgart 1878. — Beesel: Behandlung der Schussverletzungen des Kniegelenkes.
Deutsche militärärztl. Zeitschr. 1879. — Billroth: Die Endresultate der Resectionen. Wien. med. Presse 1871. — Chipault: Fractures par armes à feu. Paris
1872. — Culbertson: Prize-essay. Excision of the larger joints etc. Philad.
1876. — J. Chisholm: How should wounds perforating the knee-joint be treated.
Med. Times und Gaz. 1866. Vol. II. p. 689. — Cuignet: Plaies pénétrantes du
genou par coups de feu. Rec. de mém. 1872. Nov., Dec. — Cortese, Fr.: Sui
progressi della chirurgia conservativa nelle ferite articulari per arma da fuoco.
Memor. del R. Inst. Venet. di scienze. Vol. XIV. 1869. — Deininger: Beiträge
zu den Schussfrakturen des Hüftgelenkes. Deutsche milit. Zeitschr. 1874. — Dominik: Beiträge zu d. Schussfrakturen des Ellbogengelenkes. Ibid. 1876. — Drachmann, A. G.: Om resektion of skulder etc. after skudsaar. Ugeskin for Laeger
1865. 42. 28. Jan. 4 u. 5. — Ernesti: Ueber Schussverletzungen des Schultergelenkes und ihre Behandlung. Deutsche milit. Zeitschr. 1878. Nr. 12. p. 541. —
Eilert: Resultate der 1870—1871 ausgeführten Gelenksresectionen. Deutsche
militärärztl. Zeitschr. 1873. — Evers: Gelenkwunden und ihr Ausgang. Ibid.
1873. — Esmarch: Ueber Resectionen nach Schusswunden. Kiel 1851. — E.
Gurlt: Die Gelenksresectionen nach Schusswunden. Berlin 1879. 2 Bde. Hirschwald. — Grossheim: Ueber Schussverletzungen des Fussgelenkes. Deutsche
militärärztl. Zeitschr. 1876. — Hoffmann: Ueber Verletzungen des Kniegelenkes
durch Kleingewehrprojectile. Deutsche militärärztl. Zeitschr. 1875. — Heinzel:
Ueber Schussverletzungen des Kniegelenkes. Ibid. 1875. — Hufnagel: Ueber
Resectionen des Ellbogen- und Schultergelenkes nach Schusswunden. Diss. inaug.
Frankfurt 1871. — Jaschke: Versuche über Drainage bei der eitrigen Knie-
lenkentzündung. Diss. inaug. Greifswald 1872. — König: Beitr. zur Würdigung
der Resectionen des Kniegelenkes. Berl. klin. Wochenschr. 1871. Nr. 30. - Küster: Ueber Resectionen des Kniegelenkes im Kriege. Deutsche militärärztl. Zeitschrift 1873. — Kratz: Resultate der während des letzten Krieges ausgeführten
Gelenksresectionen. Deutsche milit. Zeitschr. 1872 u. 1873. — v. Langenbeck:
Berliner klin. Wochenschr. 1865. p. 60. — Derselbe: Ueber Schussverletzungen
des Hüftgelenkes. Arch. f. klin. Chir. XVI. 1874. — Derselbe: Verhandlungen der
deutschen Gesellsch. f. Chir. Berlin 1874. II. p. 106. — Derselbe: Ueber die Endresultate der Gelenksresectionen im Kriege. Arch. f. klin. Chir. 1874. — Derselbe: Ueber die Schussfrakturen der Gelenke. Rede am 2. Aug. 1868. — Luecke:
Kriegschirurgische Fragen und Bemerkungen. Bern 1871. — Laurenz Lauffs:

Zur Statistik der Fussgelenksresectionen. Inaug.-Diss. Halle 1872. — L o t z b e c k : Zur Kniegelenksresection. Bayer. Intellig.-Bl. 1871. — M a y e r : Zur partiellen Resection. Deutsche Zeitschr. f. Chir. 1873. III. Bd. — M o s s a k o w s k i : Statistischer Bericht über 1415 franz. Inval. etc. Deutsche Zeitschr. f. Chir. 1872. — N e u d ö r f e r : Die Endresultate der Gelenksresectionen. Wien. med. Presse 1871. — N i e s e : Monatliches Verzeichniss der Todten und Invaliden der schleswig-holst. Armee aus den Jahren 1848, 1849, 1850 u. 1851. Kiel 1852. — P e t r u s c h k y : De resectione articulorum extremit. super. Diss. inaug. Berlin 1851. — R e y h e r : Die Behandlung der Schusswunden des Kniegelenkes im Kriege. Petersb. med. Wochenschr. 1879. — Derselbe: V o l k m a n n s Vorträge. 142 u. 143. — R i t z m a n n : Berl. klin. Wochenschr. 1872. — S i m o n : Kriegschirurgische Mittheilungen. Deutsche Klin. 1871. Nr. 29 u. 30. — S c h w a r t z : Beiträge zur Lehre von den Schusswunden. Schleswig 1854. — S e g g e l : Resultate der während des Krieges 1870 u. 1871 ausgeführten Gelenksresectionen. Deutsche militärärztl. Zeitschrift 1873. — v. S c h e v e n : Ueber Schussverletzungen des Handgelenkes. Ibid. 1876. — Rich. V o l k m a n n : Die Resectionen der Gelenke. Vorträge Nr. 51. — W e l j a m i n o w : Ueber die Indicationen für die Operation bei Schusswunden der Gelenke, welche mit Eitervergiftung complicirt sind. Wratsch 1880. 13.

Literatur zu Abschnitt XVIII (p. 864).

Provisorische Blutstillung.

A d e l m a n n : Ueber die Flexion als Haemostaticum. v. L a n g e n b e c k s Arch. Bd. X u. XVI. — B u r o w : Arch. f. klin. Chir. Bd. XII. — E s m a r c h : Kriegschir. Technik. Hannover 1876. — P u h l m a n n : Eine neue Aderpresse. Berl. kl. Wochenschr. 1865. Nr. 28. — V ö l k e r s : Das Knüppeltourniquet. Berl. klin. Wochenschr. 1865. Nr. 48. — V o l k m a n n : Die verticale Suspension des Armes als Antiphlogisticum und Haemostaticum. Berl. klin. Wochenschr. 1867. Nr. 37.

Künstliche Blutleere.

A l b a n e s e : Sull' emostasia preventiva. Gaz. clin. del l'ospidale civico di Palermo 1873. Dec. — B i l l r o t h : Erfahrungen über E s m a r c h s Methode. Wien. med. Wochenschr. 1873. — B r a d l e y : The elastic ligature. Brit. med. Journ. 1874. — P. B r u n s : V i r c h o w s Arch. Bd. 66. p. 374 und v. L a n g e n b e c k s Arch. Bd. XIX. Heft 4. — C h i e n e : Bloodless surgery. Edinb. Journ. Vol. XX. Nr. 10. 1875. — C l u r g : Bloodless surgery. Amer. Journ. 1875. April. — C h a u v e l : Gaz. des hôp. 1874. Nr. 144 und Arch. génér. 1875. — D i s c u s s i o n de la société de chir. de Paris. Gaz. des hôp. 1873. — E s m a r c h : V o l k m a n n s Vorträge 58; Verhandl. der deutschen Gesellschaft für Chir. II.; v. L a n g e n b e c k s Arch. XVII. p. 292 und XIX. p. 103. — G r ö b e n s c h ü t z : Diss. inaug. 1874. — K e e n , W.: Philad. med. Times 1874. Sept. — K ö h l e r : Deutsche milit. Zeitschr. 1877. 8, 9. — K ö n i g : Centralbl. für Chir. 1879. Nr. 33. — K ü p p e r : Deutsche med. Wochenschr. 1876. 43. — v. L a n g e n b e c k : Berl. klin. Wochenschr. 1873. — L e w y : Arch. méd. belges 1875. Mai. — v. M a s s o r i : Wiener med. Wochenschrift 1875. 48. — N i c a i s e : Gaz. méd. de Paris 1876. Nr. 34. — R i e d i n g e r : Deutsche Zeitschr. f. Chir. VII. p. 460. — S m i t h : Arch. of clin. surger. Vol. II. p. 70. — S t o k e s : Bloodless surgery. Med. Presse 1874. March 25. — V e r n e u i l : Gaz. méd. de Paris 1873. — W o l f f . J u l . : Centralbl. f. Chir. 1878. p. 577. — W a i t z : Ibid. 1876. Nr. 13.

Unterbindung.

A d a m k i e w i c z : v. L a n g e n b e c k s Arch. XIV. 1872. — P. B r u n s : Deutsche Zeitschr. f. Chir. 1875. p. 318. — B e c k : Chir. der Schussverletzungen. 1872. — B i l l r o t h : Wiener med. Wochenschr. 1868. Nr. 1—4. — C r i s p : Von den Krankheiten und Verletzungen der Gefässe. Berlin 1849. Deutsch. — C z e r n y : Wien. med. Wochenschr. 1872. Nr. 22. — M a c C o r m a c l. c. — M a c D o n n e l : Med. Presse 1866. Febr. 23. — G. F i s c h e r : Die Wunden des Herzens l. c.; die Wunden und Aneurysmen der Art. glutaea. v. L a n g e n b e c k s Arch. XI. p. 762. — H. F i s c h e r : Erfahrungen etc. — v. F ü l l e n b a u m : Wiener med. Wochenschrift. 1872. 15. — G r i p p s , H a r r i s o n , W.: The treatment of sec. hemorrh. after lig. Barth. Hosp. Report 1875. X. — G r o s s , J. W.: Wounds of the internal

jugular vein. Amer. Journ. of med. scienc. Bd. 53. — Kraske: Centralblatt für
Chir. 1880. Nr. 43. — Kocher: Beitr. zur Unterbindung der Art. femor. comm.
v. Langenbecks Arch. XI. p. 527 u. 610. — v. Langenbeck: Langenb.
Arch. I. Bd. 1 und Deutsche milit. Zeitschr. II. p. 32. — Lidell: On the wounds
of bloodvessels, traum. haemorrh., traum. aneurysm and traum. gangr. Surgic.
memories of the war of rebellion. New-York 1870. p. 762. — Luecke: Kriegschirurgische Fragen u. Bemerkungen. — Müller, Max: Unterbindungen grösserer
Gefässstämme bei Nachblutungen im Kriege 1870 u. 1871. v. Langenbecks
Arch. XV. p. 725. — Marquardt: Ueber seitliche Venenligatur. Deutsche militärärztl. Zeitschr. 1879. Heft 10. p. 514. — Maunder: On antiseptic method of
ligatures of arteries. London 1876. Febr. 2. — Pilger, A: Ueber Resectionen
an grossen Venenstämmen. Deutsche Zeitschr. f. Chir. 1880. p. 131. — W. Pirrie
und W. Keith: Acupressure, an excellent method etc. London 1867. — Porta:
Die pathol. Veränderungen an den Arterien bei der Ligatur und Torsion. Mailand 1845. — Roser: Berl. klin. Wochenschr. 1867. Nr. 16, 1868. Nr. 20 und
v. Langenbecks Arch. Bd. XII. 1870. — Rose: Die Stichwunden der Gefässe des
Oberschenkels etc. Volkmanns Vorträge Nr. 92. — Rabe: Zur Unterbindung grosser
Gefässstämme in der Continuität. Deutsche Zeitschr. f. Chir. Bd. V. — Ravoth:
Berl. klin. Wochenschr. 1868. Nr. 17. — Simpson, James: Lancet 1867. Febr. —
Schmidt: Deutsche militärärztl. Zeitschr. 1876. — Tillaux: De la torsion
des artères. Gaz. des hôp. 1878. Nr. 36. — Volkmann: Beiträge zur Chirurgie.
Leipzig. p. 249.

Transfusion.

Braune, W.: Arch. f. klin. Chir. VI. p. 648—655. — Bruberger: Die
Transfusion und ihr Werth im Felde. Deutsche militärärztl. Zeitschr. 3. p. 525.
— v. Belina-Swiontowski: Die Transfusion des Blutes. Heidelberg 1869. —
Billroth: Wiener med. Wochenschr. 1875. 1—4. — Chadwick, Jam.: Boston
med. and surg. Journ. Juli 1874. 9. — Casse, J.: De la transf. du sang. Mém.
couronné. Bull. de l'acad. belg. 1874. II. — Malachia de Cristoforis: Le transf.
del sangue. Annal. univers. 1875. Sept, Nov. — Dieffenbach: Transfusion des
Blutes. Berlin 1878. Demme: Schweizer Zeitschr. f. Heilk. 1. p. 437—460. —
Eckert: Objective Studie über die Transfusion des Blutes und ihre Verwerthung
auf dem Schlachtfelde. Wien 1876. — Eulenburg und Landois: Die Transfusion des Blutes. Hirschwald, Berlin 1866. — Gesellius: Die Transfusion des
Blutes. Petersb.-Leipzig 1873. — Hueter: Arch. f. klin. Chir. XII. 1. — Hasse:
Virch. Arch. 64. p. 243 und die Lammbluttransfusion. St. Petersburg 1874. —
Jahn: Ueber Transfusion. Deutsche Zeitschr. f. prakt. Medicin 1874. 1—4. —
Jakowisky: Centralblatt f. Chir. I. 16. 1874. — Köhler: Ueber Thrombose
und Transfusion. Diss. Dorpat 1877. — Landois: Centralblatt f. die med. Wis-
senschaften 1873. 56 u. 57, Virchows Arch. 62, und die Transfusion des Blutes.
Leipzig 1875 (C. W. Vogel) und Deutsche Zeitschr. f. Chir. IX. 5, 6. — L. Loeser:
Volkmanns Vorträge Nr. 86. — Leisring: Ibid. Nr. 41. — W. Löwenthal:
Diss. inaug. Heidelberg 1871 und Berl. klin. Wochenschr. 1871. Nr. 41. — Mül-
ler, Johannes: Lehrbuch der Physiol. I. — Worm-Müller, Jac.: Transfusion und Plethora. Universitätsprogramm. Christiania 1875. — E. Morselli:
La transf. del sangue. Turin 1876. — J. Neudörfer: Deutsche Zeitschr. f. Chir.
Bd. V u. VI. — Nicaise: Gaz. méd. 1875. Nr. 33. — Oré: Études historiques
et physiologiques. Bordeaux 1863. — Panum: Virchows Arch. XXVII. 240
bis 296., ibid. 63. Heft 1 u. 2, ibid. 66. p. 76. — Ponfick: Virch. Arch. Bd. 62,
Berl. klin. Wochenschr. 1874. Nr. 25, Berl. ärztl. Zeitschr. 1879. Nr. 16. — Rous-
sel: Arch. génér. 1875. — Schliep: Bresl. klin. Wochenschr. 1874. Nr. 3. —
Sokolowski und Scheckewitsch: Beiträge zur Hämodynamik der Bluttransfusion. Moskau 1876. — Nicolas-Taburé: Ueber Transfusion des Blutes. Diss.
inaug. Petersburg. 1873.

Literatur zu Abschnitt XIX (p. 909).

Gehirn.

Ausser den p. XX citirten Werken: Bluhm: v. Langenbecks Archiv
1876. Bd. XIX. p. 119. — Estlander: Den antiseptisken behandlingens etc. Kopenhagen 1877. Centralbl. für Chir. 1878. — Echeverria: Arch. génér. etc.

1878. Nov., Dec. — Gama: Traité des plaies de tête. Paris. II. Ed. 1835. — Guthrie: On injuries of the head. Uebersetzt von Fränkel. Leipzig 1844. Hueter: Centralbl. für Chir. 1879. Nr. 34. — Hunter: Le practicien 1879. Nr. 23. — Kramer: Ueber die antiseptische Behandlung der Kopfw. Diss. inaug. Breslau 1870. — Linhart: Ein kleiner Beitrag zur Trepanationsfrage bei Schädelschuss- wunden. Centralbl. für Chir. 1877. Nr. 20. — Rollet: Des hémorrhagies trau- matiques dans l'intérieur du crâne. Paris 1848. — Sédillot: Du Trépan préventif et hâtif dans les fractures etc. Gaz. méd. de Paris 1877. Nr. 15. — Socin: Jahres- berichte des Spitals zu Basel 1873—1879. Basel. — Vogt: D. Zeitschr. f. Chir. Bd. II. p. 165.

Rückenmark.

Literatur citirt sub XXII. — Falkenstein: D. Milit. Zeitschr. 1880. Heft 5.

Nervennaht.

Falkenstein: D. Zeitschr. für Chir. 1881. XVI. Bd. p. 31. — Gluck: Virchows Archiv 1878. — Hueter: Lehrb. der allgem. Chir. 1873. Leipzig. Kraussold: v. Langenbecks Archiv XXI. 1877. Volkmanns Vorträge Nr. 132. Centralblatt für Chir. 1880. Nr. 47. — Krönlein: Supplementheft zum XXI. Bd. von v. Langenbecks Archiv 1877. — Küster: Bericht über das Augustaspital. Berlin 1877. — Kettler: Diss. inaug. Kiel 1878. — v. Langen- beck: Berl. kl. Wochenschr. 1880. 8. — Lemke: Diss. inaug. Berlin 1876. Tillmanns: Verhandlungen der deutschen Gesellschaft für Chir. X. Kongress. — Tilleaux: Les affect. chirurgic. des nerfs. Paris 1866. — Vogt: D. Zeitschr. für Chir. 1877. — Weber, O.: Pitha u. Billroths Handbuch I.

Nervendehnung.

Drake: Canada med. and surgic. Journ. October 1876. — Klamroth: Centralbl. für Chir. 1878. p. 868. — Krabbel: Archiv für kl. Chir. XXIII. p. 817. Kien und Knie: Petersb. med. Wochenschr. 1879. p. 307. — Nocht: Ueber die Erfolge der Nervendehnung. Berlin 1882. — v. Nussbaum: D. Zeitschrift für Chir. 1872. I. p. 450—465 und Bayer. Int.-Blatt 1876. 8. — Petersen: Centralbl. für Chir. 1876. Nr. 49. — Ransohoff: Cincinnati Lancet 1879. 18. — Vogt: Centralbl. für Chir. 1876. Nr. 40 und die Nervendehnung. Leipzig 1877. — Watson: Centralbl. für Chir. 1878. p. 355.

Neurotomie.

Hueter: Allg. Chir. Leipzig 1873. — Wagner: v. Langenbecks Arch. XI. p. 63.

Tetanus.

Siehe die p. XXIV citirte Literatur. — Busch: Berl. kl. Wochenschr. 1870. Nr. 43. — Eilert: D. militärärztl. Zeitschr. II. Heft 8. — Mendel, E.: Berl. kl. Wochenschr. 1870. Nr. 38 u. 39. — Runge: Ibidem. 1870. p. 39. — de Renzi: Sur le traitement du tetanos. Gaz. méd. de Paris. 1877. Nr. 32.

Literatur zu Abschnitt XX (p. 937).

Thorax.

Bowditsch: On pleuritic affections etc. Amer. Journal of med. science. XXIII. p. 320. — Boinet: Traitement des épanchements pleuritiques. Arch. génér. 1853. p. 277. 521. — Bartels: Deutsches Archiv für innere Med. IV. 1868. Baum: Berl. kl. Wochenschr. 1877. — Chipault: Fractures par armes à feu. Paris 1872. — Dusch: Berl. kl. Wochenschr. 1878. — Dubrenil: Gaz. des hôpitaux. 1871. Fev. 4. — Ewald: Charité-Annalen 1874. — Fräntzel: Ziemssens Handbuch. 4. Bd. 2 u. Berl. kl. Wochenschr. 1879 u. Milit. Zeitschr. 1874. p. 364. — Giess: D. Zeitschr. für Chir. 12. Bd. — Körting: Ueber die Behandlung grosser pleurit. Exsud. D. militärärztl. Zeitschr. 1880. 7—9. — König: Lehrbuch der Chir. 1878. I. p. 644 n. Berl. kl. Wochenschr. 1878. — Licht-

lein: Volkmanns Vorträge Nr. 43. — Lebert: Berl. kl. Wochenschr. 1873.
— Leyden: Ibidem. 1878. — Lossen: Ibidem. 1878. — Legouest: Traité etc.
II. Edit. p. 325. — Quincke: Berl. kl. Wochenschr. 1872. — Roser: Ibidem. 1878.
— Rogers, S.: Amer. Journal of med. scienc. 66. 1868. — Traube: Ges. Abhandl.
II. 1122. — Trousseau: Med. Klinik. Deutsch von Culmann. 1866. — v. Wintrich:
Virchows Handbuch 1854. 5. Bd.

Literatur zu Abschnitt XXI (p. 952).

Die p. XXV—XXVI citirten Werke. Gross: An experimental and critical
inquiry into the nature and treatment of wounds of the intestines. Louisville 1843. —
Jobert: Traité des maladies chir. du canal intest. Paris 1829. — Importance
of rest in severe abdominal injuries. Med. Times. 1867. Juli 6. — Kast: Unterbindung der Aorta abdominalis. D. Zeitschr. für Chir. 1879. 12. 4. — v. Langenbeck: Verhandl. des deutschen Chirurgencongresses 1878. — Maas: Centralbl.
für Chir. 1878. — Müller: v. Langenbecks Archiv 1879. — v. Mercanton:
Du traitement des plaies de l'estomac. Diss. inaug. Strassb. Lausanne 1875. —
Reybard: Mémoir. sur le traitem. des anus artificiels, des plaies des intestines.
Paris 1835. — Schede u. Wildt: Verhandlungen des deutschen Chirurgencongresses. 1879.

Literatur zu Abschnitt XXII.

Siehe p. XVII—XXVIII.

Literatur zu Abschnitt XXIII (p. 981).

Bilguer: De membrorum rarissime administranda et quasi abroganda
amputatione. Halae-Magdeburg. 1761. — Beck, B.: Ueber Vorzüge der Lappen-
bildung. Freiburg 1819. Derselbe: Zur Doppelamputation des Oberschenkels.
v. Langenbecks Archiv 1869. XI. p. 253. Derselbe: Ibidem. Bd. V. 1864. —
Boucher: Bullet. de l'acad. de chir. Tom. VI. Paris 1758. — Benedict: Einige
Worte über die Amputationen in den Kriegsspitälern. Ein Sendschr. an v. Graefe.
Breslau 1814. — Brünninghausen, H. G.: Erfahrungen und Bemerkungen
über Amputationen. Bamberg u. Würzburg 1818. — Burdett, B. C.: Hospitalisme
in cottage hospital practice. Br. med. Journ. 1877. V. I. p. 551. — v. Bruns:
Die Amputationen der Glieder durch Cirkelschnitt mit vorderem Lappen. Tübingen
1879. — Chauvel: Arch. général. 6 Ser. XIII. p. 295. Mars 1869. — Carden,
H. D.: Br. med. Journ. 1864. I. — Deininger: D. milit. Zeitschr. 1874. p. 237
u. 1876. p. 1. — Esmarch: Handbuch der kriegschir. Technik. Hannover 1877.
— Ernesti: D. milit. Zeitschr. 1878. p. 541. — Faure: Bullet. de l'acad. de
chir. Tom. VIII. p. 23. Paris 1756. — Fergusson, W.: On painful stump. Med.
Times and gazette Fer. 22. 1868. — Gescher: Abhandlungen von der Nothwendigkeit der Amp. Uebersetzt von Mederer. Wien 1775. — v. Graefe: Nor-
men für Ablösungen grösserer Gliedmassen. Berlin 1812. — Grossheim: D.
militärärztl. Zeitschr. 1876. p. 217. — Gueterbock: v. Langenbecks Archiv
XV. p. 283 u. XVII. p. 584 u. XXV. p. 187. — Harbordt: Ueber Amp. mit
Periosterhaltung. Diss. inaug. Berlin 1867. — Heyfelder: Deutsche Klinik 1867.
p. 7. — Heinzel: D. milit. Zeitschr. 1871. p. 305. — Kunkel: Ueber Resectionen
der Amp.-Stümpfe. Diss. inaug. Kiel 1876. — Kade, E.: Ueber conservative und
operative Indicationen bei Gliedabsetzungen. Petersb. med. Zeit. VIII. 3. 4. 1864.
— Kraske, P.: Ueber Carden'sche Amp. femor. Centralbl. für Chir. 1880. —
Kirkland: Thoughts on amputation. London 1880. — Luecke: Die Amp. femor.
transcondyloidea. v. Langenbecks Archiv. XI. p. 167. 1869. — Lehmann:
Deutsche Kl. 1869. I. — Leisinger: Zur Beurtheilung über den Werth der Früh-
amputat. Memorab. 1871. 4. 8. — v. Langenbeck: Ueber Lappenamputat. Berl.
kl. Wochenschr. 1870. Nr. 13. — Le Fort, Léon: Amp. ostéoplast. modifiée. Gaz.
hebdomat. 1873. Nr. 45. p. 714. — Lehmann: D. Klinik. 1869. I. — v. Mosengeil: v. Langenbecks Archiv. XV. p. 716. — Mitchell, Weir: On the
spasmodic diseases of stumps. Phil. med. times. 1875. Nr. 172. — Pirogoff:
Klinische Chir. Heft I. Leipzig 1854. — Ross, G.: D. Klinik 1854. p. 38. —
Schede, Max: Pitha-Billroths Handbuch Bd. II. 2. 2. und Volkmanns
Vorträge. 29. 72 u. 73. — Szymanowski: Die wilde Amputation in unseren

Tagen. Petersb. med. Wochenschr. Bd. XI. Nr. 6. — Stoll: D. Militärärztl. Zeitschrift. 1874. p. 129. v. Scheven: Ibidem. 1876. p. 114. — Sédillot: Comptes
rendus de l'acad. des sciences. T. 72. Nr. 11. — Schlemmer: Wiener med.
Wochenschr. 1872. p. 52 u. 65. — Schneider: Berl. kl. Wochenschr. 1877. —
Salzmann: v. Langenbecks Archiv XXVI. p 631. — Schmidt, Max: Beiträge zur Statistik der Amp. Schmidts Jahrb. 1873. 155. p. 209. — Simon:
v. Langenbecks Archiv. VIII. p. 63. — Tropier: Gaz. hebdomad. 1873. Nr. 36.
— Teale: Lancet 1870. Vol. II. p. 77. — Vogt, P.: Beitr. zur Lehre von der
primären Behandlung der Schussw. D. Kl. 1872. p. 35. — Wahl, M.: Bemerk.
zur Amp.-Frage. v. Langenbecks Archiv XV. p. 652. — Weber, O.: Ueber
Amp. oberhalb und unterhalb des Fussgel. v. Langenbecks Archiv IV. p. 313
u. Deutsche Klinik 1855. 2, 3, 4.

Exarticulationen.

Billroth: D. Klinik 1860. 29. - Heine, C.: D. Klinik 1867. 41. 42, 43.
v. Langenbeck: Ueber die Schussfract. der Gelenke. Berlin 1868 u. Archiv
für kl. Chir. XVI und D. Gesellsch. für Chir. Congr. VII. p. 26. — Lüning,
August: Ueber die Blutung bei der Exartic. femor. Zürich 1877. — Mazanowsky:
v. Langenbecks Archiv VII. p. 489. — Maunder: Med. Times 1870. July 2.
— Mac Cormac: On amp. through the knee-joint. Doubl. quarterly Journal of
med. scienc. 1870. May. — Otis: On amput. at the hip-joint in military surgery.
Circul. 7. Washington. — Syme: Edinb. med. Journal 1866. April. — Smith:
Amer. Journal of med. scienc. 1870. January. — Uhde, C. W. G.:
Die Abnahme des Vorderarmes im Gelenke. Braunschw. 1865. — Vernenil:
Procédé pour la désarticulation de la hanche. Gaz. des hôpitaux 1877. Nr. 139. —
Volkmann, R.: D. Klinik. 1868. p. 381. — Zeis: v. Langenbecks Archiv
VII. p. 764.

Prothesen.

Debout: Bullet. de thérapeutique Bd. 58. 60 u. 62. — Esmarch: v. Lan-
genbecks Archiv VII. — Geffers, C.: Specialkatalog für künstliche Beine und
Arme. Berlin. -- Herter: D. militärärztl. Zeitschr. 1879. Nr. 16. — Karpinski:
D. militärärztl. Zeitschr. 1881. Supplementband. — Martini, O.: Ueber künstliche
Gliedmassen. Schmidts Jahrbücher 115. 1862. p. 105. — Meyer. E.: Ueber künst-
liche Beine. Berlin 1872. — Roth, A.: Ueber künstliche Glieder. Med. Corresp.-
Blatt der Württemb. Aerzte-Vereine. 1875. Nr. 2 u. 3. — Schede: Pitha-Bill-
roths Handbuch. Bd. II. 2. 2. — Trendelenburg, F.: Ein einfacher Stelzfuss.
Centralbl. für Chir. 1878. Nr. 4.

I. Theil.

Die Lehre von den Schusswunden.

I. Abschnitt.

Die Kriegswaffen, ihre Construction und ihre Wirkungsart.

Capitel I.

Arten der Kriegswaffen.

§. 1. Die Waffen, welche im Kriege verwendet werden, zerfallen in Nah- und Fern-Waffen. Die ersteren wurden in früheren Zeiten ausschliesslich gebraucht, in der modernen Kriegsführung dagegen kommen sie nur noch bei der letzten Entscheidung hitziger Schlachten, beim Sturm auf Festungen und Schanzen in Anwendung. Zu ihnen gehören alle Hieb-, Stich- und Stosswaffen. Die Fernwaffen, kurzweg Feuerwaffen genannt, zerfallen in zwei grosse Kategorien: 1) in solche, welche Geschosse von grossem Gewichte und bedeutenden Dimensionen auf grosse Distanzen forttreiben (grosses, grobes, schweres Geschütz genannt) und 2) in solche, welche nur von einem Manne gehandhabt und getragen werden und Geschosse von geringerem Gewichte und kleineren Dimensionen forttreiben (Handfeuerwaffen, kleines Gewehr). Die aus den Feuerwaffen geworfenen Projectile nennt man directe Geschosse.

Capitel II.

Construction der Feuerwaffen und Geschosse.

§. 2. Wer Schusswunden richtig beurtheilen will, muss die modernen Schusswaffen und vor Allem die Geschosse in ihren eigenartigen Constructionen und in ihren Wirkungen kennen.

1. Die modernen Handfeuerwaffen

werden nach der Länge des Rohres eingetheilt in: Gewehre für die Infanterie, Jägerbüchsen, Karabiner für die berittenen Mannschaften, Pistolen und Revolver.

Das Rohr der Handfeuerwaffen hat im Laufe der neueren Zeit eine durchgreifende Veränderung erfahren. Man nennt den Raum desselben, welcher die Ladung und das Projectil aufnehmen soll, die Seele des Rohres, die imaginäre Linie durch die Mitte der Seele: die Seelenaxe, den Durchmesser: das Seelenkaliber, die vordere

Oeffnung: die Mündung, den zur Ladung bestimmten Theil: den Pulversack. Da der Durchmesser des Projectils und der Seele nicht gleich sein durften, um das Laden der Gewehre, auch wenn sie durch Pulverschleim verengt sind, ohne zu grossen Zeitverlust und ohne einen so bedeutenden Kraftaufwand, dass dadurch die Kugelgestalt, ihre Treff- fähigkeit und Tragweite nicht wesentlich alterirt würden, zu ermög- lichen, so hatte man das Seelenkaliber so gross gemacht, dass zwi- schen ihm und der Kugel ein Spielraum übrig blieb. Dieser Spielraum beeinträchtigt aber trotz bedeutender Ladungsquotienten die Treff- sicherheit und Tragweite, die bei der Anwendung der Rundkugeln überhaupt nicht mehr zu steigern waren, bedeutend. Das Projectil machte nämlich Schwingungen im Rohre, prallte abwechselnd gegen die Wandungen desselben an, verlor dadurch seine Gestalt und ver- fehlte Distanz und Ziel (das Projectil hatte keinen Strich, es flatterte). Desshalb beseitigte man den Spielraum ganz und versah die Seelen- wände mit Einschnitten oder Zügen und zwar legte man dieselben nicht parallel der Seelenaxe, sondern so an, dass jeder Zug sich spiralig oder schraubenförmig in der Seelenwand vom Pulversack bis gegen die Mündung hinaufwindet. Man verwandelte auf diese Weise das Rohr in eine Schraubenmutter und das in sie eingekeilte Geschoss in eine Schraubenspindel, welche durch den Druck der Pulvergase in den Zügen fortgestossen wird, also im Rohre eine schraubenförmige Bewegung hat und dieselbe auch, nachdem sie das Rohr verlassen hat, beibehält. (Neudörfer.) Durch diese Rotation um die Seelenaxe oder um die eigene Längsaxe wird aber auch die fehlerhafte Lage des Schwer- punktes eines beliebig geformten Projectils compensirt und ausgeglichen und im gleichen Masse die Trefffähigkeit erhöht. Die Züge geben dem Geschoss eine solche Stabilität der Drehungsaxe, dass dasselbe bis auf die weitesten Entfernungen möglichst parallel mit seiner Abgangs- richtung im Raume fortrückt, sich stets um dieselbe vorher bestimmte Rotationsaxe nach derselben, durch die Mündung der Züge gegebenen Richtung und mit derselben, vorher durch den Grad der Windung der Züge bekannten Winkelgeschwindigkeit bewegen muss (Weygand: Tech. Entwicklung etc. p. 9), wodurch das Geschoss vor dem Ueber- schlagen gesichert wird. Die Drehung der Züge wird der „Drall" genannt. Je geneigter die Spirale der Züge, um so schneller wird die Rotationsbewegung der Geschosse sein. Durch die Züge wird aber auch Reibung erzeugt und dadurch die Anfangs-Geschwindigkeit verringert.

§. 3. Die grösste Effectsteigerung in der Geschosswirkung wurde aber durch die Regelung und Normirung der Verhältnisse zwischen Kaliber und Gewicht des Geschosses erreicht. Kaliber heisst der Durchmesser der Bohrung des Gewehres. Der Querdurchmesser des Geschosses ist bei den neuesten Hinterladern grösser als das Kaliber; früher aber wich der Querdurchmesser des Geschosses mehr oder weniger von dem Kaliber der verschiedenen Gewehre ab. Um den Spielraum ganz aufzuheben, führte man die Compressionsführung des Geschosses in den Zügen ein, welche bei den verschiedenen Gewehren in verschiedener Weise erreicht wurde, von deren Sicherheit und Vollständigkeit aber auch die Stetigkeit der Rotation und die Richtungsfestigkeit der Umdrehungsaxe des Projectils, also der Werth der Waffe, abhing. Weil aber das Einkeilen das Geschoss sehr deformirt und dadurch seine Wirkung schwächt, so musste man ein Geschoss construiren, das mit Spielraum geladen werden konnte und dann erst durch Erweiterung seines Durchmessers in die Züge trat. Diese Aufgabe löste Minié 1849 durch sein Expansions-Geschoss, ein langes Spitzgeschoss mit einem am Geschossboden beginnenden Canal, in welchen eine eiserne Kapsel (Culot) eingesetzt wurde. Die Pulvergase treiben die Letztere bis zum Boden des Canals, wodurch die Geschosswandungen nach aussen, also in die Züge gepresst werden. Dadurch traten aber Veränderungen am Geschosse ein, die seine Wirkung schwächten. Es bot dieses Geschoss ausserdem auch noch wenig günstige Bedingungen zur Ueberwindung des Luftwiderstandes. Je grösser die Masse des Geschosses für die Einheit des Querschnittes ist, desto leichter wird der Luftwiderstand überwunden. Der Widerstand der Luft ist einem grösseren Querschnitt des Geschosses gegenüber von grösserem Einfluss, als einem Geschoss von kleinerem Durchmesser. Man sorgte daher für eine geeignete Belastung des Querschnittes des Geschosses und construirte lange Geschosse mit möglichst kleinem Querdurchmesser.

§. 4. Die Beschreibung und Kenntniss der verschiedenen Modificationen der Projectile, der vielen Methoden, die erfunden wurden, um das von vorn geladene Geschoss in die Züge zu drängen, sind heutzutage für den Kriegschirurgen überflüssig und werthlos, da die gut ausgerüsteten Armeen aller kriegsbereiten und kriegstüchtigen Nationen seit dem böhmischen Feldzuge 1866 mit Hinterladern und der Einheitspatrone, in welcher Geschoss, Ladung und Zündung nach Dreyse's Erfindung verbunden werden, versehen und bewaffnet sind. Die Armeen aller grösseren Nationen besitzen nahezu gleiche Ausrüstung und der Lauf der Gewehre hat durchschnittlich 10—11,5 mm Durchmesser bei einem Ladungsquotienten von $^1/_{4,5}$ — $^1/_5$ und desshalb sind die ballistischen Qualitäten der neuen Gewehre fast bei allen Constructionen dieselben. Sie unterscheiden sich nur durch die verschiedenen Verschlüsse, welche für den Kriegschirurgen kein wesentliches Interesse darbieten. Es sei nur kurz erwähnt, dass man im ganzen zwei Hauptgruppen der Verschlüsse unterscheidet: in der einen wird der Verschluss des Laufes durch einen um eine verticale oder horizontale Axe beweglichen massiven Block (z. B. beim englischen Henry-Martini-, beim dänischen und schwedischen Remington-, beim bayerischen Werder-, beim österreichischen Werndl-System), in der andern durch einen in der Längsrichtung des Laufes beweglichen Cylinder (z. B. beim deutschen Mauser-Gewehr 1871, italienischen Vetterli-, russischen Berdan-II.-Gewehr) bewirkt.

§. 5. Die Patronen, von welchen die ballistische Leistungsfähigkeit hauptsächlich abhängt, sind zur Zeit bei allen Armeen verschieden. Die Amerikaner haben das grosse Verdienst, die metallische Dichtung des Verschlusses, die sogenannten Metallpatronen, erfunden zu haben, deren überstehender Bodenrand die Dichtung des Verschlusses unabhängig von dem mechanischen Constructionssystem bewirkt und gleichzeitig ermöglicht, die abgefeuerte Patrone aus dem Lager herauszichen zu können. Da die Geschwindigkeit des Projectils von der Menge der sich plötzlich bei der Entzündung entwickelnden Pulvergase abhängt und zwar im graden Verhältniss zur Menge und Schnelligkeit dieser Entzündung steht, so ist bei den modernen Gewehren eine besondere Sorgfalt auf den sichern Abschluss der Pulverladung zur Verhinderung der Entweichung der Pulvergase nach falschen Richtungen, auf ein festes Zusammenpressen des Pulvers zur Verhütung einer die völlige Verbrennung störenden Luftbeimischung, sowie auf Einschränkung des schädlichen Luftraumes zwischen Patrone und Boden der Kammer und auf Vermeidung hygroscopischer Pulverhülsen verwendet.

§. 6. Das cylindro-ogivale, längliche Geschoss, meist aus Weichblei (Schmelzpunkt 330 ° C.), bei den Engländern aus Hartblei geprägt (früher gegossen), ist an seinem cylindrischen Theile in der Patrone mit Papier umwickelt, wodurch dem leichten Verbleien der Züge vorgebeugt wird. Die Spitze des Geschosses ist meist abgeflacht, was für die Stabilität der Rotationsaxe förderlich, aber für die Ueberwindung des Luftwiderstandes hinderlich ist. Da das Blei das grösste specifische Gewicht unter den unedlen Metallen hat, so bleibt es das beste Material für ein relativ kleines und doch schweres Projectil. Geschoss und Ladung werden durch einen zwischen zwei Kartenblättchen liegenden Wachspfropfen getrennt, der zur Reinhaltung des Rohres dient und verhüten soll, dass das Geschoss beim Eintreten in die Züge von Pulvergasen umspült wird. Auch verhindert die Geschossfettung im Vereine mit einem Fettungsmittel hinter dem Geschoss die Reibung des Geschosses im Rohre. Auf die Härte des Projectils ist mit Recht ein grosses Gewicht gelegt worden, besonders von Pirogoff nach seinen Erfahrungen an den kupfernen kleinen Tscherkessen-Kugeln und von Stromeyer. Das weiche Projectil wird leicht deformirt und erleidet dadurch grosse Einbussen an Kraft, das harte durchdringt dagegen so lange die Gewebe, bis alle seine lebendige Kraft verbraucht ist. Diese Thatsache haben auch Küsters Versuche bestätigt. — Das Gewicht des Geschosses ist von grossem Einfluss auf seine Wirkung, je schwerer es ist, desto leichter überwindet es den Luftwiderstand, desto grösser ist auch seine Tragfähigkeit und Treffsicherheit. Das Minimum des Gewichtes wird durch die Forderung bestimmt, dass durch das Geschoss noch auf eine möglichst weite Distanz ein Mensch kampfunfähig gemacht wird, das Maximum durch die Rücksicht auf die Handlichkeit der Waffen und die Transportfähigkeit möglichst vieler Patronen. Um den Effect der zu überwindenden Widerstände nicht noch durch eine zu grosse Fläche des Geschosses zu vergrössern, griff man zur möglich grössten Belastung der Einheit des Querschnittes. Dazu ist aber gerade das Blei durch seine specifische Schwere besonders geeignet. — Ein grosses Projectil muss unter gleichen Verhältnissen eine grössere Verletzung machen als ein kleines, letzteres dringt aber, wenn es spitz und schmal ist, leichter in die Gewebe ein, als ein dickes, breites, während ersteres mehr erschüttert, quetscht, abreisst. Härte, Gewicht und Grösse des Projectils werden besonders beschränkt durch die Menge des Pulvers, das dasselbe treiben muss. Man durfte dieselben nicht übermässig in die Höhe treiben, sonst reichte die treibende Kraft nicht. Zur bessern Uebersicht der in den verschiedenen Armeen eingeführten Gewehre und Projectile geben wir in Nachstehendem aus einer von Neumann l. c. p. 156 §. 235 entworfenen Tafel die für den Kriegschirurgen wichtigeren Rubriken.

Tabelle A.

Angaben über die Handfeuerwaffen verschiedener Mächte.

Parenthese = ausgeschieden.

| | Deutschland | | | | | | | Albini-Brändlin, Belgien | Remington, Dänemark | Gras-Chassepot, Frankreich | Martini-Henry, England | Vetterli, Italien | Beaumont, Niederlande | Werndl, Oesterreich | Berdan II, Russland | Vetterli, Schweiz | Springfield, Vereinigte Staaten |
| | Preussen | | Sachsen | Bayern | | | | | | | | | | | | | |
	Zündnadel	Aptirte Zündnadel	Chassepot-Karabiner	Werder-Gewehr	Werder-Karabiner	Infanterie-Gewehr	Jägerbüchse	Kavallerie-Karabiner											
Jahr der Construction.	(41)	(60) 62 65	73	(69) 75	71	71	71	71	68	67	74	71	70	71	73	72	69	73
Kaliber (mm).	(15,43)	(15,43)	11,0	11,0	11,0	11,0	11,0	11,0	11,0	11,44	11,0	11,43	10,4	11,0	11,0	10,66	10,40	11,43
Länge des Geschosses.	(1,98)	(2,05)	2,6	2,6	2,1	2,6	2,6	2,6	2,24	2,2	2,5	2,7	2,4	2	2,3	2,5	2,45	2,5
Durchmesser des Geschosses mm.	(13,6)	(12)	11	11	11,52	11	11	11	bis 11,6	11,81	10,9	bis 11,43	bis 10,8	bis 11,6	11,36	bis 10,87	bis 10,8	11,67
Geschossgewicht gr.	(31)	(21,5)	25	25	22	25	25	25	25	25	25	31,1	20,4	21,75	24	24	20,4	26,2
Pulverladung gr.	(4,85)	(4,85)	5	5	2,5	5	5	5	5	3,9	5,25	5,5	4	4,25	5	5,07	3,75	4,52
Ladungsquotient. (Ladung / Geschoss.)	(1:7,15)	(1:5,2)	1:5	1:5	1:8,81	1:5	1:5	1:5	1:5	1:6,4	1:4,76	1:5,6	1:5,1	1:5,1	1:4,8	1:4,73	1:5,4	1:5,8
Form des Geschosses.																		

In Betreff der ballistischen Leistung werden die verschiedenen Systeme von Chalybaeus, von den schlechten beginnend, dem Werthe nach so geordnet: Werndl, Remington, Vetterli, Werder, Berdan II., Mauser 1871 und Henry-Martini. Die Tragweite der drei letzten Waffen ist die von 2400—2600 Meter bei einer Perkussionskraft, welche auf 2000 Meter noch ein Zersplittern der stärksten menschlichen Knochen ermöglicht. —

§. 7. Ausser den Gewehren und Büchsen der Infanterie und Kavallerie sind noch Wallgewehre und Wallbüchsen bei einzelnen Armeen im Gebrauch. Letztere sind gezogene Waffen. Sie gleichen in der Form den Infanterie-Gewehren, sind indessen für 3—4 Mal schwerere Geschosse construirt als diese und werden desshalb nicht aus freier Hand, sondern aufgelegt abgefeuert. — Die Wallbüchsengeschosse sind 31 mm lange, cylindro-ogivale Bleigeschosse mit Zinkspitze. —

§. 8. Auch bei der Infanterie hat man Kartätsch- und Explosions-Geschosse. Erstere werden dadurch ermöglicht, dass im entscheidenden Gefechtsmomente zwei Geschosse geladen werden können, letztere sind hohle, mit Zündsatz gefüllte Spitzgeschosse, welche durch Aufschlag am Ziele explodiren und besonders durch Dreyse (von Wahl l. c. Fig. 61 abgebildet) ihre vollendetste und verheerendste Construction erhalten haben. Legouest bildet in seiner Kriegschirurgie (neueste Auflage p. 19) ein Explosions-Geschoss nach der Construction Devisme, ebenso Longmore p. 49 das Metford explosive-Bullet ab. Da der Gebrauch von explosiven Geschossen unter 400 Gramm Gewicht im Kriege durch die Petersburger internationale Convention vom 28. October 1868 verboten wurde, so haben sie kein Interesse mehr für den Kriegschirurgen. Im Kriege gegen Frankreich 1870 wurden aber trotzdem immer wieder Anschuldigungen unter den kämpfenden Armeen wegen völkerrechtswidrigem Gebrauch solcher Geschosse erhoben. Wir werden weiterhin zeigen, wodurch diese Irrthümer hervorgerufen wurden. Bei der von den Engländern in Abyssinien gebrauchten Boxerpatrone drang mit dem Projectil von Blei noch ein Sycomorenholzstift und ein Thontreibspiegel ein. Auch wurden, wie A. Tauber (Centr.-Blatt für Chir. 1879 p. 275) berichtet, im letzten russisch-serbisch-türkischen Kriege oft rundliche oder conisch-cylindrische Bleiprojectile von 3 cm Länge und 1,5 cm Breite und 522 Gr. Gewicht, hohl mit Holzeinlage, die von der Basis bis zur Spitze reichte, gebraucht. Dieselben wären vielleicht anfänglich zu Sprenggeschossen bestimmt gewesen, hätten aber doch auch so sehr verheerende Wirkungen besonders in den Knochen angerichtet.

§. 9. Das Schrot. Durch Schrot kommen die meisten Schusswunden im Frieden vor, da man sich desselben bei der Jagd vorwaltend und nicht selten auch beim Selbstmord oder Mord bedient. Dasselbe besteht aus kleinen runden Projectilen von verschiedener Grösse. Dieselben sind aus Blei geformt, dem etwas Arsenik beigemischt ist. Je nach der Zahl der Schrotkörner, welche auf ein Pfund gehen, unterscheidet man verschiedene Nummern desselben, im Ganzen 13. Der Durchmesser der einzelnen Schrotkörner schwankt von 0,6 mm (Dunst, Vogeldunst) bis zu 6 mm (Rehposten, Schwanenschrot). Zu einer wirksamen Ladung gehört eine grössere Menge von Schrotkörnern. Die

Schrotkörner und Rehposten divergiren nach dem Verlassen des Rohres von einander. Man nennt den dadurch erzeugten Kegel den Streuungskegel. Die Streuung soll nach Lachèse (Annal. d'hygiène 1831) drei Fuss vom Rohre beginnen. Diese Angabe ist aber nicht ganz richtig: Es richtet sich vielmehr das frühere oder spätere Eintreten und die Grösse des Streuungskegels nach der Grösse der treibenden Gewalt und nach der Perkussionskraft des Schusses. Bei einem kräftigen Schrotschusse, welcher im rechten Winkel auftrifft, kann der Streuungskegel, auch bei weiter Entfernung vom Rohre, ein kleiner sein. Er fehlt aber nur bei Schrotschüssen aus nächster Nähe. Auch nach dem Eintritt der Schrotkörner in den Körper tritt meist noch eine Divergenz derselben ein. Danach erklären sich die Eigenthümlichkeiten in der Gestalt und Richtung der durch Schrot erzeugten Schusswunden und Schusscanäle.

§. 10. Wie Schrot wirkt auch Sand und Kies, der öfter in Ermangelung anderer Projectile von Mördern und Selbstmördern geladen wird, doch ist die Perkussionskraft derartiger formloser Gebilde noch geringer, als die des Schrotes.

Selbstmörder laden auch wohl Wasser in die Gewehre. Auf die Pulverladung wird ein Papierpfropf gestossen, darauf Wasser gefüllt und dies wieder durch einen festaufgesetzten Kork abgeschlossen. Der Schuss wird meist in den Mund abgegeben. Derselbe wirkt explosiv und macht eine furchtbare Zerstörung der Gewebe und Theile.

2. Die Geschosse der Artillerie.

§. 11. Auch für die Artillerie sind jetzt fast in allen Armeen gezogene Hinterlader und Langgeschosse eingeführt. Man unterscheidet:

a) Granaten, d. h. Hohlgeschosse mit verhältnissmässig grosser Sprengladung, welche vorwaltend durch die Perkussionskraft ihrer Sprengstücke wirken.

Bomben nennt man dieselben Geschosse der glatten Mörser.

b) Shrapnels sind eiserne Hohlgeschosse von geringer Wandstärke mit Bleikugelfüllung (40—400), Sprengladung und Zündern, welche vor'm Feinde springen und durch die Art ihrer Wirkung auf weite Entfernungen ein massenhaftes Infanterie-Feuer ersetzen.

c) Kartätschen sind Streugeschosse auf nächste Entfernungen zur Selbstvertheidigung, dessen einzelne Zink- oder Eisenkugeln, bis zum Abfeuern durch eine Büchse zusammengehalten, von der Mündung des Geschosses aus auseinandergehen.

Die Granaten der gezogenen Geschütze bestehen aus Gusseisen, das Führungsmaterial aus Weich- oder Hart-Blei, auch Kupferringen. Der gusseiserne Kern hat einen cylindrischen Theil und eine ogivale Spitze. Die Sprengladung soll gerade so gross sein, dass das Geschoss dadurch zertrümmert wird, die Kugeln und Sprengstücke aber möglichst wenig aus der Flugbahn durch sie fortgetrieben werden. Die Sprengstücke erhalten dabei gleichmässig eine Ablenkung nach allen Richtungen senkrecht zur Flugbahn.

Zur besseren Uebersicht der in den verschiedenen Armeen üblichen groben Geschosse geben wir im Nachstehenden aus einer Zusammenstellung Neumanns l. c. p. 74. §. 115 das für den Kriegschirurgen Wissenswerthe:

Tabelle B.

Die Munition der Feldgeschütze verschiedener Mächte.

Geschütz.	Deutschland		England			Frankreich			Italien		Oesterreich		Russland		
	Leichtes Feldgeschütz.	Schweres Feldgeschütz.	9 Pfdr. der reit. Artill.	9 Pfdr. der Feld-Artill.	16 Pfdr.	Canon de 5.	Canon de 7.	Canon de 95 mm.	7 cm.	9 cm.	8 cm.	9 cm.	Leichter 4 Pfdr.	Schwerer 4 Pfdr.	9 Pfdr.
Granate. Gewicht (Fertig)	5,07	7,00	4.111	4.111	7,343	4.8	7	10.84	3,72	6,73	4,309	6,397	6,8	6,8	12,49
Gewicht (Brandgranate)											3,64	6,059			
Durchmesser	7,85	8,8	7,47	7,47	8,99	7,5	8,5	9,5	7,5	8,7	7,5	8,7	8,6	8,6	10,57
Länge in cm	20	22,5	20,14	20,14	25,40	22,5	25,8	29,8	18,0	22,5	21,0	22,6	22,6	22,6	27,7
Zahl der Sprengstücke	150—200	150—200	36	36	36	—	—	32—40 resp. 70—80	150—200	150—200	150—200	150—200	150—200	200—300	200—300
Shrapnel. Gewicht	5,53	8,15	4,444	4,444	7,839	5,69	7,87	—	4,2	6,7	4,669	7,082	—	—	—
Kugelzahl — W. Weichblei	122	209	—	—	—	—	—	—	—	—	105	165	—	—	—
Kugelzahl — H. Hartblei	—	—	63	63	128	60—66	54—58	130	100	150	—	—	—	—	—
Gewicht einer Kugel	16,7	16,7	28:25,2 / 35:13,3	28:25,2 / 35:13,3	72:25,2 / 56:15,4	18.0	26.0	—	16,4	16	16,8	13,1	—	—	—
Sprengstück-Zahl	140	230	80	80	130	—	140	150—180	45	61	—	—	—	—	—
Kartätsche. Gewicht	5,00	7,50	4.465	4.465	6.889	—	—	—	4.11	—	4,728	7,49	—	—	—
Kugelfüllung — Material	Zink	Zink	Hartblei	Hartblei	Hartblei	—	—	—	Zink	—	Hartblei	Hartblei	—	—	—
Kugelfüllung — Zahl	76	76	108	108	176	—	—	—	mindestens 200	—	72	120	—	—	—
Gewicht einer Kugel	46.0	70,0	27,5	27,5	27,5	—	—	—	16	—	45,5	45,5	—	—	—

3. Die Kartätsch-Geschütze oder Mitrailleusen.

§. 12. Sie verfolgen die höchst mögliche Potenzirung des Massen-schnellfeuers. Eine gut construirte Mitrailleuse vermag durchschnittlich die Feuerleistung von 20—30 Gewehren zu ersetzen. Sie haben sich aber doch für den Felddienst nicht bewährt, denn ihr Mechanismus ist sehr complicirt und leicht verletzbar, auch vereinigen sie alle Nach-theile der Geschütze mit denen der Gewehre, ohne deren Vortheile zu besitzen. Die französische Mitrailleuse warf mit einem Schusse 25 Pro-jectile, welche, dem Chassepot-Projectile ähnlich, je einen grössten Durch-messer von 12,8 mm, 40 mm Länge und ein Gewicht von 50 gr hatten. Das in Oesterreich und Belgien adoptirte System Christophe und Montigny gibt 37 Projectile mit einem Schusse ab. Die in Russland eingeführte Gatling-Mitrailleuse hat 10 Läufe und feuert 180 Schuss per Minute mit der Patrone des Berdan-Gewehres. Das während des Krieges von 1870—71 in der bayerischen Armee zur Verwendung gelangte Feldl-Geschütz feuert sogar 400 Schuss per Minute.

4. Indirecte Geschosse.

§. 13. Indirecte Geschosse sind alle durch den Anprall eines directen Geschosses in Bewegung gesetzten und den Körper des Kämpfenden treffenden Gebilde. Sie kommen besonders im Belagerungskriege häufig zur Wirkung, wie Rawitz beobachtet hat, und wirken, ihrer Härte, Gestalt und Schnelligkeit entsprechend, mit geringer oder grosser, überhaupt ganz unberechenbarer Perkussionskraft. Als indirecte Ge-schosse wirken zuförderst Gegenstände, die die Kämpfenden an sich tragen. Dieselben bieten festsitzend nicht selten den Kämpfenden Schutz, indem sich die Kraft des Geschosses an ihnen bricht, abgerissen aber auch oft indirecte Geschosse: Dazu gehören Montur- und Kleidungstheile, Gegenstände, welche die Kämpfenden in den Taschen tragen. Melsens hat Experimente über die Widerstandkraft der einzelnen Körper gegen die verschiedenen Geschosse gemacht und gefunden, dass dieselbe rein von der molecularen Cohärenz der getroffenen Theile abhängt. Ferner gehören hierher Steinsplitter, Steinchen, Holzstücke, die durch Ricoche-tiren der Geschosse abgerissen, endlich Knochenstücke, Zähne be-nachbarter Verwundeter etc., die vorher von dem Geschosse heraus-gerissen und mitgeführt wurden. Dieselben machen selten schwere Ver-letzungen, da ihnen die physikalischen Bedingungen zur Hervorbringung derselben fehlen, sie compliciren aber oft Schusswunden. In der Krim hatten die Soldaten viel durch Steinsplitter, welche durch ricochetirende Kugeln abgerissen wurden, zu leiden. Dieselben machten besonders Gesichtsverletzungen, zahlreiche Augen gingen durch dieselben ver-loren. Selten beobachtete man vollständige Schusscanäle von ihnen. Die Projectile dringen mit den indirecten Geschossen nicht selten zu-sammen eng vereint ein und formen sich ganz nach denselben um. So sah ich es bei einem sächsischen Jägergeschoss, das mit einem Stück der Gewehrbekleidung fest verbunden und nach demselben umgeformt und bei einem preussischen Langblei, welches mit einem Draht, den es in einer tiefen Rinne trug, eng verbunden eingedrungen war. Socin zeichnet l. c. p. 16 ein deformirtes Langblei ab, welches sammt drei krumm-

gebogenen Sousstücken aus dem Oberschenkel eines französischen
Verwundeten herausgezogen wurde. Später wurden noch zwei kleine
Westenknöpfe aus der Wunde entfernt. Macleod berichtet, dass ein
vier Unzen schwerer Stein aus einer Fistel in der Hüftgegend bei
einem Soldaten ein Jahr nach der Verletzung erst extrahirt wurde.
Hennen und Longmore extrahirten bei Verwundeten eingesprengte
Stücke eines fremden Schädels, und Letzterer erzählt, dass ein Stück
eines Oberkiefers von einem verwundeten Artilleristen in den Gaumen
eines andern, und der Backzahn eines Blessirten in den Augapfel
seines Nachbars getrieben wurde. Hennen entfernte wiederholt
Geldstücke aus Schenkelschusswunden, Larrey eine Säbelspitze aus
einer Schusswunde am Oberarm, Ducachet den Stahlhenkel eines
Blechnapfes aus einer Schusswunde in der Nabelgegend, Stromeyer
fand einen hohlgeschlagenen Species-Thaler und eine Messerspitze in
dem Dickdarm eines Verwundeten mit der Kugel zusammen, ferner
den Reichsapfel des deutschen Doppeladlers im Gehirn, ich einen
grossen Nagel, womit man die Geschütze vernagelt, in einer Rücken-
schusswunde, Billroth die Hälfte einer Patronenhülse in einer Achsel-
wunde, Stephani einen Schlüssel in einer Schenkelwunde. Knoevenagel beschreibt eine schwere Verletzung des Gesichtes durch die
zurückgeschleuderte Zündschraube, welche sich in zwei Theile zersplittert hatte, Arnold eine Fraktur des Unterkiefers durch die Schraube
einer Granate. Wie gefahrvoll die zum Schutze angelegten Montur-
stücke dadurch werden können, hat Busch am Kürass gezeigt. Es
werden durch dies gewaltige Hinderniss stärkere Abschmelzungen von
Bleitheilen bedingt, Stücke von demselben mit in die Wunden gerissen
und Geschosse zu gefährlichen Verwundungen abgelenkt.

Wahl macht l. c. p. 549 noch darauf aufmerksam, dass jedes
Geschoss eine Partie Luft mit sich fortreisst und hält es für möglich,
dass sich auf diese Weise manche bisher unerklärlichen raschen Todesfälle bei Schusswunden (etwa durch Lufteintritt in die Venen) erklären.
Dies ist aber noch ganz unerwiesen.

5. Die Treibmittel.

§. 14. Da sich noch häufig Reste der Treibmittel an den Verwundeten finden, so ist auch die Kenntniss derselben dem Kriegschirurgen unentbehrlich. Als treibende Kraft wird bei allen Schusswaffen ohne Ausnahme heute das Pulver — bekanntlich ein mechanisches
Gemenge aus 74 Theilen Salpeter, 16 Theilen Kohle und 10 Theilen
Schwefel — benutzt, dessen Explosion bei einer Erhitzung des kleinsten
Theilchens auf 250—320⁰ C. eintritt. Bei der Verbrennung des Pulvers
bilden sich 57% Gase (53% C, 41% N, 4% C, 1% H, 0,5% SH
und O) und 43% Rückstand, welcher während der Verbrennung flüssig
ist. Die bei der Verbrennung von 1 Gr. Pulver entstandenen Gase
nehmen bei 0⁰ und mittlerem Luftdruck 280 ccm Raum ein. — Die
Verbrennungswärme bringt dünnes Platin zum Schmelzen und beträgt
nach Nobel und Abel (siehe Neumann l. c. p. 11) 2200⁰ C. (nach
Bunsen weniger). Aus der vorhandenen Gasmenge und Temperatur
folgert eine hohe Spannung, die nach angestellten Versuchen (siehe
Neumann ibidem) 6400 Atmosphären nicht übersteigen soll. Für die

verschiedenen Waffen wird ein nach Feinheit und Dichtigkeit verschiedenes Pulver verwendet; je grösser das Geschoss, desto grober
muss im Allgemeinen das Pulver und desto geringer seine Dichtigkeit
sein. Die Grösse der Pulverladung steht bei den modernen Gewehren
zum Gewicht des Projectils im Verhältniss von 1:5. Die Leistungen
der Pulvergase auf Geschosse und Waffen verhalten sich umgekehrt,
wie deren Gewichte.

§. 15. 6. Die Sprengmittel

sollen durch sehr plötzliche Kraftäusserung widerstandsfähige Gegenstände durch Zertrümmerung zerstören. Dieselben erzeugen besonders
indirecte Geschosse, welche nicht selten eine colossale Perkussionskraft
besitzen. Als solche Sprengmittel benützt man unter den explosiblen
organischen Nitraten besonders die Schiessbaumwolle, durch Behandlung von Baumwolle mit Salpeter und Schwefelsäure gewonnen, und den
Dynamit, aus 25 % Holzcellulose, welche als wirksamen Bestandtheil
75 % Nitroglycerin aufgesogen haben, bestehend.

Capitel III.

Wirkung der Feuerwaffen.

1. Die Flugbahn der Geschosse.

§. 16. Es ist durchaus nothwendig, dass der Kriegschirurg auch
die Hauptsätze der Ballistik kennt, sonst wird er die Veränderungen
der Geschosse und die Zerstörungen, welche dieselben hervorbringen,
nicht verstehen können. Wir folgen bei den nachstehenden kurz-
gefassten Auseinandersetzungen dem klaren und bündigen Leitfaden
Neumanns, auf welchen wir auch die verweisen müssen, welche
eingehendere Studien über diese interessanten Fragen machen wollen.
Die Wirkung des Körpers, welcher dem Feinde durch die schleu-
dernde Kraft entgegengeworfen wird — also des Geschosses —, ist
ein Product aus der Masse desselben in das Quadrat seiner augenblicklichen (hier also End-) Geschwindigkeit. Die Linie, welche der
Schwerpunkt des Geschosses beschreibt, heisst Geschossbahn oder
Flugbahn. Dieselbe ist bei allen Geschossen, welche Grösse, Gestalt
und Härte sie auch haben, nach denselben Gesetzen der Bewegung
geregelt. Der Anfangspunkt derselben liegt in der Mündung der
Waffe, ihr Endpunkt ist da, wo das Geschoss zur Ruhe gelangt, ihr
höchster Punkt heisst der Scheitel, der von der Rohrmündung bis
zum Scheitel befindliche Theil aufsteigender, der vom Scheitel bis zum
Endpunkt reichende absteigender Ast derselben. Den Theil der Flugbahn, welcher sich in der Zielhöhe befindet, nennt man bestreichend
oder rasant. Die Fluggeschwindigkeit eines Geschosses wird
der Weg genannt, den dasselbe in einer Secunde Flugzeit zurücklegen
würde, wenn es während derselben seine Geschwindigkeit nicht änderte.
Die Anfangsgeschwindigkeit, welche von allen den relativen
Kräften, die im Rohre auf das Geschoss einwirken, abhängt, ist also
der Weg, den dasselbe in der ersten Secunde mit gleichbleibender

Geschwindigkeit zurücklegen würde. Je grösser die Anfangsgeschwindigkeit ist, desto gestreckter wird die Flugbahn, desto grösser die Schussweite, desto stabiler die Drehungsaxe des Geschosses, desto geringer auch die Wirkung unregelmässig äusserer Einflüsse auf dasselbe (Neumann l. c. p. 160). Der Abgangswinkel des Geschosses ist hauptsächlich vom Erhöhungswinkel der Laufaxe des Gewehres abhängig. Würden nur Anfangsgeschwindigkeit und Abgangswinkel die Flugbahn des Geschosses bestimmen, so würde dieselbe eine unendlich gerade Linie sein, in welcher sich das Geschoss mit gleichmässiger Geschwindigkeit fortbewegen würde. Dem entgegen wirken aber verschiedene Kräfte während der Flugbahn auf das Geschoss ein. Zunächst die Schwere desselben oder die Anziehungskraft der Erde, welche jeden frei, d. h. ohne Unterstützung im Raume befindlichen Körper lothrecht gegen die Erde zurückzufallen zwingt. Durch die Einwirkung der Schwere auf die Geschossbahn würde dieselbe die Gestalt einer Parabel bekommen, der aufsteigende Ast gleich dem absteigenden, der Culminationspunkt in der Mitte, die Anfangsgeschwindigkeit gleich der Endgeschwindigkeit, im Culminationspunkt die Geschwindigkeit am geringsten sein. Da Geschosse mit grösseren Geschwindigkeiten grössere Wege in gleichen Zeiten zurücklegen, als solche mit kleineren Geschwindigkeiten, die Schwere aber auf beide gleich wirkt, so haben Geschosse mit grossen Geschwindigkeiten gestrecktere Flugbahnen und grössere Schussweiten, als solche mit kleineren Geschwindigkeiten. Das zweite hemmende Moment auf das fliegende Geschoss ist der Luftwiderstand, welcher in entgegengesetztem Sinne der Richtung, in welcher das Geschoss im Raume fortschreitet, auf dasselbe wirkt. Das Geschoss muss natürlich so viel Luft verdrängen, als sein Inhalt beträgt und dabei das Gewicht und den seitlichen Druck der Luft überwinden. Die Luft verzögert daher die fortschreitende Bewegung des Geschosses andauernd und zwar um so mehr, je dichter sie selbst, je grösser die Durchschnittsfläche des Geschosses und seine Geschwindigkeit ist und um so weniger, je grösser das Geschoss-Gewicht ist und je leichter die Geschossspitze durch die Luft dringt. Durch den hemmenden Einfluss der Luft wird nicht nur die Schussweite verringert, sondern auch die Flugbahn von der Parabel zur Curve abgelenkt — und zwar um so mehr, je schwerer das Geschoss den Luftwiderstand überwinden kann und je geringer seine Querschnittsbelastung —, die Endgeschwindigkeit des Geschosses kleiner, als die Anfangsgeschwindigkeit, der Einfallswinkel grösser, als der Abgangswinkel, der absteigende Ast steiler als der aufsteigende und der Culminationspunkt näher ans Ende der Flugbahn gelegt. Darnach überwinden schmale, schwere und grosse Geschosse den Luftwiderstand am Besten. Schon aus diesem Grunde also musste man die Kugelform der Geschosse verlassen und Projectile mit langem cylinderförmigem Körper und einem halbkugelförmigen, oder fast kegelförmigen oder ovalen Kopfe einführen.

§. 17. Endlich kommt die Rotation der Geschosse mit in Rechnung bei der Construction der Flugbahn, d. h. die Drehungen desselben um eine in ihm selbst gelegene Axe. Um einen Begriff zu geben von der Zahl der Rotationen, mag hier erwähnt sein, dass nach den Berechnungen von Richter und Busch das Chassepot-Projectil sich 800mal in einer Sekunde um seine Längsaxe dreht, dass also jeder Punkt des cylindrischen Manteltheiles desselben in einer Sekunde 2400 cm oder 24 m zurücklegt. Durch die Rotation der Langgeschosse um ihre Längsaxe wirkt der Luftwiderstand, stets auf einen gleichen Theil der Geschossoberfläche. Dadurch wird eine grössere Geschwindigkeit, Tragweite und Stetigkeit der Richtung erreicht. Während die Rundkugel wie eine Billardkugel sich dreht, fliegt das cylindro-conische Projectil, wie die Schraube in's Holz eindringt. Diese Rotationen sind aber nicht so regelmässig, wie man annimmt, besonders bei Geschossen mit grosser Rücklagerung des Schwerpunktes, wie beim Chassepot-Projectile, waltet die Neigung zu Rotationen um die kürzeste Axe vor und dieselben führen auch bei nicht ganz genauer Führung im Rohre, beim nicht präcisen Zusammentreffen des Stosses von Pulver mit der Längsaxe des Geschosses und bei sehr grossem Rückstosse schon in einer Entfernung von 200 Schritt Querschläge aus und überstürzen sich ausserordentlich oft. Durch diese Quer-Rotationen werden Abweichungen des Geschosses von ihrer Bahn, Deviationen hervorgerufen. Diese sind nicht zu verwechseln mit den Streuungen der Geschosse, worunter man die unregelmässigen Ablenkungen versteht, welche das Geschoss durch die Unvollkommenheiten der einzelnen Theile und der Thätigkeit der Feuerwaffe erfahren muss. Besonders gefährlich für die Wirkung des Projectils ist das Ueberschlagen desselben, weil dadurch nicht nur dem Luftwiderstand eine unregelmässige und grössere Angriffsfläche dargeboten, die Geschwindigkeit also vermindert wird, sondern weil dadurch die Projectile leicht mit einer anderen Fläche als der ogivalen Spitze auf das Endziel treffen. Mit diesen Rotationen sind kleine Pendelungen des Geschosses verbunden, welche auch in dem festen Ziele bis zu der völligen Hemmung des Geschossfluges andauern. Der Luftdruck wirkt nun auf einen gleich grossen Theil der Geschossoberfläche und die Drehungsaxe des Geschosses fällt mit der Bewegungsaxe zusammen.

§. 18. Je regelmässiger die Flugbahn eines Geschosses, je geringer die Entfernungen, auf die es wirkt, desto grösser seine Trefffähigkeit und sein Einfluss auf das Ziel. Die Rasanz oder relative Treffwahrscheinlichkeit ist um so grösser, je kleiner der Einfallswinkel ist. Die Wirkung des Projectils äussert sich durch das Eindringen desselben in das Ziel oder durch Zerschmettern oder Erschüttern des Zieles und heisst die lebendige Kraft oder — wenn auch nicht ganz identisch — die Perkussions-Kraft des Geschosses. Dieselbe hängt ab: a) Von dem Gewichte, der Masse und der Geschwindigkeit des Geschosses. Sie wächst nämlich in demselben Verhältniss, wie seine Masse und in noch bedeutend höherem Grade mit seiner Geschwindigkeit. b) Von der Form des Geschosses. Alles, was dem Geschosse das Durchdringen der Luft erleichtert, stärkt auch seine Perkussionskraft. c) Von dem Auftreffswinkel des Geschosses. Wenn das Geschoss nicht im rechten Winkel auftrifft, so vergrössert sich dadurch nicht allein die getroffene Fläche, sondern auch seine auftreffende Fläche. Der Querschnitt des Geschosses ist daher dann mit weniger Gewicht und Geschwindigkeit belastet, die Spitze weniger günstig geformt und es nimmt daher die Eindringungstiefe mit der Abnahme des Auftreffs-

winkels ab. Aus den Schiessversuchen der Truppen geht hervor, dass
die Geschosse aller in den kampffähigen Armeen eingeführten Feuerwaffen fast gleich gut im Stande sind, richtig geführt, auf jede in
Betracht kommende Distanz Pferde und Kämpfende ausser Gefecht zu
setzen.

Mit dem Aufschlagen des Geschosses tritt aber die Ruhe desselben noch nicht ein; es prallt vielmehr in Folge seiner eigenen
Elasticität sowie der des Bodens von diesem ab, bis seine Endgeschwindigkeit $= 0$ geworden ist. Diesen Vorgang nennt man das
Ricochetiren der Geschosse. Dasselbe ist um so bedeutender, je
elastischer das Material des Aufschlages und des Geschosses, je grösser
die Geschwindigkeit und Masse desselben und je kleiner der Einfallswinkel des Geschosses ist.

2. Die Veränderungen der Gestalt und des Gefüges der Pro-
jectile im Geschützrohre, im Fluge und beim Auftreffen.

§. 19. Wir treten hiermit in eine Frage ein, welche in den
letzten Jahren die Aufmerksamkeit der Chirurgen auf das Lebhafteste
beschäftigt hat und durch wiederholte und sinnreiche Experimente in
der wirksamsten Weise gefördert und geklärt worden ist.

Das Projectil erfährt Formveränderungen (ohne Gewichtverlust)
und Zersplitterungen während seiner ganzen Flugbahn vom Geschütz-
rohre an bis zum Aufschlagen. Da dieselben von den älteren Kriegschirurgen, welche doch sonst so feine Beobachter waren, gar nicht erwähnt wurden, so liegt die Annahme nahe, dass sie wohl an den
weit weniger perkussionskräftigen und aus einem wesentlich härteren
Metall gebildeten Kugeln früherer Zeit nicht so häufig und charakteristisch
eingetreten sind, wie an den modernen Geschossen. Nach Richter
(l. c. p. 85) beschreibt zuerst le Dran 1741 die Gestaltsveränderungen
und Zersplitterungen der Projectile durch den Knochen, während
Bilguer nur erwähnt, dass er „gehacktes Blei" aus den Schusswunden
extrahirt habe. Percy ging den Bedingungen und Formen dieser
Gestaltsveränderungen der Projectile mit ziemlich rohen, Dupuytren
mit gründlichen, noch heute klassischen Experimenten nach, in welchen
er feststellte, dass Bleikugeln, die gegen einen sehr festen Gegenstand
geschossen werden und rechtwinklig aufschlagen, sich in eine grosse
Menge von Fragmenten zertheilen und dennoch dabei verheerende
Wirkungen ausüben können, dass ferner eine Bleikugel in dickes Blei
hineingeschossen, sich in einiger Tiefe desselben so fest mit Letzterem
verbinde, dass man ihre Grenzen nicht mehr bestimmen könne.
Langenbeck formirte seine aus klinischen Erfahrungen und experimentellen Studien gewonnenen Resultate dahin, dass 1) wenn die Dichtigkeit und Härte eines vom Projectil getroffenen, flächenförmigen
Gegenstandes grösser sei, als die Kraft und Cohärenz der unter einem
rechten Winkel aufschlagenden Kugel, letztere plattgedrückt, dass 2)
wenn derselbe Gegenstand unter denselben Bedingungen einen scharfen
Rand darbiete, das Projectil zerschnitten, dass 3) die unter einem
stumpfen Winkel unter denselben Bedingungen aufschlagende kräftige
Kugel in eine Menge kleiner Fragmente zersplittert werde. Im Krimfeldzuge wurden an den Minié-Geschossen die umfangreichsten Ge-

staltsveränderungen überaus häufig (nach Pirogoff in 50% der Fälle) und schon bei Weichtheilschüssen beobachtet. Aus dem italienischen Feldzuge berichtete Demme, dass an diesen Projectilen schon durch die Pulvergase im Rohre oder unmittelbar nach dem Verlassen des Rohres eine Gestaltsveränderung oder gar eine Einreissung des ausgehöhlten hinteren Geschossabschnittes herbeigeführt werde. Neudörfer beschrieb zuerst die Gestaltsveränderung dieses Geschosses in Form einer Tulpe mit zurückgeschlagenen Blumenblättern, Beck das kelchförmige Ueberstülpen des hinteren Endes des Geschosses über das vordere. Wir haben nun in den modernen Kriegen die buntesten Formen in den Gestaltsveränderungen der Geschosse kennen gelernt. Auch Zersplitterungen und Absplitterungen wurden an den Geschossen häufig beobachtet, am preussischen Langblei relativ selten, am Chassepot-Projectile aber so constant und in so zahlreiche, verschieden gestaltete Fragmente neben den grossartigsten Formveränderungen am Projectile, dass man zu der Annahme verleitet wurde, die Franzosen benützten Explosionsgeschosse. Man hat sonach zu unterscheiden a) Deformationen der Geschosse d. h. Gestaltsveränderungen ohne Gewichtsverlust der verschiedensten Art, von einfachen Verbiegungen bis zu den wunderlichsten Formen des gegossenen Bleies, b) Absprengungen und Absplitterungen von Geschosstheilchen, also Gewichtsverluste der Geschosse, c) Zertheilen des Geschosses in zwei oder mehrere grössere Theile. Nicht selten finden sich alle drei vereint. Man hat von allen drei Arten so verschiedene Formen beobachtet und abgebildet, dass ich auf eingehende Beschreibung derselben durch Wort oder Bild verzichten kann.

§. 20. Es fragt sich nun, wodurch werden diese Gestaltsveränderungen und Zersplitterungen der Geschosse bedingt? Man hat lange Zeit geglaubt, sie seien hervorgebracht durch den mechanischen Insult, den das Blei beim Aufschlagen erfährt, besonders am Knochen. Diese Annahme ist aber physikalisch und mechanisch unhaltbar. Wir wissen heute, dass sie das Resultat der Erwärmung und des Schmelzens des Bleies sind. Das Projectil wird erwärmt a) durch die Berührung mit den Pulvergasen im Gewehrrohre. Dieses Moment ist sicher von sehr geringer Bedeutung, beim preussischen Langblei von gar keiner; b) durch die Reibungen an der Seelenwand des Geschützrohres. Dieses Moment fällt auch für das preussische Langblei aus, war aber beim Minié-Geschoss besonders an dem hinteren Cylindermantel, und besonders beim Chassepot-Projectile von so grosser Wirkung, dass Hagenbach die Wärme der aus dem Gewehrlauf austretenden Chassepot-Projectile auf 100°, Bodynski sogar auf 300° taxirt; c) durch die Reibung, welche das Projectil während der Geschossbahn an der atmosphärischen Luft erfährt. Auch dies Moment ist von nicht hoher Bedeutung, doch ist der Effect desselben jedenfalls so gross, dass eine Abkühlung des heiss aus dem Rohre hervortretenden Projectils während der Flugbahn dadurch verhindert wird; d) durch die plötzliche Hemmung der Bewegung des Projectils, wodurch eine Umsetzung der mechanischen Bewegung in eine moleculäre, d. h. eine Erzeugung von Wärme in dem Geschosse gesetzt wird. Longmore erinnert daran, dass schon Aristoteles wusste, dass das Blei der fliegenden Pfeile und Wurfgeschosse sich im Fluge bis zum Schmelzen erhitze, ebenso dass Ovid in den Metamorph. II. 730–732 und Virgil, Aeneid. libr. IX. 1. 586–589 diese Thatsache erwähnt. Gleich nach Einführung der Schusswaffen hielt man die Schusswunden daher für Brandwunden, bis der Engländer Thomas Gale, der berühmte Franzose Ambroise Paré und der Italiener Maggi mit rationellen Gründen und nach experimentellen und praktischen Erfahrungen fast gleichzeitig diese Anschauung wirkungsvoll bekämpften und dieselben nun vollständig aus der Theorie und Praxis der Kriegschirurgie verbannten. Pirogoff verglich zuerst wieder die Wirkung eines perkussionskräftigen Projectils mit der des Glüheisens, und Velpeau die Schusswunden mit Wunden, welche durch das Stossen eines glühenden Stabes durch ein Glied erzeugt würden. Nach den inzwischen entdeckten Gesetzen von der Aequivalenz der Wärme und der mechanischen Kraft muss der Fall einer Bleikugel von einer Höhe von 26 Fuss auf einen resistenten Gegenstand die Eigentemperatur des Geschosses um $\frac{1}{2}$ ° C. erhöhen. Die durch den Anprall der fallenden oder fliegenden Kugel erzeugte Wärme wächst im Quadrat der Geschwindigkeit der Kugel. Hagenbach fand, dass Bleigeschosse an den eisernen Scheibenständen aufschlagend, in dem Grade abschmelzen, dass die Spur des daran gespritzten Bleies in Form eines weissen Sternes ausstrahlt. Auch schon auf Holzscheiben und in dem auf der Jagd erlegten Wilde verlieren Bleikugeln unter fühlbarer Erhitzung ihre Form. Die Wärmemengen, welche also bei der Vernichtung der Geschwindigkeit hier erzeugt werden, sind in den betreffenden Fällen so gross, dass sie den Schmelzpunkt des Bleies erreichen. Aus den Berechnungen Hagenbachs und Tyndalls geht hervor, dass ein Bleiprojectil bei 400 Meter (1338′) Geschwindigkeit in der Sekunde sich auf 582 ° C., also weit über seinen Schmelzpunkt erhitzt, wenn ihr Flug plötzlich gehemmt wird, gleichviel, welches ihr Gewicht ist. Schon eine Geschwindigkeit von 270 Meter würde nach Mühlhäuser zum Schmelzen genügen. Das Blei geht beim Erhitzen nicht plötzlich aus dem starren in den flüssigen Zustand über, es wird vielmehr mit der Zunahme seiner Temperatur stets weicher, bis bei etwa 300 ° C. die Cohäsion seiner Theile ganz aufhört. Die kleineren Projectile schmelzen daher im menschlichen Körper in allen Fällen, wo sie durch einen hinreichenden Widerstand im raschen Fluge plötzlich aufgehalten werden. Die Versuche von Hagenbach und Socin aus dem Jahre 1870 beweisen, dass diese physikalischen Gesetze den Weichtheilen gegenüber, wie gegenüber den festen Körpern gleiche Gültigkeit haben. „Wenn das Projectil,“ sagt Socin l. c. p. 159, „im vollen Laufe durch die Weichtheile aufgehalten wird, so ist die dabei verrichtete mechanische Arbeit so gering, dass der grössere Theil der lebendigen Kraft sich nothwendig in Wärme umsetzen muss. Geschieht dies plötzlich, so tritt die Schmelzung des Bleies ein, was bei kleinkalibrigen Projectilen leichter stattfindet, weil sie eine grössere Geschwindigkeit haben und somit auf die gleiche Masse eine grössere lebendige Kraft kommt.“ Besonders gilt dies natürlich von den modernen Projectilen, welche aus einem sehr weichen Blei gefertigt werden. Da das Chassepot- und Minié-Geschoss mit den Pulvergasen direct in Berührung kommen und direct in die Züge gepresst werden, so sind sie auch von Anfang der

Flugbahn an heisser, als das preussische Langblei, sie mussten also auch an ihrem Ziele die grösste Temperaturerhöhung zeigen, daher das Ziel am weichsten treffen, während das preussische Langblei relativ hart blieb. Durch die Erhitzung der Projectile und die dadurch bedingte Formveränderung derselben wird ihre Wirkung am Ziele natürlich sehr beeinträchtigt. Desshalb das Streben, Projectile aus einem festeren Metall, das einen höheren Schmelzpunkt hat, zu construiren. Auch die schönen Versuche von Busch und Wahl bestätigen vollkommen die oben ausgeführten Sätze. Im französischen Kriege sind überaus häufig Deformationen der Geschosse gesehen worden, welche auf Abschmelzungen schliessen liessen. Socin fand Massen vom Aussehen erstarrter Bleitropfen, Cohn in dem zerschlagenen Brillenglase eines Verletzten einen eingeschmolzenen Bleitropfen; auch Coze beschreibt Abschmelzungen an Bleiprojectilen, welche er während des französischen Krieges beobachtete. Auch die Verwundeten berichteten wiederholt, dass sie sich die heissen Kugeln aus den Stiefeln genommen hätten. Die eigenthümlichen Abdrücke, die die Projectile zeigen, sprechen ebenfalls dafür, dass sie in weichem Zustande auftrafen. Arnold und Beck fanden streifige, offenbar von der Uniform herrührende Zeichnungen auf ihnen sehr häufig. Experiment wie klinische Beobachtung beweisen also, dass ein mit sehr starker Propulsionskraft abgefeuertes Projectil schon beim Durchschlagen eines relativ kleinen Hindernisses eine solche Wärme erzeugt, dass das Blei zum Schmelzen kommt, während bei schwächerer Kraft ein bedeutenderes Hinderniss dazu gehört, eine so grosse Wärme hervorzubringen. Danach liegt es auch wiederum klar auf der Hand, dass Abschmelzungen der Bleiprojectile bei den Schusswunden am vorwaltend weichen menschlichen Körper relativ selten vorkommen werden, und aus einer Reihe von Versuchen über die Erhitzung der Geschosse, welche Kocher neuerdings angestellt hat, geht diese Thatsache noch deutlicher hervor.

K. beweist zunächst, dass zur Erklärung der Abplattungen und Umstülpungen, welche sich bei den am Ziele aufgefangenen Geschossen finden, auch wo solches allein aus Wasser besteht, die Annahme der Erwärmung der Geschosse nicht erforderlich ist, sich vielmehr die Difformitäten der Geschosse schon als alleinige Folge der mechanischen Widerstände deuten lassen. Aus weiteren Versuchen, wobei ein Eisengewicht mit bestimmter Geschwindigkeit auf Geschosse herabfällt, welche bis zu niederen oder höheren Temperaturgraden erhitzt sind, erhellt, dass je mehr die Temperatur gesteigert wird, auch eine um so bedeutendere Difformirung des Geschosses eintritt, dass man aber die Temperatur des letzteren bis unmittelbar an seinen Schmelzpunkt erhöhen kann, ohne dass bei diesem Breitschlagen auch nur ein kleines Bleipartikelchen von der Totalität des Geschosses abgesprengt wird; dagegen findet sofort ein vollständiges Auseinanderspritzen des Geschosses auch schon durch eine geringe Gewalt statt, sobald man letzteren vor dem Auftreffen des Gewichtes bis zu seinem Schmelzpunkt hinaus erhitzt. Daraus ergibt sich also, dass eine einfache Erhitzung des Geschosses bis unter seine Schmelztemperatur zwar dessen Gestaltsveränderungen begünstigt, auch der mechanischen Abtrennung einzelner Stücke durch entgegenstehende Hindernisse gewaltigen Vorschub leistet, dass aber ein Zerfall in Sprengstücke im Körper einzig durch Erhitzung des Geschosses bis zur Schmelzung und über den Schmelzpunkt hinaus zu Stande kommen kann. Dass eine Absprengung kleinster Bleipartikel von der Spitze der Weichtheilgeschosse bei dem Aufschlagen derselben auf menschliche Knochen beobachtet ist, ist nicht zu bezweifeln, ebenso wenig, dass bei einem sehr heftigen Anprall des Geschosses verschiedene Schmelzungen an ihm entstehen; Schüsse gegen Muskeln und Lehm zeigten aber diese Erscheinungen nicht.

Es wird ja die Geschwindigkeit des Geschosses beim Eindringen in die Gewebe des menschlichen Körpers nicht plötzlich, sondern meist allmählich beim Vordringen mit einem gewissen Zeitaufwande aufgehoben. Die Projectile werden daher meist nur weich und zu Deformationen und zum Zerspalten geneigt. Je härter das Projectil, desto weniger Deformationen. Küster fand, dass das Henry-Martini-Projectil noch leicht durch den Thierkörper drang, wenn das Mauser-Gewehr-Projectil schon stecken blieb. Es erklärt sich das aus dem grössern Widerstande, welchen letzteres in Folge der schnellen Deformationen zu überwinden hat. Küster, Wahl und Melsens gehen aber doch zu weit, wenn sie das Vorkommen von Abschmelzungen im Körper der Verwundeten ganz läugnen; denn eine plötzliche Hemmung von Projectilen aus raschem Fluge kommt doch im Körper, wie im Experiment vor und wird besonders durch die klassischen Versuche von Busch, wie auch durch die Beobachtungen bei Schussverletzten, seitdem die Aufmerksamkeit der Chirurgen sich darauf gelenkt hat, mehr und mehr bestätigt. Dr. Schädel hatte Schiessversuche mit Projectilen aus leicht schmelzbaren Metall-Legirungen gemacht und wollte bei diesen niemals ein Schmelzen beobachtet, ja beim Zerspringen der Projectile immer nur rauhe Sprengflächen gefunden haben. Diese Beobachtungen sind aber von Busch widerlegt durch Versuche mit Bleikugeln und Kugeln aus der Wood'schen Metall-Legirung (15 Th. Wismuth, 8 Th. Blei, 4 Th. Zinn, 3 Th. Cadmium), deren Schmelzpunkt unter dem Siedepunkt des Wassers liegt. Viel leichter natürlich tritt das Abschmelzen an den Projectilen ein, wenn sie, ehe sie in den menschlichen Körper eintreten, vorher auf sehr feste Körper ausserhalb des menschlichen Körpers aufschlagen. Auf Ricochetschüsse, die als solche nur nicht zur Beobachtung und Kenntniss der Verwundeten gekommen seien, will auch Wahl alle die Beobachtungen über das Abschmelzen an den Projectilen, welche wir oben erwähnt haben, zurückführen.

§. 21. Bei den Versuchen von Hagenbach stellte sich noch constant neben der Abschmelzung am Projectile eine eigenthümliche conische Form des überbleibenden Theiles heraus. Er erklärte dieselbe aus der Umstülpung des hohlen Theiles des Geschosses, welches in Folge des beim Aufschlag entstehenden Druckes völlig, wie ein Handschuhfinger, umgekehrt wird. Socin überzeugte sich von der Richtigkeit dieser Erklärung dadurch, dass er Versuche anstellte mit Kugeln, deren Hohlraum mit verschiedener Farbe und eingravirten Zeichen vorher versehen war. Die Farbe sowohl, als die eingravirten Marken fanden sich nach dem Schuss auf der äusseren Seite des conischen Ueberbleibsels. Aehnliche Deformationen hat Socin auch wiederholt bei Vollgeschossen gefunden, die mit grosser Kraft auf Knochen aufgeschlagen waren.

§. 22. Beck und Kirchner beschrieben zuerst irisirende Farben an den Bleiprojectilen an ihrer Aufschlagsstelle, welche bekanntlich an Metallen durch moleculäre Schwingungen in Folge hoher Hitzegrade entstehen. Durch die Versuche von Wahl ist festgestellt, dass dieselben eintreten: a) Wenn die geschmolzene Bleimasse noch eine Zeitlang der Flammenhitze, also höheren Hitzegraden ausgesetzt wird, als sie zur Ueberführung des Bleies in den flüssigen Zustand nöthig sind. Nach Wahls Versuchen sind über $330°$ C. Hitze nöthig, um diese Erscheinungen am Blei zu erzeugen. Desshalb kommen dieselben wohl aus Ueberhitzung des Bleies im menschlichen Körper selten zu Stande, wenn man überhaupt die Möglichkeit zugibt. b) In Folge gewaltsamer moleculärer Verschiebungen, die durch Hämmern und Schlagen hervorgerufen werden (W. Busch). Bei Schiessversuchen auf mehrere, auf einander geleimte Scheiben von Strohpappe waren bei Buschs Versuchen die auf 20 Schritt abgegebenen Langblei- und Chassepot-Projectile stecken geblieben und zeigten bei allerlei nur denkbaren Deformationen an vielen Stellen die prachtvollsten irisirenden Farben. Longmore spricht l. c. p. 86 den irisirenden Farben jede Bedeutung ab. Dieselben hätten bestanden, ehe das Projectil abgefeuert wäre und seien dünne Beläge von Schwefelblei, hervorgebracht durch die vorhergehende Einwirkung des Schwefels im Pulver auf das Projectil. Longmore führt eine Reihe von Experimenten an, die er zur Stütze dieser Behauptung gemacht hat. Auch Beck theilt diese Anschauung, gegen welche sich vor vielen andern Bedenken besonders der Lehrsatz der Chemie: corpora non agunt nisi fluida geltend machen lässt.

§. 23. Die Theilung und Zersplitterung der Geschosse im Körper ist leicht zu verwechseln mit dem freilich sehr selten vorkommenden Zerspringen derselben durch vorheriges Aufschlagen auf Steine, Stücke der Armatur und andere harte Gegenstände — also durch Ricochetiren. Serrier berichtet aus den Feldzügen von Algier einen Fall, bei welchem die Kugel sich an einem Felsen in 5 Stücke theilte, welche dann in verschiedene Körpergegenden eindrangen und Longmore theilt aus dem Krimfeldzuge mehrere ähnliche Beobachtungen mit. Auf diese Weise können mehrere Eingangsöffnungen erzeugt werden. Durch das Ricochetiren werden auch die bedeutendsten Gestaltsveränderungen der Geschosse bis zur vollkommenen Unkenntlichkeit der Geschossart hervorgebracht. Heine extrahirte ein preussisches Langblei, an dem das vordere Ende, wahrscheinlich durch Anprallen an Stein oder Eisen, fast um einen doppelten rechten Winkel nach rückwärts um das hintere Ende umgeschlagen ist, so dass Ersteres das Letztere nach rückwärts hin noch überragte.

§. 24. Auch die Erhitzung des groben Geschosses haben die Schiessversuche der Artillerie nachgewiesen. W. Busch berichtet, dass bei den belgischen Artillerieschiessversuchen gegen undurchdringliche Panzerplatten die angewendeten eisernen Vollkugeln unter Feuererscheinungen zersprangen und sich die Bruchflächen der Sprengstücke sofort mit Eisenoxyd bedeckten. Dennoch fällt die Temperaturerhöhung der Granatsplitter in der Schlacht und bei Verwundungen weniger auf, weil die physikalische Constitution des Eisens dessen Erwärmung erschwert und weil Granatsplitter überhaupt selten aus dem menschlichen Körper extrahirt werden. Das für die Bleiprojectile Gesagte findet auch seine volle Anwendung auf die fortgetriebenen Stücke des Bleimantels der Granaten. Doch auch sie werden selten die Bedingungen zu starken Erhitzungen darbieten und erfahren.

Dass die Erhitzung des Geschosses die Difformitäten desselben bedingt, ist noch nicht allgemein angenommen, vielmehr führen eine ganze Zahl von Kriegschirurgen die Deformirungen der Geschosse auf rein mechanische Wirkungen zurück. Sie haben dabei zum Theil recht.

Kocher konnte aber bei seinen sehr sorgsam angestellten Schiessversuchen nachweisen, dass mit zunehmender Temperatur des Geschosses auch die Difformirung, wenn auch sehr langsam, zunahm, so
dass die Zusammenpressung des aufrecht stehenden Geschosses, welche
ohne Erwärmung über die halbe Länge betrug, bei Erhitzung auf 200
nahezu doppelt, bei Erhitzung auf 300 etwas mehr als doppelt so stark
war, als bei Nichterwärmung. Mit der Verkürzung des Längendurch-
messers wurde das Geschoss mehr und mehr in die Breite geschlagen.

3. Die Wirkungen der modernen Geschosse im Kampfe.

§. 25. Wir haben nur noch einen flüchtigen Blick zu werfen
auf den Einfluss, welchen die moderne Feuerwaffe im Kampfe in Hinsicht auf die Dauer der Kriege, den Verlauf der Schlachten, die Zahl und Art der Verletzungen, den Consum an
Munition, die Zahl der Treffer etc. etc. ausübt.

Man sollte glauben nach den vorstehenden Auseinandersetzungen,
dass durch die vollendeteren Waffen und das perkussionskräftigere Projectil nun auch die Schlachten viel blutiger, die Kriege viel verhee-
render geworden seien. Ich habe auf der Leipziger Naturforscherversammlung an der Hand von statistischen Thatsachen schon das
Gegentheil dieser Anschauungen nachzuweisen gesucht und Richter und
Longmore zeigen in ihren Werken durch ebenso gründliche, wie umfassende Forschungen, dass sich die Wagschaale in allen Punkten zu
Gunsten der modernen Kriege neigt. Für die statistischen Angaben
im Nachstehenden muss ich um einige Nachsicht bitten, da die Angaben oft ungenau und widersprechend sind.

1) Die modernen Kriege, welche die Fortschritte der Wissenschaft zu ihren Bundesgenossen, den Dampf zu ihrem willigen Diener,
den electrischen Draht zu ihrem beflügelten Boten gemacht haben,
dauern weit kürzer wie ehedem. Während sich früher das Kriegs-
elend durch lange, wüste Jahre verheerend hinzog, so gilt es jetzt, ein
Maximum der Massen und Vernichtung auf ein Minimum von Raum
und Zeit zu concentriren. Sieben blutige, furchtbare Tagewerke genügten zur Ueberwindung Oesterreichs in Böhmen, sieben Monate heisser
Arbeit, um Frankreichs trotzige Kraft und gewaltige Macht im eigenen
Lande zu brechen. Wenn es nun aber wahr ist, dass der cultur-
feindliche, verwildernde Einfluss der Kriege hauptsächlich bei ihrer
längeren Dauer sich zeigt, so liegt auch in der Abkürzung derselben
einer der grössten Fortschritte der menschlichen Cultur. —

2) Die Schlachten der modernen Kriege drängen sich
daher aber auch in jäher Folge an einander. Im 30jährigen
Kriege kam auf je 3 Jahre 1 Schlacht von Bedeutung, im 7jäh-
rigen auf je 1 Jahr 1½ Schlachten, im Befreiungskriege auf je 1 Jahr
8½ Schlachten, im böhmischen Kriege auf 1 Woche 11 Schlachten,
im letzten französischen Krieg kam durch 6 Monate hindurch auf
jeden 2. Tag 1 Schlacht, am 6. August fanden 2 blutige Schlachten
statt, am 31. December wurde an 4 Punkten gekämpft. Nur in
den napoleonischen und Freiheitskriegen fand eine ähnliche Häufung
der Schlachten statt, wie Richter p. 66 und 67 ausführt.

3) Die Zahl der Kämpfenden, welche in den Schlachten gegeneinander stehen, ist in den modernen Kriegen gegen früher nicht vermehrt. Wenn man bedenkt, dass schon bei Plataeae 300,000 Perser gegen 110,000 Griechen, dass bei Arbela allein auf einer Seite 1,040,000 Perser, bei Tannenberg 83,000 vom Ordensheer gegen 163,000 Polen, bei Leipzig über 486,000 Soldaten fochten, so hat die Zahl von 300,000 Kämpfenden bei Solferino, von 417,000 bei Königsgrätz und der 500,000 vor Metz nichts Aussergewöhnliches mehr.

4) Die modernen Schlachten sind weniger blutig als die früheren. Bei Cannae wurden von den Römern getödtet oder verwundet 92% der Kämpfenden, bei Tannenberg 42%.

Zur besseren Uebersicht der Verlustgrössen in den Kämpfen des 7jährigen Krieges bis zu denen der neuesten Zeit lasse ich eine von mir weitergeführte Zusammenstellung Longmore's folgen:

Tabelle C.

Schlacht	Nationen	Truppen-Stärke	Verlust-Grössen				Nach Procenten				Verhältniss der Todten zu den Verwundeten
			Gefallen	Verwundet	Vermisst	Total	Gefallen	Verwundet	Ver-misst	Total-verlust	
Kunnersdorf, 12. Aug. 1759	Preussen / Russen u. Oesterreicher	40,000	8,000	15,000	3,000	26,000	20	38	7,5	65	1:1,9
Austerlitz, 2. Dec. 1803	Franzosen	70,000	12,000	—	—	12,000	17	—	—	17	—
	Oesterreicher u. Russen	84,000	26,000	—	—	26,000	31	—	—	31	—
Wagram, 6. Juli 1809	Franzosen	140,000	—	25,000	7,000	32,000	—	18	5	22	—
	Oesterreicher	90,000	—	24,000	1,000	25,000	—	27	1,1	28	—
Borodino, 12. Sept. 1812	Russen	125,000	15,000	35,000	1,000	51,000	12	28	0,8	40	1:2,3
	Franzosen	120,000	9,000	13,000	1,000	23,000	8	11	0,8	19	1:1,4
Bautzen, 20. Mai 1813	Preussen u. Russen	110,000	7,500	16,000	—	23,500	7	14	—	21	1:2,1
	Franzosen	150,000	8,800	18,000	—	26,800	6	12	—	18	1:2,2
Leipzig, 16.—19. Oct. 1813	Alliirte	300,000	15,000	30,000	—	47,000	5	10	—	16	1:2,0
	Franzosen	171,000	15,000	—	15,000	60,000	9	—	9	36	—
Waterloo, 18. Juni 1815	Britten	36,240	1,759	5,892	807	8,458	4,85	16,25	2,19	23,31	1:3,8
	Hannoveraner	11,220	288	1,124	816	2,228	2,56	10,01	7,27	19,85	1:3,9
	Preussen	5,824	306	866	209	1,381	5,25	14,86	3,58	23,71	1:2,8
Alma, 20. Sept. 1854	Engländer	21,480	362	1,621	—	1,983	1,68	7,54	—	9,32	1:4,4
	Franzosen	30,328	144	1,197	·	1,341	0,46	3,94	—	4,40	1:8,3
	Russen	60,000	1,807	2,821	1,008	5,636	3,01	4,70	1,68	9,39	1:1,5
Inkerman, 5. Nov. 1854	Engländer	14,000	529	2,286	—	2,815	3,77	16,32	—	20,10	1:4,3
	Franzosen	41,019	229	1,551	70	1,850	0,55	3,78	0,17	4,51	1:6,7
	Russen	55,000	6,062	9,406	267	15,735	11,02	17,16	0,48	28,60	1:1,5
Krim-Krieg	Engländer	97,864	2,755	12,094	—	14,849	2,81	12,35	—	15,17	1:4,4
	Franzosen	?	8,250	39,868	—	48,118	—	—	—	—	1:4,8

Magenta, 4. Juni 1859	Franzosen	48,090	657	3,223	655	4,535	1,37	6,70	1,36	9,43	1:4,9
	Oesterreicher	61,640	1,365	4,348	4,500	10,213	2,21	7,05	7,30	16,56	1:3,2
Solferino, 24. Juni 1859	Franzosen u. Sardinier	135,234	2,313	12,102	2,776	17,191	1,71	8,95	2,05	12,71	1:5,2
	Oesterreicher	163,124	2,386	10,634	9,290	22,310	1,46	6,52	5,70	13,68	1:4,5
Italienischer Krieg 1859	Franzosen	189,690	2,536	9,672	1,128	20,718	1,33	10,37	0,59	12,29	1:7,7
	Sarden	—	1,010	4,922	1,268	7,200	—	—	—	—	1:4,9
	Oesterreicher	—	5,416	26,149	17,306	48,871	—	—	—	—	1:4,8
Rebellions-Krieg April 1861 bis Mai 1865	Unirte	—	59,860	280.046	184,791	524,691	—	—	—	—	1:4,7
	Conföderirte	—	51,452	227,871	384,281	663,577	—	—	—	—	1:4,4
Schleswig-Holstein 1864 — Durchschnittl. Gesammtstärke:	Preussen	46,000	422	2,021	—	2,443	0,92	4,39	—	5,31	1:4,8
	Engagirte Truppen	16,000	422	2,021	—	2,443	2,63	12,63	—	15,26	1:4,8
	Dänen	12,000	678	1,222	—	1,900	5,65	10,18	—	15,83	1:1,8
Königgrätz, 3. Juli 1866	Preussen Gesammtstärke	220,984	1,929	6,948	276	9,153	0,87	3,14	0,12	4,14	1:3,6
	Engagirte Truppen	129,000	1,929	6,948	276	9,153	1,49	5,38	0,21	7,08	1:3,6
	Oesterreicher Gesammtstärke	215,028	5,793	17,805	7,836	31,434	2,69	8,28	3,64	14,61	1:3,0
	Engag. Truppen	150,000	5,793	17,805	7,836	31,434	3,86	11,87	5,22	20,95	1:3,0
Weissenburg, 4. Aug. 1870	Deutsche	106,928	293	1,082	153	1,528	0,27	1,01	0,15	1,43	1:3,7
Spicheren, 6. Aug. 1870		119,033	862	3,632	372	4,866	0,72	3,05	0,31	4,08	1:4,2
Wörth, 6. Aug. 1870		167,119	1,628	7,570	1,444	10,642	0,97	4,53	0,86	6,36	1:4,7
Vionville, 16. Aug. 1870		151,858	3,289	10,282	1,249	14,820	2,16	6,77	0,82	9,75	1:3,1
Gravelotte, 18. Aug. 1870		278,131	4,449	15,189	939	20,577	1,60	5,46	0,33	7,39	1:3,4
Sedan, 1. Sept. 1870		190,239	1,637	6,483	912	9,032	0,86	3,40	0,48	4,74	1:3,9
Orleans. 11. Oct. 1870		56,553	170	662	87	922	0,30	1,17	0,15	1,62	1:3,9
Amiens, 27. Nov. 1870		52,430	181	1,022	31	1,234	0,34	1,95	0,06	2,35	1:5,7
Beaune la Rolande, 28.Nov. 1870		91,405	110	645	118	873	0,12	0,70	0,13	0,95	1:5,8
Le Mans. 10. Jan. 1871.		123,749	289	895	118	1,302	0,23	0,72	0,09	1,05	1:3,1
Deutsch-französischer Krieg		887,876	17,570	96,189	4,009	117,768	1,97	10,83	0,45	13,26	1:5,4
Russisch-türk. Krieg (Pirogoff)	Russen { I. Armeecorps	300,000	{15,744	{32,953	—	48,697}	—	—	—	—	1:2.09
	II. Armeecorps		17,038	38,315	—	55,353}	—	—	—	—	1:2,2
Einzelne Schlachten in diesem Kriege¹): Schlacht bei Nikopol, 3. Juli 1877	Russen	15,000	276	941	94	1,311	1,8	6,3	0,6	8,7	941:276 = 3.5:1

¹) Petersb. Med. Wochenschr. 1877, S. 245.

Schlacht.	Nationen.	Truppen-Stärke.	Verlust-Grössen.				Nach Procenten.				Verhältniss der Todten zu den Verwundeten.
			Gefallen.	Verwundet.	Vermisst.	Total.	Gefallen.	Verwundet.	Verwundet. miss.	Total.	
Gefecht bei Plewna, 7. u. 8. Juli 1877	Russen	8.000	1.256	1.642	50	2.898	15,6	20,6	—	36,2	1:1,32
Schlacht bei Plewna am 18. Juli 1877	Russen	33.800	3.659	3.446	355	7.105	10,8	10,7	—	21,6	1:0,999
Gefechtsverlust für das Detachement Schachowskoi	Corps Schachowskoi	18.000	2.924	1.629	—	4.553	16,4	9	—	25,4	1:0,56
n. Krüedener getrennt seit der Schlacht b. Plewna am 18. Juli 1877	Corps Krüedener	15.800	735	2.017	—	2.752	4,7	12,7	—	17,4	1:2,68
Schlacht bei Plewna am 30. und 31. August 1877	Russen u. Rumänen	75.000	Russen 3,300	Russen 9,500	—	16.500 12.800 Russen, 3700 Rumänen.	?	?	?	22,0	1:2,88
Schlacht bei Gorny-Dubujau u. Telisch am 12. Oct. 1877	Russen	20.000	1.872	2.859	—	4.731	9	15	?	24,0	1:2,55
Gefecht bei Plewna am 28. Nov. 1877	Russen	12.000	457	976	—	1.433	3,8	8,2	—	12,0	1:2,76

Diese Verlustgrössen in den modernen Schlachten verlieren noch an Gewicht, wenn man sie, worauf Richter die Aufmerksamkeit lenkte, mit der Bevölkerungszahl der im Kampfe befindlichen Völker zusammenhält.

5) Berechnet man weiter, wie viele der Kämpfenden während der verschiedenen Schlachten per Stunde getödtet sind, so sind auch hier die modernen Kriege im Vorzuge. Bei Borodino verloren die Kämpfenden per Stunde 5800 Mann, bei Kunersdorf 4150 Mann, bei Königsgrätz 3908 Mann, bei Leuthen 3750 Mann, bei Leipzig 3000 Mann, bei Solferino 2771 Mann, bei Metz 2707 Mann. Wäre die Zahl der Truppen, die bei Kolin, Liegnitz und Torgau fochten, bekannt, so würden hier horrende Verlustgrössen per Stunde zu berechnen sein.

6) Auch die ganzen langgenährten Kämpfe früherer Zeiten haben, soweit man es aus den unsichern und spärlich fliessenden Quellen übersehen kann, viel mehr Menschenleben gekostet, als die modernen. Dies scheint bei oberflächlicher Betrachtung nicht richtig. Denn nach einer Schätzung in Bausch und Bogen verloren die Armeen im 7jährigen Kriege per Tag ungefähr 102 Mann, im Freiheitskriege per Tag ungefähr 500 Mann, im böhmischen dagegen per Tag 11,426 Mann. Vergleicht man aber diese Zahlen mit der Dauer der Kriege, so wird die Verlustgrösse des böhmischen Krieges zu einer minimalen gegenüber den andern. Aehnlich liegen die Verhältnisse für den letzten französischen Krieg. In demselben wurden in der deutschen Armee durch äussere Gewalt 127,867 Mann kampfunfähig gemacht. Setzen wir die Dauer des Krieges auf rund 7 Monate, so kommen auf den Tag etwa Verluste von 608 Mann. Diese anscheinend hohe Ziffer wird aber vollständig wett gemacht durch die kürzere Dauer des Krieges gegenüber den früheren.

7) Das Verhältniss der Todten zu den Verwundeten hat sich in den modernen Schlachten nicht ungünstiger gestaltet gegen früher, wie aus Tabelle C hervorgeht. Nur im letzten russisch-türkischen Kriege hat dasselbe erstaunlich zugenommen, da es nach Pirogoffs Zusammenstellung durchschnittlich 1 : 2,09 bis 2,2 betrug. Das mag wohl daran liegen, dass die Mehrzahl der Verwundeten hülflos liegen blieb und auf den Schlachtfeldern vor Durst, Kälte und Hunger starb.

8) Auch die Zahl der Treffer unter den im Kampfe abgegebenen Schüssen hat sich in den modernen Schlachten nicht gerade auffallend günstiger gestaltet. Nach Gassendi's aide-mémoire à l'usage des officiers d'artillerie (Richter l. c. p. 67) ist in den Kriegen der Franzosen von 1795—1815 und auch nach Clausewitz in der Schlacht bei Leipzig auf jeden im Gefecht Getödteten mindestens ebenso viel Blei verschossen worden, als er selbst wog. Nach Ploennies und Weygand (l. c. p. 13) betrug die Zahl der Treffer des Zündnadelgewehrs 1864: 1,5 %, nach der Zusammenstellung von Richter betrug die Zahl der schnell tödtlichen Treffer im böhmischen Feldzug 0,3%, für die Main-Armee 0,9% aller abgegebenen Schüsse; es wurden also in Böhmen 10 Kilogr., im Mainfeldzuge 17 Kilogr. Blei auf jeden getödteten Soldaten verschossen.

Für den französischen Krieg berechnen Ploennies und Weygand die Zahl der Treffer bei den Deutschen auf 0,7 %. Nur bei Gefechten in grosser Nähe ist die Zahl der Treffer sehr bedeutend; so betrug dieselbe für das Zündnadelgewehr bei Lundby: 11,7 %. Wir können auf die Gründe nicht eingehen, wesshalb die Wirkung der modernen Waffen im Kampfe in der That eine so bedeutende nicht ist gegenüber den unvollkommenen Waffen früherer Zeit, als man a priori glauben sollte. Sie liegen wohl vorwaltend in der Führung der Waffe und in der modernen Taktik. So ist denn auch hier dafür gesorgt, dass die Bäume nicht in den Himmel wachsen.

9) Auch über das numerische Verhältniss zwischen den durch Handfeuerwaffen und den durch schweres Geschütz herbeigeführten Verletzungen besitzen wir interessante Zusammenstellungen der Autoren:

Im Krimfeldzuge kamen — nach Chenu — bei den Franzosen auf 53,5% Verletzungen durch Handfeuerwaffen 42,7% durch Artilleriewaffen.

Im italienischen Kriege kamen bei den Franzosen auf 91,7% Verletzungen durch Handfeuerwaffen 5,12% durch Artilleriewaffen.

In der amerikanischen Nordarmee nach Haurowitz auf 88,1% Verletzungen durch Handfeuerwaffen 9,1% durch artilleristisches Geschoss.

In Schleswig-Holstein 1864 bei den Dänen auf 84% Verletzungen durch Handfeuerwaffen 10% durch artilleristisches Geschoss, bei den Preussen aber waren durch artilleristisches Geschoss beschädigt: bei Missunde 20%, bei Düppel 30 — 40% (Löffler).

1866 auf österreichischer Seite durch Handfeuerwaffen 90 % Verletzungen, 3% durch Artillerie, auf preussischer durch Handfeuerwaffen 79% Verletzungen, durch Artillerie 16%.

Im letzten französischen Kriege taxirt Weygand die Wirkungen der deutschen Artillerie auf 25%, gegenüber 70% der Handfeuerwaffen, bei den Deutschen wurden aber verletzt durch Handfeuerwaffen 94%, durch die Artillerie 5%.

Bei der Occupation Bosniens wurden von 3403 Verwundeten nur 5 (1,4%o) durch Geschützprojectile und 3361 (987,8%o) durch Handfeuerwaffen verwundet.

Eine Armee hat relativ wenig von derjenigen Waffe zu leiden, in deren Construction und Anwendung sie den Gegner übertrifft und umgekehrt. Das Infanteriegewehr hat überall den Hauptantheil an der blutigen Entscheidung des Schlachtfeldes; seine Wirkung ist der der Artillerie 5—9mal überlegen. Beim Belagerungskriege stellen sich natürlich diese Verhältnisse anders; hier prävaliren die Verletzungen durch grobes Geschütz; es lieferte z. B. im französischen Kriege nach der ausgezeichneten Zusammenstellung von Rawitz 74,9% aller vorgekommenen Verwundungen und 82,9% aller Schussverletzungen; dagegen betrugen die Gewehrschusswunden nur 15,4% aller und 17,07% der Schusswunden in specie. Verwundungen durch blanke Waffen gehörten zu den grössten Seltenheiten im Belagerungskriege.

10) Die Verletzungen durch blanke Waffen haben auch in den modernen Kriegen nicht wesentlich abgenommen, da die letzte Entscheidung der Schlachten immer noch mit dem Bajonnet und Säbel gemacht wird. Im Krimfeldzuge kamen bei den Franzosen 3,6% der Verletzungen auf blanke Waffen, im italienischen bei demselben Volke 3,6%, 1866 bei der österreichischen Armee 4%, bei der Main-Armee 2%, bei der preussischen Armee 5%; im ameri-

kanischen Kriege 2,8%, bei Langensalza 1,4%. Im italiénischen Kriege fand sich die grösste Zahl von Verwundungen durch blanke Waffen: auf 12,689 Verwundete in den italienischen Lazarethen von Mailand, Brescia, Pavia, Turin und Vercelli kamen 2100 durch blanke Waffen Verletzte, somit 16,7%. Die Schlacht von Montebello wurde nämlich durch blanke Waffen entschieden, daher fanden sich bei den Franzosen nach dieser Schlacht 7,6%, bei den Oesterreichern 23,8% durch dieselben Verletzte. In Schleswig-Holstein wurden bei den Dänen 6%, bei den Preussen 2,4%, in Langensalza 1,4%, bei den Oesterreichern 1866 in Verona aber 7,9%, bei den Italienern 3,4%, im französischen Kriege 1% bei der deutschen Armee durch blanke Waffen verletzt. Die Infanterie-Waffe ist durchschnittlich um 30 bis 50mal den blanken Waffen überlegen. Im letzten türkisch-russischen Kriege betrugen die Verletzungen durch blanke Waffen vor Plewna nach Pirogoff 0,99%. Bei der Occupation von Bosnien waren von 3403 Verwundeten 12 durch Stichwaffen (3,5%o), 18 durch Hiebwaffen (5,2%o) verletzt.

So gering aber auch der Einfluss der modernen Schusswaffen im allgemeinen auf die Kriegsführung, auf den Consum an Munition, auf die Zahl der Treffer, auf das Verhältniss der Verwundungen zu einander etc. gewesen ist, so bedeutend tritt derselbe in der Art, der Schwere, der Complication und dem Verlauf der Schusswunden hervor, wie wir in den folgenden Abschnitten zeigen werden.

11) Multiple Verletzungen haben sich in den letzten Kriegen viel häufiger ereignet. Unter 1415 von Mossakowski untersuchten geheilten französischen Verwundeten waren 1264 1mal, 114 2mal, 29 3mal, 6 4mal, 1 5mal, 1 7mal verwundet, also 10,6% mehrfach verletzt.

Nach der Zusammenstellung des Rechnungsrathes G. Fischer kamen auf 3919 verwundete Offiziere und 60,978 verwundete Mannschaften der deutschen Heere:

a. Mehrfache Verwundungen durch Gewehr-Projectile:

durch	2	Schüsse	408	. . . .	3847
„	3	„	65	. . . .	437
„	4	„	19	. . . . . .	77
„	5	„	4	. . . . . .	18
„	6	„	2	. . . . . .	4
„	34	„	1	durch 7 Schüsse	4
			499 = 15%	„ 8 „	2
				„ 16 „	1
				„ 17 „	1
					4391 = 7,2%.

In Summa (beide zusammen) 7,5 %.

b. Mehrfache Verwundungen durch Granatsplitter:

durch	2	Splitter	52	. . . .	= 455
„	3	„	2	. . . . . .	= 91
„	5	„	1	durch 4 =	21
				„ 5 =	2
				„ 7 =	1
			55 = 1,4%		= 570 = 0,9%.

Capitel IV.

Die Einwirkung der Geschosse auf den menschlichen Körper.

§. 26. Die Kenntnisse über die Einwirkung der Projectile auf den
menschlichen Körper sind seit dem Kriege in Böhmen und in Frankreich
sowohl von militärischen Schriftstellern, als auch durch eingehende medicinische Studien sehr wesentlich gefördert. Die bisherigen Anschauungen über
die Wirkungsweise der Geschosse sind durch die Leistungen der neueren
Kriegsgewehre, besonders das Chassepotgewehr, hinfällig geworden. Ehe
wir in die eigentliche Materie eingehen, haben wir einer Annahme zu begegnen, die besonders von Melsens, dem um die Ballistik hochverdienten
Experimentator, vertreten ist. Derselbe meint, dass die vor der Kugel
hergetriebene Luft die ausgedehnten Zerstörungen, welche das Chassepot-
Projectil anrichtet, bedinge. Magnus hatte schon über das Eindringen
von Projectilen in Flüssigkeiten — wie Busch berichtet l. c. Bd. 18,
p. 216 — Folgendes gelehrt: Wenn ein Körper aus einiger Höhe in
das Wasser fällt, so bringt er eine Vertiefung in demselben hervor,
welche einen grösseren Querschnitt hat, als der fallende Körper und
deren tiefste Stelle er selbst einnimmt. Besitzt der fallende Körper
eine bedeutende bewegende Kraft, so erstreckt sich die Vertiefung
so weit herab, dass das Wasser an der Oberfläche bereits wieder
zusammengeflossen ist und dieselbe geschlossen hat, bevor ihre Bildung nach unten vollendet ist. Alsdann bleibt Luft in ihr eingeschlossen, die später als Blase wieder zur Oberfläche gelangt. Je
nach der Stärke der Propulsionskraft ist der Trichter tiefer, die
Masse der eingeschlossenen Luft grösser, so dass das Volumen der
eingeschlossenen Luft vielmals grösser sein kann, als das des Projectils. Melsens dagegen meint, dass die Luft nicht nur dem in das
Wasser fallenden Projectile folge, sondern dass das Projectil auch Luft
vor sich hertreibe, so dass also Luft vor dem Projectil ins Wasser
dringe und ihm den Weg bahne. Laroque aus Toulouse bestätigte
diese Ansicht. Busch hat aber durch eine Reihe der sorgfältigsten
Versuche über diesen Punkt ermittelt: „dass bei sehr geringer lebendiger
Kraft des Projectils die Luft über dem Wasser Zeit hat, vollständig
vor dem Projectil auszuweichen, dass bei einiger Steigerung der Kraft
nicht alle Luft mehr entweichen kann, sondern dass etwas Luft gezwungen wird, vor der Kugel herabzusteigen, und dass die Masse der
vorgetriebenen Luft mit der Steigerung der lebendigen Kraft zunimmt,
gerade so wie es Magnus für die Masse der hinter der Kugel im
Wasser eingeschlossenen Luft gezeigt hat. Auf der andern Seite
stellte es sich aber auch heraus, dass bei Verstärkung des Widerstandes eine grössere lebendige Kraft dazu gehört, um Luft vor dem
Projectile durch den betreffenden Körper zu treiben, als dies bei einem
Körper von geringerem Widerstande geschieht; denn die Luft muss mit
stärkerer Kraft abwärts gedrückt werden, sonst drängt sie die zähere
Flüssigkeit nicht auseinander und weicht endlich aus." Bei den weiteren
Versuchen, bei denen es sich nur um die Frage, ob auch festere
Körper von dieser Luft durchbohrt werden können, oder ob die Luft
nicht gezwungen ist, seitlich abzuleiten, handelte, hat Busch eine ent-
scheidende Antwort leider mit den ihm zu Gebote stehenden Hülfs-

mitteln nicht erzielen können. Er hat nur festgestellt, „dass, während bei dem Durchschiessen eines dünnen Brettchens ausserordentlich zahlreiche und grosse Luftblasen aufbrodelten, ein Schussobject, zu dessen Durchbohrung ein längerer Canal geschaffen werden muss, die etwa vorgedrungene und die nachdrängende Luft fast ganz im Schusscanal zurückhält oder durch die höher liegende Einpressung zurücktreten lässt." Lähmte Busch die Bewegung einer Kugel ganz, indem er sie im plastischen Thone auffing, so hat er sie immer den Thontheilen innig angeschmiegt gesehen und niemals eine Luftschicht zwischen ihr und dem Thone bemerkt. Wenn aber auch die Luft vor der Kugel elastische und feste Gebilde durchdringt, so kann sie doch nur gerade ebenso wie ein fester Körper durchschlagen. Es ist also gleichgiltig, ob die Luft vor dem Projectil mit einwirkt, oder das Projectil allein.

Die Wirkung des Geschosses hängt, wie wir gesehen haben, in erster Linie ab von seiner Endgeschwindigkeit, seinem Gewicht, seiner Construction; sie wächst mit dem Quadrate der Geschwindigkeit und mit dem Geschossgewicht und ist gleich der lebendigen Kraft desselben, also gleich dem halben Product aus Masse und Quadrat der Geschwindigkeit. Bei der Wirkung des Geschosses auf den Körper kommt aber noch der Auffallswinkel desselben und der Widerstand d. i. die anatomische Festigkeit und physiologische Spannkraft der Gewebe in Rechnung. Es wirken bei der Entstehung einer Schussverletzung zwei gegen einander gerichtete Kräfte auf einander, wobei die Resultirende gleich der Differenz der beiden ist und in der Richtung der Grösseren liegt. Je nach der lebendigen Kraft des Geschosses und je nachdem sich der Einfallswinkel des Geschosses dem rechten oder stumpfen Winkel nähert, und je nach der Grösse des Widerstandes der Gewebe entstehen Schusswunden oder Schusscontusionen, und in den dabei eintretenden Modificationen und Combinationen von Continuitätstrennung, Erschütterung und Quetschung ist die Mannigfaltigkeit der anatomischen Verschiedenheiten der Schussverletzungen zu suchen. Von besonderer Bedeutung ist aber heute noch der Einfluss geworden, welchen die Entfernung, aus welcher der Schuss abgegeben wurde und die Weichheit oder Härte des Metalls, aus dem das Projectil besteht, auf die Wirkung des Projectils unbestritten ausübt. Man theilt die Schüsse der Wirkung nach am besten ein in:

§. 27. 1) Schüsse aus nächster Nähe (20 Schritt) oder mit explodirender Wirkung des Geschosses.

Aus allen modernen Kriegen wurden Klagen laut, dass sich der Feind explodirender Geschosse bediene. Besonders häufig traten dieselben im letzten französischen Kriege auf. Es kamen nämlich Schusswunden zur Beobachtung, bei welchen sich neben relativ kleiner Eingangsöffnung eine sehr ausgedehnte Zerstörung im weiteren Verlaufe des Schusscanales und eine ganz enorm grosse Ausschussöffnung zeigte. Derartige Beobachtungen sind von Sourier (Gaz. des hôpitaux 1872), Rémond et Lorber (Rec. de mémoires de méd. et de chir. II. S. T. XXII. Paris 1869 p. 35), in neuerer Zeit von Hirschfeld und Peltzer zusammengestellt und berichtet. Es stellte sich aber bei genauerer Beobachtung heraus, dass derartige Verwundungen nicht durch explosive Geschosse, sondern durch Schüsse aus nächster Nähe, also

à bout portant, hervorgebracht wurden. Man hatte bisher geglaubt,
dass derartige Schüsse lochartige Schusscanäle erzeugten und war
daher so betroffen von den eben erwähnten unerhörten Ereignissen.
Man hatte dabei die Thatsache freilich vergessen, dass schon Dupuytren Schusswunden erzeugt hatte von trichterförmiger Beschaffenheit
mit enger Ein- und grosser Ausgangs-Oeffnung, ohne sich über die
Tragweite dieser Thatsache klar zu werden. Erst durch die Schiessversuche von Sarazin, Morin und Melsens, vor allem aber durch
W. Buschs klassische Untersuchungen und Experimente wurde festgestellt, dass das Chassepot-Projectil bei Schüssen aus nächster Nähe eine
Eingangswunde gleich der Grösse des Projectils macht, aber eine 7 bis
13mal grössere, zerrissene, unregelmässige Ausgangswunde, und im
Canale eine ausser Verhältniss zur Grösse des Projectils stehende
Zerschmetterung der Knochen und Weichtheile erzeugt. Niemand
würde derartige Verwundungen für eine durch einen Flintenschuss
erzeugte Wunde gehalten haben. Wenn die Kugel sich in grössere
Fragmente getheilt hatte, so konnte man zweispannenlange und mehrere
kleinere zerfleischte Wunden sehen, aus welchen flüssiges Fett ab-
tropfte. Verhältnissmässig am stärksten waren diese Verwüstungen
bei Schädelschüssen. Das Geschoss fand sich dabei constant verkleinert,
deformirt, kleinere Fragmente von demselben in den zerrissenen Theilen
zerstreut, oder aber es hatte sich beim Durchschlagen in eine grössere
oder kleinere Zahl von beträchtlicheren Fragmenten zertheilt. Mit
dem preussischen Langblei konnten so colossale Zerstörungen nicht
erzielt werden; der Einschuss war klein, der Ausschuss grösser, der
Knochen dazwischen gebrochen. Abschmelzungen fanden an diesem
Projectil dabei nur in geringem Maasse statt. Nur wenn die Diaphysen
der langen Röhrenknochen verletzt waren, so zeigten sich auch beim
Langblei ähnliche Verletzungen, wie beim Chassepot-Projectile. Busch
wollte anfangs diese furchtbare Zerstörung an der Ausgangswunde
aus einer directen Wirkung der Pulvergase erklären, dachte auch
wie Melsens an die Mitwirkung der atmosphärischen Luft. Später stellte
er aber die folgende Erklärung über das Zustandekommen dieser Verletzungen auf: die Bleitheile, welche der Chassepotkugel-Spitze und
den zunächst gelegenen Manteltheilen angehören, werden beim Durchschlagen der Gewebe, besonders der Knochen, bis zum Schmelzen erhitzt, so geht davon eine gewisse Menge in Tropfen abschmilzt.
Diese Tropfen befinden sich aber im Momente ihres Entstehens in der
gewaltigen Vorwärtsbewegung und gehen nun wie feine Schrotkörner,
Alles zermalmend und zerreissend, durch das Glied. Die zerstörende
Wirkung dieser flüssigen Bleitropfen liegt in der Schnelligkeit ihrer
Bewegung, da ein weicher sich schnell bewegender Körper einen viel
härteren zertheilen kann. Die Rotation des Projectils aber bewirkt,
dass die von dem Zusammenhange gelösten Bleitheile mit sehr grosser
Gewalt die Gewebe treffen und es muss nun das tangentiale Aus-
einanderfahren der Bleisplitter und der von ihnen in gleiche Bewegung
versetzten Gewebstheile wesentlich auf die Gestalt der Wunde einwirken. Küster bestätigte die Busch'schen Versuche und stimmte auch
der Erklärung dieser eigenthümlichen Thatsache, wie sie Busch gegeben hatte, bei. Er hebt noch ausdrücklich hervor, dass die beschriebenen Verletzungen nur bei Kugeln aus weichem Blei vorkommen,

bei Geschossen aus Hartblei nicht. Beim Projectil des Vetterli-Gewehres sahen Kocher, bei dem des Mauser-Gewehres Peltzer und Müller, Richter und Küster dieselben Verletzungen bei Schüssen aus nächster Nähe eintreten. Richter hat die von Busch gegebene Erklärung noch weiter ausgeführt und modificirt. Er führt das Zustandekommen derartiger Schusswunden auf die Veränderungen in der Consistenz der Geschosse zurück, welche bei den Geschossen, die im Hinterladergewehr nicht durch Spiegel geführt wurden, wie das Chassepot-Projectil, am schwersten und bedeutendsten sein müssen. Das Chassepot-Projectil komme aus dem Flintenrohre mit einem harten Kerne und einer weichen, heissen Hülle hervor, im weiteren Verlaufe kühle sich die Hülle ab und der Kern werde weicher und bei noch weiterem Laufe könne die ganze Masse des Geschosses gleichmässige Härte und Wärme besitzen. Beim Schusse aus nächster Nähe würden nun die weichen heissen Metalltheilchen vermöge der ihnen innewohnenden vitalen Kraft selbst vorwärts fliegen, aber mit seitlicher Abweichung von der Flugbahn des Hauptgeschosses und selbst wie kleine Projectile oder feine Schrotkörner Alles zermalmend und zerreisend wirken. Je grösser das Hinderniss, auf welches das Geschoss stösst, je plötzlicher es eintritt, desto bedeutender muss natürlich das Auseinandersprühen der erweichten Bleimanteltheile sein. Busch hält aber dem gegenüber seine Ansicht aufrecht, dass auch die Rotation der unversehrten Kugel einen grossen Theil zur zerstörenden Wirkung des Schusses beitrage. Nach Kocher dagegen hat die Centrifugalkraft des rotirenden Geschosses wenig Bedeutung, auch könnten bei einfachen Weichtheilschüssen die furchtbaren Zerstörungen nicht durch das Abschmelzen von Bleifragmenten bedingt werden, es biete vielmehr nur anzunehmen, dass dieselben durch den plötzlich wirkenden hydrostatischen Druck, durch die plötzliche Verdrängung incompressibler Flüssigkeiten in den Weichtheilen erzeugt würden. Die Bedeutung der Abschmelzungen für die Geschosswirkung ist nach Kochers neuester Publication überhaupt gering, da der Gewichtsverlust nur unbedeutend ist und sich nur auf die Höhe des Geschosses beschränkt, indem die abgesprengten Partikeln sich auf Papier niederschlagen, ohne es zu durchbohren, also nur minime lebendige Kraft besitzen. Nur bei dem schon bei 65° schmelzenden Rose'schen Metall finde verstärkte Seitenwirkung auf Kosten der Durchschlagskraft des Geschosses statt. So einleuchtend auch bei ruhiger Prüfung der Versuche jedem unbefangenen Urtheile die Busch-Richter'sche Erklärung erscheint, so geht doch aus dem Schwanken der Ansichten hervor, dass zur Zeit noch keine ganz stichhaltige Deutung des Zustandekommens dieser bemerkenswerthen Verwundungen gegeben werden kann. Auch Vogel streitet den Bleiabschmelzungen eine besonders in Betracht kommende zerstörende Kraft ab, da ihnen der Stoff fehle, der sie wirksam macht, wenn auch die treibende Kraft noch so hoch angeschlagen würde. Die grösste Kraft könne aus einem kleinen Schrotkorn oder zerstäubenden Bleitröpfchen keine so zerstörende und erschütternde Gewalt machen, welche zur Erklärung dieser explosionsartigen Lochschüsse allein ausreiche. Es hat aber auch nicht an Experimentatoren und Beobachtern gefehlt, welche die explodirende Wirkung der Geschosse à bout portant ganz läugnen wollen. So gehen Wahl, Vogel, Heppner und Garfinkel von der Ansicht aus, dass das Geschoss deformirt werde und einen grösseren Querschnitt seiner einwirkenden Fläche darbiete. Dadurch wüchse die Ausdehnung des Substanzverlustes, welcher ausserdem noch durch die Ausbreitung des Knocheneclats durch das Projectil vergrössert würde. Heppner und Garfinkel wollen auch im stricten Gegensatze zu allen Experimentatoren, besonders Küster, derartige Verletzungen mit dem aus Hartblei verfertigten Martini-Henry-Geschosse hervorgebracht haben. Diese Einwürfe sind aber von Busch widerlegt worden. Wenn auch die Deutung noch unklar, so kann doch die Thatsache nun keinem Zweifel mehr unterliegen, dass Explosionswirkungen von weichen Projectilen bei Schüssen à bout portant hervorgerufen werden, aber nicht, wie Busch sagt, durch Füllung derselben mit Zündmasse, sondern weil das solide Bleigeschoss unter diesen Umständen selbst explodirt. Es kann dann auch nicht mehr Wunder nehmen, dass derartige Verletzungen im letzten französischen Kriege so häufig vorkamen, dass sie Gegenstand der schwersten Vorwürfe und diplomatischen Verhandlungen wurden, da ja bei den Kämpfen vor Metz, in den Weinbergen bei Wörth und bei den vielen heissen Strassenkämpfen die Gegner sich beim Schusse in nächster Nähe gegenüberstanden. Wo bleibt nun aber diesen furchtbaren Wirkungen der modernen weichen Geschosse gegenüber die Sicherheit, dass künftig nicht mehr mit explosiblen Geschossen gekämpft wird, da man aus der Schusswirkung den Bruch des Petersburger Vertrages nicht mehr erkennen kann? Wäre es nicht Pflicht der kampfbereiten und streitbaren Staaten, die Projectile aus Weichblei ganz abzuschaffen und Geschosse mit möglichst hohem Schmelzpunkt einzuführen? Die grossen Hindernisse, die dieser Aufgabe entgegenstehen, haben wir freilich schon zu erörtern Gelegenheit gehabt. Kocher wünscht auch, dass, um den hydrostatischen Druck möglichst gering ausfallen zu lassen, das Volumen der Geschosse auf ein Minimum reducirt werde. Davon wäre aber auch die unabwendbare Folge, dass die Wirkung derselben sich auf ein Minimum reduciren würde.

§. 28. Grosse Granatsplitter aus so bedeutender Nähe geschleudert, reissen meist das Glied oder einen Theil desselben glatt fort. Die dabei erzeugten Wunden zeigen oft nur geringe oder gar keine Spuren der Quetschung und Zerreissung in den Geweben. Die kleinen Eisensplitter der Granaten bewirken unter diesen Umständen Lochschüsse, wie wir sie sub 2 kennen lernen werden.

§. 29. Bei Schüssen aus nächster Nähe durch reine Pulverladungen in die Mundhöhle, wie sie bei Selbstmördern vorkommen, finden sich Verbrennungen und Verfärbungen, Zerreissung des weichen und harten Gaumens, strahlenförmig von den Lippen und Mundwinkeln nach oben, unten und seitlich verlaufende, lange, meist glattrandige Gesichtswunden, bei denen die Schleimhaut der Lippen und Wangen nicht verletzt wird, da dieselben durch Platzen der Wandungen der Mundhöhle in Folge der plötzlichen Dehnung durch die Gasexplosion bedingt werden und die dehnbarere Schleimhaut dabei die geringste Dehnung erfährt. Aehnlich wirken auch Wasserschüsse. Bei Pulverschüssen aus nächster Nähe direct gegen die unbedeckte Haut werden Verbrennungen verschiedenen Grades und Einpflanzungen unverbrannter Pulverkörner in die unverletzte Haut erzeugt.

Wird ein Pulverschuss mit einem Projectil zusammen aus nächster Nähe abgegeben, so wird nach den Beobachtungen Dupuytrens eine abnorm weite Eingangsöffnung mit eingebrannten Pulverkörnern in der Umgebung und ein trichterförmiger Wundcanal erzeugt, der sich nach der Tiefe zu verengt und von Pulverkörnern und Kohle geschwärzt, verbrannt und bedeckt ist.

§. 30. Bei Schüssen aus nächster Nähe mit Schrot tritt die Ladung geschlossen ein und im leichten Streuungskegel aus. Die Eingangsöffnung ist klein, die Ausgangsöffnung gross und zerrissen. Umfang und Gestalt der Eingangsöffnung richtet sich nach der Zahl und Grösse der Schrotkörner. Es verhält sich somit ein Schrotschuss à bout portant, wie ein Schuss aus derselben Entfernung mit dem Chassepot-Projectil und diese Thatsache wiederum stützt am besten die von Richter aufgestellte Erklärung über das Zustandekommen der explodirenden Wirkungen der modernen Projectile.

§. 31. 2) Schüsse mit intensiv lebendiger Kraft des Projectils oder Locheisenschüsse (Wahl). Es bewirken dieselben Geschosse aus grösserer Nähe, welche unter einem rechten oder dem rechten sich nähernden Winkel mit grösster Endgeschwindigkeit und hoher lebendiger Kraft die Gewebe und Theile des Körpers treffen. Bei diesen Schüssen kommt vorwaltend die fortschreitende Bewegung der Geschosse zur Geltung. Ihre Wirkung besteht, wie wir besonders aus den Versuchen von Hunter, Langenbeck und Simon wissen, aus dem Herausschlagen aller entgegenstehenden Gewebe in der Grösse des Projectils mit geringer Quetschung und seitlicher Verdichtung der benachbarten Gewebe und mit Durchdringung des Körpertheiles in der kürzesten Zeit in der Richtung der Flugbahn des Geschosses und unter Erzeugung eines engen, glattwandigen Schusscanales. Die Geschwindigkeit des Projectils ist eine so intensive, dass namentlich bei minimaler Resistenz der Gewebe die dem Körper eigenen Trägheitsmomente, in denen er im Augenblicke des Getroffenwerdens gerade beharrt, nicht gestört werden. Die Bewegungen und Schwingungen des Geschosses werden wegen der Kürze des Zeitraumes, welche es zum Durchdringen braucht, dem Körper nur wenig mitgetheilt, die Quetschung und Erschütterung bleiben daher auf die Grenzen und Wandungen des Schusscanals beschränkt. So entstehen Schussverletzungen der Weichtheile, der Epiphysen der Knochen und der platten Knochen, die wie mit dem Locheisen gemacht erscheinen. Das Geschoss wird dabei wenig in der Gestalt verändert. Je grösser aber der Widerstand der Gewebe unter diesen Umständen wird, je mehr die Endgeschwindigkeit des Projectils sich mindert, desto bedeutender werden auch der vom Projectil erzeugte Erschütterungskreis und die Continuitätstrennungen. Daher entstehen auch durch derartige Schüsse colossale Zertrümmerungen der spröden Diaphysen der langen Röhrenknochen — wobei auch, wie wir bald sehen werden, die hydraulische Pressung im Markgewebe eine grosse Rolle spielt — und grosse Difformitäten der Geschosse, auch Spaltungen und Theilungen derselben. v. Langenbeck gibt an, dass derartige Verletzungen erzeugt werden, wenn die Tirailleur-Linien 200 bis 400 Schritt von einander entfernt waren. Die Distanz also, in der diese reinen Schusswunden hervorgebracht werden, liegt weiter nach der Mitte

der Flugbahn des Projectils zu. Simon hat, verleitet durch seine schönen
Versuche über Schussverletzungen, das Vorkommen derartiger Schusswunden für die Regel gehalten und er stellte daher die Ansicht auf,
es seien die Schusswunden in der grössten Mehrzahl ihrem Wesen nach
röhrenförmige Schnittwunden. Wir kommen bald auf diese Versuche
und ihren Werth eingehender zurück.

§. 32. Grosse Granatsplitter aus dieser Entfernung und mit
grosser lebendiger Kraft den Körper treffend reissen das Glied oder
einen Theil desselben ab. Die dabei erzeugten Wunden zeigen geringe
oder keine Spuren von Quetschung oder Zerreissung, nicht selten glatt-
wandige Gewebetrennungen. Kleine Granatsplitter durchschlagen die
Gewebe, unter ähnlichen Erscheinungen, wie die Gewehrprojectile,
machen aber mehr Quetschungen als dieselben.

§. 33. Für die Schrotladungen müssen wir kleinere Entfernungen annehmen, als die oben bezeichneten, wenn sie noch zu einem
wirksamen Schusse führen sollen, denn es macht die Ladung unter den
oben erörterten Bedingungen einen Zerstreuungskegel schon vor dem
Aufschlagen, welcher sich beim Auftreffen und in den Geweben noch
vermehrt. Man findet daher schon die Zeichen einer Theilung der
Ladung an der Eingangsöffnung. Der Kern der Ladung tritt noch
verbunden ein, der Mantel in weiteren Entfernungen vom Kernschuss.
Die zu letzterem gehörenden Schrotkörner bleiben meist in blinden Canälen
stecken oder prallen ab, da sie tangential und mit geringerer Perkussionskraft auftreffen. Der Kern der Schrotladung dringt aber bei grösserer
Perkussionskraft noch durch die Gewebe und macht eine kleinere Ein-
gangs- und eine grössere Ausgangsöffnung, oder eine, auch mehrere
neben einander liegende Eingangs- und mehrere, in weiterer Entfernung
von einander liegende Ausgangsöffnungen oder einen blinden Schusscanal von kegelförmiger Gestalt (die Basis des Kegels nach innen).

§. 34. 3) Schüsse mit lebendiger Kraft des Projectils
(Wahl). Sie werden erzeugt durch Projectile mit mittlerer Geschwindigkeit, sei es dass dieselben unter einem stumpfen Winkel oder mit
breiter Fläche bei intensiver lebendiger Kraft treffen, sei es, dass sie
bei rechtwinkligem Aufschlagen von ihrer Perkussionskraft und Geschwindigkeit schon viel eingebüsst haben. Es sind also meist Schüsse
am Ende der Flugbahn der Geschosse, also aus weiteren Entfernungen.
Bei denselben kommt neben der fortschreitenden auch die rotirende
Bewegung der Geschosse zum Ausdruck. Sie erzeugen daher grössere
Substanzverluste und weiter gehende Erschütterungen und Quetschungen
der Gewebe in Form von weiten, unregelmässig gestalteten, mit zerrissenen und gequetschten Gewebsfetzen bedeckten Schusscanälen, mit
Deviationen oder mit Steckenbleiben der deformirten Projectile. Es
entstehen aber auch durch derartige Projectile noch furchtbare Zerstörungen an den Knochen verbunden mit Zertheilungen und grossartigen Deformationen der Weichblei-Projectile. Dies sind die häufigsten
Schussverletzungen, welche den Kriegschirurgen unter die Hände kommen,
da doch meist aus weiteren Entfernungen der Infanteriekampf geführt wird.

§. 35. Auch Granatsplitter wirken noch am Ende ihrer Flugbahn, wenn sie unter den oben angegebenen günstigen Bedingungen

auftreffen; die kleinen feinen Splitter machen ähnliche Verletzungen wie Gewehrprojectile, grössere Fragmente Abreissungen, blinde Schusscanäle oder Contusionen. Shrapnell-Kugeln bewirken blinde Schusscanäle, da sie wegen ihrer Gestalt und geringeren Endgeschwindigkeit eine bedeutende Perkussionskraft nicht besitzen.

§. 36. 4) Bei den Schüssen mit erlöschender Kraft des Projectils (Wahl) kommt bloss die rotirende Bewegung des Geschosses zum Ausdruck. Sie erzeugen daher Erschütterungen und Quetschungen der Gewebe bei fehlender Continuitätstrennung. Die Schwingungen aller Atome einer um ihre Axe rotirenden matten Kugel, sagt Pirogoff, werden auch den Molecülen der organischen Gebilde, mit welchen sie in Berührung kommt, mitgetheilt, und das ist schon hinreichend, um sie aus ihrer Lage zu bringen und nach den verschiedensten Richtungen hin zu verschieben.

§. 37. Darnach unterscheidet man folgende

Arten der Schussverletzungen.

a. Schussverletzungen ohne Wunden. Prellschüsse. Schusscontusionen. Dies sind Schussverletzungen ohne Substanzverlust und ohne Continuitätstrennungen der Körperoberfläche durch Aufschlagen eines matt auftreffenden Projectils oder indirecten Geschosses bedingt. Das Geschoss ricochetirt dann unter demselben Winkel, unter welchem es aufschlug.

Derartige Schusscontusionen entstehen, wenn ein Gewehr-Projectil mit runder, stumpfer Spitze in langsamem Fluge d. h. in der Zone der erlöschenden Geschwindigkeit ankommt, möglichst tangential oder in stumpfem Winkel den Theil trifft, oder wenn dasselbe gegen eine schützende Bedeckung des Theiles mit grosser, doch nicht den Widerstand überwältigender Gewalt aufschlägt, oder wenn alle diese Bedingungen oder auch mehrere zusammen erfüllt sind. In der Mehrzahl der Fälle wirken die contundirenden Projectile, wie andere stumpfe Gewalten, die Wirkung derselben ist nur ätiologisch verschieden; sie können nicht mehr trennen, sie erschüttern und quetschen bloss. Die Prellschüsse sind meist um so gefährlicher, je grösser das Geschoss ist. Die mit zahlreichen elastischen Fasern versehene und daher sehr widerstandsfähige Haut überwindet den Angriff der aus Handfeuerwaffen stammenden Projectile mehr oder weniger vollständig. Dieselbe bleibt dabei entweder ganz intakt, oder sie erfährt nur geringe Veränderungen und die darunterliegenden Gewebe werden auch relativ wenig erschüttert und gequetscht. Ganz anders liegen die Verhältnisse aber bei den sogenannten subcutanen Schussverletzungen durch grobes Geschoss, besonders Vollkugeln oder durch schwere indirecte Geschosse. Hier finden sich nicht selten unter der intakten oder wenig veränderten Haut das Muskel- und Knochengewebe weit über den Ort der Einwirkung des Projectils hinaus furchtbar zerquetscht und zertrümmert, so dass das ganze Glied einen mit Brei von zermalmten Muskeln und Knochen erfüllten Hautsack darstellt. Man kannte derartige Verletzungen schon lange und der alte vielerfahrene Bilguer warnte daher seine Chirurgen, dass sie sich nicht möchten durch eine wohlerhaltene Haut über die Bedeutung der Contusionen täuschen lassen. Während der Belagerungen des Krimfeldzuges haben einige Fälle der Art lebhaft die Aufmerksamkeit der Kriegschirurgen auf sich gezogen. Quesnay erzählt von einem Offizier, welchem in dieser Weise bei intakter Haut die Voderarmknochen schwer gebrochen waren. In der Schlacht an der Alma meldete sich ein englischer Soldat, welcher keine äussere Verletzung darbot, obwohl das Innere des Vorderarmes in einen brandigen Brei verwandelt war. Einem andern waren bei intakter Galea die Schädelknochen vollständig zermalmt. Hieher gehören auch die Verletzungen Canroberts und Magnans. Aus den neueren Kriegen sind wenig Verwundungen der Art bekannt geworden. Neudörfer hebt zwar die Schwierigkeit der Beurtheilung und die leichte Unterschätzung der Prellschüsse hervor, berichtet aber selbst aus dem schleswig-holsteinschen Kriege wenig davon. In dem französischen und böhmischen Kriege scheinen derartige subcutane Zermalmungen der Glieder überaus selten gewesen zu sein, wenn sie überhaupt vorgekommen sind. Beck und Wahl berichten keinen Fall der Art. Die Mehrzahl derartig Verletzter wird wohl, wie Grellois richtig vermuthet, das Schlachtfeld als Leichen decken. Larrey stellte die Ansicht auf, dass solche subcutane Zermalmungen dann zu Stande kommen, wenn die Kugel beim Auftreffen auf den Körper bereits ihren fast geradlinigen Lauf in einen gekrümmten geändert habe und daher um das Glied oder den Körpertheil herumlaufe, wie ein Rad beim Ueberfahren. Diese Annahme ist ganz unerwiesen und unwahrscheinlich. Die Mehrzahl derartiger Verletzungen entsteht vielmehr zweifellos dadurch, dass die getroffenen Körpertheile gegen einen unnachgiebigen Gegenstand fixirt sind, während die matte Kugel auftrifft; es wirken also Kugel und Fixation einander in die Hände, wie die Puffer zweier Eisenbahnwagen. Auch einfachere Verletzungen der Extremitäten hat man nach derartigen Prellschüssen entstehen sehen, so Legouest eine Luxatio tibiae, Paillard und Wahl eine Luxatio humeri, besonders oft aber Lähmungen der Extremitäten oder einzelner Muskelgruppen. Bei der Contusion der Körperhöhlen werden überaus schwere Verletzungen bedingt. Wahl hat eine nicht geringe Zahl derartiger Verwundungen zusammengestellt. So sah man Zerreissungen der Iris, Luxationen der Linse, Netzhautablösungen, furchtbare Zertrümmerungen der Schädelknochen und Gehirnzerreissungen (Beck), Zermalmung der Lungen, der Baucheingeweide (Blane, Longmore) etc. Der alte, feinbeobachtende Hennen kannte schon diese tödtlichen Commotionen und Contusionen innerer Organe bei intakten knöchernen und häutigen Umhüllungen der Höhlen, in denen dieselben liegen.

Aehnliche Verletzungen wie durch Prellschüsse von grobem Geschoss, werden im Belagerungskriege nach Rawitz durch Explosionen, aufgeworfene Steine, Erdklösse, herumgeschleuderte Holzsplitter, und die mit dem Sammelnamen der Unglücksfälle zusammengefassten Ereignisse hervorgebracht. Die Gesammtzahl der aus diesen Ursachen vorgekommenen Verwundungen und Verletzungen betrug nach Rawitz bei den Belagerungen im französischen Kriege 9,1% aller Verletzungen und waren unter ihnen die durch Steine, Erde, Holzsplitter bewirkten mit 5,1% am stärksten vertreten. Bei den Explosionen wurden Glieder und Menschen zerrissen, durch Steine, Erdklösse, Holzsplitter Contusionen meist leichter Art hervorgebracht.

§. 38. b. Schussverletzungen mit Substanzverlust in der Ebene der Körperoberfläche (Tangential-Schüsse, Sillons, Streifschüsse). Man umfasst damit alle durch matte Projectile bewirkten oberflächlichen Substanzverluste an den Geweben des Körpers. Zur Hervorbringung derselben muss das Geschoss kräftiger, als bei den Prellschüssen, also noch in lebhafterem Fluge begriffen und die getroffenen Gewebe gespannt sein, das Geschoss muss eine scharfe Spitze oder Kante haben, mit der es auftrifft und nur mit einem Theile oder einer Fläche den Körper möglichst tangential angreifen. Es entstehen dabei theils Trennungen der Continuität mit Substanzverlust, theils blosse Trennungen. Die Tiefe und Grösse des Substanzverlustes hängt ab von der Breite des auftreffenden Geschosses und seiner Endgeschwindigkeit, sie schwankt zwischen flachen, undeutlich begrenzten Excoriationen und kleinen Rissen bis zu bedeutenden, unregelmässigen, zerrissenen Defecten der verschiedensten Form, Länge und Breite. Bei den Streifschüssen durch Granatsplitter entstehen nicht selten Lappenwunden mit sehr zerrissenen, gequetschten Rändern besonders an den Weichtheilen des Kopfes, welche sich oft auffallend den durch Hieb und Stoss erzeugten nähern. Demme sah durch einen Granatsplitter die Kopfhaut schräg in der Mittellinie so getrennt werden, dass sie bis zum Ohre zurückgeschlagen werden konnte; Busch, Luecke und Andere beschreiben grosse, durch Bombensplitter erzeugte Gesichtslappenwunden.

§. 39. Läuft die Flugbahn des Geschosses nach dem Aufschlagen des Projectils der Handfeuerwaffen eine längere Strecke parallel mit der getroffenen Körperoberfläche, so entsteht ein sogenannter Rinnenschuss. Derselbe ist, wenn die fortschreitende Bewegung des Geschosses vorwaltend zur Geltung kam, flach und regelmässig, wenn die rotirende vorwaltete, tiefer und unregelmässiger. Je grösser das Projectil, je unregelmässiger seine Form, je scharfkantiger und spitziger dasselbe, desto tiefer und zerrissener die Streifschussrinnen. Daher unterscheiden sich die von Granatsplittern erzeugten meist sehr wesentlich nach Umfang und Tiefe von denen durch Projectile der Handfeuerwaffen hervorgebrachten. Im italienischen Kriege erzeugte besonders das Minié-Projectil Streifschussrinnen von sehr unregelmässigen Formen. Auch bei den Langgeschossen wurden derartige Streifschussrinnen öfter beobachtet, weil dieselben, wie Wahl sah, mit dem cylindrischen Theile die Haut förmlich durchfurchen. Desshalb entspricht auch nach diesem Autor die concave Ausbuchtung dieses halboffenen Schusscanals bezüglich der Form sehr oft dem Convexbogen des cylindrischen Theiles des Langgeschosses. Diese Rinnenschüsse gehen oft in eigentliche Schusscanäle über, indem die Schussrinne flach anfängt, sich mehr und mehr vertieft und schliesslich zum Schusscanal wird. Im ganzen kamen derartige Streifschüsse in den modernen Kriegen weit seltener vor, als in den früheren, wie es die Vollendung der Schusswaffen, ihre grosse Tragweite und Treffsicherheit schon a priori wahrscheinlich macht. Pirogoff hat während des Krimfeldzuges nur äusserst wenige gesehen, dagegen taxirt sie Demme im italienischen Kriege noch auf 19—30%. Luecke hebt aus dem schleswig-holsteinschen, Beck aus dem Kriege 1866 die Seltenheit der Streifschüsse hervor, eine Thatsache, welche ich vollkommen

bestätigen kann. In Frankreich fiel mir aber doch während der Kämpfe
vor Metz die ungeheure Zahl der Streifschüsse auf, die unsere Verwundeten darboten, offenbar weil die Franzosen damals aus sehr weiten
Entfernungen schon das Infanteriefeuer eröffneten.

Flache Hautwunden werden besonders durch Ricochet-
Schüsse hervorgebracht. Sie entstehen aber auch, wenn matte Ge-
schosse den Körper in einem stumpfen Winkel treffen meist an solchen
Körperstellen, wo die Haut den Knochen zur Unterlage hat.

§. 40. Wir haben hier noch kurz der sogenannten Luftstreifschüsse (Vent de boulet, Windcontusionen, contusione per corrente
d'aria) zu gedenken, an deren Existenz und Wirkung die Kriegschirurgen früherer Zeiten wie an ein Axiom glaubten, welche heute
aber in das Bereich der Fabeln verwiesen sind. Man dachte sich
nämlich, dass durch ein vorüberfliegendes Geschoss eine solche Erschütterung und Compression der Luft erzeugt werden könnte, welche
stark genug sei, um bei einem, in der Nähe stehenden Menschen eine
locale Quetschung hervorzubringen. Ravaton, Tissot und Bilguer
meinten, dass die in der Nähe der Kugel sehr stark comprimirte Luft
durch heftigen Druck die Verletzung erzeuge; Plenck behauptete, dass
die Reibung der Kugel im Geschützrohre Electricität hervorbringe, welche
jene Verletzungen hervorzurufen im Stande sei, noch andere Kriegschirurgen glaubten, dass durch ein schnell fliegendes grobes Geschoss
ein momentanes Vacuum in der Luft erzeugt werde und dass durch
die das Vacuum mit einem gewaltigen Strom ausfüllende Luft die Erschütterung des in der Nähe befindlichen Soldaten bewirke. Le Vacher, Larrey, G. A. Richter, Grossmann und Pelikan (Beitr.,
Würzb. 1838) widerlegten aber auf das Schlagendste die ganze Theorie
der Luftstreifschüsse. Da man aber doch nicht annehmen kann, dass
die alten Kriegschirurgen, die doch so fein zu beobachten verstanden,
sich bei dieser Frage in blinden Täuschungen bewegt haben, so liegt
die Annahme nahe, dass sie durch Contusionen von schweren Geschossen, wie wir sie oben kennen gelernt haben, oder durch das Aufschlagen unbemerkt gebliebener indirecter, vom Projectil mitgerissener
Geschosse sich haben irre leiten lassen. Pirogoff ist merkwürdiger
Weise noch ein Gläubiger in der Luftstreifschussfrage: „es scheint,"
sagt er, „dass wir noch nicht Alles von der physikalischen Wirkung
der modernen massiven Geschosse so genau wissen." Ihm schliessen
sich die meisten alten Soldaten an. Wir wollen aber mit der Bestrei-
tung der Möglichkeit der Luftstreifschüsse nicht geläugnet haben, dass
durch ein vorbeifliegendes grobes Geschoss oder durch das Crepiren
einer Granate in nächster Nähe von Soldaten eine mächtige Erschütterung des Nervensystems derselben hervorgebracht werden könne,
wie sie z. B. Benjamin Rhett (Amer. Journ. 1873, p. 90) beobachtet
und beschrieben hat, wir führen diese Symptome nur nicht auf die
Erschütterungen durch die Luftwellen, sondern auf den Schreck, dessen
gewaltiger Einfluss auf das Nervensystem besonders aus den Kohts-
schen Beobachtungen in Strassburg während der Belagerung (Berl.
kl. Woch. 1874) hervorgeht, zurück. Soldaten, in deren Nähe Granaten
geplatzt waren, zeigten später — auch wenn sie nicht verletzt wurden, —
Zittern der Glieder, Stumpfsinn, Feigheit, kurz eine gänzliche Aende-

rung ihres Charakters und einen Nachlass der Intelligenz. Besonders
häufig litt das Gehör bei derartigen Eingriffen, seltener der Gesichts-
sinn. Longmore (l. c. p. 117 u. 118) und Mac Cormac berichten
Beispiele der Art. Auch gehören hierher jene Einwirkungen, welche
auf Rechnung der Ausdehnung der Pulvergase zu bringen sind, und
in nächster Nähe abgefeuerter Geschütze entstehen. Sie pflegen meist
von den Artilleristen durch Zurücktreten beim Abfeuern vermieden
zu werden. Nach alledem begreift Beck unter Luftstreifschüssen diejenigen Erschütterungen, welche sich bei Explosionen von Pulver-
vorräthen und Zündmassen, ohne äussere Verletzungen und Erscheinungen zu erzeugen, durch Gefässzerreissungen im Gehirn, durch
grössere Commotionen des verlängerten Markes etc. kund geben.

§. 41.   c. Schusswunden von röhrenförmiger Gestalt.
Was ist eine Schusswunde und zu welchen Wunden
hat man dieselben zu zählen? Diese Frage ist von jeher verschieden beantwortet worden. In den ersten Jahren nach der Einführung der Handfeuerwaffen hielt man die Schusswunden für ver-
giftete Brandwunden. In der Mitte des 17. Jahrhunderts bekämpften
Ambroise Paré in Frankreich, Maggi in Italien und Gale in England nach ihren Erfahrungen während der Kriege und an der Hand
verschiedener Versuche diese Annahme, welche freilich, wie die immer
wieder auftauchenden Widerlegungen z. B. von Walther, Velpeau etc.
beweisen, nie ganz ausgerottet werden konnte. Die Schusswunden
galten von da ab für gequetschte und gerissene Wunden mit Substanzverlust. Der Grad der Quetschung ist bei den verschiedenen
Schusswunden sehr verschieden und hängt vorwaltend von der lebendigen
Kraft des Geschosses ab, da die Grösse der Bewegung, welche ein
trennender Körper der Umgebung der Wunde mittheilt, im umgekehrten Verhältnisse zu seiner Schnelligkeit und zwar in demselben
umgekehrten Verhältniss, in welchem die Grösse der mitgetheilten Bewegung zur Schärfe eines trennenden Körpers steht. Die Quetschung
ist daher, wie wir gezeigt haben, relativ gering bei Projectilen, welche
mit grosser Kraft und unter einem rechten Winkel, wenig in ihrer
Form verändert, den Theil des Körpers treffen, sie ist aber um so
grösser, je matter die Kugel und je stumpfer ihr Auffallswinkel.
Simon, welcher diese Verhältnisse an der Hand sehr geistvoller Experimente besonders eifrig studirt hat, ist dabei zu dem Schlusse gelangt, dass die Mehrzahl der Schusswunden röhrenförmige Schnittwunden mit Substanzverlust seien. Er stützte sich dabei auf die
unbestrittene Thatsache, dass Schusswunden per primam intentionem
heilen können und dass sich relativ selten Ecchymosen in ihrer Umgebung finden. Seine Anschauungen fanden eine grosse Stütze in
den Beobachtungen während des Krimfeldzuges. Die Mehrzahl der
durch das cylindro-conische Geschoss erzeugten Schusswunden sahen
aus, als wären sie gemacht par la pointe d'un sabre (Baudens). Auch
die Erfahrung der modernen Kriege hat gezeigt, dass in seltenen
Fällen durch Kernschüsse auffallend reine Wunden erzeugt werden
können, desshalb darf man aber doch diese Ausnahme-Verletzungen
nicht mit Schnittwunden vergleichen. Das Geschoss trennt eben nicht,
wie das Messer ein Molecül nach dem andern mit den Spitzen vieler,

auf einander folgender Keile, sondern es verdrängt und zerreisst
mehrere Molecüle zu gleicher Zeit unter starker Reibung. Die Schusswunde muss also stets eine gequetschte sein, selbst wenn die Schärfe
des Keiles durch die Schnelligkeit der Einwirkung und durch eine
starke Propulsionskraft ersetzt wurde, weil auch unter diesen Umständen die Reibung und das Verdrängen der Molecüle stets sehr ge-
waltsam bleibt. Die Ecchymosen fehlen auch in der nächsten Umgebung der Schusswunden nicht so häufig, wie Simon behauptet und
die Heilung per primam intentionem, welche Simon als Regel hinstellt,
gehört zu den seltenen Ereignissen. Pirogoff verglich daher die
durch das Projectil bewirkten Wunden bald mit einer durch einen
stumpfen Troicart bewirkten Stichquetschwunde, bald mit einer durch
eine schneidende Trepankrone gemachten Schnittquetschwunde, bald
mit einer durch Kolbenschlag entstandenen Hiebquetschwunde und
Neudörfer reihte sie den Ecraseur-Wunden an. Seitdem wir aber
bestimmt wissen, dass die Projectile heiss in die Gewebe des Körpers
dringen, ist es auch nicht mehr zu bezweifeln, dass Schusswunden ver-
brannte Wunden sein können. Eine ganze Reihe von Kriegschirurgen
läugnen freilich diese Möglichkeit vollkommen. Longmore und
Wahl konnten sich bei ihren Versuchen niemals davon überzeugen,
dass die Projectile sengend und verbrennend wirken. Auch Arnold
sah niemals Zeichen einer Verbrennung an Schusswunden trotz der
genauesten Untersuchung, vielmehr boten die durch directe Geschosse
erzeugten Wunden im frischen Zustande stets dieselben anatomischen
Veränderungen dar, wie die durch indirecte hervorgebrachten. Wir
geben gern zu, dass es zum Schmelzen des Geschosses im Körper nur
sehr selten kommt, dass ferner die Zeichen der Verbrennung an den Schusswunden in der Regel fehlen oder doch von denen der Quetschung
nicht zu unterscheiden sind, dennoch ist die Möglichkeit einer brennenden
Wirkung des Projectils nach den Erfahrungen von Socin, Pirogoff,
Billroth, Klebs, Vogel und mir nicht mehr zu läugnen. Es wäre
gewiss unrecht, die Schusswunden für reine Brandwunden zu erklären,
doch auch nicht minder gewagt, die brennende Wirkung der Projectile
in den Geweben ganz zu läugnen.

§. 42. Die alte Ansicht, dass die Schusswunden vergiftet seien
und dass von ihnen aus der ganze Körper inficirt werden könne, taucht
auch jetzt oft wieder auf, ist aber absolut zu verwerfen. Die Franzosen
hielten 1848 fast durchweg ihre in den Strassenkämpfen erhaltenen
Wunden für vergiftet. In der zweiten Hälfte des französischen Krieges
schossen die französischen Milizen mit Tabatière- und Minié-Projectilen.
Dieselben bewirkten so schwere Verletzungen, welche gegenüber den
Chassepot-Wunden einen so aussergewöhnlich ungünstigen Verlauf
nahmen, dass die Verwundeten, wie Busch berichtet, der Meinung
waren, ihre Wunden seien vergiftet durch das Projectil. Diese Anschauung ist offenbar dadurch hervorgerufen und unterhalten, dass in
bestimmten Kriegen und nach bestimmten Schlachten phlegmonöse und
septische Processe bei den Verwundeten besonders häufig eingetreten
sind. Man schob also die Ungunst der Verhältnisse, unter denen sich
Wunden und Verwundete befanden, auf Rechnung der Projectilswirkung.
Brouvin wollte in einem Falle nach einer Schussverletzung am Arm

Bleikolik beobachtet haben und nimmt als Ursache derselben Resorption von Bleitheilen in der Wunde an. Auch von den Schrotkörnern, die bekanntlich Arsenik enthalten, fürchtet man oft giftige Wirkungen. Es ist aber nach chemischen und physikalischen Gesetzen nicht abzusehen, wie das metallische Blei und das Arsenik zur Wirkung kommen soll. — Auch philosophische Definitionen der Schusswunden sind aufgestellt (z. B. von E l y: die Schusswunde sei der materielle Ausdruck der gelaufenen Gefahr), dieselben haben aber gar keinen Werth.

§. 43. Als S c h u s s c a n a l bezeichnen wir den Weg, welchen ein Projectil durch die Gewebe und Theile des Körpers genommen hat. Man unterscheidet:

. α. Den blinden Schusscanal d. h. eine röhrenförmige Schusswunde n u r mit Eintritts-Oeffnung.

Die verschiedenen Gewebe leisten dem ein- und durchdringenden Projectil einen verschieden grossen Widerstand: nach ihrer Dichtigkeit, ihrer auf der anatomischen und histologischen Anordnung beruhenden Festigkeit und Härte und nach ihrer physiologischen Spannung, wie W a h l genauer auseinandergesetzt hat. Parenchymatöse Gewebe besitzen eine geringere Widerstandskraft als die durch grosse moleculäre Cohärenz sich auszeichnenden elastischen Gewebe. Von letzteren sind wieder die Muskeln weniger resistent, als Sehnen, Haut- und Bindegewebe, den grössten Widerstand leisten aber die Knochen. Das Geschoss erfährt von dem Gewebe, auf welches es einschlägt, einen passiven d. h. durch die absolute Festigkeit desselben bedingten und einen activen d. h. durch die rückwirkende Kraft des Gewebes erzeugten Widerstand. Die lebendige Kraft des Geschosses wird zum Theil dadurch verbraucht, dass es einem der Grösse seiner aufschlagenden Fläche entsprechenden Theil des Gewebes seine fortschreitende Bewegung aufzwingt, indem es dasselbe aus dem Zusammenhange mit den Nachbartheilen herausreisst und nöthigt der Richtung seiner Flugbahn zu folgen. Dabei werden durch das keilartige Vordringen und die bohrenden Rotationsbewegungen der Geschosse die benachbarten, haftenden Molecüle der Gewebe durch Ausweichen zusammengedrängt und verdichtet. Es kämpft somit die lebendige Kraft des Geschosses gegen den Widerstand der Gewebe, die Resultante liegt aber, da die Erstere grösser ist als der Letztere, in der Richtung der Ersteren. Der Widerstand des Gewebes wächst mit der Geschwindigkeit und lebendigen Kraft des Geschosses, d. h. er ist der Anfangsgeschwindigkeit gegenüber am intensivsten, nimmt ab mit dem Geringerwerden der lebendigen Kraft und ist beim Erlöschen derselben nur noch minimal.

§. 44. Wenn nun ein Projectil auf seiner Flugbahn so viel von seiner Geschwindigkeit eingebüsst hat, dass es beim Eintritt in den Körper nicht genug Perkussionskraft mitbringt, um ihn ganz zu durchdringen, so verliert es durch die Reibungen, die es erfährt, noch den mitgebrachten Rest der Geschwindigkeit und Perkussionskraft und macht einen blinden Schusscanal. Je breiter und grösser die einwirkende Fläche, um so grösser der Substanzverlust. Quer aufschlagende Projectile erzeugen grössere Wunden als rechtwinklig auftreffende. Das Projectil kann entweder im Grunde des blinden Schusscanals liegen bleiben, oder es fällt durch die eigene Schwere bei kurzen Canälen oder durch die Bewegungen des verletzten Theiles wieder heraus. Besonders häufig wird das Projectil hinter oder in einem zersplitterten Knochen gefunden. Zuweilen stülpte das Projectil die Kleidungsstücke des Verletzten mit in den Canal ein und wird dann bei einer neu stattfindenden Bewegung des verletzten Gliedes mit den Kleidungsstücken zusammen herausgerissen. So kommt es, dass man oft das Projectil nicht findet. Zur Erklärung dieser eigenthümlichen Erscheinung, dass ein mattes Projectil die Kleidungsstücke nicht mehr durchdringen kann, während es von denselben umhüllt noch die Gewebe des menschlichen Körpers zerreisst, hat man mit Unrecht die Festigkeit und Elasticität mancher Kleidungsstoffe gegen die Einwirkungen der Geschosse gerühmt. Denn diese beiden Eigenschaften hat die menschliche Haut im hohen Grade und wird doch von den Geschossen mit Leichtigkeit durchtrennt. Die sackförmige Einstülpung der Kleidungsstücke findet vielmehr nach Neudörfers Erklärung nur an solchen Stellen statt, wo dieselben bereits stark gebeutelt und gefaltet zu sein pflegen. Nun wirkt das matte Projectil durch die gefalteten Kleidungsstücke auf die gespannte Haut, durchbohrt die letztere und die lockern Kleidungsstücke folgen dabei bis zu einem gewissen Grade bequem nach. Wenn nun aber auch diese im weiteren Laufe des Projectils gespannt werden, so hat das letztere bereits seine Perkussionskraft so weit verloren, dass es die Kleidungsstücke nicht mehr durchreissen kann.

§. 45. In der Zeit, wo mit runden Kugeln aus glatten Rohren geschossen wurde, kamen blinde Schusscanäle und ein Steckenbleiben der Projectile, auch bei Kämpfen in der Nähe viel häufiger vor, als in den neueren Kriegen. Dieser Unterschied von einst und jetzt fiel schon den Kriegschirurgen in der Krim auf. Je näher im allgemeinen die Kämpfenden sich standen, je grösser die Propulsionskraft und Tragweite der Gewehre, desto seltener wurden die blinden Schusscanäle. Bei den Verletzten während der Strassenkämpfe in Paris kamen fast gar keine blinden Schusscanäle vor. Demme will bei den Schussverletzungen in Italien, vom französischen Miniégeschoss erzeugt, 22% blinde Schusscanäle, bei denen vom österreichischen Geschoss hervorgebracht, 20% derselben gefunden haben, doch ist auf seine Angaben kein Gewicht mehr zu legen. Im französisch-deutschen Kriege, besonders bei den Kämpfen vor Metz, kamen aber doch blinde Schusscanäle in grosser Zahl unter unseren Verwundeten zur Beobachtung, weil offenbar die Franzosen auf zu weite Distanzen schon das Feuer eröffneten. Socin (l. c. p. 15) fand unter 727 Schusswunden 132 blinde Schusscanäle, also 18%. Sehr selten machen grobe Geschosse und ihre Fragmente blinde Schusswunden. Es sind indessen doch eine Zahl von Beobachtungen der Art gemacht worden. Guthrie berichtet von einer 8 Pfd. schweren Kugel, welche sich dergestalt im Oberschenkel verborgen hatte, dass sie erst bei der Amputation entdeckt wurde. Larey beschrieb einen ähnlichen Fall von einer 5pfündigen Kugel. Armand fand bei einem am Oberschenkel verletzten Soldaten eine Geschwulst in der Kniekehle, bei deren Eröffnung eine Kartätsche gefunden wurde. In der britischen Geschichte des Krimfeldzuges findet sich ein Fall, bei welchem durch eine Gesichtswunde eine Kartätsche von 1 Pfd. 2 ℥ Schwere zur Seite des Pharynx eindrang und hier 3 Wochen stecken blieb. Longmore excidirte eine lange Zeit versteckt gebliebene Kartätsche aus der Achselhöhle. Macleod erzählt, dass ein 3 Pfd. schwerer, in die Hüfte eingedrungener Bombensplitter mehrere Monate verborgen blieb. Im schleswig-holsteinschen Kriege 1864 wurde einem preussischen Major eine Kartätschenkugel zwischen den Schulterblättern herausgeschnitten. Biefel hat im Jahre 1866 die von den preussischen und sächsischen Granatmänteln herrührenden Bleifetzen ziemlich oft mit ihren scharfen Kanten zwischen die Weichtheile hineingeschoben und relativ häufig die flachen, bisweilen scharfen Bleistücke in einem blinden Schusscanale steckend gefunden. Auch kleinere eckige Fragmente des Eisenkernes der Granaten bleiben nicht selten in den Weichtheilen stecken.

§. 46. β. Die röhrenförmigen Schusscanäle mit Ein- und Ausgangsöffnung (offene, perforirende Schusscanäle, Sétons).

Ein mit grosser lebendiger Kraft und lebhafter Ausgangsgeschwindigkeit auf den Körper eindringendes Projectil überwindet den Widerstand der Gewebe vollständig und reisst eine, dem Durchmesser seiner einwirkenden Fläche zum Theil entsprechende Partie derselben aus dem Zusammenhange mit den anliegenden Partien heraus und erzeugt einen perforirenden Schusscanal. Dieselben bilden weitaus die Mehrzahl aller Schussverletzungen, etwa 45—50%. Die charakteristischen Eigenthümlichkeiten der Ein- und Ausgangswunden lernen wir später kennen. Mehrere Eingangsöffnungen gehören bei Blei-Projectilen zu den Seltenheiten. Sie werden dadurch hervorgebracht, dass das Projectil vorher ricochetirt und zerspringt, ehe es in die Gewebe eindringt. Serrier und Longmore berichten derartige Fälle. Bei Schrotschüssen gehören mehrere Eingangsöffnungen fast zur Regel. Mehrere Ausgangsöffnungen kommen dagegen viel häufiger vor bei den modernen Projectilen, weil die Theile der zersplitterten Projectile meist divergiren und daher in der Nähe der andern oder an ganz entlegenen Stellen durch verschiedene Wunden austreten. Trotz verschiedener Ausgangsöffnungen können aber doch noch Reste des Projectils in den Geweben stecken. Besonders ist dies bei Knochenverletzungen der Fall. Die Fälle indessen, wo mehr als zwei Austrittsöffnungen beobachtet werden, gehören immerhin zu den Seltenheiten, weil die Projectile, wenn sie in mehrere Fragmente zersprengt werden, so viel an Geschwindigkeit einbüssen, dass sie nicht im Stande sind, die Haut noch an mehreren Stellen zu durchbohren. Dupuytren behauptete, dass ein Geschoss einige Male um den Brustkasten eine Spirallinie beschreiben und unterwegs mehrere Wunden in der Haut erzeugen könne. Diese schon aus physikalischen Gründen unmöglich erscheinende Annahme ist auch von keinem Beobachter bestätigt worden. Dupuytren ist wahrscheinlich durch die Bildung kleiner Abscesse und spätere Perforationsöffnungen derselben im Verlauf der Schusscanäle getäuscht worden. — Durch das Vorhandensein einer Austrittsöffnung ist aber auch die Entfernung des Projectils aus dem Körper noch nicht bewiesen. Es braucht ja eben nur von einem Projectil ein Theil ausgetreten zu sein, oder es ist ein mitgerissenes indirectes Geschoss ausgetreten und das Projectil stecken geblieben, oder der Patient kann einen blinden Schuss von

vorne und einen zweiten in derselben Gegend von hinten bekommen
haben, wie ich beobachtet habe. Es kommt auch vor, dass Schüsse mit
mehreren Projectilen abgegeben werden. Dabei ist beobachtet worden,
dass mehrere Projectile dieselbe Eingangsöffnung genommen haben,
dann aber theils ausgetreten, theils stecken geblieben sind. Derartige
Beispiele berichten Hunter und Longmore (l. c. p. 115).

a. Form der Schusscanäle.

§. 47. Niemals bildet ein Schusscanal einen gleichmässig cylindrischen Canal, er zeigt vielmehr engere und weitere Stellen. Nachdem das
Projectil die Haut durchschlagen hat, macht es in dem subcutanen Fettgewebe ein ähnliches Loch, wie in der Haut. Durch die Fascie dagegen
drängt es sich mit einem engen Schlitz, selten mit einem runden Loche,
welches aber stets kleiner als die Eingangswunde ist. Den grössten Substanzverlust richtet das Projectil in den Muskeln an. Der Defect in denselben
ist am geringsten dicht unter der Fascie und wächst an Grösse und Umfang mit der Entfernung von derselben. Diese Verhältnisse wiederholen
sich nun bei jeder Fascie und bei jedem Muskel. Die inzwischen aus
den Geweben herausgeschlagenen Trümmer und Fetzen bleiben vor
jeder Fascie liegen, eine andere Menge der getrennten Gewebselemente
wird unter Mitwirkung des durch die Geschwindigkeit des Projectils
hervorgerufenen Gewebswiderstandes seitlich an die Wandungen des
Schusscanals verdrängt, so dass daselbst eine moleculare Verdichtung
stattfindet. Wir haben schon in §. 13 die wesentlichsten Momente,
welche auf die Gestalt und Form der Schusscanäle von Einfluss sind,
hervorgehoben. Je grösser das Projectil, je difformer und unebener es
ist, desto weiter und zerrissener pflegen die Schusscanäle zu sein.
Schon im Krimfeldzuge fiel den englischen und französischen Chirurgen
die gleichmässige Weite und gerade Richtung der vom cylindro-
conischen Projectil erzeugten Schusscanäle auf, man beobachtete aber
auch, dass die Wandungen derselben sehr bedeutende Zerreissungen
und Zerquetschungen erfuhren. Dagegen wollte man wieder in dem
nordamerikanischen Freiheitskriege keinen wesentlichen Unterschied in
der Richtung und Form der vom cylindro-conischen Hohlgeschosse und
von der Rundkugel erzeugten Schusscanäle gefunden haben; erstere
seien fast ausnahmslos, letztere in überwiegender Mehrzahl geradlinig gewesen. Das preussische Langblei machte 1864 relativ weite
Schusscanäle, welche in grossem Missverhältnisse standen zu den
engen Ein- und Ausgangsöffnungen; ebenso erzeugte das dänische
Minié-Geschoss sehr weite, zerrissene Schusscanäle. Das Chassepot-
Projectil machte enge Schusscanäle bei Schüssen aus weiterer Distanz,
welche Pirogoff mit den durch die kupfernen Tscherkessen-Kugeln
erzeugten vergleicht.

b. Richtung der Schusscanäle.

§. 48. Wir haben §. 46 gezeigt, dass Projectile, die mit voller
Kraft und rechtwinklig auftreffen, im allgemeinen geradlinige Schusscanäle — die Fortsetzung der Flugbahn des Geschosses — erzeugen.
Dies ist indessen doch ein relativ seltenes Ereigniss, da die Widerstände nicht vollständig symmetrisch um die Bewegungsaxe liegen. Es

hat fast jeder Schusscanal eine etwas andere Richtung als die Flugbahn des Geschosses und zwar ist die Ablenkung dem Widerstande gerade und der Geschwindigkeit verkehrt proportional. Bei matteren Geschossen werden daher nicht alle Gewebe, welche sich dem Projectil in seinem Laufe entgegenstellen, von demselben rückhaltlos durchrissen. Wenn die herabgesetzte Propulsionskraft des Geschosses im Missverhältniss steht zur Widerstandsfähigkeit der getroffenen Gewebe, so wird dieselbe ganz gebrochen (balle morte), wenn die Kugel unter einem rechten Winkel auftraf; wenn der Eintrittswinkel sich aber von einem rechten entfernte, so wird sie unter diesen Verhältnissen unter dem entsprechenden Winkel in die Bahnen des geringsten Widerstandes abgelenkt. Am meisten wird das Projectil durch knöcherne und schwer zerreissliche tendinöse, ligamentöse oder aponeurotische Theile abgelenkt von der ursprünglichen Richtung, doch kann auch schon ein hoher Contractionszustand eines Muskels, besonders eines freien Muskelrandes eine Directionsveränderung des Projectils nach der Richtung des geringeren Widerstandes verursachen. Die resistenten Gewebe werden bei Seite gedrängt, der Schusscanal bildet nicht eine gerade Linie, nimmt vielmehr einen mehr oder weniger gewundenen, oft winklig geknickten Verlauf. Derselbe ist dann oft schwer mit dem untersuchenden Finger zu entdecken, weil die verdrängten Gewebe ihn verhüllen und verschliessen. Es liegt auf der Hand, dass die Häufigkeit der Ablenkungen der Geschosse in demselben Grade abnimmt, als die Perkussionskraft der Schusswaffen zunimmt. Dennoch kennen wir auch aus dem französischen Kriege von 1870, in welchem doch die besten Waffen in den blutigen Kampf geführt wurden, eine ganze Zahl anatomisch nachgewiesener Ablenkungen der Geschosse (Arnold l. c. p. 169). Diese immerhin auffallende Thatsache erklärt sich wohl daraus, dass die Feuergefechte mit den vorzüglichen Waffen der Neuzeit schon aus sehr grossen Entfernungen eröffnet werden.

§. 49. Man muss sich aber vor Täuschungen bei der Annahme von Ablenkungen hüten. Dieselbe ist oft nur eine scheinbare und verschwindet wieder, wenn der Verwundete die Stellung wieder einnimmt, welche er im Momente der Verletzung hatte. Mit der Wiederherstellung derselben kann man nicht selten einen geradlinigen Schusscanal hervorbringen, wo man bedeutende Ablenkungen des Geschosses anzunehmen sich berechtigt glaubte. Arnold hat mehrere solche, durch veränderte Körperstellung und nachträgliche Verschiebung der Weichtheile erzeugte, scheinbare Ablenkungen oder Unterbrechungen der Flugbahn der Geschosse anatomisch sehr hübsch dargestellt. (Siehe l. c. die Beobachtungen 31 und 53.) Aus diesen veränderten Körperstellungen und den damit verbundenen Verschiebungen der Weichtheile erklären sich auch die anscheinenden Unterbrechungen der Schusscanäle. Es sieht öfter aus, als habe man statt eines durchgehenden zwei blinde Schusscanäle vor sich. Erst nach Herstellung bestimmter Stellungen der Gliedmassen kommt der Schusscanal wieder ganz zum Vorschein. Es kann aber auch durch schnell vorgeschrittene Heilung im Innern des Schusscanals eine Theilung der Schusscanäle bedingt werden. Auch hiervon findet sich bei Arnold ein lehrreiches Beispiel (Beob. Nr. 29). Endlich wissen wir, dass locker fixirte, wenig umfangreiche Gebilde, besonders die Arterien und die Därme, den Projectilen leicht ausweichen können, ohne den geradlinigen Verlauf des Projectils zu ändern. Wenn dieselben nachher wieder in ihre Lage zurückschnellen, so erscheint der Schusscanal unterbrochen, ist es aber nicht. Natürlich kommt ein solches Ausweichen heute relativ selten vor, wo es sich um perkussionskräftige Projectile handelt.

Da die Lage des Patienten im Augenblicke des Schusses und die Richtung, aus welcher der Schuss kam, meist schwer zu bestimmen sind, so bleibt man sehr oft über die Richtung und den Verlauf der Schusscanäle vorläufig im Unklaren, bis man oft zufällig dieselben klarstellen kann. Bei den Strassenkämpfen und bei den Kämpfen in den böhmischen Engpässen sah man viele von unten nach oben und von oben nach unten verlaufende Schusscanäle. Ein fliehender Soldat zeigte einen Schusscanal von der planta pedis schräg nach dem Rücken der Zehenspitzen verlaufend. Die meist im Liegen kämpfenden preussischen Truppen boten lange von oben nach unten verlaufende Schusscanäle auf dem Rücken und an den Gliedern dar.

c. Die Länge und Zahl der Schusscanäle bei einem Verwundeten.

§. 50. Die Länge der Schusscanäle ist zwar auch heute noch sehr verschieden, das steht aber fest, dass durch die vervollkommnete Waffe in den modernen Kriegen viel längere Schusscanäle erzielt wurden, als früher. Die überaus lebendige Kraft der Projectile zwingt dieselben die eingeschlagene Richtung bis zum Endpunkte beizubehalten. Das Projectil macht daher nicht selten mehrere Schusscanäle hinter einander, indem es an einer Stelle aus und an der gegenüberliegenden wieder eintritt. Da die Truppen oft liegend kämpften, so fanden sich nicht selten Schusscanäle durch die ganze Länge des Rückens, in der Nieren-Gegend trat dann das Projectil aus, um in die Clunes wieder einzutreten und einen zweiten Schusscanal zu machen. Nicht selten erzeugte ein Projectil drei Schusscanäle, wenn es tangential durch die vordere Fläche der Oberschenkel und das Scrotum ging, ebenso fanden sich, wenn Soldaten im Momente des Anschlagens getroffen wurden, ein Schusscanal an der Hand, ein zweiter am Ellbogen, ein dritter an der Seitenbauchwand. Die Projectile drangen auch durch ganze Reihen von Soldaten, jeden einzelnen mehr oder weniger schwer verletzend und Gewebstheile aus der einen Wunde in die andere oder Uniformenstücke etc. von einem Verwundeten in den andern überführend. Sehr lange Schusscanäle finden sich bei Brustschüssen (Arnold l. c. p. 170), sei es nun, dass der Thorax von vorn nach hinten oder in mehr diagonaler Richtung oder von oben nach unten durchsetzt war, noch längere bei gleichzeitiger Durchbohrung beider Brusthälften oder bei gleichzeitiger Eröffnung der Brust- und Bauchhöhle. Auch vom groben Geschoss kennt man sehr lange Schusscanäle. So berichtet Rupprecht aus dem französischen Kriege, dass ein sechs Pfund schweres Sprengstück am oberen Rande des linken Schulterblattes eindrang und Knochen und Weichtheile zermalmend erst in der rechten Lendengegend zur Ruhe kam.

d. Die Dignität der Schusscanäle.

§. 51. Dieselbe hängt ab von den Zerstörungen, welche das Projectil in seinem Verlaufe anrichtete. Man unterscheidet danach folgende Arten der Schusscanäle:

α. Haarseilschüsse d. h. solche Schusscanäle, welche nur unter der Haut verlaufen, wie ein Haarseil. Sie werden durch kräftige Projectile, welche tangential die Gewebe des Körpers treffen, hervorgerufen und sind von den Streifschüssen nur durch den subcutanen Verlauf unterschieden, beginnen nicht selten mit Streifschüssen oder endigen in solchen. Unter allen Schussverletzungen der modernen Kriege haben die Haarseilschüsse die charakteristischen Eigenschaften der Ein- und Ausgangs-Wunden meist am deutlichsten aufgeprägt, weil die Projectile dabei die wenigsten Gestaltsveränderungen erfahren, keine Gewebstrümmer mit sich reissen und mit lebendiger Kraft durchschlagen. Da bei ihrer Hervorbringung nur der Auffallswinkel des Geschosses entscheidend wirkt, so kann man schon a priori annehmen, dass die Zahl derselben sich in den modernen Kriegen nicht vermindert hat. Da das Feuer aber in denselben meist schon in so weiter Entfernung auf den Feind eröffnet wird, dass ein regelrechtes Zielen unmöglich ist, so kann man weiter schliessen, dass die Zahl derselben sogar in den modernen Kriegen zugenommen haben muss. Dieser Satz hat sich uns denn auch sowohl im böhmischen Kriege, als besonders in den Kämpfen vor Metz nach einer freilich nur approximativen Schätzung immer wieder bewahrheitet.

§. 52. β. Contour- oder Ringelschüsse.
Darunter versteht man Schusscanäle, welche die Körperhöhlen in einer bogenförmigen oder spiralförmigen Linie umgehen, ohne dieselben zu eröffnen. Sie entstehen dadurch, dass ein Projectil durch widerstandsfähige Gewebe wiederholte Ablenkungen erfährt, in den lockeren Schichten des Bindegewebes verläuft, während es den Sehnen, Fascien und Knochen ausweicht. „Die Grösse der Ablenkung der Schusscanalrichtung," sagt Neudörfer, „ist dem Widerstande gerade und der Geschwindigkeit verkehrt proportional. Nehmen wir daher an, dass in der Zeiteinheit der Widerstand nur sehr wenig, aber stetig zu- und die Geschwindigkeit des Projectils nur sehr wenig, aber stetig abnimmt, so wird auch die Ablenkung des Schusscanals in derselben Zeiteinheit nur gering, aber stetig sein. Eine kleine, aber stetige Ablenkung von einer geradlinigen Bahn gibt aber eine gekrümmte oder kreisförmige Linie. Beim Eintritt des Projectils in das grobmaschige, lockere Bindegewebe finden die oben geschilderten Bedingungen einer stetigen Ablenkung statt, wesshalb das Projectil die Höhle umkreisen kann." Man unterschied äussere Contourirungen, bei welchen das Projectil eine Körperhöhle von aussen, und innere Contourirungen, bei welchen es dieselbe von innen umkreist. Die älteren Kriegschirurgen besonders Ballingall und Hennen berichten von beiden Arten der Ringelschüsse eine grosse Zahl der merkwürdigsten, durch die runde Kugel hervorgebrachten Fälle, in denen das Projectil in der Brusthöhle und in der Bauchhöhle bis zur Pleura oder dem Peritoneum vordrang und diese serösen Membranen, ohne

sie und die von ihnen bedeckten Organe zu verletzen, umkreisten.
Die berühmteste Beobachtung der Art ist die von Hennen, in
welcher eine Kugel in der Gegend des Kehlkopfes eintrat und subcutan den ganzen Hals umkreiste, bis sie an der Eintrittsöffnung den
Hals wieder verliess. In den modernen Kriegen sind Contourschüsse
sehr selten geworden, wenn sie überhaupt noch vorkommen. In der
Mehrzahl der Fälle, in denen man Contourirungen angenommen hatte,
bestanden wohl Organ-Verletzungen, welche keine Symptome machten.
Ich verweise z. B. auf die von Socin und mir beobachteten Fälle,
in welchen nicht diagnosticirte Magenschusswunden sich bei der Section
geheilt vorfanden. So mögen viele Organverletzungen unbemerkt verheilt oder erst später oder gar nicht aufgefunden sein. Es können
auch Projectile, wie wir später sehen werden, durch die Körperhöhlen
dringen, ohne die darin liegenden Organe zu verletzen. So bleiben,
wenn keine Störungen in der Heilung eintreten, die Perforationen ganz
unbemerkt und es können Contourirungen vorgetäuscht werden. Stellt
man nun derartige Irrthümer bei der geringen Zahl von Contourirungen,
welche aus den letzten Kriegen berichtet wurden, mit in Rechnung, so
restirt eine verschwindende Zahl derselben. Arnold konnte in keinem
Falle anatomische Beweise für eine stattgehabte Contourirung beibringen.
Er führt ein lehrreiches Beispiel von einer scheinbaren Contourirung
(Beobachtung Nr. 24 l. c.) an, in dem sich doch das Gelenk eröffnet,
der Knochen zerstört fand. Die einzigen anatomischen Nachweise von
Contourirungen im französischen Kriege wurden von Klebs und Beck
geliefert.

§. 53. γ. Die complicirten Schusscanäle.

Unter complicirten Schusscanälen versteht man diejenigen, in
welchen wichtigere Organe verletzt sind. Wir haben dieselben im
Nachstehenden ausführlich abzuhandeln und werden des Einflusses,
welchen das moderne Geschoss auf die Zahl und Art derselben gehabt hat, genauer zu gedenken haben. Hier wollen wir uns daher
auf die kurze Bemerkung beschränken, dass die complicirten Verletzungen in den modernen Kriegen weit häufiger und weit schwerer
geworden sind. Dies gilt besonders von den Knochen- und Gelenk-
Verletzungen.

§. 54. δ. Abschüsse d. h. Abreissen ganzer Glieder
durch Schussverletzungen.

Die Abreissungen ganzer Gliedmassen werden meist durch grobes
Geschoss, Bomben- und Granatensplitter oder durch indirecte Geschosse hervorgebracht. Auch matte grosse Vollkugeln (spent-balls),
welche einfach auf der Erde rollen und anscheinend sehr leicht in ihrem
Verlaufe aufhaltbar erscheinen, besitzen meist noch so viel Kraft, dass sie
die ihnen entgegengehaltenen Glieder vollständig abreissen. Longmore
berichtet einige bemerkenswerthe Fälle der Art (l. c. p. 75). Das
Abreissen kleinerer Gliedmassen, besonders der Finger, welches in den
modernen Kriegen vom italienischen bis zum französischen nicht selten
beobachtet wurde, wird meist durch Projectile der Handfeuerwaffen
hervorgebracht. Während das perkussionskräftige Projectil durch das
Nagelglied der Finger oft einen Lochschuss (den sog. Lorgnetten-Schuss)

macht, weil — wie W a h l auseinandersetzt — das getroffene Glied kleiner als die aufschlagende Projectilsfläche und der Widerstand des schmalen, weichen Knochens gering ist, so wird der Finger beim Aufschlagen eines solchen Projectils auf das erste Glied abgerissen, weil der Knochen resistenter und breiter ist und daher weiter zersplittert wird. Die herausgerissenen Knochensplitter wirken aber als indirecte Geschosse und erweitern den Substanzverlust. Umgekehrt verhält es sich bei einem matteren Projectile. Oft hangen die Finger oder auch die grösseren Gliedmassen nur noch an dünnen Fäden der stehengebliebenen Gewebe. Die Zersplitterungen der Knochen gehen dabei und nicht selten noch weit in den stehengebliebenen Stumpf, ja bis zum nächst höheren Gelenk hinauf; abgerissene Splitter stecken in den Weichtheilen und hangen noch an Periostfetzen.

Auch Abreissungen von Weichtheilen kommen vor. W a h l sah durch einen Granatsplitter die weichen Bedeckungen des Abdomen ganz abgerissen, den Inhalt der Bauchhöhle frei zu Tage liegend. Da die Gewebe der abgerissenen Glieder eine verschiedene Härte und Elasticität besitzen, so sind die zurückgebliebenen Stümpfe sehr unregelmässig, zerrissen, gelappt, die Sehnen hangen weit heraus, auch die Nervenstümpfe, während die Muskeln retrahirt sind. Blutextravasate grösseren Umfanges durchziehen den ganzen Stumpf. — Zerreissungen ganzer Menschen durch explodirte Granaten sind auf den Schlachtfeldern sehr häufig. Um so auffälliger bleibt die Thatsache, dass R a w i t z in den Cernirungsgefechten keinen durch dies furchtbare Ereigniss bedingten Todesfall beobachtet haben will.

II. Abschnitt.

Allgemeine Statistik der Schussverletzungen.

§. 55. Der Beschreibung der Schussverletzungen der einzelnen Gewebe und Organe schicken wir eine kurze statistische Uebersicht über die Häufigkeit der Schussverletzungen an den verschiedenen Körperregionen voraus, weil sich daraus wichtige Folgerungen für die Dignität der letzteren dem Kriegschirurgen ergeben. Wir besitzen zwar hinreichend gute Zusammenstellungen der Art aus den meisten Kriegen und Schlachten, es lohnt sich aber zu dem Zwecke, den wir hier verfolgen, nicht zu weit in der Statistik auszuholen. Desshalb habe ich mich auf die Kriege beschränkt, in welchen zuerst gezogene Waffen in steigender Vervollkommnung angewendet wurden.

Tabelle D.

Relative Häufigkeit der Kriegsverletzungen einzelner Regionen überhaupt.

Feldzug.	Krim. Franzosen.	Krim. Engländer.	Neu-Seeland.	Dänen 1843—50. Nachbjörup,	Dänen 1864. NachLöffler,	Dänen 1864. NachLöffler. Preussen 1864. Stromeyer, Beck, Maas, Biefel.	1866. Nach Fischer, den bayr. Berichten, nach Rupprecht, Burkhardt, Beck, Socin, Schüller, Steinberg, Rawitz.	1870. Fischer, Cormar, Kircher, Franck, Billroth, Czerny, Rupprecht, Burkhardt, Beck, Socin, Schüller, Steinberg, Rawitz.	1870. Aslanti-Krieg.	1870. Bei den Franzosen nach Chenu.
Totalsumme der Verletzten.	33.218	7525	463	6046	2468	1203	1968	5744	21,079	368
Davon kommen auf: Kopf	16,67	21,50	14,47	12,60	14,6	12,13	15,85	8.8	12.3	30.97
Rumpf	16.49	15,36	19.87	15,8	16.3	23.44	16,87	16.6	16.1	15.22
Obere Extr.	31,50	29,86	34,34	28,45	33,4	26,35	30,89	25,3	30,4	30,44
Untere Extr.	35.34	32.28	31,32	40.6	35.7	38.07	36.38	49,1	40,9	23.37

	71.443
	12.7
	29.7
	27,4
	31.1

Ich habe in früheren Arbeiten die durchschnittliche Häufigkeit der Schussverletzungen im Felde an den verschiedenen Körpertheilen berechnet auf:

	Kopf.	Rumpf.	Obere Extr.	Untere Extr.
	13,8%	18,0%	30,2%	37,0%.
Beck rechnet:				
	12,1%	19,7%	27,0%	41,1%.

Diese Verletzungsprocente stimmen mit denen der Dänen in den Feldzügen 1845—50 ziemlich genau überein (siehe Tabelle D). Es präváliren danach bedeutend die Schussverletzungen der Extremitäten bei den Feldschlachten.

Anders liegen die Verhältnisse im Belagerungskriege, wie Rawitz nachgewiesen hat. Hier kommen von den Verletzungen auf:

Kopf.	Rumpf.	Obere Extr.	Untere Extr.
23,0%	16,1%	29,3%	31,6%.

Stellt man aber die Verletzungen in den Laufgräben und bei den Ausfallsgefechten zusammen, so kommen von denselben nach Rawitz auf:

Kopf.	Rumpf.	Obere Extr.	Untere Extr.
31,6%	13,3%	25,9%	29,1%.

Diese Zahlen harmoniren fast vollständig mit denen der Schussverletzungen der Engländer in der Krim nach der vorstehenden Tabelle und werden noch überboten von denen der Schussverletzungen der Engländer im Ashantikriege. Ihnen zunächst stehen die Zahlen des zweiten schleswig-holsteinschen Krieges bei den Preussen und die der Engländer im Neu-Seeland-Kriege. Als Charakteristikum des Belagerungskrieges zeigt sich also eine Abnahme der Verletzungen des Rumpfes und der untern Extremitäten gegenüber einer auffallenden Zunahme der Schussverletzungen am Kopfe und den obern Extremitäten. Diese Thatsache ist leicht zu verstehen, wenn man bedenkt, welchen Schutz die Festungswerke den untern Extremitäten gewähren. Darnach sind die oben erwähnten Kriege vorwaltend als Belagerungskriege zu betrachten.

Longmore hat eine Reihe von genauen Messungen der Oberflächen der verschiedenen Körperregionen an Menschen und berühmten Bildnissen des Alterthums angestellt, um zu ermitteln, mit wie breiter und grosser Fläche sich dieselben bei einem kämpfenden Soldaten dem feindlichen Geschosse darbieten. Seine Gesammtergebnisse sind dabei folgende: Es kamen auf:

den Kopf 5,89%
den Rumpf 31,53%
die oberen Extremitäten . 21,14%
die unteren   „   . 41,41% der Körperoberfläche.

Diese Zahlen würden sich für den Kopf und die Extremitäten fast vollständig decken mit der durchschnittlichen Läsion dieser Körperregionen durch Projectile. Nur der Rumpf wird viel seltener und der Kopf etwas reichlicher von ihnen aufgesucht.

§. 56. Es ist weiter von Interesse zu wissen, wie oft die verschiedenen Körperregionen von den verschiedenen Kriegswaffen verletzt werden. Darüber haben wir leider nur wenig genaue Angaben, und auch diese können keinen hohen Anspruch auf grosse Zuverlässigkeit machen.

Tabelle E.

Schlachten u. Kriege. Geschosse.	Bei den Franzosen in der Krim. (Chenu.)				Bei den Franzosen in Italien. (Chenu.)				1870—1871. Beid. Belagerung nach Rawitz.		Bei d. Gefechten nach Rawitz.	
	Gewehr-kugel.	Stück-kugel.	Spreng-stücke und Kartätsche.	Blanke Waffe.	Gewehr-kugel.	Stück-kugel.	Spreng-stücke und Kartätsche.	Blanke Waffe.	Gewehr-schüsse.	Granat-schüsse.	Gewehr-schüsse.	Granat-schüsse.
Am Kopfe	2,274	27	1554	129	1,147	22	150	179	47	540	161	132
Am Rumpfe .	2,657	69	1980	365	2,258	27	175	177	45	188	181	69
Obere Extremitäten .	1,219	69	902	18	999	11	42	47	82	275	202	82
Untere Extremitäten .	5,671	238	4614	295	9,004	48	323	226	81	330	198	114
	11,821	403	9050	807	13,408	108	690	629	255	1333	742	397

Aus dieser Tabelle würden sich folgende Resultate ergeben:
Auf 6362 Kopfverletzungen kommen:
3629 (57,0%) auf Gewehrkug., 2425 (38,1%) auf grob. Gesch., 308 (4,8%) auf bl. Waffen.

Auf 8191 Rumpfverletzungen kommen:
5141 (61,5%) auf Gewehrkug., 2508 (30,6%) auf grob. Gesch., 542 (6,6%) auf bl. Waffen.

Auf 3948 Verletzungen der oberen Extremitäten kommen:
2502 (63,3%) auf Gewehrkug., 1381 (35%) auf grob. Gesch., 65 (1,6%) auf bl. Waffen.

Auf 21,172 Verletzungen der unteren Extremitäten kommen:
14,984 (70,7%) auf Gewehrkug., 5667 (26,7%) auf grob. Gesch., 521 (2,4%) auf bl. Waffen.

Die Gewehrschüsse nehmen also vom Kopfe zum Rumpfe nach den Extremitäten an Häufigkeit in langsamer Steigerung und mit sehr geringen Differenzen zu.

Die Verletzungen durch grobes Geschoss sind am häufigsten am Kopfe, dann an den oberen Extremitäten, seltener am Rumpfe, am seltensten an den untern Extremitäten. Die Differenzen sind bedeutend, so dass die Verwundungen am Kopfe die an den unteren Extremitäten um 12 % überwiegen.

Von den blanken Waffen wird vorwaltend der Hals und Kopf betroffen, sehr selten die Extremitäten.

Weitere Schlüsse lassen sich aus den unvollständigen Zahlen Chenu's nicht ohne Gefahr der Täuschung ziehen. Die sehr sicheren Zahlen von Rawitz sind leider zu klein, um sie weiter verwerthen zu können; sie geben aber doch ein schwaches Bild von der Verschiedenheit der Verletzungen an den verschiedenen Körpertheilen bei den Schlachten im freien Felde und bei Belagerungen:

Bei Belagerungen kommen:
von den Kopfschüssen . . . . . 91,9% auf grobes Geschütz
   „   „   Rumpfschüssen . . . . 80,6% „   „   „
   „   „   Schüssen der oberen Extr. 77,0% „   „   „
   „   „   „   „ unteren „ 82,9% „   „   „

Bei Gefechten vor den Festungen kommen:
von den Kopfschüssen . . . . 45,0% auf grobes Geschütz
   „   „   Rumpfschüssen . . . . 27,6% „   „   „
   „   „   Schüssen der oberen Extr. 28,8% „   „   „
   „   „   „   „ unteren „ 57,5% „   „   „

Es würden danach bei Belagerungen fast alle Körperregionen in gleichmässiger Häufigkeit durch grobes Geschütz verletzt werden, am meisten der Kopf und die unteren Extremitäten. In den Feldschlachten tritt in dieser Hinsicht ein weit grösserer Unterschied zwischen den einzelnen Regionen ein, doch sind auch hier wieder Kopf und untere Extremitäten die am häufigsten betroffenen.

§. 57. Ueber das Verhältniss der schweren Schussverletzungen an den verschiedenen Regionen des Körpers zu den leichten besitzen wir von Chenu einige interessante Zusammenstellungen.

Tabelle F.
„Aus den französischen Kriegen".

	Franzosen in der Krim.			Procente.		Franzosen in Italien.			Procente.		Summa aus beiden.			Procente.	
	Total-Verlust.	Leicht.	Schwer.	Leicht.	Schwer.	Total-Verlust.	Leicht.	Schwer.	Leicht.	Schwer.	Total-Verlust.	Leicht.	Schwer.	Leicht.	Schwer.
Kopf	2,711	1,827	884	67,4	32,6	779	566	213	72,7	27,3	3,490	2,393	1,097	68,3	31,7
Gesicht . . .	2,372	1,494	878	62,9	37,1	955	607	348	63,6	36,4	3,327	2,101	1,226	63,6	36,4
Hals	435	272	163	62,5	37,5	203	139	64	68,5	31,5	638	411	227	64,3	35,7
Brust	2,657	1,735	922	65,3	35,7	1,052	663	389	63,1	36,9	3,709	2,398	1,311	64,7	35,3
Rücken . . .	1,950	1,262	688	64,7	35,3	361	103	258	28,7	71,3	2,311	1,365	946	59,2	40,8
Bauch . . .	550	338	212	61,48	38,5	917	642	275	70,1	29,9	1,467	980	487	66,9	33,1
Becken . . .	381	210	171	54,16	45,9	202	118	84	58,5	41,5	583	328	255	56,3	43,7
Ob. Extremitäten	9,466	6,295	3171	66,5	33,5	6,721	4,339	2382	64,6	35,4	16,187	10,634	5,553	65,7	34,3
Unt. Extremitäten	11,743	5,871	5872	50,0	50,0	7,704	5,144	2560	66,8	33,2	19,447	11,015	8,432	56,6	43,3
	32,265	22,475	9790	69,66	30,34	18,894	12,321	6573	66,3	33,67	51,159	34,796	16,363	58,1%	31,9%

Tabelle G.

Nur der Vollständigkeit halber bringe ich noch einige Daten aus andern Kriegen nach den Angaben von Longmore, die zwar zuverlässiger als Chenu's Zahlen, doch auch minder vollständig sind.

Körpertheile. Verletzung.	Engländer (Krim.) L.	Schw.	Neu-Seeland-Krieg. L.	Schw.	Hannoveraner 1866. L.	Schw.	Vereinigte Staaten. L.	Schw.	Gesammt.	Summa der Leichten u. Schweren.	der Schweren.	Procente Leichte.	Schwere.
Kopf	691	160	23	9	29	17	3,942	1,108	5,957	4,685	1,294	79,5	21,5
Gesicht	382	151	13	6	26	25	2,588	1,579	4,770	3,009	1,761	62,9	37,1
Hals	128	—	8	—	16	—	1,329	—	—	—	—	—	—
Brust	255	165	9	22	49	55	4,759	2,483	7,797	5,072	2,725	65,1	34,9
Rücken	299	27	17	5	—	8	5,195	187	5,738	5,511	227	96,1	3,9
Bauch	101	134	8	10	7	12	2,181	942	3,415	2,297	1,118	67,3	32,7
Becken	—	55	—	5	—	55	—	468	—	—	—	—	—
Obere Extremitäten	2083	—	145	—	299	—	25,620	—	—	—	—	—	—
Untere Extremitäten	792	1406	56	73	317	133	12,576	17,488	31,791	13,741	18,050	43,0	57,0
	4731	2253	327	136	743	349	58,190	24,225					

Aus diesen Zahlen geht hervor, dass im Ganzen das Procent-
verhältniss zwischen den leichten und schweren Verwundungen
in den verschiedenen Kriegen gleich geblieben ist. Merkwürdiger Weise fiel auch auf jede einzelne Körperregion annähernd dieselbe Zahl von leichten und schweren Verletzungen.
Grössere Unterschiede finden sich nur am Rücken und an den Extremitäten. Im Ganzen genommen sind aber diese Ergebnisse von
geringem Werthe, da die Tabelle F nur wenige und unzuverlässige
Daten bringt. In den ausführlicheren und genaueren Berichten der
Tabelle G stellen sich denn auch schon beträchtliche Abweichungen
von den Zahlen der Tabelle F heraus. Doch sind auch diese Zahlen
zu niedrig, um sie zu weitgehenden Schlüssen benutzen zu können.

III. Abschnitt.

Die ersten Zeichen der Schussverletzungen.

§. 58.   a. Der Schmerz.

Der Schmerz, den ein Soldat im Augenblicke der Verwundung
bei Schussverletzungen empfindet, ist nicht gross, selbst wenn gemischte
Nervenstämme getroffen werden. Ein guter Theil der Verwundeten
empfindet die Verletzung gar nicht, und wird erst durch das rinnende
Blut darauf aufmerksam gemacht. Nur bei der Verletzung rein sensibler Nerven pflegen den Moment der Verwundung die grössten
Schmerzempfindungen wie ein heftiger electrischer Schlag zu begleiten.
Heine berichtet von einem Soldaten, der sich zur selben Minute,
in welcher er einen Schuss in den Arm bekam, einen Dorn in den
Fuss trat und darauf sich nur mit der Extraction des Dornes und der
von ihm erzeugten Wunde beschäftigte, bis er zu seiner Verwunderung
von den Kameraden auf die Blutung am Arme aufmerksam gemacht
wurde. Wenn auch der Schmerz im Augenblicke der Verletzung nicht
percipirt wurde, so tritt er doch constant als traumatischer Nachschmerz
kurze Zeit darauf ein. Letzterer bleibt nur aus, wenn das verletzte
Glied zugleich gänzlich gelähmt oder das Sensorium getrübt ist, oder
wenn es sich um ein ganz abnorm apathisches Individuum handelt.
In der Regel empfinden aber die Verletzten einen Schmerz im Augenblicke und am Orte der Verletzung. Die meisten geben an, es sei
ihnen gewesen, als wären sie an dieser Stelle mit einem scharfen Stocke
geschlagen worden oder als hätten sie daselbst mit einem feinen Instrumente einen tiefen Stich bekommen. Andere wieder bezeichneten den
Schmerz als drückend, es sei ihnen gewesen, als wäre eine Last auf
sie gefallen, oder als habe sie ein schwerer stumpfer Körper getroffen,
ohne sie zu verwunden. In seltenen Fällen war der Schmerz brennend,
stechend, blitzähnlich die getroffene Extremität durchzuckend, noch

seltener werden heftigere Ausdrücke des Schmerzes bis zu synkopalen Zuständen beobachtet. Es kommt auch vor, dass der Schmerz nicht an der verletzten Stelle empfunden wird: z. B. bei einem Schusse in die Halsseite an beiden Ellenbogen; zuweilen im nicht verletzten Gliede: bei Verletzungen der linken Hand traten Schmerzen in der rechten, bei einem Schusse durch den Oberschenkel Schmerzen im Testikel (Mitchell), bei einem Schusse durch die Hinterbacken stechender Schmerz in der Ferse (Demme), bei einem Schuss durch den Hoden Schmerz im obern Theil des linken Armes (Longmore etc.) ein.

Begleitet wird der Schmerz von unwillkürlichen und automatischen Bewegungen des Körpers: der durchbohrte Arm fällt nieder, der Körper dreht sich um die Achse in der Richtung des Projectiles, der Verwundete springt hoch auf oder läuft erst einige Schritte rückwärts oder vorwärts, ehe er fällt.

Der Grad der Schmerzempfindung hängt zuvörderst ab von der Gemüthserregung, in welcher sich der verletzte Soldat befindet, und von dem Charakter desselben. Je hitziger das Gefecht, je erregter der Soldat, desto geringer, je weniger der Soldat Theil genommen am Gefecht, je feiger und ängstlicher er war, desto grösser wird die Schmerzempfindung sein. Der besiegte Soldat pflegt die Schmerzen seiner Wunden schwerer zu empfinden, als der siegende in der gehobenen Stimmung; der auf dem Schlachtfelde lange ohne Hülfe und umgeben von tausend Schreckensbildern liegende mehr, als der frühzeitig entfernte und verbundene. Man muss sich aber wohl hüten, wirklichen Schmerz und wilde Schmerzensäusserungen zu verwechseln. Die am meisten schreienden und um Hülfe jammernden Verwundeten sind nicht immer die am schwersten Verletzten, denen unaufschiebbare Hülfe nöthig ist. Der Militärarzt muss daher lernen, die aus Kleinmuth und eigennütziger Absicht Lärmenden und Schreienden von den wirklich Leidenden zu unterscheiden. Auch die Nationalitäten zeigen eine verschiedene Vulnerabilität. Pirogoff fand einen in jeder Hinsicht musterhaften Stoicismus namentlich bei Muselmännern und Juden. Im böhmischen Feldzuge konnten wir an der bunt aus allen Nationalitäten zusammengesetzten österreichischen Armee auch die nationale Vulnerabilität in ihrer grossen Verschiedenheit gut studiren. Sehr empfindlich zeigten sich die Italiener und Polen, weit weniger der Ungar und Slovake, zwischen beiden stand der Deutsche. Endlich hängt die Schmerzempfindung ab von der Art, dem Orte, der Zahl und Grösse der Schussverletzungen. Weichtheilschüsse, wenn sie nicht sehr nervenreiche Körperstellen betroffen haben (wie Gesicht, Penis, Hände, Bauchhöhle etc.), verursachen im allgemeinen nicht einen so heftigen Wundschmerz, als Zertrümmerungen der Knochen. Heftige Schmerzen treten oft bei Schulterwunden am Ansatze des Musc. deltoideus ein. Lange Schusscanäle machen meist mehr Schmerzen, als kurze, Schusslappenwunden mit stark gequetschten Rändern sind weniger empfindlich, als solche mit scharf geschnittenen Rändern. Besonders hoch sind die Schmerzen, wenn bei Knochenschussfrakturen verschobene, scharfe Knochensplitter oder Kugelfragmente naheliegende Nervenbündel reizen und drücken, wenn grosse Nervenbahnen durch die Schussverletzung ganz blossgelegt, wenn ein Theil oder die ganze Extremität zermalmt oder weggerissen und wenn beide Extremitäten oder mehrere Körper-

theile zugleich durch Projectile verletzt wurden. Ein Unterschied in
der Schmerzhaftigkeit zwischen der Ein- und Austrittswunde besteht
im allgemeinen nicht.

Umfangreiche Zerstörungen und Verletzungen durch grobes Geschütz machen oft sehr geringe Schmerzen, Wunden durch kleine Projectile dagegen nicht selten sehr grosse. Es steht auch fest, dass die
Verletzten wenig oder gar keinen Schmerz empfanden, wenn grobes
Geschoss ihnen ein ganzes Glied abriss. Die Verwundeten brechen
dann zusammen und haben dabei nach Hunters Erfahrung die Empfindung, als sei ihr Glied in einer Grube stecken geblieben. — Im
allgemeinen sind aber Schusscontusionen schmerzhafter als perforirende
Schüsse.

§. 59. b. Anästhesie im Bereiche des Schusscanals und
darüber hinaus.

Der Schusscanal ist in Folge der Quetschung und Erschütterung
sehr unempfindlich. Die Anästhesie erstreckt sich über die nächste
Umgebung der Schusswunde, zuweilen aber auch noch über sehr entfernte Gebiete. Die genauesten Untersuchungen über diese Frage hat
Berger angestellt:

Er untersuchte eine grosse Anzahl Verwundeter, welche meist
einfache Muskelschüsse und keine Verletzung eines grösseren Nervenstammes hatten, deren Wunden auch zum Theil seit Monaten verheilt
waren und fand auffallend häufig weit ausgedehnte Störungen der
Sensibilität. Dieselben beschränkten sich nicht allein auf die Nachbarschaft der Schusswunden und ihrer Narben und betrafen nicht allein
die verwundete Extremität, es liess sich vielmehr in fast allen Fällen
eine incomplete Anästhesie im Hautnervengebiete des der verwundeten
Stelle benachbarten Nervenplexus nachweisen, ja in vielen Fällen eine
genau in der Mittellinie sich abgrenzende halbseitige, der Seite der
Verwundung entsprechende Sensibilitätsabnahme nicht nur in der Haut,
sondern auch in den, der Untersuchung zugängigen Schleimhäuten.
Die Sensibilität zeigte sich meist in allen ihren Qualitäten herabgesetzt, sowohl der Tastsinn (Druck-, Temperatur- und sog. Raumsinn),
als auch die cutanen Gemeingefühle (electrocutane Sensibilität) boten eine
Abnahme dar, letztere freilich in höherem Grad. Eine Abschwächung
der Muskelsensibilität konnte aber nicht sicher constatirt werden. Proportional dem Grade der Anästhesie war auch in allen Fällen die
Reflexerregbarkeit herabgesetzt. Ein Kranker gab an, im Momente
der Verwundung das Gefühl von Taubheit in der rechten Körperhälfte,
besonders im Gesichte, empfunden zu haben, das von da ab mit etwas
verminderter Intensität fortbestand. Die meisten andern Patienten
hatten aber von der objectiv nachweisbaren Abnahme der Sensibilität
keine Ahnung mit Ausnahme des Taubheitsgefühls in mehr oder
minder grosser Ausdehnung um die Narben herum.

c. Auch wenn ein grösserer Nervenstamm nicht verletzt war,
bestand doch in wenigen Fällen eine motorische Parese, aber nur
an der verwundeten Extremität, häufiger dagegen fand sich eine
Herabsetzung der Farado- und Galvano-Contractilität, sowie besonders
der Erregbarkeit der Nervenstämme gegen den galvanischen Strom,
ohne Abweichung von dem Brenner'schen Zuckungsgesetz für den

lebenden Menschen. Sehr selten sind vollständige Paraplegien beobachtet, ohne dass grosse Nervenstämme verletzt waren. Andere Verwundete behaupteten, das verletzte Glied sei wie mit Bleigewichten beschwert gewesen und der Fussboden hätte unter ihnen geschwankt.

d. Bei jäh tödtlichen Verwundungen stossen die Verletzten oft einen grellen Schrei, ähnlich dem der niederstürzenden Epileptischen, aus.

e. Von der Blutung, den Sugillationen, dem Hautemphysem, der schwarzen Färbung an den Schusswunden handeln wir später ausführlicher.

f. Die Hauptklage der Verwundeten ist der grosse Durst, welcher wohl durch die übermässigen Anstrengungen der Soldaten vor und während der Schlacht und den Blutverlust bei der Verletzung hervorgebracht wird. Er ist daher in Sommerfeldzügen weit lebhafter, als in Wintercampagnen.

g. Es wird öfters von den Verwundeten, wenn auch bei ihnen nicht der Schädel direct oder indirect getroffen war, berichtet, dass sie das Bewusstsein auf kurze oder längere Zeit nach der Verletzung verloren hätten. Diese Zustände sind wohl als mehr oder weniger tiefe Ohnmachten in Folge der Anstrengungen, der Blutverluste oder des Schreckens aufzufassen; in anderen Fällen schien es mir mehr ein tiefer, weltvergessender Schlaf gewesen zu sein, in den die verletzten Patienten aus einer voraufgegangenen Synkope oder aus der todesmüden Erschöpfung verfallen waren. Bei Nervenschussverletzungen ist aber, wie wir später zeigen werden, Bewusstlosigkeit im Augenblicke der Verletzung öfters beobachtet worden.

§. 60. h. Ein sehr wichtiges Zeichen der Schussverletzung ist ein Depressionszustand, den wir als Shoc bezeichnen. Derselbe kann sich im verletzten Gliede abspielen als sog. Local-Stupor (Pirogoff), localer Shoc, localer Wundschreck (Bardeleben). Das Glied wird dabei nach heftigen Schmerzen von kurzer Dauer kühl, empfindungslos, blassbläulich, schlaff und schwer beweglich. Die Patienten haben ein taubes Gefühl, Ameisenkriechen, ein peinliches Kriebeln in demselben, oder die Empfindung, dass dasselbe ganz fehle. Reiben oder Erwärmen des Gliedes lindert diese subjectiven Beschwerden. Dieser Zustand kann nach kurzer Zeit, oft nach wenigen Minuten, vorübergehen oder er wird dauernd, indem sich Lähmungen der Motilität und Sensibilität daraus entwickeln, oder derselbe steigert sich zum allgemeinen Wundstupor (Pirogoff) oder allgemeinen Shoc. Die leichteren Grade desselben zeichnen sich durch Blässe des Patienten und Theilnahmlosigkeit desselben, nervöses Zittern des ganzen Körpers oder des verletzten Gliedes (Traumatic hysterical state Keen), Abkühlung der Haut, Schwerfälligkeit der Bewegungen und Unruhe und Angst aus, die schwereren durch die Zeichen des tiefsten Verfalles allein (tiefliegende Augen, eingefallene Wangen, livide Färbung der Lippen, Kühle der Haut, kalter Schweiss, grosse Schlaffheit der Haut, so dass hochgehobene Falten stehen bleiben, grosse allgemeine Blässe, kleiner oder fehlender, unregelmässiger, ungleichmässiger Puls, oberflächliche frequente, seufzende Athmung, Erbrechen, Aufstossen, Singultus, dabei klares Bewusstsein, doch grösste Apathie,

ungetrübte Function der Sinnesorgane, sehr langsame und kurze Muskel-
action) oder durch die Zeichen des tiefsten Verfalls verbunden mit
grösster Unruhe (namenlose Angst, beklemmender, unnennbarer Schmerz,
Gefühl der Vernichtung, Todesahnung, heftiges Hin- und Herwerfen,
beständiges Seufzen und Stöhnen, Zittern, Schüttelfrost etc.). Geht die
Depression vorüber, so folgt ein Stadium exaltationis: leuchtende Augen,
Injection des Gesichtes, grosse Unruhe und Delirien, lebhafter Durst,
hastige, zitternde Bewegungen, sehr lebhafte Empfindlichkeit der
Sinne, heisse Haut, frequenter, kleiner Puls, oberflächliche jagende
Respiration etc.

Unter den Verletzungen sind es besonders die durch grobes
Geschoss bewirkten, welche zum Shoc führen. Redard hat in dem
belagerten Paris die Temperatur bei den durch schweres Geschoss
Verletzten gemessen und dieselbe bis auf 34.2° C. gesunken gefunden.
Je stumpfer im allgemeinen der Auffallswinkel eines Geschosses, je
breiter seine Oberfläche, desto beträchtlicher erscheint die allgemeine
und locale Erschütterung, welche es bewirkt, besonders wenn das Projectil schon von seiner Percussionskraft etwas eingebüsst hatte. Dagegen verursacht ein Geschoss, welches mit voller Kraft ein Glied
durchdrang oder abreisst, meist nur eine äusserst geringe oder gar
keine Erschütterung im verletzten Glied oder im ganzen Körper. Je
höher am Rumpfe oder den Gliedern die Verletzung statt fand, desto
grösser pflegt meist die Erschütterung zu sein. Bei nervös reizbaren
Leuten, nach bedeutenden Blutverlusten bei der Verletzung ist die
Gefahr des Eintritts des Shocs die grösste. Ausserdem sind es besonders Verletzungen bestimmter Organe (Hoden, Unterleib, Organe
der Bauchhöhle, Finger, Zehen, Genitalien etc.), denen der Shoc in
schweren Formen und besonders häufig zu folgen pflegt. Unter
100 Todesfällen in der Front der britischen Armee in der Krim wurden
22 auf Shoc zurückgeführt. Die Patienten starben 3—24 Stunden
nach der Verletzung; in einem Falle bestand eine Schussfraktur des
Beines durch grobes Geschoss, in zweien war der Schenkel durch grobes
Geschoss ganz zerschmettert oder abgerissen, so dass sofort amputirt
werden musste, in zweien anderen trat der Shoc zu heftigen Verbrennungen
durch Pulverexplosion hinzu, in 13 Fällen war das Abdomen verletzt,
in zweien das Becken, in einem die Brust, in einem das Gesicht zerrissen.
Nur in 8 Fällen folgte der Shoc auf Verletzungen durch Gewehr-Projectile und zwar stets auf Verwundungen des Unterleibes durch dieselben;
die 14 andern kamen auf Schussverletzungen durch grobes Geschoss.
Aus dieser Zusammenstellung geht, — wenn wir auch gern zugeben
wollen, dass in ihr öfter der Shoc als Todesursache angeklagt wird,
wo eine andere durch die Section nicht ausgeschlossen wurde (besonders
acute diffuse Peritonitis), — doch mit Bestimmtheit die grosse Gefahr
dieser Wundcomplication für das Leben des Verletzten hervor.

§. 61. i. Wir haben noch kurz einer eigenthümlichen
Form der Leichenstarre zu gedenken, welche man auf den Schlachtfeldern an den Gefallenen beobachtet hat. Bekannt ist dieselbe schon
lange, in der Krim wurde sie von Perier, Chenu, Meckinnon
gesehen, doch haben sie Neudörfer und Brinton erst genauer beschrieben und Longmore und Falk in ihrem Wesen und Werden

eingehender studirt. Man findet nämlich die Leichen in derselben Haltung erstarrt daliegend, oder, wie Falk gesehen, an Bäumen gelehnt stehend, wie sie die Kämpfenden im Leben vorher zu irgend einem bewussten Zwecke eingenommen hatten, auch wenn diese Haltung gegen das Gesetz der Schwere verstiess. Man beobachtete dabei:

1) die Erhaltung des im letzten Lebensmoment im Antlitz sich ausdrückenden Affectes;

2) die Muskulatur bestimmter Körpertheile fand sich in einem Contractionszustande, der im Leben zur Erreichung eines Zweckes erzeugt war:

3) leichte und graziöse Haltungen hatten im Tode keine Veränderungen erlitten. (Die Tassen, zierlich zwischen Daumen und Zeigefinger gehalten, berührten noch den Lippenrand.)

Man hat diese Starre nach Dubois-Reymonds Vorgange „kataleptische Todtenstarre" genannt. Die Ansichten über die Entstehung derselben gehen noch weit auseinander. Rossbach nimmt an, dass dieselbe aus einer lebendigen activen Muskelcontraction unmittelbar und plötzlich hervorgeht, ohne Zwischenstadium der Erschlaffung. Desshalb werde hier die lebendige Haltung ohne Veränderung im Tode beibehalten. Longmore und Taylor sind der Ansicht, dass Muskeln, welche im Sterbeact durch vitale Kräfte contrahirt waren, im Tode nicht nothwendig erschlaffen müssten. Diesen Anschauungen stehen aber doch grosse physiologische Bedenken gegenüber. Wenn Kreiss glaubt, der Kälte einen Einfluss auf die Entstehung der kataleptischen Todtenstarre zuschreiben zu müssen, so spricht dagegen die Erfahrung, dass dieselbe auch nach Schlachten zur heissen Sommerzeit beobachtet ist. Brown-Sequard führte die kataleptische Todtenstarre auf die Erschöpfung der Muskeln vor dem Tode der Kämpfenden zurück, weil er fand, dass, je ermüdeter die Muskeln beim Tode sind, desto schneller ihre Irritabilität erlöscht. Gestützt wird diese Anschauung auch durch die Erfahrung Claude Bernards, dass an verhungerten Thieren die Muskeln sofort steif werden und C. G. Mitcherlichs, dass die Reizbarkeit der Muskeln post mortem um so schneller erlischt, je mehr ihre Energie durch Krämpfe vor dem Tode erschöpft war. Falk hat aber beobachtet, dass die kataleptische Leichenstarre nur als Folge gewisser Verletzungen (am Hirn, Rückenmark, Verblutungen etc.) auftritt, welche, indem sie einen, selbst den terminalen Stillstand der Athmung und Herzthätigkeit überdauernden Tetanus erzeugen, zugleich einen sehr frühen Eintritt der Leichenstarre begünstigen, ohne dass der Tod selbst ein augenblicklicher zu sein scheint. Maschka glaubt, dass zwischen dem letzten Moment des Lebens und dem ersten des Todes niemals eine Starrheit blitzschnell eintritt, dass im Gegentheil die Muskeln stets erschlaffen, jedoch zufällig in der zuletzt innegehabten Lage verbleiben und in dieser von der Starre ergriffen werden. So ist die Frage bis zur Stunde noch nicht endgiltig gelöst.

IV. Abschnitt.

Schussverletzungen der verschiedenen Gewebe und Regionen des menschlichen Körpers.

Capitel I.

Schussverletzungen der Weichtheile.

1. Statistisches.

§. 62. Nach Engels Berechnung bildeten die Weichtheilschüsse 47,60%/0 aller Schussverletzungen im deutsch-französischen Kriege; in der Krim wurden dieselben bei den Engländern auf 48,8%/0. bei den Nordamerikanern nach dem Circular Nr. 6 sogar auf 80,5%/0 aller Schussverletzungen geschätzt. Man wird demnach nicht wesentlich fehlgreifen, wenn man annimmt, dass etwas mehr als die Hälfte aller Schussverletzungen Weichtheilschusswunden sind.

Von den Weichtheilschusswunden treffen etwa (nach einer approximativen Schätzung aus dem nordamerikanischen Berichte, aus dem der Engländer in der Krim und aus denen des deutsch-französischen Krieges) 65%/0 auf die Extremitäten (untere Extremität zur oberen im Verhältniss von 7 : 8,5), 12"/0 auf Kopf und Gesicht. 7%/0 auf die Brust, 6%/0 auf den Leib, 5%/0 auf den Rücken, 3%/0 auf den Hals.

2. Experimentelles.

§. 63. Dupuytren stellte schon 1831 Schiessversuche gegen gewebte Stoffe, wie Wolle, Leinen, Tuch etc. an und fand, dass die Kugel dieselben vor der Durchbohrung meist eine Strecke weit vor sich herschob, dehnte und dann mit einer sehr kleinen, wenig zum Durchmesser des Geschosses passenden Oeffnung durchschlug. Seltener riss sie ein Stück derselben heraus und flog mit demselben bekleidet weiter. Daraus schloss D., dass sich das Projectil durch elastische Gebiete einfach hindurchzwänge, indem es die Fasern derselben auseinanderschiebe. Bei seinen Versuchen an Leichen, deren Resultate er klinisch bestätigen konnte, fand er die Eingangsöffnung in der Haut bei Schüssen aus weiter Entfernung glattrandig, rund und grösser als die unregelmässige, zerrissene Ausgangsöffnung, bei Schüssen aus grosser Nähe eine auffallend grosse Eingangsöffnung. Die letzterwähnte bemerkenswerthe Thatsache führt er auf den Druck der Pulvergase zurück. Pirogoff bestätigte die Befunde und Anschauungen Dupuytrens bei seinen 60 Schiessversuchen an Leichen (1849): Die Eingangswunde war grösser und zeigte einen Defect, erschien nicht immer glattrandig und nicht selten mit radienförmig von derselben in die benachbarte Haut ausstrahlenden Rissen versehen; je gespannter die Hautpartie, um so runder war die Wunde; die Ausgangswunde bildete einen Hautriss der mannigfachsten Gestalt, welcher um so unregelmässiger erschien, je dicker und fettreicher das subcutane Bindegewebe war. Simon kam dagegen in seinen Experimenten (Giessen 1851) zu dem Resultate, dass durch die Kugeln Theile aus den Weichgebilden herausgerissen und zwar theils mit dem kräftigen Projectil aus dem Wundcanal herausgeschleudert, theils an die Wandungen desselben in feinem Detritus angepresst würden. Letzteres bewirkten matte Kugeln, kräftige Geschosse dagegen nur dann, wenn dieselben abwechselnd Theile von verschiedener Dichtigkeit und Widerstandskraft durchschlugen. Desshalb hielt Simon die Mehrzahl der Schusswunden für röhrenförmige Schnittwunden mit Substanzverlust. Simon hat auch Experimente zur Eruirung der Unterschiede zwischen einer Spitzkugel- und Rundkugel-Schusswunde gemacht. Er kam dabei zu den wenig wichtigen Ergebnissen, dass nach Schüssen, bei welchen die Kugel mit grosser Kraft die Haut trifft und einen Substanzverlust aus dem getroffenen Körper herausschleudert, welcher dem Kaliber der Kugel durchaus oder nahezu entspricht, sich weder an der runden Eingangs-, noch an der schlitz- oder sternförmigen Ausgangsöffnung ein Unterschied zwischen Spitz- und Rundkugel nachweisen lasse, und dass bei gleicher Kraft eine matte Spitzkugel tiefer in die Weichtheile eindringe, als eine matte Rundkugel.

§. 64. In der neueren Zeit haben Morin, Melsens, W. Busch, Heppner und Garfinkel, Küster und Kocher besonders die Einwirkung weicher, kleiner Bleiprojectile auf die Weichtheile des menschlichen Körpers studirt. Wir können die vielen schönen und sinnreichen Versuche dieser Autoren nicht detaillirt anführen, müssen uns vielmehr auf einen kurzen Bericht der von ihnen gewonnenen Thatsachen beschränken.

a. Bei den Schiessversuchen gegen Lehmwände (auf 20—100 Schritt) zeigte es sich, dass je weicher die Lehmmasse, desto länger und breiter auch die durch ein bestimmtes Projectil erzeugte Schussöffnung war. In weichen Lehmmassen erschienen die Ränder der Eingangsöffnung wallförmig aufgeworfen, weil das Geschoss nicht allein ein Verdrängen der Theile zur Seite und vorwärts, sondern auch in einer dem Geschossfluge entgegengesetzten Richtung bewirkte. Je consistenter man den Lehmbrei nahm, um so geringere Massen schleuderte das Projectil aus dem dichteren Stoffe heraus, um so schwieriger durchtrennte es den Zusammenhang der einzelnen Theilchen. Traf das Geschoss auf ein Endziel von grösster Cohäsion und Zähigkeit, so bohrte es in diesem nur ein Loch von seinem eigenen Umfange, wobei es an den Wandungen des so entstandenen Schusscanals die berührten Theilchen fester gegen ihre Umgebung anpresste, während die ausweichenden nach vorn und hinten von der Scheibe hervorquollen. Es erschien also, je geringer der Widerstand der Ziele war — sei es nun in Folge der weicheren Consistenz der Masse, sei es in Folge mangelhafter Unterstützung derselben bei geringerem Breiten- und Tiefendurchmesser des Zieles, — um so umfangreicher ceteris paribus, die Verletzung und umgekehrt. Die Form des Geschosses übte keinen wesentlichen Einfluss auf die Gestalt und Ausdehnung des Schusscanals; je grösser die Propulsionskraft des Projectils, desto weiter und länger erschien der Schusscanal, doch immer war der Zerstörungskreis in den härteren Lehmschichten enger, als in den weicheren. Bei blinden Schusscanälen stellten dieselben — ganz gleichgiltig, mit welchen Geschossen und aus welchen Gewehren erzeugt — einen Kegel dar, dessen grosse Basis der Eingangsöffnung der Kugel entsprach, während die Spitze des Kegels das aufgehaltene Geschoss dicht einschloss. Schossen Heppner und Garfinkel auf schichtweise an einander gefügte Lagen gekneteten Lehms von verschiedener Dichtigkeit, so erhielten sie Schusscanäle von verschiedenen Lumen und fanden an Stellen, wo das Geschoss durch die weicheren Lehmmassen gedrungen war, entsprechende Ausbuchtungen, an den Stellen, wo dasselbe die härtere Lehmmasse durchsetzt hatte, deutliche Verengerungen. Zwischen die Lehmmassen gelegtes durchfeuchtetes Fliesspapier verursachte keine Aenderung des Schusscanals, wohl aber trockenes, gefirnisstes Papier. An den Stellen der Durchsetzung desselben erschien der übrigens wie sonst kegelförmige Schusscanal stets eingekerbt und verengt.

§. 65. b. Bei Schiessversuchen, welche Busch gegen Kautschukzeug mit dem Chassepot-Projectile anstellte, fand sich nur darin ein winziges rundes Loch mit schwärzlichen Rändern, welches knapp ⅓ des Projectil-Umfanges hatte. Concentrisch war um dieses Loch ein schwärzlicher Ring auf dem Zeuge abgezeichnet, welcher dem Umfange des Projectils entsprach. Man sah also, dass das Projectil ein Stück Zeug von der Grösse ihrer Grundfläche berührt hatte, dass aber, nachdem ein kleines Loch geschaffen war, trotz der enormen Schnelligkeit von 420 Meter, das elastische Zeug sich über die Kugel herüberzog, ohne eine grössere Continuitätstrennung zu erleiden. Busch fügt hinzu, dass die Elasticität unserer Haut ähnlich gegen das Projectil wirke. „Da aber die Haut viel weniger elastisch als der Kautschuk ist, so kommt ihre Elasticität nur dann am meisten in dieser Weise zur Geltung, wenn die Kugel geringere Geschwindigkeit hat, so dass die Haut Zeit gewinnt, sich über das Projectil herüberzustülpen. Wir sehen daher die Oeffnungen, welche kleiner als das Projectil oder schlitzförmig sind, hauptsächlich bei den Ausgangsöffnungen von Weichtheilschüssen durch Rundkugeln aus glatten Gewehren.“ Grosse matte Granatsplitter machen daher auch oft erstaunlich kleine Eingangsöffnungen. Wenn auf die Gummischeibe in einem Winkel von 45° geschossen wurde, so war der Substanzverlust etwas grösser und die schwarze Zone hatte eine ovale Gestalt. Bei schlaff gespannten Gummischeiben und bei lose herabhängendem Gummivorhange waren die Löcher ein klein wenig grösser, als bei straff gespanntem Zeuge und die Ränder des Loches bisweilen in der Richtung nach dem Schützen gekehrt.

§. 66. c. Bei den Schiessversuchen gegen Leichen und Fleisch erhielt Busch mit dem Chassepot-Projectil folgende Resultate: bei grossen, hautfreien Fleischstücken grösserer Einschuss, als bei hautbedeckten Stücken, der Schusscanal erweiterte sich trichterförmig nach der Ausgangsöffnung hin. Bei sehr mächtigen Fleischschlagen fanden sich Bleiabschmelzungen an den Projectilen. Heppner und Garfinkel experimentirten mit den modernen Perkussionswaffen, dabei zeigte in membranösen Organen der Schusscanal am Eingang manchmal eine trichterförmige Erweiterung, er besass in gleichmässigen Muskelschichten ein grösseres Lumen, als der Querdurchmesser des Geschosses erwarten liess und wurde in sehnigen Gebilden enger bis zu schlitzförmigen Wunden. Wenig gespannte Bindegewebshäute zeigten länglich ovale Schusswunden. Während bei reinen Weichtheilschüssen die Ausgangsöffnung in der Haut meist eine spaltförmige, gerissene Wunde ohne wesentlichen Substanzverlust darstellte, erschien sie bisweilen gross und unregelmässig zerrissen, wenn der Schusscanal durch sehnige Gewebe führte.

§. 67. d. Die Versuche von Busch, Kocher, Melsens, Morin, Heppner und Garfinkel liessen es wahrscheinlich werden, dass auch bei Nahschüssen auf Muskeln hydraulische Wirkungen durch das Projectil entstehen können. Busch freilich schreibt bei Muskelschüssen der Centrifugalkraft ausschliesslich die zerstörende und zertrümmernde Gewalt zu. Kocher füllte zur Entscheidung dieser Frage oben offene cylindrische Blechgefässe und Schweinsblasen möglichst luftfrei mit frischem Fleisch und schoss darauf in 100′ Entfernung mit Hartblei-Kugeln. Regelmässig wurden Muskelstücke in die Höhe sowie seitwärts fortgeschleudert und das Blechgefäss unregelmässig mehr oder weniger ausgedehnt zersprengt, in einem Falle sogar völlig auseinandergerissen, von der Schweinsblase aber der ganze untere Umfang in unregelmässiger Weise abgerissen. Wurden die Gefässe aber mit trockenem und gekochtem Fleische gefüllt, so kamen keine explodirenden Wirkungen zu Stande. Dieselben Resultate erhielt Kocher mit trockener und feuchter Charpiewatte und ebenso beschaffenem Sägemehl. Diese Ergebnisse werden in den neueren Schiessversuchen von Kocher weiter bestätigt. Für die

Weichtheile mit ihrem reichen Flüssigkeitsgehalte beruht daher nach Kochers Auffassung die ganze Seitenwirkung des Projectils auf hydraulischer Pressung und aus letzterer allein erklären sich die wiederholt gemachten Beobachtungen, dass Muskelfetzen aus den Eingangswunden hängen und grössere Theile der Muskeln gegen den Schützen fliegen konnten. Die Haut ist dagegen wegen ihres geringen Feuchtigkeitsgehaltes nicht geeignet zur Erzeugung hydraulischen Druckes. Schott weist aber mit Recht darauf hin, dass der hydraulische Druck im Muskel nicht so gewaltig sein könne, wie im Schädel und Knochen, weil durch die Menge der durch Bindegewebe von einander getrennten Räume der Muskeln die Stosswelle, welche das Projectil erzeugt, nicht so vollkommen und schnell fortgeleitet werden kann und weil andererseits der Muskel von elastischen Hüllen umgeben ist, welche dem von innen wirkenden Drucke leichter nachgeben und so eine exakte Sprengwirkung hindern.

3. Arten und Zeichen der Weichtheilschussverletzungen.

I. Schussverletzungen der Haut.

§. 68. Die Haut kann sämmtliche von uns beschriebenen Formen der Schussverletzungen erfahren:

1) **Verbrennungen durch Pulver.** Bei Explosionen der Patronen oder bei Schüssen aus nächster Nähe wirken die heissen Pulvergase und auch die warmen Pulverreste, — da fast niemals alles Pulver der Patronen im Gewehr- oder Geschütz-Rohre in Gas verwandelt, vielmehr fast stets ein Theil der Pulverkörner unverändert aus dem Laufe hervorgeschleudert wird, — direct auf die Haut ein und erzeugen auf derselben an den unbedeckten Körperstellen theils oberflächliche Verbrennungen, theils Einsprengungen von Pulverkörnern in verschiedener Zahl und Grösse in die Haut. Diese Verbrennungen sind, wie Mandic bei dem aus dem Verschlusse des Gehäuses des Werndl'schen Jägergewehres während des Abfeuerns ausströmenden Gase (Allg. militärärztl. Zeitung 1870, Nr. 14) beobachtete, stets sehr oberflächlich. Mesnil hat zur Aufklärung eines gerichtlichen Falles, bei welchem Büchsenmacher ihr Gutachten dahin abgaben, dass Selbstmord nicht vorliegen könne, weil sonst Verbrennungen und Einsprengung von Pulverkörnern um die Wunde herum stattgefunden haben müssten, Versuche angestellt, aus welchen hervorgeht, dass neuere Schusswaffen auch bei Schüssen aus nächster Nähe keine Pulverschwärzungen veranlassen. Gegen diese Behauptung spricht aber die tägliche Erfahrung und die Beobachtungen unserer besten Experimentatoren (Busch etc.).

Aus den Versuchen von Crespi e Tazon geht hervor, dass grosse Unterschiede zwischen den von den verschiedenen Pulversorten hinterlassenen Flecken existiren. Minen-Pulver macht sehr schwarze, homogene und intensive Verfärbung und Verbrennung, das feinste Pulver hinterlässt fast keine Verbrennung und nur kleine vereinzelte Pünktchen, wie von Stecknadelstichen herrührend, das Munitionspulver schwärzt mehr und erzeugt fast keine Verbrennung.

2) **Die Schussverletzungen der Haut durch Projectile der Handfeuerwaffen und der groben Geschütze.**

H. Fischer, Kriegschirurgie.   5

a. Anatomisches.

§. 69. Die Haut ist ein sehr festes und elastisches Gebilde des
menschlichen Körpers. Sie besitzt diese Eigenschaften aber mehr an
den Beugeseiten als an den Streckseiten, mehr in der Längs- als Quer-
Richtung. Dieselbe setzt daher an allen Stellen, an denen sie nicht
über Knochen straff gespannt oder durch Montirungsstücke etc. fixirt
ist, den Projectilen einen grossen Widerstand entgegen. Sie wird
ausserdem noch an den meisten Körpertheilen durch Kleidungsstücke,
Waffen etc. bedeckt und geschützt. Den grössten Widerstand unter
den Stoffen, welche wir tragen, leisten den Projectilen Seide und Lein-
wand. Die Gestalt und Ausdehnung der Perforationen der Haut durch
die Projectile ist, wie Richter besonders hervorgehoben hat, in den
einzelnen Körperregionen verschieden je nach dem Verlaufe der Binde-
gewebszüge und der davon abhängenden Spaltbarkeitsrichtung derselben.

b. Arten der Hautschussverletzungen.

α. Die Schusscontusionen oder Prellschüsse der Haut.

§. 70. Die dadurch erzeugten Verletzungen sind von verschiedener Dignität. Die davon betroffene Partie sieht zuweilen fast normal,
nur etwas blässer aus und fühlt sich weniger derb, kühler und schlaffer
an. Die Patienten klagen nur über Taubheit und dumpfe Schmerzen
an dieser Stelle. In anderen Fällen beobachtete man nur einen circumscripten bläulichen Fleck oder eine kleine matt aussehende Vertiefung der Haut. Demme hatte Gelegenheit eine solche eingedrückte
Hautpartie anatomisch zu untersuchen, sie zeigte einen Seidenglanz
bei makroskopischer und bei mikroskopischer Besichtigung eine Abplattung der Papillen, eine Verdichtung der Coriumfasern und in
späteren Perioden eine Verfettung derselben. Diesen Befunden ist
wenig Werth beizulegen und in der Mehrzahl der Fälle dürfte es sich
auch unter diesen Umständen weniger um nachweisbare Veränderungen
des anatomischen Gefüges, als vielmehr um beträchtliche Störungen
in der Circulation und Innervation des Hautgewebes handeln. Durchschneidet man solche blasse, eingedrückte Stellen, so tritt keine,
oder eine geringe Blutung ein und die Schmerzempfindung des Patienten
ist daselbt vermindert oder ganz aufgehoben. Dergleichen Verletzungen
von Handfeuerwaffen, in deren Umgebung sich nach Neudörfers
Beobachtungen häufig Ekzeme, Ekthyma-Pusteln und Furunkeln entwickeln sollen, kommen sehr selten in die Behandlung der Hospital-
ärzte, weil die Soldaten dadurch nicht in den dienstlichen Verrichtungen
behindert werden. Den Lazarethen gehen meist nur solche Prellschüsse zu, bei denen Blutaustritte von unbedeutenden Sugillationen
an bis zu grossen Blutheerden in dem Hautgewebe bestehen. Hierzu
gehört die Mehrzahl der Hautprellschüsse überhaupt. Die getroffene
Partie ist meist etwas erhaben, leicht geschwollen, sie fühlt sich teigig
und weicher an und hat eine durch alle Schattirungen des Blau
spielende Farbe. Demme konnte unter diesen Verhältnissen stets verschiedene concentrische Bezirke der Quetschwirkung unterscheiden, von
denen der innerste durch die grösste Intensität ausgezeichnet war, der

äusserste der schwächsten Contusionswirkung entsprach. Bei der Einwirkung grober Geschosse erschien dies Phänomen noch deutlicher und durch verschiedene Farbenringe ausgeprägt. Zuweilen tritt die bläuliche Verfärbung der Haut erst einige Zeit nach der Verletzung ein, in der Regel ist sie kurz nach derselben weniger intensiv, als nach 24—48 Stunden. — Der Sitz der Blutextravasate ist entweder das Coriumgewebe selbst, oder seine Epidermoidalfläche, oder das subcutane Bindegewebe, oder sämmtliche Theile der Haut zusammengenommen: ihre Quelle sind die Gefässausbreitungen und die Schlingen der Hautpapillen und des subcutanen Bindegewebes. Je grösser das contundirende Geschoss, je lockerer und weitmaschiger das subcutane Bindegewebe, desto umfangreicher sind meist die Blutergüsse in und unter der Haut. Liegt die von dem matten Geschoss getroffene Hautpartie direct auf einem Knochen, so überschreitet die Blutbeule selten die Grösse der Geschosse. Besonders eigenthümlich gestalten sich dieselben innerhalb und unterhalb der Kopfbedeckungen. Die oberflächlichen Blutergüsse erheben sich daselbst zu grösseren Blutbeulen, welche oft von einem hart sich absetzenden Rande umgeben sind und nicht selten bei Berührung und Verschiebung des theilweis thrombosirten Inhaltes ein eigenthümliches Reibungsgeräusch verursachen und den Verdacht einer Knochenverletzung mit Depression erwecken können. Die tieferen Blutergüsse lösen zuweilen die ganze Galea ab und breiten sich enorm in die Fläche aus. In seltenen Fällen hat man nach Contusionen der Schädelhaut pulsirende Blutbeulen beobachtet und das Phänomen mit der Thrombenbildung wieder verschwinden sehen.

Oft tritt mit dem Blutergusse zugleich, oder kurz nach demselben ein locales Emphysem von verschiedenem Umfange auf, welches sich durch ein eigenthümliches knisterndes Gefühl unter dem palpirenden Finger zu erkennen gibt. Nach Contusionen der Kopfschwarte habe ich dasselbe im grössten Umfange beobachtet. Ueber die Entstehung und Bedeutung dieses traumatischen Emphysems sind die Chirurgen noch vielfach getheilter Ansicht; ich habe mich an Verwundeten und durch Experimente an Thieren überzeugt, dass dasselbe durch das Freiwerden der Gase aus dem extravasirten Blute hervorgebracht wird. Man sieht daher das Emphysem am beträchtlichsten und frühesten an solchen Stellen eintreten, wo das extravasirte Blut unter dem geringsten Drucke steht.

Der Grad der Quetschung, welchen das Hautgewebe unter solchen Umständen durch das anprallende Geschoss erfährt, kann allen Zwischenstufen zwischen der gewöhnlichen Ekchymose und der ausgesprochenen Mortification entsprechen. Letztere tritt um so leichter ein, je dünner die Haut, je straffer sie über eine feste Unterlage gespannt und je kräftiger das contundirende Geschoss ist. Daher findet man diese Contusionsnekrosen der Haut besonders häufig an der Wange über dem Os zygomaticum, in der Regio periorbitalis, in der Gegend des horizontalen Unterkieferastes, an der Brust, dem Kreuzbein, über dem Trochanter major und der Crista tibiae. Meist sieht ein in dieser Weise contundirtes Hautstück welk und graublau aus, es fühlt sich teigig und kühl an, und die Sensibilität desselben ist erloschen, doch ist auch zuweilen eine normale, oder etwas blässere Hautfarbe und eine normale Temperatur daselbst beobachtet, so dass kein Zeichen

auf den bevorstehenden Brand schliessen liess. In anderen Fällen sah
das von einem Prellschuss bis zur Mortification getroffene Hautstück
röthlichbraun, pergamentähnlich, wie nach einer Verbrennung, aus und
fühlte sich spröde und hart an. Häufiger ist Mumificirung, als Gan-
gränescenz. Demme indessen sah das umgekehrte Verhältniss:
Mumificirung fast nur bei anämischen Individuen. Das brandig abgestorbene Hautstück ist nach der Abstossung bedeutend kleiner als die
zurückgebliebene Granulationsfläche; der Substanzverlust aber stets
grösser, als man denselben nach der Grösse des Projectildurchmessers
erwarten sollte. Im Ganzen haben die durch Gewehrprojectile erzeugten brandigen Zerstörungen der Haut an sich wenig Bedeutung.
Nach der Einwirkung grober Geschosse aber kommen sehr umfangreiche Contusions-Nekrosen der Haut zu Stande.

β. Die Streifschüsse der Haut.

§. 71. Bei den Streifschüssen kommen je nach der anatomischen
Beschaffenheit der getroffenen Gegend und nach der Verschiedenheit
in der Form und Einwirkung der Geschosse Wunden von sehr verschiedenem Charakter zu Stande. Es wird die Haut unregelmässig
zerrissen, oder ein verschieden geformtes Stück derselben
herausgerissen, wenn eine durch Knochenvorsprünge hervorgewölbte
Stelle getroffen wurde, oder wenn die scharfe Ecke eines zersprengten
groben Geschosses die Hautfläche berührte. Nach Einwirkung des
Letzteren entstehen zuweilen enorm grosse Defecte, besonders häufig
an der Galea beobachtet. In anderen Fällen sieht man unter diesen
Umständen grosse Lappenwunden von unregelmässiger Form und
mehr oder weniger gequetschten und zerrissenen Rändern entstehen.
Das elastische Gewebe der Haut wird durch das aufschlagende Projectil so lange gedehnt, bis die absolute Festigkeit desselben überwunden
ist. Pirogoff, Busch, Demme und Wahl sahen derartige Verletzungen besonders am Kopfe. Wird die Hautfläche von einem sehr
schräg oder tangential auffallenden Gewehrprojectil betroffen, so ist
dieselbe je nach der Intensität der Berührung entweder nur leicht
excoriirt, trocken, verbrannt, oder es entstehen grubenförmige
Löcher oder verschieden tiefe und lange halbrinnenförmige Canäle,
welche in einen blinden oder perforirenden Schusscanal oder in eine
einfache Excoriation übergehen können, je nachdem die Richtung der
Schusslinie zur Körperaxe oder die anatomische Beschaffenheit des
Theiles den weiteren Verlauf der Kugel bestimmten. Der Substanzverlust ist auch hier meist bedeutender als der Umfang der Geschosse.
Er erscheint noch grösser an Gegenden, welche mit einer sehr elastischen Haut versehen sind.

Im Allgemeinen sind Streifschüsse sehr schmerzhafte und langwierige Leiden, weil die Umgebung derselben meist stark gequetscht
wird während der Verletzung. Sehr häufig finden sich Streifschussrinnen an der Kopfschwarte, im Gesichte sind dieselben seltener. An
den unteren Extremitäten und am Bauche beobachtet man nicht selten
Streifschussverletzungen durch grobes Geschoss, an den oberen Extremitäten walten die Streifschüsse durch Gewehrprojectile vor. Ziemlich
häufig beobachteten wir letztere an den Fingern.

γ. Die Haut wird durch das Geschoss perforirt.

§. 72. a. Es entsteht ein blinder Schusscanal. Das Projectil dringt durch die Haut, wird aber durch Kleidungsstücke oder das Bindegewebe oder durch den unter der Haut liegenden Knochen völlig matt gemacht und bleibt unter der Haut stecken oder wird mit den Kleidungsstücken oder durch eine Bewegung wieder herausgerissen. b. Es entsteht ein perforirender Schusscanal. Auch hierbei bieten die Erscheinungen eine grosse Mannigfaltigkeit dar. Das Geschoss kann zwei nicht weit von einander entfernte Wunden in der Haut machen, so dass die Kugel dicht unter der Haut verläuft und einen Subcutancanal hinterlässt (Sétons Haarseilschusswunden). Man findet diese Haarseilschüsse an allen Körpertheilen, am seltensten am Kopfe, am häufigsten an den Extremitäten. Sie sind öfter kaum einen Zoll lang, erreichen aber zuweilen ein beträchtliche Länge, besonders am Rücken. In anderen Fällen dringt das Geschoss durch die Haut in die tiefer liegenden Gewebe und macht eine, zwei oder mehrere Schussöffnungen in der Haut.

Seit jeher hat man darüber gestritten, ob es Momente gibt, durch welche man bestimmt die Eingangs- von der Ausgangsöffnung der Schusscanäle unterscheiden kann. Die Frage ist eigentlich für den Gerichtsarzt wichtiger, als für den Kriegschirurgen. Wenn es schon früher kein untrügliches Zeichen zur sicheren Charakterisirung der Ein- und Ausgangswunden gab, so sind nun besonders die Unterschiede zwischen beiden Wunden durch die modernen Geschosse mehr und mehr verwischt; dass dieselben aber ganz und unter allen Umständen bei den modernen Projectilen verschwinden, wie viele Chirurgen lehrten, ist eine Uebertreibung, denn dem aufmerksamen und geübten Beobachter zeigten auch im französisch-deutschen Kriege die aus weiteren Distanzen mit dem Chassepot-Projectile und mit dem Langblei gemachten Schusswunden die charakteristischen Bilder an den Ein- und Ausgangswunden nicht selten in der schönsten Weise. Wir müssen desshalb hier doch die Zeichen der Ein- und Ausgangswunden in der Haut kurz beschreiben: 1) Die Eintrittsöffnung ist grösser als die Austrittsöffnung. Dupuytren hatte zuerst den Satz aufgestellt, dass die Eintrittsöffnung immer kleiner und gleichmässiger als die Austrittsöffnung sei. Ihm schlossen sich Larrey und Hennen an. Blandin überzeugte sich dagegen von der Unrichtigkeit dieser Anschauung und kehrte den von Dupuytren aufgestellten Satz um. Die Beobachtung in allen Kriegen hat seitdem die Blandin'sche Anschauung bestätigt. Es kommen indessen auch von dieser Regel vielfache Ausnahmen vor. Wird ein Knochenstück mit dem Geschoss durch die Ausgangsöffnung herausgeschlagen, oder wird das Geschoss vor dem Austritte beim Durchdringen eines Knochens sehr platt gedrückt und in seiner Form stark verändert, so entsteht eine grössere Aus- als Eintrittsöffnung. Ferner hängt viel davon ab, ob das Geschoss durch seine Propulsionskraft allein, oder auch durch seine Rotationsbewegung wirkt und ferner, ob es mit der Spitze, der Seite oder mit der Basis die Wunde in der Haut macht. Das cylindro-conische Geschoss wird zuweilen im Schusscanale selbst durch Anprallen an den Knochen gedreht. So kann es kommen, dass die Eingangsöffnung

durch die Spitze des Geschosses gemacht wird, die Ausgangsöffnung
durch die Seite oder Basis, wodurch letztere grösser als erstere erscheinen muss. Die durch bohrende Rotationsbewegungen des matten
Geschosses erzeugten Schussöffnungen gleichen sich mehr, indem sie
weit breiter und grösser sind, als die durch reine Perkussionskraft bedingten. Daher kam es, dass während des Krimfeldzuges schon auffallend grosse Ausgangswunden beobachtet wurden. Besonders grosse
Ausgangswunden machte 1864 das dänische Minié-Geschoss. Wir
haben bereits §. 27 gezeigt, dass das Chassepot-Projectil bei Schüssen
aus nächster Nähe enorm grosse Ausgangswunden hervorbringt.

2) Bei mässiger Länge des Schusscanals ist die Eingangsöffnung eine gequetschte, die Ausgangsöffnung eine
gerissene Wunde. Der Mechanismus der Entstehung dieser beiden
Wunden ist von v. Langenbeck scharf und treffend dargestellt worden.
Auf dem Polster der unterliegenden Weichtheile, oder auf der knöchernen Unterlage wird an der Eintrittsöffnung durch die auftreffende
Kugel ein entsprechend geformtes Stück aus der Haut ausgeschlagen;
die dahinter liegenden Weichtheile verhindern, dass die Haut von der
Kugel bis zu dem Grade ihrer Dehnung nach innen eingestülpt wird,
der ihr Einreissen zur Folge hätte, die Wunde ist somit eine ge-
quetschte. An der Austrittsöffnung dagegen bietet die Haut als äusserste
Schicht der Kugel den letzten zu überwindenden Widerstand dar,
nichts liegt mehr hinter ihr, was ihr Ausweichen bis zum Punkte der
Ruptur verhindern könnte, hügelförmig treibt die Kugel die Haut vor
sich her, bis sie von der Spitze des Hügels aus, dem nachherigen
Radienmittelpunkte, nach mehreren Richtungen hin einreisst und der
Kugel den freien Austritt gestattet. Die Lappen, in welche die Kugel
die Haut an der Austrittsöffnung zerreisst, sind meist von verschiedener Zahl, je nach dem Austrittswinkel des Geschosses verschieden
regelmässig, nach Aussen meist etwas aufgeworfen. Reponirt man
dieselben an frischen Wunden, so decken sie den anscheinenden Haut-
defect der Ausgangsöffnung nahezu vollständig.

3) Der eben geschilderte Mechanismus bedingt, dass die
Ränder der Eingangsöffnung kurz nach der Verletzung
deprimirt, diejenigen der Austrittsöffnung aber nach Aussen
gestülpt sind, wie bereits Guthrie gelehrt hat. Meist tritt dies
Zeichen, welches sich mit dem Beginn der Entzündung in der Regel
wieder verliert, in den ausgebildeten Narben wieder hervor. Die Narbe
der Austrittsöffnung liegt gewöhnlich im Niveau der übrigen Haut
oder sie erhebt sich über dieselbe und bleibt auch lange Zeit nach
der Verletzung noch erhaben, während die Narbe der Eintrittsöffnung,
welche nach Neudörfers Beobachtungen sich auch viel stärker retrahirt, immer vertieft bleibt und später den Blatter- und Impfnarben
gleicht.

4) Die Form der Eintrittsöffnung hängt ganz von dem
Winkel ab, unter welchem die Haut von der Kugel berührt
wird. Trifft die Kugel lothrecht auf, so wird die Eingangsöffnung
nahezu kreisrund, die Ausgangsöffnung meist sternförmig; je stumpfer
der Auffallswinkel, desto ovaler wird die Eingangsöffnung, desto unregelmässiger werden auch die Wundläppchen der Ausgangsöffnung;
bei sehr stumpfwinkligem, nahezu tangentialem Auftreffen der Kugel

kann diese erst oberflächlich streifen, ehe sie die Haut durchbohrt und dadurch eine mehr oder weniger lange Streifschussrinne, welche in die Eintrittsöffnung führt, erzeugen, während die Austrittsöffnung unter diesen Umständen mehr schlitzförmig gestaltet ist. Es ist oben bereits erwähnt worden, dass die cylindro-conischen Hohlgeschosse grösseren Kalibers weit grössere Schussöffnungen machen als die unter demselben Winkel aufschlagenden Geschosse kleineren Kalibers und das zierliche preussische Langblei. Für die modernen Projectile gelten auch hier die sub 1) aufgestellten Reserven, in denen die Austrittsöffnung weit gequetschter, zerrissener und zermalmter ist, als die Eingangswunde.

5) Pirogoff beobachtete an der Eintrittsöffnung oft eine taschenförmige Ablösung der Haut von den unterliegenden Theilen, welche durch die moleculäre Erschütterung bedingt sein sollte. In dieser Tasche entdeckte er gewöhnlich die Ueberreste des Ladungspfropfes und Fragmente der Kleidungsstücke. Minkewitz hat diese Beobachtung aus dem letzten russisch-türkischen Kriege bestätigt. Er fand 1) je grösser das Projectil und die Propulsionskraft, desto stärker auch die Abhebung, 2) die Abhebung ist am stärksten in der Richtung der Schusslinie, 3) besonders stark ist sie in der Nähe starker Fascien nach der Richtung hin, wo lockeres Bindegewebe liegt, 4) sie kommt auch vor, wo Tuchfetzen mit im Schusscanal liegen, während die subcutanen Taschen selbst leer sind. Peunow hat Aehnliches gesehen. An der Austrittsöffnung hat man nicht selten beobachtet, dass die Einrisse weiter in die benachbarte Haut hineinreichten, oder dass Ablösungen der Haut in grösserem oder geringerem Umfange eingetreten waren.

6) Die Eintrittsöffnung zeigt Ekchymosen und Spuren der Verbrennung, die Austrittsöffnung nicht. Diese Zeichen sind die unsichersten. Die Ekchymosen fehlen an der Eintrittsöffnung, wenn die Schussrichtung eine directe war und das Projectil mit der Spitze in gleichmässig resistente Weichtheile eindrang, sie finden sich zuweilen auch an der Austrittsöffnung, wenn das Projectil durch sehr gefässreiche Theile austrat und am Ende ihrer Bahn durch die Widerstände in den Geweben des Körpers sehr an Kraft verloren hatte. Zuweilen findet sich an der Eingangsöffnung ein schwarzer Beschlag, welcher theils dadurch erzeugt wird, dass das Projectil an derselben den russigen Beschlag abstreift, welchen es meistens bei der Explosion des Pulvers erhält (vielleicht rührte von diesen Stoffen auch der schweflige Geruch her, welchen die feinen Nasen der alten Kriegschirurgen an der Eingangsöffnung constant bemerken wollten), — theils durch directe Verbrennungen durch das heisse Projectil hervorgebracht wird, — theils von Pulverkörnern herrührt, welche bei Schüssen aus nächster Nähe in die Umgebung der Einschussöffnung eindringen.

§. 73. Bei Schrotschüssen aus weiter Entfernung bleiben die Schrotkörner unter der Haut oder in derselben stecken; bei solchen aus grosser Nähe durchdringen dieselben die Haut wie die Bleiprojectile; bei solchen aus nächster Nähe entstehen Zerreissungen und Zertrümmerungen der Haut grösser als der Durchmesser des Kegels der im Schusse verbundenen Schrotkörner. Die Defecte haben dabei oft ein siebförmiges Ansehen, da die einzelnen Schrotkörner für sich durchtreten und zwischen

sich kleine Hautbrücken stehen lassen. Da die Schrotkörner aber noch
in den Geweben stärker divergiren, so entstehen entweder bei geringerer
Propulsionskraft mehrere Ausgangswunden mehr oder weniger weit
von einander, oder es wird beim Schiessen mit grosser Propulsionskraft eine weite, umfangreiche, sehr zerrissene Ausgangswunde, wie beim
Explosionsschusse des Chassepot-Projectils erzeugt.   Streifschüsse von
Schrotkörnern reissen grosse Partien der Haut fort.

§. 74. Auch nach der Einwirkung groben Geschosses auf
das Hautgewebe hat man Schusscanäle entstehen sehen. Die Eintritts-
öffnungen derselben waren sehr unregelmässig, klaffend, je nach der
Grösse des Projectils und seiner Einwirkung mit einem grossen Substanzverlust, Sugillationen und Escharabildungen versehen, die Austrittsöffnungen zeigten sich gleichfalls sehr gross, unregelmässig, und boten
oft einen umfangreichen Substanzverlust dar.   Lücke beobachtete im
zweiten schleswig-holsteinschen Kriege einige Male von grossen Kartätschen so kleine Schusswunden, dass nur mühsam ein Finger eingebracht werden konnte. Er supponirt zur Erklärung dieser bemerkenswerthen Thatsache eine besonders ausgezeichnete Elasticität der Haut
an den betroffenen Stellen.   Man hat Kartätschenschusscanäle fast an
allen Körpertheilen (mit Ausnahme des Kopfes) beobachtet. Demme
sah dieselben selbst am Halse.   Aehnlich wirken die kleineren Fragmente von Bomben und Granatsplittern.

II.   Schussverletzungen der verschiedenen Formen des Bindegewebes.

α.   Schusswunden des subcutanen Bindegewebes.

§. 75. Das lockere, maschenreiche subcutane Bindegewebe bietet
dem vordringenden Geschoss nur einen geringen Widerstand dar, einen
weit grösseren das fester gefügte interstitielle Bindegewebe. Das subcutane Bindegewebe reisst beim Durchtritte des Projectils meist in
weiterem Umfange ein, auch scheint der durch die verschiedenen Geschosse erzeugte Substanzverlust im subcutanen Bindegewebe an der
Eingangsöffnung beträchtlicher zu sein, als derjenige der Haut. Der
untersuchende Finger gelangt daher zwischen Haut und Aponeurose
in eine Höhlung von beträchtlicherer Excursionsweite. Dupuytren
verglich aus diesem Grunde den Eingang der Schusswunden mit einem
Kegel, dessen Spitze die Hautöffnung bildet. Wird das subcutane
Bindegewebe aber erst nach vorangegangener starker Dehnung von
dem Geschoss durchrissen, so kann die Perforationsöffnung desselben
auch kleiner sein, als die der Haut. Man findet diese Verhältnisse
häufig an der Ausgangswunde und bei Schussverletzungen am Halse.
Meist beobachtet man dabei im Bindegewebe, je nach seinem Gefäss-
reichthum, grössere oder kleinere Blutergüsse.
Das Fettgewebe wird in der Regel mit Beiseitedrängung der
entgegenstehenden Fettläppchen durchbohrt und erfährt daher selten
einen dem Kaliber des Geschosses entsprechenden Substanzverlust.
Ist das Fettgewebe sehr reichlich vorhanden, so sieht man gewöhnlich
nach einiger Zeit mit Serum gemischte Fetttröpfchen aus der Schuss-

wunde hervorsickern. Nach Pirogoff ist die Dicke des subcutanen Fettgewebes ein Hauptfactor für die Grösse und Gestalt der Schussöffnungen in der Haut. Das Fettgewebe ist seiner Resistenz und Spannung nach ein anderes Medium, als das Corium, die Kugel durchdringt dasselbe aber beim Eintritte nach Durchtrennung der Haut, beim Austritte vor Durchtrennung derselben, erfährt also beim Durchschneiden der Haut einen verschiedenen Widerstand, einen kleineren beim Eintritt, einen grösseren beim Austritt. So wahrscheinlich diese Annahme auch erscheint, so ist sie doch experimentell noch unbewiesen. Durch Prellschüsse wird das subcutane und interstitielle Bindegewebe selten zerrissen, meist erfährt dasselbe dabei eine starke Quetschung und eine bedeutende, weit über den afficirten Ort hinausgehende blutige Durchtränkung.

β. Schusswunden der Fascien und Aponeurosen.

§. 76. Nach Durchbohrung der Haut wird der weitere Verlauf des Geschosses vorwaltend durch die Straffheit der Aponeurose bestimmt, welche im Allgemeinen gegen die Einwirkung des Geschosses eine ausserordentlich grosse Resistenz, — nach dem Knochengewebe die grösste, — besitzt. Sie bildet das häufigste Hinderniss gegen das weitere Vordringen matter Geschosse, den gewöhnlichsten Grund für das Entstehen blinder Schusscanäle und das Zurückbleiben der Geschosse in denselben, und ein wesentliches Moment für die Ablenkung und Abschwächung der Geschosse. Demme versichert sogar, dass die französischen Miniékugeln durch die Fascien oft Deformationen und Abplattungen erfahren hätten, er fügt aber nicht hinzu, auf welche räthselhafte Weise er sich von diesem Ereigniss überzeugt hat. Die Fascien erfahren durch Kugeln von mittlerer Perkussionskraft keinen grossen Substanzverlust, ihre Fasern werden meist zerrissen und verdrängt, nicht ausgeschlagen. Es entstehen somit spaltförmige Risse, oder ein oder mehrere Lappen, durch welche sich eben das Projectil hindurchzwängte. Hat das Geschoss in dieser Weise die Fascien durchsetzt, so legen die Spaltränder sich entweder gleich oder erst später bei der Eiterung und Entzündung wieder aneinander und es wird somit eine Scheidewand oder mehrere im Schusscanale gebildet, welche die Entleerung des Wundsecrets beträchtlich erschweren oder ganz verhindern. So bestimmen die Verletzungen der Fascien häufig das Schicksal und den weiteren Verlauf der Schusswunden. — Von Geschossen aber, welche unter einem rechten Winkel und mit grosser Perkussionskraft aufschlagen, wird auch in den Aponeurosen ein Substanzverlust, kleiner als der Durchmesser des Projectils, mit gequetschten Rändern erzeugt. Man findet dann in ihnen eine Oeffnung, kleiner oder eben so gross als die Eingangsöffnung in der Haut. Zuweilen ist der Substanzverlust und das Loch in der Aponeurose so klein, dass man nicht mit der Spitze des Fingers dasselbe durchdringen kann. Am Fusse, welcher an Fascien, Aponeurosen und fibrösen äusseren Bandverstärkungen so ausnehmend reich ist, kann man die Formen und Folgen der Verletzungen dieser Gebilde durch Schusswaffen am häufigsten und besten sehen und studiren.

Durch Prellschüsse werden die Fascien selten zerrissen.

können auch vermöge ihres trägen Stoffwechsels und ihrer grossen
Elasticität bedeutende Contusionen und Quetschungen ohne nachfolgende
Gangrän ertragen. Zuweilen sterben aber nach Prellschüssen, zumal
durch grobes Geschoss bedingt, die Fascien im weiten Umfange ab;
oder sie werden zersprengt, in Lappen zerrissen und stossen sich
fetzenweise los. Wenn auch die Fascien den Stoss des Projectils aus-
gehalten haben, so können sie denselben doch fortpflanzen. Unter
ihnen findet man daher dann Muskeln und Knochen zerstört oder von
ausgedehnten Blutungen durchsetzt.

γ. Schusswunden der Sehnen.

§. 77. Die Sehnen werden bei ihrer Einhüllung in den mit
Synovia erfüllten Sehnenscheiden, ihrer Resistenz und Elasticität nach
dem übereinstimmenden Urtheile aller Kriegschirurgen von den Projectilen meist nur verdrängt und verschoben, oder sie reissen dabei an
oder mit ihrer Knocheninsertion ab. Eine Verletzung derselben findet
fast nur von sehr perkussionskräftigen Projectilen, von matteren Geschossen aber nur an solchen Sehnen statt, welche fixirt sind und daher
dem Geschosse nicht ausweichen können (z. B. der Bicepssehne, den
Sehnen an Hand und Fussgelenk, an den Fingern und Zehen). Pirogoff
sah nur Zerreissungen der Extensoren- und Flexoren-Sehnen an Hand
und Fuss, Demme will auch Durchbohrungen der Achillessehne und
des Tensor quadriceps cruris durch Projectile beobachtet haben. Auch
Huguier beschreibt eine Schusswunde im Quadriceps und Beck behauptet im französischen Kriege wiederholt den Finger durch den
Quadriceps in das Knie und durch den Tendo Achilles in die Tiefe
geführt zu haben. An so grossen Sehnen, wie dem Tendo extens.
cruris, erfahren mattere Kugeln meist eine Ablenkung. Dabei entstehen zuweilen partielle Zerreissungen der Randfasern mit sehr unregelmässigen Wundrändern. Dringt die Kugel durch die Sehnen,
so findet oft kein Substanzverlust statt, die festen und elastischen
Fasern des Sehnengewebes weichen von einander, lassen das Projectil
durchtreten und legen sich nachher wieder an einander. Zuweilen
bilden sich in denselben auch sehr enge Schusscanäle. Sehr selten
entstehen vollkommen quere Durchreissungen der Sehnen und dann
hängt oft das fetzig abgerissene Sehnenende zur Schussöffnung heraus.

Kleine Projectile platten sich an den Sehnen ab oder zerspringen.
Nach Chenu's Bericht aus dem Kriege von 1870—1871 können die
Sehnen des Vorderarmes das Chassepot- und Zündnadel-Projectil so
hemmen, deformiren und zerreissen, dass man glauben kann einen
Explosionsschuss vor sich zu haben.

Es scheint, dass die Sehnen durch matt aufschlagende Geschosse,
besonders von grösserem Kaliber, subcutan zerrissen werden können,
wenigstens hat Demme dergleichen Verletzungen am Tendo Achilles
und Tendo extensorius cruris durch mattaufschlagende Kartätschen
beobachtet. Pirogoff hat freilich in seiner reichen kriegschirurgischen
Praxis etwas Aehnliches nicht gesehen. Meist entstehen dabei mehr
weniger starke Quetschungen der Sehnen, welche in Folge dessen
mortificiren und durch einen langwierigen Eliminationsprocess ausgestossen werden.

Die Schrotkörner finden bei Schüssen aus grösserer Entfernung meist ihre Hemmung im Bindegewebe und bleiben vor demselben oder in demselben stecken. Für die Schüsse aus nächster Nähe gilt das bei den Hautschusswunden Gesagte.

III. Schussverletzungen des Muskelgewebes.

α. Schusswunden desselben.

§. 78. Der Widerstand der Muskeln gegen ein Projectil ist überhaupt gering, im contrahirten Zustande grösser, als im schlaffen. Ein straff contrahirter Muskel kann ein Projectil im Fluge aufhalten oder ablenken, ein sich zusammenziehender das eingedrungene matte Projectil aus einem kurzen, weiten blinden Schusscanale zurückschleudern. Die Muskeln erleiden beim Durchschlagen des Projectils einen Substanzverlust durch die ganze Länge des Schusscanals, wie Simon für runde Kugeln durch vortreffliche Experimente bewiesen hat, indem er die herausgeschlagenen Fleischfasern sorgfältig sammelte und wog und deren Gewicht einem Fleischcylinder von der Dicke der Kugel beinahe gleich fand. Bei dem kleinen cylindro-conischen Projectil muss der Substanzverlust im schlaffen Muskel grösser sein, als im gespannten nach den oben citirten Experimenten, weil die ersteren dem dünnflüssigen, letztere dem dicken Thon zu vergleichen sind. Im erschlafften Muskel werden aber besonders bei matteren Projectilen die Fasern leichter dem Geschoss ausweichen oder doch einen geringeren Substanzverlust erfahren, welcher übrigens noch durch die Rückkehr der gedehnten Muskelfasern in den natürlichen Zustand verkleinert wird. Die matte Kugel durchreisst die Fasern des Muskels und drängt dieselben an die Wände des Schusscanals, wodurch letztere ein mürberes und filziges Aussehen und rauhe Oberfläche erhalten. Die Schusscanäle, welche mehrere grosse Muskelbündel durchdringen, haben eine unregelmässig treppenartige Gestalt, weil das Projectil je nach der Stellung und Haltung des Verletzten in wechselnder Reihenfolge gespannte und schlaffe Fasern durchdringt, wodurch bei ruhiger Lage aller Muskeln des Gliedes grosse Unregelmässigkeiten, Knickungen und Ausbuchtungen bis zur völligen Unterbrechung der Lichtung in dem Schusscanale, auch wenn das Projectil geradlinig die Muskeln durchdrungen hatte, entstehen. Die verschiedenen Ausbuchtungen und Einkerbungen in Muskelschusscanälen erklären sich nach den Heppner'schen Experimenten aus dem höheren oder geringeren Feuchtigkeitsgehalte der durchschossenen Muskeln. — Ist der Muskel von seiner Aponeurose durch die Schussverletzung abgetrennt, so findet der eingeführte Finger die Oeffnung der Muskelschusswunde höher oder niedriger, als die der Aponeurose. Ehe das Projectil den Muskel durchdringt, reisst es seine Scheide oft in grösserem Umfange ab und erzeugt auf diese Weise Räume, in denen sich der untersuchende Finger leicht verirrt. Auch kann man dabei in die Buchten zwischen den zertrümmerten Muskelfasern gerathen und die abgelösten Theile noch mehr trennen. Wir haben bereits gesehen, wie colossale Zerreissungen und Verschleuderungen der Muskelsubstanz

durch hydraulische und centrifugale Wirkungen der Projectile hervorgebracht werden und wie furchtbare Zerstörungen die Muskeln an den
Ausgangswunden explosiver Schussverletzungen aus nächster Nähe erfahren. Aehnliche umfangreiche Zerreissungen finden sich an den Muskeln,
wenn ein sehr deformirtes Projectil noch Kraft genug besitzt, alle
Gewebe zu durchdringen und auch noch Knochensplitter und andere
indirecte Geschosse mit sich fortzureissen. Es genügen aber auch bei
den Weichblei-Projectilen die Widerstände der Fascien und Sehnen,
um die Geschosse so zu erhitzen, zu deformiren und zu zersplittern,
dass explosionsähnliche Wirkungen an den Muskeln der Ausgangswunde
hervorgebracht werden können.

§. 79. Für die Schrotschüsse der Muskeln aus nächster
Nähe gilt das für die Explosionsschüsse der Weichblei-Projectile Gesagte. Bei grösseren Entfernungen erreichen nicht alle Schrotkörner
der Ladung das Muskelgewebe, da sie theilweis im Bindegewebe aufgehalten werden. Ein Theil bleibt noch in den Muskeln stecken und
so werden die in den Muskeln erzeugten Wunden und Zerstörungen
meist sehr geringfügig.

§. 80. Grobes Geschoss, besonders Granatsplitter dringen
oft bis in die Muskeln vor und bleiben hier stecken. Das gilt
auch von sehr grossen Eisensplittern, wie Larrey, Hennen und
Macleod beobachteten und berichten. Die dadurch in dem Muskelgewebe angerichteten Zerstörungen und Zerreissungen sind meist ungeheuer.

Bei den Muskelwunden des Körpers, namentlich aber am Thorax
können durch Bewegungen der Gliedmassen, besonders durch Erheben
der Arme Aspirationen von Luft bedingt werden, die eine Form
des traumatischen Emphysems bilden.

β. Prellschüsse der Muskeln.

§. 81. Durch Prellschüsse kommt es unter intacten Fascien
zu partiellen oder totalen Rupturen der Muskeln, nicht selten, besonders nach Einwirkungen groben Geschosses, zur völligen Zermalmung
und pulpösen Erweichung derselben.

Trifft ein Bombensplitter das Glied tangential, so sieht man entweder grosse Haut-Muskel-Lappenwunden, umfangreiche Abreissungen
von sämmtlichen Weichtheilen bis in die Muskeln entstehen, oder es
werden die letzteren zu einer breiigen, blutdurchtränkten Masse zer-
rieben und zerquetscht.

Es kommen aber auch nach Prellschüssen, ohne dass das organische Gefüge der Muskeln alterirt zu sein scheint, Lähmungen der
Muskeln zu Stande, wie Wahl am Serrat. ant. maj. und am Deltoideus
gesehen hat. Dieselben scheinen mir aber doch mehr durch Erschütterung der Nerven, als durch Verletzungen der Muskeln bedingt zu sein.

4. Diagnose der Weichtheilschussverletzungen.

§. 82. Die Diagnose der Weichtheilschussverletzungen
ist nicht schwer, da dieselben meist frei vor Augen liegen und der

Untersuchung sehr leicht zugängig sind. Nur die Complication derselben durch Gefässverletzungen, durch fremde Körper, das sichere Ausschliessen von begleitenden Knochen- und Gelenkverletzungen bedingt zuweilen diagnostische Schwierigkeiten. Der Grad der Contusion durch Projectile ist meist schwer zu bestimmen, da der weitere Verlauf oft erst zeigt, wie tief und schwer die Gewebe erschüttert und ertödtet sind.

5. Verlauf der Weichtheilschussverletzungen.

§. 83. Der Verlauf der Weichtheilschusswunden ist in neuerer Zeit von den berufensten Forschern eingehender klinisch und pathologisch anatomisch studirt worden.

Die Pulververbrennungen der Haut verlaufen meist wie einfache Verbrennungen. Die Zeichen der Entzündung schwinden bald, die oberflächlichen Brandwunden heilen, doch bleiben die Tätowirungen durch Pulverkörner in Form blauschwärzlicher Flecken meist bestehen, wenn sie auch später wohl etwas heller werden.

Die Contusionen der Haut leichteren Grades verheilen in der Regel ohne Störungen; die Blutextravasate werden aufgesogen unter dem bekannten Farbenspiel. Bei schwereren Contusionen tritt aber oft Brand der Haut, nicht selten in beträchtlichem Umfange ein und es entstehen grössere und schwer heilende Geschwüre. Durch unzweckmässige Behandlung, besonders unsaubere operative Manipulationen, durch fieberhafte und infectiöse Allgemeinerkrankungen der Patienten, können auch die Blutextravasate verjauchen und den Ausbruch von Phlegmonen, Rosen und septischen Infectionen herbeiführen. Zuweilen bedecken sich die contundirten Stellen mit einem trockenen Brandschorfe, unter welchem die Heilung langsam und ohne grosse Eiterung von Statten geht. — Das traumatische Emphysem ist von keiner üblen Bedeutung, es resorbirt sich meist von selbst.

Die Contusionen des Bindegewebes leichteren Grades führen meist keine bedenklichen Störungen herbei, wohl aber die schwereren und umfangreicheren. Da die Sehnen nur einen dürftigen Stoffwechsel und eine geringe Blutzufuhr haben, so nekrotisiren sie nach Erschütterungen und Contusionen sehr leicht. Ihre Abstossung erfolgt langsam, es entstehen lange Eiterungen, tiefe Phlegmonen und nicht selten nach der Heilung functionsstörende Verwachsungen der Sehnen mit den Narben.

Auch die leichteren Contusionen der Muskeln gehen fast stets in Resolution über. Sie hinterlassen Narben in den Muskeln, welche die Bewegung der Glieder stören und beim Witterungswechsel schmerzen. Die umfangreicheren und tieferen Contusionen der Muskeln führen aber oft zur Vereiterung und Verjauchung der Blutextravasate. Der Eiter kann dabei unter den Fascien stagniren und sich senken, daher entstehen tiefe phlegmonöse Processe und allgemeine septische Infectionen, welche eine hohe Gefahr für Glied und Leben herbeiführen. Besonders im Krimfeldzug hat man häufig einen solchen unglücklichen Verlauf der Muskelcontusionen beobachtet. — Auch wenn die durch die Schusscontusionen gesetzten umfangreichen Blutextravasate aufgesogen werden, so können noch durch capilläre Embolien

in den Lungen, Affectionen des Darmes, die auf Hyperämie und
Stauung beruhen, Temperatursteigerungen etc. nach den klinischen und
experimentellen Untersuchungen Angerers (Würzburg 1879) hohe
Lebensgefahren herbeigeführt werden.

§. 84. Die Schuss-Lappenwunden der Haut heilen meist
dadurch etwas langsam, dass durch die Abstossung der gequetschten
Ränder, durch Gangrän der Lappen und durch Retraction der Haut
die prima intentio selten gelingt. Nur im Gesichte pflegen Schuss-
lappenwunden, auch wenn sie sehr zerfetzte Ränder haben, gut zu
heilen. Grössere Gefahren für das Leben und Glied führen aber nur
die alle Gewebe bis in die Muskeln hinein durchdringenden Schusslappenwunden herbei, weil zu ihnen sich leicht Eitersenkungen und Phlegmonen gesellen.

§. 85. Die Streifschussrinnen, blinden und perforirenden
Schusscanäle der Weichtheile können unter dem Schorfe und durch
Eiterung heilen.

α. Heilung unter dem Schorfe.

Von Langenbeck (1850), Stromeyer (1851), Schwartz
(1864), Beck (1866), auch die englischen und französischen Kriegschirurgen in der Krim versicherten, dass sie noch niemals eine Heilung
der Schusswunden ohne Eiterung gesehen hätten. J. Hunter und
C. Bell hatten aber schon beobachtet, dass die Ausgangswunde ohne
Eiterung heile und Baudens, Roux und Jobert sahen, dass die bei
den Strassenkämpfen in Paris aus grosser Nähe erzeugten Schusswunden sowohl an der Eintritts- als an der Austrittswunde unter dem
Schorfe heilten. Dessault, Jobert und später Simon vereinigten
daher Schusswunden des Gesichtes und Hodensackes durch die Naht
mit bestem Erfolge. Pirogoff beobachtete die Heilung unter dem
Schorfe besonders an Wunden, die mit den kleinen kupfernen Projectilen der Tscherkessen erzeugt waren. Die hervorragendsten Ver-
dienste hat sich aber Simon um diese Frage erworben, indem er
immer wieder Fälle sammelte, in denen Schusswunden — von der
Secretion eines dünnen Serum kurz nach der Verletzung abgesehen —
ohne eine Spur von Eiterung heilten. Aus dem Kriege 1866 beschrieb
er allein 9 Fälle der Art. Auch war eine grosse Zahl von Wunden,
welche mit fremden Körpern complicirt waren, doch ohne Eiterung
zur Verheilung gekommen. In den neuesten Kriegen, namentlich im
französischen, sah man besonders die vom Chassepot-Projectile erzeugten Schusswunden in auffallender Menge unter dem Schorfe heilen
(Fischer, Esmarch, Berger, Verneuil etc.), ja in dem Ludwigsburger Reserve-Hospital sollen 15% aller Schusswunden so verlaufen
sein. Auch im letzten russisch-türkischen Kriege ist es nach Schkljarewsky's Bericht Pirogoff aufgefallen, wie günstig die Weichtheilschüsse am Oberschenkel verliefen. Bei vielen Verwundeten waren
beide Oeffnungen gleich mit einem trockenen Schorf bedeckt. Dies
kommt nach Pirogoff daher, dass die Schusswunden durch moderne
Geschosse Stichwunden, mit glühenden Troicarts hervorgebracht, gleichen.
Es waren immer enge, mit geringem Substanzverlust verbundene
Schusswunden der Weichtheile, welche unter dem Schorfe heilten. Die

von den kleinen Weichblei-Projectilen hervorgebrachten Schusswunden
bieten die günstigsten Bedingungen für die Heilung unter dem Schorfe,
denn Arnold fand bei der anatomischen Untersuchung frischer
Schusscanäle der Weichtheile keine eigentliche Diastase der getrennten Theile, vielmehr waren dieselben durch ausgetretenes und
geronnenes Blut mit einander verklebt und die die Rissränder begrenzenden Partien im Zustande einer hämorrhagischen Infarcirung.
Der Schorf bildet sich aus dem coagulirenden Blute und dem serös-
trüben Wundsecret, welches in den ersten Stunden nach der Verletzung aus der Wunde fliesst. Anfänglich ist der Schorf noch feucht,
er wird aber immer trockener und wenn er sich nach 8—14 Tagen
löst, so ist die Wunde darunter geschlossen. Inzwischen zerfallen im
Schusscanale die zermalmten und gequetschten Gewebspartien und
werden resorbirt. Wenn aber auch ein Schusscanal unter dem Schorfe
anscheinend fest geheilt ist, so sieht man doch zuweilen, dass sich
später noch eine Eiterung entwickelt, welche von der kaum vernarbten Eingangswunde ausgeht und den ganzen Schusscanal durchziehen kann. — Es ist leicht einzusehen, dass die Ausgangswunde unter
diesen Umständen früher und auch öfter unter dem Schorfe heilen
wird, als die Eingangswunde, weil sie keinen wesentlichen Substanzverlust, auch keine hochgradige Quetschung der Ränder zeigt. Es
liegen daher die Ränder derselben fest aneinander und können leicht
verkleben. Die alte, schon von J. Hunter aufgestellte, von verschiedenen Kriegschirurgen, besonders Lovell in Böhmen bestätigte Regel,
dass die Ausgangswunde überhaupt schneller heile, als die Eingangswunde, wird heute trotzdem oft hinfällig werden, weil, wie wir gesehen
haben, die Ausgangswunde bei den modernen, weichen, kleinen Projectilen oft grösser und gequetschter ist, als die Eingangswunde. Bei
der Heilung unter dem Schorfe kann die Schusswunde in 8—12 Tagen
geschlossen sein.

§. 86. β. Die Heilung der Weichtheilschusswunden durch
Eiterung bildet zur Zeit noch die Regel. Man hat dabei drei Stadien
zu unterscheiden:

Das erste Stadium ist dasjenige der blutig serösen Infiltration oder der primären Entzündung. Die Hautwunden und
ihre Umgebung schwellen an, das Lumen des Canals wird enger, die
Oeffnungen verlegen sich mehr und mehr, der Wundcanal secernirt eine
blutig-seröse Flüssigkeit. Die Umgebung der Wunde ist geröthet, geschwollen, empfindlich, es tritt ein brennendes und prickelndes Gefühl
in der Wunde und ihrer Umgebung ein. Gegenüber den Friedensverletzungen durch contundirende Gewalten, bei denen die Wundverite-
rung sehr früh, oft gleich nach der Verletzung beginnt, muss für die
Schusswunden die bemerkenswerthe Thatsache hervorgehoben werden,
dass die Wundschwellung meist überaus lange, mehrere Tage, doch selten
mehr als 9 Tage nach der Verletzung auf sich warten lässt und je nach der
Individualität und der Constitution des Kranken, nach der Behandlung
und nach der Lage und Schwere der Verletzung von verschiedener
Intensität erscheint. Gewöhnlich umfasst dies Stadium den 3.—8. Tag
nach der Verwundung. Auch Fieber gesellt sich bei reizbaren Individuen, bei schweren Verletzungen und unter ungünstigen Bedingungen

der Wundpflege hinzu. Je aseptischer die Schusswunde gehalten wird, desto weniger tritt dies Stadium des Wundverlaufes in die Erscheinung, Schwellung und Röthung, Schmerz und Fieber bleiben ganz aus oder auf die geringsten Grade beschränkt.

Das zweite Stadium umfasst die Zeit vom Beginne der Eiterung bis zur völligen Reinigung der Wunde. Es werden in dieser Zeit alle den Schusscanal verunreinigenden Gebilde, seien sie von aussen eingedrungene fremde Körper oder zermalmte und mortificirte Gewebsmassen, eliminirt. Dieser Vorgang ist das Resultat einer demarkirenden Entzündung an der Grenze der nekrotischen Gewebe. Er beginnt meist von der der Ausgangswunde zunächst liegenden Hälfte des Schusscanals. Die fremden Körper werden durch die anfänglich noch serös purulenten, später purulenten Wundsecrete gelöst und allmählich mit denselben nach den Wundöffnungen fortgerissen, aus welchen sie spontan hervortreten oder durch Kunsthülfe herausbefördert werden können. Im Beginne dieser Periode schwillt der Wundcanal meist noch mehr an, Röthung und Schmerzhaftigkeit nehmen zu, zuweilen wird das ganze Glied leicht ödematös. Schüller fand bei anatomischen Untersuchungen, die er an Schusswunden in dieser Zeit gemacht hat, dieselben so: die äusserste, dem Canal zugewendete Partie besteht aus einem körnigen Detritus, Fetttröpfchen, Eiterkörperchen und einzelnen, noch mehr oder weniger in ihrer Structur erhaltenen Gewebselementen (als elastischen und Bindegewebs-Fasern), zerfallenen Muskelfibrillen und aus den Elementen des Blutes. Die nekrotisirende Schicht ist wenig scharf von der gesunden Gewebsschichte der Nachbarschaft abgegrenzt und dringt sogar an einzelnen Stellen zwischen die kleinzellig infiltrirten Gewebstheile, welche eine nahezu homogene, gallertige, structurlose Masse darstellen, wie mit Wurzeln hinein. Die lymphoiden Zellen liegen an der Nekrosenzone und längs den Gefässen am dichtesten. Auch in dem gesunden Gewebe findet man hier und da kleine Depots von lymphoiden Zellen, meist in der Umgebung kleinerer disseminirter Blutaustritte. In der Randzone zwischen dem gesunden Gewebe und dem Infiltrationsrand sind die Blutgefässe vielfach thrombosirt, die Thromben von reichlichen Zellenlagern neuer Bildung umgeben. Das Wundsecret wird nun immer spärlicher, consistenter und purulenter und in demselben finden sich kleinere und grössere Fetzen, auch moleculärer Detritus der mortificirten Gewebe. Je gefässreicher und succulenter die Gewebe, je weiter die Schussöffnungen, je günstiger ihre Lage für den Abfluss der Wundsecrete, desto schneller geht die Reinigung des Schusscanals vor sich. Am trägsten ist die Abstossung des Brandigen an den Fascien und Sehnen, welche meist eine recht langwierige Eiterung unterhalten. Ist so die Reinigung des Schusscanals beendet, so treten Granulationen in ihm auf, welche mit der Zeit wie eine sammetweiche, röthliche Membran denselben auskleiden; die Eiterung beschränkt sich und das Fieber schwindet, wenn es überhaupt vorhanden war. Dieses Stadium dauert je nach den individuellen, zufälligen oder lokalen Verhältnissen verschieden lange; es ist meist in der zweiten oder dritten Woche nach der Verletzung beendet. Durch antiseptische Behandlung der Schusswunden wird auch dies Stadium, wie wir sehen werden, sehr abgekürzt, die Eiterung beschränkt, das Wundfieber hintangehalten.

Das dritte Stadium ist das der Verheilung und definitiven Vernarbung. Die Eiterung hört mehr und mehr auf, die Granulationen werden immer höher und derber, greifen von allen Seiten in einander über und füllen den Schusscanal aus. Die Heilung desselben beginnt meist in seiner Mitte, wo die Seitenwirkung des Projectils aufhörte und die Weichtheile durch dasselbe bloss zerrissen wurden; von hier aus verkleinert sich derselbe nun trichterförmig nach beiden Seiten, besonders lebhaft nach der Ausgangswunde, und eine definitive Vernarbung tritt ein. Zuweilen heilen die Aus- und Eingangswunden eher als das Centrum des Schusscanals, dann kann es leicht zu Eiterretentionen kommen. Die Verheilung des Schusscanals geschieht durch eine so schmale Linie, dass Klebs (S. 101) sehr häufig den Verlauf des Schusscanals im Fett-, Binde- und Muskelgewebe gar nicht mehr nachweisen konnte, obwohl die äusseren Wunden sich noch im Zustande der Eiterung oder Granulation befanden. Schüller hat auch die Ueberhäutung bei den Weichtheilschusswunden mikroskopisch verfolgt und dabei gefunden, dass sich durch den gegenseitigen Druck des sich abwärts senkenden Rete Malpighii und des Blutes in den senkrecht gegen die Granulationsfläche aufsteigenden Gefässen, unter gleichzeitiger bindegewebiger Umwandlung der Granulationszellen, ein dem normalen ähnliches Corpus papillare construirt.

Die Dauer der Heilung einfacher Weichtheilschusswunden ist sehr verschieden: Porta gibt 20—30 Tage, Longmore und Legouest 4—6 Wochen, Demme 13—50 Tage, Heine 6—7 Wochen an. Es lässt sich aber überhaupt keine Zeitdauer für dieselbe bestimmen, da die Heilung der Weichtheilschusswunden abhängt von der Tiefe und Länge der Schusscanäle, von ihren Complicationen, von ihrer Behandlung, von der Salubrität der Hospitäler, von der individuellen Vulnerabilität des Patienten etc. 3 Wochen bis 3 Monate umfasst im allgemeinen die Heilung der Schusswunden der Weichtheile durch Eiterung; selten gelingt dieselbe unter dem Minimum, oft genug übersteigt sie das Maximum. In den letzten Kriegen ist die Thatsache allgemein bestätigt worden, dass Hautrisswunden von Granatsplittern auch bei grosser Ausdehnung auffallend schnell und mit relativ kleinen Narben heilten.

Den vernarbten Schusscanal fühlt man als festen Narbenstrang durch die Haut, an Stelle der Ausgangswunde eine längliche, leicht erhabene, an der der Eingangswunde eine mehr rundliche, eingezogene Narbe. Die einfach zerrissenen Sehnen können sich wieder vereinigen und vollständig functionsfähig werden, die gequetschten mortificiren; es verwachsen dann später die Sehnen mit der Sehnenscheide, wodurch ihre Function gehemmt oder vernichtet wird. Zuweilen aber stellt sie sich nach längeren Uebungen durch Zerreissungen und Dehnungen der Verwachsungen wieder her. Die Muskelwunden heilen durch Narben, welche wie Inscriptiones tendineae in der Muskelsubstanz liegen, und, wenn sie nicht adhärent sind mit der ganzen Narbe, eine Abschwächung der Muskelkraft, aber keine Aufhebung der Muskelfunction bedingen.

§. 87. Ueber die Störungen des Wundverlaufes bei den Weichtheilschusswunden handeln wir später im Zusammenhange bei den Complicationen der Schusswunden. Aber auch nach der Heilung derartiger Verletzungen bleiben oft noch Uebelstände mancherlei Art, die

meist von ungünstig gelagerten ·und gestalteten Narben oder von
zurückgehaltenen fremden Körpern ausgehen, zurück. Dahin gehören:
    1) Adhärente Narben. Dieselben verhindern die Bewegungen
und die kraftvolle Function der Glieder, lösen und dehnen sich aber
oft noch bei längerem Gebrauch derselben.
    2) Schmerzhafte Narben. Tiefgehende und breite Narben
sind meist von neuralgischen Affectionen heimgesucht, besonders beim
Witterungswechsel, wodurch die alten Krieger zu Wetterpropheten
werden. Sind aber sensible Aeste der Nerven in den Narben eingeschlossen oder drücken dieselben auf solche Nerven, so können
Neuralgien, Epilepsie und trophische Störungen an den Gliedmassen
eintreten. Bei Compression motorischer Nerven durch die Narben entstehen Lähmungen.
    3) Wuchernde Narbenkeloide sind nach Schussverletzungen
ausserordentlich selten.
    4) Durch tiefgehende Narben wird nicht selten eine Störung und
Unterbrechung in der venösen Circulation der Glieder, besonders
an den unteren Extremitäten bedingt. Dadurch können chronische
Oedeme, Phlebectasien und elephantiastische Degenerationen der Glieder
mit Beschränkung oder Aufhebung ihrer Function entstehen.
    5) Anfangs brechen die Narben leicht wieder auf oder sie
werden bei der Arbeit wund gerieben, besonders an Stellen, die einem
beständigen Druck oder einer andauernden Reibung (Fuss, Hand,
Hinterer etc.) ausgesetzt sind.

    §. 88. Die in den Weichtheilschusswunden stecken gebliebenen
fremden Körper können in den Narben oder in den benachbarten
Geweben eingeschlossen werden. Je feiner und reiner diese Stoffe
sind, um so leichter heilen sie ein. So fand Klebs kleine blaue Woll-
fäden von 2—3 mm Durchmesser in den Weichtheilen des Unterarmes
dicht vor den Nerven eingeheilt. — Weiche Stoffe, wie Tuchfetzen,
Leinenstücke etc. rufen aber meist wiederholte Entzündungen und
Eiterungen, wodurch die schon geheilten Wunden wieder aufbrechen
oder Eitersenkungen an entfernteren Orten entstehen, hervor, bis sie
ganz ausgestossen oder entfernt sind. Oefter als diese Gebilde heilen
Eisen- und Bleistücke der Projectile oder ganze Projectile dauernd ein,
indem sie sich mit einer Bindegewebskapsel umgeben, in der sie zur
Ruhe kommen.

    Einen derartigen Fall beschreibt Arnold l. c. p. 171. Das Projectil lag
auf der intakten siebenten Rippe, umhüllt von fast unverändertem Zellgewebe,
mit dem es in inniger Berührung stand, während es auf der Rippe verschiebbar
war. Das dasselbe umgebende Zellgewebe war nur leicht verdichtet, zeigte aber
keine Spur einer eitrigen Infiltration.
Aber auch bei ihnen kommt es nicht selten nach Jahren noch
zu Eiterungen, Fistelbildungen, zu Eitersenkungen etc., bis das Projectil oder das Stück desselben ausgestossen oder ausgezogen ist.

    Creswell extrahirte ein Projectil aus einer Sehnenscheide nach 5 Mo-
naten (Br. med. Journ. 1878, S. 788). Harland (Br. med. Journ. 1874, V. II.
S. 425) zog bei einem 83jährigen Veteranen von Waterloo, dessen Wunde 2 Jahre
offen geblieben war, und der wiederholt bei seiner schweren Arbeit als Gärtner
und Landarbeiter Entzündungen gehabt hatte, das Projectil aus einem Abscesse
der Hohlhand nach 59 Jahren heraus. v. Pitha entfernte ein Jahr nach der

Verletzung aus unregelmässigen Eiterheerden und Hohlgängen des Oberschenkels eine plattgedrückte Kugel, die an einem goldenen Ringe steckte, den sie bei ihrem Durchgange durch eine Geldbörse aus dieser mit sich gerissen hatte (Allg. Wiener med. Zeitg. 1874, Nr. 51). Auch Fragmente von Granaten oder groben Geschossen können längere Zeit unerkannt in den Weichtheilen verweilen, bis sie sich durch Eiterungen zu erkennen geben. So extrahirte Chassaignac ein Stück einer Kartätschkugel nach 1¼ Jahren aus einer Armwunde (Gaz. des hôpitaux 1871, Nr. 129, p. 514). Auf solchen Projectilen finden sich Kalkniederschläge und feine Kalkplättchen.

Ich habe 1878 bei einem Offizier ein österreichisches Projectil, das ganz mit Kalkniederschlägen bedeckt und von feinen Kalkplättchen umgeben war, unter dem Pector. major extrahirt, nachdem dasselbe von 1866 bis 1876 keine Symptome, von da ab aber beständige Eiterungen veranlasst hatte. Auch nach dem französischen Kriege habe ich mehrere Projectile aus den Weichtheilen viele Jahre nach der Verletzung extrahirt und stets diese Beschläge darauf gefunden.

Alfonso Ferri behauptet, dass das Blei eine besonders grosse Affinität zum Muskelfleische habe, und dass daher die Projectile leicht und schadlos in den Muskeln eingekapselt würden. Baudens bestätigt dies zwar, mir aber scheint diese Bemerkung weder anatomisch noch klinisch begründet zu sein. Vom Einheilen der Geschosse und ihrer Theile in der Zungenmuskulatur gibt es eine Zahl genauer Beobachtungen (Percy, Boyer).

Das Wandern der Geschosse, — d. h. „das durch die Bewegung der Theile und ihre eigene Schwere begünstigte Herabsteigen derselben, wobei sie bis an das Ende der Extremitäten herabgelangen können, um dort Jahre lang liegen zu bleiben" (Dufouart) —, wovon Hennen, Guthie, Daniel die wunderbarsten Beispiele erzählen, ist in den letzten Kriegen zwar sehr selten, doch unzweifelhaft beobachtet worden. Die langen Wanderungen der Geschosse aber, von denen die alte Kriegschirurgie zu berichten weiss, gehören wohl in das Gebiet der Fabel; es handelte sich meist nur um ein langsames Fortschreiten derselben auf kurze Strecken. Das Projectil usurirt die Gewebe durch Druck und sinkt durch seine Schwere in den Bahnen des geringsten Widerstandes, während sich hinter ihm der eben verlassene Canal durch Granulationen schliesst. Dasselbe kann auf seinem Wege die verschiedensten Symptome verursachen, je nach den Organen, die es berührt.

So erzählt Schaffranek (Deutsche med. Wochenschr. 1878. Nr. XII.) folgende Beobachtung: 1866 Schuss in den Hals. gute Heilung: 1867 Schmerz in der Gegend der siebenten Rippe und Hämoptoë. 1871 Abscess in der rechten Lendengegend, 1874 ein zweiter einwärts von der Spina ilei ant. infer. rechterseits und 1877 ein Abscess rechts von der Dammnaht, aus welchem das gut erhaltene Projectil extrahirt wurde.

6. Der Verlust des Gliedes oder des Lebens bei Weichtheilschüssen.

§. 89. 1) In einer Reihe von Fällen treten brettharte Oedeme an den verletzten Gliedern ohne entzündliche Reizungen auf, welche wohl durch den thrombotischen Verschluss der kleineren Venen vermittelt werden. Dieselben können so beträchtlich werden, dass dadurch Brand der Glieder entsteht. Besonders häufig kommt dies Ereigniss bei den Schussverletzungen an den oberen Extremitäten vor. Ich habe diese harten Oedeme, welche mit dem sogenannten acutpurulenten Oedem Pirogoffs nichts zu thun haben, weil sie absolut nicht entzündlicher Natur sind, bei Schusswunden wiederholt gesehen, doch ihre

Ursache nicht ergründen können. Zuweilen hindern sie die Heilung gar nicht. Klebs beschreibt zwei Fälle der Art an den oberen Extremitäten. Er fand das Bindegewebe derb, gelblich infiltirt, die Muskeln derb, roth, von gelben trockenen Längsstreifen durchsetzt, das intramuskuläre Bindegewebe von einer klaren, gelblichen Flüssigkeit erfüllt. Im zweiten Falle fehlten die trockenen, stellenweis gelblich gestreiften Partien. Auch Klebs konnte die Ursache dieser harten, ödematösen Infiltration nicht auffinden.

2) Es entwickeln sich diffuse und septische Phlegmonen, die zum Brande des Gliedes und zur Pyämie führen. Das acut-purulente Oedem Pirogoffs kommt in Folge einfacher Weichtheilschusswunden selten zur Entwicklung. Ich beobachtete dasselbe einmal bei einem Weichtheilschuss des Armes, welcher mit einer Gefässverletzung complicirt war, und einmal bei einem blinden Unterschenkelweichtheilschusse. In beiden Fällen wurden die Glieder brandig, dieselben mussten amputirt werden und die Patienten starben an fortschreitendem Brande. Besonders gefährlich sind die Phlegmonen, welche sich an den Sehnenscheiden bei Verletzungen sehnenreicher Regionen und in dem lockeren Bindegewebe zwischen den Muskeln und Muskelbündeln entwickeln. Sie führen schnell zu einer beträchtlichen Schwellung der Weichtheile, zu einer rapid fortkriechenden eitrigen Infiltration derselben und zur Pyämie. — Unsaubere Wundpflege, besonders das viele Herumbohren in den Wunden mit unreinen Fingern, der Aufenthalt in schlechten Spitälern, lange und rohe Transporte etc. bedingen dieselben. Je dicker die Weichtheillagen eines Gliedes sind, um so leichter entwickeln sich diese Phlegmonen. Arnold secirte drei einfache Oberschenkelweichtheilschüsse, welche in dieser Weise letal endeten.

3) Die phlegmonösen Entzündungen und Eiterungen greifen auf die Gelenke unterhalb oder oberhalb der Verletzung über, wodurch besonders bei beträchtlichen Zerstörungen der Weichtheile und septischen Infectionen Glied und Leben der Patienten bedroht werden können.

4) Gleichzeitige Gefässverletzungen können durch secundäre Blutungen, Nervenverletzungen durch Wundstarrkrampf, das Auftreten von Hospitalkrankheiten, besonders Hospitalbrand, Rose etc. auch bei Weichtheilschussverletzungen Glied und Leben gefährden.

5) Bei elenden Individuen kann die langdauernde Eiterung zur Erschöpfung, zur Lungenschwindsucht oder zur amyloiden Degeneration der inneren Organe und damit zum Tode der Verletzten führen.

7. Zur Prognose der Weichtheilschussverletzungen.

§. 90. Nach Rombergs Zusammenstellung führten von 210 Weichtheilschusswunden 4 zum Tode (1,9 %). Unter 235 Weichtheilschusswunden beobachtete Socin 18mal schwere Complicationen: 6mal durch arterielle Blutungen († 4), 6mal durch Rosen, 2mal durch Hospitalbrand, 2mal durch Wundstarrkrampf, 4mal durch Neuralgien und Lähmungen, 2mal durch tödtliche Septicämie (Mortalität 2,5%). Unter 479 Weichtheilschussverletzungen sah ich zwar 12mal Rosen, 16mal Phlegmonen, doch keinen Todesfall. Die durchschnittliche Mor-

talitätsziffer bei den Weichtheilschussverletzungen lässt sich nicht berechnen, da die Angaben über die Sectionsbefunde und Complicationen
derselben zu unbestimmt sind. Am gefahrvollsten erscheinen die langen,
tiefen Schusscanäle der Weichtheile an sehr muskulösen und sehnen-
reichen Gliedern, also besonders an den unteren Extremitäten, weil bei
ihnen leicht Eiterretentionen, Eitersenkungen und phlegmonöse Processe
eintreten. Arnold berichtet allein 7 Fälle von Fleischschusswunden
der unteren Extremitäten, in denen die Verwundeten lediglich an in
ihren Gebieten auftretenden phlegmonösen, pyämischen und septikämi-
schen Affectionen zu Grunde gingen. Wir werden später zeigen, dass die
Gefahren der Knochenschusswunden vorwaltend bedingt werden von
den Processen, die sich an den gleichzeitigen Weichtheilverletzungen
abspielen. Diese Thatsache gibt dem Kriegschirurgen einen Begriff
von der Dignität der Weichtheilschussverletzungen und eine ernste
Mahnung zugleich zu einer vorsichtigen Prognose und sorgfältigen Behandlung derselben.

Capitel II.

Schussverletzungen der Knochen.

§. 91. Will man sich ein richtiges Bild von der Einwirkung
der Projectile auf den Knochen verschaffen, so muss man die Schussverletzungen der langen Röhrenknochen von denen der platten Knochen
unterscheiden.

A. Schussverletzungen der langen Röhrenknochen.

§. 92. Auch an den langen Röhrenknochen wird nicht jeder
Theil vom Projectil in gleicher Weise verletzt. Man muss daher die
Verletzungen durch Schusswaffen an den Diaphysen der langen Röhrenknochen von denen der Epiphysen unterscheiden, weil die eigenthümliche und sehr differente Structur beider ein ganz verschiedenes Verhalten derselben gegen die Projectile bedingt und bei letzteren die
nicht selten gleichzeitige Verletzung der Gelenkapparate eine weitere,
höchst gefahrvolle Complication bildet.

I. Schussverletzungen der Diaphysen der langen Röhrenknochen.

1. Experimentelles.

§. 93. Die ersten guten Schiessversuche gegen feste Gebilde haben
Dupuytren und seine Schüler 1830 angestellt, um die Ablenkungen der Geschosse durch dieselben und die von den letzteren erzeugten Schusscanäle zu
studiren. D. fand, dass ein Projectil, welches in lebendes Holz eindringt,
keine Theile aus demselben herausschlägt, und dass dann die blinde Ende des
Schusscanals der geräumigste Theil desselben war, dass dasselbe aber, wenn es
durchdringt, einen Substanzverlust in dem lebendigen Holze unter Heraus-
reissung von Splittern und einen nach der Ausgangsöffnung sich trichterförmig erweiternden Schusscanal macht. Arnal schoss auf mehrere ein-
zöllige, in gleicher Distanz senkrecht hinter einander stehende und durch
Querhölzer verbundene Bretter. Dabei fand sich, dass jedes Brett einen
Schusscanal bekam in der Gestalt eines abgestumpften Kegels mit der Basis

nach der Austrittsöffnung, dass die Schusscanäle von Brett zu Brett weiter und die Austrittsöffnungen von Brett zu Brett grösser und durchweg mit Holzsplittern besetzt waren. Aus diesen Versuchen ergab sich für die Experimentatoren der Schluss, dass je kräftiger das Projectil, desto enger und glatter der von ihm erzeugte Schusscanal und umgekehrt sei. Diesen Satz fand Dupuytren auch bei seinen Schiessversuchen gegen Leichen vollkommen richtig.

Auch mit Glasscheiben ist vielfach als einem Versuchsobject für die Einwirkung der Projectile auf einen spröden Körper experimentirt worden und zwar aus glatten Gewehren und mit runden Kugeln. Dabei fand man, dass das Loch in der Scheibe desto reiner war, mit je grösserer Kraft die Kugel auftraf. Bei Schüssen aus nächster Nähe und mit grosser Pulverladung entsprach der Defect im Glase der Grösse des Projectils, und je näher und kräftiger der Schuss, desto weniger Sprünge zeigten die Ränder des von ihm erzeugten Loches. Eine mattere Kugel schlug ein grösseres Loch aus der Scheibe und verursachte stark radial verlaufende Sprünge in dem übrigen Glase, eine noch mattere Kugel zertrümmerte die Scheibe vollständig, indem die langsamere Bewegung sich der ganzen Scheibe mittheilte.

Pirogoff nahm 1849 diese Versuche an Leichen wieder auf, studirte aber hauptsächlich Gestalt und Grösse der Hautwunden und das Verhältniss zwischen Ein- und Ausgangsöffnung der Schusscanäle. Er fand ebenso wie Simon bei seinen 1851 veröffentlichten Experimenten über die Einwirkung der Projectile auf die Knochen nichts Neues, beide Experimentatoren bestätigten vielmehr einfach Dupuytrens Angabe. Langenbeck kam bei seinen Versuchen zu folgenden Sätzen: Das Projectil treibt in spongiösen Knochen die Fasern derselben wie ein Keil auseinander und bildet einen engeren Schusscanal, als der Durchmesser des Projectils beträgt, nur an der Ausgangswunde ist eine Absplitterung der oberflächlichen Knochenschichten die Regel. Harte, glasartig brüchige Knochen, wie die Diaphysen der langen Röhrenknochen oder die Schädelknochen, erleiden bei rechtwinkligem Auftreffen einer kräftigen Kugel einen mehr oder weniger kreisrunden Substanzverlust, bei stumpfwinkligem eine Zertrümmerung in viele Fragmente. Beim Eindringen des Projectils in den harten Knochen ist überhaupt die Splitterung um so bedeutender, je matter das Projectil und je mehr der Eintrittswinkel desselben vom rechten entfernt ist, am bedeutendsten, wenn das Projectil in dem Knochen ganz oder in Stücken stecken geblieben ist. Der Umfang der Knochenverletzung wächst in schneller Progression mit dem Umfang und Gewicht der Kugel.

Es fragte sich nun, ob die Ergebnisse dieser Experimente noch für die modernen Projectile ihre Giltigkeit behalten, und wir verdanken besonders W. Busch, dessen sinnig erdachte Schiessversuche wahrhaft klassisch zu nennen sind, die bemerkenswerthesten Aufschlüsse über die Wirkungen, welche die kleinen Projectile aus weichem Blei auf spröde Körper (Glas) und Knochen auszuüben im Stande sind.

§. 94. Wir haben schon im §. 27 die explosionsartigen Wirkungen der Geschosse bei Schüssen aus nächster Nähe im allgemeinen kennen gelernt und es bleibt uns daher hier nur noch übrig, den Bedingungen der Entstehung und den Wirkungen derartiger Schüsse auf den Knochen nach den experimentellen Ergebnissen kurz nachzugehen. Sarazin hatte wohl zuerst die Thatsache experimentell constatirt, dass durch das Chassepot-

Projectil bei Schüssen aus 15 m Entfernung die Knochen ganz ausser Verhältniss zur Grösse des Projectils zerschmettert wurden. Busch und Küster bestätigten dieselbe. Dem gegenüber fanden diese beiden Experimentatoren, dass einlöthige Kugeln, aus einem Scheibenpistol geschossen, das Schienbein beim Einschuss etwa 2 cm unterhalb des oberen Knorpels lochförmig mit Freilassung des Gelenkes durchbohrten, bei einem höheren Einschusse aber meist Fissuren bis in den Knorpel machten und bisweilen auch ein Stück aus der Epiphyse ganz herausschlugen, und dass dabei niemals der Durchmesser der Ausgangswunde über 3 cm hinausging.

Busch denkt sich (l. c. Bd. 18, S. 205) den zur Erzeugung derartiger explosiver Wirkungen nothwendigen Vorgang der Erhitzung, Absplitterung und Abschmelzung des Chassepot-Projectils während des Passirens eines Knochens so: Die Bleitheile, welche der Spitze der Kugel und dem zunächst gelegenen Manteltheile angehören, erleiden beim Durchschlagen eines Knochens die stärkste Hemmung und Reibung, während die nicht der Reibung ausgesetzten Theile des Projectils mächtig vorwärts dringen. Jene Manteltheile werden durch die Reibung und Hemmung, welche sie erfahren, so weit erhitzt, dass sie schmelzen und von dem Zusammenhange mit dem Haupttheil des Projectils gelöst werden. Die den Schmelzungsflächen oder Rinnen zunächst gelegenen Theile der Kugel sind wenigstens so weit erwärmt, dass sie durch das mechanische Hinderniss, unterstützt durch die Centrifugalkraft des Projectils, bei der gelockerten Cohäsion der Molecüle aus dem Zusammenhange herausgeschleudert werden. Diese Sprengstücke zeigen zuweilen an ihren Flächen noch Schmelzungsvorgänge, zuweilen haben sie die bizarren Formen, welche das Blei beim Weiterfliegen annimmt. Man kann sich also ein kleines Weichtheilprojectil in eine Anzahl von Abschnitten getheilt denken, von denen der vorderste, welcher beim Durchschlagen eines Hindernisses den stärksten Stoss erleidet, auch am stärksten erwärmt ist, während in jedem folgenden Abschnitte die Erwärmung immer geringer wird.

Zur genaueren Eruirung dieser Vorgänge nahm Busch die Schiessversuche auf Scheiben von starkem, in Drahtschlingen frei schwingendem Fensterglase wieder auf. Fällt auf eine solche Scheibe ein Chassepotschuss aus 40 oder 200 Fuss Entfernung, so schlägt das Projectil ein Loch aus der Scheibe, welches fast den doppelten Durchmesser der Kugel hat. Rings um dieses Loch steht eine Zone von ungefähr einem Zolle Höhe, in welcher das Glas Sprünge zeigt, welche mit der Peripherie des Loches concentrisch verlaufen. Ausser diesen Sprüngen gehen zahlreiche radiale Sprünge von dem Loche aus, die sich oft bis zum Rand der Scheibe erstrecken. Wurde die Scheibe so aufgebunden, dass ihre Ebene mit der Schussrichtung einen Winkel von etwa 45° bildete, so fiel dieselbe nach jedem Schusse zertrümmert aus ihren Schlingen. Schüsse aus gezogenen Revolvern ergaben ein Loch, welches nur wenig grösser war als die Kugel und nur sehr geringe radiäre und concentrische Sprünge hatte. Es zeigte sich somit, dass der oben aus den Versuchen mit runden Kugeln gezogene Erfahrungssatz bei den modernen Schusswaffen nicht mehr gilt, vielmehr das mit grosser Kraft durchschlagende Chassepot- und Zündnadel-Projectil im Glase einen unreineren Substanzverlust und auf weit grössere Gebiete sich erstreckende Erschütterungen der Glasscheibe bewirkt, als die schwächere Revolverkugel. Aehnliche Erfahrungen hatte schon Melsens gemacht. — Busch hat ferner nachgewiesen, dass die Erwärmung der Kugel die grössere Splitterung des Glases nicht bewirke, er vermuthet vielmehr, dass die gewaltige Rotation, mit welcher die Chassepotkugel im Anfange ihrer Flugbahn die Glasscheibe durchbohrt, die dem Loche benachbarten Theile in zu starke Mitleidenschaft zieht und dadurch sowohl das Loch grösser macht als die Splitterungen veranlasst.

Nach Kochers neuesten Versuchen durchdringen auch Geschosse mit bedeutender Fluggeschwindigkeit Glasscheiben, wie überhaupt feste Glasstücke nicht, ohne in diesen Spuren von Seitenwirkungen zurückzulassen. Nur bei geringerer Geschwindigkeit sind sie im Stande, einen einfachen Substanzdefect etwa von ihrem eigenen Durchmesser aus dem Ziele herauszuschlagen, treffen sie schneller auf, so zeigt die Scheibe ausser diesem unscheinbaren Substanzverlust in Gestalt von eigenthümlich angeordneten Sprüngen, dass noch eine erhebliche Wirkung in die Ferne hin stattgefunden hat, die Kocher in Analogie mit der gleich zu erörternden hydraulischen Wirkung bringt. Er nennt diese rechtwinklig zur Schussrichtung wirkende Kraft zum Unterschiede von der bei geringerer Geschwindigkeit in der Richtung des Schusses auftretenden Erschütterung „Sprengung". Diese Sprengung zeigt sich auch bei Schüssen auf mit Kieseln gefüllte Blechgefässe, die bei Schüssen mit Geschwindigkeit von 250 m aufwärts allseitige Kieseleindrücke (bierhumpenartig) zeigten. Auch Schüsse auf 30 qcm Fläche und 6 cm Dicke ergaben bei hohen Geschwindigkeiten radiäre Sprünge und mehrfach trichterförmige Defecte der Rückseite (kegelmantelförmige Fortleitung des Stosses). Schiessversuche auf 1 cm dicke Eisenplatten lassen eine Seitenwirkung nicht erkennen. Die Tiefe des Eindruckes (Durchschlagskraft) zeigt sich abhängig von dem spec. Gewicht des Geschosses und der Geschwindigkeit. Schüsse in 35 mm dicke, 30 qcm grosse Bleiplatten zeigen runde Einschüsse mit aufgeworfenen, radiär eingerissenen Rändern, an der Rückseite mehrfach zapfenförmige Vorbauschung; dieselben ergeben die Durchschlagskraft als proportional der Geschwindigkeit, dem spec. Gewicht und der Härte des Geschosse; die Seitenwirkung zeigt sich bei höherer Geschwindigkeit, besonders bei härterem Metall (Kupfer) durch Schmelzung der Ränder des Schusscanals und Herausspritzen des geschmolzenen Bleies. Während Busch also die explodirende und hydraulische Wirkung des Weichbleiprojectils auseinanderhält, kennt Kocher nur die Spreng- und hydraulische Wirkung vereint.

In dieser Anschauung haben ihn neuere Versuche zum Studium der hydrostatischen Druckwirkung der Geschosse bestärkt. Schiessversuche in einen mit Wasser gefüllten Badekasten ergaben, dass Weichblei mit grosser Geschwindigkeit (410 m), nur durch Wasser gehend, sich durch die ununterbrochen wirkenden mechanischen Widerstände an der Spitze pilzförmig abplattet und verkürzt und dabei bedeutende hydrostatische Druckwirkung (Zersprengung des Badekastens und Herausspritzen des Wassers) ausübt, bei geringerer Geschwindigkeit dies nicht stattfand. Diese Schüsse beweisen auch, dass gegenüber Flüssigkeiten die Durchschlagskraft des Geschosses der Geschwindigkeit und dem spec. Gewicht desselben direct, umgekehrt proportional dagegen seinem Querdurchmesser, resp. der eine Vermehrung des Durchmessers bedingenden Difformität ist. Schüsse auf mit Wasser gefüllte offene Einmachebüchsen ergaben bei hohen Geschwindigkeiten (410 m) Zersprengung der Gefässe, bei geringeren (— 250 m) nur Löcher. ebenso verhielten sich zwei parallele Blechplatten, deren Zwischenraum mit Wasser gefüllt war und die bei 410 m Geschwindigkeit weite Risse und Ausbuchtungen (auch in der Richtung nach dem Schützen) zeigten, während sie von Schüssen mit 200 bis 250 m Geschwindigkeit einfach durchbohrt wurden. Die Bleigeschosse wirken auch hier in Folge der entstehenden Deformirung am stärksten; Kugeln aus glattem Rohr haben den gleichen Effect. wie aus gezogenem, eine Rotationswirkung ist also auszuschliessen, auch die Schwere des Geschosses ist irrelevant. Um nähere Analogien zum menschlichen Körper zu gewinnen, wurde auf Büchsen, die mit trockener Watte, trockenem Sand etc., in einer zweiten Reihe mit denselben aber angefeuchteten Stoffen oder mit Pferdefleisch gefüllt waren, geschossen. Im ersteren Falle wurden die Büchsen durchschossen, im letzteren zersprengt, der Inhalt weit umhergeschleudert. Diese Differenz trat aber nur bei hoher Geschwindigkeit ein. Endlich wurde wie in den Versuchen von Busch auf leere, macerirte und auf mit Wasser gefüllte Schädel. trockene und feuchte Knochen geschossen und bei den trockenen Lochschüsse oder Durchschüsse, bei den feuchten Zerschmetterungen in viele Stücke, die zum Theil auf den Schützen zurückflogen, erzielt. Findet man an direct zerschmetterten Knochen Splitterung, so ist diese entweder durch mitgetheilte Bewegung (Commotion, Keilwirkung) erzeugt oder einzig und allein, sobald gleichzeitig ein lochförmiger Defect vorhanden ist, durch den Feuchtigkeitsgehalt der eingeschlossenen Gewebe veranlasst worden. — Auf Ochsenleber ergab ein Schuss von 200 m Geschwindigkeit einen runden Schusscanal, dagegen ein Schuss von 410 m Geschwindigkeit Einschuss von Faustgrösse, am Ausschuss war die Leber zwei Hände gross zerstört, der Schusscanal zeigte breiige Zermalmung der Wunde, die Kugel war wie abgeplattet. K. kommt daher zu dem Schlusse, dass die ausgedehnten Zerstörungen der modernen Projectile nur auf hydraulische Wirkungen zurückzuführen seien. "

§. 95. Wir haben nun noch kurz über die Resultate der Versuche von Busch zur Herstellung und Ergründung der hydraulischen Pressung und Centrifugalkraft im Knochen zu referiren. Erstere kommt am deutlichsten bei Schüssen auf den Schädel zur Anschauung, indem das durch das Projectil getroffene Gehirn den Stoss nach allen Richtungen hin fortpflanzt und dadurch eine vollständige Zersprengung der knöchernen Kapsel zu Stande bringt, deren Sprengstücke nach allen Seiten, auch in der Richtung nach den Schützen hin fortgeschleudert werden. Aehnliche Verhältnisse ergaben sich bei den mit Mark gefüllten Diaphysen der Röhrenknochen, besonders wenn das Mark auf die normale Körperwärme gebracht war. Blechkapseln, welche mit irgend einer Flüssigkeit z. B. Wasser oder mit einer weichen Masse z. B. Kleister und Gehirn gefüllt waren, zeigten diese hydraulischen Wirkungen besonders deutlich. Die Centrifugalkraft ist nach Busch auch ein erhebliches Zerstörungsmoment. Die bohrende Wirkung der Kugel erfolgt mit so gewaltiger Kraft, dass die berührten Theile mit der der Schnelligkeit ihrer Bewegung entsprechenden Centrifugalkraft in der Tangentialrichtung fortgeschleudert werden und dadurch die Zerstörung erhöhen müssen.

Diese Einwirkungen des Geschosses auf das Mark und den Inhalt der Knochenkapsel sind direct proportional der Kraft, mit welcher das Geschoss in die Knochenkapsel tritt, sie schwindet daher mehr und mehr, je weiteren Weg das Geschoss auf seiner Flugbahn schon zurückgelegt, je mehr es also an Kraft z. B. durch das Aufschlagen und Durchschlagen der Knochenkapsel selbst schon verloren hatte. Aber auch bei matteren Geschossen wird das Mark weit hinauf erschüttert, wenn es auch nicht mehr zur Sprengung seines Gehäuses beiträgt. Ob diese Markerschütterungen allein im Stande sind Fissuren an Knochen hervorzubringen, ist noch eine offene Frage, deren Bejahung freilich nach den Schiessversuchen an gefüllten Schädeln, die wir später kennen lernen werden, überaus wahrscheinlich wird.

Heppner und Garfinkel bestätigten diese schönen Versuche von Busch. Sie behaupten aber auch, dass die hydraulische Wirkung durch Vermittlung des die Diaphysenhöhle ausfüllenden Knochenmarkes selbst bei den Hartblei-Projectilen, besonders dem Langblei und dem Henry-Martini-Geschoss, wenn sie mit gleicher Geschwindigkeit, wie die Weichbleiprojectile auftreffen, eine sehr bedeutende sei. Wenn diese Beobachtung sich bestätigen sollte, so würde aus ihr mit Bestimmtheit sich ergeben, dass die hydraulische Pressung nicht auf das Auseinanderspritzen eines Geschosses zurückzuführen ist, da die von diesen beiden Experimentatoren benutzten Hartblei-Projectile viel weniger Metall streuen, als die Chassepotgeschosse, diesen aber an Geschwindigkeit gleichkommen und dieselben an Perkussionskraft übertreffen. Je grösser die plötzliche Inhaltsnahme der Knochenkapsel, um so bedeutender auch die hydraulische Pressung, daher wirkt ein deformirtes, auseinandergesprengtes, überhaupt grosses Geschoss in dieser Beziehung gefährlicher. Je flüssiger und weicher der Inhalt der Kapsel, um so bedeutender und schneller tritt die hydraulische Pressung ein, daher ist dieselbe am lebendigen Knochen grösser, als am todten.

§. 96. Bornhaupt hat Versuche und anatomische Untersuchungen über den Mechanismus der Entstehung der Schussfrakturen

der grossen Röhrenknochen angestellt und deren Resultate im Chirurgencongress 1880 mit Demonstration von Präparaten vorgetragen (Centralblatt
für Chir. 1880). Aus etwa 600 Präparaten von Schussfrakturen schliesst B.,
dass ein Geschoss, selbst wenn es den Knochen unter einem rechten Winkel
trifft, nie einen reinen Lochschuss, weder an der vermuthlich zu harten Diaphyse, noch an der anscheinend zu dicken Epiphyse bewirkt, es finden sich
vielmehr stets gleichzeitig mehr oder weniger zahlreiche Fissuren. Der bisherigen Annahme, dass letztere eine Wirkung der zur Wucht der Kugel in
umgekehrt proportionalem Verhältnisse stehenden Erschütterung des Knochens
seien, tritt B. bestimmt entgegen. Denn Commotionsrisse sind nach physikalischen Gesetzen nur dort möglich, wo eine den Elasticitätscoefficienten
des getroffenen Objects nicht übersteigende Gewalt längere Zeit hindurch
eingewirkt hat. Die Kugel aber wirkt momentan, und ihre Gewalt übertrifft in Fällen, wo Frakturen entstehen, nicht nur den Elasticitäts-, sondern
auch den Festigkeitscoefficienten des Knochens. Commotionsfissuren dürften
also nur in weiterer Entfernung vom Schusscanal zu Stande kommen. B.
führt daher die von der Frakturstelle ausgehenden Fissuren auf die Keilwirkung der modernen Geschosse zurück. Gegen die Richtigkeit der Com-
motionshypothese spricht schon die Erfahrung, dass bei nur kurzen Anboh-
rungen der Epiphysen die Fissuren meist fehlen, da ja, wenn diese Hypothese
richtig wäre, gerade umgekehrt in einem solchen Falle, entsprechend der
durch die geringe Kugelkraft erzeugten grösseren Erschütterung, die Splitterung eine bedeutende sein müsste. Die Epiphyse des Oberschenkels spaltet
in senkrechter, die des Oberarms in querer oder schräger Richtung, entsprechend dem architektonischen Baue dieser Knochenpartien.

Für die Erklärung der Eigenthümlichkeiten der Schussfrakturen an
der Diaphyse ist B. geneigt, die Form des Knochens einmal als Stab, der
geknickt, andererseits als Ring, der zusammengepresst wird, in Anspruch
zu nehmen. Einzelne Präparate sprechen dafür, dass beide Mechanismen
isolirt statthaben können. Matte Flintenkugeln und mit breiter Oberfläche
aufschlagende grössere Geschosse, den Stab knickend, haben gleich gewöhnlichen Traumen Querbrüche zur Folge. Der andere Mechanismus, wonach
ein im Querdurchmesser comprimirter frischer Knochen meist 4 Längsrisse
erhält, spielt sich gewöhnlich an der Uebergangsstelle der Epi- in die Diaphyse ab. Meist jedoch treten beide Momente combinirt auf und veranlassen
gemeinschaftlich die typische Diaphysenfraktur. Hier ist die Diaphyse
in zwei Stücke mit abgeschrägten Bruchenden zerlegt, die einen zum Ausschuss offenen Winkel bilden, und zwischen denen sich zwei dreieckige Splitter
finden, die sich gegenüber dem Einschusse mit ihren breiten Basen berühren
und die von B. sogenannte hintere Längsfissur bilden. Eine solche
Fraktur könnte auch schraubenförmiger Längsbruch genannt werden,
da die an der getroffenen Stelle sich kreuzenden Einschussfissuren spiralig
verlaufen. Zum Zustandekommen dieser Fraktur ist es nicht nöthig, dass
die Kugel die eine Knochenwand durchbohrt. Da B. solche hintere Längsfissuren an hohlen Glas- und Holzcylindern durch Eintreiben eines Druckbolzens mit cylindro-conischem Ende in die eine Wand hat hervorbringen
können, so folgert er, dass der hydraulische Druck von Seiten
des comprimirten Markes für die Entstehung der hinteren Längsfissur bedeutungslos sei. Durch diese im Mo-
mente der Frakturirung aufklaffende hintere Fissur kann auch das Geschoss,
ohne eine besondere Ausschussöffnung zu schaffen, hindurchtreten. Obgleich
die hintere Längsfissur meist über mehr als die halbe Länge des Knochens
sich erstreckt, kann sie doch ausnahmsweise heilen.

Bildet das Geschoss an der Diaphyse eine besondere Ausschussöffnung,
so kommt es zu einer sehr complicirten Splitterung (bis 60 Splitter). Die
Bruchenden sind dann doppelt abgeschrägt, die seitlichen Risse um so stärker
gekrümmt, je näher sie den Berührungspunkten der Kugel liegen, und da

sie ihre Convexität dem Ein- und Ausschusse zukehren, so haben die seitlichen Splitter Spindelform. Von solchen Frakturen hat B. auch nicht eine sich consolidiren sehen. Auch für diese Frakturform erhält man am Glascylinder unter entsprechender Modificirung des Experiments gute Beispiele. Diese Verhältnisse ändern sich aber auffallend, sobald matte Geschosse Knochenpartien von geringerer Festigkeit und grösserer Sprödigkeit treffen. Gewölbte Flächen werden unter solchen Verhältnissen abgeflacht, ebene eingedrückt. Aehnlich wie in Folge eines Schusses durch eine Fensterscheibe oder Glaskugel eine Sternfigur von Spalten mit concentrischen Ringen entsteht, gestalten sich dann die Einschussfissuren an Gelenkköpfen und solchen Stellen der grossen Röhrenknochen, die eine annähernd ebene Oberfläche haben. An exquisit cylindrischen Knochen hingegen gleichen sie den bei Durchschiessung eines Glascylinders entstehenden Zerstörungen, indem die Risse dort auftreten, wo die Oberfläche entsprechend ihrer Configuration dem Drucke der Kugel den geringsten Widerstand entgegensetzt. Ganz analog verhalten sich die Ausschussfissuren, wie es besonders schön die sogenannten Lochschüsse der Epiphysen zeigen.

Keineswegs aber hängt die Form der Schussfraktur allein von der Gestalt des Knochens ab, wie bei den entsprechenden Glasobjecten, vielmehr wirkt darauf auch die Struktur des Knochens bestimmend ein. Ob das eine oder das andere dieser Momente in den Vordergrund tritt, das scheint wesentlich von der Art, wie die Gewalt einwirkt, abzuhängen, ganz abgesehen davon, dass auch Alter und Individualität dabei eine Rolle spielen.

Endlich beschäftigt sich B. mit der Erklärung der fälschlich sogenannten Spiralfrakturen. Die eine am Humerus und Femur zur Beobachtung kommende Art derselben, die steilen, fast auf die ganze Diaphyse sich erstreckenden Schrägbrüche können künstlich dadurch erzeugt werden, dass ein Meissel in der Mitte der Diaphyse in deren Längsrichtung eingetrieben wird, seltener dadurch, dass man die Diaphyse in querer Richtung zusammenpresst. Wesentlich scheint die Spaltbarkeit des Knochens in Spiralform mit der Torsion zusammenzuhängen, welche der ganze Knochen während seiner embryonalen Entwicklung erfährt. Noch mehr macht sich diese Torsionsanlage bei der zweiten Art von Spiralfrakturen geltend, wo die Schraubenlinie den Knochen sogar zweimal umkreisen kann, eine senkrechte oder schräge Gerade dann aber die Schraubengänge verbindet. Diese Spiralbrüche werden an den grossen Röhrenknochen da beobachtet, wo das Geschoss zuerst die Condylen, Trochanteren oder Tubera getroffen hat. Da diese als Querschnittsverlängerungen des Knochens anzusehenden Fortsätze wegen ihrer besonderen Elasticität dem Eindringen des Projectils einen grösseren Widerstand entgegensetzen, so komme in Folge des Anpralles zur Rotation des ganzen Knochens und so zum Spiralbruche. Auch dieser Effect liess sich experimentell nachmachen. In Wirklichkeit aber ist der Mechanismus der Knochenzerbrechung wohl noch viel complicirter, als bisher angegeben, da bei dem Anprall die Projectile, zumal die Hohlgeschosse (Snyder'sche Kugeln) selber eine Splitterung erleiden und die fortgeschleuderten Bleipartikel selbstständige Risse und Spalten erzeugen, und da mechanische Nebenmomente, wie das Körpergewicht oder ein Sturz des Verwundeten, die Gestalt und Ausdehnung des Bruches mitbestimmen. Für alle diese Modificationen legte B. Präparate vor.

2. Anatomisches.

§. 97. Unter allen Geweben des menschlichen Körpers sind die Knochen am widerstandsfähigsten gegen den Anprall der Projectile. Der Mangel an Untersuchungen über die Festigkeitsverhältnisse der Knochen bildete bis zur Zeit eine wesentliche Lücke in der Physiologie und Chirurgie, wie Valentin 2. Aufl. (II. p. 34) hervorhebt. Man wusste nur durch Bevau, dass die absolute Festigkeit der Knochen 25,11 bis 50,70 Kilogr., mithin im Durchschnitt (= 37,91) grösser, als die der Seide, des Kupfers und der dichtesten Hölzer, wie die des Guajac ist. A. Rauber, dem ich manche Förderung in dieser Frage verdanke, hat besonders die rückwirkende Festigkeit der Knochen, d. h. die Grösse der Kraft, welche nöthig ist, einen Knochen zu zerdrücken, studirt. Er bediente sich zur Pressung des Druckhebels und zur Untersuchung frischer, zum Theil gesunden Selbstmördern angehörenden Knochen, aus welchen Würfel von 3—10 mm Seitenlänge hergestellt waren. Daraus ergab sich die rückwirkende Festigkeit

1. des erwachsenen, männlichen Oberschenkelbeines:
   a) Druckrichtung parallel seiner Längsaxe schwankt zwischen 3360 bis 4640 Pfd.,
   b) Druckrichtung senkrecht zur Längsaxe bei Würfeln, welche unter parallelem Druck 4640 Pfd. ertrugen = 3560 Pfd.,

2. des Schienbeines desselben Individuums:
   a) Druckrichtung parallel der Längsaxe schwankt zwischen 2740 bis 3480 Pfd.,
   b) Druckrichtung senkrecht zur Längsaxe (parallel 3480 Pfd.) 2520 Pfd.

3. des Oberarmbeines desselben Individuums:
   a) Druckrichtung parallel der Längsaxe schwankt zwischen 2240 bis 2765 Pfd.,
   b) Druckrichtung senkrecht zur Längsaxe (parallel 2765 Pfd.) = 2275 Pfd.,

4. der Spongiosa eines Lendenwirbels des Erwachsenen schwankt zwischen 130—190 Pfd.,

5. eines Rippenknorpels vom Erwachsenen schwankt zwischen 298—340 Pfd.

Aus diesen Versuchen geht also hervor, dass die Widerstandskraft der Knochen gegen Druck parallel der Längsaxe wesentlich höher ist als die gegen Druck senkrecht zur Längsaxe und dass die rückwirkende Festigkeit der spongiösen Knochen weit geringer ist, als die der langen Röhrenknochen.

Eine ausgedehnte Versuchsgruppe Raubers prüfte ferner den Einfluss der Länge des Knochens auf seine Widerstandskraft. Dabei ergab sich Folgendes:

10fache Länge alterirt den Widerstand des 5 mm hohen hohlcylindrischen Knochenstückes des Neugeborenen etwa um die Hälfte seiner Grösse.

12fache Länge verminderte den Widerstand des 5 mm hohen Hohlcylinders um $\frac{1}{8}$ seiner Grösse.

14fache Länge verminderte den Widerstand des 5 mm hohen Hohlcylinders um $\frac{1}{4}$ seiner Grösse.

Belassung des Periostes an den Knochen erhöhte die Widerstandskraft um mehrere Pfunde. Ein ähnlicher Einfluss ist von der bedeckenden Musculatur vorauszusetzen.

§. 98. Inzwischen haben wir von O. Messerer über die Festigkeit der Knochen gegenüber Zug, Druck, Zerknickung, Biegung und Torsion und die Veränderungen, welche sich an ihnen bis zum Bruche zeigen, eine ganz ausgezeichnete Arbeit bekommen. Rauber prüfte die Festigkeit und Elasticität der Knochensubstanz an ausgeschnittenen Knochenwürfeln und Knochentheilchen, Messerer benutzte dagegen den ganzen Knochen als Object und trat somit der chirurgischen Seite der Frage weit näher. Wir müssen uns hier darauf beschränken, einige der vom Verfasser am Schluss zusammengestellten Resultate vorzuführen.

Die Zugfestigkeit betrug für den Oberarm 533 Kg., für den Oberschenkel 674 Kg. pro qcm.

Der Oberarm eines 25jährigen Mädchens zerriss bei der Belastung von 800 Kg., der Oberschenkel bei 1550 Kg. Belastung.

Bei Druck seitlich auf die Mitte langer Röhrenknochen wird der Knochen wie ein Schilfrohr zusammengepresst und es entstehen ausgedehnte Längsfissuren.

Bei Versuchen über der Strebfestigkeit der Knochen (Belastung in der Richtung der Axe) erfolgte der Bruch nicht an der am meisten gefährdeten Mitte, sondern an den Gelenkenden. Letztere müssen daher für derartig wirkende Gewalten als besonders schwache Stellen angesehen werden. Es erfolgte ein Zerknickungsbruch der Clavicula im Mittel mit 192 Kg. (bei einem Weibe), des Radius mit 334 Kg., die Ulna mit 240 Kg., des Femurschaftes mit 756 Kg., des Femurhalses mit 815 Kg., die Fibula mit 61 Kg. Die Belastungen, welche bei Beanspruchung auf Zerknickung den Bruch an dem einen Ende herbeiführten, waren am Oberarm im Maximo 880 Kg., im Minimo 220 Kg., an der Tibia im Maximo 1650 Kg., im Minimo 450 Kg. Die Tibia zeigte sich also widerstandsfähiger gegen die Zerknickung als das Femur, eine Thatsache, die M. auf die Krümmung und grössere Länge des Femur zurückführt.

Die Elasticitätsgrenze für Biegung der langen Röhrenknochen (seitliche Unterstützung auf ²/₃ der ganzen Knochenlänge und Druck auf die Mitte) war nahe die Hälfte der Bruchbelastung. Als Totalausbiegung bis zum Bruche bei dieser Stützweite ergab sich für

Clavicula im Maximo . . . 10,0 mm im Minimo 5,3 mm
Humerus „ „ . 10,8 „ „ „ 4,5 „
Radius „ „ . . 16,3 „ „ „ 5,6 „
Ulna „ „ . . . . 13,8 „ „ „ 4,4 „
Femur „ „ . . . . . 11,2 „ „ „ 8,6 „
Tibia (Druck auf die innere Fläche) 13,2 „ „ „ 7,3 „
Fibula im Maximo . . . . . 37,9 „ „ „ 7,5 „

Die Biegungsfestigkeit bei den Knochen verschiedener Personen betrug zwischen 1040—1980 Kg. pro qcm. Der Elasticitätsmodul für Biegung war bei den Knochen eines 32jährigen Mannes 150,000—180,000 Kg. per qcm. Bei den Biegungen trat eine eigenthümliche, von M. als typisch bezeichnete Bruchform ein: das Herausbrechen eines dreieckigen Stückes, dessen Basis der Concavität entspricht. Häufig entsteht nur ein Schrägbruch, die eine Seite dieses Dreieckes bezeichnend, bei meist findet sich dann der anderen Seite entsprechend, eine Fissur. Annäherungen an diese Bruchform finden sich auch bei den Zerknickungsversuchen.

Die Elasticität bei Torsion betrug ungefähr ¹/₃ derjenigen bei Biegung. Die Totaltorsion bis zum Bruche betrug für ein der halben Länge des betreffenden Knochens entsprechendes Mittelstück beim

Humerus im Maximo 17,2° im Minimo 7,6°
Radius „ „ 23,4° „ „ 9,0°
Ulna „ „ 7,9° „ „ 6,8°
Femur „ „ 16,2° „ „ 5,0°
Tibia „ „ 13,0° „ „ 5,4°
Fibula „ „ 23,9° „ „ 7,2°.

Als Torsionsfestigkeit für den Oberschenkel eines 29jährigen Mannes ergab sich 570 und 580 Kg. pro qcm. Es wurden bei der Torsion constant spiralige Frakturen erhalten, deren Richtung mit jener der Drehung gleichen Verlauf hatte. Zwischen rechts und links bestanden in vielen Fällen gar keine Unterschiede, in anderen geringe, wie sie die Verschiedenheiten der Dimensionen beider Seiten mit sich brachten. Eine unbedingte Uebertragung dieser Experiment-Resultate auf den lebendigen Knochen erscheint nach den Versuchen von Casper, Falk u. A. nicht thunlich, da der todte Knochen viel widerstandsfähiger gegen die Einwirkung grober Gewalten ist, als der lebendige.

§. 99. Durch diese hochwichtigen experimentellen Befunde wird aber die Widerstandsfähigkeit der Knochen gegen das Projectil allein nicht bedingt, vielmehr erhöht auch noch der gewölbte, röhrenartige Bau, die Füllung mit

Mark die Resistenz der langen Röhrenknochen gegen den Anprall der Projectile
bedeutend. Je federnder ein Knochen, wie die Rippe, eingefügt ist, je beweglicher er hängt, um so leichter kann er dem Projectil ausweichen.

3. Statistisches.

a) Die Häufigkeit der Schussverletzungen der Knochen im allgemeinen.

§. 100. In der Krim bildeten die Schussverletzungen der
Knochen bei den Engländern 21,3%, bei den Franzosen 20,3% aller
Verwundungen. Es sind bei diesen Zahlen alle Knochenverletzungen
mit einbegriffen, auch die Contusionen und einfachen Frakturen. Im
nordamerikanischen Kriege betrugen dagegen die Knochenschussverletzungen nach den Angaben des Circular 6 nur 14% aller Verwundungen. Nach Engels Zusammenstellung endlich machten die
Schussfrakturen im deutschen Heere während des französischen Krieges
28,93% der Verletzungen aus. Wenn man die Zahl der Schussfrakturen
der allein in den Berliner Baracken 1870/71 verpflegten Verwundeten
nach Steinbergs Berichten zusammenstellt, so bildeten dieselben 25%
aller Verletzten. Man wird daher nicht weit fehlgehen, wenn man
annimmt, dass die Schussverletzungen der Knochen in den meisten
grösseren Kriegen 21% oder 1/5 aller Schussverletzungen betragen hat.

b) Häufigkeit der Schussfrakturen der langen Röhrenknochen.
(Contusionen und Gelenkschüsse nicht mitgerechnet.)

α. Häufigkeit der Schussfrakturen der langen Röhrenknochen im Verhältniss zur Gesammtzahl der Verletzungen.

§. 101. Im Krimfeldzuge bildeten die Schussfrakturen der langen
Röhrenknochen bei den Engländern 13,2%, bei den Franzosen 10,1%,
im nordamerikanischen Kriege 9,2%, im deutsch-französischen Kriege
nach den Zusammenstellungen Engels (von 4344 deutschen Verwundeten) 28%, nach Steinbergs Zusammenstellung der in den Berliner
Baracken verpflegten (8531) Verwundeten 18% aller Verletzungen. Ich
habe (nach den Berichten von Mac Cormac, Beck, H. Fischer,
Cousin, Stumpf, Mundy, Boinet, Kirchner, Billroth, Graf,
Lossen, Schäffer, Schinzinger, Socin, Panas, Christian, Heyfelder, Stoll, und der Ludwigsburger Baracken) 17,347 Verwundete aus dem französischen Kriege zusammengestellt; darunter befinden sich 2392 Schussfrakturen der langen Röhrenknochen der Extremitäten (dabei mögen natürlich verschiedene Verwundete doppelt
gerechnet sein). Es machten somit die Schussfrakturen der Extremitäten 13,8% der Verwundungen überhaupt aus. Zieht man aus obigen
Zahlen die Mitte, so würde sich das durchschnittliche Verhältniss der
Schussfrakturen der Extremitäten zu denen der Verwundungen überhaupt auf 18,6% stellen. Ich glaube danach, dass die Zahlen Engels
und Steinbergs unvollständig und viel zu hoch gegriffen sind und
würde nach meiner Erfahrung in den drei grösseren deutschen Kriegen
13,8% der Schussfrakturen der Extremitäten auf die Gesammtzahl
der Verwundungen für die richtigste Angabe halten.

Tabelle H.

β. Häufigkeit der Schussfrakturen der einzelnen Röhrenknochen im Verhältniss zur Gesammt-zahl der Verletzungen und zu der Gesammtzahl der Schussfrakturen.

Krieg.	Gesammtzahl der Verletzungen.	Gesammtzahl der Schussfrakturen.	Am Humerus.			An den Ossa antibrachii.			An den Ossa manus.			Am Femur.			An den Ossa cruris.			An den Ossa pedis.		
			Zahl.	% der Verletzungen.	% der Schuss-frakturen.	Zahl.	% der Verletzungen.	% der Schuss-frakturen.	Zahl.	% der Verletzungen.	% der Schuss-frakturen.	Zahl.	% der Verletzungen.	% der Schuss-frakturen.	Zahl.	% der Verletzungen.	% der Schuss-frakturen.	Zahl.	% der Verletzungen.	% der Schuss-frakturen.
Krim } Engländer	9,888	1312	186	2.5	14.1	148	2.0	11.4	425	5.8	32.3	194	2.6	14.0	224	3.0	17.0	135	1.8	10.2
Franzosen	27,981	983	334	1.2	11.7	445	1.6	13.3	746	2.7	26.3	487	1.8	17.1	617	2.2	21.7	204	0.6	7.2
1870: nach Steinberg	8,531	1571	219	2.4	13.0	178	2.0	11.3	338	3.9	21.5	252	2.9	16.0	403	4.7	26.2	181	2.1	11.8
1870: nach den §. 101 citirten Autoren	17,347	2392	414	2.3	17.1	217	1.2	9.0	309	1.7	12.0	565	3.3	23.6	663	3.8	27.4	224	1.3	9.3
Nordamerikaner	82,415	7625	2408	2.9	31.5	785	0.9	10.2	790	0.9	10.2	1957	2.3	26.9	1066	1.2	12.4	629	0.7	8.2
Gesammtsumme ohne die amerik. Zahlen	63,747	8108	1153	1.8	14.1	988	1.5	12.1	1818	3.1	22.4	1498	2.1	18.4	1987	2.9	24.4	744	1.1	3.1

Aus dieser Tabelle, die freilich mit nicht zu grossen Zahlen rechnet, erhellt die auffallende Thatsache, dass die Schussfrakturen der obern Extremitäten fast gleich häufig, als die der untern Extremitäten waren: 4159 : 4149. Der Unterschied ist ein minimaler. Unter den ersteren kommen auf die Knochen der Hand die Mehrzahl der Schussfrakturen, unter den letzteren auf die des Unter- und Oberschenkels. Der nordamerikanische Krieg konnte nicht mit in Rechnung gestellt werden, die aus ihm berichteten Zahlen sind noch zu wenig exact, um sie verwerthen zu können. Immerhin geben sie zu interessanten Vergleichen Veranlassung. Es prävalirten hier auffallend die Schussfrakturen der obern Extremitäten und unter diesen wieder die des Humerus; während unter den Schussfrakturen der unteren Extremitäten die des Femur das Uebergewicht hatten. Wenn sich diese Zahlen in den genaueren Berichten, die noch ausstehen, bewahrheiten sollten, so hätten die Nordamerikaner gerade die schwersten Knochenverletzungen in überwiegender Menge gehabt.

Vergleicht man die Schussfrakturen in Betreff der Häufigkeit ihres Vorkommens unter sich, so gebührt denen des Unterschenkels die erste Stelle, dann folgen die der Hand, des Femur, des Humerus, des Unterarmes und des Fusses. Die Differenzen zwischen diesen Ergebnissen und denen der nordamerikanischen Berichte erhellen aus der Tabelle.

4. Arten, Zeichen und Verlauf der Schussverletzungen der langen Röhrenknochen.

1) Schussverletzungen der Diaphysen ohne Unterbrechung der Continuität.

§. 102. a. Der Knochen wird contundirt.

Diese Verletzung kommt sowohl durch Einwirkung von matten Gewehrprojectilen, welche gerade noch so viel Kraft besassen, um die getroffene, elastische Knochenwand in der Fortsetzung ihrer Schussrichtung gegen die ihr gegenüberliegende momentan zu comprimiren, ohne sie einzubrechen, als auch viel häufiger durch Sprengstücke von Granaten und Bomben, welche in ihrem Verlaufe gegen einen oberflächlich liegenden Knochen anschlagen, zu Stande. Eine Perforation der Haut und Muskeln ist zur Hervorbringung der Contusion des Knochens nicht nöthig. Ist dabei ein blinder Schusscanal in den Weichtheilen entstanden, so bleibt das Geschoss entweder vor dem Knochen liegen, oder es wird durch denselben abgelenkt und tritt in veränderter Richtung und Gestalt wieder hervor. In Folge der Contusion findet man das Periost an der betroffenen Stelle entweder entblösst und mit Blut unterlaufen, oder in weiterer Ausdehnung vom Knochen abgerissen, zerrissen oder durch Blut vom Knochen abgehoben. Das extravasirte Blut bildet zuweilen einen circumscripten Tumor, zuweilen findet es sich weithin vertheilt, zuweilen punktförmig zerstreut. Die Corticalsubstanz des contundirten Knochens ist dabei meist wohlerhalten, nur zuweilen sieht man in derselben leichte Eindrücke von den Projectilen. Als constante Folgen der Knochencontusion finden sich aber circumscripte Zertrümmerungen der spröden Bälkchen der zwischenliegenden schwammigen Substanz und kleine oder grössere Blutergüsse in den Markräumen der Röhrenknochen. Letztere sind ein häufigerer und schwererer Befund, als die subperiostalen Blutungen wegen der weicheren und zarteren Struktur des Knochengewebes. Schüller fand dabei das Mark an der verletzten Stelle zu einem feinen Brei zertrümmert von rother, auch schwarzbrauner Farbe. Es kamen diese Erschütterungsheerde bei den einzelnen Knochen vorzugsweise an bestimmten Stellen vor, so bei den Oberarmknochen am reichlichsten und stärksten im oberen Dritttheil des Markcylinders.

Je härter das Gewebe, je exponirter die Lage eines Knochens ist, desto häufiger wird derselbe von Contusionen betroffen. Daher erfährt z. B. der Unterkiefer nicht selten Contusionen durch Projectile, weil er wegen seiner Härte der Gewalt der Projectile einigermassen widersteht und wegen seiner Lage häufig von denselben getroffen wird. Dagegen finden sich am Schlüsselbeine selten einfache Schusscontusionen, weil dasselbe gedeckter liegt und so wenig resistent ist, dass es durch schwache Projectile selbst zerbrochen wird.

Die Weichtheile über den contundirten Knochen zeigen, wenn sie nicht vom Geschosse getrennt wurden, Blutungen, Zerreissungen, Abreissungen oder überhaupt sehr wenig, auch gar keine Veränderungen.

§. 103. Die Häufigkeit der Knochenschusscontusionen erhellt schon aus der Thatsache, dass unter den 1804 Invaliden des 10. Armee-Corps nach der verdienstvollen Arbeit Bertholds 314, also 17,1% Knochencontusionen erhalten hatten.

§. 104. Die Diagnose der Knochenschusscontusion ist sehr schwer und doch hängt viel von der frühzeitigen Erkennung derselben ab, da durch eine sorgfältige Behandlung die üblen Ausgänge derselben verhütet werden können. Die Erschütterungen leichteren Grades werden meist übersehen, weil sie sich unter der Maske einfacher Fleischschüsse verbergen. Es können Ein- und Ausgangswunden, alle Zeichen eines Fleischschusses und doch eine schwere Knochencontusion vorhanden sein. Die Untersuchung mit dem Finger führt auch nicht immer zum erwünschten sicheren Resultate, da sich der verletzte Knochen noch normal und vom Perioste bedeckt zeigt.

Bei den schwereren Schusscontusionen tritt meist gleich nach der Verletzung eine eigenthümlich schmerzhafte Taubheit, ein heftig brennender, bohrender Schmerz, mit Formicationen verbunden, ein, Zeichen, welche wir als Local-Stupor oder localisirten Shoc bereits §. 60 kennen gelernt haben. Die Function des Gliedes ist meist behindert, dasselbe ist schwerer, machtlos, auch fühlt man die durch die Blutextravasate bedingten Auftreibungen am Periost als mehr oder weniger grosse Geschwülste durch. In zwei von mir beobachteten Fällen von Oberschenkelschusscontusion konnten die liegenden Patienten das Bein nicht erheben und keine Bewegung mit demselben vornehmen, wie die an acuter Osteomyelitis suppurativa Leidenden. In der Mehrzahl der Fälle aber erkennt man die Knochencontusion erst, wenn die mehr oder weniger schweren Folgezustände dieser Verletzung eintreten. Es ist daher gerathen, überall eine Contusion der Knochen anzunehmen, wenn ein Schusscanal in die nächste Nähe des Knochens führt, besonders wenn das Projectil dabei plattgedrückt, oder zersplittert ist, wenn nachweislich eine starke contundirende Gewalt, also

ein breites Geschoss gegen einen sehr harten Knochen eingewirkt hat
und wenn man mit dem untersuchenden Finger eine Ablenkung des
Projectils durch den Knochen nachweisen kann etc. In zweifelhaften
Fällen behandelt man die Verletzung so, als ob eine Knochencontusion
sicher constatirt wäre.

Durch das plötzliche Eintreten schwerer Erscheinungen nach
einem anscheinend sehr günstigen Verlaufe sind die Knochenschusscontusionen mit Recht von jeher übel angeschrieben gewesen.

§. 105. Verlauf der Knochenschusscontusionen.

Die Knochenschusscontusion verläuft unter günstigen Bedingungen meist ohne Störung, die Blutungen unter dem Perioste
werden allmählich aufgesogen, die Periostlappen legen sich wieder an
und die Ernährung des Knochens wird nicht gefährdet. Selbst wenn der
contundirte Knochen durch nachträgliche Nekrose der Weichtheile blossgelegt wird, so kann er sich noch durch eine Ostitis granulosa wieder
bedeckt, ohne dass Sequester-Bildung eintritt. Bei heftigen und umfangreichen Erschütterungen des Knochens beobachtet man zuweilen eine
circumscripte Periostitis ossificans mit Bildung von knöchernen Auflagerungen von verschiedener Höhe und wechselnder Ausbreitung. Stromeyer sah eine derartige Hyperostose nach einer Schusscontusion an der
äusseren Seite des Felsenbeines von Gestalt und Grösse einer halben
Büchsenkugel. Seltener findet sich diese Periostitis ossificans über den
ganzen Knochen verbreitet, und dann kommt es zu diffusen Verdickungen
und Hyperostosen. Unter ungünstigen Bedingungen der Wundpflege oder
bei septischer Infection der Wunde kann eine eitrige Periostitis in
Folge der Schusscontusion ausbrechen, welche dann selten circumscript
bleibt, meist sich weiter verbreitet und zu beträchtlichen eitrigen Infiltrationen der Weichtheile, umfangreicher Knochen-Nekrose und in
schlimmeren Fällen sogar zur Septikämie und Pyämie führen kann.

Auch die Blutungen im Marke werden meist bei zweckmässiger Behandlung resorbirt. Dabei geht aber doch von ihnen nicht
selten ein Reiz auf das Knochengewebe aus, der zu einer schleichenden
Ostitis sclerificans führt. Es kommt dabei zu einer beträchtlichen
Verdickung des ganzen Knochens, das Knochen- und Markgewebe
wird durch ein elfenbeinhartes Knochen ersetzt, die Markhöhle
nicht selten ganz verschlossen. — Unter ungünstigen allgemeinen und
localen Verhältnissen kann sich ein eitriger Zerfall der Blutungen
im Marke und dann eine Osteomyelitis purulenta entwickeln, auch
wenn keine äussere Wunde vorhanden und der contundirte Knochen
ganz bedeckt war. Esmarch beobachtete diesen furchtbaren Process viermal im Verlaufe von Oberschenkelcontusionen, Arnold und
Böckel nach je einer Humerus-Contusion. Seltener aber kommt es
vor, dass die Erschütterung sich über den contundirten Knochen hinaus auch auf die benachbarten erstreckt und dass in diesen dann plötzlich die schweren Folgezustände der Knochencontusion eintreten,
während der primäre Heerd frei bleibt. So berichtet Schüller zwei
Fälle von Osteomyelitis der Vorderarmknochen, welche auf eine Contusion der Handwurzelknochen eingetreten war. Diese hatte in einer
Richtung stattgefunden, welche die Fortpflanzung der Erschütterung
besonders begünstigte.

Wenn Allen behauptet, die Osteomyelitis auch nach Weichtheil-schusswunden ohne Knochenverletzungen beobachtet zu haben, so scheinen dies doch Fälle von verkannten Knochencontusionen gewesen zu sein. Auch circumscripte eitrige Osteomyelitis habe ich nach Schusscontusionen an Femur und Radius eintreten sehen. Aber auch ohne Vermittlung dieser acut-eitrigen und chronischen Processe im Knochen und Periost können Nekrosen nach Schusscontusionen eintreten, wenn bei der Erschütterung die ernährenden Gefässe des Knochens zerreissen oder thrombotisch verschlossen werden. Selten stirbt dabei der Knochen in seiner Totalität ab (wie der im Circular Nr. 6 abgebildete Humerus), es kommt vielmehr meist zu multiplen circumscripten Nekrosen, den sog. Contusions-Nekrosen (Blasius). Dieselben führen zu langjährigen Eiterungen, Verdickungen, Difformitäten und bei den noch jugendlichen Soldaten auch zu be-trächtlichen Verlängerungen der Knochen.

Knochengeschwülste, die sich nach Contusionen der Knochen durch Friedensverletzungen so häufig entwickeln, sind nach Schuss-contusionen nicht beobachtet worden.

§. 106. b. Die Kugel macht einen fühlbaren Eindruck, eine Rinne am Knochen. Die Schussrinnen entstehen in derselben Weise an den Knochen, wie die Streifschüsse der Haut. Es werden dabei stets Periostab-reissungen von grösserem oder geringerem Umfange an der getroffenen Stelle und über dieselbe hinaus erzeugt. Der Defect im Knochen bildet entweder einen ganz oberflächlichen Substanzverlust, eine flache Furche oder einen tiefen Halbcanal. Zuweilen hat man die Cortical-substanz dabei bloss in die blutig infiltrirte Spongiosa eingedrückt, sonst aber unverletzt gesehen (siehe meine kriegschirurg. Erfahrungen Taf. III. Fig. 18). Die abgerissenen Knochenpartien liegen entweder wie ein feiner Gries im Schusscanale, oder sie bleiben an Periost-fetzen hangen oder aber sie werden mit dem, meist in der Gestalt etwas veränderten Geschosse wieder aus dem Schusscanale herausge-rissen. Die Rinne ist oft mit kleinen Bleipartikelchen besetzt, auch zeigt dieselbe zuweilen durchweg Bleiglanz und Bleifarbe. Oftmals gehen von der Rinne aus noch feine Spaltungen und Risse durch die Corticalsubstanz der benachbarten Knochenpartie. Die Schussrinnen der Knochen finden sich vorwaltend nur an Stellen, wo spongiöse Knochensubstanz von einer dünnen Rindenschicht bedeckt ist. Man wird sie daher kaum an den spröden und compacten Mittelstücken der Diaphysen, häufiger an der Grenze zwischen Dia- und Epiphyse und vorwiegend an der letzteren beobachten. Wenn die Kugel zwischen zwei Knochen durchdringt, wie am Unterarm und Unter-schenkel oder an Fuss und Hand, so kann sie beide an ihren zuge-wandten Seiten oberflächlich streifen und schliesslich zwischen oder hinter ihnen stecken bleiben. Auch an den vorderen scharfen Kanten der Tibia sieht man oft Rinnenschüsse.

Vom groben Geschoss werden seltener Streifschussrinnen er-zeugt. Ich habe dieselben nur einige Male an der Tibia beobachtet.

§. 107. Die Diagnose der Streifschussrinnen und der Schusseindrücke am Knochen ist nur durch eine Local-Untersuchung mittelst des eingeführten Fingers möglich, wenn sie nicht, wie an der Tibia häufig, frei zu Tage treten. Oft wird man erst durch den weiteren Verlauf, besonders durch das Ausstossen von kleinen Knochensplittern bei der Eiterung auf das Vorhandensein dieser Verletzungen aufmerksam gemacht. — Wesentliche Functionsstörungen pflegen anfänglich durch dieselben nicht bedingt zu werden.

§. 108. Die Streifschussrinnen und Schusseindrücke nehmen in der Regel einen günstigen Verlauf. Bei oberflächlichen Defecten der Knochen tritt eine Ausfüllung und Abrundung derselben durch Granulationen, welche aus dem Knochen durch eine Ostitis granulosa hervorsprossen, ein. Stets bleibt dann aber eine Vertiefung an dieser Stelle des Knochens zurück, welche dadurch noch beträchtlicher erscheint, dass sich rings um den Defect oder die Depression Periostauflagerungen entwickeln. Diese Periostitis ossificans breitet sich von hier auch wohl noch weiter auf die benachbarten Knochenpartien aus und führt zu Verdickungen derselben. — In der Regel tritt eine Nekrotisirung des Knochens an den Schussrinnen und in ihrer nächsten Umgebung und eine Abstossung von Knochenfragmenten ein. Dann bleiben meist noch tiefere Eindrücke am Knochen zurück und nicht selten fest mit dem Knochen verwachsene, immer wieder aufbrechende, bei Bewegungen und Witterungswechsel schmerzende Narben. Die Abstossung der verletzten und abgestorbenen Knochenpartien kann in Form eines feinen Sandes (exfoliatio insensibilis) oder grösserer Fragmente vor sich gehen. Ueblere und gefahrvollere Zufälle wie Periostitis und Osteomyelitis, sieht man äusserst selten nach diesen Verletzungen eintreten, wohl aber ist Trismus und Tetanus danach beobachtet worden. In den Fällen, in welchen es zur totalen oder partiellen Nekrose des Knochens in der Nähe der Streifschussrinne kam, hat wohl gleichzeitig eine schwere Contusion des Knochens bei der Verletzung stattgefunden.

§. 109. c. Die Kugel dringt in den Knochen ein, ohne ihn zu zersplittern und bleibt darin stecken, sie macht also einen blinden Schusscanal im Knochen.
Diese Verletzungen werden durch senkrecht auftreffende, in ihrer Kraft abgeschwächte, kleine, harte Projectile bedingt. Sie finden sich heute überhaupt sehr selten und nur, wie die Schussrinnen, an den Theilen des Knochens, welche spongiöse Substanz zwischen ihren Rindenschichten einschliessen, kommen daher am häufigsten an den platten Knochen und Epiphysen, häufiger an der Grenze zwischen Epiphyse und Diaphyse, als an letzterer selbst vor. Die Kugel sitzt im blinden Schusscanale in der Regel ungemein fest; sie kann ganz oberflächlich in die Rindenschichten des Knochens oder bis in die Markhöhle gedrungen sein oder nur noch mit einem Theile ihres hinteren Endes über der Knochenoberfläche hervorragen. Meist wird das Projectil bei dieser Verletzung mehr oder weniger in seiner Gestalt verändert, wodurch äusserst intime, schwer zu trennende Verbindungen zwischen Geschoss und Knochen zu Stande kommen. Wenn das Geschoss sehr deformirt ist oder auch fremde Körper mit in den Knochen hineinreisst, so können, wie Richter beobachtete, winkelförmig ge-

bogene blinde Schusscanäle in demselben entstehen. Nicht selten finden sich an der Eingangsöffnung Depressionen der Rindensubstanz und mehr oder weniger tiefe und umfangreiche Fissuren, doch ohne Continuitätstrennungen. Selten dringt das Geschoss im Medullarcanal noch weiter fort. Demme und Broca fanden dasselbe in deformirter Gestalt etwas entfernt vom Eintritt im Innern des Markgewebes liegen. Die älteste Beobachtung rührt von Paré her, welcher beim König von Navarra das in den Humeruskopf eingedrungene Projectil in der Mitte der Markhöhle des Schaftes des Humerus entdeckte.

Durch grobes Geschoss werden blinde Schusscanäle im Knochen nur äusserst selten erzeugt, wenn kleine, scharfe, mit hinreichender Kraft versehene Granatsplitter einwirkten.

§. 110. Die Diagnose des blinden Schusscanals im Knochen seiner Gestalt und seines Inhaltes ist meist ausserordentlich schwer, wie Garibaldi's Verwundung gezeigt hat. Den blinden Schusscanal findet man meist leicht mit dem untersuchenden Finger, wenn derselbe in der Richtung der Einschussöffnung liegt. Wenn dies aber nicht der Fall ist, so wird er oft übersehen und erst zufällig bei den Episoden des Wundverlaufes, zuweilen auch gar nicht gefunden. Die Function des Gliedes ist anfangs wenig oder gar nicht behindert, die Patienten kommen mit derartigen Verwundungen an den Unterextremitäten noch zu Fuss auf die Verbandplätze, auch bestehen keine oder sehr geringe subjective Beschwerden. Nach der Heilung fühlt man in der Regel eine Vertiefung am Knochen an der Stelle der Schussverletzung, welche oft durch Callus luxurians und periostale Wucherungen in der Umgebung noch markirter wird.

§. 111. Der Verlauf der blinden Schusscanäle im Knochen ist verschieden, je nachdem die fremden Körper stecken geblieben oder entfernt sind. Im letzteren Falle verheilen die blinden Schusscanäle, wie die Schussrinnen der Knochen, durch theilweis knöchernen, grösstentheils bindegewebigen Verschluss. Nur unter den ungünstigsten Bedingungen und daher glücklicher Weise äusserst selten, treten Osteomyelitis, Periostitis oder Entzündungen benachbarter Gelenke zu derartigen Verletzungen in einer das Glied oder das Leben der Patienten bedrohenden Weise hinzu. — Die stecken gebliebenen Projectile können, wie wir später im Zusammenhange sehen werden, einheilen und vollständig im Knochen zur Ruhe kommen. Die difformen, stachlig unebenen, modernen kleinen Weichbleiprojectile unterhalten aber in der Regel eine langdauernde Eiterung und führen zu Eitersenkungen und kalten Abscessen etc. Die Eiterungen lassen periodisch nach und die Wunden fangen an sich zu schliessen, dann treten plötzlich wieder unter den lebhaftesten Allgemeinerscheinungen Schmerzen und Entzündungen in der Regel in der Gegend der Verletzung auf, welche später mit der wiederbeginnenden stärkeren Eiterung verschwinden. So geht es Jahre lang weiter, bis der fremde Körper gefunden und extrahirt oder von der Natur ausgestossen wird. Das letztere geschieht in folgender Weise: In dem Knochenschusscanal treten entweder nekrotisirende Processe an den knöchernen Wandungen ein. Mit den sich allmählich lösenden Sequestern kann das Projectil oder der mit eingedrungene fremde Körper gelockert, extrahirt oder ausgestossen werden. Oder es kommt

nicht zur Nekrose, sondern zu einer granulösen Ostitis in der Umgebung des Projectils. Durch die üppig wuchernden Granulationen wird
das Projectil gelöst und hervorgedrängt. Mit der Entfernung des
Projectils hören aber meist die localen Reizerscheinungen noch nicht
völlig auf, da Knochensplitter, Theile des Projectils oder andere gleichzeitig eingedrungene fremde Körper sich noch lösen müssen. Ist alles
entfernt, so heilt dann die Knochenwunde oft ausserordentlich schnell.
Wird das Projectil unter diesen Umständen nicht entfernt, so kann
durch die erschöpfende Eiterung, durch amyloide Nephritis, zuweilen
auch durch eine sich schnell entwickelnde Lungenphthise der Tod des
Patienten nach Jahre langem Siechthum herbeigeführt werden.

In einer andern Reihe von Fällen dagegen bewirkt der inficirte
fremde Körper gleich eine sehr heftige Localreaction und es entstehen
Ostitis purulenta, Osteomyelitis, eitrige Entzündungen benachbarter
Gelenke, diffuse, eitrige Infiltrationen der Weichtheile, Sepsis und
Pyämie. Zuweilen bleiben diese purulenten Osteomyelitisformen um
infectiöse fremde Körper circumscript, wie ich zweimal an der oberen
Epiphyse der Tibia gesehen habe. So c in veröffentlicht (p. 143, Fall 25)
eine ähnliche Beobachtung. Steckt die Kugel im Knochenmarke der
Diaphyse, so kann in demselben ein circumscripter Abscess rings um das
Geschoss entstehen. Simon ist daher entschieden im Unrechte, wenn er
behauptet, dass das im Knochen steckende Projectil ein absolut unschäd-
liches Gebilde sei. Es gehören vielmehr die mit fremden Körpern complicirten blinden Schusscanäle der Knochen zu den schwereren Verletzungen.

§. 112. d. Die Kugel schlägt ein Stück aus dem ganzen
Knochen heraus, ohne dessen Zusammenhang aufzuheben
oder ihn zu zersplittern (Lochschüsse der Diaphyse). Derartige Verletzungen gehören unstreitig an den Diaphysen der langen
Röhrenknochen zu den grössten Seltenheiten. Die Möglichkeit ihres
Zustandekommens wird sogar von vielen Autoren bezweifelt, von andern,
besonders Richter, nur zugegeben für die seltenen Fälle, in denen eine
geringere Fluggeschwindigkeit durch sehr bedeutende Härte und Schwere
eines kleinen Geschosses compensirt wurde. Denn ein mit grösster
lebendiger Kraft begabtes kleines, weiches Projectil würde nach Durchbohrung der getroffenen Wand des Knochens bei weiterem raschem
Geschossfluge hydraulische Wirkungen herbeiführen. — Hennen sah
derartige Verletzungen 2mal am Schafte des Femur, er konnte einen
Finger durch das ringförmige Loch im Knochen führen, welches reine,
scharf ausgeschnittene Ränder zeigte. Auch Schlichting und Bilguer
scheinen ähnliche Erfahrungen gemacht zu haben. Aus den neueren
Kriegen existirt nur eine Beobachtung der Art von mir:

Ich fand bei einem sehr jungen, ungewöhnlich zarten Patienten, welchen
ich freilich erst im 5. Monate nach der Verletzung untersuchte, in der Mitte des
Oberschenkels eine durch die Diaphyse desselben von vorn nach hinten hindurch-
führende, mit Granulationen ausgekleidete canalförmige Wunde von dem Durchmesser eines Viergroschenstückes, von welcher aus eine seitliche Fissur nach unten
und oben ging.

Diese Beobachtung ist anzuzweifeln, weil der Patient erst spät
von mir untersucht wurde und weil die gleichzeitig bestehenden Fissuren
die Möglichkeit nicht ausschliessen lassen, dass ein abgesprengtes

Knochenstück wieder angeheilt sei. Ich habe aber neulich einen ähnlichen Fall gesehen, der mir jeden Zweifel auszuschliessen scheint:

Schuss gegen den rechten Oberschenkel von oben nach unten mit einem harten kleinen Revolver-Projectil aus ziemlich grosser Nähe. Bei einer Incision zur Extraction fremder Körper fand sich ein deutlicher Lochschuss, welcher vorn mit einer Schussrinne anfing und hinten mit einer solchen endete. von vorn und oben nach unten und hinten durch den äussersten Rand der Diaphyse des Os femoris ohne Eröffnung des Markcanals im oberen Drittel desselben verlief. Auch hier handelte es sich um einen jungen Patienten mit auffallend gracilen Knochen, der nebenbei noch ein Bluter war. Die von Cabanié (Rec. de mémoires etc. 1876, p. 360) beschriebene Beobachtung der Art, bei welcher die Section gemacht wurde, scheint mir doch keine einfache Lochfraktur gewesen zu sein.

Vorwaltend finden sich natürlich diese Lochschüsse an der Grenze zwischen Dia- und Epiphyse der langen Röhrenknochen. Hier sind sie wiederholt beobachtet und beschrieben worden.

Bei derartigen Knochenschusscanälen hat die Einschusswunde nach innen gekehrte Ränder und ist kleiner als die weit unregelmässigere und grössere Austrittsöffnung, weil die letztere durch das deformirte Geschoss und die durch dasselbe herausgeschlagenen und weiter fortgerissenen Knochenstücke gebildet ist, während die Eintrittswunde nur durch das Geschoss in noch relativ gut erhaltenem Zustande gemacht wurde. — Irrthümer sind bei derartigen Verletzungen besonders leicht möglich. Es fanden sich oft umfangreiche Fissuren, Absplitterungen etc., wo man einen einfachen Lochschuss vermuthet hatte.

Bei einem Ungarn im böhmischen Kriege nahm ich einen Lochschuss an der oberen Grenze zwischen Dia- und Epiphyse der Tibia an. Nach dem an Pyämie erfolgten Tode des Patienten fanden wir eine von der Lochfraktur ausgehende Längsfraktur durch die ganze Tibia. so dass dieselbe wie in der Mitte durchsägt erschien.

§. 113. Die Diagnose des Lochschusses ist an der Diaphyse der langen Röhrenknochen daher sehr schwer; auch wenn man den Canal mit dem Finger durchdringen kann, sind Täuschungen leicht möglich. Der Verlauf der Verletzung stellt meist erst die Diagnose sicher.

§. 114. Der Verlauf derartiger Lochschüsse ist meist ein sehr günstiger, besonders wenn die Markhöhle dabei nicht eröffnet wurde und keine Fissuren bestehen. Es sind dies die Knochenschussverletzungen, von deren Heilung und dem Vorgange dabei man noch am wenigsten weiss, weil sie so selten beobachtet und noch nicht anatomisch untersucht sind. Der Schusscanal reinigt sich wahrscheinlich und verheilt in derselben Weise, wie wir es bei den blinden Schusscanälen gezeigt haben. Ohne Nekrotisirungen im Bereiche des Schusscanales wird die Heilung derartiger Verletzungen an der Diaphyse der langen Röhrenknochen wohl selten zu Stande kommen können. Der Wundcanal füllt sich nicht mit Callus, auch gewiss äusserst selten durch bindegewebige Massen aus, es scheinen sich vielmehr die Ränder nur zu glätten, so dass die Schusscanäle bestehen bleiben.

Die Lochschüsse mit Fissuren und umfangreicheren Zerstörungen der Weichtheile führen dieselben Gefahren für das Glied und Leben der Patienten herbei, wie die Schussfrakturen.

§. 115. e. Es wird ein verschieden geformter Knochensplitter abgesprengt, ohne dass dabei eine Totalunterbrechung
der Knochenaxe eintritt (Knochenabsplitterung).

Die Bedingungen für die Entstehung dieser Verletzungen sind
ein schiefer Auffallswinkel und eine ungeschwächte Perkussionskraft
des Geschosses. Man hat dieselben an allen Theilen des Skeletes
und namentlich da, wo äussere Knochenprominenzen (besonders also am
Trochanter major des Femur) sich vorfinden, ziemlich häufig beobachtet.
Demme glaubt 20% aller Schussfrakturen in diese Kategorie bringen
zu können, doch ist diese Ziffer jedenfalls viel zu hoch gegriffen.
Cortese beschrieb eine derartige Verletzung an der Tibia, Stromeyer eine solche am Oberschenkel. Die Form und Grösse des abgesprengten Knochenstückes ist unregelmässig und vielfach wechselnd,
dasselbe kann an Ort und Stelle liegen bleiben, oder durch das Geschoss in die den Schusscanal begrenzenden Weichtheile eingetrieben,
oder endlich mit demselben aus der Wunde wieder herausgerissen
werden. Die abgesprengten Partien sind oft so gross und tief, dass
nur eine schmale, leicht zerbrechliche Brücke vom getroffenen Knochen
stehen bleibt. Bei Belastungen so verletzter Glieder (durch Geh- resp.
Steh-Versuche der Patienten) mögen aus einfachen Knochenabsplitte-
rungen oft complete Schussfrakturen entstehen. Die Berichte der Patienten über den Vorgang bei und nach der Verletzung machen diesen
Vorgang sehr wahrscheinlich. Zuweilen wird durch den Defect die
Markhöhle blossgelegt, in anderen Fällen nur kleinere Stücke der
Rindensubstanz abgerissen. Das abgetrennte Knochenstück kann selbst
wieder durch das Geschoss getheilt oder vollständig zermalmt sein.
Der betroffene Knochenschaft erscheint selten dabei ganz frei von
Fissuren und Spalten, besonders wenn härtere Knochenstücke abge-
sprengt sind (siehe unter Anderem Beobacht. XI von Koch und
Fischers kriegsch. Beobachtungen Taf. III, p. 13). Das Periost ist
meist über den erzeugten Defect hinaus ein- oder abgerissen, und im
Knochenmarke werden Blutungen von verschiedenem Umfange erzeugt,
da eine heftige Erschütterung des Knochens mit dieser Verletzung
Hand in Hand geht. Selten bleibt dabei das Geschoss hinter oder
vor dem verletzten Knochen stecken.

§. 116. Die Diagnose dieser Verletzung ist meist ausserordentlich schwer. In einzelnen Fällen ist der Defect am Knochen mit dem
Finger zu erreichen und so frühzeitig festzustellen; in anderen treten
anfänglich keine oder wenig Symptome von der Knochenverletzung auf.
Es ist daher eine erstaunlich grosse Zahl derartiger Verletzungen,
wie sich später herausstellte, anfänglich verkannt worden. Erst die
langdauernden Eiterungen, die beständigen Exfoliationen von Knochenstücken, die localen und allgemeinen Störungen des Wundverlaufes
klärten mit der Zeit die Diagnose. Besonders schwierig ist es, den
Umfang der Knochenverletzungen frühzeitig festzustellen, da anfänglich
anliegende und mit dem Periost noch verbundene Bruchstücke sich
späterhin noch abstossen und nekrotisiren können.

§. 117. Der Verlauf dieser Verletzungen ist sehr chronisch
und nicht selten sehr gefährlich. Wenn die abgesprengten Stücke noch

am Periost festhaften und gut anliegen, wenn keine zu umfangreichen Zermalmungen derselben bestehen und keine Eiterungen und Entzündungen in ihrer Nähe eintreten, so können sie sich wieder mit dem Knochen durch Callus fest verbinden. Sie werden dann meist von einem Callus luxurians umschlossen und bilden fühl- und sichtbare Tumoren an dem betroffenen Knochen, welche die Bewegungen behindern und durch Druck auf die Nerven Schmerzen und Lähmungen herbeiführen können. Zuweilen heilen die Fragmente auch an falschen Stellen oder in Dislocation an und man beobachtet dann noch grössere Geschwülste und Difformitäten am Knochen. In einer Beobachtung von mir (kriegschir. Erfahrungen p. 171) war der abgesprengte Trochanter major mit dem Pfannenrande fest verwachsen. In der Mehrzahl der Fälle aber nekrotisiren die Fragmente, besonders wenn sie klein und zahlreich sind, durch den Eiterungsprocess oder durch Absterben des erschütterten, blutdurchtränkten Periostes. Diese todten Splitter unterhalten dann langdauernde Eiterungen, stetig wiederkehrende, mit Fieber verbundene entzündliche Reizungen, Phlegmonen, Rosen und Eitersenkungen. Wenn aber auch die Splitter unter den oben erörterten günstigen Bedingungen anfänglich angeheilt sind, so können sie noch später absterben und sich lösen. Dann brechen Jahre nach der Verwundung die Wunden wieder auf unter neu auftretenden Eiterungen. Kleinere Sequester werden wohl spontan ausgestossen. Selten heilt der durch die Verletzung erzeugte Defect durch eine glatte Narbe; meist bildet sich um denselben durch eine Periostitis ossificans ein Wall von wucherndem Callus von verschiedener Ausdehnung und Höhe, welcher theils die Todtenlade für die abgestorbenen Stücke bildet, theils als Spitzen, Zacken und andere unregelmässige Tumoren den Defect umgrenzt und sich von hier aus noch weithin in die benachbarten Weichtheile erstreckt. Je länger die Eiterung und je umfangreicher die Nekrotisirung, um so verbreiteter und höher pflegen meist die osteophytischen Auflagerungen zu sein. Wenn durch die Absplitterung das Knochenmark freigelegt, zerrissen oder contundirt wird, so kann sich unter ungünstigen Verhältnissen eine eitrige Osteomyelitis entwickeln. Nach der Heilung derartiger Verletzungen ist der sehr verdünnte Knochen zu Frakturen sehr geneigt.

§. 118. f. Es entstehen Fissuren in der Diaphyse der langen Röhrenknochen.

Man versteht unter Schussfissuren Spalten und Risse im Knochen. Sie werden hervorgebracht durch Erschütterungen des Knochens, bei denen die zerstörende Kraft des Projectils ausgeglichen wird durch den Widerstand der Gewebe. Dieselben können als kleine, feine, oberflächliche Risse durch einzelne Lamellen oder durch eine ganze Wand des Knochens gehen, oder den ganzen Knochen spalten, als wären scharfe Keile durch denselben getrieben. In letzterem Falle nennt man sie auch Längsfrakturen. Meist sind mehrere Fissuren vorhanden, welche isolirt neben einander verlaufen können, in der Regel aber vielfach zusammenstossen, sich kreuzen, Knochenstücke aus dem Zusammenhange lösen, sich dendritisch verzweigen und meist in immer feineren, oberflächlicheren Linien verstreichen. Der Knochen braucht ausser der Fissur keine anderen Verletzungen darzubieten oder die Fissuren gehen von einer directen Knochenverletzung (Rinne, Fraktur etc.) aus, oder sie bestehen isolirt neben einer solchen. Die erste Kategorie ist sehr selten an den langen Röhrenknochen, doch theilt Arnold zwei Beispiele davon am Femur mit. Fälle der letzteren Art, wo die Fissur also von der Knochenschusswunde durch eine unversehrte Schicht vollständig getrennt ist, sind zuerst wohl von Legouest — (Schienbein aus dem Musée Dupuytren mit einer leichten Schuss-Impression am inneren Rande und in einiger Entfernung davon 5 Längsfissuren), — dann von Waldeyer und mir — (Schussfrakturen der Tibia und Scapula, welche mit gleichzeitigen Fissuren am Knochen in keiner Verbindung standen) — und im nordamerikanischen Gesammtberichte mitgetheilt worden. Ueber die Entstehung dieser merkwürdigen Verletzungen wissen wir noch nichts Bestimmtes. Mir scheinen dabei die Erschütterungen des Markes und der Druck desselben gegen die Knochenhöhle, analog der Erzeugung mancher Schädelfissuren, welche wir noch kennen lernen werden, eine wesentliche, doch experimentell noch nicht ergründete Rolle zu spielen. — Die Mehrzahl bildet die zweite Kategorie, bei der also die Fissuren von den Rändern schwerer Schussverletzungen am Knochen ausgehen. Sie verlaufen meist mehr oder weniger parallel der Längsaxe der Diaphyse, sehr selten findet man dabei circuläre (Arnold) oder spiralförmig gewundene Fissuren. Zuweilen entstehen dieselben nicht an der vom Projectil getroffenen Fläche des Knochens, sondern an der entgegengesetzten Seite.

Esmarch und Stromeyer haben gezeigt, dass bei den jugendlichen Soldaten die Fissuren selten aus der Diaphyse in die Epiphyse und umgekehrt verlaufen. Ein Studium der Präparate der nordamerikanischen Sammlungen ergab Holst, dass diese Regel für alle Epiphysen gilt, nur nicht für die obere der Tibia. Auch die Schussverletzungen des Gelenkkopfes des Humerus führten fast ohne Ausnahme zur Entstehung von Fissuren des Halses, meist auch zu solchen des Knochenschaftes, die oft sehr ausgedehnt waren.

Ueber den Fissuren und meist weit über dieselben hinaus ist das Periost zerrissen, blutig infiltrirt und durch Blut abgehoben, auch direct abgestreift, wie Arnold gezeigt hat. Ein fast constanter Befund sind dabei Blutungen in dem Markgewebe.

§. 119. Die Diagnose der Fissuren an den langen Röhrenknochen ist meist unmöglich. Die von Stromeyer und Luecke wieder cultivirte Perkussion des Knochens hat bis zur Stunde noch wenig diagnostischen Werth gezeigt. Der Verlauf stellt meist erst die Diagnose klar.

§. 120. Verlauf der Schussfissuren. Da viele Fissuren gut occludirt liegen, so heilt eine grosse Zahl derselben ungestört durch Callus, welcher ihre Ränder vereinigt und die Knochenlücken ausfüllt. Diese Heilung ist anatomisch sicher nachgewiesen (z. B. durch Esmarch, Arnold etc.). In einem Falle von Esmarch fanden sich sogar die Fissuren am Oberschenkel mit Knochenmasse so ausgefüllt, dass man sie kaum noch erkennen konnte. Je weiter die Fissuren klaffen, desto üppiger pflegen dann die Callusmassen zu sein. Unter ungünstigen Bedingungen treten aber Periostitis und Osteomyelitis, überhaupt alle schweren Folgezustände, die wir bei der Knochencontusion kennen gelernt haben, ein. Esmarch meint, dass diese Gefahr von der Verjauchung der Weichtheile ausginge. Die Eiterung folge dem Laufe der Fissuren und krieche durch dieselben in den Knochen und das Mark. Einen solchen Fall beschreibt Arnold (l. c. p. 94), in welchem es im Verlaufe einfacher, durch Schusscontusion am Femur entstandener Fissuren zur Entwicklung einer die ganze Femurdiaphyse umfassenden Periostitis und Osteomyelitis und in Folge davon zu einer Spontanfraktur des Femur kam.

2) Schussverletzungen der Diaphysen mit Unterbrechung der Continuität des Knochens.

§. 121. g. Die einfache Schussfraktur, — richtiger Schussfrakturen ohne Splitter.

Contusionen der Glieder durch matte Projectile erzeugen sehr oft subcutane, einfache Frakturen, wie man seit alter Zeit weiss. Mossakowski sah allein am Femur 4 Fälle der Art. — Dass die einfachen Frakturen auch durch perforirende Projectile zu Stande kommen, ist erst von Malgaigne und Paillard sicher nachgewiesen worden. Saurel fand unter 300 Knochenbrüchen in Montpellier 10 (also 3,3%), Demme unter 600 genauer charakterisirten Frakturen 33 (also 5,5%) einfache Schussfrakturen. Stromeyer weist, ohne genauere statistische Angaben zu bringen, auf die relative Häufigkeit dieser früher a priori für unmöglich gehaltenen Brüche hin. Pirogoff dagegen hält dieselben für selten.

Bis zur Zeit sind relativ wenig Fälle reiner einfacher Schussfrakturen anatomisch nachgewiesen: Unter 900 Präparaten von Schussverletzungen der unteren Extremitäten fand Holst keinen einzigen Querbruch und bei den Schiefbrüchen bestanden stets noch Längsfissuren vom Bruche aus; unter den Oberarmschussbrüchen sehr wenig einfache und keine queren, ebenso unter denen des Vorderarmes. Von letzteren existirten aber unter 70 Präparaten eines mit Transversalbruch beider und eines mit einem schiefen eines Vorderarmknochens. Herwig beschreibt aus der Würzburger Sammlung einen einfachen Schussschrägbruch des Femur und einen „ziemlich einfachen" Querbruch im oberen Drittel der Tibia. Beck hat zwei einfache Humerus-Schussfrakturen, Socin eine einfache Femur-Schussfraktur, die Nordamerikaner eine einfache Clavicula-Schussfraktur anatomisch untersucht. Die geringe Zahl dieser anatomischen Nachweise wird aber nicht auffallen, wenn man bedenkt, wie günstig diese Verletzungen verlaufen. Klinisch sind dieselben in den letzten Kriegen in grosser Zahl diagnosticirt worden (wir verweisen auf den Gesammtbericht des nordamerikanischen Krieges S. 815 etc., auf die Berichte von Stromeyer, Beck, Koch, Fischer, Wahl, Socin, Lidell etc.). Bei letzteren aber bleibt es für kritische Köpfe immer unentschieden, ob es sich wirklich um reine, einfache Schussbrüche, oder mit Fissuren und Absplitterungen verbundene handelte. An drei von Koch und an einem von Esmarch secirten, anscheinend einfachen Schussbruch des Femur fanden sich bei der anatomischen Untersuchung viele geheilte Fissuren.

In der Mehrzahl der Fälle treten unter diesen Umständen Schrägbrüche der Knochen, sehr selten reine Querbrüche ein, meist waren
beide Formen gemischt. Koch hat an 3 Präparaten wieder die Aufmerksamkeit auf eine eigenthümliche Form solcher Frakturen, bei
denen die Bruchlinien sehr schräg, fast parallel zur Axe des Knochens
verlaufen, Fissuren vorhanden sein können, Absplitterungen aber gänzlich fehlen, gelenkt, die schon Demme zweimal beschrieben und
Gerdy spiralförmige, Gosselin und Bourry keilförmige Frakturen
genannt haben.

§. 122. Da die Fissuren so selten bei den sogenannten einfachen
Schussfrakturen zu fehlen pflegen, so nennt man sie besser: Schussfraktur ohne Splitterung. Dieselben entstehen: 1) Durch Contusionen
des Gliedes durch matte Sprengstücke groben Geschosses. Der Gesammtbericht des nordamerikanischen Krieges stellt (II. chirurg. Band p. 815
und 866) eine Reihe solcher Verletzungen an der oberen Extremität
zusammen und erwähnt, dass schon Romberg in den Ephemeriden
(Leipzig 1706, p. 208) eine solche Fraktur durch ein Bombenfragment
bei der Belagerung von London 1686 am Humerus dicht unter dem
Ansatz des Deltoideus beschrieben hat. Ravaton (l. c. p. 283),
Stromeyer (l. c. p. 165), Legouest (l. c. p. 466), Demme (l. c. p. 69)
erwähnen ähnliche Verletzungen am Humerus, Heine an der Tibia.
2) Durch matte Projectile aus Handfeuerwaffen, sei es, dass dieselben
einen blinden Schusscanal erzeugten, oder im perforirenden eine Ablenkung durch den Knochen erfuhren. Das Geschoss findet sich bei diesen
Brüchen nicht zwischen den Fragmenten, sondern meist vor dem Knochen
mehr oder weniger difform. Zuweilen kam es vor, dass die Kleidungsstücke dabei vom Geschoss nicht verletzt, sondern nur wie ein Handschuhfinger in die Weichtheile eingestülpt und dann bei einer Bewegung des
Gliedes mit dem Geschosse wieder herausgerissen wurden. Dies sah
Esmarch z. B. von einer Kartätschenkugel, die eine Oberschenkelfraktur
gemacht hatte. — 3) Diese Fraktur ohne Splitterung entsteht zuweilen
secundär in folgender Weise: Das Projectil schlägt ein Stück von dem
Schafte des Knochens heraus, oder es bewirkt an einer Stelle eine
comminutive Schussfraktur von geringerem Umfange. Daneben findet
sich aber zwei Zoll ober- oder unterhalb des Ortes der directen Einwirkung des Geschosses ein einfacher Bruch des Schaftes, welcher mit
der directen Schussverletzung durch Fissuren oder Absplitterungen
verbunden sein kann oder nicht. In andern Fällen hatte das Geschoss
nur die vordere Fläche der Condylen oder des Schaftes eines Knochens
an einer Stelle contundirt und doch fand sich 1—2 Zoll darüber oder
darunter noch eine einfache Fraktur. Derartige Beobachtungen wurden
zuerst von Maggius, dann von den Nordamerikanern veröffentlicht.
Das nordamerikanische Museum soll ein Dutzend solcher Präparate enthalten. Koch beschreibt aus dem französischen Kriege (l. c. p. 481) ein
solches Präparat vom Femur, Bertherand ein ähnliches von der Tibia
und das Circular 6 bildet p. 34, Fig. 38 ein so verletztes Femur ab. Wir
wissen noch nicht, wie diese Doppelverletzungen der Knochen zu Stande
kommen. Möglich, ja wahrscheinlich ist es, dass das Geschoss bei der
directen Verletzung zugleich den Knochen über seine Elasticitäts-Grenze
hinaus nach vorn oder hinten, nach aussen oder innen verbiegt und

dadurch zusammen mit der im Augenblick einwirkenden Körperschwere noch die zweite Fraktur oberhalb oder unterhalb der Schussverletzung bewirkt.

§. 123. Die Diagnose dieser Verletzungen bietet, wenn man von der genauen Ermirung etwaiger begleitender Fissuren absieht, keine Schwierigkeiten, da sich dieselben wenig von den Friedensverletzungen unterscheiden. Bestehen dabei perforirende Schusscanäle, so findet sich meist die Ausgangswunde nicht diametral der Eingangswunde gegenüber, sondern oft in nicht allzugrosser Entfernung von ihr auf der gleichen Seite der Extremität.

§. 124. Der Verlauf der Schussbrüche ohne Splitter gleicht meist bei zweckmässiger Behandlung vollständig dem der einfachen Brüche im Frieden. Die Weichtheilwunden verheilen in verhältnissmässig kurzer Zeit, die Schussfraktur wird dadurch zu einer subcutanen und heilt auch als solche. Unter ungünstigen Verhältnissen hat man aber, glücklicher Weise selten, dieselben Störungen des Wundverlaufes eintreten sehen, die wir im Zusammenhange bei den Schusssplitterbrüchen kennen lernen werden.

§. 125. h. Schusssplitterbrüche.

Historisches. Nach dem ersten schleswig-holsteinschen Kriege waren die Meinungen über die Gefährlichkeit der neuen Spitzgeschosse für den Knochen noch sehr getheilt: Beck glaubte, dieselben würden dem Knochen oft mehr ausweichen, wie die runden Kugeln, Stromeyer hielt die Form des Geschosses für gleichgiltig in Betreff der knochenzerstörenden Gewalt derselben, Schwartz und Langenbeck aber hoben schon hervor, dass die Keilform derselben eine grössere Splitterung und Verletzung der Knochen bedinge. Aus dem Krimfeldzuge betonte besonders Pirogoff die verheerende Wirkung der cylindro-conischen Geschosse auf das Knochengewebe, ihre Einkeilungen in die Knochen und die furchtbaren Zersplitterungen der Diaphysen derselben durch die Geschosse. Ihm stimmten fast alle französischen und englischen Autoren über diesen Krieg bei, indem sie die Zahl und Schwere der Knochenschussverletzungen und die daraus hervorgehende Bösartigkeit ihres Verlaufes hervorhoben. Im italienischen Feldzuge machte das Minié-Geschoss fast nur comminutive Schussfrakturen (Demme taxirte sie auf 77⁰/₀ der Knochenschussverletzungen), während das Lorenz-Geschoss der Oesterreicher viel weniger schwere Knochenschussverletzungen erzeugte. In Schleswig-Holstein 1864 und in Böhmen 1866 liess das preussische Langblei zwar an knochenzerschmetternder Wirkung nichts zu wünschen übrig, dennoch aber verursachte es wegen seiner Härte häufiger unscheinbare Knochenschussverletzungen, als die mit breiter, difformer Fläche auftreffenden Minié-Geschosse. In Frankreich dagegen behauptete das preussische Langblei in der zerstörenden Wirkung auf den Knochen den ersten Rang, das Chassepot-Projectil mit seinem kleinen, schwer belasteten Durchmesser und der grossen Geschwindigkeit machte dagegen durchschnittlich — von seinen explosiven Wirkungen abgesehen — Schussfrakturen mit geringerer Splitterung und Erschütterung des Knochens.

§. 126. Entstehung und Arten der Schusssplitterbrüche der langen Röhrenknochen.
Der Grad der Zersplitterung des Knochens variirt vielfach je nach dem anatomischen Gefüge des verletzten Knochens

und der Einwirkung, Härte und Form des Projectils; in leichteren Fällen findet sich der Knochen nur in wenige grössere Stücke zerbrochen, in schwereren in unzählige Splitter der verschiedensten Form und Grösse.

Als bemerkenswerthe Eigenthümlichkeit der Schusssplitterbrüche in den modernen Kriegen ist zunächst die colossale Zerstörung am Knochen gegenüber der geringen Verletzung der Weichtheile hervorzuheben. Jede andere Gewalt, die eine so grossartige Zerschmetterung der Knochen zur Folge hat, bewirkt auch stets, wie Billroth besonders wieder hervorgehoben hat, eine ausgedehnte Zerreissung und Quetschung der Weichtheile, eine Erschütterung des ganzen Gliedes. Bei den Schusssplitterbrüchen dagegen trifft die Hauptwucht der Verletzung den Knochen, und die unbedeutende und localisirte Verwundung der Weichtheile lässt kaum ahnen, was darunter vorgegangen ist.

Ein zweiter sehr auffallender Unterschied hat sich gegen früher in der Beschaffenheit der Eingangs- und Ausgangswunde der Knochenschüsse geltend gemacht.

Schussverletzungen der Knochen, wie wir sie früher besonders in Schleswig-Holstein oft beobachteten, bei welchen das Projectil an der Eingangsöffnung ein Stück des Knochens herausschlägt, und dasselbe entweder vollständig zertrümmert oder in toto in das Gewebe der spongiösen Knochen hineintreibt, darauf aber die gegenüberliegende Knochenwand, ohne einen Substanzverlust zu erzeugen, einfach durchbricht, — so dass also an der Eingangsöffnung umfangreiche Fissuren und Frakturen, an der Ausgangsöffnung ein einfacher Schrägbruch besteht, — werden heute kaum noch vorkommen. Bei den modernen, mit grosser Perkussionskraft aus bedeutender Nähe auftreffenden Projectilen ist die Eingangsöffnung am Knochen ein lochförmiger, der Rindensubstanz angehörender Substanzverlust von der Grösse des Projectils und von kreisrunder Form, die Ausgangsöffnung bildet aber einen sehr grossen, unregelmässigen Defect, welcher sich mit willkürlichen Begrenzungslinien oft über die ganze Knochenwand erstreckt. Von beiden, besonders aber von der Ausgangswunde strahlen Fissuren, Absprengungen nach allen Seiten hin aus, nach oben und unten besonders bei Verletzungen in der Mitte der Diaphyse, nach oben bei Verletzungen am Ende derselben. Die aus beiden Oeffnungen herausgeschlagenen Knochenstücke scheinen vollständig von den Projectilen zermalmt zu sein. Die Markhöhle fand Koch (l. c. p. 484) meist weit über die Flugbahn des Geschosses hinaus zertrümmert. Derartige Zerstörungen zeigen in besonders ausgeprägter Weise die von Koch (l. c. p. 483) beschriebenen Oberschenkelschussfrakturen. In einem von Schwabe anatomisch untersuchten Falle (D. militärärztl. Zeitschr. I. 269) fanden sich in der Mitte der vorderen Fläche des Femur nur 3 Fragmente, die ziemlich $2/3$ des ganzen Knochens einnahmen und von denen das obere und untere noch 6—8 bis zur Markhöhle dringende Fissuren zeigten. Die hintere Fläche des Knochens dagegen war in 15—20 Splitter zerschlagen (siehe auch Fischers kriegschir. Erfahrungen Taf. I, Fig. 10).

Trifft das Projectil mit geringerer, doch immerhin noch lebendiger Perkussionskraft den Knochen, so findet man nur den Beginn eines

Schusscanals an der Eintrittsöffnung, die Zertrümmerung verschont aber eine Wand ganz oder zum grössten Theile. Das Projectil wirkt hier offenbar mehr durch Contusion und Infraction, es zerbricht den Knochen daher nicht, die Fraktur entsteht vielmehr durch die Belastung des Gliedes. Bei tangential auftreffenden perkussionskräftigen Projectilen wird eine grössere, vielleicht in mehrere Stücke getrennte Partie aus dem getroffenen Knochen herausgeschlagen und die von dieser Verletzung ausgehenden tiefen Fissuren vollenden dann unter Umständen erst den Bruch.

Endlich kommen noch eigenthümliche Schussfrakturen vor, bei denen die Splitter und Bruchenden an der Eingangsöffnung nach vorn, an der Ausgangsöffnung nach hinten gerichtet sind, und die losgerissenen Splitter der Eingangswunde in den Weichtheilen vor derselben, wie die der Ausgangswunde an denen hinter derselben stecken. Ich habe in den kriegschir. Erfahrungen Taf. II, Fig. 11 ein solches Beispiel abgebildet und beschrieben, ein ähnliches findet sich bei Arnold Taf. VIII, Fig. 14 b. Für diese früher ganz räthselhaften und gar nicht zu deutenden Verletzungen hat uns Busch in seinen schönen Experimenten die Erklärung in der hydraulischen Wirkung des plötzlich in seinem Raume auf das Gewaltigste beschränkten, flüssigen Knochenmarkes, das mit Macht von allen Seiten gegen die einschliessende Kapsel drängt und dieselbe explosionsartig nach allen Seiten hin auseinandersprengt, gegeben.

§. 127. **Splitter und Bruchenden der Schusssplitterbrüche der langen Röhrenknochen.**
Die direct durch das Projectil oder indirect durch die bei der Verwundung erzeugten Fissuren abgelösten Knochenstücke nennt man Splitter. Sie verfolgen meist die Längsrichtung des Knochens, sind meist länger, als breiter und enden in Fissuren oder zeigen oft selbst Fissuren und Spalten, haben die unregelmässigsten Formen, theils scharfe, theils zackige, spitze oder stumpfe Ränder und führen nicht selten Verfärbungen von Blei oder kleine Bleipartikelchen eingesprengt oder sind von Resten abgerissener Kleidungsstücke umwickelt. Ihre Zahl ist verschieden, von einigen wenigen schwankt dieselbe bis zu 40 und mehr, ebenso variirt ihre Länge von kleinen, feinen Knochennadeln bis zu 20 cm und darüber. Unter 17 Schussfrakturen der Tibia, welche Cuignet untersuchte, betrug die grösste Zahl der Splitter 33, die mittlere 9. Die Splitter der Diaphysen sind länger, spitzer, die der Epiphysen breiter und unregelmässiger. Oft findet sich neben denselben noch eine Menge sandförmigen Knochendetritus. Die Splitter gehören meist der Corticalis der Knochen an, und sitzen theils noch am Knochen an erhaltener periostaler Bedeckung fest, theils sind sie ganz aus der Verbindung mit dem Knochen und mit dem Perioste gerissen, liegen aber noch an ihrer Ursprungsstelle, theils sind sie weit in die Weichtheile hineingeschleudert, quer zur Längsaxe des Knochens gestellt, in die Markhöhle eingekeilt und unter einander vielfach und merkwürdig verschoben. Zwischen ihnen liegen nach der Verletzung Blutcoagula, Trümmer der Weichtheile, mit hineingerissene fremde Körper, Theile des Projectils oder das difforme Projectil selbst.

Die Bruchenden des Knochens zeigen eine ausserordentlich unregelmässige Form, grosse, stark hervorragende, spitze Zacken
wechseln mit tiefen Einschnitten und Fissuren. Oft werden dieselben
von breiten Spalten durchsetzt. Zuweilen bieten sie mehr einen Schräg-,
zuweilen einen Längsbruch dar, zuweilen das obere Bruchende die
erstere, das untere die zweite Form, zuweilen finden sich beide
Formen gemischt an einem Bruchende. Sie stehen meistentheils von
einander mehr oder weniger weit ab, seltener berühren sie sich durch
Verkürzungen des Gliedes mit Beiseiteschiebung der Splitter. Dislocationen der Bruchenden ad peripheriam, ad axin, ad longitudinem
und ad latus sind je nach der Wirkung der Muskeln bei Schussfrakturen
Regel. Sehr bemerkenswerthe Formen der Dislocationen der Bruchenden bei den Oberschenkelschussfrakturen beschreibt Koch l. c. p. 488.

Das Periost ist meist von den Bruchenden abgerissen, oder es
sitzt noch, ist aber vielfach zerrissen und blutig infiltrirt oder durch
Hämatome abgehoben; höchst selten findet man endlich daselbe ganz
intact. Das Blut infiltrirt das Periost des verletzten Knochens mitunter von einer Epiphyse bis zur andern. Klebs hat in einem Falle
von Schussfraktur des Femur die Ausdehnung der vom Periost entblössten Fläche in der Bruchfläche gemessen und einen Umfang von
96,33 qcm bekommen. Es war also die mit Gewebe zu überziehende
Fläche gleich einem Quadrat von 10 cm Seitenlänge oder einem
Kreise von 11 cm Durchmesser. Das Abreissen des Periostes an den
Bruchflächen geschieht wohl meist weniger durch das Projectil, als
durch die Insultationen, welche der Knochen nach der Verletzung
durch Bewegungen der dislocirten zackigen Knochenenden erleidet.
An den Bruchenden sind Bleiverfärbungen selten, viel häufiger
finden sich daran kleine eingesprengte Bleipartikelchen, mitgerissene
fremde Körper, zuweilen liegen das difforme Projectil oder Theile
desselben zwischen ihnen, oder sind durch zackige Ausläufer fest mit
ihnen verbunden. Blutcoagula und Gewebstrümmer hangen an ihnen.
Die Markhöhle der Bruchenden ist meist weithin zerstört, mit blutigem
Detritus erfüllt oder ganz leer.

§. 128. Wir haben oben §. 126 erwähnt, dass die Weichtheile
gegenüber den Knochen bei den Schusssplitterbrüchen nur unbedeutend
verletzt sind. Das ist nicht immer so. Zuweilen sind dabei gerade
die begleitenden Weichtheilverletzungen vom grössten Umfange
und der schwersten Art. Die kleinen Schussöffnungen der Haut
täuschen dann leicht über die furchtbaren Zerstörungen, die sich unter
denselben befinden. Die Knochensplitter werden durch die Kraft des
Projectils, oder die Bruchenden durch die Last des Körpergewichtes
in die Weichtheile hineingetrieben und verletzen Gefässe und Nerven,
zerreissen die Muskeln und Fascien etc. Wie häufig in dieser Weise
die Venen der Glieder zerrissen werden, zeigte eine ganze Reihe
von Beobachtungen Kochs. Auf diese Art bildet sich um die
Schussfraktur meist eine grosse, oft sehr lange, von zerfetzten blutdurchtränkten Geweben begrenzte, unregelmässige, mit Blut und Ge-
webstrümmern erfüllte Höhle, in welche offene Venenlumina münden
und von der aus noch blutige Infiltrationen, Zerreissungen und Contusionen in die entfernteren Theile sich erstrecken. Besonders um-

fangreich und schwer sind die Zermalmungen der Weichtheile an der
Schussaustrittsöffnung im Knochen. Ein steter Begleiter der Schussfrakturen selbst der einfachsten Art und auch bei relativ geringer Verletzung der Weichtheile sind Blutinfiltrate, die sich durch die Spalt-
räume des Bindegewebes, auch in den Gefäss- und Nervenscheiden,
weithin — oft über das ganze Glied — erstrecken und meist auch die
Muskeln durchsetzen. In den lockeren Schichten des Bindegewebes
sammelt sich das Blut zu Coagulis an, in den festern durchdringt es
gleichmässig die Gewebe. Gehen von den Frakturen Fissuren in die Gelenke hinein, so bleibt auch der Eintritt eines Hämarthros nicht aus.

§. 129. Die Symptome der Schusssplitterbrüche sind
denen der complicirten Frakturen im Frieden vollständig ähnlich, nur
pflegen die Erscheinungen der allgemeinen und localen Erschütterung
bei den gleichwerthigen Friedensverletzungen meist weit beträchtlicher
zu sein, als bei den Schussfrakturen langer Röhrenknochen. Die
Diagnose wird noch dadurch erleichtert, dass die Schussfrakturen
nicht selten fürs Auge zu Tage liegen, stets aber für den untersuchenden Finger leicht zugänig sind. Ueber die Erhaltung und
den Zustand des Periostes, das Vorhandensein und die Verbreitung
der Fissuren bringt meist erst der Verlauf einen oft zu spät kommenden
Aufschluss.

Findet die Schussfraktur an der Grenze zwischen Dia- und Epiphyse statt, so irrt man selten, wenn man Gelenkspalten annimmt,
um so seltener, je härter die Knochen sind. Auch aus der Lage und
der Richtung des Schusscanals, aus der Art des Geschosses, aus dem
Einfallswinkel desselben etc. kann man zuweilen mit Sicherheit auf
die Anwesenheit von Fissuren schliessen. Bei umfangreichen Splitterungen fehlen dieselben fast nie. Es kann auch oft recht schwer zu
unterscheiden sein, ob fremde Körper, besonders das Geschoss, noch in
der Knochenwunde stecken.

§. 130. Der Verlauf der comminutiven Schussfrakturen.
Das Schicksal der Schussfrakturen hängt vorwaltend von dem
Verhalten der Splitter und den sich daran knüpfenden Vorgängen an
der Weichtheilschussverletzung ab. Bei den analogen Friedensverletzungen durch contundirende Gewalten tritt die Weichtheilverletzung meist
von Anfang an in den Vordergrund, Brand und schwere Phlegmonen
treten ein, ehe am Knochen noch erhebliche Veränderungen sich
bilden können. Bei den Schusssplitterbrüchen dagegen ist die
Weichtheilwunde oft von einem einfachen Fleischschuss nicht zu unterscheiden und sie kann heilen und sich schliessen, ehe am Knochen
regenerative oder destructive Processe sich entwickeln. Die ganze Schwere
der Verletzung wird bedingt von dem Zustande der Knochenwunde
und den sich daran knüpfenden Folgezuständen. Lossen, der diese
Unterschiede klar dargelegt hat, macht auch darauf aufmerksam, dass
bei den Friedensverletzungen durch schwere contundirende Momente
die Gewalt stets von aussen nach innen zermalmend und zerquetschend
wirkt, während bei den Schussfrakturen die Kugel den Knochen von
innen nach aussen auseinandertreibt und zersprengt. Durch die fort-
wirkende Gewalt wird das Periost von den Splittern gelöst und die

Splitter in die Weichtheile weit hineingeschleudert. Während die ersteren Momente alle den Verlauf der Schusssplitterbrüche viel günstiger gestalten, als die der analogen Friedensverletzungen, bringt das letztere aber wieder grössere und schwerere Gefahren, als wir bei jenen haben. Die vom Periost entblössten Splitter sterben ab und die in die Weichtheile hineingerissenen machen die schwersten Nebenverletzungen und führen die gefahrvollsten Entzündungen herbei.

Dies hatte schon Dupuytren richtig erkannt und darauf seine Eintheilung der Splitter in primäre, secundäre und tertiäre gegründet. Als primäre Splitter bezeichnete er solche, welche aus allem Zusammenhange mit den ernährenden Gefässen des Knochens, mit dem Knochen selbst und den umgebenden Weichtheilen durch die Verletzung selbst gerissen, als secundäre diejenigen, welche zwar vom Knochen völlig abgesprengt, doch mit dem Periost und den Ernährungsquellen des Knochens noch theilweis verbunden sind. Die von ihm als tertiär bezeichneten Splitter sind aber kein Product der Verletzung, sondern nekrotisirender Processe an den Bruchenden, an festsitzenden Knochensplittern, und an dem verletzten Knochen selbst. Man hat gegen diese Eintheilung mancherlei theoretische, auch sicherlich vielfach begründete Bedenken geltend gemacht, doch lässt sich ihre praktische Brauchbarkeit und Handlichkeit nicht läugnen. Esmarch besonders wendete dagegen ein, dass die primären und secundären Splitter weder ihrem Wesen nach, noch auch in der Praxis von einander zu trennen seien. Er zieht daher die Eintheilung in Bruchsplitter, welche durch scharfe Bruchränder charakterisirt, von der einwirkenden Gewalt gänzlich aus der Verbindung mit dem Knochen gelöst sind — mögen sie noch an den Weichtheilen festhangen, oder nicht — und in nekrotische Splitter, welche als eine Folge späterer Krankheitsprocesse sich bilden und sich durch zackige unebene Ränder charakterisiren, der von Dupuytren aufgestellten vor. Wir geben gern zu, dass diese Eintheilung wissenschaftlicher und anatomisch begründeter ist, sie kommt aber doch schliesslich auf dasselbe heraus und konnte daher die fest eingewurzelte Dupuytrens bis zur Stunde noch nicht verdrängen.

§. 131. Wir wollen nun den Schicksalen der Splitter und Bruchenden nachgehen:

α. Schnelle ungestörte Heilung der Schuss-Splitterbrüche.

Dass Schussfrakturen bei schnellem Verschluss der Weichtheilverletzung (unter dem Schorfe) ohne wesentliche Eiterung, ohne entzündliche Erscheinungen und ohne Wundfieber, wie einfache Frakturen heilen können, ist eine lange bekannte, durch die Erfahrungen der letzten Kriege aber klinisch und anatomisch besonders sorgfältig begründete Thatsache. Lossen sah von 16 Schusssplitterbrüchen des Oberschenkels 3, von 15 des Unterschenkels 1, von 19 des Oberarmes 1 ohne jegliche Splitterextractionen und ohne wesentliche Störungen des Wundverlaufes heilen; Alezais 4 solcher Verletzungen am Femur, 3 der Tibia, 1 des Humerus; ich unter 31 Schusssplitterbrüchen des Femur 3, an denen des Humerus 4, Richter und Berger je eine Oberschenkelschussfraktur etc. Aus dem deutsch-französischen und türkisch-russischen Kriege werden fast von jedem Autor derartige, überaus günstig verlaufene Fälle von Schusssplitterbrüchen beschrieben, doch aber meist nur bei Verletzungen mit wenigen, grossen Splittern, mit sehr beschränkter Zerstörung der Weichtheile und mit kleinen glatten Schussöffnungen in der Haut. Hier konnte die äussere Wunde schnell verkleben, und bald so günstige Muskel- und Fascienverschiebungen eintreten, dass die Knochenwunden in subcutane sich verwandelten.

Auch der anatomische Nachweis der vollständigen und ungestörten Wiederanheilung der Splitter ist geführt. Volkmann und Lossen haben Präparate von Schussfrakturen, besonders des Femur, beschrieben, an denen ohne jede Sequestration 12—20 Splitter vollständig eingeheilt sind. Socin bildet eine Tibia ab mit unzähligen angewachsenen Splittern, Esmarch besitzt einen Humerus, welcher in seiner Mitte in 8 grosse Splitter zerschmettert wurde, in denen 5 mit dem unteren, 3 mit dem oberen Bruchende fest consolidirt waren: Koch ein Femur, bei welchem alle Splitter ohne nennenswerthe Nekrosenbildung vorwiegend mit den vollständig gesunden Bruchenden, zum Theil mit den Weichtheilen innig verwachsen sind. Ich verweise auch auf meine kriegschir. Erfahrungen, Fall 186 und 290—297. Auch in den nordamerikanischen Berichten finden sich viele und interessante Beispiele der Art. Zuweilen wurden die Splitter nach anderen Stellen verschleppt und heilten dort ohne Störung an. Das stecken gebliebene Geschoss oder Theile desselben können unter diesen Umständen zwischen den Fragmenten von Callus umschlossen werden und einheilen.

Auch die Fissuren im Knochen, die sich neben den Splittern finden, werden unter günstigen Bedingungen zunächst vom Perioste aus unbemerkt durch Auflagerung von Callusmassen geschlossen. Unter 7 Präparaten von Oberschenkelschussfrakturen, die Lossen besitzt, finden sich 2 durch Callusmassen geheilte Fissuren. Die Callusproduction kommt bei den Schusssplitterbrüchen zu Stande, wie bei den einfachen Frakturen. Dicke Massen des Callus bedecken meist die äusseren Flächen der Splitter und spannen sich brückenartig von einem zum andern und von den Splittern wieder zum Schafte. Die Hauptneubildung des Knochens geht an den noch haftenden Resten vom Periost aus, welches, wenn auch zerrissen und zerquetscht, noch seine knochenbildende Kraft behält; doch mag auch das anliegende Bindegewebe einen Theil der Arbeit mit übernehmen. Lossen hat auf die zwischen den Callusmassen hier und da durchblickende rauhe Oberfläche der Splitter als auf ein Zeichen ihrer Lebensfähigkeit und als auf das Product einer ganz oberflächlichen ossificirenden Ostitis, welche an den Stellen, die vollkommen vom Periost entblösst waren, ebenfalls neue Knochenschichten gebildet habe, aufmerksam gemacht. Es braucht also nicht jeder lose Splitter gleich abzusterben, wenn die Gefässe desselben nur auf irgend eine Weise mit anderen in Verbindung treten können. Auch Klebs sah, wie sich ein vollkommen gelöster Splitter wieder vascularisirte. Bergmann hat mit Jakimowicz Experimente über die Lebensfähigkeit völlig abgelöster Stücke langer Röhrenknochen gemacht und deren totale Wiederanheilung in der oben geschilderten Weise bestätigt.

Da eine zweckmässige Behandlung und günstige äussere Verhältnisse der Verletzten einen sehr grossen Einfluss auf das Zustandekommen dieser glücklichen Heilungen ausüben, so lässt sich hoffen, dass bei einem streng antiseptischen Heilverfahren dieselben zur Regel

werden können, wie bei den analogen Friedensverletzungen. Dass man
sich aber noch nicht zu kühnen Hoffnungen hingeben darf, zeigen die
Erfahrungen Wahls und Reyhers im russisch-türkischen Kriege.

§. 132. β. Langsamer mit Nekrose der Splitter ver-
bundener Verlauf. (Bildung secundärer Splitter.)

Dieser Vorgang bildete bisher die Regel. Anfänglich scheint es
zwar oft, als wollte die Heilung ohne Eiterung und Nekrotisirung
eintreten. Dies täuscht aber, weil, wie Volkmann hervorgehoben
hat, die örtliche Reaction bei den Schussfrakturen weit später und
träger eintritt und auch nicht den eminent progredienten Charakter hat,
als bei den gleichwerthigen Friedensverletzungen. Bei diesem Verlauf
der Schusssplitterbrüche kann man verschiedene Grade der Malignität
unterscheiden. 1) In den selteneren Fällen tritt die Nekrose der Splitter
ohne wesentliche allgemeine und locale Störungen ein; sie
bleibt auch dabei auf wenige oder einen Theil der Splitter beschränkt.
Je früher sich die äussern Wunden schliessen, je beschränkter die
Eiterung bleibt, um so mehr Splitter können sich lebensfähig erhalten.
Da die Quetschung des Knochens an den Eintrittsstellen des Projectils
am beträchtlichsten ist, so ist auch hier die Nekrose der Splitter am
häufigsten. Lossen macht besonders auf den öfteren Befund loser
Splitter in der Markhöhle aufmerksam, wohin dieselben von der Eingangswunde aus durch das Projectil geschleudert werden. Auch die Commotion des Knochengewebes begünstigt den Eintritt der Splitternekrose
an der Eingangsöffnung. Es pflegen aber auch die Splitter an der
Ausgangswunde häufig genug zu nekrotisiren, da die Nekrose der Splitter
durch eine Zerstörung und Ablösung des Periostes von denselben in
erster Linie bedingt wird. Je weiter ein Splitter theils durch die Gewalt,
theils durch die Bewegungen der Bruchenden vom Knochen fortgerissen
ist, um so leichter stirbt er ab, da eine Wiederanknüpfung seiner
Ernährung unmöglich wird. In den Fällen des allmählichen Absterbens
und Lösens eines Theils der Splitter bleiben die Wundreaction und
Eiterung beschränkt, das Wundfieber kann ganz ausbleiben oder erreicht
nur geringe Grade. Schon während oder gleich nach der Lösung der
Splitter consolidirt sich die Schussfraktur. Da sich die todten Splitter aber
nicht zu gleicher Zeit, sondern in verschiedenen Intervallen abstossen,
so wird die Heilung der Schusssplitterbrüche unter diesen Umständen
durch immer neue Eiterungen und Fistelbildungen oft durch Jahre retardirt.
Jede solche neue Sequestration ist mit localen und allgemeinen Reizerscheinungen verbunden. Liegen die Splitter den Schussöffnungen
nahe, so können sie durch die wuchernden Granulationen mehr und
mehr gehoben, nach aussen gedrängt und spontan eliminirt werden.
Meist aber ist dabei Kunsthülfe nöthig. Die Fraktur heilt unter diesen
Umständen durch einen Callus luxurians, die Massen desselben umwuchern
auch die ganz lockern, vom Perioste entblössten Splitter, welche so
definitiv einheilen oder sich später doch noch lösen können. Die stärkste
Production des Callus geht vom Perioste aus, so weit es noch vorhanden
ist, nach demselben soll sich nach Herwig am meisten das Markgewebe
dabei betheiligen. Die Bruchenden glätten sich durch eine Ostitis
rarificans ohne Abstossung von Sequestern, oder auch durch eine in-
sensible Loslösung kleiner Stückchen der Bruchflächen.

2) In der Mehrzahl der Fälle aber ist die Splitternekrose mit lebhaften localen und allgemeinen Störungen verbunden. Zu den sub 1) erwähnten Ursachen der Splitternekrose tritt hier noch meist eine Periostitis purulenta hinzu, durch welche die letzten Verbindungen mit dem Perioste gelöst und der Tod der Splitter eingeleitet wird. Unter diesen Umständen wird der grösste Theil der Splitter nekrotisch; nur die grösseren halten sich. Diese Fälle gehen mit einer langdauernden profusen Eiterung, einer umfangreichen Infiltration der Weichtheile und einem lebhafteren Wundfieber einher. Letzteres beginnt meist gleich nach der Verletzung, die Temperatursteigerung schleicht sich allmählich ein, seltener beginnt sie plötzlich mit einem Schüttelfrost, und erreicht oft eine bedeutende Höhe (40° C. und darüber). Das Fieber hat den remittirenden Charakter. Daneben bestehen Eingenommenheit des Kopfes, zuweilen Delirien, grosser Durst, belegte trockene Zunge, Appetitlosigkeit, ein spärlicher, saturirter Urin wird entleert etc. etc. Anfänglich ergiesst sich ein mit Blutcoagulis, Gewebsfetzen, Knochengries gemischtes blutigseröses, übelriechendes Secret in grosser Menge. Die Schusswunden der Haut sind stark geschwollen, so dass die Secrete sich schwer entleeren. Eine rosige Röthe, ödematöse Schwellung umgibt die Wunden und erstreckt sich weithin durch die benachbarten Theile, zuweilen über das ganze Glied oder den grössten Theil desselben. Nachdem diese tumultuarischen Erscheinungen· durch eine oder mehrere Wochen bestanden, wird die Secretion der Wunde purulenter, spärlicher, die Infiltration der Weichtheile und das Wundfieber nehmen ab, an den Wundrändern zeigen sich Demarcationen und Granulationen. Es kommt nun zu einer reichlichen Eiterung, welche Monate lang anhält, mit hektischem Fieber einhergeht und den Kranken sehr herunterbringt. Allmählich stossen sich die secundären Splitter und die eingedrungenen fremden Körper ab. Gefahrvolle Tage mit lebhafter allgemeiner und localer Reaction wechseln mit ruhigeren. Die immer wieder sich abstossenden Splitter erregen Reizungen der Granulationen, Blutungen in die Wundhöhlen mit Zersetzungen der Coagula und besonders, wenn die Wundcanäle bereits enger geworden sind, leicht Eiterretentionen und Eitersenkungen. Auch unter diesen Umständen können die Bruchenden von der Nekrose frei bleiben, sich durch eine Ostitis granulosa glätten und allmählich verheilen. Die weiche Struktur des Callus, welcher ein grossmaschiges, mit Granulationen durchsetztes Knochengewebe darstellt, begünstigt aber seine eiterige Einschmelzung und daher können unter diesen Umständen die Callusmassen wieder verschwinden und anscheinende Heilungen sich lösen. Es bedarf bei diesem Verlauf der Schussfrakturen der grössten Sorgfalt und einer nicht geringen Fachkenntniss von Seiten des Chirurgen, wenn dabei noch ein günstiges Resultat erzielt werden soll. Besonders gehört die Behandlung der Oberschenkelschussfraktur mit umfangreichen Nekrotisirungen der Splitter zu den schwersten Aufgaben der Chirurgie.

§. 133. γ. Sehr protrahirter und gefährdeter Verlauf durch Nekrose der Bruchenden und der verletzten Knochen (Bildung tertiärer Splitter).
Eine circumscripte Nekrose der Bruchenden ist, wie

Simon zuerst ausgesprochen hat, und unzählige Präparate bestätigen,
bei umfangreichen Zersplitterungen der Knochen die Regel. Die direct
vom Projectil getroffenen Partien des Knochens sterben ab und hierin
liegt meist auch in den günstig verlaufenen Fällen die Quelle der langwierigen Eiterungen. Je breiter und grösser die Trennungsflächen am
Knochen, desto leichter und umfangreicher pflegt die Nekrose der
Bruchenden einzutreten. Lossen berichtet, dass von 7 Trocken-
präparaten des Femur und 3 des Humerus die Nekrose der Bruchenden nur bei je einem gefehlt habe. Bei den circumscripten
Nekrosen der Bruchenden sind die durch eine Ostitis granulosa abgelösten Fragmente meist kleinere Spitzen oder Zacken, oder auch
schmälere Knochenringe, welche keine wesentlichen Gefahren und
Störungen im Wundverlaufe, ausser der Verzögerung der Heilung, bedingen.
Umfangreichere Nekrosen der Bruchenden sind dagegen von der
übelsten Bedeutung, weil sie eine Quelle der erschöpfendsten Eiterung, die
Ursache der grössten Verzögerung, wenn nicht der gänzlichen Verhinderung der Consolidation der Schussfraktur bilden und Phlegmonen,
Eiterretentionen, Eitersenkungen, kurz die Pyämie sehr häufig zu
ihrem bösen Gefolge zählen. Die nekrotischen Bruchenden haben
eine weisslich-gelbe Farbe und sind glatt wie Elfenbein. Sie werden
vom gesunden Knochen durch eine mehr oder weniger ausgebildete
demarkirende Furche und darüber hinaus durch einen unregelmässigen
Kranz stachliger Osteophyten und periostaler Wucherungen umgeben. Das so abgegrenzte Knochenstück erschien nach Arnold,
wenn die Bruchflächen sehr regelmässig und eben waren, sehr schmal
und die Furche hatte einen parallelen, den Knochen circulär um-
kreisenden Verlauf; waren die Bruchflächen sehr schief, so blieben auch
die nekrotischen Zonen sehr schmal und die Furchen gegen diese
parallel; waren die Bruchflächen sehr unregelmässig und stark gezackt,
so waren die nekrotischen Zonen sehr breit und die sie begrenzenden
Furchen umsetzten in Schlangenlinien, deren Erhebungen und Senkungen
den Excursionen der Bruchränder im allgemeinen entsprachen, den Knochen in mehr querer Richtung. Nicht die ganze Tiefe des von einer
Demarkationsfurche umzogenen Knochenstückes braucht aber abgestossen
zu werden. Oft sind die nekrotischen Bruchenden von klaffenden Spalten
und keine reparativen Callusproductionen zeigenden Fissuren durchzogen. Letztere üben keinen Einfluss auf den Verlauf der demarkirenden Furchen, denn sie erstrecken sich meist weit über dieselben
hinaus. Splitter liegen aber niemals jenseits der Demarkationsfurchen.
     Der Grund zur Nekrotisirung der Bruchenden in grösserem
Umfange ist zuweilen in der durch das Projectil bewirkten Knochencontusion, welche eine Zerreissung der Gefässe, also seiner Ernährungsquellen erzeugte, zu suchen. Da diese Gefässe sich nicht retrahiren
können, so füllen sie sich mit Thromben und eine fortgeleitete Thrombose
kann dann zu beträchtlicheren Ernährungsstörungen am Knochen
führen. Es ist aber entschieden zu bestreiten, dass solche Knochencontusionen umfangreiche Nekrosen der Bruchenden bewirken können.
Dieselben sind vielmehr durchweg auf die Abreissungen des Periostes
an den Bruchenden zurückzuführen, welche theils durch die Splitter,
theils durch die Verschiebungen der Bruchenden gegen einander, nicht
durch das Projectil bewirkt werden. Das Periost wird von dem Bruchende,

wie Luecke hervorgehoben hat, wie eine Manschette zurückgestreift
oder eingerissen, abgequetscht, durch Blut abgehoben und blutig infiltrirt, also zur Ernährung des Knochens untauglich. Trotz dieser
Verletzungen der Knochenhaut braucht es aber nicht zur Nekrose
der Bruchenden zu kommen, da sie sich durch frühzeitige und gute
Coaptation der Fragmente auch wieder anlegen und die Ernährung des
Knochens weiter übernehmen kann.

Die Ausdehnung der Nekrose der Bruchenden ist oft ganz beträchtlich, sie kann 2—3 Zoll an jedem Fragmente betragen und sich
sogar auch über den grössten Theil des Knochens erstrecken. Die
spontane Lösung der Sequester geht sehr langsam von statten. Die
erschöpfende Eiterung rafft die Patienten oft vorher fort. Kleinere
Sequester werden von Calluscapseln umschlossen und stossen sich nicht
selten später aus, als grössere, weil sie in der Hülle auf längere Zeit
zur Ruhe kommen können. Secundär wird wohl häufig die umfangreiche Nekrose der Bruchenden durch eine chronische, circumscripte
eitrige Osteomyelitis und Periostitis hervorgerufen, auf die wir
gleich zurückkommen werden.

Die Diagnose der Nekrose der Bruchenden wird durch
eine Manual-Untersuchung und durch eine Erweiterung der Wunde
ermöglicht, man fühlt den entblössten Knochen, die demarkirende
Furche, den Osteophytenring etc. Auch die Störungen im Befinden
des Patienten, die Vermehrung und Veränderung der Eiterung, das
hektische Fieber, Eitersenkungen, das gänzliche Ausbleiben der Consolidation lassen dem erfahrenen Chirurgen keinen Zweifel über das
Vorhandensein dieses traurigen Ereignisses.

Zuweilen entwickeln sich doch um die todten Fragmentenden
Callusmassen, welche dieselben einschliessen und abkapseln und durch
eine Ueberbrückung der Frakturenden eine Vereinigung derselben bewirken. Da diese Laden aber meist unvollständig, durchlöchert und
sehr dünn sind, so können sie bei Bewegungsversuchen wieder brechen
oder auch durch die Eiterung später gelöst werden.

§. 134. In der Nekrose der Bruchenden haben wir die eine Art
der Bildung der tertiären Splitter Dupuytrens, der nekrotischen Splitter
Esmarchs im Verlaufe der Schusswunden kennen gelernt.

Die zweite Art derselben entsteht durch eitrige Entzündungen
des Knochenmarkes und Periostes. J. Roux behauptete im Jahre
1860, dass nach seinen Erfahrungen in Toulon an Schussfrakturen, die
nach einem langen, unruhigen und wenig geschützten Transport zu Lande
und zu Wasser im schlimmsten Zustande in seine Behandlung kamen,
eine diffuse eitrige Osteomyelitis, welche schliesslich den ganzen
Knochen ergreife, die unvermeidliche und constante Folge jeder Schussfraktur und die allerhäufigste Ursache des letalen Ausganges der
Amputationen nach derselben sei. Diese ganz unbegründete Behauptung ist weder durch die Erfahrungen in den früheren, noch durch
die in den modernen Kriegen bestätigt worden. Wir wissen heute,
dass die diffuse Osteomyelitis purulenta, wie schon Demme und später
Volkmann behauptet und ich nachgewiesen habe, bei Schussfrakturen
ein relativ seltenes Ereigniss ist. Wenn man aber heute das Vorkommen derselben im Verlaufe bei Schussfrakturen ganz läugnen

will, so verfällt man damit in denselben Irrthum wie Roux. Ich
habe zwar in 40 theils von mir, theils von Cohnheim obducirten
Fällen von Oberschenkelschussfrakturen umfangreiche osteomyelitische
Processe in keinem Falle nachweisen können, selbst wenn Fissuren
vorhanden waren, die bis in das Knochenmark drangen, ebensowenig
sah ich dieselben an den letal verlaufenen Humerus-Schussfrakturen
und nur einmal bei einer Schussfraktur der Tibia. In den Cohnheim'schen Sectionsprotokollen der Berliner Baracken ist in keinem
einzigen Falle bei einer Schussfraktur eine eitrige, diffuse Osteomyelitis
erwähnt, eine Thatsache, die deutlich genug für die Seltenheit dieses
Ereignisses spricht. Auch Koch berichtet keinen Fall von Osteomyelitis unter seinen sorgfältig obducirten Fällen, ebensowenig Schüller
(unter 8 Sectionen). Engel (unter 16 Sectionen), Kade (unter 20 Sectionen), Gritti (unter 8 Sectionen), Watraszewski (unter 10 Sectionen bei Schussfrakturen). Dagegen behauptet Cousin, dass in allen
tödtlich verlaufenen Fällen von Schussfrakturen in den Lazarethen der
französischen Presse zu Paris, und Grellois, dass bei allen an Pyämie
im belagerten Metz verstorbenen Verwundeten constant Osteomyelitis
purulenta gefunden worden sei. Ausserdem werden aus den neuesten
Kriegen folgende Fälle von Osteomyelitis diffusa im Verlaufe der
Schussfrakturen erwähnt: von Herwig (2mal am Humerus), Lossen
(3mal am Humerus, 1mal bei einer Resect. humeri, 2mal bei einer
Resect. cubiti), Martin (1mal an der Tibia, 1mal am Femur), Socin
(2mal an der Tibia), Luecke (2mal am Humerus und Femur), Klebs
(2mal am Humerus, 1mal an der Tibia), Arnold (1mal am Femur),
Goldtammer (1mal am Radius), Giess (1mal an der Tibia), Tiling
(2mal am Femur). Schüller spricht im allgemeinen von mehreren
Fällen von Osteomyelitis, ohne Bestätigung derselben durch die Section.

Es mag sein, dass die Osteomyelitis purulenta oft übersehen
wird, da man den Rath Pirogoffs, bei jeder Section oder Amputation
einer Knochenschussverletzung die Halbirung der Knochenfragmente
durch einen Längsschnitt vorzunehmen, selten durchweg zu befolgen
pflegt. Klebs hat die wichtige Thatsache entdeckt, dass alle tiefer
und von der Oberfläche weiter entfernt liegenden Theile bei Schussverletzungen eine geringere Neigung zu entzündlichen Reactionen
zeigen, als die höher und mehr zu Tage tretenden. Vielleicht liegt
in diesem Satze von grossartiger Tragweite die Erklärung für das so
seltene Eintreten der eitrigen Entzündungen des Markgewebes bei
Schussverletzungen. Dass es sich bei der Entstehung der Osteomyelitis diffusa wesentlich um das Eindringen von Mikroorganismen handelt,
wie Klebs behauptet, ist zur Zeit noch ein chirurgischer Glaubens-
artikel. Dagegen spielen in der Aetiologie dieses furchtbaren Processes erfahrungsgemäss die Blutergüsse und hämorrhagischen
Infiltrationen des Markgewebes die wichtigste Rolle. Werden
dieselben durch Infectionen septischer Art zum eitrigen oder jauchigen
Zerfall gebracht, so ist das traurige Schicksal der Schussverletzung
entschieden. Besonders tragen zur Entwicklung der Osteomyelitis diffusa
purulenta eine unsaubere Wundpflege, vieles Sondiren mit schmutzigen Fingern, schlechte Verbände und der Aufenthalt der Verwundeten
in verpesteten Spitälern bei.

Der Grösse der Knochenverletzung entspricht die Gefahr

des Eintrittes der Osteomyelitis nicht. Begünstigt scheint der Ausbruch derselben durch lange, breite und tief bis ins Mark dringende Fissuren des Knochens und durch das Einkeilen von Knochensplittern und Projectilresten in dasselbe zu werden.

Ob die von Demme als häufig bezeichnete Rückbildung der diffusen Osteomyelitis, welche sich durch Wucherung der Bindesubstanz, kalkige Ablagerungen in derselben, Verengerungen des Markcanals, osteophytische Verdickungen des Knochens auszeichnen soll, jemals nach Schusswunden vorkommt, vermag ich nicht zu sagen. Ich habe, wie auch Pirogoff aus seiner reichen Erfahrung bekennt, niemals einen günstigen Ausgang danach beobachtet. Es wurde stets das ganze befallene Knochenstück nekrotisch, das Mark verwandelte sich in eine flüssige, bräunliche, stinkende Masse, das Periost wurde abgelöst und es begann eine furchtbare jauchige Eiterung in den Weichtheilen, den Gelenken; Epiphysenlösungen traten ein, unter hohem typhösem Fieber sanken die Kräfte der Patienten und der Tod erfolgte durch Pyämie. An eine Consolidation der Fractur oder an eine Einheilung von Splittern ist bei der Osteomyelitis diffusa nicht zu denken, dieselben liegen nekrotisch in der mit Jauche erfüllten Höhle. Dagegen hat man (Luecke und Arnold) secundäre Fracturen in Folge der Osteomyelitis im Verlaufe der Schussfractur eintreten sehen.

Endet die diffuse Osteomyelitis nicht mit dem Verluste von Glied oder Leben, so kommt es zur Bildung von grossen Sequestern, die das ganze Bruchende, oder den ganzen Knochen oder bedeutende Stücke desselben umfassen. Dieselben lösen sich relativ schnell, werden langsam eingekapselt und führen zu Jahre langem Siechthum, wenn sie nicht bei Zeiten extrahirt werden. Sie haben eine rauhe, sehr unebene, zerfressene Oberfläche und die verschiedenste Gestalt.

In neuerer Zeit hat man die Aufmerksamkeit auf die Thatsache gerichtet, dass in Folge von leichteren Verletzungen der Glieder ohne oder mit Betheiligung der Knochen an entfernteren, nicht verletzten Knochen Pyämie auftreten kann. Hahn (D. militärärztl. Zeitung 1878 p. 363) erwähnt solcher Fälle, in denen nach einer leichten Quetschung am Fussrücken eine Osteomyelitis purulenta des Femur und nach einer Verletzung am Finger eine solche der Scapula, beidemale mit tödtlichem Ausgange entstanden waren. Derartige Beobachtungen sind mir aus der Kriegschirurgie nicht bekannt geworden.

Die circumscripten Formen der Osteomyelitis verlaufen meist unbemerkt oder schwer erkennbar an den Fracturenden. Ich habe eine derartige Beobachtung am Humerus veröffentlicht (Kriegschir. Beobachtungen p. 139, Fall 177). Durch die begrenzten eitrigen Infiltrationen des Markgewebes entstehen Nekrosen der Bruchenden in grösserer Ausdehnung, weil das noch haftende Periost abgelöst oder die Wiederanheftung des abgerissenen durch die Knocheneiterung verhindert wird (vide §. 129). Zuweilen entstehen circumscripte Osteomyelitisformen um die in das Knochenmark eingedrungenen fremden Körper.

Böckel hat der nach Schussfracturen eintretenden Osteomyelitis eine ausführliche Abhandlung gewidmet, ohne wesentlich neue Gesichtspunkte zu gewinnen. Er unterscheidet ausser der Osteomyelitis suppurativa acuta und chronica noch eine nekrotica und granulosa.

Diese dritte Form ist aber nur eine Folge der beiden ersten, die vierte ist eine Ostitis.

§. 135. Obwohl die P e r i o s t i t i s im Verlaufe der Schussfrakturen in der Regel eine Folge der Osteomyelitis suppurativa ist, so kommen doch auch dabei primäre eiterige Affectionen des Periostes, besonders g r ö s s e r e dissecirende Abscesse unter demselben und eine d i f f u s e eiterige Periostitis zur Beobachtung. Dieselben sind meist die Folge der Verjauchung subperiostaler Blutextravasate, des mechanischen Insultes, oder sie entstehen auch durch Fortpflanzung tiefer Phlegmonen bis auf das periostale Bindegewebe. Die dabei eintretenden Vereiterungen, Zerstörungen und Ablösungen des Periostes sind oft enorm, und umfangreiche Nekrosen, Osteophytbildungen, Gelenkentzündungen ihre schweren Folgen. Es unterliegt keinem Zweifel, dass diese Periostitisformen im Verlaufe der Schusssplitterbrüche durch septische Infectionen entstehen. Sie finden sich unter denselben Verhältnissen, und haben dieselben Ursachen, wie die diffuse, eiterige Osteomyelitis, machen auch dieselben Symptome und führen dieselben Gefahren für Glied und Leben herbei.

In der Nekrose, welche durch diese Processe am verletzten Knochen hervorgebracht werden, erkennen wir die zweite Art der tertiären Splitter D u p u y t r e n s, der nekrotischen Splitter E s m a r c h s.

5. H e i l u n g s d a u e r und E n d r e s u l t a t e der B e h a n d l u n g der S c h u s s f r a k t u r e n der l a n g e n R ö h r e n k n o c h e n.

a. H e i l u n g s d a u e r.

§. 136. Nach den obigen Auseinandersetzungen bedarf es kaum der Erwähnung, dass die Heilungsdauer der Schussfrakturen der langen Röhrenknochen sich v i e l l ä n g e r hinzieht, als bei den gewöhnlichen Frakturen. Nur die Schussfrakturen, welche ohne Splitterexfoliationen verlaufen, pflegen zuweilen in derselben Zeit zu consolidiren. Dennoch ist es bei der Consolidation der Schussfrakturen im allgemeinen eine fast constante Erscheinung, dass die Callusbildung sehr spät, selten vor der dritten Woche beginnt. K l e b s fand in der Regel erst am 18. Tage Spuren derselben.

Die Splitterschussfrakturen der einzelnen langen Röhrenknochen brauchen zur Heilung eine verschieden lange Zeit: bei denen des Humerus schwankt dieselbe zwischen 41 und 250 Tagen (Durchschnittsdauer 60—70 Tage, nach M o s s a k o w s k i's Schätzung 8—14 Wochen), bei denen des Vorderarms zwischen 28 und 120 Tagen (Durchschnittsdauer 50—60 Tage), bei denen des Femur zwischen 50 Tagen und Jahren (Durchschnittsdauer 160—200 Tage; unter 20 französischen Invaliden, bei denen die Heilungsdauer bekannt war, fand M o s s a k o w s k i 6mal die Consolidation in 6 Wochen, 5mal in 8 Wochen, 4mal in 9 Wochen, je 1mal in 10, 12 und 16 Wochen, 2mal in 11 Wochen eingetreten), bei denen des Unterschenkels zwischen 50 Tagen und 180 Tagen (Durchschnittsdauer 80—120 Tage). Die angegebene Minimal-Zahl wird selten und nur in den günstigsten Fällen erreicht, die Maximal-Zahl oft überschritten. Die Momente, welche auf die Heilungsdauer den

wesentlichsten Einfluss üben, haben wir in den vorhergehenden Paragraphen schon eingehender erörtert.

b. Die Endresultate der Behandlung.

α. Erzielung eines brauchbaren, wenig difformen und verkürzten Gliedes.

§. 137. Nur bei geringer Splitterung, bei ungestörtem Wundverlaufe,
bei Anheilung der Mehrzahl der Splitter und bei sehr zweckmässiger
Behandlung wird nach Schusssplitterbrüchen das Glied so brauchbar,
wohlgestaltet und lang erhalten, wie nach den einfachen Knochenbrüchen
im Frieden. Sind auch anfänglich die Callusmassen fast stets sehr
üppig, so erreichen dieselben doch später durch die Function des Gliedes
bald ein normales Maass. Es muss die erfreuliche Thatsache hervorgehoben werden, dass die Endresultate der Behandlung der Schusssplitterbrüche sich von Krieg zu Krieg günstiger gestaltet haben, weil
die Behandlung derselben bei wachsender Erfahrung und zunehmender
Sorgfalt von Seiten der Aerzte eine stetig bessere geworden ist. An
den oberen Extremitäten kamen Heilungen bei derartigen schweren
Verwundungen ohne beträchtliche Difformitäten und hochgradige Verkürzungen im Ganzen öfter, als bei denen der unteren Extremitäten vor.

β. Mit Erhaltung eines mehr oder weniger difformen und verkürzten, in der Function behinderten Gliedes.

§. 138. Dieser Ausgang bildet leider zur Zeit noch, besonders bei
den Schusssplitterbrüchen der unteren Extremitäten, die Regel.

a) Es tritt fast immer eine Verkürzung des Gliedes dabei
ein. Bei der Mehrzahl der Schussfrakturen, welche mit Sequestrationen
verlaufen, besteht ein absoluter Defect in der Länge des Knochens,
welcher nicht in seiner ganzen Ausdehnung durch Callus ersetzt und
ausgefüllt werden kann. Daher ist zur Heilung eine Annäherung der
weit von einander abliegenden Bruchenden nothwendig, welche noch oft
durch den Muskelzug und durch die narbige Zusammenziehung der
Weichtheile bis zum Uebereinanderschieben derselben gesteigert wird.
Daher kommen die constanten und hohen Grade der Verkürzung; besonders grell treten dieselben nach der Heilung der Oberschenkelschussfraktur hervor und es ist als ein besonders günstiges Resultat
zu betrachten, wenn die Verkürzung danach 3 Zoll nicht übersteigt.
Holst constatirte an den Oberschenkelpräparaten der nordamerikanischen
Sammlung constant eine ganz hochgradige Verkürzung durch Uebereinanderschieben der Bruchfragmente. Weniger constant sind höhere
Grade der Verkürzung bei Schussfrakturen des Unterschenkels und
denen der oberen Extremitäten, doch gehören auch hier Heilungen
ohne jede Verkürzung zu den Ausnahmen. Unter 34 französischen
Invaliden nach Oberschenkelschussfrakturen fand Mossakowski
constant eine Verkürzung, im mindesten Maasse um $1\frac{1}{2}$ cm, im höchsten
um 8 cm; ebenso fand sich die Verkürzung constant bei allen Unterschenkelschussfrakturen. Sie schwankte hier zwischen 1—6 cm.
Glücklicherweise bleibt die Verkürzung bei den meist noch jungen
Soldaten nicht durch das ganze Leben in den hohen Graden bestehen,
sie gleicht sich vielmehr durch ein späteres vermehrtes Längen-

wachsthum noch um einige Centimeter (3—5) aus, wie Letenneur, Tillmanns und ich beobachtet haben.

§. 139. b) Es tritt eine übermässige Callus-Wucherung ein. Wir haben schon erwähnt, dass ein Callus luxurians ein constantes Ereigniss bei der Behandlung der Schusssplitterbrüche ist. Die benachbarten Weichtheile betheiligen sich an der Callus-Bildung, treten vicariirend für das verlorene Periost ein und daher erstrecken sich die Callusmassen meist bis tief in die Weichtheile hinein. Es wird aber auch durch die anhaltende Eiterung an dem Perioste und Knochen ein beträchtlicher Reizungszustand längere Zeit unterhalten, und die letzteren dadurch zu einer kolossalen Callusproduction angeregt. Besonders verrufen sind in dieser Hinsicht wieder die Schusssplitterbrüche des Oberschenkels gegenüber denen des Unterschenkels und der oberen Extremitäten. Je mehr die Bruchenden an einander liegen, je kürzere Zeit die örtliche Reizung anhält, je ruhiger die Fracturenden im Verbande gehalten werden, je geringer der Defect am Knochen, desto beschränkter pflegen die Callusmassen zu sein. Die aus dem Callus luxurians hervorgehenden Inconvenienzen sind bekannt: Zerrung und Reizung der Weichtheile, Behinderung der Functionen des Gliedes, besonders wenn die Schussfracturen in der Nähe der Gelenke sich befinden, durch Einschliessen der Nerven und Gefässe in die Knochenmassen quälende Neuralgien (Ollivier) und mangelhafte Ernährung des verletzten Gliedes. Durch den Gebrauch der Glieder resorbirt sich später ein Theil des wuchernden Callus wieder, je mehr also die Function des Gliedes behindert ist. um so weniger kann auch die Besserung eintreten.

§. 140. c) Es kommt zur Schiefstellung (Dislocation) der Fragmente. Die Fixation der Fragmente bei den Schussfracturen bietet die grössten Schwierigkeiten dar wegen der begleitenden Weichtheilverletzung und der profusen Eiterung. Es kommt daher, da man die Glieder sich selbst überlassen muss, durch den Muskelzug an den Fragmenten und die Einwirkung der Schwere zu beträchtlichen Schiefstellungen der Bruchenden. Besonders schwerwiegend sind die Schiefstellungen der Fragmente an den Schussfracturen des Femur, man sieht dabei alle nur denkbaren Arten der Dislocationen und Rotationen derselben. Geringe Schiefstellungen der Fragmente bewirken kaum eine wesentliche Difformität und hindern den Gebrauch des Gliedes nicht; hochgradige aber stellen durch Verkürzungen und Difformitäten die Function sehr in Frage. Zuweilen werden dann auch noch Stacheln und Spitzen der quergelagerten und so verheilten Fragmente gegen die Weichtheile der Umgebung gekehrt, und dadurch die verschiedenartigsten nervösen Störungen, Verletzungen der Gelenke, der Gefässe etc. bewirkt. In 4 von Koch beschriebenen Schussfracturen des untern Drittels des Femur spiesste das obere, über das untere geglittene Bruchstück den Recessus der Kniegelenkscapsel an, was serös-sanguinolente Ergiessungen und eine eiterige Entzündung des Kniegelenks zur Folge hatte.

§. 141. d) Es kommt zur Bildung eines falschen Gelenkes. Pseudarthrosen gehören zu den selteneren Ereignissen nach der conservativen Behandlung der Schussfrakturen. Mossakowski fand unter mehr als 350 geheilten Schussfrakturen unter den französischen Verwundeten nur eine am Humerus und zwei am Unterschenkel. Die Ursachen der Pseudarthrosen sind theils locale, theils allgemeine. Zu letzteren gehören constitutionelle Krankheiten und grosse Entkräftung der Patienten, zu ersteren unzweckmässige Behandlung, unruhiges Verhalten der Patienten, grosse Defecte am Knochen, besonders wenn dabei die Fragmente durch starke Extensionen übermässig aus einander gehalten wurden, Resectionen in der Diaphyse der langen Röhrenknochen, Osteomyelitis etc. etc. Der weiche, mit Granulationen durchsetzte, von Eiter umspülte Callus löst sich auch nach anscheinender Verheilung zuweilen wieder und die Consolidation bleibt ganz aus. Man unterscheidet dabei verschiedene Grade der Pseudarthrosen. In einer Reihe von Fällen wird der Zustand mit Unrecht Pseudarthrose genannt, weil es sich nur um eine verlangsamte Callusproduction handelt, bei welcher die weichen Massen noch durch eine consequente und gute Behandlung zu einem festen Verschluss geführt werden können. Auch bei den Pseudarthrosen durch Bildung eines strafferen Bindegewebes finden sich meist an den Bruchenden noch Callusmassen vor, nur zwischen denselben nicht. Auch hier gelingt nicht selten noch die Erzielung einer festen Vereinigung. In einigen Fällen der Art fand sich um die Frakturränder eine schmale Knochencapsel, während die Fragmente selbst nur durch Bandmassen oder gar nicht verbunden waren. Nach derartigen Heilungen hat man die Glieder bei unvorsichtigen Bewegungen wieder brechen sehen. Am ungünstigsten sind die Pseudarthrosen mit langen schlaffen Bindegewebsbrücken zwischen den Fragmenten, weil dabei jede Spur von Callusproduction fehlt; in den ungünstigsten Fällen aber tritt eine Atrophie und Abrundung der Fragmente ein. In den beiden letzten Kategorien ist meist jede Hoffnung zur festen Vereinigung der Fragmente selbst auf operativem Wege geschwunden. Es bedarf kaum der Erwähnung, dass Pseudarthrosen besonders an den unteren Extremitäten den Gebrauch des Gliedes sehr in Frage stellen; doch ist auch dabei durch Kunsthülfe und Uebung noch Manches zu bessern. So berichtet Sarotelle (Boston med. Journal 1872 p. 384) einen Fall von Pseudarthrosis femoris nach Schussfraktur, bei welcher der Pat. willkürlich eine starke Verbiegung der Fragmente bewirken, und in dieser Stellung das Glied gebrauchen konnte.

§. 142. e) Die Gelenke oberhalb und unterhalb der Fraktur anchylosiren nicht selten theils durch die lange Ruhe des Gliedes, theils in Folge entzündlicher Processe. Unter 21 Fällen von geheilten Schussbrüchen der Tibia fand Cuignet das Kniegelenk 10mal anchylotisch, das Fussgelenk sogar 14mal; Socin unter 9 geheilten Patienten mit Oberschenkelschussfrakturen das Knie 9mal und unter 10 geheilten Unterschenkelschussfrakturen die Gelenke nur 2mal steif; Mossakowski nach 108 conservativ behandelten Schussfrakturen des Humerus 5 Anchylosen des Schulter- und 4 des Ellenbogengelenkes, unter 88 ebensolchen der Unterarmknochen 4 Anchylosen des Hand-, 3 Contracturen im Ellenbogen-, 2 Contracturen im Ellenbogen- und Fingergelenken, unter 110 ebensolchen der Unterschenkelknochen 2mal

Anchylosen im Fuss- und 2mal im Knie-Gelenke. Lossen beobachtete fast in allen Fällen geheilter Schussfrakturen der unteren Extremitäten nach den ersten Gehversuchen mit dem consolidirten Beine seröse Entzündungen des Kniegelenks, die meist recht schmerzhaft und hartnäckig waren. In einem von Stoll secirten Falle von Anchylose des Kniegelenks nach Schussfraktur des Femur, 9 cm unter der Spitze des grossen Trochanter, wurde als Grund der Gelenksteifigkeit Rigidwerden und Schrumpfung der Gelenkbänder gefunden. Bei der Beugung des Gelenkes an der Leiche rissen die Ligamenta cruciata eine Knochenschicht der Fossa intercondyloidea posterior heraus.

f) Auch pathologische Luxationen hat man nach geheilten Schussfrakturen beobachtet, so Luecke am Schultergelenk nach einer Fractura humeri im oberen Drittel.

§. 143. g) Es bleiben Knochenschmerzen an der Frakturstelle zurück. Dieselben werden seltener durch den Reiz eines eingeheilten fremden Körpers, als durch Zerrung eines in den Callus eingewachsenen Nervenastes, oder durch die Dehnung der tiefen Narben bei Witterungswechsel hervorgebracht. Nur ausnahmsweise sind dieselben so heftig, dass die Patienten zu operativen Eingriffen drängen. An den Gelenken oberhalb oder unterhalb der Schussfraktur werden nach der Heilung Neuralgien beobachtet (Brodie'sche Schmerzen), die oft Jahre hindurch den Gebrauch des Gliedes verhindern.

h) Endlich ist das geheilte Glied meist in einem Zustande grosser Atrophie und ödematöser Infiltration. Beide Zustände mindern sich zwar durch die Function und die dadurch gesetzte Regulirung der Circulation und Ernährung, sie machen aber den Gebrauch des Gliedes anfänglich unendlich schwer und für schlaffere Naturen zuweilen unmöglich, so dass das Glied bei ihnen der Atrophie verfällt.

i) Lähmungen einzelner Muskelgruppen, die sich schwer beseitigen lassen und zu Contracturen führen, wurden nach der Heilung der Schussfrakturen auch leider häufig beobachtet. Sie können durch Callus- oder Narbendruck, durch unzweckmässige Verbände und Lagerungen, auch wohl durch Verletzungen der Nervenzweige bei operativen Eingriffen oder durch scharfe Splitter verursacht werden.

§. 144. So sind denn die Endresultate der conservativen Behandlung der Schussfrakturen, besonders an den unteren Extremitäten, noch keine sehr glänzenden zu nennen gewesen, sie haben sich indessen doch so weit gebessert, dass man nur selten noch so traurige Bilder höchster Invalidität darnach sieht, wie sie Roux und Bégin mit so grellen Farben geschildert haben. Vor zu günstiger Beleuchtung der modernen Leistungen auf diesen Gebieten schützen uns aber doch noch die nachfolgenden Thatsachen: von 21 geheilten Schussbrüchen der Tibia wurde nach Cuignet eine gute Gehfähigkeit nur in 7 Fällen erzielt, in 7 Fällen musste das Resultat als schlecht (Gehen nur auf Krücken) in 7 Fällen als mittelmässig (einige Brauchbarkeit des Gliedes mit Krücken und Stock) bezeichnet werden; alle zeigten eine Verkürzung, alle einen difformen Callus (1 Ausnahme), 5 eine Formveränderung, die Haut war stets von adhärenten Narben durchzogen, zuweilen bestanden Sensibilitäts-

störungen, das Fettgewebe war atrophisch, in 16 Fällen die Muskeln
verändert und atrophisch, das Hüftgelenk 1mal, das Kniegelenk 4mal
ganz, 14mal unvollständig anchylotisch, der Unterschenkel 10mal abgemagert und sehr schwach, 2mal mit Paralyse der Extensoren, 9mal
ganz gebrauchsunfähig, das Fussgelenk 10mal unvollständig anchylotisch,
4mal bestand Equino-varus-Stellung, je 1mal Verkrümmung der Zehen
mit Hohlfuss und Auswärtswendung des Fusses.

Günstigere Resultate verzeichnet Socin. Von 9 nach conserva-
tiver Behandlung der Oberschenkelschussfraktur geheilten Patienten ging
1 ohne Stock, 5 gut mit Stock, 2 leidlich mit 2 Stöcken, 1 an Krücken.
von 10 an Unterschenkelschussfrakturen conservativ Behandelten gingen
gut 7, zwei mangelhaft, einer mit Krücken.

Auch aus den Zahlen und Beschreibungen der Invalidisirten des
10. Armee-Corps in der verdienstvollen Arbeit Bertholds geht hervor, wie häufig Verstümmlungen und dauernde Arbeitsunfähigkeit nach
conservativ behandelten Schussfrakturen eingetreten sind, doch fügt B.
ausdrücklich hinzu, dass die Endresultate der conservativen Behandlung
so schwerer und lebensgefährlicher Verwundungen immerhin recht
günstige genannt werden müssten, wenn man dabei erwägt, dass noch
ein grosser Theil der Invaliden zu einer Zeit untersucht war, wo
die Heilung noch keinen Abschluss gefunden hatte, wo übermächtige
Callusentwicklung, Knochenfisteln, hochgradige Muskelabmagerung noch
bestanden, welche noch im Laufe der Jahre schwinden oder sich
bessern können.

In den Berichten Mossakowski's über die Resultate der Behandlung, welche die nach Frankreich zurückkehrenden französischen
Invaliden darboten, wird nur in einigen Fällen einer bedeutenden
Difformität des Gliedes nach der Consolidation der Schussfrakturen erwähnt. Leider war bei diesen Invaliden die Zeit nach der Heilung zu
kurz, um ein Urtheil über die Function der Glieder gewinnen zu können.

§. 145. γ. Ausgang mit Verlust des Lebens oder des
Gliedes.

Die Schussfrakturen der langen Röhrenknochen führen in einer
nicht geringen Zahl von Fällen immediat oder in den ersten Tagen
nach der Verletzung oder auch in allen Stadien des Wundverlaufes
zum Tod oder zum Verlust des Gliedes.

1) Der Tod der mit Schusssplitterbrüchen Verletzten
auf dem Schlachtfelde oder in den ersten Stunden nach der
Verletzung wird in der Regel durch complicirende Verletzungen, besonders durch Gefässschusswunden mit profusen primären Blutungen oder
durch gleichzeitige schwere Läsionen von Organen der höchsten physiologischen Dignität, z. B. der Nervencentra, des Herzens, beider Lungen,
der Abdominalorgane, oder durch das Eintreten einer heftigen allgemeinen Nervenerschütterung (Shoc), herbeigeführt.

§. 146. 2) In den ersten Tagen nach der Verletzung
tritt der Tod des Patienten oder der Verlust des Gliedes nach
Schusssplitterbrüchen der langen Röhrenknochen sehr häufig ein. Gleich
nach einer grossen Schlacht sind die Kriegsspitäler überfüllt mit
Schusssplitterbrüchen aller Art, und es ist ein trauriges Bild, wie sich

die Reihen derselben in den ersten 8 Tagen so furchtbar lichten.
Woran sterben die Verletzten? Ein Theil jedenfalls noch an den
sub 1) erwähnten Ereignissen, besonders durch Wiederkehr der
Blutungen oder im weiteren Verlauf des Shocs. Bei anderen tritt
ein ganz rapider septischer Zerfall der Wundsecrete ohne wesentliche
entzündliche Veränderungen an den Weichtheilen und eine Septi-
chaemia acutissima mit schnell tödtlichem Verlaufe ein. Ob sich
unter diesem Bilde eine acute Durchsetzung der lebenswichtigsten
Organe mit Fettembolien, wie es die Beobachtungen v. Reckling-
hausens und vieler Experimentatoren wahrscheinlich machen, verbirgt
oder ob die Entwicklung eines organisirten oder chemischen Giftes in
der Wunde das Wesentliche dabei ist, wie viele Pathologen und
Chirurgen anzunehmen geneigt sind, ist zur Zeit nicht bestimmt zu
sagen. In anderen Fällen werden die Glieder schnell brandig, sei
es, dass die Verletzung selbst einen Verschluss der grösseren Gefässe
durch Thromben gesetzt hatte oder dass die Arterien durch dislocirte
Fragmente, verschleppte Splitter, eingedrungene fremde Körper etc.
verschlossen oder verlegt wurden. In anderen Fällen treten kurz
nach der Verletzung schon die Zeichen des Wundstarrkrampfes so
heftig und unaufhaltsam vorschreitend ein, dass die Patienten wenige
Tage nach der Schlacht demselben erliegen. (Tetanus acutissimus,
Robertson.) Seltener entwickeln sich septische Phlegmonen
und das acut-purulente Oedem Pirogoffs immediat nach der
Verwundung und führen schnell zum Tode der Verletzten. Wer
eine sichere und umfassende Statistik über die Letalität der Schuss-
splitterbrüche machen will, muss auf dem Schlachtfelde und in den
Kriegslazarethen damit anfangen, die Zahlen der Reserve- und Kriegs-
Lazarethe allein bringen ein viel zu günstiges, trügerisches Bild
über die Tödtlichkeit dieser furchtbaren Verwundungen. Nicht alle die
oben erwähnten Processe führen aber rettungslos zum Tode der
Patienten, bei erfahrener und sicherer Behandlung, bei frühzeitiger
Erkenntniss der bedrohlichen Vorgänge, bei hinreichenden ärztlichen
Kräften kann bei einzelnen derselben durch eine rechtzeitige Ampu-
tation das Leben der Verletzten zuweilen noch unter den traurigsten
Verhältnissen gerettet werden.

§. 147.   3) Der Tod oder die Amputation der Schussfrakturirten in den Lazarethen werden herbeigeführt:
   a. Durch die Osteomyelitis und die daran sich knüpfenden
septischen Processe (vgl. §. 134).
   b. Durch jauchige Phlegmonen und die daraus entstehenden
Formen der Pyämie, welche wir später im Zusammenhange in dem
Capitel über die Complicationen der Schusswunden abhandeln werden.
   c. Durch die acut-brandigen Processe, welche theils durch
gleichzeitige Gefässverletzungen, theils durch diffuse, sehr acut verlaufende Phlegmonen entstehen und unter dem Namen des acut-purulenten
oder des acut-brandigen Oedems bekannt sind. Kirchhoffer behauptet,
dass die Schussfrakturen an dicken, fetten Gliedern zur Entwicklung dieser
septischen Phlegmonen besonders neigten. Er meint, dass desshalb die
Schussfrakturen an fetten Oberschenkeln 70% weniger Aussicht auf
Heilung darböten, als unter gleichen Bedingungen die an mageren. Wenn

diese Zahlen auch etwas übertrieben sind, so steht doch nach meiner Erfahrung auch die Thatsache fest, dass septische Zersetzungen an fetten Theilen leichter und maligner aufzutreten pflegen. (Das Weitere bringen wir in dem Capitel über die Complicationen der Schusswunden.)

§. 148. d. Durch erschöpfende Eiterungen in Folge der phlegmonösen Processe an den Weichtheilen und der nekrotisirenden Vorgänge an den Knochen.

Diese Todesart ist glücklicher Weise, wie es bei den kräftigen und jungen Leuten, die in den Krieg ziehen, leicht verständlich ist, selten. Dabei kommen verschiedene Modalitäten vor:

α. Die sogenannte Phthisis vulneraria. Dieselbe wird herbeigeführt durch alle Störungen des Wundverlaufes, welche lange Zeit eine profuse Eiterung unterhalten. Es gibt aber auch Fälle, in denen profuse Eiterungen und eine Verschleppung der Heilung bei Schussfrakturen ohne nachweisbaren Grund bestehen. Hier scheinen ungünstige constitutionelle und Hospital-Verhältnisse, Heimweh, trübe Gemüthsstimmungen, schlechte Verpflegung, reizende und schmutzige Wundpflege etc. die ursächlichen Momente zu sein. Die Schusswunde zeigt dann entweder von Anfang an oder nachdem sie einige Zeit vortrefflich granulirte und zu keinerlei Befürchtungen Veranlassung gab, keinen rechten Heiltrieb, die Eiterung wird serös und reichlich, zeigt Consistenz und Farbe einer dünnen Eiweisslösung, doch weder üblen Geruch, noch schlechte Farbe. Ich habe in solchem Eiter relativ wenig Eiterkörperchen und viel Bacterien, bei vorsichtiger Destillation viel flüchtige Fettsäuren gefunden. Die Granulationen sind blass, sammetweich, schleimhautähnlich. Der blasse, magere Kranke verfällt mehr und mehr, wird immer elender und blutleerer und verliert Appetit und Schlaf. Febris hectica, Nachtschweisse, Durchfälle treten ein. So kann der Patient sterben. Bei der Section der an diesem räthselhaften Leiden Gestorbenen findet sich, ausser grosser Blässe aller Organe, katarrhalischer Schwellung der Schleimhäute, Nichts von Bedeutung. Die Wunde der Weichtheile und Knochen kann in gutem Zustande sein. Ich habe doch unter den an Oberschenkelschussfrakturen Gestorbenen 25 % daran verloren.

β. Die Lungenschwindsucht. Sie entwickelt sich besonders bei hereditär belasteten Verwundeten, oder nach den Erschöpfungen und Ueberanstrengungen des Felddienstes, kann aber auch rein eine Folge der erschöpfenden Einflüsse des Wundverlaufes und des Lazarethaufenthaltes bei schwächlichen Verwundeten sein.

γ. Die amyloide Degeneration der Organe kommt, wie wir später sehen werden, im Verlaufe der Schussfrakturen, doch seltener wie bei chronischen Knocheneiterungen, vor.

δ. Tiefer und umfangreicher Decubitus ist eine nicht seltene Ursache des letalen Ausganges schwerer Schussfrakturen. Derselbe sollte eigentlich bei einer sorgfältigen Wundpflege nicht vorkommen, lässt sich aber leider! in der Beschränkung und Arbeitslast der Feld- und Kriegslazarethe bei einigen, besonders dazu prädisponirten Verwundeten und bei bestimmten Verletzungen weder immer verhindern, noch beschränken.

§. 149.   e. Durch eitrige und jauchige Entzündungen
der Gelenke oberhalb oder unterhalb des verletzten Knochens.
Dieselben kommen im Verlaufe der Schussfrakturen ausserordentlich häufig vor und führen an den untern Extremitäten oft zum
Verlust des Gliedes oder zum Tode der Patienten. Arnold fand bei
43 von ihm secirten Schussfrakturen des Femur 25mal (also beinahe
in 60%) eitrige Gelenkentzündungen (8 des Hüftgelenks, 17 des Kniegelenks), unter 31 Schussfrakturen der Unterschenkelknochen 15 eitrige
Entzündungen der Gelenke (also beinahe in 50%), und zwar 10mal
des Knie- und 5mal des Fussgelenkes; unter 10 Obductionen von Oberschenkelschussfrakturen, die ich aus den Berliner Baracken mitgetheilt
habe, fanden sich 5 eitrige Zerstörungen der Gelenke (also in 50°0);
Lossen beobachtete unter 16 Oberschenkelschussfrakturen 2mal eitrige
Kniegelenkentzündungen; Luecke eitrige Gelenkentzündungen bei
2 Schussverletzungen des Humerus, bei einem Lochschuss der Tibia
und des Femur und bei einem Streifschuss der Patella.
Es fragt sich nun, woher kommen diese gefahrvollen Gelenkvereiterungen im Verlauf der Schussfrakturen? Ein Theil wird offenbar
bei der Verwundung schon durch directe Verletzungen der Gelenke
oder durch Fissuren, die von der Fraktur aus bis in die Gelenke
dringen, im Keime angelegt. Nicht jede solche Fissur führt zu einer
eitrigen Gelenkentzündung, besonders wenn dieselbe nur durch die
Epiphyse bis unter den Knorpelüberzug vordrang. Dann wird die
Gelenkhöhle noch durch den unverletzten Knorpel abgeschlossen. Pflanzt
sich dann aber die Eiterung bis in die Fissuren fort, so erweicht der
Knorpel an dieser Stelle und sobald er abgestossen ist, dringt die Jauche
aus der Wunde in die Gelenkhöhle ein und es entsteht eine acute,
eitrige Entzündung derselben.
In einer zweiten Reihe von Fällen, wo Fissuren und Läsionen
der Epiphyse fehlen, werden die eitrigen Gelenkentzündungen durch
eine Osteomyelitis diffusa vermittelt.
In anderen Fällen muss man die Gelenkvereiterung als eine von
den Weichtheilen aus continuirlich auf die Gelenkcapsel fortgeleitete
Phlegmone auffassen; in noch anderen wird dieselbe bedingt durch
Läsionen, welche durch die dislocirten Bruchenden an den Gelenkcapseln bewirkt worden. Ich beobachtete im Jahre 1866 bei einem
Streifschusse des Condylus externus femoris noch in der achten Woche
nach einem anscheinend äusserst günstigen Verlaufe der Verletzung
eine eitrige Kniegelenkentzündung, welche durch den Reiz eines relativ
kleinen, bis in die Gelenkhöhle dringenden Knochensplitters verursacht wurde.
Bei anderen Verwundeten entstehen die eitrigen Gelenkentzündungen wohl durch einen eitrigen Zerfall von Blutextravasaten,
die sich bei der Verletzung als eine Folge der Contusion in die Gelenkhöhle ergossen hatten. In sehr vielen Fällen endlich hat man es
dabei mit den bösartigen Gelenkvereiterungen zu thun, welche zum
Heeresgefolge der Septikämie gehören.
Unter allen Umständen aber ist die Vereiterung eines grossen
Gelenkes im Verlaufe einer Schussfraktur ein sehr übles Ereigniss,
welches meist das Schicksal des verletzten Gliedes oder des Verletzten
schnell entscheidet. — Die Gelenkvereiterung an tiefgelegenen Gelenken,

besonders den Hüftgelenken, bleibt oft ganz latent, wovon ich und
G. Fischer Beispiele beschrieben haben.

6. Die Perioden des Wundverlaufs der Schussfrakturen und ihre Gefahren.

§. 150. Man kann verschiedene Perioden des Wundverlaufes der
Schussfrakturen unterscheiden und jede bringt ihre besonderen Gefahren für den Verletzten.

Die erste beginnt gleich nach der Verletzung bis etwa
zum 7. Tage. In derselben gehen eine grosse Zahl von Patienten
zu Grunde oder verlieren das verletzte Glied durch Blutungen, Shoc,
Brand, Tetanus, acute Sepsis (primäre Sterblichkeit: Klebs).
(vide §. 146.)

Die zweite Periode beginnt mit dem 7. Tage und endet
mit dem 50. Tage etwa. In derselben kann man, wie Klebs und
Arnold nachgewiesen haben, eine stetig wachsende Sterblichkeit constatiren, die etwa am 20. Tage nach Klebs, in der 4. Woche nach
Arnold ihr Maximum erreicht. Von hier ab beginnt eine anhaltende,
noch über das Mittel sich erhebende, ab und zu sich wieder steigernde
Sterblichkeit bis zum 50. Tage. Bis zu dieser Zeit haben nach Klebs'
Berechnung 85%, nach meiner 77,7% der mit Tod abgehenden Schussfrakturirten ihr Lebensende erreicht (secundäre oder Maximal-
Sterblichkeit: Klebs). Der Tod tritt ein durch secundäre Blutungen, septische Phlegmonen, osteomyelitische Processe, Pyämie und
erschöpfende Eiterung. Diese Periode der Wundreaction und Wund-
reinigung ist also gleich gefahrvoll, wie die erste.

Die dritte Periode ist die der Sequestrationen und der
Heilungen. Sie beginnt mit dem 50. Tage und rafft noch manchen
Verwundeten hin (tertiäre oder sporadische Sterblichkeit: Klebs).
Die Verwundeten sterben an Marasmus, an intercurrenten Krankheiten,
an septischen Phlegmonen und Pyämien, an secundären Entzündungen
und Vereiterungen grösserer Gelenke, an Rosen und Hospitalbrand etc.
Je mehr alter Schutt an der verletzten Stelle liegen bleibt, um so
leichter und bösartiger entwickeln sich noch Jahre nach der Verletzung
urplötzlich, besonders durch traumatische Eingriffe auf das verletzte
Glied, diese gefahrvollen Processe.

7. Complicationen der Schussfrakturen durch andere schwere Verletzungen.

§. 151. Hieher gehören besonders die der Gefässe. Wir werden
bei den Gefässschussverletzungen sehen, wie häufig und gefahrvoll die
gleichzeitigen Verwundungen grösserer Arterien bei den Schussfrakturen sind und wie die secundären Blutungen im Verlaufe derselben
meist zum Verluste des Gliedes oder des Lebens führen. Klebs sah
Verletzungen grösserer Arterien in fast 20%. Arnold in über 10%
der Schussfrakturen der unteren Extremitäten. Diese Zahlen sind aber
viel zu niedrig gegriffen, weil beide Autoren nur Schussfrakturen im
späteren Verlaufe zur Section bekamen und die meisten der so Verletzten schon in den Kriegslazarethen sterben. Schmidt konnte,

meist aus den neueren Kriegen, schon 306 Fälle von Gefässschusswunden bei Schussfrakturen zusammenstellen. Die Gefahr der Gefässverletzungen bei den Schussfrakturen liegt theils in dem erschöpfenden
Blutverluste, theils in der durch die Blutung und Anämie eingeleiteten
oder geförderten septischen Infection. Der Heilungsprocess der Schussfrakturen ist nach Beseitigung dieser augenblicklichen Gefahren durch
die Ligatur nach den Zusammenstellungen Schmidts nicht behindert
worden, er verlief vielmehr so gut oder so schlecht, als wenn keine
Gefässverletzung dagewesen wäre. Die Entwicklung des Collateral-
kreislaufs vermittelt ja rasch und ausreichend den Ausgleich in der
Ernährung des Gliedes.

Die gleichzeitige Verletzung grösserer Venen begünstigt
den Ausbruch der metastatischen Pyämie.

Durch Verletzungen der Nerven werden, abgesehen von den
darauf folgenden Lähmungen und Atrophien der Glieder, leicht Tetanus
und Trismus hervorgerufen.

Neben den Schussfrakturen des Humerus werden häufig Verletzungen des Thorax und der Lungen, neben denen des Femur
solche des Abdomen und der darin liegenden Organe von, demselben Projectil hervorgebracht. Diesen Verwundungen gegenüber erscheint die begleitende Schussfraktur meist als Nebenverletzung.

§. 152. 8. Die Prognose

ist bei den Schussfrakturen, wie aus unseren Auseinandersetzungen
hervorgeht, eine ungünstige, doch stets erst mit Sicherheit zu stellen,
wenn Patient entweder hoffnungslos darniederliegt oder als ganz geheilt zu betrachten ist.

9. Statistisches über die Mortalität der Schussfrakturen der
langen Röhrenknochen (mit Ausschluss der Gelenkfrakturen).

a) Mortalitätsziffer der Schussfrakturen der langen Röhrenknochen im allgemeinen.

§. 153. Dieselbe wird von den Autoren sehr verschieden angegeben. Im Krimfeldzuge betrug sie bei den Franzosen 25,2 %, bei
den Engländern aber nur 10,6 % ; aus dem amerikanischen Kriege
wird im Circular 6, woselbst freilich bei den Schussfrakturen des Unterarmes, der Hand und des Fusses kein Todesfall notirt ist, dieselbe
auf 18,0 % angegeben; nach der von mir aus den Berichten des
Feldzuges 1870/71 gemachten Zusammenstellung (vergl. Tabelle G)
würde sie sich auf 23,2 % stellen. Steinbergs Statistik ist
nicht zu verwerthen, da er nur heilende Knochenfrakturen in den
Berliner Baracken hatte, bei denen die Gesammt-Mortalität sich nur
auf 7,8 % belief. Unter diesen Zahlen bleibt die geringe Mortalitätsziffer, welche die Engländer in der Krim bei den Schussfrakturen
hatten, sehr auffallend. Dagegen weicht die von mir berechnete Mortalitätsziffer der Schussfrakturen der langen Röhrenknochen nicht wesentlich von der der Franzosen in der Krim ab. Sie wird im ganzen das
Richtige treffen.

b) Mortalität bei den Schussfrakturen der oberen Extremitäten im Verhältniss zu denen der unteren Extremitäten.

§. 154. Die Mortalitätsziffer der Schussfrakturirten an den oberen Extremitäten im Verhältniss zu der an den unteren Extremitäten stellt sich bei den Franzosen in der Krim auf 13,5 : 33,5, bei den Engländern ebendaselbst auf 3,4 : 20,6, in Nordamerika auf 10,9 : 25,7, im französischen Kriege nach meiner Zusammenstellung auf 12.5 : 30. Auch hier treten dieselben Differenzen in den Zahlen hervor, wie sub a, doch nähern sich die von mir gegebenen sehr denen der Franzosen in der Krim.

c) Mortalität bei den Schussfrakturen der einzelnen Extremitätenknochen.

§. 155.	Fran-zosen. Krim.	Eng-länder.	Langen-salza. (Strom.)	Nord-ameri-kaner.	Volk-mann Trautenau.
Schussfrakturen des Humerus	26.3	8.6	35.1	18,1°/₀	—
„ d. Knochen d. Unterarms . .	17.3	4.7	10.6	—	—
„ „ „ „ Hand	5,4	0.7	—	—	—
„ „ „ „ Oberschenkels	68.3	35.5	55.6	39,2°/₀	50,9°/₀
„ „ „ „ Unterschenkels	24.3	12.0	30.1	16.0°/₀	22.9°/₀
„ „ „ „ Fusses . . .	12.7	5.9	13,3	—	-

	Meine Zusammen-stellung aus dem Kriege 1870 71.	Zu Libau. (Rose.)	Mittlerer Procentsatz.
Schussfrakturen des Humerus . . .	21.2	28.55	17,45 (25.1 u. Billroth-Ber.)
„ d. Knochen d. Unterarms . . .	9.6	75(?)	11.0
„ „ „ „ Hand	2.9	—	3.0
„ „ „ „ Oberschenkels	42.1	68,4	51.4 (60,8 u. Billroths Ber.)
„ „ „ „ Unterschenkels	26.6	46.6	18.0 (23.6 u. Billroths Ber)
„ „ „ „ Fusses . .	8,8	13.3	8,8

Aus diesen Zusammenstellungen ergibt sich:

1. Die Sterblichkeit der Schussfrakturirten ist eine sehr beträchtliche und hohe, sie wächst noch, wenn man die auf den Schlachtfeldern, auf den Verbandplätzen und in den ersten Tagen in den Kriegslazarethen Gestorbenen hinzurechnet. So betrübend diese Thatsache auch erscheint, so wird sie doch durch die besonders von Billroth und Volkmann hervorgehobene, dass analoge Friedensverletzungen bisher eine mindestens ebenso bedeutende Sterblichkeit, meist aber eine höhere, bedingten, etwas gemildert und abgeschwächt. Nach Volkmanns Zusammenstellung ergaben die complicirten Frakturen des Unterschenkels in Friedenszeiten eine Mortalität von 38 1/2 °/₀, also eine um etwa 15°/₀ ungünstigere, als die Unterschenkelschussfrakturen; auch stellte es sich dabei heraus, dass in keinem einzigen Friedenshospital eine geringere Mortalität bei complicirten Unterschenkelbrüchen erzielt wurde, als durchschnittlich im Kriege bei den Schussfrakturen. Noch mehr gestaltet sich dies Verhältniss zu Ungunsten der Friedensverletzungen, wenn man nur die Mortalität der von Anfang bis zu Ende conservativ behandelten complicirten Unterschenkelfrakturen des civilen Lebens und der ebenso behandelten Unterschenkelschussfrakturen

zusammenstellt. Dabei ergibt sich nach Volkmann, dass die Mortalität bei den ersteren noch einmal so gross und darüber war, als bei den letzeren. Die Mortalität der complicirten Frakturen des Oberschenkels im civilen Leben hat sich mindestens ebenso ungünstig gestaltet, als die der Schussfrakturen dieses Knochens. Es wird sich nun fragen, ob wir durch eine strengere und geschicktere Anwendung des Lister'schen Verfahrens im Felde die Mortalität bei den Schussfrakturen im Kriege auch so weit herunterzusetzen im Stande sein werden, wie es uns bei den analogen Friedensverletzungen gelungen ist (also auf $0^0/_0$)?

2. Die gefahrvollsten Schussfrakturen sind die der unteren Extremitäten und unter diesen wieder die des Femur, während die des Unterschenkels fast in gleicher Dignität mit denen des Oberarmes stehen.

d) Gefährlichkeit der Schussfrakturen je nach der getroffenen Stelle des Knochens.

§. 156. Im allgemeinen sind bei allen Röhrenknochen die Schussfrakturen der Diaphyse um so gefährlicher, je näher die Verletzung dem Rumpfe und den Gelenkenden ist. Genauere Angaben über diesen Punkt besitzen wir aber nur über die Schussfrakturen des Femur (vide Tabelle J auf p. 135).

Ich habe ausdrücklich die einzelnen Autoren in dieser Tabelle reden lassen, um zu zeigen, wie verschieden bei ihnen die Angaben über die Mortalität der Schussfrakturen des Femur sind. Es kommt bei dem Ausfall der Mortalitätsstatistik eines Lazareths vorwaltend darauf an, in welchem Stadio des Wundverlaufes dasselbe die Schussfrakturen in die Behandlung nahm. Die Mortalitätsziffer der Feld- und Kriegs-Lazarethe (Circular 6, Biefel, Billroth, Koch, H. Fischer, Stoll, Watraczewski) markirte sich denn auch dem flüchtigsten Blicke gleich durch ihre Höhe gegenüber der der Reserve-Lazarethe (Socin, Lossen, Gross, Gritti etc.). Billroth und ich haben Gelegenheit gehabt, die Schussfrakturen des Femur von der Verletzung ab bis zur Evacuation in die Heimath zu beobachten und ich glaube daher, dass unsere Zahlen die sicherste Mortalitätsziffer der Oberschenkelschussfrakturen im allgemeinen und auch der Schuss-Verletzungen des Femur an den verschiedenen Dritteln bringen. Mit unsern Zahlen stimmen die Angaben des Circular 6 ziemlich genau überein. Demnach wären die Schussfrakturen des mittleren Drittels des Femur die gefährlichsten, die des oberen aber nur etwas weniger, oder ziemlich gleich verhängnissvoll. Bedenkt man die überaus dicken Muskellagen, die Sprödigkeit der Diaphyse, die zu Fissuren und furchtbaren Zerstörungen der Knochen durch die Projectile prädisponirt, die Breite des Markcanales, der durch den Schuss eröffnet wird, die grosse Zahl der Gefässe, deren Verletzung lebensgefährliche Blutungen veranlassen kann, so begreift sich leicht die schwere Bedeutung und der ungünstige Verlauf der Schussfraktur des mittleren Drittels. Am oberen Drittel werden die hohen Gefahren, welche die dicke Muskellage und die Möglichkeit der Hüftgelenksverletzung darbieten, in Etwas gemildert durch die grössere Weichheit des

Tabelle J.

NB. Die Schussfrakturen an der Grenze der verschiedenen Drittel sind stets dem oberen Drittel zugezählt.

	Gesammtsumme der Oberschenkelschüsse.	Ober. Drittel Zahl.	Ober. Drittel Gestorben.	Mitte. Zahl.	Mitte. Gestorben.	Unt. Drittel. Zahl.	Unt. Drittel. Gestorben.	Zahl der Gestorbenen.	Procente der Gestorbenen.	Procente der Gestorb. bei Schussfraktur d. oberen,	des mittleren,	des unt. Drittels.
Franzosen in der Krim	218	130	79	35	16	53	27	123	56.4	60.0	45.7	50.9
Circular 6	1010	387	289	205	196	418	214	799	79.1	74.6	95.6	51.1
Moses (die Gestorbenen nur aus den ersten zwei Monaten)	151	55	34	60	22	36	17	73	48.3	61.8	36.6	47.2
Gritti 1866 (offenbar aus sehr späten Stadien d. Wundheilung)	17	6	—	9	1	2	—	1	5.8	—	11.1	—
Biefel 1866	10	5	4	3	1	2	—	5	50.0	80.0	33.3	33.3
Billroth 1870/71	21	5	3	10	7	6	2	12	57.2	60.0	70.0	30.7
G. Fischer	45	16	8	16	6	13	4	18	40.0	50.0	37.5	30.7
Sedillot	13	4	1	6	5	3	—	6	44.4	25.0	83.8	50.0
Koch	25	8	4	9	9	8	4	17	68.0	50.0	100.0	37.5
H. Fischer	24	8	6	8	6	7	3	15	62.5	75.0	75.0	71.4
Stoll	26	9	8	10	2	6	5	15	57.6	88.8	20.0	50.0
Socin	25	9	3	10	2	6	3	8	32.0	33.3	20.0	50.0
Lossen	16	2	—	8	4	6	2	7	43.7	—	50.0	—
Russisch-türkischer Krieg: Giess	20	6	2	8	—	6	2	4	20.0	33.3	—	33.3
Watraczewski	20	5	3	12	6	3	2	11	55.0	60.0	50.0	66.6
Summa	1423	525	365	374	257	524	259	991	62.6	68.5	71.3	49.4

Knochens und den Mangel oder die verschwindende Kleinheit der Markhöhle. Dem unteren Drittel, welches die Häufigkeit der gleichzeitigen
Kniegelenksverletzungen belastet, kommen die geringen Muskellagen,
die Weichheit des Knochens und der Mangel der Markhöhle besonders
zu Gute. Die beiden letzteren Drittel werden aber besonders dadurch
in der Statistik der Oberschenkelschussfrakturen entlastet, dass davon
die schwersten Verletzungen derselben, welche bis in die Gelenke
dringen, als Gelenkschusswunden ausgeschieden werden. — Auffallend
günstig erscheint die Statistik der Oberschenkelschussfrakturen, welche
G. Fischer und Moses bringen, obgleich Beide die Patienten gleich
nach der Verletzung in die Behandlung bekommen haben. Offenbar haben beide Autoren die Fälle nicht bis zu Ende, sondern nur
die ersten Monate hindurch behandelt und darnach ihre Zusammenstellungen gemacht; es würden dieselben also erst dann auf volle
Giltigkeit Anspruch haben, wenn ihnen auch die Mortalitätsziffer aus
den entsprechenden Reserve-Lazarethen hinzugefügt würde. Demme
hatte merkwürdiger Weise für die Schussfrakturen des oberen Drittels
die günstigere Mortalität herausgerechnet: 43 % gegenüber 61 % des
mittleren und 58 % des unteren Drittels. Diese ganz abweichende Statistik
würde zu der Thatsache stimmen, dass von 238 geheilten Ober-
schenkelschussfrakturirten, die Mossakowski untersuchte, 117 am
oberen, 104 am mittleren und nur 58 am unteren Drittel verwundet
worden waren. Wenn man nicht ein sehr ungleiches numerisches Verhältniss unter den Schussfrakturen des Femur an den verschiedenen
Dritteln annehmen will, wozu ja die Erfahrung bis jetzt keinen Anhalt
bietet, so müssten sehr viele unter den französischen Verwundeten
an den Schussfrakturen des unteren Drittels des Femur gestorben sein.

Genauere Angaben über die Sterblichkeit nach den Schussfrakturen der langen Röhrenknochen besitzen wir überhaupt zur Zeit
noch nicht; denn eine grosse Zahl der so Verletzten stirbt bereits auf
den Schlachtfeldern, den Verbandplätzen und in den Feldlazarethen
zu einer Zeit, wo noch in der Ueberfüllung, Unruhe und Unordnung
von einer genaueren Untersuchung und Beobachtung der Patienten
keine Rede sein kann. Dieses ganze Heer der Todten aus den
ersten Tagen nach einer grossen Schlacht ist in unseren Statistiken
über die Mortalität der Schussfrakturen zur Zeit nicht mit eingerechnet.

Pirogoff hat im letzten russisch-türkischen Kriege einen
Versuch gemacht, die Mortalität bei den Schussfrakturirten des Oberschenkels nach den Lazarethen je nach der Nähe des Schlachtfeldes
in verschiedene Reihen zu ordnen.

	Sum.	Unbek.	Gestorb.	Ob. Drittel.	Mitte.	Unt. Drittel.	Unbek.
Lazarethe der I. Reihe:	192	40	74 = 38.5 %	20 ÷ 4	35 ÷ 10	17 ÷ 3	120
					20 %	28.5 %	17.6 %	
„ II. „	55	6	12 = 21.8 %	1 —	4 —	2 —	48 ÷ 12
								= 25 %
„ III. „	194	54					
„ IV. „	59	12	10 = 16.9 %	15 ÷ 1	—	5 ÷ 1.35 ÷ 8	
				6.6 %		20 % 22.8 %.	

Das wäre eine unerhört günstige Mortalität, die wir stark be
zweifeln müssen. Genauere Angaben werden zeigen, ob diese bei-
spiellos günstigen Zahlen durch mangelhafte Führung der Todtenlisten
in den ersten Wochen nach den Schlachten oder durch eine sorgsame

und erfahrene Lösung der so überaus schwierigen Behandlung dieser schlimmen Verletzungen bedingt wurde.

Für die Schussfrakturen der andern Röhrenknochen scheinen, wenn man von denen des Unterschenkels absieht, diese regionären Unterschiede in der Mortalität nicht in so schroffer Weise hervorzutreten, wie am Femur.

§. 157. c) Von besonderer Bedeutung bei der Prognose der Schussfrakturen ist die Art der Knochenverletzung.

Splitterbrüche geben eine weit ungünstigere Prognose, als die einfachen Schussfrakturen; ja man kann dreist behaupten, dass bis zur Stunde Heilungen von Splitterbrüchen am Femur zu den Seltenheiten gehörten. In Flocing und Versailles kamen auf 13 Splitterbrüche am Femur 10 Todesfälle (77%), auf 33 einfachere Schussfrakturen 6 Todesfälle (= 18% Mortalität) zur Beobachtung. Auch Stromeyer sah in Langensalza bei allen geheilten Oberschenkelschussfrakturen keine oder nur sehr kleine Splitter zum Vorschein kommen. Ebenso hat die Erfahrung gezeigt, dass umfangreiche Splitterbrüche der Unterschenkelknochen schwer heilen. An den oberen Extremitäten dagegen hat man bei den Splitterbrüchen bessere Erfahrungen gemacht.

§. 158. f) Ueber den Einfluss der verschiedenen Behandlungsmethoden, des Transportes etc. auf den Ausgang der Schussfrakturen müssen wir von hier auf den Abschnitt über die Behandlung der Schussfrakturen verweisen.

3) Schussverletzungen der langen Röhrenknochen mit Abreissung eines ganzen Gliedes.

§. 159. Dergleichen Verletzungen beobachtet man nur nach der Einwirkung groben Geschosses. Der abgerissene Knochen ragt meist aus der Wunde hervor, hat eine sehr zackige, unregelmässige Bruchfläche und lässt oft noch vielfache Längsbrüche und Fissuren erkennen. Das Knochenmark ist von Blutungen durchsetzt, und in dasselbe werden Splitter und feiner Knochendetritus hineingetrieben. Das Periost hängt in Fetzen um den Knochenstumpf oder ist von demselben in grösserer oder geringerer Ausdehnung abgerissen.

Selten wird allein der verletzte Knochen durch das Geschoss ganz aus seinen Verbindungen oder völlig herausgerissen. Besonders hat man dies Ereigniss an den Knochen der Hand und des Fusses, am Schulterblatte und am Schlüsselbeine gesehen.

II. Schussverletzungen der Epiphysen der langen Röhrenknochen und der Gelenke.

§. 160. Wir fassen in diesem Abschnitte die Schussverletzungen der Epiphysen im engeren Sinne und Apophysen zusammen, weil dieselben wegen der gleichen anatomischen Struktur dieser Theile (Mangel der Markhöhle, Vorwalten der spongiösen Knochensubstanz) analoge Verhältnisse darbieten. Es können an diesen Theilen der langen

Röhrenknochen Schussverletzungen ohne oder mit Betheiligungen der Gelenke erzeugt werden. Wir haben bereits früher angeführt, dass bei Schusswunden, welche durch die modernen Feuerwaffen an diesen Stellen der Knochen erzeugt sind, die Gelenke meist mit verletzt gefunden werden.

1. Experimentelles.

§. 101.   a) Stichversuche an Leichen.

Simon suchte auf experimentellem Wege zu entscheiden, ob ein Projectil von der Dicke der Chassepot-Kugel oder des preussichen Langbleies die Mitte des Knies ohne Verletzung der Knochen durchbohren könne, indem er mit runden, eisernen, mit scharfen Spitzen versehenen Stäben von der Dicke der genannten Projectile in verschiedenen Richtungen durch das Kniegelenk bei Leichen zu dringen suchte. Er fand dabei Folgendes: Bei gestreckter Extremität war es unmöglich, einen der Stäbe von vorn durchzustossen, überall stiess man auf Knochen; aber selbst bei geringer Beugung (170°) war das Gelenk so weit geöffnet, dass man schon unmittelbar unter dem unteren Rande der Kniescheibe, sowohl durch das Lig. patellare, als auch an den Seiten desselben, mit grösster Leichtigkeit und ohne den Knochen zu berühren, mit dem dünneren Stabe durch die Fossa intercondyloidea durchkommen konnte. Die Spitze drang von vorn nach hinten durch die Mitte des Gelenkes und kam in der Kniebeuge oder mehrere Centimeter oberhalb derselben zum Vorschein. War der Stab in der Mittellinie der Extremität unmittelbar unter der Patella durch das Lig. patellare durchgestossen, so erschien er auch an der Rückseite in der Mittellinie; drang man neben dem Lig. patellare ein, so musste der Stab in etwas schräger Richtung durch das Gelenk gedrängt werden und seine Spitze erschien an der Rückseite 1—2 cm von der Mittellinie entfernt. Bog man das Gelenk stärker bis zu einem Winkel von 150°, so konnte man mit dem Stabe, vom Kaliber des preussischen Langbleies, in derselben Richtung das Gelenk ohne Knochenverletzung durchstossen, ohne bedeutendere Beugung, bis zu einem Winkel von 130°, war die Durchbohrung mit dem dicksten Stabe mit Leichtigkeit zu bewerkstelligen. Bei diesen stärkeren Beugungen erschien aber die Spitze des Stabes an der Rückseite des Schenkels weit höher, etwa 6—12 cm über der Kniebeuge, und es ergab sich bei den verschiedenen Versuchen, dass die Ausgangsöffnung um so höher zu liegen kam, in je stärkerer Beugung das Knie durchbohrt wurde.

Ebenso wenig wie man bei gestrecktem Knie von vorn nach hinten durch das Gelenk dringen konnte, gelang dies von einer Seite zur andern. Bog man dagegen das Knie bis zu einem Winkel von 165°, so entfernten sich die Gelenkflächen des Femur und der Tibia an ihren vorderen Theilen so weit von einander, dass man den dünneren Stab im vorderen Drittel des Gelenks durchstossen konnte, und bei stärkerer Beugung vergrösserte sich der zwischen den Knochen öffnende Winkel in solchem Grade, dass der eiserne Stab vom Kaliber des preussischen Langbleies durchdrang. Nach Herausnehmen des Stabes und Streckung des Kniees beobachtete man wesentliche Lageveränderungen an den Oeffnungen des Canals, welche durch Verschiebung der Knochen und der Haut zu Stande gekommen waren. Die Kniescheibe erhob sich aus dem Sulcus intercondyloideus, auf welchem sie niedergehalten war und der vordere Theil der Gelenkflächen des Femur und der Tibia stellte sich wiederum so auf einander, dass man weder von vorne, noch von der Seite gegen die Mitte des Gelenkes einzudringen vermochte. Die grösste Verschiebung erlitt aber die Wunde in der Haut. Bei den Durchbohrungen des Gelenkes von vorn nach hinten verschob sich die Eingangsöffnung, welche bei gebeugtem Knie unmittelbar unter dem unteren

Rande der Patella, entweder in der Mitte oder an den Seiten des Lig. patellae lag, nach oben bis auf den unteren Theil dieses Knochens, so dass dieser, welcher von Periost und fibröser Bandmasse bekleidet war, die Unterlage der Hautwunde bildete. Dadurch wurde die Oeffnung in der Synovialhaut so vollständig verschlossen, dass die Synovia entweder nicht, oder nur sehr spärlich unter dem Hautrande heraussickern konnte. An der Ausgangsöffnung auf der Hinterseite des Knices machte sich die Verschiebung der Haut ebenfalls geltend, aber in umgekehrter Richtung, nämlich von oben nach unten, ganz entsprechend dem Umstande, dass die vordere Oeffnung bei der Spannung, die hintere bei starker Erschlaffung der Haut entstanden war. Daher wurde auch an der Hinterseite der Parallelismus der subcutanen und der Hautwunde so vollkommen aufgehoben, dass man mit feinster Sonde nur bis zur Tiefe der Hautwunde eindringen konnte.

Bei Streckung nach Querdurchbohrungen legte sich der vordere Theil des Gelenkendes der Tibia an den des Femurendes, so dass hierbei die an dem Knochen befestigte Synovialhaut und mit ihr die Wunde in derselben so zusammengedrückt wurde, dass das Gelenk unter der klaffenden Hautwunde geschlossen war. Die Hautöffnungen gelangten entweder auf den Condylus der Tibia oder auf den des Oberschenkels. Die Verschiebung war hier meist geringer und in wenigen Fällen konnte man die unter der Eingangsöffnung in der Haut liegende, aber zusammengedrückte Oeffnung in der Synovialcapsel sehen. Aus diesen Querdurchbohrungen pflegte auch in der Regel Synovia auszufliessen.

Boehr hat die Simon'schen Versuche mit ganz ähnlichem Ergebniss wiederholt. Nur der Versuch Simons, bei 170 Grad das Kniegelenk ohne Knochenverletzung durchbohren zu können, schien Boehr nach seinen Versuchen nicht ganz zutreffend.

§. 162. b) Schussversuche an Leichen.

Schon Dupuytren wählte bei seinen Versuchen als Zielpunkt die Knie-Epiphysen von Femur und Tibia und erzeugte einfache, nach dem Ausgange hin sich etwas erweiternde Schusscanäle, ebenso Simon und Pirogoff. Sarazin fand dann bei seinen Experimenten, dass an der oberen Epiphyse der Tibia und an der unteren des Femur bei Schüssen aus 15 m Entfernung niemals einfache Durchbohrungen, sondern bei kleinen Eingangsöffnungen 7—13mal grössere Ausgangswunden entstanden. Auch Busch und Küster wählten bei ihren Versuchen die das Kniegelenk bildenden Knochenepiphysen, besonders die der Tibia zum Zielpunkt und constatirten, wie Sarazin, dass das Chassepotgeschoss, wenn es den Knochen traf, enorme Zerstörungen machte (explodirende Wirkung), besonders war die Ausgangswunde von kolossalem Umfange und zeigte alle Erscheinungen einer stattgehabten Explosion. Das preussische Langblei verursachte dem gegenüber bei den Experimenten Buschs in Entfernungen von 10—20 Schritten Schusscanäle mit kleinerem Einschuss und nur etwas grösserem Ausschuss und zerbrach den dazwischen liegenden Knochen. Zwei Mal entstand sogar dabei ein Lochschuss im Tibiakopf, von dessen Wand sich nur eine Fissur in den Gelenkknorpel hineinerstreckte. Das Langblei verlor auch viel weniger Blei bei der Knochen-Passage, als das Chassepot-Projectil. Aehnliche Resultate erzielte Busch mit eisernen Kugeln, Küster mit dem Martini-Henry-Projectil. Nach diesem Experimentator macht das englische Hartblei unter allen Umständen eine kreisrunde Eingangswunde in der Epiphyse und eine grössere, auch rundliche Ausgangswunde mit ganz geringer und beschränkter Splitterung, ganz fehlenden Bleiabstreifungen und äusserst unbedeutenden Deformationen der Geschosse. Heppner und Garfinkel wollen dagegen auch mit diesem Geschosse auf kurze Distanzen explosionsartige Wirkungen an den Epiphysen gesehen haben, eine Thatsache, welche bis zur Stunde noch in unaufgeklärtem Widerspruch zu den Experimenten von Busch und

Küster steht. — Von einer Höhlenpressung durch hydraulischen Druck kann nach Busch an den Epiphysen keine Rede sein, vielmehr wirken bei Nahschüssen auf die Epiphysen nur die Sprengstücke und die Centrifugalkraft. Kocher dagegen will durch Schussversuche mit Vetterli- und Hartblei-Projectilen auf frische und feuchte Tibia-Epiphysen stets ein völliges Auseinanderreissen, gewissermassen ein Aufklappen des Knochens, auf völlig getrocknete Tibia-Epiphysen dagegen ungleich geringere Verletzungen und kleinere Defecte beobachtet haben. Er nimmt also auch bei den furchtbaren Zerstörungen an den Epiphysen durch Nahschüsse hydraulische Wirkungen des Projectils an. Es bleibt späteren Experimentatoren überlassen, diese Widersprüche zwischen Busch und Heppner und Garfinkel einerseits und Busch und Küster andererseits aufzuklären. Wir müssen uns vorläufig mit der Thatsache begnügen, dass bei Schüssen aus nächster Nähe die Epiphysen der langen Röhrenknochen so furchtbare Zerstörungen zeigen, als wäre mit Explosionsgeschossen auf sie gefeuert.

2. Anatomisches.

§. 163. Die Gelenkschussverletzungen involviren eine Reihe von Gefahren, die in dem anatomischen Bau und der physiologischen Dignität der Gelenke begründet sind. Die Eröffnung einer Gelenkhöhle ist der einer serösen Höhle gleichzusetzen. Doch ist der Bau des Gelenkes viel complicirter als der der letzteren. Das Gelenk ist eine morphologische Einheit, welche sich aus verschiedenen histologisch und physiologisch sehr differenten Theilen zusammensetzt. Dieselben bieten daher dem Projectil einen sehr verschiedenen Widerstand dar und reagiren auf eine Verwundung in sehr differenter Weise.

1) Der Gelenkkörper besteht theils aus den Epiphysen der langen Röhren-, theils aus glatten Knochen, also aus Knochen, welche ein weiches blut- und saftreiches Gewebe besitzen und mit vielen Markräumen ohne eigentliche Markhöhle ausgestattet sind. Sie bieten daher den Projectilen ganz andere physikalische Bedingungen dar, als die spröden Röhrenknochendiaphysen mit ihrer weiten Markhöhle. Besonders bei den jugendlichen Individuen, welche die Mehrzahl der Armeen ausmachen, ist die Epiphyse oft noch durch eine deutlich markirte knorplige Linie von der Diaphyse getrennt, wodurch den Knochenfissuren in beiden eine besondere Begrenzung, Richtung und Form gegeben wird. Diese weichen Knochen neigen aber auch sehr zur Entwicklung entzündlicher Processe, besonders der Osteomyelitis und Ostitis purulenta. Die knöchernen Theile der Kugel-Gelenke, des Fuss- und Ellenbogengelenkes sind in jeder Stellung fast vollständig mit einander in Berührung und passen genau an und auf einander. Nur der Kopf des Humerus überragt bei gehobenem Arme nach unten und bei gesenktem nach oben den Rand der Pfanne. Am Kniegelenk dagegen entfernen sich bei bestimmten Bewegungen die knöchernen Gelenkflächen etwas von einander, so dass kleine freie Zwischenräume zwischen ihnen entstehen. Diese Momente sind von Wichtigkeit für die Zahl und Schwere der Verletzungen, welche ein durch das Gelenk fahrendes Geschoss anrichtet.

2) Die Gelenkknorpel, aus hyalinem Knorpel gebildet, bekleiden die Gelenkenden an den articulirenden Flächen. Der knorplige Ueberzug der Gelenkköpfe ist in der Mitte am dicksten und nimmt gegen die Ränder an Mächtigkeit ab, der der Pfanne ist umgekehrt in der Mitte am schwächsten und an den Rändern am stärksten. Der Gelenkknorpel bietet den Projectilen keinen wesentlichen Widerstand dar, er spaltet bei den Knochenschussverletzungen mit in der Richtung der Knochenspalten. Da er eine sehr mangelhafte Ernährung hat, so neigt er zur Nekrose bei allen Verletzungen und entzündlichen Processen in den Gelenken.

3) Die Gelenkcapsel, eine derbe, mit elastischen Fasern durchsetzte, in den inneren Schichten kreisförmig, in den äusseren longitudinal ge-

schichtete bindegewebige, mit einer epithelialen Lage bekleidete Membran bildet einen schlaffen, mit geringen Quantitäten von Synovia gefüllten Sack um die knöchernen Gelenkenden, mit welchem in und an den grösseren Gelenken Synovialtaschen, Schleimbeutel und Sehnenscheiden von verschiedener Grösse und Tiefe, sich mehr oder weniger weit in die Weichtheile hinein erstreckend, in offener Verbindung stehen. In letzteren verfangen sich leicht die Projectile und bleiben hier unbemerkt sitzen. Auch die Secrete der eitrigen Entzündungen der Gelenke stagniren hier, da diese Taschen bei bestimmten Stellungen der Extremitäten von der Haupthöhle des Gelenkes leicht abgesperrt und ganz aus der Verbindung mit demselben gelöst werden können. Das Projectil erfährt durch die Gelenkcapsel einen gleichen Widerstand, wie durch Fascien und Aponeurosen. Hydraulische Wirkungen können in den Gelenkhöhlen nicht zu Stande kommen, da die Gelenkcapsel keinen festen und resistenten Verschluss derselben bedingt und die Synovia sie nicht gleichmässig ausfüllt. Dagegen bewirken die Verletzungen der Gelenkcapsel wegen ihres Reichthums an Blutgefässen meist beträchtliche Blutungen. Der epitheliale Belag prädisponirt die Gelenkcapsel zur Eiterproduction, die grosse Entwicklung der Lymphbahnen in derselben zur schnellen Resorption putrider und pyrogener Stoffe. Bei bestimmten Bewegungen legt sich die Capsel in Falten zusammen, wodurch der Widerstand derselben gegen den Andrang des Projectils vergrössert wird.

4) Die Gelenkbänder, Bandapparate und Aponeurosen sind fest gefügte, gefässarme, bindegewebige Stränge, welche theils in den Gelenken, theils in den äussersten Schichten der Gelenkcapsel verlaufen und dem Projectile denselben Widerstand wie derbe Fascien darbieten. Sie lenken die Geschosse wie letztere ab und werden von ihnen in derselben Weise durchbohrt. Nach den Verletzungen verschieben sie sich leicht, verlegen die Wundcanäle und verwandeln die perforirenden Gelenkschüsse in subcutane.

5) Von dem in dem anatomischen Bau und der physiologischen Function begründeten Verhalten der perisynovialen Gewebe gegen die Projectile gilt das für jedes einzelne bei den Schussverletzungen der Weichtheile Gesagte.

§. 164. An der Hand und dem Fusse bilden die Gelenke nicht vollständig gegeneinander abgeschlossene Höhlen; es werden daher leicht die entzündlichen Processe in den Gelenken weiter fortgeleitet. Die Synovialmembranen schieben ferner faltenförmige Verlängerungen zwischen die einzelnen Knochen jeder Reihe. Dadurch wird die Bildung von Eiterverhaltungen und das Fortkriechen der Eiterungen sehr begünstigt. Auch werden durch diese Anordnung die Knochen bei Gelenkeiterungen von allen Seiten von Eiter umspült und verfallen daher leicht der Nekrose. Vermehrt werden diese Gefahren noch durch die vielen sich kreuzenden Sehnen, Synovialscheiden, Bänder und Aponeurosen. Dieselben verhindern den Ausfluss der Wundsecrete und verlegen durch Verschiebung gegen einander die Wundcanäle. Nach von Langenbeck bringen die Synovialscheiden noch dadurch eminente Gefahren, dass bei zufälliger oder absichtlicher Verletzung derselben in Folge Luftzutrittes leicht eine Zersetzung der Synovia eintreten und dadurch Veranlassung zu weitgehender Vereiterung derselben gegeben werden soll.

3. Statistisches.

Tabelle K.

a) Verhältniss der Gelenkschusswunden zu den Schuss-verletzungen im allgemeinen.

Krieg.	Zahl der Verletzungen.	Schussverletzungen des					
		Schulter-	Ellen-bogen-	Hand-	Hüft-	Knie-	Fuss-
				Gelenkes.			
Frühere Kriege: Krimkrieg (Chenu), Ital. Krieg (Demme, Chenu). 1866 (Löffler, Biefel, Stromeyer)	61.416	2.2	0.9	0.8	0.3	1.5	0.7
Schleswig-Holstein (II.) (Löffler)	1968 Preussen	0.9	1.5	0.3	—	—	—
	1203 Dänen	2.1	2.4	0.1	—	—	—
Tauberbischofsheim (Beck)	238	1.68	2.94	—	—	3.78	3.36
Französischer Krieg auf deutscher Seite (von Scheven)	12.442	1.3	1.4	0.9	0.3	2.4	1.1
Französischer Krieg auf Seite der Franzosen (Chenu)	71.443	3.4	2.4	1,01	0.7	2.7	1,6

Tabelle L.

b) Verhältniss der einzelnen Gelenkschusswunden zu der Gesammtzahl der Gelenkschusswunden.

Krieg.	Zahl der Verletzungen.	Schussverletzungen des					
		Schulter-	Ellen-bogen-	Hand-	Hüft-	Knie-	Fuss-
				Gelenkes.			
Frühere Kriege (s. oben)	Gelenk-verletzungen. 4209	32.8	13.8	12,4	4,6	25.5	10,7
Französischer Krieg auf deutscher Seite . .	1024	15,9	17,4	10.8	3.8	28,7	23.2
Evers	Unter 124 durch Gelenk-schusswunden Invaliden.	10.5	35.5	13.6	0,8	16,0	23.3
Berthold	Unter 148 durch Gelenk-schusswunden Invaliden.	11.6	31.5	14.1	3.3	20.2	19,5

1) Aus den vorstehenden Tabellen geht zunächst die bemerkenswerthe Thatsache hervor, dass, wenn auch die Gelenkschussverletzungen im ganzen in den verschiedenen Kriegen einen mehr oder weniger variirenden Procentsatz der Schussverletzungen im allgemeinen bildeten (in der Krim bei den Franzosen 1 °/o, bei den Engländern 2,8 °/o, im deutsch-französischen Kriege nach Engel 6,05°/o, nach Steinberg 6,01 %), doch die Schussverletzungen der einzelnen Glieder fast in allen Kriegen ziemlich identische Procente der Schussverletzungen im allgemeinen darstellten. Den etwas abweichenden Zahlen von Beck darf man dabei ein zu grosses Gewicht nicht beilegen, da sie zu klein sind,

2) dass im allgemeinen die Schussverletzungen der Gelenke an den oberen und unteren Extremitäten ziemlich gleich häufig sind und dass der Ausfall an einem Gelenke durch ein Plus der Schuss-Verletzungen am andern ausgeglichen wird. Eine geringe Prävalenz kommt wohl den Gelenkschussverletzungen der oberen Extremitäten zu, während, wie wir §. 56 gezeigt haben, bei den Schussverletzungen der Extremitäten überhaupt ein umgekehrtes Verhältniss statt findet.

3) Unter den einzelnen Gelenken werden das Schulter- und Kniegelenk am häufigsten von Schussverletzungen betroffen, ihnen zunächst steht das Ellenbogengelenk. Diese Thatsache ist leicht aus der exponirten Lage und dem geringen Schutz durch Weichtheile, worunter diese Gelenke leiden, zu verstehen. Am seltensten werden die Schussverletzungen des Hand- und Hüftgelenkes beobachtet. Noch Larrey wollte in seiner grossartigen kriegschirurgischen Praxis keinen Fall von einer Schussverletzung des Hüftgelenkes gesehen haben. Die exactere Beobachtung der letzten Kriege hat die Zahl der genau festgestellten Hüftgelenkschüsse sehr vermehrt.

4) Berthold hatte hervorgehoben, dass das rechte Ellenbogengelenk häufiger von Schussverletzungen getroffen zu werden scheine, als das linke, eine Thatsache, welche bald darauf auch von Langenbeck und von Scheven bestätigt wurde. Beim Schultergelenk dagegen soll das linke viel häufiger getroffen werden, als das rechte. v. Langenbeck findet mit gutem Grunde die Erklärung dieser auffallenden Thatsache in der Stellung des Infanteristen beim Anschlage. Der linke Arm werde gekrümmt und das Ellenbogengelenk vom Körper entfernt und besonders frei gehalten, der rechte Arm dagegen bekomme eine mehr gerade Haltung mit gedeckter und durch den in ihm ruhenden Gewehrkolben geschützter Stellung des Schultergelenkes, während der linke vorgenommen und mehr exponirt werde. Es hat sich nun aber durch die umfassende Statistik Gurlts herausgestellt, dass die Berthold'sche Beobachtung nur bezüglich des Schultergelenkes begründet ist. Bei diesem ist entschieden das linke etwas (um nicht ganz 2,5°/o) häufiger verletzt gefunden, als das rechte, beim Ellenbogengelenk dagegen besteht durchaus kein Unterschied zwischen links und rechts in der Häufigkeit der Verletzung. Gurlt weist auch mit Recht darauf hin, dass das Feuergefecht keineswegs nur in der von Langenbeck beschriebenen, ein aufrechtes Stehen der Mannschaften voraussetzenden Weise geschieht, sondern häufig in einer knieenden, hockenden, liegenden und gedeckten Stellung.

5) Die Gelenkschussverletzungen werden fast durchweg durch

kleine Gewehr-Projectile veranlasst. Artillerie-Projectile kamen nach
Gurlts Zusammenstellungen aus den 4 deutschen Kriegen: 1848—1851
1mal. 1864 bei 3%, 1866 in 10,83%, (bei den Preussen in 25,35, bei
den Oestreichern in 4,34%), im französischen Kriege 1870—1871 in
5,43% zur Geltung. Nach Dominik wurde im französischen Kriege
das Ellenbogengelenk in 88,9% von Gewehr-, in 10,2% von Artillerie-
Geschossen, in 0,3% von Mitrailleusen und in 0,3% durch blanke
Waffen verletzt.

Es wäre wohl noch interessant zu wissen, wie viel Schusscontusionen, Lochschüsse und Schusssplitterbrüche jedes einzelne Gelenk
im Verhältniss zu dem anderen aufzuweisen hatte, doch sind die Angaben
der einzelnen Autoren darüber so unzuverlässig und unbestimmt, dass
man dieselben zu einer ernsten Lösung der Frage nicht benutzen kann.

4. Arten, Diagnose und Verlauf der Schussverletzungen der Epiphysen und der Gelenke.

I. Schussverletzungen der Epiphysen ohne Eröffnung der Gelenke.

§. 165.   a) Schussverletzungen der Epiphysen ohne Eröffnung der Gelenke und ohne Trennung der Continuität
des Knochens (Schusscontusionen, Streifschüsse, Lochschüsse der
Apophysen).

Wir haben früher bereits hervorgehoben, dass Schusswunden ohne
Trennungen der Continuität viel häufiger an den Apophysen als an
den Diaphysen der langen Röhrenknochen beobachtet werden.

Nach Contusionen der Apophysen durch matte Kugeln wird
entweder das Periost nur gequetscht, mit Blut unterlaufen, oder durch
Blutextravasate abgehoben gefunden, oder es entstehen Impressionen der
Corticalsubstanz mit oder auch ohne seichte Fissuren und mit starker
Quetschung oder Zerreissung des Periostes. Die spongiöse Substanz
zeigt unter diesen Umständen dieselben Veränderungen, welche wir an
dem Marke der Diaphyse unter denselben Bedingungen kennen gelernt
haben.

Streifschusswunden werden an den Epiphysen in überwiegender Mehrzahl beobachtet, ebenso die Bildung eines blinden
Schusscanales mit steckenbleibender, meist sehr deformirter Kugel.
Selten findet sich die letztere Verletzung rein, d. h. nicht begleitet
von umfangreichen Fissuren, welche meist nach allen Seiten hin verlaufen und in der Regel auch in das Gelenk dringen. Der Gelenkknorpel bleibt über den Fissuren nicht selten vollständig intact, er
reisst aber auch oft genug mit ein, so dass nun durch die Fissur das
Gelenk subcutan eröffnet wird. Anfänglich sind diese Fissuren nicht
zu erkennen, man glaubt daher einen reinen blinden Schusscanal vor
sich zu haben, bis man durch das Eintreten flagranter Gelenkentzündungen belehrt wird. Die äussere Knochenwand des blinden Schusscanales ist meistentheils rund um die Schussöffnung eingedrückt oder
tief in die spongiöse Substanz hineingebohrt, wodurch die Knochenschusswunde nicht selten ein trichterförmiges Ansehen erhält. Die
Kugel kann dabei beliebig tief in die spongiöse Substanz hineinge-
rathen, so dass entweder nichts von ihr zu sehen und zu fühlen ist,

oder ein verschieden grosses Stück derselben aus der Knochenwunde hervorragt. Sie sitzt meist ziemlich fest in dem Schusscanale des Knochens, ist indessen im ganzen doch leichter aus der weichen Epiphyse zu entfernen, als wenn sie in der spröden Diaphyse eingekeilt ist. Auch bei den lochförmigen Perforationen der Apophysen bleiben Fissuren selten aus. In einigen Fällen kommt es auch dabei zu Längsfrakturen, welche unter Umständen von einer Epiphyse des betroffenen Knochens bis zur anderen reichen. Wir haben dieselben besonders häufig bei Lochfrakturen, welche die Apophysen von links nach rechts oder von rechts nach links durchdrangen, gefunden, während die Lochfrakturen, welche durch die Apophysen von vorn nach hinten verlaufen, öfter rein erscheinen. An der Eingangsöffnung ist auch bei diesen Verletzungen die Rindensubstanz meist etwas deprimirt, während die Ausgangsöffnung grösser und mit einem mehr oder weniger bedeutenden, oft kreisrunden Defect der Rindensubstanz versehen ist. Zuweilen sitzen die abgehobenen Fragmente der Rindensubstanz noch wie ein stacheliger, nach aussen gekehrter Kranz um die Ausgangsöffnung herum. Es wird dabei ein Cylinder, welcher mindestens den Durchmesser des verletzenden Geschosses hat, aus dem Knochen herausgeschlagen. Selten ist der Canal ganz cylindrisch, meist gleicht er einem Kegelmantel. Ausnahmsweise bleibt die Kugel bei den Lochschüssen der Epiphysen hinter dem Knochen liegen, sie durchschlägt meist auch noch die gegenüberliegenden Weichtheile und tritt durch dieselben wieder aus. Denn die Lochschüsse werden nur durch kräftige Projectile, welche unter einem rechten Winkel auftreffen, erzeugt und verlieren bei dem Durchschlagen der Apophyse nicht so viel an Kraft, um nicht noch die Weichtheile an der anderen Seite durchdringen zu können. Nur das Chassepot-Projectil erzeugt eine solche Verletzung nicht bei einem Schusse aus nächster Nähe, sondern nachdem dasselbe auf einem längeren Fluge abgekühlt ist.

Diese Lochschüsse der Apophysen sind frühzeitig den Kriegschirurgen und Experimentatoren (Dupuytren) aufgefallen. Bei allen Geschossen wurden sie beobachtet. Nur bei den Minié-Projectilen kamen sie sehr selten vor, wie die Autoren des Krimfeldzuges, besonders Pirogoff und Macleod, und die des italienischen Feldzuges, besonders Demme und Chenu bezeugen. Holst berichtet aus der Sammlung in Washington, dass in derselben einfache Durchbohrungen des Humeruskopfes fehlen, stets fanden sich Splitterungen und Fissuren des Halses dabei. Dagegen sah H. viele Lochschüsse durch die untere Apo- und Epiphyse des Humerus ohne Spuren von Fissuren oder Frakturen, öfters auch reine Lochschüsse am Collum femoris; dagegen zeigten, mit höchst seltener Ausnahme, alle Lochschüsse des oberen Endes der Tibia Frakturen des Gelenkendes und des Knorpels. Aus dem Kriege 1864 ist von Luecke ein Beispiel der Art, aus dem 1866 von Beck mehrere berichtet. Im französischen Kriege 1870/71 wurden diese Lochschüsse auffallend viel beobachtet und zwar auch an Stellen, wo sie sonst nicht vorgekommen waren, z. B. an der unteren Epiphyse des Femur und am Humeruskopfe. Luecke beschrieb einen Lochschuss des Schenkelhalses ohne alle Splitterung.

§. 166. b) Schussverletzungen der Epiphysen mit Trennungen der Continuität derselben, doch ohne Verletzungen der Gelenke.

Auch hierbei kommen verschiedene Arten der Verletzungen zu
Stande: zuweilen findet man einen integrirenden Theil der Apophyse,
oder die ganze Apophyse, durch das Projectil abgesprengt. Zu den
ersteren Verletzungen gehört die Abtrennung der Tubercula und der
Trochanteren durch die Projectile. Die Absprengung geschieht entweder in der früheren Epiphysenknorpellinie, oder es entsteht über
derselben eine unregelmässig gestaltete Bruchfläche, welche entweder
nur die Apophyse abtrennt oder noch einen verschieden grossen Theil
der Diaphyse in longitudinaler Richtung mit losreisst. Unter letzteren
Umständen entstehen meist vielfache Splitterungen und Fissuren. Am
häufigsten unter allen Fortsätzen und Höckern wird der Trochanter
major wegen seiner exponirten Lage von Schussverletzungen betroffen.
Man findet denselben nicht selten rein abgesprengt. Oft erscheint er
aber völlig zertrümmert, und die Schussfraktur überragt dann meist
auch die Grenze des Trochanter. Während man früher annahm, dass
diese Schussverletzungen des Trochanter major nur äusserst selten mit
Eröffnung des Hüftgelenkes verbunden seien, so hat Langenbeck
jetzt das Gegentheil bewiesen und den Rath ertheilt, alle diese Wunden
als Hüftgelenkschüsse zu behandeln. Da die Spitzen des Trochanter
major in der Profilsprojection das Centrum des Hüftgelenkes bezeichnen,
so dringt die Kugel auch von hier aus leicht ins Gelenk. Fälle der Art
berichten Schwartz und Klebs, Goltdammer und Arnold. Eine
isolirte Absprengung des Trochanter minor durch ein Projectil scheint
nicht beobachtet zu sein. Nicht oft sieht man die isolirte Absprengung
der Tubercula am Oberarmknochen; es ist auch die Möglichkeit dieser
Verletzung ohne gleichzeitige Zertrümmerung des Oberarmkopfes und
Eröffnung des Gelenkes ernstlich zu bezweifeln. Eine Absprengung
der unteren Condylen des Oberarmes, Oberschenkels und der oberen
der Tibia ohne gleichzeitige Verletzung der Gelenke gehört gleichfalls
zu den grössten Seltenheiten. Wenn auch anfänglich das Gelenk bei
derartigen Verletzungen nicht von den Projectilen betroffen zu sein
schien, so hat doch in der Mehrzahl der Fälle bald der weitere Verlauf der Wunde und schliesslich die anatomische Untersuchung des
Gliedes gezeigt, dass man sich geirrt und die Verletzung zu günstig
beurtheilt hatte. Unter den Absprengungen der ganzen Epiphyse
durch ein Geschoss, die wohl meist durch eine Contusion, seltener
durch ein eindringendes Projectil bewirkt werden, sieht man am häufigsten noch die Schenkelhalsschussfraktur ohne Splitterungen bis in
den Gelenkkopf verlaufen, fast constant dagegen wird bei Absprengung
der untern Epiphyse des Oberschenkels das Kniegelenk eröffnet. Die
Absprengungen der oberen Epiphyse des Oberarmes pflegen selten bis
in den Gelenkkopf zu dringen, wenn nicht die Schussfraktur dicht
unter oder über dem chirurgischen Halse stattfand. Auch die Absprengungen der untern Epiphyse des Humerus kommen rein, also ohne
Fissuren bis ins Ellenbogengelenk, vor, dagegen findet sich bei derartigen Verletzungen an der oberen und unteren Epiphyse der Tibia
fast constant eine Eröffnung des Fuss- und Kniegelenkes.

Die oben abgehandelten Verletzungen der Epiphysen ohne Verletzungen der Gelenke unterscheiden sich weder in den Symptomen
noch in dem Verlaufe von den Schussverletzungen der langen Röhrenknochen. ·

II. Schussverletzungen der Epiphysen mit Verletzungen der Gelenke. Gelenkschussverletzungen im allgemeinen.

§. 167. Eine Trennung der Schussverletzungen der Weichtheile und der knöchernen Gebilde eines Gelenkes in verschiedene Abschnitte ist nicht gut statthaft. Die Schussverletzungen der Gelenke betreffen ja meist alle das Gelenk constituirenden Gebilde zu gleicher Zeit; oder es geht die Entzündung und Eiterung, welche nach der Schussverletzung eintreten, von den Weichtheilen auf die Gelenkcapsel und von dieser auf die Knochen über, so dass secundär doch alle Theile des Gelenkes in Mitleidenschaft gezogen werden, wenn auch bloss der eine verletzt war. Wir handeln daher hier die Gelenkschussverletzungen im Zusammenhange ab. Dieselben sind sehr mannigfacher Natur. Die Kugel kann die Gelenkhöhle selbst durchsetzen und eröffnen (directe Gelenkschusswunden), oder die Eröffnung des Gelenkes kann hervorgebracht werden ohne directe Berührung desselben durch das Geschoss, indirect durch die Zerschmetterung eines oder sämmtlicher Knochen, welche das Gelenk bilden (indirecte Gelenkschusswunden). Unter diesen beiden Hauptgruppen kann man folgende Arten der Gelenkschussverletzungen unterscheiden:

c) Es findet eine Contusion des Gelenkes statt.

Diese Verletzung wird durch matte kleine und grobe Geschosse erzeugt und kann mannigfacher Natur sein. Zuweilen ist die Haut bloss leicht gequetscht und erodirt, zuweilen an einer circumscripten Stelle stärker gequetscht, beträchtlicher sugillirt oder brandig, zuweilen das ganze Gelenk contundirt, mit Blut erfüllt, die Bänder zerrissen, schlotternd. Je grösser und kräftiger das Geschoss war, desto gefährlicher pflegt die Verletzung zu sein, so unscheinbar sie auch anfänglich aussieht. Bei stärkeren Quetschungen und Erschütterungen der Gelenke finden sich, wenn es auch nicht zu Frakturen kommt, doch meist kleinere Knochenfissuren in der äusseren Schicht oder apoplektische Heerde in der Diploë der Epiphysenknochen, ein Einbrechen der kleinen feinen Knochenbälkchen, Abhebungen der Gelenkknorpel durch Blut, und am Kniegelenke treten, wenn das contundirende Geschoss an der vorderen Fläche desselben einwirkte, meist längs- oder querverlaufende oder sternförmige Brüche der Kniescheibe ein. Nicht selten werden dann durch die Splitter des Kniescheibenbruches subcutane Eröffnungen des Kniegelenkes erzeugt. In den schwersten Graden der Quetschung hat man die Haut zwar anscheinend erhalten, die Weichtheile unter ihr aber zermalmt, die Bänder zerrissen, die Knochen zertrümmert, das Gelenk mit Blut und Knochenfragmenten erfüllt gefunden. Diese heillosen Verletzungen werden nur von Contusionen durch grobes Geschoss hervorgebracht. Oft hat man dabei auch Verrenkungen in den betroffenen Gelenken durch die Gewalt des anprallenden Geschosses entstehen sehen. Es sind derartige Fälle am Schulter- und Kniegelenke von Ledran, Legouest, Wahl und Anderen beschrieben. Meist fanden sich neben der Verrenkung umfangreiche Zerreissungen der Bandmassen, beträchtliche Quetschungen der Weichtheile und Brüche im Halse des Oberarmbeines oder an der untern Epiphyse des Oberschenkels und der Tibia. Im allgemeinen sieht man aber diese schweren Contusionen an den Gelenkenden selten, weil die spongiöse

Substanz derselben, eine Contusion weit eher erträgt, ohne dass es zu Frakturen kommt, als die compacte und spröde Masse der Diaphyse.

§. 168. Die Zeichen der Gelenkcontusion sind Blutungen um das Gelenk und in dasselbe. Letztere füllen oft die Capsel straff an. Dabei zeigt sich weiche Crepitation in dem Gelenke — das sogenannte Schneeballknirschen. Schmerzhaftigkeit und Functionsstörung, Dislocation der Gelenkflächen etc. begleiten und folgen diesen Verletzungen, wie den Distorsionen und Luxationen des civilen Lebens.

§. 169. Verlauf. Bei richtiger Behandlung resorbiren sich die Blutextravasate. Die weiche Crepitation wird dann deutlicher und die eigenthümlichen Verfärbungen der Ekchymosen treten ein. Die meisten Contusionen der Gelenke durch Projectile der Handfeuerwaffen verlaufen in dieser Weise günstig. Es kann aber auch zu einer Nekrose der contundirten Weichtheile und dadurch zu einer nachträglichen Eröffnung der Gelenke mit ihren Gefahren kommen.

Esmarch erzählt von einem Prellschuss an der äusseren Seite des Kniegelenkes, durch welchen ein zirkelrundes Hautstück brandig geworden war. Nach Ablösung desselben zeigte sich eine nadelkopfgrosse Perforation der Gelenkcapsel, es trat Vereiterung des Kniegelenkes ein, welche zur Amputation und zum Tode des Patienten durch Pyämie führte. Demme berichtet ähnliche Beobachtungen.

Die Luxationen durch den Anprall schwerer Geschosse verlaufen wie die Luxationen im Frieden. Die Verletzungen der das Gelenk bildenden Knochen neben der Contusion sind immer eine gefahrvolle Complication, geben aber doch eine günstige Prognose, weil sie subcutan sind. Durch unzweckmässiges Verhalten der Verletzten, durch rohe Transporte, schlechte Behandlung kann der Hämarthros verjauchen und zu einer putriden Gelenkentzündung führen. Dies Ereigniss wird zuweilen erst spät durch Perforationen der Gelenke vermittelst eines Knochenstückes von innen her oder durch ein feines Partikelchen des Projectils von aussen her, oder durch circumscripte Nekrose der contundirten Weichtheile langsam eingeleitet, zuweilen tritt es auch ohne nachweisbare Ursache, selbst bei ganz subcutanem Zustande der Gelenkverletzung ein.

Die oben geschilderten furchtbaren Zertrümmerungen der Gelenke durch matte grobe Geschosse führen, wenn sie nicht den Tod des Verwundeten im Shoc verursachen, meist zum Verluste des Gliedes oder zur Resection des Gelenkes.

§. 170. d) Es findet eine Blosslegung, Contourirung oder einfache Eröffnung der Gelenkcapsel durch das Projectil statt. α. Die Blosslegung der Gelenkcapsel entsteht meist durch Bombenfragmente. Fast immer ist dieselbe dabei so stark gequetscht, dass sie später nekrotisirt, wodurch dann das Gelenk eröffnet wird. β. Die Contourirungen der Gelenke gehören zu den grössten Seltenheiten, wie wir bereits hervorgehoben haben. Volkmann ist nahe daran, dieselben bei allen Gelenken in Abrede zu stellen. (v. Langenbecks Archiv 1873 p. 9). Man kann es sich in der That kaum denken, dass das Projectil um die Capsel eines Gelenkes herumziehen kann, ohne dieselbe zu verletzen. Besonders dürften, wie schon Larrey behauptet, am Kniegelenke, wegen der vielen eckigen Vorsprünge der Capsel, welche, man nehme eine Gelenkstellung, welche man wolle, es nicht gestatten, dass die Contouren des Knies gleichmässig gebogene Linien darstellen, Contourirungen zu den grössten Seltenheiten gehören, obwohl sie gerade hier am häufigsten beschrieben wurden (Hennen). Der anatomische Nachweis einer Contourirung der Gelenke ist selten geführt (Klebs l. c. p. 47 Fall 50 und p. 49 Fall 52), der klinische ist aber nicht sicher zu erbringen. Stromeyer kommt zu dem falschen Princip: Wenn eine Schusswunde am Knie, bei welcher ein Projectil das Gelenk geöffnet haben müsste, wenn dasselbe einen geraden Verlauf innegehalten hätte, ohne Schwierigkeiten heilt, so urtheilt ein vorsichtiger Arzt: das Projectil muss von seinem geraden Fluge abgelenkt sein und das Gelenk umgangen haben!

γ. Einfache Capselverletzungen wurden früher für ausserordentlich selten gehalten; heute wissen wir das Gegentheil. Sie kommen um so häufiger vor, je grösser das Gelenk (am seltensten daher am Ellenbogengelenk, doch sind auch hier 2 Fälle von Beck und einer von Bergmann beschrieben) und je kleiner das Projectil ist, weil die kleinen Bleiprojectile im Stande sind, sich zwischen die bedeckenden Sehnen und die gelenkbildenden Knochen hindurch zu pressen. Wir unterscheiden:

1) Einfache Eröffnungen der Gelenkcapsel durch einen tangential treffenden Schuss: Streifschussrinnen der Capseln.

2) Blinde Schüsse der Gelenkcapseln: Das matte Projectil dringt bis in die Gelenkcapsel und bleibt hier stecken oder fällt gleich wieder heraus, wie es Esmarch am Kniegelenk beobachtete.

3) Durchbohrungen der Capsel mit Ein- und Ausgangsöffnung ohne Verletzungen der Knochen. Dieselben sind besonders am Kniegelenk von Guthrie, Schwartz, Lidell, Legouest und Pirogoff beobachtet, von Simon und Böhr experimentell dargestellt, 1866 von Simon 4mal, von Langenbeck 2mal, besonders aber aus dem Feldzuge 1870/71 in grosser Zahl beschrieben: von Simon 25 Fälle, von H. Fischer 15, von Heyfelder 1, von Socin 12, von Luecke 4, von Schüller 1, von G. Fischer 4, von Kirchner 12 (die von G. Fischer zum Theil mit eingeschlossen), von Stoll 2, von Sédillot 4 etc.

Die Schussverletzungen des Hüftgelenkes dagegen sind fast immer mit Knochenläsionen verbunden, eine Thatsache, die sich leicht aus der anatomischen Configuration dieses Gelenkes begreift. Es kann aber doch ein Projectil nach Absprengung eines Stückes des Pfannenrandes in das Gelenk eindringen und die innere Wand des Acetabulum durchbohren, ohne den Schenkelkopf zu verletzen (v. Langenbeck, Becker). Auch noch einen zweiten Weg für einfache Capselverletzungen am Hüftgelenk gibt es. Die Gelenkcapsel setzt sich, wie v. Langenbeck hervorhebt, um den Rand des Acetabulum nur ein wenig rückwärts vom freien Rande des Labrum cartilagineum an und liegt dem Gelenkkopfe nur so weit genau an, als derselbe vom Acetabulum nicht umfasst wird. In der ganzen Ausdehnung des Schenkelhalses umschliesst sie diesen nur locker und hier, also bis zur Insertion der Capsel am Halse dicht oberhalb der Trochanteren, können einfache

Perforationen der Capsel ohne Knochenläsionen zu Stande kommen. – Auch am Ellenbogengelenke gehören einfache Capselschusswunden zu den grössten Seltenheiten. Löffler bezweifelt ihre Möglichkeit überhaupt. Beck aber berichtete aus dem französischen Kriege 2, Bergmann einen Fall der Art.

4) Am Kniegelenke finden sich auch noch einfache Capselschusswunden, wenn die Ausbuchtung der Gelenkcapsel, welche an der Vorderseite des Oberschenkels unter der Extensorensehne sich befindet, verletzt ist. Esmarch behandelte 3 Fälle der Art.

§. 171. Die Diagnose der extracapsulären Schussverletzungen der Gelenke ist, wenn der Lauf des Geschosses und der Umfang der Verwundung nicht zu Tage liegen, sehr schwer und oft unmöglich. Man kann nicht vorsichtig genug mit der Annahme derselben sein, weil die gleichzeitigen Gelenkverletzungen anfangs oft ausserordentlich latent bleiben. Der Verlauf der Verletzung gibt meist erst ein Recht zur Annahme einer extracapsulären Wunde. Die einfachen Eröffnungen und Durchbohrungen der Capsel sind auch oft nur durch eine weitere und genaue Beobachtung der Verletzung zu erkennen. Als werthvolles Zeichen gilt besonders der Ausfluss von Synovia aus der Wunde. Derselbe bleibt aber oft aus, weil die Wunde verlegt wird durch Blutgerinnsel, eingedrungene fremde Körper, oder durch Verschiebung der Weichtheile. Auch könnten ja die synovialen Ergüsse aus einem verletzten Schleimbeutel herrühren. Die Anschwellung des Gelenkes spricht auch nicht unbedingt für die Eröffnung desselben, weil sie sich auch bei der Contusion derselben als Hämarthros findet. Die Diagnose dieser Verletzungen wird daher oft fraglich bleiben müssen. Wenn aber der anatomische Verlauf des Projectils für eine Gelenkeröffnung spricht, wird man sich auch selten bei einer sicheren Annahme derselben täuschen.

Der Verlauf einer Entblössung der Gelenkcapsel durch ein Geschoss kann ein ganz leichter sein, wie ein von Stromeyer am Schultergelenke beobachteter Fall zeigt; es kann aber auch zur Nekrose der freiliegenden Capseltheile und zur Eröffnung des Gelenkes mit ihren Gefahren kommen. Eine einfache Eröffnung und Durchbohrung der Gelenkcapsel heilte öfter und wird gewiss bei stricter Antisepsis nun stets ohne Störungen verlaufen. In vielen Fällen tritt aber eine Eiterung im Gelenke, unter ungünstigen Umständen und bei schlechter Wundpflege eine Verjauchung des Gelenkes und mit derselben der Verlust des Gliedes oder des Lebens der Verletzten ein.

§. 172. e) Es findet eine Schussverletzung der gelenkbildenden Knochen und des Gelenkes statt.

I. Arten der Gelenkschussbrüche.

α. Nicht jedesmal, wenn eine Epiphyse verletzt ist, muss auch das Gelenk getroffen sein.

Hueter bemerkt in Betreff des Fussgelenkes mit Recht, dass, wenn auch einer der Malleolen durch eine Kugel fracturirt ist, eine Betheiligung des Gelenkes nicht nothwendig einzutreten braucht, da eine Kugel von vorn nach hinten einen der Malleolen passirend eine Rinne in die corticalen Lamellen des Knochens eingraben kann, ohne dass das Gelenk eröffnet wird. Auch für die Substanz des unteren Endes der Tibia liegen dieselben günstigen Verhältnisse vor, indem die Kugel diesen Abschnitt von vorn nach hinten, wie von aussen nach innen einfach durchbohren und vielleicht eine Linie von der Gelenkfläche verlaufen kann, ohne dass eine Fissur oder ein Splitterbruch die Continuität des Knorpels trennt. Es steht auch fest, dass bei den Schussfrakturen der unteren Epiphyse des Femur die Fissuren und Frakturen selten bis in das Kniegelenk reichen. — Dagegen kann man bei den anderen Epiphysen sicher sein, dass die Fissuren und Frakturen bis in das Gelenk dringen, wenn dieselben von Projectilen getroffen sind. Nach den Ergebnissen, die Holst aus den Präparaten des Washingtoner Museums gezogen hat, ist eine Schusswunde des oberen Endes der Tibia bis zu 1½″ unter der Gelenkfläche als eine Wunde des Kniegelenkes zu betrachten, weil stets dabei Fissuren der Gelenkenden und der Knorpel bestehen. Ebenso hat der französische Krieg gezeigt, dass bei allen nicht gerade senkrecht auf die spongiöse Substanz des Schenkelhalses aufschlagenden Projectilen bedeutende Fissuren und Frakturen bis in das Hüftgelenk hinein sich erstrecken (Klebs).

β. Schussverletzungen des Knorpels und der knöchernen Theile ohne Splitterung. Diese Verletzungen stehen den sub α abgehandelten ziemlich nahe und sind gewiss vielfach mit ihnen in eine Kategorie gebracht. Selten sind es Contusionen der Gelenkenden mit Impressionen und Blutungen der Knochensubstanz, meist flache oder tiefe Schussrinnen, zuweilen auch Lochschüsse. Die Mehrzahl solcher Verletzungen ist am Kniegelenke beobachtet, am Schulter- und Ellenbogengelenke sind sie offenbar sehr selten gewesen. Lidell beschreibt eine solche Schussrinne am Femur und Schienbein bei Verletzung des Kniegelenkes und Hoffmann stellt aus dem deutsch-französischen Kriege 13 hierher gehörige Fälle am Kniegelenke (Billroth 1, Kirchner 3, Stoll 2, Sédillot 6, Beck 1), und Heintzel im ganzen 96 Beobachtungen der Art am Kniegelenke, von denen 85 auf den französischen Feldzug kamen, zusammen. Beck constatirte bei einer Section, dass der äusserste Theil des Schienbeines, sowie die untere Fläche des Condylus des Oberschenkelknochens gestreift gewesen waren. In der Capsel fanden sich Bleistückchen und Knorpeltheilchen.

γ. Splitterung der das Gelenk bildenden Knochen mit Fissuren. Die Bedeutung derartiger Verletzungen wächst mit der Ausdehnung der Knochenzertrümmerungen.

Es können dabei beide Condylen in der Capsel, oder nur der eine in der Capsel, der andere ausserhalb derselben durchbohrt werden. Zuweilen liegen beide Schussöffnungen weit von einander entfernt und in ganz verschiedener Richtung, und doch sind die Gelenkenden getroffen, das Gelenk zerstört. Wenn ein Geschoss zwei gegenüberliegende Knochen im Gelenke verletzt hat, so ist der von demselben erzeugte Knochendefect kleiner als der Umfang des Projectils, theils weil das Projectil in seiner Form plattgedrückt und verändert ist, theils weil es die Knochen etwas auseinanderdrängt. Mattere Geschosse bleiben meist in dem Knochen oder zwischen den Fragmenten derselben stecken. Die zerschmetterten Gelenkenden erfahren dabei in der Regel eine Lageveränderung, so dass das verletzte Glied sehr difform wird. Eine Absprengung der ganzen Epiphyse nebst Durch-

trennung der Condylen durch einen Längsbruch (sogenannte T-Brüche)
sah man wohl an der untern Epiphyse des Oberschenkels und Oberarms. In seltenen Fällen hat man das Geschoss in dem Gelenkkopfe
fest eingekeilt gefunden, ohne dass eine Splitterung um den blinden
Schusscanal eingetreten war. Besonders häufig ist diese Verletzung
noch am Caput femoris beobachtet worden. Meist bestand aber eine
bedeutende Splitterung dabei.

Auch die Gelenkpfannen werden bei den Schusswunden der Gelenkenden selten allein, häufiger zugleich zerschmettert, besonders oft an
dem exponirten Schultergelenke. Es ist entweder ein Stück von derselben abgebrochen, oder die ganze Pfanne durch einen Sternbruch
getheilt, vielfach zerschmettert und oft dazu noch am Pfannenhalse abgebrochen. Meist reichen dann noch umfangreiche und vielgestaltige
Längsbrüche durch das ganze Schulterblatt hindurch. Oder es findet
das umgekehrte Verhältniss statt: durch die Zersplitterung des Schulterblattes wird das Schultergelenk mit betroffen, indem die Fissuren bis
in die Pfanne dringen. In diesem Falle ist der Gelenkkopf oft intact
gefunden. Auch bei den Schussverletzungen des Hüftgelenkes ist nicht
selten die Pfanne mit verletzt, doch gewöhnlich nicht so umfangreich,
als an dem Schultergelenke. In der Regel wird hier nur das Labrum
acetabuli und die angrenzende Partie der Pfanne vom Geschosse mit
zertrümmert. Oefter war der sehr geschützt im Acetabulum gelegene
Schenkelkopf nicht getroffen, sondern nur durch eine Zertrümmerung
des Halses abgetrennt. In einem Falle aus dem russisch-türkischen
Kriege hatte bei einem Schusse in die Hinterbacke bloss das Acetabulum ein Loch erhalten, der später resecirte Oberschenkelkopf zeigte
sich ganz unverletzt.

Untersucht man ein frisch durch ein Projectil verletztes Gelenk,
so findet man ausser den erwähnten Zerstörungen der Knochen und
Weichtheile Armaturstücke, Tuchfetzen, Projectile oder Theile derselben, mit hineingerissene fremde Körper in den Gelenkhöhlen oder
zwischen den Fragmenten der Knochen, ausserdem eine reichliche
Menge Blutes theils geronnen, theils mit Synovia gemischt. In der
spongiösen Substanz der verletzten Epiphysen sind meist blutige Extravasate vorhanden, welche in der Ausdehnung eines Zolles und mehr
um die von der Kugel getroffene Stelle des Knochens herum die Zell-
räume der Marksubstanz erfüllen und zeigen, wie weit sich die Erschütterung des Knochens fortgepflanzt hat.

II. Diagnose der Gelenkschussbrüche.

§. 173.   So leicht die Diagnose der Gelenkschussverletzungen
meist an den freiliegenden, so schwer pflegt dieselbe an den tiefliegenden Gelenken, besonders den Hüftgelenken zu sein. Durch die
Verschiebungen der Weichtheile bei den veränderten Stellungen werden die Gelenkschusswunden häufig ganz verdeckt. Sehr schwer zu
erkennen sind besonders alle Schussverletzungen des Knorpels und der
Knochen der Gelenke ohne Splitterungen, die Einkeilung der Kugel in
den Gelenkköpfen, die Lochschüsse im Halse und die unvollständigen
Frakturen an den gelenkbildenden Knochen, die Absprengungen von
Stücken des Gelenkkopfes, des Pfannenrandes etc., kurz alle Knochen-

verletzungen an den Gelenken, die nicht mit sofortiger Dislocation der Fragmente verbunden sind. Ganz besonders erschwert kann aber die Diagnose der Gelenkschusswunden dadurch werden, dass das Geschoss von der Brust-, Bauch- oder Beckenhöhle her in das Gelenk eindringt und in demselben stecken bleibt oder an einer, vom Gelenk weit entfernten Stelle austritt.

Im allgemeinen wird die Gelenkschusswunde wahrscheinlich aus der Besichtigung der Wunde, aus dem Laufe des Projectils und der Art der Verwundung, aus dem Ausflusse von Synovia und aus der Anschwellung des Gelenkes; die Gelenkschussfraktur aus der Crepitation und abnormen Beweglichkeit der Gelenkenden, aus dem Hervortreten von Knochen- und Knorpelstückchen durch die Wunden und aus der Difformität des Gelenkes. Unter diesen Zeichen ist der Ausfluss der Synovia ein wenig werthvolles, weil dasselbe meist fehlt, und wenn es vorhanden ist, auch nicht bestimmt für eine Gelenkverletzung spricht, da die Flüssigkeit aus einem Schleimbeutel oder aus einer Sehnenscheide in der Nähe der Gelenke hervorsickern kann. Dagegen ist die Anschwellung der Gelenkcapsel gleich nach der Verletzung ein überaus sicheres Zeichen für eine Gelenkverletzung. Leider bleibt dasselbe oft aus oder tritt wenig in die Erscheinung. Am Hüftgelenke hat man besonders die Gegend unter der Schenkelbeuge darauf zu untersuchen. Schmerzen fehlen bei Gelenkschussverletzungen häufig, oder sie werden an Stellen gefühlt, welche die Aufmerksamkeit des Arztes von dem verletzten Gelenke ablenken. So beobachtete Schinzinger heftige Schmerzen im Verlaufe des Ischiadicus, G. Fischer solche im Verlaufe des Nerv. cruralis bei Hüftgelenksschussverletzungen, ohne dass diese Nerven verletzt waren. Störung oder Aufhebung der Function des Gelenkes ist ein fast constantes Zeichen der Gelenkschusswunden, wird aber auch bei Lochschüssen, einfachen Capseleröffnungen, Streifschussrinnen und bei Einkeilungen der Projectile in die Gelenkköpfe bisweilen ganz vermisst. Bei solchen Verwundungen an der unteren Epiphyse des Femur und der Tibia gingen die Patienten oft noch weite Strecken, ohne eine Ahnung von der Schwere ihrer Verletzung zu haben. Besonders aber hat man bei Knochenschussverletzungen des Hüftgelenkes mit Zertrümmerung der Pfanne und Einkeilung des Geschosses im Gelenkkopfe wiederholt beobachtet, dass die Patienten noch mit dem verletzten Gliede längere Zeit und ohne Mühe gehen und sich des verletzten Gelenkes noch Tage lang und mit geringen Unbequemlichkeiten bedienen konnten (v. Langenbeck, Trendelenburg, H. Fischer, Koch, Deininger). Auch die charakteristischen Abnormitäten in den Stellungen der Gelenke, die Verkürzungen der Glieder fehlten bei Hüftgelenkschüssen, wenn der Gelenkkopf des Femur nicht abgesplittert war. Umgekehrt können aber auch Schmerzen, Rotation des Gliedes nach aussen, Flexionsstellung und Functionsstörungen vorhanden sein, ohne dass das Hüftgelenk verletzt wurde (v. Langenbeck). — Die Schussrichtung gibt meist einen sicheren Anhalt für die Diagnose einer Gelenkverletzung, da die modernen Projectile selten in ihrem Laufe abgelenkt werden. Besonders werthvoll wird eine genaue Beachtung des Verlaufes des Projectils für die Erkennung der Hüftgelenkschussverletzungen. Die Gestalt des Hüftgelenkes wird, wie

v. Langenbeck hervorhebt, veranschaulicht durch ein Dreieck, dessen Basis den Trochanter major schneidet, dessen Schenkel auf der Spina ilei anter. super. in einem spitzen Winkel zusammenstossen. Findet sich die Ein- und Austrittswunde in diesem Dreiecke, oder fällt die Richtung des Schusscanals in dasselbe, so wird man sich selten täuschen, wenn man eine Verletzung des Hüftgelenkes annimmt. Am directesten wird das Hüftgelenk getroffen, wenn die Kugel dicht unter der Spina ilei anter. inferior eintritt. Beim Eindringen der Kugel dicht unterhalb und nach aussen vom Tuberculum pubis und ihrem Austritt in der Gegend hinter dem Trochanter major derselben Seite wird meist das Hüftgelenk mit Absprengung des Pfannenrandes getroffen sein. Befinden sich die Schussöffnungen vor oder hinter dem Trochanter major, so kann man auf eine Verletzung des Schenkelhalses und des Gelenkes rechnen (v. Langenbeck). Wir werden späterhin noch einige Hülfsmittel in der Diagnose der Gelenkschusswunden (Digital-Untersuchung, probatorische Incision etc.) kennen lernen.

III. Verlauf der Gelenkschussbrüche.

§. 174. Die Gelenkschussbrüche können einen sehr verschiedenartigen Verlauf nehmen. Wir unterscheiden:

A. Einen Verlauf ohne Eiterung oder mit beschränkter Eiterung.

Die Thatsache, dass die Schussfrakturen grösserer Gelenke ohne Entzündung und Eiterung heilen können, ist früher wohl ab und zu vermuthet, meist stark bezweifelt worden, heute aber durch die geistvollen Forschungen Simons, durch die klinischen Beobachtungen Pirogoffs, Lidells, Longmore's, Cortese's, v. Langenbecks, Luecke's etc. und durch die sorgfältigen anatomischen Untersuchungen von Klebs (l. c. p. 49, Fall 53) und Socin (l. c. p. 114) fest und unerschütterlich bewiesen. Simon hat das grosse Verdienst, auf die Weichtheilverschiebungen und Faltungen der verletzten Theile hinzuweisen, durch welche die Wunden der Gelenke, besonders des Kniegelenkes sofort geschlossen und in subcutane umgewandelt werden können. Bei den Schussverletzungen des Schulter- und Hüftgelenkes kommt dies Ereigniss durch die dicken Lagen der Weichtheile über den Gelenken noch häufiger zu Stande, als wir zu beobachten in der Lage sind. Aber auch an den mehr freiliegenden Gelenken, z. B. dem Ellenbogengelenke (Famworth) und dem Handgelenke sind Heilungen der Gelenkschüsse ohne Eiterung beobachtet worden. Natürlich nehmen besonders geringfügigere Verletzungen der Gelenkknochen (Rinnen- und Lochschüsse, Absprengungen der Knochen etc.) einen so günstigen Verlauf, bei den complicirteren Schussfrakturen gehört dagegen die Heilung ohne Eiterung zu den seltenen Ereignissen. Doch hat auch ein von Klebs und Socin secirter Kniegelenkschuss den unerwarteten Beweis geliefert, dass Zertrümmerungen der das Gelenk bildenden Knochen- und Knorpelschichten ohne jede Spur einer Reaction heilen können, sogar in Fällen, wo die Anwesenheit von scharfen Kanten und Vorsprüngen an den Knochensplittern recht eigentlich als reizende Ursachen wirken müssten. Die Zahl der ohne Eiterung verlaufenen

Schussverletzungen der Gelenke hat sich von Krieg zu Krieg gemehrt, seitdem die Aufmerksamkeit der Chirurgen darauf gerichtet und die Momente, wodurch dies günstige Ereigniss herbeigeführt werden kann, genauer bekannt und sorgfältiger beachtet wurden. So sah Socin 1870 von 15 Kniegelenkschüssen allein 11 ohne Eiterung heilen. — In einer Reihe von Fällen bleibt jede Reaction aus; die Gelenkverletzung tritt gar nicht in die Erscheinung. In einer andern beobachtet man gleich nach der Verletzung oder in den ersten Tagen nach derselben auf kurze Zeit eine mässige Anschwellung und Schmerzhaftigkeit des Gelenkes nebst geringen Störungen des Allgemeinbefindens, während die äusseren Wunden sich unter dem Schorfe schliessen; in wieder anderen entwickelt sich eine Eiterung der äusseren Wunde und auch eine circumscripte Eiterung im verletzten Gelenke. Dieselben bewirken aber keine wesentlichen Störungen und behindern die Heilung in keiner Weise.

Die Heilung der Gelenkschussverletzungen kann bei diesem Verlaufe in 2—6 Wochen vollendet sein; auch bleiben bei einer geschickten orthopädischen Nachbehandlung geringe oder gar keine Functionsstörungen der Gelenke, selbst nach schweren Schussfrakturen zurück (Volkmann).

Es ist nach den glänzenden Erfolgen Bergmanns und Reyhers zu hoffen, dass durch eine sorgfältige Antisepsis im Felde dieser Verlauf der Gelenkschusswunden zur Regel werden wird. Man soll sich aber auch nicht durch einen anscheinend günstigen Verlauf der Gelenkschusswunden in der ersten Zeit täuschen lassen. Die Reaction bleibt oft sehr lange aus und tritt dann um so bösartiger ein. Besonders trügerisch sind darin die Hüftgelenkschussverletzungen. Es muss aber auch hervorgehoben werden, dass gerade bei diesen Verwundungen sehr oft der reactionslose Verlauf durch frühzeitige Transporte der Verwundeten gestört worden ist.

B. Der Verlauf unter traumatischer Gelenkseiterung.

§. 175. Die Gelenkseiterung ist bis zur Stunde der gewöhnliche Verlauf der Gelenkschussverletzungen. Sie findet sich bei allen durch Schussfrakturen und Fissuren, durch das Eindringen fremder Körper complicirten oder bei den durch frühzeitige und schlechte Transporte, unsaubere Untersuchungen und operative Eingriffe geschädigten Gelenkschüssen, selbst wenn es sich dabei um einfache Capselwunden handelt. Sehr selten wird die Gelenkseiterung von periarticulären Phlegmonen auf die Capsel fortgeleitet. In der Regel bestanden wohl in den Fällen, wo man derartige Processe annahm, unbemerkt gebliebene Gelenkschusswunden oder Verletzungen von Schleimbeuteln, welche mit dem Gelenke communiciren. Die Gelenkseiterung beginnt vom 7.—15. Tage nach der Verletzung, tritt aber oft noch, besonders bei Schussverletzungen des Hüft- und Kniegelenkes, sehr spät auf. Selten beginnt diese Affection aber mit einem Schüttelfroste, meist schleicht sie sich allmählich ein. Schwellung, Röthung und Schmerzhaftigkeit des Gelenkes erreichen von Anfang an sehr hohe Grade, die Function ist aufgehoben, pathologische Stellungen bilden sich aus, schmerzhafte Muskelkrämpfe vermehren die Beschwerden der Patienten auf das Höchste. Die Um-

gebung des Gelenkes participirt an der Schwellung und Röthung.
Meist ist lebhaftes Fieber, grosser Durst, Magen- und Darmkatarrh
vorhanden. Der Ausfluss aus der Schusswunde ist anfänglich dünn,
blutig-serös, nicht selten übelriechend und mit Blutcoagulis und Gewebs-
trümmern vermischt. Bald wird derselbe eitrig. Die Füllung des Gelenkes nimmt zu, die Schmerzen werden klopfend, die Röthung beträchtlich und im Gelenke zeigt sich deutliche Fluctuation. Ueberlässt
man den Process sich selber, so tritt nach einiger Zeit ein Durchbruch des Eiters in das periarticuläre Gewebe und später eine Entleerung desselben nach aussen ein. Der Ausgang kann nun ein verschiedener sein:

a. Heilung ohne Exfoliation von Splittern mit theilweiser
oder gänzlicher Erhaltung der Gelenksfunction.

Nach der Entleerung des Eiters tritt dann eine allmähliche Füllung
der Gelenkhöhle mit Granulationen ein, nachdem sich die fremden
Körper oder die todten Gewebsfetzen ausgestossen haben. Die Frakturen und Fissuren der Gelenkenden können dabei durch Callus vereinigt werden, nicht selten aber findet sich nur ein partieller Callus,
zuweilen nur eine bindegewebige Verwachsung; auch treten oft Difformitäten durch Callus luxurians oder durch Verschiebung der Fragmente ein.

Bush fand in einem Falle von Schussverletzung des Ellenbogengelenkes
(Boston med. and surgic. Journal 1879. Vol. I. p. 144): die Condylen des Humerus
verdickt, verbreitert, in ihrer Stellung etwas verändert, die Oberfläche derselben
unregelmässig mit Osteophyten besetzt, einen Bruch am Condylus internus und eine
Fissur im Condylus externus durch ligamentöse Massen vereinigt.

Zuweilen verwachsen auch die Splitter an entfernten Stellen,
wohin sie durch das Trauma oder die Bewegungen der Glieder verschleppt wurden.

Bergmann zeigte auf dem Chirurgencongress 1881 ein Präparat von einem
penetrirenden Kniegelenkschuss, an welchem ein Stück des Condylus externus
femoris in ein Ligament. cruciatum eingetrieben und daselbst verheilt war. In
einer Beobachtung von Arnold war eine feste Verknöcherung des Caput humeri
mit der Pfanne eingetreten, so dass die letztere nur noch durch eine prominirende
Knochenleiste zu erkennen war.

Selbst die abgerissenen Gelenkknorpel können wieder durch
Bindegewebsbrücken verheilen. Auch sie verwachsen oft an den Stellen,
wohin sie bei der Verletzung verschleudert wurden.

In einem von Klebs eröffneten Schultergelenke fand sich ein abgerissenes
Knorpelstück mit der Bruchfläche an der Gelenkcapsel befestigt.

Es gibt eine grosse Zahl von Beobachtungen, in welchen eine
beträchtliche Menge von Splittern jeder Form und Grösse durch Callus-
oder Bindegewebsbrücken in den Gelenken verheilt waren. Dennoch
wird jeder erfahrene Chirurg eine vollständige Restitution der Gelenk-
function bei diesem Wundverlaufe selten erwarten. Nur da, wo die
Eiterung dabei sehr beschränkt blieb, die Splitter an rechter Stelle
und ohne einen wuchernden Callus verheilten, werden in dem anatomischen Gefüge des Gelenkes so wenig Störungen gesetzt werden,
dass die Function nicht beeinträchtigt wird. Auch dann noch muss
die Nachbehandlung der Verletzung mit besonderem Geschick geleitet
werden, wenn nicht späterhin noch durch Verwachsungen Anchylosen
des Gelenkes entstehen sollen.

b. Heilung mit Exfoliation von Splittern und mässiger Störung der Gelenksfunction.

Eine Exfoliation von Knochensplittern bildet, wie bei den Schussfrakturen der Diaphyse der langen Röhrenknochen, so auch bei den Gelenkschussfrakturen die Regel. Bei diesem Verlauf ist immer ein grosses Geschick und tüchtige Sachkenntniss von Seiten des Chirurgen nöthig, wenn es noch zu einer Heilung mit Erhaltung der Gelenksfunction kommen soll. Es ist aber doch beobachtet, dass sich ganze Gelenkköpfe oder ein grosser Theil der Epiphysenknochen, der Pfannen etc. nekrotisch abstiessen, ohne dass eine wesentliche Beeinträchtigung der Form und Function des Gelenkes folgte.

c. In der Mehrzahl der Fälle tritt bei diesem Verlaufe der Gelenkschusswunden Anchylosis des Gelenkes ein. Durch Verknöcherung der zwischen den Gelenkenden sich bildenden Granulationen entstehen solide oder auch unterbrochene Knochenbrücken zwischen den Gelenkenden, welche die Bewegungen in dem Gelenke unmöglich machen. Die periarticulären Osteophytenbildungen, welche bei Eiterungen in den Gelenken niemals ausbleiben, und die narbigen Retractionen der Weichtheile vermehren noch die Fixation der Gelenke. Wenn dabei das Gelenk in richtiger Stellung steif geworden, durch gleichzeitige Affection der Nerven weder gelähmt noch atrophisch ist, so bleibt das anchylotische Glied noch hinreichend brauchbar. Es kann daher dieser Ausgang der Gelenkschusswunden meist noch als ein günstiger bezeichnet werden.

d. Es entwickelt sich zuweilen nach der traumatischen Gelenksvereiterung eine Subluxation oder eine Spontan-Luxation des verletzten Gelenkes mit starker Verkürzung, fehlerhaften Stellungen und Behinderung oder Aufhebung der Function des Gliedes. Besonders sind bei den Hüftgelenkschussverletzungen solche secundären Luxationen beobachtet worden, so von Berthold (in zwei Fällen), von Hoff (in einem Falle) eine Luxatio iliaca, von Ott und Welcker je eine Luxatio obturatoria.

e. Es bildet sich eine schlotterige Gelenksverbindung mit Atrophie des Gliedes. Dieselbe entsteht besonders bei langdauernden Eiterungen, bei weitgehenden Nekrosen der Bruchenden, bei zu frühen und rohen Bewegungsversuchen an den heilenden Gelenken etc. Es entwickeln sich dabei entweder lange, schlaffe, bindegewebige Bänder zwischen den Gelenkenden, oder die Gelenkenden runden sich ab, atrophiren und jede Vereinigung derselben bleibt aus. Die Lähmungen solcher Glieder sind auf die Compression der Nerven durch die Narbe oder auf eine begleitende Neuritis zurückzuführen, die Atrophien auf die längere Inactivität des Gliedes.

f. In der Mehrzahl der Fälle aber dehnt sich die Eiterung und die Zerstörung der Knorpel und Knochen immer weiter in die Tiefe und Fläche aus und es kommt dann zu einer umfangreichen Nekrose der Bruchenden in ganz zerstörten Gelenken. Am häufigsten und schwersten werden die Zerstörungen der Knorpellagen an den Stellen getroffen, an welchen sich die Gelenksflächen am innigsten berühren: bei den Condylen des Femur also an den unteren, stark gewölbten Flächen, bei denen der Tibia an den concaven mittleren Abschnitten. Klebs führt diese Nekrose der Knorpel, die man sehr passend als ulcerösen Decubitus bezeichnet hat, nicht auf den Druck, sondern auf die Einwirkung niedriger pflanzlicher Organismen zurück. Er steht aber mit dieser Ansicht noch ganz isolirt da. Bei der Nekrose der Bruchenden finden sich Osteophyten-Bildungen von sehr beträchtlichem Umfange auf dem benachbarten gesunden Knochen und diese letzteren sehr porös und brüchig, ihr Periost verdickt und leicht abhebbar. Die Gelenke werden dabei meist vollständig zerstört, mit fungösen Granulationen und Eitermassen, nekrotischen Splittern und Blutcoagulis ausgefüllt, ihre Umgebung erscheint von Abscessen oder von eitrigen, ödematös-sulzigen Infiltraten durchzogen, von Fistelgängen durchbrochen, die Haut darüber geröthet, ödematös und mit tiefgehenden Geschwüren, aus denen die nekrotischen Splitter hervorragen, bedeckt. Unter diesen Umständen ist nur noch durch eine methodische Resection eine Rettung des Gliedes oder durch eine Amputation des Gliedes eine Erhaltung des Lebens möglich.

g. Es entwickelt sich Pyämie. Dieselbe ist meist eine Folge der Eiterretentionen und Eitersenkungen, welche besonders bei den Schussverletzungen des Knie- und Hüftgelenkes wegen ihres schleichenden Eintritts und bösartigen Verlaufes mit Recht so übel berüchtigt sind. Die tiefe und versteckte Lage des Hüftgelenkes bietet die grössten Schwierigkeiten für eine gründliche Desinfection und ergiebige Drainage, es kommt daher bei den Schussverletzungen desselben leicht zu einer Zersetzung der Wundsecrete und zur Entwicklung einer schweren Sepsis. Auch der anatomische Bau des Kniegelenkes begünstigt die Entwicklung von Eiterretentionen und verhindert eine gleichmässige Sauberhaltung aller tiefen und engen, mit den Gelenken communicirenden Ausbuchtungen und Taschen. Es gehören besonders geübte und wachsame Augen dazu, um die Eitersenkungen, welche in weiten Entfernungen vom Hüftgelenke und beim Kniegelenke meist in der Kniekehle und in der Wade zum Vorschein kommen, rechtzeitig zu entdecken und wirksam zu beseitigen. An den freierliegenden Gelenken sind Eiterretentionen und Eitersenkungen leichter zu finden und zu bekämpfen.

Eine zweite Ursache der Pyämie bilden die eitrigen Entzündungen der Knochen, welche das Gelenk constituiren. Besonders häufig sind dieselben in der oberen Epiphyse der Tibia und in der unteren des Femur (siehe Arnold l. c. p. 128) beobachtet worden.

Die Verletzung der die Gelenke in grosser Zahl umspülenden Venen, der Druck, den dieselben durch die Spannung der entzündeten Gelenkcapseln erfahren, die Ruhe, in welcher die verletzten Gelenke gehalten werden, führen zur Entwicklung von Thromben in den Venen, welche unter dem Einflusse der Eiterung und der zersetzten Wundsecrete leicht eitrig einschmelzen oder jauchig zerfallen und den Ausbruch der furchtbarsten Form der Pyämie einleiten.

h. Die lange und profuse Eiterung führt zur Erschöpfung des Patienten oder zur Entwicklung der Lungenschwindsucht und amyloiden Degeneration der Nieren. Auch in der spätesten Periode des Wundverlaufes bei anscheinend schon vollendeter Heilung erregen noch oft abgestorbene Splitter und zurückgehaltene fremde Körper neue Entzündungen und schwere Störungen des Allgemeinbefindens. Besonders häufig werden dadurch Rosen und Phlegmonen herbeigeführt, welche das Leben der erschöpften Patienten in der schlimmsten Weise bedrohen. Die Heilung nimmt durchschnittlich bei diesem Wundverlaufe eine recht lange Zeit in Anspruch; dieselbe ist unter günstigen Umständen in wenigen Wochen vollendet, zieht sich aber bei den grösseren Gelenken und bei schwereren Knochenverletzungen oft durch mehrere schmerzensreiche Jahre hin. Bei den Kniegelenkschussverletzungen berechnet Deininger die Heilungsdauer auf durchschnittlich 99 Tage (bei den Amerikanern betrug sie 166 Tage), die kürzeste auf 25 Tage (bei den Amerikanern 96 Tage), die längste auf 300 Tage (bei den Amerikanern 285 Tage).

C. Verlauf mit septischer oder jauchiger Gelenksentzündung.

§. 176. Dieser furchtbare Process entwickelt sich im Verlaufe der Gelenkschusswunden besonders gern nach frühzeitigen, rohen Transporten, unsauberen Untersuchungen der Gelenkwunden und schmutziger Wundpflege in überlegten, schlecht gehaltenen Feldspitälern. Ebenso häufig wird derselbe aber auch hervorgerufen durch Projectile, Splitter und andere fremde Körper, welche in den Gelenken zurückgehalten wurden. Luecke meint zwar, dass das Steckenbleiben des Projectils in der Gelenkhöhle nichts zu sagen habe. Die Erfahrung lehrt auch, dass dies Ereigniss oft ohne wesentliche Störungen des Wundverlaufes ertragen wird. Wenn die fremden Körper aber unrein und septisch sind, so können sie auch die schwersten Entzündungen in den Gelenken hervorrufen. Auch durch ein unzweckmässiges Verhalten der Verletzten, besonders durch Bewegungen des verwundeten Gelenkes werden die septischen Gelenksentzündungen herbeigeführt. Arnold macht darauf aufmerksam, dass bei den Schussfrakturen des Hüftgelenkes die furchtbaren Zerstörungen an dem Gelenkknorpel und den Knochen durch entzündliche Processe in den Fällen ganz auszubleiben pflegen, in welchen jede Bewegung des Gelenkkopfes in Folge eines Bruches des Oberschenkelhalses diesseits der Insertionslinie der Muskeln unmöglich geworden war. Diese Thatsache zeigt, wie gefahrvoll es ist, wenn die Verwundeten noch mit den verletzten Gliedern lange Wege zurücklegen oder in den Lazarethen herumlaufen. Endlich vermittelt der Zerfall der blutigen Infiltrate in den Gelenken und in ihrer Nachbarschaft, wie sie die Verwundung setzt, sehr oft den Ausbruch der jauchigen Gelenksentzündungen. Es sind besonders die Schussfrakturen der grösseren Gelenke, welchen diese Gefahr droht. Sie kann kurz nach der Verletzung auftreten — v. Langenbeck sah bei einem Hüftgelenkschuss die septisch-brandige Gelenksentzündung schon 30 Stunden nach der Verletzung in voller Entwicklung stehen —, oder im späteren Verlaufe der Wundpflege nach einem anscheinend ganz günstigen Verlaufe der Verwundung. Klebs hält nach den von ihm secirten Fällen die zweite bis vierte Woche nach der Verletzung für die gefahrvollste Zeit. Das stimmt auch mit andern Beobachtern.

Mit einem heftigen Schüttelfroste beginnt die Scene, ein furchtbares Fieber mit typhösen Allgemeinerscheinungen folgt, unter lebhaften Schmerzen tritt eine schnell steigende Schwellung des Gelenkes, eine teigige, blasse, emphysematöse Infiltration der Weichtheile um das Gelenk und bald auch des ganzen Gliedes ein. Die Wundsecrete sind missfarben, übelriechend und strömen bei Druck auf das Gelenk oder bei Bewegungen desselben, mit Gasblasen gemischt, in Menge hervor. Dazu gesellen sich jauchig-brandige Phlegmonen, die über das Glied rapid fortkriechen, und secundäre Entzündungen in andern Gelenken. Die Patienten bieten alle Zeichen der acutesten Septikämie und sterben in kurzer Frist, wenn nicht noch eine Amputation in seltenen Fällen ihr Leben rettet.

Bei der anatomischen Untersuchung solcher Gelenke hat man jauchige Phlegmonen in der Umgebung derselben, die Gelenkcapsel zerstört, mit schmutzig braunen, diphtheritischen Massen belegt und mit stinkender Jauche, nekrotischen Knorpelstücken, brandigen Gewebsfetzen, putriden Blutcoagulis erfüllt gefunden. In den Bruchenden bestand nicht selten eine jauchige Ostitis und Osteomyelitis. Die Epiphysen fanden sich in den Knorpelfugen gelöst.

Die unheilvollste Rolle scheinen bei den Zerstörungen, welche diese septischen Gelenksentzündungen anrichten, die in den Knorpeln sich entwickelnden Processe zu spielen, welche wir schon als Knorpel-Ulceration (Weber-Volkmann) oder als Molecular-Nekrose der Knorpel (Klebs) kennen gelernt haben. Der Knorpel wird von der Oberfläche her bis in die tiefsten Schichten zerstört, die Gelenkflächen der Knochen werden dadurch entblösst und dem Einflusse der putriden Wundsecrete preisgegeben.

§. 177. f) Das Glied wird in dem Gelenke durch Einwirkung groben Geschosses abgerissen, so dass nur noch ein Theil desselben, mehr oder weniger verletzt oder verstümmelt, zurückbleibt. Diese Verwundungen führen meist den Tod der Verletzten auf dem Schlachtfelde oder in den ersten Stunden nach der Verwundung durch Verblutung oder Shoc herbei.

5. Complicationen der Gelenkschussverletzungen.

§. 178. Die Gelenkschusswunden sind sehr oft und meist ausserordentlich schwer durch Nebenschussverletzungen complicirt. Dahin gehören:

α. Schussverletzungen anderer Knochen in der Nähe der Gelenke. Sie finden sich besonders bei Schusswunden des Schultergelenkes und des Hüftgelenkes. Bei ersteren ist das Schulterblatt oft schwer verletzt (Gurlt stellt aus dem französisch-deutschen und nordamerikanischen Kriege allein 53 Fälle der Art mit einer Mortalität von 37,9% zusammen), seltener die Clavicula (Gurlt berichtet nur 5 Fälle); bei letzteren die Beckenknochen.

β. Schussverletzungen der Organe der Brust-, Bauch- und Beckenhöhle sind sehr schlimme und sehr häufige Complicationen der Schussverletzungen des Schulter-, Ellenbogen- und Hüftgelenkes. Das Projectil kann dabei zuerst die Gelenkhöhle durchsetzt haben und dann in das entsprechende Gelenk eingedrungen sein oder umgekehrt. Gurlt berichtet allein 48 Fälle von Brustschusswunden bei Schussverletzungen des Schultergelenkes aus dem französisch-deutschen und nordamerikanischen Kriege. Ist das Geschoss von aussen her in das Schultergelenk

ein- und nicht wieder ausgetreten, so muss man stets auf die Möglichkeit einer Verletzung der Brusthöhle gefasst sein. Es bedarf
kaum der ausdrücklichen Erwähnung, dass diese Complicationen in
der Regel das Schicksal der Verwundeten entscheiden.

γ. Auch die Verletzung grösserer Gefässe findet sich nicht
selten neben den Gelenkschusswunden. Sie sind von der übelsten Bedeutung. Nach Schmidts Zusammenstellung endeten überhaupt alle
Schussfrakturen des Knie- und Hüftgelenkes, welche mit Verletzungen
grösserer Gefässtämme complicirt waren, tödtlich.

δ. Nervenschussverletzungen als Complication der Gelenkschusswunden hat man besonders am Schulter- und Ellenbogengelenke
beobachtet, wie sich schon nach der Lage der grossen Nervenstämme
in der nächsten Nähe dieser Gelenke vermuthen lässt. Auch bei den
Schussverletzungen des Hüftgelenkes erscheinen gleichzeitige Verwundungen des Ischiadicus und Cruralis leicht möglich, doch fehlen darüber
noch genauere Angaben in der Literatur.

ε. Am Schultergelenke hat man das verletzte Gelenk in einigen
Fällen gleichzeitig luxirt gefunden. Gurlt erwähnt 5 solcher Fälle:
einen aus dem Kriege in Neu-Seeland, 4 aus dem französisch-deutschen
Kriege.

η. Gleichzeitige Verwundungen mehrerer Gelenke an
einem Gliede oder an einer Person sind mehrfach vorgekommen.
Gurlt berichtet 4 Fälle, in denen beide Kniegelenke, einen, in welchem beide Fussgelenke durch Projectile getroffen waren.

§. 179. 6. Die Prognose der Gelenkschusswunden

ergibt sich aus den obigen Auseinandersetzungen. Jede Gelenkschusswunde ist als eine schwere Verletzung aufzufassen. Eine allgemeine
Prognose der Gelenkschusswunden lässt sich nicht stellen, jeder einzelne
Fall muss mit den Eigenthümlichkeiten, die er darbietet, besonders
gewürdigt werden. Hüter führt die Grösse der Gefahr der Gelenkschussverletzungen besonders auf die physikalischen Verhältnisse der
Gelenke zurück. Er nimmt drei Factoren an, von welchen der Grad
der Gefährlichkeit in Bezug auf die Entwicklung septischer Processe
im Gelenk besonders abhängt: 1) die Grösse der Synovialfläche,
2) den Druck, welcher auf dieser Fläche lastet, 3) die anatomische
Beschaffenheit der Synovialfläche. Der Zusammenhang der Synovialis
mit den Lymphbahnen ist nachgewiesen. Das Kniegelenk ist besonders
gefährdet durch die Grösse der Synovialfläche, das Hüftgelenk noch
mehr durch die Schwere des Druckes, welcher auf demselben lastet.

In den verschiedenen Kriegen ist die Mortalität bei den Schussverletzungen der einzelnen Gelenke sehr verschieden gewesen (vide
Tabelle M auf S. 162).

Die Mortalitätsziffern aus den früheren Kriegen in der nachstehenden Tabelle haben nur einen sehr geringen Werth, weil dieselben,
nach den sehr unsicheren Statistiken derselben aufgenommen, ein vielleicht zutreffendes Bild von der Gefährlichkeit der Schussverletzungen
· der Gelenkregionen im allgemeinen, nicht aber ein sicheres der Schussverletzungen der einzelnen Gelenke geben. Die auffallend hohe Mortalitätsziffer bei den Schussverletzungen der Region des Ellenbogen-

Tabelle M.

Mortalität der Schussverletzungen des

Kriege.	Schultergelenkes.			Ellenbogengelenk.			Handgelenkes.			Hüftgelenkes.			Kniegelenkes.			Fussgelenkes.		
	Ges.-Zahl.	Gest.	%	Ges.-Zahl.	Gest.	%	Ges.-Zahl.	Gest.	%	Ges.-Zahl.	Gest.	%	Ges.-Zahl.	Gest.	%	Ges.-Zahl.	Gest.	%
1866 (Löffler, Biefel), italien. Krieg (Demme), Crimkrieg (Chenu), Langensalza (Stromeyer)	1382	239	17,2	580	156	26,8	525	56	10,6	195	89	45,6	1074	222	20,6	453	48	10,5
Französ.-deutscher Krieg in den deutschen Lazarethen	163	58	35,5	179	38	21,2	111	14	12,6	39	28	71,8	294	144	48,9	238	57	24,0
Nordamerikanischer Krieg	2369	738	31,1	2643¹)	513	19,4	1496¹)	193	12,9	498²)	425	85,3	—	—	—	—	—	—

¹) Nur die Schussfrakturen sind gerechnet.
²) Nach Otis.

gelenkes in dieser Zusammenstellung ist wohl auf die unglückselige Maxime der französischen Chirurgen während des orientalischen und italienischen Krieges, alle Schussverletzungen des Ellenbogengelenkes zu amputiren, zurückzuführen. — Dagegen können wir in der deutschen Statistik des französisch-deutschen Krieges und in den wenigen Daten, die wir aus den genaueren Berichten der Nordamerikaner bringen konnten, eine annähernd richtige Würdigung der Gefährlichkeit der Schussverletzungen der einzelnen Gelenke erblicken.

Danach sind die Hüftgelenkschussverletzungen bei weitem die gefährlichsten ($80^0/_0$). Ihnen folgen diejenigen des Kniegelenkes; die $50^0/_0$ Mortalität derselben, wie sie die obige Tabelle aus dem letzten französisch-deutschen Kriege ergibt, documentiren einen grossartigen Fortschritt gegenüber früheren Kriegen und Schlachten, in denen unter den Kniegelenkschusswunden über $73^0/_0$ zum Tode führten. Auch die Mortalitätsziffer der Schultergelenkschussverletzungen, die in unserer Tabelle immer noch erstaunlich hoch erscheint ($33,3^0/_0$). ist seit den früheren Kriegen, aus denen Otis dieselben ($1184 \dagger 589$) auf $50^0/_0$, Billroth auf $42,9^0/_0$ berechnet, in der erfreulichsten Weise herabgegangen. — Die übrigen Zahlen bedürfen keines Commentares.

§. 180. Der Tod kann in jedem Stadio des Wundverlaufes eintreten, doch ist die Zeit von der zweiten bis zur vierten Woche die gefahrvollste.

Als Todesursache kommt fast nur die Pyämie in Frage. Ueber $90^0/_0$ der Todesfälle bei den Gelenkschussverletzungen kommen auf Rechnung derselben. In den ersten Wochen endete eine kleine Zahl der Verwundeten an Tetanus oder an erschöpfenden Blutungen. Die gleichzeitige Verletzung der Lunge, der Organe der Bauch- und Beckenhöhle führte in der grössten Mehrzahl der Fälle den Tod der Verletzten herbei.

B. Schussverletzungen der platten Knochen.

1. Experimentelles.

§. 181. Die Resultate der an den Epiphysen der langen Röhrenknochen angestellten Schiessversuche haben ihre volle Giltigkeit auch für die platten Knochen. Unter diesen bieten aber die Schädelknochen besondere Eigenthümlichkeiten bei Schussverletzungen dar.

Teevan hat zuerst gute Schiessversuche an Schädeln angestellt. Er fand, wenn Schüsse aus geringer Entfernung in senkrechter Richtung auf das Schädeldach abgefeuert wurden, die Eintrittsöffnung wie ausgeschnitten, von regelmässig runder Form selten auch nur eine Linie abweichend, und der Grösse des Geschosses genau entsprechend, die Austrittsöffnung dagegen gesplittert, von der regelmässigen Form um $^1/_8$—$1^1/_2$ Zoll abweichend und die Grösse der Eintrittsöffnung ungefähr um den dritten Theil derselben übertreffend. War der Schuss dabei nicht von aussen nach innen, sondern durch das Foramen magnum von innen nach aussen gerichtet, so war das gegenseitige Verhältniss der Ein- und Austrittsöffnung wiederum ganz dasselbe, d. h. die Glastafel war in diesen Fällen nicht gesplittert, ihre Oeffnung nicht grösser, vielmehr entsprach das Verhalten der inneren Oeffnung genau dem der äusseren und das der äusseren genau dem der inneren bei der umgekehrten Schussrichtung. Diese Thatsache sucht T. dadurch zu er-

klären, dass die Eintrittsöffnung durch das Projectil allein, die Austrittsöffnung durch dieses und die Knochentrümmer der zuerst getroffenen Schicht
gebildet wird. Durchschoss Teevan beide Scheitelbeine, so war die Wunde
der äusseren Tafel des zuerst getroffenen Knochens der Wunde der Glastafel
des zuletzt getroffenen und ebenso die Wunde der Glastafel des zuerst getroffenen der Wunde der äusseren Tafel des zuletzt getroffenen Knochens
ähnlich. Man hat behauptet, dass die zuletzt getroffene Knochenplatte die
zuerst getroffene noch stützt und desshalb die erstere stärker verletzt werde
vom Geschoss, als die letztere, weil dieselbe bei der Durchbohrung ohne
Stütze sei. Teevan prüfte diese Annahme, indem er in grösserer Ausdehnung
mit einer Trephine eine Knochentafel mit der Diploë entfernte. Die Kugel
schlug aber durch die andere, nicht mehr gestützte und von ihr allein durch-
schossene Knochentafel dennoch ein einfaches, rundes Loch. Es könnte also
dieses Moment nicht zur Erklärung herangezogen werden, ebenso wenig aber
auch der Verlust der Flugkraft des Geschosses an der zuletzt getroffenen
Tafel, von welcher einige Autoren die grössere Splitterung der Glastafel
haben ableiten wollen. Teevan isolirte auf der einen Seite des Schädels
an drei Punkten mit einer Trephine die äussere Tafel und die Diploë, aber
ohne dieselben zu entfernen, auf der anderen Seite wurde dagegen an denselben Punkten die Substanz bis auf die Glastafel entfernt. Hier nun wurden durch die Kugel einfach runde Schusswunden erzeugt, auf der entgegengesetzten Seite aber, wo die lose eingefügten Stücke keine Verminderung der
Flugkraft mehr bewirken konnten, war die Oeffnung in der Glastafel so
gross und unregelmässig, wie zuvor.

§. 182. Wesentlich gefördert wurde die Lehre von den Schädelschusswunden durch die erwähnten Experimente von Busch mit Blechcapseln, an
deren Stelle Heppner und Garfinkel enthirnte, macerirte Schädel, die
durch das For. magnum mit Lehmmasse angefüllt waren, setzten. Schossen
sie auf dies Ziel (aus Revolvern und Monte-Christo-Flinten) mit Projectilen
von mässiger Geschwindigkeit, so entstand eine Eingangsöffnung etwa von
dem Durchmesser des Geschosses. dann folgte eine plötzliche Erweiterung
des Schusscanales in der den Schädelraum ausfüllenden Lehmmasse mit kegelförmiger Zuspitzung des Canals gegen die Ausgangsöffnung hin, welche
letztere stets grösser als die Eingangsöffnung war. Bei Schüssen aus den
modernen Perkussionswaffen auf nahe und mittlere Distanzen fielen die Zerstörungen so kolossal aus, dass von einem Schusscanal überhaupt nicht mehr
die Rede war. Die Lehmmassen erfuhren einen so plötzlichen und jähen
Stoss, dass sie den Schädel nach allen Richtungen zersprengten und weithin
auseinander schleuderten.

Busch füllte Hohlkugeln von Zinkblech bald mit Wasser, bald mit
Hirnmasse, bald mit einem der Hirnmasse an Consistenz gleichen Brei und
durchschoss dieselben mit Chassepot-Projectilen aus nächster Nähe. Der
flüssige Inhalt wurde dabei nach allen Richtungen hin verschleudert und
das Gefäss allseitig zersprengt.

Bei Schiessversuchen gegen nicht enthirnte Schädel mit den Gewehren
neuester Construction aus geringer Entfernung erhielten Busch, Heppner
und Garfinkel und Küster vollkommene Zerreissungen des Schädeldaches
und Zertrümmerungen der Schädelbasis. Weithin nach allen Richtungen,
auch nach dem Schützen zu, wurden die Trümmer der Knochen und die
Massen des Gehirns umhergeschleudert. Das preussische Langblei machte
nach Buschs Versuchen zwar geringere Zerstörungen, zersprengte aber doch
den Schädel, als wäre er durch eine von innen nach aussen wirkende Gewalt
auseinander getrieben. Der Einschuss war klein, der Ausschuss über Quadratzoll gross, die Calvaria vollständig zersprengt, die Knochenstücke hatten die
Schädeldecken zerrissen. aber das Gehirn war nicht besonders weit seitlich
fortgespritzt. Bleipartikelchen liessen sich dabei nur in geringer Zahl im

Schädel und der Thonwand finden. Eine runde Bleikugel aus einem glatten Jägergewehr gefeuert bewirkte eine der Kugelgrösse entsprechende Einschuss-, eine bedeutend grössere Ausschusswunde, aber die dazwischen liegenden Knochen waren ganz geblieben.

Dass die Consistenz der Geschosse bei der Erzielung hydraulischer Wirkungen von geringem Einfluss ist, hat Kocher durch seine Versuche mit dem Martini-Henry-Projectile gegenüber von Busch überzeugend nachgewiesen. Auch hier traten Zerstörungen ein, wie beim weichen Blei der Chassepot-Projectile. Die Grösse der Propulsionskraft des Projectils bewirkt allein die Zerstörungsgrösse.

Auch die Versuche von Teevan nahm Busch wieder auf. Aus einem Lefaucheux-Gewehr wurde eine mit grosser Pulverladung getriebene Kugel gegen das Hinterhaupt eines enthirnten, sehr starken Schädels einer kräftigen Mannesleiche geschossen. Danach war der Einschuss klein und auf der gegenüberliegenden Seite das Keil- und Stirnbein sammt den äusseren Weichtheilen vollständig von den Fragmenten des an dem bedeutenden Widerstand des Occiput zersprühenden Geschosses auseinandergerissen. Bei derartigen Schüssen aus dem Chassepot-Projectile wurden alte, macerirte, morsche Schädel meist in eine Menge von Fragmenten zertrümmert, doch erhielt Busch auch einigemal eine kleine Eingangs- und eine sehr grosse Ausgangsöffnung. Untersuchte man letztere genauer, so ergab sich, dass durch dieselbe das Hauptstück des Geschosses und die grösseren Sprengstücke herausgeflogen waren, während sich an der Innenseite der den Ausschuss umgebenden Knochenwand in ziemlich weiter Ausdehnung eine Bestäubung mit Tausenden feinster Bleitröpfchen fand. Bei dem Langblei fanden sich stets weniger Bleirückstände.

Es ist also durch diese Versuche auch für den Menschenschädel die innere Höhlenpressung bei Schüssen von grosser Geschwindigkeit mit den modernen Bleiprojectilen erwiesen, welche um so mächtiger wird, je rascher der Stoss des Geschosses erfolgt und einen je grösseren Raum das eindringende Geschoss für sich in Anspruch nimmt.

§. 183. Eine zweite Frage, die experimentell von Teevan entschieden wurde, ist die der früher allgemein angenommenen Sprödigkeit und grösseren Brüchigkeit der Glastafel. Es ist nach Teevan eine physikalische Thatsache, dass der Bruch eines hölzernen Stabes da beginnt, wo seine Molecule auseinandergezogen, nicht aber da, wo sie zusammengepresst werden. Zerbricht man einen Stock über dem Knie, so brechen zuerst die Schichten desselben, welche der Convexität der Biegung zunächst liegen. Dasselbe geschieht bei der Fraktur des Schädels. Wenn die brechende Gewalt das Schädelgewölbe von aussen trifft, so wird die Wölbung abgeflacht, die Molecule der Glastafel werden auseinandergezerrt, die der äusseren Tafel zusammengepresst und desshalb bricht die erstere zuerst und in dem Falle allein, wenn die Gewalt durch diese isolirte Fraktur erschöpft ist. Dass weder die grössere Brüchigkeit, noch die geringere Ausdehnung der Glastafel in Betracht kommt, beweist Teevan mit folgendem Versuche. Er füllte eine Schädeldecke mit einem nassen Tuche aus und führte auf dasselbe Hammerschläge, welche den Schädel von innen nach aussen durchbrechen sollten. Dabei beobachtete er mehrmals, dass die äussere Tafel allein brach, während die Glastafel unverletzt blieb; bei Schlägen und Stössen mit stumpfspitzigen Gegenständen gegen die convexe Seite des Schädeldaches brach die innere Glastafel. Nicht alle Experimente der Art gelingen: v. Bruns spricht nur von einem und Beck von wenigen erfolgreichen Versuchen. — Während bei diesen Versuchen es sich um Formveränderungen am Schädel handelt, welche nur an der Stelle der Einwirkung von Gewalten mit kleiner Berührungsfläche (Gewehrprojectilen) entstehen, haben wir nun auch durch die Experimente von Bruns erfahren, dass gegenüber von Gewalten

mit breiter Berührungsfläche (grobem Geschoss, mit der langen Fläche
auftreffenden Projectilen z. B.) der Schädel als Ganzes, d. h. als ein
sphärischer Körper betrachtet, einen ziemlich hohen Grad von
Elasticität besitzt, in Folge deren er, ohne zu brechen, seine Gestalt verändern und doch wieder vollkommen in seine vorige Form zurückkehren kann.
Durch Zusammenschrauben des frischen Schädels zwischen Brettern im Schraub-
stock konnte v. Bruns den Längs- und Querdurchmesser derselben verkleinern.
Der Grad der Elasticität verschiedener Schädel schwankte bedeutend und war
nicht vom Alter allein bedingt, denn es konnte der Schädel eines Erwachsenen in seinem Querdurchmesser um 15 mm verkleinert werden, ehe er
brach, während der Schädel eines 12jährigen Knaben einen Bruch der Basis
schon bei einer Verkleinerung desselben Durchmessers um 5 mm erlitt. Gegen
diese Versuche Bruns' ist mit Recht eingewendet, dass dabei nicht darauf
Rücksicht genommen ist, ob die Compression des Schädels langsam und allmählich oder rasch und heftig geschah. Félizet liess daher die Schädel
mit der hinteren Scheitelgegend aus 3, 50. 100 und 150 cm Höhe auf eine
mit Russ bestrichene, harte, unelastische Fläche fallen. Der dabei auf dem
Schädel entstehende schwarze Fleck ist ein treues Abbild der Abflachung,
die der Knochen erfuhr. Der Fleck war klein, wenn der Schädel aus geringer, grösser, wenn er aus beträchtlicher Höhe herabfiel. Beim meterhohen
Fall zerbrach schon der Schädel, kehrte aber in seine alte Form zurück.
Bergmann wählte noch einen andern Weg. Er hing zwei Schädel an Bind-
fäden vor einer Scala auf, entfernte sie von einander und liess sie wieder
gegen einander fallen und las dann die Distanzen des Abpralls derselben
von einander an der Scala ab. Dabei ergab sich, dass die Formveränderungen am Schädel beim Stoss viel bedeutender sind, als man bisher gemeint
hat. Je mehr bei der Einwirkung einer breiten Gewalt die in der Verlängerung der Richtung derselben liegenden Partien des Schädels gestützt
und an ihrer Ausdehnung verhindert sind, desto leichter erfolgt der Bruch
(C. O. Weber).

In Perrins Versuchen dagegen wurde, wenn die Schädelstelle, welche
contundirt werden sollte, vorher dick gepolstert war, bei Schlägen gegen
das Hinterhaupt und den Scheitel nicht die getroffene (stärkere), sondern
eine diametral gegenüberliegende (schwächere) Stelle des Schädels zerbrochen,
während unter denselben Umständen am Stirn- und Schläfenbein immer die
getroffene Stelle allein brach, und die gegenüberliegenden gleich dicken
oder viel resistenteren Partien intact blieben. Daraus zieht P. den Schluss,
dass die direct angegriffene Schädelstelle nicht bloss gut geschützt, sondern
auch einer schwächeren Partie gegenüber gelegen sein müsse, wenn eine
indirecte Schädelfraktur durch Gestaltsveränderung des Schädels zu Stande
kommen solle (Gaz. des hôpitaux 1878 p. 676).

2. Anatomisches.

§. 184. Ueber die Tragfähigkeit resp. Widerstandsfähigkeit der platten
Knochen bei den möglichen Beanspruchungen durch Zug, Druck, Zerknickung,
Biegung und Verwundung besitzen wir ganz ausgezeichnete Untersuchungen
von O. Messerer in der schon oben citirten Arbeit. Wir können nur die
Gesammtresultate derselben hier kurz anführen.

a. Schädel- und Gesichtsknochen.

Bruns fand bei seinen Versuchen über die Elasticität des Schädels,
dass derselbe bis zum Bruche in irgend einen seiner Durchmesser comprimirt
werden könne und dass dem entsprechend eine Verlängerung der beiden
andern, auf der Druckaxe senkrecht stehenden Durchmesser einträte. Baum
hielt die Bruns'schen Versuche, da er dieselben an dem mit Weichtheilen
bekleideten Schädel angestellt hatte, für ungenau, gab nur eine Querver-
kürzung zu, für welche er nach seinen Experimenten die von Bruns erzielten

Verkürzungen bedeutend herabsetzte und leugnete die Verlängerung der übrigen Durchmesser. Messerer benutzte auch entkleidete Schädel und bestätigte dabei zuvörderst die Richtigkeit der Bruns'schen Beobachtung, fand aber die Maasse desselben viel zu hoch gegriffen. Als grösste Veränderung bei Querdruck fand er 8,8 mm (gegen 15 mm von Bruns und 10 mm von Baum), die des nicht gedrückten Durchmessers 1,3 mm (gegen 8 mm von Bruns). — Die mittlere Belastung, bei welcher ein Bruch erfolgte, betrug bei Querdruck 520 kg, bei Längsdruck 650 kg. Der Bruch trat stets parallel der Druckrichtung ein. Die Basis erschien als der schwächste Theil; Druck vermittelst der Wirbelsäule in senkrechter Richtung auf den Schädel führte schon bei 270 kg Belastung zur Eintreibung der Umgebung des Foramen magnum. Concentrirter Druck an verschiedenen Stellen des Schädels mittelst eines Druckbolzens ergab eine Durchlochung: in der Stirnbeinmitte bei mittlerer Belastung von 560 kg, an der Seitenwandbeinmitte bei mittlerer Belastung von 340 kg, am äusseren Hinterhauptshöcker bei mittlerer Belastung von 750 kg, an der Schläfenschuppe bei mittlerer Belastung von 180 kg, am Jochbogen von 30 kg. Die Gesammtdicke der Schädelwandung war von keiner wesentlichen Bedeutung für den Widerstand gegen die Durchlochung, denn bei sehr dickwandigen Schädeln genügten oft kleine, dagegen waren bei dünnwandigen grössere Bruchbelastungen erforderlich. Von besonderem Einflusse war die Mächtigkeit der Diploë, welche wohl die Dicke des Schädels vermehren hilft, für die Tragfähigkeit desselben aber nur wenig ausmacht. Am Hinterhauptshöcker kam dabei 3mal ein Längsbruch zu Stande, es wurde hier also durch localen Druck die Festigkeit des ganzen Schädelgehäuses überwunden, an den anderen Stellen dagegen nur die der betreffenden Partien. — Die Versuche Messerers sind von Hermann in Dorpat unter v. Wahls Leitung nachgemacht und durchweg bestätigt worden. — Hermann comprimirte die Schädel so lange, bis Fraktur eintrat: bei Compression im Sagittal-Durchmesser (zwischen Hinterhaupt und Stirnbein) entstanden typische Längsfrakturen, bei solcher in frontaler Richtung Querfrakturen, bei solcher in diagonaler Richtung Brüche und Fissuren theils in der Längs-, theils in der Querrichtung der Schädelbasis. Die sog. indirecten, d. h. frei von der Druckstelle an den schwächsten Theilen der Basis entstehenden Fissuren setzten sich stets bis zu der Druckstelle fort, wenn man die Compression verstärkte; es werden daher nach Hermann viele Frakturen für indirecte gehalten, die keine sind.

b. Unterkiefer.

An diesem Knochen betrug die mittlere Belastung, bei welcher ein Bruch erfolgte, an erwachsenen Personen bei Querdruck 60 kg, bei Längsdruck 190 kg.

c. Wirbel.

An den Wirbeln stieg die getragene Belastung im allgemeinen mit der Grössenzunahme der Wirbel. Es betrug bei wenigen Versuchen die mittlere Belastung, bei welcher ein Bruch erfolgte, am 4. Halswirbel 260 kg, am 1. Brustwirbel 350 kg, am 6. 410 kg, am 10. 610 kg, am 1. Lendenwirbel 620 kg, am 4. 530 kg, am 5. 710 kg.

d. Am Thorax.

Durch Druck auf den Thorax in sagittaler Richtung konnte bei jugendlichen Individuen das Brustbein der Wirbelsäule angelegt werden, ohne dass ein Bruch erfolgte.

e. Am Becken ergab sich als Mittel der Bruchbelastung, bei welcher ein Bruch erfolgte, beim Druck von vorn nach hinten 250 kg, beim Querdruck an der Crista ossis ilei 180 kg, beim Querdruck in der Höhe der Acetabula 290 kg. Beim Querdruck in der Höhe der Pfannen hält somit das Becken mehr aus, als beim Längsdruck. Die Symphysenzerreissung durch Querdruck auf den Darmbeinkamm erfordert in Folge ihrer Entstehung durch Hebelwirkung eine verhältnissmässig geringe Belastung.

3. Statistisches.

Tabelle N.

§. 185. a. Ueber die Häufigkeit der Schussverletzungen der platten Knochen im Vergleich zu den Schussverletzungen der Weichtheile an den entsprechenden Körperregionen.

Körpertheile	Engländer in der Krim				Franzosen in der Krim				Franzosen in Italien				Nordamerikaner				Summa			
	Zahl der Verletzungen	Fleischschüsse	Knochen-Verletzungen	Verhältniss der Knochenverletzungen zu den Verletzungen	Zahl der Verletzungen	Fleischschüsse	Knochen-Verletzungen	Verhältniss der Knochenverletzungen zu den Verletzungen	Zahl der Verletzungen	Fleischschüsse	Knochen-Verletzungen	Verhältniss der Knochenverletzungen zu den Verletzungen	Zahl der Verletzungen	Fleischschüsse	Knochen-Verletzungen	Verhältniss der Knochenverletzungen zu den Verletzungen	Zahl der Verletzungen	Fleischschüsse	Knochen-Verletzungen	Verhältniss der Knochenverletzungen zu den Verletzungen
Kopf	898	668	230	25,5%	2222[1]	1482	740[2]	33,3%	779[1]	322	457[2]	58,6%	11,761	7,739	4022	34,1%	15,560	10,211	5,449	34,9%
Gesicht . .	528	415	113	21,2%	417	260	157	37,6%	650	285	365	56,0%	8,226	4,914	3312	40,2%	9,821	5,874	3,947	40,1%
Brust . .	474	280	194	40,9%	1181	563	618[2]	62,0%	800	399	401	50,1%	20,364	11,549	8715[2]	43,0%	23,019	12,791	10,228	48,7%
Becken und Bauch	268	115	153	57,0%	512	401	111	21,6%	—	—	—	—	4,653	3,159	1494	32,1%	5,433	3,675	1,758	32,3%
Rücken u. Wirbel	355	323	32	9,0%	791	666	125	15,8%	—	—	—	—	12,681	11,839	842	6,6%	13,827	12,826	999	7,2%

1) Nur die bekannten Fälle sind in Rechnung gestellt.

2) Die penetrirenden und perforirenden Wunden sind als Knochenwunden in Rechnung gestellt.

Aus dieser Zusammenstellung geht zuvörderst hervor, dass die Weichtheilschussverletzungen auch in den Regionen der platten Knochen meist vor den Knochenschussverletzungen prävaliren. Wir werden bald sehen, dass hier sogar Haarseilschüsse beobachtet worden sind. Die Frequenz der Schussverletzungen der platten Knochen an den verschiedenen Körperregionen ist in den verschiedenen Kriegen eine sehr wechselnde gewesen. Besonders häufige und schwere Verwundungen der platten Knochen ergibt der italienische und nach ihm der nordamerikanische Krieg.

b. Ueber die Häufigkeit der Verletzung der verschiedenen platten Knochen an den verschiedenen Körperregionen.

§. 186. Ueber die Häufigkeit der Schussverletzung der verschiedenen Schädelknochen besitzen wir nur spärliche Angaben. Der nordamerikanische Gesammtbericht erwähnt, dass von 185 Schuss-Contusionen

$$54 \text{ des Os frontis} = 29\%$$
$$33 \text{ „ Os temporum} = 18\%$$
$$59 \text{ „ Os parietale} = 32\%$$
$$33 \text{ „ Os occipitale} = 18\%$$

und dass in 6 Fällen mehrere Schädelknochen = 3% betroffen wurden.

Von den Gesichtsknochen wurden verwundet:

Unter 2647 bekannten Knochenschussverwundungen.

Im nordamerikanischen Kriege:

Der Unterkiefer . 1607mal = 60,6%
„ Oberkiefer . 555mal = 20,9%
Beide Kiefer . . 157mal = 5,9%
Das Os zygomatic. 218mal = 8,2%
Die Nasenbeine . . 93mal = 3,5%
Das Os palat. . . . 17mal = 0,6%

1870 nach Steinberg:

Unter 154 bekannten Knochenverwundungen.

91mal = 58,9%
63mal = 41,0%.

Von den Beckenknochen wurden verwundet:

Unter 22 bekannten Knochenschussverwundungen.

Bei den Engländern in der Krim:

Das Os ilei . . . . . 12mal = 54,5%
„ Os ischii . . . . 7mal = 31,8%
„ Os pubis . . . . — —
„ Os sacrum . . . 3mal = 13,5%
„ Os coccygis . . — —
Mehrere Beckenknoch. —

Unter 989 bekannten Knochenschussverwundungen.

Bei den Nordamerikan.:

799mal = 80,7%
59mal = 5,9%
72mal = 7,2%
13mal = 1,3%
46mal = 4,6%.

An den Schulterknochen wurden verwundet:

Bei den Franzosen in der Krim:

Unter 233 bekannten Knochenschusswunden.

Die Clavicula 127mal = 54,5%
„ Scapula 106mal = 45,4%.

Bei den Nordamerikanern:

Unter 2076 bekannten Knochenschusswunden.

Die Clavicula 527mal = 25,8%
„ Scapula 1444mal = 69,0%
Beide Knochen 105mal = 4,2%

Nach Steinberg 1870:

Unter 215 bekannten Knochenschusswunden.

65mal = 30,2%
150mal = 69,7%.

Unter den Wirbeln wurden verwundet:

	Bei den Nordamerikanern:		Bei d. Franzosen in d. Krim:
Unter 382 bekannten Wirbelschussverletzungen.	Die Halswirbel . . . 91mal = 23,5% „ Brustwirbel . . 137mal = 35,8% „ Lumbalwirbel . 149mal = 39,0% Mehrere Wirbel . . 5mal = 1,5%	Unter 156 bekannten Wirbelschussverletzungen.	49mal = 31,4% 76mal = 48,0% 31mal = 19,9%.

Nach Steinberg 1870:

Unter 29 bekannten Wirbelschussverletzungen.
Die Halswirbel . . . . 4mal = 13,7%
„ Brustwirbel. . . . 10mal = 34,4%
„ Lumbalwirbel . . 15mal = 51,7%.

Die in diesen Zusammenstellungen eingereihten Zahlen bedürfen keines Commentars, es ergibt sich daraus von selbst, soweit die einseitigen und kleinen Ziffern weitgehendere Schlüsse erlauben, für jede Körperregion der am meisten gefährdete platte Knochen und die Differenzen, welche sich dabei in den verschiedenen Kriegen, aus denen wir eingehendere Notizen besitzen, in dieser Hinsicht herausgestellt haben.

§. 187. c. Ueber die Häufigkeit der verschiedenen Arten der Schussverletzungen der platten Knochen

besitzen wir nur spärliche Notizen über die Schädelknochen. Bei den Engländern in der Krim fanden sich unter 230 Schädelknochenschussverletzungen:

63 Contusionen . . . . . = 27,3%
76 Depressionen. . . . . = 33,0%
72 penetrirende Schüsse = 31,3%
19 perforirende   „   = 8,2%.

1864 in Schleswig-Holstein fanden sich unter 43 bekannten Schädelknochenverletzungen:

Contusionen . . . . 10 = 23,2%
Frakturen einer Tafel. . . . 15 = 34,8%
Frakturen mit Depressionen 18 = 41,8%.

Bei den Nordamerikanern fanden sich unter 4350 Schädelschusswunden:

328 Contusionen . . . . = 7,3%
138 Brüche der äusseren Tafel allein . . . . . = 3,1%
20   „   „   inneren   „   . . . . . = 0,4%
19 lineare Fissuren beider Tafeln . . . . . . = 0,4%
2911 Frakturen beider Tafeln ohne Depression = 66,9%
364 Frakturen mit Depression . . . . = 8,3%
486 penetrirende Schüsse . . . . = 11,1%
73 perforirende Frakturen . . . . = 1,6%
9 völlige Zerschmetterungen . . . . = 0,2%
2 Basisfrakturen isolirt . . . . = 0,04%.

Die Zusammenstellung der Nordamerikaner lässt an Grösse der Zahlen und Genauigkeit der Eintheilung nichts zu wünschen über, doch wird von Otis selbst wiederholt hervorgehoben, wie unsicher die Angaben und wie trügerisch die Diagnosen bei vielen Schussverletzungen des Schädels gewesen sein mögen. Jedenfalls bieten die Zahlen der Engländer in der Krim und die der Nordamerikaner sehr wesentliche Abweichungen von einander dar.

Ausserdem finden wir in der Statistik, welche Steinberg aus dem Berliner Barackenlazarethe bringt, die Angabe, dass unter

63 Oberkiefer-Schussverletzung.	27 Knochencontus.	u. 36 Schussfrakt.	(42.9% : 57.1%)
91 Unterkiefer- „	25 „	„ 66 „	(27.4% : 72.6%)
65 Clavicular- „	21 „	„ 44 „	(32.2% : 67.8%)
150 Scapular- „	52 „	„ 98 „	(34.6% : 65.4%)

sich befunden hätten.

4. Arten der Schussverletzungen der platten Knochen.

§. 188. Die geringe Schicht der Weichtheile, welche über den platten Knochen, mit wenigen Ausnahmen, liegt, macht Haarseil-schüsse über ihnen zur Seltenheit. Dennoch sind dieselben selbst am Schädel beobachtet worden (Pirogoff, Beck), nur erschienen die Schusscanäle, wie Bergmann hervorhebt, sehr kurz. Die Galea ist leicht verschiebbar, das Projectil bildet beim Eindringen in dieselbe eine Falte nach der Richtung der Flugbahn, die sie an der Basis durchbohrt (Bergmann). Umfangreichere Contourirungen des Schädels, wie sie von Percy, Abernethy und Demme beschrieben worden sind, scheinen, wenn sie überhaupt vorkommen, bei den modernen Projectilen zu den allergrössten Seltenheiten zu gehören.

a. Die Schusscontusionen der platten Knochen.

§. 189. Die Contusionen der Schädelknochen haben durch die klassischen Untersuchungen Potts die Aufmerksamkeit der Chirurgen in hohem Maasse auf sich gezogen. Nach Potts Anschauung bestand das Wesentliche dieser Verletzung in Abhebungen des äusseren und inneren Periostes (also der Dura mater) durch entzündliche und eitrige Exsudate von den Schädelknochen und daran sich knüpfenden meningitischen, enkephalitischen und pyämischen Processen. Heute sind die Anschauungen Potts zum grössten Theile verlassen, man versteht vielmehr unter Contusion der Schädelknochen, wie der platten Knochen überhaupt, die Bildung von Ecchymosen in, unter und über den Knochen ohne Aufhebung oder mit nur geringer Veränderung in der Continuität der Knochensubstanz selbst.

§. 190. Verlauf und Zeichen. Die Contusionen der platten Knochen durch matte Projectile verlaufen oft ohne die geringsten Symptome und Störungen. Die Blutextravasate werden resorbirt und das Periost legt sich wieder an. Selten entwickeln sich an der con-tundirten Stelle Hyperostosen, welche meist mit der Zeit wieder verschwinden. Der nordamerikanische Gesammtbericht erwähnt nur 2 Fälle der Art, bei denen es sehr fraglich ist, ob die Hyperostose überhaupt auf die Verwundung zu schieben war. Wenn aber alle Gefässe durchrissen und zerstört sind, welche den Knochen mit dem Periost verbinden, so leidet die Ernährung des Knochens in so schwerer Weise, dass derselbe in der ganzen Ausdehnung der Contusion, oder in einzelnen kleinen Partien der Nekrose verfällt. Auch durch einen

jauchig-eitrigen Zerfall der Blutextravasate der Weichtheile können
die anfänglich subcutanen Schädelverletzungen zu offenen verwandelt
und die contundirten Stellen des Schädels nekrotisch werden (siehe
meine kriegschirur. Erfahrungen p. 68). Unter besonders ungünstigen
Hospitalverhältnissen und bei unsauberer Wundpflege entwickelt sich
in dem erschütterten Knochen, besonders wenn er seines Periostes
bei der Verletzung beraubt oder durch phlegmonöse Processe in
weiterer Ausdehnung blossgelegt ist, eine eitrige Ostitis, welche in dem
weichen Knochengewebe und den diploëtischen Räumen schnell weiter-
kriecht. Die Thromben, welche sich in den reichen Venennetzen der
Diploë der platten Knochen nach der Contusion entwickeln, werden
vom Eiter umspült, eitrig durchtränkt und schliesslich erweicht. So entsteht die gefürchtete Osteophlebitis der platten Knochen (Cruveilhier),
welche, besonders wenn sie bis auf die Sinus durae matris fortgeleitet
wird, schnell zur Pyämie, und zur Bildung der verrufenen Leberabscesse
nach Kopfverletzungen führt. In andern Fällen wird durch die
Knocheneiterung das Periost am Schädel — besonders die Dura mater
— eitrig abgehoben und eitrig durchtränkt. Die Gefässe der Dura mater
obliteriren durch den Druck der eitrigen Infiltrate und dadurch wird
die Dura mater zu einer einfachen Diffusionsmembran, welche den
putriden Stoffen freien Durchtritt auf die Pia mater gestattet. So
entsteht die eitrige Meningitis nach Contusionen der Schädelknochen.
In andern Fällen verwächst die Dura mater mit der Pia mater, nachdem auch in der letzteren die Gefässe obliterirt sind. Dann bildet auch
die Pia mater eine Diffusionsmembran, welche die putriden Stoffe frei
auf das Gehirn einwirken lässt. So entstehen die Gehirn-Abscesse
nach den Contusionen der Schädelknochen. Ob zur Einleitung dieser
Processe die Einwanderung der in Zooglaeaform zusammengeballten
Mikrokokken, oder das Eindringen des Klebs'schen Mikrosporon
nothwendig ist, müssen weitere Untersuchungen ergeben. Bis zur
Stunde ist dieser Vorgang ebenso leicht zu behaupten, wie schwer zu
beweisen. Nicht jede traumatische Osteodenudation führt nothwendig
zur Nekrose, wie schon Blasius gezeigt hat. Durch eine Ostitis
granulosa kann der blossliegende Knochen mit Granulationen durchsetzt und die Heilung ohne Abstossung von Knochenstückchen vermittelt
werden. Die Nordamerikaner berichten von 328 Denudationen der
Schädelknochen nach Contusionen. Darunter kam es nur in 37 Fällen
zu ausgedehnten Nekrosen. In 16 Fällen vermuthete man Eiter
unter dem Knochen und trepanirte. Man fand aber nur 4mal den
supponirten Eiter zwischen Dura und Knochen. Von solchen nach
der Commotionsdenudation entstehenden Narben am Knochen gehen
sehr oft Neuralgien aus: so unter den in Amerika nach Schädelcon-
tusion geheilten 273 Patienten in 10 Fällen. Auch hat man noch
eine grosse Reihe von andern schweren nervösen Störungen nach der
Contusion der Schädelknochen entstehen sehen: so in Amerika unter
175 Patienten, welche nach dieser Verletzung invalide geworden waren,
23mal Paralysen, 16mal Taubheit, 16mal Blindheit, 2mal Aphasie,
9mal Epilepsie, 9mal psychische Störungen, und bei den übrigen
bestanden Geistesschwäche, Schwindelanfälle, Hemicranien etc. Sehr
oft mögen diese Zustände durch begleitende Hirnläsionen bedingt
worden sein: so fanden die Amerikaner bei den 55 an Contusion der

Schädelknochen Gestorbenen 49mal gleichzeitige Verletzungen des Gehirns und seiner Häute. Induration und Eburnation der äussern Tafel, welche Rokitansky als eine häufige Folge der Contusion der Schädelknochen beschreibt, beobachteten die Nordamerikaner nur 6—7mal in tödtlichen Fällen. Nicht so schwer und gefahrvoll, wie die der Schädelknochen, verlaufen die Schusscontusionen der andern platten Knochen: doch sind auch bei den Schusscontusionen des Schulterblattes und besonders der Beckenknochen die umfangreichen Entblössungen von jeher als Quellen der Pyämie gefürchtet. Wir werden später sehen, wie durch eine sorgfältige Antisepsis diese Gefahr vermindert werden kann.

b. Schussbrüche der platten Knochen.

I. Directe Schussverletzungen resp. Schussbrüche der platten Knochen.

A. Arten derselben.

§. 191. 1. Isolirte Verletzungen der äussern Knochentafel oder der innern Glastafel.

Schädel-Schussfrakturen, auf die äussere Tafel beschränkt, sollten nach den Angaben von Pott, A. Cooper, Brodie und Williamson häufig vorkommen. Mit Recht haben dagegen S. Cooper, Velpeau und der nordamerikanische Gesammtbericht die Seltenheit solcher Verletzungen hervorgehoben. Dieselben wurden von A. Cooper als Eintreibung der äussern Lamelle in die Diploë beschrieben, dann von Demme angeblich öfter beobachtet, auch von Pirogoff einigemale gesehen. Beck leugnet ihr Vorkommen ganz, da die Meinung Demme's, dass tangential den Schädel treffende Geschosse nur die Lamina externa lädiren, durch die Erfahrung längst widerlegt sei. Im nordamerikanischen Gesammtbericht werden zwar 132 Fälle von isolirten Schussverletzungen der äusseren Glastafel erwähnt, doch sind die Diagnosen überaus unsicher und wenig zuverlässig. Auffallend bleibt wenigstens dem gegenüber die Thatsache, dass das nordamerikanische Museum, welches doch so überaus reich mit Präparaten aller Art ausgestattet ist, keinen einzigen Fall von einer isolirten Schussfraktur der äussern Tafel — mit Ausnahme der Gegend der Stirnhöhlen und des Zitzenfortsatzes, an welchen dieselben am häufigsten beobachtet sind — enthält. In den beschriebenen Fällen drangen die Impressionen bis in eine Tiefe von 4 Centimeter und wurden meist für Depressionen des ganzen Knochens gehalten. Meist waren dieselben von einem circulären Spalt umgeben. Demme will die Schuss-Impressionen aber auch ohne jede Fissur gesehen haben. Das Periost war darüber gequetscht oder zerrissen oder es zeigte kleine circumscripte Hämatome.

Auch feine isolirte Fissuren sind an der äusseren Glastafel beobachtet worden.

Isolirte Ausbrüche an der äusseren Tafel werden, wie Demme und Löffler berichten, besonders durch tangential auffallende Granatsplitter verursacht.

Die isolirten Infractionen, Absprengungen oder Zersplitterungen der Glastafel sind durch Schusscontusionen oder durch den Anprall matter Geschosse relativ selten beobachtet und noch seltener anatomisch nachgewiesen (Samuel Cooper, Bilguer, Ravaton, Roux, Baudens, Beck, Ochwadt, Stromeyer, Guthrie, Longmore, Legouest, Demme). Ein Präparat der Art soll nach Demme im Musée Dupuytren, Longmore's Präparat im Netley-Museum, und in der nordamerikanischen Sammlung 10 Präparate sein. Der nordamerikanische Gesammtbericht gibt ein Referat über 20 eigene Fälle (10 davon durch die Section erwiesen) und eine sorgfältige Zusammenstellung aller bekannten Beobachtungen der Art. In den 20 Fällen war 4mal das Os frontale, 13mal das Os parietale, 2mal das Os occipitale getroffen. Beck und Bruns haben unter vielen Versuchen einigemale diese Verletzung experimentell erzeugen können. Die Glastafel zeigte entweder einfache Fissuren, oder Absprengungen von Knochentheilen, welche theils ganz gelöst auf der harten Hirnhaut lagen, theils an der Basis noch festsitzend zu einem mehr oder weniger spitzen Winkel abgehoben in die Schädelhöhle hineinragten. Die äussere Tafel wurde dabei in der Mehrzahl der Fälle ganz intact gefunden. Beck, Bergmann und Arnold konnten in wenigen Fällen feine Fissuren auf derselben entdecken. Beck gelang es auch eine solche Fissur experimentell darzustellen. In andern Beobachtungen wird nur von einer Denudation der äusseren Tafel gesprochen (Bergmann). Der nordamerikanische Gesammtbericht hebt hervor, dass in allen Fällen von Contusion der äussern mit Absplitterung der innern Tafel, wenn dabei das Pericranium abgehoben war, auch stets eine Nekrose der äusseren Tafel eintrat. Dass diese eigenartigen Schussverletzungen nicht durch die grössere Brüchigkeit oder Sprödigkeit der einen oder der andern Tafel bedingt, auch nicht durch den geringeren Widerstand der inneren Tafel gegenüber der äusseren begünstigt werden (Beck), hat Teevan, wie wir §. 183 gesehen haben, nachgewiesen.

An den andern platten Knochen sind isolirte Impressionen oder Fissuren einer Lamelle nicht beobachtet worden. Nur an der Darmbeinschaufel scheinen dieselben ab und zu vorzukommen.

§. 192. 2. Depressionen und Infractionen des ganzen Knochens an der getroffenen Stelle.

Diese Verletzung wird durch Schusswunden nur an den Schädelknochen hervorgebracht und zwar hier nicht selten. Fast in allen Werken über Kriegschirurgie finden sich die Beschreibungen der interessantesten Verletzungen der Art in Wort und Bild. Besonders reich ist der amerikanische Gesammtbericht damit ausgestattet.

Die Lappen der Knochenwunde werden nicht vollständig abgerissen, sondern bleiben mit der eingedrückten Knochenwand noch durch eine gewisse Anzahl von Fasern in Berührung und werden unter einem verschieden grossen Winkel in die Schädelhöhle hineingetrieben. Die Glastafel ist dabei stets in einem grösseren Umfange eingebrochen und ihre Fragmente ragen auch rechtwinkliger in die Schädelhöhle hinein, als die der Corticalis. Selten finden sich gleiche und regelmässige Depressionen beider Tafeln, so dass die deprimirte Stelle eine eiförmige Grube, oder, bei mehrfacher Durchbrechung der deprimirten Knochenstücke, eine sternförmige Figur bildet. (Sternbrüche.)

Meist ist die Depression an einem Punkte tiefer, als am andern, weil es besonders unter einem stumpfen Winkel aufschlagende Geschosse sind, welche derartige Verletzungen hervorbringen. In einigen Fällen ist die Rindenschicht nur wenig eingebrochen, während die entsprechenden Theile der Glastafel fast senkrecht gegen die Schädelhöhle gestellt sind. Zuweilen splittert auch die Glastafel vollständig ab und ihre Fragmente verschieben sich nach der Richtung der Projectilswirkung oder derselben entgegen, während die Depression nur durch die Corticalis und Diploë gebildet wird. Meist sind bei diesen Verletzungen die Weichtheile über den getroffenen Schädelknochen, die Gehirnhaut und das Gehirn selbst gequetscht oder zerrissen. Stromeyer glaubt, dass unter diesen Umständen die Weichtheile stets verletzt sein müssten. Dagegen spricht aber die Erfahrung. Eine Eröffnung der Schädelhöhle braucht daher bei diesen Verletzungen nicht statt zu finden. Je breiter die Fläche des auftreffenden Geschosses war, um so umfangreicher ist die Infraction und Depression.

§. 193. 3. Es kommt zu Fissuren, d. h. nicht klaffenden Rissen und Sprüngen an der getroffenen Stelle.

Diese Fissuren an der Convexität des Schädels sind nach Schusscontusionen ohne gleichzeitige Frakturen ausserordentlich selten. Stromeyer hat in seiner reichen Erfahrung die subcutanen Schussfissuren überhaupt nicht gesehen. Demme berichtet mehrere Beispiele davon, die aber wenig Glaubwürdigkeit verdienen. In den anatomisch nachgewiesenen Fällen war meist die Tabula interna länger und tiefer gespalten, als die externa; selten nur correspondirten die Fissuren an beiden Tafeln genau. Die Fissuren hatten sehr verschiedene Länge und Formen: sie waren einfach, verästelt, in sich zurücklaufend und ganze Schädeltheile umfassend, an den Näthen anhaltend, oder abbiegend oder unverändert über dieselben verlaufend, bis in die Basis dringend, mit gleichhohen Knochenrändern auf beiden Seiten, oder mit Depression des einen oder beider Ränder. Bergmann hat nachgewiesen, dass jedes Mal, wenn der Schädel berstet, die Bruchlinien von einander klaffen und sowie die Gewalteinwirkung aufhört, wieder in ihre frühere Lage zurückschnellen, wobei sich die früher aufgeklappten Spalten wieder zusammenschliessen. Daraus erklärt sich die Möglichkeit der Einklemmung von Haaren und Stücken der Kopfbedeckung (Neudörfer) oder von Partien der Dura mater (Hofmann) oder von Kugelfragmenten (Bergmann) in die Schussfissuren.

Weit häufiger finden sich die Schussfissuren an der Convexität des Schädels in Begleitung von anderen Bruchformen der Schädelknochen und gehen von deren Rändern aus. Nach Limans Beobachtungen nehmen die von den Lochschüssen ausgehenden Fissuren meist ihre Richtung von dem Schädelgewölbe zur Schädelbasis, sehr selten verlaufen sie horizontal in einer der Grundfläche parallelen Richtung. Im letzteren Fall kann wie Liman bei einer Stirnschusswunde beobachtete, eine völlige Ablösung des Schädeldaches durch je eine nach rechts und links von der Knochenwunde um den Schädel circulär verlaufende Fissur erzeugt werden. Durch das von Bergmann nachgewiesene Aufklaffen der Fissuren während der Gewalteinwirkung

wird es möglich, dass grosse Projectile in die Schädelhöhle durch
sehr kleine Schusswunden eintreten. Derartige Schussverletzungen
wurden oft als einfache Contusionen diagnosticirt und bei der Section
fand sich dann (Luecke, Longmore, Bergmann) das grosse Projectil
in der Schädelhöhle.

In Betreff der Fissuren an der Ein- und Austrittswunde kam
Holst nach seinen Studien an der Washingtoner Sammlung zu folgenden Ergebnissen: Ein Schuss aus grosser Nähe bringt stets sehr ausgedehnte Fissuren hervor, welche oft so zahlreich sind und sich von
einem Knochen zum andern übergehend, die Nähte zersprengend, in
solche Entfernungen erstrecken, dass oft kaum ein Knochen unverletzt
bleibt. Dass in der That die Nähe des Schusses, also die grosse Kraft
und Geschwindigkeit des Projectils, vorzugsweise Fissuren veranlasst,
wird noch durch den Unterschied, welcher in dieser Hinsicht zwischen
der Ein- und Ausgangswunde besteht, bestätigt, indem die letztere
stets einen grösseren Substanzverlust, aber weniger zahlreiche und
starke Fissuren aufweist. Schüsse aus grösserer Entfernung bringen
seltener Fissuren hervor, und wenn sie es thun, so viel kürzere und
schmälere. Ein bestimmtes Gesetz für die Richtung der Fissuren
konnte Holst nicht finden.

Am Oberkiefer sind subcutane Fissuren nach Schusscontusionen
öfter beobachtet, weit seltener an dem spröden Unterkiefer.

§. 194. 4. Diastasen der Nähte
sind isolirt an den Schädelknochen nach Schussverletzungen
nicht beobachtet worden. Um so häufiger kommen dieselben in Begleitung perforirender und penetrirender Schädelschüsse,
wie wir durch Buschs Versuche wissen, durch Höhlenpressung, vor.

An den Beckenknochen hat man Zerreissungen der
Symphysen und Synchondrosen in Begleitung von schweren
Knochenläsionen nach Contusionen durch schweres Geschoss öfter
beobachtet.

§. 195. 5. Streifschüsse und Rinnenschüsse
kommen oft an den platten Knochen, besonders an dem sehr
exponirten Schädel und Becken, seltener am Brustbeine vor. Es entsteht dabei eine Rinne an der äusseren Tafel, letztere ist an einer begrenzten Stelle zertrümmert und ihre Partikelchen entweder in die
Diploë eingedrückt oder durch die Schussrinne als mehr oder weniger
feines Knochenmehl verstreut. Bergmann hat sich an 20 Präparaten
der Art davon überzeugt, dass die Stelle, an welcher das Projectil
auftraf, sich in dem länglichen, meist elliptisch gestalteten Ausbruch
durch einen schärferen Schnitt und glätteren Ausbruch bemerklich
macht. Meist fanden sich auch an dieser Stelle, von derselben ausgehend und in dieselbe zurückkehrend, 2 concentrische Fissuren im
Knochen. Im weiteren Verlaufe des Projectils fanden sich dann sehr
unregelmässige Ab- und Ausbrüche, sowie einzelne oder viele Fissuren.
Die ausgerissenen Partien stecken in den Weichtheilen, im Gehirn oder
werden mit dem Projectil fortgerissen. Die Streifschuss-Rinnen am
Schädel können je nach dem Einfallwinkel des Geschosses perforiren
oder nicht. Die Erfahrung in den letzten Kriegen hat gezeigt, dass

Schussrinnen von 4—5 mm Tiefe an den Schädelknochen die innere Tafel mitverletzen. Sehr oft bleiben die Projectile gespalten oder deformirt am Ende der Schussrinne stecken (Stromeyer). Der nordamerikanische Gesammtbericht enthält 6 Fälle der Art. Auch bei anscheinend isolirten Schussrinnen der äusseren Tafel finden sich post mortem Fissuren und Absplitterungen an der Glastafel. Demme hat zuerst das Aussprengen eines Stückes aus der Corticalis der Schädelknochen durch Streifschüsse beim Anprall scharfer, glatter Granatsplitter beschrieben und Löffler theilt eine ähnliche Beobachtung aus dem Schleswig-Holsteinschen Kriege mit, in welcher ein 1 Zoll langes und 3 Linien breites Stück der äusseren Tafel des rechten Scheitelbeines durch einen Granatsplitter ausgesprengt war.

Tiefer gehende Schussrinnen am Sternum eröffnen das Mediastinum anticum. Die längsten, tiefsten und reinsten Schussrinnen kommen an der Schaufel des Os ilei zur Beobachtung.

§. 196. 6. Die Schusscanäle in den platten Knochen.

α. Blinde Schusscanäle.

Die blinden Schusscanäle der platten Knochen verhalten sich wie die der Apo- und Epi-physen. Das Projectil bleibt in demselben in der Regel stecken. Es wird dabei die von dem platten Knochen umschlossene Höhle entweder gar nicht eröffnet, indem das Projectil nur in den Knochen eindringt, oder das Projectil verschliesst die eröffnete Höhle vollständig, oder die Höhle wird eröffnet und die Organe in derselben nicht, oder mehr oder weniger stark durch das Projectil oder hineingeschleuderte Knochensplitter verletzt. Die Schusswunde im Knochen kann dabei ein reiner Lochschuss oder mit Fissuren, Depressionen, Absplitterungen etc. verbunden sein. Am Schädel kommen derartige Verletzungen selten vor, im Circular 7 der Nordamerikaner sind drei Fälle abgebildet. Die Zeichnung eines sehr schönen Präparates der Art findet sich bei Stromeyer. Dringt die Schusswunde durch beide Tafeln, so ist constant die innere mehr verletzt und zersplittert, als die äussere. Die harte Hirnhaut wird dabei in der Regel vom Knochen abgelöst; sie ist nach Pirogoffs Schilderung dann uneben, von mattem Aussehen, bald etwas weicher und filziger, bald mit Blut durchsetzt. — Am Oberkiefer geräth das Geschoss unter diesen Umständen in die Highmorshöhle, wie an den Stirnbeinen in die Stirnhöhle. Ungeübten Chirurgen kann es begegnen, dass sie derartige Verletzungen für perforirende Schädelwunden halten. Sehr häufig sind blinde Schusscanäle mit stecken bleibendem Geschoss an der Wirbelsäule beobachtet, seltener kommen dieselben an den Beckenknochen vor.

§. 197. β. Die Lochschüsse der platten Knochenschussbrüche mit Substanzverlust.

Die lochförmigen Perforationen der platten Knochen sind am Schädel und Schulterblatte selten, am Becken, besonders den Hüftbeinschaufeln sehr häufig ganz rein beobachtet worden. In der Mehrzahl der Fälle sind dieselben mit Fissuren, Impressionen und Frakturen in ihrer Nachbarschaft complicirt. Je sparsamer die spongiöse Substanz im platten Knochen, um so seltener die reinen Loch-

schüsse. Bei den Lochschüssen am Schädel zeigt bei der Schussrichtung von aussen nach innen (also an dem Eintritte des Projectils
bei penetrirenden Schädelwunden) die innere Glastafel, bei der Schussrichtung von innen nach aussen (also an dem Austritte des Projectils
bei penetrirenden Schädelwunden) die äussere Glastafel die stärksten
Verletzungen, Absplitterungen und Fissuren. Teevan hat für diese
Thatsachen die beste Deutung gegeben (§. 181).

§. 198. γ. Die Schusssplitterbrüche der platten Knochen.
    Man unterscheidet Stückbrüche und Splitterbrüche, je nachdem
ein Stück aus dem Zusammenhange herausgerissen oder mehrere
Splitter erzeugt sind. Im allgemeinen unterscheiden sich die Schusssplitterbrüche der platten Knochen nicht von denen der langen
Röhrenknochen. An den Schädelknochen haben dieselben eine sehr
verschiedene Ausdehnung, sie umfassen das ganze Schädelgewölbe,
erstrecken sich auch noch auf die Basis oder sie beschränken sich auf
kleine circumscripte Partien. Fissuren von wechselnder Länge und
Tiefe, Zerreissungen der Nähte und Knorpelfugen, schwere Organverletzungen begleiten die Schädelsplitterbrüche. Die Splitter können im
Niveau, deprimirt, losgerissen, weithin durch das Gehirn verschleudert,
die Bruchenden deprimirt oder intact sein. Zuweilen findet sich der
Schädel ganz in Scherben zersprengt, wie ein Topf (fractures à grand
fracas). Die schwersten Zerschmetterungen des Schädels werden durch
Höhlenpressungen in dem Schädel hervorgebracht. Die Einschussöffnung
in den Schädelknochen bietet unter diesen Umständen meist noch die
bekannten Characteristica dar, die Ausschussöffnung aber eine furchtbare
Zerschmetterung mit Abreissen von Knochenstücken, Fissuren, Diastasen
der Nähte. Die Knochenfragmente sind an der Eintrittswunde zuweilen
nach dem Schützen zu, an der Ausgangswunde von demselben ab gerichtet. Auch bei den perforirenden Schädelschüssen aus grösserer
Entfernung ist fast stets die Eingangswunde viel kleiner als die Ausgangswunde, auch findet sich an der letzteren die äussere Lamelle
meist bedeutender verletzt, als die innere, die Fragmente und Splitter
stark nach aussen verbogen. Schon Holst hatte, wie wir bereits §. 193
gezeigt haben, nach der Durchmusterung der nordamerikanischen
Sammlung behauptet, dass die schwersten Schädelverletzungen durch
Schüsse aus nächster Nähe entständen; Buschs Experimente haben
uns aber diese Verletzungen erst verstehen gelehrt. Durch Contusionen
der Schädelknochen mittelst matter Kanonenkugeln hat man umfangreiche Zerschmetterungen derselben ohne äussere Wunden gesehen
(Macleod).
    Bei den directen Schussbrüchen der Basis cranii sieht
man auch ganz bedeutende Zertrümmerungen. Wenn das Projectil
durch die Orbita oder den Margo supraorbitalis eindringt, so entstehen
meist Lochbrüche mit Fissuren, Depressionen und Splitterungen und
das Gehirn wird fast constant verletzt (Stromeyer, Löffler). Bei
den vom Munde her durch die Basis des Schädels eindringenden
Schüssen hat man öfter lochförmige Perforationen mit beschränkten
Splitterungen und Ausbrüchen beobachtet. Die schwersten directen
Basalschussverletzungen werden erzeugt von Projectilen, welche quer
von einer Seitenfläche (Os temporum) zur andern dringen. Dabei wird

meist die ganze Basis cranii zerstört (Bergmann, Talko, Beck).
Sehr interessante Abbildungen mehrerer solcher Fälle enthält der
nordamerikanische Gesammtbericht.
Scapular-Schussbrüche ohne Nebenverletzungen gehören zu
den grössten Seltenheiten. Im Circular 6 findet sich ein Fall der Art,
der in 25 Tagen zum Tode führte, wobei sich an der Scapula keine
Spuren von regenerativen Vorgängen zeigten.
Die Schusssplitterbrüche der Beckenknochen eröffnen meist
die Beckenhöhle und sind von Zerreissungen der Knorpelfugen begleitet. Besonders verhängnissvoll werden dabei die Fissuren, welche
bis in die Pfanne dringen.

§. 199. 7. Abreissungen grösserer Stücke der platten
Knochen durch ein Projectil.
Diese Verletzungen finden sich besonders am Hüftbeine, an
den Wirbeln und am Schulterblatte. Die Fortsätze oder besonders
hervorragende Partien derselben werden von tangential auftreffenden
Fragmenten groben Geschosses sehr leicht ab- und herausgerissen.
Am Schädel sieht man diese Verletzung öfters am Processus mastoideus.
Am Gesichte werden besonders das knöcherne Nasengerüst oder der
Processus zygomaticus durch Projectile abgerissen.
An den Knochen des Schädels, des Gesichtes, der Brust und
des Beckens hat man aber auch bei der Explosion von Granaten die
kolossalsten Defecte mit Zerstörung oder Vorfall der Eingeweide beob-
achtet. Derartige Verletzungen bekommt man selten zu Gesicht,
weil sie auf dem Schlachtfelde schon letal enden.

B. Symptome und Diagnose der directen Schussverletzungen
der platten Knochen.

§. 200. Die platten Knochen sind wegen ihrer oberflächlichen
Lage der Palpation leicht zugängig. Dennoch bleiben die subcutanen
Schussverletzungen an den Schädelknochen oft überaus schwer zu
diagnosticiren. Die subjectiven Empfindungen der Patienten: Schmerz
bei Druck an der verletzten Stelle, die eigenthümliche dumpfe,
dröhnende Sensation an derselben im Momente der Verwundung, als
sei etwas im Kopfe zerbrochen (le bruit du pôt felé), die Erscheinungen der Gehirnerschütterung gleich bei der Verwundung, beweisen
eben so wenig, wie eine ödematöse Anschwellung im Umfange der
Geschosseinwirkung einen Schädelbruch, weil diese unsicheren Zeichen fehlen und vorhanden sein können, ohne dass ein Schädelbruch
besteht und weil die Patienten im Momente der Verwundung meist
keine Besinnung, also auch keine subjectiven Symptome haben. So
werden denn isolirte Läsionen der äusseren und inneren Tafel an den
Schädelknochen meist verborgen bleiben. Die von Lanfranchi und
Ambroise Paré schon benützte, von Stromeyer und Luecke wieder
warm empfohlene Perkussion der Schädelknochen mit einem silbernen
Sondenknopfe, wobei der Ton über der Verletzung etwas höher erscheinen soll, hat bis zur Stunde sich ebenso wenig diagnostisch bewährt, wie die auscultatorischen Phänomene der Reibungsgeräusche,
welche Sédillot hören und die localen Temperatursteigerungen, welche

andere Chirurgen über der verletzten Stelle bemerken wollten. Die
Wirkungen der Fissuren und abgesprengten Splitter auf das Gehirn
leiten am besten die Diagnose, wenn solche eben vorhanden sind.
In einem Falle von Absprengung der innern Tafel, welcher im nordamerikanischen Gesammtbericht erwähnt wird, bestanden bis zum Tode
keine Gehirnerscheinungen. Depressionen der Schädelknochen sind
meist leicht zu constatiren, wenn man sorgfältig untersucht und alle
Symptome richtig würdigt. Es ist aber bekannt, dass Blutgeschwülste
leicht eine Depression für ungeübtere Hände vortäuschen können, weil
sich die Gerinnsel an der Peripherie sammeln, während die Mitte
weicher bleibt. In schwierigen Fällen gibt eine Punction mit der
Pravaz'schen Spritze die beste Auskunft.

Die Schussverletzungen der platten Knochen mit Perforationen
der Haut liegen der Palpation und dem Auge meist so frei und
bequem, dass ihre genaue Diagnose ohne wesentliche Schwierigkeiten
gemacht werden kann. Auf einige Täuschungen, welche oft auch
geübteren Chirurgen begegnen können, haben wir schon in den vorstehenden Paragraphen aufmerksam gemacht. Von besonderem diagnostischen Werthe sind dabei die Zeichen, welche aus der Verletzung
der von den platten Knochen eingeschlossenen wichtigen Organe
fliessen. Das freiliegende Gehirn erkennt man aus den respiratorischen
und circulatorischen Pulsationen desselben, die besonders deutlich
hervortreten, wenn man die Wunde mit Carbollösung füllt. Die
diagnostischen Hülfsmittel, welche man zur Erkennung von Fissuren
gebraucht hat, als Eingiessen von Flüssigkeiten in dieselben, Einführen
von feinen Sonden etc. sind ebenso gefährlich, wie unnütz. Meist
sieht man das Blut deutlich aus ihnen hervorsickern. Man wird im
allgemeinen niemals fehlgreifen, wenn man bei Verletzungen der
äusseren Tafel stets schwerere und umfangreichere der inneren voraus-
setzt. Bergmann hat den wohlbegründeten Satz aufgestellt, dass, je
localisirter die einwirkende Gewalt war, je enger also auch die Grenzen
der Fraktur erscheinen, desto sicherer man auf eine Zerschellung der
Lamina interna in mehr oder weniger kleinere Fragmente zu rechnen
habe.

II. Indirecte Schussbrüche der platten Knochen.

A. Arten und Entstehung derselben.

§. 201. Isolirte Fissuren und Frakturen an der Basis cranii
nach der Einwirkung von Projectilen gehören zu den seltensten Ereignissen. Bruns kannte noch keinen Fall der Art und die älteren
Beobachtungen von Paré, Cooper, Fulpius, Delamotte und Borel
wurden von Aran und den meisten Autoren angezweifelt. Es handelte
sich dabei um Schussfrakturen an der Schädeldecke mit gleichzeitigen
Schussverletzungen des Gehirns und man war daher geneigt, in allen
diesen Fällen übersehene feine Fissuren anzunehmen, welche von der
verletzten Stelle sich continuirlich nach der Basis erstreckt hätten.
Auch die Beobachtung Huguiers wurde bestritten, wie die Aetiologie der Verletzungen an den beiden von Legouest beschriebenen
Schädeln aus der Sammlung des Val de Grâce. Die Frage, ob es
derartige Schussverletzungen gibt, ist aber in jedem modernen

Kriege wieder aufgetaucht. Zuvörderst wurde durch Longmore
eine Beobachtung Macleods bekannt. Bei einem Soldaten, welcher
nach einer Verwundung an der Stirn durch einen Granatsplitter starb,
fand sich an der Basis cranii eine Fissur ohne jede Verbindung mit
der primären Verletzung. Demme beschrieb dann eine Verwundung,
bei welcher ein Spitzgeschoss die Schädelhöhle von der Höhe des
rechten Scheitelbeines bis an die Innenfläche des Os occipitale durchsetzt hatte. Bei der Section entdeckte man eine Fissur von der Sella
turcica durch die rechte Ala major ossis sphenoidalis, welche ausser
jedem Zusammenhang mit den Schussverletzungen am Schädelgewölbe
war. Das meiste und schmerzlichste Aufsehen machte dann die Verletzung des durch Mörderhand gefallenen Lincoln.

Die Kugel hatte, nach Longmore's Bericht, 1″ links vom Sinus longitudinalis das Hinterhaupt durchbohrt und war von hinten nach vorn und etwas
schief nach rechts durch die Hirnsubstanz gedrungen. Man fand die Kugel in
dem rechten Vorderlappen des Grosshirns unmittelbar über der rechten Orbita.
Auf ihrem Wege hatte die Kugel keinen anderen Theil der Schädelknochen berührt und dennoch waren beide Orbitaldecken comminutiv zerbrochen, ohne dass
die bedeckende Dura mater verletzt wurde.

Ein anderer Fall der Art wurde von Longmore aus Lawsons
Beobachtung im Anschluss an die obige mitgetheilt:

Ein Projectil war über dem vorderen Rande des linken Os parietale eingedrungen und in der Nähe des Tuber parietale auf derselben Seite wieder ausgetreten. Bei der Section fand man ein Stück des linken Orbitaldaches von der
Grösse eines Schillings aus der Continuität abgetrennt und in die Orbitalhöhle
deprimirt.

Das nordamerikanische Gesammtwerk bringt auch p. 304 und
305 einen Bericht über einige Fälle der Art, deren Diagnose aber
doch manchem Zweifel Raum gibt. Dagegen hat Bergmann (chir.
Centralblatt 1880 Nr. 8 und in der Dissertation von Ross: casuistische
Beiträge zur Lehre von den indirecten Schädelbrüchen, Würzburg 1878)
6 solche Präparate gesammelt und beschrieben, welche das höchste
Interesse der Chirurgen in Anspruch nahmen. Dieselben betreffen meist
Schädel von Verwundeten, welche auf den Verbandplätzen vor Plewna
gestorben waren. Man beobachtete bis jetzt solche Verletzungen so selten,
weil dieselben meist den Tod der Verwundeten, ehe dieselben in die
Lazarethbehandlung kommen, herbeiführen. An allen diesen Schädeln
fand Bergmann isolirte, bald geradlinige, bald bogenförmige Fissuren
des Orbitaldaches und der Lamina cribrosa des Siebbeines. In einigen
derselben war das durch die geschweifte Fissur umschriebene Stück
der Pars horizontalis des Os frontale ein wenig gegen die Orbitalhöhle
hin dislocirt. Einmal war ausser beiden Orbitaldächern auch noch
die rechte mittlere Schädelgrube Sitz einer isolirten Fraktur. In allen
Fällen war das Schädeldach getroffen, 4mal in Form eines Streifschusses, 1mal als eine grössere Zerschmetterung eines ganzen Planum
semicirculare und 1mal in Gestalt eines ·Lochschusses. Im letztern
Falle wurde die kreisförmige Eingangswunde an der Naht zwischen
grossem Keilbeinflügel und Schuppentheil des Schläfenbeines von der
steckengebliebenen Kugel ausgefüllt. Bald waren beide Orbitalplatten
mit und ohne Siebbein, bald nur eine betroffen. Man ist heute
geneigt, die Entstehung dieser indirecten Basisfrakturen auf einen

momentan und kolossal gesteigerten endocraniellen Druck nach Buschs
Experimenten zurückzuführen, während Longmore annehmen zu
müssen glaubte, dass dieselben durch die Schwingungen und den Anprall
des comprimirten oder lädirten Gehirnes gegen die dünnen und spröden
Knochen in der vorderen Schädelgrube hervorgebracht würden. In
den Bergmann'schen Fällen handelte es sich aber weder um tief
penetrirende oder gar durchbohrende Schüsse (es bestanden nur Streif-
oder Lochschüsse), noch um ein gewaltiges Auftreffen und Einschlagen
des Projectils aus nächster Nähe. Eine Höhlenpressung ist also ausgeschlossen. Bergmann scheint daher der Longmore'schen Deutung
sich mehr anzuschliessen. Er macht dabei noch besonders auf die
Thatsache aufmerksam, dass fast jedesmal, wenn die Schädelcapsel
von einer grösseren Gewalt angegriffen und in der Richtung dieser
wesentlich deformirt wurde, das Gehirn nicht bloss an der Stelle des
Anpralls, sondern auch ihr gegenüber Quetschungsspuren zeigte. In
den Bergmann'schen Fällen lagen die Orbitalplatten so ziemlich in
der Excursionslinie der Gewalt.

Diesen Bedenken Bergmanns gegenüber hat Rücker unter
v. Wahl's Leitung in Dorpat wieder Schiessversuche angestellt. Bei
denselben ergaben Schüsse auf nicht injicirte oder trepanirte Köpfe
kein Resultat d. h. keine Fissuren; nur spritzte jedesmal aus der Einschussöffnung (wie auch aus der Trepanationsöffnung, wenn eine solche
vorhanden ist) das Gehirn heraus. Injicirte R. aber das Gehirn mehr
von den Blutgefässen aus mit Wasser, so traten jedesmal Fissuren in
der Gegend der vorderen Schädelgruben ein und zwar solche, welche
nicht im geringsten Zusammenhang mit der entfernt liegenden Schussöffnung standen. R. führt diese Verletzungen daher nur auf hydraulische Höhlenpressung zurück. — Die Frage über die Entstehung der
isolirten indirecten Basisfrakturen bedarf demnach noch einer eingehenden klinischen und experimentellen Prüfung.

B. Diagnose und Zeichen der indirecten Schussbrüche
der Basis cranii.

§. 202. Die Zeichen der Schädelbasisschuss-Fissuren und Frakturen
weichen nicht von denen der Basisfissuren durch Friedensverletzungen
ab. Sugillationen unter der Haut an gewissen Stellen, Ausfluss von
Blut, Serum, Gehirnmasse aus den angrenzenden Körperhöhlen, Functionsstörungen an den durch die Schädelbasis austretenden Nerven sind die
wesentlichsten Zeichen und dieselben ermöglichen meist eine sichere
Diagnose der Fissur und ihres Sitzes.

5. Verlauf der Schussverletzungen der platten Knochen.

a. Gutartiger Verlauf ohne bedeutende Eiterung und umfangreichere Sequestration.

§. 203. Die subcutanen Schussfrakturen und Fissuren der Schädelknochen heilen in der Regel ohne Eiterung durch Callus. Durch Verjauchung der Blutextravasate, durch Nekrose der sie bedeckenden, bei
der Verletzung gequetschten Weichtheile können dieselben aber auch in
offene Frakturen verwandelt und zur Eiterung und Nekrose geführt

werden. Je subcutaner im allgemeinen eine Schussfraktur oder Fissur ist oder gehalten werden kann, um so eher kann man auf einen Verlauf ohne Eiterung oder mit sehr beschränkter Eiterung schliessen. Auch die Wiederanheilung von Splittern der Schädelschussfrakturen ist zur Zeit sicher constatirt.

Demme berichtet: Ein 1849 in Ungarn verwundeter Soldat starb 1859 am Typhus. Unter einer Depression der Schädelknochen fanden sich bei der Section 2 frei in die Schädelhöhle hineinragende und von der Dura abgekapselte Splitter, der eine 15''' lang und 7½''' breit, der andere 12''' lang und 6''' breit.

Larrey sen. hielt dieselbe noch für ganz unmöglich, da die Schädelknochen zu schlecht ernährt seien, um hinreichenden Callus produciren zu können. Das Haupthinderniss in der Consolidation der Schädelbrüche liegt in der Verschleppung der Splitter und in der Unmöglichkeit, eine Dislocation derselben dauernd zu verhindern. Auch isolirte Absprengungen an der Tabula vitrea, welche überhaupt eine grössere Productivität bei der Callusbildung, als die Lamina externa, zeigt, hat man durch Callusmassen fest vereinigt gefunden, selbst wenn die Splitter ganz aus dem Zusammenhange getrennt waren.

Otis berichtet die Geschichte eines Verwundeten, bei welchem der Schuss den rechten Schenkel der Sutura lambdoidea entblösst hatte. Keine Gehirnsymptome. 132 Tage nach der Verletzung fand man in der Tiefe unter üppigen Granulationen einen Sequester, welcher aus der ganzen Dicke des Schädeldaches bestand und an der Innenseite ein fest eingeheiltes Knochenstück, welches von der Lamina vitrea abgesprengt war, von 2 cm Länge und 2 cm Breite trug, während an der äusseren keine Spur einer Fraktur zu erkennen war.

Nach der Heilung von Schussbrüchen an der äusseren Tafel oder von Fissuren des Schädeldaches, auch wohl nach Contusionen der Schädelknochen durch Projectile hat man an der Lamina vitrea Osteophyten- und Exostosen-Bildungen beobachtet, ohne dass dieselbe verletzt worden war. Otis hat eine sehr interessante Beobachtung der Art veröffentlicht, auf welche ich bald zurückkommen werde. Dass kurze Schussfissuren an dem Schädeldache durch Callusmassen sich vollständig schliessen können, unterliegt keinem Zweifel mehr (Klebs l. c. p. 68); bei längeren und klaffenden dagegen findet sich meist nur in der Tiefe ein knöcherner Callus, während sich die Ränder der Rinnen in der Lamina externa meist abglätten und abrunden (Bergmann). Auch Schussdepressionen der Schädelknochen werden durch Callusmassen, welche besonders lebhaft von der Lamina vitrea producirt werden, vereinigt. Sie heben sich meist später von selbst etwas und ihre scharfen Ränder glätten sich. Grössere Defecte der Schädelknochen werden aber meist durch Bandmassen ausgefüllt, obwohl auch bei ihnen oft Ansätze von Knochenneubildung, wie Stanley nachgewiesen hat, nicht ausbleiben. Eine durch Callus geheilte penetrirende Schädelschusswunde befindet sich in der Leipziger Sammlung und ist von Bergmann beschrieben. Die Eingangsöffnung ist vollständig, die Ausgangswunde grösstentheils durch neugebildeten Knochen verschlossen. Auch eine zwischen beiden Oeffnungen quer über dem Knochen verlaufende Fissur ist geheilt.

Dass auch die Fissuren an der Schädelbasis heilen können, ist durch eine grosse Zahl von sicheren Beobachtungen festgestellt.

Die Callusmassen sind meist locker und spärlich; selten finden sich
Osteophyten- und Exostosen-Bildungen an demselben. Auch geht die
Bildung des knöchernen Ersatzes sehr langsam vor sich.

Das für die Schädelknochen Gesagte gilt auch für die Schussverletzungen der anderen platten Knochen.

Die Callusproduction ist bei den Schussverletzungen der platten
Knochen bei weitem nicht so reichlich, als bei denen der langen Röhrenknochen, überschreitet auch selten die Grenzen des Periostes. Der
provisorische Callus, die starke Anschwellung der Bruchenden, bleibt
auch, wie Bergmann hervorgehoben hat, dabei meist aus. Ferner
sind die Callusmassen selten ganz ausreichend, ein dichtes, derbes, mit
dem Periost und den Weichtheilen verlöthetes Bindegewebe muss bei
dem Ersatze grösserer Defecte aushelfen. Nach den Experimenten
von Kosmowski trägt bei den platten Knochen, besonders den
Schädelknochen und dem Schulterblatte, vorwaltend das Markgewebe
in der Diploë zur Callusbildung bei. Es ist fraglich, ob dies in dem
Umfange geschieht, wie K. behauptet, jedenfalls steht es aber auch
fest, dass man die plastische Thätigkeit des Periostes auch an den
verletzten platten Knochen in deutlichen Zeichen ausgeprägt findet.
Gudden hat interessante Versuche über die Leistungsfähigkeit der
Schädelknochen bei der Callusproduction gemacht: lagen die Knochen-
ränder des Defectes zu weit auseinander, so blieben Spalten und
Lücken zwischen ihnen bestehen, lagen dieselben dicht bei einander,
so bildeten sich Synostosen, berührten sich dieselben, ohne genau auf
einander zu passen, so entstanden neue Nähte.

b. Gefährdeter Verlauf durch langdauernde und profuse Eiterung und umfangreichere Sequestration.

§. 204. Dieselbe bildet zur Zeit noch bei allen offenen Schussverletzungen der platten Knochen die Regel. Die Verletzung der
Weichtheile und die Form des Knochenbruches bestimmen die Ausdehnung und Intensität der Eiterung. Durch die Nekrose der Splitter
und die langsame Lösung derselben wird die Heilung schwer gefährdet
und sehr in die Länge gezogen, doch nicht unmöglich. Die Sequestration hat bei den Schussverletzungen der platten Knochen dieselben
Ursachen, nimmt denselben Verlauf und führt dieselben Gefahren mit
sich, welche wir an den langen Röhrenknochen kennen gelernt haben,
nur dass bei den platten Knochen noch durch das Ueberkriechen der
Eiterung auf die von ihnen eingeschlossenen wichtigen Organe, durch
die Reizung, welche die todten, scharfen und rauhen Splitter auf das
Gehirn und Rückenmark ausüben, besonders schwere Folgezustände
herbeigeführt werden können.

Eiterungen im Verlaufe von Fissuren an der Basis cranii
sind fast stets mit eitriger Meningitis basilaris verbunden.

Dem gegenüber muss aber auch hervorgehoben werden, dass
man umfangreiche Nekrosenbildungen und langwierige Eiterungen an
den Schädelknochen nach Schussverletzungen beobachtet hat, ohne dass
das Gehirn und seine Häute dabei in Mitleidenschaft gezogen wurden.
Solche Fälle verzeichnet besonders Otis in dem nordamerikanischen
Gesammtbericht. Die Sequester haben verschiedene Formen und

Grösse, es kommen ganz besonders an den Schädelknochen die merkwürdigsten Gestalten derselben vor, wie aus den schönen Abbildungen, die das nordamerikanische Gesammtwerk bringt, hervorgeht. Nicht in der ganzen Tiefe und Länge der Periostentblössung stossen sich die Splitter der Schädelknochen ab.

Die Verletzungen der Spina scapulae heilen sehr langsam nach Ausstossung zahlreicher Splitter, die am Körper des Schulterblattes nach meinen Erfahrungen meist leichter und schneller. Klebs dagegen glaubt, dass die Splitterbrüche der Scapula überhaupt wenig Neigung zur Heilung hätten, weil die dünnen, eckigen, ihrer Ernährungszufuhr beraubten Fragmente in der Wunde dieselbe verhinderten. Aus den Präparaten Stromeyers, Herwigs und aus den Abbildungen des nordamerikanischen Gesammtberichts geht aber das Gegentheil hervor, die Fragmente der Scapula tendiren so sehr zur Heilung, dass sie mit den Rippen und unter einander verwachsen und grosse Knochencapseln um nicht entfernte Geschosse bilden.

Die Schussfrakturen der Beckenknochen tendiren sehr zu langwierigen Nekrosen und profusen Eiterungen. Letztere bedingen hohe Gefahren durch Fortkriechen und Senkungen des Eiters durch die Beckenhöhle. Nicht nur die Schuss-Splitter nekrotisiren, sondern meist auch die Bruchenden oder ganze Partien der Beckenknochen.

c. Bösartiger Verlauf der Schussfrakturen der platten Knochen.

§. 205. Die üblen Ausgänge der Schussverletzungen der platten Knochen werden meist durch profuse Eiterungen, phlegmonöse Processe und Eitersenkungen bedingt. Sehr verrufen sind in dieser Hinsicht besonders die Beckenknochen. Schon Stromeyer machte darauf aufmerksam, dass diejenigen Beckenschüsse die gefährlichsten seien, bei welchen das Projectil von hinten eindringt, weil die langen Schusscanäle unter den dicken Muskellagen Eitersenkungen und tiefe phlegmonöse Processe besonders begünstigten. Sehr perniciöse tiefe Phlegmonen im Beckenzellgewebe werden nach Schussverletzungen des Os ischii und des Os sacrum beobachtet. — Noch häufiger als an den langen Röhrenknochen sieht man bei den Schussfrakturen der platten Knochen eitrige Ostitis oder Osteomyelitis eintreten. Es finden unzweifelhaft bei allen Schussverletzungen der platten Knochen Blutergiessungen in die Diploë und Sugillationen des Periostes in umfangreicher Weise statt. Durch einen Zerfall dieser Blutergüsse wird wohl die eitrige Ostitis in erster Linie eingeleitet und bedingt. Seltener wohl kriecht die Eiterung von den Weichtheilen aus in den Knochen hinein.

Die Pyämie, welche so oft zu den Schussverletzungen der platten Knochen hinzutritt, ist meist eine heillose Folge der eitrigen Entzündungen der Weichtheile und der Knochen. Stromeyer macht auch auf das reiche und verbreitete Venennetz aufmerksam, welches die platten Knochen durchzieht, und führt darauf die besondere Prädisposition derselben zur Entwicklung der embolischen Form der Pyämie zurück.

6. Complicationen der Schussverletzungen der platten
Knochen.

§. 206. Auf die schwerste Complication, d. h. die Läsionen
der von den platten Knochen geschützten lebenswichtigen Organe der
Kopf-, Brust-, Rückenmarks-, Becken- und Bauchhöhle haben wir
bereits wiederholt hingewiesen. Durch dieselben werden die Schussverletzungen der platten Knochen an sich in den Hintergrund gedrängt.
Die Nordamerikaner erwähnen bei den Schussverletzungen des Os
pubis 14 Läsionen der Blase, 11 des Rectum und viele des Penis, der
Prostata, des Samenstranges etc.; bei denen des Os ischii 11 Läsionen
der Blase, 4 des Rectum, 4 des Os femoris, bei denen des Os sacrum
9 Läsionen der Blase und 9 des Rectum etc. Sehr häufig finden sich
im Verlaufe der Schussverletzungen der platten Knochen Blutungen,
theils aus dem reichen Gefässnetz der Knochen selbst, theils aber aus
den gleichzeitig verletzten grösseren Gefässstämmen, welche dieselben
in hervorragender Menge umschliessen. Besonders verrufen sind in
dieser Hinsicht die Schussverletzungen der Beckenknochen. Auch
Schussverletzungen des peripheren Nervensystems begleiten die der
platten Knochen sehr häufig.

7. Heilungsresultate bei den Schussverletzungen der platten
Knochen.

§. 207. Sehr selten finden sich bei den Schussverletzungen der
platten Knochen vollkommene Heilungen. Die Genesenen tragen meist
noch manche Uebelstände davon.

Als Nachkrankheiten von der Contusion der Schädelknochen
erwähnt der nordamerikanische Gesammtbericht Kopfschmerzen (in
20 Fällen), Schwindel (in 13 Fällen), Geistesstörung (in 12 Fällen),
Epilepsie (in 9 Fällen), Lähmungen (in 23 Fällen), Schwäche oder
Verlust des Gesichtssinnes (in 16 Fällen), Taubheit (in 16 Fällen),
Aphasie (in 2 Fällen). In 16 Fällen musste noch spät trepanirt werden
zur Entfernung von nekrotischen Knochenschüssen.

Bei den Schussverletzungen der Tabula externa allein
zeigten die an dem Sinus frontalis Verletzten oft Störungen des
Gesichtes und Geruches, und die in der Regio mastoidea Verletzten oft
Störungen des Gehöres. Krämpfe, Schwindel und Läsionen der Sensibilität wurden danach beobachtet.

Die nach den perforirenden und penetrirenden Schädelschüssen Geheilten zeigten Lähmungen, Geistesstörungen, Kopfschmerzen, Epilepsie, Verlust eines oder mehrerer Sinne.

Nach der Heilung von Schädelschussbrüchen mit Eindruck
wurde besonders häufig Epilepsie, welche meist erst nach Jahren eintrat,
beobachtet.

Nach den Schussverletzungen der Gesichtsknochen sind
Trübungen oder Verlust der Sinne ein nicht seltener Folgezustand,
ganz abgesehen von den entstellenden Narben und Defecten, von den
Perforationen am harten Gaumen, von den Anchylosen der Kiefer und
den Erschwerungen der Mastication.

Die wenigen Patienten, welche nach den Schussverletzungen der Wirbel mit dem Leben davonkommen, behalten meist Lähmungen, Neuralgien und trophische Störungen an den Gliedern.

Die Schussverletzungen der platten Knochen am Schulter- und Beckenringe hinterlassen Aufhebung oder Behinderung der Beweglichkeit des Schulter- und Hüftgelenkes, Lähmungen und Neuralgien durch Druck des Callus und der Narben auf die Nerven und schwere Organ-Störungen besonders an den Lungen und der Blase.

Die Zahl der Invaliden ist daher nach den Schussverletzungen der platten Knochen eine ungeheuer grosse.

8. Prognose und Mortalität bei den Schussverletzungen der platten Knochen.

§. 208. Aus den vorhergehenden Paragraphen erhellt schon zur Genüge, wie übel die Prognose der Schussverletzungen der platten Knochen im allgemeinen ist.

Die Schusswunden der Schädelknochen gehören wegen der gleichzeitigen Gehirnverletzungen zu den schwersten Verwundungen. Nach Fischers Statistik aus dem französischen Kriege kamen auf 8132 Schussverletzungen des Schädels 3668 sofort tödtliche (mithin 45,1%). Fast die Hälfte aller Todesfälle des Schlachtfeldes — 47,4% — kommen auf die Schädelschussverletzungen, wie wir später ausführlicher erörtern werden.

Ein ähnliches Verhältniss findet sich, wie wir sehen werden, bei den Schussverletzungen der Rippen und des Sternum, wobei auch wieder die Lungen-, Herz- und Gefässverletzungen die wesentlichste Rolle spielen.

Auch in den Lazarethen kommt auf die Schädelschüsse der grösste Procentsatz der Mortalität. Von 4022 Schädelbrüchen der Verwundeten des nordamerikanischen Krieges führten 2574 zum Tode, mithin 59,2% derselben. Smith und Chenu berechnen die Mortalität bei den Schädelschussverletzungen sogar auf beinahe 74%. Der nordamerikanische Gesammtbericht bringt folgende Uebersicht über die Mortalität nach den verschiedenen Arten der Schussverletzungen der Schädelknochen:

Von den 328 Contusionen starben 55 (16,8%),
„ „ 138 Frakturen der äusseren Tafel allein 10 (8,7%),
„ „ 20 „ „ inneren „ „ 19 (95%),
„ „ 19 Linearfissuren beider Tafeln 7 (36,8%),
„ „ 2911 Frakturen beider Tafeln ohne Depression 1826 (64,6%),
„ „ 364 Depressionen 129 (35,8%),
„ „ 486 penetrirenden Schussfrakturen 402 (85,5%),
„ „ 73 perforirenden „ 56 (80%),
„ „ 9 Zerschmetterungen und Abreissungen 9 (100%),
„ „ 2 Frakturen durch Contrecoup 1 (50%).

Die nordamerikanische Mortalitätsstatistik ist durchweg sehr günstig, weil dieselbe vorwaltend den Reservelazarethen entnommen

wurde. Dem gegenüber stellt sich die Mortalität in den Kriegslazarethen bei den Engländern in der Krim nach

63 Contusionen der Schädelknochen auf 24 Todesfälle (38%),
76 Depressionen auf 55 Todesfälle (72,3%),
72 penetrirenden Schussfrakturen auf 72 Todesfälle (100%),
19 eindringenden   „   „   19   „   (100%).

Bei den Franzosen in der Krim starben von 740 Schädelschussfrakturen 346 (74 3%); von den 275 Contusionen 50 (18,1%).

Ueber die Mortalität bei den Schussverletzungen der Gesichtsknochen bringen auch die Nordamerikaner die grossartigste
Statistik:

Von 1450 bek. Schussfrakt. d. Unterkiefers führten 121 zum Tode (8,3%),
  „   511   „   „   „ Oberkiefers „   42   „   „   (8,1%),
  „   145   „   „   beider Kiefer „   13   „   „   (8,9%),
  „   209   „   „   eines oder des
                               anderen Kiefers „   33   „   „   (15,8%),
  „   198   „   „   d. Os zygomatic. „   14   „   „   (7%),
  „   93   „   „   der Ossa nasi „   —   „   „   —
  „   17   „   „   des Os palatum „   —   „   „   —
  „   370   „   „   mehr. Gesichts-
                               knochen   „ 117   „   „   (31,6%).

In der Krim starben von 260 Franzosen mit Wunden und Frakturen des Unterkiefers 122 (46,9%). In den Reservelazarethen ist
die Sterblichkeit bei diesen Verletzungen natürlich viel geringer: So
starben nach Steinberg in den Berliner Baracken von 91 Patienten
mit Schussverletzungen des Unterkiefers 0%, von 63 mit solchen des
Oberkiefers 3 (4,7%). Die nordamerikanische Statistik nähert sich
auch hier wieder der der Reservelazarethe.

Ueber die Letalität der Schussverletzungen der platten
Schulterknochen besitzen wir folgende genauere Angaben:

Bei den Franzosen in der Krim:

Von 127 Schussfrakturen der Clavicula führten zum Tode 44 (34,6%),
  „   106   „   „ Scapula   „   „   „   33 (31,1%).

Bei den Nordamerikanern:

Von 520 bek. Schussfrakt. der Clavicula führten zum Tode 44 (8,4%),
  „ 1423   „   „   „ Scapula „   „   „ 177 (12,3%),
  „   103   „   „   dies. beid. Knochen „   „   „   24 (13,3%),
  „   204   „   „   eines oder des
                              anderen Knochen „   „   „   69 (33,8%).

Die Mortalitätsstatistik der Nordamerikaner entspricht auch hierin
wieder vorwaltend der der Reservelazarethe. Daher die grosse Differenz
mit der der Franzosen in der Krim. Sehr verschieden ist aber doch die
nordamerikanische von der Steinbergs: Danach starben in den Berliner Baracken von 65 Patienten mit Schussfrakturen der Clavicula
2 = 3,0%, von 165 mit Schussfrakturen der Scapula 7 (4,2%).

Ueber die Letalität der Schussverletzungen der Wirbel
entscheidet vorwaltend die primäre oder secundäre Betheiligung des
Rückenmarkes und seiner Häute.

Die Engländer in der Krim hatten auf 8 einfache Wirbelschuss-frakturen 6 Todesfälle (75%), auf 19 mit Markläsionen verbundene 19 (100%). Die Franzosen verloren in der Krim von 49 Patienten mit Schussverletzungen der Halswirbel 45 (91,8%), von 76 Patienten mit Schussverletzungen der Brustwirbel 76 (100%), von 31 mit Schuss-frakturen der Lendenwirbel 28 (90,3%). Die Nordamerikaner da-gegen von

90	Patienten mit Schussfrakt. der Cervicalwirbel	. . .	63 (70%),
137	»	»	»	» Brustwirbel	. . . .	87 (63,5%),
149	»	»	»	» Lumbalwirbel	. . .	68 (45,5%),
2	»	»	»	» Hals- und Brustwirbel	1 (50%),
3	»	»	»	» Brust- u. Lendenwirbel	3 (100%),
260	»	bei denen der verletzte Wirbel unbekannt blieb	129 (51,4%).

Die Ansichten über die Gefährlichkeit der Schussverletzungen der Beckenknochen haben lange geschwankt. Percy hatte behauptet: les fractures des os des îles ne sont pas dangereux; Stromeyer da-gegen, dass die Schussverletzungen der Beckenknochen ebenso gefähr-lich, wie die der Kopfknochen seien.

Ueber die Letalität der Schussverletzungen der Beckenknochen berichten die Engländer aus der Krim:

Von 12 Schussverletzungen des Os ilei führten 3 = 25%,
» 7 » » Os ischii » 4 = 57,1%,
» 3 » » Os sacrum » 2 = 66,6%,
» 5 » bei denen der
verletzte Beckenknochen unbekannt blieb » 5 = 100%
zum Tode. Bei den Nordamerikanern:

Von 819 Schussverletzungen des Os ilei . . . . . 211 = 25,7%,
» 86 » » Os pubis . . . . 43 = 50%,
» 73 » » Os ischii . . . 31 = 42,4%,
» 142 » » Os sacrum . . . . 62 = 43,6%,
» 17 » » Os coccygis . . . 6 = 35,2%,
» 376 » bei denen der verletzte
Beckenknochen unbekannt blieb 217 = 57,7%.

Danach muss man mit Hannover und Stromeyer die Schuss-verletzungen der Beckenknochen für ausserordentlich gefährlich er-klären.

So gehören denn die Schussverletzungen der platten Knochen zu den schwersten Verwundungen des Krieges.

§. 209. Als Todesursachen nach den Schussverletzungen der platten Knochen spielt, wenn man von den Blutungen, von dem Tetanus absieht, die Pyämie eine wesentliche Rolle. Nur bei den Schussver-letzungen der Schädelknochen und bei den Knochen des Brustringes entscheiden meist die Organverletzungen und ihre Folgen das Schicksal der Verwundeten. So starben z. B. bei den Nordamerikanern von 20 Patienten mit isolirten Schussbrüchen der Lamina interna 19. Von diesen war die Todesursache bei 14 bekannt. 7mal war das tödtliche Ende durch einen Gehirnabscess, 5mal durch eitrige Meningitis und 2mal durch Pyämie bedingt. In ähnlichem Verhältnisse standen die

Todesursachen bei den anderen Schussverletzungen der Schädelknochen zu einander. Bei den Schussverletzungen der Beckenknochen tritt die Pyämie als Todesursache in den Vordergrund, wie schon Stromeyer beobachtet hat, obgleich auch bei ihnen die Organverletzungen den Ausschlag geben. Unter 211 Todesfällen bei Schussverletzungen des Os ilei kamen bei den Nordamerikanern 33 (15,6 %), unter 62 des Os sacrum 11 (12,9 %), unter 43 des Os pubis 9 (20,9 %) auf die Pyämie.

Die Schussverletzungen der Wirbel führen durch die Läsionen des Rückenmarkes und seiner Häute und ihre Folgezustände den Tod der Verwundeten herbei.

Anhang.

§. 210. Ueber das Schicksal der in den Knochen eingekeilten oder in der Markhöhle derselben stecken gebliebenen Geschosse sind die Meinungen der Chirurgen vielfach auseinandergegangen. Die ältern Kriegschirurgen bestanden auf der Entfernung aller Geschosse aus dem Knochen, weil dieselben endlose Eiterung, Caries und Nekrose bedingten und unterhielten. Es wurden indessen mit der Zeit eine ganze Reihe von Beobachtungen bekannt, in denen Geschosse, die von Anfang an wenig reizend gewirkt hatten, einheilten und längere Zeit, ja viele Jahre ohne wesentliche Beschwerden von den Patienten getragen wurden. Dass aber auch bei langdauernder Eiterung und nach heftigen Entzündungsstürmen noch Einheilungen von Projectilen vorkommen, hat Simon gezeigt. Derartige Beobachtungen berichten:

An den Schädelknochen: Larrey, Baudens, Le-Dran, Malle, Jobert, Oestreich, Döhler, Zedler, Dupuytren, Podratzki, Terrillon.

An den Gesichtsknochen: Pallas, Ravaton, von Langenbeck, Nordamerikaner 2.

An der Wirbelsäule: Hutin, Jobert.

Am Brustbeine: Volkmann, Döhler aus der Sammlung des Leipziger anatom. Museums und des Bartholomäushospitals daselbst.

Am Becken: Grossheim, Beck.

Am Oberschenkel: Percy, Pirogoff, Demme, Legouest, Bujalski, Simon, Tarnier.

Am Schienbein: Percy, Gohl, Beck, Demme, Legouest, Dupuytren, Berthold (2 Fälle), Fischer (2 Fälle) aus der Sammlung des Fr. Wilh.-Instituts zu Berlin.

Am Calcaneus: Chenu.

Am Metatarsus: Langenbeck.

Am Oberarm: Bilguer, Simon, Sédillot.

Auf einer Reise traf ich einen Russen, der zwei deutlich fühlbare kupferne Tscherkessenkugeln in der rechten Tibia ohne Beschwerde trug. Aus den modernen Kriegen werden nur wenig Fälle der Art erwähnt. Nur Beck will eine beträchtliche Zahl von Einheilungen der Projectile im Knochen gesehen haben. Die alten Rundkugeln wirkten wohl weniger irritirend auf den Knochen, als unsere modernen, vielfach verästelten, zackig-spitzen Projectile.

In den untersuchten Fällen fand sich das Projectil in einer Höhle der spongiösen Knochensubstanz. Dieselbe war von einer festen Bindegewebsmembran ausgekleidet und durch elfenbeinhartes Knochengewebe von dem benachbarten Knochen abgegrenzt. Hatte ein Theil des Projectils den Knochen überragt, so bildete sich durch periostale Wucherungen eine Knochencapsel um dasselbe.

Auch von Wanderungen der Geschosse im Knochen und aus dem Knochen wird berichtet: Paré in der Markhöhle des Humerus, Clot-Bey in der Tibia, Thomas aus dem Stirnbein bis zum harten Gaumen. In einem von Velpeau berichteten Falle wurde eine 28 Jahre lang im Kniegelenk eingekapselte Kugel durch einen Fall frei und von ihm glücklich excidirt.

Capitel III.

Schussverletzungen des Knorpelgewebes.

§. 211. Die Schussverletzungen des Knorpelgewebes bieten ein sehr geringes Interesse, weil dieselben nur Complicationen anderer schwerer Verletzungen, besonders der Gelenke und der Brusthöhle sind. Wir haben schon bei den Gelenkschusswunden der Knorpelfissuren, bei welchen der Knorpel theils abgehoben, theils sternförmig, theils zu breiten, klaffenden oder zu lineären, feinen Rissen gespalten wird, erwähnt. An den Rippenknorpeln beobachtet man Rinnen- und Lochschüsse mit und ohne Fissuren nicht selten. Durch contundirende Gewalt werden zuweilen die Rippen von ihren Knorpeln ganz abgetrennt.

Die Frage über die Heilung der Schusswunden des Knorpelgewebes ist noch nicht ganz entschieden. Nach den Arbeiten von Goodsir, Redfern, Legros, Billroth, Heitzmann scheinen Fissuren und Rupturen ohne Substanzverlust durch eine bindegewebige Narbe, welche aus Wucherungen des Perichondrium hervorgeht, heilen zu können. Nach Schklarefsky und Tizzoni soll sich dann bald auch in dem Narbengewebe Knorpel entwickeln, zuerst Faserknorpel, dann hyaliner Knorpel. Gies dagegen scheint nach seinen sorgfältigen Untersuchungen die Möglichkeit der Heilung von Knorpelwunden überhaupt zu bezweifeln, da sich nur in fettiger Degeneration begriffene Zellen in der aufgefaserten Grundsubstanz und daneben keine Spuren eines Heilungsvorganges an der verletzten Stelle des Knorpels fanden. Darin stimmen aber alle Untersucher überein, dass bei grösseren Defecten im Knorpel nur ausnahmsweise ein completer bindegewebiger Ersatz zu Stande kommt. Gewöhnlich wird die ganze verletzte Knorpelpartie durch die Eiterung (nach Klebs durch die septische Mycosis) aufgelöst und ausgestossen.

Capitel IV.

Schussverletzungen des Herzens und der Gefässe.

A. Schussverletzungen des Herzens.

1. Statistisches.

§. 212. Unter 452 von G. Fischer zusammengestellten Herz-
wunden befinden sich 72 Schusswunden (15,9°/o). Davon kommen auf
den rechten Ventrikel 22, auf den linken 16, auf beide 4, auf den
rechten Vorhof 2, auf den linken 1, auf die Herzbasis 1, auf die Herz-
spitze 1, auf das Septum ventriculorum 1, auf das ganze Herz 5.

Diese von G. Fischer berichteten Zahlen geben aber doch nur
ein wenig zutreffendes Bild von der Häufigkeit der Herzschusswunden.
Die meisten der so verletzten Soldaten decken wohl als Leichen das
Schlachtfeld, die wenigsten kommen noch zur ärztlichen Beobachtung
und damit zur Aufnahme in die Statistik. Aus den modernen Kriegen
sind einige Herzschusswunden beschrieben worden. So theilt Schmidt
allein 6 Fälle von Herzverletzungen aus dem letzten russisch-türkischen
Kriege mit: 2 davon waren Tangentialschüsse mit zerfetzten Wund-
rinnen, eine Contusion mit Abreissung zweier Klappen der Art. pulmonalis (Tod erst einige Tage nach der Verletzung), 3 Durchschüsse
des Herzens.

2. Arten der Herzschusswunden.

§. 213. a) Contusionen des Herzens. Die Mehrzahl der Herz-
contusionen sind bei Belagerungen beobachtet. Sie entstanden dadurch,
dass die Soldaten an eine Brustwehr mit dem Thorax gelehnt waren,
während letztere von schwerem Geschütz getroffen wurde. Derartige
Beobachtungen sind besonders bei der Belagerung von Antwerpen
gemacht worden. Meist entstanden dabei Zerreissungen des Herzens
ohne wesentliche äussere Verletzungen. Viel seltener hat man durch
Gewehrprojectile Contusionen des Herzens entstehen sehen. Ausser
den oben erwähnten berichtet G. Fischer noch 3 Fälle der Art. Es
fanden sich bei den Verwundeten: Blutungen im Herzbeutel, Risse im
Herzfleisch, Abreissungen von Klappen und Gefässen ohne äussere
Wunden. Das Pericardium parietale ist so wenig gespannt, dass in
demselben bei Contusionen keine Continuitätstrennungen entstehen.

Aus dem deutsch-französischen Kriege berichtet Klebs eine Herzverletzung
durch ein Projectil. welche als eine Contusion des Herzens aufzufassen ist. Das
Herz trug an seinem linken Rande einen runden verwaschenen. ekchymotischen
Fleck. in dessen Umfang die Oberfläche etwas eingesunken war. Das viscerale
Blatt war daselbst nur locker angeheftet, löste sich leicht ab und erschien stellen-
weis weisslich verdichtet. Die darunter gelegene Schicht des Herzmuskels war in
der Dicke einiger Millimeter in eine weiche gallertige Masse verwandelt. Mikro-
skopisch fanden sich an dieser Stelle nur zertrümmerte und verfettete Reste von
Muskelfasern in einem gallertigen. ziemlich zellenreichen Bindegewebe (l. c. p. 124).
Arnold berichtet l. c. p. 176 eine ähnliche Contusion des Herzens. Die
Kugel hatte die Weichtheile des linken Oberarms durchsetzt. war in der Axillar-
linie in die linke Pleurahöhle und linke Lunge eingedrungen. Im Herzbeutel fand

sich blutiger Inhalt. Der nächst dem Schusscanale gelegene Theil des Pericardium parietale war verfärbt, aber nicht zerrissen; dagegen erschienen der entsprechende Theil des Pericardium viscerale und die unter demselben gelegenen Muskelschichten zertrümmert.

§. 214. b) Streifschüsse am Herzen gehören zu den grössten Seltenheiten. Beck (Schusswunden, 1849, p. 180) berichtet eine solche Verletzung, bei welcher aber doch eine geringe Communication der Streifschussrinne mit der Herzhöhle bestand. Steudener secirte einen reinen Rinnenschuss am Herzen (Berl. Klinische Wochenschrift 1874 Nr. 7).

§. 215. c) Perforirende Herzschusswunden. Tritt ein kleines, weiches Bleiprojectil mit grosser lebendiger Kraft in die Herzhöhle ein, so erfolgen die gewaltigsten Zerstörungen an diesem Organe, weil das Herz in resistenten Wandungen eine Flüssigkeit einschliesst, somit also alle Bedingungen zur Entwicklung der Höhlenpressung darbietet. Dass dabei auch eine Dislocation der Wundfetzen des Herzens in der Richtung gegen den Schützen eintreten kann, hat Baum in Göttingen, wie Richter mittheilt, beobachtet. Auch G. Fischer berichtet, dass die furchtbarsten Zermalmungen des Herzens bis zu einem schwärzlichen Brei besonders durch Schüsse aus unmittelbarster Nähe hervorgebracht würden.

Bei matteren Geschossen bildet sich ein Schusscanal im Herzen, der dasselbe in der Länge oder Quere durchbohrt. Die Eingangsöffnung hat man meist sehr zerrissen und mit Gerinnseln und fremden Körpern (Rippentheilen, Papierpfröpfen, Haaren von der Brust, Hemden- und Uniformtheilen etc.) erfüllt gefunden. Auch gingen von ihr aus Risse in die Herzsubstanz hinein. Die Ausgangsöffnung ist in der Regel kleiner und weniger zerfetzt, wenn sie nicht von sehr difformen Geschossen oder von mitgerissenen fremden Körpern erzeugt wurde. Schmidt glaubt die verschiedenen Formen der Ein- und Ausgangswunde am Herzen darauf zurückführen zu müssen, ob das Herz in der Systole oder in der Diastole vom Projectil getroffen wurde. — Die Schusswunde im Pericardium ist meist cirkelrund. — Bei Schrotschüssen finden sich oft mehrere Wunden am Herzen, bei Kernschüssen Zerstörungen des Herzfleisches, wie bei explosiven Schüssen.

§. 216. d) Blinde Herzschusswunden. Bei unverletztem, meist blutig unterlaufenem und mit Blut erfülltem Herzbeutel hat man Zerreissungen des Herzens durch ein Projectil oder eine runde, dem Durchmesser der Kugel entsprechende Wunde, die den Anfang eines Schusscanals bildet, im Herzen gefunden (Latour, Holmes). Das Projectil lag auf dem Herzbeutel oder in der Pleurahöhle. Der Herzbeutel wird in diesen Fällen wohl von dem Projectil wie ein Handschuhfinger sackförmig mit in die Herzwunde eingestülpt und späterhin wieder unverletzt aus derselben herausgerissen. Oder die Kugel bleibt im Herzfleische stecken, es tritt zwar eine Verletzung der Ventrikel, doch keine Eröffnung der Herzhöhle ein (Dupuytren, Nélaton, Balch).

§. 217. e) Isolirte Schusswunden des Herzbeutels sind ausserordentlich selten. Unter den 72 von G. Fischer zusammengestellten Schusswunden des Herzens befinden sich nur 7 Verletzungen der Art. Dieselben werden hervorgebracht durch Tangentialschüsse oder durch matte Geschosse, die auf dem Pericardio oder in demselben stecken bleiben.

§. 218. f) Schussverletzungen der Herz- und Lungen-Gefässe.

Bell, Latour und Larrey erwähnen isolirte Schussverletzungen der Lungenarterien. Niemann (bei G. Fischer) sah die Aorta losgerissen an ihrem Ursprunge aus dem Herzen; Meuchart (bei G. Fischer) einen Zweig der Art. pulmonalis verletzt. Blumhardt berichtet, dass Geschosse ohne Verletzung des Herzens durch Wunden der grösseren Lungengefässe in die Herzhöhlen gelangen können.

3. Zeichen der Herzschusswunden.

§. 219. Die Mehrzahl der Herzschusswunden (nach G. Fischer 26,5%) führt den immediaten Tod der Verletzten herbei; bei den längere Zeit Lebenden ist die Blutung bald sehr unbedeutend gewesen, bald so gross, dass in kurzem die grösste Anämie entstand. Ihre Grösse und Bedeutung wächst mit der Annäherung der Verletzung an die grossen Gefässstämme. Dass es indessen selbst bei der Verwundung der grossen Gefässstämme nicht immer zu sofort tödtlichen Blutungen kommt, beweist eine Beobachtung Demme's, in welcher bei einer penetrirenden Schusswunde der Aorta der Tod erst in der 4. Woche nach der Verletzung durch wiederholte kleinere Blutungen und grosse Anämie eintrat. Bei den Verletzungen des rechten Ventrikels war die Blutung meist bedeutender, als bei denen des linken. In den ersten Tagen nach der Verletzung findet die Blutung meist nach aussen, später nach innen statt, weil sich dann die äussere Oeffnung durch Thromben zu verlegen pflegt. Das Blut fliesst bald continuirlich, bald intermittirend, forcirte Athembewegungen vermehren die Intensität der Hämorrhagie. Meist folgte der Verletzung eine tiefe Ohnmacht, auch im spätern Verlauf der Herzschusswunden sind wiederholte Ohnmachten ein fast constantes Ereigniss. Es ist indessen auch vorgekommen, dass Herzverwundete noch kürzere oder längere Wege ohne Beschwerden zurücklegten. Ausserdem hat man Herzklopfen, einen kleinen, schwachen, frequenten Puls, grosse Blässe, Frostschauer, Zittern, Angst, kalte Schweisse etc. bei Patienten mit Herzschusswunden beobachtet. Jobert wollte ein Geräusch wie im Varix aneurysmaticus am verwundeten Herzen gehört haben. Die andern Autoren beschrieben indessen nur Reibungsgeräusche, welche durch Blutcoagula und secundäre Entzündung im Herzbeutel hervorgebracht wurden.

4. Verlauf der Herzschusswunden.

§. 220. Dass Herzschusswunden heilen können, ist erwiesen. G. Fischer berichtet 12 Fälle der Art (es wurde somit in 16,6% der Fälle Heilung erzielt). Wenn auch nicht alle diese Beobachtungen

ausser Zweifel stehen, so ist doch ein Theil derselben anatomisch
nachgewiesen. Von den Geheilten waren 7 Herzschusswunden, 5 solche
des Pericardium. Besonders in einem Falle Simons (G. Fischer
p. 867) war die Kugelwunde am 4. Tage schon so weit vernarbt, dass
man nur noch eine Sonde durchführen konnte. In neuerer Zeit
beschrieben Socin (Correspondenzblatt der Schweizer Aerzte Bd. VIII,
H. 2) und Bergmann geheilte Herzschusswunden. Die Vernarbung
geschieht wohl durch Vermittlung der Thromben, doch ist darüber
Näheres nicht bekannt. Nach Schusscontusionen des Herzfleisches
beobachtete Klebs circumscripte Myocarditis.

Der Tod erfolgt durch Verblutung und Anämie. Zur Pericarditis
kommt es selten, weil der Tod meist zu rasch eintritt. — Ein tiefer
Collaps nach der Verletzung scheint die Aussicht auf Genesung
günstiger zu gestalten, weil wohl in der synkopalen Ruhe des Herzens
die Thrombenbildung leichter und solider zu Stande kommt. Die
Schussverletzungen des Herzbeutels sind natürlich weit günstiger, als
die des Herzens.

5. Schicksal der Geschosse im Herzen.

§. 221. Dass Geschosse im Herzen ohne Gefahr einheilen
können, hatten Jagderfahrungen an Thieren schon längst erwiesen.
Beim Menschen scheint das Steckenbleiben des Geschosses die Heilung
zu begünstigen, denn unter den von G. Fischer berichteten 12 Heilungen nach Herzschusswunden finden sich 5 Fälle der Art. Im
ganzen führt G. Fischer 10 Beobachtungen von längerem Verweilen
der Geschosse im Herzen an. Ein Patient lebte noch 6, ein anderer
sogar noch 52 Jahre mit dem Geschoss im Herzen.

B. Schusswunden der Gefässe.

1. Anatomisches.

Fr. Braune hat in einer Festschrift (Leipzig 1874) die Elasticität
der Venen untersucht und dieselbe ganz beträchtlich hoch gefunden. Bei
Belastungen ist die Verlängerung der Vene den dehnenden Gewichten nahezu
proportional. Selbst bei grossen, aber kurz dauernden Belastungen bleibt
die Elasticität eine vollkommene. Er konnte die Vena saphena bei einem
jungen Manne mit 1000 gr belasten, ohne dass damit eine bleibende Verlängerung, sowie eine dauernde Gewebsveränderung hervorgebracht worden
wäre. Nach K. Bardelebens Untersuchungen verlängern sich bei Belastung mit gleichmässig wachsenden Gewichten die Venen proportional den
Quadratwurzeln der Belastung. Trägt man die procentischen Verlängerungen
auf die Ordinate und die Gewichte auf die Abscisse eines rechtwinkligen
Coordinatensystems auf, so wird nach einiger Zeit die Linie zu einer deutlichen, mit ihrer Concavität stark abwärts schreitenden Parabel. Im Anfange
dehnte ein Gewicht von 0,1 die Vene um mehr als 1,0 aus, z. B. von 15,8
auf 16,9, während später, je mehr sich die Ausdehnung der Elasticitäts-
grenze näherte, ein Gewicht von 20,0 nöthig war, damit noch eine Verlängerung von 0,5 erzielt wurde.

Genaue Versuche über die Elasticität, Dehnbarkeit und Festigkeit der Arterienwand liegen nur für einzelne Arterien vor. Evens
Versuche haben erwiesen, dass der Elasticitätscoëfficient der Arterien mit

der Belastung bedeutend zunimmt. In den Versuchen von Volkmann ertrug die Carotis eines Hammels, ohne zu zerreissen, einen Druck von 2,25 cm Hg., also ungefähr das 4fache des gewöhnlich in der Carotis herrschenden Blutdruckes, die Carotis vom Ochsen einen Druck von 2,23 cm Hg.

2. Statistisches.

§. 222. Es muss jedem aufmerksamen Beobachter auffallen, dass in den Berichten der verschiedenen Autoren aus den grössern Kriegen die Zahl der Gefässschusswunden gegenüber der der Schussverletzungen anderer Gewebe und Organe so niedrig angegeben wird. Eine nähere Betrachtung ergibt, dass dieser Thatsache theils richtige Beobachtungen, theils Täuschungen zu Grunde liegen.

a) Die Gefässschusswunden sind wirklich seltene Ereignisse. Darin stimmen fast alle Kriegschirurgen überein. Die eigenthümliche Form der Projectile sowohl, als auch die walzenförmige Gestalt, die elastische Widerstandskraft und die Beweglichkeit der Gefässe in ihrem lockern Bindegewebsbette machen die Gefässe tüchtig und fähig, vor den Geschossen auszuweichen oder ihnen auch einen bedeutenden Widerstand entgegenzusetzen. Besonders kommt diese Fähigkeit den Arterien zu. Es ist unmöglich, alle die von den Autoren berichteten Fälle, in denen die grössern Arterien den Projectilen ausgewichen sind, hier anzuführen, wir müssen uns vielmehr begnügen, auf den Fall von Guthrie (Eröffnung der Gefässscheide am Oberschenkel durch die Kugel, Verlauf derselben zwischen Arterie und Vene, Eintritt von Venenthrombose, doch völliges Intactbleiben der Arterie) und von Langenbeck (Verlauf des Projectils zwischen Arteria subclavia und Plexus brachialis, ohne die Arterie zu verletzen) kurz hinzuweisen. — Je fester fixirt aber ein Gefäss ist, desto leichter und intensiver wird dasselbe auch vom Projectil verletzt, z. B. alle in Knochencanälen verlaufenden Arterien und die Arteria iliaca etc.

Den runden Kugeln früherer Zeiten konnten die Gefässe weit leichter ausweichen, als den modernen Projectilen, wie sich aus dem, von uns in frühern Capiteln über die grosse Geschwindigkeit der letztern, über die Constanz ihrer Flugbahnen und über ihre fast regelmässige Deformirung und Zersplitterung Gesagten leicht begreifen lässt. Dem gegenüber ist aber auch wieder nicht zu verkennen, dass das kleine Kaliber und die länglich-schmale Gestalt der modernen Projectile ein Ausweichen der Gefässe vor ihnen besonders erleichtert. So mag sich denn wohl der Procentsatz der Gefässschussverletzungen bei den alten Musketenkugeln und bei den neueren Geschossen im ganzen wenig geändert haben.

Von den Splittern grober Geschosse gilt nicht das Gleiche. Sie zerschneiden die Gefässe wie Messer und lassen ihnen weder Raum noch Zeit zum Ausweichen. Demme behauptete zwar, in Italien die gefährlichen Regionen am Schenkel, in der Achsel und am Halse wiederholt von Granatsplittern schwer verletzt, die Gefässe daselbst aber intact gefunden zu haben. Doch ist auf die Berichte dieses Autors kein Werth zu legen.

b) Wenn wir nun auch zugeben müssen, dass die Seltenheit der Gefässschusswunden thatsächlich und physikalisch begründet erscheint, so dürfen wir es auch nicht vergessen, dass dieselbe vielfach eine nur scheinbare ist. Denn

α. die an den grösseren Gefässen Verletzten verbluten sich in grosser Zahl auf den Schlachtfeldern und kommen sehr selten und nur unter besonders günstigen Bedingungen noch in die ärztliche Behandlung. Daher wird ein grosser Theil der Gefässschussverletzungen gar nicht in Rechnung gestellt. Aspiration von Luft führt nach den Schussverletzungen der grossen, in der Nähe des Thorax gelegenen, fixirten Venen Verblutung, nach den Verwundungen grösserer Arterien den jähen Tod herbei. Ballingal und Morand veranschlagten die Zahl der an Verblutung auf dem Schlachtfelde Gestorbenen auf 75%. Diese Annahme ist aber sicher übertrieben. Im zweiten schleswig-holsteinischen Kriege hatten von 387 gefallenen Preussen 196 Schusswunden am Kopfe, 125 am Halse und der Brust, 44 am Unterleibe und dem Becken und 15 an den Extremitäten. Von diesen Todesfällen kann man doch aber nur die letztern ganz, die Verletzungen des Unterleibs zum grössten Theile, die des Halses und der Brust zum Theil, die des Kopfes aber nur zum kleineren Theile auf Rechnung der Verblutung setzen. Nach Legouests Schätzung starben von 160 Todten auf den Schlachtfeldern der Krim 18 an Verblutung. Diese Angaben erscheinen mir wieder im Vergleich zu den obigen Löfflers entschieden viel zu niedrig gegriffen. Das Richtigste trifft wohl Lidell, welcher unter 43 vor Petersburg im nordamerikanischen Kriege Gefallenen, von denen 23 Kopfwunden, 15 Brustwunden, 5 Wunden am Abdomen zeigten, bei der überwiegenden Zahl der 20 Letztern den Verblutungstod durch die ungemeine Blässe und durch das reichlich nach aussen ergossene Blut constatiren konnte und somit die Zahl der auf den Schlachtfeldern Verbluteten auf 50% taxirt. Das würde etwa mit flüchtigen Schätzungen übereinstimmen, die ich auf den Schlachtfeldern der deutschen Kriege zu machen Gelegenheit hatte.

β. Ein Theil der Gefässschusswunden bleibt wahrscheinlich auch während der Lazarethbehandlung latent, weil es sofort zu einem thrombotischen Verschluss der kleinen Verletzungen und unter günstigen Verhältnissen dann zu einer dauernden Heilung derselben kommen kann und mag, oder weil die Verletzten an andern schweren Verwundungen zu Grunde gehen, ehe noch Blutungen oder andere sichere Zeichen der begleitenden Gefässschusswunden eintreten konnten.

Wie häufig diese Ereignisse sind, lässt sich natürlich nicht sagen, oft genug sind aber bei den Obductionen Verletzungen grosser Gefässe aufgedeckt, von denen Niemand eine Ahnung hatte. Wir werden auf den folgenden Blättern derartige Fälle noch kennen lernen.

Aus diesen Gründen und aus der Erfahrung, dass die Gefässschusswunden erst im spätern Wundverlaufe in die Erscheinung treten, erklären sich die schwankenden und differenten Angaben der Autoren und die grosse Schwierigkeit, zur Zeit sichere Daten über die Häufigkeit der Schussverletzungen der Gefässe im allgemeinen zu bringen. Demme hat dieselben zum Beispiel bei den schwereren, d. h. bei den zum Tode oder zur Amputation führenden Wunden der österreichischen Vollkugeln auf 25%, bei denjenigen der französischen Hohlprojectile auf 31% berechnet. Das wären enorm hohe Ziffern! Das Circular Nr. 6 der Amerikaner berichtet dagegen nur 44 Arterienverletzungen auf 87,822 Schusswunden — also nur 0,05%. Das wären wieder enorm niedrige Zahlen! Auch Longmore weiss nur von 15 Gefässschusswunden auf 4434 Verwundete der englischen Armee in der Krim (also nur 0,3%) und Pirogoff berichtet aus dem letzten russisch-türkischen Kriege nur 68 Gefässschusswunden auf 32,953 Verwundete (also 0,2%). Ebenso hat Löffler nur von sehr wenigen Gefässschusswunden an den obern Extremitäten im zweiten schleswig-holsteinischen Kriege Nachrichten gebracht: die Gefässschusswunden bildeten unter den Schusswunden der obern Extremitäten nur 1,6% und unter denen der Schulter und des Oberarms allein nur 2,8%. — Nach einer oberflächlichen Schätzung, welche ich aus den Berichten über den deutsch-französischen Krieg gemacht habe, scheinen mir Stromeyers Ergebnisse in Langensalza im allgemeinen das Richtige zu treffen, wenn er die Häufigkeit der Gefässschusswunden zu den Verwundungen überhaupt auf 3% (auf 765 Wunden 26 Gefässschusswunden) taxirt. Jeder Krieg und jede Schlacht mögen darin andere Ergebnisse bringen. Es ist ja bekannt, dass die Aerzte nach einigen Schlachten sehr grosse Noth und Arbeit durch die Blutungen hatten, nach andern fast gar keine.

Etwas mehr wissen wir über die Häufigkeit der Schussverletzungen an bestimmten Arterien (vide Tabelle O auf S. 199). Die Ergebnisse aus dieser Zusammenstellung liegen auf der Hand. Danach werden die Gefässe der unteren Extremitäten am häufigsten von den Schusswaffen verletzt, unter ihnen am meisten die des Oberschenkels, doch stehen ihnen die des Unterschenkels im ganzen wenig nach. Darauf folgen in der Frequenzscala die Gefässe der obern Extremitäten. Der Unterschied zwischen beiden ist ein so beträchtlicher, dass die untern Extremitäten fast durchweg mehr als noch einmal so häufig, wie die obern, Gefässschusswunden darbieten. Unter den obern Extremitäten werden die Gefässe besonders oft an den Oberarmen, seltener, doch ohne zu grosse Differenzen, an den Vorderarmen verletzt. Die Gefässschusswunden an dem Carotis- und Achsel-Gebiet sind ziemlich gleich häufig.

§. 223. Auch über das Verhältniss der Häufigkeit der Gefässverletzungen bei Weichtheilschüssen zu denen bei Schussfrakturen besitzen wir von Gähde eine interessante Zusammenstellung. Von 28 Gefässschussverletzungen im Bereiche der Carotis waren alle mit Frakturen complicirt = 100%. Von 65 Gefässschussverletzungen an den oberen Extremitäten waren 18 bei Weichtheilschüssen (27,3%) und 47 bei Schussfrakturen (72,7%) und zwar kommen auf Gefässschusswunden:

22 der Achselgegend: 3 Weichtheilwunden (13,6%), 19 Schussfrakturen (86,4%),
22 des Oberarms: 9   „   (40,9%), 13   „   (59,1%),
17 des Vorderarms: 5   „   (29,4%), 12   „   (70,6%),
 4 der Hand: 1   „   (25%),   3   „   (75%).

Von 103 Gefässschusswunden der unteren Extremitäten waren 36 (34,9%) bei Weichtheilschusswunden, 67 (65,1%) bei Schussfrakturen, und zwar kamen auf Gefässschusswunden:

65 des Femur: 30 Weichtheilwunden (46%). 35 Schussfrakturen (54%),
33 „ Crus: 6   „   (18%). 27   „   (82%),
 5 „ Fusses: 5   „   (100%).

Tabelle O.

Krieg. / Gesammtzahl der Arterienverletzungen.	Nordamerika: Circular 6. 403. Bei 15 Sitz unbekannt.	Demme: Italienischer Krieg. 112 der Extremitäten.	Gähde: Aus d. 3 letzten deutschen Kriegen. 195.	Hermann Schmidt: Arterienverletzungen bei Schussfr. aus allen Kriegen. 306.	Pirogoff: Russisch-türk. Krieg. 68.
Hals-Gebiet.					
Carotis communis	49 = 12,1% } 12,6%		28 = 14,3%		4 = 5%
" externa	2 = 0,4%				
Achsel-Gegend.					
Subclavia	35 = 8,5% } 14,6%		22 = 11,7%	20 = 6,6%	4 = 5,9% } 11 = 36%
Axillaris	24 = 5,9%				7 = 10,3%
Obere Extremitäten.					
Brachialis	64 = 18,3%	12 = 10,7%	22 = 11,7%	64 = 20,9%	17 = 25%
Radialis	14 = 3,4% } 22,08%	42 = 37,4% } 30 = 26,7%	17 = 8,6% } 43 = 22%	39 = 12,7% } 113 = 36,8%	4 = 5,9% } 21 = 30,8%
Ulnaris	11 = 2,7%	30 = 26,7%	4 = 1,1%	10 = 3,2%	21 = 30,8%
Art. der Hand	—				
Iliacal-Gegend.					
Iliaca communis	3 = 0,7%				9 = 13,2%
" externa	16 = 3,9% } 5,2%				
" interna	2 = 0,4%				
Unt. Extremitäten.					
Femoralis	108 = 26,7%	70 = 62%	65 = 33,3%	60 = 19,6%	15 = 22%
Profunda femoris	7 = 1,7%			6 = 1,9%	
Poplitea	16 = 3,9%	41 = 36,3%	33 = 17,4% } 103 = 52,8%	92 = 30% } 173 = 56,5%	8 = 11,7% } 23 = 33,7%
Art. tibial. antica	16 = 3,9% } 41,6%	29 = 25,8%	5 = 2,6%	15 = 4,9%	23 = 33,7%
" " postica	19 = 4,7%				
Peronaea	2 = 0,4%				
Art. des Fusses					

Demnach waren also über die Hälfte aller Schussverletzungen der Gefässe mit Schussfrakturen verbunden, an einzelnen Körperstellen alle. Interessant ist, dass hiebei, dem Reichthum und der Fülle der bedeckenden Weichtheile entsprechend, das Femur am günstigsten, die Knochen des Fusses, der Achselgegend und des Unterschenkels sich am ungünstigsten stellen.

§. 224. Ueber die Häufigkeit der Venenschusswunden lassen sich noch viel weniger bestimmte Angaben machen, als über die der Arterien. Im allgemeinen kann man aber behaupten, dass Schussverletzungen der Venen häufiger sind, als der Arterien, weil das Venennetz viel reicher entwickelt ist und weil die dünnen Wandungen derselben und ihre weniger runde Form ein Ausweichen derselben vor den Projectilen erschweren. Auffallend bleibt es, dass dennoch den Kriegschirurgen Venenblutungen nur selten zur Behandlung kommen, obwohl bei den Venen der Einfluss der Retraction auf die spontane Blutstillung ganz wegfällt. Die Venenblutungen stehen eben leichter, weil der Druck in den Venen schwächer und eine rückstauende Blutströmung durch die Klappen verhindert ist. Nur bei den Schussverletzungen der grossen Venen, besonders wenn dieselben noch fixirt sind (wie die Axillaris, Subclavia, Femoralis), sieht man oft heftige Blutungen eintreten.

3. Arten der Gefässschusswunden.

A. Arterienschusswunden.

§. 225. a) Die Arterien sind von einem in seiner nächsten Nähe eingedrungenen Projectil oder Knochensplitter comprimirt und verschlossen, die Wandungen derselben bleiben aber unverletzt. Eine solche Beobachtung theilt Kirchhoffer mit. Es trat in Folge der Arteriencompression Gangrän des Gliedes ein. Longmore beobachtete einen Fall, in welchem eine ins Felsenbein eingedrungene und dort fixirte Kugel später die Arterienwand arrodirte.

b) Das Projectil entblösst eine Arterie an einer Seite oder rundherum (sie vollständig aus ihrer Verbindung lösend). Dies Ereigniss tritt bei Abreissungen von Haut und Muskeln durch grobes Geschoss besonders oft am Oberschenkel (Stromeyer) ein, oder bei Rinnenschüssen oder blinden Schusscanälen von Projectilen der Handfeuerwaffen, wovon Beck mehrere Beispiele berichtet.

c) Die Arterie wird vom Projectil gequetscht. Diese Verletzung ist noch nicht anatomisch nachgewiesen und wird daher von Klebs in Frage gestellt. Der Verlauf mancher Gefässschusswunden ist aber nur aus der Annahme einer Contusion des Gefässes zu erklären. Bei derselben kann das Gefäss blossgelegt oder noch von den Weichtheilen bedeckt sein. Quetschungen der Arterien bewirken Projectile, welche in blinden Schusscanälen auf den Arterien liegen bleiben, oder welche dieselben bei Seite schieben. Auch indirecte Geschosse können die Arterien contundiren. Zuweilen trifft die Quetschung nur einen Theil der Arterienwand, zuweilen die ganze Arterie. Dabei kann die Adventitia zerreissen oder die Intima, während die andern Häute intact bleiben. Im ersteren Falle bildet sich ein Aneurysma, im letztern eine Thrombose des ganzen Gefässes mit Verschluss desselben. Es kann unter diesen Umständen noch Heilung eintreten unter völligem Verschluss des Gefässrohres nach Bildung eines Collateral-Kreislaufes, oder es eröffnet sich durch spätere Einschmelzung der Thromben das Gefässlumen wieder, oder die Circulation wird so mächtig gestört, dass Brand des Glieds die Folge ist. Durch die Contusion braucht aber nicht immer eine Verletzung am Arterienrohre gesetzt zu sein, es treten auch blutige Suffusionen in und unter die Häute derselben mit oder ohne Lähmung oder Zerreissung der ernährenden Gefässe der Gefässwandungen ein. Dann bildet sich meist ein Brandschorf im ganzen Bereiche der Contusion, bei dessen Abstossung es zu Blutungen kommt, wenn das contundirte Gefäss nicht schon vorher durch Thromben geschlossen war.

Im allgemeinen sind die Contusionen der grossen Arterien wohl sehr selten, Klebs konnte sie kein einziges Mal anatomisch nachweisen. Sehr oft aber wird die Arterie nicht contundirt, wenn sie auch ganz im Bereiche der Verletzung und im scheinbar innigsten Contact mit dem Projectil liegt (vide §. 222).

d) Die Arterie wird durch das Projectil gezerrt und an einer von der Verletzung entfernten Stelle theilweis oder ganz zerrissen. Dabei streift das Projectil die Arterie, spannt und zerrt dieselbe nach ihrer Längsaxe, bis sie an einem entfernten Punkte, wo sie dünner wird oder durch feste Fixationen einen grössern Widerstand setzt, zerreisst. Sind einzelne Häute zerrissen, so bildet sich fern von der primären Verletzung ein Aneurysma, sind es alle Häute, so tritt ein Aneurysma spurium (arterielles Hämatom) oft von beträchtlichem Umfange, zuweilen sogar über ein ganzes Glied verbreitet, ein. Die Intima erfährt dabei wohl am häufigsten, wie die Experimente von Bryant gezeigt haben, eine Ruptur. Dadurch entstehen Aufrollungen der Intima in Form verschliessender Klappen, oder die Klappen sind unvollständiger und unregelmässiger, leisten aber doch einem stärkern Andrang noch Widerstand, oder die Intima wird ganz unregelmässig zerrissen und bildet erst mit dem Thrombus zusammen einen Verschluss des Gefässrohres.

e) Ein Knochensplitter, Projectil oder ein mitgerissenes Geschoss dringt in das Gefäss ein, bleibt in demselben stecken und verschliesst längere oder kürzere Zeit die Wunde, indem sich Thromben an dem fremden Körper bilden. Sehr selten bleibt wohl dieser Verschluss ein definitiver durch eine sich an den provisorischen Thrombus anknüpfende feste Organisation. Meist wird der fremde Körper durch die Eiterung gelockert und es kommt dann zu Blutungen. Von Knochensplittern, die in Arterien stecken blieben, theilt Beck eine ganze Reihe von Beobachtungen mit. Das interessanteste Factum darunter bildet der Verschluss einer Schusswunde der Subclavia über der ersten Rippe durch einen Knochensplitter während 20 Tagen. Es ist wahrscheinlich, dass die Mehrzahl der Gefässverletzungen bei Schussfrakturen durch die Splitter der Knochen und nicht durch das Projectil selbst bedingt werden. Klebs meint, dass unter den von ihm secirten 7 Arterienwunden 5 durch Knochensplitter entstanden seien. Fast alle Schussverletzungen der Subclavia,

welche wir genauer kennen, sind durch Splitter der Clavicula oder
der ersten Rippen bedingt gewesen (Bergmann, Amerikanischer
Gesammtbericht). Besonders und mit Recht verrufen waren in
dieser Hinsicht die Unterkieferschussfrakturen, weil die Splitter derselben so häufig die Carotis oder grössere Aeste derselben verletzten
(Mahon, H. Fischer, Mc. Cullough). In den von Schmidt
zusammengestellten 306 Gefässschusswunden bei Schussfrakturen ist
die Verletzung durch Knochensplitter 11mal (1mal der Clavicula, 2mal
des Humerus, 1mal des Radius, 2mal des Femur, 4mal der Tibia)
und nur 2mal durch das steckengebliebene Geschoss (am Femur)
anatomisch nachgewiesen. Kleine scharfrandige Wunden ohne Substanzverluste, lange, schmale Risse, besonders Längsrisse der Gefässe,
das Fehlen von ausgedehnten Zerreissungen der Intima machen die
Annahme einer Verletzung durch Knochensplitter wahrscheinlich,
während die von Projectilen erzeugten Wunden an den Gefässen als
umfangreiche, sehr unregelmässige und zerrissene Defecte erscheinen,
an welchen die Muscularis meist weit weniger verletzt ist, als die
Intima. — Die Projectile, welche in den Gefässen stecken, lösen sich
meist schneller durch ihre Schwere, als die Knochensplitter. Beispiele
der Art berichten Beck von der Carotis interna, von der Aorta
abdominalis und H. Fischer von der Carotis communis. Es ist daher
keine seltene Erscheinung in der Kriegshospitalpraxis, dass nach
Kugel- oder Knochensplitter-Extractionen heftige Blutungen eintreten,
wie auch wiederum durch Splitterextractionen oder Resectionen Blutungen
gestillt werden.

f) Es wird eine Wunde in die Arterie gerissen, doch
bleibt der Cylinder derselben dabei erhalten. Scharfe Projectile, Splitter groben Geschosses oder von zerschmetterten Knochen,
spitze indirecte Geschosse machen Schnitt-, Stich- und Risswunden im
Längs-, Quer- oder Schrägdurchmesser der Gefässwand. Die Längs-
wunden klaffen und bluten nicht, die queren und schrägen beträchtlich.
Nach Klebs' Erfahrungen sind Querrisse etwas häufiger, als Längsrisse.
Die Stichwunden schliessen sich meist leicht durch Thromben. Auch
stark gequetschte Defecte mit sehr unregelmässigen gezackten Rändern
erzeugen die Projectile an den Gefässwandungen. Bei grössern Arterien
geht ein Projectil auch oft quer durch die Arterien und macht eine
Eintritts- und Austrittswunde. Der nordamerikanische Gesammtbericht
bildet eine solche Verletzung der Iliaca ab.

Diese Verletzungen sind desshalb so gefährlich, weil die primären
Blutungen bei ihnen meist durch Gerinnsel, die das Lumen der Wunde
verlegen, bald stehen und dann im späteren Wundverlaufe durch
Lockerung derselben wieder in gefahrvoller Weise eintreten. Wenn
die Gefässwunde dabei durch einen davorliegenden Knochen verschlossen
wird, so braucht gar keine Blutung einzutreten und das Gefäss kann
vollständig functioniren, wie es von Socin und Klebs bei einer
queren Schusswunde der Aorta thoracica beobachtet wurde.

g) Die Arterie wird bis auf eine schmale Brücke einer
Wand von dem Projectil durchrissen (rinnenförmige Arterienschusswunde). Dies sind unstreitig die gefahrvollsten Arterienschusswunden, weil stets eine unvollständige Retraction der Arterienenden
nach beiden Seiten statt findet, wodurch der Defect vergrössert, die

Thrombenbildung erschwert und eine andauerude und schwere Blutung unterhalten wird.

h) Die Arterie wird völlig abgeschossen. Die Enden derselben können sich nun frei zurückziehen und stehen oft handbreit auseinander. Dadurch wird die Blutung bei der Verletzung kleinerer Arterien oft definitiv, bei der der grössern vorläufig gestillt oder ganz verhindert. Ränder und Formen der Arterienschusswunden gestalten sich je nach der Perkussionskraft der Geschosse, welche dieselben hervorbrachten, in derselben Weise verschieden, wie die der Schussverletzungen der Weichtheile.

i) Arterien und Venen trifft gemeinsam dasselbe directe oder indirecte Geschoss. Dabei werden entweder Arterien und Venen ganz durchrissen, oder nur die correspondirenden Wände derselben gleichzeitig verletzt. Im erstern Falle ist meist eine tödtliche Blutung und Brand des Glieds, im letztern die Bildung eines Varix aneurysmaticus die Folge der Verletzung.

k) Es wird die Arterie mit dem ganzen Gliede durch grobes Geschoss fortgerissen. In diesen Fällen erfolgt die Zerreissung der Arterien nicht durch das Geschoss, es wird vielmehr durch den abgerissenen Theil des Gliedes das elastisch dehnbare Gefäss so lange gespannt und gezerrt, bis zuerst die innern Häute reissen und sich aufrollen, während die Adventitia noch widersteht. Dabei wird letztere zuweilen noch um ihre Längsaxe gedreht. Diese Torsion leugnet zwar Roser, sie ist aber doch von sichern Beobachtern beschrieben. Wenn die Adventitia nun auf dem höchsten Punkte ihrer Dehnbarkeit angelangt ist, so reisst sie gleichfalls durch, nachdem bereits das Arterienlumen einen vollständigen Verschluss, wie bei einer ausgezogenen Glasröhre erfahren hat. So kommt es, dass dem Abreissen grösserer Glieder durch grobes Geschoss nicht stets unmittelbar der Tod folgt. Heine berichtet 7 Fälle der Art, eine Zahl, welche man aus der Literatur und eigenen Erfahrung leicht bedeutend vermehren könnte.

In andern Fällen, besonders bei der Einwirkung enormer Gewalten, reisst die Arterie auch jählings durch und eine tödtliche Blutung ist die Folge.

B. Venenschusswunden.

§. 226. Die Venen verhalten sich dem Anprall der Projectile gegenüber ähnlich, wie die Arterien und werden auch in derselben Weise durch dieselben verletzt.

a) Quetschungen der kleineren und grösseren Venen durch matte Geschosse sind wohl kein seltenes, doch meist schwer zu erweisendes Ereigniss. Die darnach folgenden Thrombosen haben wir als eine sehr gefährliche Quelle der Thrombophlebitis nach Schussverletzungen zu betrachten.

b) Subcutane Zerreissungen der Venen hat man nach Contusionen der Gliedmassen durch grobes Geschoss beobachtet, z. B. Velpeau 3mal an der Vena cava ascendens, Gross an der Vena lienalis etc.

c) Auch die Einrisse und Schusswunden der Venen

werden seltener durch Projectile, als durch Splitter der zerbrochenen Knochen hervorgebracht. Besonders verrufen ist in dieser Hinsicht wieder die Gegend des Unterkiefers, in welcher man so oft heftige venöse Blutungen nach Schussverletzungen beobachtete, z. B.:

v. Langenbeck: Schuss von rechts nach links in den Mund, das Projectil steckte unter den linksseitigen Nackenmuskeln. Schussfraktur des linken Ramus mandibulae. Starke kurze primäre Blutung. Am 8. Tage profuse tödtliche Blutung aus dem Munde. Die innere Wand der Vena jugularis interna fand sich zerrissen.

Zuweilen blieben Projectil oder Knochensplitter stecken und verlegten die Venenwunde, z. B.:

Stromeyer: Schuss in den vorderen Theil der linken Unterkieferhälfte, die Knochenfragmente waren tief in den Rachen hinein geschleudert. Am 4. Tage Tod durch Verblutung. In einem 5″ langen Risse der Vena jugularis interna steckte ein Knochensplitter vom Unterkiefer.

Harald Schwarz: Büchsenkugel von der Mundhöhle her die linke Unterkieferhälfte zerschmetternd. Einriss der Vena jugularis interna und Steckenbleiben des Projectils in der Venenwunde. Projectil deutlich zu fühlen, doch nicht extrahirt. Tod durch Pyämie. Bei der Section fand sich der Riss in der äusseren Venenwand geheilt und verklebt, das Venenlumen verkleinert, doch erhalten.

d) In seltenen Fällen wurde die Vene ganz vom Projectil durchrissen, während die Arterie intact blieb (Heine: an der Vena poplitea, Blandin: an der Vena azygos).

4. Zeichen der Gefässschusswunden.

§. 227. Bei der Diagnose einer Gefässschusswunde muss man zunächst

1) die Lage und den Verlauf des Schusscanals in Betracht ziehen. Verläuft derselbe durch die anatomische Region grosser Gefässstämme, so muss man, wenn auch noch alle andern Zeichen einer Gefässverletzung fehlen und trotz der Thatsache, dass die Projectile den Gefässen sehr oft auszuweichen pflegen, stets den Kranken so beobachten und behandeln, als seien die Gefässe durch die Schussverletzung mit betroffen. Man kann sich aber auch bei einer scheinbar entfernten Lage der grösseren Gefässe von der Schusswunde nicht ganz in Sicherheit fühlen, denn dieselben können doch eine Quetschung, Dehnung oder Zerrung erfahren haben, oder durch Ablenkungen der Projectile, durch indirecte Geschosse etc. mit verletzt sein.

§. 228. 2) Die Verletzungen der Nerven, welche in der Nähe grösserer Gefässe liegen, sollen den Chirurgen wachsam halten, weil dann auch sehr oft die Gefässe von den Projectilen gestreift, gequetscht oder verletzt sind. Ausnahmen gibt es genug von dieser Regel, dieselben heben aber doch die letztere nicht auf.

§. 229. 3) Die Blutung ist das wichtigste Zeichen einer Gefässschussverletzung. Man unterscheidet:

α. Primäre, d. h. gleich oder kurze Zeit nach der Verletzung auftretende Blutungen. Seit Alters her ist den Kriegschirurgen die bemerkenswerthe Thatsache aufgefallen, dass grosse primäre Hämorrhagien bei den Schusswunden zu den Seltenheiten gehören. Das

Fehlen der Blutung schliesst also eine Gefässschussverletzung nicht aus. Guthrie nahm das Verhältniss der primären Blutungen zu den Verwundungen durch Schusswaffen im Verhältniss wie 18 : 100 an. Auch Stromeyer überzeugte sich von der relativen Seltenheit grösserer Blutungen bei Schusswunden. Er besitzt ein Präparat einer völlig durchschossenen Art. vertebralis, aus welcher trotz des weiten Transportes und trotz des an Meningitis, also in grosser Unruhe des Patienten erfolgten Todes doch keine Blutung eingetreten war und einer ebenso verletzten Art. brachialis, welche erst nach drei Wochen bei einer Splitterextraction blutete; er sah ferner einen 6''' langen Riss in der Arteria femoralis erst nach 8 Tagen zur Blutung führen und einen 5''' langen Riss der Vena jugul. interna ohne Blutung heilen. Longmore berichtet, dass aus einer zerschossenen Carotis die Blutung erst am 10. Tage eingetreten war. Die kriegschirurgische Literatur ist reich an solchen Beobachtungen. Dennoch variiren die Angaben der Autoren über die Häufigkeit der Blutungen auf den Verbandplätzen beträchtlich. Neudörfer will im italienischen, Lidell im amerikanischen unter Tausenden von Verwundeten nach den grössten Schlachten keine primäre Blutung gesehen haben, Demme dagegen, dessen Angaben aber wenig zu trauen ist, unter 200 anatomisch constatirten Gefässschussverletzungen nach Einwirkung von Hohlgeschossen 20mal (also bei 10%), nach Einwirkung von Vollkugeln nur 8mal (also bei 4%) eine primäre Blutung beobachtet haben. Auch Pirogoff hatte auf den grossen Verbandplätzen vor Sebastopol täglich grössere Primär-Blutungen, die freilich selten die Ligatur erforderten. Unter den von H. Schmidt zusammengestellten 366 Gefässschussverletzungen bei Schussfrakturen waren nur 52 primäre Blutungen vorgekommen (14,2%) und unter diesen hatten nur 15 Primär-Ligaturen nöthig gemacht (28,8%), da die Blutung in allen andern Fällen spontan stand. Unter den von Gähde zusammengestellten 195 secundären Blutungen nach Schusswunden werden nur 7 primäre (also 3,8%) erwähnt. Unter 76 Ligaturen der Arter. brachialis, welche im nordamerikanischen Gesammtbericht beschrieben wurden, waren nur 13 primäre (17,1%). Billroth will weder von einer primären Blutung in Frankreich etwas gehört, noch eine solche selbst beobachtet haben.

Trotzdem glaube ich nach meinen Erfahrungen behaupten zu können, dass die Schusswunden ebenso oft und reichlich primär bluten, wie alle andern Wunden. Schon in Schleswig-Holstein fiel es mir auf, dass alle Verwundeten, die auf die Verbandplätze kamen, bluteten oder auf Befragen von mehr oder minder grossen Blutungen berichteten. Ich habe nach dem Sturm auf die Düppler Schanzen 1864 die Art. longa pollicis, die Circumflexa humeri anterior, die Radialis künstlich verschliessen und eine grosse Zahl von kleineren Blutungen durch Compression stillen müssen. 1870 bin ich daher der Frage, ob die Schusswunden primär bluten, in Frankreich besonders nachgegangen und habe bei jedem Verwundeten darnach genaue Erkundigungen eingezogen. Unter 51 secundären Blutungen, die ich dort beobachtete, waren nur in 9 Fällen keine grösseren primären vorhanden gewesen, in 82,4% wurde dieselbe von den Verwundeten genau und bestimmt angegeben. Man braucht auch nur die Kranken tragen, die Wege, welche die Verwundeten oder ihre Träger zu den

Verbandplätzen genommen haben, oder die Kleidungsstücke der verletzten Soldaten anzusehen, um sich davon zu überzeugen, dass die Schusswunden stark primär zu bluten pflegen.

Woher kommt nun aber der alte Glauben, dass dies nicht der Fall sei und woher die differenten Angaben der Autoren über diese wichtige Frage? Wir haben schon erwähnt, dass über 50% der Gefallenen an Verblutung gestorben sind. Diese tödtlichen Blutungen werden zunächst von den meisten Autoren nicht mit in Rechnung gestellt. Es steht ferner erfahrungsgemäss fest, dass ein grosser Theil der primären Blutungen von selbst zum Stillstande kommt und dann auch definitiv oder wenigstens bis zur Lazarethbehandlung der Verwundeten sistirt bleibt. Unterbindungen grosser Gefässe gehören daher auf den Verbandplätzen zu den seltensten operativen Eingriffen. Geblutet aber haben diese Verwundeten fast ohne Ausnahme und würden die Thatsache auch gleich berichten, wenn sie nur darnach gefragt würden. Da dies nicht geschieht, die Blässe der Verletzten in der Unruhe und Arbeitslast von den Aerzten auf den Verbandplätzen nicht beachtet wird, da die erschöpften, aus tiefen Ohnmachten erwachten Verwundeten meist keine oder unsichere Angaben über ihr Befinden kurz nach der Verletzung machen können oder mögen, so bleiben die primären Blutungen so oft verborgen. Damit soll natürlich nicht gesagt sein, dass alle Beobachtungen von Schussverletzungen der Gefässe, die nicht zu primären Blutungen geführt haben, auf Irrthum beruhten. Die bewährtesten und vorsichtigsten Autoren berichten solche Fälle und wir werden die Umstände, unter denen die Blutungen bei Gefässschusswunden ganz ausbleiben oder sofort zum Stillstande kommen können, gleich kennen lernen.

Die primären Blutungen können nach innen in eine Körperhöhle oder frei nach aussen gehen. Auch die nach innen strömenden Blutungen können sofort tödtlich werden, da die Bauchhöhle und Brusthöhle gross genug sind, um die bedeutendsten Blutverluste aufzunehmen. Je oberflächlicher eine Arterie liegt, wie die Axillaris, Femoralis etc., um so gefährlicher ist ihre Verletzung, weil für die spontane Stillung der Blutung die begünstigenden Momente fehlen. Am constantesten treten die primären Blutungen bei den rinnenförmigen Trennungen des Arterienstammes, bei Durchbohrungen der Arterien und Venen zu gleicher Zeit und bei vollkommner oder fast totaler Durchtrennung der Arterien ein. Wodurch kommt nun die primäre Blutung zum Stillstand? Zunächst und am häufigsten wohl in Folge einer durch die eigenthümliche Beschaffenheit der Arterienschusswunde bedingten, sehr beschleunigten Thrombusbildung oder in Folge der Aufrollung der Intima oder in Folge der Retractionen der durchschossenen Arterien, oder in Folge der Verlegung der Arterienschusswunde durch eingedrungene fremde Körper, oder durch Torsionen und Ausziehen der Adventitia bei Abreissungen ganzer Glieder etc. etc. Das Blut gerinnt an den Wandungen des Schusscanals und an den Muskelfetzen desselben. Es steht also die Blutung, weil ihr der Weg nach aussen versperrt ist. Um die Gefässwunden liegen die Thromben Schicht auf Schicht (früher provisorischer Thrombus, jetzt primäres arterielles Hämatom genannt [Klebs]). Das Schicksal dieser kleineren oder grösseren periarteriellen Blutansammlungen entscheidet auch das der Gefässschusswunden. Je grösser die durch die Blutung gesetzte Anämie wird, desto leichter bildet sich auch der verschliessende Thrombus. Dennoch ist es schwer, das Ausbleiben der primären Blutungen bei den Schussverletzungen grösserer Arterien unter allen Umständen zu erklären. Man sieht nämlich zuweilen, wie besonders Pirogoff gezeigt hat, die grossen Gefässe, z. B. die Art. cruralis unter dem Lig. Poupartii und die Axillaris an ihrem Ursprunge sammt dem Gliede abgerissen vor seinen Augen liegen, pulsiren und doch nicht bluten. Das Blutgerinnsel an der Rissstelle fehlt dabei oder ist so schwach, dass es jeder Zeit leicht abgerissen werden könnte. Noch auffallender ist aber die von Pirogoff hervorgehobene Thatsache, dass bedeutende Arterienstämme, welche bei der Amputation des von Bombensplittern zerschmetterten Gliedes durchschnitten wurden, zwei Stunden lang nicht bluteten. Die Erklärung dieser unerklärbaren Zustände sucht Roser nicht in der Bildung eines Thrombus, sondern in der Zusammenziehung des Arterien-Lumens durch den an die Adventitia sich „anfilzenden" Faserstoff, Pirogoff in einem lähmungsähnlichen Zustande der Gefässe, Porta nimmt eine augenblickliche Retraction des abgerissenen centralen Arterienstumpfes bei gleichzeitiger Zusammenziehung des Arterienlumens bis über die Hälfte des natürlichen Durchmessers an, wobei dann die Adventitia in Form einer conischen Klappe die in das Lumen zurückgezogene Intima berühre und so schon, ganz abgesehen von dem bald sich an die Adventitia ansetzenden Thrombus und der Schwellung der benachbarten Weichtheile, einen mechanischen Verschluss des Gefässes bewirke. Wenn sich auch Verneuil dieser Ansicht Porta's anschliesst, so können wir ihm hierin doch nicht folgen, da dieselbe mit unserem physiologischen Wissen zu wenig in Einklang zu bringen ist. Vielleicht spielt der Shoc dabei eine wesentliche Rolle, weil durch ihn das Blut sich in den Organen der Bauchhöhle anhäuft und der Peripherie des Körpers entzogen wird.

§. 230. Das von den Arterien Gesagte gilt noch im erhöhten Grade von den Venen, da bei den Schusswunden derselben grosse primäre Blutungen noch seltener vorkommen. Nur bei den Schusswunden der Venen in der Diploë der Schädelknochen finden bisweilen sehr starke und andauernde Blutungen statt. Dagegen stehen die Blutungen aus den verletzten Sinus der harten Hirnhaut sehr leicht. Diese Blutungen charakterisiren sich durch die rhythmische Verstärkung bei der Exspiration.

Aus diesen Erörterungen ergibt sich, dass eine primäre Blutung, sei sie eine spontan gestillte oder nicht, das werthvollste Zeichen der Gefässschussverletzung ist und dass der Kriegschirurg, so oft er eine solche aus den Berichten der Verletzten oder nach der eigenen Beobachtung constatirt, auch mit Sicherheit die Schussverletzung eines grossen Gefässes annehmen muss, dass er aber auch beim Mangel einer primären Blutung eine Gefässschussverletzung nicht ausschliessen darf.

§. 231. β. Die secundären Blutungen: d. h. die im spätern Verlauf der Verwundung eintretenden. Dieselben sind häufiger, als die primären nach Schussverletzungen der Gefässe und nehmen in einer bestimmten Zeit des Wundverlaufes die ganze Aufmerksamkeit

und Tüchtigkeit des Hospital-Arztes in Anspruch. Dass eine Gefässschussverletzung ohne jede Blutung verläuft, gehört, wenn nicht durch
andere Momente ein frühzeitiger Tod bedingt wurde, zu den grössten
Seltenheiten, wie wir eben gezeigt haben. Die secundären Blutungen
knüpfen sich meist an bestimmte Stadien des Wundverlaufes oder an
operative Eingriffe (Kugel- und Splitterextractionen etc.), unzweckmässige
Bewegungen, rohe Transporte und Verbände etc. In den von Schmidt
zusammengestellten Fällen trat die Blutung in 12 Fällen direct nach
Splitter- und in 3 Fällen nach Kugel-Extractionen auf. Besonders
hervorzuheben ist ferner der Einfluss der Gemüthsbewegungen bei
Blessirten als Causal- oder Unterstützungsmoment für die Entstehung
secundärer Blutungen. Neudörfer erzählt, dass nach einer in der Nähe
des Hospitals von Verona erfolgten Explosion von Schiesswolle, wobei
die Blessirten für ihr Leben fürchteten, während der folgenden 24
Stunden sehr viele Nachblutungen sich einstellten. Stromeyer beobachtete mehrere Male Secundär-Blutungen nach Coitus bei Verletzten,
welche sich ihre Frauen zur besseren Pflege hatten nachkommen
lassen. Die secundären Blutungen brauchen sich nicht nur nach aussen
zu ergiessen, das Blut strömt auch bei ihnen in die Höhlen des Körpers
oder in das subfasciale oder intermusculäre Bindegewebe. Bei den
Arterien blutet nicht bloss das centrale, sondern auch das peripherische
Ende, zuweilen auch beide zusammen.

   Man muss, will man vor diagnostischen Irrthümern bewahrt
bleiben, mehrere Arten der Spätblutungen unterscheiden:
   1) **Die primären Spätblutungen**, Hémorrhagie d'emblée
(Legouest), d. h. solche, welche zum ersten Male in einer spätern
Periode des Wundverlaufes auftreten, ohne dass die Verletzung von
einer unmittelbaren Blutung gefolgt war. Hierher gehören:
   a) Die Blutungen, welche aus Arterien-Verletzungen er-
      folgen, bei denen durch das Projectil oder andere
      fremde Körper ein momentaner Verschluss des Defec-
      tes hervorgebracht worden war. Durch die Eiterung oder
      durch Senkung nach dem Gesetz der Schwere lockert sich der
      verstopfende fremde Körper, oder derselbe wird lege artis ex-
      trahirt und ist es nun nicht inzwischen zu einer definitiven Throm-
      benbildung gekommen, so erfolgt jetzt die Blutung. Wir haben
      derartige Beispiele bereits oben mitgetheilt. Diese Blutungen
      entstehen selten vor dem 12. Tage nach der Verletzung, wenn sie
      nicht durch eine Extraction der fremden Körper früher hervorge-
      rufen werden.
   b) Diejenigen, welche nach Abstossung des Brandschorfes
      der gequetschten Arterie eintreten. Die Art der Ent-
      stehung und die charakteristische Beschaffenheit solcher Blutungen
      haben wir bereits oben ausführlicher beschrieben. Die Zeit, in
      der die beiden erwähnten Arten der Secundärblutungen eintreten,
      schwankt zwischen der 2. und 3. Woche nach der Verletzung.
   c) Diejenigen, welche der Erweichung, Verjauchung oder
      dem Abstossen des Thrombus mit oder ohne Exulcera-
      tion oder Mortification der Arterienhäute folgen. Die
      Wiederkehr der Energie des Herzens, die durch Fieber vermehrte
      Triebkraft desselben können genügen, einen lockeren, noch frischen

Thrombus fortzuspülen und dem Blute einen unmittelbaren Austritt zu verschaffen. Unter diesen Umständen erfolgt die Blutung meist in den ersten Tagen nach der Verletzung. Unruhiges Benehmen der Blessirten, rohe Verbände und Transporte (besonders auf dem Meere, wie der Krimfeldzug gezeigt hat), starkes Ausdrücken und Ausspritzen der Schusswunden, Genuss von Spirituosen, Husten, Erbrechen, Drängen beim Stuhlgange sind häufige Ursachen zur Lösung frischer Thromben und zu consecutiven Blutungen. Endlich können die Thromben gelöst werden durch die mit der Elimination des Brandschorfes des Schusscanals verbundene Eiterung, welche durchschnittlich zwischen dem 3. bis 11. Tage nach der Verletzung erfolgt. Zu dieser Kategorie gehören auch die meisten Spätblutungen, welche bei Venenschusswunden eintreten. Diese Art der Nachblutungen sind nach den Erfahrungen Larrey's und nach denen der Aerzte in der Krim in den heissen Klimaten häufiger.

d) Diejenigen ferner, welche durch traumatische Aneurysmen entstehen, wenn dieselben durch den mit der Kräftigung des Patienten zunehmenden Druck im Aortensystem oder durch den umgebenden Eiterungsprocess oder ein mechanisches Moment zersprengt werden.

e) Als phlebostatische Nachblutungen bezeichnet man diejenigen, welche dadurch entstehen, dass bei dauerndem arteriellen Zufluss der Rückfluss durch das Hauptvenenrohr in Folge ausgedehnter Thrombenbildung verstopft ist. Diese Blutungen finden sich besonders bei Venenverletzungen an Gegenden, die keine oder geringe Collateralbahnen der Venen besitzen (Oberschenkel).

2) **Die consecutiven Spätblutungen,** d. h. solche, welche dann erfolgen, wenn eine primäre Blutung entweder von selbst stand oder durch Kunsthülfe gestillt wurde. Nicht jeder primären Blutung muss auch eine secundäre folgen, selbst wenn eine Unterbindung des verletzten Gefässes nicht statt fand. Bei 32 Primärblutungen unter den Schmidt'schen Fällen zum Beispiel kam es zu keiner secundären. Der Vorgang gleicht, wenn die Blutung von selbst stand, vollständig dem sub c) geschilderten, und wird auch durch dieselben Momente herbeigeführt. Die zweite Art kommt theils nach Ligaturen, theils nach Amputationen vor. Nach Ligaturen, wenn dieselben in der Unruhe des Gefechtes, oder in der drängenden Arbeitsfülle des Verbandplatzes unzweckmässig angelegt waren, oder durch einen rohen Transport, eine profuse Eiterung, unzweckmässige Verbandweise frühzeitig zur Lösung gebracht wurden. Wenn aber auch der Ligaturfaden zu rechter Zeit durchschneidet, so kann doch eine Blutung entstehen, sobald durch die schlechte Blutbeschaffenheit (Hydrämie, Scorbut etc.) oder durch ungünstige locale und allgemeine Verhältnisse sich kein Thrombus in den verletzten Gefässen gebildet hat.

Die folgende Beobachtung von Keen ist wegen der Häufigkeit der Blutungen bemerkenswerth: 1. Juli: Schussfraktur des Oberkiefers mit Verletzung der Maxillaris interna. Die Kugel blieb zwei Tage in der Wunde und fiel am dritten dem Patienten in den Mund. Am 6. Tage nach der Verletzung erste Blutung, am 10. Tage zweite Blutung, am 16. Tage fünf beträchtliche Blutungen, daher Ligatur der Carotis communis. Am 19. Tage wieder zwei Blutungen, daher Tamponade des blossgelegten Ant. Highmori mit Entfernung aller Splitter. Am

21. Tage stiess sich die Ligatur schon ab. 1. August: eine Blutung (1 Pfund), 2. August: wieder eine Blutung (ʒiv). 7. August: wieder eine Blutung (ʒiv): schliesslich Lähmungen und Krämpfe auf der andern Seite, vollkommene Bewusstlosigkeit. Tod am 41. Tage nach der Verletzung. Die Section ergab einen Gehirnabscess auf der Seite, auf welcher die Lig. der Art. carotis communis gemacht war.

Ferner kommen die consecutiven Spätblutungen nach Amputationen, freilich bei guten Chirurgen und unter sonst günstigen allgemeinen und localen Verhältnisssen relativ selten vor.

3) **Die dyskrasischen oder tertiären Spätblutungen.** Dieselben können im Verlaufe der Schusswunden nach vorhergegangenen primären Blutungen und ohne dieselben, nach operativen Eingriffen und ohne dieselben, und zwar bei Verletzungen grösserer Gefässe als schnell tödtliche profuse, oder nach Eröffnung kleinerer Gefässe, deren Lumen nicht mehr nachweisbar ist, als sogenannte parenchymatöse Blutungen eintreten. Das Grundleiden, aus dem diese Blutungen entspringen, kann sich local oder allgemein äussern. Zu den ersteren Ursachen gehören: jauchige, brandige und hospitalbrandige Beschaffenheit der Wunden, zu den letzteren der Scorbut, die verschiedenen klinischen Formen der Pyämie und die Hämophilie. Die Eiterungen kriechen sehr leicht auf die Adventitia der Gefässe über. Man findet dann dieselben von Eiter durchsetzt und erweicht. Die Arterienwandungen leisten zwar im allgemeinen den einschmelzenden Eiterinfiltraten einen langen Widerstand, dennoch kann es sich ereignen, dass die Gefässwand zerstört wird und eine mit Blutungen verbundene Continuitätstrennung des Gefässes eintritt. Klebs führt auf diese eitrigen Einschmelzungen fast alle nach dem 24. Tage auftretenden Blutungen zurück. Wir werden §. 234 sehen, dass wir ihm dabei nicht ganz folgen können. Unter den von H. Schmidt zusammengestellten 306 Schussverletzungen der Gefässe neben Knochenschussfrakturen fanden sich 3mal Blutungen in Folge von Hospitalbrand (Graf, Nordamerikanischer Bericht). Die Blutungen, welche die Pyämie begleiten, sind arteriell, venös oder parenchymatös und entstehen theils durch Erweichungen von Thromben, theils sind sie phlebostatischer Natur.

§. 232. Die Spätblutungen bieten einige bemerkenswerthe Eigenthümlichkeiten in ihrem Auftreten dar.

a) Dieselben beginnen nicht selten in den fieberhaften Abend- und Nachtstunden, da der Patient zu dieser Zeit unruhiger und das Gefässsystem aufgeregter zu sein pflegt; oder nach langdauernden Verbänden, kräftigen Ausspülungen, eingreifenden Untersuchungen der Wunden oder nach operativen Eingriffen.

b) Den grösseren Blutungen gehen meist kleinere vorauf, besonders bei den Spätblutungen aus den sub I. a und b angegebenen Ursachen, während die Blutungen aus den sub I. c angeführten Ursachen meist gleich ganz profus zu sein pflegen. Neudörfer hat diese kleinen Blutungen sehr hübsch Signal-, Warnungs- oder Allarmblutungen genannt. „Leider," sagt Pirogoff, „ist die Natur nicht immer so gütig, dass sie den Arzt durch kleinere Blutungen warnt, ehe sie sich entschliesst, ihm eine grössere auf den Hals zu schicken." Sie thut es aber doch glücklicher Weise oft genug. Unter 33 Unterbindungen an den Oberextremitäten, die Schmidt zusammenstellt, wurden dieselben in 14 Fällen, unter 84 an den Unterextremitäten in

18 Fällen beobachtet, im ganzen also gingen bei 117 Ligaturen 32mal (27,3%) der Hauptblutung kleinere Blutungen vorher. Immerhin ist diese Zahl als eine erhebliche zu bezeichnen, wenn man bedenkt, dass gewiss oft genug diese kleinen Blutungen übersehen oder wenigstens nicht in die Krankengeschichten aufgenommen werden.

c) Nicht selten treten dieselben intermittirend auf. Stromeyer sah solche Blutungen bei gänzlicher Trennung des Gefässrohres an den meisten grossen Arterien, Demme an der Tibialis antica, Pirogoff will dieselben besonders bei anämischen Individuen beobachtet haben. Dieselben lassen sich kaum anders erklären, als durch wiederholte Bildung von Thromben und Wegspülung derselben durch rhythmisch wiederkehrende Momente (fieberhafte Herzactionen, mechanische Eingriffe, Verbandwechsel etc.).

d) Dieselben kehren häufig wieder, wenn sie spontan cessirten oder durch Kunsthülfe gestillt wurden. Unter den von Gähde zusammengestellten 195 Fällen mit Spätblutungen aus den letzten deutschen Kriegen sind kaum in 5 Fällen nur einmalige Blutungen, in der Mehrzahl 3—4, in vielen darüber notirt, auch Demme will unter 150 Spätblutungen 70mal eine oder mehrere Wiederholungen der Blutungen gesehen haben.

§. 233. Es ist nicht schwer, die arterielle, venöse und capilläre Blutung aus ihren physiologischen Eigenthümlichkeiten (Farbe, Pulsation oder Mangel desselben, Strahl, Wachsen und Abnehmen bei der Ex- und Inspiration etc.) zu erkennen. Ist aber schon einige Zeit nach der Blutung verflossen, dieselbe provisorisch gestillt, der Kranke bereits erschöpft und blutleer, wenn der Arzt hinzukommt, so ist es oft sehr schwer, bei tiefen Schusscanälen den Charakter oder den Ort der Blutung zu finden. Fliesst das Blut noch in dünnen Strömen, so kann man durch centralen oder peripherischen Druck am verletzten Gliede und die dadurch erzeugte Sistirung oder Vermehrung der Blutung noch oft die Diagnose des Charakters und Ursprungs derselben machen. Das sicherste Mittel zur Auffindung eines blutenden Gefässes bleibt aber immer die Spaltung oder Dilatation des Schusscanals, verbunden mit einem sanften Abnehmen und Abspülen der Blutgerinnsel. Damit klärt man nicht nur die Diagnose, sondern man eröffnet auch den richtigen Weg für die Behandlung der Blutungen. Das Sondiren und Suchen nach Blutungen mit den Fingern ist ebenso unsicher, wie roh und gefährlich.

§. 234. Was die Häufigkeit der Spätblutungen anbetrifft, so gibt Demme darüber folgende Statistik: Auf 16.000 Verwundete kamen 150 Spätblutungen (also 0,83%), darunter 108 primäre Spätblutungen (also 72%) und 42 consecutive (also 28%). Von den primären kamen 40 auf die ersten 3—4 Tage nach der Verletzung (38 03%), 52 auf den 6. bis 11. Tag (48,14%), 9 auf die 3., 4. und 5. Woche (8,33%), in 7 Fällen waren besondere Veranlassungen vorhanden (6,4%). Von den consecutiven war in 9 Fällen eine Ligatur in der Ambulance angelegt. Von 37 Nachblutungen unter 85 Amputirten kamen 20 in der Zeit der natürlichen Lösung der Ligatur vor. Diese Statistik ist zu schön, um wahr zu sein!

Ueber die Häufigkeit der Blutungen an den einzelnen Tagen des Wundverlaufes besitzen wir folgende Angaben. Gähde hat 195 Spätblutungen bei Schusswunden zusammengestellt, deren Vertheilung auf die einzelnen Glieder, auf Weichtheil- und Knochen-Schüsse wir schon mitgetheilt haben. Bei 176 derselben ist die Zeit und Zahl der Blutungen genauer angegeben. Diese 176 Patienten zusammen hatten 313 secundäre Blutungen:

Tag des Wundverlaufes: 5.   6.   7.   8.   9. 10. 11.
Zahl der Blutungen: 7   7   10   17   15   31   21
Tag des Wundverlaufes: 12. 13. 14. 15. 16. 17. 18.
Zahl der Blutungen: 28   20   22   18   18   10   6
Tag des Wundverlaufes: 19. 20. 21. 22. 23. 24. 25. 26.
Zahl der Blutungen: 8   6   9   6   6   4   4   3
Tag des Wundverlaufes: 27. 28. 29. 30. 31. 32. 33. 34. 35. 36. 37.
Zahl der Blutungen: 2   3   1   1   5   1   2   1   1   1   1
Tag des Wundverlaufes: 38. 40. 41. 42. 43. 46. 57. 58. 59. 60. 94. 131. 132.
Zahl der Blutungen: 3   1   1   1   3   1   1   1   1   3   1   1   1.

Klebs rechnet die Blutungen vom 24. Tage ab als tertiäre, d. h. als von der Verwundung unabhängige und durch Arrosion der Gefässe im Verlaufe der Eiterung bedingte (siehe §. 231). Zunächst scheint mir der Tag nicht ganz richtig gewählt. Der 28. bildet eine entschiedenere Grenze in der obigen Zusammenstellung, als der 24. Ausserdem ist es zur Zeit nicht erwiesen, ob wirklich alle Blutungen zu dieser Zeit im Sinne von Klebs als tertiäre zu bezeichnen sind. Die späteren Blutungen könnten ja auch noch durch eine Erweichung der Thromben im Verlaufe der Eiterung bedingt werden.

Nach obiger Zusammenstellung beginnen die secundären Blutungen am 5. Tage gleich mit einer hohen Ziffer, sie bleiben in den nächsten Tagen ziemlich gleich häufig, steigen vom 8. Tage an beträchtlich, um schon am 10. ihr Maximum zu erreichen, von hier an halten sie sich auf ziemlich gleicher Höhe bis zum 15. und 16. Tage, indem am ungeraden Tage ein Nachlass, am geraden eine Steigerung der Frequenz eintritt. Vom 17. Tage an fällt die Frequenz-Ziffer allmählich bis zum 28., einzelne Tage, wie der 19. und 21., sind wieder besonders bevorzugt. In der tertiären Zeit zeigt der 31., 38., 43. und 60. Tag besonders viel Blutungen.

Ueber den Tag des Eintritts der ersten secundären Blutung finden sich die besten Angaben unter den 224 von Schmidt zusammengestellten Schussfrakturen mit Gefässverletzungen. Diese Zusammenstellung hat auch noch den Vorzug, dass sie die grössten Zahlen aufweist. Die Zahlen von Gähde kann man nicht mit den Schmidt'schen zusammen werfen, weil in beiden grösstentheils dieselben Beobachtungen verwerthet sind. Zum Vergleiche sind noch in der Tabelle P die Bergmann'schen Zahlen für die Tage der bei Schussverletzungen der Subclavia eingetretenen Nachblutungen, und die Billroth'schen hinzugefügt:

Tabelle P.

Tag nach der Verwundung.	III	IV	V	VI	VII	VIII	IX	X	XI	XII	XIII
Schmidt.	1	3	5	8	12	6	10	15	11	13	7
Bergmann. (Subclavia.)	—	—	—	—	1	5		—		15	15
Billroth.	—	1	1	—	1	2			1	1	1

Tag nach der Verwundung.	XIV	XV	XVI	XVII	XVIII	XIX	XX	XXI	XXII	XXIII
Schmidt.	11	14	9	7	4	8	4	10	3	5
Bergmann. (Subclavia.)	15				—			8		
Billroth.	1	1	—	—	1	1	—	—	—	—

Tag nach der Verwundung.	XXIV	XXV	XXVI	XXVII	XXVIII	XXIX	XXX	XXXI
Schmidt.	4	2	6	4	4	1	6	1
Bergmann. (Subclavia.)	8			—	—	—	—	—
Billroth.	1	—	—	1	—	—	—	—

Tag nach der Verwundung.	XXXII	XXXIII	XXXIV	XXXV	XXXVI	XXXVII	XXXVIII
Schmidt.	1	2	1	1	3	1	4
Bergmann. (Subclavia.)	—	—	—	—	—	—	—
Billroth.	—	—	—		—	—	—

Häufigkeit des Eintritts der ersten Spätblutung. Nach:

Tag nach der Verwundung.	XXXIX	XL	XLII	XLIV	XLV	XLVI	L	LVII
Schmidt.	1	2	1	1	2	2	1	1
Bergmann. (Subclavia.)	—	—	—	—	—	—	—	—
Billroth.	—	—	—	—	—	—	—	—

(Häufigkeit des Eintritts der ersten Spätblutung. Nach:)

Tag nach der Verwundung.	LXII	LXIII	LXVI	LXIX	LXX	LXXV	LXXXIX	XCIV
Schmidt.	1	—	1	—	1	1	—	2
Bergmann. (Subclavia.)	—	1	—	1	1	—	1	—
Billroth.	—	—	—	—	—	—	—	—

(Häufigkeit des Eintritts der ersten Spätblutung. Nach:)

Der durch den Eintritt von secundären Blutungen gefährlichste Tag des Wundverlaufes ist hiernach der 10., ihm folgt der 15., 12., 7., 11., 14., 9., 21., 16., 6., 19., 13., 17. etc. Die Zahl der ersten secundären Blutungen steigt vom 3. bis zum 12., fällt dann bis zum 10., an dem sie ihr Maximum erreicht, hält sich dann ziemlich auf gleicher Höhe bis zum 16., fällt dann gleichmässig, um noch einmal am 21. und 26. eine beträchtliche Steigerung zu erfahren. In der dritten Periode sind der 30., 36. und 38. Tag die gefahrvollste Zeit.

§. 235. Die Blutungen stammten in den von Schmidt zusammen-gestellten 306 Fällen, theils anatomisch nachgewiesen, theils nur ver-muthet, aus:

Der Art. subclavia 5mal
  „   „   dorsalis scapulae . 2 „
  „   „   axillaris . . . . . . 4 „
  „   „   circumflexa humeri 15 „
Dem Bereiche d. Art. brach. 48 „
Der Art. prof. brachii . . . 3 „
  „   „   artic. cubiti . . . . 7 „
  „   „   radialis . . . . . 20 „
  „   „   ulnaris . . . . . . 10 „
  „   „   interossea . . . . . 7 „
Dem Bereiche der Arter. rad.
  und ulnaris . . . . 4 „
Den Arterien der Hand . . 8 „
                          ———
                          133.

Den Art. glutaeae 2mal
Dem Bereiche des Femoral. 49 „
Der Profunda femoris . . . 14 „
  „ Art. poplitea . . . . . . 6 „
  „   „   tibialis antica . . . 21 „
  „   „   „   postica . . 21 „
  „   „   peronea . . . . . . 2 „
Dem Bereiche der Unter-
  schenkelarterien . . . . . 46 „
Aus den Art. des Fusses . . . 9 „
  „ der Art. u. Vena tib. post. 1 „
  „   „   „   tib. postica und
    peronea . . . . 1 „
  „   „   „   u. Vena poplitea 1 „
                          ———
                          173.

Es treten somit aus den Gefässen der unteren Extremitäten die häufigsten secundären Blutungen und unter diesen besonders aus der Femoralis und ihren Aesten und aus den grösseren Gefässen des Unterschenkels ein. An der oberen Extremität stammen aus der Art. brachialis die meisten secundären Blutungen, nach ihr dann in grossem Abstande aus der Radialis, der Circumflexa humeri, Ulnaris und Interossea am häufigsten.

§. 236. Bei Venenschusswunden gehören grössere Blutungen zu den selteneren Ereignissen. Sie finden sich besonders bei der Verletzung solcher Venen, welche an benachbarten Theilen so angeheftet sind, dass ihre Wandungen nicht zusammenfallen können (z. B. der Vena subclavia am Schlüsselbein etc.). v. Langenbeck und Stromeyer sahen Verblutungen aus der Vena jugularis interna bei Selbstmördern nach Schüssen in den Mund nach dem Processus styloideus hin.

§. 237. Als eine Folge der Blutung ist die grosse Blässe der Patienten, ihr unstillbarer Durst und die Herabsetzung der Temperatur an ihnen zu betrachten. In höheren Graden der Blutleere bestehen Ohnmachten und Erbrechen, in den höchsten epileptiforme Krampfanfälle und Koma. Als eine nicht seltene Erscheinung nach grossen und plötzlichen Blutverlusten hat man Aphasie beobachtet. Es scheinen die Centralorgane der Sprache zu ihren Functionen eine grosse Menge Blutes zu bedürfen.

§. 238. 4) Das Verschwinden des Pulses unterhalb der Arterienverletzung ist ein sehr wichtiges Zeichen für eine Arterienverletzung, doch kein absolut sicheres. Es finden sich auch an verletzten Arterien noch Pulsationen, wenn nur ein Längsriss in der Arterie besteht, der sich bald mit Thromben schliesst oder wenn die Arterienwunde durch einen benachbarten Knochen, einen fremden Körper, abgerissene und verschleppte Weichtheile verlegt, das Lumen der Arterie also durch die Verwundung nur verengt wird. Man muss auch bedenken, dass sich der Puls an dem peripherischen Ende der verletzten Arterie erstaunlich schnell auf collateralem Wege wieder einfinden kann, wie die Experimente von Pirogoff und die klinische Erfahrung bei den Unterbindungen grösserer Gefässe gezeigt haben.

In einem von Vaslin berichteten Falle von einer Schussfraktur des Humerus mit völliger Zerreissung der Arteria brachialis stellte sich die Circulation im verletzten Gliede in 36 Stunden wieder her. Bei Amputationen kurz nach Unterbindungen grösserer Gefässstämme sahen Bégin, Luecke, G. Fischer die eben unterbundenen Gefässe noch bluten.

Ferner kann ja auch bei einer Verletzung der Nebenäste der Hauptast noch frei pulsiren. Der Puls kann aber auch in einem verletzten Gliede fehlen, ohne dass die Arterie verletzt ist, z. B. bei Compression und Thrombosirung derselben. Beispiele der Art erwähnen Beck (Chirurgie der Schussverletzungen, Freiburg 1872, p. 169), Luecke, Pirogoff, H. Fischer und der nordamerikanische Gesammtbericht (II, p. 479). Auch soll man nicht vergessen, dass das Fehlen des Pulses auch durch eine Arterienanomalie bewirkt sein kann und die Schwierigkeit nicht unterschätzen, den Puls der Verletzten in der

grossen Anämie, im Shoc, im Frostschauer, im Zittern und während
der Muskelzuckungen sicher und genau zu fühlen.

Trotz dieser Cautelen und Beschränkungen muss aber doch auf
den grossen diagnostischen Werth des Aufhörens der Pulsation unterhalb der Verletzung für die Diagnose einer Arterienschusswunde aufmerksam gemacht werden, selbst wenn dies wichtige Zeichen nur sehr kurze
Zeit bestanden hat. Demme will ein periodisches Auftreten und Verschwinden des Radialpulses nach Schussverletzungen der Art. brachialis
gesehen haben. Diese Thatsache, wenn sie richtig beobachtet wäre,
würde mit den experimentellen Erfahrungen Pirogoffs übereinstimmen,
nach denen die Blutwelle bei der beginnenden Erweiterung der
Collateralgefässe bald mehr bald weniger voll und kräftig durch die
Aeste in das untere Ende des Stammes einfliesst. — Der fehlende
Puls kann das einzige Zeichen einer Arterienschussverletzung sein
und bleiben, wie in drei von Schmidt berichteten Beobachtungen
bei Schussverletzungen am Arme. Pirogoff meint, dass bei verletzter
Hauptvene eines Glieds auch die Blutzufuhr zur intacten Hauptarterie
und somit der Puls in derselben aufhören könne. Diese Behauptung
ist aber weder klinisch erwiesen, noch physiologisch begründet.

Unter den von H. Schmidt zusammengestellten Gefässschusswunden ist das Aufhören des Pulses 6mal und stets an der Arteria
radialis (4mal bei Schussfrakturen des Humerus, 1mal bei einer solchen
der Scapula, 1mal bei einer solchen des Radius) erwähnt. Diese 6 Befunde scheinen aber nur zufällig gemacht zu sein bei einer durch das
Allgemeinbefinden des Patienten bedingten Untersuchung des Pulses.
Wenn man es sich zur Regel machte, in jedem Falle, wo der Schusscanal in der Nähe eines grossen Gefässes verläuft, auch auf die
Pulsation desselben zu untersuchen, so würde man das Aufhören
desselben viel häufiger finden, als bisher. In drei von diesen 6 Fällen
Schmidts trat keine secundäre Blutung mehr ein, in einem fand sich
keine Angabe darüber. In zweien dieser Fälle blieb auch nach der
Heilung der Radialpuls aus.

§. 237. 5) Traumatische Aneurysmen waren bisher ein ebenso
seltenes Ereigniss nach Schusswunden der Arterien, wie sie nach Stichwunden derselben häufig beobachtet wurden. Die weiten Schusscanäle
und grossen Schusswunden, das lange Offenbleiben derselben bei der
Eiterung erlaubten dem Blute einen freien Austritt und verhinderten
die Bildung eines Aneurysma. So berichtet z. B. der vielerfahrene
Pirogoff kein einziges traumatisches Aneurysma nach Schusswunden
gesehen zu haben. Demme gibt zwar an, auf 400 Arterienschusswunden 13 Aneurysmen (3,2%) beobachtet zu haben, es ist aber
wenig Gewicht auf seine Statistik zu legen. In den letzten grössern
Kriegen dagegen wurden Aneurysmen nach Schusswunden häufiger
beobachtet, eine Thatsache, die theils auf die kleinen Schusswunden
und engen Schusscanäle der modernen Projectile, und auf die Neigung
der Schussverletzungen zur Heilung unter dem Schorfe, theils auf die
genauere anatomische und klinische Beobachtung der Schusswunden
und auf die sorgfältigere und gewissenhaftere Veröffentlichung der
Fälle von Seiten des ärztlichen Personals zurückzuführen sein dürfte.
Unter den von H. Schmidt zusammengestellten 306 Fällen von

Gefässverletzungen bei Schussfrakturen finden sich schon 17 Fälle von Aneurysmen, von denen 14 auf den letzten französischen Krieg kommen. Bergmann konnte allein 18 traumatische Aneurysmen nach Schussverletzungen der Arteria subclavia zusammenbringen. Im ganzen habe ich folgende Aneurysmen nach Schussverletzungen in der Literatur gefunden:

2 an der Arter. carotis communis (Klebs, Amerikaner).
18 „ „ Arter. subclavia (Bergmann).
7 „ „ Arter. axillaris (Bergmann, Böckel, Busch, Graf, Klebs, Lidell, Norris).
1 „ „ Arter. brachialis (Demme).
1 „ „ Arter. profunda brachii (Lossen).
1 „ „ Arter. cubitalis (Léon Le Fort).
3 „ „ Arter. interossea (Kirchner, Lossen, Stromeyer).
1 „ „ Arter. radialis (Harvey).
1 „ „ Arter. glutaea (Theden).
16 „ „ Arter. femoralis (Beck [2 Fälle], Billroth [2 Fälle], H. Fischer, Harvey, Jössel. Kirchhoffer, Lidell, Lossen, Luecke, Sédillot, Schinzinger, Stroppa, Wales, Heine).
2 an der Arter. profunda femoris (Lossen, H. Fischer).
7 „ „ Arter. poplitea (Arnold, Caspari, Demme, Lossen, Nordamerikaner, Mayer, Müller).
1 „ „ Arter. tibialis antica (Baudens).
2 „ „ Arter. tibialis postica (Alczais, Hueter).
1 „ „ Arter. peronaea (Nordamerikaner).
1 „ „ Arter. meseraica superior (Nordamerikaner). Dazu kommen noch 3 Fälle von Aneurysmen, welche Pirogoff nach Schkljarewsky's Bericht unter der grossen Zahl der von ihm im letzten russisch-türkischen Kriege untersuchten Verwundeten gesehen haben soll.

Alle Arten der Aneurysmen hat man nach Schusswunden sich bilden sehen: das wahre nach Zerrung des ganzen Arterienrohres, ein Aneurysma herniosum oder dissecans nach Einreissung einer oder mehrerer Arterienhäute durch Contusionen der Arterien. Besonders aber sind es falsche Aneurysmen oder arterielle Hämatome, mit denen man es bei Schusswunden der Arterien zu thun hat. Sie entstehen besonders bei seitlichen Arterienwunden unter strafferen Bedeckungen. Den Vorgang dabei schildert Klebs nach seinen Untersuchungen folgendermassen: Bei seitlicher Arterienwunde und feinem Blutstrome höhlt sich das Blut in den umgebenden perivasculären Blutgerinnseln, mit denen es durch den Defect in der Gefässwand in Contact stand, einen Napf und später eine immer grösser werdende Höhle aus. So kommen die Anfänge eines circumscripten, glattwandigen Aneurysma traumaticum zu Stande, dessen Sack im Anfange und auch lange noch nachher nichts als Fibrinschwarten sind. Erst wenn das Auswühlen des Blutstromes die Widerstandsfähigkeit des periarticulären Thrombus genügend verringert hat, wird die ganze Hämatom-Masse vorgewölbt und zunächst wohl an ihren Randpartien durchbrochen. Nun tritt das Blut aufs Neue hinaus, die Nachblutung folgt oder der Vorgang von Blutansammlung und Blutgerinnung um die Durchbruchsstelle wiederholt sich. In letzterer Weise denkt sich Klebs die Entstehung der mit Anhängseln versehenen und vielfach ausgebuchteten falschen Aneurysmen.

Der Zeitpunkt des Eintrittes des traumatischen Aneurysma schwankt vielfach. In einigen Fällen folgte dasselbe der Verwundung unmittelbar, in andern fand man die Zeichen desselben erst nach der Heilung der Wunde in wachsender Deutlichkeit.

In den von Bergmann zusammengestellten Fällen von Aneurysmen nach Schussverletzungen der Arteria subclavia wurde als der früheste Termin des Eintritts der 7. und 10. Tag, als der späteste der 220. Tag nach der Verletzung angegeben, in 5 Fällen war zu der Zeit die Schusswunde schon verheilt.

Klinisch muss man die circumscripten Formen der traumatischen Aneurysmen von den diffusen unterscheiden. Die ersteren pulsiren und zeigen alle andern klinischen Erscheinungen der Aneurysmen, wenn auch oft in wenig deutlicher Ausprägung. Die letztern pulsiren nicht und bilden teigig sich anfühlende, fluctuirende Geschwülste an blassen, kühlen, empfindungslosen Extremitäten. Bei Druck auf das Glied oder bei Bewegungen desselben quellen geronnene Blutmassen aus den Schusswunden oft in wurstförmig zusammenhängenden Coagulis hervor.

1866 beobachtete ich ein solches diffuses Aneurysma am linken Oberschenkel bei einem blinden Schusse in der Plica inguinalis. Der Oberschenkel war in einem Tage (am 9. nach der Verletzung) um das Doppelte geschwollen, aus der Schusswunde floss ein dünnes Blutwasser continuirlich ab, die Geschwulst pulsirte nicht, fühlte sich teigig an und Fingerdruck liess auf derselben tiefe Gruben zurück. Bei Druck auf den Oberschenkel konnte man lange Coagula von dem Umfange des Schusscanals in grosser Menge aus der äusseren Wunde herauspressen. Das Glied war kühl. Pat. hatte ein schmerzhaftes Kriebeln in denselben, fühlte tiefe Nadelstiche nicht und konnte dasselbe gar nicht mehr bewegen. Ich machte die Unterbindung der Art. iliaca externa. Pat. starb einige Tage darauf an Erschöpfung. Bei der Section fand sich ein seitliches Loch in der Arteria femoralis dicht unter dem Ligamentum Pouparti, an welchem man noch die sich lösenden Brandfetzen hängen sah. Sehr wahrscheinlich hatte es sich also um eine Quetschung der Arterienwandungen mit nachfolgender Nekrose derselben gehandelt. Das Projectil wurde nicht gefunden, da wir nur das verletzte Glied untersuchten. Von der Arterienwunde aus erstreckten sich Blutgerinnsel durch die ganze Tiefe des intermusculären und subcutanen Bindegewebes. Dieselben liessen sich von der Wunde aus durch den ganzen Oberschenkel bis zum Knie verfolgen. In der Nähe der Arterienwunde fand sich eine faustgrosse Höhle, welche mit einem fest anhaftenden, in der Mitte hohlen, derben Coagulum ausgekleidet war. Dasselbe zeigte an der vorderen Wand einen grossen Defect, durch welchen sich wahrscheinlich das Blut in das intermusculäre und subcutane Bindegewebe ergossen hatte.

§. 238. Das Aneurysma varicosum ist bei Schusswunden noch weit seltener beobachtet worden. Dasselbe entsteht bei einer gleichzeitigen Quetschung oder Verletzung einer Arterie und Vene durch Geschosse oder Knochensplitter, welche zwischen ihnen stecken bleiben können (Stromeyer) oder zwischen ihnen durchpassiren. K. Bardeleben stellt 90 Fälle von Aneurysma varicosum zusammen. Unter denselben waren nur 12 durch Schussverletzungen entstanden und unter diesen nur 5 durch Kugelschüsse. Ich habe in der Literatur folgende Beobachtungen der Art verzeichnet gefunden:
2 an der Vena jugularis interna und an der Arteria carotis (Desparanches, Verneuil).
3 an der Vena axillaris und an der gleichnamigen Arterie (Dupuytren, Legouest, Noll).
1 an der Vena brachialis und an der gleichnamigen Arterie (Max Müller).

1 an der Vena iliaca und an der gleichnamigen Arterie (Bergmann).
6 an der Vena femoralis und an der gleichnamigen Arterie (Hennen, Pirogoff, Schinzinger, Klebs-Socin, Stromeyer, Williamson).

Der anatomische Befund in der Beobachtung von Socin-Klebs war folgender:

Die Arteria cruralis war durchschossen und ihre Enden 2—3 cm auseinander gerückt; das obere Ende derselben contrahirt, aber offen, das untere durch einen dunkelrothen Thrombus verschlossen. Die Vene erschien an ihrer vorderen Wand weit geöffnet, die hintere Wand ging in das nach hinten stark erweiterte Venenrohr über. Dasselbe hatte einen Umfang von 3 cm bis zum zweitnächsten Klappenpaar, unter welchem die Vene nur wenig erweitert und bis in den Unterschenkel hinein mit geronnenen Blutmassen erfüllt war. Die Arterien- und Venenwunde führten in eine faustgrosse Höhle, welche in der Muskelmasse der Adductoren lag und ganz mit lockeren Blutcoagulis gefüllt war.

Die klinischen Zeichen des Aneurysma varicosum sind bekannt (pulsirende, weiche, fluctuirende Geschwulst an den betreffenden Gefässen, bläuliche Färbung, Kühle der Extremität, ödematöse Schwellung derselben, Abnahme der Sensibilität und Motilität in derselben etc. etc.). Verneuil beschreibt noch ein in dem Aneurysma varicosum hörbares Geräusch ("Thrill-Geräusch"), dessen Klangfarbe und Natur mir unverständlich geblieben ist.

§. 239. 6) Die Thrombose der Gefässe ist nach Schussverletzungen als ein Folgezustand der Contusion der Gefässe, besonders wenn dabei die Intima zerrissen oder aufgerollt war, oder der Compression der Gefässe durch fremde Körper, oder der Längsrisse in der Gefässwand etc. beobachtet worden. Man fühlt dabei das Gefäss als einen harten, schmerzhaften Strang, die Pulsation in den Arterien hört auf, bei den traumatischen Thrombosen grösserer Venen zeigen sich auch bald Ausdehnungen der Hautvenen und Oedeme des befallenen Gliedes. Nicht jede Thrombose der grössern Gefässe an den verletzten Gliedern ist aber auf eine Verwundung der Gefässe zurückzuführen. Die Schwächezustände der Verwundeten, die absolute und lange Ruhe der verletzten Glieder erzeugen leicht marantische Thrombosen in den Gefässen. Arnold fand in 35 Fällen Thrombosen an den verletzten Gliedern, deren Entstehung nicht auf eine Trennung oder Aufhebung der Continuität des Gefässrohres, vielmehr nur auf einen Marasmus der Verwundeten oder eine entzündliche Veränderung der Gefässwand zurückgeführt werden konnte.

Die Gefahren der Thrombosen und ihre nahen Beziehungen zur Embolie sind bekannt genug, so dass ich auf ihre Erörterung hier verzichten kann. Der Verschluss grösserer Gefässtämme kann auch leicht zum Brande des Gliedes führen.

§. 240. 7) Auch eine Abnahme der Temperatur und Sensibilität wird in dem Gliede, an welchem die Hauptarterie verletzt ist, meist beobachtet. Das Glied ist blass, fühlt sich kühl an, die Haut wird welk, sinkt in Falten zusammen, auch bleiben erhobene Falten längere Zeit stehen. Die Sensibilitätsstörung tritt meist in Form der Anaesthesia dolorosa auf, die Patienten klagen über das Gefühl schmerzhaften Kriebelns und über furchtbar reissende Schmerzen im tauben Gliede. Neben der Sensibilität ist meist auch die Motilität gestört, die Muskeln werden hart und steif (Stannius'sche Starre) und die Beweglichkeit schwindet mehr und mehr. Alle diese Störungen gleichen sich bei wiederbeginnender Circulation allmählich aus oder dieselben steigern sich bis zum Brande des Glieds.

§. 241.   8) Die Aspiration von Luft bedingt die wesentlichste Gefahr der Schussverletzungen der grossen, fixirten Venen, welche mit dem Thorax im intimsten Zusammenhange stehen. In neuerer Zeit hat Genzmer auch bei Eröffnung der Venen-Sinus des Schädels dies Ereigniss beobachtet und es ist daher wohl richtiger, wenn man mit Cohnheim die Möglichkeit des Lufteintritts in verletzte Venen überall da annimmt, wo die atmosphärische Luft mit dem Lumen einer Vene in Berührung kommt, in welcher die Spannung geringer ist, als die der Luft. Begleitet ist dies Ereigniss von einem lauten schlürfenden Geräusch, dem meist ein plötzlicher synkopaler Tod folgt. — Die Todesfälle, welche nach Schussverletzungen der grossen Venenstämme am Halse und Thorax auf dem Schlachtfelde eintreten, sind wohl in der grössten Zahl auf Lufteintritt in die Venen zurück-zuführen. Neudörfer meint zwar, dass dies Ereigniss, von welchem in der ganzen reichen Literatur der Kriegschirurgie bisher kein Wort erwähnt sei, bei Venenschusswunden nicht eintreten könne, weil die Ränder derselben nicht klaffend, sondern comprimirt seien. Nach Pirogoffs und meinen Versuchen kommt es aber nicht auf die Form der Venenwunde, sondern darauf an, ob dieselbe oberhalb oder unterhalb des Abganges der Collateraläste liegt. Befindet sich dieselbe unterhalb derselben, so verhindert das aus den Collateralästen kommende Blut den Eintritt der Luft, weil bei der Inspiration nicht Luft, sondern Blut aus den Collateralästen in das rechte Herz gesogen wird. Ist die Wunde aber oberhalb der Collateralen, so ist bei einer stärkern Inspiration der Lufteintritt unvermeidlich.

Der Kriegschirurg hat im ganzen mit diesem Ereigniss nicht viel zu thun, es sei denn, dass er durch die Extraction von Kugeln oder Splittern eine verletzte Vene erst eröffnet und dadurch die Aspiration von Luft durch die Operation hervorruft.

5. Verlauf der Gefässschusswunden.

§. 242.   Kleinere Gefässschusswunden können von aussen her geschlossen werden, wenn prima intentio oder geringe Eiterung in der Wunde eintritt. Nach Tschanssoffs Untersuchungen entsteht dabei in der Peripherie des Blutgerinnsels auf der Arterie ein Organisations-process, der immer weiter gegen die Gefässwand vordringt, während in gleichem Schritte der äussere Thrombus schwindet. Durch Klebs' und Becks Beobachtungen scheint es auch festzustehen, dass der Verschluss der Schusswunden grösserer Gefässe in derselben Weise bei freibleibender Blutströmung und Mangel jedes Thrombus durch die auf die äussere Fläche des Rohres und auf die Wundspalte selbst abgelagerten Blutgerinnsel zu Stande kommen kann, doch ist nach Bergmanns Beobachtung diese Heilung selten eine definitive. Es treten oft nach der als so glücklich angenommenen Heilung später

Blutungen und Aneurysmen auf. Im ganzen ist der definitive Verschluss der Gefässschusswunden doch an den Thrombus (Virchow), sei es durch die Vermittlung der Wanderzellen (Pio Toà, Senftleben) oder, was nach neuern Untersuchungen wahrscheinlicher erscheint, durch Wucherungsvorgänge, die von den Endothelzellen der Gefässwand ausgehen (Baumgarten, Raab etc.), gebunden. Die Schicksale des Blutpfropfes sind entscheidend für den weiteren Verlauf der Arterienverletzung. Zerfällt er frühzeitig oder wird er durch innere oder äussere Momente weggespült, so tritt — wie wir gesehen haben — eine mehr oder weniger bedeutende Blutung ein und die Kunst muss nachhelfen. Wird er zu einem festen Bindegewebe organisirt (ob durch weitere Entwicklung der in demselben eingeschlossenen zelligen Elemente, ob durch einen hyperplastischen Vorgang an den Gefässhäuten, lassen wir hier dahingestellt sein), so verwächst er mit den Gefässwandungen und führt zu einem narbigen Verschluss der Gefässwunde, meist aber auch des Gefässes selbst. Dies ist der häufigste Ausgang der Spontanheilungen der Arterienschusswunden. Es kommt indessen aber auch vor, dass das Lumen des Gefässes dabei erhalten bleibt. Der Thrombus hat dann mehr eine präparative Wirkung, er zerfällt moleculär und wird aufgesogen, nachdem die Vereinigung der Wundränder durch eine plastische Wucherung in denselben zu Stande gekommen ist. Oder es tritt eine Canalisirung der Thromben ein, auch wohl eine Gefässneubildung im organisirten Thrombus (Virchow), wodurch dann auch eine Communication zwischen dem oberen und unteren Theile der verletzten Arterie vermittelt wird. Endlich hat Porta noch auf eine Thatsache aufmerksam gemacht, wodurch die Communication zwischen den beiden durchschossenen Arterienenden wiederhergestellt wird, nämlich die Bildung eines directen Collateralkreislaufes aus den Vasa vasorum. Ist es zum definitiven Verschluss einer Arterie gekommen, so entwickelt sich ein Collateralkreislauf, welcher um so grösser und leichter entsteht, je wichtiger das obliterirte Gefäss, je centraler seine Verstopfung, je bedeutender die Zahl seiner Anastomosen ist. Daher geschieht dieselbe am schnellsten am Kopfe, an dem Vorderarme und an der Hand.

Grössere Arterienwunden dagegen, welche entweder direct durch das Geschoss oder secundär durch Nekrosen der Gefässwände entstehen, heilen niemals spontan, es kommt zu Blutungen oder zur Bildung eines Aneurysma und die Kunst muss hülfreich einschreiten.

Die traumatischen Aneurysmen nach Schusswunden schliessen sich selten spontan. In der Mehrzahl der Fälle bersten dieselben und führen zu Blutungen oder Gangrän des Gliedes.

Kleinere Venenwunden können auch wohl spontan ohne Thrombenbildung nur durch reparative Plastik von der Adventitia aus heilen und nicht selten so günstig, dass das Kaliber des Gefässes nur wenig oder gar nicht beeinträchtigt wird. Schwartz hat einige Beobachtungen der Art mitgetheilt. Grössere Zerreissungen der Venen heilen aber durch Thrombenbildung, und zwar wird danach durch eine später eintretende narbige Retraction der Thromben das betroffene Gefäss meist obliterirt. Collaterale Ausgleichungen des venösen Kreislaufes bedürfen meist längerer Zeit, als des arteriellen, weil sich angeschwemmte Thromben in ersteren weithin durch den Hauptstamm und

die Seitenäste verbreiten, wodurch eine sehr umfangreiche Störung in
der venösen Circulation, die nur langsam ausgeglichen werden kann, zu
Stande zu kommen pflegt. Daher findet man meist noch Monate nach
Venenschussverletzungen Phlebektasien und Oedeme an den betroffenen
Theilen, besonders da, wo wenig Collateralbahnen angelegt sind.
Man darf indessen aus diesen Folgezuständen nicht rückwärts auf eine
Verletzung der Venen schliessen, weil marantische Thrombosen ein
nicht seltenes Ereigniss bei lang eiternden Schusswunden sind. Die
Gefahr der Venenschusswunden liegt im eitrigen Zerfall der Thromben
und in der Entstehung von Thrombophlebitis. Dies Ereigniss ist leider
häufig, da die Venen meist vom Eiter unspült werden oder direct
mit ihren verletzten Enden in Jauchehöhlen liegen.

§. 243. In einer nicht geringen Zahl der Fälle führt die Schussverletzung der grösseren Gefässe zum Brande des betroffenen
Gliedes. Nach Schussverletzungen der Gefässe der obern Extremitäten,
selbst der Subclavia und Axillaris, tritt sehr selten Brand ein (unter
90 Verletzungen der Subclavia nach Bergmann nur 2mal), um so
häufiger nach denen der untern Extremitäten. Unter den 306 Fällen
von Schusswunden der Blutgefässe in der Zusammenstellung H. Schmidts
findet sich in 21 Fällen (6,8%) Brand des Gliedes als Folge der
Gefässschusswunden erwähnt. Luecke beschreibt eine Gangrän
des Beines nach Schussverletzung der Art. poplitea, Poncet nach
Schussverletzung der Art. poplitea und nach einer der Tibialis antica.
Besonders häufig tritt die Gangrän des Gliedes nach diffusen traumatischen Blutinfiltrationen, nach der Bildung von arteriell-venösen
Aneurysmen, überhaupt bei gleichzeitigen Verletzungen der Haupt-
Arterie und Vene des Gliedes ein. Dennoch scheint die Furcht vor
dem Eintritt des Brandes bei gleichzeitigen Venen-Verletzungen oder
secundärem Verschluss der Vene durch Thromben, so berechtigt sie
ist, nach neueren Untersuchungen, besonders denen von Rabe l. c. p. 54,
etwas übertrieben zu sein. Diese Gefahr besteht wesentlich nur bei
der Vena femor. communis unter dem Poupart'schen Bande, weil diese
Vene Klappen hat, welche den Abfluss des Blutes nach der Seite
verhindern (Braune), es müssten daher Unterbrechungen des Blut-
laufes in dieser Vene völlige Blutstauungen in der Extremität zur
Folge haben. Aehnliche Verhältnisse finden sich vielleicht auch an
der Vena poplitea. Dagegen müssen gleichzeitige Verletzungen der Vena
fem. externa nicht nothwendig Gangrän herbeiführen, weil die intermusculären Venen ausgedehnt mit einander communiciren. Auch für
die obere Extremität scheinen ähnliche Einrichtungen zu bestehen,
dass nämlich für eine verstopfte Vene eine andere vicariirend eintreten
kann. Die Zahl der Gangränfälle, welche bei gleichzeitiger Schussverletzung der Vene und Arterie eingetreten sind, ist ausserordentlich
gross. So berichtet Heine einen Fall, in welchem nach einer Schussverletzung der Art. und Vena poplitea bereits am dritten Tage nach
der Verletzung Brandblasen am Unterschenkel eintraten, Löffler einen
ähnlichen, in welchem gleichfalls am dritten Tage nach einer Schussverletzung, welche Art. und Vena brachialis betroffen hatte, der Arm
brandig wurde. Bildet sich nach einer Arterien-Schussverletzung ein
traumatisches Aneurysma, so kann dasselbe die Vene comprimiren und

in dieser Weise Brand entstehen. Endlich bildet sich unter gewissen, uns unbekannten Verhältnissen kein Collateralkreislauf nach Arterienschussverletzungen, wenn auch die anatomischen Bedingungen für das Zustandekommen desselben vorhanden sind, und das Glied verfällt dem Brande. Löffler nimmt an, dass unter solchen Umständen der ganze Nervenstamm wohl mit von dem Projectile durchgerissen sein möchte, wodurch nun die Entwicklung des Collateralkreislaufes wegen der mangelnden Innervation ausbleiben und das Glied brandig werden soll. Dies ist indessen noch ganz unbewiesen. Der sich unter diesen Umständen entwickelnde Brand charakterisirt sich durch folgende Symptome: Es fehlt die Pulsation in dem betreffenden Gefässe. Wir haben oben gesehen, dass sich eine schwache Pulsation bei beginnender Collateralfluxion in dem verletzten Gefässe wiederherzustellen pflegt. Kommt nun kein Collateralkreislauf in dem verletzten Gefässe zu Stande, so bleibt auch die schwache Pulsation in demselben ganz aus. Die Temperatur des betreffenden Gliedes sinkt rapid, und zwar schwindet dieselbe von der Peripherie nach dem Centrum. Hettige Schmerzen zeigen sich im afficirten Theile, mit Formicationen beginnend, und zu den quälendsten Empfindungen sich steigernd. Die Sensibilität erlischt schnell und vollständig, die Motilität kurz darauf. Die Muskeln werden anfangs starr und hart (Stannius'sche Muskelstarre), später teigig, ödematös durchtränkt. Die Haut, anfangs blass, wird bald bläulich, stellenweis blutig sugillirt. Der Patient verfällt meist schnell unter Cholera-ähnlichen Erscheinungen (Ichorhämie).

6. Zur Prognose der Gefässschusswunden und zur Mortalitätsstatistik derselben.

§. 244. Der Ausgang der Gefässschusswunden hängt vorwaltend von dem Eintritte und dem Verlaufe der Blutungen ab. Da wir von den auf dem Schlachtfelde oder auf den Verbandplätzen tödtlich gewordenen Blutungen hier absehen können, so kommt für uns nur die Lebensgefahr der secundären Blutungen nach Schussverletzungen in Betracht.

a) Mortalität nach den secundären Blutungen im allgemeinen.

Pirogoff berichtet, dass im Krimfeldzuge von 69 Gefässschusswunden 47 tödtlich endeten, also 68,1% und Billroth berechnet die Mortalität der secundären Blutungen in Weissenburg und Mannheim auf 81,2%. — Von den von Gähde zusammengestellten 195 Fällen secundärer Blutungen führten 116, also 59,5% zum Tode. Unter 54 mit Weichtheilschusswunden complicirten secundären Blutungen endeten 30, also 55,5%, unter 116 mit Schussfrakturen complicirten 86, also 61% tödtlich. Unter den 306 von Schmidt zusammengestellten Gefässschusswunden bei Schussfrakturen führten 195 zum Tode, also 63,7%.

b) Mortalität nach den secundären Blutungen an den
verschiedenen Körperregionen.

Bei Weichtheilschusswunden:	Bei Schussfrakturen:
Im Carotis-Gebiet . . 53% (Gähde).	
Am Schultergürtel . . (?)	66% (Schmidt).
„ Schultergelenk . 66,7% (Gähde).	68,4% (Gähde). 71% (Schmidt).
„ Oberarm . . . . . 55,5% (Gähde).	46,2% (Gähde). 55,8% (Schmidt).
„ Ellenbogengelenk (?)	47% (Schmidt).
„ Unterarm . . . . — (Gähde).	33,4% (Gähde). 33,3% (Schmidt).
„ Handgelenk . . . (?)	25% (Schmidt).
An der Hand . . . . 100% (Gähde: ein Fall).	0% (Gähde). 33,3% (Schmidt).
Am Hüftgelenk . . . (?)	100% (Schmidt) (4 Fälle).
„ Oberschenkel . . 70% (Gähde).	85,7% (Gähde). 94,4% (Schmidt).
„ Knie . . . . (?)	100% (Schmidt) (6 Fälle).
„ Unterschenkel . . 16,5% (Gähde).	55,5% (Gähde). 64,5% (Schmidt).
„ Fussgelenk . . . (?)	54,5% (Schmidt).
„ Fuss . . . . (?) (Gähde).	60% (Gähde). 75% (Schmidt).

Diese Zahlen bedürfen keines eingehenden Commentars. Sie
zeigen die Gefährlichkeit der secundären Blutungen im allgemeinen und
im besondern derjenigen an den untern Extremitäten und in der Nähe
der grössern Gelenke.

c) Verlust des Gliedes und Mortalität der wegen secundären
Blutungen Amputirten.

Amputirt wurde nach Schmidts Zusammenstellungen wegen
secundärer Blutungen:
a. An der oberen Extremität:
73mal. Tödtlich endeten davon 45 = 61,6% Mortalität.
b. An der unteren Extremität:
76mal. Tödtlich endeten davon 63 = 82,9% Mortalität.

§. 245. Unter den Todesursachen nimmt die Erschöpfung
und Anämie die erste Stelle ein. Die Blutung ward als Todesursache
angegeben von
Beck 9mal unter 617 Todesfällen (= 1,46%),
H. Fischer 5mal unter 116 Todesfällen (= 4,3%),
Kirchner 9mal unter 195 Todesfällen (= 4,6%),
Billroth 4mal unter 47 Todesfällen (= 8,5%),
Rupprecht 7mal unter 52 Todesfällen (= 13,4%),
Klebs (in Carlsruhe) 8mal unter 101 Todesfällen (= 7,9%),
Arnold (Mannheim) 2mal in 122 Todesfällen (= 1,6%),
Chenu (Metz) 6mal in 67 Todesfällen (= 8,9%).

Die Blutung bildet also ein ziemlich grosses Contingent unter den Sterbefällen nach Schusswunden. Die zweite Stelle kommt der Pyämie und Sepsis als Todesursache zu. Unter 12 im Verlaufe der Gefäss-schusswunden Gestorbenen, welche Arnold secirte, wurde 8mal Pyämie als Todesursache aufgedeckt (= 66,6%); Billroth verlor von 26 Patienten mit Gefässschussverletzungen 19 und von diesen wieder 12 an Pyämie (= 66,1%). Dann folgt als nächste Todesursache der Brand des Gliedes ohne und nach der Unterbindung, ohne und nach der Amputation des Gliedes.

Capitel V.

Schussverletzungen des Nervensystems.

A. Schussverletzungen der nervösen Centralorgane.

I. Schussverletzungen des Gehirns.

In Betreff der Statistik der Gehirnschussverletzungen müssen wir auf die Data verweisen, welche wir §. 186 bei den Schussverletzungen der Schädelknochen gebracht haben.

1. Arten, Zeichen und Verlauf der Gehirnschussverletzungen.

a. Commotio cerebri (Gehirnerschütterung) durch Projectile.

§. 246. Es ist nicht meine Aufgabe, auf das Wesen und Werden der Gehirnerschütterung näher einzugehen. Bergmann hat in seiner wahrhaft classischen Monographie eine erschöpfende Darstellung und kritische Würdigung aller Experimente und Theorien über diesen räthselhaften Process gebracht. Alle guten Beobachter unter den Kriegschirurgen stimmen darin überein, dass bei den Schussverletzungen am Kopfe die Commotionserscheinungen meist weit geringer sind und überhaupt viel seltener auftreten — „so selten, dass man an ihrer Existenz beinahe zweifeln möchte" (Pirogoff), — als man a priori erwarten sollte. Die Wirkung der Projectile bleibt meist auf den Ort des Angriffes beschränkt und bringt leichter locale Quetschung und Druck des Gehirns hervor, als Gehirnerschütterung. Wenn die reinen Gehirnerschütterungen bei Friedensverletzungen, wie Hewett und Le Fort durch genaue anatomische Untersuchungen bewiesen haben, nur in einer äusserst beschränkten Zahl von Beobachtungen zugegeben werden können, so sind dieselben im Kriege überhaupt noch nicht sicher nachgewiesen. Um so häufiger scheint eine durch schwere Gehirnverletzungen complicirte Commotio cerebri das jähe Ende der Verwundeten im Felde herbeizuführen. Da bestimmte Läsionen des Gehirns in einem Falle ohne wesentliche Störungen verlaufen, im andern schnell tödtlich werden, so ist man berechtigt, in der Commotio cerebri, welche in einem Falle fehlte, im andern bestand, das wesentlichste Moment für die Differenz in der Gefährlichkeit der Gehirnverletzungen durch Schusswaffen zu suchen. Was Stromeyer vom

Säbel sagt, dass das scharfe Schwert Schädel und Hirn des Feindes spaltet, ohne den letzteren kampfunfähig zu machen, während ein stumpfer und schwerer Hieb nicht in den Schädel dringt, den Gegner aber tief erschüttert und wie todt zu Boden streckt, gilt auch von den Projectilen. Je schwerer und grösser dieselben, je stumpfer ihr Auffallswinkel, je geringer ihre Endgeschwindigkeit sind, desto häufiger und heftiger können den Verletzungen der Schädelknochen Commotionserscheinungen des Gehirns folgen.

Man unterscheidet verschiedene Grade der Gehirnerschütterung. Die leichteren derselben (Blässe, Schwindel, Uebelkeit, leichte Trübungen des Sensorii, Erbrechen, Schwäche der Glieder, Zittern, taumelnder Gang) scheinen im Momente der Kopfschussverletzungen nur höchst selten zu fehlen, dieselben sind aber so flüchtiger Natur, dass sie von den Verwundeten kaum beachtet werden und meist schon vorübergegangen sind, ehe die Beobachtung des Arztes beginnt. Bei den schwereren Graden unterscheidet man ein Depressionsstadium (grosse Blässe, Kühle der Haut, soporöser oder komatöser Zustand, Pulsus tardus, Respiratio tarda stertorosa et intercepta, erweiterte Pupillen, Secessus inscii, Erbrechen, Auftreten von Zucker oder Eiweiss im Urine oder von Polyurie) und ein Exaltationsstadium (Temperaturerhöhung, frequenter kleiner Puls, glänzende Augen, grosse Unruhe, zuweilen Delirien, Kopfschmerzen, grosse Müdigkeit der Muskeln etc.). Die leichteren Grade der Commotio cerebri gehen in einigen Minuten oder Stunden vorüber, die schwereren können einige Tage dauern. Je länger sie anhalten, desto wahrscheinlicher bestehen neben der Commotio cerebri noch Gehirncontusion und Gehirndruck. Zunahme des Koma und das Eintreten von Lähmungen oder Krämpfen schliessen überhaupt die Annahme einer Gehirnerschütterung aus, wenn sie auch anfangs gerechtfertigt erschien.

§. 247. Es liegt auf der Hand, dass die Diagnose der Commotio cerebri meist ausserordentlich schwer ist und dass der Kriegschirurg gut thut, wenn er dieselbe möglichst selten oder gar nicht stellt. Das Fehlen der Lähmungen, das schnelle Vorübergehen der Erscheinungen, der Mangel anderer schwerer Gehirnverletzungen lassen die Annahme einer Commotio cerebri wohl gerechtfertigt erscheinen, oft genug wird man aber nach Ablauf einiger Tage gewahr werden, dass noch andere Läsionen des Gehirns sich unter dem Bilde der Commotio cerebri versteckten. Hewett und Evans theilen sehr lehrreiche Fälle der Art mit.

§. 248. Die Prognose der Commotio cerebri ist eine sehr üble. Die schweren Formen derselben führen leicht zum Tode. Bemerkenswerther Weise hat man bei den so Verstorbenen ausser arterieller Anämie und venöser Hyperämie des Gehirns keinen für dies schwere Krankheitsbild charakteristischen anatomischen Befund aufgedeckt. Die sogenannten leichten Formen der Gehirnerschütterung tödten zwar nicht auf der Stelle, sie führen aber die schlimmsten Nervenleiden herbei: Geistesstörungen (Kraft-Ebing), epileptische Zustände, Neuralgien, Gedächtnissschwäche etc. Virchow hat nachgewiesen, dass sich an der Stelle des Gehirns, über welcher das

Trauma eingewirkt hatte, Verkalkungen und Atrophien der Ganglien-zellen finden und W i l l i n g k hält ausgedehnte Verfettungen der Gehirn-gefässe für ein constantes Ereigniss nach Gehirnerschütterungen. Wenn nun auch W i t t k o w s k i diese Beobachtung bestreitet, so geben doch die von V i r c h o w ermittelten Thatsachen den psychischen Alterationen nach Commotio cerebri ein anatomisches Substrat.

b. Gehirndruck nach Schussverletzungen des Schädels.

§. 249. Die Störungen, welche durch Erhöhung des intra-craniellen Druckes entstehen, werden nach Schussverletzungen ausser-ordentlich häufig beobachtet. Wir müssen auch hier der Verlockung widerstehen, auf das Wesen des Gehirndrucks und die grosse Zahl schöner Experimente und feiner Hypothesen, die zur Aufklärung des-selben unternommen und aufgestellt sind, einzugehen, vielmehr uns begnügen, auf B e r g m a n n s gründliche Auseinandersetzungen zu verweisen. Eine sehr umfangreiche Studie über den Gehirndruck bei Schussverletzungen hat G r o s s (Amer. Journal of med. scienc. 1873) veröffentlicht, ohne darin indessen wesentlich neue Gesichtspunkte zu eröffnen.

Man unterscheidet localen und allgemeinen Gehirndruck. Die Zeichen des a l l g e m e i n e n Gehirndruckes sind: Kopfschmerz, bei erhaltenem Bewusstsein Sinnestäuschungen, grosse Unruhe der Patienten, sehr gesteigerte Empfindlichkeit der Sinne, Schlaflosigkeit, Erbrechen, langsamer, voller Puls, enge Pupille als i n i t i a l e Sym-ptome, Trübung des Bewusstseins vom Stupor bis zum Koma, halb-seitige Lähmungen verschiedenen Grades der Motilität, oft auch der Sensibilität, langsame, schnarchende, intermittirende Athmung (nicht selten mit S t o k e s'schen Erscheinungen), erweiterte träge Pupillen, immer frequenter und kleiner werdender Puls als Z e i c h e n d e r A k m e. Klonische, epileptiforme Krämpfe beobachtet man selten beim Gehirn-druck nach Schussverletzungen, weil dieselben nur bei einem über das ganze Gehirn verbreiteten Druck entstehen. Bei der Untersuchung der Augen der Patienten während des Gehirndruckes hat M a n z stärkere Füllung und Schlängelung der Venen der Netzhaut und v. G r ä f e die Entwicklung einer Stauungspapille (Stauungsretinitis L e b e r s) am Ein-tritte des Sehnerven in den Augenhintergrund fast constant beobachtet.

Der l o c a l e Gehirndruck, welcher sich auf einen bestimmten Hirntheil beschränkt, doch auch, wie B e r g m a n n besonders hervor-hebt, bei der strengsten Localisirung durch Verdrängungen des Liquor cerebrospinalis die Gesammtspannung in der Schädelhöhle, also den intracraniellen Druck, vermehrt, äussert sich vorwaltend durch be-grenzte, incomplete Lähmungen im Innervationsgebiete der besonders gedrückten Stelle bei geringer oder gar keiner Trübung des Sensorii.

§. 250. Als d r ü c k e n d e M o m e n t e bei den Schussverletzungen kennen wir Knochensplitter, mögen dieselben von der Glastafel allein, oder von ganzen Knochen gebildet, mögen sie an ihrem Orte sitzen geblieben und deprimirt oder unter einander und unter die Schädel-decke verschoben sein: Projectile und andere fremde Körper, mögen dieselben in der Schädelwunde stecken geblieben oder unter die

Schädeldecke verschoben sein; circumscripte oder diffuse Blutergüsse
zwischen Dura mater und Schädel, im Arachnoidealsacke, auf der
Oberfläche oder in die Substanz des Gehirns; endlich eitrige oder
seröse Producte der traumatischen Meningitis.

Die Blutextravasate bilden das gewöhnlichste und bedeutendste
drückende Moment (nach Gross wenigstens die Hälfte aller Fälle),
da sie fast alle schweren Schussverletzungen des Schädels begleiten
und nach Fissuren und Frakturen besonders hoch und umfangreich
sind. Ihre Wirkungen treten meist gleich nach geschehener Verletzung
ein, erfahren aber in schlimmeren Fällen noch eine allmähliche und
stetige Steigerung. Nach Gross' Erfahrung sind die schwersten und
häufigsten Blutungen diejenigen, bei welchen der vordere Zweig der
Art. meningea media an dem vorderen und unteren Winkel des Scheitelbeines durch directe Schussverletzungen der Schläfengegend zerstört ist
(unter 8 Fällen 6mal bei Gross). Einmal sah Gross die Blutung
aus dem Sinus longitudinalis entstehen. — Die Compression durch
Eitererguss soll nach Gross' Erfahrung unter 100 Fällen 60mal
vorkommen und zwar in 3—5% von Eiter zwischen dem Knochen
und der Dura mater, in 15—25% von einer suppurativen Meningitis,
in 42—70% von Abscessen in der Gehirnsubstanz. Eiter zwischen
Dura und Schädel soll nach Gross niemals mit dem 6., selten vor
dem 11. Tage, gewöhnlich vor Ablauf der 2. Woche eintreten; eitrige
Meningitis niemals vor dem 8. Tage, selten nach dem 21., Gehirnabscesse niemals vor dem 13., meistens zwischen dem 15. und 27. Tage.
Die Symptome des Hirndrucks bei Knochendepression treten
nach Gross meist spät, selten unmittelbar ein (in 180 Fällen von
Depression durch Schuss war das letztere nur 30mal der Fall). Auch
hangen dieselben, wie Gross nachweist, nicht allein vom Knochendruck
ab (es fand sich daneben localer Blutaustritt in 8%, Eiter in 3,33%,
einfache Arachnoiditis (?) in 1,33%, suppurative Meningitis in 17%
und Gehirnabscesse in fast 51% der Fälle).

Nicht jedes der eben angeführten Momente muss aber Druckerscheinungen machen. Man sieht vielmehr weit öfter nach Schussverletzungen beträchtliche Depressionen ohne alle Erscheinungen von
Lähmungen oder Störungen des Sensorii verlaufen, als bei den durch
andere Gewalten entstandenen. Der von Leyden aufgestellte Ex-
perimentalsatz, dass die Drucksymptome sich in ziemlich regelmässiger
Reihenfolge vollziehen und dass für gleiche Druckhöhen sich auch
gleiche Symptome einstellen, erfährt also in seiner Anwendung auf
die Kriegschirurgie vielfache Beschränkungen. Stromeyer sucht
den Grund dieser bemerkenswerthen Thatsache darin, dass die Schusswaffen eine schnell wirkende Gewalt setzen, welche dem Schädel
nicht Zeit lässt, seine Elasticität geltend zu machen, sondern ihn
sofort an der getroffenen Stelle zerbricht. Andere Gewalten dagegen
wirken nach Stromeyers Ansicht weniger rasch, sie biegen die
Schädelknochen, ohne sie zu zerbrechen, contundiren auf solche Weise
das Gehirn, lösen an der eingebogenen Stelle die Dura mater vom
Schädel und die dadurch entstehende Lücke füllt sich mit Blut aus,
die Raumverminderung im Schädel ist daher viel beträchtlicher. Wenn
auch diese Anschauungen Stromeyers viel Hypothetisches und
Unbewiesenes enthalten, so treffen sie doch im ganzen das Richtige.

Es ist im allgemeinen nicht zu bestimmen, wie gross und schwer die Erhöhung des intracraniellen Drucks sein muss, um Drucksymptome zu veranlassen. Nach Malgaigne's Versuchen bringt eine Compression des Gehirns um mindestens $\frac{1}{6}$ seines Volumens erst Gefahr, nach Pagenstecher betrug die Menge, welche in die Schädelhöhle eingebracht werden konnte, ohne Drucksymptome hervorzurufen, $2,9^{0}/_{0}$ im Mittel, im Maximo $6,5^{0}/_{0}$ des Schädelinhalts, war also verhältnissmässig gering, doch nicht unbedeutenden individuellen Schwankungen unterworfen. Man sieht aus diesen Zahlen, wie schwankend noch die Ergebnisse der experimentellen Forschungen über die Bedingungen des Gehirndrucks im allgemeinen sind. Dieselben können daher für die uns beschäftigenden Fragen keine wesentliche Aufklärung geben. Die Raumbeschränkung in der Schädelhöhle an sich braucht noch keine Drucksymptome zu machen, erst wenn noch congestive Zustände des Gehirns hinzutreten, dann beginnen auch die Drucksymptome. Je langsamer ferner ein drückendes Moment einwirkt, desto besser wird es vom Gehirn vertragen, desto geringer sind die Drucksymptome. Je mehr der Druck auf eine bestimmte Stelle concentrirt ist, desto schneller und intensiver treten die Drucksymptome ein. Je intacter die harte Hirnhaut bei der Verletzung bleibt, desto geringer erscheinen auch die Drucksymptome. Man hat auch der Beschaffenheit der Druckursache einen Einfluss auf die Intensität der Druckerscheinungen zugeschrieben. Wir wissen aber, dass dies Moment nicht in Betracht kommt, wenn die Wirkung desselben nicht mit einer zunehmenden Spannung verbunden ist.

§. 251. In diagnostischer Hinsicht kann man in Betreff der Ursachen der Beengung der Schädelhöhle je nach dem Zeitpunkte, in welchem die Zeichen des Gehirndruckes eintreten, nach Gross, Bergmann und anderen Forschern folgende Erfahrungen festhalten. Ist der Gehirndruck gleich nach der Verletzung ausgeprägt und hat keine Depression des Schädels oder Perforation des Geschosses stattgefunden, so ist ein primäres Blutextravasat oder ein isolirter Bruch der Glastafel wahrscheinlich. Treten die Druckerscheinungen erst einige Stunden nach der Verletzung auf, so kann man auf das Vorhandensein von Nachblutungen rechnen. Finden sich endlich die Druckerscheinungen erst einige Zeit nach der Verletzung und mit dem Zeichen der Gehirnhyperämie verbunden ein, so kann man die Entwicklung eines Gehirnabscesses oder einer secundären Meningitis vermuthen.

Die Unterscheidung des Gehirndruckes und der Commotio cerebri höheren Grades ist oft sehr schwer, da beide Zustände vielfach verbunden mit einander vorkommen oder in einander übergehen. Bestehen Lähmungen, so ist an Drucksymptomen nicht zu zweifeln. Leider sind aber bei hohen Graden des Gehirndrucks, wenn die Patienten im tiefen Koma regungslos daliegen, Lähmungen schwer nachzuweisen. Nach Roser, Nélaton und Lengerke soll eine langdauernde und grosse Verlangsamung des Pulses auf Gehirndruck schliessen lassen, besonders wenn dabei das Sensorium getrübt ist. Wir haben indessen gesehen, dass dies Zeichen nicht zutreffend ist. Das Nachlassen und Schwinden des Koma lässt auf Gehirnerschütterung, ein Zunehmen

desselben auf Gehirndruck schliessen, doch sieht man auch Druckerscheinungen durch Resorption von Blutextravasaten, durch Elimination
fremder Körper, durch Hebung von Knochenstücken schnell und dauernd
schwinden. Wenn daher die Diagnose des Gehirndruckes in den sehr
ausgesprochenen Fällen meist eine leichte ist, so kann dieselbe doch
in andern viele Schwierigkeiten darbieten.

§. 252. Der Verlauf und Ausgang des Gehirndrucks hängt
davon ab, ob das drückende Moment zunehmen oder schwinden kann;
ob es zu entfernen oder doch zu begrenzen ist. Knochendepressionen
und eingedrungene fremde Körper können durch Kunsthülfe beseitigt
werden, Blutextravasate durch Resorption abnehmen und völlig schwinden.
Progrediente Druckerscheinungen bedingen stets eine hohe Lebensgefahr: weil durch dieselben bald die Circulation im Gehirn so beengt
wird, dass eine Gehirnlähmung die Folge ist. Je länger der Gehirndruck dauert, desto schwerere Gefahren führt er für das Leben und für
das Gehirn herbei. Leyden hat nachgewiesen, dass auch nach den
schwersten Druckerscheinungen, wenn der Druck nach kurzer Zeit aufgehoben wird, eine vollständige Restitution der Gehirnthätigkeit möglich
ist, dass aber, wenn der Druck längere Zeit besteht (bis 6 Minuten im
Experiment), dieselbe sich nicht wieder herstellt, endlich dass die Druck-
höhe, welche das Leben vernichtet, ungefähr dem Drucke in der Carotis
die Wage hält. Tiefes Koma, totales Darniederliegen der Innervation,
Pupillenerweiterung, unregelmässige, langsame, schnarchende Athmung
sind Zeichen pessimi ominis. Mässige Grade diffusen Hirndrucks bilden
sich leichter zurück, als begrenzte localisirte (Heerd-)Drucksymptome.
Besonders gefährlich ist es, wenn sich zu den Erscheinungen des
Gehirndruckes noch congestive gesellen, weil durch das congestive
Oedem die Druckerscheinungen zu einer todbringenden Höhe gesteigert
werden. Durch diese reactive fluxionäre Hyperämie sterben so viele
Patienten mit Kopfschusswunden in den ersten 4 Tagen nach der
Verletzung. Die Genesenen behalten Lähmungen zurück oder psychische
Störungen.

Bekannt und bemerkenswerth ist die Thatsache, dass sich das
Gehirn an einen gewissen Grad von Druck gewöhnen und ihn ohne
Störung ertragen lernen kann. Wenn nach Knochendepressionen und
eingedrungenen fremden Körpern auch anfangs Druckerscheinungen
bestanden, so sieht man dieselben doch beim Fortbestehen des Druckes
mit der Zeit schwinden. Es ist noch nicht erwiesen, ob unter diesen
Umständen ein Ausgleich in der Circulation als eine Verminderung der
Cerebrospinalflüssigkeit oder eine Aufsaugung der unvollständig ernähr-
ten Gehirnpartie eintritt (Althann).

c. Zerreissungen der Sinus und Gehirngefässe durch die Schussverletzungen.

§. 253. Die Gehirnsinus können zerrissen werden durch das
Projectil oder durch Theile desselben, durch indirecte Geschosse,
besonders aber durch scharfe Knochenstücke. Am meisten den Verletzungen ausgesetzt sind der Sinus longitudinalis und transversus. Die
Folgen dieser Verwundungen sind Blutungen, die aber nicht schwer zu

stillen sind. In dem von Abel beobachteten Falle (Löffler l. c. p. 83) war der Sinus longitudinalis durch ein vom Projectil deprimirtes Knochenstück des Scheitelbeins verletzt. Die starke venöse Blutung stand auf Application der Kälte, nachdem das deprimirte Knochenstück elevirt war. Ob Schusscontusionen der Schädelknochen ohne Erzeugung von Frakturen Sinusrupturen bedingen können, ist noch nicht erwiesen. Wenn den Sinusverletzungen nicht Thrombophlebitis folgt, so heilen dieselben meist ohne Störung und, wie Schellmann nachgewiesen hat, auch ohne Obliteration der Sinus. Auf eine bisher unbekannte Gefahr der Sinusverletzungen hat Genzmer die Aufmerksamkeit gelenkt, nämlich den Eintritt von Luft durch die Sinuswunde. Als Bedingung für das Zustandekommen dieses jedenfalls sehr seltenen Ereignisses stellt Genzmer gleichzeitige Anämie und Dyspnoë auf.

Verletzungen der Arteriae meningeae, besonders der mediae, kommen bei den Schussfrakturen des Schädeldaches, besonders der Tempero-Parietal-Gegend wohl häufiger vor, als man bisher angenommen hat, führen aber meist den Tod der Verletzten auf dem Schlachtfelde herbei. Gross berichtet allein 8 Schussverletzungen des Schädels, von denen 7 direct diese Arterie trafen, Bergmann eine, in welcher diese Arterie durch dislocirte Knochensplitter verwundet war. Alle Fälle von Gross betrafen Streifschüsse, daher fanden sich dabei so selten Läsionen des Gehirns. Auch Beck berichtet 2 Verletzungen der Art. meningea media ohne Läsion des Gehirns. — Perrin behandelte einen Offizier, welcher beim Sturm auf den Malakoff von einem Bombensplitter gegen den Kopf getroffen bewusstlos zusammenbrach, dann sich wieder erholte und weiterstürmte, um bald unter den Erscheinungen der halbseitigen Lähmung und des Sopors, der Pulsverlangsamung wieder niederzustürzen. Patient genas. Nach 3 Jahren starb derselbe an Pneumonie. Bei der Section fand sich eine geheilte, quer über die Arterienfurche verlaufende Bruchlinie.

Eine Schussverletzung der Carotis cerebralis berichtet Longmore (Holmes System II p. 87). Dieselbe wurde durch ein von der Orbita aus in das Felsenbein eingedrungenes und dort stecken gebliebenes Projectil bewirkt.

§. 254. Die Symptome dieser Schussverletzungen der Gehirngefässe sind Blutungen nach aussen und nach innen. Die letztern machen, wie wir §. 250 gesehen haben, besonders häufig das typische Bild des Gehirndrucks bei Kopfschüssen. — Die Localität der Verletzung, der freie Intervall zwischen der Verletzung und den beginnenden Druckerscheinungen, das unaufhaltsame Zunehmen derselben leiten die Diagnose (Bergmann).

Die Prognose der nach aussen hin stattfindenden Blutungen ist bei rechtzeitiger und kunstgeübter Hülfe keine ungünstige. Um so trüber erscheint dieselbe bei grössern intracraniellen Blutungen mit schnell zunehmenden Gehirndrucksymptomen.

d. Contusio cerebri, Gehirnquetschung, durch Schuss-verletzungen.

§. 255. Unter Gehirnquetschung versteht man nach Dupuytrens
Vorgange eine mehr oder weniger beschränkte, unter ungetrennten
Hüllen zu Stande gekommene Zerreissung, Zertrümmerung und Zermalmung der Gehirnsubstanz, also Heerderkrankungen, hervorgerufen
durch Formveränderungen, welche die Schädelkapsel bei der Einwirkung
schwerer äusserer Gewalten erfährt und dem Gehirn selbst mittheilt.
Diese Contusionen sind nicht häufige, doch sehr unheilvolle Folgen
der Schussverletzungen des Schädels. Es hängt von der Propulsions
kraft des Geschosses und der Widerstandsfähigkeit des Schädelknochens
ab, ob der Effect der Projectileinwirkung ein mehr localer bleibt, oder
ob derselbe ungeschwächt durch die unverletzten Schädelknochen auf das
Gehirn fortgepflanzt wird. Im ersteren Falle findet die Quetschung des Gehirns gerade unter der getroffenen Schädelstelle, öfter auch an einer direct
entgegengesetzten Partie der Hirnoberfläche oder der Gehirnbasis zugleich mit ersterer oder ohne dieselbe statt, im letzteren Falle ist die
Gehirnquetschung mit einem mehr oder weniger hohen Grad von Gehirnerschütterung verbunden. Es sind daher meist matte Stücke grober
Geschosses, oder Gewehrprojectile, welche mit hinreichender Kraft in
einem stumpfen Winkel oder mit der Längsseite den Schädel treffen,
auch grössere indirecte Geschosse, welche derartige Contusionen des
Gehirnes erzeugen.

Als Producte der Gehirncontusionen finden sich in der Gehirnsubstanz theils capilläre Apoplexien, d. h. kleine nadelknopf-
bis haselnussgrosse Blutklümpchen, über die zerquetschte röthlich
verfärbte Stelle und noch weiter hinaus durch die Gehirnsubstanz
verbreitet, welche fest anhaften und sich mit dem Scalpell herausheben
lassen, theils durch die Gehirnmasse, besonders durch die Hirnrinde
zerstreute Heerde von kleinen Rissen, welche meist nur die
Grösse einer Erbse haben, zuweilen aber auch durch einen ganzen
Lappen des Gehirnes dringen. Diese capillären Apoplexien finden
sich zuweilen über das ganze Gehirn ausgesät (Nélaton), daneben aber
fast immer kleine Blutungen unter der Dura mater, in dem Gewebe
der Pia mater und den subarachnoidalen Räumen (intrameningeale
Blutungen). In höheren Graden der Contusio cerebri sieht man
Partien des Gehirnes in einen bräunlichen Brei verwandelt, welcher
sich durch capilläre Blutungen und eine mehr und mehr verstreichende
Imbibitionsröthe von der benachbarten Hirnsubstanz abgrenzt. — Die
Schädelknochen können dabei intact oder mit Fissuren versehen, deprimirt und die innere Tafel abgesprengt sein etc. (s. §. 201).

Die Contusio cerebri ist vielfach experimentell dargestellt worden
(Beck, Westphal, Koch). Merkwürdiger Weise fand sich dabei
die grösste Zahl der Apoplexien in der Medulla oblongata. Nach
Duret werden dieselben hervorgerufen durch die Ausdehnungen der
Wandungen des 4. Ventrikels durch den ausweichenden Liquor cerebrospinalis. Beim Menschen ist diese Prädilection der Medulla oblongata
für die Contusion noch nicht nachgewiesen.

§. 256. Die Diagnose der Gehirnquetschung ist meist kurz
nach der Verwundung nicht zu stellen. An ihren Früchten erkennt

man diese gefahrvollen Verletzungen erst lange Zeit nachher. Ein charakteristisches Krankheitsbild existirt für die Contusio cerebri nicht. Dupuytren und seine Schüler (besonders Sanson) haben sich bemüht, ein solches zu entwerfen, doch kann den von ihnen aufgeführten Zeichen kein Werth beigemessen werden. Die Symptome müssen ja auch je nach den Orten der Gehirnverletzung variiren und treten anfangs entweder gar nicht in die Erscheinung oder werden durch die Zeichen der Gehirnerschütterung und des Gehirndruckes verdeckt. Der Kriegschirurg wird die wenigsten schmerzlichen Ueberraschungen zu beklagen haben, welcher bei allen schwereren Contusionen des Schädels und bei der grössten Mehrzahl der Gehirnerschütterungen durch Projectile das Vorhandensein von Gehirnquetschungen annimmt.

§. 257. e. Quetschwunden des Gehirns,

d. h. die Schädelhöhle wird eröffnet und das Gehirn und seine Häute durch Knochensplitter oder das Projectil verletzt.

Knochensplitter werden fast bei allen Schussfrakturen der Schädelknochen in das Gehirn getrieben, sei es, dass dieselben dabei noch fixirt, oder ganz aus dem Zusammenhange gerissen sind. Das Gehirn erfährt dadurch besonders an seiner Convexität Zerreissungen und Zermalmungen von verschiedenem Umfange und wechselnder Tiefe und eine blutige Infiltration, die sich weit über den Ort der Verletzung hinaus erstreckt. Seltener als Knochensplitter dringen Projectile in die Gehirnsubstanz ein. Dieselben können durch die Orbita, den Mund, vom Gesicht, vom Ohre her durch die Basis cranii oder durch das Schädelgewölbe selbst in das Gehirn gelangen, und Zerstörungen der mannigfachsten Art daselbst erzeugen. Entweder entstehen durch matte Projectile beschränkte, oberflächliche Quetschwunden an der Peripherie des Gehirns, welche nur wenig in die Tiefe dringen, z. B. durch eingedrungene und zwischen den niedergedrückten Schädelfragmenten stecken gebliebene Kugeln, oder durch Projectile, die zwar eine grössere Perkussionskraft haben, aber aus weiteren Distanzen abgefeuert und daher nicht wesentlich erhitzt und erweicht sind, canalförmige Quetschwunden, welche entweder mit einem blind geschlossenen Ende innerhalb der Hirnmasse aufhören, oder in beliebiger Richtung durch das Gehirn hindurchgehend an der entgegengesetzten Seite eine Ausgangsöffnung besitzen. Erstere sind häufiger, als die letzteren, nach Demme verhalten sie sich zu einander wie 5 : 3. Eigentliche Schusscanäle mit klaffenden Oeffnungen kommen am Gehirn nicht vor, wie gross auch die Substanzverlust sein mag, denn die Wandungen derselben fallen zusammen und legen sich eng aneinander. Die getroffenen Nerventheile sind stets völlig zermalmt, das Geschoss treibt dieselben, meist mit Knochenfragmenten untermischt, vor sich her und dadurch wird der Substanzverlust an der Austrittsöffnung meist weit grösser, als an der Eintrittsöffnung. Der ganze Schusscanal im Gehirn ist mit einem moleculären, pulpösen Detritus erfüllt, die innere, sehr unregelmässige und zerfetzte Wand desselben besteht aus der Neuroglia, dem zerrissenen Blutgefässnetz und den zertrümmerten Nervenfasern, und hat eine blutig rothe, oder eine theils von der Kugel, theils von Gangrän und Blutcoagulis herrührende schwärzlich-bräunliche Farbe.

Durchmesser und Form der Schussbahn schwanken je nach der Widerstandsfähigkeit der Nervenmasse, welche wieder von dem dieselbe
durchziehenden und mit demselben verflochtenen Bindegewebs- und
Gefässnetze abhängt. Je mehr und grössere Knochensplitter mit in den
Schusscanal hineingerissen werden, desto unregelmässiger ist seine Gestalt, desto umfangreicher die Zerstörungen im Gehirn. Stücke vom
Projectil, Projectile selbst, Tuchfetzen und Haare finden sich häufig
in diesen Schusscanälen. Nicht immer aber bieten die Schusscanäle
im Gehirn solche Verwüstungen und Zertrümmerungen dar. Klebs
hat (l. c. p. 68) einen von der linken Schläfe aus perforirenden frischen
Schusscanal untersucht und sich davon überzeugt, dass derselbe bei
1—1.5 cm Breite collabirt war und vollkommen glatte, nicht mit Blut
verunreinigte Wandungen besass. Die Hirnsubstanz war frei von
Blutextravasaten. In einem andern Falle sah er, dass eine directe
Hirnperforation durch Geschosse einen von glatten Wandungen begrenzten Substanzverlust, ohne jede Quetschwirkung in der Umgebung
erzeugen kann. Dagegen hat Bergmann regelmässig in den Wandungen der perforirenden Schusscanäle kleinere und grössere Knochenstücke, sowie Bleifragmente gefunden. Ebenso war die nächste Umgebung stets erweicht, ja mitunter in eine breiige blutigrothe Masse
zerflossen. Auch ich habe keinen Fall gesehen, in welchem die
Zeichen der Quetschung so vollständig im Schusscanale und seiner
Umgebung fehlten, wie in den von Klebs beschriebenen.

Bergmann hat noch die Beobachtung gemacht, dass auch bei
oberflächlichen Streifungen und Furchungen des Gehirns durch Projectile meist auch eine diametral gegenüberliegende Quetschungsstelle
bestand.

Die durch Bleiprojectile mit grösster Endgeschwindigkeit erzeugten
Schusswunden des Gehirnes, bei welchen durch Höhlenpressung eine
totale Zermalmung, Zersprengung und Vernichtung des Gehirnes erzeugt wird, haben für den Kriegschirurgen nur ein theoretisches Interesse, weil sie unmittelbar zum Tode führen.

Endlich entstehen noch grosse, unregelmässig gestaltete Quetschwunden des Gehirns durch Einwirkung groben Geschosses. Die Gehirnmasse ist dabei in beträchtlicher Ausdehnung der Fläche und Tiefe
nach zerstört. Bei ihnen findet meist auch ein umfangreicher Verlust von
Gehirnmasse statt. v. Bruns hat dreizehn genau berichtete Fälle der
Art gesammelt, in denen es sich um Substanzverluste des Gehirns von
mehreren Drachmen und Unzen handelte. Einen sehr bemerkenswerthen
Fall der Art berichtet Luecke aus dem zweiten schleswig-holstein'schen
Kriege. Der betreffende Patient hatte durch eine Kartätsche einen
thalergrossen Defect in der linken Squama occipitalis erhalten, aus
welchem Blut und Gehirnmasse hervorquoll, die Felsenbeinpyramide
war zerschmettert, die Kugel wurde neben dem Dornfortsatze des
4ten Rückenwirbels extrahirt. Trotzdem der Patient mehrere Esslöffel
Gehirnsubstanz verlor, wurde er doch hergestellt. Er hat darauf ein
elendes Leben in völligem Stumpfsinn geführt (wie die enthirnten
Tauben Flourens') und ist etwa vier Jahre nach der Verletzung im
Walde erfroren gefunden (siehe Ohrenschussverletzungen p. 274).

Diagnose der Quetschwunden des Gehirns.

§. 258. Diese Verletzungen ergeben meist sehr complicirte und schwere Krankheitsbilder. Vollkommene Schusscanäle durch das Gehirn bekommt der Arzt selten zu sehen; derartig Verletzte sterben meist auf der Stelle, besonders wenn das Gehirn in seinem grösseren Durchmesser und nahe der Basis durchbohrt wurde, oder auf dem Transporte durch die Erschütterungen und secundären Blutungen. Zuweilen besteht auch unter diesen Umständen die Herzthätigkeit noch einige Zeit fort, Blut und Gehirnmasse strömen aus der Wunde, und im tiefsten Koma tritt der Tod ein. Häufiger schon kommen die mit blinden Schusscanälen versehenen Verletzten in die Behandlung des Arztes. Nur wenn bestimmte Gehirntheile, besonders der 4. Ventrikel, die Brücke, das verlängerte Mark etc., betroffen sind, pflegt auch bei derartigen Verletzungen ein augenblicklicher Tod einzutreten. Am häufigsten gelangen aber die Streifschussrinnen des Gehirnes in die Lazarethbehandlung. Die Diagnose der Gehirnverletzung an sich ist nicht schwer, dieselbe ergibt sich meist schon aus der Ocularinspection, oft aus dem Ausflusse von Gehirnmasse (in Form eines weissen Breies oder weisser Flocken und Bröckeln, deren Ursprung das Mikroskop leicht erkennen lässt) und von Cerebrospinalflüssigkeit aus der Wunde. Um so schwieriger ist eine annähernd genaue Localdiagnose der verletzten Gehirngebiete, weil eine grosse Zahl von Gehirnverletzungen durch stellvertretende Functionen der Gehirntheile unter einander ganz symptomlos verlaufen können. Der Localität der äusseren Verletzung entspricht sehr oft auch die des Gehirns.

Man unterscheidet bei den Hirnläsionen allgemeine, d. h. das ganze Gehirn durch Vermittlung der Circulation treffende, und heerdartige, d. h. durch Verletzungen der Nervenmasse selbst hervorgebrachte Zeichen. Erstere haben wir bereits als Commotions- oder Druckerscheinungen kennen gelernt; mit letzteren haben wir uns hier noch kurz an der Hand der neueren sorgsamen anatomischen und experimentellen Erforschung der Gehirnfunctionen zu beschäftigen.

Zuvörderst hervorzuheben ist der von Fritsch und Hitzig gelieferte Nachweis, dass durch Reizung eines Theils der Convexität des Grossen Gehirnes ganz bestimmte Muskelgruppen auf der gegenüberliegenden Seite in Action gesetzt werden und zwar am weitesten nach vorn die vom Oculomotorius innervirten, kurz dahinter die Muskeln der oberen Extremitäten, kurz dahinter wieder die der unteren Extremitäten, unter diesen die vom Facialis innervirten Muskeln und ganz unten — im Fusse der 3. Stirnwindung — die Muskeln, welche der Sprache dienen und die Bewegungen der Zunge vermitteln. Man hat danach halbseitige oder auf bestimmte Muskelgruppen im Oculomotorius- und Facialis-Gebiet oder an den Extremitäten localisirte Lähmungen bei erhaltenem Bewusstsein, welche unmittelbar nach Schussverletzungen auftreten und selten ganz vollständig sind, als ein sicheres Zeichen der Zerstörung dieser motorischen Hirncentren zu betrachten. Th. Simon macht aus dem von Löffler gesammelten Material den Schluss, dass Schüsse, welche von vorn nach hinten die Höhe der Convexität des Schädels treffen, meist eine Lähmung der unteren oder beider Extremitäten der

entgegengesetzten Seiten hervorbringen, während seitliche Schüsse mehr
Sopor und keine Lähmungen bedingen. Wenn wir auch nicht die
Giltigkeit dieses Satzes im allgemeinen bestreiten wollen, so müssen
wir doch hervorheben, dass Seitenschüsse, welche die entsprechenden
Localitäten des Gehirns treffen, auch Lähmungen bedingen werden.
Charakteristisch ist, dass diese Lähmungen meist mit Contracturen, öfter mit Sensibilitätsstörungen der gelähmten Glieder
verbunden vorkommen. Von grosser Wichtigkeit ist auch noch
eine zweite von Hitzig entdeckte Thatsache, dass durch Läsionen
dieser motorischen Hirnrindenregionen epileptiforme Anfälle aus-
gelöst werden können, welche als Zuckungen in einer einzelnen Muskel-
gruppe der gegenüberliegenden Körperhälfte beginnen, sich von hier
aus auf andere verbreiten und zuletzt zu klonischen Krämpfen des ganzen
Körpers steigern können. Diese Monospasmen, welche unmittelbar nach der Verwundung auftreten, gehören neben den
Monoplegien zu den werthvollsten Zeichen der Gehirnrinden-
Schussverletzungen. Sehr wichtig für die Diagnose der Localität
der Gehirnschussverletzungen ist auch die Aphasie, welche theils
isolirt, theils mit Lähmungen des Facialis, der oberen Extremitäten
oder mit Hemiplegien, auch wohl mit Agraphie verbunden gleich
nach der Schussverletzung auftritt. Wir verzichten auf die Anführung
von Beispielen derartiger Verletzungen aus der Literatur, weil Bergmann sich die grosse Mühe gemacht hat, in dem citirten Werke
§. 311 die Casuistik der Rindenschussverletzungen möglichst sorgfältig
zusammen zu stellen. Löfflers und der amerikanische Bericht bieten
eine reiche Fundgrube der charakteristischsten Fälle von Rindenläsionen.
Sehr interessant, doch zur Zeit noch schwer zu deuten sind zwei Fälle
von isolirten Sensibilitätsstörungen in einer Körperhälfte bei
intacter Motilität, welche Bergmann bei Schussverletzungen der
Parietal-Gegend beobachtete. Auch die Nordamerikaner berichten einen
Fall der Art.

Sehr schwer sind die Läsionen der occipitalen und temporalen
Region des Grosshirns für die Diagnose zugängig, weil dieselben weder
motorische Lähmungen noch Krämpfe bedingen. Die Nordamerikaner
und Reich haben Blindheit, Amblyopie, Hemianopsie nach Läsionen
der Rinde gewisser Parietalregionen beobachtet, auch Störungen im
Gehörorgane werden danach beschrieben, doch macht Bergmann mit
Recht darauf aufmerksam, dass diese Symptome sich viel ungezwungener
aus gleichzeitigen Fissuren an der Basis und directen Läsionen der
Sinnesnerven erklären lassen.

Bei Läsionen der Medulla oblongata hat man eigenthümliche
Störungen in den Respirationsorganen (besonders Bronchopneumonie und
Cheyne-Stokes'sches Athmen), und der Circulation (verlangsamten,
trägen Puls, herabgesetzte Temperatur), Diabetes und Albuminurie
und die charakteristischen bulbären Heerdsymptome im weiteren Verlaufe sich entwickeln sehen; bei denen des Cerebellum Gleichgewichtsstörungen, Schwindelgefühle, Chorea- und Zwangsbewegungen,
bei denen des Pons und der Oliven Störungen in der Articulation,
stammelnde Sprache, gekreuzte Lähmungen, Anästhesien im Gesichte etc.
Im allgemeinen wird man sich mit einer Wahrscheinlichkeitsdiagnose
in solchen Fällen begnügen müssen und der Mahnung Kussmauls

eingedenk bleiben, dass man auf so unsicherem Terrain nicht behutsam genug den sicheren Boden vom zweifelhaften scheiden könne. Je näher die Schussverletzung der Gehirnbasis ist, desto sicherer leitet die Lähmung einzelner Nerven die Diagnose.

Verlauf der Gehirnschussquetschung und der Gehirnschusswunden.

§. 259. Dass die Schussverletzungen des Gehirns ohne Eiterung heilen können, war bereits durch gute Beobachter (Bruns, Emmert) constatirt, ist aber besonders schön durch die sorgfältigen anatomischen Untersuchungen von Klebs nachgewiesen. Die erste und wesentlichste Bedingung für das Ausbleiben der Eiterung ist nach Klebs der Abschluss der Verwundung nach aussen. Da dies am sichersten durch eine unverletzte Haut geschieht, so sieht man auch die subcutanen Gehirnschussquetschungen am häufigsten ohne Eiterung verlaufen. Die canalförmigen Durchbohrungen des Gehirns heilen nur ausnahmsweise, die Streifschussrinnen der Gehirnoberfläche öfter mit geringer oder auch wohl ganz ohne Eiterung. Klebs fand (Fall 94) in einem tiefen, Bleifragmente enthaltenden Schusscanale des Gehirns am 17 Tage noch keine Spur von Entzündung seiner Wände; doch war mikroskopisch eine ganz geringe Infiltration derselben mit Rundzellen und eine dünne, zellenarme Faserstofflage auf der Oberfläche nachweisbar. Damit ist die Heilung der Gehirnschusswunden per primam intentionem erwiesen. Der histologische Vorgang bei derselben ist aber noch nicht genau bekannt. Demme schildert denselben zwar sehr detaillirt, doch darf man seinen Angaben wenig vertrauen. Ein Theil der Forscher betrachtet die Bindegewebszellen in der Adventitia der Gefässe und Neuroglia für die Brutstätten des Ersatzgewebes (Demme, Hayem, Rindfleisch), ein anderer hält dasselbe für ein Product der ausgewanderten weissen Blutkörperchen (Popow). Darin stimmen aber alle überein, dass die Gehirnschussverletzungen durch Narben sich schliessen. Nur Demme will die Neubildung von Nervenprimitivfasern in den Hirnnarben des Menschen beobachtet haben. Bei den sehr grossen Substanzverlusten des Gehirns sah Porta einen Ausgleich dadurch zu Stande kommen, dass eine oder beide Seitenkammern des Gehirns im entsprechenden Grade durch Anfüllung mit wässriger Flüssigkeit erweitert wurden.

Unter ungünstigen Bedingungen tritt eine Eiterung im Schusscanale oder in der Schussrinne ein. Dieselbe kann circumscript bleiben und noch zur Heilung führen. In einigen Fällen nimmt dabei die traumatische Schwellung so grosse Dimensionen an, dass die intracranielle Circulation erlahmt und ein diffuses Hirnödem den Tod der Patienten herbeiführt (Bergmann), in einer noch grössern Zahl entwickeln sich dabei umfangreiche enkephalitische Processe und hochgradige Erweichungen der umgebenden Gehirnsubstanz, die Eiterung kriecht im Gehirn weiter und Gehirnabscesse oder eitrige Meningitis entstehen. Häufiger noch beginnt eine Verjauchung der Extravasate und der infiltrirten Umgebung der Schussverletzung kurz nach der Verletzung. Der Schusscanal verwandelt sich in eine Jauchehöhle, das Gehirn wird von der Jauche durchsetzt, die Hirnhöhlen ulcerös eröffnet und

mit Jauche erfüllt (Klebs Fall 93) und die Patienten gehen an
Gehirnentzündung oder Sepsis schnell zu Grunde. Die Hauptgefahren
der Gehirnquetschung: den Gehirnabscess und die Gehirnentzündung
werden wir bald im Zusammenhange kurz besprechen.

f. Vorfall der harten Hirnhaut und des Gehirns nach Schuss-verletzungen des Gehirns.

§. 260. Man muss verschiedene Zustände unterscheiden, welche
unter dem Namen des Gehirnvorfalls zusammengefasst werden. Zunächst
den Ausfluss von Gehirnmasse, ein überaus häufiges Ereigniss im
Verlaufe der Schussverletzungen des Gehirns. Je breiiger erweicht
das Gehirn durch die Schussverletzung ist, um so leichter strömt
dasselbe aus der Wunde hervor. An der Ausgangswunde perforirender
Schädelschüsse fehlt ein Belag mit Hirnbrei selten. Zuweilen tritt
dies für die Diagnose der Hirnverletzung so wichtige Zeichen nicht
gleich nach der Verwundung, sondern erst einige Zeit nach derselben
ein. — Zweitens die Hernia cerebri, d. h. ein Hervortreten des
verletzten oder intacten Gehirns mit seinen Häuten durch eine kleine
Schädelwunde (Lochschüsse). Dies Ereigniss wird immer erst einige
Zeit nach der Verletzung beobachtet, — sehr oft auf den Transporten
der Verwundeten — weil dasselbe eine Folge der Steigerung des
intracraniellen Druckes durch Gehirnödem oder durch die Entwicklung
eines Gehirnabscesses ist. Die Hirnvorfälle können mannsfaustgrosse
Geschwülste darstellen, meist aber sind sie kleiner. Ein von Kusmin
beschriebener Prolapsus cerebri bei einem nach vorn vom linken Tuber
parietale ein- und vor dem linken äussern Gehörgang austretenden
Schädelschusse mass an seiner Basis 5 1/2 cm, in seiner Höhe 3 1/2 cm.
Im ganzen ist die Zahl der Gehirnvorfälle nach Schussverletzungen
nicht sehr gross. Demme berichtet 21, Pirogoff dagegen will unter
20,000 Verwundeten nur 4—5 gesehen haben. Im nordamerikanischen
Gesammtbericht werden 51 Fälle von Prolapsus cerebri angeführt:
8 davon waren primäre Protrusionen, 25 traten nach der Entfernung
von Knochenstücken, 4 nach Trepanationen ein. Die Diagnose des
Gehirnvorfalls ist leicht: der Tumor pulsirt anfangs, wie das Gehirn
und lässt sich reponiren, tritt aber bald wieder hervor. Täuschen
können pilzförmige Blutcoagula und wuchernde Granulationen auf der
Dura, wenn man nicht genauer untersucht.

Verlauf des Gehirnvorfalls bei Schädelschusswunden.

Kleinere Gehirnvorfälle können sich bei Nachlass des Oedems
des Gehirns von selbst zurückbilden; grössere werden brandig und
stossen sich spontan ab; selten überhäuten sich dieselben und bleiben
draussen liegen (Kusmin). In der Regel führen Meningitis und Gehirn-abscess den Tod der Verletzten herbei.

g. Die Meningitis traumatica nach Schussverletzungen. Entstehung und Arten derselben.

§. 261. Der grösste Theil der am Gehirn durch Projectile Ver-letzten stirbt an Meningitis oder Leptomeningitis suppurativa. Dieselbe tritt *α*) primär zu den Gehirnwunden und zwar fast ausnahmslos nur zu den perforirenden Schädelwunden hinzu. Vermittelt wird dieselbe zunächst durch einen eitrigen oder jauchigen Zerfall der traumatischen Blutinfiltrate der Gehirnhäute, welcher wieder von Klebs und Bergmann auf den inficirenden Einfluss der frei zutretenden Luft zurückgeführt wird. Es ist hier nicht der Ort, ausführlicher die Einwendungen zu erörtern, welche sich gegen diese exclusiven Anschauungen der beiden bewährten Autoren, besonders aus den guten Erfolgen der offenen Wundbehandlung bei perforirenden Schädelwunden erheben lassen. Dass bei der primären traumatischen Meningitis auch noch andere Causal-Momente eine wichtige Rolle spielen können, zeigt ja schon eine kurze Mittheilung Nothnagels, welcher nach geringer Verletzung einer bestimmten Stelle der Gehirnoberfläche bei Kaninchen regelmässig Meningitis entstehen sah, welche meist eine doppelseitige, sehr selten auf die Stichseite beschränkte, zuweilen aber nur auf der intacten Hälfte vorhanden war. Mir scheint eine directe Implantation putrider Gifte durch die eingedrungenen fremden Körper, durch die schmutzige Umgebung der Wunde, durch unreine Hände und Instrumente weit mehr bei der Einleitung der primären eitrigen Meningitis nach Schussverletzungen anzuschuldigen zu sein, wie die diesen Noxen gegenüber doch sehr harmlose Luft; der sehr erschwerte Abfluss der Wundsecrete aus den Schusswunden des Gehirns macht die septische Infection derselben so ausserordentlich gefährlich. Ich habe durch eine Reihe von Experimenten nachzuweisen gesucht, dass die Reibungen und Zerrungen, welche die Gehirnhaut von den eingedrungenen fremden Körpern bei den respiratorischen und circulatorischen Bewegungen des Gehirns erfahren, die ja durch die Eröffnung der Schädelhöhle theils erst ermöglicht, theils wesentlich verstärkt werden, die Entstehung der primären traumatischen Meningitis vermitteln. Es sind somit diejenigen Schussverletzungen als die gefährlichsten zu betrachten, bei welchen eine Eröffnung der Schädelhöhle stattgefunden und rauhe, grosse, scharfe Splitter durch die Gehirnhaut in die Markmassen eingedrungen sind, und der Ausbruch der traumatischen Meningitis wird durch alle Momente, welche die respiratorischen und circulatorischen Hirnbewegungen steigern: wie Unruhe, Husten, Excesse im Essen und Trinken, psychische Affecte etc. befördert werden. Es ist erstaunlich, wie frühzeitig die eitrige Leptomeningitis im Verlaufe der Schusswunden des Gehirns eintreten kann. Bergmann fand bei Sectionen, welche er auf den Verbandplätzen vornahm, schon 36 Stunden nach der Schussverletzung des Schädeldaches eine eitrige Entzündung von der Convexität des Gehirns bis an die Cauda equina des Rückenmarks. Die gewöhnlichste Zeit des Beginnes der primären Leptomeningitis suppurativa ist die vom 2. bis 6. Tage nach der Verletzung.

β) Die secundäre Leptomeningitis suppurativa ist am häufigsten eine Fortleitung der eitrigen Periostitis und Ostitis der Schädelknochen. Wir haben den schleichenden Gang, welchen dieser insidiöse Process zu nehmen pflegt, bereits §. 190 kurz geschildert. Meist finden sich dabei partielle Nekrosen der Bruchränder, nicht selten Gehirnabscesse und eitrige Thrombophlebitis der Sinus durae matris.

Arnold berichtet zwei Sectionsbefunde der Art: Es handelte sich um einen Streifschuss des rechten Stirnbeins. eine Fissur der äusseren. eine Fraktur

der inneren Tafel. Dabei fand sich an dem Rande der Periostwunde eine Furche
im Knochen, offenbar das Zeichen einer schon ziemlich weit gediehenen peripherischen Nekrose; die diploëtische Substanz war nicht nur in der Ausdehnung
der Bruchstellen an der Glastafel eitrig infiltrirt, sondern auch in den benachbarten Bezirken. Ausserdem fand sich eine eitrige Entzündung der dura und
pia mater, eine Verschmelzung derselben unter einander und mit der Oberfläche
des Gehirns und ein Abscess in der Gehirnsubstanz. Der Inhalt des Abscesses
war in den entsprechenden Seitenventrikel durchgebrochen und dadurch eine
Basilarmeningitis entstanden.

In einem zweiten Falle war auch im Verlaufe eines Streifschusses beider
Scheitelbeine eine Nekrose der Glastafel und eine umfangreiche eitrige Infiltration
der Diploë der Schädelknochen eingetreten. Es fanden sich nun bei der Section
noch eitrige Entzündung der dura und pia mater, Abscesse in beiden Seiten-
lappen des Gehirns, eitrige Thrombophlebitis des Sinus longitudinalis, lobuläre
Heerde in den Lungen, doppelseitige eitrige Pleuritis etc.

Zuweilen wird die Eiterung von aussen her durch phlegmonöse
Processe im Verlaufe der Hirnnerven, der Gefässe etc. auf die Meningen
fortgeleitet, oder Gehirnabscesse brechen durch oder nähern
sich soweit der Pia mater, dass eine Infection derselben eintritt, oder
es wird durch späte Lockerung eingedrungener und eingekeilter
fremder Körper die Schädelhöhle noch in weit vorgeschrittener Periode
des Wundverlaufs eröffnet und dadurch die Bedingungen für den
Eintritt der Meningitis purulenta gegeben, welche wir bei der primären
Leptomeningitis kennen gelernt haben. Man hat früher dem Eintritt
der secundären Meningitis bei Schädelwunden eine bestimmte Zeit
gesetzt und dann den Patienten ausser Gefahr erklärt. So sollte nach
A. Paré mit dem 100., nach Rust mit dem 80., nach andern Autoren
schon mit dem 40. Tage nach der Verletzung die Gefahr bei Kopfschusswunden beseitigt sein. Die Erfahrung hat längst gelehrt, dass
zu jeder Zeit des Wundverlaufes, ja nach anscheinender Heilung noch
plötzlich die schwersten Zufälle bei den perforirenden und penetrirenden
Gehirnschüssen eintreten können. Am frühesten entwickelt sich meist
diejenige secundäre eitrige Meningitis, welche von aussen her auf die
Gehirnhäute fortkriecht oder durch Gehirnabscesse bedingt wird, am
spätesten diejenige, welche den nekrotisirenden und eitrigen Processen
im Knochen folgt.

Diagnose der eitrigen Meningitis traumatica.

§. 262. Die Meningitis ist stets am Orte der Verwundung am
stärksten ausgeprägt. Meist schliesst sich, wie Bergmann besonders
hervorgehoben hat, an die Meningitis basilaris auch eine Meningitis
spinalis an. Die traumatische eitrige Meningitis bricht im Verlaufe
der Gehirnschusswunden theils nach einem leidlichen Wohlbefinden der
Patienten aus oder sie gesellt sich zu schweren Gehirnsymptomen,
welche mit der Verwundung entstanden, hinzu. Die Zeichen der
Meningitis an der Convexität des Gehirns (anfangs mässiges Fieber,
grosse Unruhe, Delirien, Kopfschmerzen, Schlaflosigkeit, turgescentes
Gesicht, verengte Pupillen, kahnförmig eingezogener Leib, träger,
verlangsamter Puls, dann: Krampfanfälle, halbseitige Lähmungen,
Sopor, Koma, stets steigende, post mortem ihren Höhepunkt erreichende
Temperatur, sehr frequenter Puls, aufgetriebener Leib, unregelmässige,
aussetzende Athmung etc.), so wie die der basilaren Meningitis (besonders
Nackenstarre, Exophthalmos und Chemosis, Lähmungen der Gehirn-

nerven, Auftreten von Eiweiss im Harn etc.) setzen wir hier als bekannt voraus.

Die Prognose der eitrigen traumatischen Meningitis ist pessima. Sie führt stets und zwar in wenigen Stunden bis 3 Tagen zum Tode.

h. Der Gehirnabscess nach Gehirnschussverletzungen.

§. 263. Unter dem Namen des Gehirnabscesses hat man eine Reihe von Processen zusammengeworfen, welche nach traumatischen Eingriffen im Gehirn sich abspielen können.

a) Die cystische und gelbe Erweichung des Gehirns sind nach Schussverletzungen nicht beobachtet worden.

b) Der Gehirnabscess kommt sehr häufig im Verlaufe der Schussverletzungen des Gehirns zu Stande. Er entwickelt sich besonders oft im Verlaufe der Contusio cerebri; seltener um fremde Körper, am häufigsten in Folge einer Ostitis purulenta der Schädelknochen (vide §. 190 und §. 261). Meist tritt derselbe 2—3 Wochen nach der Verletzung ein, wie in dem von mir l. c. p. 71 berichteten Falle. Beck hat aber im französischen Kriege schon am 5. Tage nach der Verletzung einen taubeneigrossen Gehirnabscess beobachtet. Die Gehirnabscesse sitzen entweder haselnuss- bis taubeneigross in der Rinde oder sie entwickeln sich in der Gehirnsubstanz selbst und erreichen dann einen sehr bedeutenden Umfang. Die ersteren kommen meist nach Contusionen, die letzteren in Folge der eitrigen und nekrotisirenden Processe im Knochen zu Stande. Um die Abscesse besteht rothe Erweichung des Gehirns oft in beträchtlichem Umfange. Die Wandungen der Abscesse sind sehr uneben und fetzig; der Eiter gelblich, krümlich.

Die Zeichen der Gehirnabscesse sind sehr unbestimmt, ihre Diagnose daher meist sehr schwer und oft überhaupt unmöglich. Hektisches Fieber mit ganz unregelmässigen Exacerbationen, Kopfschmerzen, periodisch zu enormer Intensität und bis zu tobsüchtigen Anfällen sich steigernd, convulsivische Anfälle, Lähmungen und andere Heerdsymptome im Verlaufe einer Gehirnschussverletzung machen die Existenz eines Gehirnabscesses wahrscheinlich. Schwieriger noch ist der Ort und die Ausbreitung des Gehirnabscesses zu diagnosticiren. Die Gehirnläsionen und die Heerdsymptome leiten dabei am sichersten, doch immer noch trügerisch genug.

Ausgänge des Gehirnabscesses. Meist ist der Gehirnabscess mit einer Meningitis verbunden und dann beherrschen die Zeichen der letzteren das Krankheitsbild. Grosse Abscesse in der Gehirnsubstanz brechen oft in die Ventrikel durch und erzeugen dadurch basilare Meningitis (wie in der §. 261 citirten Beobachtung von Arnold). Sie können sich aber auch durch die Wunde einen Weg nach aussen öffnen und ausheilen.

c) Brand des Gehirnes kommt nach umfangreicher Zertrümmerung und Blosslegung der Gehirnsubstanz nicht selten zu Stande. An demselben stirbt eine grosse Zahl der Patienten in den ersten Tagen nach der Verletzung. Der ganze Schusscanal und seine Umgebung wird in grosser Ausdehnung in eine chokoladefarbige, stinkende, pulpöse Masse verwandelt, während die benachbarte Gehirnsubstanz

sich in rother Erweichung befindet. Meningitis oder acute Sepsis be-
schliessen die traurige Scene. Das brandige Gehirn pulsirt nicht mehr.
Nicht dringlich genug kann vor dem Gebrauch der Sonde
bei perforirenden Schädelschüssen gewarnt werden. Man liest noch
in so vielen Krankengeschichten, „die Sonde drang so und so tief ein“.
Damit ist zuvörderst nichts für die Diagnose erreicht, denn die Sonde
dringt in das normale Gehirn so tief ein, wie der Chirurg will. Man
erzeugt damit aber auch in der Mehrzahl der Fälle eine neue Gehirnläsion oder erweitert und verlängert die durch das Projectil bewirkte.
Wir haben gezeigt, dass die Wandungen der Gehirnschusscanäle eng
an einander liegen. Da ist es doch sehr kühn zu hoffen, dass es selbst
der geübtesten Chirurgenhand gelingen sollte, dieselben mit der Sonde
einfach auseinander zu drängen. Wie weit sollte man auch mit der
Sonde vordringen, da dieselbe doch erst einen Widerstand finden wird,
nachdem sie die ganze weiche Gehirnmasse leicht durchbohrt hat.
Man hat daher nach den Sondirungen der Gehirnschusswunden sehr
schwere Zustände eintreten sehen.

So berichtet Andrews: Eine Frau bekam einen Schuss in den Kopf auf
10 Schritt Entfernung. Die 48½ Gr. schwere, ⁵⁄₁₆″ im Durchmesser haltende Kugel
drang in die linke Schläfengegend ein: Eintrittswunde ¼″ im Durchmesser, den
Knochen ohne wesentliche Splitterung desselben durchbohrend. Die Sonde
drang 3½″ tief ein, ohne auf die Kugel zu stossen. Nach dieser
Sondirung trat ein epileptischer Anfall ein. Patientin wurde schliesslich noch geheilt, doch blieb das Projectil im Gehirn.

Auch ich habe bei einer Gehirnschusswunde, welche von einem
jungen Arzte gründlich sondirt war, sofort einen epileptischen Anfall, in einem andern Falle den ersten Ausfluss von Gehirnsubstanz, in einem dritten Somnolenz, bald in tödtliches Koma
übergehend, wahrscheinlich durch eine frische Blutung erzeugt, beobachtet. Gehirnabscesse sind häufige Folgen der Sondenläsionen.

§. 264. Wir haben noch einige Worte über das Schicksal
der Kugeln in dem Gehirne nachzuholen. Dass Geschosse in
den Schädelknochen einheilen können, unterliegt wohl keinem Zweifel
mehr; auch gibt es zuverlässige Beobachtungen (Ramdohr, Zedler etc.),
dass dieselben in der Substanz des Gehirns, besonders an der Oberfläche der Gehirn-Convexität abgekapselt, Jahre lang getragen wurden.
Wie selten dies Ereigniss aber eintritt, zeigt eine Zusammenstellung
der bisher bekannt gewordenen Fälle, welche v. Bruns gibt. Fast
immer trat früher oder später doch der Tod in Folge der von dem
fremden Körper bedingten Gehirnveränderungen ein. Andrews hat
die Bruns'schen Fälle bis auf 73 vermehrt und diesen wieder hat
Bergmann noch einige hinzugefügt. Bergmann hat aber auch eine
sorgsame kritische Sichtung der Andrews'schen Fälle vorgenommen,
wobei denn die Zahl sehr wesentlich beschränkt wurde. Die von
Flourens experimentell dargestellten Wanderungen der Geschosse im
Gehirn sind sehr selten beobachtet. Die von Fielding, Vogler,
Teichmeier und Neudörfer beschriebenen Fälle der Art sind
diagnostisch sehr fraglich. Im Falle Neudörfers stiess sich die Kugel
spontan aus dem Innern des Schädels durch einen 3 Jahre lang offenen
Fistelgang aus, der zur Scheitelgegend führte. Neuerdings berichtete
Harvey (Amer. Journ. 1879, Juli) eine Beobachtung der Art.

§. 265. 2. Ueber die Mortalität bei den Schussverletzungen
des Gehirns

brauchen wir hier nur Weniges nachzuholen, da wir die hauptsächlichsten
Data schon §. 208 gebracht haben.
Eine grosse Zahl der Kopfschusswunden führt schon auf dem
Schlachtfelde den Tod der Verletzten herbei. Nach Löfflers
Zusammenstellung ergaben in Schleswig-Holstein die Schussverletzungen
am Kopfe eine Mortalität von 47% und von diesen verendeten 42% auf
dem Schlachtfelde. Unter 387 Gefallenen waren 196 am Kopfe
verletzt, somit wurde die Hälfte aller Todesfälle auf dem Schlachtfelde
durch Kopfschüsse herbeigeführt. Nach Lidells Bericht hatten vor
Petersburg (in Amerika) von 43 Gefallenen 23 Kopfschussverletzungen
(mithin 53%), nach Woodward unter 76: 27 (also 35%), im Neu-
seeland-Kriege unter 111: 40 (somit beinahe 37%). Nach Fischers
Bericht waren im deutsch-französischen Kriege von 8132 Schussverletzungen am Kopfe 3668 sofort tödtlich (mithin 45%). Man wird
demnach nicht zu weit gehen, wenn man annimmt, dass in den offenen
Feldschlachten die Hälfte aller Gefallenen durch Kopfschüsse zu Grunde
geht. Im Belagerungskriege steigert sich dies Verhältniss noch
bedeutend, wie aus dem §. 55 Gesagten leicht zu verstehen ist.
Von den Schusswunden des Gehirns werden eigentlich nur
Streifschüsse der Hirnrinde geheilt, alle penetrirenden und blinden
Schusscanäle führen mit seltenen Ausnahmen zum Tode.
Pirogoff gibt an, dass er alle Schussverletzungen des
Schädels mit Gehirnvorfall habe tödtlich enden sehen. Auch
Podratzki kennt keinen geheilten Fall. Die Nordamerikaner
wollen aber 4 Heilungen unter 18 Hirnvorfällen beobachtet haben und
Bergmann konnte allein schon in den Berichten der Jahre 1862 bis
1871 54 Heilungen von Schädelbrüchen finden, bei denen Ausfluss
oder Vorfall des Gehirns stattgefunden hatte. Unter diesen befanden
sich 21 Schussverletzungen. Die Prognose des Gehirnvorfalls ist also
doch nicht ganz so schlecht, wie man bisher annahm.
Unter den Todesursachen nehmen die Meningitis und der
Gehirnabscess den ersten Rang ein (etwa 60%), Pyämie den zweiten
(etwa 35%), eine kleine Zahl der Verletzten stirbt an Tetanus,
Blutung, Rose etc.

3. Nachkrankheiten nach den Schussverletzungen
des Gehirns.

§. 266. Die Wenigen, welche nach den Schussverletzungen des
Gehirns am Leben bleiben, behalten meist dauernde Gebrechen zurück
und verfallen fast ausnahmslos der Invalidität.
1) Psychische Alterationen. Dieselben sind besonders nach
Commotionen des Gehirns beobachtet und nach den Untersuchungen
von Krafft-Ebing häufiger, als man früher angenommen hat. Das
Irresein kann sich nach der Kopfschussverletzung unmittelbar oder
erst längere Zeit nach derselben entwickeln.
2) Heftige Neuralgien, meist von Narben ausgehend, mit
Witterungswechsel steigend. Auch durch sie hat man psychische

Alterationen entstehen sehen, wie aus den Zusammenstellungen von Köppe und Schüle hervorgeht.

3) Epileptische Zustände kommen nach Kopfschussverletzungen ausserordentlich oft zur Beobachtung: theils in Folge reizender Narben, theils in Folge deprimirter Knochenstücke, eingeheilter fremder Körper, hyperostotischer Verdickungen der Schädelknochen und Verwachsungen der Gehirnhäute mit denselben, theils in Folge von Rindenläsionen. Nach dem nordamerikanischen Bürgerkriege fand man noch unter 98 Pensionären mit Contusionen der Schädelknochen 9mal, und unter 69 Pensionären, welche grössere Splitter- und Sequester-Extractionen ertahren hatten, 14 Epileptische.

4) Geistesschwäche, besonders Abnehmen des Gedächtnisses, Sprachstörungen, besonders Aphasie, Taubheit und Blindheit etc.

Von 14 Invaliden des nordamerikanischen Kriegs, die es unter 73 perforirenden Schädelschussverletzungen geworden waren, blieb nur 1 gesund. Die andern zeigten schwere Functionsstörungen des Gehirns: 12 hatten Kopfschmerz, Schwindel und Schwächung ihrer geistigen Functionen, 2 waren blind, 7 schwachsichtig, 1 taub, 1 hemiplegisch, 1 paraplegisch, 3 hatten totale Lähmungen. Von 48 nach penetrirenden Schädelschusswunden (unter 486) Geheilten wurden nur 3 wieder dienstfähig. Genauer angegeben wird der Grund der Invalidität bei 12: Imbecillität 3mal, Melancholie 1mal, Blindheit 1mal, Taubheit 1mal, Schwindel und Kopfschmerz 2mal, Hemiplegie 2mal, Lähmungen und Krämpfe 1mal, Blasenlähmung und allgemeine Schwäche 1mal.

Von 30 Geheilten, denen Kugeln aus dem Gehirn gezogen waren, wurden pensionirt 3 wegen Kopfschmerz und Schwindel, wegen Imbecillität 5, wegen Blindheit 3, wegen Taubheit 3, wegen Lähmungen 3, wegen Epilepsie 2.

II. Schussverletzungen des Rückenmarkes.

1. Statistisches.

§. 267. Wir besitzen keine Statistik, die uns einen genauen Einblick über die Häufigkeit der verschiedenen Arten der Schussverletzungen des Rückenmarkes gestattet. Nur über die Schussläsionen der Wirbel bringen einzelne Berichte zuverlässige Angaben. Dieselben sind von uns §. 185 und 186 bereits mitgetheilt. In der Surgical history of the Crimean Campaign sind 27 Fälle von Wirbelschussfrakturen angeführt, davon verliefen 8 ohne deutliche Zeichen einer Markverletzung, 19 mit solchen (somit 70,3%). Socin berichtet von 11 Schussfrakturen der Wirbel. In 4 Fällen waren nur die Processus spinosi, 2mal nur die Querfortsätze gebrochen, in 5 Fällen war das Rückenmark lädirt (45,4%). Die Mehrzahl dieser Verletzungen war stets mit andern schweren Läsionen verbunden: so unter den 5 Fällen von Socin 3 mit Verletzungen der Bauchhöhle. Arnold berichtet 11 Wirbelschussverletzungen:

Streifschuss des Proc. spinosus des 11. Brustwirbels, compl. durch Brustschuss mit oberflächlicher Lungenverletzung.

Lochschuss des Körpers des 3. und 4. Lendenwirbels ohne Complication.

Lochschuss des Körpers des 1. Kreuzbeinwirbels, compl. durch Schusswunde der Hüfte.

Fraktur des Proc. spinosus des 6. Brustwirbels, compl. durch Brustschuss mit oberflächlicher Lungenverletzung.

Fraktur der Proc. spinosi des 1. und 2 Brustwirbels, compl. durch
Brustschuss mit oberflächlicher Lungenverletzung.

Fraktur des Proc. spinosus des 12. Brustwirbels, compl. durch Brustschuss mit oberflächlicher Lungenverletzung.

Fraktur des Proc. transversus des 12. Brustwirbels, compl. durch Brustschuss mit oberflächlicher Lungenverletzung.

Fraktur des Proc. transversus des 4. Lendenwirbels, compl. durch
Schusswunde der Baucheingeweide.

Fraktur des Körpers des letzten Lenden- und 1. Kreuzbeinwirbels,
compl. durch Schusswunde der Hüfte.

Fraktur des Körpers und Bogens des letzten Lendenwirbels ohne
Complication.

Fraktur des Steissbeines, compl. durch Schusswunde der Hüfte.

Somit waren von 11 Wirbelverletzungen durch Projectile 9 complicirt — somit 81,8%.

Klebs secirte 6 Wirbelschussverletzungen, von denen nur 3 (50%)
Complicationen darboten.

Schuss des Os sacrum — ohne Complication.

Schuss des Os sacrum — Complication durch perforirende Bauchwunde,
Verletzung des Colon ascendens.

Zerschmetterung des Bogens des 12. Brustwirbels und des Rückenmarks — ohne Complication.

Zerschmetterung des 12. Brustwirbelkörpers, complicirt durch Verletzung
der Pleura, Milz, Leber, rechten Niere und Aorta.

Zerschmetterung des 7. Brustwirbels mit Durchtrennung des Rückenmarks — ohne Complication.

Zerschmetterung des Bogens des 6. Brustwirbels, complicirt durch
Rippenfraktur und Brusthöhlen-Eröffnung.

Es gibt kaum eine Gegend des Körpers, welche geeigneter wäre
zur Ablenkung der Geschosse als die hintere Partie der Wirbelsäule.
Die zahlreichen Knochenvorsprünge, die verschiedenen von Muskeln,
Sehnen und Aponeurosen gebildeten Ebenen bieten matten Projectilen
einen hinreichenden Widerstand dar. Daher prävaliren auch in dieser
Region, wie Tabelle N §. 185 lehrt, die Fleischschüsse so bedeutend
vor den Knochenschussverletzungen.

2. Arten, Symptome und Verlauf der [Rückenmarksschuss-
verletzungen.

Das Rückenmark wird in ähnlicher Weise, wie das Gehirn von
den Projectilen verletzt.

§. 268. a. Weit seltener wie am Gehirn kommt durch das Aufschlagen matter grober Projectile gegen den Rücken eine Erschütterung des Rückenmarkes (Commotio medullae spinalis) zu Stande.
Man versteht darunter eine Alteration der Functionen des Rücken-

markes in Folge einer Erschütterung, ohne dass sich in diesem Organe, gleich nach Einwirkung der Gewalt, gröbere anatomische Veränderungen nachweisen oder annehmen lassen. Es lässt sich wohl leicht begreifen, dass eine reine Commotio am Rückenmark noch seltener sein wird, als am Gehirn. Kleine Blutungen und Risse werden in dem weichen Gewebe des Rückenmarks ebenso leicht entstehen, wie bei den Sectionen übersehen. Fast in allen schwereren Fällen von Commotio medullae spinalis, die zum Tode führten, wurden bei der Section Läsionen des Markes aufgedeckt.

Wenn der Angriff der Gewalt beschränkt ist, so findet sich auch meist eine partielle Rückenmarkserschütterung, d. h. beschränkte Lähmungen resp. Krämpfe. In dem langgestreckten Rückenmark kann, wie das ursächliche Trauma, so auch die reflectorische Gefässdilatation leicht ungleich vertheilt resp. auf einen kleinen Bezirk localisirt bleiben und es braucht sich wegen der Nachgiebigkeit der umgebenden Wandungen eine consecutive Transsudations-Anämie, wie in dem von harten Schalen umgebenen Gehirn, nicht zu entwickeln (Karow). Daher finden sich bei der Comm. med. spinalis, sehr oft auch bei diffusen Erschütterungen nicht immer, wie bei der Commotio des durch ein Trauma stets in toto erschütterten Gehirns, allgemeine, sondern ungleich vertheilte Depressions- resp. Excitationserscheinungen. So bestanden in den von Karow beschriebenen Fällen immer klonische Krämpfe am Rumpf und allen Extremitätenmuskeln, welche unausgesetzt (etwa 6 Zuckungen per Minute) 2 Wochen lang, anfangs auch während des Schlafes anhielten. Lähmungen sind freilich viel häufiger nach Commotio medullae spinalis als Krämpfe. So beobachteten die Nordamerikaner zweimal nach Schussfraktur des Processus spinosus eines Halswirbels Lähmungserscheinungen bloss in den Armen. Je weiter nach unten dabei die Erschütterung statt hat, desto mehr beschränkt sich die Lähmung auf die untern Glieder, die überhaupt viel häufiger leiden, als die obern. In einer Zahl solcher Fälle treten die Erscheinungen gleich nach der Verletzung ein, in 43% aber, wie Obersteiner berechnet hat, bleiben, locale Schmerzen abgerechnet, die Symptome anfangs aus, treten aber nach einigen Stunden, Wochen, Monaten oder selbst Jahren ein. In einer Zahl von Fällen sind leichte Ermüdung, Steifigkeit und Schmerz im Rücken ursprünglich die einzigen Zeichen. Dazu gesellt sich dann Druckschmerz, welcher durch die Nachtruhe gesteigert wird. Später wird der Gang unbeholfen, schleppend, es treten Zona anaesthetica, Formicationen und Schmerzen in den Beinen und schliesslich Lähmungen ein. Bei allgemeiner Rückenmarkserschütterung finden sich mehr oder weniger vollständige Lähmungen der Motilität und Sensibilität der Extremitäten bei ungetrübtem Sensorio, und Lähmung der Blase und des Mastdarms. Einzelne Beobachter haben noch besondere Symptome nach Rückenmarkserschütterungen beobachtet, so Stoll und Cordes: Tetanus, Bellingeri: Singultus, Ollivier, Obersteiner, Erichsen: intermittirende Hämaturie; im spätern Verlaufe treten wohl auch Contracturen zu den Lähmungen hinzu. Zuweilen ist mit der Rückenmarkserschütterung eine Gehirnerschütterung verbunden. Intensive Commotionen besonders des Halstheiles sind oft durch Lähmung der Respirationscentren sofort tödtlich (Morgagni).

§. 269. Der Verlauf der Commotio medullae spinalis ist ein sehr verschiedener. In vielen Fällen gehen die Symptome allmählich zurück, doch bleiben nicht selten einzelne beschränkte Störungen noch längere Zeit zurück (besonders Trägheit der Darmentleerungen und Blasenbeschwerden). Von 63 von Obersteiner zusammengestellten Fällen endeten 20 (31,7%) mit völliger Genesung. Die Heilung erfolgt oft erst nach Jahren. Doch verlaufen auch viele Fälle tödtlich und zwar um so leichter und häufiger, je höher oben an der Wirbelsäule die Gewalt einwirkte. Potatoren und nervöse Leute leiden im allgemeinen schwerer und sind gefährdeter. Von 63 von Obersteiner zusammengestellten Fällen endeten 18 tödtlich (28,6%). Der Tod kann in Folge der Respirationslähmung gleich nach der Verletzung oder durch Decubitus und ulcerösen Blasenkatarrh in späterer Zeit, oder durch chronisch entzündliche Processe im Rückenmarke nach Jahren eintreten. Ein anderer Theil der Rückenmarkserschütterungen geht in chronisch entzündliche Processe des Rückenmarks über und zwar um so häufiger, je geringer die Zeichen der Erschütterung zu Anfang waren und je allmählicher sich dieselben entwickelten. Von den 27 Fällen der Art, die Obersteiner zusammengestellt hat, genasen bloss 4 (14,8%), bei 3 konnte späterhin wieder eine Besserung constatirt werden (11,1%), während 20 Fälle (74,1%) schlecht verliefen und meist ein constantes Zunehmen der Symptome aufwiesen. Auch Tumoren im Wirbelcanale hat man nach Rückenmarkerschütterungen eintreten sehen.

Die Casuistik der Rückenmarkerschütterungen durch Projectile ist sehr reichhaltig und besonders im nordamerikanischen Gesammtbericht in grossartiger Weise vertreten.

Eine sehr bemerkenswerthe Beobachtung berichtet Obersteiner l. c.: Contusion des 3. Brustwirbels durch ein Projectil, sensitive und motorische Lähmung der unteren Körperhälfte. Tod in Folge Decubitus am 38. Tage nach der Verletzung. Bei der Section fanden sich entzündliche Processe fast im ganzen Rückenmarke und an den Meningen (gelbe Erweichungen im Dorsalabschnitte und im Lendenmarke, umschriebene Pachymeningitis spinalis), jauchige Cystitis mit vielfacher Ulceration der Schleimhaut der Blase, Pericystitis, Pyelitis, interstitielle Nephritis, grosser Decubitus am Kreuzbein etc.

Diese Beobachtung ist entschieden kein reiner Fall einer Commotio medullae spinalis: die Zeichen im Leben und die Befunde bei der Section sprechen für die Annahme einer Contusion. So mag es wohl mit der Mehrzahl der Fälle, die als schwere Rückenmarkscommotionen beschrieben wurden, bestellt gewesen sein.

b. Contusion des Rückenmarkes durch Projectile.

§. 270. Die Contusio medullae spinalis, welche dieselben anatomischen Veränderungen im Marke und den Häuten des Rückenmarkes darbietet, wie die Contusio cerebri am Gehirn, ist weit häufiger, als man bisher angenommen hat. Sehr wahrscheinlich gehört die grösste Zahl der sogenannten Commotionen des Rückenmarkes hierher. Das klinische Bild dieser Verletzungen ist nach der getroffenen Gegend des Markes so verschieden und wird dazu noch durch Nebenverletzungen so vielfach getrübt und verwirrt, dass wir die von der experimentellen Physiologie gewonnenen Thatsachen kaum für eine genauere Diagnose dieser Verletzungen verwenden können. Meist treten auch die schweren

Erscheinungen derartiger Verletzungen erst durch die Folgezustände, d. h. durch die chronisch entzündlichen Processe im Marke und den Rückenmarkshäuten zu Tage.

Die Contusionen des Rückenmarkes finden sich besonders nach der Einwirkung schwerer Geschosse auf den Rücken, aber auch bei Schussbrüchen der Wirbel mit und ohne Eröffnung der Rückgratshöhle.

Es können aber auch Contusionen des Rückenmarkes durch Dehnungen peripherischer Nerven zu Stande kommen, wie die Experimente von Tillaux, welche wir weiterhin anführen werden, gezeigt haben.   Oefter noch werden Contusionen des Rückenmarks durch Schussverletzungen am Schädel bedingt, eine Thatsache, die wir den exacten Untersuchungen Bergmanns verdanken.   Durch gewaltsame Formveränderungen am Schädel kommen Quetschheerde im verlängerten Marke und im Rückenmarke leicht zu Stande. Bergmann glaubt darauf eine grosse Zahl von isolirten Extremitäten-Lähmungen, die er, Löffler und die Nordamerikaner nach Schädel-schüssen beobachtet haben, zurückführen zu müssen.   Gerade bei Schussverletzungen des Kopfes kommen nicht bloss ausgedehnte Hirn-läsionen, sondern auch viele disseminirte, über das ganze Gehirn und auch über das Rückenmark verbreitete Zertrümmerungsheerde zu Stande.

c. Die Compressio medullae spinalis.

§. 271.   Dieselbe kommt durch Schussverletzungen in derselben Weise zu Stande, wie der Gehirndruck.   Die Symptome des Rücken-marksdruckes sind sehr schwankend je nach dem Sitze der Com-pression, je nach dem Umfange und der Art derselben (siehe §. 274).

Der Druck kann indirect durch Blutextravasate aus den Ge-fässen der Rückenmarkshäute zu Stande kommen, oder direct durch fremde Körper.   Erstere sind am beträchtlichsten bei Verletzungen der Arteria vertebralis.   Als fremde Körper können Knochenfragmente oder Projectile wirken.   Letztere sitzen entweder im Wirbelkörper und treiben die herausgeschlagenen Knochen in den Wirbelcanal, oder ragen mit ihrer Spitze in den Wirbelcanal hinein, oder sie liegen frei in demselben hinter der Dura mater.   Unter diesen Umständen be-dingen sie meist sehr bedeutende Druckerscheinungen.   Sitzen die-selben im Wirbelkörper allein, so brauchen sie keine Compressions- oder Commotionserscheinungen zu bedingen.   Endlich könnte Compression des Rückenmarkes bewirkt werden durch eine vollständige Dislocation der Wirbel ohne gleichzeitige Fraktur, doch habe ich keinen Fall der Art, durch Schussverletzungen bewirkt, in der Literatur angeführt gefunden.

Ausgänge der Contusio et Compressio medullae spinalis.

§. 272.   Nach Entfernung des comprimirenden Momentes kann schnelle Heilung erfolgen.

So berichten Weir Mitchell etc. von einem Falle, in welchem eine Kugel durch Lippe, Zunge, Gaumen eingedrungen und im dritten Halswirbelkörper stecken geblieben war.   Es trat sofort Lähmung der Sensibilität und Motilität in sämmt-lichen Gliedern ein; dieselben kehrten indessen schon nach 1½ Stunden in den unteren Extremitäten wieder, nach 24 Stunden auch im linken Arme. Im rechten Arme dagegen wich die Sensibilitätsstörung langsam, die der Motilität nur wenig. Da wurde aus einem Zungenabscess ein Zahn und aus dem Wirbelkörper die Kugel entfernt und nun trat schnell völlige Genesung ein.

A. Klebs sah eine vollständige Heilung nach einer Contusio medullae spinalis. Die Lähmungserscheinungen bildeten sich zurück, obgleich schon ausgedehnter Decubitus und heftiger Blasenkatarrh bestanden.

Meist bleiben indessen Lähmungserscheinungen nach diesen Verletzungen zurück.

So berichten Weir Mitchell etc. von einem Falle, in welchem die Kugel durch die linke Wange eingedrungen und in dem Canale der Halswirbelsäule stecken geblieben war. Es trat totale Lähmung sämmtlicher Extremitäten ein, welche nach ½ Jahr in den Beinen schwand; nach ¾ Jahr war auch der rechte Arm fast vollständig brauchbar, der linke indessen blieb gelähmt.

Sehr häufig nämlich entwickeln sich Erweichungen, Atrophien, chronische Entzündungen des Rückenmarkes und seiner Häute nach den Contusionen des Rückenmarkes. Dieselben sind daher als sehr schwere Verletzungen von unberechenbaren Folgen aufzufassen.

4. Schusswunden des Rückenmarkes.

§. 273. Fast bei allen Schussfrakturen der Wirbel, mit ausserordentlich seltenen Ausnahmen, treten wesentliche, die Function beeinträchtigende oder aufhebende Zerstörungen im Rückenmarke ein. Kommen die Geschosse von hinten oder von der Seite, so ist der Schusscanal, welcher die Wirbel zerstört, nur kurz, sehr lang und schwer zu bestimmen sind dagegen die Schusscanäle, welche von vorn mit Eröffnung der Brust- oder Bauchhöhle in die Wirbel dringen. Eine einfache Eröffnung oder Streifschussrinne der Rückenmarkshöhle findet sich bei Schussfrakturen einzelner Bogenstücke. Auch das Rückenmark wird seltener durch das Geschoss, als durch die Splitter der Wirbel verletzt.

Ein Schusscanal im Rückenmarke gehört bei der geringen Dicke desselben zu den grössten Seltenheiten, meist findet eine partielle oder völlige Zerreissung der Medulla durch das Projectil statt.

Nur Demme berichtet einen Fall, in welchem eine Vollspitzkugel durch den 11. Rückenwirbel eingedrungen war, das Rückenmark mit Auseinanderdrängung und theilweiser Zertrümmerung der Stränge durchbohrt und sich in der vorderen Wand des 11. Rückenwirbels eingekeilt hatte.

Die zerrissenen Enden sind bisweilen durch einen beträchtlichen Zwischenraum (½ Zoll und darüber) von einander getrennt oder durch Fetzen der Pia mater noch mit einander im Zusammenhang erhalten.

Lidell theilt zwei Fälle mit, in denen das Rückenmark durch ein Projectil im Halstheile direct durchgerissen war: Es fand sich totale Lähmung der Sensibilität und Motilität am ganzen Rumpfe und den Extremitäten, nur das Zwerchfell agirte, das Sensorium war ungetrübt, der Urin wurde zurückgehalten. Der Tod trat durch Erstickung ein.

Zuweilen macht das Projectil nur eine beschränkte Rückenmarksverletzung, besonders wenn es im Wirbel stecken bleibt.

Eine sehr bemerkenswerthe Beobachtung der Art theilt Hutin mit: 1835 Schuss in den 1. und 2. Lendenwirbel. Paraplegie. Blase und Rectum intact.

Allmähliches Schwinden der Lähmung im linken Beine. Persistiren derselben im rechten. Das Präparat zeigte die seit 14 Jahren im Vertebralcanal eingeschlossene Kugel, welche die rechte Hälfte der Medulla spinalis und Cauda equina durchrissen, die linke intact gelassen hatte.

Ebenso kommt es zu circumscripten Läsionen des Markes, wenn durch das Geschoss nur Knochensplitter oder kleinere fremde Körper in das Rückenmark hineingetrieben werden. Solche fremde Körper können im Marke lange Zeit stecken bleiben, wie ein im College of Surgeons aufbewahrtes Präparat zeigt:

Ein vom Körper eines Lendenwirbels losgesprengtes Stück hatte das Rückenmark in einer Länge von 1″ gespalten und war hier stecken geblieben. Der Kranke lebte noch 12 Monate.

Bei allen diesen Verletzungen finden sich mehr oder weniger beträchtliche Blutergüsse innerhalb des Wirbelcanales und der Nervensubstanz. Demme sah einige Male einen Blutpfropf in der grauen Substanz, welcher sich von der Verletzung aus noch eine Strecke weit nach unten und oben fortsetzte. Die umgebenden Stellen waren erweicht, zuweilen zerflossen. An der Rückenmarksubstanz selbst finden sich nach Schussverletzungen dieselben moleculären Veränderungen, wie an der Gehirnsubstanz.

§. 274. Die Diagnose der Rückenmarksschusswunden

ist meist nicht schwer. Ein wichtiges, aber oft nur undeutlich ausgeprägtes Zeichen für die Erkennung einer Perforation der Meningen ist der Ausfluss von Cerebrospinalflüssigkeit. Häufig gelingt es auch die Athem- und Circulationsbewegungen des entblössten Rückenmarkes durch die Schusswunde zu sehen. Die mit der Verletzung auftretenden Functionsstörungen richten sich nach dem Sitze, der Ausbreitung, Intensität und Art der Rückenmarksverletzung. Bei beschränkteren Verletzungen finden sich unvollkommene, bisweilen mehr locale Paralysen, meistens in den unteren Extremitäten, der Blase und Bauchpresse, und neuralgische Affectionen oder Anästhesien; bei steckenbleibenden Splittern besonders Contracturen und Convulsionen und heftige Neuralgien; bei umfangreichen Zerstörungen mehr oder weniger ausgebreitete oder totale Lähmungen der Motilität und Sensibilität, wozu sich bei völliger Durchtrennung des Markes noch eine auffallende Schlaffheit der ganzen Musculatur und eine erhöhte Reflexerregbarkeit (durch Aufhebung der Einwirkung des regulatorischen Hemmungsapparates im Gehirn) gesellen. In einzelnen seltenen Fällen, in welchen das Rückenmark bei der Section zerrissen gefunden wurde, hatten doch im Leben keine beträchtlichen Störungen der Motilität und Sensibilität bestanden. Demme erklärt diese Thatsache aus einem Experimente von Schiff, welches lehrt, dass eine schmale Brücke erhaltener grauer Substanz genügt, Bewegungen auszulösen und Schmerzempfindungen zu übertragen. Es müsste also in derartigen Fällen das Rückenmark nicht ganz getrennt gewesen sein, die totale Durchtrennung vielmehr als eine Folge postmortaler Erweichung durch die im Rückgratscanale angehäuften Flüssigkeiten betrachtet werden.

Dem Sitze der Läsion nach treten die Lähmungen verschieden auf:

Bei Verletzungen des Lendentheiles finden sich Lähmungen der Motilität und Sensibilität an den Beinen, Retentio oder Incontinentia urinae et alvi, Priapismus, während die Functionen der Gliedmassen oberhalb der Verletzung intact bleiben.

Bei Verletzungen des Brusttheiles kommen zu diesen Erscheinungen noch Lähmungen der Bauchpresse und der Intercostal-Muskeln. Daher ist Dyspnoë ein häufiger Begleiter dieser Verwundungen. Bei Läsionen der obersten Partien des Brusttheiles finden sich auch Lähmungen aller Extremitäten. Veränderungen an den Pupillen werden seltener beobachtet, sehr oft aber wesentliche Steigerungen der Temperatur an den gelähmten Gliedern und dem ganzen Körper. Blase und Mastdarm sind meist in ungestörter Function, auch besteht seltener Priapismus. Die gelähmten Glieder zeigen grosse Neigung zum Decubitus.

Bei Verletzungen des Halstheiles wird Lähmung der Sensibilität und Motilität der oberen Extremitäten und nicht selten auch der unteren Extremitäten beobachtet. Oft bleiben nur Kopf, Hals und Zwerchfell beweglich. Epileptiforme Krämpfe treten zuweilen ein. Secessus inscii, Schlingbeschwerden, Veränderungen im Pupillargebiete, starke Erhöhungen der Temperatur sind fast constante Erscheinungen. Je näher die Verletzung dem verlängerten Marke sich befindet, um so bedrohlicher werden die Respirationsbeschwerden. Priapismus (A. Cooper) ist öfter beobachtet.

Die Lähmungen sind meist totale, d. h. alle Muskeln der betroffenen Extremität umfassende. Die Muskeln bleiben contractionsfähig und electrisch reizbar.

Die Störungen der Sensibilität betreffen die Tast- und Temperatur-Empfindungen, den Muskel-, Druck-, Raum-Sinn und die Schmerzempfindung. Dieselben sind selten ganz (nur bei Zerstörungen des ganzen Querschnittes der grauen Substanz und der Hinterstränge), meist nur theilweise aufgehoben. Nach den neueren Erfahrungen leidet bei Verletzungen der grauen Substanz vorwiegend das Gemeingefühl, bei denen der Hinterstränge und des Lendentheils der Seitenstränge besonders die Tastempfindung. Bei einseitigen spinalen Verletzungen tritt Leitungsunterbrechung für alle Empfindungsqualitäten auf der entgegengesetzten Seite auf, nur der Muskelsinn ist auf der Seite der Läsion verändert. Hyperästhesie ist die Folge eines Reizzustandes und betrifft meist die gelähmte Seite.

Die Reflexerregbarkeit kann vermindert, aufgehoben oder gesteigert sein bei Rückenmarksverletzungen. Bei einseitigen Rückenmarksverletzungen findet sich erhöhte Reflexerregbarkeit auf der anästhetischen, also der Verletzung entgegengesetzten Seite. Am kolossalsten ist die Reflexsteigerung bei völliger Zerreissung und Zermalmung des Rückenmarkes.

Trophische Störungen finden sich bei halbseitigen Verletzungen auf der paralysirten (also der verletzten) Seite. Die gefürchtetste Störung ist der Decubitus, welcher oft schon wenige Stunden nach der Verletzung auftritt und sich schnell über grosse Strecken ausbreitet.

Die Veränderungen in der Temperatur der Theile sind noch

wenig bekannt und sehr schwankend, in einigen Fällen kolossale
Steigerungen, in andern bedeutende Herabsetzungen der Temperatur.
Zuweilen hat man vermehrte Schweisssecretionen an den gelähmten
Theilen beobachtet. Bei halbseitigen Verletzungen der Medulla spinalis
treten gekreuzte Lähmungen der Sensibilität (gesunde Seite) und Motilität (verletzte Seite) ein. In einem von mir beobachteten Falle fand
sich noch oberhalb der Verletzung das umgekehrte Verhältniss: Lähmung
der Sensibilität auf der verletzten, der Motilität auf der unverletzten
Seite. Perkowski sah in einem solchen Falle auch auf der Seite
der Verletzung die Pupillen verengt, die Conjunctiva geröthet, die
Haut an der der Verletzung entsprechenden Seite des Kopfes, Gesichtes
und Halses cyanotisch. Die Dyspnoë trat besonders beim Stehen ein.

Ausgänge der Schusswunden des Rückenmarkes.

§. 275. Die Patienten mit Rückenmarksschussverletzungen gehen
fast alle zu Grunde. Klebs macht mit Recht darauf aufmerksam,
dass die Wirbelsäulenschüsse mit Eröffnung des Canales und Verletzung
der Dura mater einen noch höheren Grad von Gefahr besitzen, als die
entsprechenden Verwundungen am Schädel und führt dieselbe auf
das Uebergewicht in der Weite des Canales gegenüber dem Volumen
seines festen Inhaltes zurück. Dazu kommen dann noch die Läsionen
des Markes mit ihren schweren Folgen. Die nach Schussverletzungen
des Markes beschriebenen Heilungen sind wohl meist auf Contusionen
zurückzuführen, doch lässt es sich auch nicht absolut leugnen, dass
Streif- und Rinnen-Schüsse des Rückenmarkes ausheilen können. Bemerkenswerthe Heilungen von Rückenmarksschussverletzungen berichtet
Ollivier d'Angers:

> Schuss in die oberen und seitlichen Partien des Halses. Plötzliche und
> allgemeine Lähmung der Glieder, des Rumpfes, der Blase und des Darmes, Dys-
> pnoë, Erlöschen der Stimme etc. Allmähliche Genesung nach 6 Monaten mit
> Fortbestehen der Lähmung in der linken Oberextremität.

Auch Socin führt zwei Heilungen auf l. c. p. 100 u. 101:

> Verwundung am 18. August. Blinder Schusscanal am 4. Lendenwirbel.
> Lähmung der unteren Extremitäten, der Blase und des Rectum. Heftiger Blasen-
> katarrh und weitverbreiteter Decubitus. Allmähliche Besserung. Sensibilität ganz
> intact, Lähmung der Motilität in einem Beine gehoben, im anderen gebessert.
> Verwundung am 18. August. Eingangsöffnung vor der Spina ilei anter.
> super. dextra. Ausgangswunde links am Winkel der letzten Rippe. Lähmung der
> unteren Extremitäten und der Blase, Decubitus, Blasenkatarrh. Ende März ging
> Patient an Krücken.

Auch Eve theilt einige Fälle mit, in denen Heilungen, doch mit
zurückbleibenden Lähmungen erzielt wurden:

> Schuss an der letzten rechten Rippe durch die Bauchhöhle in die Wirbel-
> säule. In den ersten Tagen Athemnoth, Schmerzen und Lähmung in den Beinen,
> Fieber, Icterus, grosser Collaps, Hämaturie. Später Nachlass der Allgemein-
> erscheinungen, doch Blasenlähmung. Als letztere gewichen war, traten Convul-
> sionen in der rechten unteren Extremität ein, welche allein gelähmt blieb. Pa-
> tient ging nach 6 Monaten an Krücken und erfror sich im Winter das gelähmte
> Bein. Das Frostgeschwür heilte nicht und nahm so zu, dass eine Exart. pedis
> Pirogoffii nöthig wurde. Auch die Operationswunde heilte nicht war enorm
> schmerzhaft. Daher nach einem Jahre Amp. cruris in der Mitte. Dadurch wurde
> die Heilung 7 Jahre nach der Verletzung erzielt. die Kugel aber nicht gefunden.

Eintritt des Projectils 1" vom Proc. spinosus des 6. Dorsal-Wirbels. Lähmung der Beine. Nach einem Jahre war das linke Bein ganz, das rechte fast völlig gelähmt. Letzteres litt an furchtbar schmerzhaften Muskelkrämpfen. Keine Besserung.

Eve hat im Ganzen 7 Fälle von Schussverletzungen des Rückenmarkes aus der Literatur zusammengestellt, in denen die Patienten noch kürzere oder längere Zeit nach der Verwundung am Leben blieben: 1 Patient lebte noch 1 Monat nach der Verletzung (im amerikanischen Kriege), einer 26 Tage (Boutel), ein 3. längere Zeit (Cooper), ein 4. 2 Monate (Parkmann), ein 5. 3½ Tage (Gross), ein 6. 15 Monate (Page), ein 7. 22 Jahre (Shaw). Diese Beobachtungen sind aber doch von sehr fraglichem Werthe, da bei denselben die Bestätigung der Diagnose durch die Section fehlt. Sehr oft mag es sich dabei um Compressionen des Rückenmarkes mit allmählichem Nachlass des Druckes oder um eine chronische Spondylitis oder Myelomeningitis mit allmählicher Aufsaugung der Entzündungsproducte und nicht um eine schwere Läsion des Markes gehandelt haben.

So berichtet Hamilton von einer Schussverletzung über der Crista ossis ilei quer durch den 2. Lumbal-Wirbel mit steckenbleibendem Projectil. Lähmung der Beine und Blase. Nach 6 Monaten fühlte man die Kugel 4 Zoll nach rechts von der Wirbelsäule, welche sich allmählich auf die Crista ossis ilei senkte. Allmählich entstand eine Kyphose der Lendenwirbel. Exfoliation von Knochenstückchen. Nachlass der Lähmung der Beine trat ein. Nach 2 Jahren Extraction der Kugel, welche einige Knochenfragmente eingeschlossen enthielt. Danach vollkommene Genesung.

Ob dabei eine Regeneration des Rückenmarkes zu Stande kommen kann, ist noch fraglich. Schieferdecker leugnet dieselbe vollständig, Naunyn hält sie für möglich sogar bei höheren Säugethieren. Eichhorst kam auch zu dem Schlusse, dass eine Regeneration des Rückenmarkes und zwar eine anatomische und functionelle zuweilen zu Stande kommt und zwar oft in auffallend kurzer Zeit. Brown-Sequard hat sogar eine Regeneration der Ganglienzellen im Rückenmarke bei Tauben gesehen.

§. 276. Der Tod der am oberen Halsmarke durch Schusswaffen Verletzten tritt meist in den ersten Tagen nach der Verwundung durch die Respirationslähmung ein, bei den am unteren Halsmarke Verletzten selten später als in der ersten Woche, nur die Läsionen des Lendenmarkes werden oft durch Monate ertragen.

Herbeigeführt wird der Tod:

a) Durch Meningitis spinalis.

Die eitrige Entzündung der Rückenmarkshäute pflanzt sich von der Ostitis purulenta der Wirbel auf die Meningen fort. Es handelt sich also hierbei um eine Pachymeningitis spinalis, welche sich nach Art einer Phlegmone in dem zwischen der Dura mater spinalis und dem Wirbelperiost gelegenen Bindegewebe ausbreitet. Wenn die Dura mater eingerissen ist, so bleibt auch die Arachnitis spinalis purulenta selten aus. Ob dieselbe durch eitrige Infection vom Schusscanale aus oder durch ein in dem Schusscanal sich entwickelndes Virus, oder auf mechanischem Wege durch Reibungen und Reizungen der Meningen an den Knochensplittern entsteht, ist noch nicht erwiesen, da jede dieser Ansichten gewichtige Vertreter für sich hat. Eine andere überraschende Folge der Rückgratschussverletzungen mit Eröffnung der Rückenmarkshöhle ist die Meningitis cerebralis, auf welche J. Rosenthal die Aufmerksamkeit gelenkt hat. Er erklärt die Entstehung derselben durch den Abfluss der Cerebrospinal-Flüssigkeit, wodurch das Gehirn auf die Schädelbasis sinkt und durch die an dieser Stelle besonders intensiven Gehirnbewegungen einer fortwährenden Reizung ausgesetzt wird. Klebs und Socin dagegen sehen auch diese Meningitis als eine durch septische Infection entstandene phlegmonöse Entzündung an. Luecke beschreibt aus dem schleswig-holstein'schen Kriege 1864 eine Schussverletzung der Wirbelsäule, welche einen solchen Ausgang nahm.

b) Durch die Erweichung des Rückenmarkes und Abscessbildung in demselben. Dies sind die beinahe constanten Folgen der Schusszerreissungen des Rückenmarkes. Sie entwickeln sich besonders in der Umgebung von Splittern oder Geschossen, welche in dem Marke selbst stecken und sind, da sie stets mit der Meningitis verbunden vorkommen, nicht von derselben zu trennen.

Die Zeichen der Meningitis spinalis traumatica sind Rückenschmerzen, tetanische Muskelstarre (besonders im Genick), zunehmende Lähmungen der Glieder mit Contracturen verbunden, Fieber mit bedeutenden Temperaturgraden (post mortem das Maximum erreichend). Auch klonische Krämpfe, besonders in den Extremitäten sind dabei beobachtet.

§. 277. Beschleunigt wird der letale Ausgang oder in der späteren Zeit bei den überlebenden Patienten herbeigeführt durch Decubitus, welcher meist gleich nach der Verletzung, oft schon nach 24 Stunden beginnt, sich ebenso unhaltbar, wie furchtbar schnell in die Tiefe und Fläche ausbreitet und zu umfangreichen Zerstörungen an allen aufliegenden Theilen und erschöpfenden Eiterungen führt. Eine zweite hohe Gefahr bedingt der sich bald entwickelnde Blasenkatarrh, welcher mit der Zeit ulcerös wird, und Degenerationen der Nierenbecken und Nieren oder diphtheritische Entzündung der Blase und Sepsis hervorruft.

Sehr gefährlich werden auch oft die Eitersenkungen und Retentionen bei den Schussverletzungen des Rückgrates und Rückenmarkes. Die vielen verstrickten, sich deckenden, durch lockeres Zellgewebe getrennten Muskellagen bedingen sehr leicht eine Verhaltung und Senkung des Eiters und eine erschwerte Exfoliation der Knochensplitter. Stromeyer sah besonders in dem lockeren Zellstoff unter dem Latissimus dorsi sich Eitersenkungen mit unerwarteter Rapidität entwickeln. Dupuytren schon hebt hervor, dass in keiner Region des Körpers sich Geschosse leichter verirrten und schwerer finden und extrahiren liessen, als aus dem Rücken.

§. 278.   e. Vorfall des Rückenmarkes oder seiner Häute
aus Schusswunden

kommt ausserordentlich selten vor. Demme berichtet eine solche Beobachtung.

§. 279. 3. Ueber die Mortalität nach Rückenmarksschussverletzungen

haben wir bereits die bekannten Data §. 208 gebracht. Wir haben
daher nur die wenigen sicheren Angaben über die momentane Letalität
der Rückenmarksschussverletzungen hier noch nachzuholen.

Unter den Gefallenen bietet nur ein sehr kleiner Theil Verletzungen
des Rückgrates dar und auch bei diesen mögen wohl häufig schwere
Nebenverletzungen den augenblicklichen Tod herbeigeführt haben.

Nach Löffler bildeten die nach Rückenverletzungen Gefallenen
nicht ganz 2%, nach Woodward über 5%, im Neu-Seelandkriege
über 3% der Gefallenen.

III. Schussverletzungen des Sympathicus.

§. 280. Dieselben sind ausserordentlich selten beobachtet worden.
Seeligmüller hat im ganzen 6 Fälle aus der Literatur zusammengestellt. Die Nebenverletzungen, welche dabei erzeugt werden, führten
wohl meist sofort den Tod der Verletzten herbei.

Der bekannteste Fall ist der von den nordamerikanischen Autoren berichtete:
3. Mai 1863 Schuss quer durch den Hals. Anfangs Schlingbeschwerden und rauhe
Stimme. Beide Symptome minderten sich mit der Zeit. Am 15. Juli wurde die
rechte Pupille sehr klein, die linke grösser, als gewöhnlich befunden,
das rechte Auge stand aussen etwas tiefer und war etwas kleiner als das linke,
die Conjunctiva rechts etwas geröthet, die rechte Pupille ein wenig oval. Im
hellen Lichte wurde der Unterschied der Pupillen etwas geringer. Ptosis des
rechten Auges, der äussere Winkel desselben anscheinend etwas herabgesunken,
der Bulbus kleiner, die Conjunctiva etwas röther, Thränenfluss. Das rechte Auge
war sehschwach und myopisch. Sobald Patient sich anstrengte, erschien die
rechte Seite des Gesichtes stark geröthet, die linke blieb blass; besonders am
Kinn und den Lippen war die Abgrenzung in der Mittellinie sehr scharf. Der
Kranke klagte zugleich über Schmerzen oberhalb des rechten Auges und sah
rechts einen rothen Schimmer. Eine Vergleichung der Temperatur auf der rechten
und linken Seite des Mundes, sowie im rechten und linken Ohre ergab im Zustande der Ruhe keinen Unterschied. Diese Zeichen verloren sich allmählich bis
zum October 1863.

Es handelte sich hier wohl nur um eine Quetschung des
Sympathicus.

Im Kriege gegen Dänemark 1864 habe ich einen ähnlichen Fall
von Verletzung des Sympathicus beobachtet, bei einer Schusswunde
am Halse. Da ich keine genaueren Notizen von dem Falle besitze,
so kann ich nur aus der Erinnerung anführen, dass Erweiterung der
Pupille und Protrusio bulbi vorhanden waren, obgleich bei der durch
Cohnheim gemachten Section die Sympathicus-Verletzung nicht mehr
aufgefunden werden konnte.

Seeligmüller veröffentlichte auch einen Fall, in welchem Lähmung des
Halssympathicus neben einer solchen des Nervus ulnaris bestand nach einer
Schussverletzung, deren Eintrittsöffnung auf der Clavicularportion des linken
Sternocleidomastoideus, 3 cm über dem oberen Schlüsselbeinrande, deren Austritts-
wunde nach links neben dem Dornfortsatz des 4. Brustwirbels lag. Es bestanden
dieselben Erscheinungen wie in dem nordamerikanischen Falle, doch fehlte Myopie.
Frontalschmerz und Gedächtnissschwäche, es fand sich aber eine auffällige
Magerkeit der linken Wange, welche viel abgeplatteter er-
schien, als die rechte.

Diagnose der Sympathicus-Schussverletzungen.

§. 281. Die charakteristischen Erscheinungen für diese seltene Verletzung sind nach den bisherigen Beobachtungen: a) oculo-pupilläre. Bei Lähmung des Sympathicus treten Ptosis (Verengerung der Lidspalte), Herabsinken des äusseren Winkels des Auges, anscheinende Verkleinerung und Retraction des Bulbus in die Orbita, Röthung der Conjunctiva, Thränen der Augen, Verengerung der Pupille und Myopie ein; bei Reizungen desselben: Erweiterung der Pupille und Protrusio bulbi.

b) Vasomotorische: Bei Lähmungen des Sympathicus finden sich auffallende Röthe der lädirten Gesichtshälfte und erhöhte Temperatur derselben, auch Kopfschmerz und Gedächtnissschwäche sind beobachtet; bei Reizungen des Sympathicus: Blässe und Kühle in derselben.

c) Trophische: Bei Läsionen des Sympathicus tritt nach einiger Zeit eine Hemiatrophia facialis ein.

Hutchinson hat behauptet, dass bei traumatischen Lähmungen des Plexus brachialis gewöhnlich gleichzeitig eine Lähmung des Sympathicus am Halse vorhanden sei. Seeligmüller bestätigt diese Beobachtung, denn in 13 Fällen von Sympathicus-Läsionen bestanden 9mal Lähmungen des Plexus brachialis. Es dürfte in solchen Fällen nicht der Grenzstrang des Sympathicus selbst, sondern die Rami communicantes zwischen diesem und dem Plexus brachialis getroffen gewesen sein, auch bleibt, wie Guttmann und Eulenburg einwerfen, die Möglichkeit nicht ausgeschlossen, dass die Verletzung des Plexus brachialis und die consecutive traumatische Neuritis der Armnervenstämme sich bis zur Eintrittsstelle der betreffenden Wurzeln in das Rückenmark fortgepflanzt und dort eine circumscripte secundäre Myelitis hervorgerufen haben.

Nach den Versuchen Wallers tritt in Folge der Läsion des Halssympathicus fettige Schrumpfung am centralen Ende ein, während das untere relativ intact bleibt. Diese Veränderungen erstrecken sich aber nicht bis zu den oberen Partien des Ganglion, denn die Fasern des oberen Astes bleiben normal, da die electrische Reizung des Ganglion und des oberen Astes noch Erweiterung der Pupille bewirkt.

Die Schussverletzungen des Sympathicus an sich führen den Tod des Patienten nicht herbei, wohl aber die Nebenverletzungen. Die Mehrzahl der Fälle ging in Heilung über.

§. 282. Wir haben bereits hervorgehoben, wie complicirt die Schussverletzungen der nervösen Centralorgane zu sein pflegen und dass Hirn und Rückenmark sehr oft durch einen Schuss gemeinsam (direct oder indirect) verletzt werden. M. Bernhardt berichtet noch eine Beobachtung, in welcher es sich wahrscheinlich um eine Schussverletzung des Gehirns, Rückenmarks und Sympathicus handelte (Berl. kl. Wochenschr. 1872, Nr. 47 u. 48).

Schuss bei Weissenburg in kauernder Stellung in die linke Halsseite. 36 Stunden Besinnungslosigkeit. beim Erwachen Verlust der Sprache und des Verständnisses derselben. Langsame Besserung. Als B. den Patienten im Mai 1872 sah. hatte derselbe am inneren Rande des Kopfnickers 2 Finger über dem Sterno-Clavicular-Gelenke eine auf Druck schmerzhafte Narbe (Eingangsöffnung) und eine zweite in der Höhe des 4. Rückenwirbels links vom Processus spinosus (Ausgangs-wunde). Druck auf die Dornfortsätze der 5 oberen Halswirbel war sehr schmerz-haft. ebenso die Lendenwirbel und das Kreuzbein. Die linke Lidspalte enger als die rechte, leichtes Thränen des linken Auges. Das centrale Sehen rechts wohl-erhalten, doch zeigten beide Papillen Excavationen. besonders die linke. Sensi-bilität links am Kopf, Hals und Nacken erheblich vermindert. Stimmbildung er-loschen, Fähigkeit zu sprechen und sich geläufig auszudrücken bedeutend gestört. Die rechte obere Extremität zeigte Störungen der Motilität. ebenso die linke untere, während die Sensibilität normal. die Empfindlichkeit eher erhöht war: die linke obere und rechte untere Extremität normale Motilität und herabgesetzte Sensibilität. B. nimmt an 1) eine Verletzung der linken Grosshirnhemisphären (Aphasie, Zeichen am linken Auge), welche entweder durch Fortpflanzung der Erschütterung von der Wirbelsäule her oder durch den Fall zu Stande kam. 2) Eine doppelte Verletzung des Rückenmarkes: eine Cervicaltheile rechts und am oberen Dorsaltheile links, letztere direct durch die Kugel, erstere durch Gegenschlag. Er bezieht sich dabei auf die Experimente von Brown-Séquard und Schiff über halbseitige Durch-schneidung des Rückenmarkes in verschiedener Höhe und an entgegengesetzten Seiten. 3) Eine Verletzung des linken Halssympathicus. Letztere ist aber zweifel-haft. da ebensolche Symptome auch bei Verletzung der entsprechenden Rücken-markshälfte auftreten. Einzelne Erscheinungen bleiben ganz unerklärlich.

Derartige Läsionen richtig zu deuten und zu localisiren wird nur Specialisten gelingen und auch diesen nicht immer.

B. Schussverletzungen des peripherischen Nervensystems.

I. Schussverletzungen der Gehirnnerven.

§. 283. 1. Schussverletzungen des Nervus olfactorius be-richten Jobert, Demme, Mitchell, Hahn, König, H. Fischer. Der Bulbus olfactorius wurde bei Schüssen durch das Siebbein zer-rissen (Jobert, Hahn, König). Bergmann fand nach einem Pistolen-schuss mit Pulverladung durch den Mund den Bulbus olfactorius und die angrenzende Gehirnpartie gequetscht, obgleich die Siebbeinplatte, sowie der übrige Schädel intact waren. Meist war Aufhebung des Geruchsinnes dabei das einzige Symptom. Larrey beobachtete auch Verlust des Wortgedächtnisses darnach. Abnahme des Geschmack-sinnes soll zuweilen daneben bestehen. Obgleich wiederholt Anosmie nach Verwundungen des Schädels durch contundirende Gewalten vor-gekommen ist, so habe ich doch nur Eine von Demme beschriebene Verletzung der Art durch Schusscontusion in der Literatur gefunden (l. c. Theil II, p. 74).

2. Ueber die Verletzungen des zweiten und achten Paares durch Schusswaffen berichten wir im Anhange ausführlicher.

3. Eine Schussverletzung des dritten, vierten und sechsten Paares beobachtete Mitchell.

Pistolenschuss in der rechten Schläfengegend. Die Kugel steckte im Os ethmoidale. Das Auge war absolut unbeweglich. die Pupille bedeutend. doch nicht vollständig erweitert. zog sich auf Calabar-bean stark zusammen und er-weiterte sich auf Atropin wieder beträchtlich, das Auge blieb trocken und un-empfindlich. Bei der Section fand sich auch der Ramus ophthalmicus des Nervus quintus verletzt. der Bulbus nervi olfactorii stark comprimirt.

Diese Schussverletzungen kommen so selten zur Beobachtung, weil sie meist mit schweren Gehirnläsionen verbunden sind, welche den Tod der Patienten schnell herbeiführen.

Eine Lähmung des Nervus abducens durch Schusscontusion beschreibt Wahl (v. Langenbecks Archiv XIV, p. 32 u. Cohn l. c.).
4. Relativ häufig werden die Zweige des Quintus durch Projectile getroffen. Mitchell berichtet Schussverletzungen des Nervus
dentalis inferior und des Ramus ophthalmicus. Eine isolirte Abreissung
eines Quintus an der Basis cranii durch ein Projectil ist zur Zeit noch
nicht sicher beobachtet und anatomisch nachgewiesen worden. Nicht
selten ist bei der Läsion eines Zweiges der ganze Quintus anfänglich
gelähmt, doch stellt sich in den unverletzten Aesten die Sensibilität
meist in den nächsten Tagen wieder her. Ausser den charakteristischen Sensibilitätsstörungen im Innervationsbereiche der lädirten Nerven
wurden bei Schussverletzungen von Quintus-Aesten, besonders nach
denen des Nervus supra- und infraorbitalis öfter Amaurosen und neuro-
paralytische Augenentzündungen beobachtet. Wir wissen heute aus
den schönen Untersuchungen Berlins, dass die ersteren auf Fissuren
und Frakturen des Canalis opticus zurückzuführen sind, während die
letzteren mit grösster Wahrscheinlichkeit auf gleichzeitiger Verletzung
der von Meissner und Schiff im Trigeminus nachgewiesenen trophischen Nervenfasern beruhen. Auch in der Schleimhaut der Nase und
der Rachenhöhle hat Gellé nach Verletzungen der Wurzelfasern des
Trigeminus verstärkte Vascularisation und Suppuration gesehen, doch
werden diese Beobachtungen von Hagen wieder in Frage gestellt.

5. Schussverletzungen des Nervus facialis berichten Mitchell
l. c., Stromeyer l. c., Erb: Knapp und Moos' Archiv für Augen-
und Ohren-Heilkunde 1871. p. 80, Moos ibidem p. 125 und Needon:
Kitchenmeisters Zeitschrift 1867, Nr. 1. Die peripherische Läsion des
Facialis bedingt die charakteristischen Muskellähmungen (mimische
Lähmungen) im Gesichte, die Verletzungen desselben während seines
Verlaufes im Felsenbeine bieten meist Complicationen durch die Läsionen anderer Nerven, besonders des Acusticus dar. Wenn die Verletzung vor dem Abgange der Chorda tympani liegt, so besteht ausser
der Gesichtsmuskellähmung noch Trockenheit der Zunge und eine
(allerdings sehr schwer festzustellende) Abnahme der Geschmacksempfindung. Sind die beiden Nervi petrosi mitzerrissen, so zeigen
Gaumen und Pharynx eine particelle Lähmung, es bestehen daher
näselnde Sprache, Sprech- und Schlingbeschwerden. Ist der den Steig-
bügelmuskel versorgende Nerv mit lädirt, so werden, wie Lucae nachgewiesen hat, tiefere Töne auf weitere Distanzen gehört. Beim Aus-
reissen des Facialis beobachtete Hoegges fast constant Keratitis ulcerosa
und Injection der Irisgefässe. Ich habe in der Literatur der Kriegschirurgie keinen Fall gefunden, welcher diese Thatsache bestätigte.

6. Schussverletzungen des Nervus glossopharyngeus sind
selten beobachtet.

In dem Falle Blanke's war gleichzeitig der Vagus mitverletzt. Der Patient
schmeckte nichts mit der Zungenhälfte der verletzten Seite (weder bitter, noch
süss, weder sauer, noch salzig), doch unterschied er genau kaltes und warmes.
Pirogoff berichtet, dass sich bei einem Soldaten mit einer Contusion der
Nackengegend mit der Zeit ein Sprachhinderniss und eine Parese der bei der
Deglutition thätigen Muskeln ausgebildet habe. Die Papillen an der Zungenwurzel
exulcerirten und Patient starb an Glottisödem. Bei der Section fand sich in den
Wurzeln des Nerv. glossopharyngeus eine runde, erbsengrosse röthliche Geschwulst,
welche sich bei näherer Untersuchung als ein abgekapseltes Blutgerinnsel erwies.

Die Diagnose der Schussverletzungen des Glossopharyngeus ist zur Zeit kaum zu stellen. Die Schlingbeschwerden können auch durch Läsionen des Vagus und Accessorius bedingt werden.

7. Viel häufiger werden Schussverletzungen des Nervus vagus berichtet. Stromeyer und Beck erwähnen je eines, Demme dreier, Blanke eines Falles. Die meisten Verwundeten der Art sterben wohl auf dem Schlachtfelde durch gleichzeitige Gefässverletzungen. Während Stromeyer nur das Fehlen des Respirationsgeräusches in der Lunge der verletzten Seite als Zeichen der Vagusläsion erwähnt, beobachtete Demme anfänglich eine sehr tiefe, langsame, schnarchende, mühsame Respiration, Laryngismus, heisere, bisweilen lautlose Stimme, vermindertes Athemgeräusch auf der verletzten Seite und in einem Falle eine schleichende Pneumonie mit tödtlichem Ausgange. In dem Falle von Beck war die Pupille an der verletzten Seite verkleinert. Bei der Section dieses Patienten fand sich eine Contusion des Vagus und eine Verletzung des Phrenicus. Blanke beobachtete in dem von ihm beschriebenen Falle heftige Schlingbeschwerden, Aufstossen und Erbrechen, einen kleinen, sehr raschen Puls und beschleunigte Herzaction. Schliesslich fing Patient zu husten an, es entwickelte sich ein katarrhalisch-pneumonischer Process ohne typischen Verlauf in den Alveolen der linken Lunge, der zur Phthisis führte. Die Stimme und Sprache des Patienten waren sehr behindert, die Zungenlaute und die Aussprache der Vocale wurden ihm schwer. Es bestand eine Lähmung des linken Stimmbandes und die Epiglottis wich auch nach rechts und oben ab.

Die Symptome der Schussverletzungen des Vagus werden somit von den Autoren sehr ungenügend und wenig übereinstimmend angegeben. Am charakteristischsten erscheint mir das von Blanke beobachtete Krankheitsbild.

8. Eine Schussverletzung des 12. Hirnnerven-Paares berichtet Beck:

Schuss durch den Hals ohne Läsion eines Gefässes oder des Kehlkopfes. Die Zunge hing gelähmt aus der Mundhöhle heraus und konnte nicht zurückgezogen werden.

In dem Falle von Mitchell bestand halbseitige Lähmung der Zunge, Abweichen derselben beim Hervorstrecken nach der verletzten Seite, auch konnte die Spitze derselben nicht gegen die Oberlippe gebracht werden, keine Sensibilitäts- oder Geschmacksstörung, doch steigende Schwierigkeit bei der deutlichen Articulation. Die Zungenhälfte der verletzten Seite atrophirte.

A n h a n g.

I. Die Schussverletzungen des Sehorgans [1]).

a. Statistisches.

§. 284. H. Cohn, der Augenstatistiker par excellence, kommt durch Schlüsse, welche er auf die Wahrscheinlichkeitsrechnung basirt, zu der Annahme, dass auf etwa 500 Körperverwundungen 1 Augenverletzung zu rechnen sei, indem er die Körperoberfläche auf 15 Quadratfuss und die Oberfläche der Augen auf 4 Quadratzoll abschätzt [2]). — Ich möchte diesem Schlusse nicht ohne Weiteres beistimmen, glaube vielmehr, dass die Augenverletzungen einen höheren Procentsatz beanspruchen werden. Auch Cohn lässt bald seine Argumentation fallen, indem er annimmt, dass unter 100 Kopfverletzungen 10 sein werden, welche mit einer Augenverletzung complicirt sind, und da die ersteren nach der Fischer'schen Tabelle aus dem deutsch-französischen Kriege etwa 10°/o sämmtlicher Verwundungen betragen, so kommt er nunmehr zu dem Ergebniss, dass unter je 100 Verwundungen etwa 1 Augenverletzung auftreten wird. Viel höher aber stellt sich der Vulnerabilitätscoëfficient des Auges nach den Erhebungen Reichs (der 1877 als Oculist des kaukasischen Militärbezirks thätig war und sich im Eingange seines deutschen Auszugs aus seinem in russischer Sprache geschriebenen Berichte über seine augenärztlichen Beobachtungen im russisch-türkischen Kriege ebenfalls mit der statistischen Frage der Augenverletzungen beschäftigt). Er kommt (allerdings ebenfalls nur vermuthungsweise) zu dem Schlusse, dass „die Fälle mit mehr oder weniger ausgesprochener Theilnahme des Sehorgans" nicht weniger als 2½°/o aller Verwundungen oder ca. 18°/o aller Kopfverletzungen ausmachen. Er gibt zugleich eine Tabelle, worin er seinen Procentsatz (2½) mit dem Procentsatz des amerikanischen (0,5) und des deutsch-französischen Krieges (0,6) vergleicht und sucht die Erklärung solch auffallender Differenz darin, dass in den letztgenannten Kriegen fast ausschliesslich nur unmittelbare Verletzungen des Bulbus und solche Orbitalverwundungen, bei denen auch der Bulbus stark beschädigt war, zu den Sehorganverletzungen gezählt wurden.

Von seinen 97 Fällen aber waren nur 21, in denen der Augapfel entweder ganz zerstört oder spurlos verschwunden war; die übrigen 76 betrafen Functionsstörungen des Sehorgans oder an demselben sichtbare pathologische Veränderungen nach Verletzungen, welche oft sehr weit entfernt vom Auge stattgefunden hatten.

b. Arten der Augenschussverletzungen.

§. 285. Das Auge kann direct, d. h. durch das Projectil selbst, oder indirect, d. h. durch Fortleitung der Projectilswirkung von benachbarten Theilen bis auf das Sehorgan von Schussverletzungen be-

---

[1]) Bearbeitet von Herrn Dr. O. Baer in Breslau.

[2]) Wenn Cohn hier die Oberfläche der Augen der gesammten Körperoberfläche gegenüberstellt, so weiss man nicht recht, ob er die ganze Kugeloberfläche des Bulbus meint, oder nur die Oberfläche der der Aussenwelt zugekehrten Halbkugel oder gar nur die Aequator-Kreisfläche. Ich habe daher nachgerechnet und gefunden, dass nach der Formel $4r^2\pi$ die ganze Oberfläche eines mittleren menschlichen Bulbus 2½ $\square''$, also beider zusammen 5 $\square''$ beträgt.

troffen werden. Erstere kann man auch als perforirende, letztere als contundirende bezeichnen.

A. Die directen oder perforirenden Verletzungen des Augapfels.

§. 286. Sobald ein Projectil von einiger Grösse die Wände des Augapfels durchschlägt, ist die Existenz desselben fast immer vernichtet. Es entsteht dann nicht eine lineäre Narbe, sondern ein Loch, ein wirklicher Substanzdefect in den starren Umhüllungshäuten, durch welchen der halbflüssige Bulbusinhalt austreten kann. Ein derartig verletztes Auge muss nach den bisherigen Erfahrungen einer allgemeinen eitrigen Entzündung, Panophthalmitis oder, da dabei vorzugsweise die gefässführende Haut betheiligt ist, einer Chorioiditis suppurativa anheimfallen. Gleich in den ersten Tagen nach der Verletzung entsteht starker Thränenfluss, Anschwellung und Röthung der Lider, Oedem der Conjunctiva bulbi, Stirnschmerz, der sich zu einer enormen Höhe steigert und schliesslich über alle Trigeminusäste erstreckt, Schlaflosigkeit, Fieber, mitunter auch Benommenheit des Sensorium. In der Wunde zeigt sich dann gewöhnlich ein Eiterpfropf, der Bulbus tritt, in Folge der Infiltration des retrobulbären Gewebes, aus der Orbita hervor zwischen den brettartig harten Lider, er verliert seine Beweglichkeit, endlich zeigt sich in einem Raume zwischen je 2 Recti eine stärkere gelbliche Hervorragung, welche berstet und den Eiter aus dem in einen Abscess verwandelten Auge austreten lässt. Nach etwa 4 Wochen sind die Entzündungserscheinungen vorüber, die Oeffnungen schliessen sich und es bleibt ein weicher, kleiner, missgestalteter Bulbus zurück.

Bei den Schusswunden wird sich dieser Verlauf einigermassen modificiren, da hier durch die grössere Oeffnung des Augapfels der Austritt der Entzündungsproducte erleichtert wird; ja nach den Angaben glaubwürdiger Beobachter kommt es nicht selten vor, dass durch einen Schuss der ganze Bulbus aus der Augenhöhle spurlos verschwindet.

Etwas anders gestaltet sich das Bild einer perforirenden Bulbusverletzung, wenn das Projectil klein und mit scharfen Rändern ausgestattet war. Hier kommen die verschiedensten Grade des Insults vor. Ein kleiner scharfer Splitter von wenigen Millimetern Ausdehnung ist sehr wohl im Stande, die Wände des Augapfels zu durchschlagen, ohne dass etwas von seinen Contentis austräte, da die Wunde sich sofort nach dem Durchtritt des Fremdkörpers wieder schliesst und der Untersuchung kaum sichtbar ist. Oft macht erst das allmähliche Auftreten verschiedener schwerer Functionsstörungen auf die Verletzung aufmerksam. Da erblickt man wohl in der Cornea eine feine strichförmige Trübung, in der vorderen Kammer etwas Blut, in der Iris ein kleines Loch, in der Linse eine partielle Trübung, im Glaskörper grosse dunkle, schwimmende Flocken, mitunter eine Netzhautablösung, eine Röthung des Sehnerven und wenn das Glück gut ist, an irgend einer abhängigen Stelle selbst den eingedrungenen schwarzen oder metallisch glänzenden Fremdkörper.

Der weitere Verlauf dieser Verletzungen ist ein sehr verschiedener. Im günstigsten Falle kommt es nur zu einer circumscripten und vorübergehenden Entzündung in der nächsten Umgebung des Fremdkörpers;

er kapselt sich schliesslich ein und kann ohne Schaden im Auge verbleiben, das in seiner Function nur eine geringe Beschränkung davon
trägt. — Oder aber. wenn die Linsencapsel in einiger Ausdehnung
gesprengt ist, entwickelt sich eine traumatische Katarakt, die bei
stürmischer Quellung der Linsensubstanz zu Iritis oder glaukomatösen
Processen führen kann. — Oder es beginnt nach einiger Zeit eine
schleichende, chronische Entzündung mit den Erscheinungen der Iritis
und Iridocyklitis, Processe, die mit Atrophia bulbi endigen. In noch
andern Fällen endlich tritt auch hier die flagrante Panophthalmitis auf.
Die perniciösesten aber sind diejenigen Verletzungen, welche das
Corpus ciliare getroffen hatten. Hier folgen nicht nur die aller-
schwersten Formen der Iridocyklitis, sondern es ist auch die grösste
Gefahr der sympathischen Erkrankung des andern unverletzten Auges
vorhanden.

Diese sympathische Entzündung ist überhaupt das am meisten
zu fürchtende Ereigniss bei allen diesen perforirenden Verletzungen
des Auges, um so schlimmer, als sie oft noch nach Jahren das gesunde
Auge gefährden und zu völliger Erblindung führen kann. Die Zeit,
nach welcher sich die ominösen Erscheinungen auf dem gesunden Auge
bemerklich machen, schwankt zwischen 4 Wochen und 50 Jahren nach
der Verletzung.

Die Symptome der sympathischen Augenentzündung bestehen zunächst in dem prodromalen Irritationsstadium, das mit einer Ciliar-
neuralgie beginnt. Diese manifestirt sich in einer Herabsetzung der
Accommodationsbreite; der Gebrauch des Auges für die Nähe ist
mühsam und beschwerlich und wird nur kurze Zeit ertragen. Hierzu
gesellt sich Lichtscheu und Photopsie. Flimmererscheinungen wechseln
ab mit periodischen Verdunkelungen des Gesichtsfeldes; perimetrisch
ist nicht selten eine Einschränkung desselben nachzuweisen.

Die leichteste Form der sympathischen Augenentzündung selbst
ist eine Iritis serosa, welche objectiv sich durch feine punktförmige
Exsudate auf der hinteren Fläche der Hornhaut documentirt, ohne zu
Verklebungen der Iris mit der Linsencapsel zu führen. — Sehr viel
verderblicher ist die schwerere Form, welche als Iritis plastica auftritt, durch Schwartenbildung Occlusio und Seclusio pupillae und
schliesslich den ganzen Symptomencomplex herbeiführt, welchen man
als secundäres Glaukom bezeichnet. — Die dritte Manifestation der
sympathischen Uvealerkrankung ist die sogenannte Iritis maligna
oder Iridocyklitis plastica, bei der es zu einer Flächenverwachsung
zwischen Iris und Linsencapsel kommt. Zu dieser kann sich schliesslich noch eine Entzündung der Chorioidea und Retina gesellen, so dass
eine Uveitis totalis eintritt.

Nach Mauthner hat die Iritis serosa nicht die Neigung, in
die schwereren Formen überzugehen.

Sehr wahrscheinlich ist es ferner dem genannten Autor, dass
als Ausdruck der sympathischen Erkrankung auch eine einfache Neuritis optica mit Ausgang in Atrophie auftritt, während er sich der Existenz des sympathischen Glaukoms gegenüber ablehnend verhält.

B. Die directen oder perforirenden Verletzungen des extrabulbären Theils des Sehorgans innerhalb der Orbita.

§. 287. Wenn ein Schuss die Orbita durchsetzt, wird zunächst die Frage entstehen, ob der Sehnerv getroffen ist. Es sind Fälle bekannt (z. B. Oettingen Nr. 1), wo durch Eine Kugel beide Sehnerven zugleich zerrissen waren und natürlich augenblickliche Blindheit erfolgte, und andere, wo das Projectil den Sehnerven nur streifte und zunächst ein Theil des Sehvermögens erhalten blieb. Wenn wir dabei von den Symptomen der orbitalen Blutung absehen, welche sich durch Exophthalmus und Extravasate an den Lidern und der Conjunctiva manifestiren kann, bemerken wir, dass sich die Wirkungen dieser retrobulären Verletzungen am Bulbus selbst projiciren und zwar zumeist an der Eintrittsstelle des Sehnerven. Bei diesen Veränderungen auf der Papillenscheibe macht es nun einen Unterschied, ob der Sehnervenstamm mit oder ohne die centralen Blutgefässe zerrissen ist, denn bald wird in solchen Fällen die Papilla optica als blass, blutleer, und mit sehr verengerten oder wenig gefüllten Gefässen beschrieben, bald als im Zustande der Stauung befindlich, wo ihr Niveau vorgetrieben, ihre Grenzen verschwommen, ihr Aussehen geröthet, ihre Gefässe strotzend gefüllt erscheinen. Es ist a priori anzunehmen, dass der Bulbus anämisch werden muss, wenn die Gefässe zerrissen sind, hyperämisch dagegen, wenn ohne wesentliche Beschränkung des arteriellen Zuflusses der venöse Abfluss durch comprimirende Momente in der Orbita, sei es nun durch die steckengebliebene Kugel oder durch capilläre Extravasate gehindert ist. Der directen Untersuchung stellen sich aber hier in praxi meist bedeutende Schwierigkeiten in den Weg, weil erstens die Fälle gewöhnlich mit Veränderungen, namentlich Blutungen, im Bulbus complicirt sind, die mit der Sehnervenverletzung in keinem directen Zusammenhang stehen, sondern durch die fast unvermeidliche Commotion oder Contusion des Augapfels selbst zu erklären sind, und zweitens, weil eine anfangs anämische Papille durch Entzündung oder Blutüberfüllung aus communicirenden Gefässen sehr bald in den entgegengesetzten Zustand übergeführt werden kann. Klarheit in diese Verhältnisse können erst Reihen von genauen Krankengeschichten bringen, welche die Verletzung vom ersten Tage bis zur Heilung begleiten.

Aber auch Orbitalschüsse, welche den Sehnerven nicht zerreissen, setzen nach den bisherigen Beobachtungen die Existenz des Auges in die höchste Gefahr, da ja für die Ernährung des Bulbus auch die Ciliargefässe und Ciliarnerven von höchster Bedeutung sind und Entzündungsproducte auf diesen Bahnen ungemein leichten Eingang finden. In einigen Fällen blieb allerdings der Augapfel als solcher erhalten, meist aber mit aufgehobenem Sehvermögen und nur bei Oettingens Nr. 1 und 2 wurde ein Theil desselben gerettet.

Von Goldzieher (Wiener med. Wochenschrift 1881, Nr. 16 und 17) wird neuerdings nach Schussverletzungen der Augenhöhle in 2 Fällen die Entwicklung einer intrabulbären pigmentirten Geschwulst in der Nähe der Macula lutea, nach seiner Ansicht das Product einer plastischen Chorioiditis, berichtet, ein Befund, der auch mit einzelnen früheren Beobachtungen, z. B. der von H. Cohn (Fall 28 seiner „Schussverletzungen des Auges") übereinstimmt.

Waren die Projectile klein und wird durch gewisse Umstände
die Entwicklung einer reactiven Entzündung resp. Eiterung hintangehalten, so kann die Verletzung des extrabulbären Augenhöhleninhalts
einen relativ glücklichen Verlauf nehmen, wie gefahrdrohend auch anfangs der Fall durch die Blutung erschien. Die letztere allein ist im
Stande, unmittelbar nach der Verletzung einen Exophthalmos mit Aufhebung oder bedeutender Verminderung des Sehvermögens hervorzurufen, Erscheinungen, welche Hand in Hand mit der Resorption des
Extravasats zurückgehen, während das Corpus delicti sich einkapselt
oder ausgestossen wird. Ich konnte einmal gleich nach dem Eindringen einer Zündnadel in den einen Augenwinkel ohne Verletzung
des Bulbus die exquisitesten Symptome eines Exophthalmos mit vollständiger Blindheit beobachten und als directe Ursache der letzteren
eine tiefe, durch Zerrung des Sehnerven verursachte Papillenexcavation
nachweisen. Alle Erscheinungen gingen bald wieder zurück. — In
ähnlichen Fällen wird also eine genaue Untersuchung und Berücksichtigung der Anamnese wesentlich zur Sicherung der Prognose bei-
tragen können.

§. 288.   C. Die directen Verletzungen der intracraniellen
Theile des Sehorgans

bedürfen hier nur einer kurzen Besprechung, da sie mit den an andern
Stellen dieses Buches behandelten Gehirnverletzungen zusammenfallen,
bei denen die Functionsstörungen am Auge einen Theil des Symptomen-
complexes ausmachen. Immerhin aber scheint eine genaue Untersuchung der Functionen des Auges in Fällen, wo dieselbe möglich ist,
geeignet, auf den Gang des Schusscanals, auf den Sitz der Kugel oder
auf die Ausdehnung der Blutung und Zerstörung der Gehirnmasse
Schlüsse zu ziehen.

Treten bei einer Perforation des Schädels die Erscheinungen am
Sehorgan in den Vordergrund, so sind eigentlich nur zwei Möglich-
keiten vorhanden: Entweder ist der Verwundete auf beiden Augen
blind oder es ist homonyme Hemiopie (Hemianopsie) vorhanden.

Es sei hier kurz daran erinnert, dass das Wesen der Hemiopie darin
besteht, dass auf beiden Augen die nach derselben Seite zu gelegene
Hälfte des Gesichtsfeldes ausfällt, dass die Trennungslinie zwischen der
percipirten Gesichtsfeldhälfte und der nicht percipirten eine senkrechte
ist, scharf abschneidet und genau durch den Fixationspunkt geht, dass
die Sehschärfe auf beiden Augen ziemlich gleichmässig und relativ nur
wenig herabgesetzt ist, dass die erhaltenen Gesichtsfeldhälften keine oder
nur unwesentliche periphere Beschränkung zeigen und dass ophthalmo-
skopische Veränderungen, zu Anfang wenigstens, nicht wahrzunehmen
sind. Das klinische Studium der Hemiopie in Verbindung mit etwa
einem Dutzend bisher gemachter Autopsieen ist die hauptsächlichste
Stütze der jetzt fast allgemein acceptirten Lehre von der Semidecus-
sation der Tractus optici im Chiasma. Danach fallen, bei einer Verletzung der rechten Hemisphäre, die nach links gelegenen Gesichtsfeldhälften aus — Hemiopia homonyma sinistra — und vice versa.

Somit ist es in jedem Falle undenkbar, dass bei einem Hirn-
schuss nur Ein Auge Veränderungen seiner Sehfunction aufweisen sollte.

Tritt auf beiden Augen totale Blindheit ein ohne besondere anderweitige Störungen, dann müsste man zunächst an eine isolirte Zertrümmerung des Chiasma denken. Hat die Kugel aber irgend einen Theil der Opticusfaserbahn einer Seite jenseits des Chiasma bis hinauf zu den Centralganglien im Hinterhauptslappen zerstört, so muss Hemiopie auftreten, die sich dann wahrscheinlich mit andern hemiplegischen Erscheinungen associrt. Ein derartiger klassischer Fall, der dem Chirurgen noch anderweites Interesse bietet, wird von Keen und Thomson in den Transactions of the Amer. Ophth. Soc. 1871, p. 122, berichtet und von Mauthner (Gehirn und Auge p. 473) citirt:

Ein 23jähriger Soldat wird in der Schlacht durch den Kopf geschossen. Die Kugel tritt am Hinterhaupt in der Mittellinie 1¼″ über der Protuberantia occipitalis externa ein und an einem 2″ von der Mittellinie nach links und 3″ über der Eintrittsstelle gelegenen Punkt wieder aus. Es wurde hiebei also offenbar der linke Hinterhauptlappen durchschossen. Der Getroffene verlor aber sein Bewusstsein nicht und kroch hinter die Schlachtlinie. In den nächsten Tagen war, wie er glaubt, sein Gesicht schlecht. Später (wenigsten 10 Tage später) verfiel er in Bewusstlosigkeit und es entwickelte sich Paralyse der rechten Extremitäten. Paralyse und Bewusstlosigkeit hielten 2 oder 3 Monate an. Er erinnert sich, einen faustgrossen Fungus cerebri, der 5 oder 6mal abgetragen wurde, gehabt zu haben. Aphasie hatte er nicht. Seine geistigen und körperlichen Kräfte nahmen allmählich zu und nach einem Jahre war die Paralyse beinahe verschwunden. Bei der Aufnahme zeigte sich das Gedächtniss des Patienten ganz gut, wenngleich nicht so gut wie früher. Geschlechtstrieb ungeschwächt. Keine Paralyse. Die Austrittsstelle der Kugel nicht durch Knochenmassen geschlossen. Patient klagt, dass das Sehvermögen seines rechten Auges schlecht sei. An den Augen, sowie an den Augenmuskeln, den Pupillen nichts Abnormes, nur am linken Auge eine alte Hornhauttrübung. Trotzdem ist an diesem Auge die Sehschärfe ⅔, am rechten 1. — Die angebliche Schlechtsichtigkeit des rechten Auges erweist sich als vollständige homonyme rechtsseitige Hemiopie mit verticalen Trennungslinien. Der Augenspiegelbefund ist negativ.

Eine andere wohl constatirte Folgeerscheinung der Gehirnschüsse ist das Auftreten der Stauungspapille. Cohn erzählt den merkwürdigen Fall (Nr. 1), dass nach einem penetrirenden Schuss in den Schädel mit bedeutendem Verlust von Gehirnmassen Blindheit auf beiden Augen erfolgte und dass der Augenspiegel beiderseits eine bedeutende Stauungspapille zeigte. Das Sehvermögen kehrte wieder zurück. — Ueber den ursächlichen Zusammenhang der Verletzung mit der Stauungspapille und dieser wiederum mit der zu Anfang bestehenden Amaurose vermag Cohn keinen ganz sicheren Aufschluss zu geben. — Ein weniger genau beobachteter Fall von Demme (Spec. Chirurgie der Schusswunden, 2. Abth., p. 7) scheint dem Cohn'schen conform zu sein.

II. Die indirecten oder durch Contusion und Commotion hervorgerufenen Verletzungen des Sehorgans.

§. 280. Nur einen kleinen Theil seiner Oberfläche bietet das Auge frei den Verletzungen dar, und auch dieser ist im Moment der Gefahr gewöhnlich reflectorisch durch die Lider geschützt. Wenn aber heftige Gewalten in raschem Anprall auf die theils weichen, theils knöchernen Umgebungen treffen, setzen sich die Erschütterungsschwingungen auf das Auge fort und können, wenn ihre Kraft den Elasticitätsmodulus der einzelnen gespannten Theile überschreitet, zu

Zerreissungen und Quetschungen, oder, wenn die einzelnen Molecüle der Gewebe eine Dislocation erfahren, zu Commotionserscheinungen führen. Das häufigste Symptom dieser Verletzungen sind die Blutungen, die an allen möglichen gefässführenden Theilen des Sehorgans auftreten und je nach ihrem Sitz allein schon bedeutende Functionsstörungen herbeiführen können. Sie kommen vor an der Conjunctiva, zwischen den Lamellen der Cornea, in der vorderen Kammer, im Glaskörper, in der Retina, in der Chorioidea, in der Papilla optica, in der Sehnervenscheide, in der Orbita.

Gefährlicher und der Restitution weniger fähig sind die Zerreissungen der Membranen selbst, welche nach indirecten Schussverletzungen am Auge beobachtet werden. — Die Cornea berstet sehr selten durch Contusion, manchmal ihr hinterer Ueberzug, die Membrana Descemetii (Hasner), viel öfter aber die Sklera, wobei ein Theil des Augeninhalts, auch die Linse und Iris, austreten und unter die Conjunctiva zu liegen kommen kann. Die Iris erleidet nach heftigen Erschütterungen theils Einrisse, die sich durch eine unregelmässige Formveränderung der Pupille kundgeben, theils Dialysen, d. h. partielle Abtrennungen ihrer Peripherie vom Ciliarligament. Das abgetrennte Irisstück spannt sich dann in Form einer Sehne an, zwischen ihr und dem Ligamentum ciliare zeigt sich ein halbmondförmiger schwarzer Fleck, der mit dem Augenspiegel sehr wohl zu durchleuchten ist. In extremen Fällen sind mehrere Dialysen vorhanden oder es ist die ganze Iris abgetrennt und in den Glaskörper versenkt. Ein sehr exponirtes Punctum minoris resistentiae gegen den Contusionsinsult ist die Linse, mit der Bulbuswand nur durch die dünne Zonula Zinnii verbunden. Sehr leicht kommt es zur partiellen oder totalen Zerreissung der letzteren, wodurch eine Lens mobilis oder eine Luxation der Linse erzeugt wird. Das auffälligste, aber nicht immer ganz beweiskräftige Symptom dieser Veränderung ist das zitternde Flottiren der ihres Haltes beraubten Iris, die Iridodonese; bestätigt wird erst die Diagnose, wenn man mit dem Augenspiegel den durch seinen dunklen Reflex erkennbaren Linsenrand in der Pupille sieht oder sich von dem Fehlen der Linse hinter der Pupille dadurch überzeugt, dass man das durch die vordere und hintere Linsenfläche bedingte aufrechte und verkehrte Flammenbildchen nicht erzeugen kann. In letzterem Falle hat die Linse ihren Ort überhaupt verlassen und sich dem Gesetz der Schwere folgend, auf den Boden des Glaskörperraumes gesenkt. Von dort sieht man sie, wenn man während des Ophthalmoskopirens schnelle Bewegungen des Auges machen lässt, schwappend auftauchen und wieder verschwinden. Als subjectives Symptom macht sich dem Patienten selbstverständlich der hohe Grad der Hypermetropie (beim Emmetropen etwa $1/4$) und der gänzliche Verlust der Accommodation in derselben Weise geltend, wie bei Staaroperirten. — Auch Berstungen der Linsencapsel sind beobachtet worden, wonach eine traumatische Katarakt auftritt, die bei stürmischem Verlauf zu Iritis und glaukomatösen Erscheinungen Veranlassung geben kann, bei jungen Individuen aber gewöhnlich zur Resorption der Linsensubstanz führt. Einkeilungen der luxirten Linse in die vordere Kammer rufen oft eine eigenthümliche matte Trübung der Hornhaut und Erhöhung der Bulbustension hervor.

Die Zartheit der Membrana hyaloidea erklärt es, warum Glaskörperzerreissungen zu den häufigsten Befunden nach indirecten Verletzungen des Auges gehören. Sie manifestiren sich durch feine flottirende Trübungen. — Sehr selten sind Continuitätstrennungen der Retina, viel zahlreicher Rupturen der Chorioidea, von denen wir auch aus den letzten Kriegen viele genaue Beschreibungen besitzen. Leider ist es bei diesen Verletzungen oft unmöglich, schon zu Anfang eine genaue Diagnose zu stellen, weil ausgedehnte Blutungen die Berstungsstelle bedecken und auch die Medien nicht selten bis zur Undurchsichtigkeit getrübt sind. — Später gelingt es, mit dem Augenspiegel in dem in seinen Functionen ausserordentlich reducirten Auge, gewöhnlich am hinteren Pole desselben, ausgedehnte Blutextravasate anzutreffen, die sich nach Wochen allmählich resorbiren und schliesslich einen hellglänzenden Streifen erkennen lassen, der in den meisten Fällen in sanfter Biegung concentrisch um die Macula sich schwingt und gewöhnlich von den Netzhautgefässen überschritten wird. Dieser helle Streif ist der von Netzhaut überzogene Spalt in der Chorioidea, durch welchen die weisse Sklera hindurchschimmert. Die Functionsstörung besteht, wenn das Auge erhalten bleibt, hauptsächlich in einer sectorenförmigen Beschränkung des Gesichtsfeldes.

Die Netzhaut neigt dagegen mehr zur Aufhebung der Contiguität als der Continuität, sie kann durch heftige Erschütterungen leicht eine Ablösung erleiden. Ob die primären traumatischen Netzhautablösungen alle ihren Ursprung subretinalen Blutungen verdanken, ist noch nicht ausgemacht, aber bei den Fällen, die uns hier interessiren, also bei gesunden jugendlichen Soldatenaugen, dürfte dieser Entstehungsmodus immer zutreffen, da ein normaler Glaskörper der einfachen Abhebung der Retina von der Chorioidea bedeutenden Widerstand leistet. Sollte man dennoch eine seröse Netzhautablösung nach einem indirecten Trauma zu Stande kommen sehen, wird man genau untersuchen müssen, ob nicht an einer andern Stelle die Bulbuswände gesprengt sind und dem Bulbusinhalt ein Ausweichen ermöglichen, ein Verdacht, der auch ohne directe Nachweise bestätigt wird, wenn die Tension des Augapfels eine beträchtliche Verminderung erfahren hat.

Eine eigenthümliche Stellung diesen anatomisch nachweisbaren Veränderungen am Bulbus gegenüber nehmen die traumatische Mydriasis und die Commotio retinae ein.

Die traumatische Mydriasis ist eine mittelgrosse Erweiterung der Pupille, die auftritt, ohne dass eine Herabsetzung des Sehvermögens oder sonstige Veränderung am Bulbus zu constatiren wäre. Ihre Entstehungsweise ist noch nicht genügend aufgeklärt. Von der Atropinmydriasis unterscheidet sie sich dadurch, dass die Accommodation nicht aufgehoben ist.

Die Commotio retinae stellt sich in zwei Formen dar, die beide das gemeinsam haben, dass sie in relativ kurzer Zeit vorübergehen. — Bei der einen Form, die zuerst von Berlin beschrieben worden ist, ist mit dem Augenspiegel eine sich rasch über einen Theil der Netzhaut verbreitende weisse Trübung dieser Membran nachweisbar. Diese Trübung, über welche man die ungeknickten Retinalgefässe verfolgen kann, tritt sehr bald, oft schon eine Stunde nach dem Trauma, auf und fängt gewöhnlich in der Nähe des hintern Poles an. Oft aber findet sich dabei noch eine zweite Trübung in den vorderen Abschnitten der Retina, entsprechend der Stelle der Verletzung, ein. Die Sehstörung ist dabei eine mässige und die Erscheinung geht gewöhnlich nach einigen Tagen ohne besondere Therapie wieder vorüber. Leber gibt an, dass bei dieser Affection die Pupille der Erweiterung durch Atropin oft einen bedeutenden Widerstand entgegensetzt.

In andern, häufigeren Fällen, in denen eine Commotio retinae angenommen werden musste, konnten mit dem Augenspiegel Veränderungen im Hintergrunde nicht wahrgenommen werden. Man bezeichnete sie auch als traumatische Netzhautanästhesie. Wo nicht völlige Amaurose vorhanden war, ergab sich bei der perimetrischen Untersuchung eine bedeutende peripherische Gesichtsfeldbeschränkung. Das Sehvermögen kehrte gewöhnlich bei geeigneter Behandlung bald wieder völlig zurück.

Ausser diesen mehr oder minder leicht diagnosticirbaren Fällen wurden nach Schussverletzungen des Schädels ganze Reihen von schweren und dauernden Amblyopien und Amaurosen beobachtet, für die man trotz der genauesten Untersuchung keine haltbare Erklärung finden konnte und die entweder unter dem Bilde einer nachweisbaren Neuritis optici oder auch ohne dieselbe zur Atrophie des Sehnerven führten. Je räthselhafter der Vorgang war, desto vagere Anschauung stellte man darüber auf, namentlich häufig wurde eine Verletzung des Nervus trigeminus und dadurch hervorgerufene Ernährungsstörungen als Ursache des verderblichen Processes beschuldigt, bis die bahnbrechende Arbeit Berlins [1]), der sich auf die verdienstvollen genauen und zahlreichen Sectionsbefunde Hölders stützte, ein ganz neues Licht auf die Aufdeckung des bisher so dunklen Causalnexus warf.

Berlin sucht nachzuweisen, dass die sogenannten traumatischen Amblyopien und Amaurosen auf eine Fraktur oder Fissur des Canalis opticus mit grösster Wahrscheinlichkeit zurückzuführen sind.

In Bezug auf den Sehnerven ergab sich bei den Frakturen des Canalis opticus ausser Dehnungen und Einrissen, dass unter den 54 Fällen 42 mal Blutergüsse in die Sehnervenscheide erfolgt waren, dass aber niemals ein solches Extravasat ohne gleichzeitige Fraktur des Canalis opticus gefunden wurde. Gewöhnlich war die obere, manchmal auch die innere Wand des Sehnervenloches frakturirt.

Die klinische Beobachtung wird jetzt besser im Stande sein, die hierher gehörigen Fälle, für welche zur Zeit noch immer die Bezeichnung „traumatische Amaurose" resp. „Amblyopie" am passendsten scheint, von andern zu unterscheiden, die die Ursache der Sehstörung in Veränderungen am Bulbus selbst haben, obgleich zugestanden werden muss, dass die ersteren im Anfang wenigstens, wie auch viele Beobachtungen in der Arbeit von Oettingen zeigen, sich vielfach mit Blutungen und Rupturen im Augapfel compliciren können. Aber der weitere Verlauf muss immer zeigen, ob eine indirecte Sehnervenläsion vorhanden ist oder nicht. Für die indirecte Sehnervenaffection durch eine Fraktur des Canalis opticus nach einer Schussverletzung am Schädel sprechen folgende Symptome:

---

[1]) Bericht über die 12. Versammlung der ophthalmologischen Gesellschaft in Heidelberg 1879 (Beilageheft zu Zehenders Klin. Monatsbl.. und ausführlich in Graefe-Saemisch Handbuch).

1. Die cerebralen Erscheinungen gleich nach der Verletzung: Paraplegie, Verlust der Sprache und des Bewusstseins. Berlin hat durch eine genaue Analyse der bisher bekannten Fälle nachgewiesen, dass in keinem derselben die cerebralen Symptome, wo überhaupt darauf geachtet wurde, ganz gefehlt haben.

2. Die Einseitigkeit der Sehstörung. Wäre die letztere auf eine Commotion des Bulbus selbst zurückzuführen, so wäre, da der Schädel ein Ganzes bildet, nicht einzusehen, warum nicht auch auf dem andern Auge ähnliche Erschütterungserscheinungen auftreten sollten. Allerdings sind auch bei Basalfrakturen beiderseitige Erblindungen beobachtet worden, wenn sich nämlich der Bruch von einem Foramen opticum durch die Sella turcica zum andern fortsetzte.

3. Die Vollständigkeit der Sehstörung. Gewöhnlich ist das Sehvermögen bis auf einen geringen Lichtschein oder völlig aufgehoben, — so dass von einer Aufnahme des Gesichtsfeldes nicht wohl die Rede sein kann. Bei Chorioidalrupturen, Netzhautablösungen, Blutungen im Bulbus, Sehnervenentzündungen dagegen lassen sich die Grenzen des Gesichtsfeldes sehr wohl constatiren.

4. Die Dauer der Sehstörung. Die Amblyopie tritt bald nach der Verletzung auf, ist eine dauernde und geht meist in Amaurose mit Atrophia optici über. Nur äusserst wenige Fälle neigen sich zur Besserung, wahrscheinlich diejenigen, in welchen nur ein unbedeutender, zur Resorption befähigter Bluterguss in die Sehnervenscheide erfolgte.

5. Die Geringfügigkeit der ophthalmoskopischen Veränderungen. Dieselben können lange Zeit ganz fehlen und erst später eine Atrophie des N. opticus erkennen lassen, oder es entwickelt sich eine Stauungspapille, die wahrscheinlich auf eine Compression des Sehnerven mit sammt seiner Scheide zurückzuführen ist, oder es treten Blutungen an der Papilla optica auf (fortgeleitete Blutung von der Verletzungsstelle), oder endlich es finden sich Zeichen einer Neuroretinitis, vielleicht bedingt durch Eindringen von Knochensplittern in die Substanz des Nerven. — Aber alle diese Befunde haben das Gemeinsame, dass sie in keinem Verhältniss stehen zu dem Grade und dem Umfange der Sehstörung, und dass die letztere fortbesteht, auch wenn die sichtbaren Veränderungen geschwunden sind.

II. Schussverletzungen des Gehörorganes.

a. Statistisches.

§. 290. Die Schussverletzungen des Gehörorgans sind bisher ausserordentlich stiefmütterlich von den Kriegschirurgen behandelt worden, vielleicht aus mangelndem Verständniss, vielleicht auch, weil dieselben meist nur Theilerscheinungen anderer schwerer Läsionen waren. So besitzen wir denn auch zur Zeit noch keine statistischen Angaben von Werth über die Häufigkeit der Schussverletzungen des Gehörorganes im allgemeinen oder im speciellen der einzelnen anatomischen Theile desselben. Nur Fischer erwähnt, dass auf 88,877 Schussverletzungen des französisch-deutschen Krieges 303 des Ohres gekommen seien (0,34%). Löffler berichtet, dass der 18. April 1864 allein 5 Fälle schwerer Schussläsionen am Warzenfortsatze und am knöchernen Gehörgange geliefert hat. Sonst laufen nur einzelne casuistische Beiträge von Schussverletzungen des Gehörs durch die Literatur der Kriegschirurgie. Wir haben dieselben, so weit uns die etwas entlegene Literatur zugängig war, gesammelt und hoffen, dass bald eine berufenere Hand daraus ein abgerundeteres Bild über die Schussverletzungen des Gehörorganes, welche doch als Experimente am lebenden Körper des Lehrreichen viel darbieten, herstellen wird.

b. Arten der Läsionen des Gehörorganes.

§. 291.   1. Schusscontusionen

sind am Gehörorgane sehr häufig beobachtet. Dieselben kommen zu Stande:

α. Durch Lufterschütterung und Luftdruck.

Durch Expansion der Pulvergase beim Abfeuern der Schusswaffen oder durch die Erschütterung der Luft beim Vorüberfliegen und Platzen von Granaten in der nächsten Nähe der Soldaten werden oft Gehörstörungen von verschiedener Bedeutung erzeugt. In dem Berichte von Schalle über die Station für Ohrenkranke im Dresdener Garnisonlazareth wurden im Zeitraum von 3 Friedensjahren 5 Ohrleiden durch Schussdetonationen behandelt. Das Abfeuern der Handfeuerwaffen ruft dieselben meist nur dann hervor, wenn sich der freien Expansion der Gase durch widrige Winde, feste Mauern, Felsen etc. Hindernisse entgegenstellen. Man hat aber auch Schwerhörigkeit oder Rupturen im Trommelfell beobachtet, wenn bloss die Ohrmuschel durchschossen war (Löffler). Die Störungen, welche dadurch, wie durch das Platzen der Granaten in der Nähe der Truppen im Gehörorgane entstehen, erklärt sich Erhard in der Art, dass der stärkere Luftdruck den Conductor der Trommelhöhle, in specie den Steigbügel einwärts gegen das Labyrinthwasser drücke und darin Verschiebungen und Zerreissungen der feinen nervösen Gebilde, kleine Blutungen und celluläre Veränderungen veranlasse. Andere Autoren nahmen in solchen Fällen, welche keine nachweisbaren Läsionen im anatomischen Gefüge darboten, Commotionen der schallempfindenden Nervenapparate, ähnlich denen bei der Commotion der nervösen Centralorgane, an. So fanden Erhard in drei von ihm untersuchten Fällen und Trautmann keine anatomischen Veränderungen. Toynbee dagegen beobachtete nach der Detonation eines Gewehres und Tröltsch nach solcher einer Kanone Fissuren im Trommelfelle.

Als Zeichen dieser Commotionen und Contusionen des Gehörorganes erwähnen die Autoren: Momentane Verminderung oder Aufhebung des Gehöres und Herabsetzung der Knochenleitung. Erhard fand Nichthören der Uhr per frontem beim Hören der Stimmgabel per frontem.

Die Prognose dieser Läsionen ist nicht günstig. Man hat wohl die Hörstörungen sich schnell zurückbilden sehen, in der Mehrzahl der Fälle blieben aber functionelle Alterationen, die sich bis zur völligen Taubheit steigern können, zurück.

β. Durch directe Contusionen der Schädelknochen durch Projectile.

Auch diese Läsionen sind nicht selten. Sie führen mit und ohne Blutungen aus dem Ohre oder im Ohre, mit und ohne Perforationen des Trommelfelles, mit und ohne Periostitis zur Taubheit oder Schwerhörigkeit. Bei seitwärts (tangential) auftreffenden matten Projectilen entstanden dieselben auf einer Seite, bei median aufschlagenden doppelseitig. Der Angriff des Projectils braucht nicht das Schläfenbein allein zu sein, auch nach Contusionen des Hinterhauptes hat man Schwerhörigkeit eintreten sehen (Löffler). Ob es sich bei diesen Läsionen um einfache Commotionen der schallempfindenden Nervenapparate, oder, was nach den Erfahrungen der Ophthalmologen wahrscheinlicher ist, um kleine Fissuren des Felsenbeines in der Nähe des Acusticus handelt (siehe die folgende Beobachtung Hagens), ist zur Zeit noch nicht zu sagen. Kleinere anatomische Läsionen wurden in der Mehrzahl der Fälle nachgewiesen:

So beobachtete Trautmann einen Fall, in welchem Granatsplitter gegen das Hinterhaupt eine unbedeutende Verwundung. aber so hochgradige Erschütterung hervorrief, dass der Verletzte bewusstlos war und Erbrechen bekam. Die Untersuchung ergab Fissur des Trommelfelles links im vorderen unteren Quadranten und periphere totale Acusticus-Lähmung, welche dauernd blieb. mit subjectivem Geräusche. Knochenleitung links geschwunden, Stimmgabel nur rechts gehört.

Es ist oft schwer zu entscheiden, ob die Commotion durch das Projectil, oder durch Fall, oder durch indirecte Geschosse hervorgebracht wurde.

So beobachtete Hagen einen Fall von serösem Ausflusse aus dem Ohre bei einem preussischen Landwehrmanne, welcher früher stets gesund und nie ohrenkrank am 28. Juni 1866 im Gefecht bei Münchengrätz als Flügelmann im 3. Gliede stand, als ein grobes Geschoss dem Vordermann im 1. Gliede durch die Brust ging, dem Vordermann des 2. Gliedes ein Bein wegriss, hierauf unter dem linken Fusse des Patienten in den sandigen Fussboden schlug und daselbst ein Loch wühlte, in welches der Patient bewusstlos hineinfiel. Am nächsten Morgen erwachte Patient mit heftigen Kopfschmerzen, Schwindel und Taubheit. Keine nachgewiesene Blutung aus dem Ohre. Als Hagen den Patienten am 12. Juli untersuchte, bestand der Schwindel immer noch fort: am ganzen Körper und besonders am Kopfe und an den Ohren keine Verletzung wahrzunehmen. Das rechte Ohr war ganz taub. Das Trommelfell dieser Seite, zum Theil mit einem Blutcoagulum bedeckt, zeigte eine eiternde Perforation. Auf dem linken, nicht ganz tauben Ohre hob sich die Hörfähigkeit nach Entfernung eines aus Steinkohle, Ohrenschmalz und Epidermis bestehenden Pfropfens. Am 19. Tage nach der Verletzung seröser Ausfluss aus dem rechten Ohre: 1½ Drachmen in 12 Stunden (die Flüssigkeit bestand aus 0,139 Chlornatrium und 1,100 Albumin). Der Ausfluss hielt, sich allmählich vermindernd. 8 Tage an. Als Patient sich am 4. August der Behandlung entzog, bestanden noch Schwindel. Schmerz im rechten Felsenbein, doch glaubt Hagen, dass Genesung bis auf Taubheit rechts und Schwerhörigkeit links zurückgeblieben sein wird. In der Analyse dieses Falles glaubt H. annehmen zu müssen, dass Patient auf die rechte Seite fiel und dass Sandtheilchen in das rechte Ohr geschleudert wurden, welche einen Theil des Trommelfelles zerstörten und in die gegenüberliegende Labyrinthwand der Paukenhöhle drangen. Der wahrscheinlicheren Ansicht entgegen, dass ein solcher seröser Ausfluss aus dem äusseren Ohre Cerebrospinalflüssigkeit und mithin eine Fissur oder Fractur der Schädelbasis vorhanden war, nimmt Hagen an, dass es sich um Labyrinthflüssigkeit gehandelt habe. Er stützt seine Ansicht namentlich auf die Resultate der chemischen Analyse, nach welcher der geringe Chlornatrium- und bedeutende Eiweiss-Gehalt gegen die Cerebrospinalflüssigkeit spreche, und auf einen von Feeli beobachteten Fall, in welchem bei einem ähnlichen Ohrenflusse die spätere Section keine Fractur der Schädelbasis, sondern nur eine Communication der Paukenhöhle mit dem Labyrinth durch das geöffnete ovale Fenster nachwies. Ob Hagen dabei im Rechte ist, können nur genaue anatomische Untersuchungen des Gehörorganes nach derartigen Verletzungen zeigen.

Erhard macht in zwei Fällen darauf aufmerksam, dass sich bei den Soldaten oft durch längeres Liegen auf feuchter, kalter Erde

schon vor der Verletzung Erkältungen mit Verschwellungen des Ostium
pharyngeum tubae entwickelten, deren Erscheinungen man dann leicht
auf die spätere Contusion des Gehörorganes zurückführen könnte. Es
braucht wohl auch kaum erwähnt zu werden, dass nach solchen Verletzungen der Simulation von Schwerhörigkeit Thor und Thür eröffnet
ist, wenn der Arzt nicht kundig und vorsichtig verfährt.

Als Symptome dieser Verletzung werden angeführt: Taubheit
und Schwerhörigkeit, subjective Geräusche, Aufhören der Knochenleitung, Ausfluss von Blut oder seröser Flüssigkeiten aus den Ohren,
Schwindelempfindungen, Schmerzen im Kopfe und Felsenbeine.

Die Prognose ist sehr ungünstig, da die Schwerhörigkeit oder
Taubheit in fast allen Fällen bestehen blieb.

Merkwürdiger Weise fehlten aber auch oft bei Schussverletzungen
der Knochen in der nächsten Nähe des Gehörorganes alle Läsionen
desselben. Derartige Ereignisse sah man besonders bei Schussfrakturen
des Processus mastoideus. Dupuytren und Stromeyer berichten
solche Fälle.

> In dem letzteren handelte es sich um einen Schuss in den Kopf aus nächster
> Nähe. Das linke Ohr des Patienten war von Pulver geschwärzt, das Ohrläppchen
> hatte einen kleinen Einriss. Auf dem Proc. mastoideus fand sich eine kleine
> Wunde, in welche man mit der Spitze des Fingers eingehen und die Zertrümme-
> rung des Zitzenfortsatzes constatiren konnte. Exfoliation vieler Knochenstückchen;
> später des ganzen Zitzenfortsatzes. Bei der Gelegenheit wurde ein kleines Pro-
> jectil von der Gestalt eines $\frac{1}{2}''$ langen Cylinders und der Dicke eines kleinen
> Fingers (eine Raketenkugel) extrahirt. Das Gehör blieb vollkommen frei.

2. Directe Schussverletzungen des Gehörorganes.

α. Schussverletzungen des Gehörganges.

§. 292. Streifschüsse des äusseren Gehörganges sind öfter
beobachtet worden. Dieselben sind nicht so einfach, wie sie anfänglich erscheinen, da sich bei ihnen nicht selten auch tiefere Läsionen
durch den Stoss, welchen das Felsenbein beim Schuss erleidet, finden.

> So war in dem einen von Moos berichteten Falle nicht bloss der häutige
> knorplige Gehörgang zerrissen, sondern auch der knöcherne zersplittert. Es folgte
> eitrige Entzündung des äusseren und mittleren Ohres, Perforation des Trommel-
> felles und peripherische Nekrose des Warzenfortsatzes, an welchem Leiden Patient
> zu Grunde ging. Bei der Section fand sich noch ein Bluterguss in den
> häutigen Gebilden des inneren Ohres.

In einem Falle, den Stromeyer berichtet, war ein Papierpropf
in den äusseren Gehörgang eingedrungen und hatte die ganze häutige
Bedeckung desselben herausgedreht, so dass bei der Heilung der ganze
äussere Gehörgang verschlossen wurde.

Directe Schüsse in den knöchernen Gehörgang kommen
häufiger vor, doch waren fast alle durch Revolver bei tangentialem
Auffalle der Geschosse und Eintritte derselben vor oder hinter dem
Ohre erzeugt. Das kleine Projectil steckte meist im Knochen. In
der Mehrzahl der Fälle war dabei das Trommelfell zerrissen und das
Gehör beschränkt oder aufgehoben. Ich habe in zwei Fällen grössere
Rehposten, welche fest in der knöchernen Wand des äusseren Gehör-
ganges eingekeilt waren, nach Ablösung der Ohrmuschel extrahirt,

doch kehrte nur in einem Falle das Gehör wieder. Ebenso ging es
dem Patienten von Terrillon, welcher einen Revolverschuss aus
nächster Nähe über dem rechten Gehörgang erhalten hatte. In Gan-
thiers Falle wurde nach einem Revolverschuss das Projectil am 7. Tage
extrahirt, das Trommelfell war unverletzt und die Hörfähigkeit fast
normal. Nicht selten treten auch bei solchen Revolverschüssen Fissuren
und Frakturen des Felsenbeines ein. In zwei von Gilette beschriebenen Fällen, in welchen das Revolvergeschoss in die obere Wand des
knöchernen Gehörganges eingedrungen war, fanden sich zwar keine Gehirnerscheinungen, doch neben völliger Taubheit Facialis-Lähmung und
in dem einen Falle auch Alterationen der Geschmacksempfindung.

Aber auch durch grössere Projectile ist der äussere Gehörgang verletzt worden. In einem von Beck berichteten Falle drang
eine Kugel durch den Processus mastoideus tief ins Felsenbein ein und
bewirkte Schädelgrundfissuren mit tödtlichem Ausgange, in einem anderen
wurde das in den äusseren Gehörgang eingetretene und dort eingekeilte Projectil nach partieller Ablösung des Ohres mit günstigem
Erfolge extrahirt. Ueber den Zustand des Gehörorganes wird nichts
erwähnt. Eine sehr seltene und merkwürdige Beobachtung theilt
Dudon mit:

Ein 17jähriger Mann hatte vor 4½ Jahren einen Karabinerschuss ins rechte
Ohr erhalten. Schwere Gehirnerscheinungen folgten der Verletzung. wichen aber
nach einem Monate. Patient fand sich wohl, hatte aber Ohrenfluss und beim Verschwinden desselben Schmerzen im kranken Ohre. Bei der Untersuchung des Ohres
fand sich nirgends eine Spur einer Narbe. Der Gehörgang war durch eine Granulations-
masse ausgefüllt. D. fand das Projectil und extrahirte dasselbe. Es war ganz
abgeplattet und 20 mm lang, 9 mm breit und 5 mm dick. Das Trommelfell war
zerstört und absolute Taubheit vorhanden. Patient genas bis auf die Aufhebung
des Gehörs vollständig.

Die schwerste Läsion der Art, die wir kennen, veröffentlichte
Luecke. Wir haben bereits §. 257 kurz auf dieselbe verwiesen:

Der Musketier Fritz Hannemann wurde am 29. Juni 1864 auf Alsen verwundet. Er kam halb bewusstlos auf den Verbandplatz, sagte aber seinen Namen
und die Regimentsnummer. Von der dicht vor dem linken Ohre in der Höhe des
Helix belegenen Wundöffnung aus wurde in dem Schuppentheile des Schläfenbeines ein fast thalergrosses Loch, aus welchem Blut und Gehirnmasse quoll, constatirt. Der untersuchende Finger gelangte durch eine Menge von Knochen-
trümmern und fühlte in der Gegend der Felsenpyramide einen grossen Defect.
Aus dem Ohre floss Blut und Gehirnsubstanz. Neben dem Dornfortsatz des 4. Brustwirbels steckte unter der Haut eine Kartätsche kleineren Kalibers nebst zwei
kleinen Knochenstückchen. Complete Facialislähmung links. In den ersten Tagen
nach der Verwundung flossen noch grosse Quantitäten von Gehirnsubstanz aus
und das Bewusstsein des Patienten erlosch vollständig. Nach langdauernder Eiterung, Extraction von vielen Knochensplittern wurde Patient, welcher ausser der
des Facialis und Acusticus keine Lähmung hatte, Ende Januar 1865 als Invalide
entlassen. Das Weitere siehe §. 257.

Seltener wird der Gehörgang durch Schüsse vom Munde aus oder
durch lange, von vorn nach hinten durch die Basis cranii oder unter
derselben verlaufende Schusscanäle verletzt. Das sind dann sehr
complicirte und schwere Verwundungen.

Die Nordamerikaner erwähnen eines Patienten mit einem Schusscanale,
welcher von der Basis der Nase her bis hinter das Ohr, den Processus mastoideus
abtrennend, verlief. Es traten sofort Blutungen aus Nase. Mund. linkem Auge
und rechtem Ohre, Taubheit und Lähmung der Motilität und Sensibilität der rechten
Gesichtshälfte ein. Trotzdem genas der Kranke.

In einem von Löffler berichteten Falle trat das Projectil an der linken Wange nahe dem äusseren Augenwinkel ein, ging unter dem Jochbogen fort, durchsetzte den Gehörgang und wurde an der von demselben gestreiften Vorderseite des Processus mastoideus extrahirt. Keine Gehirnerscheinungen, dagegen Taubheit links, Lähmung des Levator palpebrae superioris und später auch des M. rectus externus. Heilung mit völligem Verschluss des äussern Gehörganges, totaler Taubheit links mit Aufhebung der Knochenleitung.

Als Zeichen dieser Verletzungen werden erwähnt: Ausbleibende oder vorübergehende Gehirnsymptome, öfter Schwindelempfindungen, Blutungen aus dem Ohre, Kopfschmerzen und Störungen des Gehöres von völliger Taubheit bis zu geringeren Graden der Schwerhörigkeit. In einem Falle von Moos fiel nach einem Streifschuss die Wahrnehmung der hohen Töne vollständig aus. Die Knochenleitung war bedeutend herabgesetzt, oft ganz aufgehoben. In der Mehrzahl der Fälle bestanden noch Lähmungen des Facialis. Gleichzeitiger Verlust des Auges auf der verletzten Seite wird in drei von Löffler berichteten Beobachtungen erwähnt.

Die Prognose dieser Schusswunden ist recht ungünstig. Das, was vom Gehör verloren gegangen war, wird fast in keinem Falle restituirt. Nicht selten verwächst der äussere Gehörgang nach derartigen Verletzungen vollständig.

Ausser den oben bereits angeführten berichtet Löffler noch einen Fall der Art aus dem schleswig-holstein'schen Kriege. Die Kugel war in den äusseren Gehörgang rechts eingedrungen und hatte die hintere Wand desselben und den Warzenfortsatz, hinter welchem sie 4 Wochen später ausgeschnitten wurde, durchbohrt. Totale Lähmung des Facialis, völlige Taubheit, Verlust der Knochenleitung, Protrusion des rechten Auges waren die Folgen der Verletzung. Die Wundheilung verlief nach Abstossung vieler Splitter ohne Störung, der Gehörgang verwandelte sich erst in einen schmalen Spalt und wurde dann durch die Narbe vollständig verschlossen. Patient blieb taub und blind auf der verletzten Seite und zur Lähmung des Facialis gesellte sich noch eine solche des Trigeminus.

Wenn auch eine grosse Zahl der Patienten am Leben blieb, so bedroht doch die Ostitis purulenta und die Nekrose des Felsenbeines mit den daran sich knüpfenden Processen am Gehirn, seinen Häuten und Gefässen das Leben der Kranken in der schwersten Weise.

So berichtet Löffler von einem am 18. April 1864 verwundeten Soldaten. Schussöffnung dicht vor dem rechten Ohre, durch welche der Processus mastoideus frakturirt zu fühlen ist; das Projectil ist nicht zu entdecken. Lähmung des Facialis, Taubheit des rechten Ohres; Indolenz, langsame und undeutliche Sprache; wiederholtes Erbrechen. In den nächsten Tagen leidliches Befinden, doch stete Kopfschmerzen und Somnolenz. Am 28. April Schüttelfrost, dem Delirien und Sopor folgen. Der Schüttelfrost wiederholt sich am 30. April. Von da ab Koma bis zum Tode am 3. Mai. Bei der Section fand sich die ganze Schläfen- und seitliche Halsgegend eitrig infiltrirt. Die Kugel war eingekeilt zwischen Kiefer und Zitzenfortsatz. Letzterer und der Proc. styloideus zertrümmert, Fissur im Felsenbeine. Auf der rechten Hemisphäre des Gehirns liegt eine Eiterschicht und die Gehirnsubstanz selbst ist linientief eitrig infiltrirt.

Heilungen kommen auch unter diesen traurigen Umständen noch vor.

So erwähnen die Nordamerikaner eines Falles, bei welchem die Kugel dicht vor dem Ohre eingetreten und im Os temporum stecken geblieben war. Es trat eine starke Eiterung und Entzündung ein, welche zur vollständigen Nekrose des Felsenbeines führte. Patient genas mit Verlust des Gehörs.

So lange die Eiterung im Ohre besteht, so lange schweben auch die Patienten in hoher Lebensgefahr, da die septischen Processe oft erst spät eintreten, wie die nachfolgende Beobachtung lehrt:

Sergeant Schröder erhielt am 18. April 1864 in Schleswig-Holstein einen Schuss in die linke Ohrgegend. Die Kugel drang dicht vor dem linken Ohre ein, hatte den Jochbogen zertrümmert, dann den äusseren Gehörgang unter Sprengung des Trommelfelles und den Processus mastoideus durchsetzt und war bis in den Nacken gedrungen, woselbst sie über dem 4. Halswirbel ausgezogen wurde. Es bestand Commotio cerebri, die bald vorüberging, Lähmung des Facialis und vollständige Taubheit links. Die Heilung verlief ohne Störung, nachdem sich Stücke vom Jochbogen, knöchernen Gehörgange und Zitzenfortsatze, auch kleine Bleifragmente ausgestossen hatten. Mit Fisteln, leichtem eitrigen Ohrflusse und vollständiger Lähmung des Facialis und Acusticus linkerseits wurde Patient als Invalide entlassen. Am 10. März 1865 wurde derselbe plötzlich von Krämpfen befallen, nachdem er einige Tage über Schmerzen im Kopfe und Ohre geklagt hatte. Er wurde auf meine Abtheilung in der Charité gebracht und starb am 11. März im tiefsten, durch Convulsionen unterbrochenen Koma. Aus dem Ohre floss fötider Eiter. Bei der Section fand sich eitrige Meningitis links, ein grosser Gehirnabscess, partielle Caries necrotica des Felsenbeines und eine ungeheilte Fissur in demselben.

β. Schussverletzungen des mittleren Ohres und des schallempfindenden Nervenapparates.

a) Des mittleren Ohres.

§. 293. Wir haben bereits wiederholt hervorgehoben, dass bei den Schusswunden des äusseren Gehörganges meist das ganze Gehörorgan zerstört ist und dass auch bei anscheinend leichten Streifschüssen Blutungen im inneren Ohre beobachtet wurden. Isolirte Läsionen des mittleren und inneren Ohres durch Projectile sind ausserordentlich selten. Das mittlere Ohr kann von der Tuba her verletzt werden.

O. Wolf berichtet einen Fall, bei welchem das Projectil unter dem rechten Jochbogen eindringend in der linken Tuba stecken blieb und Schwerhörigkeit erzeugte.

In der von Moos mitgetheilten Beobachtung war das Projectil unter dem linken Ohrläppchen dicht am Unterkieferwinkel ein- und durch den rechten Oberkiefer ausgetreten. Moos fand später die Tuba links verwachsen, es bestand bei dem Patienten herabgesetzte Hörfähigkeit und subjectives Geräusch.

Oder das Projectil tritt durch die Schädelknochen ein und dringt bis ins Mittelohr vor.

In der Beobachtung Mitchells war das Projectil am rechten Nacken hinter dem Processus mastoideus eingetreten und hatte das innere und mittlere Ohr durchsetzt und zerstört. Als M. den Patienten sah, war die Membrana tympani zerstört, die Knochen des Mittelohres waren ausgestossen, ein eitriger Ohrenfluss bestand. Patient war ganz taub auf dem rechten Ohre und hatte Schwindelanfälle, während deren er einige Schritte vorwärts ging und dann nach rechts taumelte, wobei die Gegenstände sich von links nach rechts zu drehen schienen. Lähmung des Facialis und Hyperästhesie auf der verletzten Seite, näselnde Sprache und Schlingbeschwerden, die rechte Seite der Zunge schmaler, dünner und weniger beweglich, als die linke. — Patient wurde geheilt.

b) Eine sehr bemerkenswerthe Schussverletzung des schallempfindenden Nervenapparates theilt Trautmann mit:

Revolverschuss in den rechten äusseren Gehörgang. Koma und Erbrechen, starkes Bluten aus dem Ohre. Genesung. Nach 3 Monaten fand Tr. den Nervus facialis intact. hochgradigen Schwindel nach rechts, bei geschlossenen Augen Umfallen nach der tauben Seite, absolute Taubheit rechts, Knochenleitung rechts geschwunden, reichliche Eiterung aus dem äusseren Gehörgang. Ein Rest des Trommelfelles war erhalten, die Kugel steckte im Felsenbeine.

Die Zeichen dieser Verletzung weichen nicht von den §. 292 erörterten ab. Nur eines Symptoms müssen wir hier noch erwähnen,

weil dasselbe in den Beobachtungen von Trautmann und Mitchell so markirt hervortritt, nämlich der Schwindelbewegungen und Schwindelempfindungen bei derartig verletzten Patienten. Auch bei einem von mir in den kriegschirurgischen Erfahrungen 1872 p. 73 veröffentlichten Falle fand sich dies Symptom, welches nach den Beobachtungen von Menière und nach den Experimenten von Flourens und Goltz für die Läsionen der Canales semicirculares charakteristisch sein soll. In neuerer Zeit ist aber die Goltz'sche Idee, nach welcher der Acusticus nicht bloss das Hören, sondern auch das Gleichgewicht vermittelt, von Böttcher und Bergmann mit wichtigen Gründen bestritten und der Schwindel, die Gleichgewichtsstörungen, der Reitbahngang und das Umfallen nach der kranken Seite weniger als ein Zeichen einer Läsion des Labyrinthes, als vielmehr als ein Symptom einer gleichzeitigen Gehirnläsion aufgefasst. Sectionsbefunde müssen erst noch zeigen, auf welcher Seite das Rechte liegt. — Subjective Geräusche finden sich sehr häufig bei derartig Verwundeten.

Die Prognose dieser Verletzungen weicht nicht von der §. 292 aufgestellten ab. Die im inneren Ohre stecken gebliebenen fremden Körper können Neuralgien, Lähmungen, epileptiforme Krämpfe erzeugen, die Eiterungen und Nekrosen der Knochen Meningitis, Gehirnabscesse und Thrombophlebitis. So lange das innere Ohr eitert, so lange schwebt der Patient auch in hoher Lebensgefahr.

§. 294. 3. Die indirecten Schussverletzungen des Gehör-Organes

sind Theilerscheinungen der Läsionen der Basis cranii. Wir haben dem, was wir in den betreffenden Abschnitten (§. 201 u. 202) über diese Verletzungen berichtet haben, hier nichts hinzuzufügen.

II. Schussverletzungen der Extremitäten-Nerven.

1. Experimentelles.

§. 295. Tillaux hat 1866 Versuche gemacht über die Gewalt, die den Nervus ischiadicus zerreisst, und ist zu dem Resultate gekommen, dass dazu 54—58 kg gehören, c'est-à-dire qu'un homme très-vigoureux a dû employer toute sa force pour arriver à produire la rupture. Beim Medianus und Ulnaris schwankte dieselbe zwischen 20—25 kg, und um beide Nerven mit einem Male zu zerreissen, waren 39 kg nothwendig. Bei weiteren Versuchen stellte es sich heraus, dass die Nerven bestimmte Prädilectionsstellen für Rupturen haben, so besonders der Nervus ischiadicus bei seiner Austrittsstelle aus dem Becken, der Medianus etwas über der Ellenbeuge, le cubital au dessous de son passage dans la gouttière ostéo-fibreuse du coude. Erstaunt war T. über die Dehnung, die der Nerv erfährt, ehe er zerreisst: so der Medianus und Cubitalis 15—20 cm. Beim Zerreissen der Nerven zieht sich das Neurilem lang aus, comme une tube de verre à la lampe, während die Nervenfasern platt reissen.

Mitchell hat (l. c. p. 24) weitere Versuche darüber vorgenommen, wie weit ein Nerv gedehnt werden kann, bis er Abbruch an seiner physiologischen Function erleidet. Es stellte sich dabei heraus, dass im ganzen der Nerv nur geringe Gewichtsextension vertrug und dass bei geringer Zunahme des Gewichtes, besonders wenn dieselbe schnell von statten ging, die physiologische Function erlosch. Bis zu einer Verlängerung von ⅓ Zoll war die Läsion noch gering und vorübergehend, electrische Reizbarkeit bestand aber noch, wenn die Verlängerung betrug ¾ Zoll auf 3 Zoll.

Ueber die Wirkungen der N e r v e n c o m p r e s s i o n haben W a l l e r, B a s t i e n und V u l p i a n Versuche gemacht. M i t c h e l l hat dieselben wiederholt und ist l. c. 111 zu folgenden Resultaten gekommen: Wenn ein Nervenbündel plötzlich unterbunden wird, so tritt, ganz gleichgiltig, wann die Ligatur gelöst wurde, völlige Lähmung im Bereiche desselben ein, wenn aber die Compression allmählich und gradatim geschieht, so ist die Lähmung nur eine vorübergehende. Beim Nervus ischiadicus hob der Druck einer Quecksilbersäule von 18—20 Fuss Höhe durch 10—30 Secunden die Function auf, nach Entfernung derselben kehrte dieselbe wieder.

T i l l a u x hat experimentell N e r v e n q u e t s c h u n g e n erzeugt und gefunden, dass dabei Blutungen im Neurilem, welche dasselbe von den Nervenfasern ablösten und in die feineren fibrillären Umhüllungen drangen, Verdünnungen der Nerven an einer Stelle um ⅓ bis zur Hälfte des normalen Kalibers, an anderen Stellen ampulläre Erweiterungen derselben und bei schweren Quetschungen totale Zermalmungen der Nervenfasern entstanden.

2. Statistisches.

§. 296. Im allgemeinen werden die grösseren Nervenstämme selten von Projectilen verletzt. Da dieselben locker fixirt sind, so können sie den Geschossen ausweichen; da sie dehnbar sind, so können sie eine bedeutende Zerrung ohne wesentliche Störung vertragen, auch werden die Nervenstämme durch ihre festen Bindegewebsscheiden geschützt. Es steht aber doch auch fest, dass die Nerven den Geschossen viel seltener ausweichen, als die Arterien. In der Achselhöhle sieht man sehr oft die Nerven lädirt, während die Gefässe intact bleiben. Die Zusammensetzung der Nerven aus verschiedenen Bündeln vermehrt ihre Widerstandsfähigkeit. C h a s s a i g n a c und H i l t o n machen auch noch darauf aufmerksam, dass die motorischen Nerven an der unteren Seite der Muskeln eintreten und dass daher die ganze dicke Muskellage den Nerv vor Verletzungen schützt. M i t c h e l l fügt diesen Argumenten noch die Thatsache hinzu, dass die grossen Nerven bei ihrem Eintritte in das Glied an den oberen Extremitäten an der inneren, an den unteren Extremitäten an der hinteren Seite liegen, wo dieselben besonders sicher vor Verletzungen sind.

Diese anatomisch-histologischen Momente erklären nur zum Theil die grosse Seltenheit der Nervenschussverletzungen, denn es lässt sich doch auch nicht verkennen, dass gerade an den oberen Extremitäten die Nervenstämme sehr exponirt verlaufen. Ohne Zweifel werden leichtere Läsionen derselben, z. B. die Commotionen und Contusionen und besonders die Verletzungen der Gefühlsnerven häufig übersehen. Namentlich kann man wohl annehmen, dass bei den Schussfracturen Nervenverletzungen viel häufiger, als angegeben wird, vorkommen. Dieselben werden aber nicht von vornherein constatirt, weil die Schussfractur das ganze Interesse der Arztes in Anspruch nimmt und weil dieser alle vom Patienten urgirten Symptome von Schwäche, Lähmung und Schmerzen auf die Knochenläsion zurückführt. Die schleunige Immobilisirung des Gliedes verdeckt im späteren Verlaufe die Nervenverletzung. So werden denn nachträgliche Lähmungen, Neuralgien, Anästhesien

oft auf andere Momente, als primitive Mitverletzung des Nerven zurückgeführt, und regenerirte Nervenläsionen und restituirte functionelle
Störungen ganz übersehen.

Eine umfassendere Statistik über die Häufigkeit der Läsionen bestimmter Nervenstämme und Nerven besitzen wir nicht und können
eine solche nach dem vorhandenen Material auch nicht schaffen, da
die Angaben der meisten Autoren über Nervenschussverletzungen, wenn
sie überhaupt solche machen, zu dürftig und allgemein gehalten sind.
Der Zusammenstellungen über Nervenverletzungen von Londe und
Hamilton konnte ich trotz aller Mühe nicht habhaft werden. Im
amerikanischen Kriege, der grossartigsten statistischen Fundgrube, die
wir haben, wurde erst in den letzten Zeiten den Nervenschussverletzungen
eine sorgfältigere Beachtung geschenkt. Was soll man aber aus der
Thatsache, welche das Circular 6 anführt, dass nämlich vom letzten
Quartal 1863 bis zum 1. Quartal 1864 allein 76 Nervenschussverletzungen
beobachtet worden seien, schliessen? Es wird ja dabei nicht erwähnt,
ob diese Zahl unter den zu dieser Zeit entstandenen frischen Wunden
oder durch Revision der gesammten, in der Lazarethbehandlung befindlichen Schusswunden durch Weir Mitchell und Keen zusammen-
gebracht wurde. Wir haben in die nachstehende Tabelle die uns bekannt gewordenen grösseren Beobachtungsreihen von Schussverletzungen
des peripheren Nervensystems eingetragen, müssen aber gleich die
Unvollständigkeit derselben betonen (vide Tabelle Q p. 279):

Diese Zusammenstellung giebt kein zutreffendes Bild über die
Häufigkeit der Schussverletzungen der Nerven der oberen Extremitäten
im Verhältniss zu denen der unteren, da die darin aufgenommenen
grossen Zahlen aus dem nordamerikanischen Gesammtberichte die
obere Extremität gegenüber der untern, bei welcher die genaueren
Berichte noch ausstehen, zu schwer belasten. Stellt man die nordamerikanischen Angaben ausser Rechnung, so kämen auf 96 Nervenschusswunden der oberen Extremitäten 40 der unteren (5 : 2). Nach
Demme's Bericht sollen ⅝ aller an den Extremitäten vorgekommenen
Nervenschussverletzungen den oberen und nur ⅜ den unteren zugefallen
sein. Zieht man dabei noch die schon früher erwähnte Häufigkeit der
Schusswunden an den unteren Gliedmassen in Betracht, so tritt dies
Missverhältniss noch markirter hervor. Nach Mitchell bestätigen auch
die Zusammenstellungen von Londe und Hamilton die Thatsache,
that the proportion of injuries of nerves of the upper limbs is far
larger, than that of the legs. Die anatomische Begründung dieser
Thatsache liegt auf der Hand, wenn man den exponirten Verlauf der
7 grösseren Nervenstämme innerhalb wenig umfangreicher Weichtheile
an den oberen Extremitäten gegenüber den, durch dicke Muskellagen
geschützten, verhältnissmässig spärlichen peripherischen Nerven der
unteren Gliedmassen in Rechnung bringt.

Unter den einzelnen Nervenstämmen und Nerven werden an der
oberen Extremität der Plexus brachialis, der Nervus medianus und
ulnaris am häufigsten und unter sich ziemlich gleich oft von Projectilen
verletzt, ausserordentlich selten ihnen gegenüber der Nervus radialis. Ich
konnte für diese auffallende Thatsache keine andere Erklärung finden,
als den Verlauf des Nervus radialis an der hinteren Seite des Armes.

An den unteren Extremitäten wurde vorwaltend der Ischiadicus

Tabelle Q.

Häufigkeit der Schussverletzungen peripherer Nerven:

Lädirter Nerv.	Engländer in der Krim.	Nord-amerikan. Gesammt-bericht.	Socin 1870—71.	Stoll 1870–71.	Fischer 1870—71.	Beck 1870—71.	Salz-mann 1870—71.	Stro-meyer 1866.	Schüller 1870–71.	Summa.
Obere Extremitäten.										
Plexus brachialis	5	13	7	4	—	10	1	9	4	53
Musculo-cutaneus	—	11	—	—	—	—	—	—	—	11
Medianus	6	36	—	1	⎱ 11	2	1	2	2	49
Ulnaris	4	17	3	1	⎰ (Med.+Uln.)	1	1	6	5	38
Radialis	—	2	2	—	—	2	—	4	3	13
Nerv unbekannt	—	14	—	—	—	—	—	—	—	14
Becken-Nerven.										
Cruralis	—	29	1	1	—	3	1	1	—	31
Untere Extremitäten.										
Ischiadicus	5	—	2	1	⎱ 7	3	1	11	—	23
Tibiales	—	—	—	—	⎰ (Isch.+Tib.)	—	—	—	—	4
Peronei	—	—	—	—	—	2	1	2	—	5
Nerven am Fusse	—	—	—	—	—	—	1	—	—	1
										260

Summa (Obere Extremitäten): 189. — Summa (Untere Extremitäten): 40.

von den Projectilen getroffen und dem entsprechend bildeten die
Flexoren des Unterschenkels und die Flexoren und Extensoren des
Fusses, so wie die Hautbedeckung vorzüglich der hinteren Fläche
des Unterschenkels und fast des ganzen Fusses das Ausbreitungsgebiet
der motorischen und sensitiven Lähmungen. Der Nervus obturatorius
hat einen sehr beschränkten Verbreitungsbezirk am Oberschenkel und der
Nervus cruralis löst sich so bald in seine verschiedenen Endzweige
auf, dass sehr selten ihre Stämme, meist nur einzelne Aeste durch
Schussverletzungen getroffen und gelähmt werden. Diese partiellen
Paralysen werden aber leicht übersehen.

Die Mehrzahl der Nervenschussverletzungen wurde bei Weichtheilschüssen beobachtet. So erwähnt Löffler, dass unter 500 Weich-
theilsschüssen am Arme die Nerven 9mal verletzt gewesen und unter
5 Nervenschussverletzungen unter 265 Schusswunden der Schultergelenk-
gegend 4 auf Weichtheilschüsse gekommen seien. Sämmtliche Schussverletzungen der Nerven bei den Nordamerikanern, welche in unserer
Tabelle aufgeführt sind, fanden sich bei Fleischschusswunden. Bei den
Schussfrakturen der Clavicula wird im Gesammtbericht nur 1 Fall von
einer Läsion des Plexus brachialis angeführt und hinzugefügt: it has
been surmised, that the nerves suffer oftener than the blood-vessels in
shot-fractures of the clavicle. Bei den Schussfrakturen der Knochen
der oberen Extremität erwähnt der Gesammtbericht nur wenige Fälle
von Nervenschussverletzungen. Bedenkt man aber, wie oft bei Knochenbrüchen im Frieden Nervencontusionen vorkommen (Ferréol-Reuillet,
Granger, Swan, Earle, Erichsen etc.), so wird es doch wahrscheinlich, dass die Mehrzahl dieser Läsionen im Kriege übersehen ist.

3. Arten der Schussverletzungen des peripheren Nerven-systems.

§. 297. a) Als Contusion der Nerven durch Lufterschütterung beschreibt Rett (Amer. Journal 1873, Jan. p. 90) eigenthümliche,
nicht näher zu erklärende, durch die Explosion von Granaten erfolgte
Einwirkungen auf das Nervensystem, welche zu Stande kamen, ohne
dass eine Spur von Verletzung wahrzunehmen war. Es sind diese
Beobachtungen aber zur Zeit noch sehr fraglich und bedürfen der
Bestätigung. Sie gehören offenbar in das Gebiet der Shocerscheinungen.
b) Der Nerv wird blossgelegt oder erschüttert durch das
Projectil. Wenn ganze Partien der Weichtheile durch ein Bombenfragment fortgerissen sind, so sieht man die Nervenstränge oft ganz
frei in der Wunde liegen. Dieselben können dabei intact, mit Blut
unterlaufen oder vielfach eingerissen und gequetscht sein. Die Erschütterungen der Nerven treten meist durch Auftreffen stumpfer Gewalten, besonders also durch Einwirkung groben Geschosses ein. Die
Haut, Weichtheile und Knochen können dabei intact, contundirt oder
zerrissen und zerbrochen sein. Die Erschütterung geschieht hier nach
denselben Regeln und in ganz ähnlicher Weise, wie wir sie bei der
Contusion der Knochen kennen gelernt haben. Auch die anatomischen
Veränderungen (Blutungen im Neurilem, kleine Einrisse in den Nervenfibrillen) sind die gleichen. Doch selbst ohne anatomisch nachweisbare
Störungen kann eine rein functionelle Contusion der Nerven bestehen.

Es ist nicht zu bezweifeln, dass auch hier materielle Veränderungen im betroffenen Nerven vorliegen werden, doch sind dieselben noch nicht genauer bekannt.

c) Der Nerv erfährt eine Quetschung durch das Projectil. Wenn der Nerv vom Projectil gegen einen Knochen gepresst und dabei nicht zerrissen wird, so erfährt er eine Quetschung. Dieselbe ist um so grösser, je stumpfer und kräftiger die contundirende Gewalt war, um so geringer, je mehr der Druck, den der Nerv dabei erfährt, durch andere dazwischenliegende weiche Theile gemässigt wird. Die anatomischen Veränderungen, welche man im gequetschten Nervenstamme gefunden hat, sind Blutungen im Neurilem und den Nervenscheiden, theilweise Zerreissungen der Nervenscheiden und Nervenfasern, besonders ihrer Randfasern, Abplattung, Entfärbung („graugrün" nach Demme), ampulläre Anschwellungen und Erweichungen der Nervenfasern. Das Neurilem enthält nach stärkeren Quetschungen nur eine sulzige, röthlichgrauweisse, breiige Masse. Bisweilen fand Mitchell kaum eine Nervenfaser an der gepresst gewesenen Stelle intact und die sichtbaren Veränderungen bedeutender, als sie sich an durchschnittenen Nerven 8 Tage nach der Trennung einzustellen pflegen (l. c. p. 113). Demme hat bei der mikroskopischen Untersuchung solcher gequetschter Nervenfasern varicöse Entartung derselben, Hernien des Markes, Wucherungen des Bindegewebes, moleculären Zerfall der Primitivfasern und Fettmetamorphose derselben gefunden. Das Neurilem war in Folge der Reizung verdickt und an grossen Nervenstämmen stärker injicirt. Je weniger bedeckt ein Nerv ist, je härter er auf oder in dem Knochen liegt, desto häufiger und schwerer wird er gequetscht.

d) Es dringen fremde Körper bis in die nächste Nähe grosser Nervenstämme und bleiben daselbst liegen, oder sie dringen in dieselben ein, ohne ihre Continuität aufzuheben. Grosse Projectile in der nächsten Nähe der Nervenstämme gelagert, wirken theils quetschend, theils comprimirend auf dieselben, kleinere dagegen nur mehr oder weniger stark reizend. Es liegt eine Reihe unzweifelhafter Beobachtungen vor, in welchen fremde Körper in die Fasern eines Nervenstammes eindrangen und längere Zeit darin stecken blieben. Sie beziehen sich meist auf scharfkantige, kleine Projectilfragmente oder spitzige Knochensplitter. Heine beschreibt ein solches Beispiel vom Nervus medianus, in welchem ein 7''' langes Knochensplitterchen vom Radius mit anhängenden Bleipartikeln steckte, eines ähnlichen Fälles erwähnt Löffler (l. c. 200). Neudörfer will sogar bei einem Patienten den Nervus ulnaris mit kleinen Knochensplittern wie gespickt gefunden haben. In einem von Seymour berichteten Falle hatte das im linken Nacken eingetretene, durch den Kieferwinkel bis unter die rechte Clavicula gelangte Geschoss einen Splitter vom Kiefer in den Ramus inferior des rechten Nervus quintus getrieben.

e) Es findet eine Zerreissung des Nervenstammes statt. Dieselben können complet oder incomplet sein, können den Nerven einfach durchtrennen, so dass die Enden an einander liegen, oder grössere Defecte an denselben erzeugen. Scharfe schnittrandige Trennungen der Nerven sind selbst bei harter Unterlage und scharfkantigen Deformationen der Geschosse nach Schussverletzungen eine Seltenheit. Es treten meist grössere, gequetschte und unregelmässige

Zusammenhangstrennungen oft mit Substanzverlusten verbunden, in dem getroffenen Nervenstamme ein. Man findet aber auch die getrennten Nervenenden öfter noch durch einen dünnen Strang verbunden, welcher sich meist als Rest des Neurilems, welches der vernichtenden Einwirkung des Geschosses widerstanden hat, herausstellt. Die durchrissenen Nerven ziehen sich nicht zurück, sie ragen vielmehr, wie die Sehnen, mit zackigen, unregelmässigen Rändern aus den Stümpfen abgerissener Gliedmassen am weitesten hervor. Auch entfernen sich die Enden der zerrissenen Nerven nicht weit von einander, wenn nicht grössere Defecte erzeugt wurden.

Bei der doch immerhin nicht grossen Resistenz, welche ein Nervenstrang dem Geschosse zu bieten vermag, dürfte ein förmliches Herausreissen eines Stückes desselben aus seiner Continuität nur ein ausnahmsweises Vorkommen bilden. Doch wirkt die Gewalt weit über den Angriffspunkt derselben hinaus, so dass die Blutungen, Läsionen der Nervenfasern und Nervenscheiden meist noch auf lange Strecken in den zerrissenen Nerven verfolgt werden können. Das Geschoss, welches einen Nervenstamm zertrümmern soll, muss mit grosser Kraft und günstigem Auffallswinkel denselben treffen, oder scharfe Kanten und Ecken besitzen.

f) Eine besondere Art der Nervenschussverletzung sind die sogenannten Reflex-Lähmungen. Bekannt waren diese eigenthümlichen Ereignisse schon Larrey, der nach leichten Contusionen der Schulter Lähmungen des Armes eintreten sah, und Legouest und Brown-Sequard, dieselben sind aber namentlich von Mitchell, Morehouse und Keen in einer besondern kleinen Arbeit und späterhin in ihren grösseren Werken eingehender studirt und sorgfältig abgehandelt worden. Man versteht darunter die Lähmungen, welche an einem entfernten und mit dem verletzten Theile in gar keinem Connex stehenden Gliede, nachdem die erste Erschütterung durch die Verletzung vorüber ist, eintreten. Vorübergehende Lähmungen der Art mögen wohl öfter vorkommen und bei der übermässigen Arbeit der Chirurgen in den ersten Tagen nach einer grossen Schlacht übersehen werden, die anhaltenden Reflexlähmungen nach Schussverletzungen gehören aber zu den seltensten Ereignissen. Die Nordamerikaner haben unter der grossen Zahl der Nervenstörungen nach Schusswunden, die ihnen zur Behandlung überwiesen wurden, doch nur 8 Fälle der Art gehabt.

Schusswunde der rechten Halsseite ohne Nervverletzung mit Lähmungen beider Arme.

Fleischschusswunde des rechten Schenkels ohne Nervverletzung mit Lähmung aller Glieder.

Wunde am rechten Oberschenkel mit Verletzung des Nerv. ischiadicus: dabei Reflexlähmung des rechten Armes.

Wunde am rechten Testikel mit Lähmung des Musc. tibialis anticus und peroneus longus.

Fleischschuss des rechten Oberschenkels mit völliger Lähmung aller 4 Glieder.

Granatschuss des linken Oberschenkels mit Sensibilitätsstörung der entsprechenden Stellen am rechten Oberschenkel.

Schusswunde des Nervus cruralis mit Lähmung des rechten Armes.

Schusswunde des Deltoideus ohne Nervenläsion mit totaler Lähmung der Sensibilität und Motilität desselben Armes.

Weigert, Hutchinson und Pirogoff l. c. p. 384 haben ähnliche Beobachtungen veröffentlicht. Ich habe nur 4 Fälle der Art unter der grossen Zahl von Verletzten, welche ich eingehender darauf untersucht habe, gesehen.

Weichtheilschulterschuss mit Lähmung des ganzen Armes.

Schussfraktur des rechten Oberschenkels mit Lähmung des linken Beines.

Schuss durch beide Oberschenkel ohne Knochenverletzung und durch beide Hälften des Scrotum mit Lähmung beider Beine.

Schuss durch den rechten Oberarm mit Fraktur, dabei Lähmung des Nervus radialis links.

Bumke veröffentlicht 2 Beobachtungen der Art:

1) Penetrirende Brustschusswunde, Lähmung der oberen Extremität, besonders im Bereiche des Ulnaris derselben Seite, welche übrigens eine dauernde war.

2) Lochfraktur an der unteren Epiphyse des rechten Femur; Contracturstellung des 4. und 5. Fingers rechts, die passiv ganz, activ theilweis überwunden werden kann und nach 6 Wochen von selbst schwindet.

Zu den Zeichen der Lähmung gesellt sich noch öfter dabei ein brennender und stechender Schmerz in dem Gliede, zuweilen auch Contracturstellungen. Die Besserung der Lähmung ging in der Regel sehr schnell von statten, doch nur bis zu einem gewissen Punkte und fast stets blieben einige Andenken daran in dem gelähmten Gliede zurück. Mit Recht warnte Romberg und Leyden vor dem zu grossen Vertrauen in die reflectorische Natur dieser Affectionen. Es fehlt noch bis zur Stunde der genaue anatomische Nachweis der Intactheit des gelähmten Nerven. Wie leicht können durch das Umfallen der Verletzten im Augenblick der Verwundung und der damit verbundenen Erschütterung kleine Rupturen oder Blutungen im Rückenmark oder im Neurilem, oder in der Umgebung des Nerven erzeugt werden, aus denen diese schnell vergänglichen Lähmungserscheinungen sich ohne Zwang erklären liessen? Es könnte ja auch der Blessirte in den ersten heftigen Schmerzen sich wild herumgeworfen oder mit den Gliedern um sich geschlagen und durch Contusionen der Nervenendäste sich die Lähmungen zugezogen haben. Daher muss der anatomische Nachweis der reflectorischen Natur dieser Lähmungen vor der Hand noch abgewartet werden. Auch Reflexkrämpfe und Reflexcontracturen hat man nach Schusswunden eintreten sehen, die sich nicht nur im verletzten, sondern auch im unverletzten Gliede oder in allen Extremitäten äusserten.

4. Zeichen der Nervenschussverletzung.

§. 298. a) Der Schmerz ist bei Schussverletzungen der Nerven, selbst der grossen, gemischten, nicht bedeutend. Unter 91 derartigen, von Mitchell zusammengestellten Verletzungen hatte mehr als ⅓ gar keine Schmerzempfindung bei der Nervenläsion. Nur von 2 Patienten wurde ein heftiger Schmerz angegeben. Die Mehrzahl der Verletzten hatte die Empfindung, als wenn sie einen heftigen Stockschlag erhalten hätten, als fehle ihnen das Glied oder als seien sie mit demselben in eine Grube getreten. Oft treten die Schmerzempfindungen entfernt von der verletzten Stelle auf. Bei Verwundungen des Plexus brachialis am Halse werden bisweilen sehr bestimmt die Schmerzen im Ellenbogen oder einem andern Theile des Armes empfunden, bisweilen auch in beiden Armen zugleich oder gar im entgegengesetzten Arme, bei particller Läsion des Nervus ischiadicus treten heftige Schmerzen im Hoden ein. Bei einem Schuss ins rechte Bein fühlte

ein Officier die Schmerzen im linken. Trat die Verletzung des Nerven
im Momente der Ruhe ein, so äusserten fast alle Patienten Schmerzen,
während von den in der Action Verwundeten nicht die Hälfte Schmerzen
empfanden (Mitchell). Ein Drittel der Letztern fühlte nur eine
eigenthümliche nicht schmerzhafte Taubheit in dem verletzten Gliede.
Patienten mit Verwundung der Nerven der Unterextremitäten fielen
alle zu Boden, behielten fast alle das Bewusstsein, fühlten aber augenblicklich eine mehr oder weniger erhebliche Schwäche.

§. 299.   b) Das zweite, sofort nach der Läsion eintretende
Symptom der Nervenverletzungen ist der S h o c.   M i t c h e l l hat
56 Läsionen der Nervenstämme an den obern Extremitäten, welche
ohne wesentliche Blutungen eingetreten waren, auf Shocerscheinungen
im Momente der Verwundung untersucht:

Von 12 Verletzten am Plexus brachialis während seines Verlaufes
am Halse fielen 2 ohne Besinnung um, 7 mit Trübung des Sensorii,
drei konnten ungestört weiter gehen (somit Shocerscheinungen in 75%).

Von 10 Verletzten am Plexus brachialis während seines Verlaufs
in der Achselhöhle fielen 2 ohne Besinnung um, 4 fielen, doch mit
Besinnung, 4 vermochten fortzugehen (somit Shocerscheinungen in 60%).

Von 34 Verletzten an den Armnerven fielen 6 um ohne Besinnung, 6 fielen um mit Besinnung, 22 vermochten fortzugehen (somit
Shoc in 35,2%).

Von 56 an den Armnerven Verletzten fielen also 10 bewusstlos
nieder im Momente der Verletzung, 17 mit Bewusstsein und 29 konnten
weiter gehen, doch 22 unter ihnen mit schwachen Gliedern.

In einigen Fällen traten psychische und andere nervöse Störungen
im Momente der Schussverletzungen der Nerven auf. L e g o u e s t hält
diese Ereignisse für sehr häufig (vide §. 300 Beobachtung G r a f s).

In einem von M i t c h e l l erzählten Falle fand sich nach einer Schussverletzung
des Nerv. ulnaris und medianus „a wild excitement", in einem andern „an utmost
trepidation" und ein Benehmen „like an insane person". Ein anderer Soldat, welcher
durch den Plexus brachialis geschossen war, wurde furchtbar aufgeregt, schrie
wiederholt Mörder und beschuldigte fortwährend seine Kameraden, dass sie auf
ihn geschossen hätten. Ein Offizier, welcher durch den rechten Nervus medianus
geschossen war, sprach unzusammenhängend über Gegenstände, ganz fremd der
Zeit und dem Orte, und hatte keine Idee, dass er verletzt war, wusste auch nichts
von dem, was dem Ereigniss folgte.

§. 300.   c) Wir haben schon gesehen, dass nach einfachen Schusswunden ohne Verletzungen grösserer Nervenstämme nach den Beobachtungen B e r g e r s zuweilen Störungen in der Motilität eintreten.   Dieselben sind besonders schwer und umfangreich nach Schussverletzungen
grosser motorischer oder gemischter Nervenstämme.

Die M o t i l i t ä t s s t ö r u n g e n sind entweder Muskel-Lähmungen
oder Contracturen. Die M u s k e l l ä h m u n g, welche bei Schusswunden
gemischter Nerven etwas später eintritt, als die Lähmung der Sensibilität, kommt in allen Graden vor und ist als solche leicht zu erkennen.
Dieselbe ist um so schwerer und von um so üblerer Bedeutung, je
vollständiger sie ist, je mehr der Muskel seine Spannung verliert, in
sich zusammenschrumpft und sich verkürzt. In 43 Fällen von Schussverletzungen gemischter Nerven fand M i t c h e l l 32 mal vollständige motorische Lähmung mit mangelnder Sensibilität oder gänzlichem Verlust

derselben, in den übrigen 11 Fällen war theilweiser Verlust der Motilität und geringer der Sensibilität vorhanden. Nach Nervenquetschungen mässigen Grades, nach theilweisen Zerreissungen motorischer Nervenfasern, nach vorübergehendem Druck und Zerrung durch eingekeilte fremde Körper können partielle und vorübergehende Lähmungen entstehen; nach völliger Zerreissung, hochgradiger Quetschung und langdauernder Reizung und Zerrung motorischer Nerven dagegen pflegen totale und leider meist permanente Lähmungen aufzutreten. Zuweilen findet sich anfänglich nur eine Parese, dieselbe wird aber im späteren Verlaufe zu einer totalen Lähmung. Dies Ereigniss tritt besonders dann ein, wenn ein durch das Projectil nur angerissener Nerv durch die eitrige Neuritis oder andere zerstörende Eingriffe und Processe ganz durchtrennt wird. — Mit der steigenden Lähmung findet auch ein Erlöschen der elektrischen Erregbarkeit statt. Bei der Regeneration der Nerven kehrt die Motilität in den Muskeln oft früher zurück, als die elektrische Erregbarkeit.

Contracturen der Muskeln dagegen kommen zu Stande durch Muskelverkürzungen in Folge der Lähmung der Opponenten-Gruppe, durch Structurveränderungen und Schwund der Muskeln oder durch Krampf auf reflectorischem Wege. Im letzteren Falle ist der Muskel hart, die elektrische Erregbarkeit vorhanden, sogar oftmals gesteigert, in der Chloroform-Narkose lässt Spannung und Krampf nach.

Weir Mitchell hat nach Nervenschussverletzungen in einigen Fällen Zittern der Muskeln und Chorea-Bewegungen beobachtet, und zwar nur dann, wenn es sich um partielle Verletzungen eines Nervenstammes handelte. Auch epileptiforme Anfälle hat man danach eintreten sehen (siehe §. 312).

Brodie erzählt von einem Offizier, welcher einen Schuss von einer Musketkugel in das Bein erhielt. Die Kugel heilte ein und machte keinerlei Unbequemlichkeit. Einige Zeit darauf senkte sich die Kugel und wurde deutlich fühlbar. Jetzt trat Muskelzittern und plötzlich ein epileptischer Anfall ein. Dabei verschwand die Kugel wieder und nun hörte das Muskelzittern auf, auch kam kein Krampfanfall wieder vor.

Eine ähnliche Beobachtung berichtet Parsons: die Kugel steckte in der Nähe des Ischiadicus, es traten wiederholte epileptische Anfälle ein. Nach Entfernung der Kugel blieben dieselben aber aus.

Eine sehr bemerkenswerthe Beobachtung veröffentlicht Graf: Schussverletzung am Arme, Unruhe, Tobsucht, Epilepsie, Resection des Nervus medianus, den Virchow neuritisch entartet fand, und völlige Heilung.

Man darf es in keinem Falle von Lähmungen oder Contracturen in Folge von Nervenschussverletzungen unterlassen, die gelähmten Muskeln auf ihre elektrische Reizbarkeit wiederholt zu prüfen. Ist dieselbe erloschen, so ist auch meist eine permanente Lähmung vorhanden.

§. 301. d) Sensibilitätsstörungen kommen nach allen Schussverletzungen, wie Berger gezeigt hat, zur Beobachtung. Merkwürdig ist aber die Thatsache, dass complete Anästhesien nach Verletzungen grösserer gemischter Nervenstämme durch Schusswaffen seltener und vorübergehender sind, als vollständige Lähmungen der Motilität.

Weir Mitchell sucht dieses Verhalten daraus zu erklären, dass die Haut durch ihre exponirte Lage beständig äussere Reize durch stete, unvermeidliche Tastempfindungen, wenn sie auch noch so dumpf percipirt werden, erhält, während den Muskeln dieser Stimulus fehlt

und erst durch die Behandlung zugeführt werden muss. — Es kommen
nach Nervenschussverletzungen Anästhesien aller Grade vor. Dieselben
sind vollständig nach der Durchtrennung eines rein sensiblen Nerven
durch ein Projectil. Man hat auch complete Anästhesien durch sämmtliche Aeste eines sensiblen Nerven nach Schussverletzungen, welche
nur einen grösseren Ast derselben betrafen, beobachtet. Dieselben
schwanden indessen in den nicht verletzten Zweigen sehr bald, während
sie in dem Bereiche des durchrissenen Astes fortbestanden. In den leichteren Graden der Anästhesie werden Tastempfindungen, in schwereren
auch schmerzhaftere Reize der Haut nicht percipirt, elektrische Reize
dagegen noch wahrgenommen, in den schwersten Graden werden überhaupt keine Gefühlseindrücke mehr percipirt, mögen dieselben durch
elektrische oder mechanische Reize erzeugt sein. Man muss daher bei
der Untersuchung der Sensibilitätsstörungen die Reaction der Nerven
auf sämmtliche Reize sorgfältig durchprobiren. Die genannten amerikanischen Autoren fanden nicht selten nach Schussverletzungen eine
beträchtliche Störung in der Localisation der Hautreize, man ver-
wechselte die Finger mit einander oder mit der Hand, ein anderer
Patient verlegte die Reize immer in die darüber liegenden Theile,
worin die Empfindung noch intact war. — Auch das Muskelgefühl
geht verloren, die Kranken wissen nicht mehr, was mit ihren Muskeln
vorgeht.

Die vermehrte sensible Reizbarkeit äussert sich durch Hyper-
ästhesien, wenn auf einen schwachen Reiz eine abnorm hohe sensible
Erregung folgt, und durch Neuralgien, wenn ohne Einwirkung äusserer
Reize heftige sensible Erregungen eintreten. Hyperästhesie wird
besonders nach partiellen Nervenschussverletzungen beobachtet und
tritt theils in der Haut allein, theils auch in den Muskeln ein. Selten
ist dieselbe so gross, dass blosse Berührung schon Schmerzen macht.
In der Regel besteht sogar ein mässiger Grad von Anästhesie dabei,
so dass leichtere Reize gar nicht percipirt werden. Die Hyperästhesie
der Muskeln äussert sich bei Druck auf dieselben als ein mehr oder
weniger lebhafter Schmerz in ihnen. Beim Liegen auf diesen Muskeln,
bei Bewegungen derselben und bei feuchtem Wetter nehmen diese
Schmerzen zu.

Neuralgien finden sich nach Erschütterungen und Quetschungen,
und nach Reizungen sensitiver Nerven durch den Contact der atmosphärischen Luft, oder durch einen im Nerven selbst oder neben ihm
stecken gebliebenen fremden Körper, oder durch entzündliche Vorgänge
an ihm und seiner Umgebung. Besonders nach Quetschungen der
Nerven durch Projectile und dem Eindringen fremder Körper von
spitzer Gestalt in die Nervenmasse hat man sehr heftige Neuralgien
beobachtet, welche sich nicht selten bis zum Tetanus steigerten. Im
ganzen sind aber Neuralgien nach Schussverletzungen doch selten.
Unter 35 Neuralgien in Folge von Nervenverletzungen, die Londe
zusammenstellt, fanden sich nur 6 durch Schusswaffen (17%). —
Stromeyer nimmt mit Unrecht ausser den mechanischen Momenten
noch bestimmte Temperatur-Verhältnisse und constitutionelle Anlagen
als begünstigende Momente für das Zustandekommen der Neuralgien
nach Schussverletzungen der Nerven an. Zuweilen finden sich die
Neuralgien nach leichten Verletzungen.

Löffler erwähnt eines Haarseilschusses an der inneren Seite des linken Ellenbogens, welcher von Anfang an und auch nach der Heilung von heftigen Neuralgien, besonders im Daumen und Zeigefinger begleitet war.

Der stechende, reissende Schmerz verbreitet sich im Verlaufe des verletzten Nerven und seiner Aeste bald centripetal, bald centrifugal. Jede Berührung des von dem verletzten Nerven versorgten Gebietes ist empfindlich, meist indessen fester Druck weniger, als oberflächliches Betasten. Dabei besteht stets eine ausgesprochene Anästhesie in diesem Gebiete. Pirogoff beobachtete auch Hitze in dem, von dem neuralgisch afficirten Nerven versorgten Theile, bisweilen auch leichtes Oedem und gestreifte Rosenröthe im Verlaufe desselben. Der Schmerz ist selten permanent, meist kommt er in Anfällen mit mehr oder weniger freien Zwischenräumen. Die Schmerzanfälle entstehen von selbst oder werden hervorgerufen durch Zug, Geräusche, Luft, durch Anwesenheit des Arztes etc. Am häufigsten sind diese Neuralgien an den oberen Extremitäten beobachtet und zwar bei Verletzungen in der Gegend, wo der Plexus brachialis zwischen der ersten Rippe und dem Schlüsselbein eingeklemmt liegt, ferner in der Axillar- und Ellenbogengegend, zum Theil auch in der Malleolar-Region. Eine bemerkenswerthe Erscheinung ist das Ausstrahlen des neuralgischen Schmerzes in entfernter liegende, meist confunctionirende, von der Schussverletzung aber nicht betroffene Theile. So wüthet der Schmerz nicht bloss in dem verletzten Plexus brachialis, sondern auch im gesunden, nicht bloss in dem einen verletzten Aste des Quintus, sondern in sämmtlichen Zweigen desselben. Pirogoff beobachtete sogar, dass die Neuralgie an der primär afficirten Stelle ganz aufhörte und in der entfernteren, secundär in Mitleidenschaft gezogenen zunahm.

Bei einer Halsschusswunde mit Verletzung des Vagus fanden nach Blanke's Bericht heftige Neuralgien im Nerv. supraorbitalis derselben Seite statt.

§. 302. e) Die Ernährungsstörungen, welche den Schussverletzungen der Nerven in den von denselben versorgten Theilen folgen, sind von Mitchell, Keen und Morehouse sehr eingehend studirt. Am häufigsten tritt Atrophie der Muskeln allein, oder mit Schwund der Haut und ihrer Anhänge verbunden ein. Ist der Nervenstamm gänzlich durchtrennt, so findet sich die mit einer Wucherung des interstitiellen Bindegewebes verbundene Muskelatrophie im ganzen Gliede, dieselbe entsteht früh und endet erst, wenn alles Muskelgewebe geschwunden ist. Meist gehen Jahre darüber hin, ehe die Atrophie ihr Höhestadium erreicht hat, zuweilen aber verläuft dieselbe erstaunlich schnell. Häufiger als der Schwund der ganzen Musculatur des Gliedes ist die partielle Atrophie eines Muskels oder einzelner Muskelbündel, auch einzelner Muskelgruppen. Dadurch werden grosse Verunstaltungen und Schiefstellungen des durchschossenen Gliedes bedingt. Am häufigsten folgt diese Atrophie der Nervenquetschung. Ehe der Muskel schwindet, wird er weicher und schlaffer, dann wird er derb und fest, verkürzt sich und schrumpft. So treten Contracturen ein. Die Verkürzung bleibt zuweilen ganz aus oder steht in keinem Verhältniss zum Schwunde, denn oft ist die Verkürzung gross, die Atrophie gering, und umgekehrt. Tremor und periodische Krämpfe sind in den ergriffenen Muskeln beobachtet. Mit Recht heben die amerikanischen

Autoren die bemerkenswerthe Thatsache hervor, dass die Atrophie der Muskeln bei Lähmungen durch Schussverletzungen der Nervenstämme sehr häufig, bei Lähmungen durch Gehirnverletzung relativ selten ist, häufiger wird sie noch nach Rückenmarksverletzungen beobachtet. Tritt die Regeneration und Leitung in den Nerven wieder ein, so bildet sich auch die Schrumpfung in den Muskeln zurück, doch sehr langsam und meist unvollständig. Nach einer Schussverletzung des Nervenstammes atrophirt auch oft die Haut, besonders wenn der Nerv nicht total durchtrennt und eine Neuritis daselbst entstanden ist. Es zeigt sich Oedem der Haut, dieselbe wird dick, braun oder gelb, trocken, das Epithel löst sich in grossen Fetzen ab, dabei ist die Haut eigenthümlich spröde und derb und die Nägel verändern Form und Farbe. Eine eigenthümliche Form der Hautatrophie findet sich an Hand und Fuss nach partiellen Nervenverletzungen, welche Paget als glossy fingers beschrieben hat (Glanzfinger). Die Finger oder Zehen werden spitz, weich, verlieren die Falten, werden glänzend, blassroth oder roth und sehen aus, als wären sie mit permanenten Frostbeulen bedeckt. Unter 50 Fällen partieller Nervenschussverletzungen beobachteten die amerikanischen Autoren diese Affection 19mal. Selten trat dieselbe frühzeitig, meist erst mit beginnender Heilung auf, war sehr hartnäckig, befiel vorwaltend die Finger, seltener die Zehen, ziemlich häufig die Hohlhand allein oder zugleich mit den Fingern. Zuweilen wurde die ganze Haut des gelähmten Theiles in dieser Weise afficirt, oder nur das Gebiet des verletzten Nerven. Manchmal bricht auf der atrophischen Haut noch ein Ekzem, Herpes oder Pemphigus aus, die Nägel werden verdickt, hervorragend und seltsam verkrümmt, sie fallen ganz aus. Bald gesellen sich auch verstümmelnde Verschwärungen mit mangelnder Heiltendenz an den Fingern und Zehen (mal perforant du pied) hinzu. Besonders oft treten Panaritien ein, die zu langedauernden Eiterungen führen. In einigen Fällen ist ein starkes Wachsthum der Haare, in anderen ein Ausfallen derselben beschrieben. Meist tritt erst das erstere, später das letztere Symptom ein. — Das subcutane Bindegewebe wird ödematös, selten sklerotisch, meist schwindet es mit der Zeit. Auch die Ernährung der Gelenke leidet, wenn der Nervenstamm durchschossen ist; es entwickelt sich eine subacute Entzündung mit lebhaften Schmerzen und langsamem Verlauf in einzelnen oder allen Gelenken des Gliedes — in einem von Mitchell beobachteten Falle von Schussverletzung des Plexus brachialis schon nach 2 Tagen —, die Umgebung der Gelenke wird hart. Dadurch entsteht schliesslich Anchylosis. Die Knochen atrophiren concentrisch und bleiben im Wachsthum zurück.

Mit der Atrophie der Haut gehen Veränderungen in der Secretion und die quälendsten neuralgischen Affectionen einher. Die Glieder schwitzen oft gar nicht, oft ungeheuer. Der Schweiss ist in einigen Fällen sehr sauer und übelriechend gewesen. Die Temperatur des Gliedes ist meist erniedrigt (nach Erichsen und Hutchinson um 6—10° F.), zuweilen erhöht; letzteres besonders anfangs. War der Nerv ganz durchtrennt, so fand sich eine trockene Haut an dem gelähmten Theile, bei partiellen Verletzungen war zuweilen die Haut des ganzen Bereiches des betroffenen Nerven trocken, in anderen Fällen wurde dagegen ein profuser Schweiss unter diesen Umständen beobachtet, welchen die amerikanischen Autoren in einem Falle nach Weinessig riechend fanden. Die quälendste Erscheinung ist aber der fürchterliche, brennende Schmerz (burning pain), welcher die nutritiven Störungen der Haut fast constant begleitet, denselben nicht selten vorausgeht oder mit denselben zugleich eintritt. Er sitzt daher auch meist in Hand und Fuss, niemals im Nervenstamm selbst, sondern in der Ausbreitung seiner Endzweige, tritt, wie die Hautatrophie, erst später bei beginnender Heilung auf und erreicht oft dadurch eine unerträgliche Höhe, dass er auf andere Nervengebiete ausstrahlt. In einigen Fällen wüthet derselbe continuirlich im gelähmten Gliede, in anderen Fällen beginnt er in der Narbe und fährt blitzähnlich (Fulgura doloris [Cotugno]) durch das zitternde Glied, in anderen wieder bestehen lange Schmerzanfälle von ganz freien Intervallen gefolgt. — Mit dem Auftreten und Verschwinden der Exantheme auf der atrophischen Haut lindern sich oder steigen die Schmerzen. Durch diese Neuralgien, welche sehr hartnäckig sind und Jahre hindurch bestehen können, kommen die Kranken sehr herunter, auch finden sich andere Nervenzufälle und Ohnmachten dabei ein. Dieser Schmerz rührt, wie die amerikanischen Autoren sich überzeugt haben, nicht von der directen Reizung des Nervenstammes in Folge der Schussverletzung her, sondern er wird hervorgebracht durch die Ernährungs- und Circulationsstörungen in der Umgebung ihrer Endäste. Die Temperatur der Theile, deren Nerven durchschossen waren, ist von den genannten amerikanischen Autoren auf thermoelektrischem Wege bestimmt worden, doch waren die dabei erzielten Resultate noch zu wenig genau, um weit gehende Schlüsse zu gestatten. War der Nervenstamm zerrissen, so wurde das kranke Glied meist kälter, als das gesunde, in fünf Fällen dagegen von den amerikanischen Autoren ein umgekehrtes Verhältniss gefunden.

Auch symmetrische Trophoneurosen hat man nach einseitigen Schussverletzungen beobachtet. Annandale berichtet, dass nach Verletzung eines Fingers die unverletzte Hand auch zu atrophiren anfing, dass nach der Entfernung des kranken Gliedes die verwundete Hand sich wieder herstellte, die gesunde nicht.

5. Verlauf und Ausgänge der Nervenschussverletzungen.

a. In Heilung und Restitution.

§. 303. Wir wissen aus experimentellen und klinischen Thatsachen, dass eine Nervencontusion sich völlig wieder ausgleichen kann, wenn ihre Einwirkung keine zu lange und heftige war. Die Volumsverminderung der Fibrillen ist in relativ kurzer Zeit, viel früher aber schon die Functionsstörung reparirt, länger dauert freilich die Resorption der Blutextravasate und die Heilung der Einrisse in den Nervenscheiden und Nervenfibrillen. Doch findet auch sie in der Regel Statt, so dass von den Contusionen der Nerven nur in den schwersten Fällen dauernde Störungen ihrer Functionen ausgehen. Die nordamerikanischen Autoren konnten einige Zeit nach der Contusion an der afficirten Stelle viele regenerirte Nervenfasern, welche sehr schmal und von besonderer Feinheit ihrer doppelten Contour waren und sich nach der Peripherie in die innerhalb der Schwann'schen Scheiden liegenden atrophirten Nervenfasern fortsetzten, nachweisen. Bei den schweren Contusionen konnte Tillaux in seinen Experimenten keine reparativen Vorgänge am Ort der Verletzung erblicken, les tubes nerveux viennent se perdre dans un amas granulé en voie de metamorphose. Aber über der Contusionsstelle am centralen Ende und am ganzen peripheren begannen schon wenige Tage nach der Contusion fettige Degenerationen der Nervenfibrillen. Es bleibt daher ein dauernder Verlust der Nervenfunction nach solchen Verletzungen zurück.

Die zerrissenen Nervenfasern aller Nervenarten können wieder, zuweilen sehr rasch, zuweilen sehr langsam zusammenheilen und ihre Functionen sich vollständig oder theilweis herstellen. Darüber kann nach den Experimenten von Gluck und nach den Erfolgen der Nervennaht (wie sie besonders v. Langenbeck und Esmarch an motorischen Nerven erzielt haben) kein Zweifel mehr sein. Wie sich die Verbindung vom centralen zum peripherischen Ende vollzieht, darüber weichen Gluck und Neumann von einander ab. Nach Gluck bilden sich in der Zwischensubstanz grosskernige, reihenweise geordnete und durch lange Ausläufer unter sich verbundene Spindelzellen, welche in amyelinische Fasern auswachsen und die Axencylinder der beiden Nervenenden mit einander verbinden, nach Neumann dagegen dringen vom centralen Ende aus zarte, blasse Nervenfasern ins Zwischengewebe, welche das peripherische Ende erreichen und mit demselben verwachsen. Klebs schliesst sich nach dem Befunde bei einer Schussverletzung des Nervus ulnaris der Neumann'schen Auffassung an. Gluck sah bei wiederhergestellter Function der verletzten Nerven Neurome an der Heilungsstelle auftreten. Die Bedingungen zur Regeneration der lädirten Nerven: geringe Eiterung der Wunde, unbedeutende Quetschung der Nervenenden, möglichst genaue Aneinanderlagerung und Fixation derselben sind leider bei den Nervenschusswunden sehr selten gegeben und daher gehört eine Regeneration völlig durchschossener Nerven zu den grössten Seltenheiten. Man darf sich dabei nicht durch Wiederherstellungen der Sensibilität täuschen lassen, denn es bleibt doch immer fraglich, ob es sich dann um eine Restitution durchtrennter Leitungen oder um eine Uebernahme derselben durch intact gebliebene, anastomotisch mit den lädirten Fasern verbundene Nerven handelt. Auch Contusionen, Commotionen und particlle Läsionen derselben sind anfänglich von totalen Lähmungen begleitet.

Stoll beschreibt eine Schussverletzung des Nervus ischiadicus bei einem Hauptmann, welcher eine fast absolute motorische und sensible Lähmung gefolgt war. Patient ging im Sommer 1873 am Stock und hatte auch die Empfindung grösstentheils wieder erlangt.

Ob es sich in diesem Falle wirklich um die Restitution eines zerrissenen Nerven gehandelt hat, bleibt zweifelhaft. Sehr lehrreich ist eine ganz ausgezeichnete Beobachtung Israels, welche wir hier so kurz als möglich anführen wollen, weil sie ein grosses Interesse für die Nervenpathologie darbietet (Virchows Archiv, 85. Bd., 1 Heft p. 110):

Am 18. März 1848 Schuss in die linke Schultrgegend. Am 9. August 1880: Bedeutende Abmagerung des linken Armes; active Bewegungen im linken Schulter-, Ellenbogen- und Handgelenk vollkommen frei. Biceps. Triceps. Deltoideus, Streckmuskeln der Hand von normaler elektrischer Erregbarkeit. Die directe Reizung der Muskeln des Ulnargebietes gibt überall Contractionen. die indirecte nicht.

Dasselbe gilt für die galvanische Reizung. Ganz leise Berührung auf der Rückenseite der Finger wird rechts beantwortet, links nicht. Stärkere Berührungen rufen Empfindungen hervor. Im Gebiete des Ulnaris zeigt sich links im Handteller deutliche Abschwächung der Sensibilität. Patient starb am 9. September 1880 an einem Gehirntumor.

Bei der Section fand sich der linke Arm atrophisch, besonders der Unterarm. Die Hand ist im höchsten Grade verunstaltet. Die Muskeln sind in ihr fast vollständig geschwunden. Der Daumen gestreckt, kürzer, dünner als der rechte und steif; sein Nagel klauenartig verbogen, kurz und sehr dünn. Die erste Phalanx der Finger ist in ihrer Länge erhalten, doch sehr dünn, die zweite äusserst dünn, an der dritten nur ein linsengrosses narbiges Rudiment mit einem minimalen Nagel vorhanden. Alle Finger sind hakenförmig verkrümmt, besonders bildet der kleine nur einen 2 cm langen Haken. — Der Nervus radialis liegt nur auf einer kurzen Strecke seitlich im Bereiche der Narbe, während der Ulnaris und Medianus in derselben ihr Ende finden. Sie bilden eine vollkommene Schlinge und zwar der Art, dass sie sich durch einen breiten, kurzen, nervösen Zwischentheil mit einander vereinigen, nachdem sie jeder vorher eine birnförmige Anschwellung von 2—2,5 cm Länge gemacht haben. An sich erscheinen diese Nerven auffällig stark, im Gegensatze dazu die peripherischen Enden derselben sehr dünn. Sie gehen beide in eine flächenförmige Verdickung der Armfascie über, durch welche sie hindurchdringen und in eine directe Verbindung mit dem Nerv. cutaneus medius treten, der ziemlich prall und stärker als normal ist. In den centralen Enden des Nerv. ulnaris und medianus umgibt ein dickes Neurilem eine Masse, welche, abgesehen von ihrer grösseren Weichheit und Succulenz, den Habitus eines Fibromyoms hat. Die in den beiden Nerven anfänglich vollständig parallel verlaufenden Nervenbündel bilden in den Anschwellungen mannigfache, mässig verwickelte Plexus und treten durch rein nervöse Züge in eine sehr innige Verbindung. Die mikroskopische Untersuchung ergibt überall theils parallele, theils in jeder Richtung sich kreuzende Bündel markhaltiger und markloser Nervenfasern, die ersteren in überwiegender Menge. Im Gegensatz hierzu haben die peripherischen Enden der lädirten Nerven eine wesentlich bindegewebige Zusammensetzung mit einer sehr geringen Anzahl von Nervenbündeln.

Es waren also in diesem Falle die motorischen Functionen des Nervus medianus und radialis vollständig aufgehoben, die sensible Leitung beider Nerven aber, wenn auch abgeschwächt, erhalten durch ein Zusammenwachsen des peripherischen Endes des Ulnaris mit dem centralen Stumpfe des gleichfalls zerschossenen Cutaneus medius, in deren Narbe auch noch die wenigen nervösen Reste des peripherischen Medianus übergehen. Diese Continuitätsherstellung nach der Verwundung hat eine, wenn auch unvollkommene Leitungsherstellung herbeigeführt und zwar hat sich nun die Wahrnehmung der Empfindungen durch das Centralorgan in der Folge so gestaltet, dass dieselben, trotz des Umweges durch den Cutaneus medius, richtig als aus dem Ulnargebiet kommend localisirt wurden. Die Leitung motorischer Impulse hat sich aber auf diesem Wege nicht hergestellt und desshalb war das Rückenmark an der entsprechenden Stelle atrophisch geworden.

Diese Beobachtung Israels zeigt, dass auch bei Schussverletzungen der Nerven unter den schwierigsten Verhältnissen noch Restitutionen in den lädirten Bahnen eintreten können.

b. In fettige Schrumpfung des peripheren Endes.

§. 304. In der Mehrzahl der totalen Zerreissungen der Nerven treten an dem peripheren Ende, wie Waller gezeigt hat, Gerinnungen der Markscheide und allmählicher fettiger Zerfall derselben ein. Dabei werden die Fasern erst breiter, dann schmäler, dieselben verlieren ihr Mark, atrophiren und endlich geht auch der Axencylinder zu Grunde. Ueber den letzteren Punkt sind die Ansichten noch getheilt. Nach Erbs Untersuchungen persistirt der Axencylinder bei leichteren Quetschungen und geht erst bei schwereren Verletzungen, besonders bei totalen Durchtrennungen der Nerven nach langer Resistenz schliess-

lich zu Grunde. An den bindegewebigen Umhüllungen des Nerven
entwickelt sich ein Wucherungsprocess, dieselben füllen sich mit
einem Granulationsgewebe und erfahren bedeutende Verdickungen.
Später wird das neugebildete Bindegewebe fest, faserig und retrahirt
sich (cirrhosis nervorum). Man findet in solchen geschrumpften Nervenscheiden oft keine Spur von Nervenmasse mehr. Das centrale Ende
des Nerven bleibt dabei meist intact. Mit dieser fettigen Schrumpfung
des verletzten Nerven ist aber nicht jede Hoffnung auf eine Restitution
zu Grund gegangen, denn Waller hat gezeigt, dass auch dann noch
eine Regeneration derselben zu Stande kommen kann. Ja nach den
Versuchen von Vulpian ist es möglich, dass auch nach so weiten
Excisionen der Nerven, dass an eine erste Vereinigung ihrer Enden
nicht mehr gedacht werden kann, die Heilung vielmehr durch ein
granulöses Zwischengewebe vermittelt werden muss, und selbst nach
fettiger Schrumpfung des peripherischen Endes doch noch in längerer
Zeit sich eine Regeneration des Nerven ausbilden kann (régénératiou
autogenique), wenn das ausgefallene Nervenstück nicht zu gross und
die Verschiebung der Nervenenden nicht zu bedeutend war. Es kommt
dabei zu einer Neubildung von Nervenfasern, sowohl im centralen, als
auch im peripherischen Stumpfe und der ganz atrophirte Nerv kann
dadurch sein normales Ansehen und Gefüge wieder erhalten. Wie viel
von diesen experimentellen Ergebnissen für die Kriegschirurgie zu
hoffen ist, bleibt abzuwarten.

c. In Neuritis.

§. 305. Es lässt sich wohl annehmen und ist nach den Experimenten von Mitchell sogar sehr wahrscheinlich, dass sich nach den
Schussverletzungen der Nerven stets congestive Zustände an diesen
und ihren fibrösen Hüllen entwickeln. Dieselben treten aber weder
anatomisch noch klinisch in die Erscheinung, wenn sie auch die reparativen Processe an der verletzten Stelle sehr wesentlich vermitteln.
Nicht selten steigern sie sich zur Neuritis, einer Krankheit, die wir
vorwaltend durch Mitchells Arbeiten näher kennen gelernt haben.
Bei der acuten Form derselben findet sich Röthung und
Schwellung, trübes Aussehen und eine ödematöse Durchtränkung des
Nerven und seiner Scheiden, welche bald zu einem festeren, sulzig
gelbröthlichen Exsudate und kleinen Hämorrhagien in den letzteren
führt. In diesem Stadio ist noch eine völlige Rückbildung des Processes
mit Integrität des Nerven möglich. Im weiteren Fortschreiten werden
die Entzündungsproducte eitrig, der Nerv wird erweicht zu einem
chokoladefarbigen Brei, in welchem seine Fasern und auch der Axencylinder vollständig zerfallen und zu Grunde gegangen sind. Dadurch
werden natürlich die Rissenden der Nerven immer weiter auseinander
gerückt und ihre Vereinigung mehr und mehr erschwert.
Die chronische Form der Neuritis entwickelt sich aus der acuten
oder beginnt von vorn herein schleichend, sie führt zu Wucherungen
in den bindegewebigen Umhüllungen und zur Induration (Sklerose) der
Nerven, wodurch gleichmässige oder knotige, in Zwischenräumen auftretende Verdickungen des Nerven (Neuritis nodosa) zu Stande kommen.
Die Blutfülle ist geringer, als bei der acuten Form, der Nerv ver-

wächst mit den Nachbartheilen und mit zunehmender Verdickung der Bindegewebshüllen atrophirt derselbe vollständig zu einem derben Bindegewebsstrang (§. 304). Meist bleiben aber doch einige Nervenfasern erhalten.

Diese Neuritis prolifera fand Virchow bei einer von ihm untersuchten Schussverletzung des Nervus medianus. Es stellte sich dabei heraus, dass der Process mit einer starken Proliferation des interstitiellen Gewebes des Nerven begonnen und dass sich daraus nach und nach starke Verdickung und narbige Induration des Neurilems und der Bindegewebsscheide im Innern des Nervenstranges herausgebildet hatte, während gleichzeitig unter Fettmetamorphose des Perineurium viele Nervenfasern zu Grunde gegangen waren, so dass der Nerv in einen fast sehnenartigen, harten Strang verwandelt war.

Diese Bindegewebsneubildungen häufen sich zuweilen an einzelnen Stellen ganz beträchtlich und es entstehen so kleinere oder grössere Geschwülste, die oft noch Nervenelemente enthalten (wahre und falsche Neurome).

Beck führt einige Beispiele von solchen nach Schussverletzungen entstandenen Neuromen an. Eine sehr gefährliche Form der Neuritis tritt wandernd auf (Neuritis migrans), indem sie sich von der verletzten Stelle, sei es continuirlich, sei es mit Unterbrechungen nach der Peripherie (descendens) oder nach dem Centrum (ascendens), besonders nach dem Rückenmarke hin fortpflanzt. Diese Thatsache veranlasste Duchenne zur Annahme einer gegenseitigen Solidarität unter den Nerven eines Gliedes, welche unaufhaltsam nach der Verletzung eines Nerven zur Zerstörung aller Nerven desselben führen müsse.

Die acute Neuritis entsteht mit Schüttelfrost und Fieber, sie führt zu rasch zunehmenden Schmerzen bohrender, ziehender Natur, welche Nachts und bei hängendem Gliede, bei Bewegungen, Druck zunehmen, sich auch auf benachbarte Nerven erstrecken und zuweilen Delirien und andere nervöse Zufälle herbeiführen. Selten findet sich nach Mitchell eine bandartige Röthe längs des kranken Nerven, eine locale Anästhesie mit Hyperästhesie verbunden, motorische Lähmungen, trophische Störungen in der Haut, den Muskeln, Gelenken und Knochen, Oedeme und profuse Schweisse. Bei der chronischen Form sind der Schmerz auf Druck im Verlaufe des Nerven, besonders an den Valleixschen Druckpunkten, Neuralgien, motorische Reizerscheinungen und Lähmungen, trophische Störungen (Herpes-Eruptionen im Verlaufe des kranken Nerven, Herpes zoster etc.) die wesentlichsten Zeichen. Zuweilen gelingt es leicht, den kranken Nerven als harten und verdickten Strang durchzufühlen.

So ist die Neuritis eine sehr üble Complication der Nervenschusswunde, die meist zu einer Aufhebung der Function des verletzten Nerven und nicht selten zur Lähmung des ganzen Gliedes, zum Tetanus oder zu schwereren Erkrankungen des Rückenmarkes führt.

d. Wundstarrkrampf (Tetanus) im Verlaufe der Schusswunden.

α. Symptome und Arten des Tetanus.

§. 306. Der Wundstarrkrampf ist oft das einzige Zeichen der Nervenschussverletzung. Er kann zwar zu allen Zeiten des Wundverlaufes vorkommen, wird aber am häufigsten zwischen dem 5. und

20. Tage nach der Schussverletzung beobachtet. Bei vielen der Tetanischen konnte man von Anfang an eine grosse gemüthliche Depression, welche oft ganz ausser Verhältniss zur Bedeutung ihrer Verwundung stand, bemerken. Bei andern trat dies Leiden nach völligem Wohlbefinden oder nach einer ungestörten Nachtruhe plötzlich ein. Zuweilen waren die Wunden von Anfang an sehr schmerzhaft theils spontan, theils bei Druck, wiederholt gaben mir solche Patienten an, dass sie beim Verbande stets ein Zusammenschnüren der Kiefer spürten. Als erstes Symptom tritt Trismus, Unfähigkeit den Mund zu öffnen und Schlingbeschwerden auf, dann folgen Starrwerden der Musculatur des Nackens, des Rückens, der Extremitäten, des Bauches, des Thorax, mit dem Gefühle schmerzhafter Müdigkeit verbunden, zunehmende Brust-Beklemmungen, Cyanose, absolute Schlaflosigkeit, lebhaftes Durstgefühl, Steigen der Temperatur und der Pulsfrequenz, profuse Schweisse, eine stetig wachsende Reflexerregbarkeit mit gewaltigen, immer rascher sich folgenden klonischen Krämpfen, die einige Minuten andauern und dann wieder der Starre weichen; im spärlichen, specifisch schweren Harn findet sich neben Vermehrung des Harnstoffs und des Kreatins zuweilen Eiweiss, auch Zucker. Der Tod erfolgt unter dem Bilde der Erstickung durch krampfhaften Glottisverschluss und Krampf des Zwerchfelles, oder unter Zunahme der Erscheinungen durch Herzstillstand oder Erschöpfung. Je nach dem Verlaufe unterscheidet man den Tetanus acutissimus (Robinson), welcher in sehr kurzer Zeit tödtet, den Tetanus acutus, welcher in 3—6 Tagen verläuft, den Tetanus chronicus, bei dem die Zeichen des Tetanus wohl alle vorhanden, doch milde ausgesprochen und langsam eingetreten sind, so dass die Patienten dabei Wochen und Monate lang leben können, den Tetanus mitis, bei welchem die Muskelstarre auf wenige Gruppen, meist auf die des Kiefers und Nackens beschränkt bleibt (besonders oft besteht nur Trismus, wie in einem von Heine aus dem schleswig-holstein'schen Kriege beschriebenen Falle), den Tetanus descendens, bei welchem die Starre an den Kiefermuskeln anfängt und allmählich oder jäh nach unten steigt, den Tetanus ascendens, bei welchem erst die verletzte Extremität von klonischen Krämpfen, dann von Starre und so allmählich von der Peripherie zum Stamme die andern Muskelgruppen und Gliedmassen bis zu den Kiefermuskeln in ähnlicher Weise befallen werden, endlich den Tetanus unolateralis, welcher sich auf eine und zwar die verletzte Körperhälfte nach den Beobachtungen von Macleod beschränkt, doch ebenso bösartig, wie die acuten Formen verläuft.

β. Pathologische Befunde beim Tetanus.

§. 307. Die Untersuchung des Rückenmarkes Tetanischer hat auch in den letzten Kriegen zur Aufdeckung charakteristischer Befunde nicht geführt. Die interstitiellen Bindegewebswucherungen im Marke und verlängerten Marke von den Gefässen ausgehend (von vielen Autoren constatirt); die graue Degeneration der Hinterstränge im Hals- und obern Brusttheile des Rückenmarkes, die Blutüberfüllung der Gefässe des Gehirns und Rückenmarkes, verbunden mit kleinen Extravasaten in der verdickten Pia mater des Rückenmarkes, welche Elischer bei einem Tetanischen gefunden hat, die atrophischen Veränderungen der Central-Organe (Hydrorhachis externus und Hydrops ventriculorum cerebri) mit gleichzeitiger Erweiterung der Gefässe, welche Klebs in einem Falle beschreibt; die Pigment-degeneration und Schrumpfung der Ganglien der Vorder- und Hinter-hörner, besonders im Halstheile, verbunden mit Hyperämie und Exsu-dation im fettig durchtränkten Marke, welche Aufrecht fand, die Zunahme des Gehirngewichtes (Rose) stehen noch zu isolirt da, um für die Deutung des Wesens und der Erscheinung des Tetanus ver-wendet werden zu können. Constantere Befunde hat man an den ver-letzten Nerven bei den anatomischen Untersuchungen aufgedeckt; so besonders starke Injection, Schwellung und Verdickung der Nervenscheide, (Heine, H. Fischer, Löffler in mehreren Fällen, auch bei einer in Sistowa am Ischiadicus gemachten Beobachtung), kleine Blutungen in der Nervenscheide (Aron), ascendirende Neuritis (von Lepelletier beobachtet, von Hasse bestritten), Neuritis nodosa von der Verwun-dung ausgehend und bis zum Rückenmarke sich erstreckend (Froriep, Curling und bei einem in Sistowa beobachteten Falle). Man wird aber auch gegenüber diesen schwankenden und geringfügigen anato-mischen Veränderungen an den lädirten Nerven zugeben müssen, dass durch dieselben für die Deutung des Wesens und Werdens des Tetanus wenig gewonnen ist. Arnold macht noch darauf aufmerksam, dass in allen 5 von ihm secirten Fällen von Tetanus im Verlaufe von Schusswunden sich Erkrankungen der Luftwege, in 4 sogar ausge-sprochen pneumonische Affectionen fanden.

γ. **Statistisches über die Häufigkeit des Auftretens des Tetanus bei Schusswunden.**

§. 308. Wir besitzen eine Reihe sicherer Nachrichten über das Auftreten des Tetanus im Verlaufe der Schusswunden. Einen Theil derselben haben wir im Texte besonders p. 299 verwerthet und können hier darauf verweisen. Wir beschränken uns im Nachstehenden auf die Hauptfeldzüge neuerer Zeit:

Bei den Engländern in Spanien 1812—1814 trat derselbe in 1,25% der Fälle auf.

In dem Feldzuge gegen China 1840—1842 wurde bei der eng-lischen Armee nur 1 Fall von Tetanus beobachtet.

Bei den Engländern im Orientkriege trat derselbe in 0,21% der Fälle auf.

Bei den Franzosen im Orientkriege trat derselbe in 0,008% der Fälle auf (Scrive).

Pirogoff will überhaupt nur von 5 Tetanusfällen im Verlaufe des Krimfeldzuges bei den russischen Verwundeten gehört haben (?).

In den sardinisch-französischen Lazarethen 1859 trat der Tetanus in 0,9% der Fälle auf (Chenu).

In Schleswig-Holstein 1848 kam auf je 350 Verwundete 1 Fall von Tetanus (Stromeyer).

In Schleswig-Holstein 1864 trat der Tetanus in 0,71% der Fälle auf.

In Langensalza 1866 trat der Tetanus in 1,2% der Fälle auf (Stromeyer).

Aus den deutschen Lazarethen wurden im ganzen nur 28 Fälle
von Tetanus erwähnt (Löffler 11, Stromeyer 13, Maas 3), doch
muss die Zahl derselben nach den Angaben von Rose viel grösser
gewesen sein.

Im Neuseelandkriege 1863—1867 wurde kein Fall von Tetanus
beobachtet.

Im nordamerikanischen Kriege betrug die Zahl der Tetanischen
0,42% der Verwundeten (Circular 6).

1870 trat der Tetanus auf
in Strassburg bei den Belagerten in 0,54% der Fälle,
in Strassburg bei den Belagernden in 0,86% der Fälle,
in den Lazarethen zu Versailles in 1% der Fälle,
in den Lazarethen des Werder'schen Corps in 0,6% der Fälle.

Im ganzen wurden aus dem Feldzuge 1870/71 99 Fälle von
Tetanus erwähnt (Beck 39, H. Fischer 6, Kirchner 9, Billroth 5,
Rupprecht 6, Klebs und Arnold je 5, Otto 1, Schinzinger 6,
Schüller 1, Steinberg 12, Chenu in Metz 4).

δ. Aetiologie des Tetanus im Verlaufe der Schusswunden.

§. 309. 1. Es wird eine Reihe von Tetanusfällen im Kriege
beschrieben, bei welchen keine wesentliche Läsion an den Nerven
der verletzten Region entdeckt werden konnte. So berichtet
Neudörfer aus Schleswig-Holstein, dass 7 obducirte Fälle von
Tetanus bezüglich einer Nervenverletzung ein vollständig negatives
Resultat ergeben hätten. Auch in einem von Aron in Schleswig-
Holstein beobachteten Falle von Tetanus, bei welchem sich noch der
Zündspiegel und ein Knochenstückchen vom obern Rande des Acetabulum bei der Section im Wundcanal der rechten Inguinalfalte fanden,
konnte eine Nervenverletzung nicht nachgewiesen werden. Unter
21 Fällen von Tetanus, welche die Engländer in der Krim beobachteten,
konnte nur in 11 eine Nervenläsion constatirt werden (52,3%). Auch
in mehreren von Luecke aus dem Feldzuge 1864 veröffentlichten
Beobachtungen gab die Section keinen Aufschluss über eine etwa vor-
handene Nervenverletzung. Wenn wir es auch dahingestellt sein lassen
wollen, ob in diesen Fällen mit der nöthigen Ausdauer und Sachkenntniss nach den Nervenverletzungen gesucht ist, so bleibt doch
eine Zahl von Beobachtungen bestehen, in welchen von der berufensten
Hand keine wesentliche Veränderung an den Nerven der verletzten
Region nachgewiesen werden konnte. So sagt Klebs im Falle 18:
„Die Nerven an der Verwundungsstelle lassen makroskopisch nichts erkennen," ebenso im Falle 62: „Die Hauptnerven des rechten Unterschenkels ohne Veränderung, nur der Stamm des Nerv. cruralis,
und die Nerv. peronei in der Nähe der Wunde von weiten Gefässen
durchzogen, während die übrigen Stämme blass erscheinen;" auch in
einem dritten Falle wurde ausser der Gehirnverletzung keine Nervenläsion aufgefunden. In fünf von Arnold secirten Tetanusfällen nach
Schussverletzungen wird in keinem einzigen einer Läsion der Nerven
erwähnt. Ob es sich in diesen Beobachtungen um rheumatische Tetanus-
formen handelt, bleibt eine offene Frage.

2. Einfluss des Sitzes und der Art der Wunde auf die Entstehung des Tetanus.

Die sub 1 angeführten Fälle gehören indessen doch zu den Ausnahmen. Regel bleibt, dass der Tetanus vorwaltend zu Nervenschussverletzungen hinzutritt. Die Nervenschussverletzung an sich bewirkt aber das Auftreten des Tetanus nicht, sonst müsste derselbe ja viel häufiger sein. Mitchell hebt mit Recht hervor, dass derselbe um so leichter sich entwickele, je mehr die Läsion den Endzweigen der Nerven in der Haut sich nähere. Unter 200 Schussläsionen grösserer Nerven sah er in keinem Falle Tetanus eintreten. Schussverletzungen, bei welchen die Nerven angerissen, also partiell lädirt, werden leichter vom Tetanus gefolgt, als solche, bei welchen dieselben sich total zerrissen finden. (Siehe die Beobachtung von mir sub 3.) Sehr gefährlich erscheint ein weites Blosslegen der Nerven in grösseren Wunden, wie z. B. in einem von mir in Schleswig-Holstein behandelten Falle (des Nervus cutaneus externus bei einer Granatschusswunde am rechten Unterschenkel). Erfahrungsgemäss steht die Ausdehnung und Grösse der Verletzungen in keinem directen Verhältniss zu der Häufigkeit des Ausbruchs des Starrkrampfes in ihrem Verlaufe, es scheint vielmehr, dass derselbe öfter im Verlaufe unbedeutender wenig beachteter Schusswunden, z. B. Streifschüssen der Knochen an der vordern Tibiakante, der Schädelknochen, anscheinend leichter Knochencontusionen etc., als bei umfangreichen Zerstörungen und Zerschmetterungen der Glieder auftritt. Die Zahl derartiger Fälle in der Literatur ist so gross, dass es sich nicht lohnt, Beispiele zum Beweise dieses Satzes anzuführen. Besonders leicht werden solche Schusswunden, in welchen fremde Körper, z. B. Knochensplitter, Geschossstücke etc. in den Nerven oder in der Nähe derselben stecken geblieben sind, Veranlassung zum Ausbruche des Tetanus. Dass Knochensplitter, welche im Nerven steckten, denselben herbeiführten, berichten Hennen, Heine, Löffler und andere Autoren. In einem Falle, den die Engländer in der Krim heilten, fand sich ein Granatsplitter von 18 Unzen Gewicht in der Nähe des Nervus ischiadicus (Longmore); Reste von Kleidungsstücken in der Nähe der Nerven wurden oft als Ursache des Ausbruchs des Wundstarrkrampfes entdeckt (z. B. von Longmore und Maupin in je 2 Fällen); K. Fischer extrahirte einmal bei einem Tetanischen 2 Schuhnägel und 1 Stück Blei aus der nächsten Nähe des verdickten Nerven. Arnold macht darauf aufmerksam, dass der Tetanus sehr oft zu Granatschussverletzungen sich geselle. Unter den von ihm secirten 5 Fällen betrafen 3 Verwundungen durch Granatsplitter, in dem einen fand sich ein solcher zwischen den Fusswurzelknochen fest eingekeilt. In der Literatur ist eine grosse Zahl derartiger Beobachtungen verzeichnet. Die Wunden an den Extremitäten ziehen erfahrungsgemäss am häufigsten Tetanus nach sich. Nach Thamhayn kamen auf 395 Fälle von Tetanus 27,42% auf Läsionen von Finger und Hand, 25,08 auf solche von Ober- und Unterschenkel, 22,19% auf solche von Fuss und Zehen, 10,99% auf solche von Kopf, Gesicht und Hals, 8,09% auf Oberarm und Unterarm, 6,28% auf den Rumpf. Nach Curlings Zusammenstellung fanden sich unter 128 Tetanusfällen 110 Verletzungen der Extremitäten (85%).

3. In dem schlechten Zustand der Wunde ist ein nicht zu unterschätzendes Causalmoment für den Tetanus zu suchen. Rose

hat namentlich auf diesen Punkt die Aufmerksamkeit gelenkt. Er will
besonders bei solchen Schusswunden Tetanus gesehen haben, bei welchen
die Verletzung noch nachträglich ausgedehnte Nekrosen, brandigen
Zerfall in der Umgebung der Wunde bedingte. Unter 6 Tetanusfällen, welche Brown in Lucknow behandelte, zeigten die Wunden in
dreien eine sehr üble, brandig-jauchige Beschaffenheit. Aron fand in
einem Falle von Tetanus den Nervus ischiadicus fast in seinem ganzen
Verlaufe an der hintern Fläche des Oberschenkels vollkommen isolirt
und ganz frei hängend in einer grossen Jauchehöhle liegen, welche
sich vom untern Drittel des Oberschenkels bis zum Trochanter herauf
erstreckte. Der Tetanus tritt ja mit Vorliebe zu gequetschten Wunden
hinzu, in welchen ein Theil der lädirten Weichtheile brandig zu zerfallen pflegt. In einigen Fällen war bei einem leidlichen Zustande
der Wunde der Nerv brandig oder eitrig infiltrirt.

Bei einem Tetanus nach einer Handverletzung, den ich 1864 beobachtete,
fand sich der Ramus dorsalis des Nervus ulnaris in der Wunde auf der Dorsal-
fläche des Köpfchens der Ulna quer abgerissen und zwar in seinem ganzen Quer-
schnitte; an der unteren Grenze der Wunde setzte sich derselbe weiter fort. Der
Ramus volaris superficialis zog sich am vorderen Umfange der Wunde an der
Volarfläche des Handgelenkes hin und war dort von der Kugel gestreift, so dass
hier ein kleiner Theil seiner Faserung noch durchschossen war, der grössere in
seiner Continuität erhalten blieb. Diese Partie des Nerven war in einer Ausdehnung von ½″ sehr gequetscht, äusserst brüchig und sah grau und sehr
missfarbig aus.

In einem von Klebs secirten Falle erschien der Nervus tibialis,
so weit er mit dem Schusscanal in Berührung stand, an seiner vordern
Fläche von einer derben, eitrig-infiltrirten Gewebsschicht überzogen
und die Gefässe innerhalb desselben stark gefüllt.

4. Je mehr eine Wunde gemisshandelt wird, um so leichter
tritt der Wundstarrkrampf in ihrem Verlaufe ein. Besonders sind,
wie Macleod richtig hervorhebt, rohe Untersuchungen der Schusswunden, lange Versuche zur Projectil- und Splitterextraction gefährlich.
Der Einwurf Longmore's, dass gerade zu der Zeit, in welcher M. in
China diese Beobachtungen machte, die Tage sehr heiss und die Nächte
sehr kühl waren, ist meiner Meinung nach nicht von schwerem Gewichte, da ja nur diese bestimmten Wunden, die Macleod genauer
beobachtete, und keine anderen vom Tetanus zu dieser Zeit befallen
wurden. Auf Transporten, besonders wenn dieselben dürftig vorbereitet
oder schlecht geleitet sind, bricht der Tetanus nicht selten aus, wie ich
in den ersten Wochen des französischen Krieges zu beobachten Gelegenheit hatte. In der immer steigenden Verbesserung der Behand-
lungsmethode der Schusswunden erblickt daher Rose den wesentlichsten
Grund für die stetige Abnahme des Tetanus im Verlaufe derselben.
Diese Annahme bedarf noch des genaueren statistischen Nachweises, auch
bliebe es dann immer noch fraglich, ob die ruhigere, schonendere und
sorgfältigere Wundpflege oder der grössere Schutz der Verwundeten vor
Erkältungen im Lazareth und auf den Transporten die Ursachen der
Abnahme der Tetanuserkrankungen im Kriege sind.

5. Denn es unterliegt keinem Zweifel, dass Erkältungen der
Verwundeten und jähe Temperaturabfälle den Tetanus herbeiführen können, da ja der Tetanus überhaupt in tropischen Ländern
viel häufiger auftritt, als in gemässigten und kälteren Zonen. Nach

der Schlacht bei Eylau und bei der Belagerung von Belfort, welche
bei gleichmässiger Kälte, nach der Schlacht bei Moskawa, welche bei
gleichmässiger Hitze Statt fanden, kamen nur ausserordentlich wenig
Fälle von Tetanus zur Beobachtung, dagegen wurden in Westindien
1872 bei grellen Temperaturunterschieden zwischen Tag und Nacht
unter 810 Blessirten 30 Fälle von Tetanus beobachtet, und Larrey
hat nach der Schlacht bei Esslingen in der 2. österreichischen Campagne die grellen Temperaturunterschiede, auf welche er die vielen
Tetanusfälle unter den Verwundeten zurückführte, mit dem Thermometer
nachgewiesen. Auch Schmucker beobachtete schon, dass in Böhmen
zu den leichtesten Verwundungen Tetanus trat, wenn auf heisse Tage
kalte Nächte folgten. 1870 kamen unter denselben Bedingungen in
Strassburg und Metz besonders viel Fälle von Tetanus vor (Chenu, tom.
I, p. 476—478). Stromeyer schiebt die von ihm in Langensalza
beobachteten 13 Fälle von Tetanus vorwaltend den Temperaturschwankungen in den Tagen zu und Hammond berichtet aus dem nordamerikanischen Freiheitskriege: it was not uncommon during the recent war,
for the number ot cases of tetanus to be very much increased imme-
diately after a sudden change of the weather from dry to wet and cold.
So sicher diese Thatsachen begründet erscheinen, so gibt es doch auch
sehr bemerkenswerthe Erfahrungen, welche gegen den schädlichen Einfluss jäher Temperaturschwankungen auf die Schussverletzten sprechen.
Im italienischen Kriege fehlten jene gänzlich und doch traten auffallend viele Tetanusfälle unter den Verwundeten auf. Wir werden
aber bald Momente kennen lernen, durch welche diese Erfahrungen
sich erklären lassen. Im Kaukasus ferner, wo bedeutende Temperaturschwankungen die Regel sind und tropischer Tageshitze sehr kalte
Nächte folgen, ist der Tetanus nach Pirogoffs Berichten eine grosse
Seltenheit gewesen. Pirogoff hat aber dort nicht alle Lazarethe gesehen und die Gesammterfahrungen der Lazarethärzte nicht kennen
gelernt. Sehr oft hat man Tetanus unter solchen Verwundeten ausbrechen sehen, welche längere Zeit auf feuchtem Boden liegen
mussten. Hennen berichtet, dass nach der Schlacht zu El-Arich,
Desgenettes, dass nach der Einnahme von Jaffa besonders viele
Verwundete tetanisch wurden, als dieselben auf feuchtem Boden oder
der Meeresfeuchtigkeit ausgesetzt in Zelten lagen. Houck sah 1758
nach der Schlacht von Ticonderoga von 15 Verwundeten 9 an Tetanus
erkranken, nachdem dieselben in kalter Nacht auf offenem Kahne gelegen hatten. Unter den Verwundeten nach den Schlachten Friedrichs
des Grossen herrschte der Tetanus in so furchtbarer Weise, weil
dieselben schlecht bekleidet ganze Nächte auf den Schlachtfeldern lagen.
Nach Bilguers haarsträubenden Berichten sollen nach der Schlacht
bei Prag 1000 Verwundete vom Tetanus ergriffen worden sein. (Die
atmosphärischen und tellurischen Verhältnisse Böhmens scheinen der
Entwicklung des Tetanus überhaupt sehr günstig zu sein, denn 1866
fiel Rose die grosse Zahl der Tetanusfälle bei Gitschin und Busch
bei Königsgrätz auf.) Auf dieselben Schädlichkeiten, wie in der
Fridericianischen Armee, muss man auch die erstaunliche Häufigkeit des
Tetanus unter den Helden der Freiheitskriege zurückführen. Im italienischen Kriege kam der grösste Theil unter den 150 Tetanusfällen auf
die österreichischen Verwundeten, welche am längsten auf den Schlacht-

feldern gelegen hatten und am schlechtesten in den Hospitälern unter-
gebracht waren. Die trotzdem noch auffallend hohe Zahl der Tetanusfälle unter den französischen und italienischen Verwundeten ist auf den
Einfluss der schlechten Lazarethe, bei deren Errichtung besonders die
grossen, kühlen Kirchen, auf deren kaltem Marmorboden die Patienten
lagen, berücksichtigt wurden, zurückzuführen (Bertherand). Eine
grosse Zahl von Einzelbeobachtungen spricht für den gefahrvollen
Einfluss von Erkältungen auf die Verwundeten. So sah Fieber im
italienischen Feldzuge 1866 einen Patienten tetanisch werden, der in
einem Zelte stark durchnässt worden war; 1870 fand ich einen französischen Verwundeten 7 Tage nach der Schlacht im Walde, wohin
er sich aus Furcht verkrochen hatte, vollständig tetanisch vor etc. etc.
Nach den Strassenkämpfen in Paris 1830, während welcher die
Verwundeten gleich in die Hospitäler gebracht wurden, kam unter
393 Blessirten nur 1 Fall von Tetanus vor, ein ebenso seltener Gast
war der Wundstarrkrampf in den Lazarethen des ersten schleswig-
holstein'schen Krieges, während dessen die ärztliche Hülfe so vortrefflich
organisirt war, dass die Verletzten nicht lange auf den Schlachtfeldern
zubrachten und in guten Lazarethen verpflegt werden konnten (auf
350 Verwundete 1 Fall von Tetanus). Wenn unter den 244 Verwundeten des Strassenkampfes zu Lyon 1834 12 dem Tetanus verfielen,
so mögen wohl dort ungünstigere Bedingungen für dieselben obge-
waltet haben, als in Paris. Beim Aufenthalte der Verwundeten
in feuchten Thälern, am Meere und in sumpfigen Niederungen
kommt der Tetanus sehr häufig unter denselben vor. So sah Larrey
in Aegypten den Tetanus oft in den Lazarethen, welche in der Nähe
des Nils und der See lagen, und Longmore berichtet, dass der Tetanus während des Krimfeldzuges namentlich in zwei Regimentern auftrat,
welche besonders ungünstig in feuchten Thälern lagen. Nach See-
schlachten hat man den Tetanus unter den Verwundeten vorwiegend
heftig auftreten sehen. So sagt Gross: „after Admiral Rodney's action
(1782 im April) twenty out of eight hundred and ten wounded were
attacked with tetanus and during our war with Great Britain the pro-
portions was still more frightful." Larrey hält die Erkältung bei
Schusswunden besonders dann für gefährlich, wenn sie in die Periode
der Abstossung der Brandschorfe fällt.

Auf diese klimatischen Einflüsse muss man auch wohl die auffallenden Unterschiede, welche während langjähriger Feldzüge in den
verschiedenen Zeiträumen in der Zahl der Tetanuskranken unter den
Verwundeten sich bemerklich machten, zurückführen. So verloren die
Engländer in den verschiedenen Feldzügen des spanischen Befreiungs-
krieges:

im J. 1812 nach Mac Grigor unter 7193 Kranken 4 Tetanische (0,05%),
„ „ 1813 „ „ „ „ 6886 „ 23 „ (0,33%),
„ „ 1814 „ „ „ „ 2909 „ 24 „ (0,8%).

In der Krim verloren die Engländer an Tetanus:

von 1854 auf 1855 : 5 Patienten,
von 1855 auf 1856 : 24 Patienten.

6. Auch individuelle und Race-Prädispositionen hat man
für den Tetanus angenommen, doch, wie es scheint, mit Unrecht. Dass

die Negerrace besonders leicht dem Tetanus verfällt, führt Dazille
mit Recht auf ihre Lebensweise und Wohnungsverhältnisse zurück.
Im italienischen Befreiungskriege verlor Neudörfer in 1½ Jahren
keinen Kranken am Tetanus, die Alliirten dagegen in ihren Spitälern
1%, es wurden aber in den letzteren ebenso viele Oesterreicher als
Francosarden behandelt (Rose.).

7. Eine sehr interessante Form des Tetanus ist der nach der
Vernarbung auftretende (der sogenannte Narbentetanus). Derselbe ist jedenfalls nach Schusswunden ausserordentlich selten beobachtet worden. In einem von Langenbeck 1849 in Schleswig-Holstein
in später Zeit des Wundverlaufes behandelten Falle von Tetanus fand
sich der Nerv von Callusmassen umschlossen. Bei den Weichtheilschussverletzungen handelt es sich nach der Ansicht von Larrey dabei
um eine Wirkung der Narbencontraction: die verwundeten Nervenstümpfe haben kleine Aeste in die Narbe entsandt und diese werden
nun bei der Zusammenziehung des Narbensaumes gezerrt. In einigen
Fällen brach die Narbe vor der Entwicklung des Tetanus wieder auf,
in anderen fanden sich fremde Körper in derselben eingeschlossen.

8. Der Einfluss der deprimirten Gemüthsstimmung der
Verwundeten auf die Entstehung des Tetanus wird von einigen
Autoren sehr hoch angeschlagen, z. B. Erichsen. Es ist indessen der
Tetanus oft genug ohne das geringste melancholische Vorstadium beob-
achtet worden und wenn dasselbe vorhanden war, so muss man es als
einen Vorläufer des Tetanus, nicht als eine Ursache desselben ansehen.

9. Ein endemisches Auftreten des Tetanus ist wiederholt
vorgekommen, besonders in Brescia während des italienischen, in Horsiz
während des böhmischen 1866 (Richter) und zu Bingen während des
französischen Krieges 1870. Die letztere Endemie ist besonders interessant. Nach Luecke's Bericht traten daselbst in dem oberen
Stocke eines zu einem sehr guten Lazareth eingerichteten Schullocales
in demselben Zimmer von Ende August bis Anfang September in einem
Zeitraume von 14 Tagen 7 Tetanusfälle theils bei schweren Knochenschüssen, theils bei ganz leichten Weichtheilverletzungen auf, während
in den übrigen Lazarethen von Bingen gleichzeitig nur ein Fall von
Tetanus vorkam. Daraus hat Heiberg den Schluss gezogen, dass
der Tetanus durch ein Miasma oder Ferment sui generis erzeugt werde,
eine Anschauung, welche einige Beobachtungen Billroths und die von
Sir James Mac Grigor in den Peninsular-Hospitals gemachten Erfahrungen, dass mit dem Tetanus zugleich Typhus, Hospitalbrand,
Dysenterie herrschten, zu bestätigen scheinen. Dieselbe ist zwar
zur Zeit noch rein hypothetisch, hat aber viel Bestechendes. Es dürfte
sich dabei um die Erzeugung eines organischen Fermentes in der Wunde,
ähnlich dem der Lyssa handeln, welches aber von dem letzteren sich
durch die kürzere Incubationszeit, durch die schnellere Verbreitung und
raschere Wirkung und durch das Intactbleiben der Schlund- und
Rachennerven, also den Wegfall der Wasserscheu etc., unterscheiden
würde. Eine Reihe von Forschern führt aber auch diese Tetanus-
endemien auf Erkältungen zurück (z. B. Richter), weil sie theils
in solchen Lazarethen oder Lazarethsälen beobachtet wurden, in
welchen man Tag und Nacht die Fenster offen hielt und daher Zugluft
erzeugte, theils, wie in Brescia, ausschliesslich in den durch kalte

Kellerluft grell mit der gewaltigen Hitze contrastirenden Kirchen, welche zu Lazarethen eingerichtet waren, herrschten. Man kann auch gegen diese Ansicht Manches einwenden, bis auf dem Wege ruhiger klinischer Beobachtung oder experimenteller Forschung mehr Licht in diese dunklen Fragen gebracht ist.

So wissen wir denn von der Aetiologie des Tetanus im Verlaufe der Schusswunden viel interessante und wichtige Einzelheiten, doch überall noch mehr Hypothetisches als Gewisses.

ε. Ausgang und Prognose des Tetanus.

§. 310. Der Wundstarrkrampf gehört zu den gefährlichsten Erkrankungen. Die Gesammtmortalität dabei berechnet E. Rose auf 84,2—87,5%, Richter aus 717 durch Kriegsverletzungen bedingten Tetanusfällen, von denen 631 letal endeten, auf 88%. Unter den 40 geheilten Fällen war es nach Richters Zusammenstellung bei 13, also $\frac{1}{3}$, nur zur Entwicklung von Trismus, allenfalls noch zu leichten Spannungen im Nacken gekommen. Mac Grigor berichtet, dass er unter einigen hundert Erkrankungen während des englisch-spanischen Krieges nur wenige Fälle von Genesung gesehen habe. Nach H. Demme betrug die Sterblichkeit in Italien unter den Tetanischen 93%. Ballingall hat kaum eine Genesung nach Tetanus gesehen und nach Scrive's Bericht endeten alle Tetanusfälle unter den Franzosen in der Krim tödtlich. Unter 363 Fällen von Tetanus im nordamerikanischen Kriege führten 336 zum Tode (somit 92%).

Je früher der Tetanus auftritt im Verlauf einer Verwundung, um so deletärer ist sein Verlauf. Polland hat 227 Fälle von Tetanus untersucht und gefunden,

dass von 130 vor dem 10. Tage nach der Verletzung aufgetretenen 101 tödtlich endeten (77,6%),

dass von 126 von dem 10. bis zum 22. Tage nach der Verwundung aufgetretenen 65 tödtlich endeten (51,5%),

dass von 21 nach dem 22. Tage nach der Verwundung eingetretenen 8 tödtlich endeten (38%).

Richter stellt (l. c. p. 845) 234 Fälle von Wundstarrkrampf im Kriege zusammen, davon traten ein

bis zum 10. Tage (excl.) . . .	109 =	46,1%,
vom 10. bis zum 20. Tage (incl.)	110 =	46,5%,
später	15 =	6,4%.

Von 139 derselben war der Ausgang bekannt, es

	genasen		starben	
bis zum 10. Tage (excl.)	5 =	3,6%	93 =	67,7%,
bis zum 20. Tage (incl.)	24 =	17,2%	8 =	5,7%,
später	3 =	2,1%	6 =	4,2%.

Von 32 Genesungen kamen also

bis zum 10. Tage (excl.) 15,6%,

bis zum 20. Tage (incl.) 75%,

später 9%,

Von 107 Todesfällen kamen also

86,9% vor,

7,4% vor,

5,6% vor.

Nach dieser Zusammenstellung kommt der Tetanus zwar bis zum 10. Tage nach der Verletzung und bis zum 20. gleich häufig vor, die

Mortalität differirt aber um 79,5% zu Gunsten der zweiten Periode. Wenn aber Mac Grigor behauptet, dass die Verwundeten vom 22. Tage nach der Verletzung keine Gefahr mehr laufen, den Tetanus zu bekommen, so ist das nicht absolut richtig, ebenso steht es auch fest, dass der Tetanus selbst in später Periode des Wundverlaufes noch seine grossen Gefahren hat. Unter den 27 während des nordamerikanischen Krieges genesenen Tetanusfällen hatten 23 den chronischen Charakter. Hippokrates hat bekanntlich den Satz aufgestellt, dass der Starrkrampf mit Genesung ende, wenn der vierte Tag der Krankheit überstanden sei. Diese Behauptung geht zu weit. Im allgemeinen steht nur das fest, dass die Prognose mit jedem Tage, den der Tetanische vom 4. ab erlebt, in beständig wachsender Progression zum Günstigen sich wendet. Nach Friederichs Zusammenstellung trat der Tod unter 129 Fällen 19mal nach 24 Stunden, überhaupt 101mal in der ersten Woche ein, doch endeten auch Fälle in späterer Zeit, sogar in der 5. Woche noch tödtlich. Dergleichen spät letale Fälle sind in den letzten Kriegen wiederholt beobachtet. Der localisirte Trismus tödtet nur in den seltensten Fällen.

Wenn die Genesung eintritt, so lassen die Stösse und Krämpfe nach, die Starrheit dagegen löst sich erst ganz allmählich und meist in umgekehrter Ordnung, als in welcher dieselbe in den Muskeln eintrat. Am längsten bleibt daher meist der Trismus bestehen. Die Wiederkehr des Schlafes ist ein sehr günstiges Zeichen. Bis zur völligen Genesung verstreichen Wochen und Monate. Die Patienten sind meist auf das Aeusserste abgemagert und erschöpft. Die Genesung ist gewöhnlich eine vollständige, doch sollen in einigen Fällen Lähmungen zurückgeblieben sein.

6. Prognose der Schussverletzungen der peripheren Nerven.

§. 311. Die Prognose der Nervenschussverletzungen richtet sich quoad vitam nach dem Eintreten oder Ausbleiben des Tetanus. Er bedingt die einzige Lebensgefahr bei denselben. Unter den Folgezuständen sind dann Epilepsie und Geisteskrankheiten die gefahrvollsten.

Quoad restitutionem membri sind die Verletzungen natürlich die günstigsten, welche die Nervenfasern am wenigsten alteriren. Somit sind Commotionen günstiger, als Contusionen und diese wieder günstiger als partielle Zerreissungen, diese endlich günstiger als totale Zerreissungen der Nerven. Sehr günstig verlaufen meist die sogenannten Reflexlähmungen. Weitgehende Zermalmungen der Nerven durch Projectile mit totaler sensibler oder motorischer Lähmung geben eine ganz üble Prognose, da dieselben fast nie ausgeglichen werden. Die Restitution des verletzten Nerven bedarf im güstigen Falle sehr langer Zeit. Bei ihnen stellt sich die Sensibilität früher her, wie die Motilität, die elektrische Reizbarkeit meist zuletzt.

Unter den von den Engländern in der Krim beobachteten 22 Schussverletzungen der peripherischen Nerven führten 8 zum Tode und 12 zur Invalidität.

Sehr viele Patienten entschliessen sich noch in später Zeit zur Linderung der furchtbaren Schmerzen in den atrophischen Gliedern zur Amputation.

7. Nachkrankheiten nach den Schussverletzungen der peripheren Nerven.

α. Epilepsie nach Schussverletzungen.

§. 312. Dass die Epilepsie durch Narben bedingt werden kann, ist durch die besten Beobachter (Griesinger, Westphal, Billroth etc.) ausser Frage gestellt. Wenn aber Echeverria dieses causale Verhältniss der Epilepsie zum Trauma auf $10^0/_0$ angibt, so scheint er darin doch zu weit zu gehen. Nach Schussverletzungen wenigstens ist die Epilepsie relativ selten beobachtet worden. Dieselbe folgt selten direct den Nervenverletzungen an sich, vielmehr gern solchen Schusswunden, in denen fremde Körper besonders in der Nähe der Nerven stecken geblieben waren. Mitchell erwähnt der traumatischen Epilepsie nach Schussverletzungen der Nerven gar nicht. Wir führen daher im Nachstehenden einige der bekannteren Fälle kurz an (siehe auch §. 300):

Eine der ältesten Beobachtungen der Art stammt von Larrey: Schuss von einem Haubitz-Granatstück in die Stirn in der Schlacht von Marengo. Trepanation, Lähmungserscheinungen bleiben bestehen und eine Fistel an der Wunde, Epilepsie stellte sich ein. Nach 35 Jahren Extraction eines deprimirten Knochensplitters, Heilung der Epilepsie, Besserung der Lähmung. — Aus den letzten Kriegen kenne ich folgende Beobachtungen der Art.

Marten: Schussfractur des Unterschenkels, zur Zeit der Verwundung Epilepsie. Die Fractur war consolidirt, doch bestanden Fisteln, die auf lose Knochenstückchen führten. Extraction der letzteren, allmähliches Schwinden der Epilepsie.

Schäffer: Schuss durch den linken Oberschenkel bei einem früher ganz gesunden 24jährigen Soldaten am 7. November 1870: Steckenbleiben der Kugel. Am 26. Februar 1871 der erste epileptische Anfall, von da ab alle 2—3 Tage heftige Insulte mit einer vom Oberschenkel über die linken Nates und die Wirbelsäule entlang sich erstreckenden schmerzhaften Aura. Am 2. Februar 1872 vergebliche Versuche zur Kugelextraction. Von da ab bleiben die Anfälle vollständig aus.

Briand: Gesunder, 19jähriger Soldat, am 9. Januar 1871 bei le Mans Haarseilschuss durch beide Nates mit nachfolgender motorischer und sensibler Lähmung beider Beine. Am 20. September erster epileptischer Anfall, im October täglich Insulte, im November fast täglich ein Insult, von da ab seltener, während die Ischiadicus-Lähmung ganz zurückgegangen war. Im Mai und Juni 1872 je ein Anfall.

Auch der von Graf berichtete hochinteressante Fall gehört hierher (vide §. 300).

Lande (Bordeaux): Soldat, am 18. October 1870 Schuss in den rechten Unterarm mit Verletzung des Nervus medianus und des Radius. Heilung mit Hinterlassung einer Fistel. Ein Jahr nach der Verletzung etwa trat der erste epileptische Anfall ein, bei welchem von den gelähmten Fingern ausging. Patient konnte die Anfälle coupiren durch forcirte Streckung der Finger der rechten Hand. Resection des Nervus medianus. Heilung.

Létiévant: Ein Soldat mit einer Schussverletzung an dem Oberschenkel wurde epileptisch. Larmorier in Montpellier machte eine Incision und entfernte einige Stückchen Blei aus der Narbe. Heilung.

Ich sah 1869 einen Patienten, welcher 1865 auf der Jagd einen Schrotschuss in den linken Oberarm bekommen hatte. Seit 1867 fühlte Patient Schmerzen in dem Arme, besonders heftige Neuralgien in dem kleinen und Ringfinger, welche nur durch kalte Fomente zu lindern waren. 1868 trat nach einem solchen Anfalle eine tiefe Ohnmacht ein, welche $\frac{1}{2}$ Stunde dauerte. Nach derselben war Patient den ganzen Tag müde und hatte Kopfschmerzen. Diese Anfälle haben sich 3mal wiederholt. Ich fühlte an der inneren Seite der Mitte des linken Oberarms in der Tiefe einen harten Gegenstand und extrahirte 1 intactes und 1 difformes Schrotkorn, welche theils neben, theils hinter den Nervenstämmen lagen. Von da ab hörten die Schmerzen und die epileptiformen Anfälle auf und Patient ist ganz genesen.

Es ist bekannt, dass Romberg auch zweimal nach Bajonettstichen in den rechten Oberschenkel Epilepsie eintreten sah. In beiden Fällen ging die Aura von der Narbe aus; im ersteren trat die Epilepsie 3½ Jahr, im letzteren erst 17 Jahre nach der Verletzung auf. Diese Formen der Epilepsie gehören zu den prognostisch günstigsten.

β. Chorea nach Schussverletzungen ist ein ausserordentlich seltenes Ereigniss. Die deutsche Literatur erwähnt keines einzigen Falles. Mitchell will aber derartige Fälle gesehen haben, besonders einen, in welchem die Ellenbogengegend leicht von einem Projectil verletzt war. Er erwähnt dabei noch eines von Packard berichteten ähnlichen Falles, in welchem die Endäste des Nervus medianus verletzt waren, doch ist nicht ersichtlich, ob die Verletzung durch ein Projectil geschah. Packard exstirpirte einen Schmerzenspunkt und schaffte dadurch Heilung. — Auch Paralysis agitans will man nach Schussverletzungen beobachtet haben. — In einem von Mitchell mitgetheilten Falle traten nach Berührungen der vom verletzten Ulnaris versorgten Partien heftige Palpitationen ein.

γ. Geisteskrankheiten entstehen auch nach Nervenschussverletzungen, besonders wenn quälende Neuralgien durch dieselben, wie leider so oft, bedingt wurden. In dem von Graf (l. c. p. 59) beschriebenen Falle (§. 300) zeigte dieser schmerzensreiche Patient schon früh Symptome von Gehirnreizung: Unruhe, Schlaflosigkeit, inbrünstiges Verlangen nach der Heimath etc.; gab auf Fragen nothdürftige und verworrene Antwort und bekam später Delirien und tobsüchtige Anfälle. Nach Vernarbung der Wunde wurde Patient ruhiger, doch blieb er sehr reizbar und geistig sehr beschränkt. Plötzlich traten epileptische Anfälle ein, die sich täglich wiederholten und deren Aura von der Narbe nach dem Nacken ging. Resection eines 1¼ Zoll langen Stückes des Nervus medianus, von da ab Nachlass und Verschwinden aller Erscheinungen.

Capitel VI.

Schussverletzungen der Brust- und Bauchhöhle.

I. Schussverletzungen des Thorax und der Respirationsorgane.

A. Schussverletzungen des Kehlkopfes und der Trachea.

§. 313. Die Schussverletzungen des Kehlkopfes sind selten; auf 10,000 Schusswunden kommen etwa 5 des Kehlkopfes zur Beobachtung.

Contourirungen des Kehlkopfes durch Projectile gehören zu den seltensten Ereignissen. In den Fällen von Hennen und Baudens soll das Projectil den ganzen Hals umkreist haben und in der Ausgangswunde am Pomum Adami, oder einen Zoll davon stecken geblieben sein. Abgesehen von dem Verlegen des Kehlkopf- und Trachea-Lumens durch eingedrungene Projectile (Kirchner l. c. p. 31, Lotzbeck l. c. p. 4) oder durch Blutcoagula und Knochenstücke (Fischer, Erfahrungen p. 3, Demme, l. c. II p. 124, Löffler l. c. p. 121), abgesehen von Compressionen derselben durch Projectile, welche ausserhalb der Luftwege, doch in ihrer nächsten Nähe stecken blieben (von Langenbeck l. c., Rupprecht l. c. p. 56, Mossakowski l. c. p. 327), oder sich daselbst einkapselten (Pirogoff l. c. p. 562, Demme l. c. II p. 125, Beck l. c. II p. 458), abgesehen von den Blutungen und entzündlich-ödematösen Schwellungen der Glottis vera und der Ligamenta ary-epiglottica durch Schusscontusionen ohne äussere Wunden (Lotzbeck l. c. p. 15), kommen besonders offene Schusswunden mit verschieden schweren Läsionen des Kehlkopfes durch Zerreissung, Zerrung, Splitterung etc. am Kehlkopfe und der Trachea vor. Die leichteren Verletzungen bilden die Rinnenschüsse am Schildknorpel (H. Fischer), die schwersten die perforirenden Schusswunden des Kehlkopfes und der Trachea.

Als Zeichen der Schussverletzungen des Kehlkopfes und der Trachea werden erwähnt: Austritt von Luft aus der Wunde, Emphysem am Halse, Störungen in der Deglutition und Phonation, besonders aber die bald eintretenden, lebenbedrohenden Erscheinungen der Laryngo- und Tracheostenose (Stridor, hohe Dyspnoë und Cyanose, verlangsamte Athmung, prolongirte In-, präcipitirte Exspiration).

Die Gefahr bedingen theils die Verlegungen und Compressionen des Kehlkopfes und der Trachea durch fremde Körper und Blutgerinnsel, theils die Hämatome, d. h. mehr oder weniger circumscripte Blutansammlungen unter der intacten Schleimhaut des Kehlkopfs, auf welche besonders von Langenbeck die Aufmerksamkeit wieder gelenkt hat (l. c.). Bei einer Schussverletzung des Ligam. hyothyreoid. mit Absprengung eines Stückes des Schildknorpels ohne Eröffnung von Schlund oder Kehlkopf hat v. Langenbeck ein solches Hämatom beobachtet. Sie werden besonders hervorgerufen durch Behinderung des freien Abflusses des von den Wundrändern aus ergossenen Blutes.

Eine zweite Gefahr droht von der entzündlichen Infiltration: dem sogenannten acuten Glottisödem. Durch dieselbe wird der Zugang zur Trachea oft so plötzlich verlegt, dass ein schneller Erstickungstod eintritt.

Als drittes, sehr gefahrvollen Folgezustand der Kehlkopfschusswunden kennen wir die Perichondritis laryngea, welche zu Nekrosen der Knorpel und nicht selten zu acuter Erstickungserscheinungen führt.

Die Prognose der Schusswunden am Kehlkopf und der Trachea ist sehr ungünstig. Wenn nicht bald kunstgerechte Hülfe kommt, ersticken die Verletzten. Auch die Geheilten bleiben meist stimmlos, der Kehlkopf ist durch Exfoliation der Knorpel verödet oder stenotisch, so dass die Kranken Zeit Lebens die Canüle tragen müssen, auch sind Kehlkopffisteln danach beobachtet. — Von 41 Schusswunden der Trachea verloren die Nordamerikaner 21, (51,2%), von 30 des Larynx 10 (33,3%).

B. Brustschusswunden.

1. Statistisches.

§. 314. a) Das Verhältniss der Brustschusswunden zu den Schusswunden anderer Theile ist in den verschiedenen Kriegen und Schlachten ein auffallend constantes gewesen.

Auf 10—16 Schusswunden kam eine Brustschusswunde und zwar variirte das Verhältniss folgendermassen:

Nach Serriers Zusammenstellung (aus den Berichten Larrey's, Joberts, Dupuytrens, Baudens') kam 1 Brustschusswunde auf 15 Schusswunden.

Nach Scrive in der Krim = 1 auf 12 bei Belagerungen, 1 auf 20 in Schlachten.

Engländer in der Krim = 1 auf 16.

Nach Chenu in der Krim = 1 auf 12,16.

   „   Chenu in Italien = 1 auf 13,8.

   „   Stromeyer nach der Schlacht von Idstädt = 1 auf 12.

   „   Demme bei den Oesterreichern = 1 auf 12,5.

   „   Demme bei den Franzosen und Sarden = 1 auf 14.

   „   Löffler in Dänemark 1864 = 1 auf 10,3.

   „   Maas 1866 = 1 auf 12.

Bei den Nordamerikanern = 1 auf 12.

Nach Stromeyer bei Langensalza = 1 auf 12,6.

   „   Beck (Tauberbischofsheim) = 1 auf 10.

   „   Beck vor Strassburg = 1 auf 12.

   „   II. Fischer vor Metz = 1 auf 12.

   „   Mac Cormac bei Sedan = 1 auf 12.

   „   Mouat (Neuseeland-Krieg) = 1 auf 12.

b) Bei dem Verhältniss der nicht penetrirenden zu den penetrirenden Brustschusswunden treten schon grössere Schwankungen ein von 25% bis zu 53%.

Bei den Engländern in der Krim bildeten die penetrirenden 31% der Brustschusswunden.

Bei den Franzosen in der Krim (Chenu) bildeten die penetrirenden 25% der Brustschusswunden.

Bei den Franzosen und Sarden in Italien (Chenu) bildeten die penetrirenden 32% der Brustschusswunden.

Bei den Nordamerikanern bildeten die penetrirenden 42% der Brustschusswunden.

Bei den Preussen 1864 (Löffler) bildeten die penetrirenden 53% der Brustschusswunden.

Nach Stromeyer, bei Langensalza und Kirchheilingen bildeten die penetrirenden 41% der Brustschusswunden.

Die kleineren Berichte aus dem böhmischen und französischen Kriege haben keinen Werth, da in den einzelnen Lazarethen meist nur penetrirende Brustwunden behandelt wurden, wir haben dieselben daher hier ausgelassen. Kurz erwähnen wollen wir nur, dass in den von mir geleiteten Lazarethen des französischen Kriegs die perforirenden Brustwunden 44,1% der Brustschusswunden, bei Socin 55%, bei Billroth sogar 89% derselben bildeten. Je näher die Lazarethe dem Schlachtfelde sind, um so mehr perforirende Brustschusswunden werden sie erhalten und umgekehrt.

2. Arten der Schussverletzungen der Brusthöhle.

a. Die Contusion und Commotion der Lungen durch Projectile.

§. 315. Unter Commotio pulmonum versteht man denselben Zustand in den Lungen, den wir beim Gehirn als Commotio cerebri kennen gelernt haben, also eine ohne Verletzung des Gewebes einhergehende, in Folge der Erschütterung eingetretene, bedeutende Circulationsstörung in den Lungen. Die reine Commotio pulmonum ist sehr selten und in ihrem Wesen noch unbekannt. Sie ist in neuester Zeit von Meola (Giornal. internaz. di scien. med. 1879 Hft. 9) experimentell erzeugt worden. M. unterscheidet eine leichte Form, der die Thiere nicht erliegen und bei der man keine anatomischen Veränderungen findet. Doch sah M. öfters auch nach primären Commotionen circumscripte, disseminirte oder lobuläre Pneumonie, Pleuritis, Endo-, Peri-, Myo-carditis etc. entstehen. Bei der schweren Form fanden sich Volumen und Consistenz der Lungen normal, die Alveolen theilweise dilatirt oder in einander gedrängt, die Lungenvenen stark gefüllt, das Herz dilatirt und mit frischen Coagulis gefüllt.

Unter Contusio pulmonum versteht man die kleinen oder grössern, in Folge einer Erschütterung eingetretenen Rupturen des Lungengewebes und Zerreissungen der Lungen- und Pleura-Gefässe, in schwereren Fällen breiige Zermalmungen der Lunge. Die Thoraxwandungen können dabei gequetscht, zerbrochen und zerrissen, die Pleurahöhle aber nicht eröffnet sein, wenn die Commotio oder Contusio pulmonum rein zur Beobachtung kommen soll.

Sehr beachtenswerthe Fälle von Lungenschusscontusionen theilt Klebs mit. In einem Falle von Rippenschussfraktur zeigte die Lunge entsprechend der Rippenverletzung einen 6 cm langen und 1—1.8 cm breiten, scharfrandigen Riss, der nur in die oberflächliche Schicht des Lungengewebes eindrang, von einigen Pleurabrücken überspannt war und nach oben sich in zwei flache Pleurarisse gabelte.
Bei einer anderen Rippenschussfraktur fand sich eine francgrosse Stelle, an der die Pleura zerrissen und die oberste Gewebsschicht der Lunge zerstört war.

Beide Zustände, die klinisch schwer zu trennen sind, werden fast ausschliesslich durch Prellschüsse von gröberem Geschoss hervorgerufen, finden sich daher häufiger bei Belagerungen, als in der offenen Feldschlacht. Die Thoraxwände werden wohl durch die anprallende Gewalt zusammengedrückt, wobei eine directe Quetschung der Lunge entstehen mag. Gosselin meint, es müsse die Lunge inspiratorisch ausgedehnt und die Glottis im Momente der Verletzung krampfhaft verschlossen sein, wenn eine Lungencontusion stattfinden solle. Es ist richtig, dass die Entstehung einer Contusion oder Commotion der Lungen durch einen Prellschuss eines Gewehrprojectiles abhängt von der Wölbung, der Starrheit und dem Spannungsgrade des Thorax, von dem Füllungs- und Expansionszustande der Lunge, und von der Grösse und dem Auffallswinkel des Projectils. Je geringer die erstere, je bedeutender der andere, je stumpfer die letztere, desto leichter kommt eine Contusio oder Commotio pulmonum auch hier zu Stande. Pirogoff freilich ist anderer Meinung. Er erzählt von einem sehr kräftigen kaukasischen Offizier, welcher wiederholt bei Prellschüssen des Thorax der Lungencontusion dadurch vorgebeugt habe, dass er in der Schlacht die Brust

durch eine starke Inspiration erweiterte und zu einem elastischen Luft-
kissen machte. Die elastischen Thoraxwände können dadurch nach
Pirogoffs Ansicht so gespannt werden, dass jede Kugel, möge sie auch
eine Kartätsche sein, abprallen müsse. Trotz der grenzenlosen Hoch-
achtung, die ich vor dem Beobachtungstalente Pirogoffs habe, kann
ich doch weder der Geschichte vom kräftigen Offizier Glauben schenken,
noch auch mich seinem theoretischen Raisonnement anschliessen.

Zeichen der Lungen-Contusion und -Commotion.

§. 316. Meola fand bei der leichten Form der Commotion
folgende Symptome: Schmerz, gehemmte, kurze Athmung, kalter
Schweiss, matter Blick, Blässe, Mattigkeit hohen Grades, Ohnmacht.
Psyche frei, Sprache schwer, Puls klein, intermittirend. Mitunter
häufig Seufzen. Respirationsgeräusch dumpf, Herztöne schwach, wie
in weiter Entfernung zu hören. Dauer: wenige Minuten bis einige
Tage. Bei der schweren Form: blitzähnliches Hinfallen, Besinnungslosigkeit, Aufhören der Herzthätigkeit und Respiration, letzteres
in Inspirationsstellung, fast momentaner Tod.

Die schweren Lungencontusionen führen wohl den Tod der
Verletzten auf dem Schlachtfelde herbei, daher man wenig davon zu
lesen bekommt. Von den minder schweren endet noch ein gutes Theil
in den ersten 24 Stunden bis zum 4. Tage tödtlich. Unter 17 in den
Feldspitälern Nordamerikas aufgenommenen Lungencontusionen führten
noch 13 (76,4%) zum Tode. Unter 6 im Strassburger Militärhospital
während der Belagerung in Folge von Contusionsschüssen vorgekommenen Todesfällen fielen 2 auf Brustcontusionen (Wahl). Diese
Todesfälle sind wohl auf Zerreissungen der grossen Gefässe und umfangreichen Hämathorax zurückzuführen.

Als Zeichen der reinen Lungencontusion werden erwähnt:
Hämoptoë, starker Hustenreiz, grosse Oppressio pectoris, Orthopnoë,
synkopale Zufälle, unregelmässige, sehr flache Respiration, Verschwinden
des Athemgeräusches in den verletzten Lungen, Unmöglichkeit feste
Nahrung zu schlingen, Kälte der Glieder, Frostgefühl und Zittern in
denselben und cyanotische Färbung. Gosselin hat nachgewiesen, dass
bei der Lungencontusion auch Emphysem der Haut, welches meist
im Jugulum zum Vorschein kommt, sich einstellen kann. Die Luft
kriecht durch die kleinen Läsionen des Lungengewebes im Verlaufe
der Bronchien bis zur Trachea und von hier aus in das subcutane
Bindegewebe fort. Hämothorax ist ein sehr constantes Symptom
der Schusscontusionen des Thorax. In höheren Graden und bei raschem
Eintritt verursacht er eine gefährliche Athemnoth. Mit Herabsetzung
des Athembedürfnisses durch die Blutung vermindert sich dieselbe etwas.
Dämpfung des Perkussionsschalles an den tiefern Partien, tympanitischer
Schall darüber, Aufhören des Athemgeräusches an der comprimirten
Stelle, darüber Bronchialathmen, Abschwächung resp. Aufhören des
Fremitus pectoralis, Erweiterung und Hervortreten der Intercostalräume, Stillstand der kranken Seite bei der Athmung, Verdrängen
benachbarter Organe, sind die Zeichen des Blutaustritts in die Pleurahöhle. Meist gesellt sich bei schwereren Contusionen noch Pneumothorax (Succussionsgeräusch) hinzu, welches, so lange der Lungenriss

offen ist, beständig steigt und die höchste Dyspnoë und Beängstigung
herbeiführt.

Verlauf der Lungen-Commotion und -Contusion.

§. 317. Diese Verletzungen können ohne wesentliche Reactions-
erscheinungen von Seiten der Lungen heilen. In der Mehrzahl der
Fälle tritt aber eine Pleuro-Pneumonie, welche das Leben in grosse
Gefahr bringt und sich nach den Erfahrungen Wahls durch sehr
stürmische Respirationsstörungen auszeichnet, in ihrem Verlaufe ein.
Dieselbe kommt zwar unter besonders günstigen Umständen ganz
zur Resolution, wie zwei von Socin beobachtete Fälle zeigen, meist
aber geht sie in chronische Bronchitis, Bronchiektasien, Lungenphthise über. Sechs unter Kochs Kranken schreiben, dass sie bei
stärkerer Anstrengung noch immer Seitenstiche und Kurzathmigkeit, des Oeftern noch Husten und geringen Auswurf hätten und
einer derselben leidet auch noch an starker, die Kräfte consumirender
Bronchitis. In den schwereren Fällen endet die Lungencontusion
in Lungenabscess (elastische Fasern im eitrigen Sputum) oder
Lungenbrand (schwarze Fetzen im furchtbar stinkenden, sehr missfarbigen Sputum) und durch diese Leiden meist tödtlich. Ein eigenthümlicher Zustand, den man nach Lungencontusionen öfters beobachtet,
ist die Lungennekrose. Ich sah dieselbe in zwei Fällen. Die
ganze contundirte Partie der Lunge stirbt ab, wahrscheinlich in Folge
einer traumatischen Thrombose der ernährenden Gefässe. Das todte
Stück der Lunge, welches brandig zerfällt, wird durch eine demarkirende Lungenentzündung abgekapselt. Dasselbe wird nun brandig
expectorirt, oder zerfällt in der Mehrzahl der Fälle jauchig und führt
schnell tödtliche Sepsis herbei. Nachdem bei solchen Kranken in den
ersten Wochen keine wesentlichen Störungen eingetreten waren, beginnt
dann eine tiefe, beständig steigende Septikämie, Brandfetzen zeigen
sich im Sputum, und die physikalische Untersuchung ergibt die Zeichen
der Pleuro-Pneumonie. Bei umfangreicheren Lungennekrosen erfolgt
der Tod in wenigen Tagen.

Wahl berichtet einen sehr bemerkenswerthen Fall, in welchem
sich nach einer Brustcontusion eine Lungenhernie, d. h. ein Hervor-
drängen eines Theiles der Lunge, bedeckt von ihren Hüllen, bildete.

Der Fall ist kurz folgender: Am 26. August Verletzung durch einen Bombensplitter: Fract. colli humeri dextri, Infractiones der 2. und 3. Rippe, die Fragmente der ersteren nach oben, der letzteren nach unten verschoben, Haut unversehrt.
Hämoptoë 4 Wochen, nach einiger Zeit, angeblich durch den Husten, entsteht eine
nussgrosse circumscripte Geschwulst im bezeichneten Intercostalraum zwischen
den frakturirten Rippen, welche auf Druck knisterte und crepitirte, besonders bei
tiefer Exspiration hervortrat und sehr schmerzhaft war, bei der Inspiration sich
verkleinerte und weicher wurde. Die Geschwulst verschwand später, doch konnte
man das groschengrosse Loch im Thorax, die Bruchpforte, noch fühlen.
In der Literatur fand Wahl nur einen ähnlichen, von Huguier beobachteten
und von Morel-Lavallée mitgetheilten Fall, in welchem eine Contusion durch
ein indirectes Geschoss als Ursache einer Lungenhernie erwiesen wird:
Contusion bei einem Soldaten durch einen Steinsplitter und Doppelfraktur
der 3. bis 6. Rippe rechts. Das gemeinsame mittlere, aus 4 Fragmenten be-
stehende Bruchstück war nicht wieder mit den Fragmentenden zu beiden Seiten
verwachsen. So bildete dies Stück einen Theil des Hüllen des entstandenen
Lungenbruches und folgte den letzteren in seinen Ausdehnungs- und Zurück-
sinkungsbewegungen bei der Exspiration und Inspiration.

Diese Lungenhernien entstehen zweifelsohne durch den Exspirations-
druck. „Der auf der Höhe der Inspiration in seinem Minimo vor-
handene Druck gegen die innere Costalwandfläche," sagt Herzberg
l. c. p. 50, „nimmt während der folgenden Exspiration von Moment
zu Moment an Intensität zu. Zeigt sich nun die Exspiration, wie
beim Husten, als eine stossweise und ist gleichzeitig die Stimmritze,
wie auch beim Husten, krampfhaft verengt oder verschlossen (Cloquet),
so kommt die in der Lunge enthaltene Luft durch die fortschreitende
Capacitäts-Abnahme des Cavum pleurae unter einen gewaltsamen Druck,
dem sie sich durch das Ausweichen an irgend einer dargebotenen
Stelle zu entziehen sucht. Es bildet sich jetzt ein Lungenbruch, oder
es tritt ein vorhandener jetzt hervor, oder es schwillt ein permanent
vorliegender jetzt in auffallender Weise an."

Schliesslich wollen wir noch erwähnen, dass in einem, in Nordamerika beobachteten Falle sich nach der Lungencontusion („the lung
is in a bad condition") Geistesstörungen entwickelten.

b. Penetrirende Wunden der Lungen und Pleura.

α. Pleuraeröffnungen ohne bestimmt nachweisbare Läsionen der Lunge.

§. 318. Diese Verletzungen, deren Möglichkeit von den englischen und französischen Autoren völlig geleugnet wird, weil die Lunge
mit ihrer Oberfläche so innig der Costalpleura anliege, dass das Projectil mit der Perforation der Pleura auch gleich in die Lunge dringen
müsse, ist in den letzten deutschen Kriegen viel häufiger beobachtet,
als man früher anzunehmen für möglich hielt. Arnold beschreibt
allein 4 Fälle der Art. Die Eröffnung der Pleura kann dabei durch
Knochensplitter oder durch Geschosse geschehen, wenn die letzteren
in einem sehr schiefen Winkel, oder möglichst tangential auftreffen,
oder bei schwacher Propulsionskraft in der äussern Wunde stecken
bleiben oder in die Pleurahöhle hineinfallen. Auch nach Contourirungen
längs der Innenseite einer Rippe hat man solche Verletzungen eintreten sehen. Socin beobachtete einigemale sehr lange Schusscanäle
in der Richtung von oben nach unten oder umgekehrt mit unzweifel-
haften Zeichen einer Pleura-, doch ohne Lungenverletzung, welche im
Liegen erhalten waren, und theilt davon zwei prägnante Beispiele mit.
Eine ähnliche Verletzung des Thorax mit Schussfraktur beider Scapulae
durch eine tangential auftreffende Kugel wird aus Nordamerika berichtet.
Ob bei den modernen Projectilen auch innere Contourirungen, wie
sie früher beschrieben wurden, vorkommen, bei welchen das Geschoss
durch die Costalpleura in den Thoraxraum eintritt, eine Ablenkung
erfährt, die Lunge umkreist und an einer andern Stelle wieder austritt,
ist mehr wie zweifelhaft. Es liegen derartigen Annahmen meiner Erfahrung nach stets falsche Diagnosen zu Grunde; denn die Lungen
sind bei Schussverletzungen des Thorax viel häufiger verletzt, als
man glaubt.

Eine sehr bemerkenswerthe Beobachtung, bei welcher die rechte Pleurahöhle mit einer Eingangsöffnung vorn in der Höhe der 4.. mit einer Austrittswunde hinten in der Höhe der 10. Rippe. also direct von vorn nach hinten
vom Projectil durchbohrt wurde. ohne dass weder Lunge noch Herzbeutel.

noch Zwerchfell verletzt waren, theilt K l e b s l. c. p. 75 mit. K l e b s hat sich
auch durch Einstechen von Nadeln überzeugt, dass in der That bei stark colla-
birter Lunge in dieser Richtung eine Kugel durch den Thoraxraum gehen kann,
ohne die Lunge zu verletzen. Wenn dabei ein Theil der Lunge getroffen wird,
so ist es immer der vorderste dünne Theil des mittleren Lappens. Bei der Section jenes Falles fanden sich 3 mit Jauche und Eiter gefüllte Säcke, die sämmt-
lich interpleural lagen und mit einander communicirten. Der vorderste und
hinterste hatten sich in der Gegend der Ein- und Austrittsöffnung gebildet durch
Adhärenz der benachbarten Lungentheile, der mittlere lag zwischen Pericardium
und Lunge. Die letztere zeigte (an dem aufbewahrten Präparat controlirt) keine
Continuitätstrennung. K l e b s fügt hinzu: „E s d ü r f t e d i e s d i e e i n z i g e
S t e l l e s e i n, in w e l c h e r e i n i n n a h e z u d i a g o n a l e r R i c h t u n g d e n
T h o r a x p e r f o r i r e n d e r S c h u s s n u r d i e T h o r a x w a n d u n g v e r l e t z t;
a u f d e r l i n k e n S e i t e w i r d d i e s e L ü c k e d u r c h d a s H e r z a u s g e f ü l l t
u n d b e i d e n Q u e r s c h ü s s e n d e s u n t e r e n T h o r a x s e g m e n t e s w e r d e n,
w e n n d i e L u n g e n u n v e r l e t z t b l e i b e n, d i e u n t e r d e r Z w e r c h f e l l-
k u p p e g e l e g e n e n T h e i l e p e r f o r i r t."

Symptome der einfachen Pleuraeröffnungen durch Projectile.

§. 319. Diese Verletzungen sind sehr schwer, oft gar nicht
bestimmt zu diagnosticiren.

Das Ausströmen der Luft bei der Exspiration, das Aspiriren
derselben bei der Inspiration lässt auf Eröffnung der Brusthöhle
schliessen. — Auch Emphysem der Haut kann bei einfachen
Pleuraeröffnungen entstehen, doch ist dasselbe circumscript und wenig
gespannt. Das wichtigste Zeichen ist der nach der Verletzung sich
bildende Pneumothorax. Er findet sich indessen oft genug nicht,
weil die Möglichkeit einer mehr oder weniger directen Communication
zwischen den Oeffnungen des Schusscanales und denjenigen der Pleura,
ohne Zweifel in Folge der unmittelbar bei und nach der Verletzung
stattfindenden Verklebungen und Verschiebungen fehlt. Je dicker die
Muskelschichten in der Gegend solcher Verletzungen, um so leichter
treten verschliessende Verschiebungen der Weichtheile ein, daher sind
die Gegend des Pectoralis major und Latissimus dorsi in dieser Hinsicht als die günstigsten Orte zu bezeichnen, wie S o c i n hervorhebt.
D e m m e sucht die Erklärung für das so häufige Ausbleiben des
Pneumothorax nach solchen Verletzungen in der physiologisch noch
ganz unerwiesenen Annahme einer so luftdichten Adhäsion zwischen
den Pleurablättern, dass dies Verhältniss durch das jähe und beschränkte
Durchdringen eines Projectils nicht aufgehoben werden könne. In
Ausnahmefällen kann die Verwundung gerade an einer solchen Stelle
stattgefunden haben, wo schon Adhäsionen der Lunge und Pleura be-
standen. Dann kann kein Pneumothorax entstehen. Wenn aber auch
gleich nach der Verletzung ein Pneumothorax vorhanden war, so kann
sich derselbe, wie K ö n i g gezeigt hat, beim Verschluss der äusseren
Wunde so schnell resorbiren, dass der Arzt keine Spur davon auffindet.
In andern Fällen dagegen — nach S o c i n vorzugsweise, wenn der
Schuss die Mitte der vordern Thoraxfläche auf beiden Seiten des
Sternum, besonders aber die Axillargegend im Bereiche des Serratus
getroffen hat — klafft die Wunde und es wird durch dieselbe Luft
aspirirt und so muss ein Pneumothorax, dessen klinische Zeichen
(Dyspnoë, heller tympanitischer Perkussionston, Fehlen des Athemge-
räusches, Verschiebung der Organe, amphorische Phänomene, Hervor-
wölbung der Intercostalräume, Emporhebung der Rippen, Ausdehnung der

kranken Seite, das Gefühl der Zusammenschnürung der Lungenbasis, Succussionsgeräusche etc.) wir hier als bekannt voraussetzen müssen, entstehen. Selten macht der einseitige traumatische Pneumothorax bei Schusswunden tumultuarische und gefährliche Symptome; der Blutverlust, welcher die Verwundungen begleitet, setzt das Athembedürfniss und damit die Dyspnoë herab.

Verlauf der einfachen Pleuraeröffnungen.

§. 320. Wenn kein Pneumothorax eintritt, sieht man meist derartige Verletzungen unter dem Schorfe rasch und ungestört heilen. Frazer hat gezeigt, dass eine Pleuritis unter diesen Umständen nicht einzutreten braucht. In der Mehrzahl der Fälle aber entsteht eine circumscripte oder diffuse exsudative Pleuritis, die wie die idiopathische verläuft, doch nur langsam und unter besonders günstigen Bedingungen zur vollständigen Resorption kommt (Socin). Arnold hat die interessante Thatsache festgestellt, dass bei der gleichzeitigen Verletzung beider Pleurablätter (also bei perforirenden Lungenschüssen) häufig nur umschriebene, bei der Verwundung der Costalpleura allein diffuse Exsudate zu Stande kommen, dass diese letztern somit für die Function der Lungen die bedeutenderen Verletzungen sind, weil sie dieselbe in höherem Grade gefährden. Die freien Exsudate erfüllen die Pleurahöhle, während die Lungen als fleischige Massen gegen die Wirbelsäule gedrängt sind. In den Fällen, in welchen Pneumothorax entsteht, kann, besonders bei schlechter Wundpflege, eine eitrige oder jauchige Pleuritis eintreten, welche, ohne ein kundiges operatives Eingreifen, eine hohe Lebensgefahr bedingt. Eine einfach adhäsive Pleuritis gehört nach diesen Verletzungen zu den seltensten, überaus glücklichen Ereignissen. — In 4 von Arnold secirten Fällen der Art fand sich einmal Pyothorax, einmal Pyopneumothorax, einmal eine circumscripte Pleuritis, einmal eine exsudative Pleuritis mit Compression der Lunge.

β. Penetrirende Brustwunden mit oberflächlicher Lungenverletzung.

§. 321. Hierher sind die Lungenschussverletzungen zu rechnen, bei welchen je nach der Richtung des Schusscanals ein Streifschuss der Lunge oder eine Perforation derselben in einem kleinen Durchmesser entsteht. Diese Verwundungen sind schon schwer bei den Sectionen nachzuweisen, klinisch meist kaum zu diagnosticiren. Socin rechnet 12 von seinen Fällen hierher. Zwei davon endeten letal, doch wurde bei der Section eine Lungenverletzung nicht aufgefunden. Klebs beschreibt eine offene Schussrinne des rechten unteren Lungenlappens. Zu diesen minder schweren Verwundungen sind auch die penetrirenden Brustwunden ohne Frakturen der Knochen, die den Thorax bilden, zu zählen. Früher hielt man derartige Verwundungen für unmöglich (Pirogoff). Neudörfer behauptet z. B., dass alle perforirenden Schussverletzungen der Brust mit Knochen- oder Knorpel-Verletzungen combinirt sein müssten, weil die Intercostalräume zu klein seien, um selbst das preussische Langblei durchschlüpfen zu lassen. Die letzten deutschen Kriege haben es aber ausser Zweifel gestellt, dass

das Chassepot-Projectil nicht nur, sondern auch das preussische Langblei die meisten Intercostalräume, ohne auch nur den Knochen zu berühren, durchdringen könne. Selbst die cylindro-konischen Geschosse
der Amerikaner haben derartige Verletzungen hervorgebracht, wie 20
im Generalbericht beschriebene Beobachtungen zeigen. Die Abwesenheit von Schussfrakturen macht aber den Verlauf der Lungenschusswunde wesentlich günstiger. Unter 14 Genesenen Socins konnte
nur 2mal eine Schussfraktur und beide Male nur an der Ausgangsöffnung nachgewiesen werden. Von den oben citirten Beobachtungen
aus Nordamerika endeten freilich 10, also 50%, tödtlich, doch sind
hier offenbar nur die schwereren Fälle berichtet worden.

Symptome und Verlauf dieser Verletzungen unterscheiden
sich nur graduell von denen bei den schwereren complicirten Lungenschusswunden, auf die ich daher hier verweise. Heilungen unter dem
Schorfe sind bei diesen Fällen oft beobachtet. Wenn die Läsionen
der Lungen auch oft einen linderen Verlauf nehmen, so führen sie doch
manche Gefahr für das Leben und das Organ herbei, denn sie bedingen öfter Eiterung und heilen daher sehr langsam und unter starker
Consumption der Kräfte des Patienten, oder verursachen den Tod desselben durch Verjauchung und Lungenbrand. In der Mehrzahl der Fälle
scheinen aber die Lungenwunden nicht zu eitern, sondern durch eine
narbige und schwielige Metamorphose des die verwundete Partie begrenzenden Gewebes (Arnold) zu heilen. Die grössten Gefahren
gehen von den Verletzungen der Pleurablätter aus. Nach Arnolds
Erfahrungen treten in diesen bald hochgradige Entzündungen mit
starker Exsudation ein, die Oberflächen verlöthen theilweise und es
bilden sich abgesackte Eiterheerde, welche leicht zur Sepsis führen.
Auch diffuse Empyeme kommen sehr oft darnach vor, zuweilen auf
beiden Seiten. Unter 5 von Arnold secirten Fällen der Art fand sich:

1) Eröffnung beider Pleurahöhlen, Pyothorax rechts, Hämothorax
links. Hautemphysem links. Fraktur der Scapula, der 5. und 6. Rippe rechts, des
Proc. spinos. des 6. Brustwirbels und der 4. Rippe links.
2) Fraktur der 6. Rippe rechts und des Proc. spinos. des 1. und 2. Brustwirbels: Lungenbrand rechts, lobuläre Heerde in der linken Lunge, Pleuritis
lateris utriusque.
3) Fraktur der 3. und 4. rechten Rippe: Ablösung der Pleura costalis und
Verletzung der Lunge rechts.
4) Fraktur der 2. und 3. linken Rippe: Verletzung der linken Lunge, Pyopneumothorax links, Pneumonie rechts.
5) Fraktur des Proc. spinosus des 12. Brustwirbels. Streifschuss des Proc.
spinosus des 11. Brustwirbels, Streifschuss der 8. und Fraktur der 9. rechten Rippe:
Abgesacktes pleuritisches Exsudat rechts, Pleuritis links, metastatische Hüft-
gelenksentzündung.

γ. Die umfangreichen Zerreissungen der Lungen durch
Projectile.

§. 322. Die perforirenden Thoraxschüsse sind meist mit Schussfrakturen der Thoraxknochen verbunden. Relativ selten werden
dabei die Clavicula und das Sternum — und zwar meist in der Eingangswunde —, häufiger noch die Scapula — und zwar fast immer in
der Ausgangswunde —, am häufigsten und sowohl beim Eintritt als
beim Austritt des Projectils die Rippen verletzt. Unter 11,715 Brustschussverletzungen im Nordamerikanischen Kriege fanden sich 446

Rippenbrüche ohne Eintritt, 505 mit Eintritt des Projectils in die Brusthöhle, Schussbrüche des Sternum in 51, der Wirbel in 92, der Clavicula in 136, der Scapula in 375 Fällen. So ein beobachtete unter 6 einfachen Pleuraeröffnungen eine, unter 20 oberflächlichen Lungenschusswunden zwei, unter 22 tiefgehenden Lungenschusswunden 8 Schussfrakturen : 16mal der Rippen, 2mal der Clavicula, 1mal des Sternum, 2mal der Dornfortsätze der Wirbel. Arnold fand unter den mit Schussfrakturen verbundenen perforirenden und penetrirenden Thoraxschusswunden 2mal die Clavicula, 1mal das Sternum, 15mal die Rippen und 3mal die Scapula verletzt. (Siehe auch §. 329 die Angaben von Berthold.) Diese Schussfrakturen bilden die wesentlichste Complication der Lungenschusswunden, da ihre Splitter die zerstörenden Wirkungen des Projectils verstärken und meist noch im Lungengewebe stecken bleiben. Daraus erhellt, dass die Rippenschussfrakturen der Eingangswunde viel gefährlicher sind als die der Ausgangswunde. Die Schussfrakturen der Scapula werden aber, wie Arnold hervorhebt, noch dadurch so gefährlich, dass die Scapula meist sehr stark splittert und nun die grosse Zahl der Splitter profuse Eiterungen und Eitersenkungen in den Weichtheilen des Rückens bedingen, welche die ausgiebigste Quelle für die Vorgänge der Infection innerer Organe abgeben. Zu den schlimmsten Schussfrakturen in Begleitung der perforirenden Brustschusswunden gehören die der Wirbel, des Schulter- und Ellenbogengelenkes und des Os humeri.

Die schwersten Zerreissungen des Lungengewebes werden durch explosible Schüsse hervorgerufen (also aus nächster Nähe). Die Ausgangswunde zeigt kolossale Defecte, dass man mit Fäusten hinein kann, von der lädirten Lunge bleiben nur zermalmte Fetzen über. Die Mehrzahl solcher Verletzungen führte wohl den Tod der Verwundeten auf dem Schlachtfelde herbei. Klebs beschreibt p. 79 einen solchen Fall, „dessen Verletzung so eigenthümlicher Art, dass man fast genöthigt ist, dieselbe als Folge eines Sprenggeschosses zu betrachten." Selbst bei perforirenden Schüssen aus weiteren Entfernungen machen die modernen Projectile noch sehr erhebliche Zerreissungen im Lungengewebe weithin über ihre Flugbahn hinaus. Auch bei ihnen ist die Ausgangswunde grösser und zerrissener, als die des Eingangs. Die Schusscanäle, welche den Thorax durchdringen, können direct von vorn nach hinten, oder von vorn oben nach hinten unten, oder von aussen vorn nach innen hinten, oder direct von oben nach unten etc. verlaufen. Die Section hat in vielen Fällen, wie besonders Koch hervorhebt, nachgewiesen, dass der Lungenschusscanal und die äussere Wunde eine gerade Linie darstellten, in anderen Fällen aber bildeten sie eine sehr krumme oder ganz unregelmässige Linie. Von der Länge und Richtung des Schusscanales hängt wesentlich die Prognose der Verletzung ab. Ueber die Läsionen des Lungengewebes selbst bei perforirenden Schüssen besitzen wir nur sehr spärliche Kenntnisse, weil die Sectionen meist zu einer Zeit gemacht werden, in welcher schon secundäre Veränderungen an den Schusscanälen bestehen und weil die gerichtsärztlichen Obductionen die Befunde stets zu dürftig schildern.

Blinde Schusscanäle sind in den Lungen oft beobachtet. Vielfach mögen dabei Täuschungen vorgelegen haben, denn die Schusscanäle in den Lungen schliessen sich zuweilen schnell durch theilweise Verklebungen besonders nach den Ausgangswunden hin. Wenn die Scapula, welche beim kämpfenden Soldaten hochgehalten wird, niedersinkt, so wird der Schusscanal unterbrochen und so kann man bei oberflächlicher Untersuchung zur Annahme eines blinden Schusses verleitet werden. Das Projectil steckt entweder in der Lunge, in den Thoraxwandungen oder an ganz entfernten Orten. Arnold fand dasselbe 1mal auf dem Zwerchfell, 2mal an der Wirbelsäule, 1mal in der Leber. Mit dem Vorrücken der Eiterung oder Nekrose senkt sich dasselbe im Lungengewebe oder im Thoraxraum, wie in einem von Arnold beschriebenen Falle.

Diagnose und Symptome der Lungenschusswunden.

§. 323. In der Mehrzahl der Fälle liegt die Diagnose der Lungenschusswunde meist klar vor Augen. Unter den Zeichen ist die Hämoptoë sehr werthvoll. Freilich fehlt dieselbe auch und darf überhaupt nur bei längerem Bestande und copiöserem Auftreten als ein untrügliches Symptom einer Lungenschussverletzung betrachtet werden. Das Ausbleiben der Hämoptoë schliesst also eine Lungenläsion nicht aus, da die starke Quetschung der Wandungen des Schusscanals einen sofortigen Verschluss der verletzten Lungengefässe herbeiführen kann. Frazer berichtet, dass unter 9 tödtlichen Lungenschusswunden nur 1mal, unter 7 tödtlichen Thoraxschussverletzungen ohne Läsion der Lungen 2mal, unter 12 zur Genesung führenden Lungenschusswunden nur 3mal Hämoptoë beobachtet wurde. Die Nordamerikaner erwähnen in 492 Fällen (unter 11,715), Chisolm unter 200 Lungenschusswunden nur in 24 Fällen dieses Symptomes. Ich beobachtete dasselbe in 23% der Lungenschussverletzungen. Siehe auch (§. 329) die Angaben von Berthold und Mossakowski.

Die Tromatopnoea, d. h. das Austreten von Luft (oft auch blutigen, feinblasigen Schleimes) aus der äusseren Wunde, sehr häufig mit einem weit hörbaren zischenden Geräusch verbunden, ist ein sehr wichtiges, doch seltenes Zeichen für die Diagnose einer Lungenläsion. Dasselbe findet sich nur, wenn die von einem kurzen und geraden Schusscanale getroffene Lungenpartie direct mit den Brustwandungen verlöthet oder wenn bei Eröffnungen der Pleurahöhle die Lunge noch beweglich und in Action geblieben ist. Die Nordamerikaner erwähnen desselben nur in 49 Fällen, Frazer unter 51 Fällen von Lungenschussverletzungen nur 7mal, Koch unter 19 Fällen 2mal.

Dyspnoë fehlt öfter bei schweren Lungenschussverletzungen und pflegt überhaupt bei ihnen um so geringer zu sein, je hochgradiger durch die bei der Verletzung stattgehabten Blutverluste die Anämie der Verwundeten, je niedriger also ihr Athembedürfniss ist. In der Mehrzahl der Fälle ist dieselbe aber in verschiedener Höhe bei den Verwundeten nachgewiesen und sie steigert sich oft zu grosser Angst und furchtbaren Beklemmungen, besonders wenn beide Lungen verletzt wurden. Unter Frazers 51 Fällen wurde bemerkenswerthe Dyspnoë 13mal beobachtet: 3mal unter 9 tödtlichen Lungenschusswunden, 3mal unter 9 tödtlichen Thoraxschussverletzungen ohne Lungenläsionen, 2mal bei 12 zur Genesung führenden Lungenschusswunden, 4mal unter tödtlichen Lungenschussverletzungen, die von Matthew berichtet sind und 1mal unter 9 Genesenden bei demselben Autor.

Lumbarekchymosen sind nicht selten bei perforirenden Brust-wunden beobachtet worden (Valentin), und Larrey hält dies Zeichen für ein sehr pathognomonisches. Ich habe dieselben niemals gesehen, auch die vielerfahrenen Amerikaner nicht. Mit Recht sagt daher wohl Le-gouest: „Ce symptome est sans importance et son apparition, toujours tar-dive, s'ajoute rien au diagnostic." Der genetische Zusammenhang zwischen diesem Zeichen und der Lungenschusswunde wäre auch schwer zu finden.

Ein fast constantes Ereigniss nach einer perforirenden Lungen-schusswunde ist der Eintritt eines primären Pneumothorax. Die Luft strömt meist von aussen her durch die Thoraxwunde in die Pleurahöhle ein. Bei jeder klaffenden Thoraxwunde muss, wie schon Donders ge-zeigt hat, die atmosphärische Luft in die Brusthöhle eindringen, weil, sobald der Thorax sich ausdehnt, die Luft eher durch die klaffende Wunde tritt, als durch die Luftröhre, da sie auf letzterem Wege den Widerstand der Elasticität der Lungen zu überwinden hat. Dass dabei auch die Grösse der Wunde eine wichtige Rolle spielt, ist leicht ver-ständlich. Ist die Thoraxwunde grösser als die Glottis, so erfolgt der Collapsus der Lungen schneller, als wenn dieselbe kleiner ist, als diese. Bei langen Schusscanälen, bei grosser Entfernung der beiden Oeffnungen von einander, bei Verschiebungen der Weichtheile an den Schusswunden kann dagegen nur wenig, vielleicht auch gar keine Luft von aussen her in den Thoraxraum eindringen. Oft wird durch die Rippenfrag-mente und durch Contractionen der Muskeln ein ventilartiger Verschluss der äusseren Wunde zu Stande kommen. Auch mögen Verwachsungen der Pleurablätter, welche schon vor der Verletzung bestanden, häufig den Eintritt des primären Pneumothorax verhindern. Da aber die Weichtheile bald schwellen, die Pleurablätter mit einander verkleben, so wird diese Quelle des Lufteintrittes in die Pleurahöhle bald verstopft, wenn nicht durch Nekrosen an den Schusswunden die Oeffnungen sich vergrössern. Aus der Lungenwunde strömt nur dann viel Luft in den Thoraxraum, wenn ein grösserer Bronchus verletzt ist. Die eröffneten Lungenalveolen werden meist sofort durch extravasirtes Blut verschlossen (Arnold). Secundär entwickelt sich ein Pneumothorax bei perforirenden Lungen-schusswunden, wenn sich ausgedehnte Lungenzerstörungen durch jauchige Eiterungen in die Pleurahöhle eröffnen, oder wenn sich Brandschorfe, fremde Körper, auch Blutcoagula lösen, welche die Lungenschusswunden verlegt hatten. Meist aber wird die Entwicklung desselben durch Pleu-ritiden verhindert.

Seltener findet sich ein primäres weitverbreitetes Hautem-physem, häufiger ein circumscriptes nach Lungenschussverletzungen. In erstaunlicher Ausbreitung und Höhe hat man dasselbe beobachtet, wenn der Schusscanal offen mit den Hautwunden correspondirt und letztere so klein sind, dass die Luft nicht frei nach aussen, sondern fast nur unter die benachbarten Weichtheile strömen kann. Die Nord-amerikaner erwähnen dieses weitverbreitete Emphysem unter der kolos-salen Zahl ihrer Aufzeichnungen nur 38mal, Frazer unter seinen sorg-fältigen Beobachtungen nur 6mal, im Neuseeland-Kriege trat dasselbe unter 23 Fällen nur in 6 ein; Hennen taxirt das Vorkommen dieses Symptoms auf 1:50, Neudörfer auf 1:200. Chisolm, Jeffery, Williamson bezeugen durchweg die Seltenheit desselben. Wenn aber ein primäres weitverbreitetes Hautemphysem vorhanden ist, so kann man auch mit Bestimmtheit eine Läsion der Lunge annehmen; ein circumscriptes Hautemphysem hat aber oft einen andern Ursprung (Aspiration, Blutzersetzung, Brand etc.). Zuweilen findet sich Hautemphysem nach Schussverletzungen der Lungen und kein Pneumothorax (H. Fischer). Secundär entwickelt sich zuweilen dies Symptom noch bei Lungenschusswunden, wenn sich der Blutpfropf oder Brandschorf, welcher die Lungenverletzung verstopfte, löst und dadurch die Communication des Schusscanals nach aussen frei wird. Früher fürchtete man das Hautemphysem ungemein (so sagt noch Hennen: „when I first entered on the practice of military surgery, the fear of emphysema actually haunted my hours of repose"), heute nicht mehr.

Hämothorax folgt fast allen perforirenden Lungenschusswunden: er ist also ein steter Begleiter des Pneumothorax und kann letzteren sogar verdrängen oder doch sehr beschränken. Unter 12 Lungenschusswunden fand Schmidt 10.nal Hämo- und Hämopneumothorax.

Klebs ist anderer Ansicht. Nach seinen Experimenten schliessen sich die Lungenschusswunden zum Theil durch Blutungen in die Alveolen, zum Theil durch Retractionen des getrennten elastischen Gewebes der Alveolarwand sehr schnell und deshalb erfolgen nach seiner Meinung so selten grössere Blutungen in die Pleura nach Schussverletzungen der Lungen. Die chirurgische Erfahrung spricht gegen diese Anschauungen; der Hämothorax war schon resorbirt, wenn Klebs die Patienten zur Untersuchung bekam.

Die gründliche physikalische Untersuchung des Thorax ist wegen der Dyspnoë und Hämoptoë selten gleich nach der Verletzung möglich, bringt aber dann auch das beste Licht über die Art und den Umfang der Lungenverletzung und ihre Folgen. Die Franzosen (Reynier) erwähnen eines eigenthümlichen Geräusches nach Brustverletzungen, des sogenannten Mühlradgeräusches, welches durch Gas oder Flüssigkeitsansammlung im Pericardium oder ausserhalb desselben, im Mediastinum anticum, zu Stande kommen soll. Ich habe dasselbe noch niemals hören können, seitdem ich darauf geachtet habe. Eine mikroskopische Untersuchung der Sputa sollte nach Lungenschusswunden niemals unterlassen werden, da man oft in denselben elastisches Gewebe, Lungenfetzen oder Restchen von den eingedrungenen fremden Körpern (z. B. Baumwollenfaden) findet.

Mit diesen Zeichen muss man sich begnügen und genügen dieselben auch meist nicht zu einer erschöpfenden Diagnose, so ist man anfänglich auf eine Wahrscheinlichkeitsdiagnose, welche in zweifelhaften Fällen lieber die schlimmere Verletzung als vorhanden annimmt, angewiesen, bis der Verlauf die Zweifel hebt. Eine Digitaluntersuchung der perforirenden Brustwunden zu diagnostischen Zwecken ist schlechterdings verwerflich.

Verlauf und Ausgänge der penetrirenden Lungenschusswunden.

α. Heilung unter dem Schorfe.

§. 324. Dass Lungenschusswunden prima intentione und unter dem Schorfe heilen können, ist durch klinischen Verlauf und Obduction wiederholt constatirt worden. Nach den Beobachtungen von Klebs zeigt zwar die Lunge im allgemeinen eine geringe Leistungsfähigkeit

in der narbigen Schliessung des Schusscanals, doch ist auch wieder
der an der Oberfläche der Wundcanäle vor sich gehende Vernarbungs-
process schon frühzeitig eingeleitet und vollendet. „Die Wundflächen
retrahiren sich, bluten wenig, überziehen sich mit einer dünnen Faserstofflage, unter welcher nun die Gewebsneubildung stattfindet. Hierdurch
wird in kurzer Zeit ein genügend fester Verschluss der respirirenden
Lungenfläche gegen die Wunde gebildet. Narbenretractionen bilden
sich selbst bei älteren Lungenschüssen nur von den Pleuraflächen aus."
Besonders den blinden Schusscanälen soll nach Klebs eine auffallend
geringe Neigung, durch Granulation und Narbenbildung zu heilen,
eigen sein. „Die Wundhöhle, welche sich durch Zusammenziehung
der zerrissenen elastischen Elemente erweitert, überkleidet sich mit
einer dünnen, gleichsam serösen Membran, welche aus interstitieller
Wucherung der obersten, collabirte Alveolen enthaltenden Gewebsschicht
hervorgehen. Eine vollständige Vernarbung scheint erst durch Vascularisation der Faserstoffmassen geschehen zu können." Gegenüber diesen
Resultaten der Klebs'schen Untersuchungen bleibt die Thatsache auffällig, dass man so oft bei den Sectionen keine Spur mehr von der
Lungenschusswunde auffinden konnte, selbst wenn dieselben kurze Zeit
nach der Verletzung und von den bewährtesten Händen, wie in den Berliner
Baracken, vorgenommen wurden. Auch Arnold hebt diese Thatsache
der schnellen Heilung vieler Lungenschusswunden hervor und betont,
dass in einzelnen Fällen schon nach einer kurzen Frist wenige nur noch
geringgradige Veränderungen des unmittelbar von der Verwundung
betroffenen Gewebes nachweisbar waren und dass an denjenigen Stellen,
an welchen nach der ganzen Richtung des Schusscanales die Durchbohrung des Lungengewebes stattgefunden haben musste, in diesem
nur noch eine lineäre Narbe aufzufinden war (l. c. p. 40). Dasselbe
berichtet Schmidt, welcher 2 Fälle von penetrirenden Schusswunden
der Lungenspitze unter dem Schorfe ohne jede Affection der Pleura,
oder ohne eine Spur von Eiterung heilen sah.

Nach Arnolds Untersuchungen ist die frische Lungenschusswunde zuerst im Zustande der begrenzten hämorrhagischen Infiltration.
Durch die ausgetretene und sofort gerinnende Blutmenge wird eine
weitere Exsudation verhindert und es verkleben nun die Wandungen
des Schusscanals mit einander. Die den Schusscanal ausfüllende
Thrombusmasse wird keine beträchtliche sein, weil sich sehr wahrscheinlich nach dem Durchgange der Kugel das nicht getroffene
Lungengewebe wieder ausdehnt. Es treten nun jene Metamorphosen
in dem so beschaffenen Gewebe ein, wie sie bei der Heilung von
Wunden an gefässreichen Theilen fast immer wahrgenommen werden.
Schliesslich bildet sich eine lineäre Narbe, welche oft so fein ist, dass
sie nur mikroskopisch nachgewiesen werden kann.

In neuerer Zeit hat Sleschanowsky mit Sklifassowski Experimente
darüber angestellt, in welcher Weise der Schusscanal im Lungengewebe verheile.
Wir geben die wenig wichtigen Ergebnisse dieser Forscher nach dem dürftigen
Referate bei Roth (Jahresbericht 1880 p. 87). Das Original war mir weder zu-
gänglich, noch verständlich. S. fand, wie schon Pirogoff, Klebs und Billroth,
dass das Lungengewebe keine grosse Neigung zur Entzündung und überhaupt zu
starker Reaction habe. Ein- und Austrittswunde seien bei den Hunden gleich
schnell verheilt. Einmal sei eine Rippe getroffen gewesen und ein Splitter derselben in den Schusscanal gerathen, indessen sei auch dieser Fall ohne jede Eite-

rung unter dem Schorfe verheilt. In allen Fällen (20) fand S. bei der Section
die Lungen nur auf einem sehr kleinen Raum mit der Pleura resp. dem Brustkorbe verwachsen und zwar an der Ein- und Ausgangswunde ganz gleich. In
keinem Falle wurden ausgebreitete Entzündungen der Lungen und Pleura beobachtet. Entsprechend der mit dem Brustkorbe verwachsenen Partie fand sich in
allen Fällen auf der Oberfläche des Lungengewebes eine kleine lineäre Narbe,
den Schussöffnungen entsprechend. An allen anderen Stellen war das Lungengewebe überall für Luft durchgängig. Der frühere Schusscanal bildete einen
Streifen gut organisirten Bindegewebes, welches die angrenzenden Alveolen
zusammenpresste und ihnen das Aussehen von in die Länge gezogenen schmalen
Hohlräumen, oder unregelmässigen Dreiecken (mit stellenweise an den Wänden erhaltenen Epithelzellen) gab. Das Epithel der Alveolen war zeitweise geschwellt
und trübe, zeigte aber sonst keine wesentlichen Veränderungen.

β. Ueble Ausgänge der perforirenden Lungenschusswunden.

§. 325. Nicht so selten, wie Klebs meint — (K. will unter 20 Obductionen bei perforirenden Schusswunden nur 1mal Pneumonie gefunden
haben) —, auch nicht so circumscript, wie Socin behauptet — (er
will die Hepatisation nur in einer Dicke von 2–3 mm Durchmesser in
der Umgebung des Schusscanals beobachtet haben) —, kommt eine
pneumonische Infiltration nach dem übereinstimmenden Urtheile der
Autoren — (Frazer fand dieselbe bei 13 Sectionen, die Nordamerikaner
beobachteten 285mal († 222) Pneumonien as a grave complication of
the penetrating und 7mal († 6) of the non penetrating wounds of the
chest) — im Verlaufe der Lungenschusswunden vor. Diese traumatischen
Pneumonien lösen sich niemals ganz, sie führen vielmehr in günstigem
Falle zur bindegewebigen Induration und Schrumpfung des Lungengewebes, in ungünstigem zu chronischen Pneumonien und Eiterungen im
Lungengewebe, den sogenannten phthisischen Zuständen, welche penetrirenden Lungenschüssen zu folgen pflegen. Hennen beschreibt dieselben als „consumption". In noch schlimmeren Fällen kommt es zur
jauchigen Infiltration und zur Entwicklung putrider Stoffe in
der verletzten Lunge mit allgemeiner Sepsis. Dieser Ausgang ist
bei Lungenschussverletzungen nicht häufiger als bei anderen Schussverletzungen, vielleicht noch seltener. Vorwaltend hat man ihn beobachtet bei blinden, mit fremden Körpern complicirten Schusscanälen,
bei starken hämorrhagischen Infiltrationen der Lungen und bei weiten
Communicationen zwischen den Lungenschusswunden und den eiternden
Weichtheilwunden. Klebs hält den freien Zutritt der Luft für das
gefahrbringende Moment, mir scheint die Verschleppung putrider Fremdkörper in die Lungen und die Einwanderung septischer Substanzen
von den eiternden Weichtheilen her weit verhängnissvoller zu sein.
In anderen Fällen entwickelt sich ein Lungenabscess nach der
Lungenschusswunde. Derselbe bildet sich meist um eingedrungene
fremde Körper und umfangreiche Zermalmungen des Lungengewebes,
ist von verschiedener Grösse, doch immer findet sich nur einer,
während die pyämischen Lungenabscesse multipel sind. In günstigeren
Fällen brechen die Lungenabscesse in die Bronchien durch und werden
durch die Expectoration entleert. So können dieselben wohl auch noch
ausheilen. Meist gehen aber die Patienten doch schon vorher an dem
septischen Fieber und an Entkräftung zu Grunde. Der Durchbruch
der Lungenabscesse führt schnell eine jauchig-eitrige Pleuritis herbei.
Auch nach aussen hat man die Lungenabscesse sich entleeren sehen.

Unter allen Umständen aber bleibt die Gefahr, welche dieselben bedingen, fast gleich gross. Bemerkenswerth ist die Thatsache, dass man in der nicht verletzten Lunge so häufig lobuläre Entzündungsheerde gefunden hat. Dieselben entstehen nach Arnolds Beobachtung entweder dadurch, dass Jauchemassen aus dem Bronchialbaum der verwundeten Lunge in denjenigen der unverletzten z. B. bei unvollständiger Expectoration herüberbefördert werden. Es wäre dies eine locale Infection durch unmittelbare Uebertragung des Giftes von einer Lunge in die andere. Oder es handelt sich um eine allgemeine Infection, deren Theilerscheinung die lobulären Heerde in der gesunden Lunge sind. Unter den ungünstigsten Bedingungen tritt Brand der verletzten Lunge ein. Dies Ereigniss ist freilich glücklicher Weise sehr selten nach Schussverletzungen der Lungen, und zwar wohl desshalb, weil die verletzte Lunge collabirt und durch blutig-eitrige Exsudate oder Luftaustritt comprimirt gehalten wird. Nur ganz beschränkte Brandformen hat man ausheilen sehen, die umfangreicheren führen stets schnell zum Tode.

§. 326. Weit grössere Gefahren, als von der Lungenwunde, gehen von der Pleuraverletzung aus. Unter günstigen Bedingungen verkleben die Pleurablätter sehr schnell an der verletzten Gegend (einfache adhäsive Pleuritis). Die Lunge wird dadurch wieder erweitert und kann in volle Function treten. Arnold hebt daher mit Recht hervor, dass die Verletzung des Lungengewebes bei den perforirenden Lungenschusswunden keineswegs ein für den Respirationsact unbedingt gefährdendes Ereigniss ist. Diese schnell eintretenden Verklebungen der Pleurablätter bedingen aber auch die Gefahr, dass dadurch tiefer liegende Eiterheerde in der Lunge und Pleurahöhle abgesackt werden können. Arnold hat festgestellt, dass bei gleichzeitigen Verletzungen beider Pleurablätter frühzeitig feste Verklebungen zwischen denselben zu Stande kommen, während bei alleinigen Läsionen der Pleura costalis diffuse pleuritische Exsudate sich bilden. Sehr selten entstehen seröse Pleuritisformen nach perforirenden Lungenschüssen, meist sind dieselben eitrig — besonders bei frühzeitigem Verschluss der Pleurawunden —, jauchig-diphtheritische bei weithin offenen, mit Hämopneumothorax verbundenen. Letztere gefährden durch Beschränkung der Respirationsfläche und septische Allgemeininfection das Leben der Patienten in der schlimmsten Weise. Zu jeder Zeit des Wundverlaufes kann sich ein Empyem entwickeln, doch nimmt die Gefahr des Ausbruchs putrider Pleuritisformen mit jedem Tage nach der Verletzung ab. Abgesackte pleuritische Exsudate entstehen besonders oft erst in späteren Zeiten des Wundverlaufes. Sie sind meist nicht leicht zu erkennen.

Als Zeichen des Empyems sind zu betrachten: Fieber mit hektischem oder intermittirendem Charakter, Erhöhung der Temperatur auf der kranken Seite um 0,5°C. (Fräntzel), wiederholte Schüttelfröste, ein intensiver, lange anhaltender Schmerz, Oedem der betreffenden Brusthälfte, das Verschwinden der Flüstersprache an der kranken Seite etc. Das sicherste Mittel, sich über die Natur eines pleuritischen Exsudates zu vergewissern, ist die Probepunction. Zu derselben nimmt man einen dünnen Troicart, nicht die leicht abbrechbare Pravaz'sche Spritze und stösst ihn so tief ein, dass man auch sicher die untere Schicht des

Exsudats abzieht. Es versteht sich von selbst, dass antiseptische Cautelen auch bei dieser Operation nicht unterlassen werden dürfen. Sehr oft entleeren sich die Empyeme spontan, doch selten total durch die Bronchien, oder sie brechen nach aussen oder in den Darm durch (Wolff).

Häufig wird auch die Pleura der nicht lädirten Seite in Mitleidenschaft gezogen, nicht selten auch das Pericardium. Je putrider die Pleuratranssudate an der verletzten Seite sind, desto leichter treten Infectionen aller serösen Häute der Thoraxhöhle ein.

§. 327. Die Schussverletzungen beider Lungen führten fast immer schnell, oft immediat, den Erstickungstod herbei, wenn doppelseitiger Pneumothorax danach eintrat. Es gibt aber doch eine Reihe von Beobachtungen, in welchen Patienten mit doppelseitigen Lungenschusswunden längere Zeit gelebt haben oder genesen sind. Schon Hemman, Schlichting, Ravaton, Van Swieten, Forestus und Schmucker berichteten derartige Beobachtungen (Otis). Aus neueren Kriegen erwähnt

Demme 12 Fälle von doppelseitigen Lungenschusswunden († 9).

Macleod 4 „ „ „ „ — alle starben in kurzer Zeit.

Fraser 1 Fall von doppelseitiger Lungenschusswunde — Patient lebte 3 Tage.

Wood sah, wie er sagt, wenige Patienten nach doppelseitigen Lungenschusswunden genesen.

Nordamerikaner 7 Fälle von doppelseitigen Lungenschusswunden, davon starb 1 Patient am 14. Tage.

Mossakowski vermuthet bei 6 französischen Invaliden aus dem deutsch-französischen Kriege eine doppelseitige Lungenschussverletzung.

Arnold erwähnt eines Patienten, welcher erst am 23. Tage nach der Verwundung starb und bei der Section einen Streifschuss der linken und eine perforirende Schussverletzung der rechten Lunge darbot.

Erichsen und Otis bezweifeln auch diesen Fällen gegenüber die Möglichkeit, dass so schwerverletzte Patienten am Leben bleiben können. Wenn dieselben aber 14 Tage oder 23 Tage mit der Verwundung und ihren Folgen existirten, wie die obducirten Patienten, so liegt doch auch kein Grund vor, zu bezweifeln, dass dies nicht noch länger möglich wäre.

Mehrfache Schussverletzungen einer Lunge sind auch beschrieben. Sie führten, wenn sie überhaupt heilten, zur völligen Verschrumpfung der Lunge.

Ein in Görlitz lebender Invalide hatte 1870 3 perforirende Schüsse auf der rechten Seite erhalten. Patient ist vollkommen geheilt, nur die rechte Lunge total verschrumpft und fast ganz ausser Function.

§. 328. Lungenvorfall ist bei perforirenden und penetrirenden Thoraxschusswunden selten. Die Nordamerikaner erwähnen 8 Fälle der Art. In 6 Fällen lag derselbe an und unter der 9. Rippe, in 2 unterhalb der Brustwarze. Mehrere waren mit gleichzeitigen Verletzungen der Bauchhöhle und Vorfall von Baucheingeweiden complicirt, drei von diesen Fällen verliefen mit Wahrscheinlichkeit tödtlich, von den fünf Ueberlebenden trugen drei Retentionsbandagen mit concaven Pelotten. Einer hat eine Hernia ventralis, zwei haben Herniae diaphragmaticae. Morel-Lavallée hat 30 Fälle von Lungenvorfällen gesammelt, davon betrafen nur 3 Schusswunden (Richerand, Cloquet, S. Cooper). Guthrie erwähnt ausserdem 3, Demme 4, Baudens einen Lungenvorfall nach Schussverletzungen. Beaunis berichtet, dass die Franzosen bei der Loire-Armee 1871 unter 17 perforirenden Brustschüssen 2mal Lungenvorfälle beobachtet hätten. Auch Wahl beschreibt aus diesem Kriege einen Fall der Art. Ueber das Zustandekommen des Lungenvorfalls hat Cloquet zwar sehr gründliche Studien gemacht, ist aber dabei doch zu wenig stichhaltigen Resultaten gekommen.

Endresultate der Behandlung der Lungenschussverletzungen.

§. 329. Die Erfolge sind bisher keine sehr glänzenden gewesen. Die dabei stattgehabte Mortalität werden wir gleich kennen lernen. Bei den Genesenen blieb die Function der lädirten Lunge selten erhalten, da dieselbe theilweis oder ganz verschrumpfte. Der Ausfall eines grössern oder kleinern Theiles der Respirationsfläche bedingt Kurzathmigkeit und beschränkte Arbeitsfähigkeit. Wir haben schon gesehen, dass nach solchen Verletzungen chronische Lungen-Eiterungen und -Verschwärungen gern zurückbleiben, welche zur Schwindsucht führen. Fisteln aus cariösen Rippen und aus nicht geschlossenen Eiterhöhlen in der Pleura bestehen oft noch durch viele Jahre. Amyloide Nephritis schliesst sich nicht selten an diese langdauernden Eiterungen.

Hannover fand 1870 unter den dänischen Invaliden aus dem Jahre 1864 noch Brustfisteln bei einigen Lungenverletzten, bei 3 war eine Herzkrankheit entstanden, bei mehreren war die Beweglichkeits-Innervation des Armes gestört.

In den letzten Kriegen sind die Endresultate der Behandlung der perforirenden und penetrirenden Brustschusswunden entschieden viel günstiger gewesen. Besonders tritt diese erfreuliche Thatsache aus einigen Berichten, welche wir über die Invaliden des deutsch-französischen Krieges besitzen, unbestreitbar hervor.

So fand Berthold im 10. Armee-Corps 63 Soldaten, welche Verletzungen des Rippenfells und der Lungen im Kriege erhalten hatten. Von diesen wurde nur 1 dauernd ganz invalid mit Verstümmlung, 26 grösstentheils, theilweis 5; temporär ganz invalid 3, grösstentheils 8, theilweis 8. Die überaus günstigen Heilerfolge mancher Fälle möchten fast an der Richtigkeit der Diagnose zweifeln lassen, sagt Berthold, und es mögen auch einzelne Contourschüsse zu den perforirenden gezählt sein, obgleich bei denselben sich überall in den Attesten angemerkt findet, dass nach der Verwundung anfangs Bluthusten längere Zeit bestanden habe; sodann wird in denselben vermindertes Athmungsgeräusch, matter Perkussionston als Beweis partieller Verdichtung des Lungengewebes, pleuritische Ausschwitzung, sowie zurückgebliebener Hustenreiz, gesteigerte Athmungsfrequenz bei Bewegungen angegeben und die subjectiven Empfindungen, Brustschmerz, Gefühl des Druckes und der Beklemmung, hervorgehoben. Im ganzen sind aber solcher anzuzweifelnden Fälle nur wenige, bei den übrigen sicherte der ganze Krankheitsverlauf und die zurückgebliebenen Störungen die Diagnose. In 16 Fällen war 1 Rippe, in 2 2 Rippen getroffen, theils vollständig frakturirt, theils nur zersplittert. Durchbohrungen des Schulterblattes werden 6mal erwähnt. Das Schlüsselbein war 1mal gebrochen. In 23 Fällen wird ausdrücklich angegeben, dass der Verletzung mehr oder weniger starker und lange anhaltender Bluthusten gefolgt sei, 4mal ist sehr heftige Pneumorrhagie aufgetreten, Pneumothorax wird 3mal, Emphysem 2mal hervorgehoben, umfangreiche pleuritische Ergüsse werden 13mal, ausserordentlich bedeutendes Empyem nur 1mal angeführt. Eingesunkensein der betroffenen Brusthälfte und messbarer geringerer Umfang derselben (Differenz 4 cm) wird nur 2mal angegeben. Der Grad der Erwerbsunfähigkeit war abhängig von dem Umfange der zurückgebliebenen pleuritischen Ergüsse, der bestehenden Athemnoth, der Fortdauer eitrig-schleimigen Auswurfes, der mehr oder weniger erfolgten Schädigung der gesammten Körperconstitution. Im allgemeinen waren die Fälle, wo gleichzeitig Rippenfrakturen bestanden, die schwereren: dagegen liess sich nicht nachweisen, dass die Länge des Weges, welchen die Kugel durch das Lungengewebe genommen, in einem geraden Verhältniss zur Schwere der Verletzung und der hieraus resultirenden Erwerbsunfähigkeit stand. Von den 16 gänzlich Erwerbsunfähigen hatten 3 das Geschoss noch im Thorax.

Stoll heilte von 16 penetrirenden Brustschusswunden 9 und fügt hinzu, dass von diesen 5 nach Jahresfrist wieder zur Untersuchung gekommen seien, wobei die Abwesenheit von bedeutenden Folgezuständen constatirt wurde.

Wesentlich ungünstiger lauten die Resultate Mossakowski's, welcher freilich die Verwundeten noch in den Endstadien der Behandlung sah und daher nicht über abgeschlossene Fälle, wie Berthold, berichten kann. Von 77 französischen Invaliden schienen ihm 29 nicht penetrirende Thoraxverletzungen gehabt zu haben: 43 zweifellos penetrirende. In 42 derselben konnte M. noch Residuen pleuritischer Exsudate, meist abgesackte, in Schrumpfung begriffene Empyeme, welche durch eine der Wundöffnungen nach aussen communicirten, constatiren. Ausserdem bestand bei der grossen Mehrzahl heftiger Katarrh mit schleimig-eitrigem Auswurf, bei vielen war der Allgemeinzustand noch sehr schlecht und die Prognose sehr zweifelhaft. Wohl am schlimmsten daran waren 7, bei denen das Projectil noch in der Brust steckte und zu chronisch-ulcerativen Entzündungen an der Pleura und dem Lungengewebe geführt hatte. M. hatte den Eindruck, dass diese Patienten einem sicheren Tode an Phthisis entgegengingen. 40 dieser Patienten hatten Hämoptoë gehabt.

Die Zahlen in diesen beiden Berichten sind entschieden noch zu geringfügig, ein grösseres Material und eine umfassendere Statistik der Schussverletzungen der Lungen kann erst einen sicheren Einblick über die Endresultate der Behandlung der perforirenden Lungenschüsse geben. Leider schweigt der nordamerikanische Gesammtbericht über diesen Punkt vollständig.

Nicht unerwähnt wollen wir es aber lassen, dass auch ein günstiger Einfluss einer Lungenschussverletzung auf ein altes Lungenleiden beobachtet worden ist. Hennen sah danach ein altes krampfhaftes Asthma, Desgenettes, Larrey, und Parson sogar Lungenschwindsuchten heilen. Auch der wortkarge und vorsichtige Macleod sagt: „Veritable Phthisis has however, as is well known been cured by the rough medication of a gunshot-wound." Mir sind diese Beobachtungen bis zur Stunde äusserst zweifelhaft.

Prognose der Brustschusswunden.

§. 330. Die Prognose der Schusswunden der Lungen und Pleura ist überaus unsicher und ungünstig.

a) Aus der Lage des Schusscanals ist kein Schluss auf die Verletzung der Lunge und des Grades derselben zu ziehen.

b) Complicationen mit Bluthusten, Rippenbrüchen (besonders an der Eintrittswunde) und hohem Fieber trüben die Prognose sehr.

c) Fehlender Bluthusten darf über die Prognose nicht täuschen, da doch eine perforirende Lungenwunde vorhanden sein kann.

d) Die gefahrdrohenden Symptome können noch viele Wochen nach der Verletzung eintreten.

e) Eine wichtigere Rolle als die Lungenschusswunden und ihr Verlauf spielen bei der Prognose die Pleuraverletzungen und ihr Verlauf.

§. 331. Am besten erhellt die Ungunst der Prognose aus der
Mortalität der Brustschusswunden.

a) Mortalität nach Brustschusswunden im allgemeinen.

Franzosen in der Krim 30%
Engländer „ „ „ . . . . 28,50% (Frazer)
Sympheropol (Russen) . . . . 98,05% „
Paris 1830 . . . . 50% „
„ 1848 . . . . 44% „
„ 1850 . . . . 45,5% „
Schlacht bei Kilet . . . . . 50% „
„ „ Idstädt . . . . . 17% „
Dänischer Krieg (nach Schütz) . 20% „
In Italien nach Chenu . . . . 18% „
In Nordamerika (Gesammtbericht) 25%
In Dänemark 1864 (Löffler) . . 68%
Im französisch. Kriege nach Beck,
H. Fischer, Lossen, Bill-
roth, Socin, Poncet (527 † 158) 30%.

Unter diesen Statistiken ist die einzig werthvolle die von Löffler,
weil dieselbe auch die Gefallenen mit in Rechnung bringt; einen gleich
hohen Werth haben wohl die aus den Pariser Revolutionen berechneten
Zahlen.

b) Sterblichkeit bei den perforirenden Brustwunden.

Schwartz hat behauptet, dass die Patienten mit perforirenden
Brustschusswunden a priori zu den Todten zu zählen seien. Ganz so
schlimm steht es freilich nicht — aber doch recht traurig mit der
Sterblichkeit nach perforirenden Brustwunden. Es verloren:

Franzosen in der Krim (Chenu) . . . 491 † 450 = 91,6%
Engländer „ „ „ (Matthew) . . 164 † 130 = 79,2%
Franzosen in Italien (Chenu) . . . . 256 † 119 = 46,48%
Italienischer Krieg nach Demme . . . 159 † 97 = 61,0%
Im nordamerikanischen Kriege . . . . — 60,3%
Preussen 1864 in Schleswig (Löffler) . 137 † 57 = 41,6%
Dänen 1864 in Schleswig (Löffler) . . 113 † 76 = 67,2%
K. Fischer in Böhmen . . . . . . 45 † 24 = 53,3%
Biefel 1866 in Landeshut . . . . . 15 † 8 = 53,3%
Stromeyer, Langensalza . . . . . 47 † 31 = 65,9%
Neu-Seeland-Krieg (Mouat) . . . . 23 † 15 = 60,8%
1870 nach Billroth, H. Fischer, M.
Cormac, Socin, Koch, Rupprecht,
Beck, Stoll, Kirchner, Lossen,
Christian, Boinet, Herrgott, Pon-
cet, Mundy . . . . 437 † 248 = 56,7%.

Die mittlere Mortalität würde sich somit bei den perforirenden
Brustwunden auf 60% belaufen. Die angeführten Zahlen decken aber
bei keinem Autor die ganze Sterblichkeit bei den von ihnen behandelten Brustschussverletzungen, da viele Patienten als dem Schicksale
nach unbekannt angeführt und eine grosse Zahl der anscheinend Genesenen noch nachträglich in Folge der Verletzungen verstorben sind.

So gibt in dem gleich zu citirenden Berichte Wood die Mortalität
der von ihm 3 Monate hindurch behandelten perforirenden Lungenschüsse auf 47,2% an, bei einer längeren Beobachtung dieser Fälle
stieg dieselbe aber auf 61,6%. Aehnlich wird es auch wohl mit den
Billroth'schen Fällen gegangen sein, deren momentane Mortalität
nur 28%, oder nach Abzug einiger an anderen Nebenverletzungen
Gestorbenen eigentlich nur 16,6% betrug.

Je näher ein Lazareth dem Kriegsschauplatze, um so ungünstiger
ist seine Mortalitäts-Statistik bei den perforirenden Lungenschusswunden.
Während Mundy alle, Boinet von 6 Patienten 5, Herrgott von
11 Patienten 8, Poncet von 9 Patienten 8 verlor (die Mortalität bei
ihnen also 82% betrug), starben bei Lossen in Mannheim von 10 Patienten noch 5 (50%), bei Schinzinger in Schwetzingen von 17 Patienten nur 4, bei Graf in Elberfeld von 20 Patienten nur 5 (24,3%),
und in den Berliner Baracken von 98 nur 10 (10,2%).

c) Ueber die Sterblichkeit bei den penetrirenden
Lungenschusswunden je nach dem verletzten Orte besitzen
wir nur einige Angaben von Werth.

Nach Woods (Schlacht bei Chickamanga), Socins und H. Fischers
Berichten ergibt sich etwa Folgendes:

Rechte Lunge:	Unterer Lappen	. 10 ÷ 5 = 50%
	Mittlerer „	. . 15 ÷ 5 = 33,3%
	Oberer „	. . 11 ÷ 3 = 27,2%
	Bei dem mittleren und unteren	2 ÷ 0 = 0%
	Unbekannt . . .	. 7 ÷ 7 = 100%
Linke Lunge:	Unterer Lappen	. 21 ÷ 8 = 38%
	Oberer „	. 31 ÷ 13 = 41,9%
	Unbekannt . .	6 ÷ 5 = 83%
Beide Lungen	. . . .	5 ÷ 2 = 40%
		Summa 108 ÷ 48 = 44,4%.

Demnach würde die linke Lunge häufiger verletzt als die rechte
und die Sterblichkeit wäre bei der Läsion beider Seiten ziemlich gleich.
Demgegenüber muss es aber wieder auffallen, dass Berthold beim
10. Armeecorps unter 62 Invaliden nach Schussverletzungen des Thorax
41 rechts und 21 links verletzt fand. Auch unter Socins Kranken
waren 22 linksseitig und nur 12 rechtsseitig verwundet. Es scheint
also dabei doch eine grosse Mannigfaltigkeit und kein festes Gesetz
zu walten.

Der grösste Theil der centralen Lungenschüsse, welche die grossen
Gefässe verletzen, endet wohl letal auf dem Schlachtfelde.

Unter 16 Lungenschussperforationen von Koch waren 9mal die
getroffenen Lungenabschnitte mehr centrale, fünf derselben repräsen-
tirten aber den Bereich des oberen Lappens, so dass die Gegend des
Hilus nur 4mal bedroht gewesen, aber nach den Befunden der bei Dreien
gemachten Sectionen thatsächlich nur 2mal getroffen worden ist.

d) Mortalität der Lungenschusswunden auf dem
Schlachtfelde.

Zur Beantwortung dieser Frage besitzen wir nur eine ausgezeichnete Statistik, das ist die von Löffler aus dem dänischen Kriege 1864.
Danach führten von 254 Schusswunden der Brust bei den Preussen

117 den Tod auf dem Schlachtfelde herbei, also 46%. Unter 387 Gefallenen fanden sich 117 Brustschusswunden. Sie bildeten somit $\frac{1}{3}$ aller Gefallenen. — Nach Lidells Untersuchung von 43 Leichen in der Schlacht bei Petersburg waren 15 an der Brust verwundet, diese bildeten also auch hier $\frac{1}{3}$ aller Gefallenen. Woodward untersuchte 76 bei New-Berne Gefallene, darunter waren 32 mit Brustwunden, also 42,1%, dieselben bildeten daher beinahe die Hälfte der Gefallenen. Im Neuseeland-Krieg wurden 111 Leichen auf die Art und den Ort der Verwundung untersucht, unter diesen fanden sich 59 an Brustwunden Gestorbene, also 53%. Dieselben bildeten daher über die Hälfte aller Gefallenen. Koch berichtet die bemerkenswerthe Thatsache, dass unter 28 Gefallenen in der Umgebung des Schlosses, worin das Lazareth etablirt war, circa 12 mit perforirenden Brustwunden (also beinahe die Hälfte derselben bildend) sich befanden.

Complicationen der Brustschusswunden.

§. 332. a) Secundäre Blutungen und Gefässverletzungen gehören zu den bedenklichsten und leider nicht seltenen Ereignissen bei perforirenden Lungenschüssen. In den von mir l. c. p. 117 beschriebenen Fällen traten dieselben in 10,2% auf. Verletzt wurden: die Aorta und Venae cavae — (meist mit augenblicklich tödtlichem Ausgange) — die Innominata — (zwei Fälle im nordamerikanischen Gesammtbericht, die mehrere Tage lebten) — die Arter. und Vena subclavia — (5 Fälle bei den Nordamerikanern und mehrere bei den deutschen Aerzten im Kriege 1870, fast alle tödtlich endend) — die Arter. mammaria interna — (5—6 Fälle der Nordamerikaner) — die Arteriae intercostales — sehr häufig — die Arter. und Vena axillaris. Diese Verletzungen der grossen Gefässe bedingen wohl die meisten Todesfälle unter den perforirenden Brustwunden auf dem Schlachtfelde. In Betreff der Complication der Brustschusswunden mit Verletzungen des Herzens und des Herzbeutels müssen wir auf §. 212 etc. verweisen.

b) Von Verwundungen des Ductus thoracicus bei Schusswunden des Thorax findet sich in der Literatur kein Beispiel, so weit mir dieselbe zur Verfügung stand. Frazer meint, dass einige Schussverletzungen des Thorax in der Krim, bei denen die grössten Blutgefässe nicht getroffen und die Patienten doch unter einem schnellen Collaps gestorben waren, auf Schussverletzungen des Ductus thoracicus zurückgeführt werden müssten, doch ist er den Beweis dafür schuldig geblieben.

c) Unter den Nerven, welche bei Schussverletzungen der Lungen mitgetroffen werden, gehören die Intercostales in die erste Reihe. Auch der Phrenicus soll nach Baudens' Erfahrung öfter verletzt werden, als man anzunehmen scheint, und in Folge davon Schmerzen im Zwerchfell, in Arm und Schulter, Magenkrampf und Brechen entstehen. In einer von Mitchell berichteten Beobachtung war der Nerv. thoracicus anterior verletzt, der Pectoralis major gelähmt und der Plexus brachialis in Mitleidenschaft gezogen. Rückenmarksverletzungen kommen bei Schussverletzungen des Thorax nicht selten vor.

d) Zwerchfellwunden ereignen sich bei Schussverletzungen des Thorax sehr häufig. Der nordamerikanische Bericht erwähnt

120 Fälle. Bekannt ist die schon von Guthrie betonte Thatsache, dass diese Verletzungen nicht heilen und den Eingeweiden der Bauchhöhle den Eintritt in die Brusthöhle (Herniae diaphragmaticae) gestatten. — Leber, Magen und Milz, ja selbst die entferntesten Organe der Bauchhöhle hat man bei perforirenden Brustschüssen verletzt gefunden (Beobachtung Poncets, H. Fischers etc.).

e) Der Tetanus ist, wie bereits Frazer hervorhebt, eine seltene Complication der Brustschusswunden. Ich habe eine solche Beobachtung (l. c. p. 125) mitgetheilt.

f) Pyämie tritt im Verlauf der perforirenden Lungenschüsse nicht selten auf, fast durchgängig die Septichämie, durch Lungenbrand, Lungenabscesse und jauchige Pleuritis erzeugt. Von 1200 im nordamerikanischen Kriege beobachteten Todesfällen bei perforirenden, mit Frakturen verbundenen Lungenwunden kamen 49 auf Pyämie.

Ueber das Schicksal der in dem Thoraxraum stecken gebliebenen Projectile.

§. 333. Mit Recht hat man das Zurückbleiben der Projectile im Thoraxraum sehr gefürchtet, weil sie Eiterungen in der Pleura anregen und unterhalten, Lungenabscesse und Lungenbrand verursachen und meist den Tod der Patienten herbeiführen. König hat nachgewiesen, dass an sich reine Fremdkörper leicht in der Lunge oder Pleurahöhle einheilen. Sie kapseln sich in eine bindegewebige Tasche ein. In seltenen Fällen sind wohl auch die Projectile — besonders bei Revolverkugeln, wie Bland gezeigt hat — abgekapselt worden. Fälle der Art berichten Larrey, Hennen und Guthrie. Nissle fand die Kugel nach 10 Jahren in einer hühnereigrossen Höhle am vordern untern Lappen der rechten Lunge, Ravaton, Baudens, Larrey und Beck in eng anliegenden cicatriciellen Capseln, Percy abgekapselt in der Lunge. Auch der nordamerikanische Gesammtbericht beschreibt zwei solcher Fälle (I, p. 596). Ferner Stromeyer (Langensalza) und besonders mehrere Autoren über den französischdeutschen Krieg berichten Einheilungen von Projectilen in dem Thoraxraum (z. B. Lossen in der Lungenspitze). Man sah auch, dass derartige Projectile oder fremde Körper ausgehustet (Percy nach 10 Jahren ein Stück Werg, Réveillé-Parise nach 12 Tagen ein Stück Tuch und einen Knochensplitter, in einem andern Falle nach einem Jahre einen Knochensplitter, Ribes ein 1½ Gramm schweres Kugelstück, Demme nach 4 Wochen ein österreichisches Jägerprojectil, Beck eine Infanteriekugel, die Nordamerikaner in 4 Fällen Projectile oder Stücke derselben etc.) oder nach weiteren Wanderungen an anderen Stellen ausgeworfen wurden (J. Penner Abgang eines an der 7. Rippe eingedrungenen Projectils durch die Urethra, 2 Fälle der Nordamerikaner mit Entleerung des Projectils durch den Stuhl etc.). In der Mehrzahl der Fälle sind aber die fremden Körper, welche bei Schussverletzungen in den Thoraxraum dringen, als Fäulnissträger der schlimmsten Art zu betrachten, welche schnell putride Gewebsnekrosen und jauchige Entzündungen verursachen. Besonders gefürchtet sind in dieser Hinsicht von jeher die Projectile, welche frei auf dem Diaphragma liegen. Ihnen folgt das jauchige Empyem auf dem Fusse.

II. Schussverletzungen der Organe der Bauchhöhle.

1. Experimentelles.

§. 334. Schon Travers und Bloch machten Experimente (ersterer an Pferden, letzterer an Hunden) über die Möglichkeit einfacher Perforationen der Bauchhöhle durch ein Projectil und leugneten dieselbe danach, wie Malgaigne und Hyrtl. Henko wiederholte diese Versuche, indem er die Bauchhöhle an Leichen mit einem eisernen Stabe von 16 mm Breite mit stählerner, dreikantig zugeschliffener Spitze durchbohrte. Er kam dabei zu folgenden Resultaten (Tabelle 12 von Henko).

Richtung des Stichcanals.	Zahl der Experimente.	Nur Peritonealfalten verletzt.	Andere Organe als der Darm verletzt.	Zahl der verletzten Darmschlingen bei den einzelnen Durchstichen.					Bemerkungen.
				1.	2.	3.	4.	5.	
a) Vom Hypochondr. zum Epigastrium (Beide Hypochondrien zw. 10. u. 11., und 11. u. 12. Rippe, 1 Handbreit von der Wirbelsäule)	10	2	3	2	3	—	—	—	Leiche aufrecht
	10	1	3	2	3	1	—	—	Leiche liegend.
	20	3	6¹	4	6	1	—	—	¹ 4mal Leber, 1mal Nieren, 1mal Pankreas.
b) Von der Lumbalgegend zum Epigastrium. (Durch den Musc. psoas nach innen von d. Niere)	20	2	4²	4	6	3	1	—	² 2mal Nieren, 2mal Leber.
c) Lumbalgegend z. Nabel. α. Einstich ca. 5 cm rechts von der Wirbelsäule in der Mitte zw. 12. Rippe u. Crista ossis ilei; Ausstich Nabelgegend	20	1	1	9	6	2	—	1	
β. Durch die Niere zur Nabelgegend	10	—	3	3	3	1	1	—	
	30	1	4	12³	9	3	1	1	³ 11mal Nieren, 1mal Leber.
d) Horizontale Durchstiche. α. Vom linken z. rechten Hypochondrium	5	—	—	—	2	2	—	—	
β. Von der rechten Regio iliaca zur linken in der oberen Hälfte d. Mesogastrium	5	—	—	—	3	2	—	—	
γ. Von der rechten Regio iliaca zur linken in der unteren Hälfte d. Mesogastrium	5	—	—	—	—	4	1	—	
	15	—	—	—	5	8	1	—	
e) Lumbalgegend zum Epigastrium	10	—	—	3	6	1	—	—	
Summa	95	6	14	23	32	16	3	1	

Aus diesen Versuchen geht hervor:

1) dass ein spitziges Werkzeug die Bauchhöhle durchsetzen kann, **ohne** den beweglichen Theil des Darmes zu verletzen.

2) Wenn auch die Möglichkeit einfacher Perforationen der Bauchhöhle damit erwiesen ist, so kommen dieselben doch sehr selten zu Stande.

3) Die sagittalen Durchstiche in der Nabel- und Epigastrium-Gegend erscheinen am günstigsten zur Hervorbringung einfacher Perforationen zu sein.

4) Die Widerstandskraft des Darmes ist nicht von seinem Füllungsgrade abhängig, vielmehr hängt die Entstehung einfacher Perforationen von dem jeweiligen Situs der Eingeweide ab, bei welchem sich dem Projectile nur Peritonealfalten entgegenstellen.

2. Statistisches.

§. 335. a) Verhältniss der Schussverletzungen des Abdomen zu den Schussverletzungen im allgemeinen.

Nach Serriers Schätzung sollen die Bauchschusswunden 6,6% aller Schusswunden betragen. Diese Zahl ist entschieden zu hoch gegriffen, wie die folgende Zusammenstellung zeigt:

Es kamen auf 10,279 Verwundete in der Krim bei den Engländern 368 Bauchschusswunden (Matthew).

Auf 34,300 Verwundete in der Krim bei den Franzosen 665 Bauchschusswunden (Chenu).

Auf 17,034 Verwundete in Italien 917 Bauchschusswunden (Chenu).

Auf 8500 Verwundete in Italien bei den Oesterreichern 515 Bauchschusswunden (Demme).

Auf 8595 Verwundete in Italien bei den Franzosen 595 Bauchschusswunden (Demme).

Auf 1422 Verwundete in Kabylien 51 Bauchschusswunden (Bertherand).

Auf 415 Verwundete im Neuseeland-Kriege 23 Bauchschusswunden (Mouat).

Auf 1968 Verwundete in Schleswig-Holstein 103 Bauchschusswunden (Löffler).

Auf 1394 Verwundete in Langensalza 1866 30 Bauchschusswunden (Stromeyer).

Auf 1399 Verwundete 1866 nach Beck, Maas, Biefel 45 Bauchschusswunden.

Auf 10,539 Verwundete 1870 nach H. Fischer, Socin-Klebs, Rupprecht, Steinberg 192 Bauchschusswunden.

Somit auf 95,851 Verwundete 3504 Bauchschusswunden = 3,5%.

Dies Verhältniss stimmt sehr gut zu den Erfahrungen der Nordamerikaner, denn bei ihnen kamen auf 253,142 Schussverletzungen 8590 Bauchschusswunden = 3,3%.

b) Verhältniss der nicht perforirenden Bauchschüsse zu den perforirenden.

Bei den Engländern in der Krim kamen auf 368 Bauchschusswunden 120 perforirende (Matthew).

Bei den Franzosen in der Krim kamen auf 665 Bauchschusswunden 121 (?) perforirende (Chenu).

Bei den Franzosen in Italien kamen auf 917 Bauchschusswunden 246 (?) perforirende (Chenu).

Bei den Oesterreichern in Italien kamen auf 515 Bauchschusswunden 64 (?) perforirende (Demme).

1866 bei Langensalza kamen auf 30 Bauchschusswunden 17 perforirende (Stromeyer).

1866 nach Maas und Biefel kamen auf 39 Bauchschusswunden 15 perforirende.

1870 nach H. Fischer, Socin, Rupprecht, Steinberg kamen auf 192 Bauchschusswunden 33 perforirende.

Nach Beck kamen auf 106 Bauchschusswunden 73 perforirende.

Nach Kirchner kamen auf 76 Bauchschusswunden 32 perforirende.

Somit auf 2908 Bauchschusswunden 616 perforirende = 21,2%.

Dies Verhältniss erscheint mir aber viel zu niedrig gegriffen. Die Angaben der Franzosen sind zu wenig bestimmt, um sie statistisch verwerthen zu können. Bei den Nordamerikanern kamen auf 4577 Wunden der Bauchgegend 3717 perforirende: also 83,6%. Dieser Procentsatz kommt mir wieder viel zu hoch vor. Nach den Autoren, welche 1870—71 die Verwundeten aus erster Hand erhielten (besonders Beck, Kirchner), stellt sich das Verhältniss der perforirenden Wunden unter den Schusswunden des Abdomen auf 57,2% und dies scheint mir das zutreffendere zu sein.

c) Ueber die Häufigkeit der Schussläsionen der einzelnen Organe der Bauchhöhle besitzen wir sehr wenige sichere Angaben. Ueber die Kriege von 1866 und 1870—71 fehlen noch umfassendere Statistiken. Die Zahlen, mit denen einzelne Autoren rechnen, sind zu niedrig, um sie zu weitgehenderen Schlüssen verwerthen zu können. Auch kehren dieselben Patienten zu häufig unter den Berichten aus den verschiedenen Lazarethen wieder. Die Nordamerikaner allein haben ein umfangreiches Material zur Verfügung gehabt und sehr gut verwerthet. Bei ihnen kamen auf 1071 bekannte penetrirende Bauchschüsse

79	Läsionen des	Magens	= 7,38%
653	„	„ Darmes	= 60,9%
173	„	der Leber	= 16,1%
29	„	„ Milz	= 2,7%
5	„	des Pankreas . . .	= 0,4%
78	„	der Nieren	= 7,2%
54	„	„ Blutgefässe . .	= 5,04%.

Die Engländer geben in ihrem vorzüglichen Berichte über den Krimfeldzug nur an, dass unter den Bauchschüssen (239) sich fanden

1) Einfache Fleischwunden:
   α. leichtere 43 = 17,9%,
   β. schwerere 72 = 30%.

2) Penetrirende blinde Schüsse:
   α. Localisation unbekannt 14 = 5,8%,
   β. Läsionen des Peritoneum allein 3 = 1,2%,
   γ. Eingeweideverletzungen 38 = 15,9%.

3) Perforirende:
  α. Läsionen des Peritoneum allein $2 = 0,8^0/_0$,
  β. Eingeweideverletzungen $63 = 26,2^0/_0$.
4) Zerreissungen der Eingeweide ohne Wunden $4 = 1,5^0/_0$.

3. **Einfache Perforationen der Bauchhöhle durch Projectile.**

§. 336. Die Möglichkeit dieser lange bestrittenen Verletzungen ist experimentell, wie wir gesehen haben, und auch klinisch erwiesen. Letzteres besonders durch die Erfahrungen von Boyer, Dupuytren, Stromeyer und Demme. Dass dieselben aber sehr selten sind, hat eine sorgfältige Beobachtung mehr und mehr gelehrt. Aus den Kriegen in der Krim und in Italien wird weder von den Franzosen noch von den Engländern ein Fall der Art erwähnt. Im nordamerikanischen Kriege finden sich unter 3717 perforirenden Bauchschüssen nur 19 einfache Perforationen. Bei einigen Fällen wurde die Diagnose durch die Section bestätigt, bei den meisten von Otis stark bezweifelt. Hervorzuheben ist aber, dass aus dem französisch-deutschen Kriege mehrere Beobachtungen der Art mitgetheilt sind. So sah z. B. Beck 5 einfache Perforationen der Bauchhöhle durch Projectile, von denen in einem Falle die Diagnose durch die Section bestätigt werden konnte, auch Stoll, Socin (l. c. p. 10) und H. Fischer (l. c. p. 128) theilen ähnliche Fälle mit. In einem von Berenger-Ferrand beschriebenen Falle fand man bei der Section, dass das Projectil, das Netz mit sich nehmend, durch zwei Dünndarmschlingen, ohne dieselben zu verletzen, hindurchgegangen und im Nierenfett stecken geblieben war. Aus dem russisch-türkischen Kriege läugnet Schmidt wieder die Möglichkeit einfacher Perforationen der Bauchhöhle durch Projectile. Besonders nach den Strassenkämpfen in Paris 1830, 1848 und 1851 sind Verletzungen der Art in grosser Menge beschrieben worden. Vorwaltend kommen diese einfachen Perforationen bei Schüssen von vorn nach hinten durch die Bauchhöhle zu Stande, oder wenn das Projectil nur ein Segment der Bauchhöhle durchdringt. Die Nordamerikaner berichten aber auch Fälle, in denen das Projectil nach Durchbohrung des Thoraxraumes mit Organverletzungen auch noch der Länge nach die Bauchhöhle durchsetzte ohne Organverletzungen. Die experimentellen Forschungen haben gezeigt, dass dabei kein Ausweichen der Därme vor den Projectilen (wie es Stromeyer, Beck und Richter annahmen) stattfindet. Auch durch blinde Schüsse können einfache Eröffnungen der Bauchhöhle hervorgebracht werden.

Selbst durch grobe Projectile oder Stücke derselben hat man einfache Perforationen der Bauchhöhle entstehen sehen: so in den berühmten Fällen von Hennen und Bilguer und in einem sehr fraglichen, den Demme erzählt. Durch Streifschüsse von Granatsplittern werden wohl zuweilen grosse und tiefe gerissene Wunden in den Bauchwandungen erzeugt ohne Läsionen der Därme. Jackson und Otis ermahnten aber mit Recht zur Vorsicht bei der Annahme einfacher Perforationen, da leichte Streifungen und Durchbohrungen der Därme ohne Symptome verlaufen können und bei den Sectionen leicht übersehen werden.

Die Diagnose dieser Verletzungen ist niemals mit Sicherheit zu stellen. Die von Ravaton angegebenen Symptome: ein dumpfer Schmerz im Leibe und Magen, Anschwellung des ganzen Leibes, Brechneigung und Singultus treffen selten zu und haben nichts Charakteristisches. Der Verlauf klärt ebenfalls die Diagnose meist nicht vollständig auf, da, wie wir sehen werden, leichtere Darmläsionen auch symptomlos verlaufen können. Die Mehrzahl der bekannteren Fälle wurden geheilt. Beck verlor von den 7 Fällen, welche er im ganzen beobachtete, 2 (28,5%), die Nordamerikaner von 19 : 7 = 36,8%. Der Tod trat meist durch Peritonitis ein.

Die in die Bauchhöhle gelangten Geschosse können eingekapselt werden, sich senken oder durch Ulceration und Abscessbildungen am Orte ihres Sitzes unter die Oberfläche treten. Zuweilen durchbohren dieselben noch nachträglich den Darmcanal und können so durch den After entleert werden (2 Fälle von Ducachet, 1 Fall von Hamilton und Kulison aus dem nordamerikanischen Kriege; einige Fälle von Otis, je ein Fall von Day, Stromeyer und Demme).

Eine bemerkenswerthe Beobachtung der Art berichtet Rundle:

Die Kugel war in schiefer Richtung durch die Bauchhöhle zwischen den Darmschlingen nach der rechten Fossa iliaca hin vorgedrungen, hatte sich hier eingekapselt und so die Veranlassung zur Bildung der Bindegewebsstränge gegeben, welche die Darmschlingen mit einander verklebten. Nach 3½jähriger Ruhe war das Projectil wieder mobil geworden, in den Darmcanal vorgedrungen und bei der langsamen Wanderung durch denselben hatte es die Veranlassung zur Abschnürung der Darmschlinge gegeben, die den Tod durch Ileus bedingte.

John Bell hat besonders auf die Fälle aufmerksam gemacht, in welchen das Projectil im Musculus ileopsoas stecken bleibt und Lähmungen und erschöpfende Eiterungen herbeiführt.

Seltener als nach Hieb- und Stichwunden sieht man nach derartigen Schusswunden Vorfall des Netzes und der Baucheingeweide eintreten. Am häufigsten noch drängen sich Netz und Dünndarm bald isolirt, bald vereint vor, seltener Magen und Kolon und dann gewöhnlich unmittelbar nach der Verwundung, nur ausnahmsweise in einer späteren Periode. Pooley reponirte mehrere Fuss vorgefallenen Darmes mit gutem Erfolge. Dagegen bleibt nach grösseren Defecten in den äusseren Bauchwandungen und des Peritoneum parietale, wie sie durch Bombensplitter erzeugt werden, Vorfall der Eingeweide, selbst der Leber und Milz, selten aus. Diese Verletzungen sind meist auf der Stelle tödtlich. Die kleineren Netzvorfälle erscheinen eher heilsam, als gefährlich, weil dieselben bald zu einem Abschlusse der Bauchhöhle führen.

4. Schussverletzungen der einzelnen Organe.

I. Der Leber.

a. Die Lebercontusion durch Schusswaffen.

Experimentelles.

§. 337. Terrillon hat die Wirkungen der Lebercontusion experimentell studirt, indem er bei Hunden brüske Erschütterungen des rechten Hypochondriums mit Hämmern von verschiedenen Dimensionen und Schwere erzeugte. Meistens entstanden dabei wenig tiefe und wenig ausgebreitete

Fissuren des Lebergewebes, welche von einem weichen Blutgerinnsel erfüllt
waren. Sehr heftige Contusionen bewirkten einen klaffenden Spalt von einer
grösseren Tiefe mit zackigen Rändern, welcher ebenfalls von einem Blutcoagulum ausgefüllt wurde. Bei allen diesen Verletzungen wird zugleich die
Glisson'sche Capsel mitzerrissen. Ist diese aber intact, so findet sich nur
ein Bluterguss in der Leber, welcher unter der Capsel sitzt und dieselbe an
dieser Stelle beulenartig hervorwölbt. Das Blut findet sich dann meist in
einem sehr oberflächlichen, unmittelbar unter der Capsel gelegenen Leberriss.
Nicht selten kommen auch bei den Contusionen multiple kleine Blutheerde
von Stecknadelkopf- bis Haselnussgrösse vor, welche indessen mit den oberflächlichen Contusionsheerden in keinerlei Verbindung stehen.

Klinisches.

§. 338.   Dass ähnliche Verletzungen durch den Anprall matter
Geschosse besonders gröberen Kalibers zu Stande kommen, unterliegt
keinem Zweifel. Immerhin werden aber von den Autoren nur wenig
Fälle der Art berichtet, sei es, dass die Mehrzahl derselben auf dem
Schlachtfelde tödtlich verlief oder in den Lazarethen als Contusionen
der Bauchwandungen und Rippen verkannt wurden. Der sonst so über-
reich ausgestattete amerikanische Gesammtbericht erwähnt nur eines
Falles. Fast alle Leberrupturen finden sich an der Convexität des
Organes.

Die Zeichen der Lebercontusion sind ausserordentlich unsicher.
Schwerere Läsionen der Art haben anfänglich oft gar keine Symptome
gemacht. Von den meisten Autoren wurden spontane Schmerzen und
Schmerzen bei Druck, Collapserscheinungen gleich nach der Verwundung, Vergrösserung der Leber (meist schwer nachweisbar) leichter
Icterus (seltener beobachtet), galliges Erbrechen und gastrische Beschwerden beschrieben. Durch die Perkussion lässt sich auch öfter ein
grösseres Blutextravasat in der Bauchhöhle nachweisen. Diabetes ist
zuweilen bei Lebercontusionen aufgetreten. Steffens konnte ein Mal
den Riss in der Leber durch die Bauchdecken fühlen.

Der Verlauf der Leberschusscontusionen. Die Leberschusscontusionen sind fast absolut tödtlich.

Im nordamerikanischen Gesammtberichte findet sich die Geschichte eines
Patienten, welcher von einem Granatfragment in der rechten Seite contundirt war.
Er lebte nach der Verletzung noch 48 Tage, obgleich, wie sich bei der Section
herausstellte, der rechte Leberlappen hinten oben zerrissen und pulpös erweicht
war. Bemerkenswerth erschien, dass sich schon eine deutliche Demarcationslinie
zwischen dem contundirten und gesunden Gewebe gebildet hatte.

Ich habe in der Literatur keinen Fall von Heilung nach einer
schweren Schusscontusion der Leber gefunden. Die Engländer verloren
zwei Patienten der Art in der Krim und Lidells Kranker starb schon
36 Stunden nach der Verletzung an Verblutung. Bei der Section
desselben fand sich ein Blutextravasat von 40 Unzen innerhalb des
Leberüberzuges, welcher nicht durchbrochen war. Die Leber war fettig
entartet, wodurch die Zertrümmerung begünstigt sein musste. Unter
8 von Bryant gesammelten Fällen von Lebercontusionen trat der Tod
5mal auf der Stelle durch Verblutung, 3mal nach 3, 7 und 9 Tagen —
meist durch Peritonitis ein. Leberabscesse, die sich aus den Contusionsheerden entwickeln, führen oft noch in später Zeit den Tod herbei.
Damit soll nicht gesagt sein, dass kleine Risse in der Leber unter der

intacten Capsula Glissonii nach Contusionen durch Schusswaffen überhaupt nicht heilen können. Wir wissen nur davon an Menschen sehr wenig. Die Heilung scheint durch ein von den Wundrändern unter fettiger Atrophie der benachbarten Leberzellen ausgehendes Granulationsgewebe, welches schliesslich zu einer bindegewebigen Narbe und zu festen Adhäsionen mit dem Peritoneum und Zwerchfell führt, zu Stande zu kommen.

b. Schusswunden der Leber.

1. Experimentelles.

§. 339. Leberwunden wurden zur Prüfung der traumatischen Hepatitis von Holm, Koster, Joseph und Hüttenbrecher bei Thieren angelegt. L. Mayer beschäftigte sich bei seinen Experimenten auch mit den klinischen Erscheinungen, welche nach Leberwunden eintreten. Er machte theils subcutane, theils offene Wunden in der Leber, führte auch hölzerne, metallene Stifte und Bleikugeln in die Leber ein. Stets war der Grad der Blutung aus den Leberwunden gering. Peritonitis trat nur in 3 Fällen unter 19 Experimenten ein. Lavierge fand von 4—5 cm tiefen Stichen, die er während 6 Tagen dem Thiere in der Leber beibrachte, nach 3 Tagen kaum noch eine Spur. Tillmanns verlor kein Thier, dem er unter antiseptischen Cautelen Leberwunden von bedeutendem Umfange beigebracht hatte; fast alle Wunden heilten durch erste Vereinigung. Auch er fand die Blutung viel geringer, als er erwartet hatte. Nach 24 Stunden schon waren die Defecte durch ein umfangreiches Blutcoagulum geschlossen, am 3. Tage schon konnte man kein Blut mehr in der Bauchhöhle entdecken. Das Blutcoagulum resorbirte sich bis zum 5., 7. oder 10. Tage und der Defect war verklebt.

Ueber den Heilungsvorgang bei den Leberwunden gehen die Ansichten der Experimentatoren auseinander. C. Fröhlich (Dissertation, Halle 1874) erzeugte durch Einlegung von Seidenfäden eine Infection der Leberwunde mit Ausgang in Nekrose des eigentlichen Leberparenchyms. Das Bindegewebe der Leber war im Bereiche der bakteridischen Veränderungen kleinzellig infiltrirt, die Leberzellen nur passiv bei der traumatischen Hepatitis betheiligt. Joseph (Dissertation, Berlin 1868) und L. Mayer (Leberwunden, München 1872) führen die junge Zellenbrut, welche die Wunden der Leber ausfüllen, auf Wucherungen der Leberzellen zurück, doch weist Mayer auch eine Betheiligung der fixen zelligen Elemente des Bindegewebes nicht direct von der Hand, während Terrillon (Archiv. de physiol. 1875, p. 22—32) dieselbe als Producte des Endothels der Serosa betrachtet. Bufalini (Lo sperimentale 1875, Nr. 4) und besonders Tillmanns (Virchows Archiv 1878) läugnen jede active Betheiligung der Leberzellen bei den reparativen Vorgängen. Sie sahen nur regressive Metamorphosen an denselben. Auch die fixen Bindegewebselemente nähmen keinen hervorragenden Antheil an der Gewebs- resp. Narbenbildung. Diese würde vielmehr in erster Linie von den weissen Blutkörperchen hergestellt. Auch die Eiterzellen der Leberabscesse stammten nach Bufalini von den weissen Blutkörperchen her, doch könnten sich dieselben auch aus den Kernen der Leberzellen entwickeln. Klob (Wiener med. Blätter 1878, Nr. 13—18) dagegen glaubt wieder, dass die zelligen Elemente, welche die Vernarbung herbeiführen, von der Leber selbst abstammen, d. h. vor allem von dem interlobulären Bindegewebe.

2. Klinisches.

§. 340. Die Leber wird in der verschiedensten Weise von Projectilen getroffen; leichte Läsionen und Streifungen des Peritoneal-

Ueberzuges, blinde Schusscanäle, lange Streifschüsse in der Lebersub-
stanz, perforirende Schüsse, furchtbare Zertrümmerungen des ganzen
Organes mit und ohne Vorfall von Lebergewebe werden berichtet. Es
kommt dabei auf die Richtung, die Nähe und die Endgeschwindigkeit
der Schüsse an. Schüsse aus nächster Nähe können im Lebergewebe
durch hydraulische Pressung die furchtbarsten Zermalmungen mit weitgehender Versprengung des Lebergewebes hervorbringen. Derartige
Patienten bekommt kein Arzt mehr unter die Hände, sie sterben sofort
nach der Läsion. Bei Schüssen aus weiteren Entfernungen ist die Eingangswunde in der Leber meist sternförmig beschaffen durch Fissuren,
die von der Eintrittswunde in das Lebergewebe ausstrahlen. Die
Nordamerikaner bilden eine so verletzte Leber ab. Streifschussrinnen
von verschiedener Länge und Tiefe werden von tangential auftreffenden
Geschossen erzeugt, mit umfangreichen Zermalmungen, wenn jene
durch Fragmente groben Geschosses hervorgebracht wurden. In der
Mehrzahl der Fälle wird die convexe Fläche von den Geschossen betroffen. Die Schussverletzungen der concaven Leberfläche sind meist
schwer complicirt und sofort tödtlich.

§. 341. Als Zeichen der Leberschusswunden gelten: der Ausfluss von Galle, auch Hervortreten von Lebergewebe aus der Wunde,
Erbrechen und starke venöse Blutungen, tiefe Collapserscheinungen,
Schmerzen im Leibe und in der Schulter (H. Fischer, Barwell). Nicht
selten kann man die verletzte Leber in der Wunde liegen sehen und ihre
respiratorischen Bewegungen in derselben beobachten. Im weiteren Verlaufe der Verwundung treten oft Icterus, Anschwellungen der Leber, galliges
Erbrechen auf. Der Sitz der Verletzung, der Verlauf des Geschosses
leiten die Diagnose. Die Leber kann aber auch verletzt sein, ohne
dass man es dem Eintritte und Verlaufe des Projectils nach ahnen kann.

Nach Gross' Bericht wurde bei Sadoolapore ein Mann in den rechten Arm
geschossen, das Projectil drang auch in die rechte Brust ein. Keine Zeichen einer
schweren Lungenläsion. Patient starb im Shoc 20 Stunden nach der Verletzung.
Bei der Section war die Peritonealhöhle mit schwarzem Blute erfüllt und der
rechte Leberlappen oben total zerrissen und einige Stücke desselben ganz abgelöst.
Derartige Fälle sind nicht zu diagnosticiren.

§. 342. Verlauf der Leberschusswunden. Dass die Schussverletzungen der Leber heilen können, ist sicher erwiesen. Die Nordamerikaner haben 60 Fälle von geheilten Leberschusswunden aus der
Literatur, welche kaum einen Zweifel an der Richtigkeit der Diagnose
gestatten, zusammengestellt. 11 davon kommen auf den letzten französischen Krieg, 8 auf den Krieg von 1866. Bei ersteren sind noch 2 Fälle
von Stoll, 1 von Stumpf, 2 von Neumeyer, 2 von G. Fischer
vergessen. Die Nordamerikaner berichten unter 173 Leberschusswunden
von 71 Heilungen. Dazu kommen noch 2 von Lidell und 1 von
Gross beschriebener Fall. Bei der Reparation der Leberschussverletzung
betheiligt sich, besonders nach den anatomischen Untersuchungen von
Klebs, das Lebergewebe nicht. Wir verweisen, da uns eingehendere
Untersuchungen an durchschossenen Lebern beim Menschen fehlen, auf
die oben angeführten experimentellen Ergebnisse. Sehr schnell verkleben meist die Wunden in dem serösen Ueberzuge der Leber.

Sehr gefährdet wird der Verlauf der Leberschusswunden durch
die Entwicklung von Leberabscessen, doch ist auch hierbei noch eine

Heilung möglich. Arnold sah in einem Falle von Leberschussverletzung eine Vereiterung der Gallenblase eintreten.

In den tödtlich ablaufenden Fällen hat man als Todesursache gefunden: sehr häufig Blutungen (besonders bei Eröffnungen der Vena cava, Vena portarum und der Arteria hepatica, also besonders bei Läsionen der concaven Fläche der Leber). Dieselben treten meist primär auf, begleiten nicht selten den ganzen Verlauf der Verletzung (H. Fischer), sind aber auch secundär beobachtet (Nordamerikaner). Fast ebenso häufig führt Peritonitis zum Tode. Sie tritt meist in den ersten Tagen, zuweilen schon einige Stunden nach der Verwundung ein. Leberabscesse und acute Verjauchungen der Leber und Thrombophlebitis purulenta der Lebervenen bilden seltenere Todesursachen nach Leberschusswunden.

§. 343. Die Prognose der Leberschusswunden ist daher nicht so ungünstig, als man früher glaubte. Bell und Hennen behaupten noch, dass: a deep wound of the liver is as fatal as if the heart itself was engaged. Auch Pirogoff hält dieselben für absolut tödtlich. Die Leberschusswunden sind aber besser, als ihr Ruf, denn Mayer hat in einer überaus sorgfältigen Monographie die Mortalität der Leberschusswunden auf nur 34,4% berechnet. Die Prognose hängt wesentlich davon ab, ob Complicationen bei der Verletzung bestehen. In 59 Fällen der Nordamerikaner waren keine Nebenverletzungen vorhanden. Von diesen starben 34, mithin 57,6%. In 114 Fällen aber fanden sich noch Schussfrakturen der Rippen und Wirbel, oder Schussverletzungen der Lungen, des Magens, des Zwerchfells, des Pankreas, der Nieren. Von diesen endeten 77 letal, mithin 67,5%. Absolut tödtlich sind die Complicationen mit Verletzungen grösserer Gefässe, mit Verwundungen des Ductus hepaticus und Ductus choledochus, fast stets tödtlich die gleichzeitige Läsion der Gallenblase, der Lungen, der Milz und Nieren. Lungenleberschüsse scheinen unter diesen noch die günstigeren zu sein. Stromeyer sah bei Langensalza 2 solche Verletzungen ohne Störungen heilen und bei einer dritten, am 96. Tage tödtlichen, war wenigstens die Leberschusswunde vollständig verheilt. In der Mehrzahl der Lungenleberschussverletzungen mag es sich wohl nur um Streifschüsse und oberflächlichere Läsionen der Leber gehandelt haben. Die Schussverletzungen der Leberconvexität sind demnach weit günstiger, als die der Concavität; die beste Prognose geben die Schusswunden der Leberränder.

Nach Mayers Berechnung kamen auf 61 Schusswunden der Leber nur 21 Todesfälle (mithin 34,4%). Rechnet man dabei die Fälle nicht mit, in denen die Leber zu Brei zermalmt war, lässt man die Fälle, welche durch Pneumonie oder durch gleichzeitige Rückenmarksverletzung zum Tode führten, fort, so starben nur 8 Patienten unter 61 an den directen Folgen der Leberschussverletzung (13,1%) und zwar 5 an Verblutung und 3 an Peritonitis. Nach dieser Berechnung hätten also die Schusswunden der Leber alle Schrecken verloren.

Auch nach der Heilung bleiben Gallenfisteln und bei gleichzeitiger Verletzung der Pleura Gallenpleurafisteln (Klebs) meist noch lange Zeit zurück. Die Leber verliert oft grosse Quantitäten des secretorischen Gewebes, weil sich zuweilen vollkommne, grosse Sequester theils gut erhaltenen, theils brandig zerstörten Lebergewebes bei der Heilung ausstossen.

Ueber das Schicksal der Geschosse, welche im Leber-
parenchym stecken bleiben, wissen wir Näheres durch eine Beobachtung Arnolds. Er fand in der Leber eine Chassepotkugel in einer
Höhle, welche gegen das benachbarte Lebergewebe schon durch eine
Capsel abgegrenzt war. Demnach kommt dem interstitiellen Lebergewebe die Fähigkeit zu, Substanzlücken mit Granulationsgewebe aus-
zufüllen, sowie zertrümmerte Gewebspartien gegen die Nachbarschaft
durch Zonen neugebildeten Bindegewebes abzugrenzen und zwar vermag es diese Leistung in verhältnissmässig kurzer Zeit zu vollbringen.

II. Schussverletzungen der Gallenblase.

§. 344.   Die Schussverletzungen der Gallenblase sind selten.
Der nordamerikanische Gesammtbericht erwähnt zweier Fälle. Wenn
auch die Versuche von Emmert und Höring, von Dupuytren,
Campaignac und Andern zeigen, dass selbst die vollkommene Entleerung der gefüllten Gallenblase in die Peritonealhöhle bei einem
vorher gesunden Thiere zwar immer heftige Entzündung, aber nicht
stets den Tod nach sich zieht, so existirt doch ausser der von Paroisse
(Opuscules de Chir. 1806 p. 254) mitgetheilten Beobachtung, in welcher
sich die Kugel in der Gallenblase fand, kein Fall von einer Genesung
nach einer Schussverletzung der Gallenblase (Larrey). Die zwei erwähnten nordamerikanischen Fälle führten in wenigen Stunden durch
acute Peritonitis zum Tode. In einem Falle von Lovell war die
Gallenblase, in welcher sich ein Tuchfetzen fand, bei der Section so
mit den Bauchwandungen verwachsen, dass man mit der Sonde direct
in dieselbe durch die äussere Wunde gelangte.

III. Schussverletzungen des Pankreas.

§. 345.   Dieselben haben bis zur Zeit ein sehr geringes Interesse,
da sie noch nicht im Leben erkannt und nur bei Sectionen zufällig
als Complicationen anderer Schussverletzungen entdeckt sind. Im
nordamerikanischen Gesammtbericht werden 5 Fälle erwähnt. Auch
Vorfälle des Pankreas durch die Wunde oder auch durch das Zwerchfell in das Cavum thoracis sind daselbst beobachtet worden. Vier
dieser Fälle endeten tödtlich, 3 durch Blutung, einer durch Peritonitis.
Viermal trat das Geschoss von hinten zwischen dem Angulus scapulae
und costarum ein, verletzte das Zwerchfell und den Plexus solaris,
1mal von vorn an der Spitze des Processus xiphoideus sterni mit
Verletzung des Magens. Drei unter den verstorbenen Patienten überlebten den 12. Tag nach der Verwundung. Dargan (Philad. med.
reporter 1874) reponirte einen Pankreasvorfall und sah die Wunde
heilen.

IV. Schussverletzungen der Milz.

a. Contusionen der Milz.

§. 346.   Wenn die Milz auch geschützter und beweglicher ist,
als die Leber, so ist sie doch nicht minder weich und verletzlich und
daher kommt es, dass sie fast eben so häufig, wie die Leber, durch

Contusionen mittels groben Geschosses verletzt wird, besonders leicht wenn sie schon vorher krankhaft afficirt war. Die dadurch gesetzten Veränderungen weichen nicht von denen ab, die wir bei den Lebercontusionen kennen gelernt haben. In dem nordamerikanischen Gesammtbericht werden 5 Fälle von Milzrupturen durch Contusionen erwähnt; auch Hennen und Guthrie berichten Fälle der Art. Die Engländer in der Krim sahen nur eine tödtliche Schusscontusion der Milz.

Die Zeichen der Milzrupturen sind sehr trügerisch und wechselnd. Heftige Schmerzen im Leibe und Shocerscheinungen bei der Verwundung und kurz nach derselben; in der Mehrzahl der Fälle die physikalischen und palpatorischen Zeichen einer wechselnden intraperitonealen Blutung; dazu allgemeine Anämie und synkopale Zufälle, auch Brechneigung werden von den Autoren erwähnt. Moebius will auch in solchen Fällen ein durch die Blutung verursachtes Schwirren in abdomine bei der Auscultation gehört haben. Eine kleine Zahl von Patienten erholten sich von den ersten Zufällen, konnten sogar dann auch noch längere Wege zu Fuss zurücklegen, wurden aber immer blässer, bekamen Oedeme der Beine, magerten furchtbar ab, fühlten sich immer schwächer und starben ex inanitione. Eine solche Beobachtung theilt der nordamerikanische Gesammtbericht mit. Die Verletzung fand am 28. November 1863 statt, der Tod trat erst am 8. Januar 1864 ein.

Verlauf der Milzcontusion: die grösste Mehrzahl der Fälle endet tödtlich durch Verblutung, wie besonders Guthrie hervorgehoben hat.

Peritonitis scheint selten nach Milzrupturen zu sein, ist aber doch von Collin beobachtet.

Heilungen kommen nach Milzcontusionen überhaupt unzweifelhaft vor, sind aber nach Schusscontusionen, so weit ich die Literatur kenne, nicht beschrieben. — In einigen Fällen, die längere Zeit lebten, hat man unverkennbare reparative Vorgänge an den Milzwunden gesehen. Das Milzgewebe betheiligt sich nicht dabei, wird auch nicht ersetzt, es entsteht vielmehr eine bindegewebige Narbe, wie im Lebergewebe.

In einem tödtlich abgelaufenen Fall der Nordamerikaner fanden sich Splenitis und Milzabscesse. Die Prognose der Milzcontusion durch Schusswaffen ist demnach ausserordentlich ungünstig.

b. Schusswunden der Milz.

§. 347. Dieselben sind sehr selten, weil die Milz kleiner ist und tiefer und geschützter liegt, als die Leber. Die Amerikaner berichten einige dreissig, meist unvollständige Beobachtungen von Milzschusswunden. Dieselben Arten, die wir bei den Leberschusswunden kennen gelernt haben, finden sich auch bei denen der Milz. Die Zeichen der Milzschusswunden weichen nicht von denen der Milzschusscontusionen ab. Ein seltenes Ereigniss nach den Milzschusswunden sind Milzvorfälle. Sie erheben, wenn sie vorhanden sind, die Diagnose über jeden Zweifel. Auch Milzgewebe fliesst als ein bräunlicher Brei zuweilen aus den Schusswunden hervor.

Der Verlauf der Milzschusswunden ist meist ein tödtlicher.

Einige interessante Fälle von Heilung berichten Fielitz, Lohmeyer und Demme.

In den von Behan beschriebenen Beobachtungen fand sich bei einem an
Nephritis gestorbenen Patienten, welcher bei Sebastopol vor 4 Jahren eine perforirende Bauchwunde mit Verletzung des Kolon erhalten hatte, bei der Section
ein Kugelstück in der Milz. Auch bei Albanese's Patient, welcher 4 Schusswunden hatte, zeigte sich am 17. Tage nach der Verletzung die Milz auf das
Doppelte vergrössert und auf ihrer Oberfläche eine 7 cm lange Narbe, welche
3 cm in die Tiefe der Milzsubstanz eindrang.

Im Klebs'schen Falle waren am 6. August Milz, Leber, Magen, beide
Pleurae verletzt und am rechten Humerus eine Schussfraktur erzeugt, der Tod trat
durch Peritoneal-Blutung aus der Milzschusswunde ein. Es fand sich bei der Section die Milz gross, verwachsen, derb, im obersten Theile eine
eingezogene grosse Narbe, von rechts nach links die Substanz
durchsetzend.

In der Beobachtung von Fielitz trat Genesung ein, nachdem ein Stück
Flanell und Watte, die an dem Milzreste hingen, extrahirt worden. Auch Guthrie
berichtet, dass er Narben in der Milz gefunden habe, die von früheren Verwundungen herrührten. Von den Nordamerikanern werden zwei Heilungen nach Milzschusswunden beschrieben.

Nach Klebs' Erfahrungen scheint die Contraction der mächtigen
Musculatur den Defect zu schliessen, und wo dieselbe nicht ausreicht,
werden Blutcoagula den Ersatz leisten. So steht die Blutung, die
Thrombose setzt sich in die verletzten Biträume der Milz fort und
es bildet sich eine vertiefte Narbe. Das Milzgewebe betheiligt sich
nicht bei der Heilung.

Der Tod tritt nach Milzschusswunden ein durch Verblutung
in der Mehrzahl der Fälle kurz nach der Verletzung, oder durch
Peritonitis diffusa (im Demme'schen Falle am 12. Tage, im Socin-
Klebs'schen Falle am 14. Tage, im Lohmeyer'schen 1 Monat nach
der Verletzung). In einigen Fällen hat man multiple Milzabscesse
mit tödtlichem Ausgange nach diesen Verletzungen beobachtet.

Als Complicationen der Milzschusswunden sind Schussverletzungen des Magens, des Zwerchfells (sehr häufig), des Thoraxraumes (sehr häufig), der Lungen, der Därme und der Nieren (sehr
häufig) beobachtet.

Die Prognose ist sehr ungünstig, doch nicht so schlecht, wie
Bell meinte („a wound of the spleen is as deadly as a wound of the
heart"). Auch Lidell sagt noch, dass die Schusswunden der Milz
ausnahmslos tödtlich seien. Genesungen sind sicher beobachtet, gehören
aber zu den Ausnahmen. Merkwürdig ist, dass der erfahrene Legouest
die Prognose der Milzwunden so günstig stellt. Vorfall der zerrissenen
Milz ist als ein günstiges Ereigniss zu betrachten, weil dadurch oft
Verblutung und Peritonitis verhindert werden (Nordamerikaner).

V. Schussverletzungen der Nieren.

a. Contusionen der Nieren durch Schusswaffen.

1. Experimentelles.

§. 348. Maas hat an Kaninchen und Katzen Quetschungen der Nieren
durch die Bauchdecken hindurch mittelst Fingerdruck hervorgebracht. Dieselben waren meist von Hämaturie gefolgt und nahmen, je nach der Intensität des Traumas, einen dreifach verschiedenen Verlauf:

Auf die leichteren Quetschungen traten einfache Vernarbungen ohne
jede Folgeerscheinungen ein, oder auch anatomische Veränderungen geringerer
Bedeutung, wie kleine Cysten, Verkleinerungen des ganzen Organes etc.

Auf starke Quetschungen kam es zu einer vollständigen Atrophie der Niere, welche keine sonstigen Störungen bewirkte.

Eine dritte Gruppe von Versuchen bot den Ausgang in Hydronephrose oder in Bildung grosser, abgekapselter Harnabscesse mit Nekrose eines Theils der Nierensubstanz dar.

Die Blutung war in allen Fällen gering.

2. Klinisches.

§. 349. Trotz ihrer tiefen und geschützten Lage, trotz ihrer reichlichen Umhüllung mit Fettgewebe zerreisst die Niere doch sehr leicht bei heftigeren Contusionen. Im nordamerikanischen Gesammtbericht finden sich 3 Fälle der Art, von denen 1 tödtlich endete. Nach Maas' Zusammenstellung reisst das Nierengewebe vorwaltend in der Queraxe des Organs. Blutextravasate finden sich in der Capsel und im retroperitonealen Bindegewebe; im subcutanen reichen dieselben zuweilen vom Becken bis zum Schulterblatte. Der Peritonealsack wird nur selten eröffnet.

Als Zeichen dieser schweren Verletzung, welche besonders durch Aufschlagen des groben Geschosses von hinten gegen die Regio lumbalis hervorgebracht wird, gelten: grosser Collaps nach der Verwundung, heftige kolikartige Schmerzen in der Renal-Gegend, im Verlaufe der Ureteren und in der Penisspitze verbunden mit krampfhaftem Zusammenziehen des Kremaster. Diese Schmerzen mindern sich nach einer reichlichen Entleerung blutigen Urins. Hämaturie ist ein fast constantes Symptom. Dieselbe fördert meist kein Blutgerinnsel zu Tage und tritt zuweilen intermittirend auf. Perkussorisch lässt sich eine Dämpfung in der Nierengegend nachweisen. Auch anhaltendes Erbrechen ist beobachtet, seltener Diarrhöe. Grosse Quantitäten Eiter im Urin zeigen das Vorhandensein eines Nierenabscesses an, meist besteht dabei auch hektisches Fieber.

Ueber den Verlauf dieser Verletzungen wissen wir noch sehr wenig. Dass kleinere Rupturen heilen können, unterliegt keinem Zweifel, die grössern führen wohl den Tod durch Blutungen oder durch Eiterungen und Zersetzungen in den perinephritischen Blutergüssen, durch Nierenabscesse und Pyämie herbei.

Die Prognose ist nicht so ungünstig, wie bei den Rupturen der Milz und Leber. Unter 71 von Maas zusammengestellten Fällen von Nierencontusionen, unter denen sich freilich nur wenig durch Schusswaffen bewirkte fanden, endeten 34 letal, doch nur 16 durch die Nierenverletzung selbst. Diese Zahlen beweisen im ganzen doch wenig für die Gefährlichkeit der Läsion, da tödtlich abgelaufene Fälle selten mitgetheilt werden. Leichtere Grade der Nierencontusion scheinen ohne wesentliche Störungen zu heilen. Steinbildung in Folge von Nierenquetschungen wurde in den von Maas zusammengestellten Fällen nur 3mal beobachtet.

b. Schusswunden der Nieren.

1. Experimentelles.

§. 350. Tillmanns zog auch die Heilung der Nierenschusswunden in seine experimentellen Untersuchungen hinein. Wie bei der Leber gelang

es ihm auch an todten Stücken der Niere, welche vorher in absolutem Alkohol
mehrere Wochen lang gehärtet und dann verschiedenartig mit Defecten und
Wunden versehen in die Bauchhöhle der Thiere unter antiseptischen Cautelen
implantirt waren, Vernarbungen zu erzielen. Dadurch ist erwiesen, dass
diese ohne die autochthonen Organzellen zu Stande kommen und ihre Bildung in erster Linie von den weissen Blutkörperchen vermittelt wird.

2. Klinisches.

§. 351. Nierenschusswunden sind nicht sehr häufig. Sie können
die Subst. corticalis oder tubularis, das Nierenbecken und die Nieren-
gefässe, allein oder zusammen verletzen. Am häufigsten treffen die
Nieren von hinten kommende Schüsse. Sehr selten werden beide Nieren
zugleich verletzt, dann nur mit schnell tödtlichem Ausgange. Streifschüsse, perforirende und blinde Schusscanäle, partielle oder totale
Zerreissungen, Steckenbleiben des Projectils etc. sind in den Nieren
durch Projectile, je nach ihrer Perkussionskraft und je nach der ge-
ringern oder grössern Entfernung, aus denen sie trafen, erzeugt worden.
Seltener als durch Projectile werden die Nieren durch Knochensplitter
verletzt (wie im Klebs'schen Falle).

Die Zeichen der Nierenschussverletzungen können sehr manifest
oder sehr dunkel sein. Man hat Grund zur Annahme einer solchen
Verletzung, wenn der Schusscanal Richtung und Tiefe für dieselbe
hat, und beträchtliche Blutungen, Shocerscheinungen, Schmerzen in
der Renalgegend, ausstrahlend nach der Penisspitze und mit krampf-
haftenZusammenziehungen der Kremasteren verbunden, bestehen. Wenn
die Subst. tubularis und das Nierenbecken getroffen ist, so fliesst Urin
mit Blut gemischt aus der Wunde oder in die Peritonealhöhle, auch
besteht dabei meist Hämaturie; ist die Substantia corticalis allein
verletzt, so fehlen diese Symptome. Das Blut ist bei der Hämaturie
mit dem Urine gemischt, die rothen Blutkörperchen stark ausgewaschen.
Die Nordamerikaner beobachteten Hämaturie in 50% der Fälle. In
dem von Hennen beschriebenen Falle bestanden Schmerzen in der
Schulter der verletzten Seite. Auch Blutbrechen ist in einem Falle
beobachtet worden.

§. 352. Der Verlauf der Nierenschusswunden ist oft ein letaler.
Peritonitis durch Einströmen des Urins in die Bauchhöhle, Blutungen
und Shoc führen den Tod der Verwundeten in kurzer Zeit herbei.
Seltener gefährden Urininfiltrationen in die Weichtheile des Rückens
— wohl durch den Schutz des Brandschorfes — den weiteren Verlauf,
wie Larrey und Dupuytren fürchteten. Wenn sie aber eintreten,
(Longmore, Guthrie, Lidell), so sind sie meist durch Sepsis und
Brand tödtlich. Tetanus ist einmal von Fayrer in Folge einer Nieren-
schusszerreissung beobachtet worden. Heilungen sind vielfach beschrieben: von den Nordamerikanern in 26 Fällen, von Hennen
in 1 Fall, von Baudens in 3, im Kriege 1870 in 4 (Socin, Billroth,
Beck), von Stromeyer, Demme und Legouest in je einem, und
Simon sah von 6 Schussverletzungen der Nieren 3 einen günstigen
Ausgang nehmen. Otis führt aus der nordamerikanischen Literatur
noch 6 geheilte Fälle an.

Legouest fand in einem Falle von geheilter Nierenschusswunde: traversé
d'avant en arrière et vers le milieu de sa hauteur, l'organe avait beaucoup diminué

de volume et présentait au centre, sur ses deux faces, une cicatrice déprimée, fibreuse et solide, à laquelle venaient se joindre, comme les rayons d'une étoile, cinq autres cicatrices irrégulières.

Wie die Heilungen zu Stande kommen, haben wir nach den Versuchen an Thieren bereits kurz angeführt. Auch Klebs konnte, wie Tillmanns bei seinen Experimenten, erhebliche interstitielle Wucherungen in den von ihm secirten Fällen nicht finden.

Nach der Heilung von Nierenschusswunden bleiben meist Urinfisteln längere Zeit zurück. Simon beschreibt einen lehrreichen Fall von Nierenbeckenfistel nach einer Nierenschussverletzung. Wiederholte perinephritische Abscesse und periodische Eiterentleerungen durch den Urin sind in andern Fällen beobachtet. Dysurie und Nierenkoliken bestanden zuweilen noch lange Zeit hindurch, öfter wieder traten Lähmungen der Beine (sogenannte Reflexparalysen) nach derartigen Verletzungen ein. Unter den 26 Geheilten in Nordamerika wurden 15 Ganzinvalide. Nephritis, erschöpfende Eiterungen und Tuberculose führten in vereinzelten Fällen noch in später Zeit den Tod des Patienten herbei (Nordamerikaner).

Der Tod erfolgte unter 19 Fällen der Nordamerikaner 6mal in den ersten Tagen durch Blutung und Shoc, 2mal erst nach 7 und 9 Monaten in Folge erschöpfender Eiterung.

Complicationen der Nierenschussverletzungen sind ausserordentlich häufig. Bei Schusswunden der rechten Niere ist oft die Leber (die Nordamerikaner berichten allein 19 Fälle der Art), bei denen der linken seltener der Magen, die Milz (die Nordamerikaner berichten 6 Fälle der Art) und das Kolon descendens (bei den Nordamerikanern in 7 Fällen) zu gleicher Zeit verletzt. So misslich diese Complicationen auch sind, so hat man doch auch Genesungen dabei eintreten sehen. Auch gleichzeitige Schussverletzungen der Wirbelsäule und des Rückenmarks (bei den Nordamerikanern in 5 Fällen) sind beobachtet. Dieselben gehören zu den schlimmsten Complicationen. Günstiger sind begleitende Schussfrakturen der letzten Rippen.

Die in den Nieren stecken gebliebenen fremden Körper können sich einkapseln, wie Socin beobachtet hat. Kleine fremde Körper werden durch die Harnröhre entleert (Hennen, Guthrie, Demme: Tuchstückchen), grössere seltener nach allmählichen Senkungen durch andere Organe [Rectum (Nordamerikaner 1 Fall)] ausgeschieden. Im ganzen sind aber die zurückgebliebenen fremden Körper in den Nieren sehr gefährlich, da sie meist verzehrende Eiterungen unterhalten.

§. 353. Die Prognose der Nierenschusswunden ergibt sich aus den obigen Ausführungen. Sie gehören danach zu den schlimmsten Verwundungen, wenn auch Heilungen nicht ausgeschlossen sind. Die Nierenschusswunden sind jedenfalls weniger gefährlich als die der Milz und Leber. — Unter den Complicationen sind die Schusswunden der Milz die gefährlichsten; alle so verletzten Patienten starben.

VI. Schussverletzungen der Ureteren.

§. 354. Dieselben sind ohne Complicationen als isolirte Verletzungen nicht beobachtet worden.

VII. Schussverletzungen der Nebennieren.

§. 355. Die Nordamerikaner beobachteten eine Schussverletzung der linken Nebenniere, in welcher das Projectil stecken blieb. Der Patient lebte 4 Wochen, obwohl die Brust- und Bauchhöhle vom Projectil eröffnet worden, und starb an Pyämie. Leider ist derselbe im Leben zu schlecht beobachtet, um eine genauere Analyse der Symptome der Schussverletzungen dieses Organes darnach geben zu können. Ausser diesem ist kein Fall der Art bekannt geworden.

VIII. Schussverletzungen der Harnblase.

1. Statistisches.

§. 356. Die Schusswunden der Harnblase sind nach Bruns' Zusammenstellung die häufigsten Blasenverletzungen. Unter 504 Blasenverletzungen, über die B. berichtet, finden sich 285 Schussverletzungen (56,5%). Die Schusscontusionen der Blase sind dabei aber nicht mitgerechnet. Von diesen Blasenschusswunden waren 131, also beinahe die Hälfte mit Knochenverletzungen complicirt. Hervorgebracht wurden 185 bekannte Fälle 7mal durch grobes Geschoss (3,7%), 174mal durch Handfeuerwaffen (94%), 4mal durch indirecte Geschosse (2,1%).

2. Arten der Blasenschussverletzungen.

a. Contusionen der Blase.

§. 357. Nach Erschütterungen der Blase durch Auftreffen matter grober Projectile hat man selten wesentliche Verletzungen an der Blase beobachtet. Die Blutungen, welche dadurch in dem Bindegewebe, welches die Blase umgibt, entstehen mögen, scheinen also im ganzen keine bedeutenden Functionsstörungen zu bedingen. Nach derartigen Contusionen der Blase hat man eintreten sehen

    α. Blasenlähmungen. Ein solcher Fall wird aus Hamiltons Erfahrungen im nordamerikanischen Gesammtbericht II, p. 264 mitgetheilt. Der Urin war nicht blutig und die Blasenlähmung schwand in wenigen Tagen.

    β. Blasenrupturen. Nur zwei Fälle der Art habe ich auffinden können.

J. Larrey berichtet (Bruns l. c. p. 724): General Romeuf, Granatsplitter gegen die linke Hüfte: Fracas de l'os coxal, contusion médiate et profonde de tous les viscères abdominaux, déchirure de la vessie. Urinerguss in die Peritonealhöhle. Tod in wenigen Stunden.

Der andere Fall wird von Lidell (Amer. Journ. of med. scienc. 1867, Vol. LIII, p. 340) beschrieben.

b. Schusswunden der Harnblase.

§. 358. Die Blase kann von allen Richtungen her mit perforirenden oder blinden Schusscanälen verletzt werden. Unter den von Bartels zusammengestellten Fällen war sie 126mal von vorn und 100mal von hinten, 136mal von perforirenden (81 von vorn und 44

von hinten) und 92mal von blinden Schusscanälen (47 von hinten und
25 von vorn) getroffen.

Symptome. Meist bestehen von Anfang an: Unfähigkeit zu stehen
und zu gehen, grosse Prostratio virium, Schmerzen im Leibe, in den
Schenkeln, in den Hoden. Harndrang und Entleerung weniger Tropfen
blutigen Urins oder reinen Blutes und Ausfluss von Urin aus den
Wunden mit geringer oder reichlicher Beimischung von Blut sind die
wichtigsten Zeichen der Blasenschusswunden. Wenn dies letztere
Symptom auch anfangs fehlt, so stellt es sich doch im weiteren Verlauf des Falles ein. Durch die Wundschwellung in den nächsten
Tagen hört der Urinfluss aus der Wunde auf; mit Abstossung der
Brandschorfe und Nachlass der Wundschwellung beginnt er wieder.
Am 2. oder 3. Tage treten Wundfieber, grosse Unruhe, Schlaflosigkeit
und nicht selten Delirien ein. Kommt es nun zu guten Granulationen,
so hört das Fieber auf und es entstehen Urinfisteln von meist langer
Dauer. Je enger sie aber werden, desto mehr Harn wird nun willkürlich durch die Urethra entleert. Unter den von Bartels gesammelten
Fällen war von 67 die Heilungsdauer bekannt: in 27 betrug dieselbe
spätestens 3 Monate, in 17 Fällen 3—6 Wochen, 8mal 1 Jahr, 9mal
wurde die Heilung als sehr langsam, 5mal die Fistel als bestehend und
12mal die Heilung als zwar erfolgt, doch durch wiederholtes Aufbrechen
gestört, bezeichnet. Unter den nordamerikanischen Fällen heilten 5 in
1—2 Jahren, 6 in 3—6 Jahren, 4mal bestanden die Fisteln noch nach 8,
2mal noch nach 9 und 1mal noch nach 10 Jahren. Die hintere Wunde
heilt meist zuerst, während die vordere zur Fistelbildung neigt. Diese
Fisteln sind nicht zu verwechseln mit den secundären, durch Urininfiltration am Damm, dem Hodensack, den Oberschenkeln etc. entstandenen.
Der Harn fliesst aus denselben meist tröpfelnd, sehr selten im Strahle ab.

§. 359. Verlauf.

Die intraperitonealen Blasenschüsse führen durch acute Peritonitis durchweg zum Tode. Viele dieser Verletzten starben gewiss,
wie Larrey bezeugt, auf dem Schlachtfelde; einige lebten noch kurze
Zeit. Bei einer Reihe letal verlaufener extraperitonealer Blasenschüsse
trat brandige Zellgewebs-Urininfiltration und acute Sepsis,
bei andern jauchige Eiterungen im Beckenzellgewebe oder in den
umgebenden Weichtheilen und Septichämie ein. Die Heilung der
Blasenschusswunden geschieht durch eine bindegewebige Narbe.

§. 360. Complicationen.

α. Durch Schussfrakturen der Beckenknochen. Wir haben
schon gesehen, wie häufig diese Complication ist. Dieselbe bedingt
nicht nur eine nicht zu unterschätzende Lebensgefahr, sie verzögert
auch durch die langsame Nekrotisirung der Splitter in trauriger Weise
die Heilung der Wunde. Die Zahl der Splitter ist oft beträchtlich, in
der Demarquay'schen Beobachtung fanden sich 41. Wenn dieselben
in die Blase gelangen, so können sie zu Steinbildungen Veranlassung
geben. Unter den von Bartels zusammengestellten 131 Schussfrakturen der Beckenknochen, die Blasenschusswunden complicirten, betrafen 65 das Os pubis, 41 das hintere Beckenmittelstück, 24 das Os
ilei, 17 das Os ischii, 2 das Os femoris.

β. Durch Schussverletzungen des Hüftgelenkes (unter den von Bartels zusammengestellten Fällen 3mal). Sie gehören zu den schlimmsten Complicationen der Blasenschusswunden.

γ. Durch Nervenverletzungen (unter den von Bartels zusammengestellten Fällen 9mal: theils der Sacralnerven, theils der Medulla spinalis selbst etc.). In einigen Fällen bestand Lähmung der Beine (Reflexlähmung?), in einem Ischias von längerer Dauer.

δ. Durch Schussverletzungen von Blutgefässen (unter den von Bartels zusammengestellten Fällen 18mal): 1mal waren die Gefässe des Samenstranges, 1mal die Art. epigastrica, 1mal die Vena femoralis verletzt, die Quelle der andern Blutungen war nicht zu finden.

ε. Durch Schussverletzungen des Harnleiters, der Niere, der Harnröhre. Diese Complicationen sind äusserst selten — meist jede nur 1mal (Bartels) — beobachtet.

ζ. Durch Schussverletzungen der Genitalien (unter den von Bartels gesammelten Fällen 12mal). Die Genitalien wurden besonders dann getroffen, wenn Patient in dem Momente, wo er den Schuss erhielt, urinirte.

η. Durch Schussverletzungen des Darmcanals (unter den von Bartels gesammelten Fällen 70mal: davon 5 des Ileum, 3 des Kolon, 60 des Rectum). Diese Verletzungen bilden die schwersten Complicationen der Blasenschusswunden.

§. 361. Das Schicksal der in die Blase eingedrungenen fremden Körper ist besonders von Bruns und Bartels studirt. Unter 82 fanden sich:

10mal Kleidungsfetzen (davon 7 per urethram spontan entleert, 3 zu Steinen incrustirt).
26mal Knochenstücke, dazu 1 Fall von Otis (davon 15, dazu der Fall von Otis, per urethram spontan entleert, 3 durch die Wunde entleert, 8 zu Steinen incrustirt).
43mal Projectile (fast stets Gewehrprojectile), dazu 1 Fall von Otis (davon 7 per urethram spontan entleert, 3 durch die Wunde entleert, 33, dazu der Fall von Otis, zu Steinen incrustirt).
3mal organische Massen (Büschel von Haaren, Blutcoagula), 3 zu Steinen incrustirt.
Somit 84mal fremde Körper, davon 30 per urethram spontan entleert, 6 durch die Wunde entleert, 18 zu Steinen incrustirt.

Die Fremdkörper in der Harnblase machten anfangs meist sehr wenig Beschwerden, später traten aber die charakteristischen Steinschmerzen ein. Die Geschosse waren in der Regel nur wenig incrustirt, die andern Fremdkörper bildeten gewöhnlich den Kern grosser Steine. Nach den Untersuchungen der Nordamerikaner waren in allen Incrustationen und Concretionen die Tripelphosphate vorherrschend oder der alleinige Component, in einigen erschienen phosphorsaurer Kalk und Urate in beschränkten Verhältnissen. Eiserne Geschosse incrustirten sich schneller, als bleierne.

Steinbildungen um Projectile sind überhaupt selten. Dionis und Cheselden berichteten schon einige Fälle der Art, in denen sie den Steinschnitt machten. Die erste Beobachtung stammt vielleicht von Couillard 1633 her. Dixon konnte 1850 schon 16 Fälle, in denen diese Steine durch Schnitt entfernt und 3, in denen sie bei der Section gefunden wurden, zusammenbringen. In den modernen Kriegen ist die Zahl der Beobachtungen auf die oben angegebene Höhe gestiegen.

Es werden auch Fälle — nach Bartels 11 — berichtet, in denen die Projectile erst aus der Nachbarschaft der Blase in dieselbe hineingewandert sein sollen. Doch scheint es, dass es sich bei derartigen Vorkommnissen meist um blinde Schusscanäle gehandelt hat, bei denen das Projectil in der Blasenwand stecken blieb und erst später in die Blase gelangte (Bartels). Neben dem Projectil finden sich auch oft noch andere fremde Körper in der Blase.

In einem von Billroth operirten Falle entleerte Patient vor und auch nach dem Blasenschnitte, durch welchen eine abgeplattete Kugel extrahirt wurde, je einmal nach starkem Drängen beim Urinlassen spontan ein Stück Hosenzeug.

§. 362. Die Prognose der Blasenschusswunden ist eine ziemlich ungünstige. Nach Bartels, dem wir in allen Zahlenangaben folgen, starben von 285 Verletzten 65, also 24 1/2 %. Dabei sind aber die auf dem Schlachtfelde Gefallenen und die in den ersten 48 Stunden Verstorbenen sicher nicht mit in Rechnung gebracht. — Unter den von vorn Geschossenen 121 starben 26 und ebenso viel unter den 100 von hinten Geschossenen. Ein von hinten eindringender Schuss ist daher als gefährlicher zu erachten. Von den perforirenden Schüssen führten 22,1%, von den blinden 25% zum Tode. Die blinden Schusscanäle sind daher um etwas gefährlicher. Von den durch grobes Geschoss Verletzten starben 42,8%, von den durch Handfeuerwaffen 39,6%, von den durch indirecte Geschosse Verletzten 75%. Unter den Complicationen hatten die durch Knochenbrüche eine Mortalität von 29%, die durch Gelenkschüsse von 100%, die durch Nervenschussverletzungen von 44,4%, die durch Gefässschusswunden von 11,1%, die durch Schussverletzungen des Peritoneum von 100%, die durch Schusswunden der Harnleiter und Nieren von 100%, die durch Schusswunden der Genitalien von 8,3%, die durch Schussverletzungen des Darmcanals von 35,6%. Unter diesen Zahlen scheinen mir viele bedeutend zu niedrig gegriffen. Danach sind als absolut tödtlich alle Blasenschusswunden zu betrachten, welche mit Eröffnung der Peritonealhöhle, der grossen Gefässe oder des Hüftgelenkes complicirt sind.

Von der Zeit, in der Blasenschusswunden tödtlich endeten, wissen wir durch Bartels Folgendes:

Unter 23 intraperitonealen Blasenschusswunden (Peritonitis acuta oder subacuta) starb keiner vor dem Beginn des 2. Tages, 2 am 3., 2 am 4., 5 Fälle überlebten die 2. Hälfte der ersten Woche, 9 blieben 8—15 Tage am Leben, 1 Patient erlebte den 34. Tag.

Von 16 durch Urininfiltration und Sepsis Gestorbenen, bei welchen nur 13mal die Todeszeit bekannt ist, trat der Tod 4mal in den ersten 14 Tagen, 8mal innerhalb 5 Wochen, 1mal nach mehreren Monaten ein.

Anhang.

IX. Schussverletzungen der Urethra, des Penis, des Scrotum und der Testikel.

§. 363. Die Schussverletzungen der Genitalorgane sind sehr selten. Nach Chenu betrugen dieselben im Orientkriege (205 : 34,306) 0,6%, in der englischen Armee (74 : 10,279) 0,7%, im italienischen Kriege (Chenu (87 : 17,054) 0,5%, nach Beck 1870 (24 : 4344) 0,5%.

Schusswunden des Penis allein, ohne Verletzungen der Urethra, sahen die Nordamerikaner in 309 Fällen. Meist bestanden dabei Schussverletzungen des Scrotum und der Testikel, oder der Oberschenkel und des Dammes. Von diesen starben 13,2% meistens in Folge complicirender Wunden, oder intercurrenter Krankheiten, oder des Tetanus (3mal). Nur 1 nicht complicirter Fall ging an Pyämie zu Grunde. In zwei Beobachtungen wurden die Projectile in dem Corpus cavernosum eingekapselt. 2mal musste die Amputation des Penis gemacht werden. Blutungen von langer Dauer begleiteten diese Verletzungen. Erectionen erschwerten die Heilung. Die Narben verhindern später die Erectionen.

Im nordamerikanischen Bericht werden 105 Schussverletzungen der Urethra erwähnt, aus dem deutsch-französischen Kriege Schüller (l. c. p. 32) 1, Beck (Chirurgie der Schussverletzungen 1872, p. 566) 2, Berthold (l. c. p. 466) 2, Lossen 3 Fälle der Art. Unmöglichkeit den Harn zu entleeren oder Dysurie, Blutungen aus der Harnröhre, Austritt blutigen Harnes aus den Schusswunden bei Versuchen zu uriniren, Harninfiltrationen waren die Zeichen dieser Verletzung. Zuweilen war nur eine Wand der Urethra durchrissen, dann glückte noch der Katheterismus; zuweilen die ganze Urethra, der Katheterismus gelang nicht und die Boutonnière wurde nothwendig. In allen Fällen bestand grosse Neigung zur Bildung traumatischer Stricturen und in vielen kamen dieselben auch wirklich zu Stande. Tiefe oder flache Urinfisteln bleiben meist lange Zeit zurück, in einem nordamerikanischen Falle entleerte sich aus derselben auch Samen. Von den Blasenschusswunden unterscheiden sich die Urethralschusswunden dadurch, dass bei ersteren der Harn continuirlich abträufelt, bei letzteren mit Unterbrechungen durch die Wunden abfliesst.

Die Prognose dieser Verletzungen ist ungünstig. Bei den Nordamerikanern endeten 20,9% der Fälle letal. Meist trat der Tod durch complicirende Verletzungen, seltener durch Urininfiltration und brandige Phlegmonen ein. Die Patienten behalten meist Stricturen (Berthold), welche das Leben derselben noch sehr gefährden. Auch Harnfisteln bleiben zurück (Schüller, Beck, Berthold), die Fisteln sitzen oft weit ab von der Urethra. Die Nordamerikaner erwähnen mehrerer Mastdarmharnröhrenfisteln nach Schussverletzungen. .

§. 364. Scrotalschusswunden sind häufige Ereignisse im Felde. Es sind oft nur Haarseilschüsse. Nicht selten wurden beide Hälften von demselben Projectil getroffen, zuweilen auch noch beide Oberschenkel. Die Hoden können einfach lochförmig durchbohrt oder gänzlich zerrissen sein. Prolaps des Testikels aus der Schusswunde gehört zu den Seltenheiten, doch hat Girard mehrere Fälle der Art beschrieben und gesammelt. Der blossliegende Hoden entzündet sich meist und wird durch Eiterung und Brand ganz zerstört. Auch Abreissungen des ganzen Scrotum mit den Testikeln und ohne dieselben durch grobes Geschoss sind beobachtet worden.

Berthold fand unter den Invaliden des 10. Armeecorps nur 4 Schussverletzungen der Testikel. Die Nordamerikaner berichten 586 Quetschungen und Zerreissungen der Testikel durch Schusswaffen. Unter 340 Fällen waren in 136 beide Testikel, in 95 der rechte und in 109 der linke verletzt. Die Patienten hatten grosse Schmerzen, welche sich bis in den Leib hineinzogen, Erbrechen und meistens schwere Shocerscheinungen.

Verlust des verletzten Hodens war meist die Folge der Verletzung. In 24 von Chenu berichteten Fällen verloren 14 einen Testikel und in 7 Fällen wurde derselbe atrophisch. In dem zurückbleibenden Hodenreste hat man öfter schwere Neuralgien beobachtet. In 61 Fällen mussten die Nordamerikaner castriren. 66 Patienten starben meist in Folge von Complicationen der Verletzung oder durch intercurrente Krankheiten. Kleine Reste der Testikel fungiren noch und das Fehlen eines Hodens beschränkt die Potenz nicht wesentlich. Nach dem Verlust der Testikel oder des Penis durch Schussläsionen hat man tiefe Melancholie ausbrechen sehen (Legouest).

X. Schussverletzungen des Oesophagus.

1. Statistisches.

§. 365. Die Schussverletzungen des Oesophagus sind überaus selten und meist mit wichtigen Verletzungen anderer Organe complicirt. Nach Wolzendorf kommen auf 5361 in der Literatur verzeichnete Halsschusswunden 47 Verletzungen des Oesophagus und Pharynx. Von 55 derartigen Verletzungen waren 41 durch Gewehrkugeln, 3 durch Pistolen-, 1 durch Revolver-, 2 durch Kartätschenschuss, 1 durch Granatsplitter verursacht, 3mal fehlt die Angabe; es betrafen 14 Gesicht und Hals, die übrigen den Hals allein und zwar auf der Höhe des Kehlkopfes 17, unterhalb des Kehlkopfes 16, am Brusttheil der Speiseröhre 2. Unter 31 Fällen von Organschussverletzungen am Halse in Nordamerika fanden sich 10 Schussverletzungen des Oesophagus, 13 des Pharynx, 2 der Trachea und des Pharynx, 2 der Trachea und des Oesophagus, 1 des Larynx und des Oesophagus, 1 des Pharynx und des Oesophagus, 2 des Pharynx und Larynx.

2. Arten der Oesophagusschussverletzungen.

§. 366. Es gibt eine grosse Reihe interessanter Krankengeschichten in der Literatur, in denen die Kugel quer durch den Hals ging, ohne weder Luft- noch Speiseröhre zu eröffnen. Das Projectil kann den Oesophagus doppelt durchbohren oder ganz zerreissen. Blinde Schüsse des Oesophagus sind äusserst selten. Furchtbare Zerstörungen am Schlunde und Oesophagus sieht man meist bei Schüssen in den Mund, die sich Selbstmörder beibringen. Als Kriegsverletzungen kommen solche kaum jemals vor. In den leichteren Fällen dieser Art sind die hintere Pharynxwand und der obere Theil der Speiseröhre zerrissen, in den schwereren Fällen findet man Schlund und Speiseröhre in einen schwarzen Brei verwandelt, Carotiden, Vena jugularis, Nervenstämme und Halswirbel selbst mit verletzt.

Unter den häufigen Complicationen der Oesophagusschussverletzungen sind die Verletzungen der Wirbelsäule und des Rückenmarkes, der Gefässe und Nerven am Halse die gefährlichsten.

§. 367. Zeichen der Oesophagusschussverletzungen: Das Hauptsymptom ist das schmerzhafte oder ganz behinderte Schlingen und das theilweise oder gänzliche Austreten der durch den Mund genommenen Flüssigkeiten. Larrey beobachtete daneben noch tiefe Schmerzen, welche sich im Epigastrium concentrirten und welche er auf eine gleichzeitige Verletzung der Lungenmagennerven zurückzuführen geneigt ist. Auch Kirchner sah bei einer Schussverletzung des Pharynx heftige Schmerzen in der Magengegend. Sehr oft wurde Emphysem am Halse, Brust, Mediastinum, sogar Totalemphysem bei Verletzungen des Oesophagus beobachtet (Schönlein, Leyden).

§. 368. Die Prognose der Oesophagusschussverletzungen ist sehr ungünstig.

Von 52 Schussverletzungen des Oesophagus und Pharynx, die Wolzendorf gesammelt hat, starben 23; 24 wurden vollständig geheilt, einer behielt eine Fistel, einer eine Fistel und Strictur und 3 Stricturen zurück. Der Tod erfolgte:

12mal durch Erstickung,
3 „ durch Pneumonie,
1 „ durch Verblutung,
2 „ durch Erschöpfung,
3 „ durch Verletzung der Medulla resp. Wirbelsäule,
1 „ durch Pyämie,
1 „ Todesursache unbekannt.

Die Mortalität betrug also 44,2%. Die Heilung geschieht durch Narbenbildung.

XI. Schussverletzungen des Magens und der Därme.

a. Schusscontusionen derselben.

α. Des Magens.

§. 369. Dieselben sind im ganzen selten beobachtet. In leichten Fällen kommt es nur zu Blutungen in die Gewebe des Magens und unter den peritonealen Ueberzug desselben, auch wohl zu kleinen Einrissen der Mucosa. In den schwereren Formen der Contusion treten umfangreichere Zerreissungen des Magens und seiner Gefässe ein. Durch Blutungen in die Peritonealhöhle, durch den Austritt von Speiseresten und Magensaft in die Bauchhöhle und dadurch erzeugte

Peritonitis, auch wohl durch tiefen Shoc erfolgt in diesen Fällen meist
ein schneller Tod. Ein fast constantes Symptom der Magencontusion
ist Hämatemesis (seltener Meläna). In Folge einer durch primäre Risse
in der Magenschleimhaut oder einer, durch die blutige Durchtränkung
derselben bedingten Nekrotisirung der Schleimhaut, eintretenden Ge-
schwürsbildung entwickeln sich heftige Gastralgien, wie beim perforirenden Magengeschwür. In dem von Stromeyer berichteten Falle
wurde die Hämatemesis erst am 14. Tage beobachtet. Bei der Section
fand sich eine Magenzerreissung. Es musste also die Blutung spontan
zum Stillstande gekommen oder erst durch secundäre Erosion eines
Gefässes entstanden sein. Wenn es auch anatomisch noch nicht nachgewiesen ist, so erscheint es doch wahrscheinlich, dass Contusionsrisse
am Magen ebenso gut heilen können, als Magenschusswunden.

β. Schusscontusionen der Därme.

§. 370. Auch diese Verletzungen kommen ausserordentlich selten
vor. Im nordamerikanischen Gesammtbericht finden sich im ganzen
5 Fälle. In den leichteren Contusionen handelt es sich wohl meist
nur um eine blutige Durchtränkung der Darmwandungen, Blutextravasate unter dem peritonealen Ueberzuge und vielleicht auch um kleinere
oberflächliche Einrisse der Muscularis oder der Mucosa des Darmes.
So beschreibt Larrey einige Fälle von Schusscontusion des Unterleibes, die mit Blutungen und blutigen Durchtränkungen, aber nicht
mit Zerreissungen der Eingeweide verbunden waren. Diese leichteren
Contusionen machen aber doch schwere Shocerscheinungen, bedingen
oft grosse Blässe des Patienten, heftige Schmerzen im Leibe, Erbrechen, anhaltende Verstopfung, manchmal auch Meläna. Selten
gehen dieselben symptomlos oder mit geringen Beschwerden unbemerkt
vorüber. Durch nachträgliche Perforationen des Darmes und secundäre
Blutungen kann auch bei diesen Verletzungen noch später der Tod
herbeigeführt werden. Ausserdem hat man durch Darmlähmungen, welche
darnach eintraten, hartnäckige Obstructionen, tödtlichen Ileus beobachtet.

Die schweren Contusionen der Därme werden meist durch
Kartätschen und Fragmente groben Geschosses hervorgebracht. Aber
auch durch Prellschüsse von ricochetirenden Projectilen habe ich zwei
mal tödtliche Zerreissungen der Därme beobachtet. Die Bauchwandungen
erfahren dabei von der contundirenden Gewalt nur eine geringe oder gar
keine Quetschung, weil sie, der festen Unterlage entbehrend, derselben
leicht ausweichen können. Um so intensiver werden dagegen die unter
derselben liegenden und auf einer knöchernen Unterlage ruhenden
Organe von der Quetschung betroffen. Man findet daher an den gequetschten Därmen theils innere, theils äussere Blutungen, theils
Risse in ihnen von verschiedener Form, Tiefe und Grösse, theils
breiige Zermalmungen einzelner Theile der Därme oder der ganzen
Därme. Am häufigsten und schwersten wird das Jejunum von Contusionen betroffen, weil dasselbe fixirt ist. Unter 14 Fällen von
Contusionen des Leibes, die Poland zusammenstellte, war in 50%
der obere Theil des Jejunum zerrissen. Nach diesem wird am häufigsten das Ileum verletzt gefunden, weit seltener das Kolon, am
seltensten das Cöcum und Duodenum.

§. 371. Die Zeichen solcher schwerer Contusionen sind unbestimmt und vielfach variirend. Die meisten Fälle enden durch Blutung,
Shoc oder Peritonitis schnell tödtlich. Die furchtbaren Schmerzen, welche
die Patienten empfinden und äussern, sind von Poland sehr getreu
geschildert worden, die leiseste Berührung des Leibes ruft dieselben
hervor. Daneben bestehen synkopale Zustände, tiefer Collaps, kalte
Schweisse, kalte Extremitäten, das Gefühl des nahenden Todes und
der Vernichtung, stete Brechneigung und Erbrechen (zuweilen blutiger
Massen), Stuhldrang, zuweilen auch blutige Stühle. Durch die Perkussion sind wachsende Blutextravasate in abdomine nachzuweisen.
Jobert hält mit Recht einen plötzlich entstehenden und kolossalen
Meteorismus, bedingt durch das Austreten der Darmgase in die Bauchhöhle, für ein sehr charakteristisches Zeichen der Darmruptur. Die
Leberdämpfung verschwindet oder sinkt auf eine kleine schmale Linie
herab, weil sich Gasblasen oberhalb derselben entwickeln. Dyspnoë
tritt ein und costales, oberflächliches Athmen, da das Zwerchfell stark
in die Höhe gedrängt wird.

§. 372. Verlauf der schweren Darmcontusionen: Wir haben
schon hervorgehoben, dass Heilungen nach so schweren Contusionen des
Unterleibes zu den Seltenheiten gehören; doch sind dieselben von zu-
verlässigen Chirurgen beobachtet worden. Hennen sah nach einer
solchen Verletzung eine Kothfistel, Poland einen widernatürlichen
After durch Nekrotisirung und Abstossung der contundirten Stellen
des Darms und der Weichtheile eintreten. Auch Beck berichtet einen
geheilten Fall. Wie die Heilung noch unter den schwierigsten Umständen eintreten kann, zeigt eine Beobachtung von Reiss: 8 Monate
schwangere Frau. Schuss aus nächster Nähe aus einer mit vielem Pulver
und einem Flachspfropfe geladenen Pistole. Pfropf blieb zwischen Bauch-
wand und Darm sitzen, wo er extrahirt wurde. Am nächsten Tage
Frühgeburt. Ausfluss von Darminhalt und keine normale Stuhlent-
leerung. Abgang brandiger Darmstücke aus der Wunde. Heilung
nach langem Bestehen einer Darmfistel. — Unter 65 Fällen, in denen
Magen und Därme durch Contusionen zerrissen waren, war die Todeszeit nach Polands Zusammenstellungen in 56 bekannt: 10 starben in
den ersten 5 Stunden; 18 in 5—24 Stunden; 19 in 24—48 Stunden
und 9 zwischen dem 9. und 16. Tag. — Die ausgetretenen Gase
werden leicht resorbirt, wie Wegner bewiesen hat. Auch für die
Resorption von Blutextravasaten und Entzündungsproducten bietet das
Peritoneum sehr günstige Bedingungen dar (Wegner).

γ. Die Schusscontusionen des Netzes und Gekröses.

§. 373. Dieselben finden sich fast constant als begleitende Verletzungen bei den Contusionen der Organe der Bauchhöhle. Höchst
selten treten sie aber isolirt ein. Durch die Contusionen zerreissen
Netz und Gekröse und aus ihren Gefässen ergiesst sich Blut, oft in
tödtlicher Menge, in die Bauchhöhle. In die Risse und Löcher des
Netzes können sich die Därme lagern und einklemmen. Dadurch
entsteht sehr häufig Ileus. Einen solchen Fall erwähnt kurz der nordamerikanische Gesammtbericht II, p. 24. Bei einem andern Patienten
der Nordamerikaner trat schnell nach einer Contusion des Leibes ein

grosser Abscess an der contundirten Stelle ein, und dem Eiter mischte sich Koth bei. Bei der Section fand man eitrige Durchtränkung und viele Abscesse im Netze und eine Perforation des Ileum.

δ. Schusscontusionen des Zwerchfells.

§. 374. Zerreissungen des Zwerchfells durch Contusionen groben Geschosses ohne Läsionen der Weichtheile sind selten beobachtet. Dieselben bilden meist Theilerscheinungen der Schusscontusionen am Thorax und am Abdomen. Als Zeichen der Contusion des Zwerchfells werden angegeben: Hochgradige Shocerscheinungen, Athemnoth, Respiratio costalis, Schmerzen in der Diaphragmagegend, vermehrt durch die Bewegungen des Zwerchfells, Palpitationen des Herzens und Unregelmässigkeiten im Pulse. Eigenthümliche Symptome erwähnt Stromeyer (l. c. p. 449) in einem Falle:

Contusion des Epigastrium durch einen Stein, welcher durch ein rundes grobes Geschoss in Bewegung gesetzt war. Im Hospital bekam Patient einen epileptiformen Anfall von kurzer Dauer. Jetzt begannen eigenthümliche Cheyne-Stokes'sche Athmungsstörungen, zu denen sich bald Schlingbeschwerden gesellten. Sobald sich Patient bewegte oder aufsetzte, bekam er Ohnmachtsanwandlungen. Ueber den schliesslichen Verlauf erfährt man nichts.

Ein ähnlicher Fall wird in der Med. and surg. history of the Crim. war II, p. 332 erzählt: Es traten nämlich nach Contusion des Leibes epileptiforme Zustände mit heftigen und andauernden Schmerzen der ganzen oberen Bauchgegend, Eingezogensein der Bauchmuskeln und einem krampfhaften Zittern des Zwerchfells durch 2 Jahre ein. Diese Zeichen schwanden sehr allmählich.

Die Engländer fügen hinzu: man dachte an Contusion des Sonnengeflechtes und auch an Ruptur des Zwerchfells. Diese Annahmen sind ebenso schwer zu beweisen, wie sie zur Zeit noch physiologisch unhaltbar erscheinen.

Die Gefahr der Zwerchfellrupturen bilden die Hernien d. i. der Eintritt der Baucheingeweide in die Brusthöhle.

§. 375. ε. Durch die mit der Contusion des Abdomen verbundenen Rupturen der Bauchmuskeln können Bauchbrüche hervorgebracht werden, wie einige in Nordamerika behandelte Fälle und eine von Wahl l. c. p. 37 berichtete Beobachtung zeigen.

b. Schusswunden des Magens und der Därme.

α. Schusswunden des Magens.

§. 376. Der Magen wird relativ häufig von Projectilen theils durch blinde Schüsse (in einer Beobachtung der Nordamerikaner fand sich das Projectil lose im Magen), theils durch perforirende verwundet. Selten bildet die Magenschusswunde die einzige Verletzung, meist ist dieselbe schwer complicirt besonders durch Schusswunden der Lungen (H. Fischer, Nordamerikaner II, p. 51), der Leber (Nordamerikaner II, p. 50), häufiger noch durch Schusswunden des Kolon und Zwerchfells (Nordamerikaner II, p. 58 und 61), der Wirbelsäule (ibidem p. 49, auch bei H. Fischer), der Milz (Nordamerikaner p. 50); zuweilen durch die Läsion mehrerer dieser Organe.

Symptome und Diagnose der Magenschusswunden.

§. 377. Die anatomischen Grenzen, innerhalb welcher eine Schussverletzung des Magens stattfinden kann, sind schwer zu bestimmen wegen

der starken Schwankungen, denen das Volumen des Magens unterworfen ist. Eine Verletzung des leeren Magens kann man im allgemeinen
annehmen, wenn das Projectil in der Mitte zwischen Nabel und Schwert-
fortsatz oder noch näher zu letzterem eindrang, der gefüllte Magen
kann aber noch unterhalb des Nabels durch Projectile getroffen werden.
Pirogoff hält es jedoch mit Recht für unmöglich und gefährlich, aus
der Lage der Schusswunde allein eine Verletzung des Magens zu
diagnosticiren. Zuweilen kann man durch die Wunde in den Magen
hineinsehen (z. B. in Gersons Falle), oder das verletzte Stück des Magens
ist vorgefallen (z. B. in einem von Froriep berichteten Falle). Eine
Sonden- oder Digitaluntersuchung der Wunde ist ebenso gefährlich, wie
überflüssig. Ein sehr wichtiges Zeichen, nach Pirogoff das einzig
sichere, für die Läsion des Magens ist das Ausströmen von Gasen,
von saurem Magensaft oder auch saurem Speisebrei aus der Wunde.
Wenn aber auch dies Symptom fehlt, so kann doch der Magen verletzt
sein, weil der Mageninhalt in die Bauchhöhle strömt oder weil die
Magenwunde sich durch Thromben verlegt oder frühzeitig verklebt.
Sehr oft bleibt eine Magenschusswunde ganz latent, wie einzelne überraschende Sectionsbefunde gezeigt haben. Meist aber werden diese
Verwundungen von starkem Collaps, heftigen Schmerzen in der Regio
epigastrica, ungeheurem Durst, Erbrechen bluttiggemischter oder rein
blutiger Massen, Singultus, Ohnmachten und Krämpfen begleitet.
Obstipation wird in vielen, Dysurie in einigen Fällen erwähnt. Bei
grossen Defecten der vordern Magenwand fällt häufig die hintere
Wand des Magens durch den Defect vor, seltener prolabirt die vordere
Wand. Bei Verletzungen der grossen und kleinen Curvatur finden
meist profuse Blutungen statt, bei denen des Pylorus kann die Arteria
hepatica, bei denen der Cardia die linke Arteria coronaria verletzt
sein. Die Blutung geht meist in die Bauchhöhle hinein, seltener nach
aussen. Dawies legt dem bald eintretenden Meteorismus und einer
sich über die Lebergegend verbreitenden Tympanitis einen grossen
diagnostischen Werth für eine Magenschussverletzung bei, diese Zeichen
sprechen aber nur für freies Gas im Abdomen.

Verlauf der Magenschusswunden.

§. 378.   Heilungen von Magenschusswunden sind anatomisch
sicher nachgewiesen. Die klinischen Beobachtungen solcher Fälle
allein sind vorsichtig aufzunehmen. Unter den 19 Fällen der Art, welche
aus dem nordamerikanischen Kriege berichtet wurden, ist nur einer
diagnostisch ganz sicher, einige mehr oder weniger fraglich, die Mehrzahl ganz unzuverlässig. Im nordamerikanischen Gesammtbericht
wurden ausserdem noch 16 Fälle von geheilten Magenschusswunden
aus der Literatur zusammengestellt, zu denen noch einige ältere Beobachtungen, welche in Hermanns Dissertation sich finden, und einige
in neuerer Zeit publicirte kommen würden. Unter diesen allen wird
die von Klebs-Socin, H. Fischer und Poncet berichteten durch
die Section bestätigt. Bei strenger Kritik würden ausser diesen 3 nur
5 Heilungen nach Magenschussverletzungen als zweifellos zu betrachten
sein (die Fälle von Percy (Maillot), Beaumont (St. Martin), Baudens,
Speed und der nordamerikanische). In dem von mir beobachteten
Falle lag eine doppelte Perforation des Magens vor:

Dem Patienten war bei Wörth eine Chassepotkugel zwischen der 5. und 6. Rippe links eingedrungen. Weder Hämoptoë, noch sonst schwere Störungen. Die Wunde vernarbte nach kurzer Zeit, die Kugel blieb stecken. Nach fast einem Jahre bildete sich ein Abscess in der rechten Lumbalgegend, welcher sich von selbst öffnete. Pat. kam im Juli 1871 fiebernd und sehr abgemagert in die Kgl. chir. Klinik zu Breslau und ging hier an Erschöpfung zu Grunde. Bei der Section stellte es sich heraus, dass die Kugel, welche sich zwischen den Querfortsätzen des 3. und 4. Lendenwirbels fand, ein Segment der linken Brusthälfte durchschlagen, den Magen doppelt perforirt hatte und dann in den retroperitonealen Raum gelangt war. Beide Schusswunden des Magens waren fest vernarbt.

Die Heilung der Magenschusswunden geschieht durch reines Narbengewebe. In dem Falle Poncets waren demselben noch einzelne kleine Bündel von Muskelfasern und Baumwollenfäden beigemischt. Die Heilungen kommen wohl meist in den Fällen zu Stande, in denen der leere Magen vom Projectil verletzt wurde. Aber auch nach Schussverletzungen des gefüllten Magens sind sie beobachtet worden. Man muss annehmen, dass in diesen Fällen auch durch Contractionen des Magens die Schusswunden verlegt oder adhäsive Processe zwischen den Wundrändern und dem Peritoneum parietale überaus schnell eingeleitet werden.

Tritt Mageninhalt in die Bauchhöhle, so ist eine tödtliche diffuse Peritonitis die Folge; seltener eine abgekapselte, bei welcher das Leben der Patienten erhalten werden kann. In einem von Poncet beschriebenen Falle waren die Magencontenta in die gleichzeitig eröffnete Brusthöhle getreten, während sich in der Bauchhöhle weder Entzündung noch Blutung fand. Peritonitis, Blutungen und Shoc verursachen den Tod der so Verletzten. Erstere entwickelt sich oft gleich nach der Verletzung und führt in wenigen Stunden den Tod herbei. Durch Abstossung des Thrombus, Abreissen von primären Verklebungen kann die Magenwunde sich wieder öffnen und noch in späteren Zeiten des Wundverlaufs tödtliche Peritonitis eintreten.

Die Prognose der Magenschusswunden ist daher eine ausserordentlich ungünstige.

§. 379. Bei den geheilten Magenschusswunden bleiben häufig Magenfisteln zurück. Die hintere Schusswunde schliesst sich meist, aus der vordern bildet sich die Fistel heraus. Unter 47 von Middeldorpf zusammengestellten Magenfisteln befinden sich 4 nach Schussverletzungen entstandene. Auch in einem Fall von Lovell, der wahrscheinlich auch von Beck berichtet wird, blieb eine Magenfistel zurück. Im nordamerikanischen Gesammtbericht fanden sich drei schliesslich tödtlich verlaufene Fälle von Magenfisteln nach Magenschusswunden ausführlicher erzählt. Die Magenfistel trat in einem Falle in der 7., im zweiten Ende der dritten, in dem dritten im Anfang der zweiten Woche ein; der eine lebte noch 1 Woche, der andere 7, der dritte 12 mit der Fistel. Ein Theil der Magenfisteln nach Schusswunden heilt noch nachträglich (Billroth, Lossen). Die längere Zeit bestehenden führen den Tod der Patienten durch Inanition herbei. Zu den wenigen Magenfisteln, die, nach Schusswunden entstanden, dies nicht thaten, gehört zuvörderst der durch Beaumonts Untersuchungen berühmt gewordene Fall von Alexis St. Martin, welcher, im 11. Lebensjahre verwundet, über 70 Jahre alt wurde, und der von Percy berichtete Fall Maillot,

welcher 1794 bei Kaiserslautern verwundet wurde, lange Zeit eine
Magenfistel behielt und schliesslich noch ganz genas.

β. Schusswunden des Darms.

a. Des Dünndarms.

§. 380. Unter den Organen der Bauchhöhle wird seiner Länge
und seinem Umfange entsprechend der Dünndarm am häufigsten von
Projectilen getroffen.   Meist werden mehrere Schlingen auf einmal
verletzt.   In einem während des Krimkrieges beobachteten Falle fanden
sich 16; in 33 Schussverletzungen des Dünndarms, welche Otis von
verschiedenen Autoren zusammenstellt, 73 Läsionen desselben (also 2,63
in jedem einzelnen Falle).   Unter den Theilen des Dünndarms wird
am häufigsten das Ileum, seltener das Jejunum, am seltensten das
Duodenum von den Projectilen getroffen.   Kleine Läsionen, wie Rinnenschüsse oder flache Perforationen, werden durch Contractionen des
Darms oder durch Vorfall der Schleimhaut verkleinert, auch wohl ganz
verschlossen.   Lidell meint, dass die Darmlähmung den Austritt des
Kothes verhindere.   Es ist aber nicht erwiesen, dass den Schussverletzungen einer oder mehrerer Schlingen Lähmung des ganzen Darms
folgen sollte.   Sehr oft zerreissen die Projectile die Därme vollständig.
Besonders werden die Schusswunden des Jejunum von schweren Blutungen begleitet, aber auch die Läsionen der andern Theile des Dünndarms pflegen meist stark zu bluten.

§. 381. Die Zeichen der Schussverletzungen des Dünndarms
sind unsicher; das sicherste ist der Ausfluss dünnen, hellen Kothes.   Doch
sind die Schlüsse, die man aus der Farbe und Consistenz des kothigen
Ausflusses auf die Localität der Verletzung zieht, höchst unsicher.
Kothaustritt findet nur statt, wenn die verletzten Darmwandungen den
äussern Schusswunden eng anliegen und wird verhindert durch Verschluss der Darmwunde durch prolabirende Schleimhaut, Blutcoagula,
Brandschorfe, durch frühe Verklebungen und Verlegungen derselben
mit dem Netze oder mit andern Darmtheilen.   Zuweilen tritt daher
der Kothausfluss erst in spätern Stadien des Wundverlaufes ein, wenn
die Brandschorfe oder Blutcoagula sich abstossen.   Bei sehr hohen
Verletzungen des Darms im Duodenum kann Ausfluss von Galle oder
eines sauren Speisebreies aus der Wunde stattfinden.   Auch Entozoen
hat man in seltenen Fällen — etwa 12mal — aus der Schusswunde
austreten sehen.   Schmidt berichtet noch eine solche Beobachtung
aus dem russisch-türkischen Kriege.   Man hat dies Zeichen mit Unrecht
für die Diagnose des Sitzes der Darmschusswunden verwerthen wollen.
Darmgase strömen auch aus der Wunde hervor oder in das benachbarte
subcutane Bindegewebe.   Dadurch entsteht Emphysem an den äussern
Wunden.   Schnell sich entwickelnder Meteorismus, Erbrechen, Singultus,
Collaps etc. sind wichtige Zeichen einer Darmschussverletzung, aber
nicht für den Ort derselben, wie manche Autoren geglaubt haben. —
Wenn daher auch die Diagnose der Darmschusswunde meist leicht
ist, so erscheint doch die des Sitzes derselben selten möglich.   Fliessen
die Darmcontenta in die Bauchhöhle, so tritt tödtliche traumatische
Peritonitis ein.   Die Fälle, welche unter diesen Umständen durch Ab-

kapselung der Transsudate noch heilen, sind ausserordentlich rar. Vorfall des verletzten Darms gehört zu den grössten Seltenheiten.

So verzweifelt auch die Sachen bei penetrirenden Dünndarmschüssen stehen, so sind doch Heilungen dabei erzielt worden. Wie weit die Diagnose dieser Fälle sicher war, bleibt dahingestellt. Im nordamerikanischen Gesammtberichte werden 4, ausserdem noch von Williamson, Guthrie, Bordenave, Larrey, Massey, Demme und Volkmann geheilte Fälle berichtet. Nach den Heilungen bleiben Kothfisteln längere Zeit zurück, seltener Hernien.

b. Schusswunden des Dickdarms.

Symptome und Diagnose.

§. 382. Für diese Verletzungen gibt es kein charakteristisches Symptom. Der Ort der Einwirkung, Richtung und Verlauf des Schusscanals ermöglichen zuweilen eine sichere Localdiagnose der Verletzung. Kothaustritt kommt häufiger aus den Schusswunden des Dickdarms vor, als aus denen des Dünndarms, Vorfall des verletzten Darms ausserordentlich selten. Der Koth ist dick und braun gefärbt, doch trügen diese Zeichen. Meist besteht lange Zeit ein Anus praeternaturalis, der sich dann in eine Kothfistel verwandelt, welche meist sehr lange zurückbleibt. Die Blutung bei den Dickdarmläsionen ist weit geringer, als bei den Dünndarmverletzungen.

Verlauf dieser Verletzungen.

§. 383. Die Dickdarmschüsse heilen viel häufiger als die des Dünndarms. Die Nordamerikaner berichten allein 59 Heilungen (32 am Kolon ascendens, 1mal am Kolon transversum, 26mal am Kolon descendens). Otis fügt diesen Fällen aus der ältern und neuern Literatur noch 30 hinzu. Ausser diesen werden noch Heilungen erwähnt aus dem Kriege 1866: 4 (Maas, Biefel, K. Fischer, Stromeyer), und aus dem französisch-deutschen Kriege 12 (Beck, Billroth, H. Fischer, Socin). Diese stattliche Zahl liesse sich noch leicht vermehren, wenn man das ganze weite Gebiet der kriegschirurgischen Literatur durchsehen wollte. Stercoralfisteln beobachteten die Nordamerikaner unter den 59 Fällen 9mal dauernd, 17mal schlossen sich dieselben in 1 Monat, 28mal in 1 Jahre, 5mal in 1—4 Jahren.

§. 384. Complicationen der Schussverletzungen des Dickdarms sind weit seltener als die des Dünndarms. Bei den Nordamerikanern fanden sich 11mal noch gleichzeitige Verletzungen des Ileum, 2mal Schussfrakturen der Processus transversi der Wirbel, 3mal der Armknochen, 1mal der Rippen.

Projectile werden häufig nach Schussverletzungen per rectum entleert. Wir haben schon bei den Darmcontusionen einige Fälle angeführt. Zuweilen fand dies Ereigniss gleich nach der Verletzung, zuweilen erst in späterer Zeit des Wundverlaufs statt. Im letztern Falle gelangten wohl die Projectile erst durch Senkungen und Ulcerationen ins Kolon. Die Nordamerikaner berichten 12 solcher Fälle (angeblich stammte das Projectil 2mal aus dem Kolon ascendens, 5mal aus dem Kolon transversum, 4mal aus dem Kolon descendens). Otis stellt noch aus der kriegschirurgischen Literatur 15 Fälle der Art zusammen. Seltener werden Knochenstücke nach Schussverletzungen per rectum entleert. Beck (Deutsche militärärztl. Zeitung 1877 Heft 8 und 9) sah dies Ereigniss bei einem Invaliden noch 7 Jahre nach der Verletzung eintreten.

§. 385. Die Prognose der Schussverletzungen des Dickdarms ist immerhin noch sehr ungünstig, doch freilich nicht so verzweifelt als die des Dünndarms, weil die verdeckte Lage und die straffere Musculatur des Dickdarms Austritte der Darmcontenta in die Bauchhöhle weniger leicht zulassen. Nach Schussverletzungen des Kolon transversum wurden nur wenig Heilungen, viele nach Perforationen des Kolon ascendens, die meisten nach Verwundungen des Kolon descendens und der Flexura sigmoidea beobachtet. Danach richtet sich die Prognose der Schussverletzungen der einzelnen Theile des Dickdarms. Mit Recht heben die Autoren die grossen Gefahren und die üblen Zufälle hervor, welche die steckenbleibenden Projectile anrichten. Perforirende Schüsse gewähren den Wundsecreten auch einen viel bessern Abfluss.

c. Schusswunden des Mastdarms.

§. 386. Schusswunden des Mastdarms sind häufig, doch meistens so complicirt mit andern Verletzungen, dass sie kaum zur Geltung kommen. Die Diagnose dieser Verwundungen, die meist der Ocularinspection zugängig sind, ist nicht schwer. Die Nordamerikaner hatten 103 Fälle, wovon 44 tödtlich endeten (42,7%). In 46 Fällen waren die Beckenknochen, in 34 die Blase mit verletzt. Socin und Stoll berichteten je einen Fall (letzterer mit gleichzeitiger Blasenverletzung), Redard 2 Fälle (1 mit Blasenschussverletzung), Berthold 1 Fall (gleichzeitige Verletzung des Kreuzbeins), Mossakowski 7 Fälle (2 complicirt durch Blasenschusswunden) von Mastdarmschusswunden. Die Gefahren der Mastdarmschussverletzungen liegen in der jauchigbrandigen diffusen Phlegmone des Beckenzellgewebes in Folge der Fäcal-Infiltration desselben, und in den primären und secundären Blutungen. Nicht selten bleiben nach diesen Verletzungen längere Zeit ein Anus praeternaturalis, auch complete Mastdarmfisteln, Mastdarmblasenfisteln etc. zurück. Ferner finden sich bei den Geheilten Lähmungen des Sphincter mit Incontinentia alvi, hartnäckige Verstopfungen durch Rectalstricturen, cariöse Processe an den Beckenknochen mit Fistelbildungen und immer neuen Abscedirungen, Fissurae ani mit lebhaften Beschwerden etc. Die Mastdarmschussverletzungen rechtfertigen also im ganzen doch die unbedingt günstige Prognose nicht, die Stromeyer ihnen stellt.

d. Schusswunden des Netzes und Gekröses.

§. 387. Dieselben kommen als isolirte Verletzungen kaum vor. Im nordamerikanischen Gesammtbericht findet sich ein Fall, in welchem das Projectil im Netze, wie in einem Schleier verfangen, lag. Das verwundete Netz fällt häufig durch die Schusswunde vor (bei Stoll z. B. unter 25 Fällen 5mal).

§. 388. 5. Mortalität bei Bauchschusswunden.

a) In der Schlacht:

Löffler auf 387 Todte 44 am Abdomen Verletzte $= 11,4\%$
Mouat   „   118 „ 11 „   „   „ $= 9,3\%$
Lidell „   43   „ 5   „   „   „ $= 11,6\%$
Otis   „   76   „ 9   „   „   „ $= 11,8\%$.

Es kommen somit auf 624 Gefallene 69 durch Abdominalver-
letzung Getödtete, somit 11%. Diese Zahl ist fast bei allen Autoren
gleichlautend. Nur Bertherand gibt aus dem Kampfe gegen die
Kabylen an, dass unter 73 Getödteten 21 durch Abdominalverletzungen
gewesen seien, also $28,7\%$.

b) Mortalität bei den perforirenden Bauchschüssen
in den Lazarethen:

	Zahl der Fälle:	Tod:
Engländer in der Krim	120	111 $= 92,5\%$
Franzosen „ „ „	121	111 $= 91,7\%$
Franzosen in Italien (Chenu) . . .	246	163 $= 66,2\%$
Paris 1830 (Menière)	21	14 $= 66,6\%$
„ 1848	27	21 $= 77,7\%$
Neuseeland-Krieg	15	14 $= 93,3\%$
Preussen in Schleswig-Holstein . .	103	59 $= 57,2\%$
Dänen „ „ „ . .	89	57 $= 64\%$
1866 (Maas, Biefel, Stromeyer) .	32	14 $= 43,7\%$
1870 (Billroth, Beck, Fischer, Kirchner, Mosetig, Rupprecht, Christian, Socin, Graf, Desprès, Cormac, Tachard, Poncet, Boinet, Berenger-Ferand, Mundy) Ricord, Herrgott, Stoll, Koch, Slade	273	220 $= 80.5\%$
	1047	784 $= 74,8\%$.

Im nordamerikanischen Kriege starben von 3680 Patienten der
Art 3015 mithin 82%.

Diese Zahl trifft wohl im Durchschnitt die richtige Mortalitätsziffer. Bemerkenswerth bleibt aber die Thatsache, dass die Zahl der
Invaliden nach Bauchschusswunden in Deutschland ausserordentlich
gering ist. Berthold fand beim 10. Armeecorps nur 7 Invaliden,
welche perforirende Bauchschüsse gehabt hatten und davon war noch
bei 2 die Diagnose sehr fraglich. Mossakowski sah unter den
1414 französischen Invaliden keinen einzigen Patienten, welcher eine
geheilte Bauchschussverletzung darbot.

c) Mortalität bei den Schussverletzungen der einzelnen Organe der Bauchhöhle.

Darüber besitzen wir die schöne Zusammenstellung aus dem
nordamerikanischen Gesammtbericht II, p. 202:

Schusswunden des Magens . . 79 † 60 $= 75,9\%$
   „   der Därme . . 653 † 484 $= 80,3\%$

Schusswunden der Leber . . $173 \dagger 108 = 63,5\%$
     " Milz . . $29 \dagger 27 = 93,1\%$ (Nussbaum rechnet
   " des Pankreas . $5 \dagger 4 = 80,0\%$ 60%)
   " der Niere . . $78 \dagger 51 = 66,2\%$
   " " Blutgefässe
    des Netzes und
    Gekröses . . $54 \dagger 47 = 87\%$.

Wir haben über diesen Punkt bereits bei Besprechung der Läsionen der einzelnen Organe der Bauchhöhle viele Data beigebracht. Danach würde sich etwa folgende Scala der Gefährlichkeit der Verletzungen unter den Organen der Bauchhöhle aufstellen lassen:

1) Dünndärme, 2) Magen, 3) Milz, 4) Dickdärme im Peritonealsacke, 5) Leber, 6) Nieren, 7) Dickdarm ausserhalb des Peritoneum, 8) Mastdarm.

d) Todesursache:

Der Tod kann nach Bauchschusswunden sofort eintreten durch Shoc, oder mehr oder weniger rasch durch Verblutung (häufigste Todesart) aus grossen Gefässen oder aus blutreichen Organen (Milz, Leber) oder durch die Aufnahme fauliger Stoffe ins Blut, für deren schnelle Resorption das Bauchfell ganz besonders geeignet ist (selten). In späterer Zeit erfolgt der Tod durch diffuse Peritonitis mit ihren Folgezuständen (zweithäufigste Todesart) oder durch Secundärblutungen (seltener als die primären), oder durch Erschöpfung in Folge langwieriger Eiterung. Ein anfangs gutartiger, plötzlich letaler Verlauf ist ein häufiges Ereigniss bei Bauchschusswunden.

V. Abschnitt.

Allgemeine und locale Störungen im Verlaufe der Schusswunden.

1. Störungen in der Granulation der Schusswunden.

§. 389. Zuweilen verhindern zu üppige Granulationen, welche den Wundrand überragen, warzenförmig, roth, grobkörnig und zu Blutungen geneigt sind, die Vernarbung der Wunde. Sie führen, sich selbst überlassen, zu papillomartigen Excrescenzen, welche sich nie ganz überhäuten. Dieselben werden nicht selten durch den Reiz fremder Körper bedingt und unterhalten. In anderen Fällen entstehen sie aber durch eine zu excitirende Wundbehandlung oder durch ein unzweckmässiges Verhalten des Verletzten.

Viel bedenklicher ist es, wenn die Granulationen ganz verschwinden und die Wundfläche glatt wird, wie ein Stück rohes Fleisch
oder eine Schleimhaut. Dieser Zustand der Wunde findet sich meist
nur bei pyämischen, scorbutischen und anämischen Personen, besonders
auf sehr grossen Wundflächen.
Nicht selten wird auf Schusswunden der Croup der Granulationen beobachtet. Die Wundflächen bedecken sich mit dicken fibrinösen
Belägen, in Gestalt weissgelblicher, ziemlich derber, fest anhaftender
Schwarten, welche, mit einem Myrthenblatte von ihren Unterlagen mit
einiger Gewalt in zusammenhängenden Membranen abgehoben, eine
leicht blutende, wenig Eiter secernirende, meist leicht indurirte Granulationsfläche zurücklassen. Zuweilen erscheint auf einer grossen und
sonst sehr schön granulirenden Wundfläche nur eine einzelne oder ein
Paar solcher Inseln und der croupöse Belag verbreitet sich von hier
aus über grössere Theile oder die ganze Wundfläche. Gewöhnlich geht
eine Abnahme der Eiterung vorher und je vollständiger die croupöse
Decke wird, desto mehr beschränkt sich Eiterung und Granulation. Zieht
man die croupöse Schwarte ab, so stellt sie sich in kurzer Zeit wieder
her. Das Allgemeinbefinden des Verwundeten wird dabei in keiner
Weise gestört, der Heilungsvorgang auf der Wunde steht aber während
der Zeit still. Nach einem Bestande von 8 bis 12 Tagen wird durch
die Eiterung diese Croup-Membran in grösseren Schichten abgehoben
oder zu einem moleculären Detritus gelöst und abgestossen. Schwächliche (sog. lymphatische) Constitution, eine übermässig reizende Behandlung der Wunde und unbekannte Hospitaleinflüsse, zu denen
G. Fischer sicherlich mit Unrecht Erkältungen und rauchende Kamine
rechnet, scheinen den Ausbruch des Croups der Wundflächen zu begünstigen. Sehr oft ist der Granulationscroup ein Vorläufer der Rose.
Contagiös ist derselbe nicht. Nicht zu verwechseln ist dieser Zustand
weder mit der echten Wunddiphtheritis (Hospitalbrand), welche contagiös
und mit Nekrotisirung und Verschwärung verbunden ist, noch mit den
überaus seltenen, inselförmig überhäuteten Stellen des Centrums granuli-
render Wundflächen, welche immer vertieft erscheinen und stets mit der
peripherischen Ueberhäutung der Wunde zusammenfallen. Die französischen Kriegschirurgen werfen noch vielfach den Croup der Granulationen mit dem Hospitalbrand zusammen.
Zuweilen wird die Heilung der Schusswunden verhindert durch
callöse Ränder oder Sinuositäten an denselben. — Endlich kommen
auch Fälle sehr retardirter Heilungen von Schusswunden vor, ohne dass
man einen ausreichenden Grund dafür entdecken kann.

§. 390. Ein sehr unangenehmes, in Sommerfeldzügen nicht seltenes
Ereigniss ist das Auftreten von Würmern und Maden in den Wunden.
Namentlich in Aegypten (Larrey) und in der Krim trat diese Plage
sehr oft ein. Man findet dieselben ebensowohl in gut eiternden, als in
schlechten, fauligen Schusswunden; sie entstehen aus Eiern, welche die
Fliegen in die Verbandstücke der Verwundeten legen. Besonders oft
finden sie sich unter den vom Eiter durchtränkten Contentivverbänden.
Im ganzen scheinen die Maden den Wunden keinen grossen Schaden
zu bringen, ja Larrey meint, sie hätten die Heilung meist befördert (?).

2. Der Hospitalbrand im Verlaufe der Schusswunden.

§. 391. Der Hospitalbrand (gangraena nosocomialis, pourriture d'hôpitaux), eine epidemisch, seltener rein endemisch auftretende, in überfüllten, schlecht gelüfteten, unsauber gehaltenen Hospitälern mit Vorliebe grassirende, contagiöse Diphtheritis der Wundfläche, tritt unter allen Verwundungen am häufigsten bei Schusswunden auf.

a. Historisches.

§. 392. Obgleich der Hospitalbrand schon A. Paré und Paracelsus im Verlaufe der Kriegsverletzungen bekannt war, so wurden doch die ersten grossen Epidemien desselben erst in den Jahren 1813—15 in Spanien von Hennen, Blakkader und Guthrie beobachtet. Vom 21. Juni bis zum 24. December 1813 behandelte Guthrie 1614 Fälle von Hospitalbrand daselbst, von denen 512 tödtlich endeten. Derselbe herrschte zu der Zeit auch in allen französischen Lazarethen, im Hospitale St. Louis zu Paris starben von 1900 Verwundeten 500 am Hospitalbrand. Nach der Schlacht bei Waterloo trat er besonders schwer und zahlreich in den Lazarethen zu Antwerpen und Brüssel auf. Während der Kämpfe 1848—50 wurde der Hospitalbrand nur in Italien in den überfüllten Lazarethen von Alessandria beobachtet. Im Krimfeldzuge kam der Hospitalbrand bei den Engländern nur in den schlechten Baracken zu Scutari und Malta und in dem durch Typhus und Strapazen sehr mitgenommenen 79. Hochlandsregiment vor, um so häufiger bei den Russen, am verbreitetsten und verheerendsten unter den verwundeten Franzosen (besonders auf den scheusslichen Transportschiffen) und bei den Türken in den elenden Lazarethen in und bei Constantinopel. Nach den Schlachten in Indien 1845 und namentlich 1857 hatten die Engländer furchtbar vom Hospitalbrande zu leiden. In Lucknow wurden 1857 fast alle Verwundete davon befallen. Während des italienischen Krieges trat derselbe sehr selten und nur in einzelnen Spitälern, besonders im Ospedale San Francesco zu Mailand auf. 1864 kam er nur in dem Lazareth zu Rinkenis in 5 Fällen zur Beobachtung. 1866 zeigte er sich weniger in den Kriegs- als in den Reservelazarethen. Besonders heimgesucht waren Görlitz, die Berliner Ulanenkaserne (26 Fälle) und vor allen das Reservelazareth zu Breslau, woselbst von 72 Verwundeten 27 vom Brande befallen wurden. In den böhmischen Lazarethen berichtet K. Fischer eine grössere Anzahl von Hospitalbrandigen gleichzeitig mit zahlreichen Choleraerkrankungen gesehen zu haben. In Süddeutschland paarte sich der Hospitalbrand zur selben Zeit mit bösartigen Scharlachepidemien. In Mailand fanden sich unter 1098 Blessirten 43 Hospitalbrandige (Fieber). Während des nordamerikanischen Freiheitskrieges herrschte derselbe besonders 1864. Unter 19,239 Verwundeten der Tennessee-Armee fand Jones 824 Hospitalbrandige. Unter den zu Andersonville gefangenen Truppen der Unions-Armee trat das Leiden so furchtbar auf, dass selbst die kleinsten Verletzungen, z. B. Moskitostiche, hospitalbrandig wurden. — 1870 und 1871 kam der Hospitalbrand in den Kriegslazarethen entweder gar nicht, oder, wie in den Lazarethen des Werder'schen Corps, zu Weissenburg und Versailles, nur selten und in den leichtesten Fällen vor, jedoch in den Lazarethen um Metz beobachtete man einzelne schwere Fälle davon. Weit häufiger und schwerer als in den Kriegslazarethen trat der Hospitalbrand in den Reservelazarethen auf: in Mannheim wurden in 4 Monaten nur 2 Fälle, im ganzen 16 (Lossen), in Darmstadt von Küchler 8, von Luecke mehr als ein Dutzend, in Carlsruhe unter 643 Verwundeten nur 10, in Hannover 17 (Schüller), in Esslingen von Schinzinger 4, in Neunkirchen 5 (H. Fischer), in den Berliner Lazarethen 121 (Steinberg), von Heiberg in den Berliner Baracken allein 89, von Graf in Düsseldorf 70 Fälle beobachtet. Besonders häufig und bösartig zeigte sich der Hospitalbrand in den belagerten Festungen von Metz und Strassburg in den Monaten August und September. Ausserdem scheint in Orleans nach Chipault's und in Lyon nach Icard's Bericht der Spitalbrand stark grassirt zu haben.

b. Pathogenetisches.

§. 393. 1) Trübe Gemüthsstimmungen sollen nach den Angaben der Autoren den Ausbruch des Spitalbrandes befördern. Man gibt als Beweis dafür an, dass die Verwundeten der geschlagenen Armee z. B. nach der Schlacht bei Waterloo meist eher und zahlreicher daran erkrankten, als die der siegreichen. Diese sonst nur selten beobachtete Thatsache lässt sich aber ebenso gut daraus erklären, dass die feindlichen Verwundeten früher weit schlechter gelagert und weniger sorgfältig behandelt wurden. Trübe Stimmung geht dem Ausbruche des Spitalbrandes voraus, sie ist also ein Symptom, nicht eine Ursache desselben.

2) Besonders häufig bricht der Spitalbrand in schlecht gelüfteten und überlegten Hospitälern aus; trat aber auch merkwürdiger Weise oft nicht ein, wenn in den Kriegsspitälern alle Bedingungen für sein Auftreten vorhanden zu sein schienen. Vorzüglich waren die alten schmutzigen Kasernen, in denen Reservelazarethe eingerichtet wurden, Brutstätten für diese furchtbare Krankheit. Zuweilen schwindet der Hospitalbrand plötzlich mit der Räumung des Lazareths, kann aber (wie in Ludwigsburg 1870) nach 2 Monaten) in den neubelegten Räumen auch wiederkehren. Wenn sich der Hospitalbrand auch in gut gelüfteten Baracken (Luecke), oder in ganz neuen schönen Spitälern (Windscheid) entwickeln kann, so erreicht er doch hier höchst selten eine grössere Ausdehnung und es ist daher durchaus ungerechtfertigt, wenn Küchler behauptet, dass der „Luftschwindel" allein bei der Anlage der Pflegeräume nicht schützt.

3) Vorwaltend leicht entwickelt sich der Spitalbrand in den dumpfen Räumen der Transportschiffe. Die französischen Verwundeten in der Krim litten besonders auf den Schifftransporten an Hospitalbrand und verschleppten die Seuche bis nach Toulon. Gross erzählt — ich habe die Quelle, aus welcher er schöpfte, nicht auffinden können — dass auf einem Schiffe auf dem Wege vom Bosporus nach Südfrankreich in 36 Stunden 60 an dieser Krankheit Gestorbene über Bord geworfen werden mussten. In den Kriegsspitälern zu Louisville stellte es sich heraus, dass der Hospitalbrand der neuaufgenommenen Verwundeten sich meist während des mehrtägigen Transportes auf den überfüllten dumpfen Schiffen entwickelt hatte und dass jeder neue Zugang Spitalbrandiger sofort mit der Einrichtung kurzer Eisenbahntransporte aufhörte.

4) Unreine stagnirende Wässer, Misthaufen, die Ansammlung verbrauchter Verbandstücke etc. in der Nähe der Lazarethe begünstigen den Ausbruch des Spitalbrandes. Hennen berichtet, dass, als man zu Elvas in Spanien einen in der Nähe des Spitals aus verbrauchten Verbandstoffen angesammelten Misthaufen wegräumte und zwei stagnirende Teiche abliess, die Hospitalbrandendemie sofort aufhörte. Nach der Schlacht von Antwerpen herrschte der Spitalbrand besonders schlimm in einem Lazareth der Braunschweiger, welches an einem schmutzigen

Canal, der aus Antwerpen den Unrath abführte, lag. In tief und
auf feuchtem Grunde gelegenen Lazarethen entwickelt sich der Spitalbrand leichter, als in hoch und trocken gelegenen. Nach der Schlacht
bei Waterloo herrschte derselbe furchtbarer in Antwerpen, als in dem
höher gelegenen Brüssel und in dieser Stadt fanden sich die meisten
und schlimmsten Fälle in der tiefgelegenen Altstadt. Das einzige Lazareth der Engländer, in welchem in der Krim viel Hospitalbrand beobachtet wurde, lag in einem feuchten Thale. Desshalb werden auch
die Seespitäler so oft und schwer vom Spitalbrande befallen, so 1780
das zu Newyork, woselbst über 200 Fälle vorkamen, 1781 das zu
St. Lucia. In den Lazarethen entwickeln sich auch die ersten Fälle
von Hospitalbrand meist in dem unteren Stock derselben in dumpfen
Krankenzimmern (Neunkirchen, H. Fischer).

5) Heisse und windstille Tage scheinen der Entwicklung des
Spitalbrandes günstiger zu sein, als kalte und stürmische.

6) Das Hospitalbrandcontagium bildet sich aber auch ausserhalb der Lazarethe und desshalb verdient der Hospitalbrand seinen
Namen nicht. Er findet sich zuweilen in den verschiedensten Quartieren
der Stadt, unter welchen kein Verkehr Statt findet. Das sind die
epidemischen Formen des Hospitalbrandes. Besonders begünstigt wird
die Entwicklung desselben:

α. Durch Zusammenliegen von Typhösen und Verwundeten oder
durch Typhusepidemien in Orten, die mit Verwundeten belegt sind.
In Rinkenis kam der Hospitalbrand 1864 zum Vorschein, nachdem
einige Typhöse unter den Verwundeten gelegen hatten. Nach der
Schilderung von Scot brach der Hospitalbrand in den Baracken der
„79 Highlanders" in der Krim aus, als der endemische und remittirende
Typhus seinen höchsten Grad erreicht hatte. Aehnliches beobachtete
ich 1870 in einem Lazareth zu Neunkirchen (l. c. p. 46, 47). Nach
Eilerts Bericht hatten die französischen Aerzte in Rouen Schwerverwundete mit Pocken- und Typhuskranken unter einander gelegt, hielten
auch nicht sehr auf Ventilation. Es kamen daher Eiterfieber, Rosen,
besonders aber Hospitalbrand sehr häufig vor.

β. Zur Zeit der Cholera- und Ruhr-Epidemien. Auf den intimen
Zusammenhang von Cholera und Hospitalbrand hat besonders Pitha
aufmerksam gemacht. In den Berliner Reservespitälern trat der Hospitalbrand 1866 ein, als die Cholera anfing zahlreiche Opfer zu fordern
und auch in Prag fiel zur selben Zeit das Auftreten einer grösseren
Zahl spitalbrandiger Wundflächen zusammen mit dem Erscheinen einer
bedeutenderen Anzahl von Choleraerkrankungen. Pitha nannte daher
den Hospitalbrand die Cholera der Wundflächen. Die Ruhr scheint
weniger Einfluss auf die Entwicklung des Hospitalbrandes zu haben.
Im belagerten Metz war man gezwungen, Typhöse, Ruhrkranke und
Verwundete dichtgedrängt in denselben Sälen unterzubringen. Dadurch
nahm der Hospitalbrand so furchtbare Dimensionen an, dass man von
jedem operativen Eingriffe Abstand nehmen musste. Auch in den
deutschen Lazarethen um Metz, in Orten, wo Typhus und Ruhr herrschten,
trat Hospitalbrand auf.

γ. Zur Zeit von Scharlach- und Diphtheritis-Epidemien. In
Aschaffenburg und Laufach trat in den Lazarethen 1866 Hospitalbrand
ein, nachdem an beiden Orten schwere Fälle von Scharlach in das

Lazareth aufgenommen waren. In den Kriegslazarethen Weissenbergs erkrankten 1866 37 Verwundete am Spitalbrand, während in der Stadt Diphtheritis herrschte und alle Wunden schlecht aussahen. Unter denselben Umständen kam damals auch in Halle in den Spitälern und in der Stadt unter den Verwundeten Hospitalbrand vor (Lawandowsky).

δ. Zur Zeit der Malaria. Unter den gefangenen Nordamerikanern zu Andersonville trat der Hospitalbrand in so furchtbarer Weise auf, als schwere Malaria-Affectionen und typhöse Leiden unter ihnen ausgebrochen waren.

ε. Es gibt aber auch Hospitalbrandepidemien durch ganze Städte verbreitet, ohne dass man eine Ursache dafür auffinden kann. So Ende September und October 1870 in Saarbrücken.

7) Das Hospitalbrandvirus ist eminent übertragbar und schwer zu zerstören. Die Zahl der Uebertragungen desselben durch Schwämme (Holmes, Coole), durch Instrumente und Finger (H. Fischer), durch Röcke der Chirurgen (Bégie) etc. ist sehr gross.

8) Da der Spitalbrand bisher in allen Kriegen beobachtet ist, so scheinen die Schusswunden einen besonders günstigen Boden für seine Entwicklung abzugeben. Schüller macht zur Erklärung dieser Thatsache darauf aufmerksam, dass die durch den Act der Verletzung selbst erzeugten Gewebsfetzen, besonders von elastischen und fibrösen Geweben, welche wegen der grösseren Resistenz und der geringeren Beweglichkeit ihrer zelligen Constituentien nur langsam eliminirt werden, oft geradezu durch die Fäulniss ausgestossen werden müssen und daher leicht zu Zersetzungen des Eiters und zur Infection des Granulationsgewebes Veranlassung geben. So betrafen denn auch unter 20 Fällen an Spitalbrand, die Schüller beobachtete, 14 Wunden in ganz besonders sehnen- und fascienreichen Gegenden und Heiberg und Schulz sahen ein circumscriptes Recidiv von Hospitalbrand auf einer gut granulirenden Wunde an der Stelle entstehen, auf welcher ein inoculirtes Hautstückchen nekrotisch geworden war. Weichtheilschüsse werden im allgemeinen häufiger vom Spitalbrand befallen als Schussfrakturen. Unter 37 Verwundeten, welche 1866 in Weissenberg daran erkrankten, hatten nur 4 Schussverletzungen der Knochen.

9) Empfänglich wird die Wunde für die Entwicklung und Haftung des Hospitalbrandvirus durch schmutzige Behandlung, stinkende Kataplasmen, ranzige Fette, irritirende Verbandwässer, zu häufigen Verband etc.; doch kann auch bei Uebung einer strengen Antisepsis, wie Nussbaums Erfahrungen gezeigt haben, Hospitalbrand in einem Spitale sporadisch, nie aber in grösseren Endemien vorkommen. Macleod will in der Krim gesehen haben, dass öfter die Aus-, als die Eingangswunde vom Hospitalbrande befallen wurde. Ich konnte diese Beobachtung nicht bestätigen. Selten werden aber bei einem Individuo alle Wunden zu gleicher Zeit vom Hospitalbrande befallen.

c. Symptome, Diagnose und Verlauf des Hospitalbrandes.

§. 394. Man unterscheidet am besten zwei Formen des Spitalbrandes:

1) Die pulpöse Form. Dabei bedeckt sich die Wunde, welche schon 24—48 Stunden vorher sehr schmerzhaft, trocken und schlaff

wurde, mit einer dünnen, schmutzig weissen, fest anhaftenden Membran, welche immer dicker, grauer, weicher wird und wie ein Pilz die ganze Wundfläche erfüllt. Der Geschwürsgrund bläht sich auf, so dass die Granulationen einem vollgesogenen Schwamme gleichen. Das eigenthümlich ranzig riechende, dünne, jauchige Secret füllt die Maschen des pulpösen Belages aus und dringt aus der Tiefe des Geschwürsgrundes bei Druck hervor. Die obersten Schichten des Belags lassen sich als ein käsig-schmieriger, schmutziger Brei, welcher unter dem Mikroskop aus einem feinkörnigen Detritus und vielen Vibrionen besteht, abstreifen, die untersten haften dagegen ihrer Unterlage fest an. So wird der Geschwürsgrund immer tiefer, alle Gewebe, welche in das Bereich der diphtheritischen Ulceration kommen, selbst Sehnen, Muskeln und Knochen werden in die pulpöse Brandmasse verwandelt. Es entstehen grosse, tiefe, buchtige, unregelmässige Geschwüre, beständig nach allen Richtungen wachsend, und in ihrem harten, unebenen, sinuösen Grunde liegen bald die wichtigsten Gebilde (Nerven- und Gefässstämme) frei präparirt. Bald früher, bald später schwellen auch die Geschwürsränder an, sie werden zackig, zerfressen, sinuös und zerfallen rapide, ihre Umgebung röthet sich, wird empfindlich und ödematös, die benachbarten Lymphdrüsen intumesciren.

Geht es nach längerem Bestehen dieser verheerenden Brandform zur Besserung, so wird das Secret spärlicher, consistenter, milchig weiss und verliert den üblen Geruch, die Schmerzen nehmen ab, der pseudomembranös-pulpöse Belag stösst sich theils zu langen Fetzen, theils zu einem käsig-schmierigen Brei ab, die mortificirten Gewebtheile lösen sich, es kommt ein unebener, schlaffer Grund zum Vorschein, in dem man erst jetzt die ungeheuren Verwüstungen, welche durch den Spitalbrand angerichtet wurden, übersehen kann.

Trotz der eingreifendsten Zerstörungen nimmt, wenn der Hospitalbrand einmal getilgt ist, die Vernarbung der Geschwürsfläche einen sehr raschen Verlauf, wenn kein Rückfall eintritt.

§. 395. 2) Die ulceröse Form. Nachdem Schmerzen wie bei der pulpösen Form aufgetreten und die Geschwürsfläche schlaff, trocken, empfindlich geworden, treten kleine, exulcerirte, inselförmige, blassgelbliche, den Aphthen ähnliche Vertiefungen im Geschwürsgrunde und an den Rändern auf, welche immer mehr in die Tiefe und Fläche gehen, theils scharf geschnittene, theils unebene, zerfressene, gelblich grau belegte Ränder und einen sehr unregelmässigen, hügligen, zernagten, mit dicken, weisslich grauen Schwarten bedeckten Grund haben. Die Geschwüre sehen aus, als seien sie von den spitzen Zähnen kleiner Nagethiere hineingeknabbert. Dieselben vermehren sich, fliessen zusammen, zwischen ihnen bleiben unebene Hervorragungen des Geschwürsgrundes stehen und so bekommt das ganze Geschwür ein hügliges, zernagtes Aussehen. Auch in den Rändern treten meist zu derselben Zeit die zerfressenen Geschwürchen auf, die sich ausbuchtend zu der, dieser Brandform eigenthümlichen Ausbreitung der Geschwüre führen, ein anderer Theil des Randes bleibt dagegen hart, roth, aufgeworfen oder nimmt ein gleichmässig zerfressenes Aussehen an. Ab und zu werden bloss die Ränder befallen, mitunter nur der Grund, manchmal bleiben ganze Partien des Geschwüres verschont, oder das Geschwür heilt in einer

Richtung, um sich nach einer andern hin zu vergrössern. Das Secret ist spärlich, wässrig, doch selten so missfarbig und jauchig, wie bei der pulpösen Form. Diese Form verläuft langsamer, als die pulpöse und führt nicht so beträchtliche Zerstörungen der Weichtheile herbei. Selten findet man die pulpöse und ulceröse Form ganz rein, meist beide verbunden: in dem Grunde die erstere, am Rande die letztere. Begleitet sind beide Formen des Hospitalbrandes durch beträchtliche Störungen des Allgemeinbefindens. Zunächst besteht ein ziemlich hohes Fieber mit leicht remittirendem Charakter, dasselbe ist schwächer bei der ulcerösen, heftiger bei der pulpösen Form, befällt schwächliche, nervöse Individuen früher und intensiver, als kräftige, beginnt meist allmählich in den ersten Tagen nach dem Ausbruche des Spitalbrandes, oder wohl auch erst mit der grössern Ausdehnung desselben, steigt aber oft zu gewaltiger Höhe. Es exacerbirt ganz allmählich, hält den Charakter der Remittens oder Continua ein und wächst mit der Zunahme des Localleidens. Im weitern Verlaufe nimmt es einen stärker remittirenden und schliesslich den hektischen Charakter an. Je grösser die Schwäche des Patienten im weitern Verlaufe des Hospitalbrandes wird, desto tiefer sinkt die Remissionstemperatur des Morgens. In leichten Fällen hört das Fieber eher auf, als der Hospitalbrand, in schweren überdauert es die phagedänische Ulceration. Es schwindet meist durch Lysis mit der Reinigung der Wundfläche. Je reiner die Wunde gehalten wird, je frischer die Hospitalluft ist, in welcher der Kranke liegt, desto geringer ist das Fieber.

Pathologische Erscheinungen von Seiten der Unterleibsorgane fehlen fast nie: die Zunge zeigt anfangs einen weissen schmutzigen Belag, wird später trocken, der Appetit fehlt, sehr häufig treten erschöpfende Durchfälle ein, Milz und Leber schwellen an, im Urin treten Eiweiss und Gallenfarbstoffe auf. Zuweilen werden die Durchfälle sehr hartnäckig, sie halten meist gleichen Schritt mit der örtlichen Affection, verschwinden und mildern sich mit dieser, hören auf und recidiviren mit ihr. v. Pitha sah dieselben bis zur Cholera sich steigern.

d. Complicationen des Hospitalbrandes.

§. 396. Complicirt wird der Hospitalbrand oft durch sehr schwere secundäre Zufälle, unter denen Blutungen die gefahrvollsten sind. Es widerstehen zwar die Arterien und Venen der hospitalbrandigen Ulceration nicht selten in bemerkenswerther Weise, doch treten immerhin noch oft genug bedenkliche Blutungen im Verlauf derselben ein. Heftige Neuralgien und Lähmungen entstehen, wenn grössere Nervenstämme durch die Ulceration blossgelegt oder zerstört werden; ganze Glieder werden brandig durch Thrombosirung der zuführenden Gefässe oder durch Zerstörung der Gefässe und Nerven.

Endlich droht dem Kranken durch Erschöpfung, Septichämie und Pyämie der Untergang. So constant ein gewisser Grad von Septichämie den Hospitalbrand begleitet, so muss es doch auffallen, dass bei den furchtbaren Zerstörungen, welche in einzelnen Fällen vom Hospitalbrande gesetzt werden, bei dem Freiliegen grosser Venenstämme im jauchenden Geschwürsgrunde die Patienten doch selten unter den charakteristischen Erscheinungen der Pyämie sterben. Der Ausbruch der letztern wird besonders durch das Eintreten diphtheritischer Phlegmonen bedingt, welche die schwerste Complication des Hospitalbrandes, nicht ein wesentliches Zeichen desselben, wie König annimmt, sind.

Rosen kommen nach Heine's und Ponficks Erfahrungen, die beide aus derselben Quelle stammen, sehr oft (in 80 Fällen 30mal) beim Hospitalbrande vor. Heiberg aber sah unter der grossen Zahl Spitalbrandiger in den Berliner Baracken nur 2 Fälle von Rosen. Lewandowsky 1866 in Weissenburg nur einen. Auch ich kann die Erfahrungen Heine's nicht bestätigen, denn ich habe niemals Rosen und Hospitalbrand an einem Individuo, wohl aber beide öfters nach einander auftreten sehen. Socin beobachtete gleichfalls in 4 Fällen die Rose kurz nach dem Verschwinden des Hospitalbrandes, in einem Falle ging sie demselben voraus.

e. Prognose des Hospitalbrandes.

§. 397. Die Sterblichkeit bei den verschiedenen Epidemien von Hospitalbrand ist sehr verschieden gewesen.

1813—15: Guthrie verlor von 1614 Fällen 512 = 31,7%.

1855: In den Lazarethen der Krim bei den Franzosen schwankte die Mortalität zwischen . . . . 40—60%.

1859: Im italienischen Kriege betrug die Mortalität . . . . = 25%.
Nur im Ospedale St. Francesco in Mailand = 80%.

1864: In Schleswig-Holstein starben von 5: 3 = 60%.

1866: Im Breslauer Reservelazareth starben von 27 Befallenen 11 . . . . . . = 40,7%.
In Mailand von 43 Befallenen 7 . . = 16,2%.
Lewandowsky in Weissenberg von 37 Befallenen 0 . . . . . . = 0%.

1864: In den General-Spitälern der Tenessee-Armee starben von 824: 26 (Jones) = 3,1%.

1870—71: In Mannheim, Carlsruhe, Heidelberg starben von 16 Erkrankten 1 . . = 6.2%.
Von 17 in Hannover Erkrankten 0 . = 0%.
In Esslingen von 4 Erkrankten 1 . . = 25%.
Von 70 in Düsseldorf Erkrankten 6 . = 8,5%.
In allen Berliner Spitälern besonders in den Berliner Baracken (von 127 † 7) = 6%.

Die ulceröse Form gibt eine weit günstigere Prognose, als die pulpöse; sie herrschte 1870—71 fast durchgehends in den Lazarethen.

Der Tod tritt ein durch Sepsis, in Folge von secundären Blutungen, Brand der Glieder, diphtheritischen Phlegmonen und der Gefahren secundärer Amputationen. Einen Patienten verlor ich durch Tetanus.

3. Phlegmone im Verlaufe der Schusswunden.

a. Eitersenkungen.

§. 398. Dieselben können durch verschiedene Momente herbeigeführt werden. Die Mehrzahl derselben wird durch circumscripte, langsam fortkriechende Phlegmonen bedingt, welche nicht selten durch eine rohe Wundpflege, besonders Drücken und Sondiren, durch Zerfall blutiger Durchtränkungen der Gewebe oder durch den Reiz fremder Körper bedingt und unterhalten werden. Seltener aber entstehen sie auf mechanischem Wege, indem der Eiter auf den Bahnen des geringsten Widerstandes sich senkt. Dies Moment kommt hauptsächlich zur Geltung bei tiefliegenden, blind endigenden Schuscanälen, bei querem Verlauf und grosser Enge und Länge derselben, bei zu frühem Verschluss der äussern Wunden oder bei Verlegung derselben durch fremde Körper, Brandschorfe, Blutcoagula, zu üppige Granulationen etc. Bestimmte Wunden neigen sehr dazu, besonders die Schussverletzungen des Kniegelenkes. — Die Eitersenkungen sind sehr gefahrvolle Zustände, sie unterhalten ein hohes Wundfieber, führen zur erschöpfenden Eiterung und nicht selten zur Pyämie. Sie früh zu erkennen ist eine der schweren und lohnenden Aufgaben der Kriegschirurgie. Meist nimmt das Fieber bei dem Eintritt derselben wieder zu, oder es tritt von Neuem wieder auf, das Allgemeinbefinden trübt sich, die Wunde und ihre Umgebung schwillt an und bei Druck auf dieselbe oder bei gewissen Bewegungen des Glieds entleeren sich von einer bestimmten Richtung her grössere Mengen Eiters. Nach einer Dilatation der äussern Wunden ist es meist leicht, die Gänge und neugebildeten Taschen zu finden.

b. Circumscripte Phlegmonen.

§. 399. Im Verlaufe der Schusswunden sind circumscripte Phlegmonen kein seltenes und kein gefährliches Ereigniss. Sie treten oft ausserordentlich früh ein und gehen aus den entzündlichen Infiltrationen, die sich um die getroffene Stelle oder um disseminirte Blutextravasate in den Gewebslücken angehäuft haben, auf dem Wege einer directen Einschmelzung öder einer Demarkirung (Schüller), oder aus interstitiellen, vom Hauptheerde weiterkriechenden entzündlichen Bindegewebswucherungen hervor (Waldeyer). Auch die Fremdkörper, welche in den Schusswunden stecken geblieben sind, veranlassen ähnliche Phlegmonen. Meist entleeren sich diese Abscesse und Infiltrate durch die Schusswunden; sind diese aber eng, so kann es zu Eiterretentionen kommen.

c. Diffuse phlegmonöse Processe.

§. 400. Dieselben gehen mit jauchiger und diphtheritischer Infiltration der verschiedenen Schichten des Bindegewebes einher und gehören zu den gefürchtetsten und bösartigsten, doch glücklicherweise seltenen Complicationen der Schusswunden. Wenn aber Volkmann behauptet, dass die acutesten und fast regelmässig tödtlich verlaufenden Phlegmonen nach Schussverletzungen fast gar nicht zur Beobachtung kämen, so geht er damit zu weit und steht im Widerspruch mit den Beobachtungen und Erfahrungen der bewährtesten Kriegschirurgen. — Die diffusen Phlegmonen sind um so schlimmer, je tiefere Lagen des Bindegewebes und je mehr Schichten desselben in Mitleidenschaft gezogen sind.

Die Schusswunden der Weichtheile geben im allgemeinen seltener zur Entwicklung jauchiger Phlegmonen Veranlassung. Je tiefer dieselben durch dicke Muskelschichten verlaufen, um so leichter tritt durch die Infection, welche die in ihnen zurückgehaltenen nekrotischen Gewebsfetzen, zersetzten Blutgerinnsel und putrescirenden fremden Körper ausüben, die jauchige Phlegmone ein. Besonders begünstigen umfangreiche blutige Durchtränkungen der Gewebe den Ausbruch derselben; sie finden sich daher meist bei Schussverletzungen der Weichtheile durch grobes Geschoss, durch stark deformirte, unebenstachlige Weichbleiprojectile, welche weitgehende Erschütterungen der Gewebe und umfangreiche Quetschungen und Blutinfiltrationen hervorrufen. Je grösser der locale und allgemeine Shoc bei der Schussverletzung war, um so häufiger und bösartiger sollen nach den Erfahrungen Pirogoffs septische Phlegmonen ausbrechen.

Am verheerendsten aber hausen die septischen Phlegmonen unter den Schussfrakturen. Sie bilden fast die alleinige Todesursache bei den Schussfrakturen der langen Röhrenknochen der Extremitäten. Hier entstehen dieselben unter derben, tief liegenden Fascien und haben daher grosse Tendenz zu diffuser Verbreitung. Es unterliegt wohl keinem Zweifel, dass der Zerfall der ausgedehnten Blutergüsse in den Weichtheilen, welche die Frakturenden umgeben, in dem Perioste und dem Markgewebe des Knochens die wesentlichste Ursache für die Entstehung der putriden Phlegmonen bildet. Die Blutcoagula reichen von aussen bis in die Tiefe und vermitteln das Eintreten infectiöser Stoffe, welche nun durch die ganzen, blutig infiltrirten Gewebe fortgeleitet werden. Billroth beschuldigt mit Unrecht als Ursache der Phlegmonen auch die beständigen Reizungen der Weichtheile, welche dieselben durch die kleinen, aber constant wiederkehrenden Bewegungen der Fragmente bei den Herzimpulsen erfahren. Diese furchtbaren Wundcomplicationen treten besonders perniciös und häufig in den ersten Wochen nach der Verletzung auf und lichten in erschreckender Weise die Reihen der Verletzten. Aber auch in jeder andern Zeit des Wundverlaufes der Schussfrakturen können dieselben noch zur Entwicklung kommen. Besonders sind es ungünstige und rohe Transporte, unreine operative Eingriffe, brüske Splitterextractionen, unsaubere Wundpflege und Wunduntersuchungen, welche dieselben auch in den spätesten Zeiten des Wundverlaufs noch hervorzurufen vermögen.

Bei den Schussverletzungen der Gelenke entstehen die jauchigen Phlegmonen durch Diffusion der unter starkem Druck stehenden eitrig-putriden Massen oder durch directen Erguss derselben in das die Gelenkhöhlen umgebende Bindegewebe.

Bei den Schussverletzungen der Gefässe sind es wieder die blutigen Infiltrate und die Blutcoagula in der Wunde, welche durch Fäulniss den Eintritt septischer Phlegmonen begünstigen. Auch tragen die partiellen Brandformen, welche dabei in Folge unterbrochener oder unzureichender Ernährung der Gewebe nicht ausbleiben, viel zur Entwicklung derselben bei.

Bei den Schussverletzungen der Organe der Bauchhöhle bringen die Infiltrationen durch Koth oder Urin septische Phlegmonen hervor.

Ueberhäufung der Lazarethe mit Verwundeten, Zusammenliegen

derselben mit Typhösen, Ruhrkranken, Scarlatinösen, feuchte, dumpfe Lage der Krankensäle, alte, schlechte, grosse, dürftig gelüftete Krankenhäuser begünstigen den Ausbruch dieses Leidens. Besonders leicht aber erzeugt es der Arzt durch Unsauberkeit und überträgt das Gift von einem Patienten auf den andern, denn die septischen Phlegmonen erzeugen ein übertragbares Virus. Bei Patienten, die lange unverbunden oder in grosser Kälte auf den Schlachtfeldern gelegen hatten, oder welche schon durch Strapazen und Entbehrungen sehr erschöpft waren, als sie verwundet wurden, entwickeln sich erfahrungsmässig viel leichter septische Phlegmonen, auch treten dieselben, wie wir sehen werden, gern zur Zeit ein, wenn Cholera und Hospitalbrand epidemisch herrschen. In den Lazarethen belagerter Festungen, welche meist alle diese Uebelstände, die wir als Quellen der septischen Phlegmonen kennen gelernt haben, in nuce enthalten, richten dieselben die furchtbarsten Verheerungen an.

Wir brauchen das klinische Bild der septischen Phlegmonen hier kaum ausführlicher zu zeichnen, da es allgemein bekannt ist und auch dem, der es noch nicht sah, mit unverkennbar charakteristischen Zügen: brettharte ödematöse Infiltration, glänzende Röthung der Haut, rapides Fortschreiten derselben, schmutzig graugelber Belag der Wunde, profuse Secretion eines übelriechenden, missfarbigen Eiters, hohes septisches Fieber, Eiweissharnen, Durchfälle, typhöser Zustand, Delirien etc. entgegentritt. Bei der Incision sieht man eine gräulich-schmutzige Infiltration des Bindegewebes, aus welchem dünne Jauche mit abgestossenen Gewebsfetzen hervorquillt. Septichämie bildet das Ende der traurigen Scene.

Die Prognose der septischen Phlegmonen ist sehr ungünstig, da sie sich selten spontan begrenzen. Sie führen in der Mehrzahl der Fälle zum Tode durch Sepsis oder Erschöpfung. Wenn im späteren Verlaufe der Schussfrakturen septische Phlegmonen auftreten, so hat man unter ihrem verheerenden Einflusse schon gebildete Callusmassen schwinden und consolidirte Frakturen wieder beweglich werden sehen.

4. Der Brand im Verlaufe der Schusswunden.

a. Der heisse Brand oder das acut-purulente oder acut-brandige Oedem Pirogoffs.

§. 401. Pirogoff hat diesen Process überaus treffend geschildert. Bekannt ist derselbe aber schon vor Pirogoff gewesen und unter dem Namen des heissen Brandes in den Schriften der Kriegschirurgen abgehandelt worden. Es ist mit dieser ebenso gelehrten, wie geheimnissvollen Bezeichnung in den Kriegen der Neuzeit ohne Zweifel ein grosser Missbrauch getrieben und fast jeder Tod der Verwundeten auf Rechnung des acut-purulenten Oedems geschoben. Stromeyer hat diesen Missbrauch mit treffendem Witz gegeisselt. Man hat vielfach versucht, andere wissenschaftlich haltbarere Namen für dies Leiden einzuführen, Billroth will z. B. diphtheritische Phlegmone oder diphtheritische Infiltration, Maisonneuve: gangrène foudroyante sagen, die Engländer beschreiben die Affection als: „true local and general gangrene," Terrillon als Septicémie aigue à forme gangréneuse, keiner

aber trifft das Wesen des Processes voll und ganz. Ich habe vorge-
schlagen, den Process Panphlegmone gangraenosa zu nennen. Wenn man
nämlich eine tiefe Incision an einem so erkrankten Gliede genauer
untersucht, so sieht man eine furchtbare Schwellung des Bindegewebes
durch alle Weichtheile hindurch bis auf den Knochen; dasselbe erscheint
trübe, gelatinös und mit einem molkenartigen Serum in allen Maschen
erfüllt, welches reichlich Eiter- und Blutkörperchen enthält. Das intermusculäre und interstitielle Bindegewebe ist um das 5fache und mehr
verbreitet. Bei der mikroskopischen Untersuchung des entzündeten
Bindegewebes erkennt man eine kleinzellige Infiltration, besonders stark
ausgesprochen in der Umgebung der Gefässe. Durch diese Exsudate
werden die Gefässe und Nerven einem beträchtlichen Druck ausgesetzt. Was den überaus malignen Process aber besonders auszeichnet,
ist die sehr acute Exsudation und das schnelle Umsichgreifen und
Weiterkriechen derselben. Dadurch steigt der Druck, welchen die Gewebe durch die entzündliche Infiltration erfahren und da diese nur
wenig comprimirbar sind, so trifft er mit ganzer Macht die in ihnen
verlaufenden Gefässe, besonders die Venen. Die Wandungen derselben
werden vollständig aneinandergepresst, so dass man sie im makrosko-
pischen Bild schwer noch erkennen kann. Die tiefe Stauung in den
kleineren und später auch grösseren Venen führt zu einem wachsenden
Oedem der Weichtheile, zu einer furchtbaren Schwellung und grossen
Blässe des Gliedes. Die grossen Arterien widerstehen zwar dem Druck
der Exsudate, desshalb strömt immer noch Blut in das Glied hinein,
die kleinen aber erliegen demselben und so wird den Muskeln, dem
Bindegewebe und der Haut kein Blut mehr zugeführt. Daher die Tendenz des Gliedes zum Brande in allen seinen Theilen, besonders in
der am meisten gespannten Haut, daher auch die wachsartige Blässe
der Muskeln. Weil die Gefässe aber schnell comprimirt werden, so
kommt es auch nicht zur Thrombenbildung in ihnen, man findet sie
einfach leer. Der Druck auf die Nerven bedingt das rapide Erlöschen
der Sensibilität und Motilität in den afficirten Gliedern. Bei der
Section solcher Fälle in der Krim will Lyons viel Gas im Blut gefunden haben.

Man kann das Fortkriechen des Processes von Stunde zu Stunde
verfolgen, es deutet sich immer durch eine ödematöse, blasse Schwellung,
nicht selten auch schon emphysematöses Knistern an. Ich habe denselben
vom Arm nur in 1—2 Tagen über die ganze Körperhälfte fortschreiten sehen.

Das klinische Bild dieser Panphlegmone gangraenosa acutissima
ist folgendes: heftiger Durst beginnt die Scene, grosse Angst und Ruhe-
losigkeit tritt ein, dann plötzlich diffuse, harte Geschwulst des ganzen
Gliedes, die Haut sieht wie polirt, wie von Marmor aus, zuweilen
zeigt dieselbe eine leichte Broncefarbe (broncefarbenes Erysipelas
Velpeau's), kein Schmerz, sondern Gefühllosigkeit, feucht und kühl,
von erweiterten Venen durchzogen, die Bewegung erlischt, schnell treten
emphysematöses Knistern, Brandblasen und grosse, beständig und rapid
zunehmende schwarze Flecken in der Haut auf, Patient verfällt in die
tiefste Ichorhämie, welche ganz das Bild der Cholera asphyctica (Unter-
drückung der Urinsecretion, vox rauca, unstillbarer Durst, Kälte des
ganzen mit Schweiss bedeckten Körpers, fortwährendes Erbrechen, un-

stillbare gallig gefärbte, wässerige Diarrhöen etc. etc.) darbietet und stirbt nach wenigen Tagen. Merkwürdiger Weise wird dieser entsetzliche Process fast nur in Kriegszeiten beobachtet. Die Engländer hatten in der Krim nur in einem Hospital in den Monaten Juni und Juli zur Cholerazeit einige Fälle der Art. In dem einen war eine secundäre Blutung dem Ausbruch des Brandes voraufgegangen. Bei den Engländern scheinen besonders Schussverletzungen der untern Extremitäten von diesem Leiden befallen zu sein. Vorwaltend häufig, ja fast ausschliesslich wurden in meinen Hospitälern in Frankreich 1870—1871 Schussfrakturen des Humerus davon ergriffen. Unter 10 Fällen der Art, die ich 1870 sah, war 8mal der Oberarm verletzt, ebenso in einer geringeren Zahl aus den Kriegen 1864 und 1866. Auch Fiebers 3 Fälle betrafen die obere Extremität. Nach dem Oberarm scheint der Unterschenkel am häufigsten davon afficirt zu werden. Auf welchem anatomischen Verhältnisse diese Prädisposition des Oberarmes beruht, ist schwer zu ergründen. Der Process verläuft in wenigen Stunden bis 2—3 Tagen tödtlich.

Ueber die Ursachen dieses entsetzlichen Leidens vermögen wir zur Zeit nichts Bestimmtes anzugeben, doch scheint es, dass rohe Transporte, während denen ein mangelhafter Abfluss zersetzter und putrider Wundsecrete statt fand, am häufigsten anzuklagen sind; es lässt sich aber auch ebenso wenig verkennen, dass es sich unter denselben Umständen und durch dieselben Schädlichkeiten, wie der Hospitalbrand, und als ein Vorläufer davon entwickeln kann. Diese Thatsache allein berechtigt aber nicht den Process als diphtheritisch aufzufassen. Besondere Veränderungen im Blute konnte ich in den von mir untersuchten Fällen nicht nachweisen, auch in den Wundsecreten ausser Bakterien nichts Pathologisches finden. Auch die Blutgefässe waren in allen Fällen, die ich beobachtete, unverletzt. Wenn Volkmann behauptet, dass die Panphlegmone gangraenosa nach Kugelverletzungen fast gar nicht beobachtet werde und dass sich dann immer Läsionen der Blutgefässe oder grosse Blutextravasate fanden, so spricht das gegen die Erfahrung aller andern Kriegschirurgen.

Die Prognose des heissen Brandes bei Schusswunden ist eine sehr schlechte, die Patienten sterben fast ausnahmslos.

b. Der kalte feuchte Brand.

§. 402. Mortification der Nachbarschaft des Schusscanals ist die Regel im Verlaufe der Schusswunden. Zuweilen, wenn die Erschütterung der Gewebe sich weithin erstreckt hatte und dabei sehr mächtig war — besonders also nach der Einwirkung groben Geschosses — tritt weiter gehender Brand der Gewebe des getroffenen Gliedes in der Umgebung der Wunden ein. Immer aber verlaufen diese Brandformen — traumatische Gangrän — begrenzt in der nächsten Nähe der Schusswunde. Der kalte feuchte Brand eines ganzen Gliedes findet sich nach Schusswunden, wenn die Ernährung des verletzten Gliedes aufgehoben wird: in erster Linie also bei den Schussverletzungen grösserer Arterien, wenn es nicht zur Entwicklung eines ergiebigen Collateral-Kreislaufes kam. Dagegen muss bestritten werden, dass durch Verletzung des Nervenstammes eines Gliedes Brand bedingt werden kann, wie Quesnay

annahm. Bei herzkranken Verwundeten kann durch embolischen Verschluss eines grösseren Arterienstammes Brand eines Gliedes, ganz
unabhängig von der Verwundung, eintreten. Dass Säufer leicht Brand
der Glieder bekommen, ist eine oft beobachtete Thatsache. Durch
Erfrierungen der verletzten Glieder nach längerem Liegen der Verwundeten auf schneebedeckten Schlachtfeldern und bei grosser Kälte
sind besonders in der Krim viele Brandformen hervorgebracht.

Die Zeichen des feuchten, kalten Brandes haben wir bereits
§. 243 kennen gelernt.

Die Prognose ist sehr ungünstig, weil das Glied meist verloren und das Leben in der Mehrzahl der Fälle durch das Allgemein-
leiden schwer bedroht ist. Je circumscripter der Brand, je schneller
und tiefer sich die Demarcation desselben bildet, desto besser wird die
Prognose.

5. Delirium traumaticum im Verlaufe der Schusswunden.

§. 403. Unter dem Namen des traumatischen Delirium nach Verletzungen sind offenbar die verschiedensten Zustände von den Autoren
behandelt, z. B. die Delirien im Verlaufe des Wundfiebers und des
septischen Fiebers etc. Sieht man von diesen Zuständen ab, so bleiben
bestehen:

a) Das Delirium nervosum Dupuytrens. Es wird durch
Schreck, Furcht, Heimweh, Freude im Verlaufe einer Verwundung
hervorgebracht, besonders bei erschöpften, blutleeren Verwundeten, die
grosse Schmerzen haben, oder auch solchen, die nach der Verletzung
schwere Shocerscheinungen dargeboten hatten. Die Patienten schlafen
nicht, sind fieberfrei, äussern keine Schmerzen auch bei schmerzhaften
Eingriffen und sind ausserordentlich unruhig: deliriren laut, singen,
schreien etc. Grelle Sinneseindrücke mehren die Unruhe beträchtlich,
das Gesicht drückt grosse Angst aus, profuser Schweiss bedeckt den
ganzen Körper. Der Puls ist sehr frequent und klein. Ein tiefer,
protrahirter Schlaf endet die Delirien, lange Dauer derselben kann durch
Erschöpfung den Tod herbeiführen. Vom Delirium tremens unterscheidet sich der Zustand durch den Mangel des Tremor. Von den
meisten Autoren werden beide Zustände für identisch gehalten (Rose).
Longmore berichtet aber einen Fall, der keinen Zweifel an der
Richtigkeit der Beobachtungen Dupuytrens aufkommen lässt. Auch
der schon erwähnte Fall Grafs von Nervenschussverletzung des
Ulnaris gehört meiner Meinung nach hierher. Nach Poncet und
Reeb wurde das Delirium traumaticum unter den Verwundeten des
belagerten Strassburg sehr oft beobachtet. Vom 25.—30. September
boten fast alle Verwundeten — etwa 150 — nervöse Symptome dar.
Als das Arsenal in der Nähe des Lazareths in Feuer gerieth, geriethen
sie fast allgemein in Delirien furibunder Art.

Die Prognose des Delirii nervosi ist nicht ungünstig.

b) Erschöpfungs-Delirien treten bei Schussverletzten fast
nur dann ein, wenn grosse Blutverluste vorangegangen waren. Es sind
stille Delirien aus Hallucinationen hervorgegangen, mit Somnolenz oder
Koma verbunden oder in dieselben übergehend; ein Signum pessimi
ominis.

c) Delirium tremens wird glücklicher Weise sehr selten bei Schusswunden beobachtet, weil Gewohnheitstrinker in den Armeen nicht gelitten werden. Die verwundeten Landwehrmänner aber zeigten in Frankreich öfter bedenkliche Anwandlungen davon. Dasselbe unterscheidet sich weder in den Zeichen noch im Verlaufe von dem bei Friedensverletzungen eintretenden.

Das Delirium tremens hat einen sehr deletären Einfluss auf den Verlauf der Schusswunden, besonders der Schussfrakturen, weil durch die Unruhe der Patienten die Heilung unterbrochen, vernarbte Stellen wieder aufgerissen, Blutungen erzeugt, frischer Callus zerstört und Brand der Glieder begünstigt werden.

6. **Das Wundfieber und die septischen und pyämischen Fieber im Verlaufe der Schusswunden.**

a. Das Wundfieber.

§. 404. Dass Schusswunden ohne Wundfieber verlaufen können, ist eine längst erwiesene Thatsache, welche zur Zeit zwar nur ausnahmsweise beobachtet ist, bei sorgfältiger Durchführung der Antisepsis aber zur Regel werden muss. Aber auch bei einem strict aseptischen Wundverlauf bleiben Fieberbewegungen zuweilen nicht aus (das sog. aseptische Wundfieber), besonders nach Schussfrakturen (Demarquay).

Das Wundfieber beginnt meist ohne Schüttelfrost mit schleichender Temperatursteigerung, doch zeichnet es sich aus durch ein mässig hohes, leicht remittirendes Fieber (bis 39,5° C. Abends), geringe Steigerung der Pulsfrequenz, der Unruhe des Patienten und des Durstes, beim Mangel jeder anderen schweren Allgemein- oder Local-Affection. Es tritt bei Schusswunden meist spät, am 4—6. Tage, selten schon in den ersten 24—36 Stunden nach der Verwundung ein und endet meist mit der lebhafteren eitrigen Abstossung der nekrotischen Massen am 7. bis 9. Tage. Die Temperatur sinkt dann plötzlich oder allmählich zur Norm, Schmerz und Schwellung nehmen meist zu gleicher Zeit ab. Solenne Krisen sind selten. Je zweckmässiger der Abfluss der Wundsecrete eingeleitet und unterhalten wird, um so geringer ist das Wundfieber, welches ja durch eine Resorption pyrogener Stoffe aus den Wundsecreten entsteht. Das Wundfieber correspondirt aber nicht immer mit der Grösse der Verletzung und scheint oft von individuellen Momenten abhängig zu sein. Nicht selten aber ist das Wundfieber nur die Pforte für die septischen Fieber.

b. Die septischen Wundfieber.

§. 405. Dieselben sind — besonders in Folge der letzten Kriege und der modernen Verbandmethoden — in unsern Tagen eingehend studirt, doch hat die sorgsame Forschung bis zur Zeit weder zu einem bestimmten sicheren Abschlusse, noch zu wesentlich neuen erwiesenen Thatsachen geführt. Wir bleiben daher unserer alten Eintheilung getreu.

α. Die Septichämie.

§. 406. In der septichämischen Form der Pyämie dringen flüssige septische Stoffe — deren Ursprung und Wesen wir hier ganz

dahingestellt sein lassen — aus den Wunden und ihrer Umgebung, wahrscheinlich wohl durch Vermittlung der Lymphgefässe in die Blutbahn.
Dieselben wirken theils durch Fermentation, theils durch chemischen
Reiz deletär. Durch Gährung, d. h. durch die Uebertragung ihres Zu-
standes, des Ortwechsels, sowie der Spaltung der Elementartheilchen
auf andere sie umgebende Theile, inficiren die septischen Stoffe mehr
oder weniger die ganze Blutmasse und führen dadurch einen typhösen
Zustand (hohe Febris remittens, Benommenheit des Sensorium, heftigen
Gastro-Intestinal-Katarrh, parenchymatöse Schwellungen der Milz, Leber,
Nieren und Mesenterialdrüsen etc.) mit tiefem Verfall der Kräfte herbei.
Durch die chemisch reizende Wirkung der septischen Stoffe werden
secundäre Entzündungen an entfernten Organen hervorgerufen. Am
empfindlichsten gegen den Reiz der septischen Stoffe scheinen die
serösen Häute, besonders die Pleurae zu sein. So entstehen die typhösen
Pleuritiden im Verlaufe der Schusswunden, welche meist doppelseitig
sind, äusserst acut verlaufen und in kurzer Zeit zu beträchtlichen
eitrigen Exsudaten in den Pleurahöhlen führen. Seltener findet man
die septichämische Pericarditis, noch seltener die septichämische Peritonitis
und Meningitis. Fast ebenso empfindlich als die Pleurae sind die
Synovialmembranen der Gelenke gegen den chemischen Reiz der
septischen Stoffe. Es treten daher sehr acut verlaufende, schnell zu
einem eitrigen Erguss in die Gelenkhöhlen führende Gelenkentzündungen (Polyarthritis septichaemica) ein. Mit Vorliebe wird das Knie- und
Schultergelenk, seltener das Hüft-, Ellenbogen- und Handgelenk von
der septichämischen Entzündung befallen. Erst in zweiter Reihe erkranken die falschen Gelenke, und unter diesen mit Vorliebe das Sterno-
claviculargelenk. Fast ebenso empfindlich gegen den chemischen Reiz
der septischen Stoffe, wie die Serosae, ist das Bindegewebe. Die in
Folge dessen entstehenden secundären Phlegmonen sitzen meist im subcutanen, seltener im intermusculären Bindegewebe, führen rapide zur
Eiterbildung, sind aber meist circumscripter Natur. Selten sieht man
dieselben plötzlich an einer Stelle verschwinden oder abnehmen, um an
einer andern wieder aufzutreten. Meist finden sie sich gleichzeitig an
mehreren Stellen des Körpers. Mit Vorliebe sieht man dieselben auf dem
Handrücken, am Oberarme und Unterschenkel sich entwickeln. Auch
parenchymatöse Entzündungen bleiben bei der Septichämie nicht aus.
Besonders oft sieht man die Pneumonia septichaemica, und eine Nephritis
septichaemica. Während letztere ganz wie die primäre Nephritis verläuft,
zeichnet sich erstere durch den Mangel des initialen Schüttelfrostes, der
rostfarbenen Sputa und durch einen sehr protrahirten Verlauf aus.

Es ist somit das klinische Bild der Septichämie ein äusserst com-
plicirtes. Waltet die fermentirende Wirkung der resorbirten septischen
Stoffe vor, so können die Kranken ohne Localisationen am typhösen
Fieber zu Grunde gehen. Auch hierbei muss man verschiedene Grade
unterscheiden. In einer Reihe von Fällen findet sich das Bild des
Typhus mehr oder weniger rein; in einer andern ist dasselbe mit einem
mehr oder weniger beträchtlichen Icterus verbunden; in einer dritten
treten so heftige Durchfälle ein, dass die Patienten schliesslich das
Bild der Cholerakranken in täuschendster Weise darbieten (Ichorhämie
Virchows). Es lässt sich wohl annehmen, dass die Quantität und
Qualität der eindringenden septischen Stoffe diese Modificationen im

klinischen Bilde bedingen. Kommt auch die chemisch reizende Wirkung
zur Geltung, so tritt ein aus den erwähnten Störungen des Allgemeinbefindens und aus den Localisationen gemischtes, oft nicht leicht zu
entwirrendes Krankheitsbild ein. Die secundären Entzündungen der
serösen Häute, der Synovialmembranen, des Bindegewebes und des
Parenchyms der Organe kommen meist zusammen an einem Individuum
vor und zeichnen sich ausserdem durch den latenten Anfang, durch
rapide Eiterbildung, durch multiples Auftreten und durch das begleitende
hohe typhöse Fieber vor den primären Entzündungen der Art aus.

§. 407. Als Hauptquelle der Septichämie müssen wir die phlegmonösen Processe im Verlauf der Schusswunden, besonders diphtheritische,
jauchige und brandige Phlegmonen bezeichnen. Eine so entstandene
Endemie von Septichämie hat Larrey 1800 im April und Mai in
Aegypten beobachtet. Er verlor von 600 Verwundeten 260, wie er
sagt, an einer Febris biliosa remittens verbunden mit jauchiger Phlegmone im Bereiche der Schusswunden. Koch hat nachgewiesen, dass
die kleinern oder grössern in und an der Wundhöhle der Schusscanäle
der Weichtheile und besonders der Knochen liegenden verletzten Venen
vollständig offen stehen und dass damit dem Eindringen putrider Massen
in das Blut freie Bahnen gegeben sind. Den Phlegmonen zunächst
und innig mit denselben verwandt stehen eitrige und jauchig zerfallene
Blutextravasate, Eitersenkungen und Eiterretentionen als Quellen der
Septichämie, besonders wenn die Spannung der Flüssigkeiten in den
Abscessen sehr hoch, d. h. wenn die Eitermassen unter dicken Muskellagen, gespannten Fascien oder in Gelenken und in der Markhöhle
des Knochens eingeschlossen liegen oder wenn die resorbirende Fläche
— wie z. B. in den grossen Gelenken und serösen Höhlen — sehr
gross ist. Das in Wunden durch faulige Eitergährung erzeugte septische
Gift ist übertragbar von Wunde zu Wunde durch Instrumente, Finger,
Schwämme und Bandagen. Es erzeugt inoculirt in Schusswunden
dieselbe faulige Gährung, der es selbst entsprossen ist. Resorbirt wird
es besonders leicht von frischen Wunden, neuere Untersuchungen wollen
aber auch den schützenden Wall, den die Granulationen und die entzündliche Demarcationslinie nach früheren Anschauungen dem Eintritt
putrider Stoffe durch die Wunde in die Blutbahn darbieten sollten,
nicht mehr anerkennen (Skriba). In überfüllten Hospitälern, bei
schlechter Ventilation, bei Vermengung von Typhösen, Ruhr-, Scharlach-,
Pocken- und Cholerakranken mit den Verwundeten in einem Hospital
entwickeln sich Endemien von Septichämie; Epidemien derselben hat
man in heissen Jahreszeiten beobachtet, wenn Cholera, Ruhr, Typhus,
Cerebrospinal-Meningitis etc. unter den kämpfenden Armeen oder in
den mit Verwundeten belegten Städten herrschten. Unter den einzelnen
Arten der Schusswunden neigen die der musculösen Theile, also besonders die des Oberschenkels, Unterschenkels, Oberarms und Beckens,
ferner die der Gelenke, besonders des Knie- und Hüftgelenks, endlich
diejenigen der mit straffen Fascien und Sehnen versehenen Theile
namentlich des Fusses und der Hand zur Entwicklung der Septichämie.

§. 408. In den von mir beobachteten Fällen fiel der Eintritt der
Septichämie auf den 3.—9. Tag, unter 12 von Socin beschriebenen 2mal
auf den 7., 3mal auf den 10., 3mal auf den 11, 1mal auf den 12.,

1mal auf den 13., 1mal auf den 17., 1mal auf den 20. Tag. Die
Septichämie tritt weit häufiger zu Schusswunden, als die metastatisirende
Pyämie, ihre Frequenz verhält sich zu der der letztern wie 3,5:1.

β. Die metastasirende oder embolische Form der Pyämie: Thrombophlebitis.

§. 409. Bei derselben gelangen festere, mit septischen Eigenschaften versehene Stoffe, welche durch die Metamorphosen der Thromben
entstehen, in die Blutbahn. Sie wirken nicht nur fermentirend und
chemisch reizend, sondern auch mechanisch, indem sie schliesslich
in irgend einem Gefässe stecken bleiben und dasselbe verstopfen. In
den so betroffenen Organen entfalten sie nun erst ihre chemisch rei-
zenden Eigenschaften und bewirken hier schnell eitrig zerfallende Entzündungen, die sogenannten metastatischen Abscesse. Aus diesen Abscessen dringen wieder flüssige septische Stoffe in die Blutbahn, und
steigern so die Fermentationen, welche von den eitrig zerfallenen
Thromben bereits ausgegangen waren. Meist tritt daher die mechanische Wirkung derselben hauptsächlich von Anfang an, die
fermentirende und chemisch reizende erst allmählich in steter Steigerung
und im späteren Verlaufe ein. Das für diese Form charakteristische
klinische Bild ist die Intermittens perniciosa. Es treten nämlich während
des Wundfiebers oder auch unvorbereitet im vollkommen fieberfreien
Zustande der Patienten plötzlich Fieberanfälle auf, welche mit einem
solennen Schüttelfroste beginnen, zu einer enormen Steigerung der
Temperatur- und Pulsfrequenz, deren Culminationspunkt zwischen dem
Frost- und Hitze-Stadium liegt, führen und schliesslich mit einem
profusen, nicht selten leicht bläulich gefärbten Schweisse enden. Nach
dem Anfalle tritt anfangs eine normale Temperatur regelmässig, wenn
auch auf kurze Dauer wieder ein, nicht selten sinkt sie aber unter
die normale, worin die durch den Anfall bedingte Inanition ihren Ausdruck findet. Diese perniciösen Wechselfieber-Anfälle können sich nun
anfangs langsamer, wie gewöhnlich, oder in schneller Folge, wie im
weitern Verlaufe in der Regel, wiederholen, nicht selten geht dann
schliesslich ein Anfall direct in den andern über. Mehr als zwei Anfälle in 24 Stunden habe ich indessen niemals beobachtet. Die Tages-
zeiten, in welchen die Anfälle aufzutreten pflegen, variiren vielfach.
Sie unterbrechen nicht selten Nachts den Schlaf der armen Opfer, und
treten häufig kurz nach der ärztlichen Visite, besonders wenn bei derselben ein etwas rohes Verbandverfahren geübt wurde, auf. Zuweilen
fehlt der initiale Schüttelfrost bei den Fieberanfällen gänzlich, oder ist
nur durch einen leichten Frostschauer ausgesprochen. Dies beobachtet
man besonders in den letzten Lebenstagen. Nachdem diese Fieberanfälle einige Zeit mit mehr oder weniger reinen Apyrexien bestanden
haben, fängt das Allgemeinbefinden an, sich ernstlich zu trüben —
die fermentirende Wirkung der septischen Stoffe beginnt. Es tritt in
der Zwischenzeit der Anfälle ein hohes typhöses Fieber mit leicht
remittirendem Charakter, ein beträchtlicher Gastro-Intestinal-Katarrh mit
mehr oder weniger ausgesprochenen icterischen Erscheinungen, parenchymatöse Schwellungen der drüsigen Organe des Unterleibes, grosse
Prostratio virium und Anämie ein. In den entfernten Organen haben

sich inzwischen durch Verstopfung der zuführenden Arterien metastatische Abscesse von verschiedener Zahl und Grösse gebildet. Dieselben
fliessen meist aus vielen kleinen zusammen und haben eine keilförmige
Gestalt. Mit Vorliebe wird davon die Lunge, in zweiter Reihe die
Leber, Milz und Nieren, seltener das Gehirn und Herz befallen.
Gelangen sehr grosse Pfröpfe in die Blutbahn, so kann durch Verlegung
der grösseren Aeste der Lungenarterie ein sehr schneller Tod unter
sehr grosser Dyspnoë und Cyanose herbeigeführt werden. Liegen diese
metastatischen Abscesse an der Peripherie der Organe, so folgt ihnen
schnell eine eitrige Entzündung der umhüllenden serösen Häute; möglich,
dass auch hier ein chemischer Reiz durch die Secrete in den metastatischen Abscessen auf die serösen Häute geübt, oder dass eine directe
Ueberwanderung der Eiterkörperchen aus denselben in die serösen
Häute und dadurch eine Infection der letzteren eintritt. Unabhängig
von diesen tertiären Entzündungen der serösen Häute kommen nun
auch noch durch die chemische Reizung der in dem Blute circulirenden
septischen Stoffe secundäre Entzündungen der serösen und synovialen
Häute und des Bindegewebes, wie bei der Septichämie, so auch bei
der embolischen Form der Pyämie zu Stande. Sie treten aber stets
erst im späteren Verlaufe derselben auf, unterscheiden sich dann aber
nicht von den rein septichämischen. Nicht selten jedoch bleiben diese
secundären Entzündungen bei der rein embolischen Form der Pyämie
ganz aus.

Wir haben bereits bemerkt, dass dieses furchtbare Krankheitsbild
durch die Metamorphosen der Thromben bewirkt wird. Es müssen
sich ja, wie wir gesehen haben, in den durch Schusswaffen verletzten
Venen Thromben bilden, wenn die Heilung der Venenwunden zu
Stande kommen soll. Fast stets findet man daher nach Schussverletzungen, bei denen eine mehr oder weniger heftige Quetschung der
Venen durch die Projectile oder eine Blosslegung derselben eintrat,
weit verbreitete Thrombose der kleinen und grösseren Venen im ganzen
Schussbereiche. Besonders scheinen bei den Schussverletzungen der
Knochen, vor allen der platten, beträchtliche Erschütterungen und
Thrombosirungen der Knochenvenen zu entstehen. Koch fand die
von Eiter und Jauche umspülten Venenenden meist unvollkommen
verschlossen und die Beschaffenheit der Thromben mit der der Wundsecrete in naher Uebereinstimmung, indem dieselbe in missfärbige,
puriforme Massen, die gegen das Herz hin nicht sequestrirt waren,
umgewandelt erschienen. Ferner wird durch die kunstgerechte, ruhige
Lagerung in Schienen und Contentivverbänden die Bildung marantischer
Thrombosen in den verletzten Gliedern begünstigt, wobei auch noch
die durch die lange Eiterung bedingte kachektische Trägheit des Blut-
stroms mit in Rechnung zu bringen ist. Werden nun die thrombosirten
Venen fortwährend vom Eiter umspült, so kommt es leicht zu einem
jauchigen und eitrigen Zerfall der Thromben und die Pyämie tritt ein.
Wir haben hier nicht zu untersuchen, ob beim Zerfall der Thromben
ein chemisches oder organisirtes Gift sich bildet oder thätig ist. Wir
heben nur hervor, dass durch unbekannte endemische und besonders
Hospital-Einflüsse, durch gewisse individuelle Prädispositionen (grosse
Schwäche, Blutleere, tuberculöse Anlage), durch intercurrente Allgemeinerkrankungen, wie Typhus und Ruhr der Zerfall der Thromben

beschleunigt oder veranlasst werden zu können scheint. Die Entzündung
der Venenwand (Phlebitis) ist meist erst ein secundäres, durch den
Reiz des zerfallenen Thrombus bedingtes Ereigniss, doch kommt es
bei schlecht eiternden Wunden in dürftig ventilirten und überladenen
Hospitälern auch zuweilen zur primären diphtheritischen Entzündung
der Venenhäute, wodurch dann wieder ein jauchiger Zerfall der Thromben
eingeleitet wird. In den meisten Fällen gelingt es, die den Ausgangs-
punkt der furchtbaren Allgemeinerkrankung bildende Vene mit ihrem
zerfallenden Blutpfropfe und den charakteristischen entzündlichen Veränderungen ihrer Wandungen aufzufinden. Schwieriger ist sie oft
bei der sogenannten Osteophlebitis zu eruiren. — Dass die Schüttelfröste durch den rhythmisch eintretenden Zerfall der Thromben und
die davon abhängende, periodische Infection der Blutmasse, und nicht
durch die Embolien oder die Phlebitis an sich bedingt werden, lehrt
schon die klinische Thatsache, dass es Phlebitides und Infarcte ohne
Schüttelfröste gibt. Letztere beobachtet man bei Herzkranken, erstere
dann, wenn der ganze Thrombus mit einem Male eitrig zerfällt. Findet
das Letztere Statt, so bleiben stets die charakteristischen Fröste
aus, dagegen tritt eine Septichämie verschiedenen Grades ein. Die
embolische Form der Pyämie verläuft meist langsamer als die septichämische; dehnt sich dieselbe durch Wochen und Monate aus, so hat
man sie chronische Pyämie genannt.

     Wir haben schon hervorgehoben, dass die metastasirende Form
der Pyämie seltener als die Septichämie ist. Nach Ochwadts Bericht
wurden in Schleswig-Holstein 4 1/2 % aller Verwundeten von dieser
Form der Pyämie befallen. Sie tritt auch zu viel späterer Zeit des
Wundverlaufes ein: In meinen Fällen 1870—71 vom 9. bis zum
21. Tage, bei Socin zwischen dem 13. bis 20. Tage 13mal, zwischen
dem 21. bis 30. Tage 12mal, zwischen dem 31. bis 40. Tage 3mal, zwischen
dem 41. bis 46. Tage 2mal, zwischen dem 51. und 56. Tage 4mal,
am 65. Tage 1mal, am 96. Tage 1mal. Lossen sah den Beginn der
Pyämie in der 2. Woche 4mal, in der 4. 3mal, in der 5. 5mal, in
der 6. 3mal, in der 9. 1mal. In der Hälfte der Fälle Czerny's begann
die Pyämie in der zweiten und dritten Woche des Wundverlaufes.

     §. 410. Beide Formen der Pyämie haben im französischen Kriege
1870 bis 1871 weit weniger Opfer gefordert, als in früheren. Die Häufigkeit ihres Auftretens ist in den modernen Kriegen überhaupt nicht
mehr zu vergleichen mit den Verheerungen, welche die Seuche früher
unter den Verwundeten anrichtete. Gegen die Hoffnung Pirogoffs,
dass mit der Aufhebung grösserer Lazarethe und mit der Pflege der
Verwundeten in vielen kleinen Häusern die Pyämie während der Kriege
aufhören würde, spricht zur Zeit unter andern das furchtbare Auftreten
der Pyämie in den Bauernhäusern von Broacker 1864 und in den
Bürgerstuben von Nechanitz 1866. Verwundete, die im Schlosse zu
Nachod in einzelnen Zimmern verpflegt wurden, sah Maas 1866,
solche, die in Zelten lagen, Ochwadt 1864, von der Pyämie verschont
werden. Am seltensten kommt die Pyämie in guten Baracken und
einstöckigen Pavillons vor. Casernen, grosse Schlösser, Kirchen etc.
sind meist von der Pyämie sehr heimgesucht, wenn sie in Hospitäler
verwandelt werden, z. B. die grosse Kirche zu Christiansfeld nach der

Schlacht bei Kolding, die Ulanen-Caserne in Moabit 1866, das Versailler Schloss 1870—71. Eigenthümlich ist das Auftreten der Pyämie in vorher unbelegten, ganz neuen Räumen. In Versailles endete eine primäre Oberschenkelamputation durch Pyämie tödtlich, obwohl sie in einer Station behandelt worden, die nie vorher belegt und in welcher Betten, Decken etc. neu waren. Schwere, lange und schlecht geleitete Transporte (Fischer), schlechte Kost und grosse Strapazen der Soldaten vor der Verwundung (Beck, Stromeyer, Kirchner, Richter) begünstigen den Ausbruch der Pyämie bei den Verwundeten.

Besonders in den Lazarethen belagerter Festungen pflegt die Pyämie die entsetzlichste Verbreitung unter den Verwundeten zu finden. Dafür legen wieder die Berichte Macdowalls, Demarquay's, Ricords, Gordons aus dem belagerten Paris das ergreifendste Zeugniss ab. Ermüdung, Erschöpfung der Soldaten vor der Verwundung, Entmuthigung derselben und Verzagtheit durch wiederholte Niederlagen, schlechte Verpflegung bei dem allgemeinen Mangel an Nahrungsmitteln, Ueberhäufung der Lazarethe, Unmöglichkeit dieselben sehr sauber und isolirt zu halten etc. geben der Seuche eine grossartige Ausbreitung.

Je länger ein Lazareth belegt ist, desto häufiger pflegen die Fälle von Pyämie unter den Verwundeten zu sein. Kirchner vergleicht die Gesammtzahl der Verpflegungstage des Lazareths im Schlosse Versailles mit der Frequenz der Pyämie und kommt dabei für 7 Perioden à 24 Tagen zu folgenden Zahlen:

19. Sept. bis 13. Oct. 1870   4,9 Pyämie per 10,000 Verpflegungstage
13. Oct. bis 6. Nov. 1870 23,6   „   „ 10,000   „
6. Nov. bis 30. Nov. 1870 38,2   „   „ 10,000   „
30. Nov. bis 23. Dec. 1870 37,5   „   „ 10,000   „
23. Dec. bis 17. Jan. 1871 37,9   „   „ 10,000   „
17. Jan. bis 10. Febr. 1871 35,9   „   „ 10,000   „
10. Febr. bis 5. März 1871 40,6   „   „ 10,000   „

Durchschnittlich 31,3%. Es kommt hierbei aber nicht allein die sich verschlechternde Salubrität des Hospitals, sondern auch die von Monat zu Monat während des Krieges zunehmende Erschöpfung und Uebermüdung der Soldaten vor der Verwundung in Betracht, wie Beck und Stromeyer nachgewiesen haben. Wir müssen noch erwähnen, dass Stromeyer besonders Erkältungen der Verwundeten als Ursache der Pyämie anklagt. Es ist aber dieses causale Verhältniss nach unseren zeitigen Anschauungen vom Wesen der Pyämie ebenso unverständlich, wie von der Erfahrung noch in keiner Weise bestätigt. Billroth sah gerade in den kältesten Monaten weniger Pyämie, als in den warmen, in Schleswig-Holstein 1864 wurden die meisten Pyämiefälle im Monat Mai beobachtet. Mit Recht erklären Beck und Hueter eine besondere Gefahr für den Ausbruch der Pyämie in der Anämie der Verwundeten. „Mit jeder Unze des verlornen Blutes steigt die Wahrscheinlichkeit eines spontanen Eintrittes der Pyämie," sagt Hueter.

Operative Eingriffe zu bestimmten, besonders den sogenannten intermediären Zeiten des Wundverlaufes führen erfahrungsgemäss sehr leicht und oft zur Pyämie. Die Gefahr liegt dabei in der Verletzung der mit frischen Thromben gefüllten Venen und der in entzündlicher Schwellung begriffenen Gewebe. Auch in späteren

Stadien des Wundverlaufes gibt es Zeiten, in denen selbst leichte operative Eingriffe, besonders bei schon schwachen und herabgekommenen Individuen, den Ausbruch der Pyämie einleiten, z. B. starke Sondirungen, rohe Splitter- und Kugel-Extractionen.

Häufigkeit des Auftretens der Pyämie bei Schusswunden.

§. 411. Nach den Zusammenstellungen von Richter aus den drei letzten europäischen Kriegen kamen auf 542 Pyämiefälle:

74 Verletzungen des Kopfes u. Rumpfes (darunter 41 der Brust),
115   „   der obern und
353   „   „   untern Extremitäten.

Unter 264 genauer präcisirten Extremitätenwunden fanden sich

143mal Verletzungen des Oberschenkels, Knie- u. Hüftgelenkes,
60 „   „   des Unterschenkels und Fusses,
40 „   „   der Schulter und des Oberarmes,
21 „   „   des Ellenbogens, Unterarmes und der Hand etc.

Es kamen also in den deutschen Kriegen durchschnittlich von 100 Pyämiefällen

19°/₀ auf Kopf und Rumpf,
80,9°/₀ auf die Extremitäten.

Unter den letztern bilden die der obern Extremitäten ⅓, die der untern ⅔ der Fälle.

Unter den 133 Fällen, die Arnold secirt hat, kamen auf

Kopf und Hals . .	8	Todesfälle, davon 3 septische, 4 metastat. Pyämie								
Schulter	5	„		„	2	„	2	„		„
Brust	13	„		„	—	„	4	„		„
Schultergelenk . .	7	„		„	1	„	6	„		„
Oberarm	5	„		„	4	„	1	„		„
Ellenbogen	1	„		„	—	„	1	„		„
Vorderarm	1	„		„	—	„	1	„		„
Handgelenk u. Hand	3	„		„	1	„	2	„		„
Lende	2	„		„	—	„	1	„		„
Bauch	3	„		„	—	„	2	„		„
Hüfte	6	„		„	1	„	2	„		„
Hüftgelenk	6	„		„	2	„	4	„		„
Oberschenkel . . .	28	„		„	13	„	15	„		„
Knie	23	„		„	6	„	15	„		„
Unterschenkel . . .	14	„		„	4	„	8	„		„
Fuss	8	„		„	—	„	6	„		„

Die Pyämie bildete also bei den Schussverletzungen der obern Extremität, des Hüftgelenks und Oberschenkels die alleinige, bei denen der Schulter, des Knies, des Unterschenkels und Fusses die vorwaltende Todesursache.

§. 412. Die Schusswunden haben meist beim Ausbruche der beiden Formen der Pyämie, besonders der Septichämie schon ein

übles, diphtheritisches Aussehen. Zuweilen, besonders bei den metastasirenden Formen erfolgt die Rückwirkung des Allgemeinleidens auf
die Wundflächen erst allmählich, die Granulationen werden trübe,
gelbroth, trocken, blass, das Secret spärlich, dünn, übelriechend; der
Heilungsprocess steht vollständig still. Schüller hält die Veränderungen an der Granulation für den Ausdruck des Frostes auf der
Granulationsfläche, beruhend auf einer Contraction der untenliegenden
Gefässe. Es kommen indessen auch Fälle vor, bei denen die Wundflächen bis zum Ende, wenn auch schlaff, so doch rein bleiben.

Billroth fand zuweilen eine allgemeine Hyperästhesie bei den
Pyämischen.

In Folge der Blutzersetzung kommt es zu parenchymatösen
Spätblutungen (phlebostatischen, Stromeyer) bei beiden Formen
der Pyämie. Dieselben sind besonders gefahrvoll, weil sie schwer zu
stillen sind. Durch die Erweichung der Thromben treten auch grössere
Blutungen im Verlaufe der Pyämie ein. Zuweilen finden sich diese
Blutungen als Vorläufer der Pyämie, zuweilen begleiten dieselben den
ganzen Verlauf derselben.

§. 413. Der Tod erfolgt durch das hohe typhöse Fieber oder
durch die Behinderung der Circulation und Athmung in Folge der
secundären Lungen-, Pleura-, Herz-, Herzbeutel- und Gehirn-Affectionen.
Selten tritt derselbe plötzlich ein durch Verstopfungen grösserer Aeste
der Lungenarterien.

Die Dauer der Pyämie betrug in den tödtlichen Fällen bei
Socin 2—31 Tage (6,4 im Durchschnitt), bei den Verwundeten in
Flensburg nach Ochwadt 1—25 Tage, bei den Operirten daselbst
1—14 Tage, bei Kirchner erfolgte durchschnittlich am 27,7. Krank-
heitstage der Tod der Verwundeten. Unter meinen Verwundeten in
Frankreich starben die Septichämischen am 5. bis 10. Tage, die mit
metastatischer Pyämie Behafteten nach 2—4 Wochen.

Die Prognose der Pyämie ist pessima. Als ungünstige Zeichen
gelten: frühzeitiges Auftreten von Icterus, septischer Nephritis, typhöser
Symptome, secundärer, eiteriger Entzündungen in den Gelenken und
serösen Häuten, embolischer Lungeninfarcte, häufige Wiederkehr der
Fieberfröste etc. etc. Unter den an Schussverletzungen Gestorbenen
kommen auf die Pyämie 45—50%, nach Arnolds vielleicht doch etwas
zu schwarzen Erfahrungen am Secirtische sogar 83%. Die übrigen
Autoren bringen fast nahezu constante Zahlen über die Häufigkeit der
Pyämie als Todesursache bei den Schussverletzungen; so gibt z. B.

Stromeyer 44,21%,
Maas 46%,
Rupprecht 46,15%,
Schüller 41,15% an.

Die Sterblichkeit bei den Pyämischen beträgt 85—90%. Heilungen
gehören somit zu den Ausnahmen und gelingen nur in leichteren Fällen,
bei der Septichämie kommen dieselben wohl noch öfter vor, als bei der
metastasirenden Form der Pyämie. Unter 133 von Arnold secirten
Schussverletzten waren 38 (28,5%) an den Folgezuständen der Septichämie, 73 (54,8%) an denjenigen der metastasirenden Septikopyämie
gestorben.

Anhang.

γ. Fettembolie.

§. 414. Bekanntlich hat von Recklinghausen bei einem an
einer complicirten Unterschenkelfraktur Verstorbenen zahlreiche punktförmige Hämorrhagien in der Markmasse der Grosshirnhemisphären
und der Pedunculi, in der Conjunctiva und Retina, in der Harnblase und
dem Pericardium viscerale gefunden, dazu im Herzfleische zahlreiche,
weisse Flecken und Ekchymosen mit opakem, weissem Centrum. Die
mikroskopische Untersuchung wies in den Capillaren des ganzen
Körpers grosse Mengen baumförmig verästelter, vollkommen klarer,
ungefärbter Fetttropfen nach, oft sehr deutlich abwechselnd mit blutiger
Injection der Gefässe. Busch hat darauf Knochenverletzungen bei
Thieren hervorgebracht und in allen diesen Fällen Fettembolien in den
Lungencapillaren gefunden und v. Recklinghausen konnte in sechs
Fällen tödtlich verlaufener Knochenbrüche bei der Section Fettembolien
der Lunge nachweisen. Doch wurden dadurch niemals Gewebser-
krankungen bedingt. Nur wenn die der Function folgende Fettembolie
so ausgedehnt ist, wie in dem von Recklinghausen'schen Falle und
sich aufs Gehirn und Herz erstreckt, kann das Leben des Patienten
dadurch gefährdet werden. Nach Wiener tritt der Tod unter diffusem
Lungenödem ein. Temperatursteigerungen sah Wiener niemals und
Skriba sogar Temperaturherabsetzungen. Nach den Beobachtungen
von Recklinghausen liesse es sich wohl annehmen, dass bei Schussfrakturen Fettembolien keine seltenen Ereignisse und dass dieselben
vielleicht auch öfters die Todesursache in den ersten Tagen des Wundverlaufs der Schussfrakturen sein mögen. Durch Sectionen ist sie
aber im Kriege bis zur Stunde noch nicht nachgewiesen, weil in der
Zeit, wo sie einzutreten pflegt, in den Kriegsspitälern weder Zeit
noch Raum zur Vornahme von Sectionen war. Im späteren Verlauf
der Schussfrakturen habe ich sie niemals bei den vielen Sectionen,
die wir vorgenommen haben, beobachtet. Ueber die Symptome des
Leidens wissen wir auch noch wenig. In den von Recklinghausen,
Chr. Fenger und J. H. Salisbury (Chicag. med. Journ. and Examiner
1879 Dec. Art. III p. 587) beschriebenen Fällen trat eine andauernd
zunehmende Schwäche, bald Koma und 36 Stunden bis 4 Tage nach
der Verletzung schon der Tod ein.

7. Die Rose im Verlaufe der Schusswunden.

§. 415. Dieselbe ist im ganzen ein seltener Gast in den Kriegsspitälern. Die Engländer in der Krim, Stromeyer und Volkmann
1866 hatten keinen einzigen Fall von Wundrose in den Lazarethen.
Ueber die Pathogenese des Erysipelas im Verlaufe der Schusswunden
wissen wir Folgendes:
a) Dieselbe tritt endemisch nach Erkältungen, epidemisch bei jähem
Temperaturwechsel unter den Verwundeten auf, wie besonders Virchow
wieder hervorgehoben hat. Daher hat man die Rosen in feucht und
zugig gelegenen Spitälern öfter beobachtet, z. B. Neudörfer in
Schleswig und Annesley in Indien. Eilert beschuldigt das feuchte

Aufwaschen der Fussböden als Quelle der Rosen. Er will in Vichy bei Metz am Ende eines 10wöchentlichen Belages in den gut gedielten Zimmern nach dem Aufwaschen der Fussböden mit reinem Wasser einen starken urinösen Geruch wahrgenommen haben. Diese Beobachtung ist bis zur Stunde noch räthselhaft.

b) Ueberfüllung und Unsauberkeit der Spitäler sind prädisponirende Momente für Rosenendemien. Doch hat man dieselben auch unter Zelten und in Baracken beobachtet.

c) Sporadisch gesellt sich die Wundrose zu Schusswunden, in denen Eiterretentionen stattfinden, fremde Körper und Knochensplitter stecken, welche unsauber behandelt, gelagert, untersucht und operirt werden. Die Antisepsis verhindert zwar den Ausbruch der Rose auf einzelnen Schusswunden nicht, wohl aber Endemien derselben in den Hospitälern. Es ist auch nicht erwiesen, dass bei der offenen Wundbehandlung Rosen öfter vorkommen, als bei der antiseptischen Occlusion, und eben so wenig, dass bei dem Guérin'schen Watteverbande Rosen gar nicht beobachtet werden, wie Vedrènes meint. König hat experimentell und klinisch bewiesen, dass durch altes Blut, welches den Operationstischen anklebt, Rosenendemien hervorgerufen werden können.

d) Mit besonderer Vorliebe tritt dieselbe zu Kopf- und Extremitäten-Wunden hinzu.

Nach Socin fanden sich:

3 Rosen bei Kopfwunden = 7,1%,
2 „ „ Rumpfwunden = 4,8%,
17 „ „ Wunden an den oberen Extremitäten = 40,4%,
20 „ „ „ „ „ unteren „ = 47,6%.

Nach Lossen fanden sich:

1 Rose bei Kopfwunden = 3,8%,
1 „ „ Rumpfwunden = 3,8%,
7 Rosen bei Wunden an den oberen Extremitäten = 26,1%,
17 „ „ „ „ „ unteren „ = 65,3%.

Im nordamerikanischen Gesammtbericht wird das Erysipelas nicht oft erwähnt, doch hervorgehoben, dass gerade bei den Kopfschusswunden selten Rosen beobachtet seien. Unter

2493 Schusswunden der Weichtheile des Kopfes trat dasselbe in 22 Fällen auf,
138 Schusscontusionen „ „ „ „ 6 „ „
363 Schussdepressionen „ „ „ „ 3 „ „
126 perforirenden Schädelschüssen „ „ „ 3 „ „

Es kamen also auf 3120 Schusswunden am Schädel nur 34 Erysipelasfälle = 1,08%.

Dagegen hebt der Bericht hervor, dass Rosen bei Schussverletzungen am Rücken häufiger vorkamen. Sehr selten trat die Rose zu perforirenden Brustwunden hinzu: in 11,715 Fällen nur 17mal.

In allen Zeiten des Wundverlaufs können Rosen ausbrechen, doch geschieht dies häufiger in den früheren Perioden desselben, als in den späteren.

e) In Zeiten und an Orten, in denen Typhus, Cholera, Scharlach und Diphtheritis herrschen, finden sich auch oft Erysipelasepidemien. Es gibt aber auch Zeiten, wo keine nachweisbaren Epidemien herrschen, und doch in bestimmten Lazarethen jedem operativen Eingriffe Rosen folgen: so in den Berliner Baracken in den Monaten Februar und März 1871 (Ritzmann).

f) Es gibt eine unverkennbare individuelle Prädisposition für die Wundrose. Einmalige Erkrankung an derselben steigert die Prädisposition für eine zweite. Socin beobachtete 6 Rückfälle, in Mannheim wurden 3 Patienten 2mal von der Rose befallen, in Heidelberg erlag ein Verwundeter dem 3. Anfalle.

g) Die Rose entwickelt ein übertragbares Contagium. Wir können hier nicht darauf eingehen, ob dasselbe in den Bakterien, welche Nepveu im Blute oder Hueter und Lukowsky in den Lymphgefässen und Saftcanälchen am verletzten Gliede gefunden und ebenso viele tüchtige Forscher (Tillmanns und E. Bellien) vermisst haben oder in einem nicht organisirten thierischen Gifte (Billroth, Tillmanns) zu suchen ist, die Thatsache selbst aber ist klinisch und experimentell ausser jedem Zweifel gestellt. Lossen sah Uebertragungen der Rose durch die Morphiumspritze. Das Virus haftet Betten, Hemden, Instrumenten, Verbandsgegenständen etc. an.

§. 416. Die Zeichen der Rose sind zu bekannt, als dass wir hier noch ausführlicher darauf eingehen sollten. Nur das müssen wir hervorheben, dass man nicht immer eine tiefe Röthe an der kranken Haut verlangen soll. Gerade bei heruntergekommenen und blutleeren Patienten ist die Rose sehr blass, die kranke Partie aber geschwollen und durch eine deutlich markirte rothe Linie von der gesunden abgegrenzt.

Das Weiterkriechen der Rose geht, wie Pfleger nachgewiesen hat, nach bestimmten anatomischen Gesetzen. Die Kopfrosen haben die Tendenz zu weiter Verbreitung und langer Wanderung, die an den Extremitäten von unten beginnenden bleiben meist local begrenzt, die von oben anfangenden dagegen gehen auf den Rumpf und das ganze Glied. Socin meint, dass eine Rose um so schneller ablaufe, je peripherer sie begonnen; ich konnte diese Beobachtung aber nicht bestätigen.

Die septische Rose, welche mit typhösem Fieber einhergeht, stets ein Zeichen der Septichämie, sehr blass und von starkem Oedem begleitet ist, sich rapid verbreitet und schnell an einer Stelle verschwindet, um an einer andern zu erscheinen, gehört zu den gefährlichsten Wundcomplicationen und führt fast stets zum Tode.

Die hämorrhagische Rose, welche sich bei Säufern findet, ist im Verlaufe der Schusswunden nicht beobachtet.

§. 417. Die Gefahren, welche die Rose herbeiführt, sind nicht zu unterschätzen. Das hohe Fieber, die Betheiligung lebenswichtiger innerer Organe bei derselben, welche uns Ponfick besonders kennen gelehrt hat, vor allem des Gehirns und seiner Häute, der Nieren, des Herzens (Jaccoud), des Brustfells und der Lunge, und die mit ihrer langen Dauer und häufigen Wiederkehr derselben verbundene Erschöpfung bedingen eine grosse Lebensgefahr. Dennoch ist die Mortalität bei den Wundrosen im Kriege keine sehr grosse gewesen: Unter 1683 Todesfällen nach Schusswunden, welche von den verschiedenen Autoren aus dem letzten französischen Kriege berichtet wurden, werden nur 6 der Rose zugeschrieben (also 0,3%). Von den 170 Fällen, die in den Berliner Baracken beobachtet wurden, endeten 4 mit dem Tode, somit 2,3%. Die Nordamerikaner scheinen eine weit höhere Mortalität gehabt zu haben, doch sind bei ihnen sicher die gut verlaufenen Fälle nicht angegeben. Sie berechnen dieselbe auf 11%. Von 2652 Erysipelasfällen starben im ersten Kriegsjahr 121 (4,4%), im zweiten aber von 6576 : 835 (12,6%). Dass die Rose den Ausbruch der Pyämie herbeiführe, ist noch nicht erwiesen.

Entzündungen der unter der Rose gelegenen Gelenke beobachtete Ritzmann. Sie können, wenn sie eitrig werden. grosse Gelenke befallen und Glied und Leben gefährden.

Abscessbildungen im Verlaufe der grossen Lymphgefässe kommen, wie Lordereaux besonders hervorhebt, bei der Wundrose sehr leicht zu Stande. Seltener vereitern die Lymphdrüsen.

Den Wundverlauf hält die Rose besonders dann auf, wenn dieselbe mit einem croupösen Belag der Wunde verbunden ist. In der Mehrzahl der Fälle beeinflusst sie ihn aber nicht wesentlich, ja man hat träge heilende Wunden nach dem Verlauf einer Rose besser und schneller heilen sehen.

Die Dauer der Rose schwankt zwischen 5—16 Tagen (im Mittel etwa 9 Tage). Unter Socins Fällen dauerte die Krankheit in 18 Fällen 2—5 Tage (43%), in 14 Fällen 5—10 Tage (33%), in 6 Fällen 10—15 Tage (14%), in 4 Fällen 15 Tage und mehr (9,3%).

§. 418. Auf das Verhältniss der Rose zum Hospitalbrande haben wir bereits §. 396 aufmerksam gemacht.

Es erübrigen daher nur noch einige Worte über das Verhältniss der Rose zur Pyämie. Während Pirogoff sich keine Rose ohne Pyämie denken kann, und Roser und Hueter die Rose als eine leichte Form der Pyämie betrachten, meinen Andere, dass die Rose einen Schutz gegen die Pyämie gewähre. Der krasse Dissens der Meinungen wurde wohl, wie Volkmann gezeigt hat, dadurch bedingt, dass viele Autoren auch alle Phlegmonen mit zu den Rosen rechneten. So viel hat aber die Beobachtung doch festgestellt, dass die Rose durch eine specifische septische Infection entsteht, welche leicht unter günstigen Bedingungen zur Pyämie führen kann. Das die Rose und die Pyämie erzeugende Gift entstammt demselben Boden und ist auch sicherlich sehr verwandter Natur. Es kommt daher oft vor, dass ein an Pyämie leidender Patient die Rose bekommt, oder dass ein an Rose leidender Patient septisch wird. Auch werden meist Erysipelas- und Pyämie-Endemien in einem Hospitale zusammen beobachtet. So sah auch König Pyämie und Erysipelas gleichzeitig auftreten und mit Zunahme des letzteren auch mehr Patienten an ersterer erkranken.

8. Complication der Schusswunden durch andere Verletzungen und Erfrierungen.

§. 419. Hieb- und Stich-Wunden neben Schusswunden finden sich nicht selten an den Verwundeten. Die Verwundungen durch blanke Waffen sind dabei zuweilen die schwereren, besonders wenn sie die Körperhöhlen durchdringen oder eröffnen, öfter aber die leichteren.

Einfache Knochenbrüche, Verrenkungen und Verstauchungen der Gelenke, Contusionen der Glieder können sich die Verwundeten beim Niederstürzen zuziehen, oder dieselben werden ihnen durch das rücksichtslose Hin- und Herwogen der Kämpfenden, Geschütze und Fahrzeuge noch zugefügt, während sie auf den Schlachtfeldern liegen.

Erfrierungen kommen an den Verwundeten in Winterfeldzügen überaus häufig vor. Sie entstehen, während die Verwundeten auf den Schlachtfeldern liegen oder während der Transporte, auch wohl in den schlecht geheizten Zeltlazarethen. Bei der englischen Armee in der Krim wurden 2398 Erfrierungen († 463), bei der französischen 5290 († 1178) beobachtet.

Die Prognose dieser Complicationen richtet sich nach dem Grade und Umfange derselben. Immerhin trüben sie die Prognose der Schusswunden oft sehr, indem sie noch ein gefahrvolles und entkräftigendes Moment zur Verwundung hinzufügen.

9. Complicationen der Schusswunden durch Allgemeinerkrankungen.

A. Durch chronisch-kachektische Zustände.

a. Lues als Complication der Schusswunden.

§. 420. Die Ansichten über den Einfluss der constitutionellen Syphilis auf den Verlauf der Schussverletzungen sind von jeher weit auseinandergegangen. Die Mehrzahl der Autoren nimmt an (v. Langenbeck, Pirogoff, Demme, Heine, Beck, Zeissl), dass bei Syphilitischen die Weichtheilwunden ungestört, vielleicht etwas langsamer, die Knochenschusswunden dagegen auffallend träger, unvollkommen oder gar nicht heilen, besonders wenn schon viel Quecksilber genommen war; eine kleinere Zahl von Chirurgen bestreitet jeden ungünstigen Einfluss der constitutionellen Syphilis auf den Wundverlauf (Stromeyer, Neudörfer); Chassaignac allein hält das Zusammentreffen von Syphilis mit einer Verwundung für ein glückliches Ereigniss, da Syphilis und Pyämie sich auszuschliessen schienen.

Die Erfahrungen in der Friedens- und Kriegspraxis der letzten Jahre, welche von Düsterhoff sorgfältig zusammengestellt sind, haben mit Sicherheit die Thatsache ergeben, dass die Syphilis in allen Formen im allgemeinen keinen Einfluss auf den Wundverlauf hat. Es können zwar durch die Reizungen im Bereiche des Wundbezirkes syphilitische Efflorescenzen daselbst eintreten, doch wird durch dieselben die Wundheilung nicht wesentlich behindert. Man kann sogar sagen, dass der beschleunigte Stoffwechsel während des Heilungsprocesses schwerer Verletzungen das Latentbleiben der Syphilis begünstigt. Dieselbe pflegt dann nach erfolgter Heilung wieder auszubrechen. Die tertiären Formen der Syphilis geben ungünstige Heilungsbedingungen, wenn sie progressiv sind, wenn sie aber nach zweckmässigen Curen regressiv oder völlig geheilt wurden, so bleibt auch der Wundverlauf derartiger Patienten ein vollkommen günstiger (Düsterhoff). Die Knochensyphilis verzögert aber oder verhindert die Consolidation der Bruchenden. Vorsichtiger Gebrauch des Quecksilbers stört die Callusbildung nicht, wohl aber unzweckmässiger und übermässiger. Bei einigen Autoren wurden eigenthümliche Brandformen an den verletzten Gliedern Syphilitischer beschrieben, welche in Folge der Syphilis und des Mercurialismus kachektisch geworden waren. Diese Brandformen weichen aber auch gut geleiteten antisyphilitischen Curen. Zu Blutungen, Pyämie und Sepsis steht die Syphilis nicht in causalen Beziehungen (Düsterhoff).

b. Die Lungentuberculose als Complication der Schusswunden.

§. 421. Die Schwindsucht in ihren Anfangsstadien, wie man sie in den Heeren zu sehen bekommt, übt im allgemeinen keinen schädlichen Einfluss auf den Wundverlauf aus. Entwickelt sie sich aber unter den ungünstigen Bedingungen des Spitallebens und unter den erschöpfenden Säfteverlusten bei der Wundheilung rapid weiter, so steht, besonders wenn hektisches Fieber und colliquative Symptome eintreten, der Heilungsprocess an den Schusswunden meist still und die Eiterung wird reichlich, dünn, schleimähnlich.

Bei hereditär belasteten oder sonst zur Schwindsucht neigenden Individuen zeigen sich nicht selten während des Wundverlaufes oder nach der Wundheilung die ersten Symptome der Lungenschwindsucht.

c. Alkoholismus chronicus als Complication der Schusswunden.

§. 422. Diese relativ seltene Kachexie wirkt sehr ungünstig auf den Wundverlauf ein, weil dieselbe die Heiltendenz und die Widerstandsfähigkeit des Individuums bedeutend herabsetzt. Desshalb schon heilten die Schusswunden bei der preussischen Landwehr oft schlechter, als bei der Linie, bei den Turkos besser als bei den französischen Soldaten und bei diesen leichter und ungestörter als bei den Communards, bei welchen häufig brandige Phlegmonen im Verlaufe der Schusswunden auftraten.

§. 423. d. Die Amyloidentartung nach Schussverletzungen

wird besonders häufig beobachtet nach Knochenschusswunden, die lange und reichliche Eiterungen unterhalten haben. Dass sie aber auch sehr schnell sich entwickeln kann, zeigen die von Cohnheim veröffentlichten Beobachtungen.

Zwei davon betrafen Schussfrakturen, die dritte einen Gewehrschuss durch die rechte Wade mit Verletzung der Art. tib. postica, derentwegen mehrfache Ligaturen der Art. femor. dextra und eine Bluttransfusion vorgenommen wurde. Dieser Fall endete schliesslich 6 Monate nach der Verletzung in Folge von Phlegmonen tödtlich. Die Patienten, bei denen diese Entartungen nach dem Tode aufgedeckt wurden, waren junge Männer von sonst guter Körperbeschaffenheit gewesen.

Klebs erwähnt die amyloide Nephritis nur bei einer Section und führt sie auf eine alte Intermittens zurück. Arnold beobachtete dieselbe 2mal: einmal nach einer Schussverletzung am Fusse mit nachfolgender Amputation, das zweite Mal nach einer Schussverletzung der Hüfte mit Durchlöcherung der linken Darmbeinschaufel und des ersten Kreuzbeinwirbels. Ich sah die amyloide Nephritis nur in einem Falle, bei dem sich aber auch noch alte käsige Heerde in den Lungen fanden.

Zuweilen heilt mit dem Eintritt der amyloiden Degeneration die
Wunde schnell. In der Regel aber steht der Heilungsprocess bei fort-
schreitender amyloider Degeneration der Organe still, die Eiterung
wird dünn und reichlich und dauert bis zum Tode fort. Selten führt
die amyloide Degeneration bei Schusswunden zum allgemeinen Hydrops;
die Patienten sterben meist vorher an der erschöpfenden Eiterung und
die amyloide Degeneration wird erst bei der Section gefunden. Da
sie also oft latent verläuft, so mag sie wohl häufiger im Verlaufe der
Schusswunden auftreten, als man bisher angenommen hat. Man sollte
daher bei erschöpfenden Eiterungen, bei colliquativen Zuständen, bei
zunehmender Entkräftung der Verwundeten nicht versäumen, ihren
Urin zu untersuchen.

B. Complicationen durch acute intercurrente Krankheiten.

e. Ruhr und Typhus.

§. 424. Die Ruhr ist in den verschiedenen Kriegen in sehr
wechselnder Häufigkeit bei den Schussverletzten aufgetreten. Während
sie im Krim- und im französisch-deutschen Kriege überaus häufig war,
kam sie 1864 kaum zur Beobachtung. Dieselbe kommt nur unter
den Verwundeten vor, wenn sie überhaupt in der kämpfenden Armee
herrscht. Oft genug mag aber auch eine Verwechslung der Ruhr mit
Septichämie, die ja auch ruhrähnliche Durchfälle macht, vorgekommen
sein. Ich habe im allgemeinen keinen wesentlich störenden Einfluss
der Dysenterie auf den Wundverlauf während des französischen
Krieges nachweisen können, wohl aber wurden nach den Beobachtungen
von Luecke in Frankreich und besonders von Macleod in der Krim
die Verwundeten durch die häufigen Diarrhöen meist so geschwächt,
dass die Wunden, besonders die Schussfrakturen und Gelenkverletzungen, durchweg einen ungünstigen Verlauf nahmen. Zu den schwersten
Complicationen einer Schussverletzung gehört der Typhus in allen
seinen Formen. Anfänglich ist es oft schwer, denselben von der Sepsis,
welche ja früher Wundtyphus oder Faulfieber genannt wurde, zu unterscheiden und er mag auch oft genug mit derselben verwechselt worden
sein. Die Fiebercurven, die charakteristischen Ergebnisse der Per-
cussion des Abdomen, das Auftreten von Flecken und Roseola, das
Ausbleiben von Gelenk-Affectionen, Icterus etc. sichern aber doch die
Diagnose. Nach Larrey's Erfahrungen wurden die Schusswunden im
Verlauf des Fleckentyphus, wie erfahrungsgemäss ganze Glieder, leicht
brandig. — Im allgemeinen ist der Fleckentyphus eine sehr seltene
Complication der Schusswunden gewesen. Beim Typhus abdominalis
sieht man, wie besonders Pirogoff hervorhebt, die Granulation der
Schusswunde blass, schlaff und trocken, die Wundränder infiltrirt und
die Heilung, besonders die Callusbildung träge werden oder ganz
aufhören.

f. Cholera.

§. 425. Der Einfluss der Cholera auf den Verlauf der Schusswunden ist noch wenig bekannt, da die Mehrzahl der Befallenen sterben.
In der Krim stellte es sich als sicher heraus, dass die von der Cholera
genesenen Verwundeten meist zu schwach waren, um schwerere Ver-

letzungen zu überstehen oder auszuheilen, dass daher ihre Wunden
brandig wurden und, wie besonders Pirogoff hervorhebt, zur Entwicklung der Pyämie in seltener Weise neigten. Neudörfer im Gegentheil glaubt, dass die Cholera bei einem Verwundeten die Pyämie aus-
schlösse, dagegen leicht die Rose herbeiführe.

g. Scharlach.

§. 426. Der Scharlach ist eine sehr seltene, doch auch sehr
gefahrvolle Complication der Schusswunden. Im Verlaufe derselben
werden Wunden leicht hospitalbrandig. Ausserdem kommen dabei
oft acute Osteomyelitis und jauchige Gelenkentzündungen vor. Die
Wunden heilen daher nicht während des Bestehens des Scharlachs und
die Mehrzahl der davon befallenen Verletzten geht zu Grunde theils
durch das heftige Fieber, theils durch secundäre Leiden. In neuerer
Zeit haben Murchison und Paget darauf aufmerksam gemacht, dass
im Verlaufe einer Verwundung sich Scharlach spontan entwickeln könne,
wenn auch zur Zeit weit und breit kein Fall der Art vorhanden sei.
Harrison bezweifelt, dass es sich hier um Scharlach gehandelt habe,
Riedinger aber tritt den englischen Forschern bei. Ob hier septische
Processe oder genuiner Scharlach vorliegen, muss erst eine weitere
klinische Prüfung lehren.

h. Variola.

§. 427. Auch die Pocken üben einen überaus nachtheiligen Einfluss
auf den Wundverlauf aus: Blutungen, diphtheritische Infectionen und
Brand sind in Folge derselben an den Wunden beobachtet (H. Fischer).

i. Herpes traumaticus.

§. 428. Verneuil hat drei Formen von Herpes beschrieben,
welche sich in Folge einer Wunde von leichtem Fieber begleitet entwickeln sollten: die eine dem Verlaufe eines verletzten Nerven folgend,
die andere um die Wunde herum ausbrechend, die dritte in weiterer
Entfernung von derselben auftretend. Er nimmt für die Entstehung
dieser Complication eine besondere Dyskrasie an. Ich habe nichts der
Art bei Schusswunden beobachten können.

k. Scorbut.

§. 429. Der Scorbut ist nach den Erfahrungen Pirogoffs und
Larrey's eine der übelsten Complicationen der Schusswunden. Die
Wundsecrete wurden blutig, stinkend und aus allen Theilen der Wunde
sickerte blasses, dünnes Blut ununterbrochen in grosser Menge hervor. Das Blut infiltrirte die Granulationen und brandige Verjauchung
derselben trat ein. Jede Heiltendenz der Wunden und auch die Callusbildung hörten vollständig auf. Die blutige Infiltration ging meist in die
Tiefe, es traten brandige Entzündungen der Weichtheile, Knochen
und Gelenke ein, der schon gebildete Callus löste sich wieder, Narben
brachen auf, und Brand des verletzten Gliedes, meist auch der Tod
des Patienten war die Folge. Wurde der Scorbut rechtzeitig beseitigt,
so musste die Wundheilung wieder von vorn beginnen, denn nach
Abstossung der blutig infiltrirten, brandig zerstörten Gewebe blieben

glatte granulationslose Wundflächen ohne jede Spur von Heiltendenz
zurück.

10. Einfluss der Erschöpfungen durch Strapazen und Entbehrungen des Krieges auf den Verlauf der Schusswunden.

§. 430. Der Einfluss der Strapazen und Entbehrungen des Feldzuges auf den Wundverlauf ist den älteren Kriegschirurgen nicht entgangen. Hennen hob besonders die bemerkenswerthe Thatsache hervor, dass die während eines längeren Feldzuges zum zweiten Male Verwundeten in der Regel zu Grund gehen. Die sogenannte Fatigatio zeichnet sich aus durch grosse Theilnahmlosigkeit und Gleichgiltigkeit, Abgeschlagenheit und Schwäche der Glieder, Appetitmangel, Herzklopfen und unregelmässige Herzaction. Diese Symptome können sich zu gastrischen und typhösen Fiebern, zur Bluterkrankheit, zu langdauernden Darm- und Lungenkatarrhen steigern. Wer den schwächenden Einflüssen der Strapazen entflieht, verfällt nicht selten den mit der unregelmässigen, mangelhaften und oft geradezu schädlichen Ernährung im Felde verbundenen Verdauungsstörungen. Auch Heimweh, Angst, der Genuss schlechten Trinkwassers oder das lange Dursten, die Vernachlässigung der Stuhlentleerungen tragen nicht wenig zur Hervorrufung von Verdauungsstörungen und körperlichen Depressionszuständen der kämpfenden Soldaten bei. Besonders nach mehrtägigen Schlachten, die mit furchtbarer Nervenerregung, unsäglichen körperlichen Anstrengungen und mancherlei Entbehrungen verbunden waren, entwickelte sich leicht ein krankhafter Zustand der Soldaten, wie Löffler nach den dreitägigen Kämpfen des 5. preussischen Corps 1866 ziffermässig festgestellt hat.

Der üble Einfluss dieser Fatigatio auf den Wundverlauf liegt auf der Hand. Pirogoff hat es bestimmt ausgesprochen, dass die Sterblichkeit in einem Feldzuge unter den Blessirten mit der Zunahme der Erschöpfung der Soldaten durch die Kriegsstrapazen beständig wachse. Besonders verliefen die Amputationen in Sebastopol von Schlacht zu Schlacht ungünstiger. Löffler hat für diesen Satz Pirogoffs den Beweis durch Zahlen angetreten:

1864 starben von den Verwundeten

des 2. Februar bei Missunde . . 11,7%,
„ 10. bis 17. April . . . . 14%.
„ 18. April (Sturm bei Düppel) 18,1%,
„ 29. Juli (Alsen) . . . . . 12,1%.

Bis zum 18. April war die Arbeit und Anstrengung der Soldaten die aufreibendste gewesen und mit derselben fällt die grösste Mortalität der Verwundeten zusammen. Nach dem Sturm bei Düppel trat längere Zeit Ruhe, gute Pflege und ausgiebige Erholung des preussischen Heeres ein — und damit unter den Blessirten auf Alsen ein so überaus günstiger Wundverlauf.

Verwundet am 26,6. 1866 (Hühnerwasser) 54, gefallen 5, gestorben an den Wunden 2 = 3 7%.

Verwundet am 28/6. 1866 (Musry Berg, Bossin) 134, gefallen 24, gestorben an den Wunden 10 = 7,2%.
Verwundet am 27,6 — 29,6. 1866 (Nachod bis Graditz 2496, gefallen 485, gestorben an den Wunden 262 = 10,5%.
Verwundet am 3,7. 1866 (Königsgrätz) 7404, gefallen 1360, gestorben an den Wunden 857 = 11,5%.

Wenn man auch bei diesen Zahlen die schlechtere Pflege, welche die Verwundeten nach grossen Schlachten haben, in Rechnung stellt, so bleibt doch immer noch ein so grosses Plus in der Mortalität durch die steigenden und überstandenen Strapazen bestehen, dass der schwerwiegende unheilvolle Einfluss derselben auf den Wundverlauf über jeden Zweifel gestellt ist. Auch aus dem französischen Kriege 1870 hebt Luecke den grossen Unterschied im Wundverlauf bei den bei Weissenburg und Wörth Verletzten gegenüber den vor Metz und Beaumont Verwundeten hervor und Beck berichtet von einem sich mit der Dauer des Krieges beständig vermehrenden Auftreten der Pyämie unter den — selbst leichter — Verwundeten.

In den belagerten Festungen, in welchen alle diese Uebelstände besonders schwer die Verwundeten treffen, verlaufen daher die Verwundungen besonders ungünstig, wie die Erfahrungen im 7jährigen Kriege, in Sebastopol und in Metz, Strassburg und Paris während des jüngsten französischen Krieges gezeigt haben. In Paris betrug die Mortalität unter den Verwundeten im Hospital Grand-hôtel 22,1%, im Hospital Palais d'Industrie 18.6%, in Strassburg im Bürgerhospital 38,1%, im Militärlazareth 35,5% — Zahlen, welche um das 2—3fache die Mortalitätsziffer der Feld- und Kriegslazarethe der mobilen Armeen überschreiten. Auch hier konnte man ein beständiges Ansteigen der Mortalität mit der Zunahme der Erschöpfung constatiren. Nach Cousins Bericht starben in den Spitälern der Pariser Presse:

im September	von	26	Verwundeten	0 =	0% ,
„ October	„	35	„	4 =	11,4% ,
„ November	„	93	„	8 =	8,6% ,
„ December	„	45	„	32 =	71,1% ,
„ Januar	„	77	„	16 =	20.8% ,
„ Februar	„	2	„	2 =	100% .

11. Einfluss des Alters, der Nationalität, der Gemüthsstimmung und des Klimas auf den Verlauf der Schusswunden.

§. 431. Das Alter der Verwundeten übt einen grossen Einfluss auf den Verlauf der Schusswunden aus, weil mit den zunehmenden Jahren die Widerstandsfähigkeit des Organismus und die Neigung zu reparativen Vorgängen abnimmt. Die Stabsoffiziere der deutschen Armee erlagen schon leichten Verletzungen und auch die Landwehrmänner boten eine viel höhere Mortalität dar, als die jungen frischen Soldaten des stehenden Heeres. Die Franzosen 1870 und die Dänen 1864 waren durchschnittlich viel älter, als die deutschen Truppen und desshalb verliefen auch die Schusswunden bei ihnen viel ungünstiger, als bei den Letzteren.

Der Einfluss der Nationalität auf den Wundverlauf ist wohl vielfach überschätzt worden. Wenn auch der ruhige Nordländer im allgemeinen Verwundungen besser erträgt, als der erregte Südländer, so ist dieser Unterschied doch im ganzen kein schwerwiegender. Dass die Verwundeten in den Lazarethen des feindlichen Landes und unter der Behandlung fremdländischer Aerzte meist einen schlechteren Wundverlauf zeigten, als die inländischen, lag wohl mehr in den veränderten Lebensverhältnissen, in welche jene hier eintraten, in der mangelhaften Verpflegung und in der eigenartigen Behandlung der Wunden, welche ihnen hier zu Theil wurde.

Obgleich genaue Zahlenangaben über den Einfluss der Gemüthsstimmung des Verwundeten auf den Wundverlauf zur Zeit noch fehlen, so scheint doch das allgemeine Urtheil der Kriegschirurgen dahin zu gehen, dass Schusswunden bei der siegenden Armee besser und schneller heilen, als bei der besiegten.

Die Erfahrung hat gezeigt, dass Schusswunden im Sommer und überhaupt im warmen, trockenen Klima weit besser verlaufen, als im feuchten und kalten. Im letzteren werden mehr oder weniger hemmende Complicationen der Schusswunden durch Erfrierungen gesetzt und die natürliche Ventilation der Krankenzimmer erschwert oder ganz verhindert, während die warme Jahreszeit die Behandlung der Verwundeten im Freien oder in ausreichend gelüfteten Räumen gestattet und daher weit günstigere Bedingungen für die Heilung gewährt.

———

VI. Abschnitt.

Prognose der Schusswunden im allgemeinen.

§. 432. Wir haben bereits in den vorgehenden Abschnitten über die Prognose der Schussverletzungen der einzelnen Gewebe und Organe das Wissenswertheste angeführt, so dass wir nur noch einige allgemeine Bemerkungen nachzuholen haben.

1) Es ist ein alter Erfahrungssatz der Medicina campestris, dass die Verluste, welche eine Armee durch Verwundungen erleidet, klein sind gegenüber denen, welche ihnen Seuchen und Krankheiten zufügen.

Diese Thatsachen haben alle grossen Kriege bis in die neueste Zeit bestätigt, doch machen der italienische, der schleswig-holsteinsche von 1864 und der deutsch-französische trotz der furchtbaren Strapazen, welchen die Truppen im letzteren in Sommerhitze und Winterfrost, in der offenen Feldschlacht und bei Belagerungen ausgesetzt waren, eine rühmliche Ausnahme. Die folgende von E. Richter entworfene Tabelle beleuchtet dieses Verhältniss am besten:

				durch Verwundung	durch Krankheit	Verhältniss der Verwundung zur Krankheit
1798—1800	verlor	Frankreich	. . .	4.758	4.157	100 : 87.3,
1802	„	England in Egypten		134	558	100 : 416.4,
1811—1814	„	England in Spanien		8.889	24.930	100 : 280.4.
1848—1850	„	Schleswig-Holstein		1.364	1.050	100 : 76.9.
1854—1856	„	England	. . . .	4.602	17.580	100 : 382.
1854—1856	„	Frankreich	. . .	20.000	75.000	100 : 375.
1859	„	Frankreich	. . .	6.174	2.500	100 : 40.5.
1861—1865	„	Amerikan. Union	.	93.969	186.742	100 : 198.7.
1864	„	Preussen	. . . .	738	310	100 : 42.0.
1866	„	Preussen u. Verbünd.		4.450	6.427	100 : 144.4.
1870—1871	„	Deutschland allein		28.282	12.180	100 : 43.7.

Bei der Würdigung dieser Zahlen muss man freilich die That-sache berücksichtigen, dass die Armee die grösste Zahl von Verlusten durch innere Krankheiten und Seuchen im Vergleich zu denen durch Verwundungen haben wird, welche die wenigsten Kämpfe und Schlachten durchmacht. So kamen in der Krim in der piemontesischen Armee auf den Verlust von 100 Verwundeten 7736 Verluste durch Krankheiten. 1866 störte die Cholera die ausgezeichneten sanitären Verhältnisse der deutschen Armeen. Im Krimfeldzuge zeigte sich die interessante Thatsache, dass während bei der englischen Armee die Verluste durch Krankheiten von Jahr zu Jahr durch wachsende Sorge für das Wohl der Armee abnahmen (die Verluste fielen von 32% der mittleren Truppenstärke auf 4,2%), dieselben bei den Franzosen durch die Fahr-lässigkeit und Untüchtigkeit der allmächtigen Intendantur von Jahr zu Jahr wuchsen. In Amerika trat in der Mortalität an inneren Krank-heiten die hervorragende Kriegstüchtigkeit der Berufssoldaten (Morta-lität 3,1% per Jahr) gegenüber den Miliztruppen (Mortalität 5,5 bis 13,3% pro anno) deutlich hervor.

§. 433. 2) Die Gesammtmortalität nach Schusswunden in den Lazarethen ist in den verschiedenen Kriegen zwar ver-schieden gewesen, doch sind die Differenzen im grossen und ganzen nicht so bedeutend, als man meist anzunehmen pflegt. Dieselbe betrug: bei den Engländern in der Krim 15,2%, bei den Franzosen daselbst 24.9%, bei den Verbündeten in Italien 1859 13%, in Nordamerika 12,4%, 1864 in Schleswig-Holstein 16% bei den Preussen, bei den Dänen 33%, 1866 in den preussischen Lazarethen 18,4%, 1870/71 in den deutschen Spitälern 11,3%. Bei der Würdigung dieser Zahlen muss die Thatsache eingerechnet werden, dass je früher die Verwundeten in die Lazarethe kommen, um so mehr in diesen, je länger dieselben auf den Schlachtfeldern liegen, um so weniger in den Lazarethen, und um so mehr auf den Schlachtfeldern von denselben sterben.

So starben nach der Schlacht von Magenta in einem dem Schlacht-felde sehr nahe gelegenen Hospital während der ersten Tage 44,16% und in der späteren Zeit nur noch 2,83%. Um so glänzender tritt daher die Thatsache hervor, dass in dem schleswig-holsteinschen Kriege, in dem nordamerikanischen und den deutschen 1866 und 1870—71, in welchen die Hülfe schnell bei der Hand war, dennoch die Mortalität in den Feldspitälern nicht wesentlich höher gestiegen ist, als in den anderen Kriegen. In der grossen Mortalität der Dänen in deutschen Lazarethen während des schleswig-holsteinschen Krieges 1864 bewahrheitete sich

wieder der alte Erfahrungssatz, dass die Sterblichkeit der Verwundeten der besiegten Armee im Feindeslande unter gleich
günstigen Bedingungen der Lagerung und Pflege beträchtlich grösser ist, als die der eigenen Verwundeten. Diese
Thatsache ist wohl zum grössten Theile darauf zurückzuführen, dass
nur die schwersten Verwundeten der feindlichen Armee in die Hände
des Siegers fallen (Löffler).

Wir haben schon wiederholt in den vorgehenden Capiteln darauf
aufmerksam gemacht, und durch Zahlenangaben zu erweisen gesucht,
dass die Sterblichkeit in einem Lazarethe um so grösser ist,
je näher dasselbe dem Schlachtfelde liegt. Dabei ist nicht die
verpestete Luft und der blutdurchtränkte Boden anzuklagen, wie es
wohl geschehen ist, sondern die Ueberführung hoffnungslos Verwundeter
in solche Spitäler. Nach einer sehr sorgfältigen Zusammenstellung
E. Richters hatten

   die Lazarethe erster Linie 1866 (Feld- und Kriegsspitäler)
   eine Mortalität von 18,9% und 1870/71 eine solche von 12,7%,
   die Lazarethe zweiter Linie 1866 (Landeshut etc.) eine
   Mortalität von 11,4% und 1870/71 eine solche von 13,3%
   (Carlsruhe, Ludwigsburg etc.),
   die Lazarethe dritter Linie 1870,71 eine Mortalität von
   nur 3,2% (Schwetzingen, Hannover, Berlin).

Beck konnte sich daher mit Recht rühmen, dass das Werder'sche
Corps 1870—1871 unter den ungünstigsten Verhältnissen in seinen
Lazarethen nur eine Mortalität von 9,1% gehabt hat.

Diese Zahlen bedürfen nach unseren Auseinandersetzungen in den
früheren Abschnitten keines Commentars mehr.

§. 434. 3) Ueber die Zahl der Gefallenen an den Schussverletzungen der einzelnen Körperregionen haben wir schon, soweit
es anging, einige Angaben der besseren Autoren gebracht. Im Nachfolgenden geben wir noch zur besseren Uebersicht und zur Ergänzung
eine Zusammenstellung (siehe Tabelle R p. 397), welche wir den schönen
Arbeiten Löfflers und Rawitzs verdanken (siehe auch E. Richter
l. c. p. 910).

§. 435. 4) Mit der vorgehenden Statistik sind wir in die Frage
eingetreten, zu welcher Zeit und aus welchen Krankheits-
ursachen der Tod bei den Schussverletzungen der
verschiedenen Körperregionen einzutreten pflegt. Wir
bringen darüber auf p. 398 eine grössere, von E. Richter nach den
Berichten der Engländer in der Krim, ferner nach denen Kirchners,
Rupprechts, Arnolds, Billroths, Grafs aus dem französischen Kriege,
nach dem Ochwadts aus den Flensburger Lazarethen 1864, und dem
Stromeyers aus Langensalza 1866 angelegte und von mir nach den
Berichten von Klebs, Lossen und H. Fischer vervollständigte
Tabelle, in welcher unter a die Todesfälle mit bekannten Todesur-
sachen, unter b diejenigen, bei welchen dieselben unbekannt blieben
(Stromeyer, Ochwadt), eingetragen sind. Die grossen Buchstaben
bedeuten: O = Organverletzung, S = Septichämie, P = embolische
Form der Pyämie, T = Tetanus, B = Blutung, C = complicirende
Leiden, Am. Deg. = amyloide Degeneration (vide Tabelle S p. 398).

Tabelle R (zu §. 431).

Körperregion.	1864. Zahl der Verletzten.	1864. Davon gefallen.	1870/71 bei Belagerungen. Gewehrschüsse. Zahl der Verletzten.	Davon gefallen.	Granatverwundung. Zahl der Verletzten.	Davon gefallen.	1870/71 bei Gefechten. Gewehrschüsse. Zahl der Verletzten.	Davon gefallen.	Granatverwundung. Zahl der Verletzten.	Davon gefallen.	Verletzte.	Gefallene.
Schädel	468	196	34	17	366	77	102	44	93	22	1349	356 = 26,4%
Gesicht	48	8	14	—	174	—	59	—	39	—	101	23 = 22,7%
Hals			7	2	16	7	21	4	9	2		
Brust	254	117	18	3	75	33	89	45	25	10	461	208 = 45,1%
Bauch	147	44	7	5	34	23	47	25	8	4	281	103 = 36,6%
Becken u. Genitalien			4	1	15	1	11	—	8	—		
Rücken	99	7	9	1	48	9	13	2	19	3	188	22 = 11,6%
Obere Extremitäten	610	2	82	—	275	5	202	—	82	—	1251	7 = 0,4%
Untere Extremitäten	729	13	81	1	330	22	198	1	114	3	1452	40 = 2,7%
Summa	2355	387 = 16,4%	256	30 = 11,7%	1333	177 = 13,2%	742	121 = 16,2%	397	44 = 11,08%	Verl. 5083: gefall. 759 = 14,8%	

Wir haben dieser Tabelle zur Erläuterung der Zahlen nichts hinzuzufügen.

Tabelle S (zu §. 435).

Tag und Woche.	Kopf u. Hals. a	b	Brust. a	b	Bauch u. Becken. a	b	Wirbel und Rücken. a	b
1.	60	—	100	—	420	—	30	—
2.	40	—	40	1	60	—		—
3.	20	—	0 B	3	60	1		—
4.	30 S	2	0	3		—		—
5.	0 S	1	0	1	0 T	1		—
6.	30	1	0	5	20 T	1		—
7.	20	2	20	2	20	1		1
I. W.	210 2S	6	200 B	15	590 2T	4	30	1
8.	30 B	2	30	2	2S B	—		T 1
9.	0	1	0	1	S	—		—
10.	0	—	40 S P	5	0 B	1	2S	—
11.	30 T	5	0 S	2		1	2S	2
12.	S T	-	30 2S T	2	0 2S	1	0 S	1
13.	20 B	—	40 3S B	1	3S	1		—
14.	B S	1	0 2S B T	4	2S B	1		—
II. W.	100 3B 2S 2T	9	170 9S P 2B 2T	17	20 10S 3B	5	0 5S T	4
15.	3S 3B	—	40 S B	4	2S	—	0	1
16.	2S	1	20 S	1	0 2S	—	S	1
17.	4S	1	40	1	0 S B	1	0	—
18.	2S	1	30 S	1	0 S B	1		—
19.	30	5	2S	1	20	1		—
20.	20	—	0	4	20 S B	1		—
21.	P	1	S P	—		—		—
III. W.	50 11S 3B P	9	140 6S B P	12	70 7S 3B	5	20 S	2
22.	20 S	—	30 4S	1	S	1		—
23.	0 T	—	2S	2	0 S	—	S	—
24.	0 S	1	0 S	—	2S	—	S	—
25.	0 2S	1	20 2S	1	2S	—		—
26.	S	—	0	1	S	—		—
27.	0	—	S	—		—	B	—
28.		—	S	1		—		—
IV. W.	60 5S T	2	70 11S	6	0 7S	1	2S B	—
29.		—		—		—	S	—
30.	0 S	1	S	—		1		—
31.	0	—		—	S	—		—
32.		—		—		—		—
33.		—		1	2S	—		—
34.		—	S	—		—		—
35.		—	S	1		1		—
V. W.	20 S	1	3S	2	3S	2	S	—
36.	0	—		—	S B	1	S	—
37.	0	1		—		-		—
38.	S	—	0	—		—		—
39.		—		—		—		—
40.		—	0	—	S	—		—
41.		—	0	—		—		—
42.		—		—	0		—
VI. W.	20 S	1	30	—	0 2S B	1	S	—

Tabelle S.

Obere Extremität a	Obere Extremität b	Untere Extremität a	Untere Extremität b	Tag	und Woche
O T	—	5 O	—	1.	172 Todte =
2 S		2 O S	—	2.	114 O
	1	2 O	—	3.	22 S
P		3 S B	—	4.	3 B
S P	1	3 S B	1	5.	6 T
S	—	5 S	1	6.	1 P
O T	—	5 S 2 T	2	7.	
2 O 3 S 2 T P	2	9 O 17 S 2 B 2 T	4	I. W.	26
3 S	1	2 S T	1	8.	203 Todte =
4 S B 2 T	2	3 S T P	2	9.	32 O
B	—	6 S 2 B 3 T P	3	10.	77 S
S P	1	6 S 5 T	4	11.	14 B
O 3 S	—	7 S T	2	12.	23 T
3 S B T P	2	4 S 2 T P C	3	13.	6 P
O 4 S	—	5 S B 2 T	3	14.	1 C
2 O 18 S 3 B 3 T 2 P	6	33 S 3 B 15 T 3 P C	18	II. W.	50
3 S	—	5 S B T	3	15.	232 Todte =
S	1	9 S 2 T P C	1	16.	44 O
5 S	—	11 S 3 P	3	17.	122 S
O 3 S P	2	O 7 S B T P	—	18.	9 B
O 5 S P	3	12 S 2 C	—	19.	5 T
O 7 S	1	O 12 S	2	20.	10 P
8 S C	1	O 9 S P	2	21.	4 C
3 O 32 S 2 P C	8	3 O 65 S 2 B 5 T 6 P 3 C	11	III. W.	38
	1	10 S T 2 P	3	22.	188 Todte =
S B T	1	13 S	3	23.	15 O
4 S	1	6 S B 3 P	—	24.	104 S
3 S P C	2	9 S B 3 P C	4	25.	5 B
4 S P	5	6 S T C	2	26.	6 T
S P	2	O 8 S B T P C	2	27.	15 P
3 S T P	2	12 S 2 P	2	28.	4 C
16 S B 2 T 4 P C	14	O 64 S 3 B 3 T 11 P 3 C	16	IV. W.	39
2 S 2 P	3	11 S P	8	29.	123 Todte =
S B	1	6 S B 3 P	4	30.	2 O
	1	10 S P	2	31.	66 S
P T	2	6 S B P	—	32.	3 B
	—	6 S 2 P	4	33.	1 T
3 S 3 P	—	8 S P	1	34.	16 P
3 S P	1	2 S C	2	35.	1 C
9 S 7 P B T	8	49 S 2 B 9 P C	21	V. W.	34
3 S 2 P C	1	4 S 2 P 3 C	3	36.	92 Todte =
S		6 S	1	37.	7 O
S 3 P C	1	6 S 4 P	2	38.	48 S
3 S	—	3 S 2 P	3	39.	1 B
O 7 S	—	2 S C	—	40.	1 T
			3	41.	13 P
S	—	7 S T	—	42.	6 C
O 16 S 5 P 2 C	2	28 S 8 P 4 C T	12	VI. W.	16

Tag und Woche	Kopf u. Hals.		Brust.		Bauch u. Becken.		Wirbel und Rücken.	
	a	b	a	b	a	b	a	b
43.	0	—		—		—		—
44.		—	0	1	0	—		..
45.		—		1	0 2 S P	—		—
46.		—		—		—		—
47.		—		—	S	—		—
48.		—		—	S	—		—
49		—		—	0 5 S	—	S	—
VII. W.	0	—	0	2	3 0 9 S P	—	S	—
VIII. W.	S	—	0 S	—		2	S	—
IX. W.	0	—	0	—	2 S C	1		—
X. W.			S	—		1	0	1
XI. W.	0	—	S	—		—		—
XII. W.		—		—	S	—		—
XIII. W.	0	—		—		—		—
XIV. W.		—		—		1		—
XV. W.		—		—		—		—
XVI. W.		—		—		—		—
XVII. W.		—		—	S	—		—
128. Tag		—		—		—		—
132. Tag		—		—		—		—
134. Tag		—		—		—		—
140. Tag		—		—		—		—
145. Tag		—		—		—		—
147. Tag		—		—		—		—
151. Tag		—		—		—		—
153. Tag		—		—		—		—
156. Tag		—		—		—		—
173. Tag		—		—		—		—
200. Tag		—		—		—		—
253. Tag		—		—		—		—
255. Tag		—		—		—		—
289. Tag		—		—		—		—
566. Tag		—		—		—		—

Obere Extremität.		Untere Extremität.		Tag und Woche.
a	b	a	b	
2S 2P	2	2S 2P	3	43. 78 Todte =
2S		5S C	3	44. 50
2S		7S P	1	45. 45 S
8		2S P	1	46. 9 P
3S		S P	1	47. 1 C
3S	2	3S	1	48. 18
13S 2P	4	2S P	2	49.
		22S 6P C	12	VII. W.
4S P		16S 3P	4	34 Todesfälle = 1 O + 23S + 4P + 6.
O 2S 2P Am. Degen.	1	9S C Am. Deg.	—	24 Todesfälle = 3 O + 13S + 2P + 2C + 2Am. Degen. + 2.
S	1	9S P	4	20 Todesfälle = 1 O + 11S + 1P + 7.
—		6S	—	8 Todesfälle = 1 O + 7S.
3S	—	3S P	1	9 Todesfälle = 7S + 1P + 1.
3S		2S P	—	7 Todesfälle = 1O + 5S + 1P.
		3S C		5 Todesfälle = 3S + 1C + 1.
S	—	3S P C	—	6 Todesfälle = 4S + P + C.
C		3S C	1	6 Todesfälle = 3S + 2C + 1.
2S	—	O S C	2	8 Todesfälle = 1O + 4S + C + 2.
		3S 2P C	—	6 Todesfälle = 3S + 2P + C.
		S	—	
		S	—	
		P	—	
		C	—	
S	—	S	—	
		C	—	
		S	—	16 Todesfälle = 9S + 2P + 3C + 2 Am. Degen.
		P	—	
		S	—	
		S	—	
S	—	S	—	
		S	—	
		Am. Degen.	—	
		Am. Degen.	—	

Ehe wir uns auf eine kurze Besprechung der Ergebnisse dieser Tabelle einlassen, müssen wir hervorheben, dass die Angaben derselben über die Mortalität der Schussverletzten der ersten 3 Rubriken in der ersten Woche nicht als vollständig zu betrachten sind, weil die meisten grössern Berichte erst mit der zweiten Woche der Behandlung beginnen. Wenn daher nach der Tabelle von 1237 Todesfällen nur 13,9% auf die erste Woche fallen, so ist diese Zahl für die Schussverletzungen am Kopfe, an der Brust und am Rücken viel zu niedrig gegriffen. Das geht besonders aus einem Vergleich der in der Tab. S enthaltenen Zahlen mit denen der überaus sorgfältigen Löfflers aus dem zweiten schleswig-holsteinischen Kriege und Longmore's aus dem Krimfeldzuge hervor, bei welchen die Gefallenen natürlich nicht mit eingerechnet sind.

	in den ersten 48 Stunden	in späterer Zeit
Von 272 am Kopf Verletzten starben	13 = 2,7%	12 = 2,7%
„ 40 „ Hals „ „	3 = 6,2%	1 = 2,0%
„ 137 an der Brust „ „	20 = 7,8%	37 = 14,1%
„ 103 an Bauch und Becken Verletzten starben	34 = 23,1%	25 = 17,0%
„ 92 am Rücken Verletzt. starben	3 = 3,0%	24 = 24,2%
„ 608 an den oberen Extremitäten Verletzten starben . .	2 = 0,3%	51 = 8,3%
„ 716 an den unteren Extremitäten Verletzten starben . . .	7 = 0,9%	83 = 11,3%
Somit von 1968 Schussverletzten starben .	82 = 3,4%	233 = 9,7%.

Es kamen somit in Schleswig-Holstein 26,0% aller Todesfälle bei Schussverletzungen auf die ersten 48 Stunden.

Nach Longmore's Bericht starben in den Lazarethen der Engländer in der Krim:

Unter einem Tage 160
Nach 1 Tag bis unter 2 Tagen . 149
„ 2 Tagen bis unter 3 Tagen 91
„ 3 „ „ „ 4 „ 66
„ 4 „ „ „ 5 „ 47
„ 5 „ „ „ 6 „ 51
„ 6 „ „ „ 7 „ 44
„ 7 „ „ „ 8 „ 30
                                    _____
                                    638.

Nach 8 Tagen bis unter 2 Wochen 167
„ 2 Wochen bis unter 3 Wochen 93
„ 3 „ „ „ 4 „ 45
„ 4 „ „ „ 5 „ 49
„ 5 „ „ „ 6 „ 21
„ 6 „ „ über 6 „ 59
(Unbekannt 409)
                                    _____
                                    434.

Es fielen somit auf die erste Woche allein fast 60%, auf die ersten 3 Tage fast 28% aller Todesfälle in den Lazarethen.

Aehnlich, wenn auch nicht in so schroffen Unterschieden, trat das Verhältniss in der Mortalität der Schussverletzungen in den ersten und spätern Tagen nach den Verletzungen im deutsch-französischen Kriege 1870—71 hervor.

Nach Becks Beobachtungen starben von 380 Verwundeten 135 in der ersten Woche = 35.5% und in den ersten 3 Tagen 77 = 20,3%. In Versailles gingen in den ersten 3 Tagen 27,8% der an Schussverletzungen Verstorbenen zu Grunde (Kirchner).

Für die Sterblichkeit in den andern Wochen aber bringt die obige Tabelle wohl annähernd richtige Daten. Es kamen darnach von 1237 Todesfällen:

16,4%	auf die	2. Woche	0,67%	auf die	11.	Woche
18.7%	„ „	3. „	0,71%	„ „	12.	„
15,1%	„ „	4. „	0,56%	„ „	13.	„
9,9%	„ „	5. „	0,40%	„ „	14.	„
7,4%	„ „	6. „	0,48%	„ „	15.	„
6,6%	„ „	7. „	0,48%	„ „	16.	„
2,7%	„ „	8. „	0.61%	„ „	17.	„
1,9%	„ „	9. „	0,48%	„ „	18	„
1,6%	„ „	10. „	1,2%	auf die folgenden Tage.		

Unter 1010 Todesfällen, von denen die Todesursachen bekannt waren, kamen

auf Organverletzungen	.	22,47%
„ Septichämie	. . . .	58,41%
„ Blutungen	. . . .	3,46%
„ Tetanus	. . . . .	4,15%
„ metastas. Pyämie	. . .	8 31%
„ intercurrente Krankheiten	.	2.77%
„ amyloide Degeneration	. .	0,39%.

Danach fordert die Septichämie und metastasirende Pyämie, welche wohl nicht immer gleichmässig auseinander gehalten wurden, die meisten Opfer unter den Verwundeten. Ihr folgen, doch in grossen Abständen, die Todesfälle, welche durch die Läsionen der Organe an sich bedingt werden. Die Zahl der Blutungen, welche den Tod herbeiführen, mag wohl in der obigen Tabelle zu niedrig angegeben sein, weil die meisten secundären Blutungen zur Septichämie führen und bei der Statistik daher mit zu dieser gerechnet zu werden pflegen. Ein nicht geringes Contingent der Todesfälle kommt auf den Tetanus, welcher überhaupt mehr eine Todesart, als eine Krankheit ist. Selten und in sehr später Zeit tritt die amyloide Degeneration als Todesursache bei den Verwundeten auf.

Von den durch die Organverletzungen allein bedingten Todesfällen kamen

auf die 1. Woche	50,2%		auf die 5. Woche	0,8%		
„ „ 2. „	14,0%		„ „ 6. „	3,0%		
„ „ 3. „	19,3%		„ „ 7. „	2,2%		
„ „ 4. „	6 6%		„ „ Folgezeit	. 3,9%		

Die durch die Organverletzungen an sich bedingten Todesfälle erreichten somit in der ersten Woche ihr Maximum, traten mit starkem Abfall noch in der 2. und 3. Woche und nur in ganz kleinen Zahlen noch in den folgenden Zeiten auf.

Von den durch Septichämie bedingten Todesfällen kamen:

auf die	1.	Woche	3,7%		auf die	6.	Woche	8,1%
„	„	2.	„	13,0%	„	„	7.	„	7,6%
„	„	3.	„	20,6%	„	„	8.	„	3,9%
„	„	4.	„	17,8%	„	„	9.	„	2,2%
„	„	5.	„	11,1%	„	„	Folgezeit		8 1%

Die Septichämie tritt in der ersten Woche nach der Verletzung nur in vereinzelten Todesfällen, von der zweiten Woche an in je steigender Frequenz, welche in der dritten das Maximum erreicht, auf. Von da ab verringert sich die Zahl ihrer Opfer ganz allmählich, doch fordert sie bis in die spätesten Zeiten des Wundverlaufs noch eine ziemlich grosse Zahl derselben.

Von den durch Blutungen bedingten Todesfällen kamen:

auf die	1.	Woche	8,5%		auf die	4.	Woche	14,0%
„	„	2.	„	40,0%	„	„	5.	„	4,5%
„	„	3.	„	26,6%	„	„	6.	„	2,8%

Diese Zahlen stimmen mit den von uns §. 244 berichteten überein. Sie zeigen die kolossale Häufigkeit des Verblutungstodes in der zweiten Woche des Wundverlaufes der Schusswunden, doch die nicht minder erschreckende in der 3. und 4. Woche desselben. Durch tertiäre Blutungen tritt der Tod der Schussverletzten nur äusserst selten ein.

Von den durch Tetanus bedingten Todesfällen kamen

auf die	1.	Woche	14,2%		auf die	4.	Woche	14,2%
„	„	2.	„	54,7%	„	„	5.	„	2 3%
„	„	3.	„	11,9%	„	„	6.	„	2,3%

Der Tetanus gefährdet den Wundverlauf fast in derselben Zeit, wie die Blutungen, nur dass er in der ersten Woche schon häufiger, und in der zweiten in ganz ausserordentlicher Steigerung des Procentsatzes den Tod der Verwundeten herbeiführt. Von da ab tritt ein starker Abfall in dem Vorkommen dieser Todesart ein, immerhin aber hält sich die Zahl derselben noch durch die 3. und 4. Woche auf der Höhe der ersten. Mit der 6. Woche verschwindet diese Todesart vollständig.

Von den durch die metastasirende Form der Pyämie herbeigeführten Todesfällen kamen:

auf die	1.	Woche	1,19%		auf die	6.	Woche	15,4%
„	„	2.	„	7,0%	„	„	7.	„	10,6%
„	„	3.	„	11,9%	„	„	8.	„	4,7%
„	„	4.	„	16,6%	„	„	9.	„	2,3%
„	„	5.	„	19,2%	„	„	Folgezeit		10,6%.

Darnach führt die metastasirende Form der Pyämie fast in derselben Zeit, wie die Septichämie den Tod der Verwundeten herbei. In der ersten Woche kommt sie als Todesursache kaum zur Geltung, von da ab steigt der Procentsatz langsam, um erst in der 5. Woche das Maximum zu erreichen. Derselbe fällt dann ebenso allmählich, ohne indessen bis in die spätesten Zeiten des Wundverlaufes aufzuhören, Opfer zu fordern.

Bei den 107 am Kopf und Hals Verwundeten trat der Tod ein:

$$
\begin{array}{llll}
29\text{mal in der 1. Woche} & = & 27,1\% \ (?) \\
26 \ ,, \ \ ,, \ \ ,, \ \ 2. \ \ ,, & = & 24,3\% \\
29 \ ,, \ \ ,, \ \ ,, \ \ 3. \ \ ,, & = & 27,1\% \\
14 \ ,, \ \ ,, \ \ ,, \ \ 4. \ \ ,, & = & 13,08\% \\
4 \ ,, \ \ ,, \ \ ,, \ \ 5. \ \ ,, & = & 3,7\% \\
4 \ ,, \ \ ,, \ \ ,, \ \ 6. \ \ ,, & = & 3.7\% \\
1 \ ,, \ \ ,, \ \ ,, \ \ 7. \ \ ,, & = & 0,9\% .
\end{array}
$$

Und zwar erfolgte der Tod in 79 Fällen:

$$
\begin{array}{lll}
47\text{mal durch die Organerkrankung selbst} & = & 59,5\% \\
22 \ ,, \ \ \ ,, \ \ \ \text{Septichämie} \ . \ . \ . \ . & = & 27,8\% \\
6 \ ,, \ \ \ ,, \ \ \ \text{Blutungen} \ . \ . \ . \ . \ . & = & 7,6\% \\
3 \ ,, \ \ \ ,, \ \ \ \text{Tetanus} \ . \ . \ . \ . \ . \ . & = & 3,7\% \\
1 \ ,, \ \ \ ,, \ \ \ \text{embolische Pyämie} \ . \ . \ . & = & 1.2\% .
\end{array}
$$

Die grösste Mehrzahl der am Kopf und Hals Verletzten geht also an den Folgen der Organverletzung selbst zu Grunde, eine ziemlich beträchtliche, doch über die Hälfte weniger, an Sepsis; Blutung und Tetanus bilden eine geringe Gefahr für diese Verwundungen. Mit der vierten Woche ist das Schicksal der meisten Verwundeten dieser Region entschieden.

Bei den 153 Verwundungen an der Brust trat der Tod ein:

$$
\begin{array}{llll}
36\text{mal in der 1. Woche (?)} & = & 23,5\% \\
58 \ ,, \ \ ,, \ \ ,, \ \ 2. \ \ ,, & = & 37,8\% \\
34 \ ,, \ \ ,, \ \ ,, \ \ 3. \ \ ,, & = & 22.2\% \\
24 \ ,, \ \ ,, \ \ ,, \ \ 4. \ \ ,, & = & 15,6\% \\
5 \ ,, \ \ ,, \ \ ,, \ \ 5. \ \ ,, & = & 3.2\% \\
3 \ ,, \ \ ,, \ \ ,, \ \ 6. \ \ ,, & = & 1,9\% \\
3 \ ,, \ \ ,, \ \ ,, \ \ 7. \ \ ,, & = & 1,9\%
\end{array}
$$

Bei den Brustschusswunden wird also das Leben in der ersten Woche nach der Verletzung noch viel stärker bedroht, als bei den Kopfschusswunden; die Gefahr verringert sich bei ihnen mit der 4. Woche und hört mit der 7. beinahe ganz auf.

Der Tod erfolgte in 99 Fällen:

$$
\begin{array}{lll}
62\text{mal durch die Organerkrankung selbst} \ . \ . & = & 62,6\% \\
29 \ ,, \ \ \ ,, \ \ \ \text{Septichämie} \ . \ . \ . \ . \ . & = & 29,2\% \\
4 \ ,, \ \ \ ,, \ \ \ \text{Blutungen} \ . \ . \ . \ . \ . \ . & = & 3,3\% \\
2 \ ,, \ \ \ ,, \ \ \ \text{die embolische Form der Pyämie} & = & 1,65\% \\
2 \ ,, \ \ \ ,, \ \ \ \text{Tetanus} \ . \ . \ . \ . \ . \ . \ . \ . & = & 1,65\% .
\end{array}
$$

Unter den Todesursachen bei den Brustschusswunden spielen die
Erkrankungen des verletzten Organs somit eine noch bedeutendere Rolle,
als bei den Kopfschusswunden; der Septichämie fällt ein weit kleinerer,
doch immer noch bedeutender Procentsatz zum Opfer. Blutungen und
Tetanus kommen kaum als Todesursache dabei in Betracht.

Bei 139 Verwundungen am Bauche trat der Tod ein:

$$\begin{array}{llllll}
65\text{mal} & \text{in der} & 1. & \text{Woche} & = & 46,7\,\%\\
20 & \text{\textit{n} \textit{n} \textit{n}} & 2. & \text{\textit{n}} & = & 14,3\,\%\\
22 & \text{\textit{n} \textit{n} \textit{n}} & 3. & \text{\textit{n}} & = & 15,8\,\%\\
9 & \text{\textit{n} \textit{n} \textit{n}} & 4. & \text{\textit{n}} & = & 6,4\,\%\\
5 & \text{\textit{n} \textit{n} \textit{n}} & 5. & \text{\textit{n}} & = & 3,5\,\%\\
5 & \text{\textit{n} \textit{n} \textit{n}} & 6. & \text{\textit{n}} & = & 3,5\,\%\\
13 & \text{\textit{n} \textit{n} \textit{n}} & 7. & \text{\textit{n}} & = & 9,3\,\%.
\end{array}$$

Das Schicksal der Bauchschusswunden entschied sich also vorwaltend
in der ersten Woche, die Sterblichkeit bei denselben ist in den nächsten
Zeiten um $^2/_3$ geringer. Sie vermindert sich von da ab, um in der
7. noch einmal zu steigen. Auch bei diesen Verletzungen erlischt mit
der 7. Woche die Mortalität fast gänzlich.

Der Tod trat in 121 Fällen ein:

$$\begin{array}{lll}
73\text{mal an den Organläsionen selbst} & = & 60,3\,\%\\
38\ \text{\textit{n} \textit{n} Septichämie} \ldots\ldots & = & 31,4\,\%\\
7\ \text{\textit{n} \textit{n} Blutungen} \ldots\ldots & = & 5,7\,\%\\
2\ \text{\textit{n} \textit{n} Tetanus} \ldots\ldots & = & 1,6\,\%\\
1\ \text{\textit{n} \textit{n} embolischer Pyämie} \ldots & = & 6,8\,\%
\end{array}$$

Die Todesursachen verhalten sich somit bei diesen Läsionen ganz
ähnlich, wie bei den Schussverletzungen der Brusthöhle. Die Organverletzungen an sich führten in der grössten Mehrzahl der Fälle den
Tod herbei, beinahe um die Hälfte weniger die Septichämie, Blutungen
treten schon häufiger als Todesursache auf, Tetanus in verschwindend
kleiner Zahl.

Bei 26 Schussverletzungen am Rücken trat der Tod ein:

$$\begin{array}{llllll}
4\text{mal in der} & & 1. & \text{Woche} & = & 15,3\,\%\\
11\ \text{\textit{n} \textit{n} \textit{n}} & & 2. & \text{\textit{n}} & = & 42,3\,\%\\
5\ \text{\textit{n} \textit{n} \textit{n}} & & 3. & \text{\textit{n}} & = & 19,2\,\%\\
3\ \text{\textit{n} \textit{n} \textit{n}} & & 4. & \text{\textit{n}} & = & 11,9\,\%\\
\text{je } 1\ \text{\textit{n} \textit{n} \textit{n}} & 5., 6. \text{ und } 7. & & \text{\textit{n}} & = & 11,9\,\%.
\end{array}$$

Die gefährlichste Zeit scheint somit für diese Verletzungen die
2. Woche zu sein; mit der 5. ist das Schicksal derselben grösstentheils
entschieden.

Als Todesursache kennen wir in 19 Fällen:

$$\begin{array}{lll}
6\text{mal die Organverletzung an sich} & = & 31,5\,\%\\
11\ \text{\textit{n} \textit{n} Septichämie} \ldots\ldots & = & 57,8\,\%\\
1\ \text{\textit{n} \textit{n} Blutungen} \ldots\ldots & = & 5,2\,\%\\
1\ \text{\textit{n} den Tetanus} \ldots\ldots & = & 5,2\,\%.
\end{array}$$

Auffallend erscheint, dass bei diesen Verletzungen die Septichämie als Todesursache eine so hohe Ziffer darstellt, während die Todesfälle an den Organverletzungen fast nur die Hälfte derselben erreichen. Darin liegt ein bemerkenswerther Unterschied zwischen der Todesursache bei den Kopf- und Rücken-Schussläsionen.

Ganz zuverlässig sind die Daten, welche die Tabelle S über die Todeszeit und Todesursache bei den Extremitätenwunden bringt, da der Tod erfahrungsgemäss bei diesen Verletzten erst nach der ersten Woche einzutreten pflegt.

Von 213 Schussverletzten der obern und von 578 der untern Extremitäten starben:

In der 1. Woche 10mal = 4,6% . . . 34mal = 5,9%
„ „ 2. „ 34 „ = 15,9% . . . 73 „ = 12,6%
„ „ 3. „ 36 „ = 16,8% . . . 95 „ = 16,4%
„ „ 4. „ 38 „ = 17,8% . . . 100 „ = 17,3%
„ „ 5. „ 26 „ = 12,2% . . . 82 „ = 14,1%
„ „ 6. „ 26 „ = 12,2% . . . 53 „ = 9,1%
„ „ 7. „ 19 „ = 8,9% . . . 41 „ = 7,09%
„ „ 8. „ 5 „ = 2,3% . . . 23 „ = 3,9%
„ „ 9. „ 7 „ = 3,2% . . . 11 „ = 1,9%
„ „ 10. „ 1 „ = 0,4% . . . 14 „ = 2,4%
„ „ 11. „ 0 „ = 0,% . . . 6 „ = 1,03%
„ „ 12. „ 3 „ = 1,4% . . . 5 „ = 0,7%
„ „ 13. „ 3 „ = 1,4% . . . 3 „ = 0,5%
„ „ 14. „ 0 „ = 0% . . . 4 „ = 0,6
„ „ 15. „ 1 „ = 0,4% . . . 5 „ = 0,7%
„ „ 16. „ 1 „ = 0,4% . . . 5 „ = 0,7%
„ „ 17. „ 2 „ = 0,9% . . . 5 „ = 0,7%
Später noch: 1 „ = 0,4% . . . 20 „ = 3,4%.

Als Todesursache kamen bei 177 Schussverletzten der oberen Extremitäten und bei 473 der unteren Extremitäten:

9 auf die Organverletzungen . . . = 5,08% . 14 = 2,9%
123 „ „ Septichämie . . . . = 69,4% . 333 = 70,4%
21 „ „ embolische Form der Pyämie = 11.9% . . 63 = 13.3%
10 „ „ Blutungen . . . . . = 5,6% . . 13 = 2,8%
8 „ „ Tetanus . . . . . . = 4,5% . . 25 = 5,2%
5 „ „ intercurrente Krankheiten = 2,8% . . 22 = 4,6%
1 „ „ amyloide Degeneration . = 0,5% . . 3 = 0,6%.

Die Sterblichkeit bei den Schussverletzungen der Extremitäten beginnt danach mit der zweiten Woche, steigt bis zur vierten mässig an, hält sich einige Zeit auf gleicher Höhe und fällt dann allmählich bis in die 17. Woche und später.

Als Todesursache tritt vorwaltend, ja fast allein die Pyämie in ihren verschiedenen Formen, früh die Septichämie, späterhin die metastasirende Form derselben auf. Auf die Organverletzungen, den Tetanus, auf die Blutungen kommt ein fast gleicher, doch verschwindend kleiner Theil der Todesfälle.

§. 436. 5) So genau wir über die Todeszeit der Schussverletzten informirt sind, so unzuverlässig erscheinen die Berichte, welche wir über die Heilungsdauer bei den Schusswunden besitzen, da viele der als geheilt durch die Listen Gehenden es oft noch nicht sind. In der Krim kehrten nach Longmore's Zusammenstellung von 6359 Verwundeten 4015 wieder zur weiteren Dienstleistung zur Armee zurück. Davon waren geheilt:

Unter	1 Woche	. . . .	1476	=	23,2 %
Ueber	1 Woche,	doch unter	1 Monat	.	1408	= 22,1 %
"	1 Monat	"	"	2 Monaten	709	= 11,2 %
"	2 Monate	"	-	3	"	263	= 4,1 %
"	3	"	"	"	4	"	101	= 1,6 %
"	4	"	"	"	5	"	40	= 0,6 %
"	5	"	"	"	6	"	11	= 0,1 %
"	6	"	und darüber	. .	7	= 0,1 %.

§. 437. 6) Auch der Einfluss der Individualität der Verletzten auf den Wundverlauf ist in den modernen Kriegen sorgfältiger studirt.

a) Die Sterblichkeit unter den verwundeten Offizieren ist bei denselben Verletzungen grösser, als unter den gemeinen Soldaten. Von den ersteren starben etwa 14,8 %, von den letzteren etwa 11,5 % in den Lazaréthen in Folge ihrer Verwundungen.

b) Ferner ist die Bedeutung des psychischen Zustandes der Soldaten für den Wundverlauf nicht hoch genug anzuschlagen. Die Sterblichkeit bei der geschlagenen Armee ist stets grösser gewesen, als die der siegreichen. Esmarch erzählt, dass die Mortalität für die Amputatio femoris bei der geschlagenen schleswig-holsteinschen Armee die bei der siegreichen dänischen um 3,5 % überstiegen habe. Im zweiten schleswig-holsteinschen Kriege starben 16 % der preussischen und 33 % der dänischen Verwundeten in den Lazarethen. Roux sagt: voyez le triste spectacle, que nous offraient les blessés de 1814 et de 1815; leur moral abattu par la défaite, les privations de tout genre qu'ils avaient supportées, les livraient en victimes au typhus et à la pourriture d'hôpital. Besonders im Feindeslande beschleicht den verwundeten Soldaten im düstern Lazarethleben Schwermuth und tiefe Trauer, oft heisst auch Heimweh bei ihm aus, und nun werden die Wunden schlaff, das hektische Fieber steigt, es entwickeln sich Magen- und Lungenkatarrhe, ja Tuberculose und der Blessirte wie die Wunde werden für alle miasmatischen und endemischen Einflüsse weit empfänglicher.

c) Auch die Nationalität der Verletzten bleibt nicht ohne Einfluss auf den Wundverlauf; ein fröhlicher Muth und leichter Sinn begleiten den Franzosen auf das Krankenbett, der Engländer ist ruhig, geduldig, indifferent, es heilen daher die Schussverletzungen bei diesen beiden Nationalitäten besser, als bei den in sich gekehrten Deutschen, oder den nervös erregten Polen und Italienern.

§. 438. 7) Den Einfluss ungünstiger und langer Transporte und schlechter Spitäler auf den Wundverlauf werden wir in den folgenden Abschnitten eingehender besprechen.

§. 439. 8) Die Einflüsse des Klimas auf den Wundverlauf sind zwar noch nicht gründlich bekannt, doch stimmen alle erfahrenen und unter den verschiedenen Klimaten beschäftigt gewesenen Kriegschirurgen darin überein, dass die Heilung der Schusswunden in den südlichen Klimaten weit rascher vor sich gehe (Baudens, Guthrie, Larrey), und dass die schwersten Complicationen derselben (wie Hospitalbrand, Pyämie) daselbst seltener beobachtet werden. Dieselbe Erfahrung haben auch die Militärärzte gemacht, welche sich bei der unglücklichen mexikanischen Expedition betheiligt hatten. Keinem Zweifel unterworfen sind die nachtheiligen Einflüsse bedeutender Temperaturschwankungen auf Schusswunden. Die Winterfeldzüge werden schon desshalb eine grössere Sterblichkeit in den Lazarethen ergeben, weil man die Kranken schwieriger transportiren, evacuiren und an die frische Luft bringen kann.

§. 440. 9) Wir hatten bereits Gelegenheit, den ungünstigen Einfluss der gleichzeitig herrschenden Krankheiten auf den Wundverlauf und das intime Verwandtschaftsverhältniss zwischen Cholera, Typhus, Hospitalbrand und Pyämie kennen zu lernen.

§. 441. 10) Wir haben schon bei den einzelnen Schussverletzungen hervorgehoben, wie häufige und schwere Nachkrankheiten denselben zu folgen pflegen. Durch diese werden die armen Opfer der Kriege nach langem Krankenlager invalid. Ueber die Zahl der letzteren besitzen wir aus einigen Kriegen genauere Nachrichten:

Von den Engländern in der Krim starben: von 11,515 Verwundeten 1775 (15,41%) und 3011 (26,15%) wurden invalid.

Von den Franzosen in Italien starben: von 19,672 Verwundeten 2962 (15,1%) und 3660 (18,1%) wurden invalid.

Bei den Nordamerikanern starben: von 284,055 Verwundeten 34.649 (12,1%) und 40,934 (14,4%) wurden invalid.

Von den Preussen in Böhmen starben: von 16,177 Verwundeten 1519 (9,4%) und 7573 (46 8%) wurden invalid.

Von den Hannoveranern bei Langensalza starben: von 1092 Verwundeten 170 (15.5%) und 499 (45,7%) wurden invalid.

1870/71: Von den 5127 Verwundeten des X. Armeecorps wurden 1804 invalid = 35,2%.

Auffallend erscheinen in dieser Zusammenstellung die hohen Zahlen der Invalidisation aus den letzten deutschen Kriegen. Man darf dieselbe nicht auf eine besonders destructive Chirurgie zurückführen (die Behandlung ist im Gegentheil leider! oft zu conservativ gewesen!), auch nicht auf eine besonders verstümmelnde Wirkung der Schusswaffen, sondern auf die Menschenfreundlichkeit unserer Zeit, die Grossmuth unseres Herrschers und die Opferwilligkeit unserer Nation, welche alles aufbot, um ihre Beschützer und Helden im Siechthum würdig und ehrenvoll zu erhalten. In den harten Zeiten Friedrichs des Grossen dagegen wurden von 6618 Verwundeten der Bilguerschen Lazarethe, von denen nachträglich an ihren Verwundungen noch 653 starben, nur 408 invalidisirt, also 6,16%.

Ueber die Verletzungen der einzelnen Körperabschnitte, welche zur Invalidisirung führten, bringt E. Richter l. c. p. 938 folgende Zusammenstellung:

Tabelle T.

Krieg.	Kopf u. Gesicht.	Rumpf.	Obere Extremitäten.			Untere Extremitäten.		
			Summa.	Davon amputirt.	Davon resecirt.	Summa.	Davon amputirt.	Davon resecirt.
1848—1850 Schleswig-Holstein	88	51	268	41 = 15,3%	37 = 13.8%	223	62 = 27.8%	—
1854—1856 Engländer 2. Periode	182	248	Obere und untere Extremität 1582 mit 560 Amputationen = 36%					
1859 Franzosen	214	224	958	232 = 24.2%	1 = 0.1%	728	203 = 27.9%	—
1864 Dänen	156	142	638	30 = 4.7%	31 = 4.8%	652	69 = 10.6%	1 = 0.15%
1866 Deutsche nach Stromeyer	35	78	142	4 = 2.8%	14 = 9.8%	236	22 = 9.3%	—
1870 bis 1871 X. Armeecorps	127	226	728	19 = 2.6%	18 = 2.47%	738	34 = 4,5%	5 = 0,7%
Franzosen nach Mossakowski	84	185	602	90 = 14.9%	11 = 1.8%	744	99 = 13.3%	—

www.ingramcontent.com/pod-product-compliance
Lightning Source LLC
Chambersburg PA
CBHW020901210326
41598CB00018B/1738